U0173411

六合文集

天津大学建筑学院六合建筑工作室
张玉坤 著

中国建筑工业出版社

图书在版编目（CIP）数据

六合文集 / 张玉坤著. —北京：中国建筑工业出版社，2019.12
ISBN 978-7-112-24728-8

Ⅰ. ①六… Ⅱ. ①张… Ⅲ. ①建筑学－文集 Ⅳ. ①TU-53

中国版本图书馆CIP数据核字（2020）第016161号

本书为天津大学建筑学院六合建筑工作室历年的成果合集，集张玉坤教授和工作室成员已发表的相关论文。全书分为建筑时空、传统聚落、长城聚落三个专题，分门别类、互有关联，具体而微、繁简得宜，适于建筑学、城乡规划相关专业在校师生、从业人员及长城聚落历史爱好者参阅。

责任编辑：杨　晓　唐　旭
版式设计：锋尚设计
责任校对：王　烨

六合文集
天津大学建筑学院六合建筑工作室
张玉坤　著
*
中国建筑工业出版社出版、发行（北京海淀三里河路9号）
各地新华书店、建筑书店经销
北京锋尚制版有限公司制版
北京富诚彩色印刷有限公司印刷
*
开本：880毫米×1230毫米　1/16　印张：27¼　字数：1080千字
2020年12月第一版　　2020年12月第一次印刷
定价：168.00元
ISBN 978-7-112-24728-8
（35124）

张玉坤简历

张玉坤，1956年10月生于天津宝坻。1974年12月天津市宝坻县霍各庄公社中学毕业回乡务农；1976年6月任宝坻县霍各庄中学民办教师。1978年2月进入天津大学建筑系建筑学专业学习，1982年1月本科毕业留校任教。1987–1996年，师从聂兰生教授读研究生，获建筑设计及其理论专业硕士、博士学位。曾任天津大学建筑学院建筑系主任（1997～1998年）、副院长（1998～2005年）、党委书记（2005～2016年）；现任建筑学院教授、博士生导师、建筑文化遗产传承信息技术文化部重点实验室（天津大学）主任。1997年获国家一级注册建筑师资格；2016年获中国建筑学会"建筑设计奖—建筑教育奖"和中国民族建筑研究会"中国民居建筑大师"称号。

坚持科学研究、生产实践与人才培养相结合，围绕聚落变迁与长城军事聚落和人居环境与生产性城市两个主要方向，与六合建筑工作室师生一道，先后承担国家自然科学基金、科技部科技支撑计划课题、国家社科重大项目子课题、教育部博士点基金等省部级项目30余项。在以往聚落民居研究基础上，2003年至今，进行明长城整体性理论研究，同时引进无人机低空信息技术，完成明长城军事聚落与防御体系布局和明长城边墙三维图像数据采集与分析工作。2007年开始都市农业和生产性城市研究，初步建立了生产性城市理论体系。2016年主持申报"建筑文化遗产信息技术文化部重点实验室"获批，2017年主编出版中国首部大型志书《中国长城志 卷四：边镇 · 堡寨 · 关隘》，主编出版《六合文稿 长城 · 聚落丛书》12册，合作发表学术论文200余篇。承担多项建筑设计、城乡规划和遗产保护项目，获省部级奖励多项；培养博士毕业生50余名，硕士生毕业生100余名，指导学生参加国内外设计竞赛多次获奖。

自序

PREFACE

2001 年六合建筑工作室成立，只有一个老师和几个研究生，在建筑学院北侧的校工会租了间十多平方米的小房子，日常工作之余有了稍微清静点的地方。

一间小房子冠以“六合”之称，似乎名实难符。秦始皇“横扫六合，并吞八荒”，霸主天下；《庄子 · 齐物论》：“六合之外，圣人存而不论”，这里的六合，即四方上下，也指的是天下。《尸子》说，“四方上下谓之宇，古往今来谓之宙”，中国人的宇宙观念是指广袤无边、悠远绵长的四维时空。而宇，小言之为“屋边”，中言之为居所、为疆土，大言之则为宇宙空间，从小小屋边可以推衍出偌大宇宙。由此看来，将建筑称为六合也算在理。

《六合文集》是我和工作室成员多年撰写论文的汇集，包括人体 · 建筑 · 天文、里坊 · 聚落、长城 · 聚落三部分。

纵观宇宙万物，圆形物体比比皆是，方形却难得一见。史前人类早期的房子也多为不规则的圆形窝棚或地穴，与动物巢穴无甚大异。后来，新石器时期的房址渐渐变成不规则的方形，直到与东西南北对应的方形房屋出现，经历了由圆到方的变化。于今而论，这种平面形式的变化简单至极，但上万年前的“圆方之变”却是“无中生有”，实乃人类历史上的一次革命、一次发明创造，其所蕴含的人类学意义不可小觑。

发现方必需具备正交概念，由正交而正方。方形建筑的出现意义非凡，是人类历史上一次伟大革命——身体结构的抽象和外化，自然人的前后左右上下变成了东西南北上下的“笛卡尔坐标”，数学、测量学和天文历法应运而生。对此，恩斯特 · 卡西尔根据人类学资料进行了哲学概括：“神话的空间感受与神话的时间感受密不可分，二者又共同成为神话中数的观念的基础”（恩斯特 · 卡西尔，《人论》，甘阳译，上海译文出版社，1987 年 1 月第 1 版），揭示了原始神话思维时空数观念协同并进的一体化特征。在我国，6000 多年前的仰韶文化半坡遗址朝东的方形“大房子”，与东南西北正向相对——春分、秋分日出方向。可以推断，当时的人类已经能够辨别四方、划分四时，数的概念也已初步建立起来。

以人的身体为中心，生发出了四方四时，建立起了最早的笛卡尔坐标系，催发了天文学的诞生。如果说建筑与科学有关的话，那么不是在现在，而是在更早的石器时代。

人的存在不仅是个体性的，还是群居性、社会性的。在一个社会群体内，人们会发生各种联系，产生各种关系，形成比较稳定的“社会结构”。这里顺便说一句，通常讲的“三缘”——血缘、业缘、地缘，缘也就是关系，某种程度上也是一种社会结构，但“地缘”却与血缘、业缘不在一个层次上。地缘可以被认为是其他各种缘存在的基础、立地的根基，是各种缘在地表上的综合性、整体性空间表现。其实，除了三缘，还有一种更为规范而可靠的“缘”——社会组织制度。

在中国历史上，“里坊制度”，或早期的“闾里制度”是一种持久的城乡社会组织制度，它有两个层面：社会学和建筑学。《周礼》可能是汉时的伪书，但却设计出了一整套理想的社会制度和规范，或可视为一种集社会学、政治学、军事学、建筑学于一体的理论，对后世影响极大，不可因其伪而弃之。“令五家为比，使之相保；五比为闾，使之相爱；四闾为族，使之相葬；五族为党，使之相救；五党为州，使之相赒；五州为乡，使之相宾。”（《周礼 · 地官 · 司徒》）这是一个从家到国的社会组织管理制度的层次体系，整体上是社会学的。作为一种制度，在中国历史上虽多有变迁，但却一直延续到明清的里甲或保甲，乃至民国时期的伪保甲。同时，“五家为比，五比为闾”则是相互比邻的邻里单位，即后世的里坊制，属于建筑学的范畴。至于四闾为族、五族为党、五党为州、五州为乡，是否还有与之对应的更大的居住单位，建筑学的视野是否还可以从“里坊”的层次向更高的层次延伸，尚需进一步研究。如果说在建筑学意义上，城中封闭的里坊在宋代之后既已消失，作为社会学意义上的里坊制度却一直存留下来，甚至是历代行政区划层次体系的生变之源。

显然，在里坊制度层次体系与聚落层次体系之间存在某种对应关系，这种关系到哪里去找呢？蕴含在闾里（里坊）制度中的军事组织体系是个线索。

早期的闾里制度具有户籍管理、摊派徭役、组织生产等多重功能，同时也是“兵民一体”时代的一种军事建制。《周礼 · 地官 · 族师》曰：“五家为比，十家为联；五人为伍，十人为联；四闾为族，八闾为联，使之相保相受；刑罚庆赏相及相共，以受邦职，以役国事，以相葬埋。”可见不仅住户比邻排列，更多的是从军事需要出发将住户编伍，形成以“什伍”为基层建制的军事组织体系。《管子 · 小匡》说的更为明白：“五家为轨，五人为伍，轨长率之。十轨为里，故五十人为小戎，里有司率之。四里为连，故二百人为卒，连长率之。十连为乡，故二千人为旅，乡良人率之。五乡立一师，故万人为一军，五乡之师率之。”从每户一兵到万人之军，构成了从什伍到乡师的多层次军事组织体系。从历代兵制观之，秦汉的什伍（两伍、候燧），隋唐的队、火，乃至明代的总旗、小旗，尽管名称不一，什伍作为军队的基层建制一直延续下来；什伍之上的诸多层次多寡稍有不同，但也层次分明，变而不离其宗。

那么，军事组织体系与聚落层次体系又是什么关系呢？

2003 年，六合工作室师生开始进行北方堡寨聚落的田野调查，在长城沿线发现了大量与长城防御体系有关的军事聚落。受里坊制度研究的启示，在梳理明长城边防的都司卫所和总兵镇守军事组织体系基础上，按图索骥，顺腾摸瓜，对明长城“九边重镇”总体和各分镇的军事防御体系与军事聚落展开了系统性研究，揭开了都司、卫、千户所、百户所、总旗、小旗的军事组织体系与镇城、路城、卫城、所城、堡寨等聚落体系的基本对应关系，绘制出明长城防御体系与军事聚落时空分布图。在军事聚落层次性、系统性研究的基础上，又开展了长城驿传体系、烽传体系、边贸体系的研究，并向军需屯田体系拓展，把长城这一包括诸多子系统的“巨系统”真实、完整地呈现出来。

与此同时，在调研之初，面对长城绵延万里、幅员广阔的恢弘巨制，深感常规的研究方法和技术手段难以奏效。为此，工作室探索出集文献挖掘、田野调查、信息技术应用于一体，以军事组织体系为核心的研究方法和技术手段，自主研发了空地协同无人机信息技术平台。较早地开始应用无人机、地理信息系统、地理定位系统、虚拟现实等技术，正在探索大数据人工智能识别技术的应用。依据整体性研究和数字化成果，建成了明长城全域空间数据库、全线墙体图像与三维数据库，实现了 4000 千米明长城墙体三维图像数字化全覆盖……目前已基本实现明长城全域全线的数字化。

里坊制度和长城整体性研究的思路、方法和技术，也拓展应用到明代海防军事聚落和传统村落的研究。明代海防与长城同属于边防，都实行卫所制度，大同小异，便于借鉴。传统村落与民居研究早已成为显学，方法已比较成熟，人才济济，成果累累。六合工作室也做了点工作，帮助地方建了几个传统村落数字博物馆。值得注意的是，村落中尚有人在，是个活的系统，它的研究与一般的遗址全然不同。要将这一活的系统延续下去、传承开来着实不易，非下大功夫不可。

通过多年对人的身体与空间、人的社会与空间的关系的研究，既有一些疑惑，也有点滴感悟。我们的研究对象究竟是人还是物？如果是人的话，那么建筑和聚落究竟是什么？如果是物的话，人和社会究竟处又于什么地位？有所感悟的是，对建筑学来说，人和社会与建筑和聚落是不宜分开来研究的。建筑和聚落就像人和社会的皮肤、衣服、外罩，与人和社会是一体化的存在，是人和社会与外部环境之间的“中介物”。建筑和聚落与人和社会“合身”了，它们就会持续地存在下去；不合身的话，人和社会就有可能换件新的。

二十年，一挥间，仿佛还在从前。文集虽以我为主，其间挥洒着许多同学和同事辛勤的汗水；国家自然科学基金的持续支持，学界先贤的提领、同仁的帮扶……才使论文得以成集。由于我的慢堕，使文集一拖再拖，也向出版社的同仁说声对不起。谢谢了！记住曾经的那些天。

天津大学建筑学院　张玉坤

目 录
CONTENTS

建筑·时空

建筑与人体

建筑与时空

建筑与天文

贰

传统聚落

里坊制度

聚落空间

技术方法

叁

长城聚落

时空分布

分镇分期

空间分析

建筑 · 时空

- 建筑与人体
- 建筑与时空
- 建筑与天文

建筑与人体

居住解析 ①

摘 要

从文化角度来研究建筑在我国建筑理论界已然成为时髦的课题。其实，建筑和所谓文化的产生有着同一的心理基础。本文从人与外在环境的关系入手，提出“安全图式”这一概念。安全图式是人为维护自身的安全而发展衍生出来的，建筑、城市和其他文化现象都是它的具体化。因而，用文化解释建筑只是整个文化系统的内部循环释义。

关键词 建筑；人体；居住

引言

长期以来，我国建筑界从各种角度对民居进行的研究，已经取得可喜成果。早期的民居研究主要以收集资料为主，进而归纳整理，汇集了大量优秀实例，为民居研究奠定了良好的物质基础。随着国门开放，人们眼界大开，特别是文化及哲学研究的振兴，给民居的研究带来新的生机，文化深层的阐释已然成为时髦的课题。为此势助一臂之力的，首推美国拉普普的《住屋形式与文化》(台湾镜与像出版社。张玫玫译。1979 年第二版)。书中论述之详尽，观点之明确，颇具启发意义。为此，拟对拉氏理论及与其相关的论点予以阐明，并将由此而引发的一些思考介绍于后。

一、拉普普 (Amos Rapoport) 的《住屋形式与文化》

像拉氏所言，此书“堪称初创”。作者从诸多的研究理论中独辟蹊径，从影响民居形式的各种因素中理出一条主线来，确实令人佩服。首先，作者将以往的研究理论概括为几个主要论点，并划分为两大类(见该书第二章):

1. 物理的

气候与庇荫之必要

材料技术及基地

2. 社会的

经济、防御和宗教

拉氏认为，这些观点都有“过分简化”之嫌，不足以恰如其分地解释形式与影响因素之间的关系。据此，他指出，住屋形式是一种文化现象，是在已存在的可能性中进行选择的结果；而文化、风气、世界观和民族性等观念形态共同构成“社会文化构件”: ②

文化——一个民族的观念和制度的整体和传统化的活动。

风气——对当行之事的组织化的观念。

世界观——一个民族对世界之特有看法和解释。

民族性——此民族之特殊类型，此社会中人之特殊性格。

接着作者又提出了五点“生命因子”③: 某些基本需要、家庭、妇女的地位、私密性、社交等作为补充；气候、构筑方法、材料和技术等则为修正性因子。其中心论题是：有不同态度和理想的人们在不同的物理环境下求生存。

---

① 张玉坤. 居住解析 [J]. 建筑师，1992，49 (6): 33-37.

② (美) 拉普普 (Amos Rapoport). 住屋形式与文化 [M]. 张玫玫译. 汉宝德校订. 台北：境与像出版社，1979: 59.

③ (美) 拉普普 (Amos Rapoport). 住屋形式与文化 [M]. 张玫玫译. 汉宝德校订. 台北：境与像出版社，1979: 74.

虽然作者未提出“文化决定论”这一名词，从概念上看却完全是文化决定的味道，因而受到指摘和质询。以下拟选择一个与此完全对立的观点，以便在接受一个理论之前有一个清醒思考的余地。

二、《民居空间理论模型之试建》[①]

此为台湾学者陈志梧的一篇论文。陈氏认为，形式之所以被限定在特定的格式之中，并非所谓“文化选择”的结果。其一，文化仅是这些结果笼统的总称，在滋生程序上不应先于环境或物质存在；其二，所谓“选择”是不存在的，空间形式不能不受经验的限制，而首先在脑中玄想一番，这在原始及落后的乡村社会是不可能的。为证明论点的正确，陈氏对原始社会和农业社会的民居形式进行了较详细的考察，继而得出了自己的结论：“……各文化的住屋形态的塑造，显然除了受该民族所处之生态环境。这种社会及自然环境的制约大致可分成两种：其一为直接来自于地区之物理条件提供的机会与限制，另一则为间接受制于来自自然对早期人类社会发展的制约所产生的地域性格”。[②] 他进一步指出，这种社会与环境的影响通常迂回地表现为特殊的生活方式及生产方式，而附着于居住形态的一般性格上，行之以地域色彩，即为民居形式的特殊面貌。随后，他将民居形式的影响因素分为人的生物属性、地的生态属性和群的社会属性这三大项：[③]

（1）人的生物属性：基本需求，包括人体尺度，由人体直立所产生的感觉，活动及对舒适的要求。

（2）地的生态属性：自然资源，材料之取得、材料之物理性质；地形景观：自然地形之机会与限制，空间开阔与包被；气候、温度、湿度、日照、风向及降雨雪量。

（3）群的社会属性：生活及生产方式，即生产活动、生产方法与类别（如农村、游牧等）及其他活动（如宗教等）；社会关系，社会分工与阶层关系，社会经济单元之组织方式及团体或个人间之利害关系。至此，两种观点的对立已十分昭然。对这两种不同的民居研究理论，本文尚无力作出认真的评价与批评，或化解他们的矛盾，因为它不属于我们的研究范畴。对此，仅将自己在二者理论的启发下所进行的思考予以阐述。

三、几点思考

1. 居住与环境的关系

从文化的角度探讨建筑问题会忽视外在环境的作用，难以做出确凿的结论。

在此，并不是抵制从文化角度谈论建筑的研究倾向，而是觉得建筑和所谓的文化着实是一回事。居住文化是整个文化系统中较为明显的一项，它与其他诸项一起共同构成人类文化的总体，以连续的功能形式发挥着文化的目的性作用。文化学家对文化概念的认识已从以往的片面强调精神而转向强调文化是关于人和自然的一个文化生态系统。[④] 为了寻求对文化有一个总体的把握，从认识的难易程度上人们将文化分为不同的层次，在各层次之间并不存在明显的界线和高低贵贱之分。于居住文化而论，如果不将其置入文化产生的源头——人和自然之间进行考察，而从某一被认为起支配作用的东西（如民族性、世界观等）入手进行研究，无疑会束缚我们的手脚。当然，不能否认人的行为是受观念支配的，但观念的形成和变化又无可置疑地受到外在环境的作用，进而影响人的行为。人们用等级观念、伦理序位和风水理论等分析民居建筑，其有效性是显而易见的，但其局限性亦无可避免。如用伦理序位分析北京四合院就可以找出伦理和其他所谓文化的因素所支配，似乎就难以自圆其说了。为何大的宅院往往壁垒森严？为何在布局上还有护家奴和仆人的位置？为何还要养一两只狗？人之生存不论贫富皆需要一个维持系统，否则便难以存在。父母之尊子女维之，为图舒适而择仆人，为安全计而树高墙，墙高不敷用而择护院家奴，家奴无能则有狗之用。我们所以能借助伦理观念分析某些建筑特点，原因在于伦理与建筑之间存在着同一的心理基础，确切说存在着由心理情感而呈现出来的同一拓扑关系模式，而心理之源乃在于人和自然环境与社会文化环境的作用。

---

① 陈志梧．民居空间理论模型之试建 [J]．台湾大学建筑及城乡研究学报，1983，2（1）：21-22.

② 陈志梧．民居空间理论模型之试建 [J]．台湾大学建筑及城乡研究学报，1983，2（1）：28.

③ 陈志梧．民居空间理论模型之试建 [J]．台湾大学建筑及城乡研究学报，1983，2（1）：28.

④ 司马云杰．社会文化学 [M]．济南：山东人民出版社，1985.

文丘里曾言："建筑是在实用与空间的内力与外力相遇处产生的。这种内部的力与外部环境的力，是一般的同时又是特殊的，是自己发生同时又是周围状况决定的。"[①] 人居于地表之上，自然环境对人既有害又有利，人总在索其利而避其害。一方面，为保证生命的延续主动地向大自然索取生活资料；另一方面，对自然环境中不利生存的因素，如狂风暴雨，酷暑严寒以及野兽的袭击等则尽量予以回避或抵抗。生命之摆忽而由人体向大自然进发，忽而迫于外界的压力而归于原点。为了积蓄能量，抵御外在环境的伤害，人类一直期望着一个既为归宿又为出发点的安全庇护场地。

外部环境的力在时空分布和作用的力度上是明显具有差别的，但长期的经验告诉人们，力的作用是全方位均匀分布的（自然环境中也确实存在着均匀分布的力，如空气的温度和湿度等），给人以一种"场"的感觉，在心理上产生一种强烈要求围护周身的情感，人体则以相应的内力与之对应。当外力和内力在距人体一定范围内达到一种相对平衡状态时，便形成一个以人体为中心的"圆"。这个圆在尚未与实质性的环境契合之前，就像一个"无形的罩子"而与人体形影不离。

2．"原始圆圈"

如果留意两三岁幼儿的自发性绘画，他们在经过一段似乎漫无目的的乱涂乱抹之后，大体上能画出一个不太规则的圆圈来，四五岁左右便由一个封闭的圆圈改为一组向心的圆圈。心理学家指出，儿童所画的圆圈是环境对知觉刺激的反映，是一个"保护性的容器"，因而被称为"原始圆圈"。[②]

既然"原始圆圈"是由外界刺激作用于知觉而产生的保护性容器，也可以认为它是一种庇护情感的表达，那么它就不应该仅仅存在于儿童画中，在凡遭遇外界刺激，且人类的认知水平与儿童相当的情况下，都有产生这种"圆圈"的可能性。

1）居住形式

一个盎然有趣的问题是人类在史前时代的居住形式几乎毫无例外地经历了圆形住宅的阶段（图 1）。据此，有人推测圆形被广泛采用是因为它是"最简单的封闭形"、"随处存在于自然界中"以及"构造简单，所需的做工少"等原因。[③] 与其说圆是最简单的封闭形，不如说圆是内聚力最强、安全感最强的形。至于"随处存在于自然界中"是一个不可否认的事实，但是却未见得是产生圆形住宅的主要动力。那种认为人类早期居住形式是模拟动物巢穴的"仿生学"假说是值得怀疑的。"为着人类的生存由人类按照自然的形象创造的天地——确实不是模拟自然而是通过对重力、静力和动力规律的实际摸索——是一个世界的空间表象，是因为它是在实际的空间中建造的，然而又不是在同一种意义上与其他自然的有系统的连续。这就是种族领域的意象，建筑上的基本幻象。"[④] 随处存在于自然界中的原型至多只能起助产师的作用。所谓"构造简单"亦应相对而言。现代人认为简单的东西，在原始人看来却未必如此。在石器时代造一个穹顶的圆屋无论对原始人还是现代人都不算轻而易举之事，因而让原始人造一个圆形住宅难度显然比造一个方形住宅要大。

图 1　新旧石器时代的圆形住宅
（引自《民居空间理论模型之试建》）

圆形住宅或聚落并不是史前人类所独有的。如果现代原始部落的圆形聚落可以认为是与史前人类的圆形聚落处于相似的历史阶段的产物的话，那么，我国福建的客家住宅就不能以此来解释了，因为客家人的文明程度远远超过了史前人类的水平。这就得看人们是处于何种外在环境条件下，以及人们以何种态度和手段来应付环境了。如果将福建客家的圆形聚落，以及非洲马萨伊（Massai）人的聚落（图 2）作一比较，我们发现它们在布局上着实十分相似，而他们的文化似乎又存在着较大

① （美）罗伯特·文丘里．建筑矛盾性与复杂性 [J]．周卜颐译．建筑师，1986，第 26 期：278.
② 鲁道夫·阿恩海姆．视觉思维 [M]．滕守尧译．第一版．北京：光明日报出版社，1987：399.
③ 陈志梧．民居空间理论模型之试建 [J]．台湾大学建筑及城乡研究学报，1983，2（1）：26.
④ 苏珊·朗格．情感与形式 [M]．刘大基等译．第一版．北京：中国社会科学院出版社，1986：114.

的差别。

在以抵御外部环境为生存的先决条件、内力与外力紧张对峙的情况下，圆是一种包覆感最强的安全庇护空间。无论是否处于原始时代，只要内外达到最紧张的状态，圆都有被重新启用的可能。

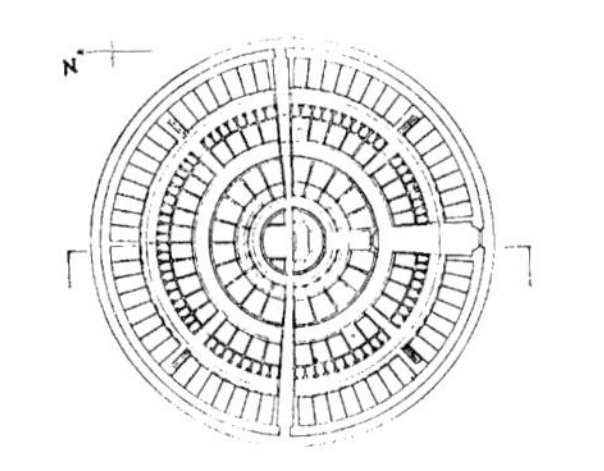

图 2a　福建客家住宅平面图
（引自《福建土楼》）

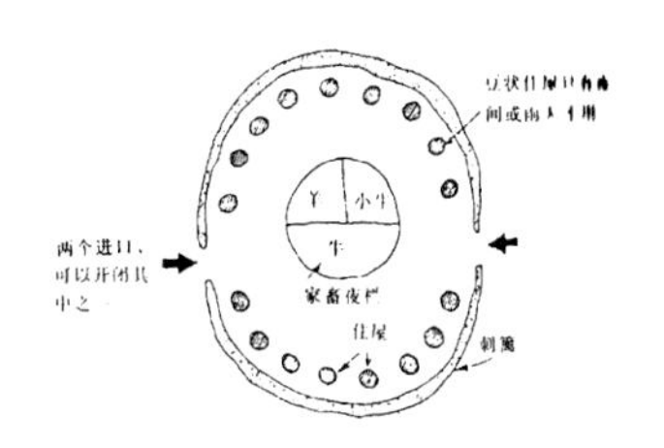

图 2b　非洲马萨伊人聚落
（引自《民居空间理论模型之试建》）

2）宗教，神话及天地意象

苏珊 · 朗格说："建筑创造了一个世界的表象，而这个世界则是自我的副本"。①

卡西尔说："人在天上所真正寻找的乃是他自己的倒影"。②

王夫之说："我即人也，我即天也"。③

鲁道夫 · 阿根姆在《视觉思维》一书的"理想模型"一章列举了大量圆及球体的知觉模型。④ 古人的宇宙图式大多与人被覆盖或围绕的意象相关。"人类曾设想自己生活在一个平坦的世界上（虽然有高山和深谷），四周有一圈圆形的地平线将其封闭。" ⑤ 在大地的上方覆盖着一个半球形的苍穹，上面镶嵌着群星，在天地相接处有一条深深的"护城河"环绕一周。中国人的宇宙模式大致与此不差。出现于殷末周初的盖天说，⑥ 主要意象是天在上地在下，天像一个半球状的大罩子。"天似穹庐，笼盖四野"，可以说是最形象化的概括了。汉代张衡的"浑天说"似乎较接近客观存在，但仍未脱离一个封闭宇宙的概念。"天之包地，犹壳之裹黄"是一种球形宇宙的意象，有一层天体外壳在地之四周环绕。

这些似是而非的宇宙模式是否与人类的庇护情感有关呢？人们想方设法构思出不露一丝破绽的封闭的宇宙是出于好奇，还是他那需要庇护的心灵长出的外壳？

古代神话女娲补天名垂青史。她真的补天了吗？她补了，她补了那由于"天塌"的恐惧而渴望庇护的心灵外壳；她弥合了不安的情感，女娲也就成为当之无愧的英雄始祖了。

再看一看西方的上帝是个什么模样？

人们经常把看不见的描绘成球体形象，用圆形来再现。有人曾将无所不知和无所不包的上帝比作一个球体四周的表面，用球心代表微不足道的人间生灵。⑦ 到十七世纪，上帝和人的关系变成一种动态的相互作用关系：上帝球面已向中心收缩，人类把上帝围裹在自己周围，反过来中心又向四周扩展，说明人类已溶解在伟大的上帝之中。

至此，我们似乎已经能够看清人类努力编造圆形或球体的基本用意了：维护自身，作茧自缚。

鲁道夫 · 阿恩海姆说："圆和球体之所以被首先考虑，其源盖出于人的知觉。"知觉为何先考虑圆呢？其源盖出于安全。所谓"存在就是圆"，也可以说安全就存在，安全就是不受伤害，存在于圆中自然就安全。非洲原始部落民族喜欢圆房子，据说他们害怕有角落的地方会藏鬼，不安全；信仰上帝的西方人自愿投入上帝的球里，尽管自己微不足道，但是安全。当人们作为一个点存在时，他便辐射出均匀分布的射线，与环境的压力场相对应，在某个特定的半径距离上形成一个包围自身的圆或球面，就像我们前面所说的"无形的罩子"一般。它仅是外部环境对人刺激的一个最原始的反应图式或幻象。当外在的形象，无论是用实质的材料所构成的房屋，还是抽象的上帝，只要与这个图式相吻合，人便获得了存在的同一性，亦即哲学家们所谓的"自我的副本"或"自己的倒影"。

3．圆方之变与人体意象

人并非一个点或一根棍。人体结构有前后、左右、上下之别，有明显的方向性和对称性。然而，裹在圆中虽然安全，却无法找到与人体结构特征相对应的点，人在圆中对不上象。所以，人在圆中所获得的安全感和同一性是以丧失人体结构特征和人的个性为前提的。处于一个均质性极强的纯粹圆的中心，人的方向感极易消失。这也许是人们一旦

① 苏珊 · 朗格．情感与形式 [M]．刘大基等译．第一版．北京：中国社会科学院出版社，1986：116.
② 恩斯特 · 卡西尔．人论 [M]．甘阳译．上海：上海译文出版社，1985.
③ 刘尧汉．中国文明源头新探 [M]．第一版．昆明：云南人民出版社，1985：52.
④ 鲁道夫 · 阿恩海姆．视觉思维 [M]．滕守尧译．第一版．北京：光明日报出版社，1987：398.
⑤ 鲁道夫 · 阿恩海姆．视觉思维 [M]．滕守尧译．第一版．北京：光明日报出版社，1987：398.
⑥ 马振亚，刘振兴．中国古代文化概说 [M]．第一版．长春：吉林大学出版社，1988：2.
⑦ 鲁道夫 · 阿恩海姆．视觉思维 [M]．滕守尧译．北京：光明日报出版社，1987：405.

发现其他与人体相吻合的居住形式便抛弃圆的原因。

一个真正的伟大发现——方的发现足以使人惊狂不已，人类始才从混沌中解脱出来。人于方中就像于四面镜中一般，前后左右被照得清清楚楚，真正找到了人类自身的存在价值。方使人的同一性更趋精确，“副本”更吻合，“倒影”更清晰可辨。对于方，我们不去追根求源地再发明一次，只是简单推测一下它的意义。

规整的方形在自然界中并不存在，发现它必须具备正交概念，由正交而正方。同时，亦可能伴随着对数“四”的明确认识，与四时、四象之分割有着密不可分的关系。由于方与人体及天象有内在的联系，它为人类进一步认识自然奠定了理性的基础。

圆和方的发现皆为史前人类的功劳。据人类学家研究证实，原始人对周围事物有着细致入微的观察，行动敏捷，并有敏锐的空间知觉，但其主要缺陷是知识数的困难，而且缺乏空间抽象能力。① 许多现代原始部落人一般仅能认识数“三”，三以外的数使用“许多”来代表；他们的空间知觉亦只能在行动中发生，而不能对空间予以抽象描述。似乎空间与他们的自身紧紧粘连在一起，或说空间像套儿一样不能从身上摘下来。三四岁的儿童也有同样的空间知觉，他们能循一定路线走回家，但却不能对走过的路线及主要标志予以叙述。②原始人一般都有轮回观念，时间就是在有连续边界的空间中轮回可以认为是原始人的宇宙观。英国的史前建筑石栏（Stonehenge）就是用连续的石柱所构成的圈来记录时令循环变化的一种构筑③（图3）。此例可以说明早期人类观察、思考和记录自然现象尚未能脱离围绕自身的一种实质性框架，尚未能用抽象来表达具有一定空间范围的事物。由此可见，建筑即使在早期已并非仅为人所居住，它还是人与外部世界相沟通的思维框架。即使是简单的圆或方形的原始住宅，也已不是仅为栖身而筑。

4．三种图式

所谓“人体意象”是从人体的整体结构以及维护这个结构的安全需要出发而发达的，不是人形的惟妙惟肖的复制。根据圆和方与人体的关系，我们称圆为人体的维护图式，方为人体的结构图式（图4），根据人的行动及知觉推出的图式称为知觉图式，三者统称为安全图式。它们都是人与外部环境相互作用而产生的，是人的不同存在方式。关于知觉图式现作如下解释。

图3　英国史前建筑——石栏（Stonehenge）
（引自《外国建筑历史图说》）

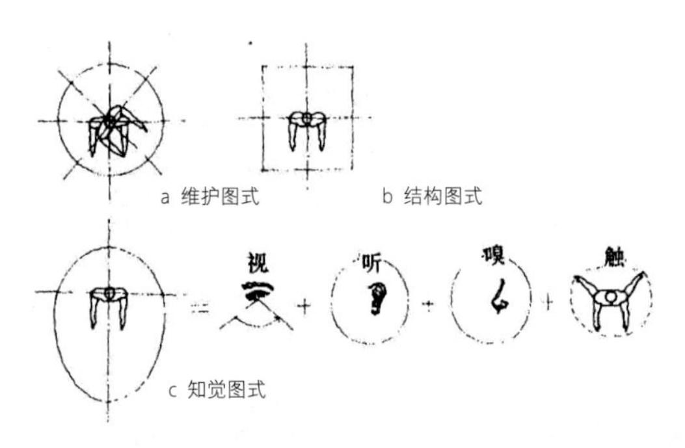

图4　安全图式

在圆形的维护图式中所体现的是一种强烈的庇护情感，我们曾将其设想为一个跟随人体形影不离的罩子，它是不精确而朦胧的；方形结构图式所体现的是人体与环境的对应关系，具有明显的方向性；知觉图式既非圆形也非方形，而是二者的协调统一。

说人体周围有一层无形的罩子或是膜，不过谁也没有看到或摸到。心理学家通过对人际距离的研究提出了人的“非程式空间”这一概念，④指出了人在社会环境中有四个距离（图5），超越了某个距离人们便有某种心理反应，甚至采取必要的行动以维持情绪的稳定和身体的安全。人们在人际交往过程中确实对距离有一个要求，不过人体周围的距离要求往往并非同等，这一点是值得思索的。从人体上分析，由于人们的知觉器官多集中于前部，对左右两侧和后部的感觉比较迟钝，移动、发生动作又以向前最为方便。与熟人交往时，我们多以正面相对，一方面是方便，另一方面是出于礼貌（人们一般感觉前面比后面尊贵些），且需保持一定的距离。当人在环境中（社会环境和自然环境）感觉到后部并不存在潜在的不安全因素时，他的安全需要便集中在前面和左右两侧。人总在寻求后部和左右的掩体，当现实中并不存在维护的条件时，人们便主动地造一个出来。恐怕这也就是故宫在北面加一个景山的最起码的心理基础。任何玄学的分析似乎都不足以

① 刘尧汉．中国文明源头新探 [M]．昆明：云南人民出版社，1985：59.
② 皮亚杰．发生认识论原理 [M]．王宪钿等译．北京：商务印书馆出版，1981.
③ 罗小未，蔡琬英．外国建筑历史图说 [M]．上海：同济大学出版社，1986：4.
④ 相马一郎，佐古顺．环境心理学 [M]．周畅等译．北京：中国建筑工业出版社，1986：71.

揭示中国的古建筑格局、风水观念乃至伦理观念的内涵，唯有从维护人体安全需要出发进行心理分析才能找出根来。

故此，知觉图式是一个偏心图式，而不是维护图式和结构图式的简单叠合，其形状大致如图 4c。图式以外的部分是知觉的盲区，需要尽力加以维护。

安全图式发乎人体，是人体意象的表达。但是，人体意象的表达方式却不仅仅限于建筑，凡为维护人体安全需要而产生的一切人类文化都可以用安全图式予以解答。这里需提及一点，安全图式虽以人为中心，但图式在以实质形式表达出来时，人并不见得就直接去占据中心位置。世界上除了自以为是中心的人物敢于占据中心（如中国皇帝的宝座，法国路易十四的床以及敢冒天下大不韪的山大王）位置外，人们一般以自己的替身去代替。如中心可以是一堆火、一群牛、祖宗的牌位或者宗教的偶像等等。这些东西都非无足轻重之物，它们是与人的生存攸关的，代表着人的最高利益。

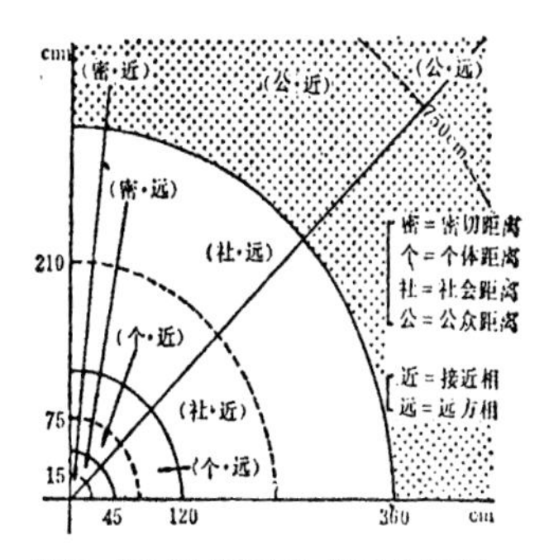

图 5 “非程式空间”的四个距离（引自《环境心理学》）

下面将用一个图表展示一下居住形式和社会文化诸相的关系（图 6），从中我们可以看出中国人对安全图式的运用简直渗透了文化的各个方面，而不仅限于建筑。如果从中提取任何一项与建筑形式作一比较分析，都可以发现二者之间的相近的拓扑关系。整个图表所显示的是一个文化的连续的功能形式或系统，而我们却很难说受哪一项的支配。若非要提取一个出来作为整个文化系统的主导，也只能是人体的安全图式，它来自于人和自然与社会的外在环境的相互作用。所谓的风水观、伦理序位观，都不过是整个文化系统的内部循环释义，其有效性无可否认，其局限性亦在所难免。

有人讲中国建筑“妙”在墙的运用，我们说中国建筑“妙”在安全图式的过分发达。对安全图式的无以复加的重叠是中华文化的明显特征。在此，对于中华文化的优劣姑且不论，而是通过世界文明史上的特例，持之以恒的中华文化的思索，帮助我们提取“安全图式”这一概念。

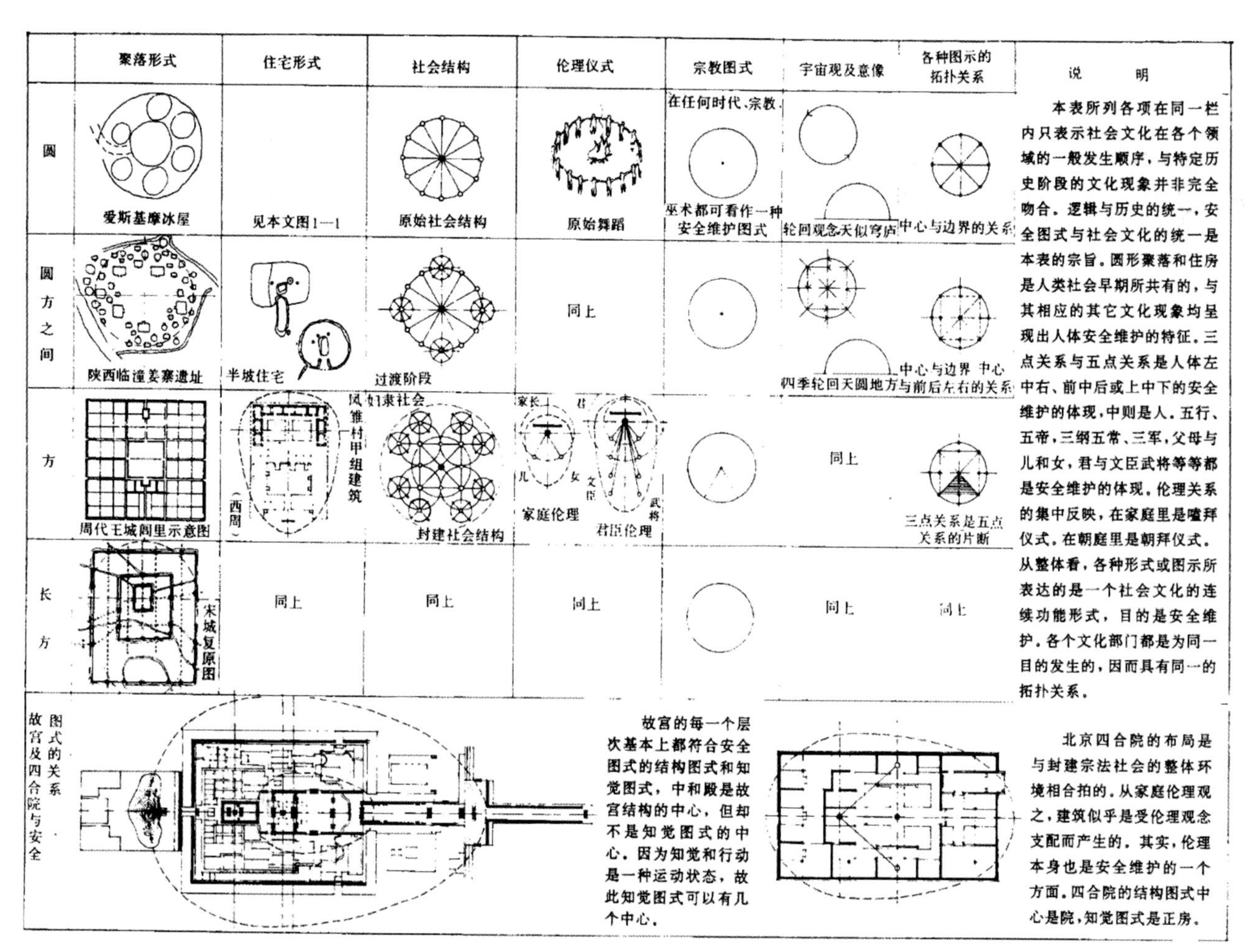

图 6 居住形式和社会文化诸相的关系

建筑与雕塑的互补关系[①]

摘 要

从空间和功能两个角度论述了古典或传统建筑中建筑与雕塑的互补关系；探讨了建筑中的雕塑发生的根源及其演化；进一步揭示了传统建筑空间处理的重点所在。此项研究对摆脱对传统建筑形式的简单模仿，创造富有传统空间意向的现代建筑具有重要的理论意义。

关键词 建筑；雕塑；互补关系；空间处理重点

引言

一般而言，建筑与雕塑分属不同的艺术类别，两者之间存在较大的差异。与纯艺术不同，建筑是集经济、技术、功能、文化于一体的综合性艺术，是人们进行某种社会或个人活动的物质载体。而雕塑，就其现代意义而言，只是供人们欣赏、观看、品评的纯艺术品，本身不具备特定的物质功能。然而，尽管如此，在建筑与雕塑之间仍然存在着某种重要的联系。英国当代哲学家罗杰 · 斯克鲁登在《建筑美学》中指出："雕塑可以有助于我们对建筑的理解，达到这样的程度，即我们对一座建筑的整体感受可以依靠它的各部分雕塑意义的感受来获得。"[②]

本文认为，进一步揭示古典或传统建筑中建筑与雕塑的联系——建筑与雕塑的互补关系及其深刻的人类学内涵，不仅可以指出古典或传统建筑空间处理的重点所在，而且通过对雕塑在建筑中的位置分析，还可以为创造富有传统意味的现代建筑提供重要的参考。

一、建筑与雕塑的互补关系

1. 建筑与雕塑的空间互补

游离于建筑之外的雕塑，自足性、独立性较强，与建筑不存在空间的互补关系。约自凿石建筑出现之时，雕塑便被建筑所吸收，广泛用于祭坛、墙壁、柱子或扶壁之上，建筑烘托着雕塑，雕塑"装饰"着建筑[③]。把建筑的基本感受看成一个完整的结构图式，雕塑则起着强调并指明图式结构中心的重要作用。

体现建筑与雕塑互补关系的佳例是西方古典建筑，尤其是宗教建筑中的壁龛和塑像。教堂中的雕像都和它的壁龛相适应，共同构成了一个完满的结构图式。斯克鲁登认为，这种雕塑，基本上是属于建筑的[④]。固然，在这种情况下雕塑是被限定在建筑的框架之内，而且在一个完整的建筑空间的内部或外部，一个壁龛和雕像亦不过是一个必要的组成部分。但相对于壁龛而言，雕像充盈它，主宰它，确切无疑地起着支配壁龛空间的作用，二者相依为照，互为图地，不可或缺，难以区别谁属于谁，是雕像揭示了壁龛的空间意向，是壁龛限定了雕像的能动范围，这也就是二者存在互补关系的道理。

当体验一个雕塑时，首先便感觉到它的位置与周围环境的关系，某种程度上是以雕塑为"另一个自我"来审视周遭环境，否则就无从了解雕塑的地位与环境的空间关系。对于建筑空间来讲，承认这一点就已达到目标，暂且不必论及审美中的移情问题，因为目前问题的焦点还只是建筑与雕塑的结合方式，而不是建筑空间或雕塑的具体样态所体现的审美情趣。

---

① 张玉坤. 建筑与雕塑的互补关系 [J]. 天津大学学报，1998 年 12 月，第 31 卷，增刊.

② （英）罗杰 · 斯克鲁登. 建筑美学 [M]. 刘先觉译. 北京：中国建筑工业出版社，1992.

③ （美）苏珊 · 朗格. 情感与形式 [M]. 刘大基，傅志强，周发祥译. 北京：中国社会科学院出版社，1986.

④ （英）罗杰 · 斯克鲁登. 建筑美学 [M]. 刘先觉译. 北京：中国建筑工业出版社，1992.

在较抽象的层次上，传统聚落和住宅中的某些中心相当于具有能动体积的“雕塑”，实际情形中有些中心也确实是由雕塑或雕塑性的构件形成的。这些神秘的“精神构件”若不在整体的空间环境中加以研究，极易被视为“迷信”而被排除在研究范围之外，或是假民欲之名玩味其玄秘。而实际上，在神秘“迷信”的外衣之内，暗藏着极为可贵的雕塑品格，与周围的空间环境具有明确的“互补关系”。揭示这种互补关系，正像斯克鲁登所说的，“对一座建筑的整体感受可以依靠它的各部分雕塑意义的感受来获得”。

2．建筑与雕塑的功能互补

英国人文主义美学家乔费莱 · 司谷特说：“把女像及巨人用来代替柱子的习惯不是没有意义的。可以发觉人体以某种方式进入设计问题”。[①] 维特鲁维在《建筑十书》中讲，女像柱的使用是为了惩罚从其他城邦掠来的女俘而让她们负重的；至于男像柱，维持鲁维认为还找不出它的原因。[②] 希腊人称男像柱为阿特兰特斯——希腊神话中顶天的巨神。由此看来，以人像代替柱子起码是以表示惩罚或象征力量的方式“进入设计问题”的，尽管这种解释并不能十分令人满意。

现代非洲原始部落的住宅中仍在使用人像柱，其女像柱多取跪姿，头顶短柱支撑屋顶；男像柱则硕大而有力；有的房屋，围匝树以木桩为墙，每根木桩朝外一面均雕成十分夸张的女性形象。这些人像柱有些是祖先的形象，有些是其他的神祇，其作用是保护宅居的安全，而非审美的需要。北美印第安海达人的房柱同时也是图腾柱。中国汉代的房柱虽非具象的人形，但其柱身、栌斗也含有人像的意向。这些现象与一般的装饰是有区别的。诚然，作为柱廊或墙壁的人像柱并非像位于中心的雕塑那样具有统领全局的含义，但也并非简单地代替柱子或仅为装饰柱子，因为无论是柱子的纯粹功能的概念，还是雕塑的美化装饰概念，从人类学角度看似乎是出现较晚的。如果分开来理解的话，人像柱既有力学的支撑功能，又有保护房屋安全的巫术功能。这与我们今天认为柱子的雕刻是多余的累赘，并因此而破坏了柱子的力学性能的看法是完全不同的，被雕镂的柱子不但没有减弱“力学上”的作用，反而因其神性而使整体功能得到加强，“雕像”和“柱”的结合共同构成了一个互补实用的功能系统。

二、建筑与雕塑互补的人类学根源

从以上两则分析中可以看出，建筑与雕塑具有明显的互补关系。庙宇或其他建筑中的雕塑，壁龛中的雕塑，与建筑一起共同构成了一个完满的结构图式，各自的分量可以说平分秋色，相得益彰，而人像柱则代替或加强了建筑的局部功能，从性质上讲仍然属于建筑。从人类历史的发展观之，建筑与雕塑的这两种结合方式有着深刻的人类学根源。这一点可从门神信仰和奠基仪式中加以说明。

我国民间最流行的门神一是秦琼和尉迟恭的画像，一是钟馗，均起源于唐代。钟馗是民间信仰中的捉鬼英雄，被崇为神，贴于门上以镇百鬼。这种门神信仰早在《礼记 · 丧服大记》中便有所记，名为“君释菜”，郑玄注曰：“释菜，礼门神也。”西汉时的勇士成庆，东汉的神荼、郁垒两兄弟都曾被奉为门神[③]。然而，这些都不是最早的门神。

在河南安阳小西屯殷墟中，宫殿基址之上和基础之下，以及础间、门侧或基址周围，经常发现人或动物的骨架葬坑。这些葬坑是建筑过程中举行奠基、置础、安门等仪式时所留下的遗迹，一般奠基和安门用人和狗；置础时用人、牛、羊、狗……安门时，埋的多是武装侍从，分置门的两侧和当门处，有的持戈执盾，多作跪姿，其中不少是活埋的[④]。尤其残忍的是埋在门下的还有小孩。另据考古资料，在仰韶文化和龙山文化的房屋遗址下及其周围，两千余年来一直流行埋葬儿童的瓮棺葬。对此，学者们其说不一。有人认为是让夭折的儿童早日生还人世才将它们埋在房屋周围的。然而，事实可能并非如此。瓮棺中的儿童极可能是门神的最早原型，至少可以说埋在殷墟基址门侧和当中的武士和儿童是最早的门神。

当今在建筑开工前举行的奠基仪式，其起源也可从上述殷墟遗址中略见一斑，即在古代，至少是殷商之际，奠基多用人或其他动物。无独有偶，古代日本在建桥时，亦在桥下奠祭人牲。据爱德华 · 泰勒介绍，古代苏格兰流行一种

---

① （英）乔弗莱 · 司古特．人文主义建筑学——情趣史的研究 [M]．张钦楠译．北京：中国建筑工业出版社，1989.

② 维特鲁威．建筑十书 [M]．高履泰译．北京：中国建筑工业出版社，1991.

③ 昌平先生．中国辟邪术 [M]，乌鲁木齐：新疆大学出版社，1994.

④ 叶骁军．中国都城发展史 [M]．西安：陕西人民出版社，1988.

迷信，他们用人血来浇灌建筑的基础，德意志、斯拉夫也有此“劣迹”。在加里曼丹岛上的达雅克人中，实行过一种更为残暴的奠基仪式，即“在建造大房子的时候，为第一根柱子挖一个深坑，那根柱子就用绳子悬在它上面。把一个女奴姑娘放进坑内，并且依照这个结果割断了绳子，巨大柱子把姑娘砸死了。”①

人牲殉葬、献祭、奠基、奠门这些残暴行为，在我国东周以前还比较普遍，其对象除了亲信的武士之外，最初多是以战俘和奴隶充任的，后来才用其他的手段来代替他们。例如，墓圹中的“俑”原本是活人，其原型是“方相”——一位能摧毁强敌，驱除恶祟的勇士。统治者生时他护身左右，保卫宫庭；统治者死时他下去墓圹，驱除恶鬼，并往往随葬②。俑到春秋战国时期则一般由铜、木、陶制的偶人所代替，人殉现象大大减少。孔夫子所言“始作俑者，其无后乎?”所指的是“俑”则是“为其象人”的偶人③。奠基、奠门也相应地发生了由人牲到图像或雕塑的转化。诚如贡布里希所言：“后来，这些恐怖行为不是被认为太残忍，就是被认为太奢侈，于是艺术就来帮忙，把图像献给人间的伟大人物，以此代替活生生的仆役”④。从历史角度看，“始作俑者”并非像现在人们所认为的那样，是带头做某种坏事的罪魁祸首，而是在人类文明史上做出伟大贡献的雕塑艺术家。

在人类文明血淋淋的地基上，耸立着伟大的建筑艺术和雕塑艺术。那些被埋在地下的武士、奴隶、战俘和妇女、儿童们千百年的冤魂，随着破除奴隶制的曙光，像种子一样破土萌生，成长为铜制、陶制、土制的俑、石像、人像柱和门神等各种艺术形象，屹立在建筑物的四周、门侧或墓旁，为活着和死去的脆弱的灵魂撑起一个百无禁忌的“理想世界”。

三、雕塑的位置分析及其理论意义

上述关于建筑与雕塑互补关系的人类学考察——那些令人发指的祭门奠基的原型及其转化过程，对任何与此相关理论上的人道主义揣摩都是严厉的打击。在它面前，“民俗学”绘声绘色的神话般的描述显得贫乏之极。蒙昧、迷信的古代人类，由于对环境力量的无知，构想出支配世界的鬼神，进而又不惜以残暴迷信的手段向自己的构想发起反击。建筑中的雕塑，在“装饰”“美化”建筑之外或之先，主要是作为这种反击力量的重要组成部分而发挥其功能作用的。从逻辑上讲，既然前人由于思想上的迷信创造了一些表现迷信观念的形态，他们的创造对他们而言也就是真实而有意义的。同时，也由于他们把现实中并不存在的环境——鬼神世界——对现实环境力量的歪曲和抽象，看成确有其事，并赋予这个环境以与现实环境相当的能动的品格，他们对建筑空间中的雕塑或其他防卫性、装饰性构件的位置经营就与现实环境有相通之外可资借鉴之处。对建筑中的雕塑进行位置分析，其理论意义正在于斯。

在我国的传统建筑中，从聚落、街道到单体建筑的不同规模的空间层次上，广泛分布着雕塑、装饰或其他不同形式的精神防卫构件。它们的位置概括起来有以下两种：

1．空间尽端或转折点：传统聚落的道路尽端，丁字形街或小巷的当口处，一般都设有庙宇——神像的居所或“泰山石敢当”之类镇物，以震慑直面而来的恶祟的“冲射”。石拱桥的拱心石所刻兽头，情同此理。巽门离宅的四合院，进宅之东南角入口迎面是一堵砖雕影壁。在山西民宅中，影壁正中还常置一微型土地庙，进入二门迎面是“刀剑屏”，以挡煞气。处于中轴线尽端的堂屋，自古便是“人不敢居”的神之居所，至今在许多传统民宅中仍然是祖先神像、牌位或天地君亲师的位置。包括大范围内的水口塔，也常位于河口或河流转弯处，人们远远就能望见它们的形象。简言之，在近景、远景的焦点位置上，皆有雕塑或供精神防卫之用的构件，古人对它们的位置经营似乎从来不曾出现什么错误，具有十分恰当的功能和视觉上的针对性。所谓的“对景”或“底景”亦可能皆源于此。

2．入口过渡或空间层次转换处：从聚落外部进入街道空间，从街道空间进入院落空间，再从院落进入室内，在每从一个空间进入另一空间的入口节点或空间层次转换处的周围，是雕塑、雕刻和其他装饰性、防卫性构件最为集中的地方。古城、古堡的门楼上、门两侧或瓮城内两侧多置武庙或其他神庙。包括跨越河流的桥梁这类空间过渡的节点上，两侧也常见雄狮把守，怪兽罗列。庙宇山门内的“哼哈二将”，陵墓建筑神道两侧排列的翁仲、像生，各类建筑

---

① （英）爱德华·泰勒．原始文化[M]．刘魁立主编．连树生译．上海：上海文艺出版社，1992.
② 常任侠．中西美术之外来因素[J]．中国文化，1990（2）：55.
③ 杨伯峻．孟子译注[M]．北京：中华书局，1960.
④ （英）贡布里希．艺术发展史：艺术的故事[M]．范景中译．天津：天津人民美术出版社，1992.

物门口两侧的一对石狮，大门上的门神、铺首……层层设“卡”之严、种类之多难以历数。当然，位于空间层次转换或过渡处的处理并不仅是这些防卫性的雕塑或图像，还有大量祈福求祥的其他装饰、标志、匾牌等。即使是雕塑也已不仅为精神防卫而设，为人们提供视觉上的愉悦也是其主要功能之一。然而，无论是消极的抵御，积极的祈求，抑或出于审美的需要，至为关键的是这些雕塑或构件又无一不在空间层次转换的节点上，它们标示着空间处理的重点所在。

上述两种主要位置的雕塑，与建筑具有空间和功能上的双重互补关系，建筑空间的处理重点通过雕塑而揭示出来。就观者而言，位于建筑或聚落内部空间尽端和转折点的雕塑，一般是主宰性、实体性的，占据着空间的中心位置，因而标明视觉的焦点；而位于入口两侧或周围的雕塑，则一般是辅助性、使役性、围合性的，起着烘托空间氛围的作用。两种位置的雕塑都不算独立自在的雕塑表现，而是直接参与了强化建筑空间功能的仪式性操作。

至此，古典或传统建筑与雕塑的互补关系的理论研究基本完结。此项研究的更重要的意义在于建筑创作实践中“消除具象”和“再次转化”。

1）消除具象：古典或传统建筑中的那些雕塑或装饰构件，虽然是一笔可贵的文化财富，但绝大多数已无实际应用的价值，直接照搬到当代建筑中则会显得不伦不类。因此，对待这些雕塑的第一步就是要消除具体形象所表达的环境氛围，拭去历史积淀的蒙尘，专看它们所处的位置所表明的空间重点。

2）再次转化：所谓的“再次转化”就是再创造的过程。当代建筑师需根据现实人们的审美情趣和所要表达的主题，像“始作俑者”从人牲到俑所做的转化那样，把具有新内涵的形象置于与旧形象相同或类似的位置，使新建筑既有经过抽象后的传统空间意向，又不失当代建筑的时代性格。

结语

在当代建筑日趋全球化、同一化的今天，建筑的地域化、民族化显得尤为重要。如何从地方和民族传统建筑中汲取营养，丰富当代的建筑创作，是一个尚待深入研究的重要课题。以往由于缺乏对传统建筑空间特征的认识，汲取传统精华只流于表面形式的模仿、抽象或简化。设计人员要么置传统于不顾，要么照搬、拼凑，随处可见的仿古、复古建筑则是其表征。相反，对于建筑空间的某些重要部位却又往往不假思索，无所作为。建筑与雕塑互补关系的研究，则是力图克服上述弊端，从认识建筑空间特征入手，抓住空间处理的重点，为创造具有地域和民族特征的当代建筑提供一条新的思路。

中国传统四合院建筑的发生机制①

摘　要

本文从原始社会文化遗址发掘的考古资料入手，通过对居住建筑布局演变过程的阐述，揭示出传统四合院建筑格局的发生机制可能并非封建礼制下的伦理序位，而是抽象化的人体图式。从人体图式的观点出发，可以对四合院建筑的形式、布局、称谓，以及文化内涵等方面做出比较合理和完整的阐释。

关键词　四合院建筑；发生机制；伦理序位；人体图式

引言

四合院建筑起源于历史悠久的黄河流域，是中国传统建筑形式的典型代表。传统的四合院建筑基本采用“中轴对称，前堂后室，左右两厢”的建筑布局，从自然环境、社会结构和文化观念等方面很好地满足了人们社会活动和家庭生活的需求。这种被尊崇为古制并加以定型化而延续弥久的建筑格局，其发生根源和机制到底是什么，是否源于“长幼有序、内外有别、男尊女卑”的礼制观念？本文通过黄河流域古代文化遗址考古资料的梳理，试图探讨传统四合院建筑格局的形成原因和发展脉络，进而揭示其发生机制。

一、历史渊源

自然地理环境是人类生产生活的重要条件。黄河流域土地肥沃，气候温和，物种资源较为丰富，是适宜人类居住的理想家园。早在七、八千年前的农耕文化时期，史前先民就已经定居在黄河流域。发掘于河北省武安县的磁山文化遗址，可以追溯到距今大约7355~7060年前，是黄河流域早期农耕村落的代表②。聚落遗址由一座座半地穴式建筑构成，平面多为不规则的圆形，面积约6~8平方米（图1）；到了据今大约6700~4800年前的仰韶文化时期，方形房屋逐渐在黄河流域占据了统治地位，房屋面积扩大为20平方米左右。其时，建筑的平面形式发生了由圆到方的历史性转变（图2）。

在仰韶文化时期的半坡和姜寨遗址中，还发现了一类规模更大的建筑，考古学家将其称之为“大房子”。半坡“大房子”的进门是一个大空间，内设火塘，似应是供首领聚会的仪式性场所。后部划分为三个小空间，仍为生活起居的卧室。这种前部厅堂、后部卧室的布局，是目前所知最早的“前堂后室”的实例③（图3）。仰韶文化晚期，中心聚落中开始出现前后和左右分间的大房子，被誉为“原始殿堂”的渭水上游秦安大地湾聚落遗址中的大房子即为典型一例。“原始殿堂”主室呈东西向展开的长方形，室外前部分列两排较为规则的13个柱洞，柱洞前面一排为供祭祀用的石台；室内居中设一直径3米多的大火塘，火塘后部左右分列各直径1米多的柱洞，形成轴对称格局，是用于聚落公共活动的“堂”。堂的后部有室，左右各有侧室——

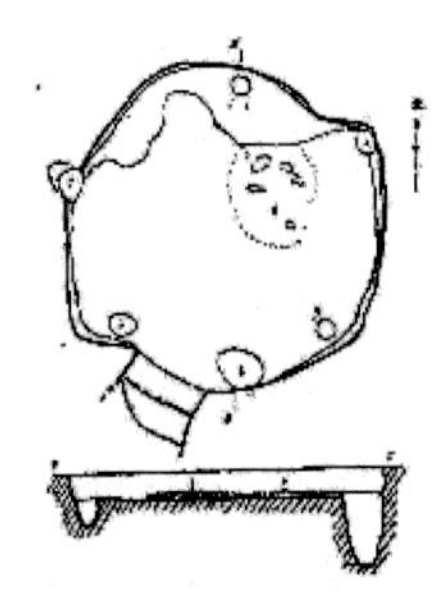

图1　距今8000年的半地穴圆形房基

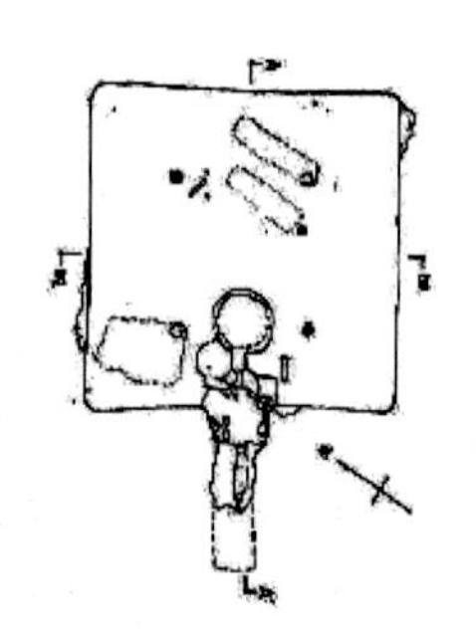

图2　距今6000年的半坡庙底沟方形房基

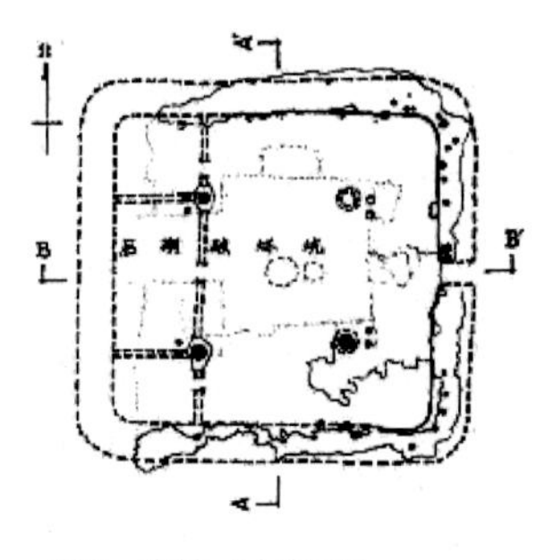

图3　半坡“大房子”

---

① 张玉坤，李贺楠．中国传统四合院建筑的发生机制[J]．天津大学学报，2004（06）：101-105.
基金项目：国家自然科学基金项目（50278061）

② 河北省文物管理处．河北武安磁山遗址[J]．考古学报，1981（03）：303-338.

③ 杨鸿勋．建筑考古论文集[M]．北京：文物出版社，1987：35-36.

“旁”“夹”，构成明显的“中轴对称，前堂后室，左右两厢”的格局[①]（图 4）。约在 4000 年前的铜石并用时代，原来独立的单体建筑逐步发展成为群体建筑，院落开始出现。起初，院落可能只是作为房屋之间的空隙，到了西周时期，院落开始与单体建筑结合，形成了布局严整的四合院建筑。发现于陕西岐山的凤雏村早周遗址具有明确的中轴线，沿中轴线由外而内依次排列着影壁、大门、庭院、前堂、后室，东西两侧为通长的厢房（图 5）。从不同时期建筑遗址的演变过程可以看出，“中轴对称，前堂后室，左右两厢”的建筑布局，在这一时期已经实现了单体建筑向院落群体建筑的突破，是中国传统四合院建筑发展的重要阶段。

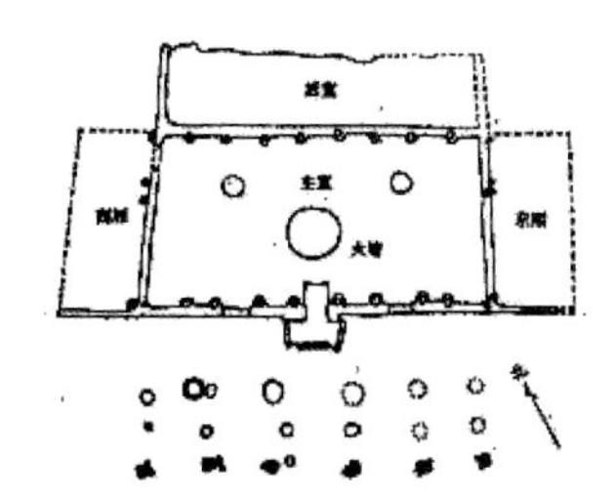

图 4　秦安大地湾“原始殿堂”

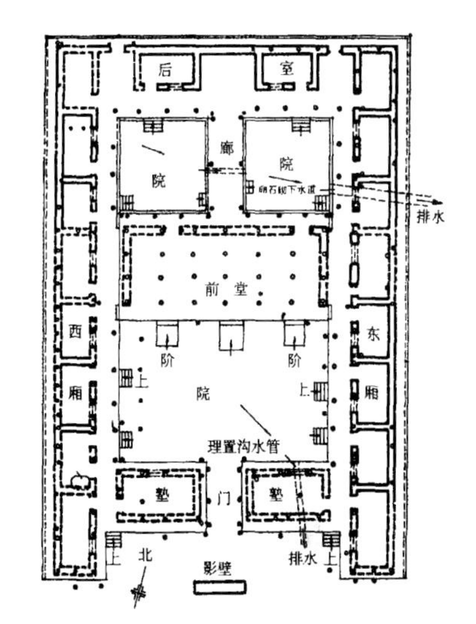

图 5　陕西岐山“凤雏村”

此外，春秋时期，四合院建筑已逐渐趋于规范化和定型化，《仪礼》记载了当时士大夫住宅制度：住宅的大门为三间，中央明间为门，左右次间为“塾”；门内为庭院，上方为“堂”，为生活起居、会见宾客、举行仪式的地方；堂的左右为“厢”，堂后为“室”。《现代汉语大辞典》中，将由门、塾、堂、厢、室组成的中国传统居住建筑的原型定义为“寝”。如果将秦安大地湾“原始殿堂”与汉代“寝”的图式相互对照，不难看出两者在建筑布局上同出一辙，一脉相承（图 6）。

二、发生机制

1. 伦理序位或礼乐说

通过对传统四合院建筑布局形式的历史溯源，可以认为四合院建筑“中轴对称，前堂后室，左右两厢”的布局绝不是一种偶然现象，而是经历了漫长的历史时期逐渐形成和发展起来的。那么，传统四合院建筑布局的生成机制是什么？对此，一些学者将其归结为社会伦理观念。

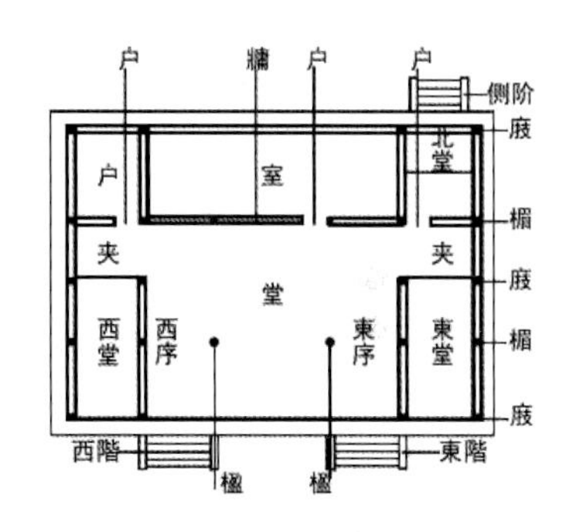

图 6　汉代的“寝”
（作者据《现代汉语大辞典》改绘）

余卓群教授说：“《乐记》称‘乐者，天地之和也；礼者，天地之序也。和，故百物皆化；序，故群物皆别。’这是社会文化的一种反映，在民居上则反映于程式化的定势，构成一定的形象”；“堂是文化核象的实体，院是空间核心的虚体。这种虚实相间、阴阳互补的形态，是整个民居的中心坐标，决定了建筑差序有别，长幼有序，由密到疏，由强到弱，由清晰到模糊的格局，富有浓厚的宗法意识，正是礼乐秩序的一种强烈表现”。[②] 钱圣豹也从儒家礼乐观出发，指出了传统四合院尊卑有序、中轴对称的理论渊源[③]。毋庸置疑，奴隶或封建社会中的伦理观或礼乐观对四合院建筑有着深远影响，从四合院的整体布局、房间位次乃至装饰装修、家具花木设置，皆有具体而微的体现。四合院的形制能一直延续到明清，礼乐秩序或伦理序位观念也确实起到了维持和强化这种形制的作用，使之达到几乎无所不在，登峰造极的地步。然而，四合院的雏形早在 5000～6000 年前的仰韶文化时期已经形成，其时的社会形态和伦理观念与奴隶或封建社会及其伦理观念差异显著，难将伦理序位作为四合院建筑的生成机制，存在着不同社会发展阶段在时间上的矛盾。

社会伦理观念作为一种规范社会成员在复杂的社会关系中责任与义务的道德观念，其建立的基础是人类社会的等级制度。成书于战国末年的《易经》，最早阐述了社会伦理观念，“天尊地卑，乾坤定矣；卑高以陈，贵贱位矣。”其本意是要从人类社会的等级结构概括出尊卑观念，并以此来解释自然万物的运动规律，但为了强化社会人伦关系的绝对性，反因为果，将人类社会的等级结构归源于宇宙法则。然而，“中轴对称，前堂后室，左右两厢”的建筑布局在原始社会的仰韶文化时期就已经产生了。通过对于原始社会的社会结构的研究，目前比较公认的结论是：原始社会是以生产资料公有制为基础的社会形态。氏族成员集体劳动和生活，没有剥削和压迫，没有阶级和国家。由此可见，中国

---

① 程晓钟．大地湾考古研究文集 [M]．兰州：甘肃文化出版社，2002：28-39.
② 余卓群．民居潜在意识钩沉 [M]// 中国传统民居与文化第二辑．北京：中国建筑工业出版社，1992：2-3.
③ 钱圣豹．儒家礼乐思想与风水学对北京四合院型制的双重影响 [J]．时代建筑，1991（04）：43.

传统四合院的布局不是按照社会伦理观念，而是从原始氏族公社先民的居住建筑中继承发展而来的。

2．人体结构说

通过前文对居住建筑的历史溯源，我们可以对居住空间形式的演变做出阶段性的小结：

①旧石器时代的天然洞穴是我国原始人类普遍采用的居住形式或场所，洞穴为人们提供了与周围外部环境截然不同的庇护空间；

②进入新石器时代以后，大部分原始人类已走出洞穴，在浅山沿河地带建造起简单的圆形半地穴式住宅；

③约在圆形住宅出现同时或稍后，方的形式从墓葬坑中萌芽，以后住宅形式便由不规则圆形逐渐演变为不规则方形，直到规则方形；

④方形住宅体现了人体的轴向性，通过方形住宅中介，实现了人体十字轴与天地四方十字轴的相互叠合，使人类建立起时空观念，具有革命性的意义；

⑤秦安大地的“原始殿堂”中轴对称，前堂后室，左右两厢的建筑格局是从方形房屋中发展而来的。通过对建筑方形框架的进一步复杂化，增加了中心的围护层次；

⑥陕西岐山的凤雏村早周遗址通过建筑与院落的空间组合。使中心的围护层次进一步拓展。如果将从洞穴到岐山凤雏村的演化序列标示出来，各种形式的意义可以看得更为明显（图7）。

1）人体结构与建筑原型的统一

原型是比较稳定的图式，是人类在外部环境作用下“积淀”下来的心理情感的显现。原始社会的考古资料表明：简单的圆形、方形洞穴是原始社会时期最为普遍的建筑形式，“□、○”可以看作传统四合院建筑居住空间的“原型”或“类型”，而“Π”形可以看作是多进方形房屋的简化图式。除此之外，在方形房屋建筑原型的骨架之中，人体的十字轴结构和天地的四方框架得到了统一，主要体现为“·”“｜”和“+”三个分别作为中心和方位的要素。而这些最能体现建筑空间本质的原型与人体结构有着密不可分的关系。

以“+”为例，中国传统建筑对中心轴线的追求至为执着，从城市布局到建筑单体均有体现。正如梁思成先生说：“以多座建筑合组而成之宫殿、官署、庙宇，及至于住宅，通常均取左右均齐之绝对整齐对称之布局。庭院四周，绕以建筑物，庭院数目无定。其所最注重者，乃主要中线之成立。一切组织均根据中线以发展，其部署秩序均为左右分立，这于礼仪之庄严场合。”这种现象的认识始自伊东忠太，迄今未见令人满意的解释。本文从人体结构的角度认为：十字轴线是人体十字轴的物化或固化；中轴对称的布局之所以震撼人心，关键在于这种布局与人体结构相契合。如“·”是表示中心的要素，在传统建筑中常有体现。由于传统四合院建筑强调“尊者居中”，建筑的中心具有很强的向心性。普通人并不具有这种精神上的凝聚力和行为上的控制力，因而，在四合院建筑中，中心的位置往往是宗族的祠堂、长辈居住的正房等地位较高的建筑；再如“Π”，这种三面围护的建筑原型是出于后部和左右维护的安全需要而发生的。多进四合院的布局可以看作是“Π”形图式的重复和放大。层层相套的闽粤围拢民居是“Π”形图式发展最完善的例子（图8）。

2）人体结构与建筑结构的对应性

“宅是外物，方圆由人，有可为之理，犹西施之洁不可为，而西施之服可为也”。居住建筑的营造是人类生存的基本行为之一，其实质是以自然生态系统为本，来构建人工生态系统。居住建筑是人们实现“顺应自然，天人合一”理想的中介，是人体结构的物化，因而，居住建筑结构往往模仿人体结构来加以营造。

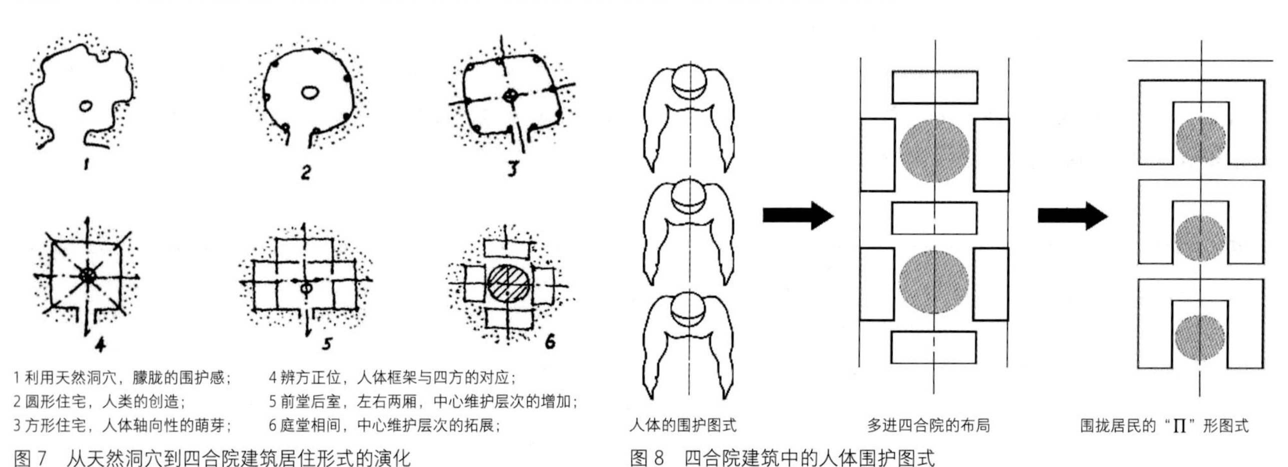

1 利用天然洞穴，朦胧的围护感；
2 圆形住宅，人类的创造；
3 方形住宅，人体轴向性的萌芽；
4 辨方正位，人体框架与四方的对应；
5 前堂后室，左右两厢，中心维护层次的增加；
6 庭堂相间，中心维护层次的拓展；

图7 从天然洞穴到四合院建筑居住形式的演化

图8 四合院建筑中的人体围护图式

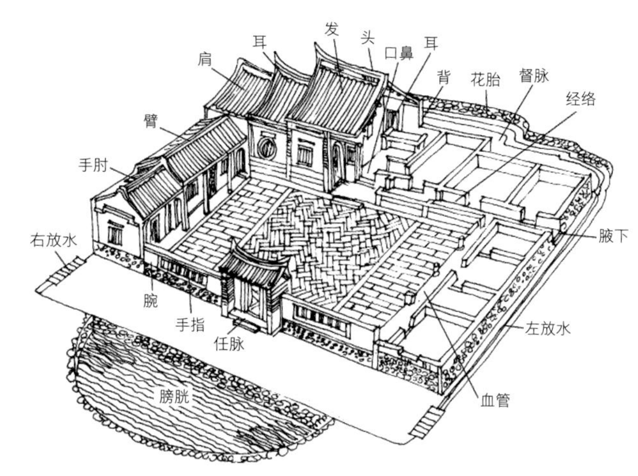

图 9 闽粤民居的人体意向图式
（图片来源：李乾朗. 传统建筑入门［M］. 台北：雄狮美术图书公司，1991.）

"以人喻建筑"观念自古皆有，《黄帝宅经》上说，"宅以形势为身体，以泉水为血脉，以土地为皮肉，以草木为毛发，以舍屋为衣服，以门户为冠带。若的如斯，是事俨雅乃为上吉"。清代风水家林枚所著的《阳宅会心集》卷上，也将住宅比拟成人体，"屋式以前后两进，两边作辅弼护屋者为第一，后进作三间一厅两屋，或作五间一厅四房，以作主屋。中间作四字天井，两边作对面两廊。前进亦作一厅两房，后厅要比前厅深数尺而窄数尺，前厅即作内大门，门外作围墙，再开以正向或傍向之外大门，以迎山接水。正屋两傍，又要作辅弼护屋两直，一向左一向右，如人两手相抱状以为护卫，辅弼屋内两边，俱要作直长天井。两边天井之水俱要归前进外围墙内之天井，以合中天井出来之水，再择方向而放出其正屋地基，后进要比前进高五、六寸，屋栋要比前进高五、六尺，两边护屋要作两节，如人之手有上、下两节之意，上半节地基与后进地基一样高，下半节地基与前进地基一样高，两边天井要如日字，上截与内天井一样深，下截比上截要深三寸，两边屋栋，上半截与前进一样高，下半截比上半截低六、七寸，两边护屋，墙脚要比正屋退出三尺五寸，如人两手从肩上出生之状……其次则莫如三间两廊者为最，中厅为身，两房为臂，两廊为拱手，天井为口，看墙为交手，此格亦有吉无凶"。由此可见，以人体各部比例决定建筑的比例及平面关系，将人、自然、建筑三者紧密结合是居住建筑营造中的普遍现象。

近年来，探求传统四合院结构与人体结构相关性的问题，已在国内学术界引起关注。戴志坚教授在《福建客家民居与文化》中，以"龙潭家庙"的平面布局为例，分析了闽粤民居在布局结构与空间造型等方面与人体结构的对应关系。台湾民居学者李乾朗教授根据闽粤传统民居的构成特点，以直观生动的人体意象图示表达出建筑结构与人体结构二者在形式、功能和文化方面的对应性。在其人体意向图中，四合院建筑被完全比作一个四肢齐全、有血有肉的人：坐北朝南的正房为"正身"所在，由中央到两端依次细分为"头""耳""肩"；东西厢房为"伸手"，分为"臂"和"手肘"两段；庭院是民居中通风采光的空间，将其比作"丹田"，暗示"吐阴纳阳、藏风聚气"之意……虽然人体意向图对建筑各部分的称谓大多源于人们日常生活中的约定俗成，似有从形式出发穿凿附会之嫌，但其核心仍在于"以人喻建筑"，建立起人体结构与建筑结构的对应关系（图 9）。

结语

从半坡的"大房子"到秦安大地湾的"原始殿堂"，从岐山凤雏村的早周遗址到明清时期庞大的四合院建筑群，传统四合院建筑文化中所包含的阴阳风水观、伦理序位观，乃至宇宙秩序观，归根结底都是为了维护自身安全的需要衍生出来的。正是基于这种最为朴素的生存需要，四合院建筑才会在营造中有意无意地模拟人体，成为人体意象的表达。

塔夫利甚至认为，人体是诠释的极限与场所，他曾引雷拉的话说："人体现象是最丰富、最有意义、最具统合性的现象……这（身体）是描述的极限，甚至是描述的场所……因此，发现了根源性的物质（身体）之后，系谱学被提出并对价值做批判。"由此可见，人体图式对于四合院建筑布局生成的根本性作用是无可否认的，但也存在着解释范围的局限性。人体图式并不能解决四合院建筑布局的全部理论问题，在人体图式原型基础上的如何通过种种"变形"生成形式多样的建筑仍需要进一步的分析。

— 参考文献

[1] 杨鸿勋. 建筑考古论文集[M]. 北京：文物出版社，1987.
[2] 程晓钟. 大地湾考古研究文集[M]. 兰州：甘肃文化出版社，2002.
[3] 夏铸九. 空间的文化形式与社会理论读本[M]. 台北：明文书局，1989.
[4] 王其亨主编. 风水理论研究[M]. 天津：天津大学出版社，1992.
[5] 李书钧编著. 中国古代建筑文献注译与论述[M]. 三河：三河市永和印刷有限公司，1996.
[6] 冯天瑜，何晓明，周积明. 中华文化史[M]. 上海：上海人民出版社，1990.

表现与象征的意义——人类居住空间中的人体象征[①]

摘 要

在原始的观念中，集体表象给一切客体平添上神秘的力量。人们运用自己的生命去理解整个自然，依据自身的形象来创造生活空间。将人体结构及器官运用于居住区域、聚落布局、建筑群体或单体当中。采用具有直观、形象或象征、隐喻的手法从多方面、多角度体现着原始建筑中人体的象征性。这种人体象征性反映出从古至今建筑中“人体改写”的历史传承与发展。

关键词 原始社会；集体表象；人体象征；万物有灵；拟人化

建筑创造了一个世界的表象，而这个世界则是自我的副本[②]。

——苏珊·朗格

一、居住空间人体象征性表现的思想渊源

1．原始时代神秘的“万物有灵”观和“互渗思维”观

人类居住空间中的人体图式表现，最初源自于原始时代神秘的“万物有灵”观和“互渗思维”。人按照自己的形象创造了神，也依此创造着自己的生活空间。

在原始社会的哲学中，集体表象给一切客体平添上神秘的力量，“人的生命好像是理解整个大自然的一把钥匙”。[③]印第安人就把一切存在物和客体、一切现象都看成是浸透了一个不间断的并与他们自身意志力相同的生命，认为一切东西彼此间以及同人之间就是借助这个力量来联系的。而从东方古代文化发展来看即使在中国文化成形之后，其“天人合一”[④]的观念仍然得以延续和发展。原始人的思维首先想象到的是神秘力量的连续、不间断的生命本原，到处都有的灵性（图1）。泰勒在《原始文化》中明确了这一点：“野蛮人的世界论给一切现象凭空加上到处散播着人格化的神灵的任性作用，这不是一种自发的想象，而是一种结果导源于原因的理性的归纳，这种归纳导致了古时野蛮人让这种幻想来塞满自己的住宅，自己的周围环境，广大的地球和天空。神灵简直就是人格化了的原因。”

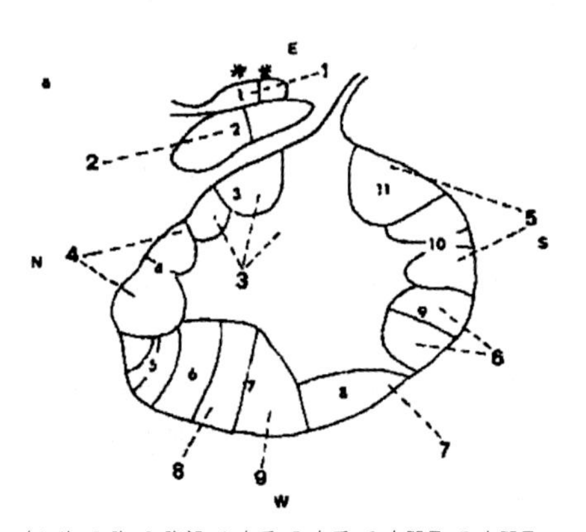

（1.头 2.胸 3.腹部 4.右手 5.左手 6.右腿骨 7.左腿骨 8.右腿 9.左腿）

图1 以女性身体来划分的突尼斯格弗沙城

在所有人类社会中都曾发现过一些以图腾崇拜为基础的神话和集体表象，它们与原始社会中的“万物有灵”论观念密不可分，被认为是“人类思维”本身结构的必然结果。“在原始社会中，由于一切存在着的东西都具有神秘的属性，并且这些神秘属性就其本性而言要比我们靠感觉认识的那些属性更为重要。所以，原始人的思维不像我们的思维那样对存在物和客体的区别感兴趣，甚至经常忽视这种区别。”[⑤]今天再来研究原始时代传承下来的建筑形式，我们无法运用原始人的思维方式，而只能在理解他们思维方式的基础之上去认识他们的建筑，因此我们的分析也务须尽量接近原始人思维的逻辑起点。

---

① 魏泽崧，张玉坤．表现与象征的意义——人类居住空间中的人体象征[J]．建筑师，2006（10）．

② （美）苏珊·朗格．情感与形式[M]．刘大基，傅志强，周发祥译．北京：中国社会科学出版社，1986：116．

③ 列维－布留尔．原始思维[M]．丁由译．北京：商务印书局．1997：17．

④ 中国传统宇宙观认为：人是自然的组成部分，自然界与人是平等的；天地的运动也往往直接与人有关．人与自然是密不可分的有机整体．这种哲学观念长期影响着人们的意识形态和生活方式，形成了中华民族崇尚自然的风尚。

⑤ Enrico Guidoni，Primitive Architecture，Rizzoli International Publications，Inc.5977 Fifth Avenue，New York，NY1001，1987，P14，P30.

2．原始时代人类以自我为中心，由己及物，由内及外认识事物的方法和观念

早期人类将存在于外部世界的每一事物都视为对人体内部的模拟，在自身狭小的范围内发现了显示外部区域的所有秘密。他们将人比作一个存在于宏观宇宙子宫中的胎儿，其在陆地上的身体不断与祖先的土地间产生共鸣，并以自身的元素充满所有空间。

在引入宗教崇拜之前，早期传教士曾将人体塑像放置于庙宇的神殿中借以象征神的力量。这一塑像有时是开放的，表现出相对的器官、骨骼、肌肉、神经和其他组成部分的位置。在经历了几个时代的研究之后，这种人体解剖进一步变成了复杂的象形图形组团，每部分都有着它神秘的象征意义，该测量方式形成了一个可以去衡量、表现宇宙所有部分的基本标准。此时人体图像常常是人们主观思想的客观表现而非现实，它可以被设计为崇拜的目标与神秘的力量。种族、国家、部落，宗教、领土，城市和建筑等均可以被视为人的实体组合是对人类个体状态的综合反映，人的生命也由此成为所有事物评判的永恒标准。

因此那种原始社会内部和夫妇本身间的等级制度便可以通过人体给定的元素得以表达；其中头——代表着对于其他家庭成员的尊重，这同样应用于房屋、村庄的平面和区域的组织。这种象征性的等级总是反映和证明一种经济和政治的等级。“头”就是家庭首领，控制着其他房屋这是任何权力都将被承认和接受的位置。从中不难看出，被赋予人形的神话有益于社会秩序保持由一个特殊家庭或阶层获得特权。在皇家宫殿的基础上这种方式被用于解释国王周围显贵的排列位次。①

3．人体的投射或移情

任何一件成功的艺术品，只有当它把作者内心激荡的情感传达给观者的时候，才能产生最大的效果，建筑也不例外。当建筑以坚固耐久、方便满足了结构及功能要求之后，它就成了一种体量，空间与线条组合的艺术。事实上，建筑师所追求的最大目标就是表现自己。为了传达精神的活的价值，建筑就必须和人体的有机结构相协调，由人性化的体量、空间、线条一致性共同构成其美与风格的基础。这样，“万物有灵”“互渗思维”，包括下文提及的“圈层式泛化”都可以被认为是一种投射或移情。而居住空间中的人体象征则是人体在居住空间各层次中的投射或移情。

二、原始社会人类居住空间中人体象征的圈层式泛化

原始时代这种人类以自我为中心，由己及物，由内及外认识事物的方法和观念实际上是将人的身体作为人们认识物的框架。正如《易传 · 系辞》中所提到的：“近取诸身，远取诸物”即是由身及物、人体象征的方法。这种以自我为中心的身体框架在人类居住空间中可以推及住房，推及聚落乃至推及大地推及宇宙。在此人体在呈圈层式的扩大化或以人体为中心的圈层式泛化。这种人体的泛化可分为抽象和具象两种。本文中所述皆为具象泛化的例子，抽象泛化的问题将在以后的文章中进一步探讨。

从总体上分析，这种现象在居住空间的许多层次中普遍存在着：小的层次如住房；其次如聚落，再其次如地域……另外，在不同的地域：中国、非洲、美洲等地区的住房都存在这种现象。在聚落中不仅有人体象征的现象而且还有其他动物的象征，或器物、工具的象征如有象征鲸鱼的、象征乌龟的，有象征笔砚的，不一而足。但象征人体是一种比较普遍的现象。其中中国的风水格局是非常典型的例子：人居中，后有靠山，前有朝、案，左辅右弼。住宅聚落、城市甚至京城、地区、大地及其上的自然物都讲究这种格局。至于这种现象是否在每个地区、每个国家都存在，现在还没有确凿的证据，但从理论上讲应该是一种普遍现象。因为人们认识居住空间甚至其他事物的最有力、直接，原始且可信的方法就是将它们比拟成人体。

1．原始社会大地与居住领域的拟人化

大地与居住领域的人体形象化在原始时代是普遍存在的，无论是在神话中还是在原始阶段的部落中，无论是在亚洲、美洲还是在非洲，我们都可以看到许多生动例证。原始社会的人们往往倾向于将领域或其中一部分形象化，塑造为宇宙的创造者或者祖先的形象，有时候正是宇宙创始者本人连接了天和地，并且他身体的部分被识别为带有特征的景观——山冈、河流、岩石等等其中人体的每一个器官都有自己神秘的意义。于是这些景观被原始头脑想象为相互作

① Africa Architecture，evolution and transformation，Nnamdi Eleh，1997 by the McgrawHill Companies，Inc.

用的，并形成一个可以识别和可以使人得到安慰的形式。“这样一种拟人的方式成为一种最广义的建筑，一个象征性的构造被部落、群体、种族所影响，一个社会整体常常被祖先或文明的英雄的身体所代表。”①

从《西藏镇魔图》中我们可以清楚地看出西藏和首府拉萨的地形图均为仰卧魔女之形。西藏地区的高山、河流、谷地及寺庙使魔女形态清晰呈现：呈头东脚西仰卧，其心脏正是西藏的政治、经济、文化中心——拉萨。拉萨平地卧塘湖成为魔女心血汇集之处；玛波日山、甲波日山、帕玛日山三山之地成为心窍脉络。其全身布满了大小的寺庙：为进一步镇住魔女，还在当时吐蕃王朝的四大重镇分别修建镇边四大镇肢寺，双肩约茹、伍茹分别修建昌珠寺、嘎采寺；双足处叶茹及茹拉也分别建寺。后再于关节处建四大镇节寺，左右掌心、足心处修建四大镇翼寺。由于拉萨的地形也与西藏一样东西长，南北窄，宛如横卧的魔女。为镇其命脉，千百年来兴建了大小几十道圣迹，其位置恰与“西藏魔女图”珠联璧合。从西藏和拉萨的居住地域拟人化形态构成中，不难看出西藏人古老的地理观念和人们对天、地、人三者之间完美和谐文化理念的虔诚祈求。②

这种处理手法在我们远古的遗存——神话，当中屡见不鲜：在夸父逐日的故事中，夸父的身体最后转化为河流、山脉和森林，与自然融为一体，由此作为华夏民族原始时代的英雄夸父就和先民的生活场所合而为一。当然这种象征并不是严格的。原始社会中人们只是模糊感觉到自己的身体和周围自然环境有着某种对应关系，这种关系在文明的早期是不稳定、多变的更多地在聚落平面布局中体现出来。一个群岛可以被解释为伟人不同身体部分的总和，以致一种明显的、偶然的边界关系常能够被转换为一个确信拥有高度象征性的有机统一体。同样部落的地域就经常被等同于人类身体的形式。

2．原始聚落的人体象征性

如前所述，人体的形状可以作为解释领地的参考，但并不是作为一个固定的方案，由于人体的不同部分既可以看作是相互关联的，也可以看作是分开的。因此原始人不是总考虑它们真实的相互关系，他们可以让人体在平面及空间中错位。除了采用正面器官对应于躯干的一般形式外，也常采用被压缩的身体、肢体与器官相互缠绕的形态，或将身体重要的组成部分分离等多种拟人化表现方式。

在非洲原始聚落布局中可以看到许多这方面的生动例证。从菲利（Fali）③的聚落布局来看，四个群体坐落在其领地内的主要地点（图2），在每一组中不同的细部划分是根据四个互补的、对称的模式来拟人化处理的。客观世界的宇宙秩序（大地被划分为四个部分：头、躯干、上肢、下肢，它的中心由性器官代表）相对应于由在产生行为过程中代表着四个不同组织的人类缩影所假定的不同位置。所有的现实都被包含在以人体为参照的一系列对应物中。装饰的整体与细部也可以被用拟人论来解释，这样在各种结构和装饰因素间的联系，都可以由直接联系着建筑外部与它们内部复杂细分的人形体态来被解释。

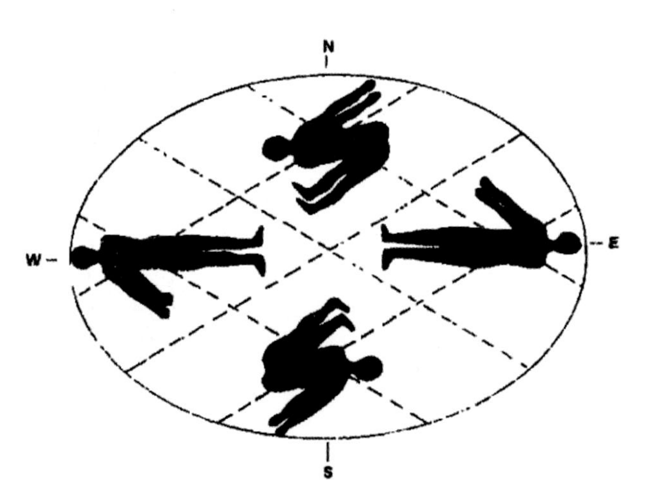

图2　菲利（Fali）的区域组织和四个主要组织间的联系

菲利的房屋在建造当中，建筑的测量单位也是以人体为依据而持续不变的：肘与张开双手中间的距离，肘与握紧拳头的最远点的距离，在末端与完全向外伸的胳膊的尖端，在肚脐与脚底之间，在肩膀与脚之间在下巴与脚之间在头顶与脚之间，在拇指与展开的手之间的间距等等。这种原始的模数测量方法被直接反映于建筑元素的尺度上，无论是室内还是外墙，令建筑的建造不可避免地打上了人体的烙印。

从综合的神话解释来看，菲利的原始聚落布局以人体自身形态来显现所有人造物体内部的一致性，它所揭示的不仅是适应于环境、社会结构与物质材料的产物，更重要的是一种思想意识的复杂与独立的表达，是满足社会必需的主要活动。

① Enrico Guidoni，Primitive Architecture，Rizzoli International Publications，Inc.5977 Fifth Avenue，New York，NY1001，1987，P14，P30.

② 中国国家地理，2005.9.

③ 菲利（Fali）西非北部喀麦隆山区的农业区域。

3．原始建筑的人体象征性

从原始社会到古代社会是人类历史的飞跃，但是二者并没有截然的分野。从建筑形式上“方”形出现到进入古代社会之前，建筑向人形空间发展的过程并没有停止过，甚至一些原始建筑的人体模式随着人类的发展被带入到了新的社会阶段，以至于我们今天还可以在许多建筑中看到原始人形空间的影子。犹如《黄帝宅经》中所指出的“宅以形势为身体，以泉水为血脉，以土地为皮肉，以草木为毛发，以舍屋为衣服以门户为冠带。若是如斯，是事俨雅，乃为上吉。”然而更有说服力的例证是存在于广大非洲、大洋洲的那些像活化石一样的原始部落。这些原始部落，在生产力仍落后的前提下，建筑在人形空间塑造方面的发展是何其生动。

多岗（Dogon）[①]住宅表现了当地村落的理想平面，神话成为连接人体形式和空间中物体安排的关键。多岗村的基础是早期祖先的身体，它由八块标志着复杂结构表达的石头所代表，加上第九块代表头。八是八个后裔，四男四女，所有活着的人的直系祖先。沿着人灵魂的轮廓一块块放置石头从头的那块开始，每一块代表一位祖先，标记出了骨盆、肩膀、膝盖和肘，四位男祖先的石头放置在骨盆和肩膀的连接处，肢体被连在一起，四位女祖先的石头则被放在其他的四个关节（图 3）。

至于住宅本身更体现了人体的特征，“在屋内，门厅属于房子的主人——夫妇中的男性，外门成为他的性器官，中屋是主要房间象征女主人，两个储藏间象征着她的双臂，过渡门则代表了性的部分……”这样一个住宅单元充分地展示了人体象征性的发展，不仅是平面的而且是空间的，不仅是个体的而且是群体的。显而易见，原始部落的生殖观念在这个住宅造型的形成方面起到了重要作用（图 4~ 图 6）。

这很容易使我们联想到中国的古代建筑，将人、自然与建筑三者紧密结合，以人喻建筑自古就是中国传统住宅营造中的普遍现象。在中国传统风水理论看来，人是自然的有机组成部分，世间万物只有把握和顺应天道，并以之为楷模而巧加运作，才能达到至善境界满足人生需要。作为人与自然的中介，人类生存基本环境“宅”的经营最根本的就是要以自然生态系统为本，来构建其人工生态系统，使二者有机协同运作，“人宅相扶，感通天地”，令维系生命存在及决定其变化的“生气”充盈其间。“宅是万物方圆由人有可为之理，犹西施之洁不可为而西施之服可为也”，其住宅往往采用具有直感形象性和象征隐喻性的人体结构来加以营造，从而创造出良好的生态环境质量。在人与自然的和谐之中寻求“天人合一”的人生理想至高追求。根据《易经》记载：中国古代城市以“阴”象征着人的皮肤，“阳”象征着人的血液，以墙为阴，以道路系统为阳；再将这种关系运用于住宅，以房屋间寝过道表示阴，起居室表示阳，建立起人体与城市及住宅间明确的对应关系。[②]

作为世界文明发祥地之一的中国，人们自古以来就凭借感觉、经验和玄想来解释外部世界，在与外部几乎隔绝的生活环境中，以独特的方式进行着自身思想体系的发展与完善。其中，反映着人们对自然界构成元素认识与把握的阴阳五

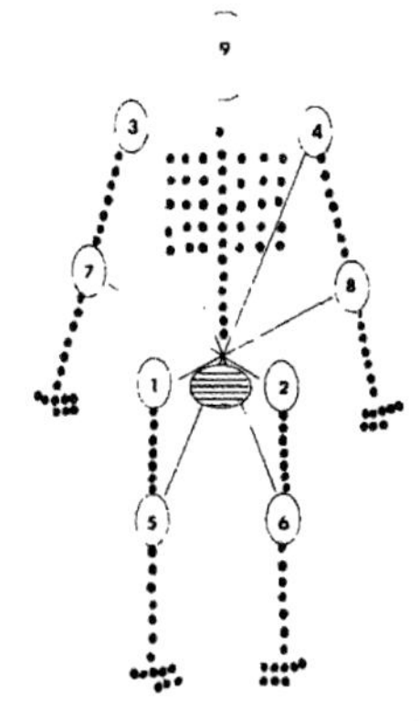

1-4. 四个原始男祖先（骨盆与肩膀）；
5-8. 四个原始女祖先（膝盖与肘）；
9. 区域秩序（头部）

图 3　多岗（Dogon），用人体关节和连接点表现的有组织的社会结构关系

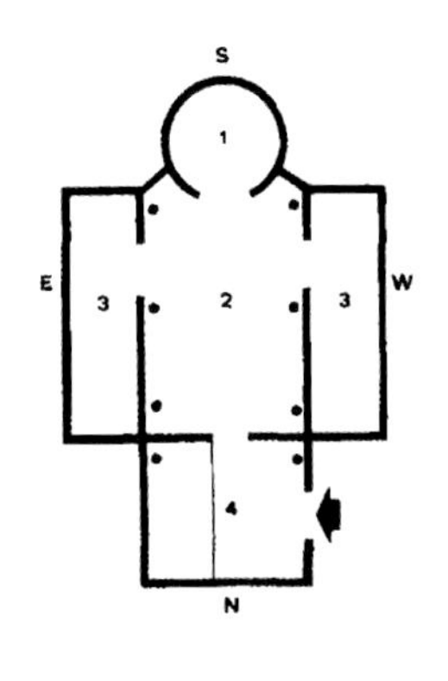

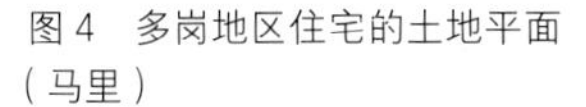
1. 厨房（头）；2. 主要房间（躯干）；
3. 储藏室（手足）；4. 门厅（性器官）

图 4　多岗地区住宅的土地平面（马里）

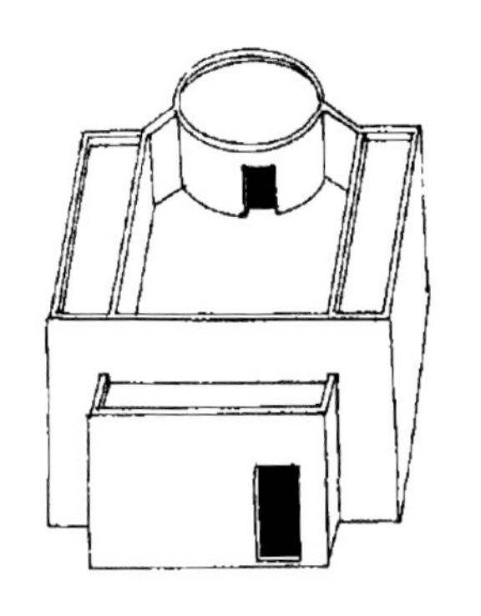

图 5　多岗地区住宅的轴测图

图 6　多岗地区住宅的复原图

① 多岗（Dogon）位于西非地区，马里的尼日尔上部流域山区，其农业人口生活在高度组织．集合化的住宅．谷仓及圣地的村庄里。
② 王其亨．风水理论研究[M]．天津：天津大学出版社，2002.

行和八卦这些要素相结合，共同建立起一个人、社会与自然间同构互动的体系。这一体系将人与天地结构视为一个整体：天有九野，地有九州，人就有九窍；宇宙间有金、木、水、火、土五行，人就有心、肺、肝、脾、肾五脏……由此在人、自然与社会之间形成了一个庞大而完善的宇宙图式。在科学水平较为低下的原始社会，正是这一图式体系帮助人们成功地解释了自然，人类与社会的奥秘。[①]

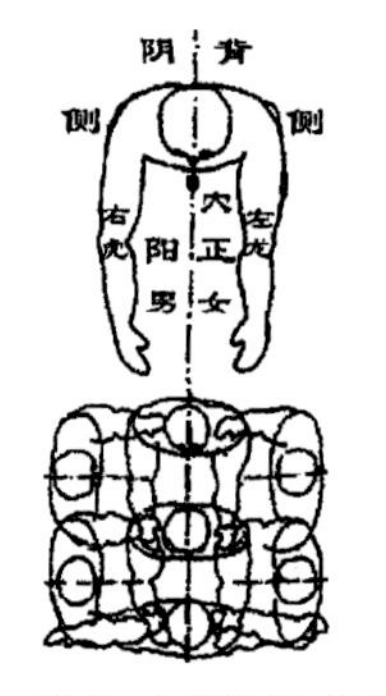

图 7　台湾传统民居建筑中的人体象征图式

中国古代传统住宅的营造也毫无例外地运用了上述思想体系。其典型代表，起源于黄河流域原始氏族公社的中国传统四合院建筑，采用了“中轴对称、前堂后室、左右两厢”的建筑格局。这种被尊崇为古制并加以定型化的建筑形态，曾被许多人视为源于“长幼有序、内外有别，男尊女卑”的封建伦理观念。而实际上，据考证，这种建筑格局在以生产资料社会公有制为基础的仰韶文化时期就早已出现。由于原始社会时期并不存在着等级伦理制度，因此溯其渊源，中国传统四合院建筑的布局并不能简单解释为是由封建伦理观念所决定的，而是受到中国传统阴阳风水观、伦理序位观和宇宙秩序观影响。并从维护人类自身安全需要出发，无意识地模仿人体成为人体结构的表现形式。由此可以对四合院的形式、布局、称谓及文化内涵等方面做出比较合理和完善的解释。[②] 例如：在闽粤民居的人体意向图式中将四合院建筑完全与人体结构组成部分一一对应（参见第 015 页图 9），台湾民居学者李乾朗先生也根据闽粤民居的特点，将民居的建筑结构与人体结构形成对应关系。台湾的民宅，依外貌不同可分为单伸手、三合院、四合院等三种形式。其中，在三合院与四合院的住宅里，均以一中轴线作左右对称布局：整个建筑的布局很像人的身体与手中央的主要房间称为“正堂”或“正身”，犹如人的身体：左右两侧延伸出去的房间称为“护龙”或“护室”犹如人的左右双手。而头部位置是最重要的房间，称为祖堂或祖厅供奉神宗牌位，祖厅两侧的房间由家庭中辈分较高的人使用。如家中人口增长则增长护龙，或在左右两侧再加盖厢房，称为“外护”（图 7），从住宅的基本式样与格局中可以一窥中国民居文化生命源头的所在，中国古人正是以自然生态系统为本，来构筑人工生态系统，建构“安身”与“立命”的生命本质。行为科学家所说的“衣着是一个人皮肤的延续，宅第则为肢体的延续”[③] 也正是这个道理。我国古人的这种住居秩序使人们的意志、精神得到一种升华，将自身与整个自然、整个宇宙有机统一起来，从而达到顺应自然、天人合一的理想境界。

三、人文主义建筑学的“人体改写”对原始社会“人体象征”的传承

以人体形态象征建筑，是原始社会人们感知和诠释所见事物的一种自然方式，他们那种通过潜在意识把世界人性化，并以人体及自身意志去了解它的天真的、神人同形论的方法，对于以后其他时代乃至现在的美学及建筑学，特别是人文主义建筑学等都具有非常积极和深远的影响。

人文主义建筑学，是以人为中心通过不自觉地将建筑赋予人的运动和情绪，把自身的功能形象投射为具体形式，从而把建筑改写成人类自己的术语方式。[④] 希腊、罗马以及后来文艺复兴时期的建筑都曾运用了人文主义的语言进行“人体改写”，从历史来看，文艺复兴建筑中突出的控制因素不在于材料、政治，而更加注重的是形式的情趣和给人带来的愉悦感，将人体最喜欢的状态写入建筑之中。实际上，如同儿童能够运用永恒的假想和“无尽的模仿”来自发地了解世界；信奉神灵的原始部落也以同样的方式，把所有事物视为具有与己相似的神力支配，并由此创造了以人体形态为基础的建筑等表现艺术，做出了非常杰出的成就。在此基础上，建筑理论家从人的内在冲动而非外部因素的支配出发探究建筑本源，形成富于情趣的建筑观念建立起了把建筑视为一种以人体及其状态为基础的设计艺术理论，用人体这种普遍性的隐喻宣称了建筑艺术是人体状态所“改写”的建筑形式，创造了系统的“人体改写”的人文主义建筑学理论。

柯布西耶在他的《走向新建筑》中曾说道：“建筑应该使用那些能影响我们感觉能唤起我们视觉欲望的因素，同

---

① 薛求理．中国传统营造意识的象征性 [J]．建筑师，1990：1-13.
② 张玉坤，李贺楠．中国传统四合院建筑的发生机制 [J]．天津大学学报（社科版），第 6 卷第 2 期．
③ 李乾朗．台湾古建筑 [M]．北京：中国建筑工业出版社，2016.
④ （英）乔弗莱·司古特．人文主义建筑学——情趣史的研究 [M]．张钦楠译．北京：中国建筑工业出版社，1989：116.

时应以如下的方式来安排这些因素：它们的状况通过优雅与粗粝，狂暴与安宁，漠不关心和兴趣十足直接地影响我们……建筑是人类按照自然形象创造他自己天地的第一个表现形式。”① 由此可见，生命形式与艺术形式具有一种同构性。人既然是一个生命有机体就具有一种生命永恒的“必然形式”。当人与周围环境发生关联时，自然会将自身生命形式结构投射与外化为具体的对象，从而创造出赋予生命力的“活的”建筑形式，因此运用人体这种具有普遍性的隐喻，是最为合理的。有学者指出：在人类的高级复杂的情感和人性结构中，无疑会包含着低等生物的生命结构。这一观点清晰地解释了建筑艺术中所隐含的具有普遍意义的有机体的生命形式。《人文主义建筑学》的作者乔弗莱 · 司古特曾将建筑视为“人体的改写”也是将人体投射或移情到建筑上，以人的精神、情趣、情感去体验建筑。而这种“人体的改写”，其根源也在于原始的人体象征主义观念。

虽然人文主义建筑学的若干要素源自于最原始的需要，但其组织和选择却使它的结构需要和功能与人的头脑意向及肉体功能相匹配，通过建筑与生命体之间的类似性，将多种多样的人类精神，情感、个人经验和想象投射于建筑之上。因此这不仅是原始人的方法，也广泛存在于各个时代、各个地区和各种形式的建筑创作之中。作为结果，建筑便以我们对自己所见本能模仿的形式出现，并成为人体良好状态的真正象征，从而能够令人感到愉悦。可以说人文主义建筑学正是运用了建筑结构与生命形式的同构性把建筑本身输入人体的生气、脉搏和生命机能创造生命和情感的符号，从而更加清晰、生动地唤醒我们心中对实体安全、力量记忆的压力及抗力提示与呼应，令人们从中真切地体验到生命与情感的全过程，并最终使建筑本身成为诉诸人类意识的生命体。

结语

总之，原始社会建筑空间的人体象征性是多方位、多角度的。通过挖掘其思想根源及其与建筑中“人体的改写”的深刻关联，可以主要概括为以下几个方面：

（1）标志群体（部落，种族）的特征

这一特点在远古的神话传说以及原始聚落的人形象征方面都有充分体现，其作用在某种意义上可以看作是图腾崇拜。在原始人信仰中，认为本氏族人都源于某种特定的人形化物种，这些物种与其说是对动、植物的崇拜还不如说是对祖先形象的崇拜。它具有团结群体、密切血缘关系、维系社会组织和与增加其他群体互相区别的职能。同时通过图腾标志得到图腾的认同与保护。

（2）宗教和巫术的反映

恩格斯曾经说过一句非常深刻的话：如果鸟有上帝的话，鸟的上帝一定是有羽毛的。宗教所信奉的上帝或神也是如此，国外各民族的人形神都是该民族人的样子。因此原始人类在进行宗教活动中，其神明或者偶像的形象多数是人形或者人形化的物。

（3）性与繁殖—原始需求的影响

我们不难看到生殖崇拜曾一直贯穿于母系与父系氏族社会。在原始人眼里，异性的身体具有巨大的象征性，它象征着生育、繁殖后代和神圣，而体现生殖崇拜就必然对人体进行充分的表现。这反映了当时人们对于社会和自然界认识水平的低下，也反映了人们的精神寄托。

（4）再现心理空间的图式并进而体现社会结构

在原始社会的人类对方位和方向有了充分的认识之后，人体象征的心理意义得以更充分展现。在各种建筑群体和聚落布局当中人体的形象不再仅仅是祖先或神灵的标志，人体的器官也依照不同的地位和作用在其中表现出来这反映了外部环境在不同方位对人们心理感受产生的微妙差别。更进一步，他们将这些差别带入到其社会结构中去。

---

① （法）勒 · 柯布西耶. 走向新建筑 [M]. 陈志华译. 天津：天津科技出版社，1991：29.

人体安全意象的表达——居住空间生成的原型 ①

摘 要

居住空间的原型起源于人类维护人体安全的防卫意识，这种防卫意识可以用一个人体维护结构图式表达。人的生存空间只有与这个结构形式相吻合，人在其中才会有一种真正的、心理上的安全感与舒适感；同时，人类自己也在不断用这个结构衡量和判断周围环境，并以此为依据来选择或屏蔽外界信息。这种发乎“人体安全意象”的安全观念的表达是人类居住空间生成的原型，也是人类生存居住的理想模式。

关键词 人体安全意象；安全防卫；维护结构；居住空间；原型

引言

法国哲学家雷尼 · 吉阿德曾说过，某种结构一旦形成，就开始将自己闭锁起来，个体的防卫意识随之形成，从而在其自身周围营造出一个封闭结构以选择或屏蔽信息。这个封闭结构即是荣格所称的“神秘气泡”，也是那个跟随人体形影不离的“无形的罩子”[1]。人类无论在与自然环境还是与社会环境发生关系时，无时不有维护人体自身安全的观念。文丘里说过：“建筑是在实用与空间的内力与外力相遇处产生的。”[2] 而外部环境的力使人在心理上产生一种强烈要求围护周身的情感，人体则产生相应的内力与之对应。当外力和内力在人体一定范围内达到一种相对平衡状态时，便形成一个以人体为中心的“圆”。[1]35 这个维护结构就像一个“气泡”或“无形的罩子”始终跟随着人类。乔弗莱 · 司谷特的《人文主义建筑学》也认同这一点，他认为人性的本能是在世间寻求与其相关的形体条件、为其所享受的各种运动、支撑与其相似的抗力、在其中不至于迷失或受阻的背景[3]。因而，人们就不断寻求那些能够创造以上一切，并且在创造之后被人们认定是适宜性的体量、线条和空间，这些适宜性就能给我们带来真正的愉悦。

作为人类最古老的空间——居住空间的原型正是起源于人类的防卫意识，一种维护个体安全的内在意象的表达。这种意象是人类从维护人体的整体结构的安全需要出发，故称作“人体安全意象”。这种表达人体安全意象的维护结构可以概括为这样的图式（图 1）：人体的四周是圆形（球体）与方形叠合的维护形式；维护结构本身可为有形的实体或无形的虚体，其各维护面“密度”各不相同；维护结构之外是人所处的自然环境与社会环境。这个图式描述了人体周围的“神秘气泡”和那个“无形的罩子”。

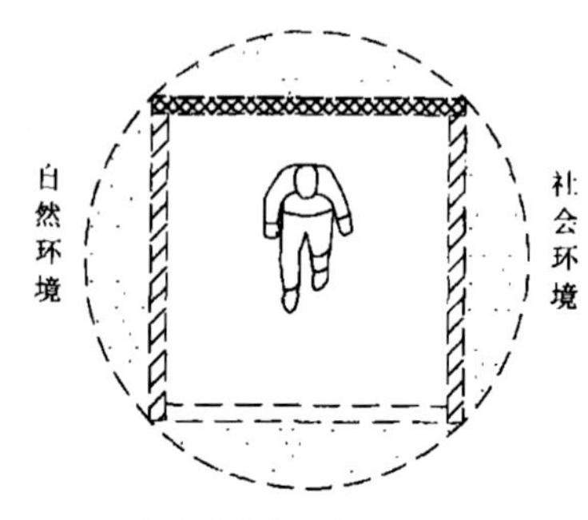

图 1　人体维护结构图式

这种发乎“人体安全意象”的安全观念的表达，成为浮现在人类脑海中的构筑自己家园的原型。随着人类控制环境能力的增强，对客观物质环境的依赖性逐渐减小，这种表达“人体意象”的原型积淀下来，成为人类的心理定式。对“安全”与“庇护”的心理需求是“恒常不变”[4] 的，“人体安全意象”图式反映了这种需求。

一、维护形式——圆形（球体）与方形的叠合

1. 圆形（球体）体现了“庇护”这一人的天性

寻求“庇护”是人的天性，人类最初的“庇护”来自母体，法国人类学家、心理学家奥立佛 · 马克以非洲的窝棚为例，对“庇护”这一天性做了这样的解释：“一个婴儿在他母亲的子宫里是那样的舒适，以致他不想离开那儿。”尽管还没有实验证明婴儿在母亲体内和体外的感受，但人在降生之后无疑有更多的困难要面对，寻求庇护也就成为人的

① 张天宇，张玉珅. 人体安全意象的表达——居住空间生成的原型 [J]. 天津大学学报（社会科学版），2007（01）.

最初的心理需要。建造一所房屋就是创造一个和平、宁静、安全的区域，人们在那里可以暂时离开外部世界而遵从自己的节奏，就是创造一个完全归自己所有的免除危险的安全地带。因此，在“圆形（球体）”的维护结构中，人类才能体验到一种真正的平静与安全。古老的北美印第安人部落最初的房屋形式就体现了这一点（图 2）。

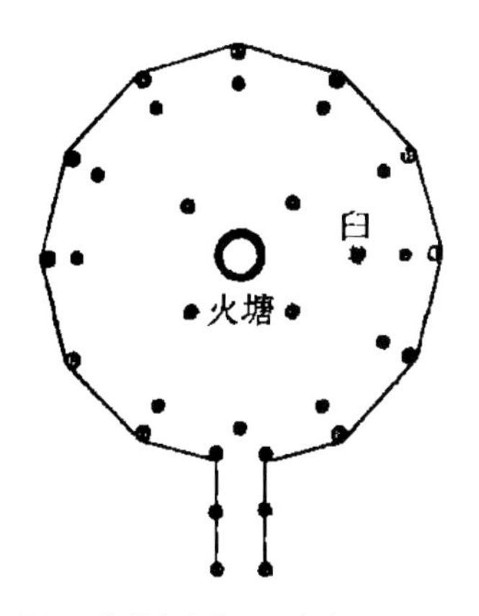

图 2 北美印度安曼丹人房屋平面图

2．圆形（或球体）是自我完满和宇宙和谐的象征

圆形（球体）表现了人类灵魂各个方面的整合，包括人和宇宙之间的关系无论圆形（球体）的象征出现于何种事物中（原始太阳崇拜现代宗教，神话或梦，现在西藏喇嘛教徒所画的曼荼罗，早期天文学家的天象图以及道家的八卦图，由古至今的诸多建筑符号）它都永远标志着人类生活中最重要的方面——精神生活的终极完满与整合。“圆和球体之所以被首先考虑，其源盖出于人的知觉。可以说，那种认为凡是被感知为最简单的形状，也就是最基本的形状的观点，从来就没有被人类意识所抛弃。”[5]

人类最初建造圆形（球体）房屋，是企图获得一种曾经失去的原始整合。但返回“孕育初”只是“异想天开”，人类只能重新寻求新的保护、新的整合。因此将圆形（球体）的象征在更广泛的意义上赋予了宇宙。此时，人类建造圆形（球体）房屋是为了与宇宙取得精神上的高度认同。所以这已不只是一种初级的、原始的整合，而是一种更高级的、自我灵魂完满的整合。因为在“自我”中，物质的肉体无法逾越尘世，只有精神的灵魂方能“神游”到天国、宇宙之中，并获得一种理解宇宙的新视野，到此，圆形（球体）取得了丰满而永恒的含义。这一原型意象沉淀到人类心理结构的最底部，在任何时代、任何场合都有其潜伏在时间、空间中的影子。

3．圆形（或球体）的抽象象征演变——圆形与方形的叠合

圆形（球体）的形态虽然在今天起了客观的作用，但其传统含义却经历了一次具有特色的转变。这种转变合乎现代人类生存所遇到的两难处境——既需要灵魂上的精神慰藉，又需要现实中物质上的满足。因此，圆形（球体）常常不再是包容整个宇宙或具有绝对中心的有意味之单一体。人们把它从统治的地位中抽出，逐渐向具有抽象象征意义的圆形（球体）与方形的叠合演变。

与圆形不同，方形具有方位感，可以标示出人体前后左右四方方位，其四方方位与人体的十字轴结构相互对应。因此，当人类能够辨别宇宙东西南北的空间方位，并根据空间方位来构筑方形房屋这一载体时，就意味着借助方形房屋这一载体，将人体的十字轴结构与宇宙方位相互叠合。与此同时，对“圆”的情感并未消失，那种追忆与认同感仍然存在，只是由外显转变为内隐，在人类内心深处积淀下来，与对“方”的情感共同对人的认知世界产生影响。

如果说圆象征着人类生命的起源，那么方则代表着人类个体本身。方是物质肉体的象征，是现实世界中世俗与大地的象征。人类由于潜在地意识到他已脱胎于原始社会的整合，需要达到一个新的、更高层次的整合，便自觉地以方来象征其自身。这种自觉来源于人的直觉，即人对宇宙空间方位的直觉。在中国古老神话“大禹治水”中可以找到人的这种直觉的根据。传说大禹治水工程结束后，派天神太章去步量大地，他从东极走到西极，测量长度为 233500 里零 75 步；另派天神竖亥从北极测到南极，竖亥手里拿着大约六寸长的叫作“算”的竹片，测量结果与东西距离相同。在我们祖先的意象中，大地是方方正正的。如果说神话是虚无缥缈的传说，那么，有案可稽的古代“井田制”以及中国九州的整齐划分，则是人类赋予大地以方形的臆想之补缀。因而，“以方来象征自身”的观念就逐渐形成了。“圆与方”——这“精神的与物质的”“天国的与世俗的”“宇宙的与大地的”两种意象，不再各自分离，互相取代，而是开始作为一个整体在人们心中积淀下来。

考古的发掘资料为我们提供了史前居住建筑形式由圆到方演变的重要证据。在最早的新石器文化——老官山、裴李冈和磁山文化遗址中，除了裴李冈的六座房屋中有一座是不甚规则的方形外，其余均为不规则的圆形，少数接近椭圆形。可以说，新石器文化早期房屋的一个特点就是不规则的圆形。仰韶文化的早、中期，黄河流域各个聚落之间的文化交流处于相对封闭状态，房屋形式具有明显的地域特色。在经过发掘的姜寨、半坡、北首岭三处遗址中，北首岭几乎全是方形房屋，其他两处方、圆各占相当比重。仰韶文化晚期，聚落之间的文化出现了大规模的交流和融合。半坡文化一经结束，随着庙底文化向周围地区的扩展，方形房屋开始在黄河流域占据了统治地位[6]（图 3、图 4）。

苏美尔文化诞生的摇篮——伊拉克南部的冲积平原和沿波斯湾的沼泽地区海吉法，有两座“高台”神庙（遗迹），建于公元前 3000 年的最初几个世纪，这两处遗迹已不存在任何庙宇，但都有一个椭圆形围墙，围墙中有一些附属性建筑，中间形成一块方形圣地[7]（图 5）。

北美印第安部落的村落平面布局大抵为圆形，一些圆形或方形的房屋环绕着位于中央位置首领方形基座穹窿形屋顶的房屋，并且所有的门都朝向它。在这种情形下，首领的房屋成为整个村落或部落的聚焦点，以其方形与圆形体积象征着村落与尘世间的联系，并由此建立起他的世俗统治[8]（图6）。

在伊斯兰建筑中，常常会出现一个圆形弯顶环扣着建筑的方形基体。尽管弯顶起一个保护内部空间的作用，但其欲要表达的乃为神圣天盖对尘世立方体的控制。许多庙宇亦如此，它们所表达的是人类对现实的超越欲望。因此，在其生成中，同样经常是将世俗的立方体与神圣的弯顶结为一体，将人的灵魂引向天国。

图3　距今8000年的半地穴圆形房基

图4　距今6000年的半坡庙底沟方形房基

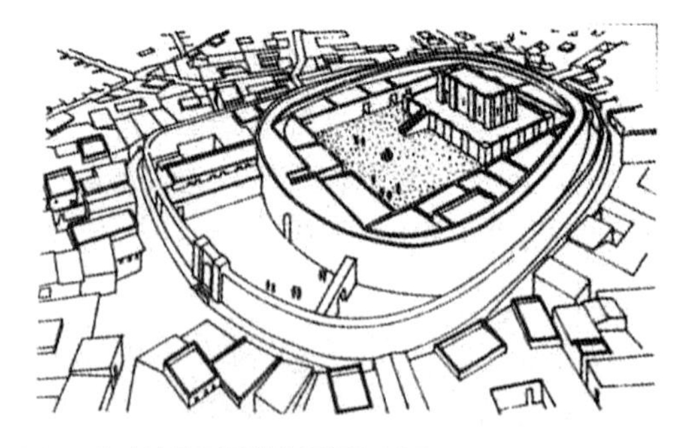
图5　海吉法椭圆形神庙透视复原图

图6　北美印第安博尼托普韦布洛

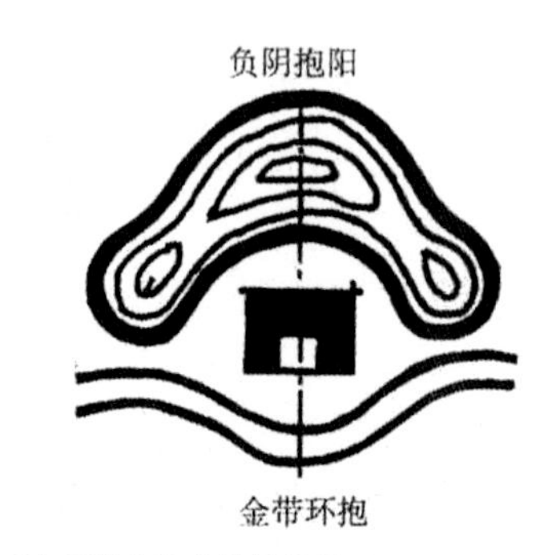

图7　“负阴抱阳”的维护格局

二、维护元素——“负阴抱阳”的维护格局

圆与方的合成图式满足了人的知觉需求。根据人的知觉需求，维护结构的各维护面“密度”不同。由于人的感觉器官多集中于前部，相比较而言，对左右两侧与后部的感觉明显迟钝，故而人总在寻求后部和左右的掩体，其中后部的维护需求又强于两侧，一个“安全”的维护结构的各维护元素起着不同的作用。当现实中并不存在维护条件时，人们便会主动建造出一个维护结构。

我国传统宅、村、城镇基址选择的基本原则和基本格局——负阴抱阳，背山面水图[9]（图7），正是体现了维护元素在“安全”维护结构中的作用。这种环境模式在物质与精神、生理与心理上都十分适于先民的生存与繁衍，从而成为其生存的重要经验嵌入了中国人的头脑之中。

山者静，当属阴，“负阴”也即是在左右及后方寻求自然屏障，从而获得心理上的安全感与归属感。它作为传统择址的一个方面，将人的防卫最薄弱环节——后部和两侧，用最有力的屏障——山峦加以保护，从而营造出一个具有安全感的心理空间，以使居住者在其中“抱阳以观动”。风水理论中的许多观点也说明了维护元素在维护结构中的布局特点。《葬经翼》言道：“盖以动静之理言，则水动为阳，山静为阴。以险易之理言，则坦夷为阳，崇峻为阴。以情势之理言，则开耸为阳，局缩为阴；抽衾为阳，硬滞为阴；面豁为阳，背负为阴。”其所写阴者，如山，如静，如崇峻，如局缩，如硬滞乃及背负等等，无一例外是人们寻求心理防卫的庇护之物所应有的特征，它们是人的知觉弱点的很好的掩蔽体；而描述阳者，从水、动、坦夷、开耸、抽衾直至面豁，皆呈现出一种开放的接纳态势。考察先民的居住环境，几乎全部不约而同地反映了维护元素的这种布局：最早的元谋人居住的元谋盆地，距今约170万至400万年，周围群山环抱，地势由北向西南倾斜，盆地西南有蚌河与龙川江相汇流入金沙江。距今100万年左右的蓝田人遗址，地处关中盆地的东南隅，背向秦岭，左右是高耸的黄土高原，正前方恰有灞河环绕。[10]

三、维护限定——围蔽程度

除了维护结构本身，维护结构的围蔽程度也同样影响人的安全感与愉悦感。早在西周时期，“堂”就反映了这样的心理。《仪礼》这样描述“堂”：“堂在前，室在后，堂东北西三面有墙，东墙叫东序，西墙叫西序，南边临庭大开。”如陕西凤雏西周建筑复原图[11]（参见第013页图5），其中堂是行礼的地方，室是就寝的地方，所谓“升堂入室”便是一个从堂到室，从半开放到封闭（室为封闭形）的过程，进入者的心理经历了从半抑制到全松懈的状态，后来的前朝后寝也源于此。由此可以看出这种心理特征具有典型性。

“四合院”蕴涵了两千年的文化心理沉淀，被誉为中国建筑的代表之一，它也表现了围蔽带给人的安全感。无论是北方还是南方的四合院，封闭性都很强，外墙基本不开窗或开小窗，而内部则多用菱花隔断、木门纸窗，突出了中庭和室内的半流动特性。在建筑序列处理上，以层层封闭的手法取得使心理空间逐渐放松的效果。从小巷进入第一层院落，使人有较之街道安定的感觉，然后进入第二、第三个院落、居室，每进一层，围蔽程度增加一分，人的紧张心理也随之降低一分，于是家的气氛便盎然院中。由此可看出，人最终停留的地方应以人的紧张感、不安全感的解除为度；而围蔽程度的增加，心理的不安定感就会减少。中国传统的封闭习俗表现了人们的这种心理需求，却以最通俗的词汇示之——“辟邪”，实际上则是为了维护这种心理上的安全需要。整个建筑形式封闭给人以安全感，心理的紧张便得以放松，院落内部充满家的气息。

结语

人体安全意象的维护图式像一个富有弹性的机体，在适应着不同的环境、不同的文化、不同的宗教。由于环境等外界因素的不同，它产生了众多的变形，并衍生出无穷尽的建筑符号，但它们从未失去原有意象，仍脱离不了“安全防卫”这一心理模式。人的生存空间只有与这个图式相吻合，人在其中才会有一种真正的、心理上的安全感与舒适感；同时，人类自己也在不断用这个结构衡量和判断周围环境，并以此为依据来选择或屏蔽外界信息。

在人类深层心理结构中，蕴涵着不可察觉的无意识秩序，它具有某种意义上的普遍性，问题是怎样才能接近和把握住它。一切不规则的形状表面上看似无规律可循，但其中也蕴涵着人类心理结构中的内在秩序，只是人们试图在接近它，还没有理解其背后是怎样的秩序在发挥作用。由不规则发展到规则形状，则是人类在掌握这些秩序，使无意识秩序上升到有意识秩序后创造出的结果。

对建筑来说，把我们自己的心理意象投射为具体形式的倾向，是创造性设计的基础；以具体的形式来认识这些心理意象，则是评论欣赏的真正基础。

参考文献

[1] 张玉坤．居住解析[J]．建筑师，1992，49（12）:33.
[2]（挪威）舒尔茨．存在·空间·建筑（四）[J]．尹培桐译．建筑师，1986，26（10）：278.
[3]（英）司谷特．人文主义建筑学：情趣史的研究仁[M]．张钦楠译．北京：中国建筑工业出版社，1989.
[4]（美）拉普普．住屋形式与文化[M]．张玫玫译．汉宝德校订．台北：境与象出版社，1979：73.
[5]（美）阿恩海姆．视觉思维[M]．滕守尧译．北京：光明日报出版社，1986：96.
[6] 张玉坤，李贺楠．史前时代居住建筑形式中的原始时空观念[J]．建筑师，2004，109（3）：88.
[7]（英）劳埃德·米勒．远古建筑[M]．高云鹏译．北京：中国建筑工业出版社，1999.
[8]（美）摩尔根．美洲土著的房屋和家庭生活[M]．李培荣译．北京：中国社会科学出版社，1985.
[9] 尚廓．中国风水格局的构成、生态环境与景观[G]// 王其亨．风水理论研究．天津：天津大学出版社，1992：26-31.
[10] 高介华．建筑与文化[M]．武汉：湖北美术出版社，1993.
[11] 刘敦祯．中国古代建筑史[M]．北京：中国建筑工业出版社，1997.

身体—空间——建筑学与人类学关联性的思考 ①

摘 要

身体是建筑学和人类学共同关注的话题，在现象学中甚至占有本体论的地位。本文从身体—空间角度出发，对建筑学与人类学的关联性进行思考，初步探讨了身体—空间与人类—自然的一元化和身体—空间的原点、结构、要素和边界等问题；借鉴相关理论，简要概括了身体—空间的生物/物质的、社会/政治的、文化/技术的、几何/建筑的、知觉/审美的五个基本属性。

关键词 身体—空间；身体—空间结构；身体—空间属性；建筑学与人类学关联性

引言

在1980年代中期，国内掀起一股“文化哲学”的思潮，“建筑文化”“民居文化”亦应运而生。而对民居研究影响最显著者，当推拉普普的《住屋形式与文化》(1984)[1]，后来由常青教授翻译为《宅形与文化》(2007)，是国内建筑界接触最早的“建筑人类学”著作。笔者求学的时候也对“文化”着迷了一阵子，对拉普普先生的书仍记忆犹新。那么，人类学除了方法论、认识论的借鉴之外，对实践性较强的建筑学还有哪些本体论启示或现实指导意义呢？在此，仅将笔者有关身体—空间问题的学习思考向大家汇报，试探一下建筑学和人类学的关联性。

建筑与人的身体关系至为密切，建筑为人之用，为人之看，为人之体验，都是通过人的身体或其肢体、器官实现的。换言之，建筑学可以被认为是一门为满足人的身体和人的群体的各种空间需求而建立的学科。但很显然，建筑学对身体的关注度还有待提高。相比之下，文化人类学或现象学人类学对身体的关注几近本体论的高度。体质人类学(Physical Anthropology)，也叫“人体学”(Somatology)，与身体的关系自不待言。在体质人类学基础上发展起来的生物人类学(Bio-anthropology)，包括了灵长类动物学、古人类学、人类群体生物学、人类遗传学，以及人类健康、营养、生长、人口统计学、生态适应性等诸多分支[2]。早期法国社会人类学家涂尔干、毛斯对身体与文化的关注，英国人类学家Mary Douglas对身体与文化象征关系的研究[3]；20世纪20年代建筑师、舞蹈家鲁道夫 · 拉班提出个人空间(Kinesphere)概念，50～60年代爱德华 · 霍尔建立了人类空间关系学(Proxemics)[4]。在现象学或称现象学人类学(Anthropology of Phenomenology)一脉，代表人物胡塞尔强调本质直观和先验还原，其意识主体实现了从身体隐匿到身体显现的过渡[5]；到梅洛-庞蒂的认知现象学，则直接被誉为“具身现象学”(Anthropology of Embodiment)[6]。米切尔 · 福柯以身体为本体，借鉴历史唯物主义，使身体本体论向历史、社会和群体的维度延展[7]；Setha M. Low等人的具身空间(Embodied Space)理论至今仍在持续推进[8]。可以看出，在人类学的研究中充分体现了身体话语的主体性地位。

国外的身体理论在国内引起了一些学者的反响和跟从。笔者也尝试补习了一些身体理论知识，似有所悟但仍不得要领，因而有些概念难免被错用或曲解。

一、身体—空间与人类—自然

1. 一元化的身体—空间

身体和空间是一体化、一元化的，几乎不可能分开而论。对人类整体而言，对任何个人而言，空间是先天的存在。人在出生前，适宜的空间已经为他/她的身体预留好了，亦可谓：空间是“预存在”，或已存在。人不能死而复

---

① 张玉坤. 身体—空间——建筑学与人类学关联性的思考[J]. 建筑创作，2020，(02) 82-85.

生，身体不能两次进入空间；空间的“唯一进入”是身体和空间相伴终生的一体化生命历程。这是身体在空间中的一次插入，一种镶嵌，一种寄居。一元论的现象学认为“没有身体就没有空间”[9]，但把历史遮蔽了，把“客观世界”隔绝了。固然，人生前不知，死后无觉，随个体身体的消亡，“一个人的空间”也随之消亡，可谓“一人一世界”。但从发生顺序和历史角度看，事实上却是“没有空间就没有身体”，只有突破“一人一世界”哲学的目标才能从理论转向现实，向历史和未来延伸，同时并不影响身体—空间的一元论向度。

2．一元化的人类—自然

身体—空间的一元论向度，也暗示着人与自然、文化与自然关系的一元论。文化与自然对立的二元论是原始互渗思维拟人化的现代翻版。所不同的是，原始人类的互渗思维所表现的是对自然的崇拜和敬畏，是人神一体、万物有灵的一元化思维；文化与自然的二元论所表现的则是一种相对、对立或对抗关系——一种错误的认识论。迄今为止，人类是自然中唯一具有高级知性的动物，是宇宙中大地上生出的一根独苗；自然对于人类活动只有反应而没有主动性的参与和相互作用。敲击石头发出响声，地震、山洪夺去生命，都不是有意识的作用或惩罚，“天地不仁，以万物为刍狗。”[10]也非天地所愿。因而，征服自然、战胜自然犹如庸人自扰打空拳，既不可能，更无必要。只有从一元论向度出发，把人类和自然的关系看成一体化的人类—自然，才能更好地顺应自然规律，像医治身体的创伤或疾病一样对自然进行适当的保养和修复。

3．空间不空

身体—空间之空间并非空无一物（Empty Space），是身体出身之后的“第二子宫”或曰社会子宫——身体的培养基，内存不同营养物质组合配制而成的营养基质。社会子宫中的营养基质包括保持身体存在和成长的生物的、社会的、文化的各种营养、资源和知识信息。与单纯生物学意义的培养基不同，身体—空间中的培养基质更为复杂，其配置和获取受到生物、社会、文化等多重因素的制约。在多重因素的作用下，身体—空间呈现出随时空变化而不断建构的过程。

通过身体空间走向“生活空间”是现象学的夙愿[11]，显然，这里的生活空间并不是现实的真实生活空间，而是先验静观的产物。一个空无一物的空间与一个具有各种不同属性、灵肉复合的身体相结合，首先失去了身体和空间的一体性。这种不对等的身体与空间的组合是否值得进一步思考、有无面对现实的价值和意义？其实，在一个空无一物的空间中身体已经不存在了。

二、身体—空间的原点、结构与边界

身体—空间可分为个体身体—空间和不同规模层次的群体身体—空间。个体身体—空间由原位、结构和边界构成，本身又是上一级群体层次的部分或要素；任意层次的群体身体—空间由原点、结构、要素和边界构成。[11]

1．原点

既是出发点也是回归点，且处于不断的运动状态中。人的身体忽而从原点出发获取所需的营养和资源，忽而迫于相对外部的压力回归原点，处于循环往复的不断运动状态。原点处于运动状态时，身体—空间的结构和边界也发生相应的时空变化。

2．结构

对个体而言，结构主要指身体—空间前后左右上下和身体的轴向性，还包括个体身体—空间相互之间横向、与群体身体—空间纵向的联系和互动。对群体而言，结构主要指群体身体—空间各要素之间水平方向、与上下层次之间垂直方向的联系和互动。对他者而言，则指身体—空间与身体空间或群体—空间与群体空间之间的联系和相互作用。

3．边界

身体—空间在很大程度上属于有限空间，因而有边界；极目远望或畅想的无限空间属于无界的身体—空间。正像Leigh E. Rich 等人所说，“身体……它作为个体、群体和大地的实体是有限的，但也许跨越的时间和空间是无限的”。[12]根据身体—空间属性的不同，其边界的规模和形式各异，小到身体的皮肤表面、建筑或聚落空间，大到国界或生存阈限。无论规模大小，边界都有不同程度的封闭性和垂直性，表明不可逾越或不宜逾越，这一点与法律法规和乡规民约颇相似。法律法规条文和乡规民约实际是“边界”，不同规模、不同形式的边界实际是“空间立法”。国与国的边界是空间立法，宅地划分也是空间立法，并以条约或地契的形式记录在案，违反边境条约或不承认地契都会引起“边界冲突”。

三、身体—空间的多重性

现象学人类学家 Setha M. Low 在“具身空间 Embodied Space（s）”一文中分析了身体、身体空间、空间关系学、具身空间、语言与具身空间等问题。她指出，身体应该被设想为多重性的，并列举了几种不同的身体多重性的分类[8]：

· 社会的和物质的“两个身体”（Douglas，1970）；

· 个体身体、社会身体和政治身体的“三个身体”（Scheper-Hughes & Lock, 1987）；

· 或者加上消费者身体和医学身体的“五个身体”（O 'Neil, 1985）。

技术人类学把技术理解为人的“器官的延伸”“肉体的延伸”，唐 · 伊德进而提出技术建构的身体理论[13]。这些对身体多重性的不同类型，不同的研究取向会有不同的划分原则和方法，但都对我们理解身体的多重属性有所裨益。社会身体、政治身体、消费者身体或医学身体的提出，丰富和扩展了身体的社会学和生物学内涵和外延；技术身体作为身体和身体器官的延伸，对于理解身体—空间的边界具有重要的启示。与此同时，在后现象学身体的语境下，依然需要给知觉的、形态的、审美的身体留有一定的空间，这一点对建筑学而言尤为重要。因此，根据身体—空间的结构、要素和边界的性质，将身体—空间的属性暂且粗略地分为五类。

1．生物 / 物质的

生物、物质的条件是身体—空间存在的基础。生物学的身体—空间最低限边界是包裹生命有机体的皮肤，为满足维持生命的生物性需求，个体的身体—空间首先需要适宜的物理环境气候和充足的食物和水的供应。群体的人口规模需与土地和各种物质资源相匹配，决定着群体生物学边界的最小范围。随人口增长，土地和其他物质资源需不断增加，身体—空间的边界会不断扩张和突破，以维持人口与资源的相对平衡。在人口过剩、资源紧张的当代，更需平衡生物、物质的身体—空间，其生物学属性对人类社会的可持续发展具有重要意义。

2．社会 / 政治的

社会、政治属于抽象出来的概念，从身体—空间出发，亦即从社会、政治的个体、群体的空间化表现出发，抽象的概念才能得以明晰的阐释，因而也最易于与身体—空间的原点、结构、要素、边界相对应。从个体上看，人生的原点起始于“出身空间”，初步限定了身体—空间的社会关系结构和行为边界。种族隔离是极端民族关系表现出来的一种边界现象，社会制度、政体和法规也会将身体—空间限定在一定范围内，对身体—空间具有广泛影响。另外，在社会、政治和聚落、建筑之间存在着一种“互译”现象，也可以说后者是前者的空间化表现。在社会、政治的身体—空间和群体—空间中，可以通过聚落和建筑形态了解社会组织结构、权力地位及其层次体系，反之亦然。

3．文化 / 技术的

文化是最难琢磨、难以表达的概念，与技术放在一起似也有违常理。但是，在文化和技术之间共同存在的三个特征可以将二者融为一体。其一，文化理念和技术理念的原创性：即使表面看来因循守旧、停滞不前的文化现象都有历史上原创的那一刻，需以逆向工程的科学考古方法揭示其文化创新和传承机制；同样，任何原始或现代的技术成果也都始于发明创造，旧石器、新石器、AI、5G 莫不如是。其二，文化活动和技术活动的统一性：任何社会形态都不存在单纯的文化活动或单纯的技术活动，对弈离不开棋艺，比武离不开武艺，种地离不开农艺，“艺”也就是技艺、技术。其三，在原创性和统一性的基础上，存在着文化功能和技术功能目的的一致性：发明巫术、宗教和万能之神与发明电灯、电话、高科技，同样都是生存策略的功能性体现，面对困境和危难，上帝和高科技都可能沦为救赎工具。身体—空间的文化、技术属性的阐释，需在文化和技术的原创性、统一性及其目的的一致性认识的基础上展开。在中国功夫的身体—空间中，有自身原创的武术理念、习武或实战的文化活动，以及兵器的使用——身体—空间的延伸或其边界的扩展。在身体—空间的技术属性分析上，技术人类学的身体或器官延伸的概念可供借鉴，但若想迁徙、殖民和入侵，文化又何尝不是身体—空间的延伸呢？在群体身体—空间的分析中，文化地理学文化圈、文化丛的概念依然有效，可与身体—空间的生物 / 物质属性和社会 / 政治属性相互参较。

4．几何 / 建筑的

线性几何空间似已司空见惯，方盒子式的建筑和家什物品充满了人们的生活世界。但规整的方形（或“十”字形）在自然界中并不存在，发现它必需具备正交概念，由正交而正方。方形建筑的出现却有着非凡的意义，是人类历史上一次伟大革命——身体结构的抽象和外化，自然人的前后左右上下变成了东西南北上下的“笛卡尔坐标”，数学、测量学和天文历法应运而生。对此，恩斯特 · 卡西尔根据人类学资料进行了哲学概括：“神话的空间感受与神话的时间感受密不可分，二者又共同成为神话中数的观念的基础”[14]，揭示了原始神话思维时空数观念协同并进的一体化特征。在我国，约 6800 年前的仰韶文化半坡遗址朝东的方形“大房子”与东南西北正向相对——春分、秋分日出方向，可以推断，当时的人类已经能够辨别四方、划分四时，数的概念也已初步建立起来。这种抽象的几何化身体结构与风水图式相结合，形成了独特的身体—空间图式。建筑、聚落、大地的拟人化、“具身化”现象在世界各地多有所见，有力的阐释了身体—空间的建筑属性，兹不赘述。

5. 知觉 / 审美的

与其他四种身体—空间不同，知觉和审美的主体是个体的身体—空间，亦即：感知事物始终是个人的事。众人的认识可以统一，众人的知觉和审美体验也可能一致或相似，但却无法加合。需要指出的是，知觉审美过程是以身体—空间图式投射到感知对象的方式完成的。兹举例示之：爱德华 · 霍尔的人际距离——身体周边的气泡（Kinesphere），其实是一种身体—空间的知觉图式。然而有两点需要强调：一是身体气泡是全方位的、立体的；二是这个气泡不仅随境遇而变化，还会脱离身体转化成物化的空间形态。拱和穹顶就是立体气泡的拓扑性膨胀和物化。当路易 · 康问砖喜欢什么，砖说喜欢拱的时候[15]，若再加追问：砖为什么喜欢拱？不是砖而是人喜欢拱，是人的身体、头颅“喜欢”拱所撑起的安全空间。那么，拱或穹究竟是一项技术发明，还是身体—空间意志力的体现？恐怕两者兼而有之：身体—空间需求导向的技术发明。乔佛莱 · 斯古特曾把文艺复兴建筑的审美意象喻为身体功能的投射和双重改写：“我们看到的是建筑，但把我们自己与它的外表状态等同起来。也就是说，我们把自己改写成建筑的术语”……反过来，“我们又把建筑改写成自己的术语了”……宣称“建筑艺术是人体状态改写为建筑形式”[16]。

塔夫利认为，身体是诠释的极限与场所。他曾引雷拉的话说：“人体现象是最丰富、最有意义、最具统合性的现象；……这（身体）是描述的极限，甚至是描述的场所 (Locus)。……因此，发现了根源性的物质（身体）之后，系谱学被提出并对价值做批判。”[17]

— 参考文献

[1]（美）拉普普．住屋形式与文化（第二版）[M]．张玫玫，译．台北：境与像出版社，1984.

[2] Biological Anthropology. A major offered by the ANU College of Arts and Social Sciences, Australian national university. 网络来源：https://programsandcourses.anu.edu.au/major/BIAN-MAJ.

[3] 章立明．文化人类学中的身体研究及中国经验探讨 [J]．世界民族，2010（05）：54-55.

[4] Thania Acarón. Shape-in(g) Space：Body, Boundaries, and Violence[J]. Space and Culture，2016，19（2）：139-149.

[5] 王继．从隐匿到实显的身体——对胡塞尔纯粹意识具身化维度的一个理解 [J]．天府新论，2018（03）：84

[6] Katherine J. Morris, Reviews：Merleau-Ponty and Phenomenology of Perception by Komarine Romdenh-Romluc. London and New York: Routledge: 2011，European journal of Philosophy,e11-15

[7]（德）汉斯·莱纳·塞普．大地与身体——从胡塞尔现象学出发探讨生态学的场所 [J]．卢冠霖，译．广西大学学报（哲学社会科学版），2014，08（4）．

[8] Setha M. Low, Embodied Space(s): Anthropological Theories of Body, Space, and Culture, space & culture vol. 6 No.1,February 2003：9-18

[9] 马元龙，身体空间与生活空间——梅洛 - 庞蒂论身体与空间，中国人民大学学报 2019 年第 1 期：141、143

[10] 老子．道德经．第五章．中华书局．

[11] 张玉坤．聚落 · 住宅——居住空间论 [D]．天津：天津大学，1996，12.

[12] Leigh E. Rich, Michael A. Ashby, Pierre-Olivier Méthot. Rethinking the Body and Its Boundaries[J]. Bioethical Inquiry，2012（9）：1-6.

[13] 杨庆．物质身体、文化身体与技术身体——唐·伊德的“三个身体”理论之简析 [J]．上海大学学报（社会科学版），2007，14（1）：11-15.

[14] 刘大基．人类文化及生命形式——恩斯特·卡西勒、苏珊·朗格研究 [M]．中国社会科学出版社，1990，7：158.

[15] 杨熹．路易·康：与砖对话的人 [N/OL]．东方早报艺术评论．http://art.china.cn/huihua/2014-08/07/content_7125176.htm.

[16]（英）乔弗莱·司谷特．人文主义建筑学——情趣史的研究 [M]．张钦楠，译．北京：中国建筑工业出版社，1987：93-94.

[17] 夏铸九．空间的文化形式与社会理论读本 [M]．台北：明文书局，1989，1：140.

建筑与时空

史前时代居住建筑形式中的原始时空观念 ①

摘　要

根据史前人类居住建筑由圆形向方形的平面形态变化过程，揭示了史前人类通过居住建筑的方形，建立了与宇宙位置相联系的人体交叉结构。最初的时空观念开始萌芽。史前人类之所以采取“立柱定居”的居住方式，是为了观察光影的变化，以某种方式准确地审视时空。空间－时间的概念可以通过对建筑方位的区分应用于建筑领域。同时，我们也可以选择符合物质和精神需求的理想取向。

关键词　人体结构；时空观念；辨方正位

引言

关于史前时代黄河流域居住建筑发展演变的基本序列，杨鸿勋先生曾做过概括性的总结：陡壁横穴一坡地横穴一平地袋状竖穴一袋状半地穴一直壁半穴居一地面建筑②。为了总体把握史前时代居住建筑形式的演变规律，现将已有考古资料汇列成表，其间的规律性变化了然在目（表 1）。

从表中可以看出，史前时代居住建筑形式的演变主要表现在三个方面：一是室内地坪高度的不断增高；二是平面构成的逐渐复杂化；三是建筑平面形式所经历的由圆而方的演变。表中所反映的其他方面的变化暂且不论，而建筑形式由圆而方的“圆方之变”具有重要的理论意义，可称之为人类历史上的一次“形态学革命”。

一、圆方之变——时空观念的萌芽

考古发掘资料为我们提供了史前居住建筑形式由圆到方演变的重要证据。在最早的新石器文化——老官山、裴李冈和磁山文化遗址中，除了裴李冈的 6 座房屋中有 1 座是不甚规则的方形之外，其余均为不规则圆形，少数接近椭圆形。可以说，新石器文化早期房屋的一个特点就是不规则的圆形。仰韶文化的早、中期，黄河流域各个聚落之间的文化交流处于相对封闭的状态，房屋形式具有明显的地域特色。在经过发掘的姜寨、半坡、北首岭三处遗址中，北首岭几乎全是方形房屋，其他两处方、圆各占相当比重。仰韶文化中、晚期，聚落之间的文化出现了大规模的交流与融合。半坡文化一经结束，随着庙底沟文化向周围地区的扩展，方形房屋开始在黄河流域占据了统治地位。日本史前考古资料表明：绳纹时代（公元前 12000~ 前 300 年）的居住建筑为半地下式不规则圆形，柱洞无规则；弥生时代（公元前 300~250 年）为较规则的圆形；至古坟时代（公元 300~600 年）则发展为近正方形，柱洞也较规则。其中弥生时代的一处住房遗址的最底层为不规则圆形，上两层则为不规则方形，体现出居住建筑形式由圆而方的演变过程③（图 1）。

史前时代居住建筑平面形式由圆而方的演变大体可以分为两个阶段：第一阶段是由不规则的圆，到空间方位尚未确切对应的不规则方的阶段。其实，在不规则的圆形居住建筑出现的同时，不规则的方形就已经萌芽，方形首先见之于墓葬坑。老官台文化（约公元前 6000~ 前 5000 年）和裴里岗文化（公元前 6000 年）的墓坑皆为长方形或圆角方形的一次单人葬（图 2）。方形标示出人体前后左右四方的方位，使墓葬坑形状与人体形状相吻合。也许正是以方形墓坑为出发点，人类进而发现了方形与自己身体形状的吻合，方形才逐渐成为居住建筑的主要形式。第二阶段为由不规则的方到规则的方，即方形房屋的方位与东西南北空间方位由非严格对应到严格对应的阶段。方形的建筑形式可以看

---

① 张玉坤，李贺楠．史前时代居住建筑形式中的原始时空观念 [J]．建筑师，2004（6）：87-90.

② 杨鸿勋．试论中国黄土地带节约能源的地下居民点——现代地下、半地下城镇创作研究提纲 [J]．建筑学报，1981（5）：68.

③ （日）多渊敏树．原始 · 古代建筑遗构复原研究 [M]．东京：株式会社六甲商会，1982：60.

史前时代居住建筑形式与地理分布简表　　表 1

（来源：张玉坤博士论文《聚落·住宅：居住空间论》1996）

地区 时间	黄河中游及附近地区	长城内外及东北地区	黄河上游及西北地区	长城内外及东北地区	长江中游地区	长江下游及杭州湾	东南沿海地区	西南地区
8000 年	老官台、磁山、裴里岗			北辛	仙人洞遗址		万年洞	甑皮岩
7500 年		孟各庄					东兴	飞虎洞
7000 年		新乐		后岗		河姆渡		
6500 年	半坡	小珠山			山背	马家滨		
6000 年				大坟口	大溪			
5500 年	大河村		马家窑		屈家岭			
5000 年	王油房	红山				良渚	昙石山	卡诺
4500 年	客省庄		贺兰暖泉	龙山			石峡	白羊村

作是人类智慧的伟大创造。在方形房屋出现之前，人类居住的不规则或规则圆形房屋都可以看作是一种对自然的模拟。圆形是自然界中客观存在的符号，如：太阳、月亮、树干等，而规则的方形在自然界中是根本不存在的。与圆形各向同性不同，方形具有方位感，其四方方位与人体的十字轴结构相互对应。因而，当人类能够辨别宇宙东西南北的空间方位，并根据空间方位来构筑方形房屋，就意味着借助方形房屋这一载体，将人体的十字轴结构与宇宙方位相互叠合，这就为人类认识自身和认识自然奠定了坚实的基础。

这两个阶段，前者可视为是人类对自身空间框架的明确，后者可视为是人类自身框架与宇宙框架的叠合。由此可见，居住建筑形式发生由圆到方的演变不仅是建筑结构、构造技术以及测量手段逐渐成熟的体现，同时也是人类时空观念形成的象征，而后者可能正是居住建筑形式发生“圆方之变”的根本原因。

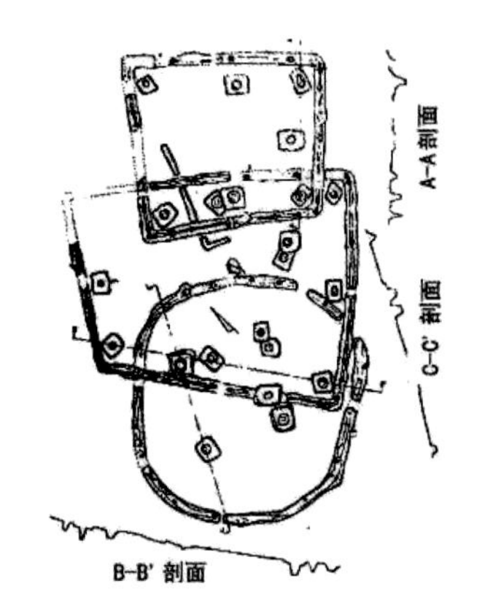

图 1　日本楼丘遗址居住建筑平面由圆到方的变化

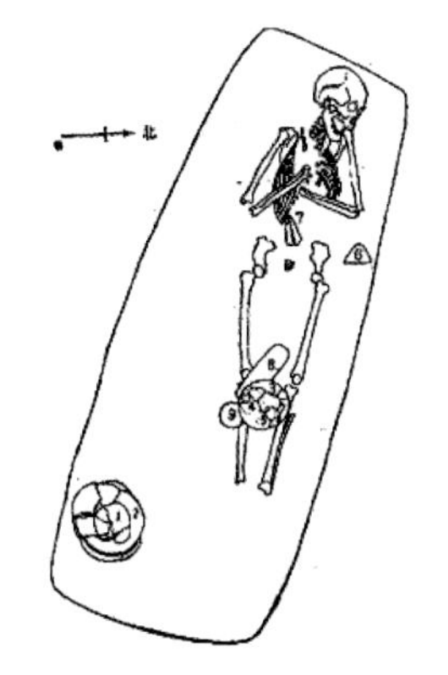

图 2　7000 年前的长方形墓葬（秦安大地湾）

二、“立柱而居”与“辨方正位”

如果说将方形房屋的四方方位与宇宙的空间方位相互叠合，是人类时空认识观上的一次飞跃，那么古代人类是通过什么方法来准确地辨别空间方位，从而划分春夏秋冬四时节气的呢？通过查阅历史文献，我们发现古代人类大多有“立柱定居”的习俗。《尔雅 · 释名》上说：“柱，住也”。定居或居住的本意就是在竖立的中心柱子的周围驻扎下来。《左传 · 昭公二十九年》记载：“有烈山氏之子曰柱，为稷，自夏以上祀之”。烈山氏即炎帝，其“子”名“农”，又称“柱”。何光岳认为，“由于炎帝农用木柱以标志某个地区是一个农耕区，也即一个氏族的生产生活区，故以‘柱’

为名……氏族酋长往往以大木柱标志氏族会议召集地，亦即领导权力中心，更使木柱具有权力中心的意义。且氏族酋长往往依木柱而居，谨慎地保护木柱，以免遭入侵犯。故此，居于木柱之下便叫‘住’”①。至此，可以承认原始时代曾有过“立柱定居”的习俗，这种现象在少数民族的村寨中至今仍有遗存。云南的傣族、拉祜族、布朗族以及佤族在建寨时要先在寨中心立木桩，然后竖寨门定边界，由寨心通往寨门做道路。围绕寨桩这一中心，划分出八个方位。村寨则以寨桩为中心定出东西南北四方，居住建筑在寨桩四周整齐排列。②

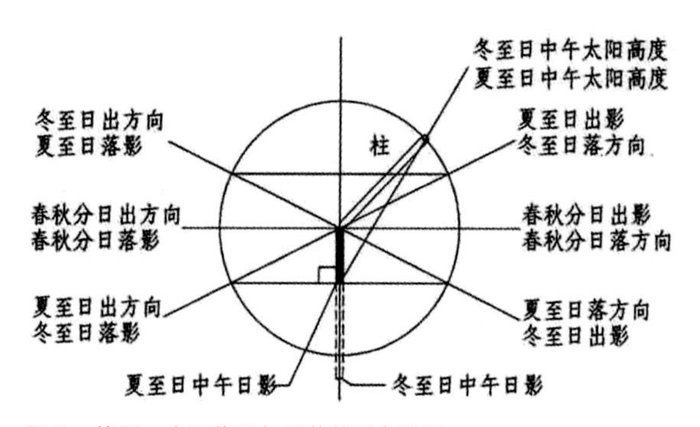

图 3　柱影、太阳位置与季节的时空关系
（出自：张玉坤博士论文《聚落·住宅——居住空间论》第 79 页图 3-27，作者自绘）

人类为什么会有“立柱定居”的习俗呢？我们首先要从“柱”本身的意义谈起。古人最初对时间和空间的感知，大多是基于对太阳运行轨迹的观察。太阳在空间上的东升西落，对应着时间上的昼夜交替；正午太阳位置在天空高度角和星相上的变化，对应着时间上的季节变迁。而通过在地面上立柱，观察和测量日影的变化，就可以直观便捷地了解太阳的运行轨迹。在不同的历史时期，“柱”的形式有所不同，商时为木柱，周时称臬或表。外国的情况也大体相同，如古罗马立青铜指针或悬规，英国原始时代立一圈石栏，原理同出一辙。为了论述方便，可将一个垂直于地面的柱的日影反映的时空指标概括如下（图 3）：

（1）在任何有太阳的一天，柱影都有最短的一刻，这一刻为中午，影子方向指正南正北；

（2）全年中午柱影最短的一天为夏至，最长的一天为冬至；从最短到最长的变化中可区分出更多的季节；

（3）全年中有两天日出影和日落影在一条直线上，这两天为春分和秋分，昼夜等分；且影子方向指正东正西；

（4）以柱为圆心画圆，日出和日落影与圆的两个交点的连线即为正东西向，全年皆如此，两交点连线的中分点与柱相连即为正南北向。

古代人类掌握了日影变化的规律，就可以通过观察日影的方法来准确地测算时间和空间。在文献记载中，通过立柱定居来测定方位和划分季节的历史可以追溯到三皇五帝时代。远古时代的时空测算笼罩着一层宗教的色彩，被认为是天上神灵赐予人类的神秘指示，即“天数”。《史记 · 天官书》说：“昔之传天数者，高辛之前：重、黎；于唐虞：羲和；有夏：昆吾；殷商：巫咸；周室：史夫，苌弘”。在中国古代的神话传说中，众神上下天庭的交通工具，称之为“建木”，建木也就是后世的臬柱，众帝或神通过建木知道“天数”——季节、方位及其他“神启”。

考古资料表明，人类至少在新石器时代中期，就已经初步掌握了测算时空方位的技术。西安半坡遗址“大房子”的方位朝东，房屋朝向与天地四方的契合基本达到了精确化的程度，这种精确化不是偶然的巧合或粗糙经验的产物，而是人类掌握了测算时空方位技术的体现。商周之际，季节的测定已比较准确，人们可以根据夏至日中午日影求地中、辨方位。《周礼》中有两处述及测算时空方位的记载。一是《地官 · 司徒》中记载“惟王建国，辨方正位，体国经野……以土圭之法，测土深，正日影，以求地中”，为确定天子方千里之国的中心而求“地中”（图 4），以地中为中心划分地块，封疆立界。方法是用土圭测日影长度，如果八尺高的臬柱在夏至中午得日影一尺五寸，就称为“地中”，地中实际是在东西向的一条纬线上，经计算纬度为 33° 48′。另一则是《冬官 · 考工记》中记载“匠人建国，水地，以悬置槷，以悬眡以景。为规，识日出之景与日入之景。昼参诸日之景，夜考之极星，以正朝夕”，为确定国都的方位而采取的“正朝夕”，方法也是以臬柱为主，先将土地面抄平，用悬垂线测臬柱是否垂直，然后以臬柱为中心画圆。不过“正朝夕”的目的不是为找出南北向，而是参考中午日影和北极星的位置来核定东西方向是否准确，而东西方向日影所表明的是对农业民族春播秋

图 4 《书经图说》求“地中”

① 何光岳．炎黄源流史 [M]．南昌：江西教育出版社，1992：92.

② 张宏伟．西双版纳傣族村寨的方位体系 [M]// 中国传统民居与文化（二）．北京：中国建筑工业出版社，1992：50.

收最关键的春分、秋分两个季节。

古代人类聚落大多是以农业生产作为生存根基的，而自然变化的节奏与农业生产的节奏密切相关。在农业生产的实践中，人们认识到农作物由播种、生长、成熟到收获这一循环状况与自然的四季、四时周而复始的现象是相互吻合的。在掌握准确划分时间和空间方法之前，人类通过观察草萌虫鸣的"物候"来判断季节，而当人们掌握了科学的时空测算方法，就能够走出观察"物候"的局限，准确辨明空间方位和四时节气，从而来确定耕种和收获的时间，这对于人类的发展具有划时代的意义。

三、"辨方正位"在建筑领域的应用

在中国古代社会，城市、村镇、宫宅、寺院、陵墓以及道路桥渠的选址、布局和营造，都要通过辨方正位，选择理想的朝向。《诗经 · 定之方中》中记载了古代先民在楚丘都邑和宫室营建中聚落选址、辨方正位、规划经营的活动："定之方中，作于楚宫。揆之以日，作于楚室。树之榛栗，椅桐梓漆，爰伐琴瑟。"这表明在建设都城时，首先要辨方正位，选择朝向，使殿堂满足背阴向阳的采光采暖的需要，同时要考虑最佳的动工时间，不耽误农时，更好地组织劳动力①。

随着社会的不断发展，居住建筑超越了用来挡风遮雨"遮蔽物"的物质范畴，成为人们心灵回归的精神家园，人们赋予了建筑更多文化上的含义。对建筑进行辨方正位，不仅是为了获得良好的朝向，满足生理上的需求。建筑方位还成为宗法礼制、伦理观念的载体，"正因为社会观念的渗透和积淀，最初职能较为简单辨方正位，逐渐融汇了阴阳五行、八卦象数、星命、谶纬等方术和理论，演变的内容玄晦，流派芜杂了"②。在对秦安大地湾建筑遗迹的考古中，人们发现"原始殿堂"整组建筑的朝向为纵轴北偏东 30°，即面向西南。根据文献记载，西南方是这一时期古人推崇的炅位③（参见第 013 页图 4），由此可见，史前人类已经有意识赋予建筑方位以"吉"的蕴义，获得精神上的安慰。到了汉代，儒学家董仲舒在阴阳五行宇宙图式的框架下，形成了"天人感应"的思想，这对世俗居住建筑方位选择的影响尤为深刻，"天人感应"的思想就是根据河图洛书、八卦九宫和阴阳五行的宇宙图式，把天上的星官、宅主的命相和住宅的时空构成联系起来，分析其间相克相生的关系，运用"时空合一"的风水罗盘，具体而微地做出宅子方向、布局乃至兴造时序的选择与处理④（图 5）。然而，不论风水理论确定居住建筑方位的方法多么繁复，归根结底，其目的就是为了追求天时、地利、人和的居住生活条件，使人的生理和心理的需求得到具体而微的关照。

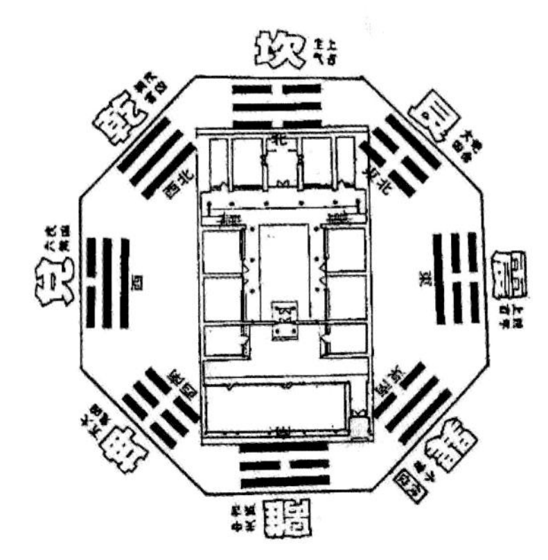

图 5　巽门坎宅九星分布与对应的宅院布置

— 参考文献

[1] 王其亨．风水理论研究 [M]．天津：天津大学出版社，1992．

[2] 李书钧．中国古代建筑文献注译与论述 [M]．三河：三河市永和印刷有限公司，1996.

[3] 冯天瑜，何晓明，周积明．中华文化史 [M]．上海：上海人民出版社，1990.

[4] 董鉴泓．中国城市建设史 [M]．北京：中国建筑工业出版社，1989.

[5] 程晓钟．大地湾考古研究文集 [M]．兰州：甘肃文化出版社，2002.

---

① 李书钧．中国古代建筑文献注译与论述 [M]．三河：三河市永和印刷有限公司，1996.

② 史箴．从辨方正位到指南针：古代堪舆家的伟大历史贡献 [G]// 王其亨．风水理论研究．天津：天津大学出版社，1992：220.

③ 杨鸿勋．大地湾 F901 遗址及其主要特征 [G]// 程晓钟．大地湾考古研究文集．兰州：甘肃文化出版社，2002：38.

④ 宋昆，易林．阳宅相法简析 [G]// 王其亨．风水理论研究．天津：天津大学出版社，1992：70.

原始时代神秘数字中蕴含的时空观念①

摘 要

原始时代的数字通常是借助身体的部位，或是时空的框架来加以表达。因而，原始时代的数字概念并不是一种独立的思维存在，而是与时间、空间的认识并行发展，形成了原始时代的时、空、数一体的整体思维。汉字的象形特点使神秘数字蕴含的时空观在表象上得到最大限度的保留。本文通过对原始象形文字的考证，揭示出原始数字与平面、立体空间方位的对应关系，并指出空间数列的奇偶交变，也就是实体—空间、空间—实体的不断更替与转换的过程。

关键词 原始数字；时空观念；空间方位；空间数列

引言

数字是人类认识发展到特定阶段的产物，是人类思维观念的一种载体。在原始时代，人类通过象形文字将原始的宇宙观具体化和直观化，从而使数字具有神秘的象征意义②，并形成了原始时代时、空、数一体的整体思维，这种思维方式对中国传统建筑和居住空间观念的发展具有重要的意义。

一、原始时代的时、空、数一体思维

两三岁发育正常的现代儿童基本能屈指计数，有的甚至可以心算10以内的加减法。但在原始人类时期，能像现代儿童那样屈指计数的人想必也是十分了不起的人物。“澳洲的土著人很少有人能识别4，而处于野居状态的澳洲土人没人能了解7；南非丛林中的采集者布须曼人中，除了1、2和‘多’之外，再没有别的数”③。由此，人们常以为原始人真的不识数，没有数的知觉。其实不然，原始人生活在具体的世界里，精于分类却缺乏抽象的概念。在有些原始语言中，虹的各种色彩都有专门的字，但却没有“色”这个字。按列维·布留尔的说法，原始人“是用一种与我们相比之下完全可以叫作具体的方法来数数和计算的”。④

“在澳洲的墨累群岛的岛民常常借助身体的部位来数数，从左手小手指开始，接着转到各手指、腕、肘、腋、肩、上锁骨突、胸廓，再按相反的方向顺着右手到右手小手指结束，可以数到21，然后用脚趾数，数到10，加起来可以数到31”⑤。这种计数法既没有数词，也没有真正的数，是一种“近取诸身”，用身体的各部分与数相匹配来帮助记忆的方法。抽象数字概念的产生是十分艰难的，不能抽象或缺乏抽象能力，数字就不能独立地在大脑中运算而必须借助外在的框架作参考。在原始人类的思维中，身体作为最为便捷的计数手段，可以看作是数字借助的外在框架之一。但这种框架并不具备发展成为数字概念的必然性，不然的话，原始人类也有与我们完全相同的一双手，他们完全可以屈指数到5，再用另一只手数到10，这就是为什么在许多原始人中，数字4或7简直是一大难关，而始终没有超越的事实。

恩斯特·卡西尔认为，神话是人类思维基本形成的表现。在这种认识的基础上，他考察了神话意识中空间直觉、时间直觉与数的直觉之间的神秘联系。卡西尔看到了原始空间直觉一般把空间分成南、北、东、西、上、下和中7个部分的事实，每个位置和方向都有一定的意义。正是借助这种空间的框架，时间的意义与其并行发展，“时间关系的表

① 张玉坤，李贺楠．原始时代神秘数字中蕴含的时空观念[J]．建筑师，2004（10）．
② 叶舒宪，田大宪．中国古代神秘数字[M]．北京：社会科学文献出版社，1998：1.
③（法）列维·布留尔．原始思维[M]．丁由译．北京：商务印书馆，1986：174.
④（法）列维·布留尔．原始思维[M]．丁由译．北京：商务印书馆，1986：176.
⑤（法）列维·布留尔．原始思维[M]．丁由译．北京：商务印书馆，1986：179.

达只有通过空间关系的表达才能得以发展。开始时二者没有明显的区别，某些具体的直觉，如光明与黑暗，昼与夜的交替，同是产生原始空间直觉和原始时间直觉的基础。空间上关于方向和区域的划分与时间上关于阶段的划分是平行进行的：太阳在天空上行走，既划分了东南西北，又划分了白天黑夜。”① 其实，时空一体的思维模式并非神话思维所独具，无论是滴滴答答的机械计时，还是数字显示的石英钟，都要借助空间的变化来诠释时间的进程。西方哲学中，从笛卡尔的时空分离到爱因斯坦的四维空间，虽然在科学上人们已经接受了独立观察时间和空间的观念，但并非时间和空间存在的真谛，时间和空间作为一个整体从来就没有分离过，没有独立存在过。

当人们掌握了时空变化的规律，数字就附立在具体而实在，富有感情色彩的时空框架上。即使在较高级的文明中，数字概念也没有脱离这种框架，甚至表现得更为突出。“契洛基人的两个神圣的数字是 4 和 7……4 这个神圣的数是与 4 个方位直接有关的，而 7 除了 4 个方位以外，还包括‘在下’，‘在上’，‘这里，在中间’。许多部落的仪式中，颜色（有时则是性别）分属于每个方位。在契洛基人的咒经中，东方、南方、西方、北方各神分别相当于红、白、黑、蓝。每种颜色也有其象征意义，红色表示力量（战争），白色表示和平，黑色表示死亡，蓝色表示失败”。② 我国在原始时期的墓葬中就已经具备了青龙、白虎、朱雀、玄武的四灵观念。如果将印第安人的四方观念与中国后世的四方观念加以比较，可以看出二者的相似之处：

四方、四季、四色、四灵均以数字 4 为基底，加上中或人就是典型的五方、五行观念。这些观念的形成与传衍，充分说明了在原始时代，数字概念是借助时空、色彩、动物以及人体部位等具体事物的框架建立起来的，从而形成了时、空、数观念之间的神秘互渗。

中国与印第安人四方观念比较　　表 1

中国的四方观念	印第安人的四方观念
东—春—蓝—青龙	东—春—红—蝴蝶
南—夏—红—朱雀	南—夏—白—熊
西—秋—白—白虎	西—秋—黑—鹿
北—冬—黑—玄武	北—冬—蓝—海狸

二、神秘数字中蕴含的时空观念

从神秘数字的表象追溯其本源，可以发现原始时代的数字概念并不是一种独立的思维存在，而是与时间、空间的认识并行发展所形成的原始时代的时、空、数一体的整体思维。而汉字的象形特点使神秘数字蕴含的时空观在表象上得到最大限度的保留，不仅在文字构型中直观形象地表达出神秘数字的含义，也为神秘数字观念的传衍起到重要的作用。

1. 二维平面空间数字

《周易 · 系辞上传》说：“是故，易有太极，是生两仪，两仪生四象，四象生八卦。八卦定吉凶，吉凶生大业。”所谓“太极”，言为万物之始，实乃为“1”。数字之始为 1，物之实体为 1，人之躯体为 1，混沌不分为 1，万象包容亦为 1。太极之初分，一分为二，2 的产生有许多外在框架可以附和，天有昼夜、地有高卑、人有男女，世间处处是二元相反相成的对立统一局面。人类对空间方位的认识也不外于此，经历了由二方位空间意识向四方位空间意识的漫长演变过程。人类通过对太阳运行轨迹的直观感觉，最先认识了日出的方位东方与日落的方位西方。然而，一年中太阳出没的方向并非总是正东正西，而是根据季节的更替，在南回归线和北回归线之间摆动；每天的运行轨迹要经过东、南、西三个方位。当古代人类已经能够清楚地认识到太阳运行轨迹的这种规律，四方位空间意识就逐渐发展成熟并取代了原始的二方位空间意识。

“四”的原始表现形式不外乎十字形与正方形两大类，二者均与方位的观测和确定密切相关，“古代墨西哥的玛雅人已经会用两根相交的棍子观察规定的点了”③。卡西尔说，“直到欧洲的中世纪时代，基督教的十字架信仰仍然保留着其原始象征意义，即把十字形的每一末端分别视为东西南北的标志”④。中国传统建筑对“中心轴线，左右对称”的形式追求甚为执着，从城市布局到建筑单体均有体现。建筑群体的组合通常根据中轴线来发展，其建筑布局均为左右整齐对称的十字结构布局。这种现象自伊东忠太被发现，至今未见令人满意的解释。如果从空间方位的角度来认识这一

① 刘大基．人类文化及生命形成——恩斯特 · 卡西勒，苏珊 · 朗格研究 [M]．北京：中国社会科学出版社，1990：155.
② （法）列维 · 布留尔．原始思维 [M]．丁由译．北京：商务印书馆，1986：211.
③ 林耀华．原始社会史 [J]．中华书月，1984（08）：380.
④ （德）恩斯特 · 卡西尔．神话思维 [M]．黄龙保，周振选译．北京：中国社会科学出版社，1992.

问题，可以认为建筑的“十字结构”是对宇宙“东、西、南、北”空间方位的物化。古代人类没有计时仪器，是通过观察太阳运行的轨迹来掌握农业上耕种和收获的时间。将建筑的结构方位与宇宙的空间方位相互吻合，其目的无非是为了便于观察日出日落的方位，从而来分辨方位，区分四时。在后世的建筑中，建筑的“十字结构”逐渐成为一种礼制文化；“十字结构”不仅是抽象化的二维空间方位概念，而是包涵了更多社会文化的含义。

明确了“四”的本义为四方，那么，“八”的本义就可迎刃而解了。“八方”正是在“四方”基础上进一步划分出东南、西南、西北、东北四个子方位的派生物。“八”的古体写作“〉〈”[①]，是在“四极”之上再分出的“八极”之象。“八”“分”之渊源即在于此，分为八之意，八为分之形。

在原始时代陶器、纺轮等出土器物上，考古学家发现了一种十字中心对称结构的八角形图案。这种被称之为“八角星纹”的图案可以看作是“八方”方位概念的模型（图1）。“八角星纹”图案符号分布的范围非常广泛，以长江中下游和黄河下游之间最为集中，向西延伸到河西走廊，向北偶见于黄土高原的东端；时间跨度从6000余年前的大溪文化、大汶口文化，一直到4000年前的齐家文化。学者对这种图案的解释其说不一，有人以为“终于解开了这种具有强烈个性的八角纹之谜，原来它是‘台架织机’上最有代表性的部件——‘卷经轴’两端八角十字花扳手的精确图案”[②]。这种解释固然有一定的道理，但并不能揭示八角星纹产生的真谛。其实，从甲骨文的字形的研究中，可以发现“八角星纹”的原型是空间方位模型，或可称之为“原始罗盘”。虽然，从甲骨文的东、南，西、北各字字形中，我们看不出“八角星纹”与空间方位有任何联系，但从表示四方的其他字“丘”，“丙”和日出日落的符号却可以证明“八角星纹”正是表示东南西北的方位符号。甲骨文“丘”写作“[甲骨文]”，《说文》释为：“丘，土之高也，非人所为也。从北，从一。一，地也。人居在丘南，故从北”。从原始聚落的位置看，可知“人居在丘南”是符合实际的。人以自己的居住地为中心，南向背丘而居，“丘”则可表示北。但是，土丘无论如何不会“象形”成“[甲骨文]”，之所以如此，是“丘”被代表北的符号所指代的缘故，故而写成“[甲骨文]”——八角星纹的上部。据《说文》：“丙，位南方，万物成炳然”，可知丙字是表示南方的[③]，甲骨文写成“[甲骨文]”，即八角星纹的下部。表示日出和日落的符号则连体写成“[符号]”[④]，正是八角星纹左右两端的合体。表示北的“丘”，表示南的“丙”，与日出日落的符号[符号]，共同组成一个整体的“[符号]”。所以，八角星纹是一个原始的罗盘，可以充分说明远在6000年前人们已经懂得四方和八方的准确位置，并将其符号化。正因为这一符号如此重要，才被广泛用于陶器、纺轮之上作为装饰性的纹样和构件。

图1-a 史前时代的“八角星纹”
（图片引自王矛“八角星纹与史前织机”）

图1-b 6000年前的含山凌家滩玉版图纹中的“八角星纹”
（资料来源：百度百科）

2．三维立体空间数字

原始空间意识最初只有东、西、南、北四个二维的空间方位，而后来添加了代表“天、地”的二个方位，才形成六个方位的三维立体的空间观念，“方位或空间部位的数目不一定是4，在北美各部族那里，这个数有时也是5（包括天顶）、6（加上天底），甚至7（还包括中心或数数那个人所占的位置）[⑤]”。在中国古代典籍中，“六”也是“四”之后

① 据《汉语大辞典》，“八方”解释为四方和四隅。颜师古注“四方四维谓之八方也。”
② 王预，八角星纹与史前织机，载《中国文化》第二期（1990年春季号），上海：生活·读书·新知三联书店，1990年6月，84页．
③ 据《说文》：“丙，位南方，万物成炳然”。可知“丙”是表示南方的。
④ 韶华．中华祖先拓荒美洲[M]．哈尔滨：黑龙江人民出版社，1992：169.
⑤ 秦广忱．大道之源——周易与中国文化[M]// 八卦起源说．长沙：湖南师范大学出版社，1993：205.

的另一个表示空间方位的宇宙数字。《庄子 · 应帝王》中谓东、西、南、北和天地六方为“六极”。《淮南子 · 地形训》称“六合”：“地形之所载，六合之间，四极之内”。

“六”在甲骨文中有以下几种写法：。《说文》释为：“六，《易》之数。阴变于六，正于八。从入，从八”。对此暂不做出解释，而是看看另一个字旁，即“宀”（音 mián）的甲骨文写法：。《说文》释为：“宀，交覆深屋也，象形。”正如字意解释中所表述的那样，许多带“宀”字头的字，如室、宅、家、宇、宗、安等，本身即是建筑或与建筑相关，毋庸赘言。尽管“六”与“宀”古体写法惊人相似，从古至今却从未有人释“六”为房屋建筑。然而，从后世表示空间概念的“宇”字却可以看出原始数字“六”与房屋建筑的联系。

图 2 半坡住宅剖面与“六”“宀”象形文字的形态比较

“宇”，小言之为屋檐，“宇，屋边也”（《说文》）；中言之为居所，“宇，居也”（《广雅 · 释诂二》）；大言之为疆土，“或多难以固其国，絫其疆土；或无难以丧其国，失其守宇”（《左传 · 昭公四年》）；为宇宙，“四方上下谓之宇，古往今来谓之宙”（《尸子》）。而“宇”因有四方上下六个方位，故又称“六合”，“六合之外，圣人存而不论”（《庄子 · 齐物论》），或称“六极”，“出六极之外，而游无何有之乡”（《庄子 · 应帝王》）。至此方可看出“六”与“宀”的同一关系，这说明“六”起源于房屋，确切说起源于方形平面带“交覆”屋顶的半穴居房屋。如果将仰韶文化半坡遗址的住宅剖面与“六”和“宀”的写法加以比较，自可看出数字与空间的对应关系（图 2）。

中国人的宇宙观念是从一座四方形的半穴居住宅，或曰“交覆深屋”（《说文》）推衍出来的。空间意向与数之直觉交相辉映，发乎人体，施于建筑，推及宇宙，即所谓“近取诸身，远取诸物”，而并非建筑模仿“宇宙图案”。待“宇宙图案”反馈于建筑时，已经是“卫星回收”了。对此，人类学家曾做过如下结论：“在神话思维的初期，微观宇宙和宏观宇宙的统一是这样被解释的，与其说世界的各部分生成人，不如说是人的各部分形成世界”[①]。

说明了“六”的形态，“七”只需在四方上下加一个“中央”就生成了，（明）焦竑《焦氏笔乘 · 读论语》：“信有一我，而不信，六极无之而非我。”似正可解释六和七的交变关系，就像前述印第安人所认识的数字与方位的关系一般，不证自明。

通过上述对原始甲骨文数字构型的分析，不难看出数字与空间方位之间的对应关系。于省吾先生曾经推测：“我国文字究竟起源于何时，迄今仍属悬而未决的问题之一。近年来，在西安半坡村所发现的仰韶文化的陶器缘口处，曾刻有简单的文字，如五作 ×、七作十、十作丨、示作丅……推测在陶器以外，当有更多的文字”[②]。半坡型的仰韶文化距今约 6000 余年，所发掘的陶器上的文字或符号，说明我国文字的起源已有很长的历史。本文所关心的是“丨”为何释为 10？《说文》说：“丨，上下通也。引而上行，读若囟（音 xìn）；引而下行，读若逻（音 tuì）。”许慎未把“丨”释为 10，但其所言“上下通也”和“引而上行”“引而下行”则无疑是说“丨”是一个沟通上下的垂直轴。而“丨”之所以能做十（10）解，关键在于人体周围，房屋周围有“四正四维”（维即隅）作铺垫，换句话说，以“丨”表十省却了八方。这种解释并不见得十全十美，但鉴于十方在平面表达上的困难，“丨”可能是最简洁而有力的表达方式。至于数字 9 的甲骨文写法与空间方位之间存在着何种关联，至今仍无法找到满意的答案（图 3）。

图 3 甲骨文中 1–10 数字的写法

① （法）列维 · 布留尔. 原始思维 [M]. 丁由译. 北京：商务印书馆，1986：211.

② 臧克红. 说文解字的文化解说 [M]. 武汉：湖北人民出版社，1994：24.

三、空间数列图式

从对数字与空间关系的研究中，我们不难发现1、2、3、4、5均为平面数字，到了6、7突然转化为立体数字，到8又复归为平面数字。许慎《说文》中说："阴变于六，归于八"，是否意识到这一点尚不得而知。但9是在8的基础上加上一个中心的平面数字，10则从中心分为上下两方，形成一个立体数字。通过上述简单论证和推断，10以内的空间数列可由下列图式表现（图4）。

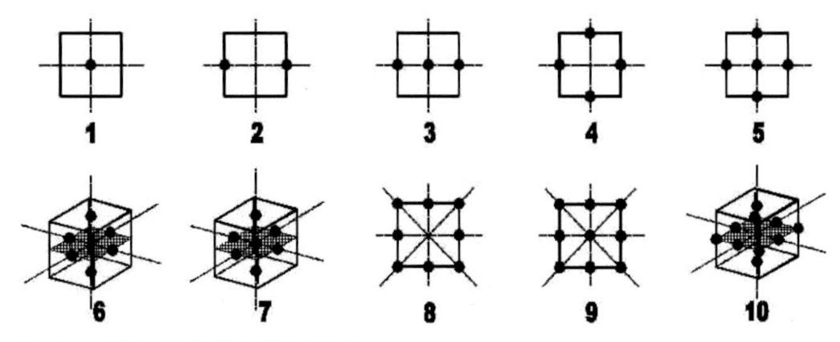

图4　10以内数的空间数列图式

这里，我们不妨把偶数均称为空间数，因为它们的中心都是空位；把奇数均称为实体数，因为它们的中心都被占据。数的奇偶交变，也就是中心得而复失，失而复得，或实体—空间、空间—实体的不断更替与转换。人体本身作为"1"，蕴育着所有这十个数，或更多的数。无论从左右、上下、前后哪两个方位来看，1都能生出2；而2两端的空间本身就暗示着另一个作为整体的1的存在，稍有自省，中心便凸现出来了。其他的空间数也具有这种生成较之大1的实体数，而作为实体数中心的1，也能像初始的1一样，向自身左右、上下、前后任意两个方向萌动，实体数又生成出空间数。可见，古代数字的演化与发展，与老子"道生一,一生二,二生三,三生万物，万物复阴以抱阳，冲气以为和"的哲学思想是十分一致的。

以上所说的也就是与一双手的十进位制或一双手加两只脚的二十进位制完全不同的一种十进位制发展路线。这种发展路线不是主观臆测，有人类学和文字学的资料作依据，但除了中国古代和美洲印第安人是按这样的空间和数的关系发展，别的国家或地区是否也如此则不能妄断了。这种时空数"互渗"的现象对于史前人类思维观念的发展影响至深，但并不神秘。人类对时间、空间和数的认识的协调发展，标志着人类从混沌状态向时空数明晰化的思维进化过程。

— 参考文献

[1] 叶舒宪，田大宪．中国古代神秘数字[M]．北京：社会科学文献出版社，1998.
[2]（法）列维·布留尔．原始思维[M]．丁由译．北京：商务印书馆，1986.
[3]（德）恩斯特·卡西尔．神话思维[M]．黄龙保，周振选译．北京：中国社会科学出版社，1992.
[4] 林耀华．原始社会史[J]．中华书月，1984（08）.
[5] 郭沫若．奴隶制时代[M]．北京：人民出版社，1973.
[6] 汉语大辞典编纂．汉语大辞典[M]．上海：上海辞书出版社，1986.

建筑空间组织与心理组织图式①

摘 要

建筑空间是人的心理空间的外化。通过内心世界的活动，人对外部世界的环境要素会有一个清晰的感知，这种感知也会直接影响建筑空间群落的组织方式及空间序列化形式，形成人的基本心理组织图式，包括中心与地点、方向与途径、领域和各要素相互间的关系。人的基本心理组织图式形成之后，继而会从文化的、宗教的、自然气候及其他角度对周围环境进行体验、适应和改变。

关键词 建筑空间群落的组织方式；空间序列化形式；心理空间；心理组织图式

引言

各种文化中所形成的具有各自独立空间特征的单体建筑，是如何组织成为一个复杂但却井然有序的建筑组群的？对于建筑空间组群的形成及其组织形式起主导作用的力量究竟是什么？人们依据一种怎样的原则，将自己文化中纷纭万千的单体建筑及其空间，组织成为一个具有某种独立特征的建筑及其空间的集合体？理解这些问题有助于更深刻地探寻不同文化中建筑空间群落的组织方式、空间序列化形式及其形成过程。然而寻找这些问题的答案，首先要去探询这些活动的组织者——人的内心世界。

建筑空间是人的心理空间的外化，对人的内心世界的分析或许能为其寻找不同建筑空间的本质特征，了解其形成的过程找到一个途径。心理空间是无形无体的，在心理空间中，认识是瞬间的，它依靠逻辑加直觉而对积淀的心理材料进行创造性的综合或构建以达到历时性和共时性的统一。正是在这种瞬间的知觉影响下，人开始了对周围环境的感知，并逐渐形成了人的心理组织图式。皮亚杰的研究认为，人们知觉的过程实际上是一个模式识别的过程，即把客观刺激与大脑里现存的模式（图式）进行匹配；知觉的形成有赖于两种不同的信息——感观直接输入的信息和知觉者记忆系统中保存了的信息[②]。保存在记忆系统中的信息，就是所谓的图式。这种与某种事物或情景组织起来的图式是一种心理结构，亦即人的心理组织图式。它产生人在知觉事物时所特有的期待和假设，形成知觉定势，从而影响信息的接受，支配知觉对象意义的确定。在建筑空间组织中，这种知觉定势也支配各元素的组织方式和形成过程。

人类对周围环境的构造过程离不开人类对环境的认知，基于此，认知理论应运而生。认知理论的研究，是以皮亚杰的“图式”与“构造论”相结合来研究人对环境认识的发展机制。构造论始于法国的语言心理学家 Noam Chomsky，他主张外部世界或曰环境，是由物与物、物与人之间的关系构成的。物是具象的，关系是抽象的。人的认识就包括这“具象”与“抽象”两部分。各种千丝万缕的关系交织在一起，形成一种结构。人的认识就是不断去找出各种事物之间的关系。像蜘蛛编网似的去构造他的外部世界，而这一切都始于人的实践与学习（直接经验与间接经验）。一个幼儿的世界全然是“主观的中心”，幼儿的各个空间是独立、分离的。使相互间没有关系的“分离空

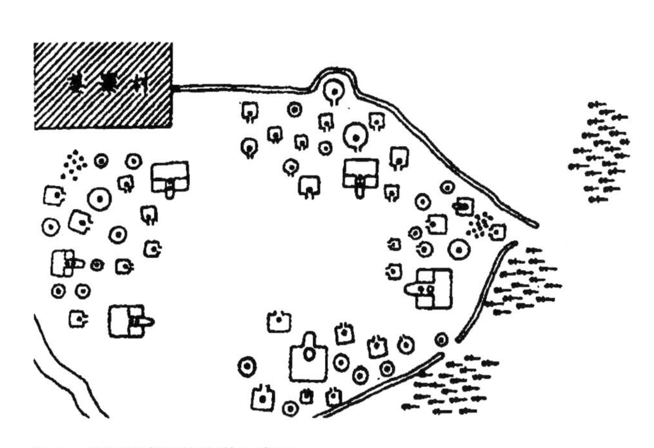

图 1 陕西姜寨氏族聚落示意图

① 张天宇，张玉坤，王迪．建筑空间组织与心理组织图式 [J]．华中建筑，2006（03）．

② 李道增．环境行为学概论 [M]．北京：清华大学出版社，1999：4-9.

间”聚集起来，让这些空间具有一定的秩序，这种关系属于拓扑学类型（Topology），或称拓扑关系。拓扑关系甚至建立于“形状”与“大小”之前，它不涉及永久性的距离、角度与面积，只基于相互间的关系，如接近、分离、断、连、围合（内、外）方向。心理空间的组织也像物与物的关系一样以拓扑学的图式联系在一起。幼儿开始掌握的关系基于“接近”原理，图式由此建立，并逐渐发展成更大的结构整体。因此可以说人的基本心理组织图式，包含建立一个中心或地点（向心性）、方向与途径（连续性）及领域（领域性）。要使一个人能感知、支配这个空间，并在其中定出方位，就要掌握这些关系，这也是理解建筑空间组群的组织方式和空间形式的关键。

如前面所说，人对外部世界的感知直接影响建筑空间群落的组织方式及空间序列化形式，与 Norberg-Schulz 提出的环境构成图式与人的心理组织图式不谋而合，它也是从人的头脑中如何构成外部世界的图式出发，是人的心理组织图式的反映——人的心理空间与外界环境构成的关系。从建筑空间群落的组织及形成中可以清楚地看出人的心理组织图式的作用。

一、向心性——中心和地点

中心指的是出发点或目的地，如家、城市中心、地区中心、首都等地点指与一定活动内容联系在一起的地方。中心与地点，构成了心理组织图式的向心性。在一个建筑组群中，总有一个中心存在，这即具有向心性的心理组织图式在建筑中的反映。中心有如一个巨大的磁石，一般附属性的建筑空间，都被吸附在这一中心的周围。这种具有中心吸附性的建筑空间组成方式，几乎是普遍存在的，甚至在一些游牧部落的临时性聚落组群中，也不例外。13 世纪中叶，曾经到过蒙古汗国的首都哈剌和林的西方人鲁布鲁克，就注意到了游牧的东方蒙古聚落与西亚以色列人的聚居区，在空间组群方面，共同具有环绕中心而设的特征。同样，在许多不同文化的建筑组群中，都有这样或那样的中心存在，比较次要的建筑被吸附在这些中心的周围，如西方中世纪城镇中的教堂、中国古代都城中的宫殿或州县衙门所在地的治所、中国传统村落中的祠堂、中国侗族村寨中的鼓楼、非洲或印第安人土著部落中酋长所住的棚屋等等。在更小一些的空间组合中，如一座宫殿、一所住宅、一组庙宇、一座修道院等等，也都各有独立的中心存在。每一个中心都有不同程度的吸附力，以将其周围的建筑吸纳为一个有序的空间组群。

向心性在早期建筑中非常明显，“在位于居住区中央有一个大房子，其结构和建筑方法与地穴式的房屋相同，门是向东开的，这个房子复原后的总面积约 160 平方米。根据其他遗址和民族学材料考知，氏族公社的大房子是作为氏族成员公共机会议事的场所，也可供老年、儿童以及病残成员居住，或者作为酋长接待外族客人的地方。”公陕西姜寨遗址居住区已经挖掘，“一般对偶住房共分五个集团，每个集团都以一个大房子为核心，总体呈周边式布局，中间为广场。”图 1 是这种向心性直至明清时期仍保持着，如祠堂完全和大房子相仿。

这种核心的思想赖以建立的基础是血缘关系。除血缘外，某些物质因素也促成了向心性，例如原始印第安人的灶几乎全在房屋中央（图 2），最初可能为跑气之用，但一与功能并生的便是对火灶的向心性，很难说谁先谁后。而“中霤”的概念发展到后来就是心理空间的中心概念了。无论是人类学因素还是功能因素造成的向心性都说明向心意识已普遍存在，它是影响建筑空间组群的一个重要因素。

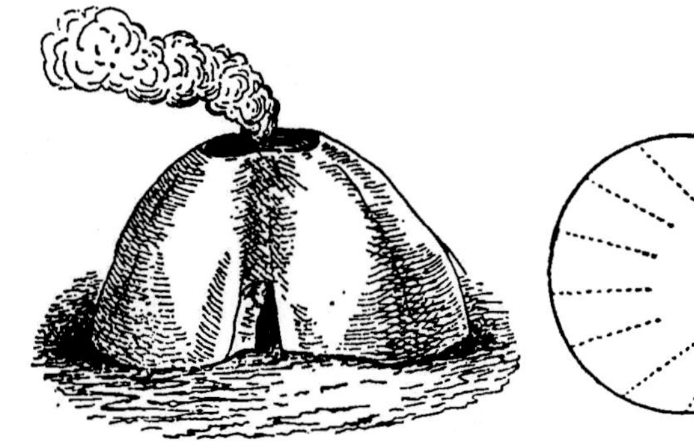

图 2　北美印第安库钦人的房屋

二、连续性——方向与路径

心理图式的另一个特征便是连续性。像流体一样，心理空间连续贯穿于建筑中。西蒙德在《Landscape Architecture》一书中说：“某人从他的俱乐部的阳台到下面的游泳池必须经过停车场，这是一件很讨厌的事”，“当全家到野餐地点时应避免经由商业区，而宁愿选择一条林荫大道”。这可以解释为人在从事一项活动时，不愿有异元素

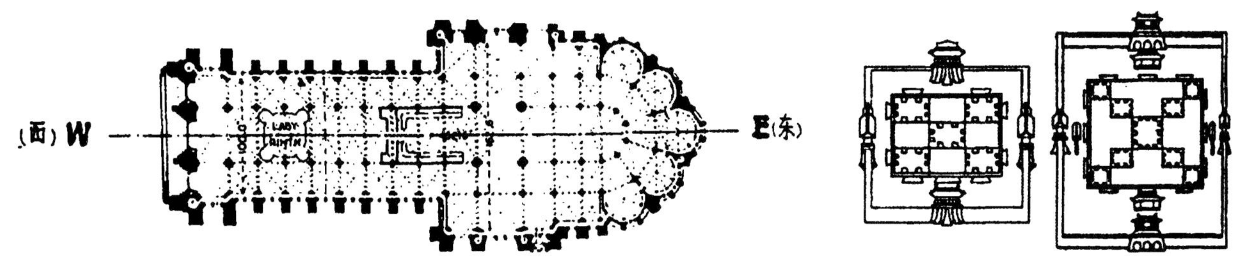

图 3　西欧基督教堂强调东西向轴线

图 4　中国传统建筑强调五方位空间的明堂式构图

介入，而愿意保持心理空间的连续性。

人的心理组织图式的连续性在建筑空间组织中靠方向和路径来体现。任何地点都有方向：上、下、左、右。地理环境、自然风景也有方向。路径是许多地点之间的联系，它把人们引向目的地，因此与方向联系在一起，给人以方向感。

在建筑空间组织中，与中心相关联的轴线具有强烈的方向性，并起到路径的作用，它通向组群中最重要的部分——中心。轴线可以由一条街道、一系列的门殿厅堂、一座或数座牌楼或凯旋门组成。轴线一经形成，一个空间组群的骨骼也就形成了。其余的附属性建筑，将被附着性地分布在轴线之上，或轴线的两侧。

然而，这轴线或路径的形成，则取决于某种历史、文化、宗教、民俗、习惯、地理以及气候等等因素的影响。这诸多因素也就造成了建筑空间形式的多样性与复杂性。例如，在基督教文化中，特别是西欧中世纪基督教建筑中，一般强调的是教堂建筑沿东西方向延展的轴线，却几乎看不到南北轴线的存在（图 3），在其周围所形成的建筑群落，多是在东西方向上产生某种由街道形成的空间延伸，并沿街道两侧组织建筑。同时，与教堂的东西轴线相垂直的南北方向的街道空间，也一般不被强调，城市中即使存在有南北方向的轴线，一般也不与教堂有十分直接的关联。中国建筑中，虽然也有中心的存在，也有沿东西方向的轴线存在，但是，影响一个中国城镇，或是宫殿、住宅、陵寝、庙观的主要条件，是沿东西南北四个方位延展的，同时，更强调南北轴线的作用。这显然与中国传统思维中，以平面五方位空间图式为基本的空间模式（图 4），并突出“南面为君”，“面北称臣”的强调南北轴线的方位观念，以及北方地区特有的地理因素的影响，渐而形成的对于南北方位的重视，有着密切关联。

三、领域性——地区与领域

中心与地点、方向与路径均离不开“围合”，即领域。路径将人的活动范围分割成一个个的地区，熟知的领域是由陌生的世界包围起来的。地点与路径给人以明确的印象，领域则使它们成为有关联的空间。领域为自然物所限制，如：山、海岸、河流等，有时也有特定的人造物限制，从更大尺度上讲为地理条件所限定。领域好像一个镶着画框的图画，如果没有它，就不可能有中心，方向与路径也无从谈起。

领域感是动物和人类共有的。主要表现在两方面：首先，人总是要在自身与外界之间划出一片属于自己的领域，即人要用维护结构圈定一个领域供人体自身存在。如果外界因素闯入这个领域，人会感到不安，人只有与外界保持这个距离，才能有安全感。建筑空间的组织也是如此，领域表现为不同层次上的领地范围，群落和群落之间如果没有围墙便有经过协定的空间范围，范围不明确可能产生争执。群落和大自然之间也有一道无形的屏障，将其分为“内”与“外”。篱笆——在古今中外的住宅中是一个常见元素，它对视觉或听觉的保密都无助益，但是它象征了房子的占地及一种阻隔的意念。有人引用英国一个制造篱笆的人的话“……人们在大地上圈出属于他自己的一小部分，把自己的标界立起来……在那里面感觉安全快乐。这就是篱笆杆的事。”① 其次，正如比较性格学（Comparative Ethology）和心理学的观点，人类与动物都有一种强烈的感情，即要在他们的群落中表现出各自的特色，显示他在群体中的角色地位。在建筑空间组织中，则表现为要求其所属的群落要有不同于其他群落的特色，控制一定的领域，便于使这种特色具体化。从远古以来，人们就认识到不同的地点有不同的特色，这取决于这一地区大多数居民所呈现出的环境意象，使人

① （美）拉普普．住屋形式与文化 [M]．张玫玫译．汉宝德校订．台北：境与象出版社，1989：157.

们感到他们是属于同一地点的。历史上各地区文化与建筑特色很鲜明，而近代正在消失，20 世纪 60 年代后，又觉悟到要尽力维护这种特色。舒尔茨所说的场所精神实际上也是心理图式的领域特性的表现。

在人类中，这种领域性的需要会因文化教养或个性的因素而表现不同。但人类需要保持一些自己的领域是毫无疑问的。“生活上没有了领域性，势必会出现无关联、无效率以及无基本反应的集合体之特性。自然的、社会的和社区的生活也会受到损害。”①

四、制约性——要素间的相互作用

这些要素在不同文化影响下，以不同的方式互相作用结合到一起，而在不同的文化中某一方面的要素，往往显得更重要。游牧民族重视领域，但地点概念不发达，其道路很大程度上是自由的。农业文明则倾向于地点概念，重视“封闭”与“中心领域”，路内向而非外向。进入现代社会后，三个要素都十分重要，成为一个有意义的组合。

中心或地点、方向与途径、领域及其相互间的关系，构成了人的基本心理组织图式。在某一特定文化的建筑空间组群经营中，有许多制约或影响这种空间组织过程结果的因素，包括文化的、宗教的、风水的、禁忌的、地理地势的、自然气候的等等。这其中，人的心理感知是其他因素的源泉所在。人的基本心理组织图式中的四个要素是组织成一个完整的建筑空间环境所必备的。一定的心理组织图式形成之后，人们继续从文化的、宗教的、自然气候的等等其他角度等对周围环境进行体验，适应和改变。

参考文献

[1] 李道增．环境行为学概论 [M]．北京：清华大学出版社，1999.
[2] 王贵祥．东西方的建筑空间——文化空间图式及历史建筑空间论 [M]．北京：中国建筑工业出版社，1998.
[3] 李允鉌．华夏意匠 [M]．香港：香港广角镜出版社，1982.
[4]（德）库尔特·勒温．拓扑心理学原理 [M]．竺培梁译．杭州：浙江教育出版社，1997.
[5] 朱永春．文化心理结构与地理图式 [J]．新建筑，1997（4）.
[6] 刘沛林．中国历史文化村落的心理空间 [J]．衡阳师专学报，1995（2）.

① 徐磊青，杨公侠．环境心理学 [M]．上海：同济大学出版社，2002：113.

字里乾坤：辨方正位与明堂的型制与称谓①

摘 要

古时先民通过立表测影、辨方正位来认识时空世界，形成了“通天尚中”的文化观念，并将其凝结在初成的文字符号里，也物化在代表国家社稷的明堂中。本文通过梳理相关文字符号的初义构成，还原了古时的思想仪俗和文化观念，辨析了明堂作为宇宙模型的本义，并借此对“昆仑”“世室”“重屋”等明堂的古时称谓做出符合其精神实质的释名。

关键词 辨方正位；通天；尚中；明堂

引言

从文化的角度来看，每一个象形表义的古汉字都是负载原始文化的“活化石”，它们以抽象的刻画符号将先民们对自然世界的认识固化其中。时间虽然使古时的一切变得模糊甚或泯灭，但文字符号除书体变化外却相对稳定地流传下来。因此，通过辨析一些汉字符号的初义构成，仍可还原出彼时先民的思想仪俗和文化观念。

一、立表测影——标识时空的原点

欧洲自然神话学派的代表人物麦克斯 · 缪勒在《宗教的起源与发展》中提出，世界上最早的崇拜形式就是太阳，太阳神话是一切神话的核心。我国亦如是，“历来被崇奉为华夏民族始祖的伏羲、黄帝，就其初义来说，亦都是太阳神的称号。”②作为日神的象征③，符号“十”很早就以装饰图案的形式在我国马厂文化、屈家岭文化、半山文化、仰韶文化等各时期的陶器纹饰中出现，也是太阳崇拜的表现。那么，符号“十”是如何与太阳联系起来的呢？

我国最早与太阳关联的神话要数伏羲在高山顶立木作表④，以“辨方正位”。如《周礼 · 考工记》载：“匠人建国，水地以县，置槷以县，视以景。为规，识日出之景与日入之景。昼参诸日中之景（影），夜考之极星，以正朝夕。”《周髀算经》又述：“中折之指表者，正南北也。”表即槷，就是以垂直平地的槷表为圆心作圆，日出日落时槷影与圆周两交点的连线为东西，槷表与东西线段中点的连线为南北。《周礼》与《周髀算经》成书虽晚，但其所释的测日影辨方位之法在伏羲时代同样可行（图 1）。

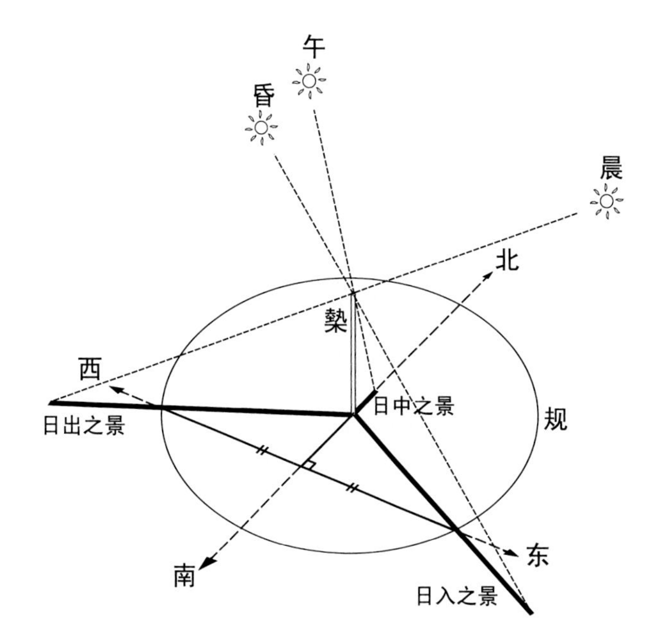

图 1　辨方正位示意图

测影表木在辨方正位的过程中衍生出符号“十（ ⸸ 十）”，如《说文解字》所证：“十，数之具也。‘一’为东西，

① 赵建波，张玉坤．字里乾坤：辨方正位与明堂的型制与称谓 [J]．建筑师，2011（02）．
② 何新．中国远古神话与历史新探 [M]．黑龙江：黑龙江教育出版社，1988：9．
③ 丁山．中国古代宗教与神话考[M]．上海：上海文艺出版社，1988：490；何新．中国远古神话与历史新探[M]．黑龙江：黑龙江教育出版社，1988：1-47．
④ 现代研究多认为神话所体现的是远古先民文化的原始意向，并非一些或神奇或荒诞的故事。

'丨' 为南北，则四方中央备矣。" 唐《大秦景教流行中国碑》(公元 781 年) 中也有 "判十字以定四方" 句。表木以符号 "丨(音 gǔn)" 来表示，"丨" 中心的 "·" 就是其平面投影，强调居中央而通上下，故有 "四方中央备矣" 之说。符号 "十" 在标示四方的同时，也伴生有四季（两分两至）的概念："参诸日中之景"，当中午表影为极小值日，昼最长而夜最短则为夏至，而当中午表影为极大值日，昼最短而夜最长则为冬至，故有上下 "丨"；而当日出表影与日落表影在同一条直线上，即昼夜平分日则为春分与秋分，故有水平 "一"。

在探索世界、认识宇宙的活动中，古时先民进一步发展了这种基于立表测影的时空认知，形成历法纪年，同时融入宗教祭祀而渗透到社会生活的许多方面。而作为标示时空的原初符号 "丨" 与 "十"，也一样出现在表征上述活动的汉字中。

表征时空的汉字如："上（⊥）"，《说文》释 "丄，高也。" 像表木直立大地；如 "正（[illegible]）"，古与 "止" 为同一字，字构中 "丄" 即为表木；如 "时（旹，[illegible]）"，《说文》释 "从之、日。" "之" 源于 "止"；如 "早（[illegible]）"，《说文》释 "早，晨也，从日在甲上。" 甲（[illegible]十）之初文为 "十"[1]；再如衍生自符号 "十" 的 "木（[illegible]）"，同样被作为重要组成部分而用于表征时空的汉字，如："杲（[illegible]）"，像日在表木上，指日出天亮；"杳（[illegible]）"，像日在表木下，指夜晚；"东（東，[illegible]）"，像日在表木中，为日出方位，等等。

表征测量的汉字如 "土（[illegible]）"，像大地 "一" 上竖表木 "十" 而成，以划分经野，《周礼·考工记》有 "土圭尺有五寸，以致日，以土地。" 后一 "土" 字如郑玄注："土，犹度也。" 表示对大地的度量与标示。圭（[illegible]）、晷（[illegible]）、呈（[illegible]）等表示度量器具的汉字，也均把 "土" 作为字构要件。再如 "聿（音 niè）"，所表手执直立表木 "丨" 以测影，其衍生字 "聿（[illegible]）" 像表木与日影的组合（或像表木加支撑）的结果，另呈、臬、槷、聿等字皆与 "聿" 同音同义，应是同源。又如 "支（[illegible]）"，像手执表木 "十"，"燕支地计众，不与齐均也。"（《大戴礼记·保傅》）句中 "支地"，即丈量土地。

表征历法的汉字如 "历"，古时有 "歷" "曆" "厤" 三种写法："歷"，《说文》释 "过也，从止。" 古时 "正" 与 "止" 为同一字，于是古代主管天文历法的官叫做 "歷正"，推算观测天体运行的活动叫作 "歷象"；"曆" 与 "厤" 均从 "晋（[illegible]）"，"'晋' 字从日从二至，反映了上古测日影定夏至、冬至的实践活动"[2]，而 "至（[illegible]）" 像直立地面、上有装饰的表木，很明显也是对测影工具的描述，故有 "至日" 一词指冬至和夏至。就是用来纪年的甲、庚（[illegible]）、壬（[illegible]）、午（[illegible]）、寅（[illegible]）等，均含有符号 "十"。

表征祭祀的汉字如 "巫"，从其金文（[illegible]）字形上判断，应与符号 "十" 所源表木之义是一致的，至于其与 "舞（[illegible]）" 的同音同源，概因巫者 "以舞降神" ——围着表木进行舞蹈的缘故；从其篆文（[illegible]）字形上理解，其上 "一" 为天，下 "一" 为地，中间的 "丨" 为表木，表木两边的人就是进行祭拜（或刻符）的巫者，反映出巫是人界和天界间沟通灵媒的含义。再如 "帝（[illegible]）"，《说文》释："谛也，王天下之号也，从丄。" 丄即直立表木，而 "[illegible]" 字中所含 "十" 也表明其与表木的关系，上部以 "一"[3] 强调居于天。

"四方上下曰宇，古往今来曰宙，以喻天地。"（《淮南子·原道训》高诱注）原为辨识四方与四季的符号 "十" 由此成为时空宇宙的重要标示符号，因其起于测日影自然也被先民们当作太阳神的象征；符号 "丨" 则因表征表木而具有沟通人与时空宇宙之工具的含义—— "上下通也。"（《说文》）两者一同成为古时揭示 "天数" 的钥匙。

二、尚中通天——宇宙观念的神化

原始宗教反映了古时先民对于不能理解的自然现象的想象——认为是上天的神主宰着人间的一切，祭祀必须依照天象进行，观天象、修历法以预言祸福吉凶就成为部落的头等要事。于是黄帝 "使羲和占日，常仪占月，臾区占星气……隶首作算数。"（《世本·作篇》）颛顼 "乃命南正重，司天以属神；命火正黎，司地以属民。"（《国语·楚语》）尧时 "乃命羲和，钦若昊天，历象日月星辰，敬授人时。"（《尚书·尧典》）等（图 2）。对农耕部落来说，时令的确

---

① 丁山. 中国古代宗教与神话考 [M]. 上海：上海文艺出版社，1988：91.

② 王宏源. 字里乾坤——汉字形体源流 [M]. 北京：华语教学出版社，2000：308.

③《说文解字》释古文 "帝"："古文诸上字皆从一，篆文皆从二。"

定尤显重要，直接影响农业生产的全过程。上古六历[1]中的《夏历》由于比较正确地反映了农事规律而被史书称“夏数得天”。

“历象之要，可以晷景测之。”（《颜氏家训 · 省事》）源于测影的天象历法既然能够关乎丰欠、预示吉凶等上天的“安排”，表木自然成为“通晓天数”的文化象征。发明测影表木的伏羲以木首德，被作为人文初祖概源于此，表木也被神化为具有通天异能的宇宙神树[2]。上古神话中还有“扶桑（也称扶木）”的宇宙树：“汤谷上有扶桑，十日所浴，在黑齿北。”（《山海经 · 海外东经》）“汤谷上有扶木，一日方至，一日方出，皆载于乌。”（《山海经 · 大荒东经》）与扶桑不同，“建木在都广，众帝所自上下。”（《淮南子 · 墬形训》）“日中无景，呼而无响，盖天地之中也。”（《吕氏春秋 · 有始》）对比两个宇宙树可见，扶桑只是太阳神乌的栖息树，在黑齿北；建木却因居中而具通天异能，故名“中天建木”。

由此，“尚中”的观念在原始宗教中变得非常神圣，因为借此中心点可以接近神灵，即通天。我们称自己的国家为“中国”——中央之国，也有这种含义。从构形来看，“中（[illegible]）”字中间的“口”像四方的大地，再以直立表木（即丨）标示中央，其上系有飘带，以风表飞升通天，显见“中”已在测日圭表的基础上衍生出宗教祭祀的概念。今天藏历萨嘎达瓦节的核心仪式，就是把系满哈达的大木在祈祷声中徐徐竖起，应是古时“中”的遗俗。

“为了组织人的政治的、社会的和道德的生活，转向天上被证明是必要的。”[3]作为受命于天的人王，在王朝建立之初的首要大事就是求“土中”：“惟王建国，辨方正位，体国经野……以土圭之法，测土深，正日影，以求地中。”（《周礼 · 地官》）实际上姬周王朝也是这样做的，“南望过于三涂，北望过于有岳，丕愿瞻过于河宛。瞻于伊洛，无远天室。”（《逸周书 · 度邑》）周人这样做是为了使“天知”——知我周朝初受天命即“服于土中”，以求与“天帝”感通；知我初即位，即“作天邑”“配皇天”；知我虔诚“敬德”，效忠于“帝”。[4]

从构形来看，表征圭表的汉字多有“求中”以通天的含义。如前述“土”：“凡建邦国，以土圭土其地，而制其域。”（《周礼 · 地宫》）表示对大地的度量，即标示“土中”；其衍生字“圭”，也从最初的表木演化为古代帝王诸侯在朝聘、祭祀等隆重仪式时所用的礼器，以像通天——“圭璧五寸，以祀日月星辰。”（《周礼 · 考工记》）；而“封（[illegible]）”，直接就是量土求中立表通天的摹画——“制其畿方千里，而封树之。”（《周礼 · 地官》）再如建木之“建”，“聿（[illegible]）”是由源于“丨”的“聿”（或“肀”），“廴（音 yǐn）”，《说文》释“长行也。”即以圭表度量天下以求土中；“木”即“十”，也具测影求中之义；建木实为“丨”与“十”合成的通天中枢。

图 2　命官授时图
（图片来源：[英]李约瑟．中国科学技术史（第 4 卷　天学）[M]．北京：科学出版社，1975：40）

图 3　汉画像石中的建鼓形象
（图片来源：俞伟超主编．中国画像石全集（第 2 卷　山东汉画像石）[M]．济南：山东美术出版社，2000：15）

与建木相仿，祭祀用的建鼓也映射出相同的观念（图 3）：“夏后氏之鼓，足；殷楹鼓；周县鼓。”郑玄注：“楹，

---

[1] 《汉书 · 律历志上》：“三代既没，五伯之末史官丧纪，畴人子弟分散，或在夷狄，故其所记，有《黄帝》、《颛顼》、《夏》、《殷》、《周》及《鲁历》。”
[2] 苏联神话学者叶 · 莫 · 梅列金斯基在论述神话的宇宙模式时说：“另有一种传布广泛的整体宇宙模式，可与类人形象相似或与之相混同。这便是‘植物’模式，形为参天的宇宙之树……宇宙树则构成生于原初类人灵体的世界……仰赖宇宙树，萨满始可沟通人与神、地与天，履行其中介者、媒介者的职能。”参见［苏］叶 · 莫 · 梅列金斯基著，魏庆征译．神话的诗学 [M]．北京：商务印书馆，1990：239-240．
[3] （德）恩斯特 · 卡西尔．人论 [M]．甘阳译．上海：上海译文出版社，1985：62．
[4] 陈江风．天文与人文——独特的华夏天文文化观念 [M]．北京：国际文化出版公司，1988：4．

谓之柱贯中上出也。”(《礼记 · 明堂位》)柱上贯鼓（楹鼓），谓之建鼓。早期乐器多是巫术祭祀之用，建鼓亦然——“大木以悬铃鼓，事鬼神”(《后汉书 · 东夷列传》)。结合汉画像石可见，建鼓是一种立起来从两侧击打的鼓，饰有垂旒或彩帛，穿过鼓身的木柱是天地之中的象征，其上往往有飞鸟或仙人，以像通天。从构形来看，“鼓”源于“壴（ ）”，从其读音 zhù可知，“壴”与“主”“柱”是同源的，也是通天圭表的象征，故而成为一些表征神圣含义的汉字组成要件，如嘉（ ），其“壴”像建鼓，字义或为用鼓乐庆丰收以祭天，进而衍生出“嘉禾”“嘉量”等表神圣的词汇。

“尚中通天”的观念不仅表现在建国求土中、祭祀祈天知，从王的称谓源于巫也能看出这种思想的痕迹。古时巫的大用就在于观象制历和祈雨防洪，因而被认为具有“通天”异能，时代越古，巫的权力越大，传说黄帝作战都先请巫前来卜筮。古时部落首领和夏商周的王实质上都是“巫”：如伏羲创立八卦、颛顼绝地天通、商汤舍身求雨、文王推演《周易》等，其行为多有超自然的巫术色彩，后王从巫的集团中脱离出来而独具通天资格。从构形来看，“王”也源于“巫”：“王，古文作 ，半月形为盖天图，像日月星辰布列的苍穹，演为上‘一’；下‘一’像大地；中‘十’像圭表竖立，为人道，因为‘十’沟通了天地，所以又为‘天梯’，掌‘天梯’的人，为大巫，即王。”[①]

不仅是王，史亦出自巫。史（ ），最初作为用文字刻画来从事占卜的职掌，与巫没什么区别。《说文》解：“史，记事者也，从又持中。”可见，以手持中是上古史官的形象特征；其实王也是持中的，只是叫作“权杖”罢了，都是通天圭表的演化。

李约瑟曾说：“对于中国人来说，天文学曾经是一门很重要的科学，因为它是从敬天的‘宗教’中自然产生的，是从那种把宇宙看作是一部统一体，甚至是一部‘伦理上的统一体’的观念产生的，这是从最早的时期开始就已经贯穿在中国历史中的一条连续的线索。”[②] 确是如此，作为原型图式的符号“丨”与“十”，贯穿于从立表测影“通天象”到巫术祭祀“通天术”的演变过程，最后形成神化了的“尚中通天”宇宙观：以“十”求中，以“丨”通天。

三、明堂释构——通天观念的物化

德国哲学家恩斯特 · 卡西尔认为，“在语言、宗教、艺术、科学之中，人所能做的不过是建设他自己的宇宙——一个符号的宇宙。”[③] 而像明堂这样具有高度象征性的建筑，本身就是一个充满意义的符号集。明堂起于神农之世，用于“岁终献功，以时尝谷，祀于明堂。”(《淮南子 · 主术训》) 而黄帝时明堂则直接表明“天子从之入，以拜祠上帝焉。”(《汉书 · 郊祀志》) 显见明堂的本初功用在于“通天”这一原始宗教意向。就是对明堂做出“天子立明堂者，所以通神灵，感天地，正四时，出教化，宗有德，重有道，显有能，褒有行者也”最为全面解释的《白虎通 · 辟雍》，也把“通神灵，感天地”排在首位。那么，明堂是如何以具体的物化形式来表达“尚中通天”这一抽象的原初意向的?

结合诸文献可知，明堂的核心空间是太室，中有都柱，下为墉[④]。下面仍以释字的方法来辨析“太室”“都柱”“墉”这些空间和称谓中所寓含的通天意向。

1. 释“太室”

《周礼 · 考工记》载：“周人明堂度九尺之筵：东西九筵，南北七筵；堂崇一筵；五室，凡室二筵。”清代戴震在《〈考工记图〉补注》:“中央太室，正室也；一室而四堂，其东堂曰青阳太庙，南堂曰明堂太庙，西堂曰总章太庙，北堂曰玄堂太庙；四隅之室，夹室也。”可见，经周人定型后的明堂为五室，以太室居中，彰显其地位最为重要。

古时“太”与“大”字相同。“大”字的读音就是 tài，清代江沅在《说文释例》中解：“古只作‘大（音 tài）’，不作‘太’，亦不作‘泰’。《易》之‘大极’，《春秋》之‘大子’‘大上’，《尚书》之‘大誓’‘大王王季’，《史》《汉》之‘大上皇’‘大后’，后人皆读为‘太’，或径改本书，作‘太’及‘泰’。”因此，太室在许多文献里写作“大室”。时至今日，“大”字的读音仍有 dà、dài、tài 之多，也是其同源之故。

古时“太”与“天”字相通。如天地未分前之混沌元气叫作“太初”，天地间冲和之气为“太和”，掌天时星历者称“太史”，而以“太一”“太乙”“太白”“太微”等来命名星官，等等，从这些词汇中可见“太”与“天”含义相同。

---

① 王大有，王双有．图说中国图腾 [M]．北京：人民美术出版社，1997：33．
② （英）李约瑟．中国科学技术史（第 4 卷）· 天学 [M]．《中国科学技术史》翻译小组译．北京：科学出版社，1975：1-2．
③ （德）恩斯特 · 卡西尔．人论 [M]．甘阳译．上海：上海译文出版社，1985：8．
④ 杨鸿勋．宫殿考古通论 [M]．北京：紫禁城出版社，2001．

正是因为“太”的通天含义，泰山（也作太山）才会成为古时对通天神山的敬谓，而被历代帝王所封禅。其实，“太室”也叫“通天屋”，这一别称更是直接形象地说明了它的含义。

太室之“室”，其上部“宀（音 mián）”，即房屋，如《说文》释：“宀，交覆深屋也，象形。”段玉裁注：“古者屋四注，东西与南北皆交覆也。有堂有室，是为深屋。”“室”下部“至”，如前述为顶端有装饰的圭表，应是内部都柱的表征，含通天之义。清代惠栋《明堂大道录》中“室以祭天，堂以布政”一句，也表明太室是明堂中具有“通天”含义的房屋。

结合段注中“四注”屋顶和“有堂有室”的空间布局推测，古时“深屋”是一种大进深且级别很高的房屋型制，很可能是用来专指明堂一类的建筑形式，而源于“宀”的“室”则很可能专指“太室”（或“世室”）。王国维先生在《观堂集林 · 明堂庙寝通考》中“故室者，宫室之始也”的解释也说明，“室”在古时是一种建筑的专称，后来才泛指房间。

2. 释“都柱”

据杨鸿勋先生《宫殿考古通论》一书中的图例，经周人定制后明堂太室的中心均有柱，名“都柱”。

“都柱”的称谓应源于“中天建木”：“建木在都广。众帝所自上下。日中无影，呼而无响，盖天地之中也。”（《淮南子 · 墬形训》）“都广”也作“广都”，是神话传说中称天帝在地上的都邑。《山海经 · 西山经》：“西南四百里，曰昆仑之丘，是实为帝之下都。”“其山（昆仑山）中应于天，最居中。”（《博物志》）可见，“都柱”即都广之柱，也就是“建木”。概因“建木”位于“都广”这个“天地之中”的位置而“众帝所自上下”，才赋“都柱”予尚中通天的异能。汉代张衡所制候风地动仪“中有都柱，傍行八道，施关发机。”（《后汉书 · 张衡传》）地动仪实为宇宙模型，其中央以“都柱”象征“都广建木”。此外，“都”字寓“中”的意思在“都城”“桃都”“都督”等词中一样显见。

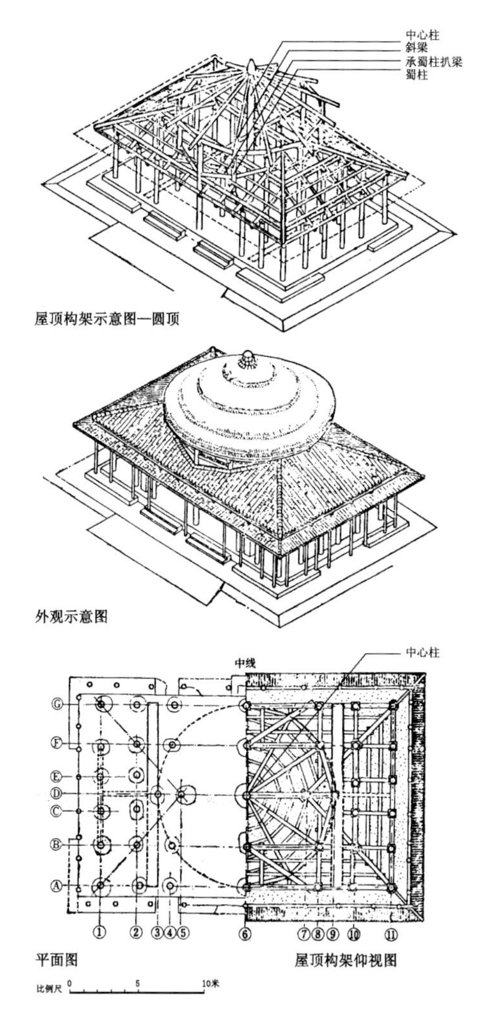

图 4　扶风召陈村西周遗址 F3 复原图
（图片来源：许倬云. 西周史（增订本）[M]. 三联书店，1994：258.）

而“柱”字源于“主（𠂤）”，“主”源于“丨”，本身即有“尚中通天”的意思，与“都”相通。如“柱城”即都城，“柱国”即国都，《战国策 · 齐策三》：“安邑者，魏之柱国也；晋阳者，赵之柱国也；鄢郢者，楚之柱国也。”姚宏注：“柱国，都也。”鲍彪之注更是直接：“言其于国，如室有柱。”可见太室中都柱有标示家国天下的意义，非常神圣。

《周礼 · 考工记》等文献中虽少有提及明堂的中心都柱，但从扶风召陈村西周建筑群遗址中可以看出确有这种构造。遗址中三号房基是一座高台建筑，“中室是方形，以中柱为圆心画圆形，可以通过八个柱基，而且中柱特别粗大，直径达 1.9 公尺。由此推测，这一间大堂的中堂部分，在四阿顶的上面另有一层重叠的圆屋顶，当是金文中所谓太室。”① 由此推测，该中柱即为都柱，是上层圆形屋顶的支撑。（图 4）

另外，洛阳武则天时的明堂也可佐证。“垂拱四年（668 年），拆乾元殿，于其地造明堂，怀义充使督作。凡役数万人，曳一大木千人，置号头，头一喊，千人齐和。”“明堂凡三层，下层法五时，各随方色；中层法十二辰；上为圆盖……中有巨木十围，上下贯通。”（《旧唐书》）现遗迹中有四块大青石拼成的巨型柱础，直径近 4 米，在柱础面上刻有四条定向线指向四方。可见，置于该柱础上的这棵十围巨木，应该就是“都柱”，并以定向线表其居中（图 5）。

如果说早期明堂在中心立柱是技术欠发达的缘故，那么，为何至木结构技术已完全成熟的唐代也依然在建筑中心立柱？显然是早期明堂立都柱以像通天的沿俗。这种上下贯通的中心都柱的做法，实例可参见日本法隆寺五重塔和侗族的独柱鼓楼（图 6、图 7）。

① 许倬云. 西周史（增订本）[M]. 三联书店，1994：256.

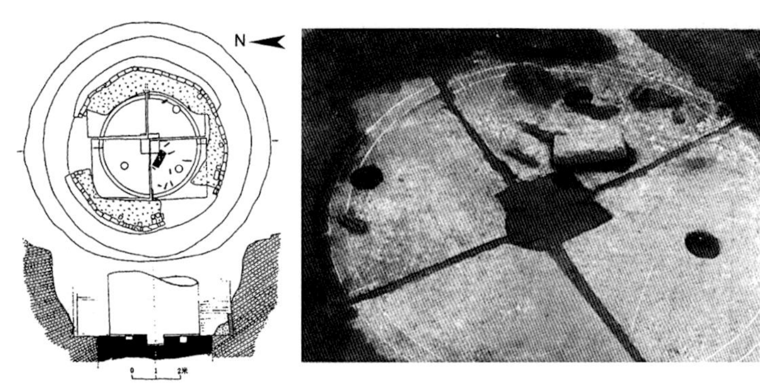

图 5　洛阳唐武则天明堂遗址中心柱柱础遗迹
（图片来源：杨鸿勋．宫殿考古通论 [M]．北京：紫禁城出版社，2001：504～505.）

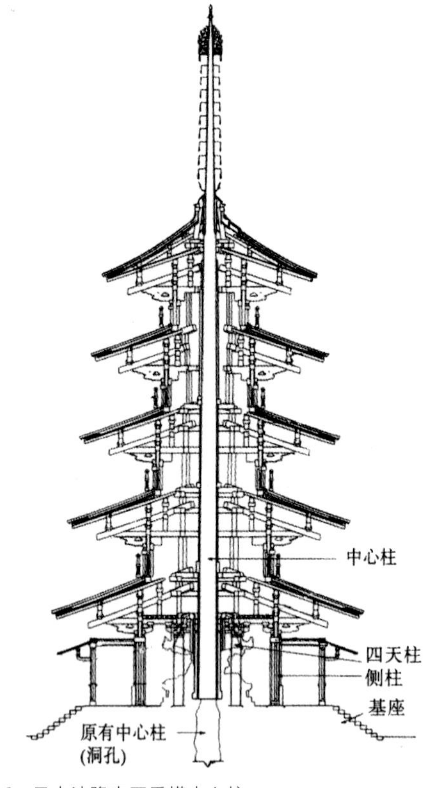

图 6　日本法隆寺五重塔中心柱
（图片来源：日本建筑学会编．建筑设计资料集成 [M]．北京：中国建筑工业出版社，2003：81）

图 7　侗族独柱鼓楼中心柱
（图片来源：http://www.liping.gov.cn/Photo/ShowPhoto.asp?PhotoID=275）

3．释“墉”

“墉（✣）”，《说文》释“墉，城垣也。”近代辞书也从《说文》而释“墉”做“小城也”，或“筑土垒壁曰‘墉’”，于是一直以来都把✣解释为城——“初文像四面建有城楼的城堡之形。”[①]

杨鸿勋先生在其《宫殿考古通论》一书中提出✣为“夯土墩台”的解释：“甲骨上用刀刻画的象形字，全是单线表示四面有屋檐的一个方形夯土墩台，金文则有条件铸成实心方块的✣图形，这就更加明确中央方块不是空间而是实体了。这就是说，在商周时期✣的含义是指高大夯土部件，主要是指高台建筑的土结构核心——夯土墩台。其字形，也正是当时高台建筑平面的抽象摹写，即表示在一个方形土台四周建屋。”这种建筑型制就是明堂。并指出，西汉中期以后，这种✣形的高台建筑形式渐被淘汰，“墉”字也失去了其现实基础而转指夯筑土墙，才被误释为城的形象[②]。

一般认为汉字的初时写法表义最为直接，故释字时一般多以契文或金文作正解。其实篆文虽晚，却是对秦以前的古文字的归纳整理，在表意上更为完备，当与契文或金文互为印证的前提下，从篆文中更容易读出其所寓含的文化观念。墉的篆文为✣，像版筑墩台上竖“十”形表木，双手示崇拜，显见其表征祭祀的神圣含义。另古时称传说中西王母的居处为“墉宫”就是缘于“墉”字的通天意向而命名的。

尚中通天的思想观念在殷商时就已出现，殷王为确保逝去祖先能够升天，便把宗庙、墓穴建成象征宇宙的“十”形图式，如安阳发现的几座商王的大型墓道是“十”形的。周承殷制，也是以“十”作为尚中通天的宇宙象征。结合《周礼·考工记》和戴震《〈考工记图〉补注》可知，周人明堂五室分别居于东、南、西、北、中，构成“十”形平面格局，与“墉”的契文及金文✣的构形是一致的，同样表征了尚中通天的文化观念。

无论契文金文✣，还是篆文✣，“墉”字所释都是对由周人明堂的“✣”形建筑平面的描述，其字义与“十”所具有的通天异能是一致的。故杨鸿勋先生的“在一个方形土台四周建屋”的观点非常正确。如释✣为城垣，其篆文字义则不能与之顺承，难圆其说。

不仅太室的本身名称就意味着“通天”，其中的“都柱”和其下的“墉”所组构的实质上是“通天尚中”的宇宙模式——墉就是尚中的“十”，都柱即为通天的“丨”，古时先民在创造明堂这一“通天屋”时确是做到了名副其实。

---

① 王宏源．字里乾坤——汉字形体源流 [M]．北京：华语教学出版社，2000：141.
② 杨鸿勋．宫殿考古通论 [M]．北京：紫禁城出版社，2001：62.

这种以建筑形式来表征“丨”与“十”构成的宇宙模式不仅是明堂，从明堂型制衍生出来的“市（是、世）楼”“鼓（壴、主）楼”“钟（中、重）楼”也都在城市空间的组织上居中布置以贯彻尚中通天的思想。

四、明堂释名——通天事神的敬谓

古时先民将名看成是具有特殊意义的东西，“具体说来就是以‘名’定‘命’，以‘名’消‘患’，以‘名’寓‘权’，以‘名’寓‘能’，以名字增强氏族感情。”[①]在命名表征社稷的事物时更是非常谨慎，一般多采用具有“尚中通天”含义的神圣称谓以示“受天命”。如后汉自光武至献帝，在建元时多采用“建”“嘉”“章”“本”等字，仅以“建”名元者就有七：建武、建初、建光、建康、建和、建宁和建安，占其间35个年号的五分之一。这种思维模式延续到明清时亦然，如北京紫禁城的三大殿：初名奉天殿、华盖殿、谨身殿，嘉靖时改称皇极殿、中极殿、建极殿，至清初改称太和殿、中和殿、保和殿，而“奉”“华”“皇”“建”“太”“中”“保”这些称谓均指向“尚中通天”这一原初本义。因此，在对具有国庙性质的明堂命名时，不仅是明堂的“太室”“都柱”和“墉”，就是各时期明堂的称谓——黄帝时“昆仑”、夏后氏“世室”、殷人“重屋”等，也都蕴藏着其神性的本质——所指均具“尚中通天”的含义。

1. 辨“昆仑”

黄帝时明堂名“昆仑”的记载见于《史记 · 封禅书》：“泰山东北部上古时有明堂。处险不敞。济南人公玉带上黄帝时明堂图。明堂图中有一殿，四面无壁，以茅盖，通水，圜宫垣为复道，上有楼，从西南入，命曰昆仑，天子从之入，以拜祠上帝焉。”关于黄帝时“昆仑”的称谓，一般有如下解释：

其一，释“昆仑”为山名。如何新先生在其《诸神的起源》一书中援引吕思勉先生“以嵩高（昆仑）为中，乃吾族西迁后事，其初实以泰岱为中”（《先秦史 · 民族原始》）的观点，认为“泰山古名昆仑”，“泰山，古又记作‘太山’。太、大、天三字古代通用，所以泰山就是大山，也就是天山。这个名称表示了它具有上通天帝的意义。而‘昆仑’二字，在古代也正是‘天’的称号。”[②]

“昆仑”与“泰山”在名称上同具通天含义的解释是正确的，但“‘昆仑’一词的古义，即天。昆仑之所以是天的名称，是因为昆仑通作混沦，亦即混沌和浑沦”[③]的解释仍难将抽象观念的“混沌”与建筑实体的“昆仑”互为替代。而且从构形上看，“昆仑”也较“混沦”“混沌”与“浑沦”为早，也许是因“昆仑”指代上天才有这些衍生词汇的。

其二，释“昆仑”为“高大”。如杨鸿勋先生在《宫殿考古通论》一书中指出，黄帝祖先原住在“昆仑丘”的地方，翻译成现代汉语为“高原”。书中还借助古文字音韵学的研究方法，指出描述黄帝时明堂的象形文字“京（[古文字]）”为上古的双子音字，读作ganlan，后双子音字消失改用两个汉字表示——即“干阑”。并援引裘锡圭先生为汉墓所出竹简《神乌赋》的释文“欲勋（循？）南山，畏惧猴猨（猿），去色（危）就安，自诧（托）府官。高树纶棍（轮囷），文（枝）格相连”以证：“棍”当时是按未经颚变的上古音读做gan，“纶”读lan，“纶棍”当时读做langan。后借助《礼记 · 檀弓下》中“美哉轮焉”所注“轮，轮囷，言‘高大’”之句释：“昆仑”与“轮囷”颠倒而音同，都是有文字之后对上古语言的注音；二者原义也是相同的。如此，以“昆仑”命名黄帝时明堂，表彰其高大。[④]

杨先生不仅对“昆仑”的古音进行了考证，在该书中还结合日本神社的建筑形式进一步印证了“黄帝时明堂”为栅居——即“干阑”。但其在释义“昆仑”时所引“轮囷”以证其为“高大”含义时，却忽略了“昆仑”作为明堂所应具有的“通天”本义。

仍以《神乌赋》中“高树纶棍”一句来看，纶，指王命，如“纶册”“纶命”“纶书”“纶诏”等词均具此意。从“棍”之“以木比日”的构形直接表明其源于测影辨位的表木，因此将具有原型意义的“丨”与之相比较，两者字义与字音相通（甚或古音相同）的事实表明其“通天数”的本义。可见，“纶棍”所指应为通天命的表木。

再回到对“昆仑”称谓的解释上来。“昆”，与“棍”相通，也是“比日”测影且具通天含义的建木，这与前述明堂的“都柱”是一致的，反映出明堂是“通天屋”的本质。从“仑（侖，[古文字][古文字]）”的构形分析，其上部的“人”表示

① 杨知勇．巫术与诗歌——对诗歌起源的再探讨[J]．民间文学论坛，1986（04）：39．

② 何新．诸神的起源——中国远古太阳神崇拜[M]．北京：光明日报出版社，1996：123-124+133．

③ 何新．诸神的起源——中国远古太阳神崇拜[M]．北京：光明日报出版社，1996：134．

④ 杨鸿勋．宫殿考古通论[M]．北京：紫禁城出版社，2001：16．

坡屋顶，与“京”“舍（）”“享（）”“高（）”等表征房屋的汉字同构；其下部的“冊”字，为高架房子的样子，正如杨先生所释之“干阑”。另外，“侖”与“輪”同音同源，表征“侖”的屋顶式样是圆形尖顶，大概后世明堂中“法天”的圆形屋顶模式在黄帝时期就已确立。

2．析“世室”

夏时明堂称为“世室”，据《周礼·考工记》载：“夏后氏世室，堂修二七，广四修一，五室三四步四三尺，九阶，四旁两夹窗，白盛门，堂三之二，室三之一。”对“世室”的解释通常为“大房子”，如杨鸿勋先生在其《宫殿考古通论》中提出，“夏后氏”的“世室”脱胎于氏族社会的“大房子”，基本形制是前堂后室，即“前朝后寝”寓于一栋建筑之中。其名称“所谓‘世室’，‘世’就是‘大’的意思，‘世室’就是‘大房间’，也可以说是‘大房子’”[①]。《易·干》有“善世而不伐者，德博而化”一句，俞樾《群经平议·周易二》释：“世，当作大……古者‘世’之与‘大’字义通也，善世而不伐者，善大而不伐也。”前述已经讨论过“大”“太”“天”古时相通，将杨先生所释之“世”就是“大”的意思再延伸一步——依明堂的“通天”本义而译作“太室”或“通天屋”更为妥帖。

世室之“世”，古时有多种写法，如，“像表示家族世系的结绳形，绳形写作古‘止（）’字”[②]。古时“止”“正”为同一个字，像直立表木。与“正”相通者“昰”，《说文》释：“昰，直也。从日正。籒文，从古文正。”从“昰（）”的构形可以看出，该字源于日影的辨方正位，当太阳位于表木的上方为“正”，也即“日正为是”。《易·系辞下》“日中为市，致天下之民，聚天下之货，交易而退，各得其所”一句说明，古时先民在每日午时均举行祭祀日神的活动，然后才开市进行易货，故有“日中为市”一句，显见“市”也源于“昰”。由此推断，“世”应该与“是”“市”同源，都具有与事神祭祀相关的含义。另外，从“世爻”“世位”等词上也显见“世”字与巫术占卜的关系。

世，通卋，即一般所说三十年为“一世”。作为一种纪年的单位，“世”也应该源于“辨方正位”的表木。“世”的一种写法“”中就含有示意表木的“十”；而篆书“世”亦写作“”亦像人对寓意表木的“十”作叩拜祭祀的形象。可见“世”字应是源于符号“十”，同样具有以表木通天数的含义，且“世”与“十”同音，绝非巧合。

“室”，则如前述，在古时是“太室”一类建筑型制的专用字，故为“世室”。可见，夏后氏的“世室”一样顺承了明堂“通天”的神圣含义。

3．正“重屋”

据《周礼·考工记》载：“殷人重屋，堂修七寻，堂崇三尺，四阿重屋。”殷时明堂称为“重屋”。殷人的“重屋”被通常解释为“重檐之屋”，如戴吾三先生在《考工记图说》一书中注：“重屋：一般释为重檐之屋。”“四阿重屋：四阿，即四面落水的屋面，也就是‘庑殿’。四阿重屋，重檐庑殿顶。”杨鸿勋先生在《宫殿考古通论》中持相同观点：“《考工记》强调殷商王朝主要宫殿的特征时说‘殷人重屋’，即殷商宫殿是两重屋檐的形式。这就意味着对于前朝来说，‘重屋’是殷人所特有的。当时的象形文字证实，殷商时代确实已有了这种屋盖。”并结合实例分析了宫殿屋盖在遮阳、纳光以及避雨等功能的综合要求，论证了其四坡重檐屋顶形式的必然，“自从殷商采用‘四阿重屋’——四面坡两重檐，以这样的屋盖作为宫廷主体殿堂的冠冕以来，它便被奉为至尊形制，为历代统治者所沿用”[③]。应该说四坡重檐的建筑型制是可信的。但如因双重屋檐就称为“重屋”，也显得古时帝王在命名如此神圣的明堂时过于直白了。

在古汉语中，“重”是一个具有“通天”含义的神圣称谓，古时最初“传天数”的天官名叫“重（音 zhòng，）”，从构形及字音上可以看出“重”即源于“中”，“辨方正位”是其中心职责。而“重”最大的功绩是“绝地天通”，如《山海经·大荒西经》说：“颛顼生老童，老童生重与黎，帝令重献上天，令黎邛下地。”而《国语·楚语》也说：“颛顼受之，乃命南正重，司天以属神；命火正黎，司地以属民。”这都表明“重”是具有通天异能的天官。

再如上古神话中的神山——昆仑山即位于天地正中，“地部之位起形高大者有昆仑山……其山中应于天，最居中。”（《博物志》）而《淮南子·俶真篇》中有“锺山之玉。”高诱注：“锺山，昆仑也。”中应于天的昆仑山被称作锺山，“锺”字应源于“重”，显见其与“中”的同源关系。

就汉语习惯而言，“重”字在用来表示“天下、政权”的意思时，其读音多为 zhòng（中）。典型词汇如“重器”，指国家的宝器，《史记·伯夷列传》：“示天下重器，王者大统，传天下若斯之难也。”《孟子·梁惠王下》：“毁其宗

① 杨鸿勋．宫殿考古通论 [M]．北京：紫禁城出版社，2001：26-27．

② 王宏源．字里乾坤——汉字形体源流 [M]．北京：华语教学出版社，2000：301．

③ 杨鸿勋．宫殿考古通论 [M]．北京：紫禁城出版社，2001：54．

庙，迁其重器。”即使在今天，表“特别”的意思时亦多读作 zhòng，如：重点、重礼、重任、重要等。在古时，重屋与重器，也都是因“重”字所具有的神圣含义而成为国家的象征。既然“重器”之重为 zhòng，“重”屋之重也应读作 zhòng。

再回到《周礼 · 考工记》的“殷人重屋，堂修七寻，堂崇三尺，四阿重屋。”该句中两处出现“重屋”，两者的意义与读音应该是不同的：前一“重屋”明显是用来命名具有通天含义的明堂，故应读作“殷人重（zhòng）屋”；而后一“重屋”是与“四阿”放在一起，从文章遣词来说，两词是同等的，描述其为重檐四坡顶的建筑形式，才读作“四阿重（chóng）屋”。

“殷人重屋”中是否有表征通天的“都柱”尚不得知。清代戴震在《〈考工记图〉补注》指出：“世室、重屋，制皆如明堂。”经周人定制后的明堂已有中心都柱表征通天，而都柱的雏形在前述黄帝时明堂“昆仑”中也以“昆（棍）”的形式出现。据此推测，重屋中也应该有太室所固有的“都柱”。另外，殷人重屋之“屋”应指“深屋”，其“四阿”屋顶很可能是四坡攒尖的样子，其屋架结构就需要自然需要中心柱的支撑。现在我们仍然称攒尖顶建筑大木架的最上支柱为“童柱”，古时“重”与“童”为一字（“重”字现有 zhòng、chòng、tóng 三种读音），“童柱”即“重柱”，也许就是前面“都柱”的演化，由于缺乏考古实证和文献的支持，只作猜想。

结语

在不分四方、不辨四时的洪荒年代，古时先民通过对表木日影变化和太阳出落方位的经久细致观察，从中发现了宇宙运行的时空规律，确是一件开天辟地、异乎寻常的重大发现。而记录这一重大发现的符号——“丨”与“十”，承载这一重大发现的场所——明堂，以及执掌并传承这一重大发现的人物——巫（重），自然会受到先民的无限崇敬与崇拜。而源于“辨方正位、敬授民时”这一重要发现的“通天尚中”观念不仅成为原始宗教的发展原点，还融入文化、政治、民俗、天文、历法、城市、建筑等多个方面，并以不同的表现形式得以延续。

本文尝试以古代测影在辨方正位过程中所衍生的符号“丨”“十”为线索，透析标示原初时空观念的汉字，从其衍生的汉字符号集和语意场中，解读出古代明堂所蕴含的“通天尚中”宇宙观念和文化象征的语义场，最后通过对明堂诸称谓——昆仑、世室、重屋概念的耙疏，对人言人殊、莫衷一是的“明堂”建构进行了文化意义上的解析，还原出明堂的本初含义。诚然，围绕辨方正位、敬授民时这一重大活动所生发出来的各种传统文化现象繁缛错杂，它所形成的丰富而迷乱的符号集或语义场，一时之间、一己之力尚难理清。文中错漏之处也在所难免，敬请斧正。

参考文献

[1] 杨鸿勋．宫殿考古通论[M]．北京：紫禁城出版社，2001．
[2] 何新．诸神的起源——中国远古太阳神崇拜[M]．北京：光明日报出版社，1996．
[3] 王大有，王双有．图说中国图腾[M]．北京：人民美术出版社，1997．
[4] 李恩江，贾玉民主编．文白对照说文解字译述[M]．郑州：中原农民出版社，2000．
[5] 王宏源．字里乾坤—汉字形体源流[M]．北京：华语教学出版社，2000．
[6] 朱存明．汉画像的象征世界[M]．北京：人民文学出版社，2005．
[7] 梁钊韬．中国古代巫术——宗教的起源和发展[M]．广州：中山大学出版社，1999．
[8] 王贵祥．明堂、宫殿及建筑历史研究方法论问题[J]．北京建筑工程学院学报（16 卷第 1 期），2000（03）：30-49．

人类早期建筑空间形态选择与深层心理分析①

摘 要

从古至今，许多建筑师把审美的触角伸向生命结构和身体本身寻找蕴含着生命本源的美学，努力探索一种合乎生命规律的结构与形式。本文通过对建筑形态中所运用的，象征生命本体的圆形等抽象造型手法研究，探索对建筑形式美的看法和塑造方式；充分证明人类在认识自身与现象间相似性与关联性的同时，更能抽象出那些左右自然和人类历程的规律，以此来获得在世界之中的立足点与认同感。

关键词 身体意向；圆形；场所精神；安全图式

引言

“天似穹窿，笼盖四野”，这一古语典型表明了几千年前人类倾向于以圆来感知宇宙的直觉。圆的象征性在世界历史相关记载中是非常强烈的，无论是原始社会的太阳崇拜，抑或世界伟大宗教创始者神话；无论是城市的地图抑或早期天文学家的天体概念……均表现出无意识自我与心灵总体的所有方面；它是由人体内部向外部投射出的原始意向的具体化形式，并始终指向至关重要的生命终极整体，象征着人类的完美之境。

一、早期人类选择圆形作为建筑形态的必然性

圆形曾出现在农民麦垛图案、儿童游戏、绘画及日本禅宗庭院石块的排列等多种原初形态中，构成人类试图“以自我表现为主体”来感知外部宇宙世界的历史缩影，以圆容纳宇宙、以心灵整合控制自然的意向。通过对现代土著人和儿童行为心理的研究，马克先生曾推断生成圆形房屋的早期深层心理成因源于母体孕育的整合感，因而将这些建筑称为“子宫式世界”。[1] 这一基本象征性语言，成为原始人、儿童和圣贤表达交流的必然手段。例如，公元前8世纪古希腊人在荷马史诗中曾将宇宙描写为：地球是圆盘状，希腊位于其中心漂浮于水面上，四周为宇宙天体所环绕。

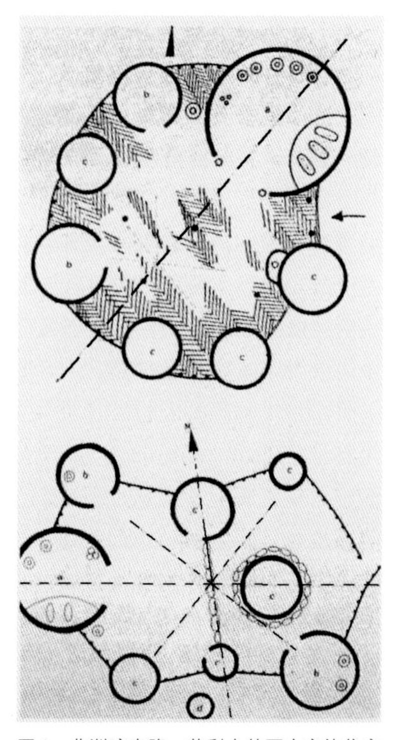

图1 非洲喀麦隆、菲利人的两个家族住房平面图

追溯早期人类建筑以圆形作为选型的根本原因，主要在于：旧石器时代，原始人所居住的岩洞作为大自然的赐予，是当时人类一种较为普遍的居住方式。进入氏族社会以后，随着生产力水平的不断提高，房屋建筑开始出现。在环境适宜地区，茅草等材料覆盖的人工洞穴逐渐替代了天然洞穴，且形式日渐多样，为更加适于人类的活动，其平面多为圆形。另外，场所作为人类体验自身存在和感受客观事物之范围所在，也是人类自身适应并占据环境的起点，它被视作与外部环境相对的内部存在而提供心理安全感。长期经验告诉人们，力的作用是全方位均匀分布的，在身体周围形成一种“场”，给人以强烈的围护感，同时人的身体又以相应的内力与之对应。当这种内外之力达到平衡时，便自然会形成一个以身体为中心的“圆”，使已知场所的有限尺度成为一种集中的形式（图1～图3）。[2]

① 孙石村，魏泽崧，张玉坤. 人类早期建筑空间形态选择与深层心理分析[J]. 建筑师，2013（06）.
中央高校基本科研业务费专项资金资助成果（项目编号：A13JB00040）

二、原始时期建筑中的圆形形态

儿童对房屋的描绘常采用一些模糊不定的曲线，这种绘画极为类似于原始人的房屋和北欧拉布普人的帐篷——子宫式房屋。当他们用模糊的点圈、波状线和螺旋线来表达自身意识时，实际上正是对母体子宫形态的追溯，象征着完满与整合。

目前已知最古老的房屋，是 1969 年由考古学家德 · 鲁姆莱（De Lumley）在法国尼斯河上特拉阿马塔（Terra Amata）一条街道中发现的 21 间小棚屋。它们均具有椭圆形平面，由一系列密排的桩杆围合而成。这些桩杆向着小棚屋的中心线弓形弯起，形成一个卵形结构的栅栏围合体。在中国新石器时代的文化遗址和现代残存原始部落建筑中，曾大量发现这种被称为“圆形子宫世界”的房屋遗迹，其平面基本为圆形，中央为灶坑，墙壁上开有面积很小的入口。如陕西西安仰韶文化半坡村房屋遗址为圆形，其平面中央的炉灶使这种“圆形子宫世界”充满整合与温暖的感受。在世界各地，也均能发现与之相类似的半球形、圆锥形及圆台形等形体，足以证明人类对于圆形意义的共识性与普遍性。

生活在西伯利亚至格陵兰之间北极圈的爱斯基摩人（Eskimo），始终保持着几乎原始的生活方式。特定的地理环境与气候条件赋予他们唯一的建筑材料——冰雪块，他们用冰雪块构筑了特有的伊格鲁（Igloo）圆顶雪砖冰屋（图 4）。另外，巴西的南比克瓦族（Nambikware）和雅拿玛族（Yanoam）家庭房屋也大致采用圆形，围绕一个开放空间建成半圆或环状，并在河岸附近从事农业——特别是园艺业。这一组织形式表明了家庭与整个群体之间的关系。当然由于建筑是在合乎目的、规律和功能发展中演化而来的，因此这些圆形空间的房屋也难免会存在某些差异：如长年处于积雪环境中的现代原始部落营造半球体或圆锥形体的房屋以便于融雪；而处于寒冷无雪、需要扩大日照面积的地区自然会产生圆台形体的房屋……然而无论如何，这些房屋都从未失去过圆形母题。

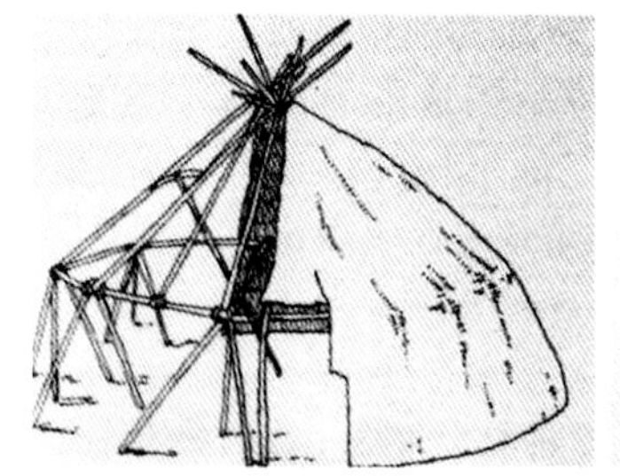

图 2　中西亚蒙古族包棚构造及平面图

中、南非的牧羊文化发展了一种极为独特的住宅：圆形围栏，包含一个把动物围合于中心的围场而人们则绕着养殖场聚居。这种类型的住宅环绕着较大的区域显得十分统一，差异仅为一些设施及构造细节（图 5）。

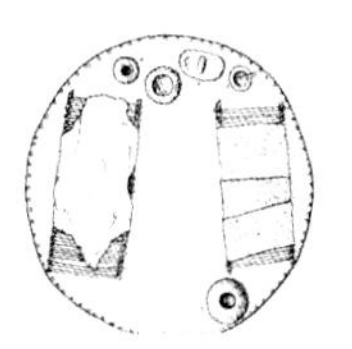

图 3　非洲索马里人棚屋平面图

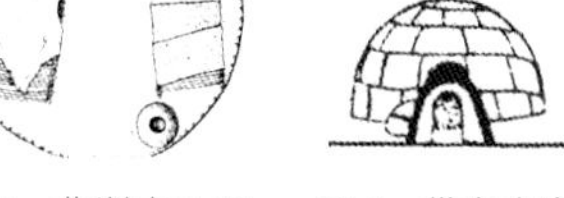

图 4　带有走廊的 igloo 住宅平面图

在包含多种原始农业的特松加（Tsonga），不同生产与文化多层次的主题几乎经典性地并存着。这一地区采用圆形形式，大到足够容纳一个完整的扩大家庭，其中最老与最受尊重的成员被认为是领袖。周围的栅栏有一个主要开口，也是它的第二个门；中心是围合家畜的环形，常被根据种类划分。各个独立的家庭都被按环形围绕着围场布局。他们的住宅通常是圆柱状、圆锥形顶，房门开向建筑群的中心；前面是一个小的内部活动空间。轴线上围栏的出入口是领袖夫妇的房子，另外还有特别用于待客和休息的房间。一般情况下，村庄将自身视为领土连接的焦点，以神圣的树来表现。围绕着一个动物空间的住宅中心式布局是游牧人群的特色。南非祖鲁人（Zulu）营地反映着更具游牧特点的生活方式。他们的圆形房屋为一种被叫作印德鲁（Indlu）的轻质房屋（图 6），这种栅栏村庄本质上与其他并没有什么不同：圆顶房屋、一面开口的圆形围墙，以及一个位于中心圈牲畜用的环形围栏。

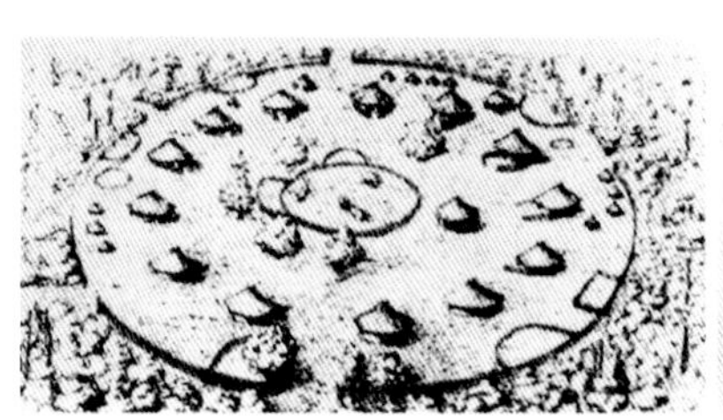

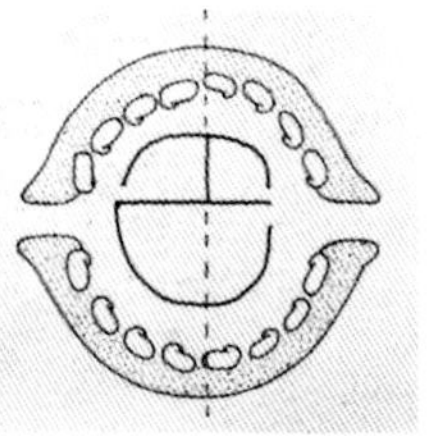

图 5　非洲马萨伊人的牧牛部落

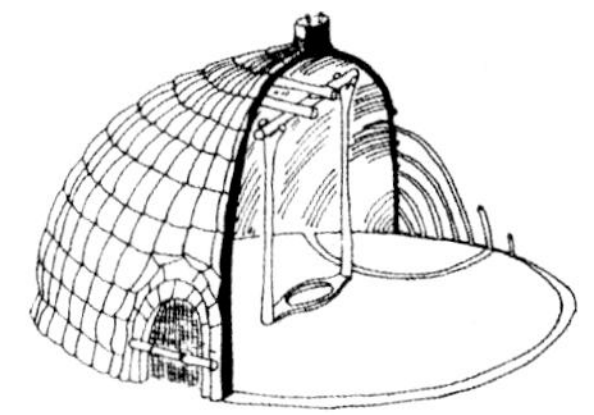

图 6　南非祖鲁人带栅栏的村庄鸟瞰及基本结构

以农业为主的美洲印第安土著部落，其宗教制度是崇拜人格化的神，因此赋予身体象征意义的圆形在其房屋建筑中也被普遍采用（图7）。例如在加利福尼亚部落中，萨克拉门托（Sacramento）和圣华金（San Joaquin）树木稀少的平原住宅为半球形，顶端覆以泥土；育空河（Yukon）和皮尔河库钦人（Kutchin）的兽皮屋，其平面也近似于椭圆形；鄂吉布瓦人（Ojibwas）最高级的小棚屋骨架，采用十三根长度为十五至十八英尺的木杆搭成，其粗端分散开成一直径约为十英尺的圆圈固定在地面上。弗吉尼亚和佛罗里达等地的村镇以圆形栅栏围合，在栅栏上设有一个狭小入口；而在普韦部落印第安人（Pueblo）遗址中举行政治或宗教会议的地方常被称为埃斯图法（Estu），它实际上是由低于地面的圆形房间构成墙以石块建造，并且这一形式延续至今。按照美洲印第安人部落的习俗，圆形的埃斯图法适合于露天集会有时两两相连，有时不相连，代表着这个村子的筑墩人可能分为两个或四个胞族，在这几个露天的埃斯图法中举行宗教仪式和办理公共事物（图8）。

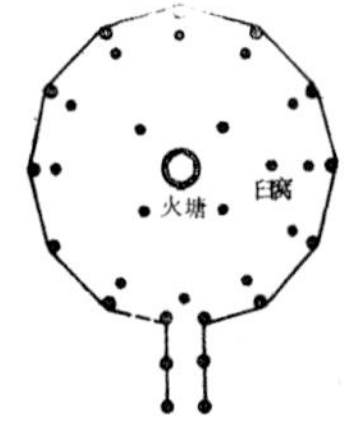

图7　曼丹人村落布局及住宅平面

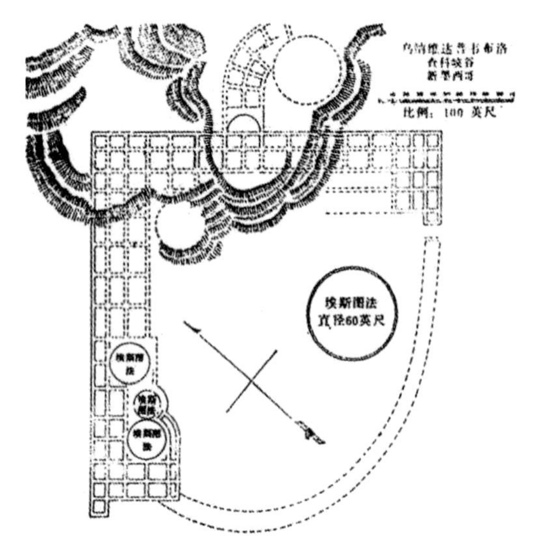

图8　乌拉维达村落平面图

三、早期宗教建筑中的圆形形态

古希腊、古罗马人追求凌驾于个体的宇宙和谐。他们创造的圆形平面庙宇，覆盖着圆形穹顶，仿佛与宇宙浑然一体，借以表达人与宇宙的整合关系。古希腊人将宇宙世界的中心——“肚脐”置于德尔菲（Delfi），成为宗教活动的圣地之一，以雅典娜神庙而著称（图9）。

堪称古罗马建筑之珍品的万神殿（Pantheon），在现代结构出现以前具有世界上跨度最大的圆形空间。正殿上的大穹顶，象征天宇，其中央设有一圆洞，象征神与人类世界之间的联系。从圆洞里射人的自然光线在照亮内部空间的同时，也增添了一种宁静的宗教气氛。

许多宗教建筑采用建筑方形基础上环扣圆形穹顶，表达了人类对现实超越的欲望，并在宇宙中与神圣的天国相结合，从而达到灵魂的终极完满，代表作品如伊朗伊斯法罕的聚礼清真寺（Masjed-e Jāmé）、埃及开罗的苏丹·哈桑清真寺（Sudan，Hassan Mosque）、阿拉伯也门的萨那清真寺（Sana' a Mosque）等等，都是采用圆与方相结合的平面进行设计。

在西方大教堂中也经常出现抽象的圆形母题，在罗马圣彼得大教堂（Basilica di San Pietro in Vaticano）、哥特教堂的玫瑰窗等多处装饰中被使用。

米开朗琪罗的许多作品主题中普遍体现着人和上帝之间的联系，它被解读为灵魂与肉体精神与物质间的冲突。中世纪的上帝之城以及文艺复兴时期的和谐宇宙让位于作为个人心理问题的人类存在体验。他的坎波广场（Piazza del Campidoglio）（图10）在限定的梯形空间里，加入一个下沉到周围地面之下的椭圆形，以封闭的梯形和扩张的椭圆形之间的张力为基础，看上去像一个从广场中突破的、富有张力的椭圆，意喻着上帝被作为宇宙主宰放置于整个综合体的中央。托尔纳伊将凸起的椭圆释为世界中心的象征，代表着地球表面的曲线。阿克曼也指出：星形的地面表达性处理，是一种宇宙的象征，相当于德尔斐（Delfi）的世界肚脐。正如罗马人曾用世界的肚脐来比喻罗马努姆广场。空间同时具有扩张性与矛盾性，令人仿佛置身于世界中心，或赋予个体生命以意义的起始和返回原点。在此，

图9　公元前390年戴尔菲圆庙

图10　米开朗琪罗设计的卡皮托里奥广场

人们可以体会到自身与他从属世界之间的关联与困惑，从而深切地感受到存在的意义。

其他宗教建筑也常将神圣的领域与圆相结合，朝圣的信徒通常会通过一条围绕着神圣物体或位置的环路：如回教在麦加（Mekka）环游的圣堂；西藏人围绕着布达拉宫的环形路线，达赖喇嘛住宅，以及中国古代坟墓废墟为表达对家庭成员的尊重而设计的环绕路线等。

图 11 巴哈伊圣殿

四、人类以圆而非方作为建筑选型的深层心理成因

纵观历史人类建筑之所以最初选择圆形而非方形其实并非偶然，这与当时人们对于宇宙和自身的认识能力、安全防卫意识、自然条件、建构能力及建筑材料的局限性等因素都密不可分。通过与宇宙的整合，圆最终取得丰满而永恒的含义。这一原型意象渗入到人类心理结构的最底层，在任何时代、任何场合都具有其潜伏在时间、空间中的影子，人们甚至通过使用圆的象征来作为一种治愈世界动乱与分裂的尝试。因此即使到后期，在宗教建筑及居住建筑中也偶然会出现以圆作为选型，这主要是由于受到早期人类深层心理影响所致。

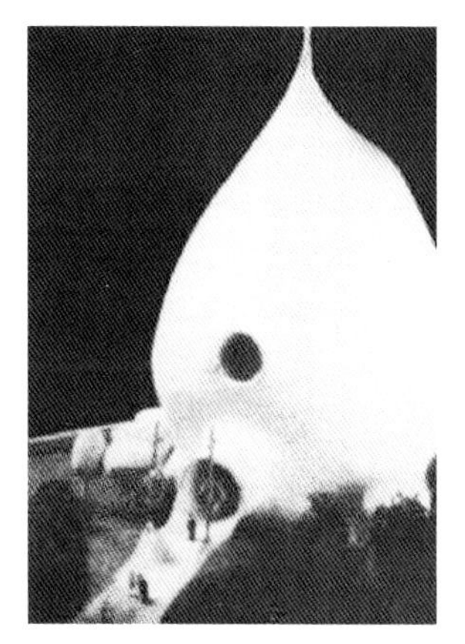

图 12 帕斯卡 · 豪瑟曼教堂方案

在宗教建筑中圆形能够将人类从本原世界转换到精神平面之中，令人感受到神圣的世界。如著名的巴哈伊神殿（Baha' I House of Worship）是一种以审美愉悦环境去平衡现代和传统设计的建筑与精神尝试，其建筑常起源于当地传统文化，它将所有宗教、艺术、文化传统和人类精神统一体融入环绕世界的八座建筑之中[3]。围绕着世界的巴哈伊神殿建筑形式都是以一个圆顶在上，并且在四周环绕圆形的路径或低墙；八个半球形建筑代表着神的宽容与理解它是巴哈伊所信仰的完美概念，并以一种象征的方式诠释了对他人的引导作用。如同其他宗教一样，信仰者可以进入神庙并找到上帝或神的中心，经历着神圣境界（图 11）。单纯形式上的翻新与单纯的功能表现一样，是不会具有长久生命力的，因而也没有多大美学价值。欧洲现代建筑师帕斯卡 · 豪瑟曼（Rska Haoqinman）的教堂方案实现了意义与造型上的完美结合。这是一个白色的卵形空间（图 12）。顶部的十字架和前部的管状踏步以及周围的六个卵形体，和卵形主体共同构成了一个新奇而怪异的世界，通过人体与教堂空间体量与色彩的强烈对比，体现了宗教建筑的神圣感与崇高感。

此外，建筑是在实用与空间的内力与外力相遇处产生的。这种内部力与外部环境的力是一般的，同时又是特殊的；是自发的，同时又是周围状况决定的[4]。场所、基地基本上都是圆的坐标系。按照身体本身加上其上下、前后和左右维度，共同构成一个心理上的安全特性，在抵御外部环境免受侵害的过程中，内力与外力紧张对峙状态下，圆是包覆感最强的安全庇护图式，因此无论是原始还是现代社会只要存在这种内外紧张状态，圆随时都可能被重新启用，这也正是从古至今许多建筑采用圆形作为平面设计的主要原因。如我国福建土楼等民居建筑呈圆形，主要功能是为了御敌入侵，易守难攻（图 13-a）。同时，圆形还符合中国传统道家思想——聚气。道家强调气，圆形建筑可以将气聚敛在一起；中国古人强调"天人感应"，利用天干地支、八卦和五行相生相克等风水学说，将自然环境中的山峦分为 24 个不同朝向，房屋的住址与朝向都根据一定的方位来建造，生动地体现了"仰以观于天文，俯以察于地理"的"辨正方位"理论，依据着身体结构图式，使居住者无论是参与建造、礼仪等活动还是在日常生活中，都不会迷失方向（图 14）[2]。

随着原始人营造经验的不断积累和技术的不断提高，穴居逐渐发展到半穴居，最终被地面建筑所代替，并已有了分隔成几个房间的房屋。由此开始进入到人工营造屋室的新阶段，建立起以自我为中心的新秩序，真正意义上

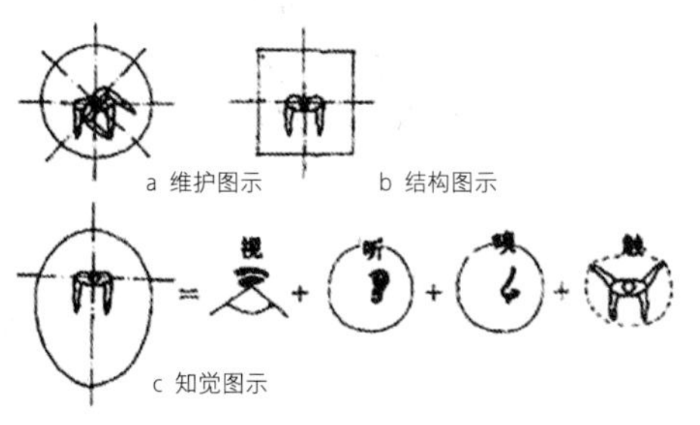

图 13 人体安全图式

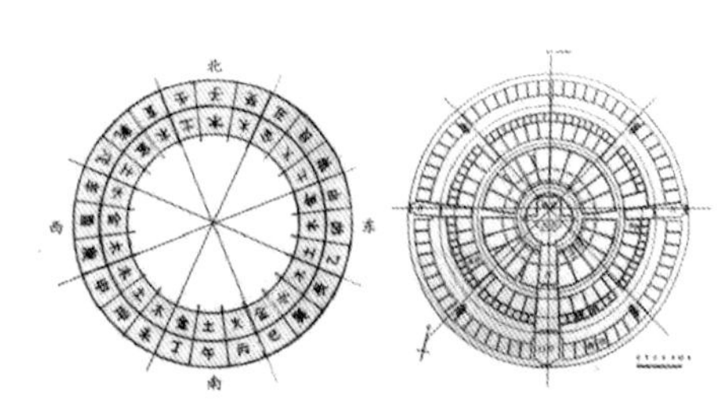

图 14 承启楼平面分析

的"建筑"诞生了。如今的建筑如没有特殊用途，一般多建为方形或长方形，结构简单实用，且施工难度小。从安全图式角度考虑，根据圆和方与身体的关系，我们又可以将圆理解为身体的维护图式，体现了强烈的庇护心理；将方理解为身体的结构图式，体现人与环境的对应关系，并具有一定的方向性再根据人的行动及视、听、嗅、触等知觉构成知觉图式，三者共同构成安全图式体系（图 13-b、图 13-c）。

参考文献

[1] 孙立平．深层心理结构与建筑符号意向[D]．天津：天津大学，1987：147.

[2] 张玉坤．居住解析[J]．建筑师，总第 49 期：31-36.

[3] Benjamin Leiker. Scared Baha'I Architecture. International Baccalaureate Program Poudre High School, Fort Collins, Colorado September, September 1999.

[4] 谭刚毅．客家民居的安全图式[J]．时代建筑，2004（04）.

从方位词看中国传统空间规划观念的意蕴——“社会—方位”图式及其意义分析[①]

摘 要

对汉字单纯方位词造字意象进行分析，明确了方位中隐含的身体和自然观念，对运用方位词表述社会关系和表述空间关系的词语进行分析，尝试总结出我国传统社会中空间规划所遵循的社会关系与空间方位之间相对应的原则，概括为“社会—方位”图式，并分析其所具有的集体意识的内涵。

关键词 方位词；“社会—方位”图式；空间规划；集体意识

引言

人类的生活离不开对空间方位的认知，以方位表述事物之间空间关系并运用空间的隐喻含义，这都是人类的基本生存能力[②]。空间方位现象遍布人类社会的方方面面，因此“有关方位的研究涉及人文科学的许多领域，包括语言学、心理学、认知科学、人类学、文化学、社会学、哲学等。”[③] 建筑学者梳理了中国历史上营国制邑所需的“辨方正位”之法，[④] 分析原始思维特点以辨析空间方位与数字的关系，[⑤,⑥] 并进行了空间方位观念产生及演变的跨文化比较研究。[⑦,⑧]

对于空间方位与中国传统社会之间相互关系的问题，不同学科学者也多有探索，从建筑角度分析民居建筑实例，[⑨,⑩] 辨析文献典籍所记载的空间模式[⑪]，总结传统建筑的伦理功能；[⑫~⑭] 从城市角度研究城市礼制制度[⑮]、城市和都城规划[⑯,⑰]，分析都城规划布局的思想[⑱]，研讨伦理观念对城市形态的影响[⑲]；如上研究虽然涉及不同学科，运用多种研究方法，却将结论共同指向传统的“礼制”文化，而在具体结论上则集中在轴线、朝向、形状和方位的意义的论述上。

本文从汉语方位词和含有方位词的词组分析入手，尝试分辨空间方位与传统社会之间关系中更为详细一些的内容，并分析这些关系中所反映的空间规划的思想和观念。

---

① 王飒，张玉坤，张楠．从方位词看中国传统空间规划观念的意蕴——“社会—方位”图式及其意义分析 [J]．建筑师，2014（02）．国家自然基金资助批准项目号 51378317 和 51208335

② 蔡永强．汉语方位词及其概念隐喻系统 [D]. 北京：北京语言大学，2008：1.

③ 方经民．汉语空间方位参照的认知结构 [J]．世界汉语教学，1999，（04）：32.

④ 史箴．从辨方正位到指南针：古代堪舆家的伟大历史贡献 [G]// 风水理论研究．天津：天津大学出版社，1992，215-221.

⑤ 张玉坤．聚落 · 住宅——居住空间论 [D]．天津：天津大学，1996.

⑥ 张玉坤，李贺楠．原始时代神秘数字中蕴含的时空观念 [J]．建筑师，2004，（05）：30-35.

⑦ 王贵祥．空间图式的文化抉择 [J]．南方建筑，1996，（04）：8-14.

⑧ 王贵祥．东西方的建筑空间：文化空间图式及历史建筑空间论 [M]．北京：中国建筑工业出版社，1999.

⑨ 钱圣豹．儒家礼乐思想与风水学对北京四合院型制的双重影响 [M]．时代建筑，1991，（04）：43-44.

⑩ 张静．论民宅建筑的伦理意蕴——以乔家大院为例 [J]．濮阳职业技术学院学报，2008，（04）：98-99+120.

⑪ 唐启翠，圣俗之间：《礼记 · 明堂位》的礼仪空间探讨 [J]．百色学院学报，2009，（01）：17-28.

⑫ 黄珂峰，陈纲伦．中国传统建筑的伦理功能 [J]．华中建筑，2004，（04）：3-7.

⑬ 陈万求，郭令西．人类栖居：传统建筑伦理 [J]．自然辩证法研究，2009，（03）：61-66.

⑭ 彭晋媛．礼——中国传统建筑的伦理内涵 [J]．华侨大学学报（哲学社会科学版），2003，（01）：13-19.

⑮ 贺业钜．考工记营国制度研究 [M]．北京：中国建筑工业出版社，1985.

⑯ Steinhardt N.S.，Chinese Imperial City Planning: University of Hawaii Press，1999.

⑰ 贺业钜．中国古代城市规划史 [M]．北京：中国建筑工业出版社，1996.

⑱ 黄建军．中国古都选址与规划布局的本土思想研究 [M]．厦门：厦门大学出版社，2005.

⑲ Golany G.S.，Urban Design Ethics in Ancient China，Canada: The Edwin Mellen Press，2001.

一、方位词及其造字意象分析

汉字作为一种自源文字，经历数千年的发展，一脉相传，是承载华夏文明的重要工具，更重要的是作为语素文字，汉字自身的结构中包含着丰富的文化因素，显示了先民的生活和意识[①]，从中可以分析古代的宗教、婚姻、家庭伦理等观念，以及衣食住行葬等方方面面的生活图景[②]。而方位词中也必然蕴含着丰富的远古信息，负载了汉民族的空间认知体验[③]，为分析传统空间观念提供一些启示。

"汉字是属于表意体系的文字，每一个字都是形、音、义的结合体……从理论上说，字的作用可以等于词的作用。"[④] 从语言学的角度讲，方位词是能普遍地附在其他词的后面表方向或位置意义的词。在汉语方位词中有单音节方位词和双音节方位词，[⑤] 前者称为单纯方位词，后者称为复合方位词。[⑥]

在汉语方位词发展中，首先出现了单纯方位词，《古代汉语词汇学》中列出 7 对 14 个反向对举的单纯方位词（东西，南北，上下，左右，表里，内外，前后），[⑦] 再加上"中"字，表 1 列出了这 15 个单纯方位词的一些基本信息。

单纯方位词简表[⑧] **表 1**

方位词	造字法	本义	词性	造字意象
前	会意*	前进	（动），转（名）、（形）	足，立于舟头
後[②]	会意	迟到，走在后	（动），转（名）、（形）	足，走路
左	会意	辅佐	（动），转（名）、（形）、（副）	手
右	会意	手口相助也	（动），转（名）、（形）、（副）	手、口
东	会意	日出方向	（名），转（副）	日在木中
西	象形	栖息	（动），转（名）	鸟入巢息止
南	象形	乐器	（名），转（动）、（副）	钟镈之类的乐器
北	象形*	相背违*	（名），转（动）	二人相背
上	指事	高处、上面	（名），转（形）、（动）	某一事物之上
下	指事	下面	（名），转（形）、（动）、（量）	某一事物之下
内	会意	入	（动），转（名）	事物被蒙盖
外	会意	外面	（名），转（动）、（形）	夜晚占卜
表	会意	外衣	（名），转（动）	皮毛外衣
裏[⑨]	会意	衣服的里层	（名）	衣服
中	指事	中心	（名），转（形）	有旌旗和飘带的旗杆

① 董琨．中国汉字源流 [M]．北京：商务印书馆，1998：7.
② 李梵．汉字的故事 [M]．北京：中国档案出版社，2001：9.
③ 张美云．试析汉语"东西南北"方位词的文化内涵及其所反映的认知规律 [J]．山花，2009,（4）：140.
④ 赵克勤．古代汉语词汇学 [M]．北京：商务印书馆，1994：14.
⑤ 邹韶华．语用频率效应研究 [M]．北京：商务印书馆，2001：83.
⑥ 蔡永强，汉语方位词及其概念隐喻系统 [D]．北京：北京语言大学，2008：7.
⑦ 赵克勤．古代汉语词汇学 [M]．北京：商务印书馆，1994：157.
⑧ 本表内容由汉典在线词典（http://www.zdic.net/）整理而来，有 * 上标的表示汉典中没有相应说明，作者个人判断。
⑨ 在古汉语中，"後"与"后"，"裏"与"里"都是不同含义的字，并非现代汉语中简体与繁体字的关系，"后"为王后之意，"里"为居住之意，只有"後"和"裏"是方位词，在此表中特别标出，后文所述仍旧以简体字体为主。后文根据需要亦会涉及"旁""侧""边"三个方位词，此表未列出。

甲骨文中出现的单纯方位词[①] 表 2

左	右	东	西	南	北	内	旁	前	上	下	中

查对《古文字类编》，会发现表 1 中 15 个字早在甲骨和金文中就已经出现[②]。而在甲骨文中大部分已经作为方位词使用，有观点认为甲古文中有“东、西、南、北、上、中、下、左、右、后”10 个单纯方位词[③]，有观点认为有“东、西、南、北、中、上、下、左、右、卜（外）、人（内）”11 个单纯方位词[④]，在有些研究机构收录的甲骨文检索数据库中，可以查到 12 个方位词（表 2），而其余的方位词在金文中也已经出现，这些产生于几千年以前的文字直到现在仍旧构成了现代汉语单纯方位词的绝大部分。因此对这些包含着远古信息的文字进行分析，能够对中国传统的空间方位观念获得一些基本的理解。

分析这 15 个字的本义会发现，只有“上、中、下、东、外”这 5 个字是方位含义的名词，其余 10 个字本义并不表示方位；而从造字的意象上看，只有“上、下”两个字是抽象的方位意象，其他字的造字意象都另有所本。语源学研究认为方位词来自身体部位、外界标志和动态概念三种基本的语源模式[⑤]，因此“东、西、南、北、左、右表方位均跟其古字本义无直接关系”[⑥]，是经历了引申才成为抽象的方位概念的。在具体分析汉字方位词中隐含的造字特点时，语源模式的总结显得有些粗率，因此本文通过字形所反映的造字意象进行分析。

造字所用的意象可以分为身体的、活动的、人工物的、自然的和抽象关系的五个方面（表 3）。从表 1 的字义和表 2 字形中可以发现：“中、表、裏”三个字是具体事物的意象，而且是人工物的意象；“内、外”两个字的意象是人的活动；“上、下”两个字是抽象的关系意象。使用身体意象的字是“前、後、左、右”，“前、後”中都有“足”的意象，“左、右”中都有“手”的意象，最初“前、後”表示行动，而“左、右”表示助力，都跟身体相关，正反映出这 4 个字是以身体为中心来表征方位的。然而，表示自然方位的“东、西、南、北”4 个字的意象却不一致，“东、西”两个字所用为自然意象，太阳从林中升起正是东方，而鸟儿归巢正是日垂西方之时，人类对于太阳升落规律的认知与方向的确定密切相关；“南、北”两个字的意象却反映出明显的人文特点，“南”是南方族人所用乐器，“北”是二人相背相反，但《说文》言“南，草木至南方有枝任也”，认为“南”也是取诸自然意象，也有观点认为“北”意为正午时人的影子指向北方[⑦]，也是取诸自然意象。不论“南、北”的原初含义如何，身体方位和自然方位在造字之初就已经明确区分了身体意象的由来和自然意象的由来，身体方位由肢体的活动和身体运动的意象而表现，自然方位以自然事物生发的规律而表现。

① 根据中国甲骨文艺术网（www.86jgw.com）所收录的甲骨文方位词整理。
② 蔡永强，汉语方位词及其概念隐喻系统 [D]．北京：北京语言大学，2008：7.
③ 甘露．甲骨文方位词研究 [J]．殷都学刊，1999，(04)：1.
④ 黄天树．说殷墟甲骨文中的方位词 [C]．2004 年安阳殷商文明国际学术研讨会，2004.
⑤ 吴福祥．汉语方所词语“後”的语义演变 [J]．中国语文，2007，(06)：494.
⑥ 张德鑫．方位词的文化考察 [J]．世界汉语教学，1996，(03)．
⑦ 唐汉．唐汉解字，汉字与日月天地 [M]．太原：书海出版社，2003.

单纯方位词的语源模式和造字意象分析 表3

<table>
<tr><th>语源模式</th><th>单纯方位词</th><th colspan="2">本文对造字意象的分析</th></tr>
<tr><td rowspan="2">身体部位</td><td>左、右</td><td rowspan="3">身体的意象</td><td>手</td></tr>
<tr><td rowspan="2">前、後</td><td rowspan="2">足</td></tr>
<tr><td rowspan="2">动态概念</td></tr>
<tr><td>内、外</td><td>活动的意象</td><td>出入、占卜</td></tr>
<tr><td rowspan="3">外界标志</td><td>东、西、南、北</td><td>自然的意象</td><td>自然现象和规律</td></tr>
<tr><td>中、表、裏</td><td>人工物的意象</td><td>旗、衣物</td></tr>
<tr><td>上、下</td><td>抽象关系的意象</td><td>指示替代</td></tr>
</table>

二、方位词对社会关系和空间关系的表述

在实际的语言环境中方位词表达抽象的方位概念①，在描述生活环境时运用非常普遍，比如老北京曾有“东直门外南后街”②这样的街巷名称，除去“街”这个中心词，六个字的界定词中就有“东、外、南、后”四个方位词。在汉语中方位词也常常用于表述社会人群的活动和人与人之间的相互关系，比如，反映活动的“前歌后舞”“里勾外连”“东奔西走”，反映人群之间关系的“左辅右弼”“左邻右舍”“内亲外戚”，还有成为称谓的“皇上”“臣下”“外甥”“房东”等等（表4）；而对于城市和建筑空间的描述就更多了，早在《周礼·考工记》匠人篇中就有“左祖右社，面朝后市”，《礼记》中载“前堂后室”，历代宫殿“前朝后寝”，商业市镇有“前店后宅”，等等（表5）。

这种方位词既能表述空间关系又能表述社会关系的现象，在认知语言学中给出了解释。认知语言学认为，人类语言的习得和语言的发展有着类似的过程，这个过程中一个最重要的特点就是，对自身熟悉的形象事物进行抽象，建立意象图式，然后再通过形象隐喻的方式，经由具体事物的概念建立起抽象事物的概念③。下面分别就方位词所反映的社会关系和空间关系进行分析。

1. 方位词对社会关系的表述

社会关系是指人们在社会生活中从事共同活动建立的相互关系的总称，包括广义的生产关系、阶级关系，和狭义的人际关系、亲属关系、工作关系等④。正如前述语言学的理论一样，社会中各种关系，包括人的社会角色、社会地位、人与人之间的社会关系，人的社会生活和活动，经由形象隐喻的方式，可以通过方位词，也大量地通过方位词来进行表述（表4）。

社会关系多种多样，在表4中对方位词描述的各种社会关系进行了分类。这种分类不是按照任何人文学科对社会关系的界定进行的，而是根据词语所表达含义进行分类。方位词对社会关系进行描述时，常常使用反向对举的一对方位词来表述（如左邻右舍、上闻下达）因此按照词义所表达的相对关系进行分类。如此可以看出，方位词所表达的最基本社会关系只有一种，就是群属关系，表达是否具有某种共同特征的人群的集合，其中有血缘关系（如外甥），有民族关系（如南蛮），有职权关系（员外），有政治关系（内疏外亲）等等。在某群属内部的成员之间和各个群属之间会存在不同的身份和地位，方位词同样也描述各种平等关系和等级关系。不论在什么关系中，人都是要进行生活、生产等活动的。所以可以将群属、等级、平等，看作三种人与人之间的社会关系，同时社会主体在社会关系的约束之下进行着生产和生活活动。

① 蔡永强．汉语方位词及其概念隐喻系统[D]．北京：北京语言大学，2008.
② 张清常．北京街巷名称中的14个方位词[J]．中国语文，1996，(01)：15.
③ 赵艳芳．认知语言学概论[M]．上海：上海外语教育出版社，2000：67-79.
④ 时蓉华．社会心理学词典[M]．成都：四川人民出版社，1988.

方位词表述社会关系 表 4

社会关系		方位词代称社会角色、社会地位、社会关系 及与方位词有关的活动	所用方位词
群属关系		内忧外患、内亲外戚、内疏外亲、内圣外王、安内攘外、里通外国、里勾外连、里应外合、衙内、员外、内子、外甥、东夷、西戎、南蛮、北狄、	内—外，里—外 东—西，南—北
等级关系	绝对等级	面南背北，圣人南面而治天下（《周易 · 说卦》） 上帝、圣上、皇上、祖上、堂上 天子中而处	南—北 上 中
	等级明确	上行下效、上勤下顺、上闻下达、上谄下读、陛下、殿下、阁下、麾下、门下、膝下、足下、属下、	上—下 下
平等关系	主从关系	东道主，做东，股东、房东、西席、西宾、东贵西富	东—西
	平等关系	左邻右舍、左图右史、左辅右弼、北门南牙、东食西宿、东邻西舍、左派、右派	左—右 东—西，南—北
社会活动	生活生产	前歌后舞、鞍前马后、东猎西渔、东奔西走、南船北马、	前—后 东—西，南—北
	心理精神	上下求索、左倾、右倾	上—下 左—右

方位词表意的精确性还可以在上述的几种社会关系中区分出更为细致社会关系，等级关系可以分为绝对至上的最高等级和明确的上下级的关系；平等关系可以区分为带有主次色彩的主从关系和完全平等协作的关系；而社会活动又有生产、生活的基本活动和为人的心理和精神追求所进行的活动。所有这些平等不平等的关系，又都与不同的群属密切相关，因为群属是相对的一种存在，具有不同的层次性（图 1），某一群属内的成员之间会存在不同程度的“等级—平等”关系，群内的等级关系又构成了下一层次的群体关系，群属与群属之间也会存在不同程度“等级—平等”关系；而群属的划分，又是多种多样的，地缘、血缘、业缘等各种群体既相互平行又相互交叉，相互包含，大群体中有小群体。

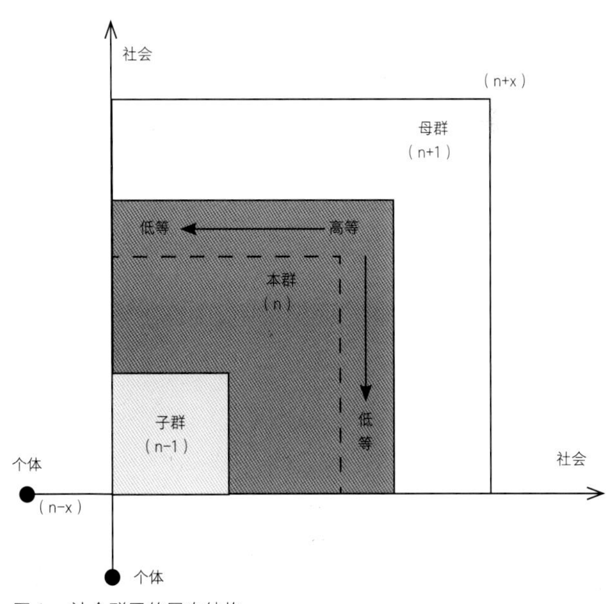

图 1　社会群属的层次结构

不论社会本身如何纷繁复杂，为数不多的方位词都可以对不同的群属关系和等级关系进行描述。而进一步分析会发现，并非所有的方位词都可以用来描述某种社会关系，某种社会关系的表述常常使用某一对或两对反向对举的方位词来表述，如群属关系多用“内—外”表述，等级关系多用“南—北”和“上—下”表述，平等关系多用“左—右”表述，这种现象是语言修饰功能导致的，还是语言作为社会文化的载体，对传统社会生活的一种切实反映呢？这就需要与方位词对空间关系的描述进行比较分析才能明确。

2. 方位词对空间关系的表述

方位词对空间的描述很繁杂，必须经过分类辨析才能看清其中一些规律性的东西，按照从社会关系表述中反向相对的六组方位词，可以对方位词的空间描述进行分类，而对于空间描述来说“中”及与其相对的“边、旁、侧”这 4 个方位词也是不可少的（表 5）。

方位词所反映的不同尺度的方位与空间规划 表 5

空间尺度 方位布置		带有方位词的空间和地点描述			空间之间的关系
		地域尺度	城市尺度	建筑尺度	
对举方位关系	前一后	前线、后方 前敌、后防	前朝后寝、前门 面朝后市、后海 前街后巷	前堂后室、前店后宅 前场后院、前堂后寝	空间中进行 不同的活动
	左一右	陇右、江左	左祖右社 左安门、右安门	左昭右穆 左钟右鼓、左庙右学	并列的空间
	东一西	江东、江西 山东、山西	东关、西关 东市、西市	东瓶西镜、东序 东西厢房、西序	并列的空间
	南一北	漠北、江南、湖北 河南、河北、湖南	南关、北关、北海	北壁、北堂、南轩	并列的空间
	上一下	上京	上寨下村、上林苑	上房、下屋	空间等级 垂直方位
	内一外	海内、海外	大内、内城、外城	内宅、内门、外门	空间的归属 空间等级
中		中国、地中、中土 关中、汉中、中京 中都、中原	中街、中海	中堂、中门 中庭、闺中	领域范围 的中心
边，旁，侧		九边，边关，边塞	边门	侧室、侧门、旁门	非领域范围 的中心

从表 5 的分类中，可以非常清晰地看到，方位词在描述空间和地点时，都涉及了地域、城市和建筑不同尺度层次的空间现象。从造字的意象和方位词的本义看，不论是自然事物，人工物件还是人的活动和身体意象，都不具有与不同层次尺度同时相关的联系，那么为什么不同的原初意象，尤其是近体尺度的身体意象的方位词“前、后、左、右”，会适用于表述各个尺度层次的空间方位现象呢？

研究语言的学者认为“方位参照是一种认知结构”，不过其提出的“方位参照的结构类型”[①]并不十分适合分析这个问题，本文循此思路通过空间表述的情境进行分析。当用方位词进行空间表述时，由表述者、表述对象和方位参照对象三者构成一个表述情境。表述者是表述的主体，就是运用语言和词汇的人；表述对象是表述的客体，就是语言和词汇所描述的空间和地点，如表 5 中出现的“堂、门、房、巷、山、海、河、原”等；而方位参照对象，有两层含义，一是确定方位的原点，谁的左右，什么的南北，二是确定描述的范围，多大范围的中心和边界。这三个要素间的不同关系，决定了不同的表述情境，而不同的表述情境必然需要由不同方位词来表达。通常这三个要素之间有如下四种关系，即四种表述情境：

1）表述者、表述对象和参照对象相互独立；

2）以表述者为参照对象；

3）以表述对象为参照对象；

4）表述者、表述对象和参照对象合而为一。

具体分析表 5 中的词语对空间和地点方位的表述，由于表述者作为运用语言的人，不可能与被表述的空间和地点相重合，所以仅涉及第一种和第三种表述情境，也就是说问题仅涉及表述对象是否与参照对象重合。首先看表述对象与参照对象相互独立的情境：“山东、河北”等，是以自然环境为参照对象，来表述地理区域；“左祖右社，面朝后市”是以宫殿为参照对象，来表述城市布局。而表述对象与参照对象相重合的情境，也有两种情况：一种情况是以表述对象的整体作为参照，如“前店后宅”就是将整所住宅本身作为参照说明前后的，“东瓶西镜”是将“瓶”和“镜”视为一个整体而分列东西的；另一种情况是把表述对象视为一个整体环境的一部分，而从整体环境去定位表述对象所在的局部，如“中都、中原”是以整个华夏文化和国家疆域为参照对象定位地区和城市的，“南关、东关”等是以整个城市为参照，说明城关位置的，“北堂、南轩”是以整个宅园为参照，说明单体建筑的位置的。在明确存在中轴线布局时，参照对象很难分清是哪种情境，如“东西厢房”可以看成是以正房为参照，也可以看成是以整个院落为参照。

---

① 方经民. 汉语空间方位参照的认知结构 [J]. 世界汉语教学，1999，(04)：32，35-37.

可以说正是因为在表述情境中，可以使用陈设物品、住宅院落、自然地貌甚至是疆域等不同尺度的参照对象，才使得身体方位的“前、后、左、右”和自然方位的“东、西、南、北”，都能够表述区域、城市和建筑不同层次的空间和地点。

在表 5 中所列词语中，方位词所表述的主旨内容并不相同：有的强调主体在不同空间中进行不同的活动，如“前朝后寝、前堂后室、北堂、南轩”等；有的强调空间和地点在地位上是等同的，是并列的空间，如“左祖右社、左钟右鼓、东西厢房、南关北关”等；有的强调空间具有等级性，如“上林苑、上房、大内”；有的强调空间具有的归属性，如“海内海外、内城外城、内宅”等；有的强调空间在参照对象的中心与否，如“中原、中门、边关”等。进一步分析，会发现在描述特定空间关系时，往往使用特定的方位词，不同空间进行不同活动常用“前—后”来表述；空间的并列性常用“左—右”“东—西”和“南—北”来表述；空间的等级性常用“上—下”来表述；空间的归属性常用“内—外”来表述；空间范围的中心与否常用“中、边、旁、侧”来表述。

三、“社会—空间”关系中的传统空间规划观念

对于空间研究来说，我们不能先验地认为社会与空间（城市形态）之间存在着一一对应关系，跨文化比较的历史研究已经证明这一点①，但是在同一文化内，在一定的社会制度下，对于某种社会礼仪性很强的活动，也不能否定社会与空间对应关系的存在。不论东西方在饮食文化中都是对座次有要求的，虽然中西方的座次具体排布方法不同，但是在西方和中国各自文化范围内，人们都是遵守同样的空间排布规则，这种在同一文化内的社会与空间的对应关系，还应该在更广泛的人居空间中存在。

1．空间方位与社会关系的对应

结合表 4 和表 5 的内容分析，会发现在描述空间特征和描述社会关系时，方位词的使用方式和表达的含义具有很高的一致性，社会的群属和空间的所属性都用“内—外”来表述；社会的等级关系和空间的等级关系都用“上—下”来表述；社会的平等关系和空间的并列关系都用“左—右”和“东—西”来表述；社会活动和空间的功能都用“前—后”来表述。这样的语言表述的一致性，一定是社会和空间现实关系的一种反映，反映了中国传统文化中空间方位和社会关系之间存在着相互对应的现象（表 6）。

方位词表述中空间方位与社会关系的对应分析　　表 6

方位词的社会关系描述			方位词的空间描述	
社会关系		可用方位词	空间方位	空间的性质
群属关系		内—外，里—外 东—西，南—北	内—外	归属
等级关系	绝对等级	南—北，上，中	南—北	权力
	等级明确	上—下，下，内	上—下	等级
平等关系	主从关系	东—西	东—西	等同性
	平等关系	左—右，东—西，南—北	左—右	等同性
生活、生产活动		前—后，东—西，南—北	前—后	空间中 的活动

表 6 所示表明，这种社会关系和空间方位的对应，并不是绝对的，但又明确地体现出一种相对主导的对应关系，将这主导的对应关系抽取出来，会发现这些对应关系构成了考虑社会因素进行空间规划的一套基本原则。图 2 所绘图式对这种空间规划原则进行了解析：当以“内、外”表述群属关系时，必然有一个明确的界限来划分出不同的类属，所以群属关系反应在空间上时，也必须有一个明确的边界来界定空间的“内、外”（图 2-a）；当以“上、下”表述社会等级关系时，并不在空间上一定要区分出上下，“上、下”等级往往以中央和四周旁边的空间关系来安排，如“上

① （美）斯皮罗 · 科斯托夫．城市的形成：历史进程中的城市模式和城市意义 [M]．单皓译．北京：中国建筑工业出版社，2005.

京”和“上房”，不是所处的位置一定高，而是必然处于中心或靠近中心地位置，而这个中心也是在一定的范围内的中心，这个范围同样也由边界来限定（图 2-b）；身体方位必然有一个参照对象，人或者拟人的，这个参照对象是其可以影响到的范围的中心，如果参照对象是人，这个影响范围就是其所能感知到的范围，如果参照对象是一个环境的整体，那么这个影响范围就是其自身，因此“前、后、左、右”的空间是有中心和边界的，在中心参照下“左、右”方位同时又是两“侧”、两“旁”的方位，并肩而立是平等的表示，固“左、右”方位间是平等社会关系的空间表述，人的行动多为前进后退绝少横向行走，固“前、后”方位常与人的不同活动相关联（图 2-c）；自然宇宙方位是绝对的方位，不依靠人为的参照而有任何改变，是没有中心亦无边界的，而当以表述一定整体空间环境时，才有了范围，有了中心和边界（图 2-d），中国传统社会选择“面南背北”为权力的体现（图 2-d2），而东西相配两侧，又以东略为主导（图 2-d1）。

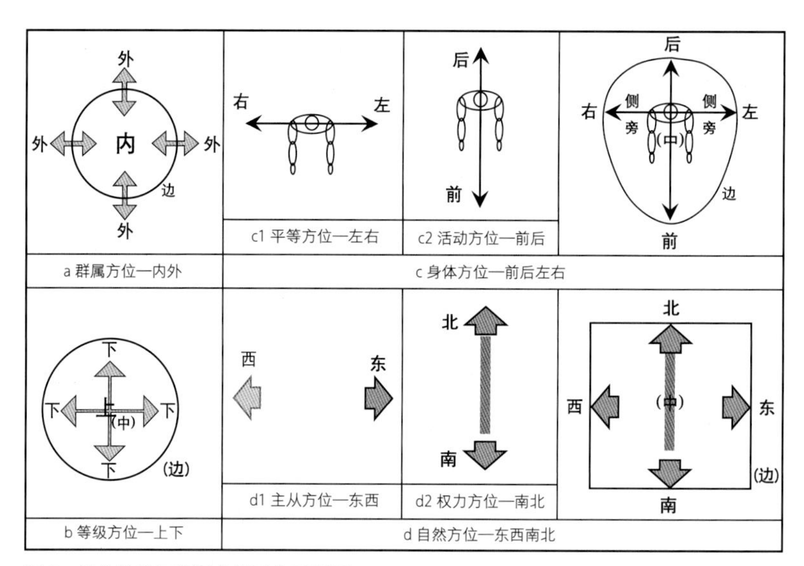

图 2　社会关系与空间方位对应解析图

2．身体方位与宇宙方位

从造字所反映的意象的特征，将方位划分的身体方位（前、后、左、右）和自然方位（东、西、南、北）。语言的研究者也有类似的观点，有观点用相对方位词和绝对方位词区分①，有观点用微观定位和宏观定位来区分②，由于所研讨问题的不同，不同学者选用了不同的表达方式，但所指对象都是一种依靠身体本身作为参照对象的方位和一种以自然地理环境作为参照对象的方位。身体方位随着身体朝向的变化而变化，而自然地理方位对于人来说是永恒不变的，又由于与天象、天时、节气、农耕密切相关，所以具有宇宙象征的含义，也可以称为宇宙方位。

身体方位系统在表述自身的方位时非常明确，而在地域、城市和建筑尺度上运用“前、后、左、右”表述方位时，是将参照对象比拟成人体，并且所比拟的人体的方向相同，才会形成一致的方位表述。比如，当以“左、右”论空间方位时，就是把参照对象（不论是地域、城市还是建筑）比拟为一个面南背北的人，如此才有“江左”即是“江东”，“左钟右鼓”就是“东钟西鼓”，形成了身体方位与宇宙方位重合的两套方位表述模式。然而，两种表述方式又分别具有其各自的含义。“江东”是一个典型的地域描述，是依靠自然地理特征进行命名的，所以也仅仅具有地域描述的含义，与其相对的是长江中上游的地名；而当用身体方位“江左”来表述时，似乎暗示着一个身体的中心存在，而这个暗示同样具有政治领域范围的含义，也就是说“江左”表示这一地区仅是一个整体范围中的一部分，一个偏左侧的区域，这个区域与整个地域有着不可分割的关系，而且是从属于这个整体的。我们看“左祖右社、左钟右鼓、左昭右穆”都具有同样的意义，祖庙和社稷坛共同构成了国家礼制建筑，是一个整体；钟鼓楼在寺院中是一对共存的形制，有其一必有其二，是一个整体；昭穆次序更是分列在始祖两侧，共同构成了享有后嗣祭祀的一个整体。

同时，是否按照宇宙方位规划空间，也成为一种重要的空间规划法则，自然地理方位代表着宇宙秩序，而人世间并不是所有的人、所有的建筑都需要按照宇宙秩序的空间方位来规划的，只有在人间代表着上天的礼制建筑和代表着权力的宫殿建筑在兴建之时才要充分考虑与宇宙秩序保持对应（图 3-a）。而大量的民居则更多地根据气候和地文条件来规划，不必一定取正向东西南北（图 3-b）。

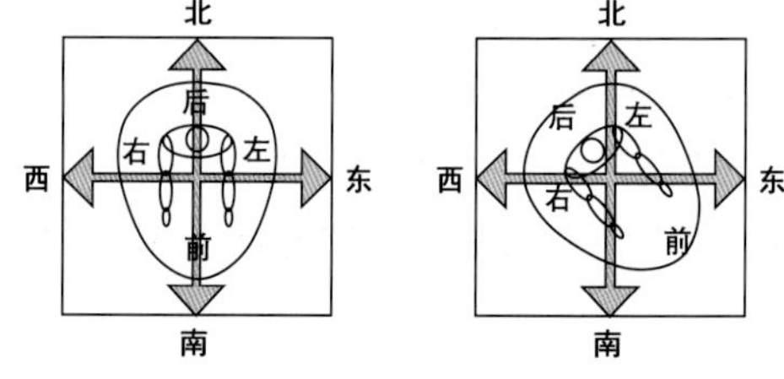

图 3　身体方位与宇宙方位

① 方经民．汉语空间方位参照的认知结构 [J]．世界汉语教学，1999，(04)：36.

② 孙蕾．方位词语义辨析 [J]．外语学刊，2005，(04)：73.

四、“社会—方位”图式及其内涵分析

在中国传统文化中，源自身体和宇宙的方位，只有在社会现实当中才能获得意义。建设城市和建造房屋从古至今都是极为重要的社会现实问题，其中必然包含了，也必定需要处理各种各样的社会关系，因此非常有必要将图 2 和图 3 中不同的“社会—方位”关系结合起来分析传统城市和建筑的空间特征，图 4 表示了各种“社会—方位”所共同构成的一种空间的内在逻辑，可以将其命名为“社会—方位”图式。

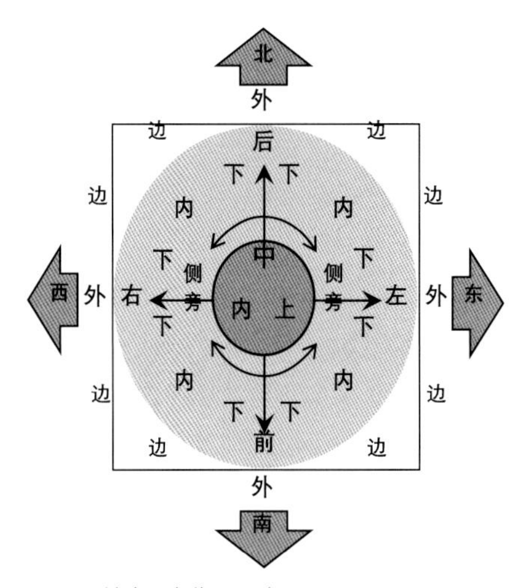

图 4 “社会—方位”图式

1. “社会—方位”图式与伦理序位

在新文化下反观中国传统社会的大儒，认为中国是伦理本位的社会①，而我国第一代建筑史学者就已经提出“受道德观念之制裁”，“着重布置之规制”是中国建筑的特征②，开篇所述当代学者在研讨伦理社会的空间营造时，也都继此路径从“礼制”中探寻究竟，有学者明确提出伦理序位格局来说明“礼”在建筑中的反映③。

社会学的研究认为“礼”在中国传统社会的含义④，包括“民风”“民仪”“制度”“仪式”和“政令”等含义，从《三礼》开始到历代的《会要》、《会典》中的礼制典章都是作为国家和社会的法度而存在的，与此同时，在等级制度下的各种建筑“标准都是作为一种国家的基本制度之一而制定出来的。建筑制度同时就是一种政治上的制度，也就是‘礼’之中的一个内容，为政治服务的，作为完成政治目的的一种工具。”⑤与“礼”的这种社会功能相比较，“社会—方位”图式并不具有社会制度的意义。

从表 4、表 5 的词语中，可以看出“前朝后寝、左昭右穆”等词中包含着礼制的因素，而“前场后院、东市西市”所言不牵涉礼制，仅是空间的功能而已。“社会—方位”图式中南北权力方位、上下等级方位和东西主从方位，虽然包含了“伦理序位”的内容，但是其中所表述的等级空间关系，并不指向社会地位、官职尊卑、辈分高低等具体的社会等级和社会现象，只是强调一种相对存在的人与人之间，人群与人群之间的差别关系，可以代称任何具体的有差别的社会关系。同样，虽然身体方位和宇宙方位之间的重合具有天赐人伦的含义，但并不只具有君权神授的意义，同时也有对良好自然环境的认知与追求。再有，社会活动中，有被礼法严格约束的，如敬天祭祖、婚丧嫁娶等活动，但也有生意买卖、作坊当铺、井池洗淘等日常的生活、生产活动，以方便为准而与礼法无关。

因此，一个环境的营造不仅要满足伦理的要求，还要满足更多的基本功能需要，而群属的划分更是伦理问题的前提：东南西北的夷蛮羌狄“被发左衽”是不讲伦常的；江湖之义与庙堂之礼也是千年来各行其道，江湖和庙堂从来都是并存的社会空间；富家千口自有主仆宾客妻妾儿女之间的次序，平民之家仅有男耕女织小儿绕膝；可以认为不同层面上社会群体所需的空间内外之别是“伦理序位”的基础。

2. “社会—方位”图式与集体意识

如果从现代设计的角度来看，可以将“礼”的伦理序位观视为一种空间规划的原则和思想。“社会伦理”的背后，是具体的个人和具体的社会群体的存在，都有其各自的社会角色，和社会活动的方式与需求，而对个人和社会群体的“序位”安排，就是对社会活动的安排，就是对社会生活需求的满足，就是确定了不同的功能空间之间的关系。这样的“序位”安排与现代设计所遵循的“洁污分离”“动静分离”等设计原则，从空间规划的层面看，同样是在解决空间的使用功能问题，只不过在传统社会中，有了很明显的社会等级痕迹，并被赋予了“礼”的文化精神。

“社会—方位”图式在更广泛的层面上表达了传统社会空间规划中的一种普遍原则，那就是：将不同的社会关系处理在不同尺度的空间方位关系中，或者说在以空间方位的排布来建构不同含义的社会秩序，因而在空间规划中形成了

---

① 梁漱溟．中国文化要义 [M]．上海：上海人民出版社，2005.
② 梁思成．中国建筑史 [M]．天津：百花文艺出版社，1998.
③ 刘瑞芝．有机 · 整体 · 模糊——试论传统空间意识特征 [J]．建筑师，1988：78.
④ 李安宅．《仪礼》与《礼记》社会学的研究 [M]．上海：上海人民出版社，2005：3.
⑤ 李允鉌．华夏意匠：中国古典建筑设计原理分析 [M]．天津：天津大学出版社，2005：40.

一定的社会关系和一定的空间方位关系相对应的基本规划思想。

在传统社会中并不存在一处与图 4 所示的结构一模一样建筑，图式仅是将不同的关系要素集合在一起，同其他空间图式[①,②,③]一样，“社会—方位”的观念图式，并不属于哪个阶层和社会团体所专有，也不仅属于哪个王朝和历史时期，而是中国传统文化中的一个普遍观念，这种普遍的被一个社会所共同认同的观念，可以从社会学研究中的“集体意识”获得解释。

“集体意识”（共同意识）是社会学三大奠基人之一埃米尔·涂尔干（Émile Durkheim，1858-1917）[④]在1893 年发表的《社会分工论》中提出的[⑤]，用以论证“社会是建立在一种共同道德秩序而不是理性的自我利益之上”。[⑥]“集体意识”又译为“集体良知”[⑦]，是“社会成员平均具有的信仰和感情的总和”[⑧]，具有普遍性和特定性、历史遗传性、经由中介权威进行解释和维护，并起到社会整合作用[⑨]。

可以看到，中国传统文化中的“礼”，具有如上“集体意识”的全部的含义。而“社会—方位”图式本身不是社会道德，不具有社会整合的作用，也正因为如此，才使其区别于社会功能明确的礼制思想，而成为传统社会中比伦理序位更为基本的一种空间规划的观念。同时我们也能看到，这一空间规划观念，在中国城市和建筑的营建中与礼制有着密不可分的关联。“社会—方位”图式在处理传统社会成员（群体）的空间关系时适用于不同的社会情境和需求，具有较为广泛的普遍性，其中南北权力方位和内外群属方位等原则明确具有特定性，在漫长的历史时期中的作用反映了其具有一定的历史遗传性，而如上作用之所以成为一种规划原则，则与礼制作为社会制度的权威性有关，从这几点看“社会—方位”图式是具有集体意识的诸多内涵的。更重要的是，这一观念图式一直为社会成员所共有，并延续传承，因此将“社会—方位”图式，视为一种传统社会的集体意识，则更加能够表明其作为思想观念的特点。

---

① 王贵祥．东西方的建筑空间：文化空间图式及历史建筑空间论 [M]．北京：中国建筑工业出版社，1999.

② 王其亨．官嵬：礼乐复合的居住图式 [J]．规划师，1997（03），19-23.

③ 张玉坤．居住解析 [J]．建筑师，1993（49），31-37.

④ 又译为埃米尔·迪尔凯姆，或埃米尔·杜尔凯姆。

⑤ （法）埃米尔·涂尔干．社会分工论 [M]．渠东译．北京：三联书店，2000：1.

⑥ （美）兰德尔·柯林斯，（美）迈克尔·马科夫斯基．发现社会之旅：西方社会学思想述评 [M]．李霞译．北京：中华书局，2006.

⑦ 法语原文为“la conscience collective”，英译有“collective consciousness”和“collective conscience”两种，汉译分别译为“集体意识”和“集体良知”。

⑧ （法）埃米尔·涂尔干．社会分工论 [M]．渠东译．北京：三联书店，2000：42.

⑨ 周修研．浅析涂尔干集体意识理论——以《社会分工论》中的集体意识为例 [J]．中国电力教育，2010（管理论丛与技术研究专刊）：241.

建筑与天文

解读埃及方尖碑[①]

摘　要

方尖碑是古埃及重要的纪念性建筑之一。几千年来，人们不断地探索方尖碑建造的意义。随着时间的推移，方尖碑被追加了许多含义，使其具有了历史文化的神秘色彩。方尖碑的形象有着深刻的意义，其本身在生殖崇拜、纪念军功、宗教需求等多个方面具有不同的文化内涵。文章在结合现代人文思想和科学发展观的思想后，探索了方尖碑的空间特色，并从它的时空性、历史延续性和符号性等方面展开了详细的论述。

关键词　埃及；方尖碑；形象；时空；内涵

引言

方尖碑同金字塔一样，是古埃及送给人类最伟大的礼物之一。几千年来，方尖碑作为文明的传递者，跨越非洲，将埃及文化传播到世界各处。它挺拔有力的身躯，承载着沧桑的历史，却披着一层神秘的外衣。今天我们来了解一下它的内涵。

一、方尖碑的概念

1．方尖碑——千年不倒

方尖碑的英文名称“Obelisk”，在希腊语中被叫作“Obeliskos”，本意为身体上有棱、头上有尖的像烤肉串的“火签子”或“小叉子”，这显然是依据它的外形下的定义。在古埃及语中，方尖碑称为“Takhen”，具体语义不详，有人认为是“庇护”之意，因为直插云霄的碑尖，每天迎来第一缕阳光，预示着古埃及人所崇拜的太阳神的降临，给人间带来生机和安宁。

方尖碑成正方柱体，由下向上逐渐变细，一般有二三十米高，上百吨重。碑顶是金字塔状的角锥体，镶包着被古埃及人视为“神祇血肉”的金、银或铜箔片，在阳光的照耀下，宛如光彩夺目的太阳，故而古埃及人把方尖碑看作太阳神的象征。作为法老的纪功柱，方尖碑表面刻满了象形文字，还有些方尖碑的基座和碑身上绘有该方尖碑被制造、搬运的历史过程。更有甚者将碑身的图案、文字全部金饰，在太阳光的照耀下，闪闪发光，美轮美奂。

最早的方尖碑出现在古王国时期的第五王朝，大约在公元前 2575~ 前 2134 年。方尖碑最初的形象是低矮的，至新王国时它已经发展为巨大的独立石柱。

埃及真正建造过多少座方尖碑已无史可查，目前所知埃及境内仅存五座方尖碑。据推测，除在长期的战乱和风蚀中毁坏者外，埃及可能还有一些方尖碑被掩埋在地下，尚待进一步发掘。更多的方尖碑流散在国外，最早劫掠方尖碑的是亚述人。据记载，公元前 7 世纪中叶，亚述末代国王亚述巴尼拔曾两次出征埃及，掠走两座方尖碑。这两座方尖碑的下落如何，今天已不得而知。而劫掠埃及方尖碑最多的国家则是罗马帝国，还有一些散落于土耳其、英国、梵蒂冈、法国和美国等国。埃及方尖碑因为寄托了人类强大而不朽的希望、精神和力量，因此能够在几千年的历史长河中，巍然屹立且永垂不朽。

2．建造过程——一剑难求

建造方尖碑一般使用整块坚硬的花岗石，有灰色的，也有淡红色的，大多数用料来自埃及南部阿斯旺地区。

① 陈春红，张玉坤．解读埃及方尖碑 [J]．哈尔滨工业大学学报（社会科学版），2009（09）.

制作方尖碑时，首先选好一处山石，然后利用原始工具将方尖碑从山石中“切”出来。当时的工具尚不发达，但铜矿已经开采。据推断，当时主要的切割工具是用天然铜和燧石制成的刀、凿、斧等工具。

为使碑身光滑后可以雕刻文字和图案，碑身需要经过细心的打磨过程，其打磨工具则为坚硬的水晶石或粗砂石。打磨之后，便用刀凿等工具雕刻图案或象形文字，以使之完整。利用这样原始的工具来建造这样巨大的纪念碑，工作之艰苦实在难以想象。据哈特谢普苏特女王方尖碑的碑文记载，雕凿一块这样的方尖碑大约需要六个月。

方尖碑的运送和竖立至今仍是个不解之谜，但存在许多猜测之说。如在运送过程中，需要通过木滚、牛拉或人拽的方法将方尖碑从采石场运到尼罗河边。之后装上特制的大型平底驳船，顺流而下，到达指定的地点，再用同样的方法将方尖碑运送到安放的地点。

在竖立时，有人认为是通过杠杆原理举起来的；有人认为是靠人力用绳索拉起来的；还有人依据金字塔建造过程认为是靠堆沙竖立起来的。诸多说法，均为猜测臆断。

二、方尖碑的形象解析

笔者认为埃及人最初建立方尖碑并非偶发的历史事件，而是人类在同自然抗争和战胜自然过程中萃取人类思想精华的物化。埃及人不遗余力的建造这样巨大的建筑物，并确立它最终的形象，或有以下几点原因：

1．男性生殖器——生殖崇拜

最早的方尖碑是圆锥形的，其形象类似于男性生殖器。方尖碑的形状可能取自于苯苯石（Benben），苯苯石是埃及太阳崇拜中最神圣的象征物。Benben 的字意为“交媾”。几乎在所有民族中，人类的先祖都会最先认识到性的力量，尤其是它的创造力。他们意识到这种性活动不但会繁衍后代，还会为社会添加劳动力。当人们认识到这一点，就会用类比方法来想象宇宙万物，以至宇宙自身都像人类生殖一样，是依靠阴阳交合产生并创造出来的，于是产生了性崇拜或生殖崇拜。在漫长的发展过程中，古埃及人对性的思想意识逐渐深厚，于是生殖神便成为一个在神系却对人间的生殖繁育有重要作用的神。一些重要的建筑常作为对生殖神崇拜的描绘场地，如在一些太阳神庙的墙壁上刻满了一个个完整而又生动的生殖神的故事，这也可以解释方尖碑的起源与生殖崇拜有关（图 1）。

图 1　鲁克索神庙前的两座方尖碑（复原图）

古代埃及人对方尖碑的崇拜，是一种性崇拜，黑格尔认为那些方尖碑就是人们意识到男性生殖器象征着生命所建立的。据说这种圆锥形的建筑可以抓住太阳神拉的第一缕阳光。借着圆锥形体回溯太阳的光线，能指示出法老通往天堂之路。另外，方尖碑是由名为“Benbenet”的金字塔形顶盖，与柱体结合而成，它有可能是指太阳神阿顿（Atum）的神圣生殖器及其种子。

2．刀、剑——力量的象征

方尖碑的形体更似一把利剑，尖尖的顶，周身充满力度（图 1）。刀与剑本身就代表着力量，方尖碑之所以选择这个形体，就是因为它可以将这种力量显示出来。刀剑的形象本身并不能充当权力的媒介，当采纳这种形象的方尖碑被赋予更多的宗教色彩并加之王权护佑时，方尖碑受众人敬仰便更显得伟大。方尖碑是埃及法老王们权威和欲望的强有力的象征。

历来帝王为了巩固自己的权力和地位，都会把自己神化。他们一方面把自己比拟太阳神之子，另一方面穷尽国力为自己建造永久的丰碑。现在矗立在罗马圣 · 约翰拉特兰广场的方尖碑就是图特摩斯三世时期建造的，它的碑文上就写着：

“……摩斯三世，阿蒙拉神的儿子……上下埃及的法老，图特摩斯三世像太阳一样永恒”，“带着王冠的法老，像太阳在天堂一样，使他的国家强大，金色的雄鹰，王冠的管理者，非常勇敢的图特摩斯三世，太阳神最满意的人，太阳的儿子……”

这个碑文上反映了图特摩斯三世努力地将自己比作太阳神的儿子，并把自己对国家的管理说成是“太阳神最满意的”，以巩固自己的权力。

在远古时候，只有权力和欲望很大的法老们才有能力建造巨大的方尖碑。方尖碑上赫赫战功的文字和雄怀韬略彰显法老王们巨大的野心。为此，方尖碑代表着至高无上的王权。这种特殊意义，似乎与中国古代大臣们手中的玉圭不谋而合！两者不但形状一模一样，代表的功能几乎相同，分别只在大小。

3. 通天塔——与神对话

方尖碑锥形顶由于象征太阳光线的播撒方向，所以它本身又是太阳神的象征。高达几十米，这在五千年前的埃及是十分高大的建筑，因为它充当着法老通天的工具。方尖碑越高大，法老们就越能通过它与太阳神对话。当碑顶的金箔被太阳光照耀的闪闪发光之时，太阳神就蹲坐在碑顶与法老对话。因此，方尖碑是法老与太阳神交流的工具，更是法老登天的阶梯。

《金字塔铭文》中有这样的话："为他（法老）建造起上天的天梯，以便他可由此上到天上"，所以金字塔就是这样通天的阶梯。同时，角锥体金字塔形式又表示对太阳神的崇拜，因为古代埃及太阳神拉的标志是太阳光芒。《金字塔铭文》中还有这样的话："天空把自己的光芒伸向你，以便你可以去到天上，犹如拉的眼睛一样"。方尖碑正是法老奉献太阳神拉的建筑，方尖碑也表示太阳的光芒，由此可知，与金字塔有着同样角锥体的方尖碑正是法老通天的工具。

4. 纪功柱——纪念军功

法老们建造方尖碑的另一个原因是纪念自己在位期间的丰功伟绩或重大事件，以使自己流芳百世，这与后来的古罗马时期的纪功柱同出一辙。

起初，他们以立碑人的名义把自己的名字镌刻在碑体上，以期传诸永久。后来，他们干脆把自己的文治武功也刻在碑体上，以期获得不朽。从中王国时代起，法老们在大赦之年或炫耀胜利之时便设立方尖碑，且成对的竖立在神庙塔门前的两旁。最早的"太阳城"赫利奥波利斯的方尖碑属于古埃及第十二王朝（约前 1991~ 前 1786 年）法老辛努塞尔特一世（约前 1971~ 前 1928 年）在位时所建，竖立在开罗东北郊原希利奥坡里太阳城神庙遗址前。这块方尖碑高 20.7 米，重 121 吨，是辛努塞尔特一世为庆祝国王加冕而建的。

公元前 14 世纪，法老图特摩斯三世曾带兵南征到现今的苏丹，北征到现今的叙利亚，建立起一个地域广阔的强大国家。在扩建卡纳克太阳神庙时，他一下子修建了好几座方尖碑，用以宣扬他"远征的辉煌胜利"。

法国协和广场上的埃及方尖碑上面刻满了拉美西斯三世撰写的象形文字，据说是为纪念埃及法老拉美西斯二世的丰功伟绩。

5. 太阳神的象征——宗教需求

古埃及人信奉宗教，他们有许多关于造物的神话传说，这些均与太阳相关，太阳神在当时被称作"凯普利""拉"和"阿图姆"。凯普利是早晨的太阳，拉代表中午的太阳，阿图姆代表晚上的太阳。拉后来与地方神阿蒙合在一起，被称作阿蒙神拉，成为众神之中至高无上的神。对埃及人来说，所有的这些神的传说都是真实的，他们相信自己的生命被太阳的光和热所主宰。就像太阳神拉所说："当我哭泣的时候，人就被创造成眼泪的形状，从我的眼睛里流出来。"所以，对太阳神的崇拜，就像崇拜自己的母亲一样。

方尖碑是古埃及人眼中太阳神的象征。尖尖的碑顶象征着阳光的起点，是太阳神力的中心，碑座则象征着太阳的神秘光辉带给宇宙的无形的物质，古埃及人也把方尖碑堪称太阳的一道光线。方尖碑是法老与太阳神对话的工具，把它奉献给太阳神阿蒙。建在"太阳城"赫利奥波利斯（Heliopolis）的方尖碑竖立在避难中心和庙宇附近。经历了几千年的宗教渲染，连太阳神阿图姆栖息的石头都成了顶礼膜拜的东西。

法老们花重金建造方尖碑，一方面向神表示自己尊重神的意愿，另一方面又通过它向神祈求保佑，巍峨高耸的方尖碑是可以通达向神的府邸的建筑。为表达对神的无限崇敬，方尖碑上常刻有纸莎草花和莲花图案。纸莎草和莲花都各有所指，一为上埃及，一为下埃及，两者相加便为全埃及，意为法老率领全埃及的人们向太阳神祁敬与求福。

6. 与神庙互补——装饰理由

巍然高耸的方尖碑，直插云霄成为重要的神庙装饰手法。太阳神庙厚重敦实，纤细高耸的方尖碑正好成为它互补的手法。

对古埃及人来说，方尖碑越高大，越接近神的境界。底下粗上面细的性格，可以让它令人感觉更加高耸。埃及人相信，把方尖碑周身刻满文字和图案，只会给它带来更美妙的效果。因此，把方尖碑建造在太阳神庙那里，可以将神庙装饰得更加完整。这样，方尖碑既是太阳神庙整体建筑的一部分，更是太阳神将其恩泽撒播到人间的主要媒介。因此，太阳神庙修建到哪里，方尖碑也就出现在哪里。

三、方尖碑的空间分析

1. 空间与环境特点

第一，方尖碑是古老的埃及城市中的标志物。方尖碑不但是城市中高大的建筑物，在阳光的照耀下，它周身由于石材漫反射变得雪白亮丽，包裹着金箔的碑顶发出耀眼的光芒。无论人们距离它有多远，当抬眼望去，那道耀眼的光芒便会进入视线，指示着拉神所在的位置，为此方尖碑成为这个城市的标杆。

第二，方尖碑的特殊形体构筑了特定的神性空间。方尖碑瘦削的形状直指蓝天，尖端似乎要刺透云霄，整个方尖碑就像刺向天空的光芒。人们由此联想到他们的主神——太阳神，一种无上的力量降临并控制了他们。于是，崇拜太阳神的仪式就从这里开始。

第三，这些方尖碑是在特定时间、特定地点、特定环境下产生的特殊建筑。只有在那远古时期，当太阳神稳居众神之首，太阳神的光辉泽耀万物之说广泛流行的古代，天、地、人之间不断对话，才将可以通天又彰显法老文治武功的建筑——方尖碑创作出来。这些特定时期所产生的文化背景为方尖碑的产生和不断壮大提供了生存土壤。

埃及的地形地貌、日照角度、日月潮汐、水流风势、气温、气压、食物、土地、水质、植被等环境，使金字塔和方尖碑像植物一样，落地生根，与大自然融为一体。高耸入云的方尖碑，只有在埃及那片广袤无垠的平原上，在熠熠生辉的黄沙中，更显出其伟大之处。所有的平坦凸显了方尖碑的高大，红日黄沙映衬了方尖碑光滑的外表。这是方尖碑生存的不可缺少的场所和环境。在蔚蓝色的天空下，广阔无垠的金黄色的沙漠前，这些作为埃及法老献与太阳神礼物的方尖碑，以其高大、稳定、简洁的形象，象征法老的威严，显示了恢宏的气势。

第四，方尖碑与金字塔相互映衬。方尖碑耸立在一望无垠的黄沙中，周围除了古老的神庙外没有其他建筑，金字塔则隔着尼罗河在遥远的地方与之张望。方尖碑在尼罗河的东岸，而金字塔在尼罗河的西岸，两个伟大的建筑被尼罗河划分了两块区域，独自矗立着。金字塔厚重、敦实，方尖碑则纤细，轻巧，二者遥岸相对，形成了一幅美妙的画卷。在古代埃及，金字塔锥形体的倾斜度符合太阳每天升起的角度，倾斜的表面从中心点（顶点）向下辐射，就像光束从太阳本身辐射下来一样，因此这种形体本身就代表着太阳崇拜。因此，在方尖碑建立之初，先人考虑到金字塔在尼罗河对岸的影响，借鉴了金字塔的形象，将它的锥形体安放到方尖碑的顶端。

2. 今昔对比

现今一些方尖碑在其他的国家矗立着，一些放在神殿里，一些放在广场上。络绎不绝的人群和来来往往的车辆，使方尖碑不再有往日的宁静，也不再拥有撒哈拉沙漠那样强烈的阳光照耀。在这样的环境下，方尖碑在原始环境下产生的特殊氛围受到了影响。

如置于法国协和广场的方尖碑能更好地阐释这个道理。这座方尖碑独立于巨大的几何广场中心，这种“中心化”虽然加强了方尖碑的重要性，却不能体现它的崇拜和神秘性，取而代之的是一种秩序和权力的欲望。同时，方尖碑周围围合着高大的建筑，反而让人感觉它矮小了。加之表面饰金及闪烁的灯光，这座方尖碑华丽有余却缺失了以往的宗教气氛。

四、方尖碑的内涵探析

1. 时空性

方尖碑在建立之初，就被赋予了一定的时空意义。

第一，方尖碑矗立在尼罗河的东岸，象征着生命的起点。在古埃及，由于太阳每日东升西落，“东方”成为生命的代名词，如同“西方”代表着死亡，金字塔便坐落在西方。方尖碑的碑尖，能捕捉到黎明的第一缕阳光。这道阳光正是太阳神赐给人世的“原始生命力”，也即一天计时的真正开始。

第二，方尖碑是世界上最早计时器，并作为“太阳罗盘”使用。大约公元前 3500 年，埃及人就学会了利用方尖碑在太阳下投影来记录一天中的各个时刻，并利用一年中正午时分方尖碑日影的最长和最短来确定夏至日和冬至日。这种计时方法，与我国古时使用过的日晷计时十分相似，却比日晷早了上千年。通过观察方尖碑影子的变化，古埃及人从中发现了如何区分季节的变化。

第三，方尖碑还是古代的方位指示器和角度测量仪，并由此产生了最早的子午线。由于太阳东升西落，方尖碑的

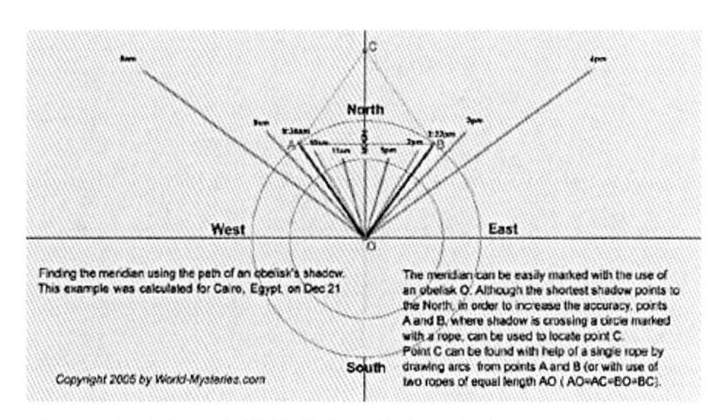

图 2　通过角平分线来确定南北东西方向

投影形成了 180 度角。通过观察，古埃及人发现了如何使用角平分线，如何换算不同方位的角度，甚至由正午时分太阳高度角投下的影子长短来推算其他角度的物体的长度。人们在利用方尖碑计算时间的同时，将最长最短的影子的方位分别记录，标记不同方向，来表示方位。古埃及人最早发现了子午线，通过观察方尖碑影子的变化，将最短的投影无限延长，便得到了子午线。这些方位成为人们建造房屋和进行其他活动的有效参考。

通过太阳东升西落，人们记录正午前后同样时间的方尖碑日影，并将所得到的角度平分，其角平分线便是正南、正北方向，与之垂直的便是东西方向（图 2）。事实证明，高度精确的定位可以很容易地用这些简单的方法获得，这种方法确定的方位与今日测量的结果几乎相同。

第四，方尖碑是时间和空间联系物，动态的记录时间和太阳神的位置变化。太阳神每天都要乘船在天空做航行。人们利用方尖碑的影子的位移来比拟太阳神在天空遨游的路线，并在正午时分与太阳神沟通或进行祭祀活动。例如卡纳克神庙前有两扇巨大的塔门，塔门中间连接的是天桥，外面矗立着高大的方尖碑。当太阳东升西落时，方尖碑的影子划过天桥，形成弧形。正午时分影子恰好落在天桥中央。这意味着太阳神每日驾驭着太阳，穿过了天桥，与人们相约，此时祭祀活动便进入高潮。这个场景的设计，无疑将时间与建筑的空间相联系，恰如其分的将人、神、建筑合而为一。

第五，方尖碑的基座上通常都刻画上许多狒狒迎接初升太阳的景象，这里暗示着不断变化着的时间。古埃及人认为狒狒对冷热变化相当敏感，当夜间温度下降时，狒狒颤抖不止；当黎明来临太阳升起时，狒狒便惊叫不已，因为太阳给予了它们新的生命。一般情况下，十二只猴子代表十二个时辰，预示着人们在迎接新的一天所经历的一个时间过程。[4]27

2．历史延续性

方尖碑记录着遥远的历史，也见证了埃及的兴衰。在经历了千年的洗礼之后，一些后代的法老或帝王们，为了名垂千古，不断地在碑身上追刻碑文，记录着一段段的历史并刻下了不同朝代帝王的名字。因此，这些古老的方尖碑，跨越了时间和空间的界限，见古代历史和文化一脉相传，承担着延续历史的作用。

拥有了文化内涵的方尖碑，已不再是简单的石柱，它更多担当着历史的桥梁，把埃及古老的文化和不为人知的历史一点一点地向世人娓娓道来。它传递的不仅是历史的信息，还将古代埃及人宗教的、伦理的、哲学的、思想上，甚至古代的科技和文化知识跨越空间和时间的限制传递给了现代人。它可以让现代人在进行图腾崇拜时将对古代文化的个人崇拜联系在一起，也可以使一个虔诚的埃及人对自己国家的古代文明从心理激起强烈的崇拜思想。

3．单一符号性

方尖碑的成型略晚于金字塔，我们不可否认方尖碑的锥顶形象与金字塔形象有一定的关系。金字塔稳坐在高高的塔杆上，二者相加形成了一个全新的形象，也造就了一个特殊的符号题。方尖碑并非以独立的个体受人崇拜的，它的种种符号性（如象征、隐喻等）是通过人们对空间的整体感知而实现的。作为方尖碑背景的神庙的体量和重量感，一方面同方尖碑做对比，显示出方尖碑的高度和瘦削程度；另一方面，制造一种神秘和压抑感，共同营造一种宗教氛围，这种氛围，也正是崇拜的开始。它的符号性是通过它与周围空间环境的关系以及它自身的特点，经由人在空间里的活动，结合人的生理心理因素和文化背景来实现的。

方尖碑是太阳神的象征，从这个意义上，它已经成为太阳神的代替符号。这种符号性与宗教崇拜相关，它也是将人的思想转嫁到一个实物上的表现，这就成就了方尖碑的符号性。方尖碑拥有简单的节奏，却有着不变的规律，最终形成了三维角度加多维的体积感，其造型丰富、饱满，形成连绵不断、循环往复的、具有建筑和雕塑般韵律的符号形体。

结语

方尖碑是特殊的建筑。它没有内部空间，却承载了许多内容；它形体看似简单，却棱角分明，收缩有理；它外表朴实，却在阳光的照耀下熠熠生辉。因为经历了几千年历史的洗礼，使它具有了历史文化的神秘色彩。方尖碑以其神秘、秀美、挺拔向世人展示着古代埃及人的智慧和古埃及帝国的辉煌。

参考文献

[1] Donald B. Redford (editor in chief), The Obelisks of Egypt [M]. New York, 1997.
[2] W R Cooper. A Short History of the Egyptian Obelisks [M]. London, 1877.
[3] (英) 彼得·阿克罗伊德. 死亡帝国 [M]. 冷杉，杨立新译. 北京：三联出版社，2007.
[4] (法) 米歇尔·科恩. 消失的建筑 [M]. 刘凡，谷光曙译. 上海：上海社会科学院出版社，2005.
[5] Martin Isler. The Curious Luxor Obelisks [J]. JEA73, 1987:137-147.
[6] Labib Habachi. The Obelisks of Egypt [M]. NewYork, 1997.
[7] W. K. Simpson. The Hymn to Aten [A]//The Literature of Ancient Egypt [C]. New Haven and London, 1972.
[8] W. K. Simpson. The teaching for Merikare [A]//The Literature of Ancient Egypt [C]. Chicago and London, 1977.

论中埃早期陵墓建筑的天文与时空观——以吉萨金字塔和濮阳墓为例 ①

摘 要

吉萨金字塔与河南濮阳西水坡墓群（以下简称濮阳墓）为世界古代陵墓中与天体、时空结合紧密的现存实例。金字塔距今5000年，西水坡墓群距今6500年，二者均系上古帝王之陵寝②，借助当时的科学技术与天文学基础，刻画出两幅动人的“灵魂飞天”图，并将春秋分、季节等时间概念融入陵寝设计中，体现了古代两国人们的卓越智慧。

关键词 吉萨金字塔；濮阳墓；象天法地；天文；时空

引言

陵墓建筑是古代社会政治、经济、文化的总体反映，代表了古代社会的科技发展水平。自古以来中埃两国人们重视人死而灵魂不灭之观念，认为人死后在另一个世界依然生存。能否在死后借助陵墓使其灵魂顺利升天，是古代帝王们不遗余力的修建其陵墓的主要原因之一。

胡夫（Khufu）金字塔代表了距今5000年古代埃及社会陵墓建筑的最高水平，濮阳墓是距今6500年中国新石器文化的典型代表。二者位于北纬30度附近，均系上古帝王之陵墓，且二者在与“天国”建立联系时呈现出诸多相似性：如参考的天体几乎接近；对死后灵魂升天的理解相似、对时空的认知具有统一性等，故将之作比较研究，这样便于我们更清晰地了解中埃早期社会状态和文化科技发展水平。

一、人神相通 法天设墓

金字塔与濮阳墓均与天文概念相联系。金字塔力求创造建筑群体与单体的“通天”之路，濮阳墓则模拟天国宇宙之真实面貌以助死者的灵魂顺利升天。

1．通天有路 象天有形——金字塔

吉萨地区共有十座金字塔，其中以第四王朝的胡夫（Khufu）、哈夫拉（Khafra）、门卡乌拉（Menkaura）金字塔及蹲伏在哈夫拉金字塔前的狮身人面像为整个组群的代表。

古埃及人认为天地乃一体，人神可以相通。神居住在高处，人只要登上高处便可与神进行对话。人死后作为太阳神之子的法老可以化身为神。吉萨金字塔从群体布局到单体设计均创造法老灵魂通天之路。从组群布局看，吉萨平原的尼罗河、三大金字塔与埃及星空中的银河和猎户三星之间形成了对位关系，这是金字塔模拟天象的结果。比利时埃及考古专家罗伯特 · 鲍威尔认为“……地上金字塔的排列方式，与猎户三星的排列完全相同，而且是完美无缺的，因为这三座金字塔坐落位置，和当时天空的独特情况完全一致。这种情况绝非出于偶然。首先，我们发现，当时吉萨可以看见银河，而银河与尼罗河谷完全一样。第二，当时位于银河西边的猎户三星，因为岁差的关系，在其最低的纬度位置上。大金字塔所指示的尼他克星（Alnitak），则在南方天空的110度8分。”[1] 若将这张天空地图向南北延伸，正好将吉萨高地的其他建筑结构极其精确地囊括进来，整个尼罗河谷是一幅巨大的星象图。[1]373

鲍威尔认为：吉萨三大金字塔的相对位置与猎户星座腰带三星的相对位置相一致，“……三座金字塔难以置信地成为了猎户星座三星在地球上的星图……”[1]375 按照他的观点，胡夫、哈夫拉、门卡乌拉金字塔分别对应猎户星座腰

---

① 陈春红，张玉坤．论中埃早期陵墓建筑的天文与时空观——以吉萨金字塔和濮阳墓为例 [J]．天津大学学报（社会科学版），2011（03）．

② 吉萨三座大金字塔系埃及古代第四王朝的胡夫（Khufu）、哈夫拉（Khafra）、门卡乌拉（Menkaura）法老的金字塔，而据考证河南濮阳45号墓为伏羲或颛顼之墓。

带三星的尼他克星（Alnitak）、尼兰姆星（Alnilam）和米塔克星（Mintaka）。不仅如此，我们肉眼所见到的门卡乌拉金字塔的对角线偏离前两座大金字塔一定角度是因为参照了米塔克星与其他两颗星位置的偏移而有意为之的，这正好构成了一幅极其完整的猎户座星图。吉萨高地的三大金字塔与猎户星座的三颗明星之间，其对应关系精确到了令人难以相信的地步，它们不仅在位置上环环相扣，且以金字塔的大小关系表达三颗星辰的不同光度。[1]476

金字塔内部进行了精确的天文点设计。以胡夫金字塔为例，国王墓室向上倾斜的两条通道的角度分别是45和32.47度，皇后墓室的两条通道角度均为39.11度。经电脑星图模拟发现，这四条通道分别指向了当时埃及上空正穿越子午线的四颗特殊恒星：国王室两条通道分别指向了猎户星座（Orion）腰带上的尼他克星（Alnitak）与天龙座（Thuban）α 星“右枢星”（Constellation of Draco）；皇后室南轴指向了大犬座 α 星“天狼星”（Sirius），北轴指向了小熊星座（Ursa Minor）的帝星（Kochab）（图1）。[2] 这些指向不同天体的墓道，是助法老灵魂升天或与神沟通的通道。

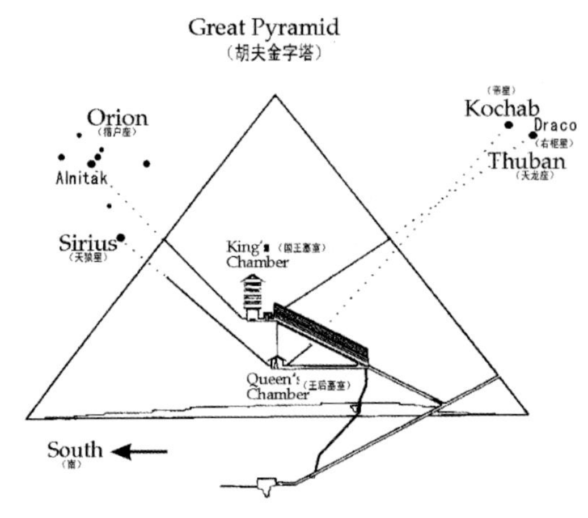

图1 胡夫金字塔四条通道与对应星辰
（根据网络图片改绘）

2．众神归位 法天有理濮阳墓

濮阳墓位于西水坡遗址群，遗迹包括彼此关联的4个部分。第一组是位于遗迹北部的45号墓，是整个墓群中最重要的部分。该墓穴南圆北方，东西两侧呈凸出的弧状。墓主为老年男性，头南足北，仰卧其中。墓穴周围葬有3位少年，呈不同角度摆放。墓主身边用蚌壳摆放3组图像：东为苍龙，西为蚌虎，蚌虎腹下尚有一堆散乱的蚌壳。墓主正北摆放蚌塑三角图案，三角形的东边特意配置了两根人的胫骨（图2）。45号墓南端向南20米处分布着第二组遗迹，由蚌壳堆塑的龙、虎、鹿、鸟和蜘蛛等图案组成。第二组遗迹南行20米处分布着第三组遗迹，包括由蚌壳摆塑的人骑龙、虎、鸟的图像，以及圆形和一些散乱的蚌壳。在这3组遗迹再向前20米处是31号墓。墓中葬有一位少年，头南仰卧，两腿的胫骨已被截去。[3]

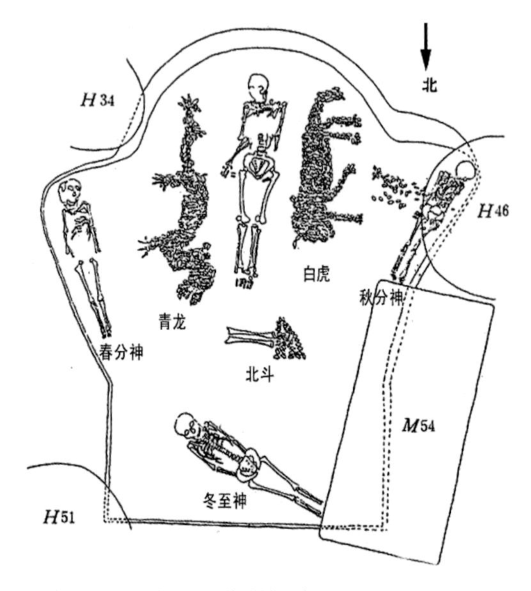

图2 濮阳西水坡45号墓诸神分布
（引自：冯时《中国天文考古学》）

濮阳墓反映了一幅完美的“灵魂升天图”。1990年冯时先生在《文物》月刊上发表文章，他认为：“45号墓形为一盖图；墓南之圆弧形墓壁为春秋分日道即中衡；东西两侧的蚌龙和蚌虎为星空东宫苍龙和西宫白虎之象，墓主脚下的蚌塑三角形为北斗魁，紧接蚌塑三角形图案的东侧横置两根人的胫骨。这毫无疑问是北斗的图像。胫骨为斗杓，指向东方，蚌塑三角形图案为斗魁，指向西方。”[3] 中国古人很早将灵魂升天的思想与“飞龙在天”等观念相联系，三代时期称其为“乘龙”，《周易·乾卦》云“时乘六龙以御天”。

中国上古神话有着极为鲜明的尚德精神，神均不食人间烟火，对人类有着保护的职分。神不苟言笑，从不戏谑人类，注重品行和德操的修养，尊贤重能。人类对他们只有顶礼膜拜，不会有丝毫的恭敬。因此凡人都想成仙，特别是那些已经具有一定身份的人更希望升入天界，以保死后依然得到人们的敬仰。

该墓反映了天圆地方之宇宙模式及各居其位的青龙、白虎、北斗与春分、秋分、夏至、冬至四神（图2）[4]，清晰地表达着墓主人乘坐北斗车、由青龙白虎及各时间之神护佑着升入天境的愿望。

二、天宇世界 天象有源

金字塔和濮阳墓与天体间的各种关系与古人观察星象有关。长期以来，人们对夜空中斑斑点点、一明一暗的星辰怀有崇高敬意；对太阳东升西落、月亮阴晴圆缺等现象莫不可测；对不可控制的雨雪风雷、天狼星偕日升等天象怀有恐惧，慢慢形成了从“观天”到“敬天”再到“畏天”的心理变化。尽管人们不知“天”为何物，但满天繁星与日月银河定为其囊中之物。于是，人们赋天以神格，视之为“上帝”。这种赋“天”以神性的特点在中埃两国均有发生，但神的性格及地位却有所不同。

1. 银河星汉 天堂居所——金字塔

至少在建金字塔前，古埃及人已掌握北天区的众多星辰。从出土的棺盖所绘制星图可确定：埃及人除了解北极星及附近的拱极星外，还认识包括天鹅、牧夫、仙后、猎户、天蝎、白羊、昴星等星座，且将赤道附近的星辰分为36组，每组包括一颗或几颗星，被称为旬星。当一组星在黎明前恰好升到地平线上时，就标志着这一旬的到来。非但如此，先人对星辰所附加的神权和性格在人们心中早已根深蒂固，传至金字塔时代，人们已坚信这些神格为星辰所固有，它们甚至左右着地上生灵的存亡。

尼罗河为月亮之神，是埃及人生存的命脉，并与尼罗河相连。地上所有生命的起源都来自尼罗河，而人死后的灵魂也将会回到银河之中。太阳被称作拉（Ra）神。他是宇宙初始的创造力量，这种创造力量包括了形体、精神或灵性等，使万物都具有朝气和活力，是充满生命力的统治者。星辰则以太阳神“拉”为中心，各自行驶自己的使命。

吉萨金字塔群反映了天上银河星汉之结构。据专家考证，该塔群参照空中银河及星辰的运行规律，准确地排布着每一座金字塔的空间位置。对金字塔本身来讲，其内部形成了与天界各星辰相对位的星空通道，是法老灵魂顺利到达天堂居所并进一步推进其羽化为神的工具。

猎户座在古代埃及是十分重要的星座，他是豺面人身的“奥西里斯”（Osiris）神的居所。奥西里斯神掌管死后的人能否获得重生的重要命脉，因此备受人们尊重。古埃及人认为它是法老灵魂在天堂的居所；而金字塔则是法老的肉体在人间的居所……他们相信，当法老死后，他的灵魂将会透过金字塔内的上升通道，到达猎户座。法老最终羽化为猎户星座的星辰而实现永恒，正像金字塔铭文所写的：“王啊，那伟大的明星，猎户座的伴星。您与猎户座一起遨游太空……您从东方升起，适时而更新，适时而返童……”[1]385

天狼星（Sirius）是奥西里斯的妻子伊希斯女神的化身，它位于大犬座，是天空中最亮的恒星之一。天狼星在古埃及有着十分重要的地位，当天狼星与太阳在同一时间升起时（偕日升）尼罗河便会泛滥，因此人们对它十分敬畏。王后的墓室对应天狼星，正因为天狼星是它灵魂的归宿。

2. 群星拱极 四象对位——濮阳墓

在古代中国，人们对天象的观察由来已久，对未知天堂世界的向往推进了与“上帝”一样生活在精神世界里的各种神灵的出现。随着天体崇拜的加深，人们将带有神性的精神世界附加在各个天体中。早期的天空神灵是自然神或人们凭空想象的，在长期心灵塑造中，人们渐渐为它们赋以至高无上的神力。后来统治者开始利用天象变化来控制人们的精神世界以达到政治目的，他们夸大诸神与天体的力量，并让苍生与之相连。于是，天国世界越来越清晰，井然有序的天神过着悠闲的生活，同时掌控大地精灵的命脉。从古迹斑斑的甲骨与口书相传的神话传播中可知，早期人类已勾勒出由诸神组成的天神体系。

在为天体命名之前，人们了解各天体的基本运行规律，发现离北极最近的几组星群形成特殊的星象：即环绕天之北极，满天星斗围绕一颗亮星，如臣奉君，形成拱卫之势。而这颗亮星，如太一神居中坐镇，君临八方，有如昊天上帝居于此地。人们根据这些星象，以亮星为中心，命名了天庭宫阙——紫微垣。[5]

以紫微垣为中心，以四象五宫二十八宿为主干，构成中国天界诸神的主体框架。紫微垣是三垣的中垣，居于北天中央，其两侧分称“紫微左垣”与“紫微右垣”，它们形成紫薇神宫的坚固城垣。而紫微垣中这颗亮星即为“帝星”。“紫微”位处五宫中央，因此又称“中宫”。司马迁在《史记 · 天官书》记载：“中宫天极星，其一明者，太一常居也”。孔子说：“为政以德，譬如北辰，居其所而众星共之”。意指北极星在天之中央，其地位是永恒不变的，而一切日月星辰都以之为中心旋转。这象征帝王位居中央，臣民们围绕帝王而旋转。由此言可知，中宫内的明星就是太一，即当时的天极星或北极星。“紫微垣”又一重要星神为“北斗”星。“北斗”星作为古人观测天象变异、辨四时、定节气、正纲纪、查方位的重要参考星宿。因此《史记》中称之“璇玑玉衡、以齐七政”。[6]

在北极外围地球运行的黄道面上有众多星神，中国古天文学家将之分为四组，每组七宿，合称二十八宿。其中，每七个星宿被称为一个象，统称四象。“四象”之青龙、白虎、朱雀、玄武在原始动物崇拜中，均被视为灵物或神物，将之与星座相联系，便产生天之四象。《礼记 · 曲礼上》记载：“行，前朱雀而后玄武，左青龙而右白虎”。

中国古代的天象崇拜直接催生了濮阳墓的形制和星象布置。45号墓穴南部边缘呈圆形，北部呈方形，符合上古人们所认为的“天圆地方”的宇宙模式，这种形制是古老的盖天宇宙学说的完整体现。墓穴南部圆弧部分经过复原并按墓穴实际尺寸计算，它是一张最原始的盖图，而且比根据《周髀算经》所复原的盖图更符合实际天象。[4]316

墓主仰卧南北，东辅以蚌塑青龙图像，西配辅蚌塑白虎图形，构成二十八宿中的东、西二宫星象，是四象中的青龙与白虎。自古以来，龙虎在人们的观念中是威武和权力的象征，墓主东西两侧的龙虎图案，充分反映了墓主人生前的权力和地位。青龙表达了墓主“乘龙”升天的愿望，白虎是权力的标志。[7]

墓主足下的蚌塑图形为一个直角三角形，三角形下面摆放两根人的胫骨，从天文学的进步了解到，古代时期的北斗星斗勺为三角形，于是判断该图形为远古时期的北斗星。“北斗”一词由位于斗魁的四颗亮星组成“斗”的形状而命名的。《史记 · 天官书》记载：“斗为帝车，运于中央。”由此可见，墓主脚下的北斗为帝王之车，意味着墓主的灵魂乘着帝车伴随龙虎直冲上天。墓主脚下与两侧的殉人象征三子，代表春分神、秋分神和冬至神，反映了分至四神相代而步以为岁的思想。墓穴之外，分布着朱雀、蜘蛛等图案，说明这些墓穴有着统一的星图布置。[4]321

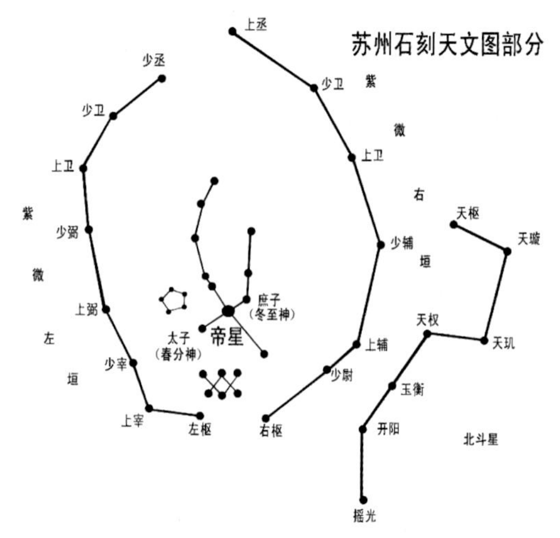

图 3　以帝星为中心的紫微垣与北斗星
（根据苏州石刻拓片图绘制）

综观濮阳西水坡陵墓群可以发现，这是一张反映了以墓主为中央“帝星”的星辰布局系统。青龙、白虎、朱雀等反映了天空中四象布局；北斗星反映了以帝星为中心的北斗神；白虎腹下的蚌塑图案反映着天上的众星辰。人殉三子反映着了春分神、秋分神、冬至神的位置，三子年龄尚小，符合太子、庶子等星辰布局（图 3），《尚书 · 尧典》记录二分二至四位神人正是羲 · 和的孩子。

三、时间宇宙 四维八向

自古以来，陵墓建筑体现了一个国家最发达的科技。纵观两座陵墓，其陵墓布局反映了古代人们对时间概念、空间尺度的有效把握。发达的天文学为两国人们带来了更多便利，一方面他们通过天文观察掌握了世界上最早的时间与空间测量技术；另一方面则产生了季节与重大节日的测算方法。

1．夜观天象 日查晷影

从金字塔和濮阳墓了解到，古代两国已具备了测定特定时间的条件。曾有学者表示：金字塔是古代的时间记录器。通过对塔顶日影变化的长期观测，人们可从中分辨出季节的更替与二分二至日。塔影在不同日期与不同时刻显示出的不同位置，代表一天中的不同时刻。

春分在埃及代表着重要的时间概念。春分日太阳从正东方升起，正西方落下，跨过赤道到其他领域运行，这一步跨越意味着从死到生。每年的春分之后，万物开始复苏，备受敬仰的太阳神重新将温暖播撒到世间。春分代表着关卡或太阳门，当人们穿过这道门时，便超越了神的境界以获得新生。因此，春分是最受人尊敬的。古埃及学者认为，狮身人面像在每年春分时节，其面部正对着太阳升起的方向。这表达出金字塔与狮身人面像与时节紧密相连。

同金字塔一样，濮阳墓也反映出对时间的尊重。古人根据北斗星的运行规律可确定寒暑季候的变化。《鹖冠子 · 环流》：“斗柄指东，天下皆春；斗柄指南，天下皆夏；斗柄指西，天下皆秋；斗柄指北，天下皆冬。”由于北斗只能在夜晚看到，如需了解白天准确时刻，需更准确地掌握时令变化的方法。通过日影观察，古人很快掌握了日影的变化规律，创制了“立表测影”。最原始的表叫“髀”，它是一根直立于平地的木杆，杆影随一天中时间的变化而游移。《周髀算经》载：“周髀，长八尺。髀者，股也。髀者，表也。”这表明：“髀”的本义既是人的腿骨，也是测量日影的工具。冯时先生认为：濮阳墓墓主脚下的北斗表现的是古代计时方法，既表达北斗的建时，又通过人的腿骨（髀）暗示“圭表测影”方法。[4]378

冯时先生在《中国天文考古学》中认为：45 号墓中 3 具殉人摆放的位置非常特别，东西两侧殉人代表春分神与秋分神；北面殉人头向东南呈东偏南 40 度，正好对应冬至位置，为冬至神。《尚书 · 尧典》记载，古人当时已具备完整的文化观念：认为春分、秋分、夏至、冬至是由四位天神分别掌管，即“分至四神”。位于遗址最南端的 31 号墓的主人是司掌夏至的神，而 45 号墓中的 3 具殉葬人则分别象征着春分神（东）、秋分神（西）和冬至神（北），四时的演变在这里表现得极其完整。[4]404

金字塔与濮阳墓所反映的时间概念，蕴含着两国发达的天文学，也表达出古代人们的文化进度和科学发展水平。

2. 南北子午 东方西方

吉萨金字塔与濮阳墓均显示了高超的空间测量技术。吉萨金字塔与濮阳墓均有一条纵贯南北的子午线，且十分精确。三座大金字塔成对角线排列，每座金字塔的四边对准了地理的东西南北四个方向，其精确程度令后人惊讶不已；无独有偶，濮阳墓的 4 处遗迹自北而南等间距地沿一条子午线分布，且异常准确，45 号墓穴本身以墓主为子午线统一布局。这种对方位的高度重视促进了两国人们测量技术的提升。据考察，金字塔时代对子午线的定位有多种方法，其中“太阳定位法”和“恒星定位法”是最常用的。而仰韶文化濮阳墓时期，中国先民多采用“圭表测影”与观测北极星等方法测定子午线。

对两国人们而言，他们对方位有自己的看法，特别是在“东方”与“西方”的概念上。

古代埃及人对“东方”有着深刻的情愫，他们认为，太阳每日清晨从东方升起，代表着太阳神每日在东方复生。对于相信人死后会复生的古代埃及人们来说，“东方”就是他们得以复活的生命地带，所以东方备受尊崇。相反，人们相信日落时太阳神死去，故“西方”为死亡地带，是不可触摸的地方。金字塔坐落于被认为是死亡地带的尼罗河西岸，其入口在东方，象征着生命的轮回。

中国先民在感知“东”“西”两个方位的同时，获得了时间的观念——日出之时和日落之时，它们分别代表劳作和休息的开始。不但如此，先人们还认为，东方与春天相连，南方与夏季相连，西方与秋季相连，北方与冬季相连。因此，“东”“西”既是一种空间观念，也是一种时间观念。对中国人来人说，东方同样是最重要的方向。人们产生“东”的方位感是因为那里是太阳升起的地方，而太阳升起之时也是万物活动的开始。《白虎通 · 五行》：“东方者，动方也，万物始动生也。”“西”代表日落，亦为生命之终结。从礼制的角度讲，东方优于西方。

濮阳墓遗迹自北而南等间距地沿一条子午线分布。45 号墓穴进行严格的方位区分，东为佼佼青龙，西为威威白虎，正中及北侧为墓主本人。[7] 蚌塑龙虎图及北斗塑象也各有指向，根据《史记 · 天官书》的记述，作为北斗斗杓的两根胫骨指向东方的龙星之角（杓携龙角），蚌塑三角形斗魁位指西方的虎星之首（魁枕参首），方位密合。[4]304

四、魂魄世界 同源同构

通过对两座陵墓的进一步研究，我们清晰的了解了中埃古代社会文化、科学技术、天文思想等发展水平，并对具体的天体运行方式、天象特征、天文命名等有很好的启示作用。值得注意的是，通过对濮阳墓的研究，我们了解了至少在史前末叶时期中国已有了四象或龙、虎内容。[8]

金字塔力求通天以达到人神融合，最终使人的灵魂与神融为一体或使之羽化为神；濮阳墓则反映上天的真实面貌以达到升天，此差异源于两国早期人们对生死概念理解上的不同。埃及人认为：人死后灵魂只是暂时离开尸体，经过一段时间后灵魂会返回尸体后在阴间复活，并继续在来世生活直到永远。金字塔则是帮助法老的灵魂顺利升到天堂居所——猎户座的重要工具。从《金字塔铭文》“为他（法老）建造起上天的天梯，以便他可由此上到天上”便可了解到。另外，保存尸体三千年不坏亦为法老建造坚固金字塔的主要原因，因为他们相信，一旦尸体不保，其灵魂便会消失，为此金字塔是贮存尸体的场所。中国人认为，人死魂（阳气）归于天，精神与魄（形体）脱离骨肉（阴气）则归于地下。魂是阳神，魄是阴神。《左传 · 昭公二十五年》：“心之精爽，是谓魂魄；魂魄去之，何以能久？”人死后灵魂不灭，可以升入天界，因此墓主希望死后与生前一样享受权势与富贵，故描绘出灵魂升天的情景，以求得升仙。濮阳墓地上建筑尚未考察，故不能推测陵墓建筑是否与升天观念相通。但我们可以肯定，濮阳墓更多以“象天”即模拟天象的方法表达墓主升天的愿望。因为中国人自古相信，人死后肉体腐烂，人的灵魂与肉体相分离，各自回归自然。所以中国人并非着力保持尸体不坏，而是尽人力令死者安息。

从两座陵墓现存遗迹发现，它们之间有许多共通之处，如对建筑方位与时间的推崇；对古代测绘技术的高度重视，对天体星象的模拟等。这些相似性体现了早期两国人们思想上的一些共同点：

首先，两国人们对天国世界思想基本相同。他们认为，天上的星辰为诸神化身，拥有非凡的神力并能控制和左右生灵世界，呼风唤雨，无所不能。

其次，两国人们对灵魂之说有相似之处，认为人死后灵魂可以通过一些渠道升入天堂，并在来世继续生活。

最后，他们所信仰的星辰十分接近。有两点原因：一是这些星辰从空中的位置与亮度角度容易被肉眼观察，人们能掌握其具有的一些规律；二是濮阳与吉萨两地所处的地理纬度接近（濮阳：北纬35度；吉萨：北纬30度），该纬度观测到的北斗区域位于恒显圈，数千年前此位置较今日更接近北天极。这种有利条件的观测条件，使两国人们更多关注北天区诸星辰，逐渐形成了以北极星为中心的环极模式。

四象为四维、四兽或四神。四维为四方，即东、西、南、北；四方又为四时，即春、夏、秋、冬。金字塔与濮阳墓之法天象地，既蕴含出古代高度发达的天文学，又展现出当时建筑中对时间、空间的有效把握。二者的价值在于：建筑与古代丧葬、宗教、神学、天文学相联系，推动了科学技术的发展。

— 参考文献

[1] 葛瑞姆·汉卡克．上帝的指纹（下）[M].北京．新世界出版社，2008：373.

[2] Proceedings of the German-Egyptian Conference on Conservation and Restoration, Faculty of Fine Arts, Minia University, 17-18 March 2005.

[3] 冯时．河南濮阳西水坡45号墓的天文学研究[J]. 文物．北京：文物出版社，1990（03）.

[4] 冯时．中国天文考古学[M]. 北京：中国社会科学出版社，2007：404.

[5] 陈江风．天人合一观念与华夏文化传统[M]. 北京：生活·读书·新知三联书店，1996：13.

[6] 司马迁．史记·天官书．

[7] 淮阳西水坡遗址考古队．1988年河南淮阳西水坡遗址发掘简报[J].考古.1989（12）.

[8] 李学勤．西水坡“龙虎墓”与四象的起源[J]. 北京：中国社会科学院研究生院学报，1988（05）.

建筑与天文——古代建筑中时空测算的技术特征①

摘 要

古代人类对宇宙和原始时空观的认知均始于日影时空测算。古人创建历法、指引农耕、辨别方位、启蒙文明等，都是以时空测算原理为基础而实现的。本文立足早期人类文明建筑，如金字塔、巨石阵、观星台等，研究古代建筑物中所蕴含的时空原理及其时空测算的技术特征，深入挖掘时空测算在建筑设计建造过程中的重要作用及意义。

关键词 原始时空观；立竿测影；古代建筑

引言

“过去的一切并非一片死寂，地球上看似孤立发展的各处古文明，却有惊人的相似性。”

——西班牙裔美籍哲学家 桑塔雅纳（George Santayana）

人类文明起源于古代天文学，通过观测宇宙现象而构建最初的知识体系——原始时空观。当人们熟练掌握宇宙规律和房屋建造技能后，自然会将时空知识记录在建筑之中。因为建筑不仅不易毁坏，而且还可以利用特殊的构造记录各种特别的天象，保存当时人类辉煌的文明成就。本文以古代大型建筑为研究主体，分析建筑所蕴含的时空测算原理和方法，揭示其设计过程中的时空特征。

一、原始时空观的技术基础

原始时空观是人类对宇宙现象长期观测的结果，是对时空运行规律的认识或知识体系。通过它，人们才知道空间的四方——东西南北；通过它，圆更圆，方更方，房屋平面变得规则；通过它，时间中产生了一年、四季和节气，诞生了最初的天文历法。因此，准确地测算时空规律非常重要，是实现原始时空观的重要技术保障。

图 1 两个婆罗洲部落人测量夏至时日影

“立竿测影”是迄今为止最原始、最简单的时空测算技术，自然也就是原始时空观的技术基础。由于太阳是地平面上最常见、最容易观测到的天体，因此，太阳和“立竿测影”经常会出现在世界各地的时空测算活动之中。如中国古代神话中的夸父逐日、女娲补天正是追逐日影、祭拜日食的传奇写照；《周礼》也有对古代建国的记载：“惟王建国，辨方正位，体国经野，设官分职，以为民极。以土圭之法，测土深，正日影，以求地中”，正是古人利用“立竿测影”来确定空间方位的过程。在东南亚的婆罗洲（一半属马来西亚，一半属印尼）人仍然保留测量日影的习惯（图 1）。在图中的两个土著人正在测量夏至正午的日影：一年中这一天时间最长，正午日影最短且指向北方。古埃及神庙前的方尖碑最初的功能可能也是通过日影变化来测算时空。当它的日影指向地面上的一定刻度时便可以确定一个特殊的方向，甚至可以据此确定神庙的平面和位置。在北美洲的奥哈马族印第安部落中，“圣树”传说能够给迷路的人们指引方向，但实际上，它只是立竿测影的一种神圣化的形态，印第安人利用它的日影来确定部落迁移的方向。西方基督教世界的圣骑士即屠龙斗士手（Dragon Slayer）中往往握着一根缠着巨蛇（Earth Born Snake）

① 吕衍航，张玉坤．建筑与天文——古代建筑中时空测算的技术特征 [J]．天津大学学报（社会科学版），2011（09）．

的圣矛。它形如指针，象征着野龙（Wild dragon，或叫恶龙）被降服，代表一根插入神圣中心的圣柱。此时的圣柱如同立竿测影中的竿子，太阳、月亮、星星以它为中心而旋转，构成整个宇宙秩序的中心。多样的日影测算活动把“立竿测影”的功能发挥得淋漓尽致。它不仅可以“辨方正位”、确定“正午时间”，还是“宇宙的中心”，象征着天与地、时间与空间联系的桥梁。

由此可见，“立竿测影”作为最早的日影时空测算技术，代表最初宇宙与大地相通的基本模式，是原始时空观形成的基本要素和条件。因此，以“立竿测影”为代表的日影时空测算的技术原理是理解原始时空观的关键，也是本文的核心内容。

二、日影时空测算的原理

匠人建国，水地，以县置槷，以县眡以景。为规，识日出之景与日入之景。昼参诸日中之景，夜考之极星，以正朝夕。

——《周礼·考工记·匠人》

上文中，中国古代“建国”，也就是建国都，其方法便是“立竿测影”。整个过程中，首先需要将地面布置水平，然后将“槷”即测影竿垂直立在地面之上，观测它的影长变化。根据正午的影子方向确定南北向，参照北天极星宿的位置而确定东西向。因此，确定东西、南北四方是日影测算技术的重要功能。然而古文献对“立竿测影”原理描述或归纳并不全面周详，故将日影测算技术和原理详细地解释如下（参见第 028 页图 3）：①在任何有太阳的一天，柱影都有最短的一刻，这一刻为中午，影子方向指正南正北；②全年中午柱影最短的一天为夏至，最长的一天为冬至；从最短到最长的变化中可区分出更多的季节；③全年中有两天日出影和日落影在一条直线上，这两天为春分和秋分，昼夜等分；且影子方向指正东正西；④以柱为圆心画圆，日出和日落影与圆的两个交点的连线即为正东西向，全年皆如此，两交点连线的中分点与柱相连即为正南北向。[1]

日影测算原理不仅能够测定东、西、南、北四方，还可以根据日影的长度和方向判断一年的四个时间节点——春分、夏至、秋分、冬至，进而确定日、月、年的时间。反而言之，这四天中的日出、日落、正午的日影各具特点，又是确定四个正方位的重要条件。时间与空间通过日影在杆子中心交融，每一条日影都代表一天的一个时刻和该时刻的空间方位，构成一个完整的、具象的时空。

随着天文学的发展，“立竿测影”逐步被其他的日影测算技术所取代。人们根据日影原理发明了更多形式的天文仪器，如圭、表、日晷、青铜指针等；然而在发展的初期阶段，将建筑设计为时空仪器的做法则屡见不鲜。

三、古代建筑中时空测算的技术特征

任何一座拥有千年历史的古代建筑都似乎蒙着一层神秘的面纱。现代天文考古学家从古老的建筑遗址中（包括外观形象、平面位置、空间格局，甚至构建的模数）经常发现与古代宗教祭祀、天文历法有关的时空线索，如埃及金字塔的日晷模式、英国巨石阵中的巨石准线、玛雅 E 组神庙的四季观测台和中国的登封观星台等等。这些建筑很可能都是为了观测、记录某种或是某些特殊的时空现象而设计的固定仪器。因此，深入探究古代建筑内在的时空测算技术特征，证明原始时空观对建筑设计的影响，更加有益于揭示古代建筑的构造原理。

1. 埃及金字塔

埃及金字塔，散布于尼罗河下游西岸，最早建于公元前 4000 多年，是地球表面最古老的建筑之一（图 2）。古埃及人则称它为“庇里穆斯”（Pyramids），是“高”的意思。[2]

图 2　开罗郊区的吉萨金字塔

1）古代法老陵墓和太阳象征

金字塔最初是法老的陵墓，是法老灵魂升天的天梯，是天与地沟通的媒介。如《金字塔铭文》的记载：为他（法老）建造起上天的天梯，以便他可由此上到天上。此时，法老与金字塔融为一体，共同代表对天空的崇拜。金字塔不仅是法老的陵墓，还是埃及太阳神的象征。“天空把自己的光芒伸向你，以便你可以去到天上，犹如

‘拉’（Ra，古代埃及太阳神，标志是太阳光芒）的眼睛一样。”这与古代埃及人对方尖碑的崇拜十分相似。[3] 在古埃及资料中，有关金字塔如天梯、太阳的文献非常之多，充分体现古埃及人极深的崇拜和对天空和太阳密切的关注。随着近代考古学家不断地发掘，目前越来越多的证据表明金字塔与古代的天文学、测量学之间存在密切的关系。

2）神秘的“日晷”金字塔

历经几千年的演变，金字塔由最初的多层阶梯式变成正四面体式，其底面呈正方形，四边分别对着东、南、西、北四向。通过综合考虑金字塔的形体和基地特征，天文考古学家发现金字塔的顶点具有“立竿测影”中竿子的功能。以胡夫金字塔为例：1853 年法国天文学家琼 · 巴普蒂丝特 · 比奥认为它像一个巨大日晷仪，塔顶影子可用来标记昼夜分界面（Equinox）和至日（Solstice）；天文学家皮亚扎伊 · 史密斯也曾经推论这一巨型的日晷仪（胡夫金字塔）的阴影可以勾画出四季和一年的长度。可想而知，如果金字塔的顶端是日影测算中的“竿子”，那么它脚下巨大的基地平面便是日影投射面，这两部分共同构成了古埃及日影时空测量的仪器。

关于金字塔具有日晷功能这一推论，得到科学家广泛的关注和研究。天文学家摩西 · 布吕纳 · 科茨沃思（Moses Bruine Cotsworth）曾推断金字塔的北侧基地是有刻度的日影投射平面即“受影坪”[4]，而且这种带有刻度的“受影坪”与古代神庙的基地极为类似。考古文献《星际神学与共济天文学（Stellar Theology and Masonic Astronomy）》一书中曾记载：“在任意时间内，要识别至线或者地表影子长度，只要需要某条固定的直线或一组‘马赛克’（Mosaic Squares，又称为 Checked Floor）就可以实现，而这些条件都被完美的隐藏在古代神庙整体的设计之中。这很可能是祭师在庙宇里设计人行道的原因。”（图 3）这组“马赛克”和神庙东北角的“定位石（Corner Stone）”便是祭师判断四方和四季的主要参照物[5]。由此可见，神庙所采用的时空原理与日晷金字塔是一致的，金字塔的“受影坪”正是放大数倍的神庙“马赛克”平面，两者都在建筑中完全再现了“立竿测影”的时空测算模式。

然而体积庞大的金字塔由于形体变形和岁月侵蚀等原因，在时空测算过程中不可避免地存在一些误差。其实，金字塔的外表面并不十分平坦，甚至有的金字塔外表面存在着较大的坡度，直接影响日影投射效果，所以全年中塔顶的日影并不是全部准确地投射到“受影坪”上，也有少部分时段投射在其范围之外。与此同时，经历千年沧桑的金字塔，基地周边环境变化巨大，“受影坪”上刻度的已无法完全识别，这也给深入研究其时空测算技术带来很大的困难。

3）金字塔的日影测算技术总结

虽然目前不能通过现场模拟的方法来重现此法，但我们确信几千年前古埃及人正是利用金字塔的日影测算技术实现时空测量的。根据天文考古学家对金字塔日影测算的研究，我们对其日影测算的方法简要总结如下：①在任何有太阳的一天，金字塔顶点的日影都有最短的一天，这一时刻为正午，影子的方向指向正南正北，其延长线通过金字塔的顶点和南北两边中点；②全年中金字塔顶点日影最短的一天为夏至，同时四个表面均获得日照。与之相对，顶点日影最长的一天为冬至；此日，吉萨金字塔群的地平面投影线指向同一个方向并共线，并且该投影于金字塔的两条边的水平投影成 3：4：5 的直角三角形[6]；③全年中的两天金字塔顶点日出之影和日落之影在同一条直线上，且昼夜等分，这两天则为春分和秋分。在这一变化过程中，金字塔表面阴影存在规律性变化：冬至后，表面日照时间增加，当北向所有表面获得全天日照的那一日，即为春分；这种情况会持续 6 个月，直到秋分；秋分那天，所有的北向表面早晚出现阴影，最后完全进入阴影区（图 4）。

4）小结

从以上的天文学和几何学分析可知，金字塔虽然形体庞大，但是严格遵循日影测算原理，许多日影关系中存在着“立竿测影”的痕迹。这种以巨型建筑模拟“竿子”的日影测算方法，是金字塔和宇宙连接的桥梁，展示古埃及人对太阳和时空的无限崇拜，是古代人类建造技术高度发达的产物。

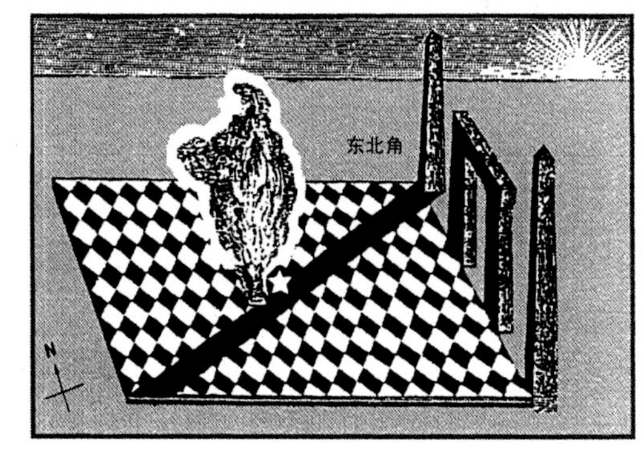

图 3　东北角的定位石和马赛克平面

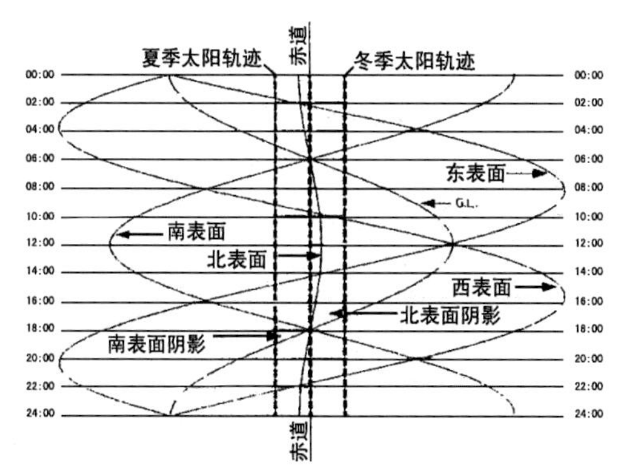

图 4　金字塔各表面阴影变化图

2．英国巨石阵

英国巨石阵（Stonehenge）又称索尔兹伯里石环、环状列石，位于索尔兹伯里平原开敞的丘陵地区，占地大约 11 公顷。它建造于公元前 3000 至公元前 1600 年，由人工琢凿的 130 多块巨石组成，是英国最著名的史前建筑遗迹（图 5）。

图 5　巨石阵局部现状

1）著名的石头圣地

考古学家对巨石阵用途的研究和推测很多，然而巨石阵的遗址早已满目疮痍，很难探究其建造的真实目的。一些学者认为它是英国早期德鲁依教举行宗教仪式的场所，一些则认为它是古代王室的墓地。直至 20 世纪 60 年代中期，英国天文学家杰拉尔德·霍金斯（Gerald Hawkins）通过科学的方法验证出巨石阵中隐藏 165 个重要的天文信息，并且其中大部分都与日月运行有密切的关联。他在著作《石栏解码（Stonehenge Decoded）》一书中，详细地解释如何利用巨石阵中的石头确定空间方位、至日分日等时空要素。同时英国教授亚历山大·汤姆（Alexander Thom）又对英国其他的巨石遗迹进行广泛的调查研究，并发现其中许多巨石的位置都与至日分日的日出日落的光线有关[7]。可见采用巨石观测天文是古代英国普遍的做法。因此，巨石阵称得上是古英国建造最早且功能最完善的巨型天文仪器，被天文考古学家誉为原始天文台的雏形。

2）环形石阵中的时空准线

巨石阵由一系列的环形砂岩石排列而成，包括外围的环形土沟、奥布里坑，入口的巨石、种石、定位石和内部的巨石圈、巨石牌坊，是一个综合而复杂的古代天文观测场所。正因如此，巨石阵的时空测算方法也相对特别。与金字塔的日影测算技术不同，古代英国人利用光线直线传播的原理，依靠多组岩石或坑洞的对位关系来观测天文现象，在阵中构成一条条时空准线。这些准线有的指向至日的日出日落方向，有的指向分日的日出和月升的方向，而且有的还能指向东、西、南、北四方。在这种时空测算方法中，阵中的巨石和坑洞是确定时空准线的重要参照物，由它们组合成的直线比金字塔庞大的日影更加精确。归根结底，巨石阵中的时空准线是一种特殊的日影测算方法，因为日地关系仍然是测量过程中最为重要的条件。

3）巨石阵的日影测算技术总结

虽然阵中的石头或坑洞的对位关系颇为复杂，但用来确定时空准线的石头则以入口处的踵石、四个定位石和中心的巨石牌坊等为主。以至日和分日的时空准线为例：如夏至日出的第一缕光线先跨过踵石，再通过入口两块巨石中间的空隙，直接照射到巨石圈的中心，并穿过巨石牌坊形成的“门洞”；四个定位石（Station Stone，91、92、93、94 号巨石）形成一个宽长比为 5∶12 矩形，其中短边 94-93 号石指向冬至日落方向，短边 92-91 号石指向夏至日出方向，长边 92-93 号巨石指向月落的最北点，长边 94-91 号巨石指向月升的最南点，对角线 93-91 号巨石指向夏至月升的最小停顿方向，对角线 91-93 号巨石指向冬至月落的最小停顿点；而且 G-94 号石指向夏至日落，94-C 号石的连线指向春秋分日出（确定东西向），94-B 号石指向春秋分月升；沿着东侧巨石牌坊 51-52 和砂岩 6、7 的间隙可以看到冬至日出光线，从巨石牌坊 55-56 和砂岩 15-16 的间隙也可以观测到冬至日落光线（图 6）。实际上，阵中的时空准线关系更加繁多、复杂，故将阵中时空准线的对位关系总结如下[8]（表 1）：

巨石阵内时空准线与日月运行的关系　　　　**表 1**

日月运行位置	准线上的定位点		日月运行位置	准线上的定位点
夏至日出	祭坛石	30 和 1	夏至日出	SS93，SS94 SS92，SS91
夏至日落 冬至日出	北侧巨石牌坊间隙 东侧巨石牌坊间隙	23 和 24 6 和 7	夏至日落 冬至日出	石头 G，SS94 SS94，石头 G
冬至日落	大巨石牌坊间隙	15 和 16	冬至日落	SS91，SS92 SS94，SS93

续表

日月运行位置	准线上的定位点		日月运行位置	准线上的定位点	
夏至月出最高点	南侧巨石牌坊间隙	9 和 10	夏至月升最大停顿	SS93，SS92	
夏至月出最低点	南侧巨石牌坊间隙	8 和 9	夏至月升最小停顿	SS93，SS91	
冬至月升最高点	祭坛石	29 和 30	冬至月落最大停顿	SS91，SS94	
冬至月升最低点	祭坛石	1 和 2	冬至月落最小停顿	SS91，SS93	
冬至月落最高点	西侧巨石牌坊间隙	21 和 22	最南向月出	SS94，SS91	
冬至月落最低点	西侧巨石牌坊间隙	20 和 21	最北向月落	SS92，SS93	
春秋分日出	SS94	石头 C	春秋分月升	SS94	石头 B

除表 1 中所指准线之外，巨石阵外围的奥布里坑还能记录时间。根据霍金斯教授的推断，奥布里洞是根据古代月亮年而建造的，其数量与 3 个月亮年的时间相等，即 56 个奥布里坑 =56 月亮年 ≈ 3 × 18.61 年。因此，古英国人便可以轻松地站在阵中，通过观测月亮和奥布里坑的位置关系来测算时间。

4）小结

在巨石阵中测算时空信息的方法还有很多，在此不一一列举。然而通过有限的了解便可知此处是古代英国文明所尊崇的神圣之地，是天与地、宇宙与人交汇之处，所以作为古代朝圣之地和古王国的墓地也不足为奇。

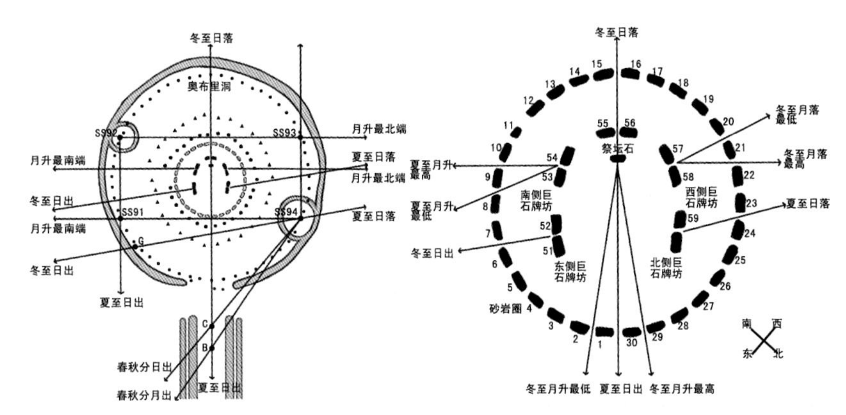

图 6　巨石阵中时空准线示意图

3．玛雅 E 组神庙

玛雅文明大约发端于公元前 2500 年。同其原始民族一样，玛雅人根据日影时空测算原理，建造许多金字塔和庙宇来辨别方向、划分时间。乌瓦夏克顿遗址群的 E 组庙宇就是其中重要的代表。

1）神庙群众的准线

E 组神庙（E Group Temples）建造于公元前 1800 年，位于今危地马拉的佩顿，是古玛雅人掌握时空测算技术的重要证据。它由四个庙宇组成：西侧是一个独立的金字塔，东面的三座庙宇沿南北轴线排布在同一块大平台上，且中间较大的神庙与西侧金字塔中心轴线对齐，较小神庙则分列在其两侧。金字塔与神庙之间还立有四座小石碑，考古学家认为它们可能起到类似瞄准器的作用[9]（图 7）。

这组神庙群主要采用长距离视线观测法来确定分日、至日和空间方位。在缺少观测和计算工具的时代，为了提高观测的精确度，观察者通常以一个远处的物体或者具有自然特征的标志为参照物，例如水平面上的一块巨石或建筑的外檐。通过这种方法，人们可以将观察到的周期误差缩减到一天以下。E 组神庙正是应用此法，视金字塔为时空观测基点，以地面的石碑和对面三个神庙的外檐为参照物而确定时空的。

2）E 组神庙的日影测算技术总结

E 组神庙通过石碑和建筑外檐共同确定太阳的位置，同样以至日和分日的光线为主要的观测对象。这种时空测算方法与巨石阵有异曲同工之妙，其基本测算内容如下：①每年 3 月 21 日，当日出位置在北向，并到中间的神庙的正后方升起时，即为是春分；每年 6 月 12 号，当太阳在北侧神庙北边的前檐升起时，即是夏至；每年 9 月 23 日，当日出位置向南又回到中间的神庙正后方升起时，即是秋分；每年 12 月 21 号，当日出在南侧神庙南边的前檐升起时，即是冬至。每遇春分和秋分，太阳总是和东西向的轴线对齐；②这种建筑的安排方式是实践中确定一年中最长和最短的一天的极为有效的方法。而居中的两个位置则表明日夜长度相等。

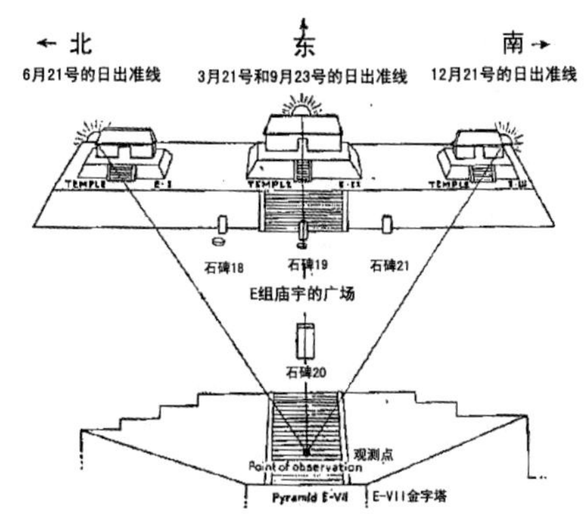

图 7　E 组神庙群位置及观测方法

4．登封观星台

与其他早期文明一样，中华民族也在几千年前开始进行原始时空的天文测算。圭、表、日晷、周公测影台和登封观星台都是我国古代历史上重要的天文观测仪器和建筑，根据古代文献的记载，它们都具有日影时空测算的特征。其中登峰观星台是建造最晚而测算最精确的天文建筑，在元代就是当时的中心观测站，是天文观测的代表性建筑。

1）“石圭—直壁—横梁”的测算结构

观星台是一座高大的青砖石结构建筑，由台身和“量天尺”（台身北壁凹槽内向北平铺的石圭）组成。北壁凹槽的东西壁对称，南壁上下垂直。直壁与石圭间留有 36 厘米的间隙，其上方设置横梁的位置。这说明此台已采用直壁—横梁结构代替大部所用的铜表，故石圭与直壁、横梁组成观星台的核心观相仪器 [10]。

2）观星台的日影测算技术总结

登封观星台所采用的观测方法较为复杂，通过小孔成像原理，极大的提高测量结果的精确度（图 8）。整个测算过程与《考工记》所载建国的方法非常相似。首先，在测影之前，在石圭中间的双股平行水渠中注满清水，创建一个水平投影面。然后，在石圭面上方的台顶架设横梁下垂三个球，使横梁的中心垂线与圭面垂直。接着，在石圭面上设置景符，让日光穿过针孔，形成清晰的倒相即为测影。将景符沿圭表面向南北方移动，让横梁的影子穿过针孔；当梁影平分太阳倒影时，即为当天日中之刻。依此法推算，根据石圭上的刻度变化便可得到一天中早中晚的倒影和时间，甚至不难得出一年季节时间的准确数值。

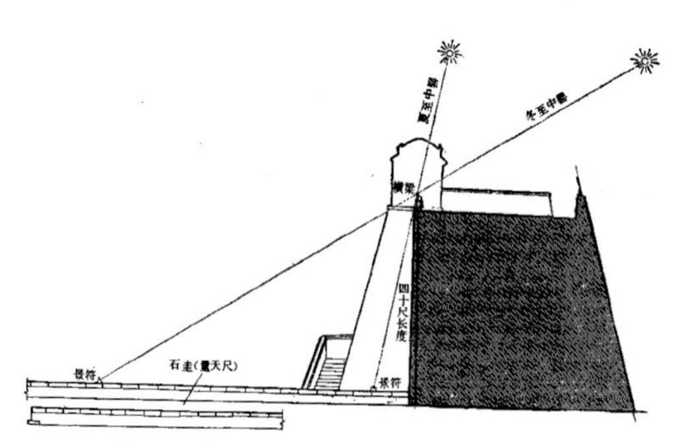

图 8　登封观星台测量示意图

结语

人类的祖先在千万年前就已开始对天空的探索，日影时空测算可能是人类最早认知宇宙和空间的方法，而且在神化、传说、宗教、文化等方面都留有原始时空测算的痕迹。虽然古埃及人、古英国人、古玛雅人的所处的地域纬度、文化风俗各不相同，但他们均以时空测算原理为基础，建造出具有天文学功能的特殊建筑。这并不是人类建筑史上的巧合，而是人类文明对宇宙时空认知的必然结果，也是在人类文明早期利用时空测算原理来设计建筑的必然选择。从古埃及的金字塔到英国的巨石阵，从古玛雅的神庙群到中国的观星台，随着时空测算技术逐步的提高，建筑的设计方法受到的影响也越大，其形体和组合更具有某种特定的时空关系，正如上文所述。这样的设计理念不仅将空间方位的概念固定在房屋之中，而且使之成为确定时间节气、控制农耕播种的仪器，也许这也是这类建筑成为神庙、佛塔、宗祠而被祭祀的主要原因。

— 参考文献

[1] 张玉坤，李贺楠．史前时代居住建筑形式中的原始时空观念 [J]．建筑师，2004（6）：87-90.

[2] 海蓝．世界四大未解之谜：金字塔之谜 [M]．呼和浩特：内蒙古人民出版社，2004：65-71.

[3] 丁波，李提．尼罗河：魅力埃及探源 [M]．郑州：黄河水利出版社，2006.

[4] Choong Shin Lim. The Egyptian Pyramid and the Sun [J]. KORUS’ 99, 1999: 101-105.

[5] Brown R H. Stellar Theology and Masonic Astronomy [M]. San Diego: The Book Tree, 2002.

[6] Strickland J. Cheops and the 3 Pyramids of Giza [EB/OL]. http://www.threes.com/index.php?option=com_content&view=article&id=2168:cheops-and-the-3-pyramids-of-giza&catid=71:history-politics&Itemid=49, 2009-11-10.

[7] Zecharia Sitchin. When Time Began [M].Santa Fe: Bear & Company, 1994: 34-35, 44-47, 176-181.

[8] Tiverton & Mid Devon Astronomy Society. Astro-Archaeology at Stonehenge [EB/OL]. http://www.tivas.org.uk/stonehenge/stone_ast.html, 2010-9-20.

[9] 资民筠．玛雅天文及其他古天文文化 [J]．天文爱好者，1996（4）：4-5.

[10] 张家泰．登封观星台和元初天文观测成就 [M]// 中国天文学史文集编辑组．中国天文学史文集．北京：科学出版社，1978：229-242.

古代建筑“朝东”方位观起源及类型探析[①]

摘 要

东方是古代文化和建筑中重要的空间方位，以东为尊的思想由来已久。在人类早期原始时空观念形成过程中，从昼夜更替现象中产生最早“东”的意念，而真正意义上的东向方位则是通过长期的日影时空测算实现的。同时作为最早方位的“东”而言，其代表性的天文现象和时空测算原理对早期建筑的朝向方式影响很大。因此，为了理清东方与建筑之间的关系，通过对历史建筑遗迹中朝东方式的归纳和分类研究，发现古代建筑“朝东”方位观的规律，重新认识早期原始时空观的作用和时空测算技术在建筑设计中的应用，有助于理解古代天文现象在建筑设计中的特殊地位。

关键词 东方崇拜；原始时空观；立竿测影；建筑朝向；朝东类型

引言

永生的诸神的神庙应当朝着哪个方向呢？……这样，可使接近祭坛献纳供物进上牺牲的人们向着东方天空参拜庙里的神像。这样做后，诚心许愿的人们便可以参拜神像和东方天空，而且神像本身也从东方显像，注视着捧手祈祷和进献牺牲的人群。

——维特鲁维，《建筑十书》

“以东为尊”的思想曾在世界各古文明中非常盛行，我国春秋战国时代就已将其列为重要的礼制传统，这点在《史记·项羽本纪》“鸿门宴”的座次安排中窥见一斑“项王、项伯东向坐，亚父南向坐，亚父者，范增也。沛公北向坐，张良西向侍”，此即顾炎武所谓：“古人之坐，以东向为尊。”其实这种做法早在几千年前的古代建筑遗迹中就已经存在，如英国巨石阵、埃及金字塔、马耳他神庙和希腊神庙的建筑布局方式都与“东”向直接相关，充分展示出“东”对于当时建筑文化和宗教礼仪的重大影响。然而，“东”的原始起源、得到尊崇的原因和方式等问题虽获得大量的关注，却为触及相关问题的根本。因此，本文另辟蹊径，以文化人类学和考古天文学为研究基础，从“东”的原始文化和产生技术的双重角度展开分析，深刻理解“东”的特性对古代建筑文化中建造技术、空间布局的重要作用。

一、时空认知与东方崇拜

如何确定空间方位是人类最初活动必须解决的问题之一，它决定人、物或建筑的空间相对位置。以表示东的词源为例，英文“Orientation”（朝向）源于古老的拉丁文，意为“升起太阳的方向”，后代表东方、东方国家或东方人；动词 Orient 或 Orientate 指“朝东”“使建筑物、教堂等朝东或使建筑朝向特定的方位”。同时在其他十几种语言中，代表“朝向”的词语都具有与 Orient 相似的词根和词义[②]，如德语 Orientieren，爱尔兰语 Oirthearcha，意大利语 Oriente，瑞典语 Orientera，荷兰语 Oriënteren，等等，都是朝向东方的意思。在汉语中，“朝”字为多音字，一读 chao，意为朝向，朝着；一读 zhao，意为早晨。朝的甲骨文写作 [甲骨文]，形象的刻画出早晨太阳从草木中升起，月亮还没有落下的情形，其左半部与“日在木中”之“东”[甲骨文] 极为相近；说明汉字的“朝”也兼有东方、朝东、朝向的多重含义。从这些语言中可以发现，“朝向”与“东方”之间在早期可能存在着一种特殊而紧密的联系，后来才泛指朝向各个方位。因此，“朝向东方”应是一条根植于早期人类文化之中的普遍规律，具有深刻的人类学根源和内涵。

---

① 吕衍航，张玉坤．古代建筑“朝东”方位观起源及类型探析 [J]．哈尔滨工业大学学报（社会科学版），2011（11）．

② 主要包括德语、法语、西班牙语、葡萄牙语、爱尔兰语、希伯来语、意大利语、斯洛伐克语、瑞典语、罗马尼亚语、立陶宛语、捷克语、荷兰语、丹麦语、爱沙尼亚语、冰岛语、波兰语、阿尔巴尼亚语等。

1．“东”的原始认知

早期人类对自然和自我的认知处于一种质朴、直观的状态，对时间和空间的认知较为浅显，所以最早方位观很可能来自对昼夜循环的观察。《周易》中有“在天成象”的说法，说的就是四象的来历。但天象并非只是星象，还包括日月阴阳的变化。[1] 正如《淮南子 · 天文训》所云：“日出于旸谷，浴于咸池，拂于扶桑，是谓晨明……至于虞渊，是谓黄昏。至于蒙谷，是谓定昏。”昼和夜，光明与黑暗的交变，是一对由太阳与地平面共同组成的重要时空节点。原始人正是根据这一天文特征确定最初的方位——东与西。然而，由于“南、北”所对应的天文现象并不直观，所以这两个方向的概念形成相对东、西较晚。[2] 总体而言，空间方位的形成是一个循序渐进的过程，并非一蹴而就，而且东、西、南、北并非同时产生。东西作为时空辨认的起点和基础，与南北、黎明与黄昏、春夏与秋冬等等共同构成原始人类认知时空的最初框架。

2．朝日习俗

在原始思维启蒙时代，东方是一个模糊的、意象性的概念，代表与太阳运动、昼夜循环相关的方向。这一特点主要体现在古代太阳崇拜仪式之中，特别是在分日、至日等特殊日子。

太阳崇拜一直延续在各文明的神话和宗教之中。古欧洲、古地中海、古亚洲、古美洲文明都有各自固定的太阳神、黎明女神和夏至神。[2] 由于太阳神的形象偏重对黎明和黄昏的描绘，所以“东”与“西”很早就被视为古代神圣的方向。古希腊的黎明女神（Aurora）和古埃及的太阳之母（Hathor，太阳黎明之意）每早都将太阳神从东方载到西方，古挪威人将这些现象抽象成的“太阳十字年轮”，古爱尔兰人在土丘顶端用 Tara 代表“中央土丘宇宙学”的神圣中心，每当纪念夏季末 Samhain（太阳之末）时，便在 Tara 处点燃大型的营火庆祝。[2] 类似的庆典还包括基督教复活节（源自古德国的黎明女神庆典）和斯堪的纳维亚的夏至纪念日（观看黄昏和黎明）。

太阳崇拜也普遍存在古代城市和建筑之中，许多伟大的城市都是知名的“太阳之城”，如 Baalbec（巴勒贝克，黎巴嫩东北部的城镇名）、Rhodes（罗兹岛，希腊东南端佐泽卡尼索斯群岛中最大的岛屿）、Heliopolis（黑里欧波里斯，尼罗河三角洲的古埃及城市）等。其中大部分城镇中心都建有太阳神庙，如希腊阿波罗神庙、古印度 Konark 和 Srinagar 神庙、印加的 Cuzco 神庙等等。为了让城市或建筑更加具有神性，古代建造者常会创造一种与太阳的特殊联系。如埃及的卡纳克神庙中轴线上的大门、柱殿和祭坛都朝向冬至日出的方向，巨石阵的入口轴线朝向夏至日出的第一缕光线，埃及金字塔主入口朝向正东……由此可见，古人很早就将太阳现象代表早期的“东”。

二、“立竿测影”与东向辨认

日出的方向并不是真正的东向，所以寻求地理意义上的“东”成为古代初期重要的时空问题。“立竿测影”是目前所知最原始的定向方法，通过观测日影变化来确定空间方位，是圭表、日晷、青铜指针等的原型。《周礼 · 考工记》中“匠人建国，水地，以县置槷，以县眡以景。为规，识日出之景与日入之景。昼参诸日中之景，夜考之极星，以正朝夕”，正是对古代城市设计中“立竿测影”的详细叙述。古罗马测绘师和规划师使用青铜指针上的“圣域图”来确定准确的方向也是根据这个原理。他们利用追影仪（Sciotherum）和日表（Gnomon）测算绘出“十字轴线”，两轴分别指向四向（东西南北）（图 1）。[3]

在解读“立竿测影”操作中，我们发现“东”可能是最早测算出的方位，也可以说是四大基本方位之首。基本操作步骤如下：把一根笔直的竿子垂直立在水平的地面上，观测并记录从日出至日落间竿顶影子的变化，经过所成弧线两端的直线便指向东和西；北向与南向则根据正午竿影指向而定，当影子最短时指向正北南（参见第 028 页图 3）。[4] 显然，黎明和黄昏是竿影变化的临界点，比正午日影更易于观测。方位校正，“昼参诸日中之景，夜考之极星，以正朝夕”，实际上也是根据精确的北向来修正东和西。可见“东”是古代十分重要的方位，比南北更加原始。

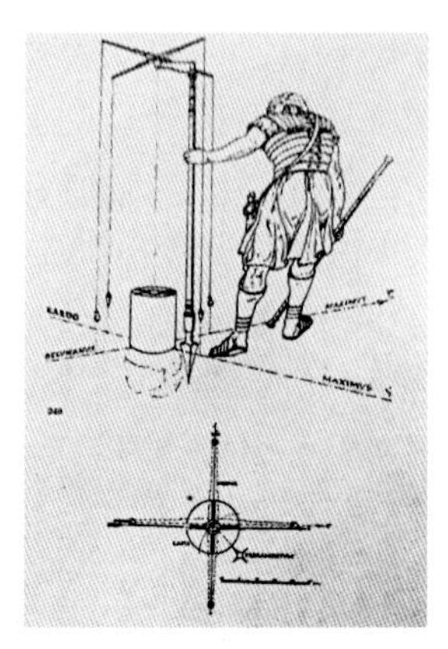
图 1 古罗马测绘师利用日表工作图

“立竿测影”具有将天象反映在地面的特性，逐渐演变为一种古文明崇拜太阳的新形式。古挪威人经常将太阳轮（象征日月循环）放在一些土丘的顶端，并插入一根竿子或柱子，象征一个太阳指针或日晷；古印加部落的神庙附近，也常竖立特殊的柱子代表日晷；古玛雅国王石像经常手握一根直立的竿子来表明与太阳的联系，实际上就是一件神圣的日晷仪或日规，他们甚至还规定至日正午时刻（即竿子没有日影的时刻）作为一年中最为神圣的事件。[5] 这些“竿子”是对“立竿测影”的简化和保留，代表神圣的太阳崇拜和时空测算，对古代城市和建筑产生深刻地影响。

三、朝东的建筑

从原始聚落到近古城邦，从朴素民居到雄伟庙堂，东与建筑存在特殊的对应关系，“朝东”逐渐从祭祀的需要演变为一种设计传统。黎明时分，美洲印第安人在草屋东侧大门迎来温暖的日光，中国战国以前的王侯墓葬将日出所在东向作为整个陵园的主朝向，可以说让房屋朝向黎明的第一缕阳光是最直接、最原始方位观的体现。因此，根据这一特点可将朝东的建筑分为三类，即朝向分日至日的日出、朝向特殊日子的日出和朝向正东。

1．日分日的日出之“东”

至日和分日作为“立竿测影”过程中特殊的时间节点，其日出方向常作为古代建筑朝向的重要参照，陵寝和宗教建筑表现尤为明显。奥斯土丘（Knowth Tomb，3200 BC）是著名的新石器时代通道式坟墓，位于爱尔兰博茵河谷的 Brú na Bóinne 古代遗址群。底层东西两个通道式墓室，分别朝向分日的日出日落方向①（图2）。另一个新石器时代神庙——马耳他岛的姆纳德拉神庙（Mnajdra Temples）也具有同样的特性。分日黎明，站在神庙的中心轴线上面对东方，沐浴第一缕温暖的阳光，似乎神庙就是为了迎接这一时刻而建的一样②（图3）。如此神圣的天文景观延续在宗教建筑之中。建于公元初期的老圣彼得教堂，在春分时，“方厅门廊里的大门和教堂东门在黎明时打开，光线穿过外门，通过内门，直接穿射到中殿，照亮高坛。”至今还有基督教堂继承这种显圣式的设计方法。英国拜尔舍姆（Barsham）的牧师参考巨石阵的布局原理，将当地的三圣教堂（Holy Trinity Church）设计成为一个具有特殊视觉景观的宗教场所。③ 分日清晨，阳光从阁楼天窗直接照射在教堂中轴的基督十字像上，仿佛燃烧起来似的（图4）。

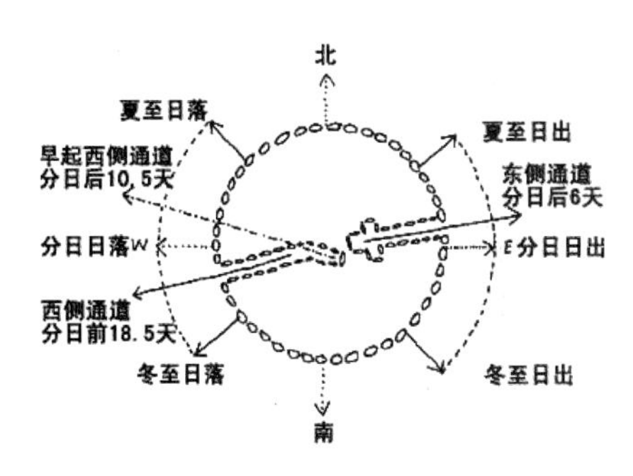

图2　Knowth Tomb 通道朝向示意

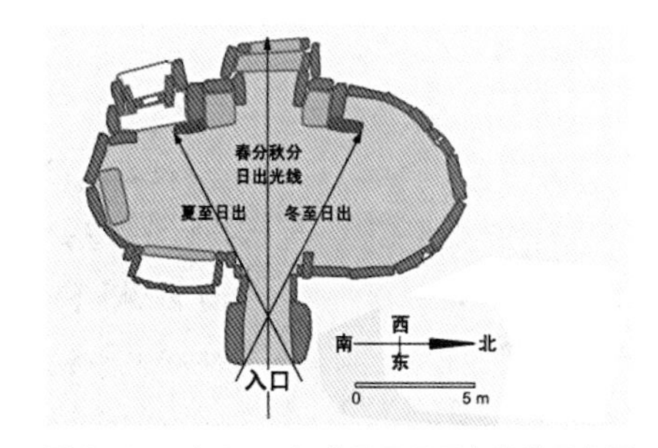

图3　Mnajdra Temple 分日至日日出光线示意图

图4　教堂分日日出的光线示意

分日日出的方向正好是正东方，但至日日出的方向随着纬度的不同在东与南之间变化。著名的英国巨石阵（北纬 51.72 度）是公认的原始天文台，内部巨石的位置与至日分日的日出日落方向有关。夏至太阳以约 50 度的方位角升起，日光穿过入口的踵石，直接照在中心轴线之上。位于北纬 53.69 度的古爱尔兰的纽格莱奇古墓（Newgrange Passage Tomb），是博茵河谷现存最大的坟墓，建造时间比巨石阵还早 1000 多年。每年冬至（前后数日）日出的光线沿着长长的古墓甬道十分精准的照到墓穴深处。[6] 此时太阳方位角大约在 133° 49′ ~137° 29′ 之间（图5）。埃及卡纳克神庙群（Karnak Temple，北纬 25.43 度），包括至圣所的圣堂在内的大部分建筑都朝向至日日出。冬至黎明，太阳在卡纳克神庙的轴线上升起，连续穿过太阳神阿蒙雷（Amun-Ra）神庙的两个石门，沿着主入口的通道指向神庙中心祭坛，构成整个神庙群的东西

① Gillies Macbain．Finding Easter at Knowth [EO/BL]. http://homepage.eircom.net/~archaeology/three/knowth.htm，2010.01.25.

② Mnajdra: Stone Age solar temple is aligned with the sun on each equinox and solstice．[EO/BL]. http://atlasobscura.com/place/mnajdra，2010.01.25.

③ The Church of England．Holy Trinity，Barsham with Shipmeadow [EO/BL]. http://www.achurchnearyou.com/barsham-holy-trinity/．2011.01.25．

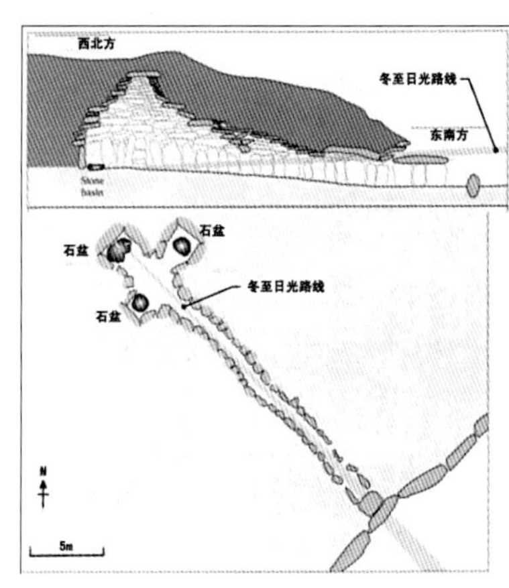

图 5　Newgrange Passage Tomb 冬至日出光线示意

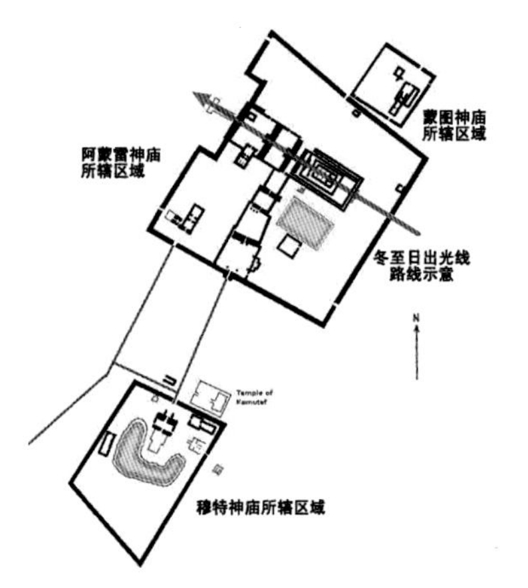

图 6　卡纳克神庙群准线关系和日出关系图

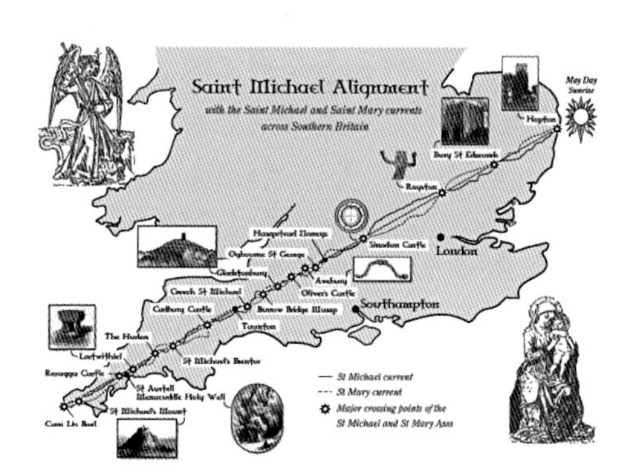

图 7　圣迈克尔线沿线地标示意图

向主轴，其方位角为 116° 左右①（图 6）。该地区的 Hatshepsut 和 Amenhotep 神庙也具有相似特征。

2．特殊日子的日出之“东”

除了至日和分日之外，古人也经常将纪念性节日的日出作为建筑主朝向。英国著名的圣迈克尔线（St. Michael Line）便是为了纪念“五月节”（May Day）而创建的大型地理景观（图 7），更像是一条世代相承的朝圣准线。它横跨英国南部，连接英吉利岛东西两端的海岸，途经十几个年代各异的地标，如教堂、地景或历史遗迹，共同朝向五月节黎明时的太阳，堪称对太阳崇拜的极致之作②。有些宗教节日也会选择在至日和分日举行，如基督教圣约翰纪念日就是夏至那天。黎明的光线如约而至地沿圣约翰教堂的东西主轴，穿过大门和门廊，直接照射在中殿和高坛之上。在佛诞日那天，月升和日落的光线恰好贯穿桑契窣堵波的东西两侧入口，同时也与 Krithik 和 Sco anuradha 两大星团升降的方向一致。可见朝向日出的设计早已成为庆祝重要节日的常用方式。

3．正“东”

正东是影响建筑布局的主要方位之一，与日出方向相比，更具有祭祀和礼制特性。朝向正东最古老建筑应属建于约 5000 年前的埃及金字塔。以胡夫金字塔为例，正方形平面对齐空间四方，入口面对尼罗河口、朝向东方，其建造和设计的精确度让人感叹（图 8）。虽然金字塔是法老陵墓，但本质上为了纪念埃及的太阳神“Ra”。这种将太阳崇拜礼制化的做法是古代时空科学发展的必然结果，也表明古代文明中“朝东”与太阳崇拜形式上的转变。在《出埃及记》中，基督教教堂的原形——“会幕”按东西轴线布置祭祀空间（图 9）。其平面是一个沿东西轴伸展的矩形，所有的器具和朝圣空间由东向西安置在轴线上。这样的空间结构是依照祭祀仪式而设定的：祭司迎着日出进入庭院，将宰杀牲畜的肉放在祭坛上，在铜脸盆洗脸洗脚后，才能进入圣所，而且只有在特定日子才能踏入最神秘的至圣所——云柱升起的地方。这条东西向的轴线不仅是会幕的中心轴线，而且也是祭祀空间和朝圣路线的指引线，一直保留在基督教圣殿之中，如所罗门神殿、圣彼得大教堂、巴黎圣母院等等。我国东汉之前中原地区的都城和建筑也是以坐西朝东为主。春秋战国时各国的都城大多是坐西朝东，以东门为正门。秦始皇陵园整体朝向正东方，并在东方正中设有大道和东门阙。另《史记 · 秦皇本纪》曾载：“三十五年，立石东海上朐界中，以为秦东门。”历史专家认为此处所指的秦东门阙的位置正好对准都城咸阳和秦始皇陵园的东门大道。[7] 西汉都城长安、帝陵也沿袭这种坐西朝东的方法而建造的。唐

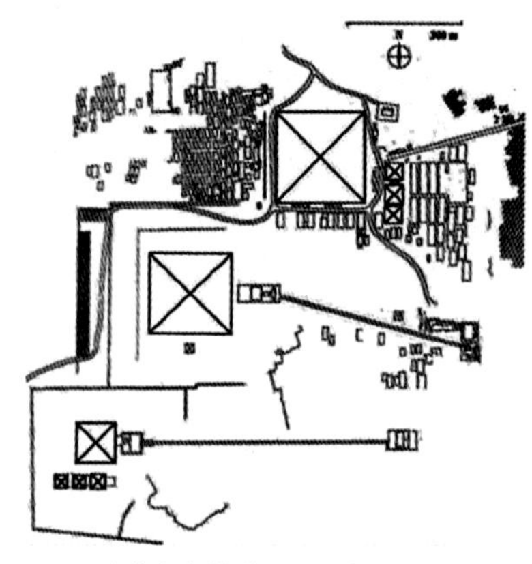

图 8　吉萨金字塔群平面图式

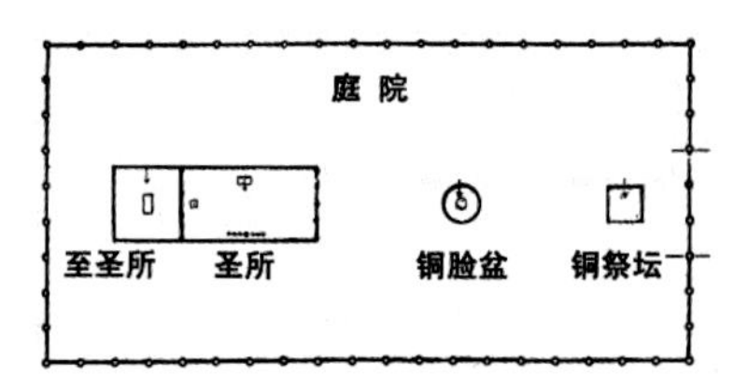

图 9　会幕平面布局简图

① David Furlong．Egyptian Temple Orientation: Astronomical Alignment in the Temples of Egypt [EB/OL]. http://www.kch42.dial.pipex.com/pdf/egyptian_temple_orientation.pdf．2007.05: 6–7.

② St Michael & St Mary Alignment [EB/OL]．http://www.jiroolcott.com/blog/?p=40，2010.01.25.

朝后远离中原的契丹人仍然保留着房屋和帐篷朝东的习俗。在《辽东境界》、《契丹风俗》等文中多处记载有关契丹人为祭天、朝寝而“东向设毡屋”的现象，而且辽代的寺庙都是也是朝东而设。[7] 其实，无论建筑布局是坐西朝东还是沿东西轴线，本质上都是为了表达对太阳的崇拜和尊重，强调东西向在时间、空间和人意识中的特殊意义，也是古代建筑的礼制特征的起源。

结语

以上只是对“东”的起源和古代建筑朝向方式初步的归纳和探讨，更深入的研究还有待于天文考古研究的进一步发展。但目前已有足够实例表明，“东”的产生源于对太阳运行的观察，且“东”是太阳崇拜中重要的方位，对古代建筑朝向的布置方式影响深刻。在早期太阳崇拜和原始方位观的影响下，古建朝东的特征主要体现在两个方面：其一，朝东建造方式与时间、季节密切相关，主要受到传统日影辨方正位技术的影响；其二，朝东具有多种表现形式，意在建立“东——太阳或日出——建筑”三点一线的空间对位关系。总体而言，太阳、东方、建筑，三者形成递进关系的功能循环，构成早期文明的建筑体系框架模式。当然，在现代建筑设计过程中，建筑朝向的确定更多的是通过设计规范和软件计算来实现的，但研究古代建筑朝向东方的现象有助于在理性化、数据化运算过程中唤醒原始人文设计关怀。

— 参考文献

[1] 孟彤. 中国传统建筑中的时间观念研究 [M]. 北京：中国建筑工业出版社，2008：104.

[2] Arvind Bhatnagar, Wiliam Livingston. Fundamentals of Solar Astronomy [M]. Singapore: World Scientific Publishing Co. Pte. Ltd, 2005: 1-30.

[3]（美）约瑟夫·里克沃特. 城之理念：有关罗马、意大利及古代世界的城市形态人类学 [M]. 刘东洋译. 北京：中国建筑工业出版社，2006：55-61.

[4] 张玉坤，李贺楠. 史前时代居住建筑形式中的原始时空观念 [J]. 建筑师，2004（6）：87-90.

[5] Arvind Bhatnagar, Wiliam Livingston. Fundamentals of Solar Astronomy [M]. Singapore: World Scientific Publishing Co. Pte. Ltd, 2005: 7.

[6] F H A Aalen, Kevin Whelan and Matthew Stout. Newgrange and the Bend of the Boyne [M]. Cork: Cork University Press. 2003-2004: 36-42.

[7] 王庆. 东向为尊：一种古礼的文化人类学解释 [J]. 东方论坛，2008（2）：21-24.

一个宇宙观念的表达——论吉萨金字塔的天文与时空观①

摘 要

吉萨金字塔的建造和设计与埃及发达的天文学相关，建筑呈现出精确地空间对位关系，且与银河、星座、星辰等形成特殊的天文关联。在金字塔形体创作过程中，设计师首先从太阳射线的角度出发，融合了四季、太阳神、时空等象征含义，最终使埃及金字塔蕴含着深刻的时间与空间功能。

关键词 古埃及；吉萨；金字塔；天文学；时空观

引言

古人将“空间”称为“宇”、“时间”谓之“宙”，因此“宇宙”是空间和时间的总称。建筑被人们称为“小宇宙”，它们是联系天空与大地的媒介，吉萨金字塔群成为这类媒介物的典型代表。在发达的天文学背景的支撑下，古埃及人通过丰富的时间与空间创作手法将金字塔与主宰人类命运的上天联系起来，使其成为具有时空特性的特殊载体。笔者从金字塔形成的天文学背景出发，通过剖析，深入解析古埃及人原始时空观念及金字塔在时间和空间作用下塔体形成的历史过程。

一、吉萨金字塔天文与时空背景

古埃及人有良好的天文学基础，他们善于发掘天体，识别天鹅座、牧夫座、仙后座、猎户座、天蝎座、白羊座以及昴星团等星座，[1] 并较早地掌握了日月食的预测方法。通过对天狼星运行规律的总结获得了最早的埃及历法，在对日月行径不间断的记录中发现了地理子午线及准确预测时间间隔的测量方法。这些良好的天文学背景促使埃及金字塔在创作时获得了天文理念的强大支撑。经学者研究发现，吉萨金字塔群是在埃及高度发达的天文学指导下建造的：金字塔的空间位置与特殊天体呈现出对位关系，而金字塔形体本身也呈现出与方位、时间等概念的融合关系。

1. 塔群呈现天地对位

近年来，金字塔作为古埃及天文观象台的说法成为舆论焦点，一些关于天文与金字塔的理论也开始出现。

埃及考古学家鲍威尔指出，吉萨平原的三座大金字塔与猎户星座的腰带三星构成了特殊的对位关系，“……吉萨三座金字塔难以置信地成为了猎户星座三星在地球上的星图……”[2]373 按照他的观点，胡夫、哈夫拉、门卡乌拉三座金字塔分别对应猎户星座腰带三星的尼他克星（Alnitak）、尼兰姆星（Alnilam）和米塔克星（Mintaka）（图 1）。不仅如此，我们肉眼所见到的门卡乌拉金字塔的对角线偏离前两座大金字塔一定角度是因为参照了米塔克星与其他两颗星位置的偏移而有意为之，这正好构成了一幅极其完整的猎户星座构图。吉萨高地的三大金字塔与猎户星座的三颗明星之间，其对应关系精确到了令人难于相信的地步，它们不仅在位置上环环相扣，而且还以金字塔的大小，表现了三颗明星的不同光度。[2]476

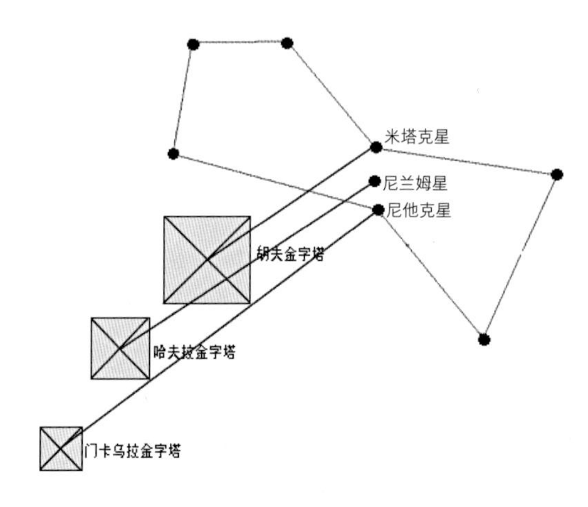

图 1　三座金字塔与猎户三星的关系
（图片来源：作者自绘）

---

① 陈春红，张玉坤．一个宇宙观念的表达——论吉萨金字塔的天文与时空观 [J]．建筑学报，2011（05）．

如果说前一个理论已经让人震惊，那么这个理论无疑更让读者惊叹：吉萨平原真的与银河系有关么？鲍威尔肯定地说："吉萨地区可以看见银河，而银河与吉萨平原的尼罗河谷完全一样。如果将银河附近的天空地图向南北延伸，正好把吉萨高地上的其他建筑结构极其精确地囊括了进来。整个尼罗河谷是一幅巨大的星象图。"[2]375 一些学者甚至用计算机模拟了古埃及时期的天空布局，并将吉萨平原与之相比，居然显示出环环相扣的建筑与星座对位关系，这让人更加相信这一理论的真实性。

我们暂且不去讨论鲍威尔论断的精确程度，单从金字塔精确地地理定位我们便不可忽视古人极其高深的创作力。可以想象出将自己比拟为伟大的奥西里斯神的法老们为求得与天同寿，一定舍得花费巨大成本来打造这样一座未来城市。

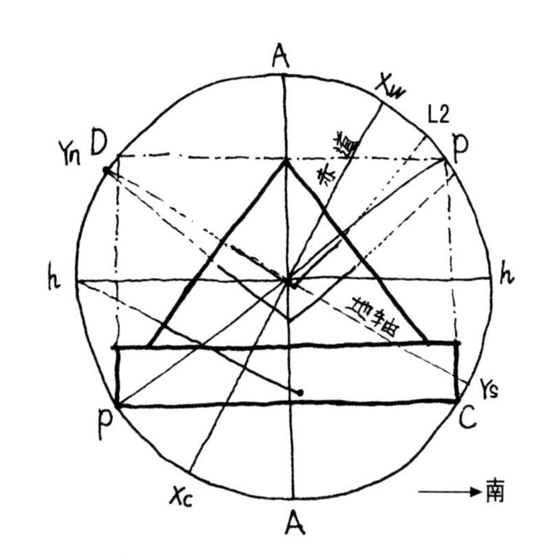

图 2　胡夫金字塔的天文点分析
（根据 Hossam Aboulfotouh.the Horizon Theory.Proceedings of the German-Egyptian Conference on Conservation and Restoration, Faculty of Fine Arts, Minia University, 17-18 March 2005 改绘）

2．塔内通道与天体同向

对金字塔内部的深入研究使学者们更坚信金字塔是一座天文台的论断。通过深入研究学者发现，金字塔的设计师有可能将建筑内部进行了详细的天文编码，并将这些编码指向了重要的天文点。如胡夫金字塔国王墓室倾斜的两条通道分别指向 L2 点与 Yn 点，而皇后墓室的两条通道也分别指向了不同的天文点。墓室其他方位均有明确的天文指向[3]（图 2）。

通过电脑星图程序，模拟公元前 2500 年前后吉萨高原上空的星象图。结果表明这四条墓道分别指向了当时埃及上空正在穿越子午线的四颗特殊恒星：国王室 L2 点指向了猎户星座腰带三星中的尼他克星（Alnitak），北轴 Yn 点延长线则指向了天龙座（Thuban）α 星"右枢星"（Draco）；皇后室南轴指向了大犬座 α 星"天狼星"（Sirius），北轴指向了小熊星座（Ursa Minor）的帝星（Kochab）（图 3）。

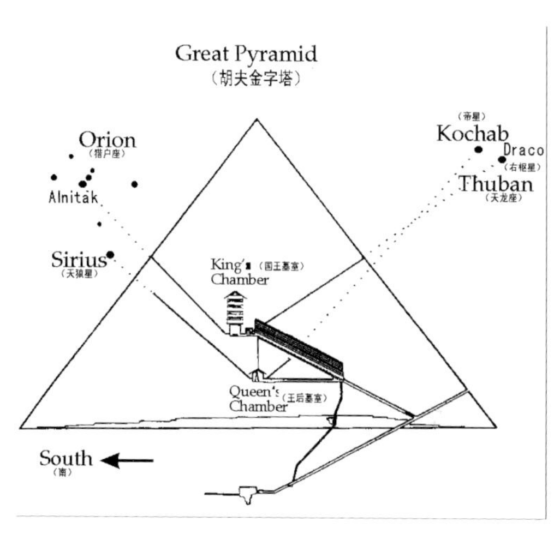

图 3　胡夫金字塔四条墓道的天文指向
（根据网络图片改绘）

这项研究成果扰乱了人们认为金字塔作为法老陵墓的一贯模式，有些学者试图证明金字塔是用于观测天体星辰运行规律的原始天文台。这些精确地对应着重要天体星辰的墓道是否曾经承担着重要的天文观察作用已经无法从文献中获取到，或许有一天研究金字塔的专家们能给我们带来更多的惊喜。

金字塔还有其他的天文特性么？要想解决这个问题，我们可从埃及人原始时空观入手进行分析。

二、埃及人原始时空观与金字塔体的形成分析

1．原始时空观的建立

古代出于农业生产或辨识方向等生产、生活需要，人们要对其所处的自然环境、宇宙空间等现象进行观察与分析，在这个过程中形成了原始的时空观。由于技术水平低下，人类对宇宙环境的认识主要依靠肉眼观测和主观感知，慢慢由基本常识转化为最初的空间感受。太阳的光与热是人们赖以生存的物质条件；大地上的物产是他们维持生命的基础资料，因此形成了人类最初的时空观——天与地，由天、地衍生的上、下两个方位得以建立。在太阳东升西落的理解中，人们添加了东、西两个方位（图 4）。

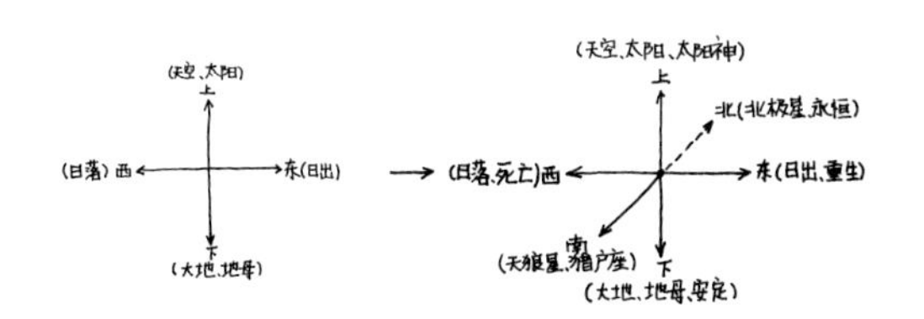

图 4　埃及人原始时空观形成模式图

2．塔体的雏形

在研究中笔者发现，埃及人有深刻的生死与尊贵观念，人们在

生与死的世界中，尊贵的社会地位依然是人们极其重视的。当人类智能进一步发展后便将生死、尊贵、安定等思想与方位相联系，使不同方位具有不同的情感内涵。因为对万变不离其位的北极星（Polaris）及协日升的天狼星（Sirius）的特殊观测，南（South）北（North）方向最终确立并催生了子午线定位法的生成。这些最原始时空方位的确立促进了金字塔以六个方位为基础的基本形体（图5）。

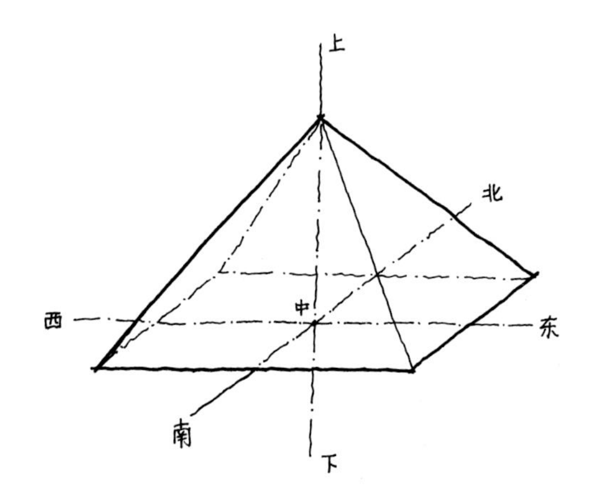

图5　金字塔塔体与六个方位

3．太阳神的介入与四季融入

古埃及人信奉太阳神，太阳神被称作“凯普利”（Khepri）、“拉”（Re）和“阿图姆”（Atum）。凯普利是早晨的太阳，拉代表中午的太阳，阿图姆是夜晚太阳的化身。埃及人相信自己的生命被太阳的光和热主宰，一些关于造物的神话传说均与太阳神相关。就像太阳神拉所说：“当我哭泣的时候，人就被创造成眼泪的形状，从我的眼睛里流出来。”[4] 太阳神是埃及至高无上的创世之神。

金字塔是埃及太阳神的象征。尖尖的塔顶是太阳神力的中心，象征阳光的起点。笔者发现，吉萨金字塔塔身的设计符合春分正午赤道上空太阳高度角的要求。在吉萨金字塔设计之初，设计者完全可以利用简单的设备获得吉萨的太阳高度角，并由此计算出金字塔所处地区的地理纬度。例如胡夫金字塔位于北纬30°，春分正午太阳位于赤道上，此时吉萨地区的太阳高度角为60°，则吉萨的地理纬度为90°－60°= 30°。[5]

金字塔的形体可能参考了春分日太阳正午在赤道上空时撒向吉萨地区的太阳光线。当正午时太阳高度角达到最大时，太阳辐射吉萨地区的角度为30°，南北对称便形成60°辐射角。如果设计者考虑到太阳辐射角度的影响，那么金字塔的基本形体很有可能按照顶角60°设计（见图6）。然而现存的金字塔顶角不足近60°，与理论值有所差距，这可能与当时建筑的建造技术与施工过程有关。

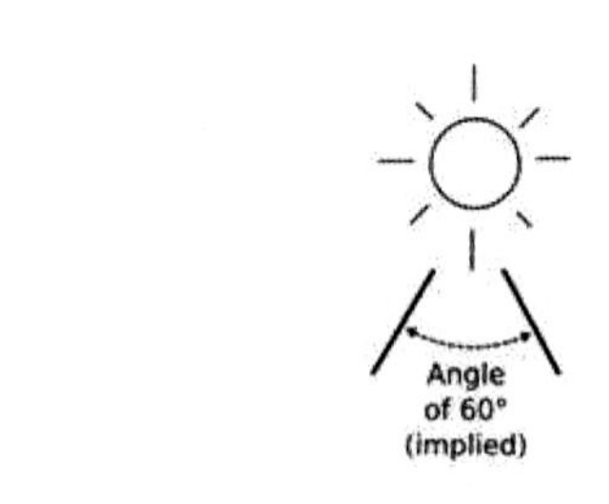

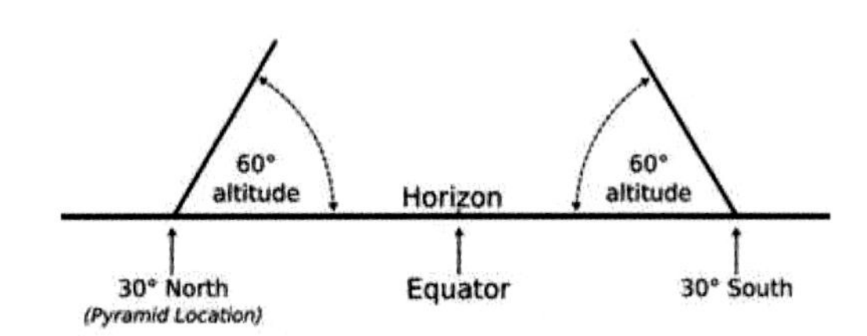

图6　太阳高度角与太阳射线
（引自 Richard E. Ford. Load of eternity : Divine order and the great pyramid.2008.）

4．季节的添加与塔体的形成

太阳经由赤道向南北回归线转折时意味着季节的更替。当太阳在赤道附近，吉萨地区则是春秋分时节；当太阳至南北回归线该地区则达到至冷与至热。这种季节的分水岭代表不同天气境况的到来，这对农业、生产、生活产生巨大影响。笔者认为，金字塔的塔顶既然是太阳神的化身，它的射线在南北回归线之间游动时，便形成了塔体的南北面。金字塔的四个斜面与春、夏、秋、冬四季相对应。这种季节与方位的融入，最终确立了金字塔的正四面体形象（图7）。

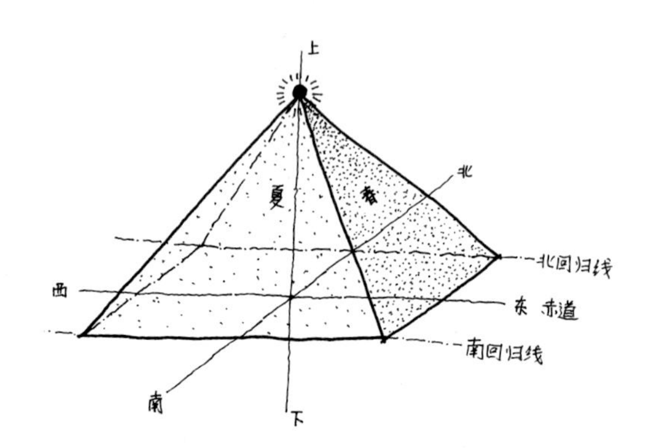

图7　塔体的形成与四季融入

5．象征含义的融入与宇宙中心的确立

由于时间与空间的介入，金字塔塔体建成了，但这并不意味着金字塔塔体形成的终结。金字塔是自诩太阳神的法老的陵墓，太阳神是埃及至高无上的神。既然拥有着无法比拟的人间身份，法老们自然不甘心在死后仅作为一个普通的人类来对待，因此他要在自己的陵墓上大做文章，于是金字塔的形体蕴含着深刻象征意义便有了依据。

笔者认为，在金字塔的形体塑造中，“上”方是重要的方向，它是太阳、众神与天空的象征；“下”方则是大地之母（Geb）、安定之符（Djed）与生殖崇拜苯苯石（BenBen）的结合。东、西、南、北对应着春、秋、夏、冬四季，同时又代表生、死、尊贵与永恒。塔底对角线指示着以赤道为中心的夏、冬至日出与日落方向。也就是说，在金字塔形体创立之初，设计者有可能综合了时间与空间特征以及特定的象征意义，将金字塔形体塑造成了一个以塔底中点为中心的包含春夏秋冬、四维八向等时间与空间特性的宇宙的中心体（图 8）。这个宇宙中心反映着法老在死后的世界依然是掌握时空命脉的统领，同时又是宇宙中心的主人。

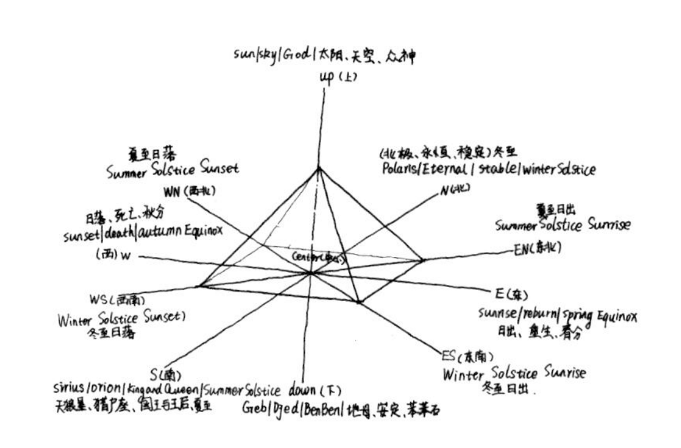

图 8　宇宙中心的形成

三、金字塔的时间测试

有学者认为金字塔是世界上最大的时钟。它的构造不仅能记录时间，还能记录日期、季节。1835 年法国的物理学家皮奥脱参观了吉萨并断定金字塔是一只巨大的日晷仪。金字塔脚下修建了宽广而平整的地坪，被称为“受影坪”。冬天时，金字塔投影到北面的地坪上；在夏季，异常光洁的南壁会把一个三角形的阳光轮廓反射到南面的地坪上。

通过研究笔者发现：古埃及人可以从金字塔日影变化从中分辨出时间与季节的更替规律，找出季节和时间的分野点。当太阳从正方东升起，正西方落下，其升起和落下时的塔尖阴影的连线形成一条直线即 180 度角，这天就是春分或秋分日；而正午日影最短的那一天为冬至日，反之则为夏至日。另外，观察者在不同的时间点在不同的观察点上看到太阳在塔尖上时，便可确定举行各种祭祀或遗体下葬等重要的时间，这是金字塔作为活体时钟的另一方面。

金字塔塔影在仲冬时节长 268 英尺，随天时变化不断减低，到春季时几乎于零，这说明金字塔可用来标示时间与季节的时间段。铺砌金字塔的石块被割成宽度相当于每天中午日光投影或反射的影像与前一天相较所形成的级差，由此准确的测出日期和预测作为季节分野的春秋分点和冬夏至点。

结语

在诸神天空与灵魂不灭思想统治下的古代埃及，出于对未知世界的无限向往，法老们把死后如何顺利登天看作一生中最重要的事情。他们不惜花费人力、物力，利用最先进的科技，为自己修建可以保存尸体的金字塔、并将灵魂顺利送达天堂的居所，使金字塔成为天体与人间沟通的工具。

为此如何将金字塔与太阳、星辰等天体相联系；如何将时间、季节等概念与金字塔相关联，是法老们穷国力所为之事。金字塔所呈现的种种天文现象同当时社会的文明进程相联系，与人们的宗教信仰及统治阶级的政治观念相一致，是在特定时间、特定历史文化背景下产生的特殊建筑，其发达的天文学是建筑进行精确的时间、空间设计的重要保证。

— 参考文献

[1] Edwards, I.E.S. The Pyramids of Egypt[M]. New York: Harmondsworth and New York.1991:283.

[2]（英）葛瑞姆．汉卡克．上帝的指纹（下）[M]．胡心吾译．北京：新世界出版社，2008.

[3] Proceedings of the German-Egyptian Conference on Conservation and Restoration.Faculty of Fine Arts.Minia University.2005：17-18.

[4]（英）彼得·阿克罗伊德．死亡帝国 [M]．冷杉，杨立新译．北京：三联出版社，2007：5.

[5] Richard E. Ford. Load of eternity : Divine order and the great pyramid[M]. New York ： iUniverse.com.2008.

景观、建筑、岩画的考古天文学特征探析 ①

摘 要

概述了国内外天文考古研究现状及国内已有研究的不足，以“立竿测影”的时空测算原理为基础，探讨了时空定位、时间记录、季节划分等重要测算方法在各个时代的不同类型的时间载体——宏大的地理景观，神圣的古代建筑，以及扑朔迷离的岩画符号的表现，揭示了以往建筑史学研究中，对于景观、建筑、岩画所忽视的、但却普遍存在的天文科学内涵。

关键词 时空准线；日晷；天文观测；影竿

引言

1740 年英国考古学家威廉·斯丢克雷（William Stukeley）对巨石阵（Stonehenge）天文定位的研究，开创了建筑与天文学研究的先河。[1][2]19 世纪末，英国著名天文学家、现代著名科学杂志《自然》（Nature）的创刊人洛克耶（Joseph Norman Lockyer，1836-1920）在对古希腊、古埃及的遗迹以及英国巨石阵展开天文观测和研究之后，提出了一种新型历史遗迹研究方法——天文考古学（Astro-Archaeology）。[1] 历经一百多年的发展，国外的天文考古工作已经十分成熟，研究范围也逐渐扩展到史前时期和文明时代留存的聚落、建筑、墓葬、岩画等，其成果从对史前遗迹、遗物天文特性的分析，发展到系统揭示古代建筑辨方正位、划分时节、天文观测的普遍规律。

中国古代天文学成就十分突出，大量的天文学文献及天文遗物留存促使国内的天文考古研究初期主要以历史文献、出土文物为重心。20 世纪 80 年代之后，尽管一些学者开始关注古代墓葬及建筑方位研究，但大多仍是从文献史料分析，且在面对古代建筑的天文特征时，往往又与中国古代宇宙哲学、星占学、宗教等交杂在一起，缺乏基于遗迹本体的天文考古研究。直到 2005 年山西陶寺尧都遗址古观象台的发现，才开启了真正意义上的中国天文考古学研究。

本文旨在通过对国外天文考古研究成果的梳理，探讨古代建筑中蕴含的时空测算原理，揭示古代建筑科学内涵存在的普遍性，希望通过借鉴国外已有研究成果，对国内建筑史学研究有一定的启发，为中国古代建筑历史的研究提供一个新的思路和方法。

一、立竿测影

在没有现代天文知识和观测仪器的洪荒年代，面对广袤无边、繁复无比的大千宇宙，先民仅凭一根简洁、精致而独特的竿子，开启了观天文、察地理，传天数、授民时，占卜吉凶，预示祸福的美丽历程。竿子作为“表”被用作测影工具，依其材质不同，有不同的名称：竹为竿，木为槷（臬），石为碑。而测量表影的刻板为“圭”，圭表发展到后期即为日晷。

1. 古今中外的普遍现象

李约瑟在《中国科学技术史》中指出：“在所有的天文仪器中，最古老的是一种构造简单、直立在地上的竿子，至少在中国可说是如此。这种竿子白天可以用来测太阳的影长，以定冬夏二至，夜晚可用来测恒星的上中天，以观测恒星年的周期。”他还列举了近代婆罗洲土著用一根竿子测夏至日日影的例子（图 1），

图 1 婆罗洲土著观测竿影
（图片来源：李约瑟．中国科学技术史（天文学分册）[M]. 北京：科学出版社，2003.）

① 张玉坤，刘芳．景观、建筑、岩画的考古天文学特征探析 [J]．建筑学报，2016（02）．

说明不仅在中国古代，一些部落土著依然还在用立竿测影的原始技术来测算季节。

人类观测天文的历史究竟起于何时，至今尚无定论。恩格斯在《自然辩证法》中推测："首先是天文学——游牧民族和农业民族为了定季节，就已经绝对需要它。"游牧和农业的产生，距今至少一万年以上，可知那时人类就已进行天文观测，掌握基本的天文知识了。

我国有关于天文历法的记载，最早见于《尧典》：尧命羲和"钦若昊天，历象日月星辰，敬授民时"。即在尧时由羲和负责进行天文观测，制定、发布历法（图 2）。被学界誉为尧都的山西陶寺遗址，也确实发现了距今 4100 年前的古观象台①。但在中国境内进行天文观测的历史，当不止于陶寺帝都的时代。中华文明的人文始祖伏羲、女娲各持规、矩，仰观天文，俯察地理，历象日月星辰，亦可谓民族的"天文始祖"。或许，中国境内先民对天文历法的认知，随新的考古发现和研究的不断深入，或可推至更为久远的时期。

图 2　夏至致日图
（图片来源：（清）孙家鼐 . 中国艺术文献丛刊：书经图说 [M]. 杭州：科学出版社，2003.）

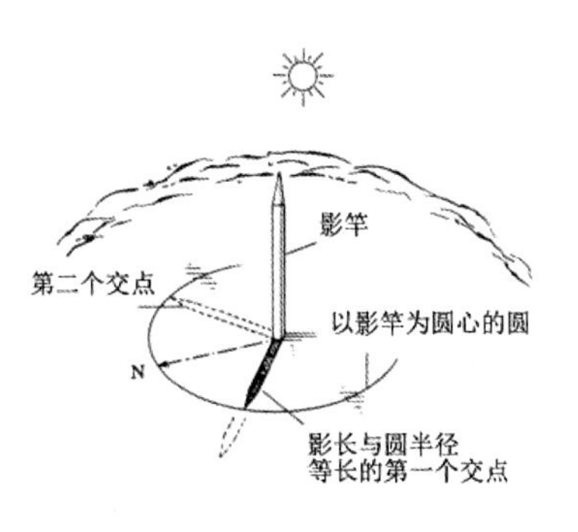

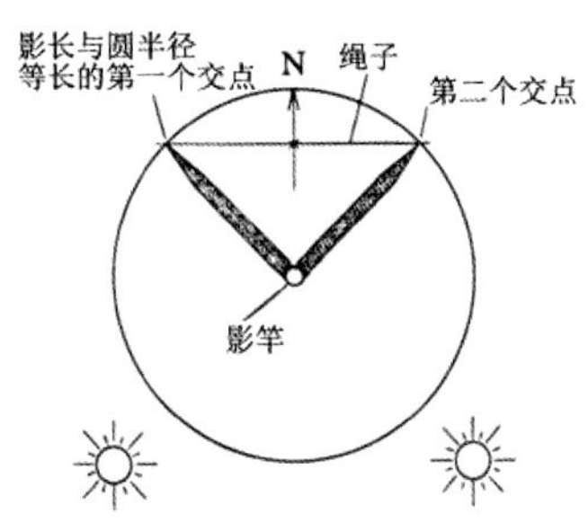

图 3　印度圆法
（图片来源：绘自 Isler M. An ancient method of finding and extending direction[J]. Journal of the American Research Center in Egypt，1989：197.）

《周礼》前五卷篇首语："惟王建国，辨方正位，体国经野，设官分职，以为民极。"可见"辨方正位"对于国家都城建设的重要性。西汉《毛诗 · 定之方中》云"定之方中，作于楚宫。揆之以日，作于楚室。"，"定"为定星、营室星，"揆"为测量、度量。此句描绘的正是楚丘营建宫室，依靠定星和度量日影来定方位。这种主要依靠竿子与日月星辰的对应关系来辨别方位的现象，在公元前 400~300 年的古印度也有类似的记载，如《绳法经 · Katyayana》中就描述了建造吠陀祭坛中涉及的印度圆法（Indian Circle Method）②（图 3）。同样，早在公元前 3500 年，古埃及人便开始利用方尖碑（Obelisk）影子的变化来划分时间和季节（图 4）：一天之中日影最短时刻为正午，由此划分出上午和下午；记录一年之中影子的长短和方向变化，继而确定二分二至日。后来，公元前 10 年奥古斯都征服古埃及之后，将赫利奥波利斯（Heliopolis）的方尖碑搬到罗马，建造了有史以来最大的日晷——奥古斯都日晷（图 5），通过其所在战神广场（Campus Martius）上雕刻的弧线对时间做进一步的细分。

图 4　方尖碑的时空测算原理图
（图片来源：http://www.scientiareview.org/pdfs/266.pdf）

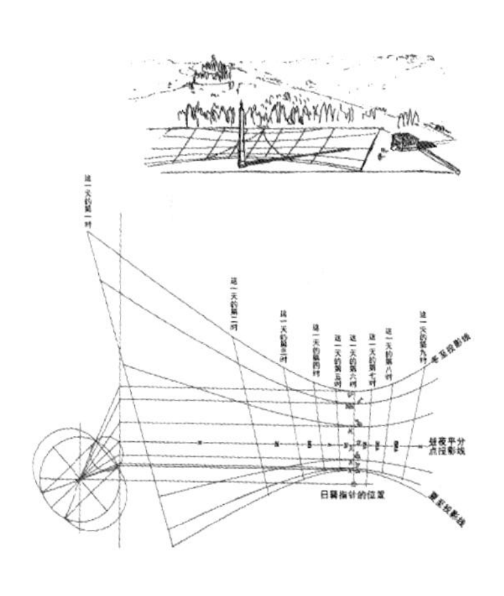

图 5　奥古斯都日晷
（图片来源：http://www.markaflynn.com/meaning/the-revealing/equinox-parallels-the-georgia-guidestones-the-feast -of-cybele-and-halloween）

① 陶寺古观象台遗址其地面部分已不存在，根据考古发掘其夯土基址发现其由观测点、10 个夯土柱和 11 条柱间狭缝组成。

② 印度圆法：平地竖一竿，系与其等长的一根绳子，以竿为圆心绕竿画一圆，标记日出、日落时刻竿影末端与圆圈相交的位置，并立两个木杆，两点连线即为东西向。再取一根绳子对折找到绳子中点，并将其固定在东西两个交点，绳子中点与竿子的连线为南北向。（Isler M．An ancient method of finding and extending direction[J]．Journal of the American Research Center in Egypt，1989: 197.）

2．时空测算原理

立竿测影之法在中国古籍中有许多记载，最早见于《周礼 · 冬官 · 考工记》云：“匠人建国，水地以县，置槷以县，眡以景。为规，识日出之景与日入之景。昼参诸日中之景，夜考之极星，以正朝夕。”《周礼 · 地官司徒 · 大司徒》又有：“以土圭之法测土深。正日景，以求地中。日南则景短，多暑；日北则景长，多寒；日东则景夕，多风；日西则景朝，多阴。”中国最古老的天文学和数学著作《周髀算经》中对于立竿测影的方法也有清晰的描述：“以日始出，立表而识其晷。日入，复识其晷。晷之两端相直者，正东西也。中折之指表者，正南北也。”“晷”即“日影”，日出立测竿影，分别标记日出与日落时的竿影位置。两点连线即为东西，其中点与影竿的连线即为南北。北周甄鸾又在《数术记遗》注释中以“容成知方之术”① 更加详细地阐述了立竿测影原理（图 6），其做法与《周髀算经》中提到的类似。这些都是描写古人在营建城邑、宫室、庙宇时，是如何利用竿子确定方位的。

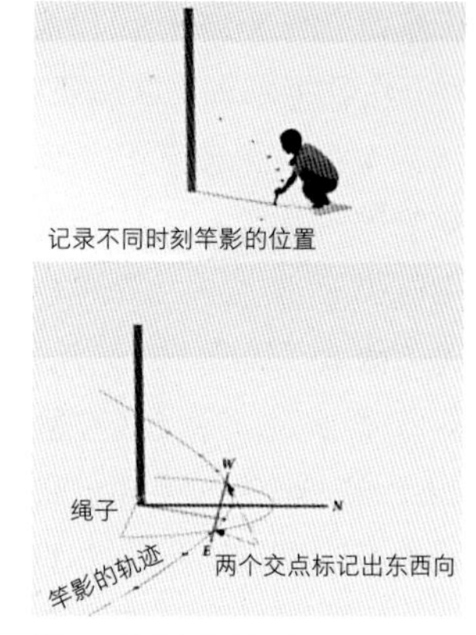

图 6　立竿测影原理
（图片来源：绘自 http://glendash.com/blog/2014/10/10/what-we-can-learn-from-the-remarkable-misalignments-at-dahshur/）

时间和空间始终是共存的，人类通过一根竿子与日月星辰建立起时空联系来“辨方位”“正朝夕”。抽象的时间和具象的空间通过这根竿子融为一体，每一条竿影都记录了一个时刻和方位，其时空测算原理可以概述为：一日之中竿影最短时刻为正午，竿影指向正南北；一年之中正午竿影最短一天为夏至，最长一天为冬至；全年中有两天日出影和日落影重合，这两天为春分和秋分。同时，根据二分二至日的竿影，又可确定东南西北四个正方位（参见第 028 页图 3）。

无论在原始时期或文明时期，世界各地测定时间、划分季节主要是通过观察一根竿子的日影变化，辅以其他观测手段来实现的。换言之，矗立在地上的一根竿子，开启了人类认识宇宙时空的先河，竿影之法成为世界各地人们划分时间和季节最普遍的基本方法。

二、岩画里的时间符号

岩画作为人类社会早期的文化现象，这些岩石上的符号向后人诉说着史前文明留下的重要信息。一些岩画里的特殊符号往往和人为设置的太阳光线路径结合在一起，成为代表重要日期的时间标记点。

1．精美绝伦的“太阳的匕首”

美国新墨西哥州查科峡谷（Chaco Canyon）中一个孤丘（Fajada Butte）的山顶上，有三块大石板倚靠在悬崖边的岩石上（图 7），相互之间保持大约 10 厘米的距离，其背后的岩石上刻着一大一小两个螺旋岩画，一年四季随着光线的变化，穿过石缝的两条光影就会出现在两个螺旋上的不同位置，普韦布洛居民以此来判断季节和时间。这个大概成型于公元 900 年的岩画，《Science》杂志撰文称其为“独特的太阳标记结构”（A unique solar marking construct），也被称作“太阳的匕首”（图 8）。

夏至日临近正午时，光线穿过石缝垂直照射在螺旋上，首先是一个光斑出现在大螺旋上边缘，随着时间的变化，光斑不断延长变成匕首状，横穿大螺旋中心，之后整个“匕首”慢慢向下移动，直至从大螺旋下边缘消失，整个过程持续 18 分钟。夏至之后，小螺旋上逐渐有倒三角状光影每天中午从上端慢慢穿越小螺旋直至消失，并且这个光影下沉的路径一点点逐日向中心移动，直至秋分，光影刚好穿过小螺旋正中，与此同时，出现在大螺旋上的光影逐日也向右移动至接近第四匝的位置。冬至正午，两个光斑逐渐变成两条匕首状的光影出现在大螺旋左右边缘。冬至之后，两条匕首状光影逐日向左移动，至春分呈现出和秋分一样的光影效果（图 9）。[4]

① 钱宝琮校点《算经十书》下册（北京：中华书局，1963），《数术记遗》，页 536－538。“容成曰：‘当竖一木为表，以索系之表，引索绕表画地为规。日初出影长则出圆规之外，向中影渐短，入规之中。候西北隅影初入规之处则记之。乃过中，影渐长出规之外。候东北隅影初出规之处又记之。取二记之所，即正东西也。折半以指表，则正南北也。’川人志之，以为知方之术。”

2. 贝古山的岩画日晷

法国阿尔卑斯山脉贝古山（Mount Bégo）山谷的岩石上布满了匕首和耕牛等谜一般的岩画。法国史前研究学家让 · 克莱迪斯（Jean Clottes）认为因贝古山区海拔 2000 多米，有着强烈的气候变化，寒流会在夏季之后突然袭来，对 4000 年前生活在这里的人类造成很大威胁，所以在贝古山光滑的岩石板上雕刻了很多岩画日晷，来标记出最适合农牧活动的夏季。

其中一个岩石日晷在一个东西向倾斜的岩石板上，岩石板底部雕刻有 36 个符号，顶部有一个雕刻成尖柱状的影竿。在整个夏季日落的时候，石雕影竿的影子就会落在岩画上（图 10）。雕刻师通过岩画记录整个夏季（从夏至日到 9 月 14 日，共 85 天）每天日落时竿影的位置，并用不同的符号代表夏季的不同阶段，如夏至之后几天，采用刀尖向上的匕首图案来表示；代表夏季中旬的符号为两个反向相对的牛角。如图 11 所示，A1、A2、A3 的符号分别对应夏至、8 月 25 日、9 月 14 日的竿影。[5]

图 7 Fajada 山顶的三块石板
（图片来源：https://www2.hao.ucar.edu/Education/SolarAstronomy/14-3-slab-slit）

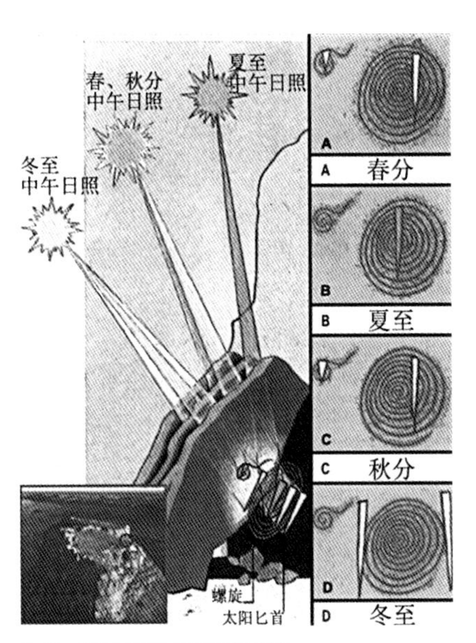

图 9 双螺旋岩画的时空准线
（图片来源：绘自 http://www.spirasolaris.ca/sbb4g1.html）

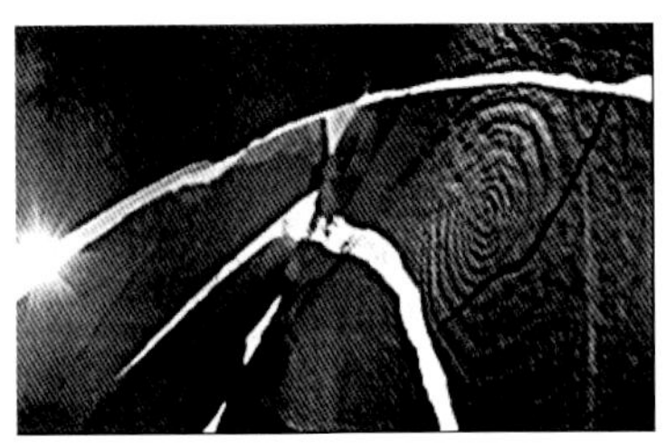

图 8 太阳的匕首
（图片来源：http://tensegridad.com/2013/12/cuerpos-de-luz-ensonando-el-2014）

图 10 贝古山岩石日晷
（图片来源：绘自 http://www.q-mag.org/the-petroglyph-sundial-of-mount-bego.html#xFLtovXJ）

还有一个被称作“舞者”（The Dancer）的日晷（图 12），同样是为了躲避夏季之后的恶劣天气，它标记的撤离时间是 9 月 8 日。舞者日晷是在一个朝向太阳日落方向的水平岩石板上，在设定的日子，雕刻师将匕首放在石板上并瞄准日落方向，待太阳消失在山体后方之后，用刀刻出匕首的轮廓及影子的长度（图 13）。日后，牧羊人就可以通过把匕首放在雕刻的位置，观测日落时影子的长度是否和雕刻的痕迹一致来判断是不是到了要撤离的日期。[3][6]

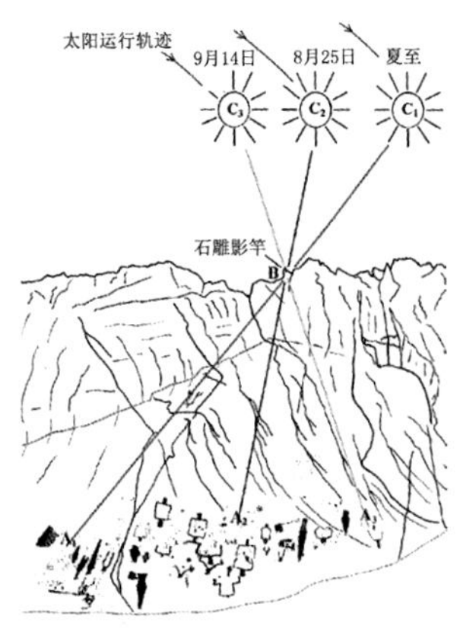

图 11 贝古山岩石日晷时空准线示意图
（图片来源：绘自 http://www.q-mag.org/the-petroglyph-sundial-of-mount-bego.html#xFLtovXJ）

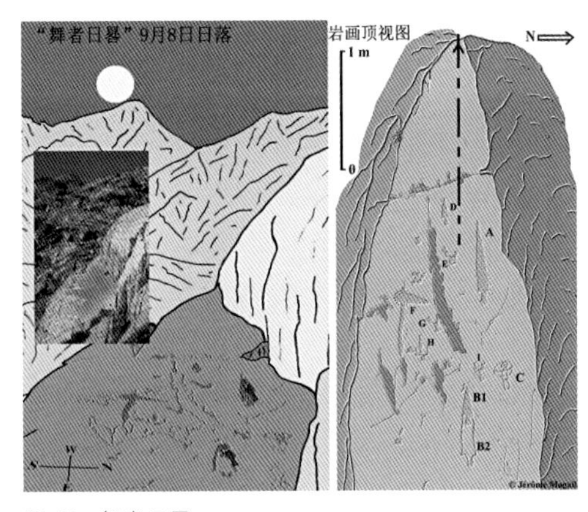

图 12 舞者日晷
（图片来源：绘自 http://art-rupestre.chez-alice.fr/publications/publicationmontbegoenglish.htm）

用于计时的岩石面板在各地的岩画中以各种形式呈现，最简单的方式就是在石板前放置一根影竿，通过符号来标记特定日期竿影在石板上的位置，或者标记出此时从立竿点投射的阴影线来计算时间或者预测日期，如公元前 3300 年的爱尔兰那奥斯（Knowth）岩石日晷（图 14），以及公元 700~1300 年，位于美国前哥伦布时期犹他州埃默里郡的罗彻斯特岩画面板（Rochester Rock Art Panel）（图 15）。

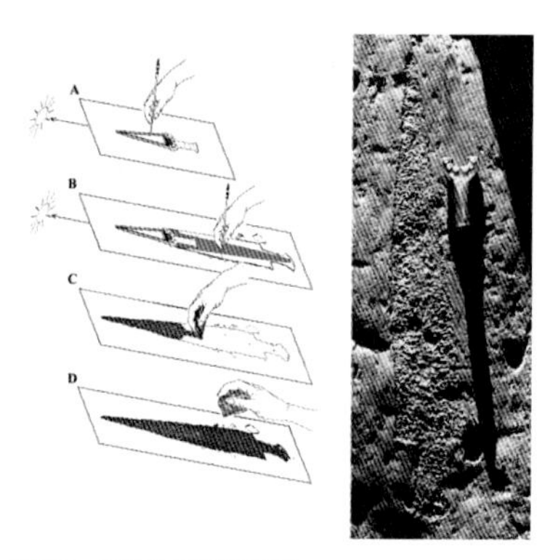

图 13 岩画匕首的雕刻
（图片来源：绘自 http://art-rupestre.chez-alice.fr/publications/publicationmontbegoenglish.htm）

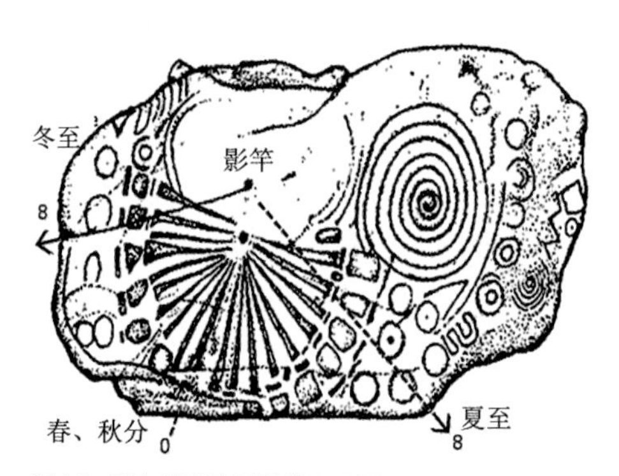

图 14 爱尔兰那奥思墓岩石日晷
（图片来源：绘自 http://www.cropcircleconnector.com/anasazi/sundials2007b.html）

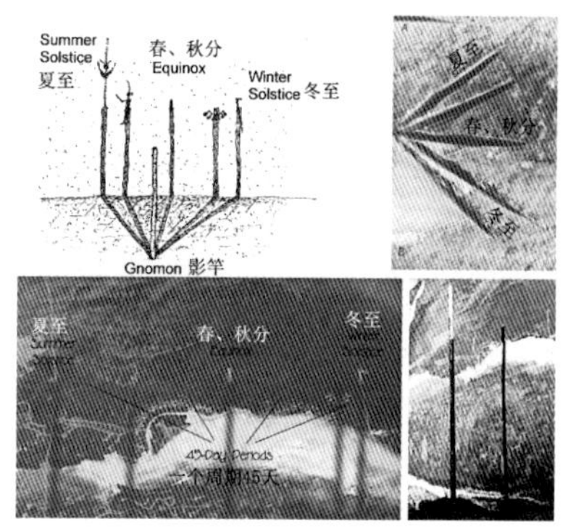

图 15 罗彻斯特岩画面板的时空准线
（图片来源：绘自 http://www.parowangap.org）

三、大地上的天文遗迹

人类开始产生时空观念的时候，首先就是通过自然界的物体或人为构筑物来进行天文观察，收集天文信息。其原理是通过观测不同季节的早上，太阳在东方地坪的移动轨迹，集光束或影束于特定观察点。这与“立竿测影”——从一根竿子看到的不同时刻的日影原理类似，都属于地坪历法。其形式上有呈环状或带状排布外形简洁的巨石构筑物，亦有神秘雄伟的神庙。

1. 史前遗迹巨石阵

建于公元前 3100 年的英国索尔兹伯里巨石阵（Stonehenge）是环状巨石的典型代表（图 16）。这些石头除了标识圣地、举行仪式外，还有复杂的天文观测功能。

整个巨石阵是由外圈的一个直径约 110 米环状壕沟、奥布里孔圈（Aubrey Holes），入口处的踵石（Heel Stone）、屠宰石（Slaughter Stone）、定位石（Station Stones）和内部的一圈巨石列阵、巨石牌坊、祭坛（Altar Stone）组成。美国天文学家杰拉尔德·霍金斯（Gerald Hawkins）在其著作《巨石阵解码》中阐述了巨石阵与太阳、月亮等 12 个天体相对应的 165 个天文对应点。研究发现，编号为 91、92、93、94 号巨石连线是一个非常精准的长宽比为 12∶5 的矩形，且矩形长边的中心线，刚好穿过踵石和祭坛（图 17）。夏至日出时，太阳从踵石顶端升起，阳光通过两块入口巨石中间的空隙，直接照射到中心祭坛。这条中心线也成为观测夏至日出、冬至日落（图 18）的轴线。矩形的短边 91-92、94-93 分别指向冬至日落、夏至日出方向；长边 91-94、93-92 分别指向冬至月落、夏至月出方向。94-C 的连线指向春、秋分日出方向，94-B 的连线指向春、秋分月出方向。同时，通过观测月亮和奥布里孔圈里不同孔洞的相对位置可测算更多的日期，奥布里孔圈共有孔洞 56 个，据霍金斯推断，正好是 3 个月亮年的时间（3x18.61 年）。此外，还可以通过巨石阵来预测日食、月食等天文事件的发生。[7][8]

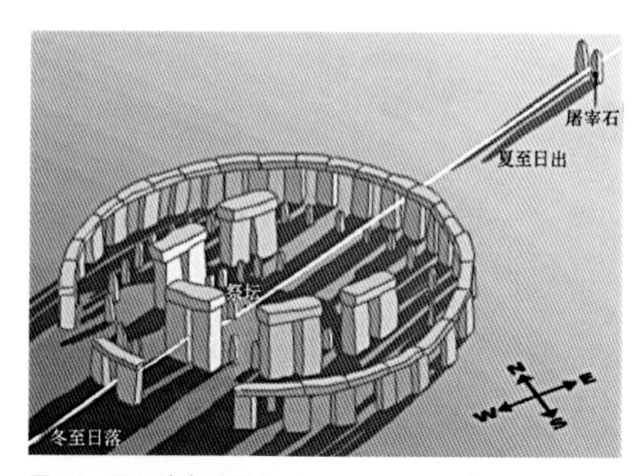

图 16 巨石阵鸟瞰图
（图片来源：http://esotericastrologer.org/newsletters/capricorn-2012-the-new-group-of-world-servers-week-the-avatar-of-synthesis/）

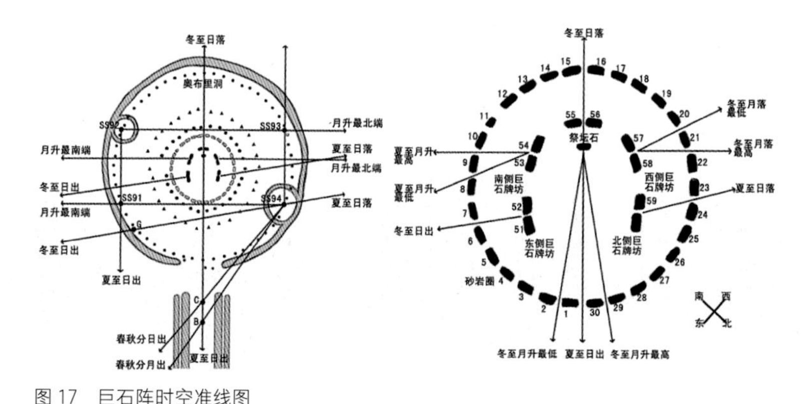

图 17 巨石阵时空准线图
（图片来源：吕衍航．古代建筑与天文考古 [D]. 天津：天津大学博士学位论文，2012.）

2．秘鲁海岸 2300 年前的太阳观测台

另一比较典型的史前巨石遗迹是《Science》上介绍的位于秘鲁利马海岸荒漠之中的查恩吉罗十三石塔（The Thirteen Towers of Chankillo）（图 19），该遗址距今已有 2300 多年。堡垒一般呈锯齿状分布的 13 座矩形石塔，沿着山脊由北向南依其排开。石塔为略偏长斜方的立方体，顶部平整，塔高从 2 米到 6 米各不同，两塔之间的缺口宽 4.7 米到 5.1 米。塔的南北两侧各有一组内嵌的楼梯通向顶部，据推测是为了便于先民爬上塔顶校正石塔与太阳运动轨迹的对应关系。

图 18　冬至日落时的巨石阵
（图片来源：Ruggles C L N. Stonehenge and its Landscape[J]. Handbook of Archaeoastronomy and Ethnoastronomy，2015：1223-1238.）

石塔群西面 200 米处有一组由围墙围合出的庭院，其东南角有一个开口为西观测点。石塔群东侧与西观测点相对于石塔群对称的位置，有一个孤立的尺度很小的建筑为东观测点，在这里除了最南边的 13 号塔根本看不到之外，其余 12 座塔均可见。

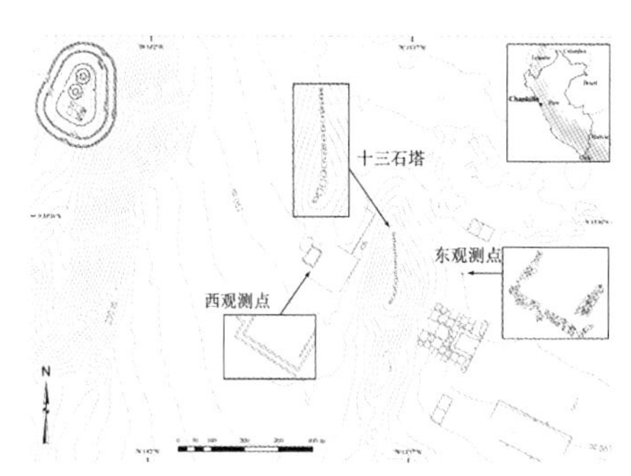

图 19　查恩吉罗遗址总平面图
（图片来源：绘自 Ghezzi I，Ruggles C. Chankillo: A 2300-year-old solar observatory in coastal Peru[J]. Science，2007，315（5816）:1239-1243）

在西观测点，距离此处 3 千米远的圣马洛山（Cerro Mucho Malo）最南边的斜坡，从视觉上看起来与十三石塔所在的山脊刚好接在一起，并且与离它最近的 1 号塔之间的缺口宽度和其他石塔间的缺口基本一致。如果将圣马洛山作为一个参照物的话，整个大地景观包括 13 个缺口。春、秋分的时候，太阳从 6、7 号塔中间的缺口，也就是整个大地景观最中间的缺口处升起（图 20）。而在另一个方向的东观测点，因为只能看见 12 个塔，太阳依旧是从最中间的缺口落下。等到二至日时，在西观测点，圣马洛山这座自然山被作为最南边的参照物，夏至日太阳沿着它的斜坡升起（图 21）；冬至日太阳则从最右边的石塔（13 号塔）顶部升起。而在东观测点，夏至日太阳直接从最北面的 1 号塔的外侧落下；冬至日则从最南边可见的石塔（12 号塔）外侧落下（图 22）。此外在西观测点，每隔十天，太阳就会从 3 号塔至 11 号塔的各缺口处依次升起，10 天可能是当时太阳历的一个周期。[9]

3．神秘的玛雅神庙

玛雅人对于天体与建筑之间时空准线的利用达到了高峰，他们通过特殊的设计，使得建筑的屋角、外墙、窗户等固定观测点，与太阳、月亮等天体呈现时空对应关系，有时也会利用石柱来辅助标记准线。如奇琴伊察（Chichen Itza）用于观测金星运行轨迹的卡拉科尔（E1 Caracol）天文台，其建筑主体作为一个整体对应北方金星升起的方向；两侧炮塔的窗户指向西方地平线上金星运行终点；基座平台为一个不规则的四边形，其对角线直接对应冬至日落和夏至日出方向[10]（图 23）。又如位于危地马拉乌瓦夏克顿（Uaxactun）遗址群的 E 组神庙（E Group Temples），它由西侧的一座金字塔和东侧位于同一平台的三座庙宇组成（图 24）。西侧金字塔是一个阶梯式的四棱台，四面台阶朝向东南西北四个正方向。金字塔与神庙平台之间有一个广场，矗立有四座石碑，石碑 19 和 20 上面标有特殊的日期刻度，并且与金字塔、正中大庙宇在同一轴线上。金字塔作为观测台，春、秋分时，观测者的视线跨过石碑上方，可以看到太阳总是从东侧正中的庙宇背后，沿着正中庙宇、金字塔及其中间的两个石碑的中心线升起；夏至日时，太阳从北端

图 20　西观测点的时空准线
（图片来源：绘自 Ghezzi I，Ruggles C. Chankillo: A 2300-year-old solar observatory in coastal Peru[J]. Science，2007，315（5816）：1239-1243）

图 21　西观测点夏至日出景象
（图片来源：绘自 Ghezzi I，Ruggles C. Chankillo: A 2300-year-old solar observatory in coastal Peru[J]. Science，2007，315（5816）：1239-1243）

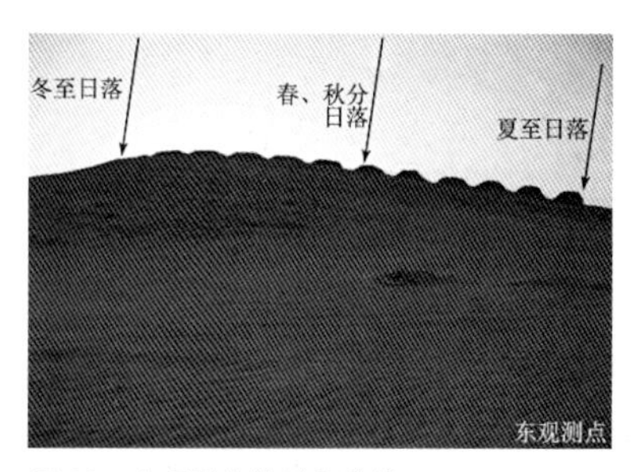

图 22　东观测点的时空准线
（图片来源：绘自 Ghezzi I，Ruggles C. Chankillo: A 2300-year-old solar observatory in coastal Peru[J]. Science，2007，315（5816）：1239-1243）

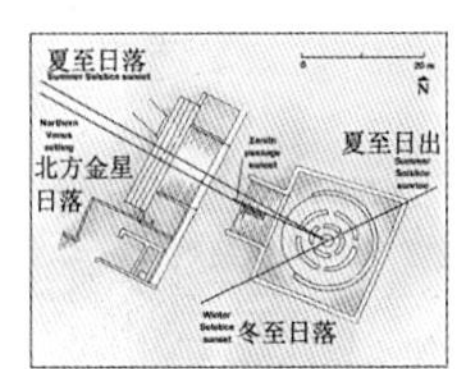

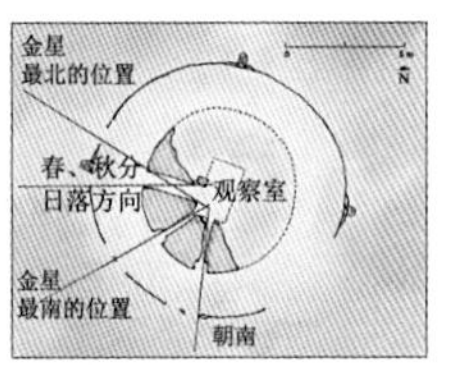

图 23　卡拉科尔天文台的时空准线（左图：建筑的时空准线，右图：窗口的时空准线）
（图片来源：http://www.exploratorium.edu/ancientobs/chichen/HTML/alignments-caracol-bldg.html）

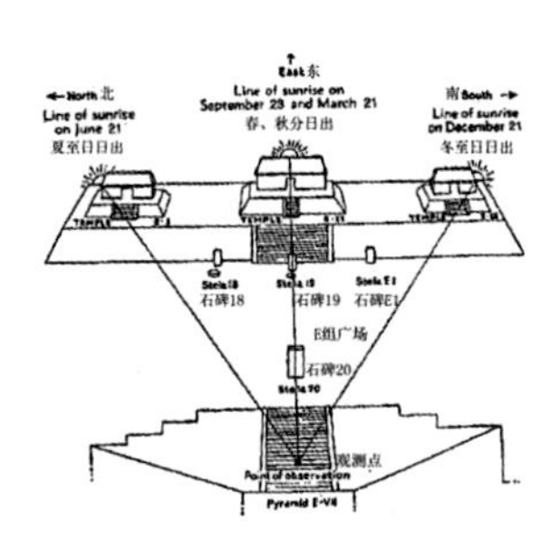

图 24　E 组神庙的时空准线示意
（图片来源：http://maya12-21-2012.com/the-mayan-calendar.html）

图 25　卡斯蒂略金字塔的羽蛇显现
（图片来源：http://atlasobscura.com/place/pyramid-kukulcan-chichen-itza）

庙宇的北面屋角檐口升起，冬至日时，太阳从南端庙宇的南面屋角檐口升起。[11]

充满智慧的玛雅人还善于利用已知的时空准线，在建筑中创造神秘的现象来营造神圣气氛。如奇琴伊察遗址的卡斯蒂略金字塔和其塔顶的羽蛇神庙（Kukulcan），其北面楼梯下端刻有一个伸出舌头的蛇头。在每年春、秋分日出日落时，神庙的拐角在金字塔北面的阶梯侧墙上投下羽蛇状的阴影，并随着太阳位置的变化不断摆动，创造出羽蛇显现的神圣场景[12]（图 25）。

四、建筑中的时空准线

随着人类社会的发展，天文计时功能的载体也从岩壁上的画作、大地上的巨石，变为雄伟的神庙，并最终与人类历史上最伟大的建筑形式之一教堂联系在一起。在欧洲，很多教堂都兼做天文观测的工具。及至 18 世纪工业革命席卷欧洲时，天文学家仍将结合教堂设置的大型日晷作为主要工具。这些雄伟建筑中的一条条时空准线依旧在空间定位及时空测算中发挥着主要作用。

1．光影变幻的洗礼堂

位于意大利帕尔马的洗礼堂始建于公元 1196 年，是欧洲中世纪最重要的历史遗迹，其建筑中存在多条与特定日期日出日落方向一致的时空准线。在洗礼堂内部，建筑师兼雕塑家贝尼代托 · 安特拉米（Benedetto Antelami）设计了黄道十二宫以及一些人物活动的雕塑来代表季节和月份，这些雕塑位置的设定都依据了天文准线（图 26）。其中经过代表春天的雕塑与洗礼池中心的轴线，与春分日出方向一致；从洗礼池到祭坛的主轴线朝向圣玛利亚献主节（2 月 2 日）的日出方向；从洗礼池到狮子座雕像的轴线与秋分日出、春分日落方向一致；从洗礼池到白羊座、天蝎座雕像的轴线分别与圣约翰受洗日（6 月 24 日接近夏至）日出方向、圣诞节（12 月 25 日接近冬至）日出方向一致。

此外，设计师利用建筑平面和立面之间的三维空间，结合特定日期特殊时刻的光线，创造出奇幻的光影效果。由于早期教堂只在复活节、圣灵降临节、圣约翰受洗日、主显节和圣诞节举行受洗仪式，经过特殊的设计，圣约翰受洗日（6 月 24 日）时一束阳光会照射在最大的洗礼池上，在其他小洗礼池和祭坛也呈现出其他的光影效果。而在穹顶的第五层，复活节期间（3 月 25 日 -4 月 10 日）光束会照射在描绘耶稣在约旦河受洗的壁画上（图 27）。[13]

2．16～18 世纪教堂中的暗室日晷

罗马大帝君士坦丁一世在公元 325 年确定了复活节的日期：每年春分月圆之后第一个星期日。因此，在西方宗教发展过程中，准确的确定二分二至日，进而确定复活节日期始终是至关重要的事件。公元 16~18 世纪的欧洲，以丹提（Egnatio Danti）、卡西尼（Giovanni Domenico Cassini）、比安基尼（Francesco Bianchini）为代表的多位天文学家纷纷在教堂中建立日晷，如博洛尼亚圣佩特罗尼奥大教堂、佛罗伦萨圣母百花大教堂、米兰大教堂、巴黎圣叙尔皮斯教堂等。这种特殊类型日晷的原理，是将教堂当作一个“暗箱”，在地面上设置子午线作为“日历刻度”，在墙面、屋顶或玫瑰窗上设置小孔，通过观测穿过小孔照射在教堂地面子午线上的“太阳光标”的位置，来划分二分二至，确定复活节日期，统一历法。即使是在天文望远镜出现之后，教堂日晷（Meridiana）仍旧作为太阳计时器来校正机械时钟，并在后来参与制定铁路列车时刻表。[14]

法国巴黎的圣叙尔皮斯（Saint-Sulpice）教堂是在一座 13 世纪的古老教堂基础上改建而成的。原教堂为正东西向，后期改建时由于地形限制，平面轴线发生侧转（图 28）。18 世纪中叶，天文学家勒莫尼耶（Pierre-Charles

图 26 帕尔马的洗礼堂的时空准线
（图片来源：绘自 Manuela Incerti.The Baptistery of Parma, Italy.（2010）Heritage Sites of Astronomy and Archaeoastronomy in the context of the UNESCO World Heritage Convention: A Thematic Study[M]. ICOMOS, Paris.）

图 27 耶稣受洗图上的光斑
（图片来源：绘自 Manuela Incerti.The Baptistery of Parma, Italy.（2010）Heritage Sites of Astronomy and Archaeoastronomy in the context of the UNESCO World Heritage Convention: A Thematic Study[M]. ICOMOS, Paris.）

Lemonnier）在该教堂中增设日晷，将一条正南北向的铜线，从南面的耳堂起始，穿过祭坛，到达北面耳堂角落的方尖碑，并在碑基处向上转折 90°，顺着碑体向上延伸约 10 米，终结于碑顶的铜球。这条被称为玫瑰线（Rose Line）（图 29）的铜线上标有刻度，当阳光通过南面耳堂窗户边缘高于地面 24.54 米处的小孔射入教堂（图 30），光斑就会沿着玫瑰线的刻度移动，根据光斑在玫瑰线上的位置就可以计算日期。其原理如图 31 所示，夏至正午，光斑落在南耳堂地面上的一块石板上。冬至正午，光斑会出现在方尖碑的铜条上，春、秋分的时候，光斑会依次落在祭坛地面上的椭圆形铜板上（图 32）。[14][15] 因教堂平面的限制而将子午线引至墙上的例子又可见于意大利米兰大教堂（Duomo Mlilano）1786 年建造的日晷，由于教堂是严格遵循东西向朝向，天文学家安杰洛 · 塞萨里斯（Giovanni Angelo Cesaris）在屋顶上设置采光小孔，沿垂直于教堂长轴的方向在教堂东端设置子午线，但是教堂的宽度不足以容纳整条子午线，因此将冬至日（摩羯座）的太阳标记就转折到北墙上 2.50 米高处[14]（图 33 ~ 图 35）。教堂暗室日晷将时空准线完美地融入建筑之中，使建筑本身成为天文观测的仪器，教堂也不再仅仅是宗教活动的场所，它也成为当时科学研究的实验室。

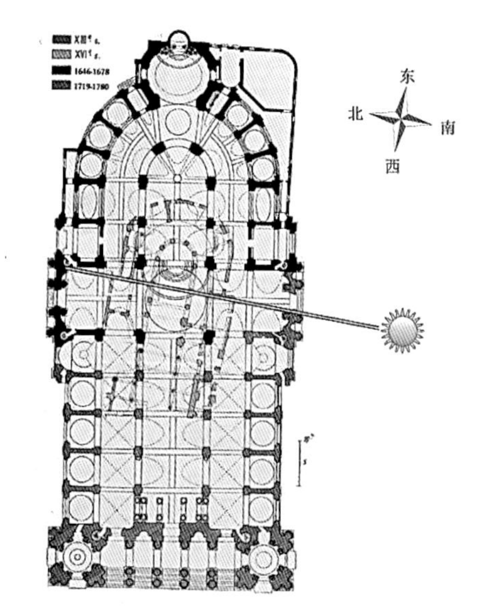

图 28 圣叙尔皮斯平面图
（图片来源：绘自 http://www.tombes-sepultures.com/crbst_1133.html）

图 29 玫瑰线
（图片来源：https://en.wikipedia.org/wiki/Gnomon_of_Saint-Sulpice）

图 30 光线入射小孔
（图片来源：https://en.wikipedia.org/wiki/Gnomon_of_Saint-Sulpice）

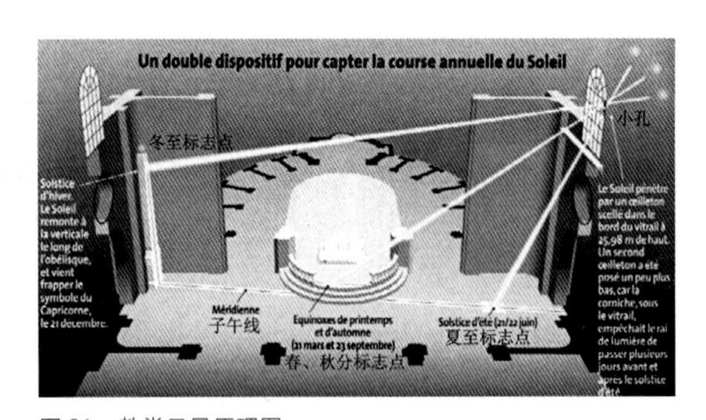

图 31 教堂日晷原理图

（图片来源：http://www.cromleck-de-rennes.com/rose_line.htm）

图 32 春秋分标识点的铜板

（图片来源：https://en.wikipedia.org/wiki/Gnomon_of_Saint-Sulpice）

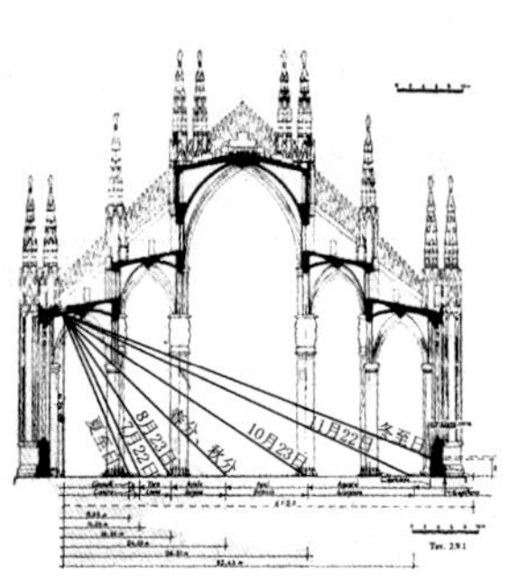

图 33 米兰大教堂剖面图

（图片来源：绘自 Heilbron J L. The sun in the church: cathedrals as solar observatories[M]. Harvard University Press, 2009.）

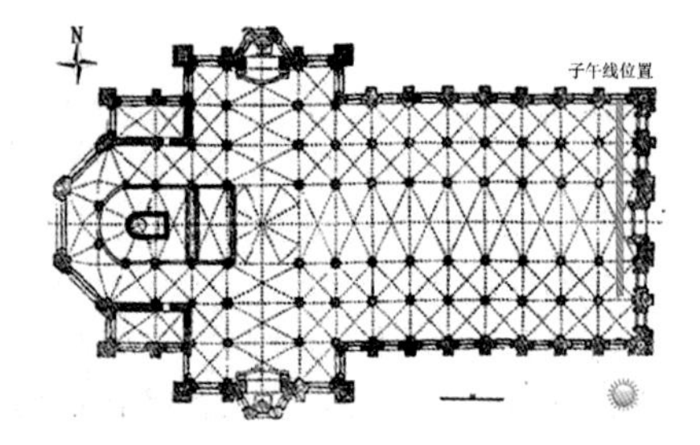

图 34 米兰大教堂平面图

（图片来源：绘自 http://alfa-img.com/show/milan-cathedral-section-plan.html）

图 35 米兰大教堂的教堂子午线

（图片来源：左一：http://www.ac-ilsestante.it/ASTRONOMIA/scuola/descalzo/orientamento/orientamento.htm 左二、三、四：郑婕 摄）

结论

人类对于时间和空间的认识从一根竿子开始，将时空测算技术逐渐扩展到岩画、景观、建筑之中，可以从人类的各个文明时期中发现与日月、星辰在某个特定日期相互对应的空间关系，这也反映出人类对于原始时空的认识具有共性的表达方式。这些作为时间的载体也以其不同的特点，表现出各种形式。

1）岩画里的时间符号主要有以下三种形式：一是对立竿测影时空观测原理最直接的应用，即通过符号来标记特定日期竿影的位置来标示时间；二是通过人为设置缝隙，使特殊日期透过缝隙射入的光线，触及岩画上不同的图像；三是直接利用岩画来标记竿影影长。

2）大地景观则是从立竿测影发展出的利用自然山或者人工构筑物等辅助观测的地坪历法，他们或为独柱影竿，或呈带状、环状分布，其基本原理都是通过参照物与太阳或其他天体运行轨迹的对应，获取天体运行的规律，进而得以辨方正位、划分时间季节。

3）时空准线在建筑中的表现形式，有的为建筑朝向与特定日期特殊天体呈现时空对应；有的通过内部空间设计与特定日期天体运行轨迹相对应，使光线成为建筑内部的装饰要素，渲染出神圣的宗教气氛；还有的则直接将建筑作为观测的工具，通过记录一定周期内光线的变化来计时。

从史前时代到文明时期，景观、建筑、岩画始终充当着时空概念的载体，这些载体因其科学的设计、建造，成为具有辅助天文观测、揭示天体运行规律、划分时间季节、辅助制定历法等功能的科学仪器。对其天文学内涵的准确把握，将成为了解古代科技水平与建筑营造技术的重要参考；同时也为进一步解读古代建筑的空间特征、建造目的提供必要证据；对于历史建筑的修复保护也可提供线索。

参考文献

[1] Michell J F. A little history of astro-archaeology : stages in the transformation of a heresy [M]. Thames & Hudson, 1977.

[2] 陈春红 . 古代建筑与天文学 [D]. 天津：天津大学，2012.
[3] 张玉坤，李贺楠 . 史前时代居住建筑形式中的原始时空观念 [J]. 建筑师，2004 (3) :87-90.
[4] Sofaer A, Zinser V, Sinclair R M. A unique solar marking construct[J]. Science, 1979, 206(4416): 283-291.
[5] Magail J. Les gravures rupestres du Mont Bego des activités et des rituels en leurtemps [J]. Bulletin du Muséed' Anthropologiepréhistorique de Monaco, 2006, 46: 96-107.
[6] Jérôme.Magail. Certain rock engravings atMount Bego were sundials.(2003) International newsletter on rock art[M], ICOMOS, Paris.
[7] Hawkins G S. Stonehenge decoded[J]. Nature, 1963, 200: 306-308.
[8] Clive L. N. Ruggles. Stonehenge and its Landscape. Handbook of Archaeoastronomy and Ethnoastronomy[M], Springer New York, 2015: 1223-1238.
[9] Ghezzi I, Ruggles C. Chankillo: A 2300-year-old solar observatory in coastal Peru [J]. Science, 2007, 315(5816): 1239-1243.
[10] Magli G. Mysteries and discoveries of archaeoastronomy: From Giza to Easter Island [M]. Springer Science & Business Media, 2009.
[11] 资民筠 . 玛雅天文及其他古天文文化 [J]. 天文爱好者，1996 (4) :4-5.
[12] Juan Antonio Belmonte. Solar Alignments - identification and Analysis. Handbook of Archaeoastronomy and Ethnoastronomy [M]. Springer New York, 2015:491
[13] Manuela Incerti.The Baptistery of Parma, Italy.(2010)Heritage Sites of Astronomy and Archaeoastronomy in the context of the UNESCO World Heritage Convention: A Thematic Study [M]. ICOMOS, Paris.
[14] Heilbron J L. The sun in the church: cathedrals as solar observatories [M]. Harvard University Press. 2009.
[15] Murdin P. Full Meridian of Glory: Perilous Adventures in the Competition to Measure the Earth [M]. Springer Science & Business Media, 2008.

暗室日晷：15~18 世纪欧洲教堂的天文特征阐释 ①

摘　要

建筑与天文的关联由来已久，通过列举宗教建筑中时空准线的多种表现形式，追溯了教堂暗室日晷的根源，同时阐述了暗室日晷诞生的时代背景与其基本原理，并通过分析 15~18 世纪欧洲教堂暗室日晷的发展历程及其在不同时期的特点和功能，发掘了教堂建筑的天文特征及其鲜有提及的天文观测以及校准报时功能，进而揭示出建筑中蕴含的科学价值。

关键词　教堂；暗室日晷；时空准线

引言

公元前 1 世纪，维特鲁威在《建筑十书》中将建筑学的内容概况为房屋建造（Aedificatio）、日晷制造（Gnomonice）和机械制造（Machinatio），并在第 9 书中详细地介绍了日晷的基本原理。[1] 他认为，建筑师应该了解辨别方位、划分时节的基本方法，知晓星辰的运行轨迹，以便理解日晷的基本原理。可见，早在两千多年前，建筑师就已经对子午线以及天文时空准线有一定的认识，并将其应用于建筑设计之中，且这种应用一直延续至近代。然而，伴随着社会生产力的发展，社会分工越来越细化，致使今天的建筑师对于天文的关注度远不及当时，对这些暗藏在古代建筑中的天文特征也鲜有了解和研究，本文试通过对 15~18 世纪欧洲教堂暗室日晷发展历程的梳理，对教堂的功能进行重新解读和认识。

一、教堂日晷的建造缘起

耶稣基督于公元 30 到 33 年之间被钉死在十字架后的第三天复活，为了纪念这一天，复活节（Easter Day）成为基督教的一个重要节日。罗马大帝君士坦丁一世在公元 325 年确定复活节是每年春分月圆之后第一个星期日。[2] 理论上，只要确定了春分，其后再通过观察月圆之日，即可确定复活节的日期。但实际上由于春分和星期日之间的时间间隔有时太短并不能及时的通知准备，且各地春分及满月的时间也并不是同一时刻，这就需要教廷确定一个标准时间。尽管罗马教皇于公元 6 世纪统一了这个日期，但是，到了公元 12 世纪，人们发现这个先辈沿用下来的日期并不准确。于是教皇下令对太阳和月亮的运动重新进行观测和计算，以便确定精确的复活节日期，并为此给予天文研究财政和社会支持长达近 6 个世纪。而确定复活节日期的一个关键参数就是春分日的时间，如何精确的确定春分日时间成为问题的关键。公元 15～18 世纪，以丹堤（Egnatio Danti）、卡西尼（Giovanni Domenico Cassini）、比安基尼（Francesco Bianchini）为代表的多位天文学家纷纷在教堂中建立暗室日晷，教堂开始成为天文观测仪器。

图 1　神庙的朝向图式
（图片来源：维特鲁威．建筑十书［M］．陈平译．北京：北京大学出版社，2012.）

暗室日晷出现在教堂并不是偶然事件，宗教建筑与天文之间的联系由来已久，朝向就是这种联系最直接的表现。“神庙以及内殿中供奉的神像都应朝向西方，这样携带着供品与牺牲走向神庙的人，就可以看到位于东面苍穹之下神

① 刘芳，张玉坤．暗室日晷：15~18 世纪欧洲教堂的天文特征阐释 [J]. 中国文化遗产，2016（05）．

庙内的神像……而神像本身也好像冉冉升起并俯视着祈祷者和牺牲品，因为所有神的祭坛都必须朝向东方。”[1] 这是所知最早关于宗教建筑朝向的文字描述，出自于维特鲁威《建筑十书》。事实上宗教建筑的朝向，与太阳、月亮等天体之间大多存在着时空准线。玛雅文明乌瓦夏克顿（Uaxactun）遗址群的 E 组神庙（E Group Temples），就通过特殊的设计，使得神庙组群与春秋分、夏冬至的日出方向呈现时空对应关系，神庙也兼作观察和预测天文事件的工具[3]；代表着古埃及文明的吉萨金字塔群也与天空中的猎户座呈对位关系[4]；中世纪法国的亚眠主教堂（图 2）和巴黎圣母院（图 3）的建筑朝向与冬至日出及夏至日落的方向一致[5]。

此外，有的宗教建筑结合空间设计，与特定日期天体运行轨迹形成对位关系，使光线投射在壁画、浮雕或者雕塑上，渲染神圣的宗教气氛。如建于 1135 年意大利帕尔马阿尔赛诺的（Chiaravalle della Colomba）西多会修道院，因为圣约翰受洗与门这个符号有着密切的联系，同时也象征着新信徒受洗迈入基督教会，因此建筑师经过精密的计算设计使得在圣约翰受洗日这一天（6 月 24 日接近夏至）清晨的第一缕阳光会从连接耳堂和后殿的垂直墙面上的两个小窗穿过投射在地面上，形成两个光斑，最终汇成一个大光斑直接投射在教堂大门上（图 4~ 图 6）。又如意大利帕尔马洗礼堂，因早期教堂只在复活节、圣约翰受洗日等特定日期举行受洗仪式，为了配合受洗仪式，通过设计使复活节期间（3 月 25 日 ~4 月 10 日）光束会照射在洗礼堂穹顶第五层描绘耶稣在约旦河受洗的壁画上（图 7）[6]、[7]。也正是宗教建筑中对天文时空准线的这些应用，为暗室日晷在欧洲教堂的出现奠定了基础。

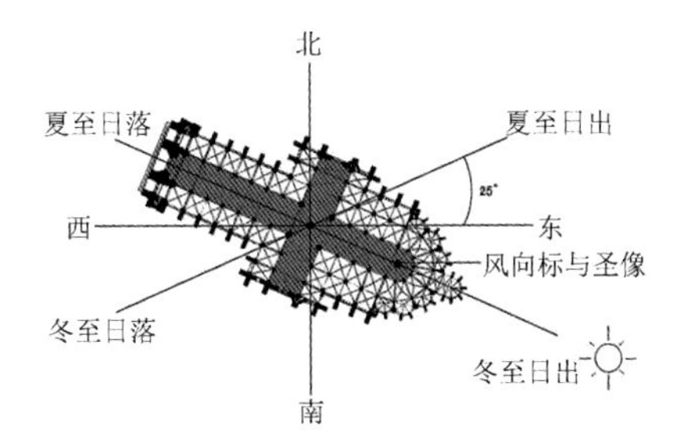

图 2　亚眠主教堂时空准线
（图片来源：陈春红．古代建筑与天文学 [D]. 天津：天津大学博士学位论文，2012）

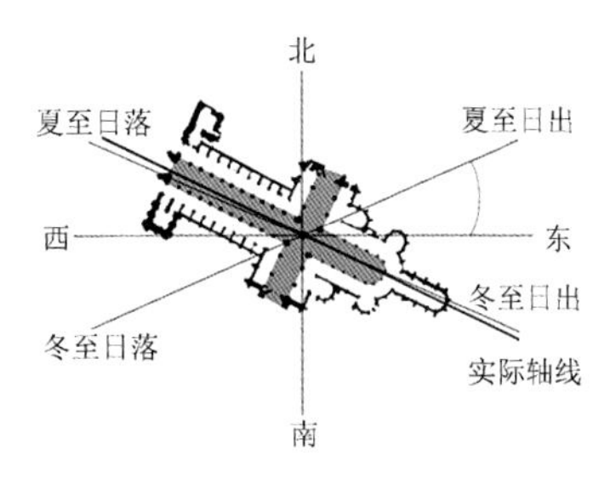

图 3　巴黎圣母院时空准线
（图片来源：陈春红．古代建筑与天文学 [D]. 天津：天津大学博士学位论文，2012）

图 4　Chiaravalle della Colomba 西多会修道院光线在 6 月 24 日穿过小孔照射在教堂大门
（图片来源：Manuela Incerti. Light-Shadow Interactions in Italian Medieval Churches. Handbook of Archaeoastronomy and Ethnoastronomy[M].Springer New York，2015）

图 5　Chiaravalle della Colomba 墙上的两个采光窗
（图片来源：Manuela Incerti. Light-Shadow Interactionsin Italian Medieval Churches. Handbook of Archaeoastronomy and Ethnoastronomy[M].Springer New York，2015）

图 6　光斑出现在 Chiaravalle della Colomba 的教堂大门
（图片来源：Manuela Incerti. Light-Shadow Interactions in Italian Medieval Churches. Handbook of Archaeoastronomy and Ethnoastronomy[M].Springer New York，2015）

二、暗室日晷的原理

人类对于时间、季节的探索，早在尚未通晓天文知识的史前时代就已经开始。使用最广泛和操作最简便的方法是“立竿测影”（图 8）：一日之中竿影最短时刻为正午；一年之中正午竿影最短一天为夏至，最长一天为冬至；全年中有两天日出影和日落影重合，这两天为春分和秋分。

图 7 光斑在复活节期间投射在帕尔马洗礼堂描绘耶稣约旦河受洗的壁画上
（图片来源：Manuela Incerti. Light-Shadow Interactions in Italian Medieval Churches. Handbook of Archaeoastronomy and Ethnoastronomy[M].Springer New York,2015）

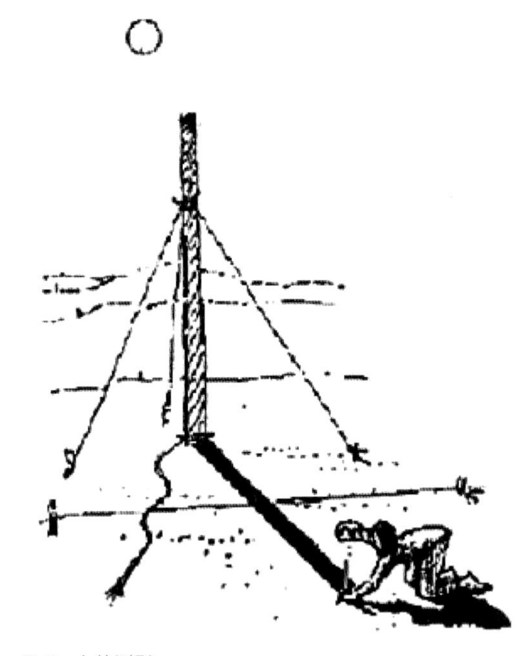

图 8 立竿测影
（图片来源：http://matematicaprofissional.blogspot.com/）

教堂日晷作为一种特殊类型的日晷，其观测原理和立竿测影相似。不同的是，它利用教堂内昏暗的环境，将其变成一个“暗箱”（图 9）；在墙面或者屋顶设置小孔，常年接收太阳的照射，以小孔在地面的垂直投影为圆心作弧，连接日出日落时投射在地面上的太阳光标与弧线的交点，即为东西向（图 10），并沿此东西轴线在地面上设置子午线作为“日历刻度”，神职人员通过观测穿过小孔照射在教堂子午线上的“太阳光标”位置，确定二分二至日，进而确定复活节的日期。由于大教堂内部昏暗的环境，经过小孔后投射在地上的太阳光标清晰可见，使得天文观测和记录变得更易操作。

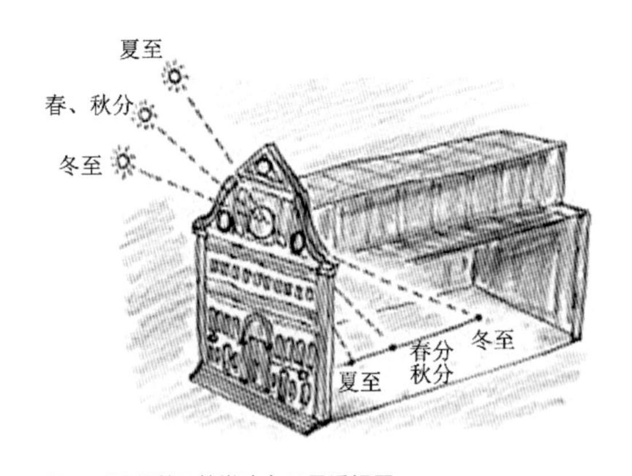

图 9 圣玛利亚教堂暗室日晷透视图
（图片来源：http://www.newporttowermuseum.com/styled-4/index.html）

三、欧洲教堂暗室日晷的发展历程及各阶段特点

1．第一阶段：暗室日晷的雏形

早在 1475 年，天文学家托斯卡内利（Toscanelli）就在佛罗伦萨圣母百花大教堂（Santa Maria del Fiore）中设立了教堂子午线（图 11、图 12）。他当时作为大教堂建筑设计师伯鲁乃列斯基（Filippo Brunelleschi）的朋友兼数学顾问，在教堂新落成的穹顶上的采光亭上设置了采光小孔（图 13）。由于圣母百花大教堂的穹顶过高，小孔在距离地面约 90 米的位置，致使穹顶下方的教堂十字翼空间无法容纳下整条子午线，室内仅存有一小段穿过祭坛到达北墙的子午线，只能供夏至前后数周使用。1510 年教堂的神职人员用铜盘标记出夏至日正午太阳光斑的位置（图 14）。但无论是托斯卡内利，还是伯鲁乃列斯基，都没有留下任何关于建造教堂子午线的缘由。有一些研究者认为此举亦是为了检测是否存在地轴倾斜。在 1755 年的意大利，便有一位名为莱昂纳多 · 希梅内斯（Leonardo Ximenes）的天文学家，在托斯卡内利的教堂日晷基础上根据观测到的夏至日光斑位置重建了子午线，发现与之前的子午线有 56′ 41″ 的偏差，子午线起点到夏至点的长度与 1510 年时相差 4cm，这个差值证实了黄道存在轻微的变化[2]。

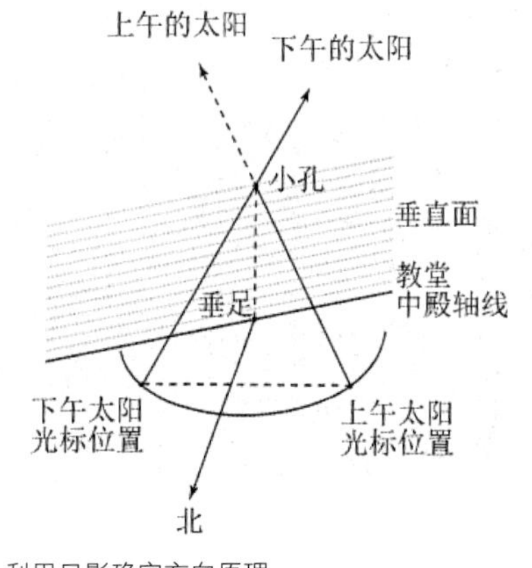

图 10 利用日影确定方向原理
（图片来源：Heilbron J L. The sun in the church: cathedrals as solar observatories[M]. Harvard University Press, 2009.）

2．第二阶段：教堂子午线之父——丹堤与他的暗室日晷

丹堤（Egnazio Danti）（图 15）是意大利的神父、建筑师、数学家、天文学家及宇宙学家，1536 年出生在佩鲁贾（Perugia）的

一个盛产艺术家和科学家的家庭，从小接受的是自由艺术倡导的通识教育。他身兼工程师和建筑师的父亲朱利奥（Giulio）开启了他对绘画和建筑的启蒙知识，而后跟随意大利著名画家佩鲁吉诺（Perugino）的徒弟即他的姑姑特奥多拉（Teodora）学习绘画。成年后，他在完成哲学和神学的研究后，很快便热忱地投身于数学，天文及地理研究。

1563 年 9 月，他被托斯卡纳大公一世科西莫 · 德 · 美第奇（Cosimo I dei Medici）公爵邀请，参加其伟大的宇宙学工程。该工程其中一项便是关于历法的改革，大公希望借此使自己像凯撒大帝一样留名青史。为了实现大公的野心，丹堤在佛罗伦萨圣玛利亚教堂（Santa Maria Novella Church）较低一侧的假拱门上设置了象限仪和日晷。除此之外，其最重要的成果当数让其成为教堂子午线之父的暗室日晷的设计。

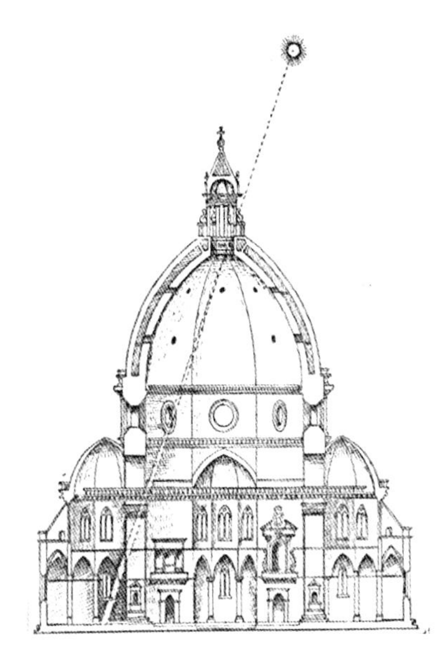

图 11　圣母百花大教堂剖面图
（图片来源：W.E.R.The Great Gnomon of Florence Cathedral[J].Nature，1906:73.）

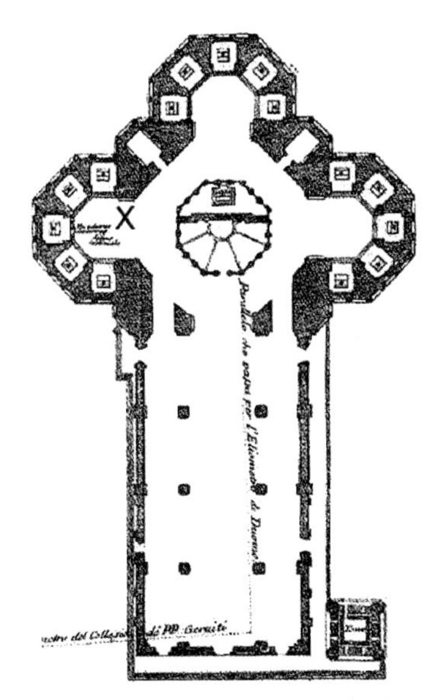

图 12　圣母百花大教堂平面图（X 为夏至日标记点）
（图片来源：Heilbron J L. The sun in the church: cathedrals as solar observatories[M]. Harvard University Press，2009.）

圣玛利亚教堂朝向正南方，丹堤利用教堂的长进深，在南北轴线大理石地面上设置一条“子午线”，在南立面距离地面 20.45 米处的玫瑰花窗上开凿了一个小洞口（图 16），由于教堂内部十分昏暗，光线经过墙上的小孔后，投射在地面的光斑清晰可见，通过观测光斑在子午线上运动的轨迹，确定二分二至的位置点（图 17）。随后，他被允许刺穿教堂墙体，在更高的高度（26.29 米）建立了他的第二时针（图 18）。

不幸的是，科西莫一世于 1574 年去世。第二年，其子 Francesco I de' Medici 以莫须有的道德质控强迫丹堤离开佛罗伦萨，他被迫搬到博洛尼亚，这也使得圣母玛利亚教堂的日晷成为一个未完项目。不过 1576 年，他的暗室日晷还是在博洛尼亚圣佩特罗尼奥大教堂（San Petronio）中得以实现（图 19）。由于该日晷巨大的尺寸，使观测太阳运动细小的变化成为可能，而这是当时其他天文仪器所不能做到的。通过该日晷确定了二分二至点的位置。但遗憾的是，由于固定小孔的圆盘在日后滑落，其定位也便不再精确。如今，该子午线已不复存在。

3. 第三阶段：天文观测全盛时期

1650 年代到 1750 年代是教堂观测的全盛时期，意大利的很多教堂都成为天文研究中心。博洛尼亚圣佩特罗尼奥

图 13　太阳光线从小孔射入
（图片来源：Heilbron J L. The sun in the church: cathedrals as solar observatories [M]. Harvard University Press，2009.）

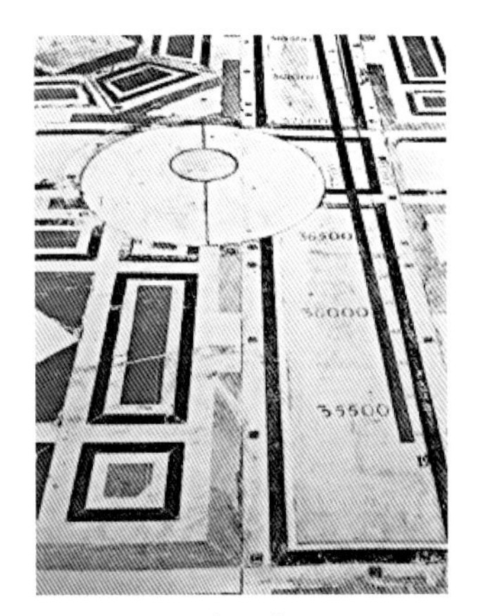

图 14　夏至日标记点
（图片来源：Heilbron J L. The sun in the church: cathedrals as solar observatories[M]. Harvard University Press，2009.）

图 15　丹堤画像
（图片来源：https://en.wikipedia.org/wiki/Ignazio_Danti）

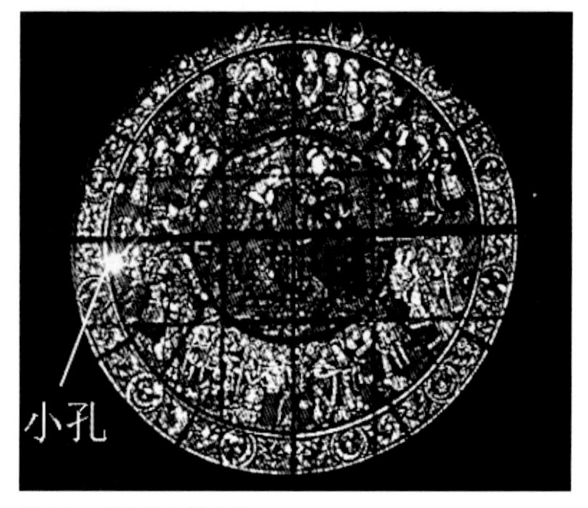

图 16 玫瑰窗上的小孔
（图片来源：绘自 http://www.operasantamarianovella.it/tag/meridiana/）

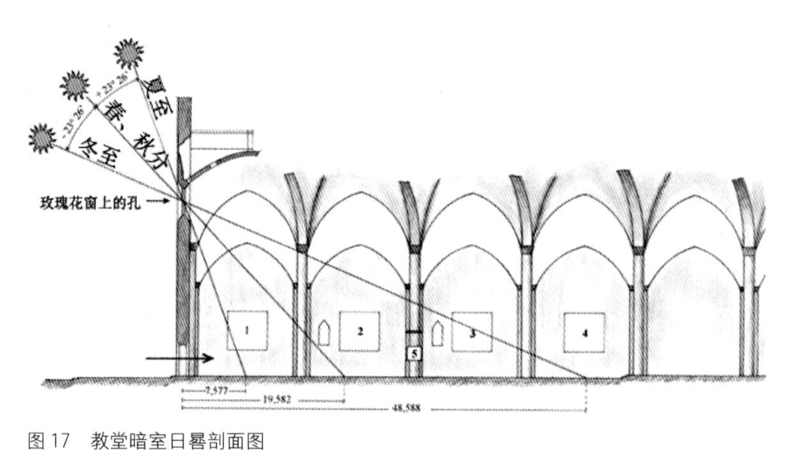

图 17 教堂暗室日晷剖面图
（图片来源：绘自 http://www.operasantamarianovella.it/tag/meridiana/）

图 18 教堂正立面上的两个小孔
（图片来源：绘自 http://www.operasantamarianovella.it/tag/meridiana/）

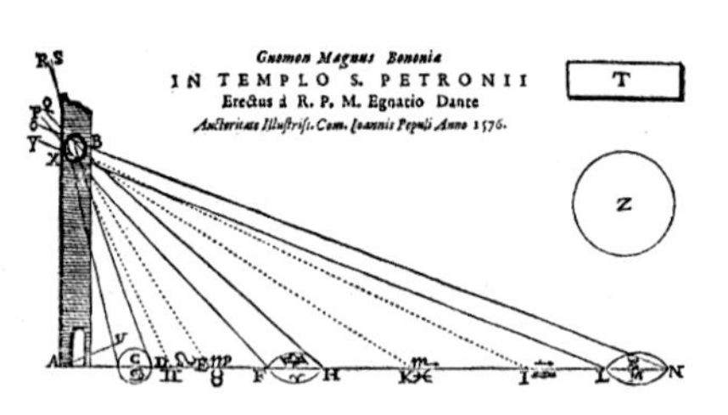

图 19 丹提在圣佩特罗尼奥大教堂子午线
（图片来源：Heilbron J L. The sun in the church: cathedrals as solar observatories[M]. Harvard University Press，2009.）

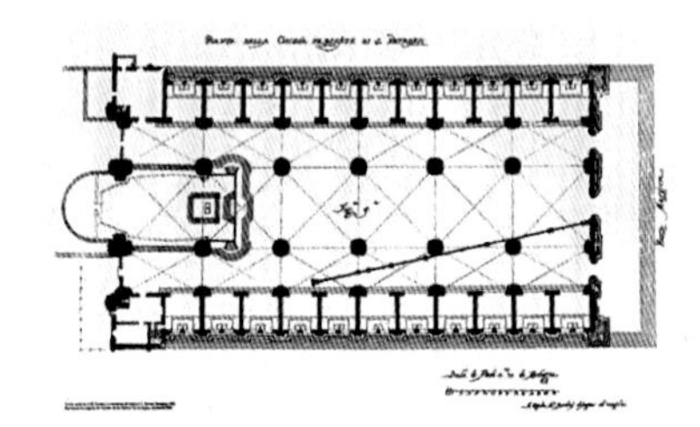

图 20 圣佩特罗尼奥大教堂平面图
（图片来源：Heilbron J L. The sun in the church: cathedrals as solar observatories[M]. Harvard University Press，2009.）

图 21 圣佩特罗尼奥大教堂小孔位置
（图片来源：绘自 https://fr.wikipedia.org/wiki/Basilique_San_Petronio_（Bologne）

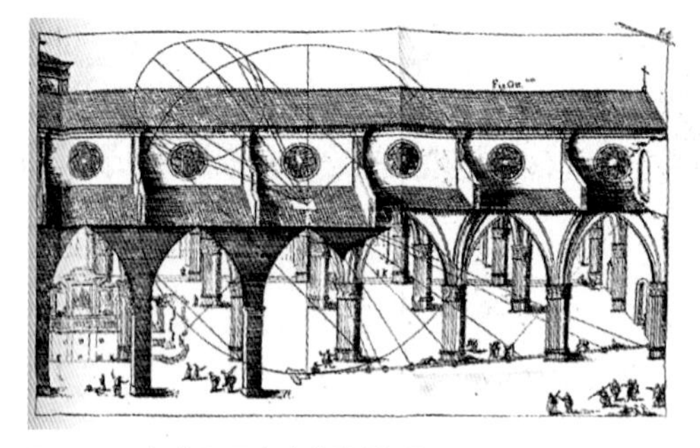

图 22 圣佩特罗尼奥大教堂剖透视
（图片来源：Heilbron J L. The sun in the church: cathedrals as solar observatories[M]. Harvard University Press，2009.）

图 23 太阳入射小孔
（图片来源：http://thecandelabra.blogspot.com/2014/07/la-meridiana-cassini.html）

大教堂（San Petronio）凭借其精准的设计和严格的仪器标准，成为那个时期最宏伟的教堂天文台。1655 年，即丹堤建立圣佩特罗尼奥大教堂子午线 75 年之后，G.D. 卡西尼（Giovanni Domenico Cassini）接管了大教堂子午线的重建工作，由于丹堤的子午线不再具有利用价值，他决定重新修建一条子午线（图 20、图 22）。为了避开中殿支柱的遮挡，同时保证太阳运动的整条轨迹可以呈现在教堂内部，他没有将小孔安置在中殿，而是将其设置在了第四个拱顶上（图 21）。在室内，小孔被一个太阳图案的装饰包裹（图 23），并且在这条子午线上用大理石标牌标示出二分二至点以及黄道十二宫的位置（图 24、图 25）。该子午线因其对于太阳运动以及其他天文信息的可读性，被认为是阿波罗的神谕（Oracle of Apollo）[8]。

此时期另一典型实例是罗马安杰利圣母堂（Santa Maria degli Angeli）的双孔日晷。18 世纪初，教皇克莱门特十一世（Clement XI）为了公历改革，委托身为天文学家、数学家、考古学家、历史学家及哲学家的比安基尼（Francesco Bianchini）构建子午线。之所以选择在米开朗琪罗改建的安杰利圣母堂（Santa Maria degli Angeli）里创建子午线，有以下几个原因：首先该教堂为巴西利卡，是代表古罗马集会的场所，而它在1870～1946年间也作为国家教堂；其次，安杰利圣母堂在古罗马戴克里浴场的基础上改建的，在其中设置子午线代表着基督教日历对于早期异教日历的胜利。最后，则是因为它自身建筑设计给教堂子午线创造了有利条件：一方面罗马浴场自身原本的设计为了获得更好的日照通风环境采用了东西向的建筑轴线。另一方面，教堂中保留了原浴场一面高大的古城墙，该墙由于年代久远早已停止沉降，这为保证观测仪器的准确性提供了保障。

图 24　教堂子午线
（图片来源：http://www.math.nus.edu.sg/aslaksen/teaching/heilbron.html）

图 25　冬至日标志
（图片来源：http://lastoriaviva.it/il-sole-si-ferma-solstizio-dinverno/olympus-digital-camera-2/）

在教堂的中殿内，比安基尼设置了南、北两个小孔（图 26、图 27）。南小孔位于南墙上距地 20.5 米高处[2]，它被呈现在雕刻有教皇克莱门特的高浮雕的可开启的活动板上，当活动板开启时，即使在距离子午线比较远的地方也可以观测太阳和月亮（图 28），活动板的背面也绘制了教皇克莱门特的肖像，这样无论在活动板开或者关的时候，都能让观测者感受到教皇的无上守护。从南小孔射入的太阳光会照射在镶嵌于大理石地面的子午线上（图 32），同样，这条子午线上亦有黄道十二宫以及二分二至的标志点（图 33）。除了用来测量子午线之外，南小孔同时是一个观测恒星的通道，比安基尼通过望远镜从南小孔获得了北极星每日的运动轨迹。同时为了使光线射入教堂内部，甚至砍掉了建筑原有的一些线脚。此外，即使在光线充足的白天，也可以通过望远镜观测大角星、天狼星等恒星。

图 26　安杰利圣母堂教堂子午线（左为北日晷指针，右为南日晷指针）
（图片来源：绘自 Heilbron J L. The sun in the church: cathedrals as solar observatories[M]. Harvard University Press, 2009.）

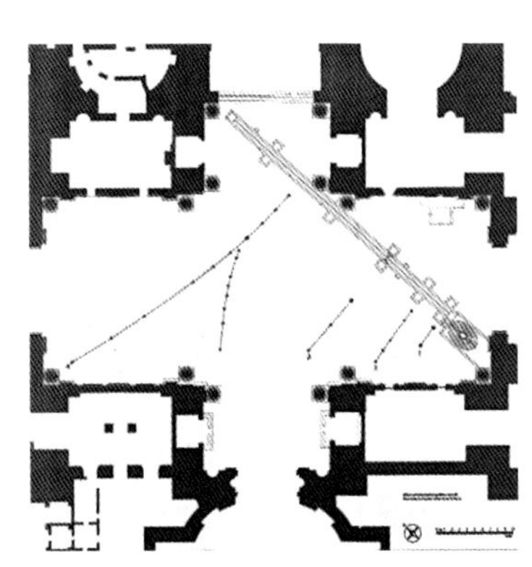

图 27　安杰利圣母堂教堂子午线
（图片来源：il cielo in basilica:la meridiana delle basilica di santa maria degli angeli e dei martiri in roma[M]. A.R.P.A Edizioni AGAMI, 2011.）

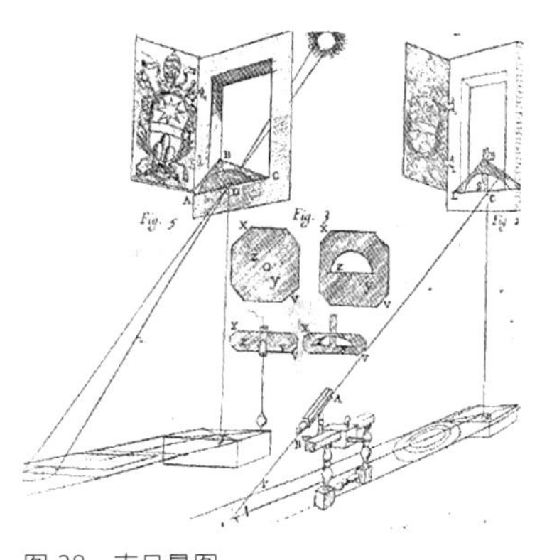

图 28　南日晷图
（图片来源：Heilbron J L. The sun in the church: cathedrals as solar observatories[M]. Harvard University Press, 2009.）

图 29　北小孔
（图片来源：il cielo in basilica: la meridiana delle basilica di santa maria degli angeli e dei martiri in roma[M]. A.R.P.A Edizioni AGAMI, 2011.）

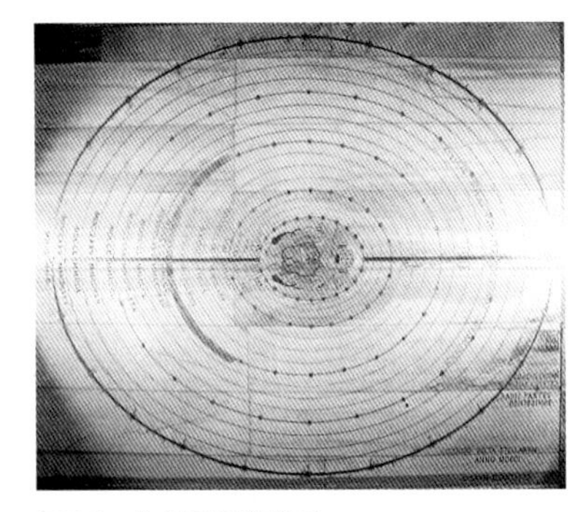

图 30　北极星运行轨迹
（图片来源：il cielo in basilica:la meridiana delle basilica di santa maria degli angeli e dei martiri in roma[M].A.R.P.A Edizioni AGAMI, 2011.）

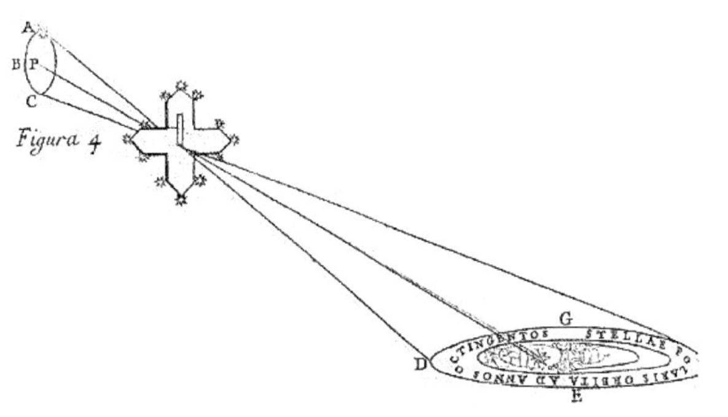

图31　北日晷（ABC为北极星的日轨迹，DEG为其在地面的轨迹投影）
（图片来源：Heilbron J L. The sun in the church: cathedrals as solar observatories[M]. Harvard University Press, 2009.）

图 32 南小孔
（图片来源：il cielo in basilica:la meridiana delle basilica di santa maria degli angeli e dei martiri in roma[M].A.R.P.A Edizioni AGAMI，2011.）

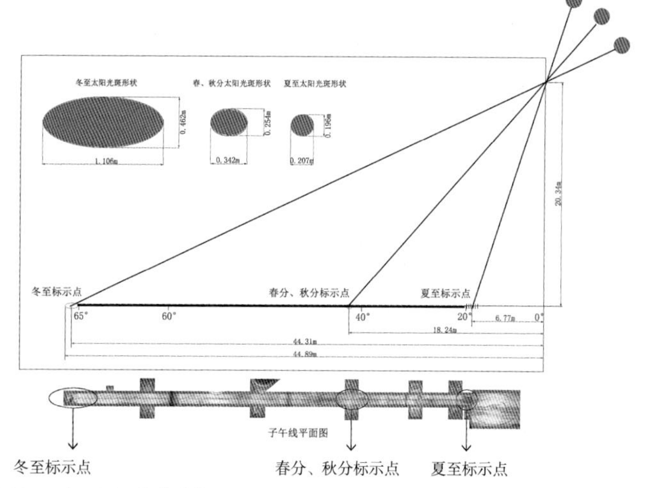

图 33 南日晷子午线分析图
（图片来源：绘自 il cielo in basilica:la meridiana delle basilica di santa maria degli angeli e dei martiri in roma[M].A.R.P.A Edizioni AGAMI，2011.）

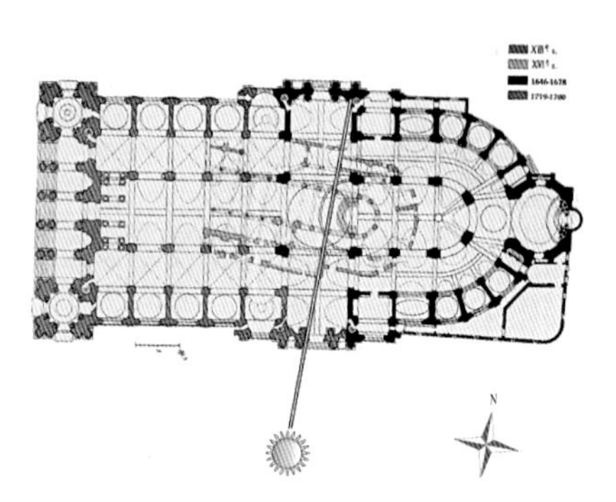

图 34 圣叙尔皮斯平面图
（图片来源：绘自 http://www.tombes-sepultures.com/crbst_1133.html）

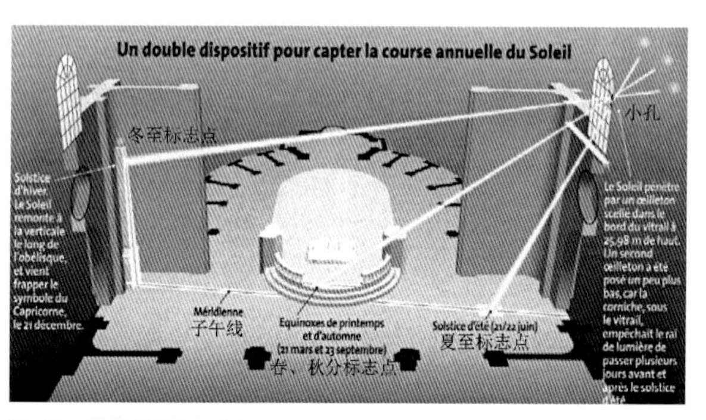

图 35 教堂日晷原理图
（图片来源：绘自 http://www.cromleck-de-rennes.com/rose_line.htm）

图 36 玫瑰线
（图片来源：https://en.wikipedia.org/wiki/Gnomon_of_Saint-Sulpice.）

北小孔位于教堂中殿东北面的拱顶上，距地面约 24.39 米高，北极星的光线穿过圣孔（图 29）照射在地板上，比安基尼将其每日的运行轨迹记录在地面上，形成了一个长轴为 4.4 米短轴为 3.0 米的椭圆（图 31）[2]。其内部里一圈圈椭圆代表着在 18 世纪比北极星更靠近极点的星体的运行轨迹。整个点缀有黄铜星星的椭圆体系（图 30）说明了当时对于时间的新认识：在当时极星已经越来越靠近极点运行。安杰利圣母堂的双孔子午线在当时最大的成就在于将一年和一个阴历月的时间更为准确的测量出来。

4．第四阶段：科学研究转折时期

至 18 世纪中叶，伴随着天文望远镜的普及，教堂子午线的科学研究功能已经开始慢慢减弱，但其报时功能的重要性开始提升。无论是圣佩特罗尼奥大教堂，还是安杰利圣母堂，其教堂日晷都兼具报时功能，但当时只为各种宗教活动服务。1750 年代之后，统一全城的机械钟时间成为教堂日晷除天文观测外的另一个重要功能。

用于统一全城时间的巴黎圣叙尔皮斯（Saint-Sulpice）教堂日晷是这个时期的代表。应圣叙尔皮斯教堂牧师 Languet de Gercy 先生的要求，天文学家勒莫尼耶（Pierre-Charles Lemonnier）在 1743 年把日晷引入教堂。该教堂是在 13 世纪一座古老教堂的基础上改建的，教堂建设初期为东西向，后期扩建过程中由于地形限制，平面轴线开始倾斜（图 34）。勒莫尼耶将一条正南北向的铜线，从南面的耳堂起始，穿过祭坛。尽管圣叙尔皮斯教堂很大，但是它的十字翼的宽度并不足以在地面上完整地呈现太阳运动轨迹，因此铜线到达北面耳堂角落方尖碑的基石后向上转折 90°，顺着碑体向上延伸 10 米，终结于碑顶的铜球（图 38）。这条被称为玫瑰线（Rose Line）（图 35）的铜线上标有刻度，当阳光通过南面耳堂窗户边缘高于地面 25 米处的小孔射入教堂（图 37）[2]、[9]，光斑就会沿着玫瑰线的刻度移动，根据光斑在玫瑰线上的位置就可以计算日期。如图 35 夏至正午，光斑落在南耳堂地面上的一块石板上。冬至正午，光斑

图 37 小孔
（图片来源：https://en.wikipedia.org/wiki/Gnomon_of_Saint-Sulpice，）

图 38 方尖碑
（图片来源：https://en.wikipedia.org/wiki/Gnomon_of_Saint-Sulpice，）

图 39 春秋分标识点的铜板
（图片来源：https://en.wikipedia.org/wiki/Gnomon_of_Saint-Sulpice，）

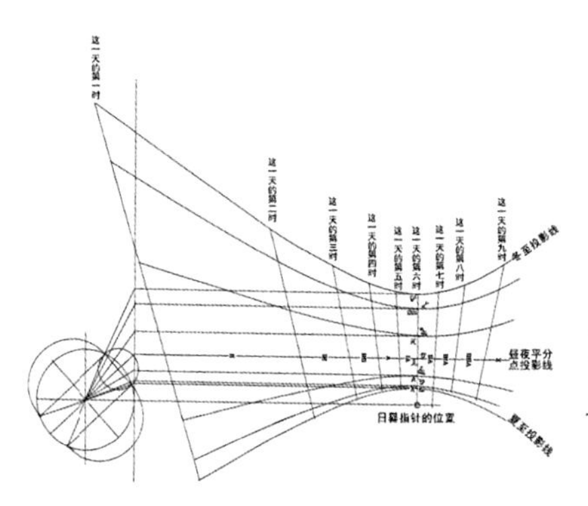

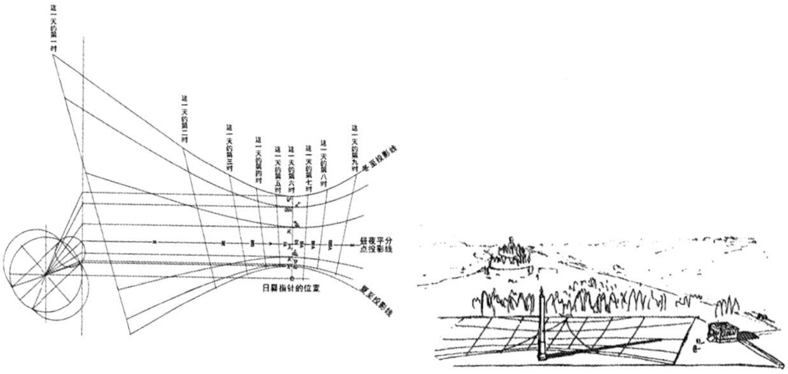

图 40 奥古斯都日晷
（图片来源：维特鲁威，陈平译．建筑十书 [M]. 北京：北京大学出版社，2012.）

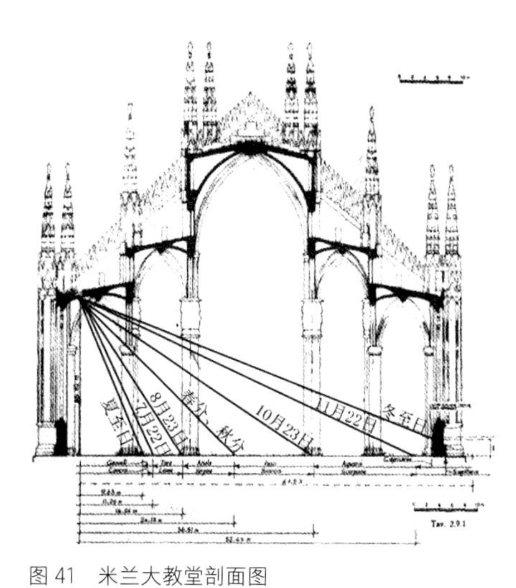

图 41 米兰大教堂剖面图
（图片来源：Heilbron J L. The sun in the church: cathedrals as solar observatories[M]. Harvard University Press, 2009.）

会出现在方尖碑的铜条上一个代表摩羯座同时也是冬至日的位置。春、秋分的时候，光斑则会依次落在位于祭坛地面的椭圆形铜板上相应的标志点（图 39）。

勒莫尼耶之所以选择将方尖碑作为子午线垂直延伸部分，是因为早在公元前 10 年，奥古斯都征服古埃及之后，将赫利奥波利斯（Heliopolis）的方尖碑搬到罗马，建造了有史以来最巨型的日晷——奥古斯都日晷（图 40）。从那个时候起方尖碑就与时间产生了内在的联系。

5．第五阶段：公众的报时仪器

18 世纪后期，教堂的天文观测功能几乎已经废弃，但是这并没有阻止教堂子午线的建造。此时的教堂子午线不再是为科学研究服务，而转变为向公众报时。为了使意大利的半岛时间与欧洲大陆时间相统一，各地纷纷在教堂建造日晷来为市民提供报时服务。米兰大教堂（Duomo Mlilano）的子午线（图 41、图 42）就是在这个时期建造

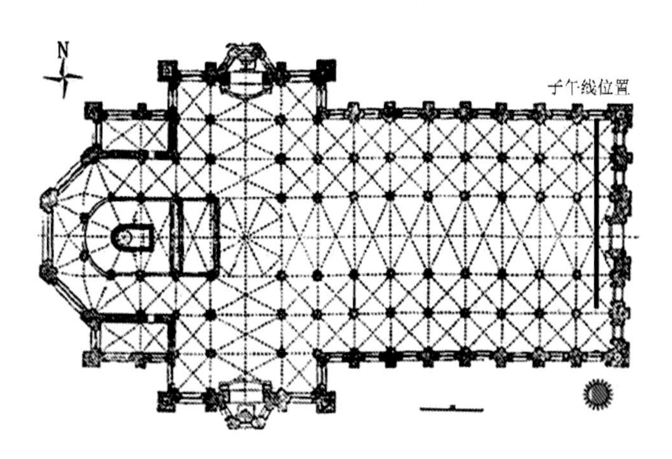

图 42 米兰大教堂平面图
（图片来源：绘自 http://alfa-img.com/show/milan-cathedral-section-plan.html）

图 43　小孔位置
（图片来源：https://es.pinterest.com/

图 44　子午线
（图片来源：郑婕 摄）

图 45　夏至日标记点
（图片来源：郑婕 摄）

图 46　冬至日标记点
（图片来源：郑婕 摄）

的。天文学家安杰洛·塞萨里斯（Giovanni Angelo Cesaris）1786 年在米兰大教堂屋顶上设置太阳入射小孔（图 43），由于教堂平面布局严格遵循东西向轴线，塞萨里沿垂直于教堂长轴的方向在教堂东端设置子午线（图 44、图 45），但由于教堂的宽度不足以容纳整条子午线，和圣叙尔皮斯教堂子午线的处理方式类似，将冬至日（摩羯座）的太阳标记转折到北墙上 2.50 米高处（图 46）[2]。此时的教堂日晷已经不再是为教皇控制的宗教服务仪器，这一点从子午线的位置就可以看出，早期的教堂子午线基本都在圣坛附近，而米兰大教堂的子午线已经移至教堂的东端入口处。

除了米兰大教堂之外，在意大利的贝加莫、巴勒莫、卡塔尼亚也有类似的教堂子午线作为太阳计时器来校正手表、机械时钟。甚至到 19 世纪 30 年代，比利时的教堂子午线还被应用在铁路列车时刻表的制定中。

结语

早在古罗马时期维特鲁威将“日晷制造”作为建筑的一部分，并将天文学列为建筑师应掌握的知识。一千多年之后，欧洲建筑师仍然保持这个传统，将天文时空准线应用在教堂的设计中。

纵观 15~18 世纪欧洲教堂暗室日晷的发展历程，从圣母百花大教堂仅有一个标志点的子午线，到丹堤在圣母玛利亚教堂开创完整的暗室日晷观测体系，之后教堂暗室日晷历经天文观测全盛时期、科学研究转折时期，最后成为公众报时的仪器。其建造的目的，从最初的确定复活节日期、划分时节，到之后的测定地轴倾角、黄道变化等天文参数；观测的对象，从单纯的太阳、月亮，到北极星等其他天体；使用功能从为教皇制定历法，到为公众校准报时。可见，教堂不仅仅是供教徒集会，进行宗教活动的场所，它曾经还利用其建筑中的时空准线和地面上的子午线，成为天文科学研究的实验室，甚至当天文望远镜和天文台出现之后，教堂凭借其精准的暗室日晷依旧作为发布城市标准时间的报时工具，它不仅仅是宗教的教堂，它也是科学的教堂。

教堂作为神灵的居所，其与天体存在的时空联系概括起来主要有以下三种方式：首先是建筑朝向与特定日期、特殊天体的时空对应；其次，通过空间设计结合时空准线，使得光线成为内部装饰的一部分，营造神圣的宗教气氛；最后一种即将时空准线的原理与宗教建筑融合，使其成为人类了解宇宙奥秘的仪器，教堂暗室日晷就属于这一类。教堂中这些科学功能的本质，即为建筑与天体之间时空准线的应用。

事实上，时空准线在中国古代建筑中的应用也很普遍，本文仅以 15~18 世纪的欧洲教堂为例来阐述建筑中的时空准线及其科学内涵，希望对中国古代建筑天文特征的探索研究有一定启发。

（感谢郭满、郑婕在本文资料收集过程中给予的帮助。）

参考文献

[1] 维特鲁威. 建筑十书[M]. 北京大学出版社, 2012.

[2] Heilbron J L. The sun in the church: cathedrals as solar observatories[M]. Harvard University Press, 2009.

[3] 资民筠. 玛雅天文及其他古天文文化[J]. 天文爱好者, 1996(4):4-5.

[4] Magli G. Mysteries and discoveries of archaeoastronomy: From Giza to Easter Island[M]. Springer Science & Business Media, 2009.

[5] 陈春红. 古代建筑与天文学[D]. 天津: 天津大学, 2012.

[6] Manuela Incerti. Light-Shadow Interactions in Italian Medieval Churches. Handbook of Archaeoastronomy and Ethnoastronomy[M].Springer New York, 2015:1745-1754.

[7] Manuela Incerti. Astronomical knowledge in the sacred architecture of the Middle Ages in Italy[J]. Nexus Network Journal, 2013, 15(3): 503-526.

[8] Heilbron J L. Churches as scientific instruments[J]. Universitas. Newsletter of the International Centre for the History of Universities and Science, 1996, 9: 1-12.

[9] Murdin P. Full Meridian of Glory: Perilous Adventures in the Competition to Measure the Earth[M]. Springer Science & Business Media, 2008.

传统聚落

- 里坊制度
- 聚落空间
- 技术方法

里坊制度

山西平遥的“堡”与里坊制度的探析①

摘 要

学界普遍认为，自北宋（960～1127年）以后，城市中封闭的里坊便随“坊市”的瓦解而消失了，代之以开敞的街巷形式。笔者在民居调查中发现，平遥古城中尚保留着一种封闭性的居住形态——“堡”，这种“堡”的形制与早期的里坊乃至闾里极为相似，据此进一步追溯探索里坊的原始形态，从而加深对里坊制度的认识。

关键词 平遥古城；堡；里坊制度

一、平遥的“堡”的居住形态踏勘

1．平遥古城

平遥县位于山西晋中地区南部（图1），其县城是国内保存最完整的一座古城，相传，平遥县境远古时为帝尧的封地，始称“古陶”。建城的历史可追溯至周宣王时期（公元前827～前781年）。当时，周都镐京（今陕西省西安市长安区内）屡受玁狁人的侵扰，宣王派将尹吉甫率兵讨伐至此地，筑城屯兵。春秋战国时期，平遥分别为晋赵所辖，至北魏始置平陶县于此。后因避魏太武帝拓跋焘名讳（焘音同陶），更名为平遥，至今已逾1500年。现存古城墙为明洪武三年（1370年）重筑，经明清两代多次修整，形成现在的规模。1980～1993年间，城墙再次大修，恢复了原来的壮丽景观。

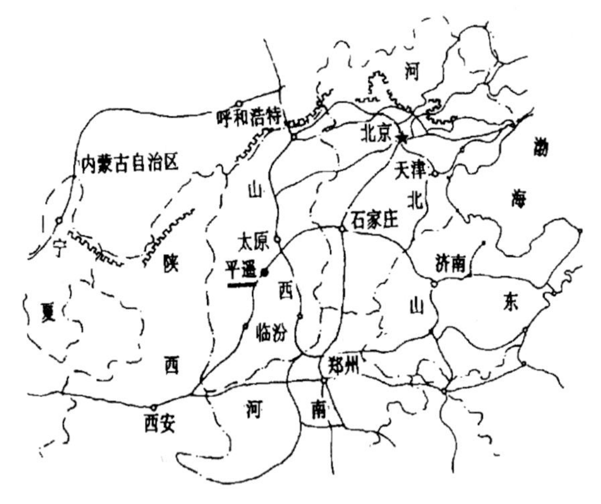

图1 平遥县地理位置示意

2．城中之城——“壁景堡”

古城平面呈方形，占地2.25平方公里。城内的建筑和街巷基本保持着明清时期的格局和风貌，与完整的城墙构成一个和谐的整体，具有很高的建筑史学研究价值（图2）。除此之外，在城内尚保存一种独特的“堡”的居住形态，引起了笔者注意，并进行了深入的研究。

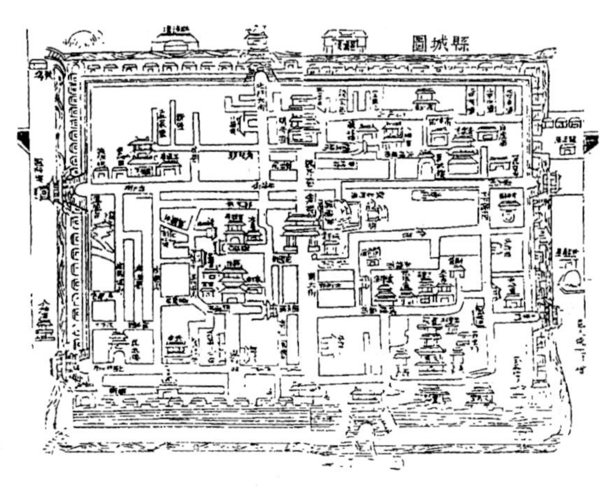

图2 平遥城平面（采自光绪《平遥县志》）

壁景堡位于城东北隅，由东、中、西三个堡并列组成（图3）。每个堡北端建筑皆已毁，而各堡内部都是由一条长约220米、宽约4.5米贯穿南北的街巷缀连起各家宅院。街巷南端皆为堡门，东壁景堡现仅存门洞，门扇已年久遭损，尚依稀可见原有门房的痕迹，与堡内人的口碑大致相符（图4）。其他两堡的堡门已荡然无存。在中壁景堡巷北端的一院墙上，镶有一段残碑，是清“道光二十八年（1848年）八月”所立，上记述“观音堂年深日损，阖堡诸公议修补，金妆神像”之事，另说明“堡内观音堂后有井一眼”。碑记与堡内人所言巷北端建有“娘娘

① 张玉坤，宋昆．山西平遥的“堡”与里坊制度的探析[J]．建筑学报，1996（04）．

庙”（观音庙），庙后有水井和花园，基本相符，由此可以推断东、西壁景堡巷北端也应有庙和井，堡内人言为“老爷庙”（关帝庙）等，也是可信的。中壁景堡内的观音庙在道光二十八年（1849 年）既已“年深日损”，可见庙与堡的始建不会晚于清初了。

堡街两侧排列着各家住宅。东壁景堡内所居者都是一些大户人家，每家宅基均在 1000 平方米以上。住宅一般不直接对大街开门，而是通过一条宽约 3 米与堡街垂直的小巷进入宅门。宅院多数座北朝南，除了三进正院之外，均设跨院，作为车马、贮存、仆役住所之用，型制较低。中、西两堡，宅院大多较小，布局灵活，宅门直通巷内。据堡中老人回忆，在堡门拆除之前，一直保持着宵禁制度，夜间有专人守卫打更。若有生人来访，则由值夜人问清缘由，然后通知被访人家将客人领走，安全上可谓万无一失。三堡各设一门外通，俨然是三座城中之城，与早期的里坊制十分相似。

在古城北隅尚有一孟家堡，有名而无实，据说布局形式与前三堡同。另据光绪八年（1882 年）县志图所示，在孟家堡旁还有一个新堡，现已无存。可见堡的居住形态，明清时期在平遥城中还存在多处，然而城中大部分街巷已经成为开敞式，堡的居住形态也仅作为一种残存的特例。

3．城外的“小城”——乡村的堡

城外的堡与城内的堡不仅仅只是称谓上相同，而且有着密切的血缘关系。作为大聚落的城是由若干小聚落的堡构成的。据光绪八年县志图录，在县城周围分布着许多堡寨形式的聚落（图 5）。这就足以说明堡在当地的普遍存在。县境内的村庄，尽管许多不以堡来命名，但也多是堡的形式。

1）干坑村“五成寨（串心堡）”及“西堡”

干坑村五成寨位于古城南约三四里，远远望去，俨然是一座土筑的“小城”（图6）。堡垣为版筑夯实，每层厚约14厘米，甚为密实，垣残高仍有 7.5 米左右。堡垣底部宽近 6 米，顶宽约 4 米，上可行马车。四角向外凸出约 2 米像城隅。堡的总体平面布局为正方形，每边约长 140 米，堡中央有一眼水井，南北堡墙正中各设一门，由一条主街道贯通，东侧有支巷三条，每条巷大多比邻建五家住宅；西侧布局则较灵活自由，内宅院 40 余家，以坐北朝南者为多（图 7）。

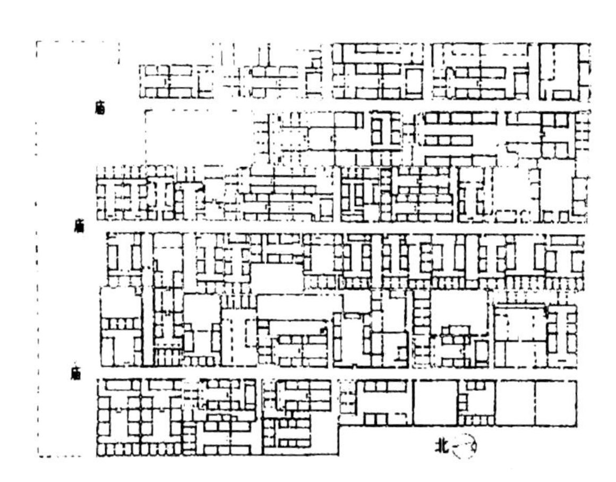

图 3　壁井堡平面

图 4　东壁井堡堡门

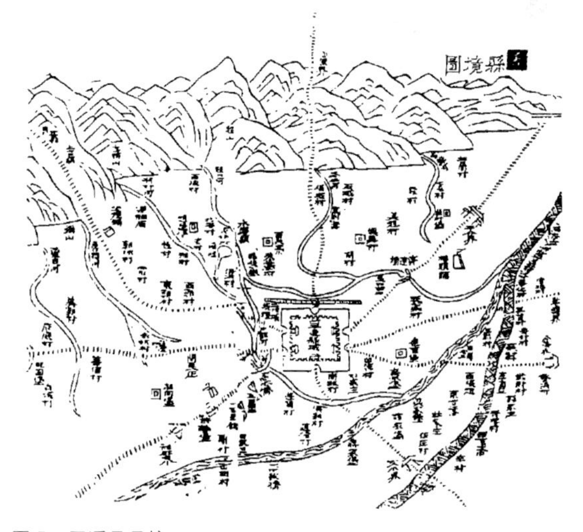

图 5　平遥县县境

堡南北二门上原各建有庙，据称南门为李存孝庙，北门为三公庙，今皆不存。南门外堡墙上镶有一块残碑，字迹模糊，为清乾隆八年（1743 年）所立，记述的是修建堡外大道之事。北门堡墙上有碑为“乾隆二十八年”（1763 年）所立的“五成寨开南门平道路碑记”。可以得知此堡建成年代最晚也为清初，而且初建时只有一道北门。自南门打开后，五成寨便又称作

图 6　五成寨外观

"串心堡"。

西堡位于五成寨西，此堡设一门朝东，内为一"L"形小巷，进堡门右有井一眼，堡总长仅为 80 米，宽 50 米，原仅住 7~8 户，是典型的一姓之家的宅院（图 8）。

2）段村"永庆堡"与"和薰堡"

段村位于平遥南 10 公里处，是由六座堡组成的大聚落，最大的凤凰堡的建造年代不晚于明朝，以永庆堡与和薰堡的内部结构保存较完好。永存堡堡门在北，主街道南北走向，宽 5 米，长 140 余米，最南端建一小庙。堡街两侧各有东西向宽约 4 米的小巷三道，将堡宅分为八组。西侧每组有四座宅院，总宽约 65 米，东侧经扩建后每组由五家增至八家，总宽 150 余米（图 9）。堡内住宅皆朝南向，大宅院为四面锢窑，有前廊环绕，楼梯通达屋顶，彼此相互连通。各家宅门均开在院南侧，而北山墙则壁立高耸。堡内街巷笔直，住宅比邻排列有序，另外在堡的东西两侧，各有水井一眼。北门堡墙上建小庙，侧有台阶通上。北门外正对原有影壁一道，故此堡又名"照壁堡"。

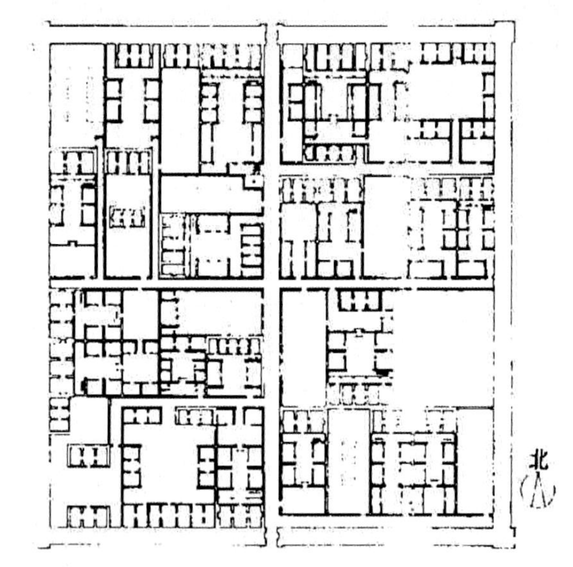

图 7　五成寨平面

永庆堡西北方相邻的是和薰堡，虽然堡墙与宅院破损严重，但仍保持着严整的街巷格局。此堡大门在南，南北向堡街的最北端建有三层玉皇诸神庙（图 10）。蹬阶而上，最顶层屋内侧墙壁上，左右各镶石碑一块，右侧一块则清晰记载了堡的规划设计说明："大清雍正五年（1727 年）九月初四日起工建立和薰堡。共买地八十三亩，除堡外截出余地以及堡墙根脚并街道、马道占过，净落舍基地四十八亩。将此地切分八大位，每一大位分地六亩，南北长一十二丈六尺，东西宽二十八丈八尺。堡内南北街一道，宽二丈；东西街三道，俱各宽一丈二尺；周围马道宽窄不一，流传后人，不得侵占。每一亩舍基地南北长一十二丈六尺，东西宽四丈八尺。每一亩舍基地承认粮五升八合。永垂石记。道光二十七年冬照旧石重刻"。

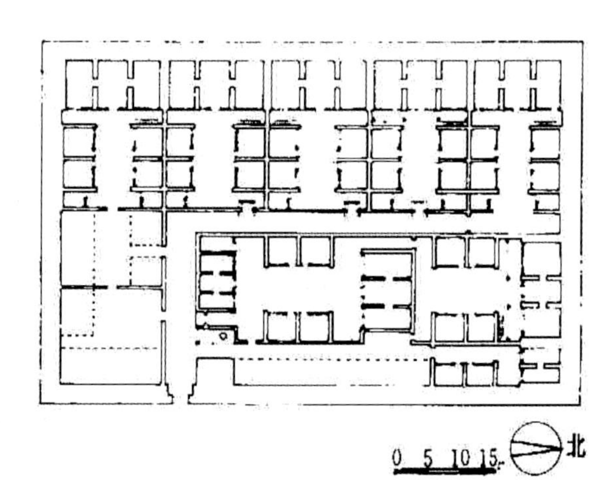

图 8　干坑村西堡平面

若按当时的丈地尺换算，1 丈合 3.43 米，则清晰可知，一条南向干道宽近 7 米。三条东西向支路各宽 4 余米，将堡分成八块；每块南北向约 43 米，东西宽近百米，大多为 5 户比邻而居，共计 40 余户。堡墙以内，环堡四周有马道，另有水井二眼。堡墙东南角上原建有八角形魁星楼，现已不存，故和薰堡又名"八角楼堡"（图 11）。

庙前还有一道石碑，立于道光二十九年（1850 年），记载重修玉皇诸神庙、文昌魁星楼及"完雉堞，开水道"事宜。碑中落款提及的"里人张云程书丹"[①]，容易联系到里坊制的管理组织形式，"里人"在周时为一里之主宰，与里尹、里宰、里胥同，后来也可泛指乡里之人。清人朱璐在《防守集成》中提到"正副里人"[②]，可知清代乡里的管理组织，有"里人"的一职。

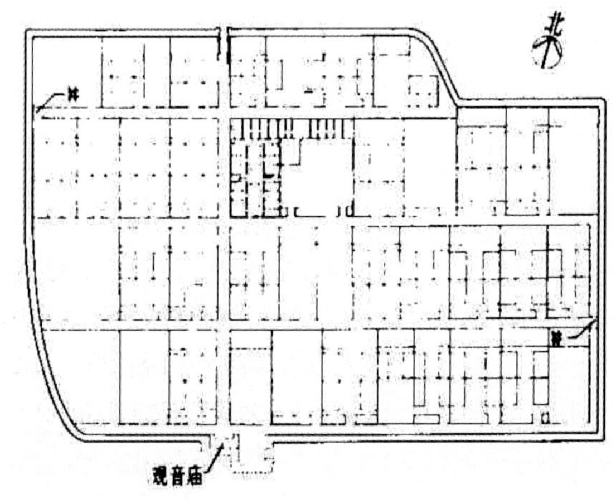

图 9　永庆堡平面

① 原义为刻碑前以朱笔在石碑上写字，后称书写碑铭为"书丹"。
② 《中国兵书集成》第 16 册，《防守集成》解放军出版社，辽沈书社，1992.4，第一版，第 111 页。

况且能题记“书丹”的人，也不会是普通的乡里人。这就为明确堡与里坊制的关系提供了又一条线索。

在另一块碑记上，还记载着“阖堡公立”关于堡中树为公有，私人不得侵占之事，里面提到“十字大街槐树二株人社”“价值多寡人社”的规定。这里“社”的组织形式尚不得知，与里坊制中的“社”或许有一定联系。

另外，段村的南新堡与石头坡堡的堡门与门房保存较完好，其门房都是在门洞内堡墙的一侧挖的小室，供门卫和夜间值班者使用，宵禁管理与壁景堡所调查的情况大致相同。

图10　和薰堡堡街尽端的“玉皇诸神庙”

经过对平遥城中之堡与乡下之堡的考察，堡的形态大体清楚了，其基本特征总结如下：

（1）一般的堡大都设一门，外建堡墙。

（2）堡内有一条主街，两侧有支巷。

（3）在堡内的主街尽端或堡门之上建庙。

（4）堡内有井，小者一眼，大者多眼。

（5）堡内有公立的组织或社，有掌堡中事务之人，或称里人。

（6）堡内门制很严，堡门口大都设有门卫和门房。

（7）城内之堡处于封闭的里坊向开敞的街巷形式过渡的阶段。

（8）乡村之堡形制较严整，堡内分成几个部分，比邻而居。

（9）堡的规模大小不一，以居五十户左右者为多。

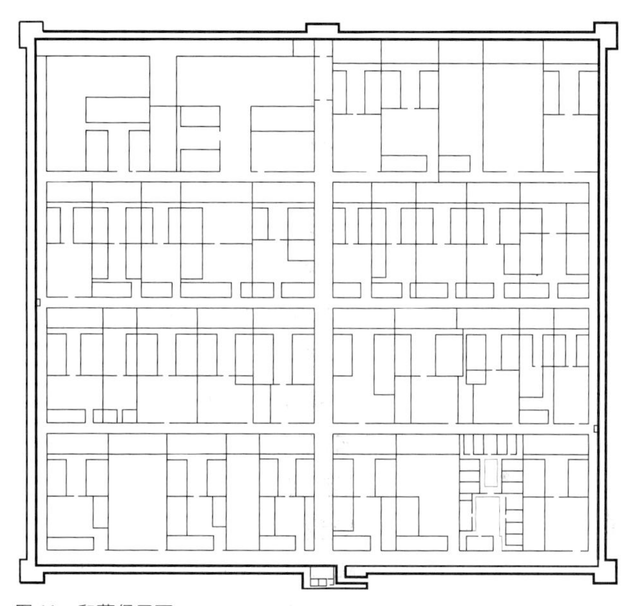

图11　和薰堡平面

在上述调研的基础上，笔者希望能借平遥堡的形态，验证对里坊制居住形态的推测，来串联起史籍中对于里坊、闾里的零星记载，从而进一步弄清楚里坊的内部道理结构，宅院布局形式等细节问题。

二、里坊制居住形态的研究

从宏观上看，平遥的堡与古代的“闾里”或“里坊”有许多共同之处，为了理清“堡”与“里”的关系，尚需对“里”的形态和结构进行探讨。

1. 周代的里

汉许慎《说文解字》云：“里，从田从土。”《说文段注》释“里”为“有田有土而里居也。”笔者认为，里从田从土，与城、堡、坊等字的构成规律一样，是对里的聚落形态的描述。“田”为象形的聚落平面，“土”为表意的围绕聚落的土垣，“里”的实际形态就是一座土筑的堡垒或小城。

“里”作为聚落的称谓始自西周，最初只表示农村的聚落。据俞伟超先生考证，“西周时期的乡村聚落至少有些是叫作‘里’的。”① 以前商代的聚落无论大小皆称之为“邑”。周代实行国野乡遂制度。即所谓六乡六遂。“国”和“乡”都是国人即周人的居住地，以“五家为比，五比为闾”（《周礼 · 地官 · 大司徒》）进行编制；“野”或“遂”则为被贩商人的居住地，以“五家为邻，五邻为里”（《周礼 · 地官 · 遂人》）进行编制，即在乡的聚落称为“闾”，在野的聚落

① 俞伟超．中国古代公社组织的考察 [M]．第一版．文物出版社，1998.1：55.

为“里”。最初，里和闾都是指农村的聚落，城是由里（邑）逐渐发展起来的。初期的城邑不过是若干“里”的聚集体。

里的具体形态和结构目前尚无考古发掘的实物，而古籍文献虽多有提及，但语焉不详，致使歧义纷生。杨宽先生在对《管子》所述之里的分析中，已得出普遍认同的结论，《管子·八观篇》云：“大城不可以不完，郭周不可以外通，里城不可以横通，宫垣关闭不可以不修”。“里城不可以横通，‘里’就只能有一条直通的道路了。在里的一头或两头设有里门，中间有一条直通的道路。”他又引《管子·立政篇》：“筑障塞匿，一道路，抟出入，审闾闬，慎筦（管）键。”[①] 进一步说明，里中只有一条主要道路，但对里中住宅的布局方式未做进一步论证。

《管子·小匡》：“制五家为轨，轨有长，十轨为里，里有司……”于鄙则：“制五家为轨，轨有长；六轨为邑，邑有司……”这些论述不仅说明户数编制，还揭示出各家住宅的排列方式。“轨”初意为车轮间的距离，用以表示道路宽度，引申为法则、制度。“五家为轨”指五家并排在一条小路上，与“五家为比”，“五家为邻”（《周礼·地官》）所表达的意思相同。何休注《公羊传·宣公十五年》则说得更为明确：“一里八十户，八家共一巷。”[②] 这些足以说明，里中除主街之外，还有与之垂直的小巷，这样就得到了一个较为清晰的周代里的结构模式。

2．“闾”与“阎”

一般认为，“闾”即“里”，又作里门解，含有当道之门的意思。闾字之“门”指里门无疑，而门内之“吕”是古“膂”字，象脊骨之形。[③] 这样看来，闾既表示门，又表示路——正对里门的脊椎状干道，亦即《管子》中言的“一道路”。这种把里一分为二的形制在郑州商城的遗址中已见端倪。郑州商城遗址中“那些半穴居有组织地分为南北两组相对而列。……住宅是沿巷道对称布置的。”[④] 秦代以“闾左”“闾右”分贫富，应该是以道路而不是以里门为基准的。“闾”之为“里”，侧重强调的是里中的门与路。

“阎”为里中门，也指里巷。清人王念孙《广雅·释宫》谓“阎”为“闬”（音 xiang），意为“小巷”或“弄”，显然不是指里中的主要街道，而是指垂直于主街的小巷，亦即“五家为轨”的“轨”，或“八家共一巷”的“巷”。因此，“阎”作“里中之门”解时，此门不会是在正街上，应是在小巷的巷口。

上述简单的分析，说明了“里”与“闾”、“闾”与“阎”的关系，进一步明确了里中的门与路的格局及住宅的排列方式。初步推断，平遥堡的内部结构与史料所描述的周时里的形制是相吻合的。

3．里坊制

西周以降的城邑内部大都由方格网道路划分。每一方格为一“里”，里四周环以墙垣，内部街巷两侧为民宅，对外设里门与城市道路相通，一里中有一定的编户和管理机构，里门亦设专人把守，门制甚严。这种制度一直延续下来，早期称为闾里制度，晚期则称为里坊制度，两者在本质上并无殊异，只是随着人口规模与编户建制的改变，里的大小在各时期也有所不同。据贺业钜先生考证，城市改“里”称“坊”始自北魏平城，隋初正式以“坊”代“里”。[⑤]“坊”与“防”通，似乎更能体现出里的防御本质。从唐长安城复原图上可清晰地看到里坊制城市格局的特点。这时期城中的“市”也是集中封闭的，称为“坊市”到了北宋中叶，这种封闭的市场越来越不适应经济发展的需要，坊市被打破，改为沿城市街道开设铺面，一般民宅的里坊也由封闭状态变成开敞的街巷[⑥]。宋以后的许多城市，中虽然还保留坊的区划单位，但已失去了原来的管理职能，坊墙不存在了，坊门也蜕化为刻有坊名的牌坊。然而，这种里坊制或者说类似的居住形态和管理制度并没有因此而销声匿迹，尤其在一些偏远的小城或乡村聚落还发挥着它的职能，平遥的“堡”或许正是这种类似里坊的居住形态的遗存。

4．“堡”与“里”

“堡”最初不是指单纯的防御性建筑，而是指集防御与居住于一体的聚落。“堡”字本作“保”，据清人孙希旦《礼记集解（上）》云：“孟夏行秋令，则苦雨数来，五谷不滋，四鄙入保。”说的是气候反常，庄稼不生，民无田事，故入“保”休闲。“四鄙”则指乡外的边远地区，“保”是“鄙”的聚落。而《左传·襄公八年》所说：“焚我郊保，冯陵我城郭。”指的是“郊”亦即“乡”，也有“保”的居住形态。宋人陈彭年《广韵·皓韵》云：“堢，堢障，小城。堡，上同”。《庄

---

① 杨宽．中国古代都城制度史研究 [M]．第一版．上海古籍出版社，1993.12：212.
② 俞伟超．中国古代公社组织的考察 [M]．第一版．文物出版社，1998.1：55.
③ 辞海 [M]．上海辞书出版社，1989.
④ 贺业钜．考工记营国制度研究 [M]．第一版．中国建筑工业出版社，1985.3：122.
⑤ 贺业钜．考工记营国制度研究 [M]．第一版．中国建筑工业出版社，1985.3：114.
⑥ 贺业钜．中国古代城市规划史论丛 [M]．第一版．中国建筑工业出版社，1986.9：204.

子盗跖篇》载："所过之邑，大国守城，小国入保。" 在这里，"保" 是指小国之城。可以看出 "保" 和 "里" "闾" 实际上是同一种形态的不同表达方式，"里" 侧重其组织管理而强调其内部结构，"堡" 则侧重其防御功能而强调其外部形态。大约汉代以后，"保" 专写为 "堡"，读作 bao 或 bu。前者指小城，后者指有城墙的村镇，含义应该是相同的。自西汉末年至两晋南北朝时期，各地战乱纷纷，一些大家族则建起坚固的坞壁或堡垒以自守。《晋书 · 符登载记》："各聚众五千，据险筑堡以自固。" 这时的 "堡" 更加突出其重要的军事防御作用。随着里坊制的瓦解，里坊居住形态的衰落，"里" 与 "堡" 之间的歧义愈大，以至于后来 "里" 则泛指人们居住的地方，如 "乡里" "故里" 等，而 "堡" 则专指军事上的防御工事，如 "堡垒" "碉堡" 等。

平遥的 "堡" 读作 bu 声，虽然难以考证出从最初的 "保" 演化到 "堡"（bao）及 "堡"（bu）的时间脉络，但在形态上，却可清晰地推断出平遥的堡与 "保"，与 "里" 的传承关系。这些堡虽然大都建于明清以前，但决不同于一般的村落或堡垒，作为一种规划、管理制度的遗存，平遥的堡与里坊乃至闾里极为相似，可以成为考证这一古代制度的活化石。现在国内许多地方，仍存有堡寨一类的古老的居住形态，诸如江西的围子、广东的围屋以及福建的土楼等，都可以看作是汉代以后产生的坞壁形式的遗存①。而平遥的堡所延续的形制更古，一直可以追溯到周代的闾里制。

以现存的活化石，对照历史文献的零星记载，会发现两者间惊人的相似。建立在这一设想和推论的基础上，可以清晰地勾画出闾里、里坊的内部结构，借此弄清楚建筑史上的一些问题。这种研究方法在建筑史学界尚为一种尝试（人类学界广泛使用），还不能说很严密，希望有关专家不吝赐教。

（论文受到导师聂兰生教授的悉心指导；在调研与写作过程中，得到王其亨教授、平遥县王中良先生、李有华先生的热情帮助，特表感谢。）

---

① 王玉波. 中国家庭的起源与演变 [M]. 第一版. 河北科学技术出版社，1992.6：117-120.

“里坊制”城市之过渡形态——多堡城镇 ①

摘 要

多堡城镇是堡寨聚落向“里坊制”城市发展过程中形成的一个重要阶段。从现存的多堡城镇聚落及其特点入手，分析中心城堡和一般城堡向里坊制城市的演变过程。指出堡发展的多样性、聚群性、再生性等特征，并比较多堡城镇与“里坊制”城市之间的联系，从而来探讨多堡城镇在“里坊制”城市发展脉络中的地位问题。

关键词 堡；多堡城镇；里坊制城市

引言

里坊制度承传于西周时期的闾里制度，是中国古代主要城市和乡村规划的基本单位与居住管理制度的复合体。西周以来的城市内部大都由方格网道路划分。每一方格为一“里”，四周环以墙垣，内部街巷两侧为民宅，同时有一定的编户和管理机构。据贺业钜先生考证，城市改“里”称“坊”始自北魏平城，隋初正式以“坊”代“里”。这时期城中的“市”也是集中封闭的，称为“坊市”。到了北宋中叶，里坊由封闭变成开敞，坊市也被打破。宋以后的许多城市中虽然还保留坊的区划单位，但已失去了原来的管理职能，坊墙亦不存在了。然而，类似的居住形态和管理制度并没有因此销声匿迹，尤其在一些偏远的小城或乡村聚落还发挥着它的职能，“堡”或许正是这种类似里坊的居住形态的遗存 ②。

堡是环壕向古代城市演变过程中的过渡形态。堡的发展大体上可分为两种：一是范围的不断扩大，发展为城市；二是堡的自我复制，逐渐演变成现存的堡寨。现存的堡寨是动乱时代的产物，广泛存在于全国各地，尤其是北方地区，如山西、陕西、河北、河南、甘肃等省。堡寨的组成形态多种多样，多堡城镇就是其中的一种。

一、多堡城镇及其特点

河北、山西、河南等地是多堡城镇遗存较多的地区。其中仅河北蔚县就有八镇属此类型，分别是暖泉镇、代王城镇、白乐镇、西合营镇、吉家庄镇、桃花堡镇、北水泉镇、白草窑镇等，山西灵石的静升镇、平遥的段村以及河南的禹州市神垕镇、兰考县堌阳镇、鄢陵县陶城镇、鲁山县下汤镇亦属此种类型。

1．蔚县古镇——以暖泉镇为例

蔚县八个古镇形成时间较早，明代之前大多已经形成。古镇地理位置优越，除白草窑镇处于通往外长城的交通要道外，其余均分布在壶流河沿岸（图1）。古镇大都由一堡开始，随人口增加而建新堡，随经济发展而设集成镇。镇中的堡多建于明

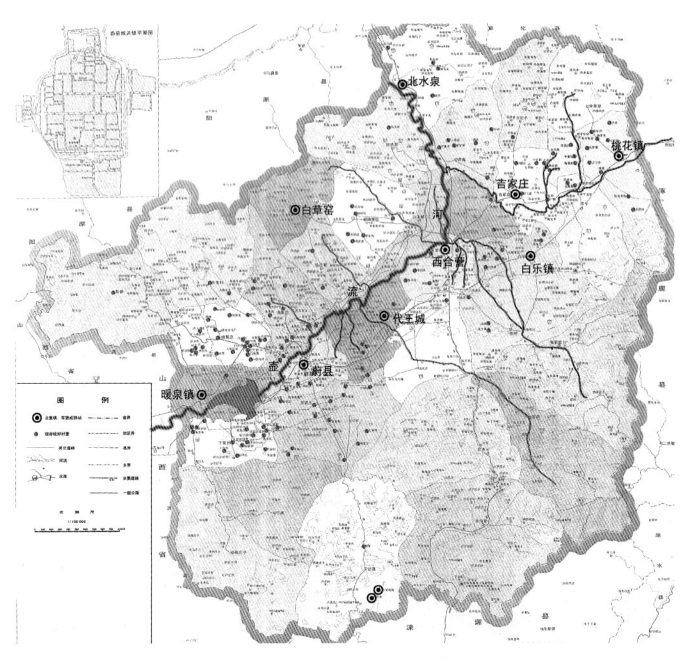

图1 八镇分布图
（改绘自蔚县县域图）

① 谭立峰，张玉坤．“里坊制”城市之过渡形态——多堡城镇 [J]．建筑师，2006（08）．

② 张玉坤，宋昆．山西平遥的“堡”与里坊制度的深析 [J]．建筑学报，1996（04）．

代，时逢元朝残余势力不断越长城骚扰中原，百姓联结各村落于一体，选地理适中之地筑堡结寨，以求自保，可见其防御的重要性。

暖泉镇是蔚县古镇中保存较好的。暖泉镇位于蔚县最西部，壶流河水库西北岸，是大同通往华北平原的军事要地。同时，暖泉又是古代重要的区域交通枢纽和经济中心。该镇是古老的张库商道（张家口到库仑）的必经之地，这使其逐渐形成商道上的贸易集散地。到明正德年间（1520 年），暖泉集市已颇具规模，西市、上街、下街与河滩的草市街和米粮市共同形成古镇的露天集市，它们呈西边狭长，东边宽敞的三角形布局（图 2）。

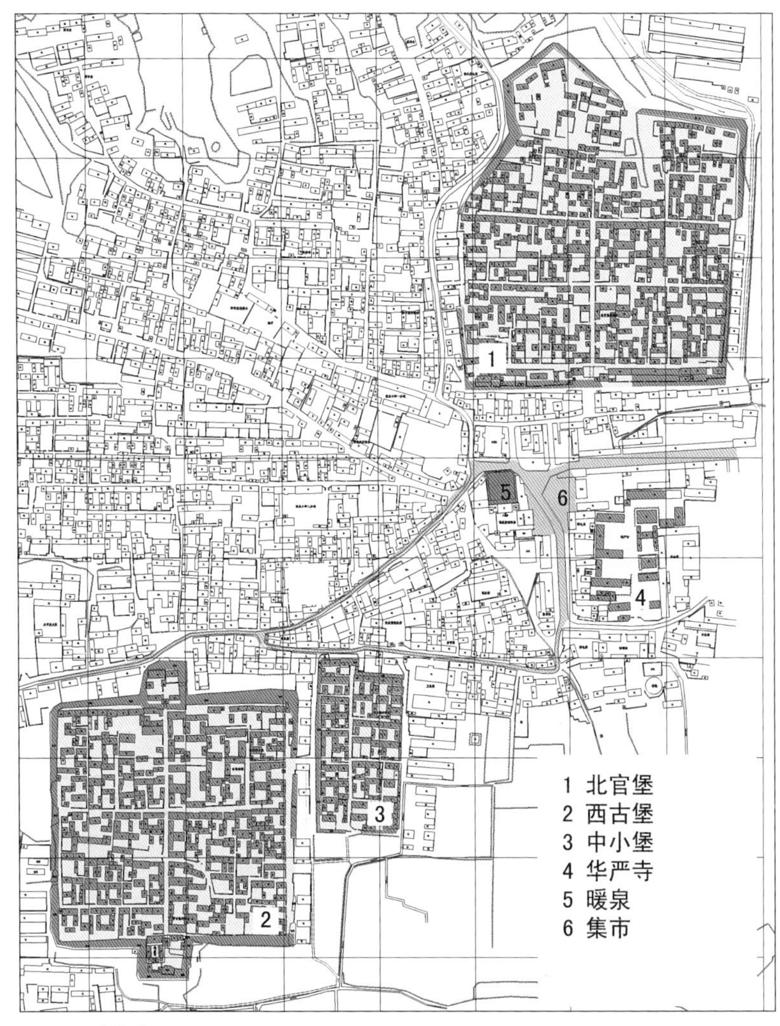

图 2　暖泉镇总图

该镇镇区内有三个堡，即北官堡、西古堡、中小堡。北官堡建造年代最早，位于暖泉东北部，是明代驻军屯兵之处。城堡基本呈方形，边长有 260 余米。堡门高大坚固，上有歇山顶堡门楼。堡内地形复杂多样，古粮仓、古暗道分布其间，街道结构呈“王”字形（图 3）。

西古堡，又称“寨堡”，位于暖泉镇的西南部。该村堡始建于明代嘉靖（1522～1566 年）年间，清代顺治、康熙时期又有增建。城堡平面呈方形，边长约 200 米。堡墙黄土夯筑，环绕四周，高约 8 米，墙外凸出土筑马面。沿城墙内侧有一周“更道”。城堡门南北各一座，并有瓮城。堡内形成一条南北主街，其东西各有小巷三道，还有一眼官井。清顺治、康熙年间，在村堡南北堡门外各增建一座瓮城。瓮城平面呈方形．边长约 50 米。两瓮城平面形制大小基本相当，布局对称，各建有高 8 余米的砖券结构城堡门（图 4）。

图 3　北官堡

图4 西古堡及西古堡南瓮城

中小堡紧邻西古堡，是暖泉三堡中最小的一个，平面呈长方形，东西约95米，南北约150米。中小堡仅在北面设一门，门外即为古商业街（图5）。

图5 中小堡

总体布局上，三个村堡均建于镇区的边缘，商业集市、水源（暖泉）以及行政中心则处于村堡围合之中。村堡的防御性非常突出，由于村堡相互邻近，因此形成了彼此之间协同防御的特点。据县志记述："今之乡者何也？曰：以卢舍比鳞也，形势之犄角也，器械之必具也，耕植作息之无相远也。"可见，这种彼此协同防御的布局在修建之初就已经考虑了。

2．同类型其他堡寨

山西灵石静升镇由九沟、八堡、十八街巷组成，且静升河穿镇而过。八个堡大多由豪族兴建，因此堡的周围多建有祠堂，这与其他城镇不尽相同，但其形制则与一般村堡无太大殊异。静升镇的堡平面呈方形或长方形，大多设一门，内部道路系统规则。另外，现存大大小小的店铺，典当行、估衣店、水井、石板小路、戏台等则反映出了当年静升镇市贸经济的繁荣（图6、图7）。

图6 恒贞堡

山西的段村位于平遥南10公里处，是由六座堡组成的城镇聚落。这六座堡按修建顺序依次为凤凰堡（旧堡）石头坡堡、南新堡、和薰堡（八角楼堡）、永庆堡（照壁堡）和北新堡。段村地势南高北低，村西有一条小河。河对面建有河神庙，村中东西向主街为商业街，原有比邻而建的许多店铺，此外还分布有段家祠堂。张家祠堂、南寺庙宇群等。村堡的平面呈方形或者是因地形而变的不规则形，堡设一门或二门；街巷空间多呈"王"或"丰"字形，道路系统规则，并有当年里人组织建设的记载。据学者考证，段村六堡已具有里坊制的特征①（图8～图10）。

河南的禹州市神垕镇、兰考县堌阳镇、鄢陵县陶城镇、鲁山县下汤镇等也是典型的多堡城镇。禹州市神垕古镇形成于唐宋时期，以陶瓷业著称。古镇由东、西、南、北四座村堡和红石桥、关帝庙以及古商业

① 宋昆．平遥古城与民居[M]．天津大学出版社，2000，110：19．

街组成。兰考县堌阳镇由一城一寨以及商业街组成。中华人民共和国成立前堌阳镇是兰考县县城旧址。在清朝乾隆四十三年（1778年），原考成县城被黄河水淹没，迁县城于堌阳集，至乾隆四十九年（1784年）县城建成。堌阳是鲁西南交通要道上的较大集镇，具有一定的战略地位（图11）①。

3．多堡城镇特点

纵观上述现存堡寨的情况，可以总结出多堡城镇的一些特点：首先，多堡城镇大多形成于交通要道和资源丰富的地方，经济较为发达，“市”已经形成；其次，多堡的汇集使堡由个体防御转变为协同防御，同时由于“市”的存在形成了共同利益区，因此堡开始向共同防御方向发展；第三，堡与堡之间是平等的关系，只有堌阳镇具有了控制与被控制的关系。

二、里坊制城市形成过程分析

从总体上看，多堡城镇的组成形态及历史演进与里坊制城市的型制和形成过程十分相似，为弄清二者的关系，尚需对里坊制城市的形成加以探讨。

1．“城”与“市”

对于中国古代城市形态的起源，学术界的认识颇一致。有的学者认为古代城市形成于夏代，有的则认为始于原始社会后期，还有的认为应从春秋初年算起。上述争论的关键在于对“城市”概念认定的不

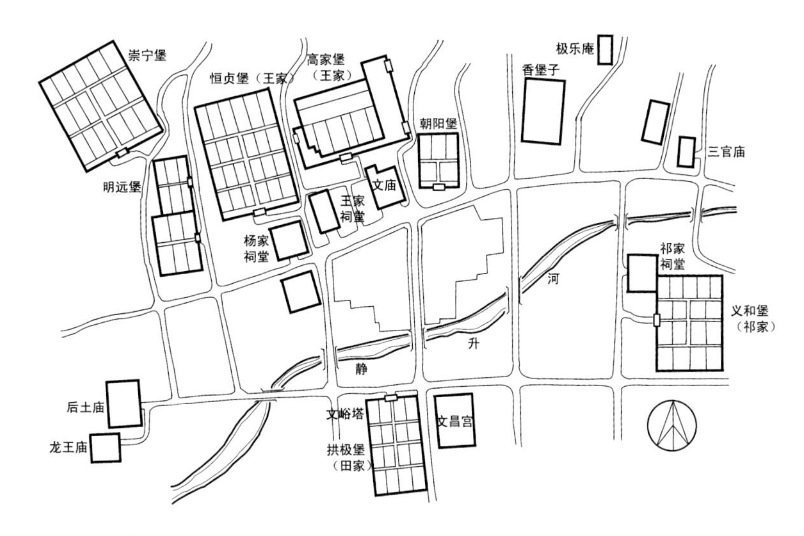

图7 静升镇

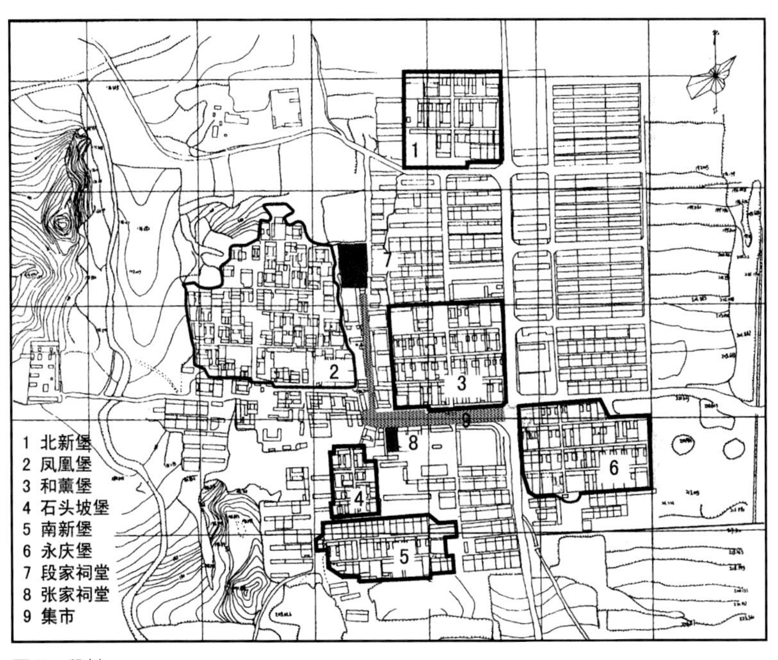

图8 段村
（引自王绚《山西传统堡寨式防御性聚落解析》）

图9 和薰堡

图10 凤凰堡

① 郑东军，张玉坤．河南地区传统聚落与堡寨建筑[J]．建筑师，115期：35.

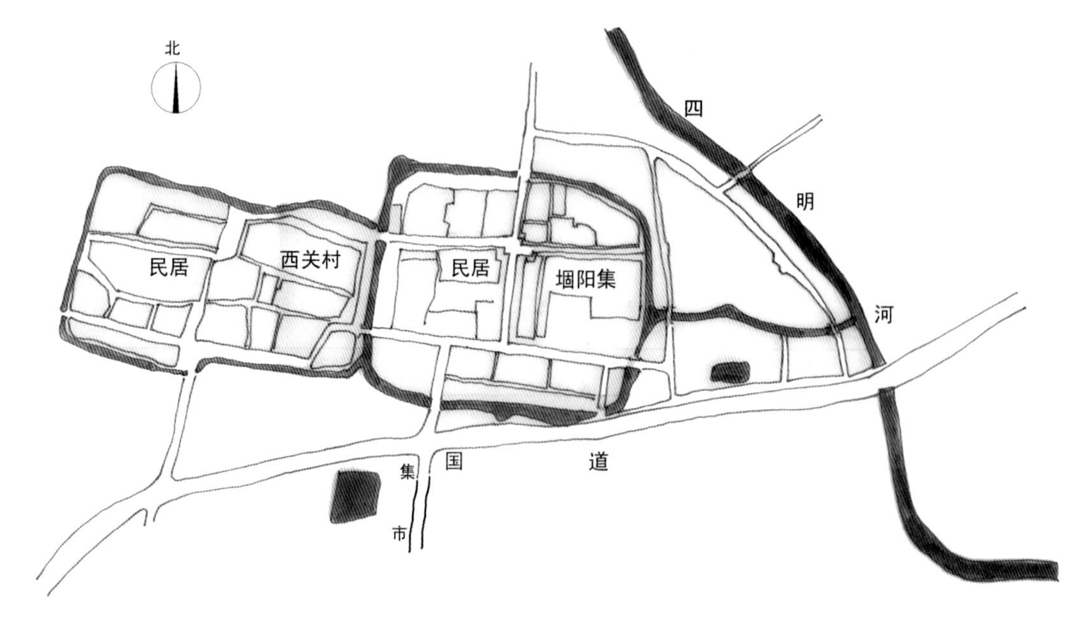

图 11 堌阳镇总平面图
（郑东军 提供）

同，这里从字源意义上来探讨“城”“市”之形成。

文献中有关“城”和“市”的记载早于“城市”。“城”是一种防御设施，它的产生古籍中有多种记载。《史记》、《前汉书》、《五礼通考》中皆有黄帝筑城的记载。除“黄帝筑城说”外，还有“夏鲧造城说”。从记载的时间来看，筑城的历史可追溯到炎黄时代，这一时期正处于原始氏族社会向奴隶社会过渡阶段。作为部落或部落联盟驻地的城起双重作用，既防御敌对部落的入侵，同时又防止内部因等级分化激起的冲突，例如王城岗遗址及平粮台遗址即属此类城堡。“市”是买卖交易的场所。在历史文献中，“市”几乎与“城”同时出现。古者或曰神农作市，或曰祝融作市。从古代文献看，城与市没有必然的内在联系，有城不一定有市，相反，市场也不一定围筑墙垣。

“城市”一词大约出现在春秋战国时期。《古今律历考》载：“卫为狄所灭，文公徙居楚丘，始建城市而营宫室。”《战国策》和《资治通鉴》中都提到“城市邑”一词。可见“城市”一词的出现并非偶然。

“城”和“市”与“城市”出现时间的不同反映了彼此之间意义上的差异。“城市”不仅仅是防御设施，而且还包括商品交换场所。贺业钜先生在论述周代城市建设情况时提到周代的两次城市建设高潮：一次是西周开国之初，这一时期正值奴隶制兴盛时期；另一次是春秋战国之际，封建制兴起之时[①]。而第一次城市建设期，贺业钜先生认为：此时的城邑性质不过是大小奴隶主的政治城堡，并不具备明显的经济作用。这种划分恰好与“城市”一词在古代典籍中出现的时间一致。这说明在中国古代“城市”与“城”的意义是有严格区分的。所以，春秋战国以前缺乏经济功能的城邑应称之为城、城堡或堡。此外，还可以看出：城向城市演进的过程中，必然经历城、市分离阶段（原始社会末期到西周前期）——城的政治功能与市的经济功能是各自分离、独立的，以及城、市一体化阶段（春秋战国时期开始）——城与市有机地结合。

2．堡向里坊制城市的演进过程分析

堡寨聚落是从环壕聚落逐渐演变而来的。据考古资料，中国的环壕聚落可以追溯到公元前 6000 年～前 5000 年左右的兴隆洼文化时期，到公元前约 5300 年仰韶文化早期，城堡开始出现。这种演进是随着私有制的产生，原始聚落内部和聚落之间出现等级分化以及筑城技术的进步而出现的。剩余产品和私有观念使聚落内部出现了统治阶级和被统治阶级。聚落之间产生了中心聚落和普通聚落。它们之间的关系是控制与被控制的关系。而后，随着筑城技术的发展，中心聚落逐渐演变为中心城堡，普通聚落则成为一般城堡。当然，在演进过程中中心城堡与一般城堡由于实力的此消彼长也可能发生相互转化。这一时期的社会性质应属于摩尔根所称的“高级野蛮社会”范畴，是父系氏族社会向奴隶制社会过渡的时期。

① 贺业钜．中国古代城市规划史论丛 [M]．中国建筑工业出版社，1986：2-3.

1）中心城堡的演进

中心城堡是统治阶层居住的政治中心，也是部落或部落联盟的统治中心。它不是一个自给自足的经济实体，而是具有很强依赖性的实体，在其周围存在着一些普通聚落或一般城堡来支撑它的正常运转，众多的考古发现证实了这一点。西山古城址位于郑州市北郊 23 公里处的古荥镇孙庄村西。该遗址南北长 350 余米，东西宽 300 余米，总面积 10 余万平方米，其年代距今 5450 年～4970 年间，属仰韶文化晚期。据考古学家认定，西山古城为郑州地区仰韶文化秦王类型聚落群的中心要邑。它东距大河村遗址约 17 公里，西距青苔遗址约 12 公里，点军台遗址约 9 公里，秦王寨遗址约 17 公里，南距后庄王遗址约 6 公里，陈庄遗址约 15 米。还有郑州市区的须水乡白庄，沟赵乡张五寨、杜寨等都距西山城址不远，其时代均属于仰韶文化晚期的秦王寨类型（图 12）。此外，淮阳平粮台遗址、登封王城岗遗址等也都是中心城堡（图 13、图 14）。

随着历史的发展、重要性的增加、人口的不断增长，中心城堡的规模开始扩大，并向两个方向发展：一是规模的直接扩大，如五莲丹土村遗址、腾州尤楼村遗址（图 15、图 16），其中有的产生了内外城结构，如连云港藤花落遗址（图 17）；二是与一般城堡联合集中，如茌平教场铺古城群、阳谷景阳冈古城群。另外，中心城堡与一般城堡的距离明显缩短，如茌平教场铺古城群之间的距离大多在 3～6 公里内（图 18）。

进入奴隶制社会后，部落和部落联盟逐渐演变为大小城邦，亦即称为“国”。一般城堡则依附于“国”成为它的“鄙邑”。上述中心城堡的演变则反映出各级奴隶主统治据点“国”的发展情况。我国奴隶制国家推行的是宗法分封制，形成了以王城为全国政治中心、诸侯城为次中心、采邑城为基层中心的布局，并最终形成了三级城邦体制，即王城、诸侯城、采邑城。城的等级分化说明了中心城堡的演进是由简单到复杂的发展过程，也反映了内部组织结构的复杂化。

2）一般城堡的演进

一般城堡的居民大多以血缘为单位的氏族集团或是以提供专业服务的人群组成。一般城堡中有的邻近中心城堡而成为受其控制的食物、原料、甚至劳动力的供应地，有的远离中心城堡而单独存在。

邻近政治中心的一般城堡在发展过程中由于中心城堡的控制力加强，使其逐渐向中心城堡靠拢，并最终成为中心城堡的组成部分，例如上文所讲的茌平教场铺古城群、阳谷景阳冈古城群等。它与中心城堡之间的被控制与控制

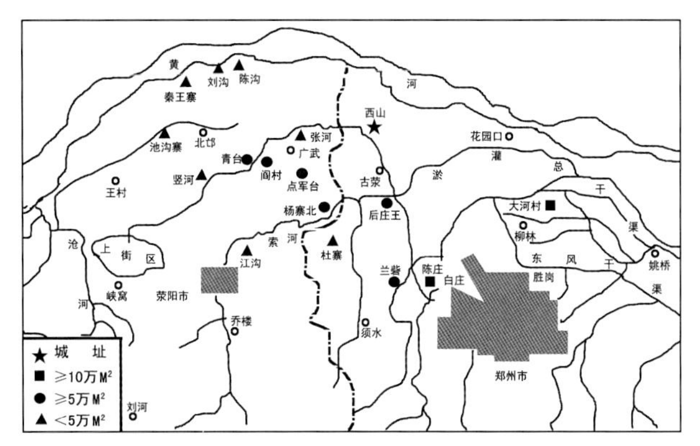

图 12　西山城址[①]

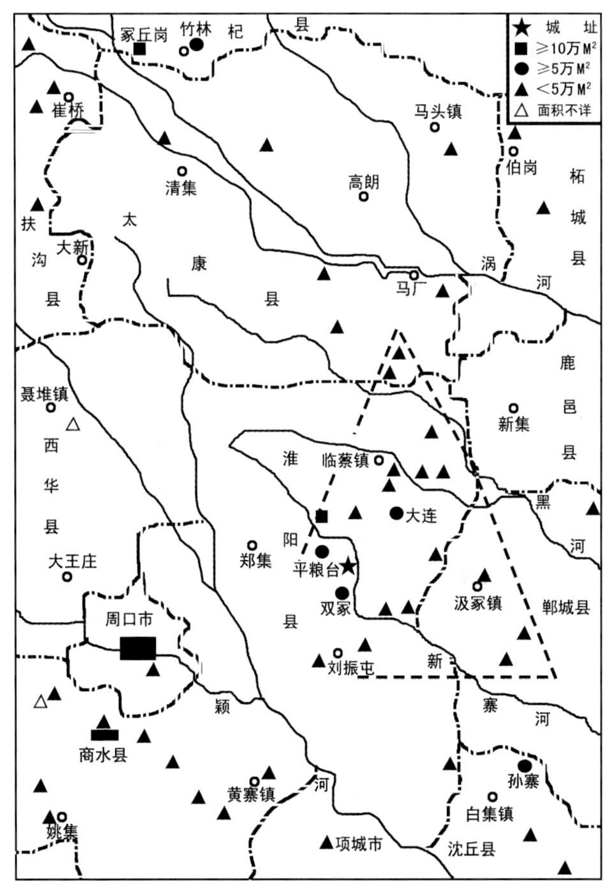

图 13　平粮台城址

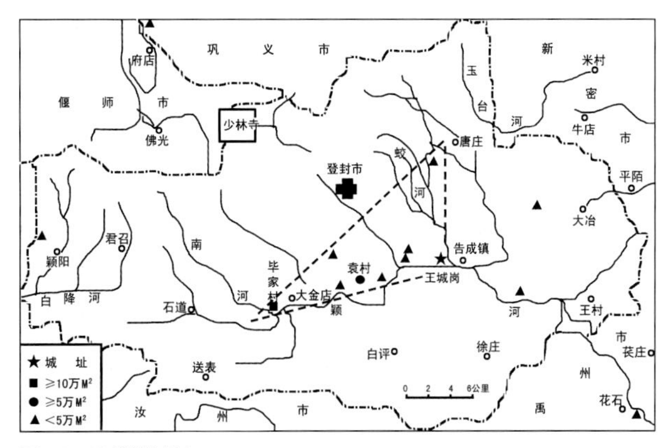

图 14　王城岗城址

① 图 12～图 20 引自马世之. 中国史前古城 [M]. 湖北教育出版社，2002.

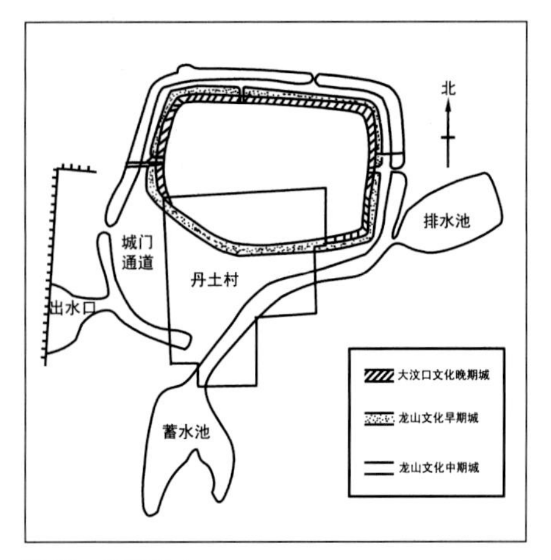

图 15　五莲丹土

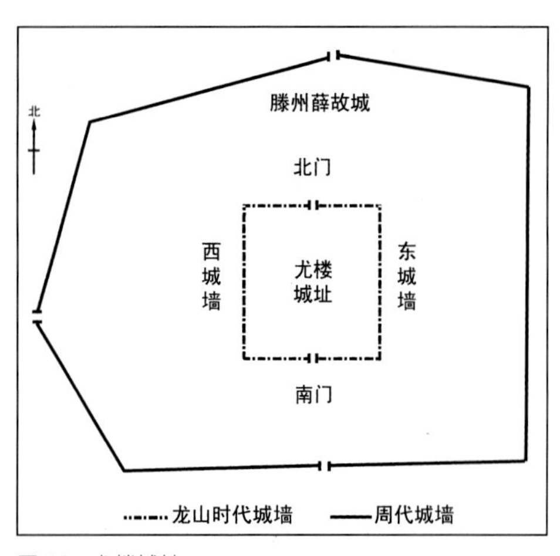

图 16　尤楼城址

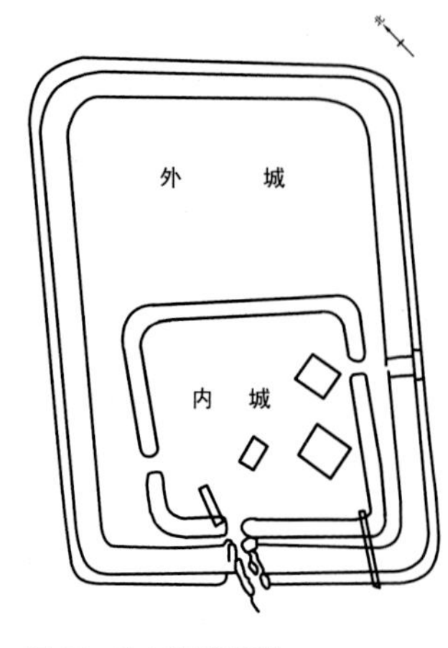

图 17　连云港藤花落

的关系是里坊制城市的形态原型。

远离政治中心的一般城堡有两条发展路线：其一是从堡到堡——城堡自身的不断复制，现存的村堡则是这种城堡的再现；其二是一般城堡的聚集。由于人口的不断膨胀、自然资源的共享，一般城堡在不断扩大的过程中体现了一定的聚群性。据考古资料记载：在岱海周围，包头大青山南麓，以及准格尔与清水河之间南下黄河两岸，形成三大城址群，每隔 5 千米左右，便有一座古城址。古城聚落有以个体城址出现的，也有成组出现的。在包头地区有 2~3 个城址为成组群体；威俊遗址在邻近台地上有 3 座小城址；阿善遗址和莎木佳遗址在相邻的台地上各有 2 座小城址。据考古学家分析，每组城址可能是一个有亲缘关系的社会单位，且并无功能主次之分（图 19、图 20）①。值得一提的是：这类城堡在演进过程中，由于生产资料分配的不均匀性，必然导致某些城堡转变为中心城堡，从而进一步使其他的城堡向其聚集。

一般城堡作为依附于“国”的“邑”，并无政治中心的作用，只是设防的城堡式聚落而已，这种聚落形式进一步演变为“里”，成为聚落组织的基本单位。

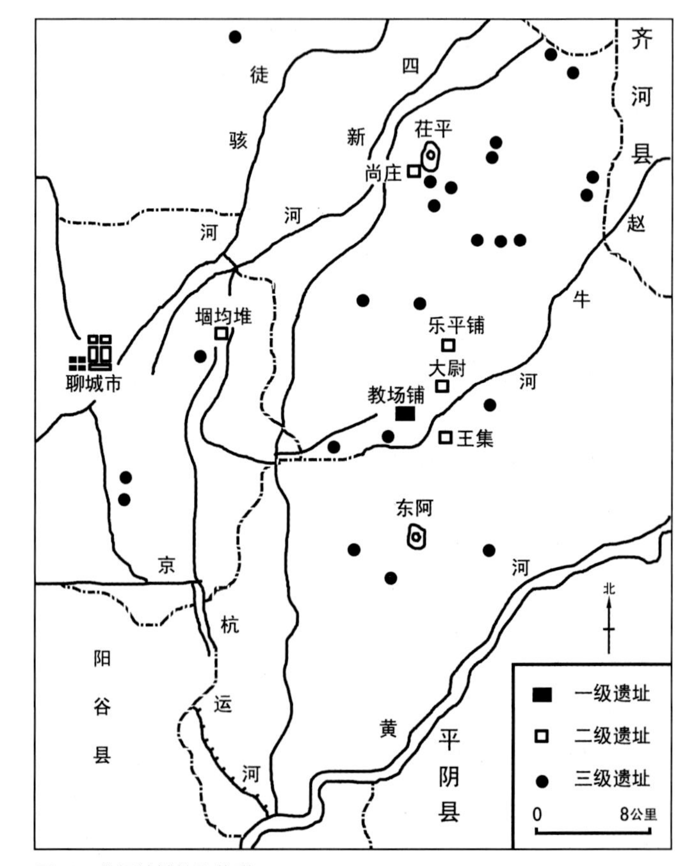

图 18　教场铺城址聚落群

3）里坊制城市的形成

伴随着统治阶级机构的逐渐增大，中心城堡对一般城堡的控制力不断加强。与此同时，一般城堡向中心城堡的集中更加明显。重点对外防御性的中心城堡逐渐发展为不仅对外具有防御性作用，而且对内也具有军事、政治中心职能的都城作用。

在堡逐渐集中，并向城市发展的过程中，井田制形成。井田制是奴隶社会土地所有制的特殊形式。由井田制生成的井田方格网系统规划方法是周代营国制度的基本方法。这种规划方法使堡有组织、有规律地纳入到城市体系中，并最终形成城市的有机部分。井田制为里坊制的形成不仅提供了建筑学层面的基础，而且提供了社会学层面的基础。地方组织以井为本位，所谓“八家为井，井一为邻”者，即彼时社会中政治系统之最下层。由井而上，溯之为朋、为里、

① 马世之．中国史前古城 [M]．湖北教育出版社，2002：137.

为邑、为都、为师、为都、为国。[①] 可见，里坊制的政治组织形式源于井田制。这样，“原来的中心城堡转变成城市的内城，隶属于中心城堡的一般城堡变成了城内的里坊、寨门，寨墙就自然地转变为坊门、坊墙，一般城堡的居民转变为里坊内的居民，原来的社会组织逐步地变迁为适应新的聚落形态的社会组织形式”[②]。

另一方面，堡逐渐集中的时期仍处在城、市分离阶段。由于城的功能偏重于政治中心与军事堡垒的作用，因而抑制了具有经济性质的市与城邑的有机结合；此外，农产品供应的主要途径，是通过军事性的掠夺和强制性的征收完成的。因此，城邑之内无须设市。到周代，由于生产力的提高和人口的增多，手工业与商业有了较快的发展。同时，随着统治集团地域的扩大和社会经济的不断发展，统治者为使其生活更为便利和舒适，允许在“城”的城厢设“市”贸易，从而出现了“城”“市”合一的情况。

通过上述分析，我们可以用图 21 来表示堡向里坊制城市演进的过程。

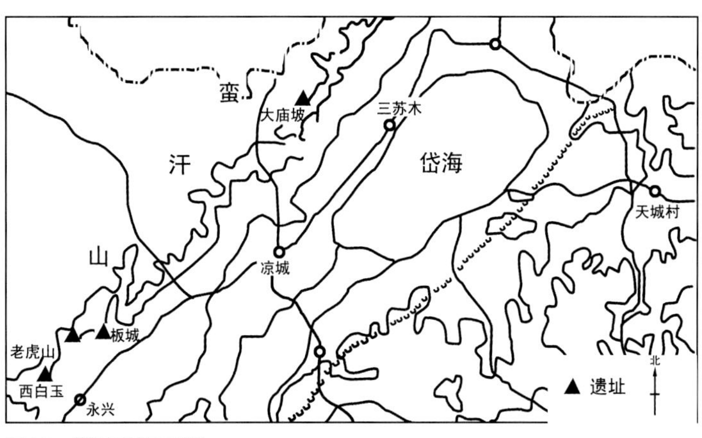

图 19 岱海周围石城群

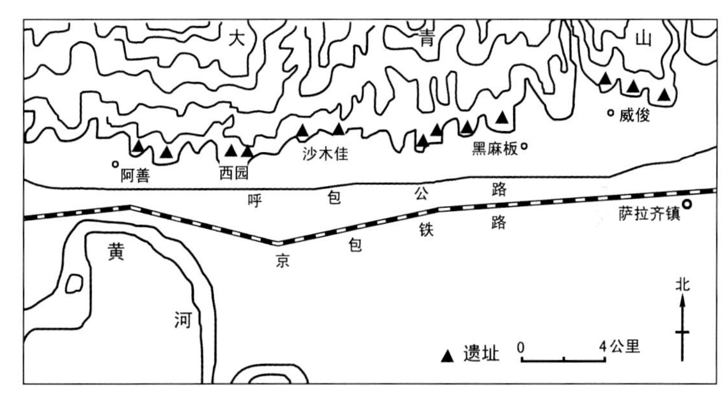

图 20 大青山南麓石城群分布图

三、里坊制城市形成过程中堡的特点

堡在里坊制城市形成过程中起到了重要作用，是形成里坊制城市的基本原型。在演进中，堡体现出以下特征：

1．发展路线的多样性

堡在发展演进过程中，不是从始至终沿一条路线前进，而是在大体方向一致的情况下，沿多线演进，并且彼此之间可能互相转化。这是由事物发展的多样性和复杂性决定的。

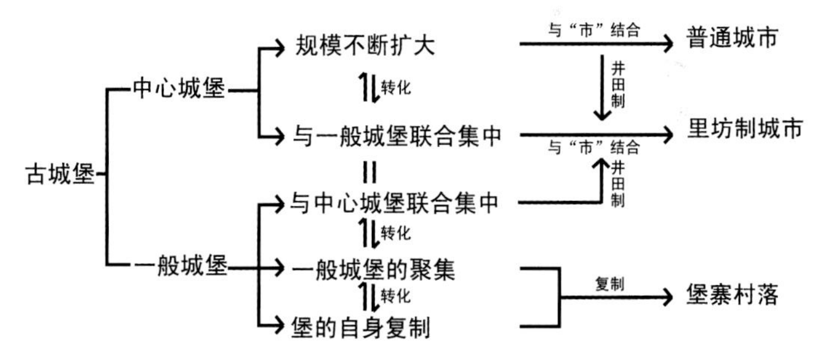

图 21 演进图

2．堡的防御性

堡最初是指集防御与居住于一体的聚落。随着它的发展演变，其防御性也是在不断变化之中的：由始于一堡的自身防御发展为多堡的协同防御，最终发展为里坊制城市的共同防御。

3．堡的聚群性和再生性

从上文中可以看出：由于社会、经济、文化等方面的影响，无论是一般城堡还是中心城堡，都表现出了一定的聚群性。这种聚群性正是堡的再生性的表现，即堡本身的自我复制。

4．相互关系的隶属性或平等性

所谓隶属性，就是指中心城堡与一般城堡控制与被控制、统治与被统治的关系，它是形成里坊制的社会学层面的关键因素。平等性是指一般城堡之间的相互依存、互无隶属的关系，这种关系体现的是里坊制城市中“坊”与“坊”之间的平等关系。

---

① 闻钧天．中国保甲制度 [M]．上海书店，1935：67.

② 王鲁民，韦峰．从中国的聚落形态演进看里坊的产生 [J]．城市规划汇刊，2002（02）.

四、多堡城镇与里坊制城市比较

在分析里坊制城市形成过程的基础上，来比较它与多堡城镇的关系。首先，据张玉坤教授考证："堡"和"里"实际上是同一种形态的不同表达方式，"里"侧重其组织管理而强调其内部结构，"堡"则侧重其防御功能而强调其外部形态①；第二，多堡城镇的防御性处于协同防御向共同防御的过渡状态，这与里坊制城市形成过程中堡的防御性特点极为相似；第三，多堡城镇本身就体现了堡的聚群性和再生性；第四，城镇中堡的相互关系大多是平等的关系，有的已经具备了高一级的相互关系——隶属关系。

结论

通过上述比较分析，可以清楚地得出以下结论：在相似的历史背景、社会、地理等环境下，由于堡具有再生性，堡向里坊制城市发展的过程是有可能不断复制的；同时，因为历史背景、社会、地理等环境的不完全一致，这一过程也有可能在复制过程中中断。多堡城镇正是这一过程不断复制并由于环境的不同而未进一步发展的一种形态，或者说，多堡城镇正是形成里坊制城市的过渡形态。

（调研人员张玉坤、谭立峰、李严、李哲、倪晶、黄水坤、张政、孙佳媚、胡英娜。在调研过程中，得到蔚县博物馆馆长李新威及其同仁的大力支持，在此表示衷心的感谢。）

参考文献

[1] 张玉坤，宋昆．山西平遥的"堡"与里坊制度的深析[J]．建筑学报．1996(04)．
[2] 马世之．中国史前古城[M]．湖北教育出版社，2002．
[3] 王鲁民，韦峰．从中国的聚落形态演进看里坊的产生[J]．城市规划汇刊，2002(02)．
[4] 贺业钜．中国古代城市规划史论丛[M]．中国建筑工业出版社，1986．
[5] 贺业钜．中国古代城市规划史[M]．中国建筑工业出版社，1996．
[6] 宋昆．平遥古城与民居[M]．天津大学出版社，2000：110．
[7] 孙大章．中国民居研究[M]．中国建筑工业出版社，2004：8．
[8] 郑东军，张玉坤．河南地区传统聚落与堡寨建筑[J]．建筑师，2005(06)．
[9] 路易斯·亨利·摩尔根．古代社会[M]．商务印书馆，1995．

① 张玉坤，宋昆．山西平遥的"堡"与里坊制度的深析[J]．建筑学报，1996(04)．

村堡规划的模数制研究 ①

摘 要

从我国从现存北方地区堡寨测绘资料入手，探讨村堡规划中的模数问题，指出村堡规划的基本面积模数及特点，为今后研究不同地域的堡寨乃至传统村落的模数关系探索道路。

关键词 堡寨；模数制；院落

引言

堡是环壕向古代城市演变过程中的过渡形态。堡的发展大体上可分为两种：一是范围的不断扩大，发展为城市；二是堡的自我复制，逐渐演变成现存的堡寨。

村堡（或称为民堡），也即村落构筑的堡寨，可以追溯至原始社会氏族聚落中无政治职能的防御型村落。这种村落与带有政治职能的中心城堡同时并存，成为古代城池和村落发展的原型。春秋时期形成的邑及唐宋时期发展出的地主庄园堡坞皆源于此。明末清初，社会动荡之时，普通村落构筑堡寨，进行自我防御，已是形势所迫，清廷亦有“版筑自卫之谕”。清《防守集成》中记载：“知战而不知固民堡，是不植其根而长枝叶者也。”② 可见村堡在当时的战略重要性。由此北方地区，逐渐形成了许多堡寨型村落。

堡寨聚落又与里坊制城市一脉相承。“里坊制度承传于西周时期的闾里制度，是中国古代主要的城市和乡村规划的基本单位与居住管理制度的复合体。西周以来的城市内部大都由方格网道路划分。每一方格为一‘里’，四周环以墙垣，内部街巷两侧为民宅，同时有一定的编户和管理机构。据贺业钜先生考证，城市改‘里’称‘坊’始自北魏平城，隋初正式以‘坊’代‘里’。这时期城中的‘市’也是集中封闭的，称为‘坊市’。到了北宋中叶，里坊由封闭变成开敞，坊市也被打破。宋以后的许多城市中虽然还保留坊的区划单位，但已失去了原来的管理职能，坊墙亦不存在了。”③ 然而，类似的居住形态和管理制度并没有因此而销声匿迹，尤其在一些偏远的小城或乡村聚落还发挥着它的职能，“堡”或许正是这种类似里坊的居住形态的遗存。因此，在研究堡寨聚落时，堡寨的规划布局是否存在与里坊制城市相似的模数制关系成为研究的重点。

一、相关研究

目前，国内对古代模数制的研究主要集中在建筑单体、建筑群体布局和城市规划三个方面。在这三个方面中，建筑单体的模数制研究最为深入，成果也比较丰富，而建筑群体布局及城市规划方面的模数制研究则相对薄弱。诸多学者对这三方面作了不懈努力地研究，其中，傅熹年先生利用已掌握的大量资料，于 1995 年展开工作，对建筑单体设计、建筑群体布局和城市规划三个方面进行了深入的分析，并得出了以下结论：（这三方面）最突出的共同特点是用模数（包括分模数、扩大模数与长度模数、面积模数）控制规划、设计，使其在规模、体量和比例上有明显或隐晦的关系，以利于在表现建筑群组、建筑物的个性的同时，仍能达到统一协调、浑然一体的整体效果④。

建筑单体研究的成果丰硕，此处不再详述。这里简要介绍一下傅熹年先生对城市规划、建筑群体模数制方面所作

---

① 谭立峰，张玉坤，辛同升．村堡规划的模数制研究 [J]．城市规划，2009（06）．
国家自然科学基金项目（50578105）

② （清）朱璐．中国兵书集成（46）防守集成 [M]．解放军出版社，1992.

③ 张玉坤，宋昆．山西平遥的“堡”与里坊制度的探析 [J]．建筑学报，1996（04）．

④ 傅熹年，中国城市建筑群布局及建筑设计方法研究 [M]．中国建筑工业出版社，2001（09）．

研究的内容。据傅熹年先生对几座都城分析后认为，宫城之面积大都与坊和街区之面积有模数关系，例如隋唐洛阳之大内占四坊之地，宫城、皇城面积之和占十六坊之地，在面积上都和坊有联系。除都城外，中国古代的大量地方城市也有一定的模数。以唐代城市为例，唐代按户口数把州、郡、城分为三级，县城分为四级，城之规模以周长计，从二十里以上至四里以下。这些城都实行市里制，按坊之尺度折合，大约相当于 25 坊、16 坊、9 坊、4 坊、1 坊之城，故地方城市也以坊为面积模数。较大的城以一或数坊为子城。此外，明代在北方也出现了相当多的方形城市，其布局颇受唐宋时由 4 坊组成的城市的平面影响而形成。如山东聊城在北宋初始建城，明洪武五年（1372 年）改为砖城。城平面呈正方形，周长 4500 米，约合明初 9.5 里，规模近于 4 坊之城，且尚有坊内十字街之痕迹存在。这些都表明坊与城在面积上有一定模数关系。在建筑群体模数制方面，傅熹年先生分析了从陕西岐山凤雏早周甲组建筑基址到北京明清六部平面在内的各时代、各类型的建筑群，发现特大建筑群的全局用最大为方 50 丈的网格来控制，一般建筑群则以 10 丈、5 丈、3 丈、2 丈等数种方格网来把握。另外，还发现了建筑群组布局中的通用手法——置主体建筑于建筑群地盘的几何中心。

明清修建的城虽已属开放的街巷制城市，但仍受唐宋时里坊制城市传统和由里坊制向街巷制转化之初所形成的矩形街区和街道网络的影响，其形式主要表现在大的街区划分和面积规模上。同样，大多建于明清的堡寨，规模虽不及城市，但其方整的平面和规则的道路系统应该也具有某种内在的模数关系，这里，笔者借鉴傅熹年先生所用的面积模数网格的研究方法来对这一问题作进一步的研究。

二、村堡规划模数制研究

研究古代堡寨规划的特点和手法，最好的实例是那些按既定规划在生地上创建的规则堡寨。通过对规则堡寨的分析，可以得出一般堡寨的规划方法，从而进一步分析不规则堡寨的形成模式。然后通过案例分析，来了解堡寨内部的模数关系。

1. 基本模数假定

中国古代建筑最突出的特点之一是采取以单层房屋为主、在平面上展开的封闭式院落布置。古代房屋以间为单位，若干间并联组成一栋房屋。把一些次要房屋和门沿地盘周边面向内布置，围主体建筑于内，就形成封闭的院落。如果说由间组成的房屋是中国古代建筑的单体形式，则院落式布置就是中国古代建筑的组合形式。

古代封闭式院落一般是主建筑居中，次要建筑对称布置在两边。院落是中国古代建筑群的基本单元，大型建筑群可由若干个院落组成，或为串联或为并联。因此，在研究村堡的模数关系时，选择最基本的一进封闭院落作为研究单元。村堡大多为方形或长方形，规模不大，边长从 100 米到 200 米不等。堡内道路结构比较规则，由一条主街及与之垂直的数条小巷组成。内部民居的一进院落，或为三间正房、三间厢房和倒座三间，或为五间正房、三间厢房、倒座五间。其面积大约为三分地或五分地，如图 1、图 2 所示。根据测量结果，最小的三分地三开间民居长宽大约为 6 丈 ×3 丈，五分地五开间民居长宽大约为 6 丈 ×5 丈[1]。

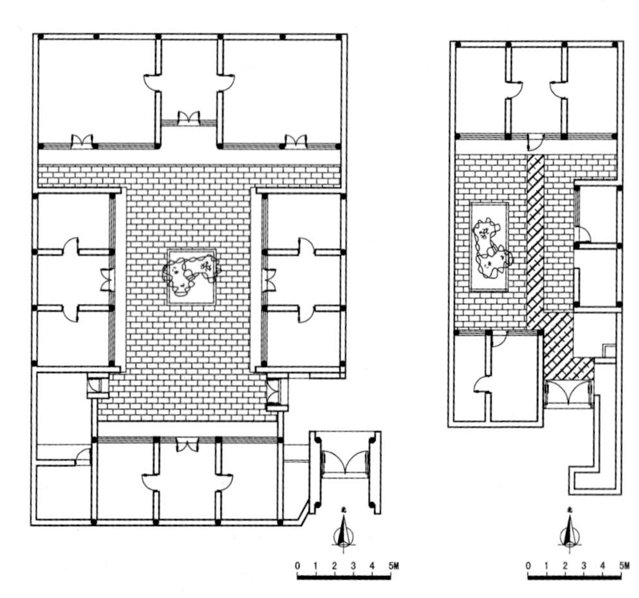

图 1　牛大人庄周家西院　　图 2　牛大人庄 145 号

在调研中了解到，村堡的修建是由“会首”[2]规划路网，

① 明代量地尺：1 尺 =32.7cm，1 寸 =3.27cm；营造尺：1 尺 =32cm，1 寸 =3.2cm。清代量地尺：1 尺 =34.5cm，1 寸 =3.45cm；营造尺：1 尺 =32cm，1 寸 =3.2cm。

② “会首”一词，并未在明清基层行政官职中找到，说明“会首”并非国家确认的行政管理组织成员。明黄佐《泰泉乡礼 · 乡社》中记载：“约正人等预行编定，凡入约者，每岁一人轮当会首”，会首主管乡社日常事务；清秦蕙田《五礼通考》云：“里社，凡各处乡村人民每里一百户内立坛一所，祀五土五谷之神，专为祈祷雨时，若五谷丰登，每岁一户轮当会首。”可见，自明代起会首已经出现，为民间自发组织形成的，作用是组织运作乡中事务。

按出资多寡分先后选地建房，地分为三分地和五分地两种，并以此为基数，出资多者可多分，出资少者可少要。明清时期民间的量地工具大多采用丈杆，因此在量地时基本以丈为单位。故笔者取整数为假定的基本面积模数，即3丈 ×6丈和5丈 ×6丈。

2. 案例分析

1）暖泉北官堡

暖泉镇是蔚县古镇中保存较好的。暖泉镇位于蔚县最西部，壶流河水库西北岸，是大同通往华北平原的军事要地。同时，暖泉又是古代重要的区域交通枢纽和经济中心。该镇是古老的张库商道（张家口到库仑）的必经之地，这使其逐渐形成商道上的贸易集散地。到明正德年间（1520年），暖泉集市已颇具规模，西市、上街、下街与河滩的草市街和米粮市共同形成古镇的露天集市，它们呈西边狭长，东边宽敞的三角形布局。该镇镇区内有三个堡，即北官堡、西古堡、中小堡。北官堡建造年代最早，位于暖泉东北部，是明代驻军屯兵之处。城堡基本呈方形，边长260余米。堡门高大坚固，上有歇山顶堡门楼。堡内地形复杂多样，古粮仓、古暗道分布其间。街道结构呈"王"字形（图3）。

图3 北官堡平面

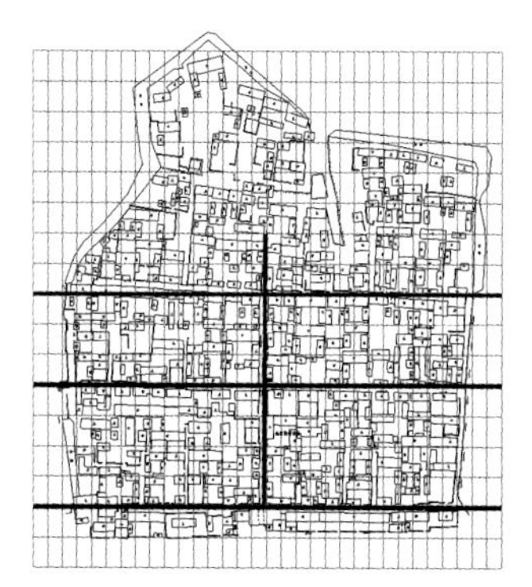

图4 北官堡街道平面分析图

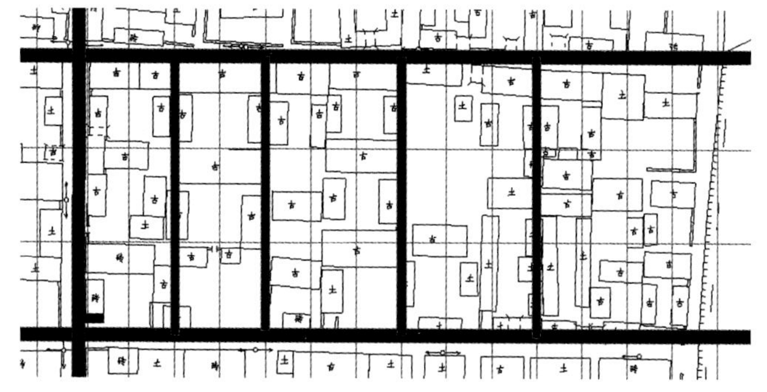

图5 北官堡院落平面分析图

北官堡三条横向街道间距大约分别为83米、64米，街巷之间的院落则为4进和3进，每一进院落平均约为21米。按明尺计算每一进院落约为6.5丈，而按清尺计算则恰好为6丈。笔者分别用明尺和清尺的面积模数3×6丈组成的模数网分析堡内主要街道空间布局，发现用明尺面积模数并不能找到其规律，但用清尺面积模数时，堡内的主要街道基本在面积模数范围内（图4）。

图6 西古堡
（课题组拍摄）

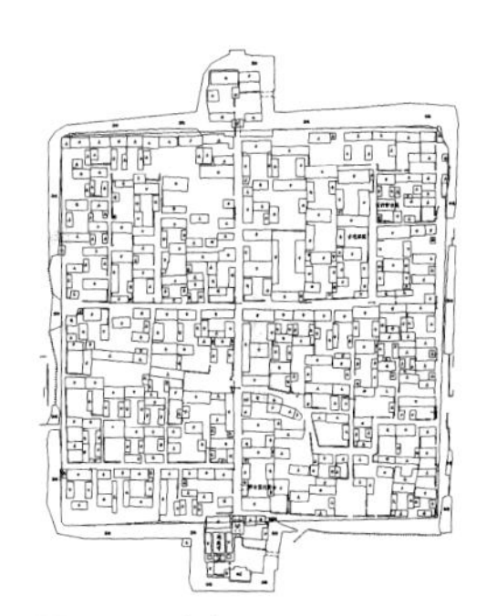

图7 西古堡平面
（蔚县规划局提供）

为分析堡内院落空间布局规律，笔者选用古院落较为集中的一域为研究对象（图5）。每进古院落的进深虽不相同，但三进之和皆为18丈；同时，院落的面宽也有殊异，却仍有规律可循，有的院落为6丈、有的两套院落面阔9丈。以此可看出，在研究对象范围内，各户购地规模或为一亩八分地，或两户为二亩七分地，皆为3丈 ×6丈（三分地）面积模数的倍数；由此可推断北官堡的基本格局是在清代形成的。

2）西古堡

西古堡，又称"寨堡"，位于暖泉镇的西南部。该村堡始建于明代嘉靖年间，清代顺治、康熙时期又有增建。城堡平面呈方形，边长约250米。堡墙黄土夯筑，环绕四周，高约8米，墙外凸出土筑马面，沿城墙内侧有一周"更道"。城堡门南北各一座，并有瓮城。堡内形成一条南北主街，其东西各有小巷三道，还有一眼官井。清顺治、康熙年间，在村堡南北堡门外各增建一座瓮城。瓮城平面呈方形，边长约50米。两瓮城平面形制基本相当，布局对称，各建有高8余米的砖券结构城堡门（图6、图7）。

堡内十字大街将堡划分为4个区，南部两区进深120余米，按清尺计算大约为36丈；北部两区进深100余米，按清尺计算大约为30丈。东西宽分别为120余米和100余米，亦为36丈、30丈。笔者以中心坐标布置面积模数3丈 ×6丈的网格（图8）。从图中可看出西古堡各主要街道皆在模数网格上，几条南北向次道距离中心干道为15丈、24丈，都为3丈的模数。

同样，以保留较好的东南地块为研究对象，该地块内院落面宽分别为16.3米（以清尺换算大约是5丈）、21米（6

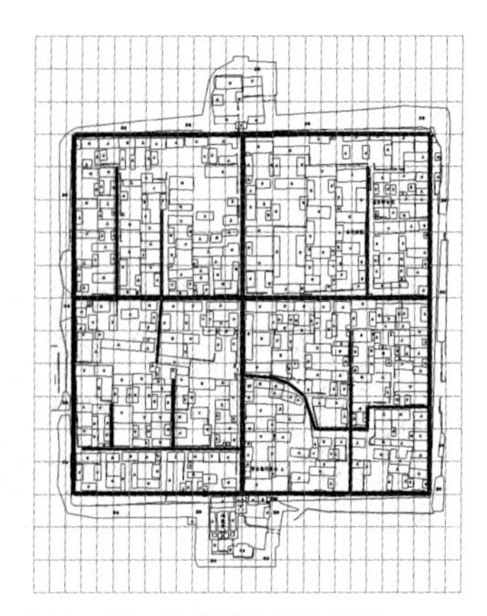
图 8　西古堡街道平面分析图

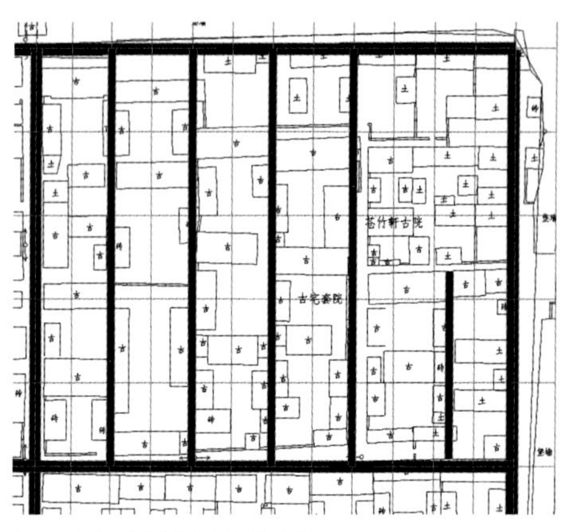
图 9　西古堡院落平面分析图

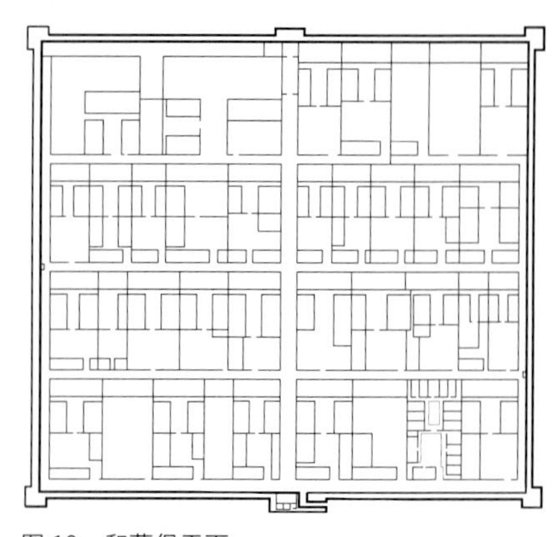
图 10　和薰堡平面
（资料来源：张玉坤，宋昆．山西平遥的“堡”与里坊制度的探析 [J]．建筑学报，1996（04）．

丈）、21.2 米（6 丈）、20.4 米（6 丈）、20.7 米（6 丈）、15.3 米（4 丈），如果加上南北主路宽度的一半，即 1 丈，则除最东侧院落外其他皆为 6 丈（图 9）。

3）段村和薰堡

山西的段村位于平遥南 10 公里处，是由六座堡组成的集镇聚落。这六座堡按修建顺序依次为凤凰堡（旧堡）、石头坡堡、南新堡、和薰堡（八角楼堡）、永庆堡（照壁堡）和北新堡。段村地势南高北低，村西有一条小河，河对面建有河神庙。村中东西向主街为商业街，原有比邻而建的许多店铺；此外还分布有段家祠堂、张家祠堂、南寺庙宇群等。村堡的平面呈方形或者因地形而变的不规则形，堡设一门或二门；街巷空间多呈“王”或“丰”字形，道路系统规则，并有当年村民组织建设的记载。

和薰堡堡墙与宅院虽破损严重，但仍保持着严整的街巷格局。此堡大门在南，南北向堡街的最北端建有三层玉皇庙，庙内石碑中记载了堡的规划设计说明：“大清雍正五年（1727 年）九月初四日起工建立和薰堡。共买地八十三亩，除堡外截出余地以及堡墙根脚并街道、马道占过，净落舍基地四十八亩。将此地切分为八大位，每一大位分地六亩，南北长一十二丈六尺，东西宽二十八丈八尺。堡内南北街一道，宽二丈；东西街三道，俱各宽一丈二尺；周围马道宽窄不一，流传后人，不得侵占。每一亩舍基地南北长一十二丈六尺，东西宽四丈八尺。每一亩舍基地承认粮五升八合，永垂石记。道光二十七年（1847 年）冬照旧石重刻。”

上文中提到每亩舍基地南北长一十二丈六尺，东西宽四丈八尺，其中横向街道一丈二尺，如南北两家分摊，则每家各六尺，那么南北两端院落进深为十二丈，中间院落进深则为十一丈四尺。和薰堡每户院落皆为两进，平均每一进院落基地的进深为六丈和五丈七尺，面宽是四丈八尺，所以和薰堡大体符合 5 丈 × 6 丈面积模数（图 10）。

4）干坑村西堡

干坑村西堡设一门朝东，内为“L”形小巷。堡总长仅为 80 米，宽 50 米，是典型的一姓之家的宅院（图 11）。根据现有数据进行测算，西堡建造年代不详，故选用明清两代的量地尺寸进行计算。堡长约 80 米，明尺为 24.5 丈，清尺为 23.2 丈；宽 50 米，明尺为 15.3 丈，清尺为 14.5 丈。堡东西均匀分布 5 户，每户一进院落，如采用明尺，并考虑测量误差，长宽可近似取 25 丈、15 丈，则每户面宽为 5 丈，进深若扣除街道宽度约 2 丈，每户为 6.5 丈，基本是 5 分地。用清尺测算，则并不符合一般的用地要求。可见，西堡的整体布局极有可能是在明代形成的。

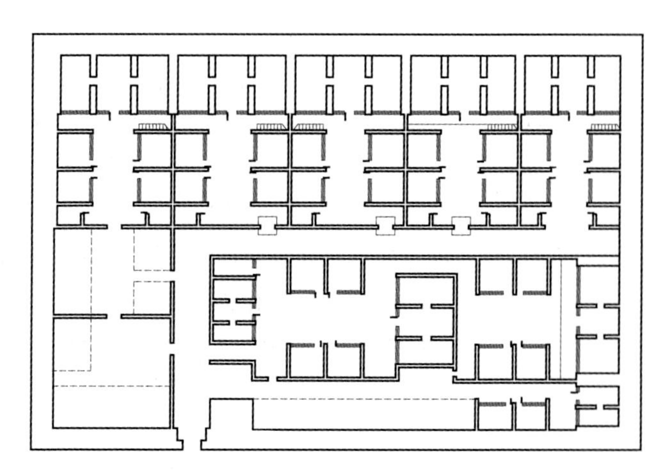
图 11　西堡平面
（资料来源：同图 10）

3．村堡规划模数制特点

古村堡修建过程中的模数制规划方式，为研究古代城市规划的思想和方法提供了一种新的思路。通过上述分析，对村堡规划的模数可归纳得出以下特点：

1）基本面积模数

村堡之修筑，以能满足最小居住要求的基本面积模数——一进院落为单位作为购买单元，按出资多寡购得土地后兴建宅院。根据已有资料总结，基本面积模数分三分地（3 丈 × 6 丈）和五分地（5 丈 × 6 丈）两种①。

2）面积模数的扩展

基本面积模数是村民购地时的最小单位，在实际的选地建宅过程中，村民往往根据自己的财力多购得土地，这样就形成了基本面积模数的倍数关系。

3）街巷规划方式

村堡的街道布置与其模数网格的对应，或许并非当时兴建之初规划者特意遵循的方法，但由于在用地划分上的模数关系，使街巷的布局与模数网格不谋而合。这为我们研究其他类型堡寨的生成机制提供了可以借鉴的方法。

结语

以上是笔者根据目前已完成的测绘和所能搜集到的材料，对我国古代村堡规划所做的尝试性探索。通过这一初步的探索，我们可以较有把握地说，中国古代在村堡规划方面确已形成建立在运用模数基础上的方法，其中，基本的面积模数是重要的布置原则。

目前，在城市规划、群体布局、建筑单体等模数制研究中，许多学者进行了多方面的探讨，但是在堡寨乃至传统村落方面，至今很少有人关注。原因一方面是由于相关资料搜集的难度较大，另一方面是由于研究方向主要局限于利用传统的聚落研究方法，注重地域之间的差异而非共性。在堡寨乃至传统村落研究中，运用模数，特别是扩大模数和模数网格，就可使在村落布局有一个较明确的共同的尺度或面积单位。由于地域的差异，这种模数和模数网格又有不同，当不同规模的建筑群或单体建筑使用不同的模数时，就会产生丰富的街巷肌理，从而形成多样化的村落布局。

中国北方堡寨聚落研究的建筑史学意义，在于其中国古代城市“里坊制度”的重要原型，现存中国北方地区的堡寨聚落则是原型所承传延续的“乡村版本”和“活化石”。然而，在当今经济发展和社会变革的进程中，散落中国北方各地的堡寨聚落遗存正处于极度衰落的状态，其所携带的丰富的历史文化信息随之逐渐消逝。由于种种原因，蕴含着丰富历史信息的堡寨聚落遗存却未得到建筑史学研究的充分关注和重视，也远未进行有效合理的保护利用。本文旨在研究堡寨聚落的深层文化内涵，以期抛砖引玉，引起学术界的共同探讨。

（调研人员：张玉坤、谭立峰、李严、李哲、倪晶、黄水坤、张政、孙佳媚、胡英娜。在调研过程中，得到蔚县博物馆馆长李新威及其同仁的大力支持，在此表示衷心的感谢）

参考文献

[1] 傅熹年．中国城市建筑群布局及建筑设计方法研究 [M]．北京：中国建筑工业出版社，2001．

[2] 宋昆．平遥古城与民居 [M]．天津：天津大学出版社，2000．

[3] 王才强．隋唐长安城市规划中的模数制及其对日本城市的影响 [J]．世界建筑，2003（01）．

[4] 贺业钜．中国古代城市规划史 [M]．北京：中国建筑工业出版社，1996．

[5] 孙大章．中国民居研究 [M]．北京：中国建筑工业出版社，2004．

[6] 吴承洛．中国度量衡史 [M]．上海：商务印书馆，1937．

① 根据现有资料总结出的基本面积模数，由于受搜集到资料的地域限制，并不能反映其他各地村堡基本面积模数的确切数值，因此这一工作将在后续研究中完成。

军堡中的里坊制——一项建筑社会学的比较研究 ①

摘　要

里坊不仅存在于古代城市和乡村聚落，而且被移植进明代长城边防军事堡寨中。经过大量实地踏勘，发现以军事建制为主的明代边防地区修建了上千个军事聚落，遗存至今保存较完整的也有上百个，里坊居住模式也普遍存在着，居住形态表现在建筑学和社会学两个层面。通过对明长城军堡与里坊制在社会学和建筑学两层面的比较，可以得出结论：军堡与里坊均是集防御与居住于一体的聚落，军堡与里坊实际上是同一种聚落形态的不同表达方式，以至军堡与里坊具有建筑学层面和社会学层面的一致性。

关键词　明长城军堡；里坊制；建筑社会学

引言

明长城军堡是明长城沿线由国家统一兴筑，与长城共同承担边疆防御任务的城池。城池内除了驻扎百名左右的兵力外，还存储了作战武器与耕田农具，士兵在作战之余要耕种粮食，自给自足。明长城东西 8800 多公里，分成 9 个军事重镇分段防守，每个重镇下每隔三四十里设一军堡，所建军堡数以千计，遗存至今保存较完整的也有上百个。军堡由于地处偏远，城市化进程较慢，较多地保留了明清时期城池空间布局的历史原貌。作者所在课题组自 2003～2010 年间，在国家自然科学基金项目“明长城军事聚落与防御体系基础性研究”的支持下，对山西、陕西、宁夏等 9 个省市自治区的近百个军堡进行了实地踏勘，发现九边重镇中以军事建制为主的边防地区，里坊居住模式也普遍存在着。史料中也有零星记载，如《嘉靖宁夏新志》[1] 记载：宁夏镇后卫有“镇靖、振武、平朔、扬威”四坊，东路兴武营守御千户所中有“靖虏、迎恩”两坊，西路广武营中有“永宁、威镇、靖虏、武备、保安”五坊，鸣沙州城中有“通义、安和”两坊。军堡与里坊的关系研究对于里坊制的理论研究和实物科考具有重要价值。

里坊制是明朝城市和农村基层组织单位的结构形式，居住形态表现在建筑学和社会学两个层面：建筑学层面是指封闭的坊墙、坊门、内部的道路、住宅的排列方式及其他建筑设施；社会学层面是指对居住在里坊中的居民的组织管理机构、方式、内容及其他社会学内涵。军堡不仅在空间布局上采取里坊制，而且在军事管理制度也与里坊制有诸多相似之处。

一、军堡与里坊制建筑学层面比较

军堡虽然分布在不尽相同的地形环境中，高山沟谷、沙漠荒原、平原河滩，而且出于控厄交通要道等防守的需要往往平面形态很不规则，甚至有的堡墙依山就势而建 [2]，但是经过大量实地考察来看，大多数堡城在规模和平面布局上存在一定的规律性：堡内主街呈十字形、丰字形或一字形等，道路通畅；四周堡墙，堡墙内部环城马道；每边堡墙上设墩台，角处设角墩台；堡开一到四门，门设瓮城，堡门和瓮城门上有城楼；堡中央十字街交叉处设“镇中央”楼。井若干；堡内有指挥将领的署地或行政部门衙署；堡外有校场、演武厅等。（图 1）不同级别的军堡城池规模不同，

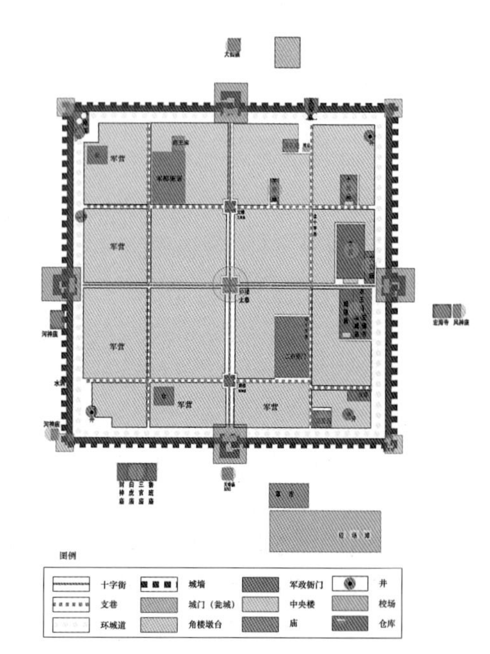

图 1　军堡的空间模型

① 李严，张玉坤，李哲．军堡中的里坊制——一项建筑社会学的比较研究 [J]．哈尔滨工业大学学报（社会科学版），2012（07）．
国家自然科学青年基金项目（51108305、51008204）

级别越高城池规模越大。如最低级别的堡城，主街多是一字形，堡门有一个或两个；高一级别的所城和卫城，主街多呈十字形和丰字形，支巷也较多，堡门有两个、三个或四个（图 2）。

里坊的具体形态和结构在以往的研究 [3] 中得出的结论是：里坊内部大都由方格网道路划分。每一方格为一“里”，里四周环以墙垣，里中有一条直通的主路将里坊分成左右两部分，主路两端有里门与里外道路相通，主路两侧有与之垂直的支巷将整个里坊划分成均等的几个居住单元，宅院则沿支巷排列布置，坊有坊门（图 3）。

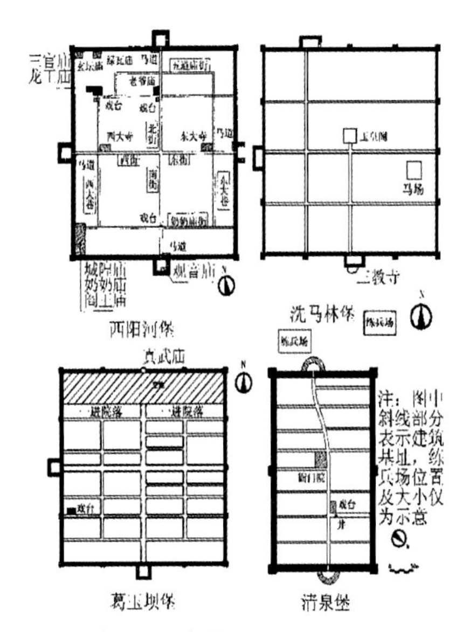

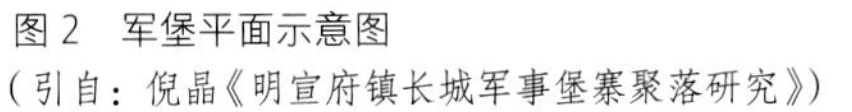
图 2 军堡平面示意图
（引自：倪晶《明宣府镇长城军事堡寨聚落研究》）

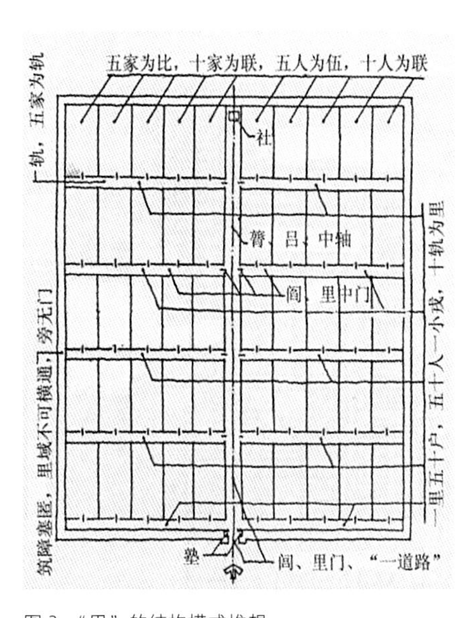

图 3 “里”的结构模式推想
（引自：张玉坤《聚落·住宅——居住空间论》）

从军堡的空间结构和里坊的形态结构比较来看，两者均有主路、支巷，巷口有巷门或坊门，内部建筑沿支巷排列布置，城四周环以墙体作为外围防御设施，城有城门与外界相通。军堡则多一些校场、演武厅、角墩等军事设施。军堡与里坊均是集防御与居住于一体的聚落。

二、军堡与里坊制社会学层面比较

社会学层面比较指军管区军堡和行政辖区中里坊分别对人户和土地的管理。

1．对人户的管理

里坊制聚落的管理方式是：里坊内的里门与城市道路相通，一里中有一定的编户和管理机构，里门亦设专人把守，门制甚严，进出城门要凭借腰牌，朱璐《防守集成》载：“每家给一腰牌，开写年貌、籍贯，官给印验，必有牌出入，城门方准放行。” [4]

里是地方行政的基层单位，洪武十四年的黄册里甲编制，以一百一十户为里，每里设十户里长，百户甲首，每一里长统十户甲首，分为十甲，轮流应役 [5]。每里编为一册，称之为黄色。严密户籍制度的制定对于控制人口流动、保障国家赋税征缴具有重要意义。

卫所军事管理制度中对军户的管理体现在对军籍的严格管理上，明代为保证边疆兵源的充足采取严格的军户制度。军人都必须在军营结婚安家，军户家属享受军饷供给和赋役优免及世袭特权。“兵役之家，一补伍，余供装，于是称军户口” [6]。《明会典》记载，“明代凡天下冲要及险阻去处，各画图本，并军人版籍，须令所司成造送部，务知险易”，同时规定，“图本户口文册，俱限三年一次造报” [7]。可见类似于行政建制的黄册里甲系统，军事建制对军户的管理也制定户口文册，且不仅针对军士一人，还包括其家属。

2．对土地的管理

明朝对于地方上土地的管理采用“都保制”，并通过鱼鳞图册制度进行统一管理。洪武二十年（1387 年）将国之土地进行度量，绘制土地总图、分图，画出每块田土的形状，以田主的名字命名，编类造册，状如鱼鳞，号鱼鳞图册。限制土地私人买卖避免富民隐匿田产。田赋档案籍册是各级政府征税派役的依据，也是土地拥有者、使用者的有效凭证 [8]。

在军管区，卫所制度是军事制度与地方行政管理制度在地理上相结合的产物。根据卫所与地方行政区划的关系，按照是否领有实土将卫、所分为实土卫所、准实土卫所、非实土卫所三种 [9]。这三类卫所都涉及对土地的管理问题，其中实土卫所和准实土卫所还要管理辖区内的非军户人口。

边地军户“有事用兵以战，无事用兵以耕”，战争之时，往往“以三人耕，供七人之食。” [10] 关于军屯的土地管理方式王毓铨著《明代的军屯》里说："当初屯地的登记方法，很可能完全和"民田"一样，管理民户土地所凭借的是图籍，管理军屯土地也必须凭借图籍。"[11] 军屯的图籍指的是"屯田黄册"，又通称为"屯田册"、屯田"文册"、"屯册"，或"屯种军伍文册"。书中推断"屯田黄册"的内容：屯有屯名，每屯土地分编若干号字，次第排列号数，注明承种屯军、地亩数和坐落地点、子粒数额等。在监督管理上，都指挥使及同知佥事常以一人统司事，一人练兵，一人屯田。总旗和小旗是军屯管理官职的最低一级（将军屯管理系统按屯官由低到高顺序列表，见表 1），小旗统领十人，全队 11 人；总旗统领五小旗，共 56 人。类似民户里甲制度中的"里长""甲长"，总旗、小旗又称"旗甲"。

军屯管理系统 表 1

屯官	统领人数
小旗	五人至六人
总旗	十小旗，五十六人
百户	二总旗，一百一十二人，或七八十人
千户	十百户，或七百户，或三四百户
指挥佥书	三千户，或二千户
都指挥佥书	按都司所属卫分

三、军堡与里坊制关系

通过以上分析，试将军堡与里坊制的关系归纳如下：1. 军堡与里坊均是集防御与居住于一体的聚落。军堡以防御为建制出发点，兼有居住功能；里坊以居住为建制出发点，兼有防御功能。2. 军堡与里坊实际上是同一种聚落形态的不同表达方式。同一种聚落形态指同一种集防御与居住为一体的聚落形态。"里坊"侧重其组织管理而强调其内部结构，"军堡"侧重其防御功能而强调其外部形态。3. 军堡与里坊具有建筑学层面和社会学层面的一致性。建筑学层面的一致性指建筑形态中的墙、门、内部道路、居住建筑排列方式及其他建筑设施，社会学层面是指对居住在其中的人口的组织管理机构、方式和对辖区内土地的管理方式。综合建筑学层面与社会学层面中军堡与里坊的相似点，见表2。

军堡与里坊对比表 表 2

比较项			军堡	里坊
建筑学层面	外部形态	墙垣	四周环以墙垣	里四周环以墙垣
		主路	主干道呈十字形或一字形	里中有一条直通的主路或十字形路，丁字形路
		支巷	主路两侧有与之垂直的支巷	主路两侧有与之垂直的小巷
		门	堡门	里门，坊门
		居住建筑	呈行列式布局	呈行列式布局
		祠庙	众多祠庙	众多祠庙
		门房	有	有
社会学层面	管理体制	名称	堡或屯堡	里（乡村行政单位）
		总人口	112 军户	110 户
		首领	守备、操守 每百户设两个总旗 每百户设十个小旗	里长 每里设十户里长（轮值） 每里设百户甲首
		职责	司事、练兵及屯田	里长的职责：派徭役；管理里内治安；监督里内户口；组织领导生产；管理里内防疫
	层级管理		都司—卫—所—守备—总旗—小旗	省—府（直隶州）—县—乡—都—里
	人口管理		军户的户籍管理	黄册户籍管理制度
	武职人事档案		贴黄制度	
	城内人员分工		常操军、屯军、守城军	守城、耕地
	身份证明		户口文册	腰牌，十家牌法
	土地管理档案		屯堡、实土卫所等（高于堡的等级）的"由纸"或"屯田黄册"	鱼鳞图册
	税收		屯田子粒或税粮	赋税、税粮

参考文献

[1]（明）胡汝砺编．（明）管律重修．陈明猷校勘．嘉靖宁夏新志[M]．银川：宁夏人民出版社，1982: 236-257.
[2] 张玉坤，李哲．龙翔凤翥——榆林地区长城军事堡寨调研报告[J]．华中建筑，2005（01）：150-153.
[3] 张玉坤，宋昆．山西平遥的堡与里坊制度的探析[J]．建筑学报，1996（04），50-54.
[4]（清）朱璐．防守集成[M]．北京：解放军出版社；沈阳：辽沈书社，1992: 112.
[5] 栾成显．明代里甲编制原则与图保划分[J]．史学集刊，1997（04）：21.
[6] 王杰瑜．明代山西北部聚落变迁[J]．中国历史地理论丛，2006（01）：114.
[7] 韩光辉，李新峰．北京地区明长城沿线聚落的形成与发展[C]//长城国际学术研讨会论文集．北京：长城学会，1994: 199.
[8] 曹余濂．明代“赋役黄册”“鱼鳞图册”考略[J]．档案与建设月刊．1999（03）：34-36.
[9] 郭红，于翠艳．明代都司卫所制度与军管型政区[J]．军事历史研究，2004（04）：83.
[10] 余同元．明代长城文化带形成与演变[J]．烟台大学学报：哲学社会科学版，1990（03）：42.
[11] 王毓铨．明代的军屯[M]．北京：中华书局，1965: 197-201.

中国古代城市规划“模数制”探析——以明代海防卫所聚落为例[①]

摘　要
明初，倭寇对中国沿海地区的侵扰加剧。经过与日本的一系列交涉未果后，明朝政府加紧建设海防体系。由于时间紧迫且地域跨度大，因此在海防城池建设过程中，不可避免地采取了一定的有利于快速设计和施工的措施。本文以卫所聚落为例，结合史料研究和调研成果，以山东、浙江和广东防区为重点，探讨明代海防卫所聚落在城池总体规模和内部布局两个层面的模数化思想。研究表明，南方海防卫所聚落的规模明显大于北方，但各个防区内部的聚落规模是相似的。此外，海防聚落也存在内部布局模数化的思想。

关键词　明代；海防；卫所聚落；模数制

一、明代海防聚落概述

明代以前，倭寇便开始对中国沿海进行侵扰了，但直至明朝初期的十几年中，中国只是消极应对，并没有系统的御倭政策。随着明朝政府与日本就倭寇问题外交斡旋最终失败，倭寇愈发猖獗，这才使明朝政府终于意识到，必须建设系统的防御体系才可能彻底消除倭患。洪武十六年（1383 年），明太祖朱元璋遣“汤和巡视沿海诸城防倭”（明太祖实录，1368 年）[②]，“和请与方鸣谦俱”（明史，1645 年）[③]，拉开了中国历史上首次系统海防建设的大幕。经过明初洪武、永乐两朝的努力，明代海防体系基本建成，卫城、所城、堡、寨等海防聚落沿辽东、山东、直隶、浙江、福建和广东等防区的沿海地区有序分布，为整个明代的御倭打下了较好的物质基础。

二、建筑模数相关研究概述

1. 建筑模数的发展历程

模数（Module），是选定的标准尺度计量单位，被应用于现代工业大生产的各个领域。建筑模数是指建筑设计和施工中，统一选定的协调建筑尺度的增值单位。尽管建筑模数的大规模发展和应用只有几十年的历史，但模数的理念在东西方的建筑界古已有之。

西方关于模数的讨论发源于古罗马，《建筑十书》开启了先河。由于古代西方建筑的核心元素是柱式，因此无论是《建筑十书》，还是《建筑四书》等西方经典建筑著作，在讨论建筑模数时，核心载体均选择了柱式——主要通过讨论石柱的长细比（杆件的长度与截面的回转半径之比，笔者注）来达到形式美的目的。在讨论建筑模数和比例关系时，从维特鲁威，到阿尔伯蒂、维尼奥拉甚至柯布西耶，人体尺度均为重要的衡量标准。

与古代西方建筑师沉醉于形式美的讨论不同，中国古代的建筑模数更侧重实用性，包括施工的便捷性以及对主要材质——木材特性的把握。《周礼·考工记》记载：“周人明堂，度九尺之筵，东西九筵，南北七筵，堂崇一筵。五室，凡室二筵。室中度以几，堂上度以筵，宫中度以寻，野度以步，涂度以轨。”[④]几、筵、寻、步、轨，均可视为早期的模数单位。其中，以“筵”为模数的做法在隋唐之际传入日本，最初只用于控制柱子间距，但不久就成了建筑设计的统一模数（程建军，1996）。对木材特性的把握，中国古代建筑更是达到了相当高的水平。成书于北宋崇宁二年（1103 年）的《营造法式》在中国历史上首次明确记载了模数制——“材分制”，其中，“材”是最主要的度量单位。自清康熙以来持

---

① 尹泽凯，张玉坤，谭立峰．中国古代城市规划“模数制”探析——以明代海防卫所聚落为例 [J]．城市规划学刊，2014（07）．国家自然科学基金资助项目（51178291）

② 明太祖实录，卷一七七．

③ 明史，卷一二六，汤和传，页三七五四．

④ 周礼·考工记·匠人建国．

续二百余年的“样式雷”，模数制的水平则达到了登峰造极的程度，尤其是“官式建筑已臻标准化，大木作即建筑主体性的木结构做法则已形成高度模数化的体系”（王其亨，2005）。此外，在建筑选址和设计时，要进行“抄平子”，即平格，“经纬格网采用确定的模数，平格可简化为格子本，甚至仅记录相关高程数据即可，这就为数据保存和应用提供了极大方便”（王其亨，2005）。

2．中国古代建筑模数制的研究现状

通常认为，我国建筑界对古代模数制的研究主要集中于建筑单体、建筑群体布局和城市规划三个方面（谭立峰，2009）。建筑单体模数的研究多集中于古代官式建筑的构件，其中，以对宋《营造法式》的研究以及天津大学王其亨教授等学者对清代样式雷的研究最为典型；对古代城市规划模数制的研究，以傅熹年先生结合考古发现的大量数据而进行的定性、定量研究最为深入。其余学者的研究多以《周礼 · 考工记》中的营国制度等古典文献为依据，结合隋唐长安等古代都城的规划做一些假想性质的定性研究；对于建筑群体布局模数的研究，则因与上述两者没有明显的界线而处于较为模糊的地带，多是在研究建筑模数和城市规划模数时作为相关研究的延伸而一笔带过，成果相对较少。

三、明代海防卫所聚落模数范畴

明代各级海防卫所聚落均为海防而建，必然存在很多相似的特点。但是，由于防守重点、驻军规模和自然环境等条件的限制，各地、各层次城池的规模差异较大，内部布局也千差万别。明代海防卫所大多集中建于明初，军事制度差异几可忽略，建造工艺也没有巨大的变化，那么，大规模的海防聚落是否存在一种模数化的建设思想呢？笔者以明代典型海防卫所聚落为例，以文献史料结合实际调研成果为依据，从总体规模和内部布局两方面，探讨明代海防卫所聚落是否存在模数化的筑城思想，并探寻相关原因。

1．总体规模

1）案例分析

以北方的山东防区和南方的浙江防区的千户所城为例，探讨明代海防聚落总体规模是否存在规律可循。这里研究的对象主要为两个指标，即城池总占地面积和城池人均占地面积。

雄崖所城位于今山东省即墨市丰城镇，建于明洪武三十五年（1402 年）。所城呈方形，东西长 337 米，南北长 389 米，周长 1452 米（孙铸，黄济显，等，2010），占地面积约为 13.1 公顷。关于驻军规模，清同治《即墨县志》对之有详细记载：雄崖守御千户所原额设正千户二员，副千户二员，百户五员，吏目一员。此外，共有京操军春戍 250 名，秋戍 319 名，守城军 51 名，屯田军 77 名①。可知雄崖所合计官兵 707 名，官兵人均占地面积指标约为 185 平方米。另据《筹海图编》载，雄崖所有“京操军 571 人，城守军余 97 人，屯军 77 人，捕倭军 210 人”（郑若曾，1562），以此为依据得到的每名官兵平均占地面积指标约为 135 平方米。但需要指出的是，《筹海图编》成书于嘉靖四十一年（1562 年），清同治版《即墨县志》则更晚。众所周知，明末的海防卫所驻军缺额十分严重，与明初的每千户所配置 1120 员额相差甚远，因此以明末的驻军规模来衡量明初修建所城的规模并不准确。经计算，以明初原额配置为依据的官兵人均占地面积指标约为 117 平方米。雄崖所城现状图如图 1。

图 1　雄崖所城现状图

沥海所和三山所均为浙江防区临山卫下辖的守御千户所。据《临山卫志》记载，沥海所“所城周围三

① 清同治即墨县志 .

里三十步"（郑铭钧，2010）。又据《上虞县志》记载，"沥海所……方形，东西、南北两条直街把全城分为4块"（上虞县志编纂委员会，1990），假设城池为规整的方形，得到城池面积约为18.4公顷。又知，沥海所设正千户一员，副千户六员，所镇抚二员，百户八员，原额1120名，代管一百名，招募105名（郑铭钧，2010），合计官兵1342名，官兵人均占地面积指标约137平方米，而以明初的每千户所配置1120原额计得官兵人均占地面积指标约165平方米。三山所为洪武二十年（1387年）信国公汤和命千户刘巧所建，"周围三里三分二十步，高一丈六尺"（郑铭钧，2010）。按照前述方法计得城池面积约为21.7公顷。又知，三山所下辖正千户一员，副千户四员，所镇抚一员，百户八员，试百户一员，原额1120名，带管100名，招募103名（郑铭钧，2010），合计官兵1338名，官兵人均占地面积指标约162平方米，而以明初的每千户所配置1120原额计得官兵人均占地面积指标约194平方米。

再以浙江防区南部的蒲壮所城为例。明隆庆二年（1568年），由于壮士所城无险可守，海防军弃城移守并入蒲门所，合并后改称"蒲壮所"。据民国《平阳县志》载："蒲壮所城，明洪武二十年，汤和筑，周围五里三十步，高一丈五尺，趾阔一丈三尺，城门三座……"[①]现状蒲壮所城保存完好，地势东南低，西北高，平面为不规则方形，北圆南方，南北长291米，东西长485米，城墙周长2480米，据测绘蒲壮所城面积为24.9公顷。按明制，每千户所设守军1120名，因此蒲门、壮士二所合并后的守军编制为2240名，可以得到官兵人均占地面积指标约111平方米。

结合史料考证和对山东、浙江的现场调研，一些典型千户所城的总占地面积指标可以得到较为准确的数据，并由驻军规模推算出相应的人均占地面积指标，分别如图2、图3所示。

由图2可知，选取的山东防区千户所城样本面积基本处于10～15公顷之间，分布比较均匀，平均面积约为13公顷。选取的浙江防区千户所城样本的面积则处于15～40公顷之间，数值跨度较大。但除桃渚所和沥海所外，各千户所城规模均较大，处于20～30公顷之间，经计算平均面积约为29公顷。对比山东、浙江两个防区的千户所城，不难发现，山东防区城池规模分布均匀，总体面积较小；浙江防区城池规模差别相对较大，总体规模远超山东防区。

由于笔者所作的比较是基于标准军力配置的千户所城，因此，各所城人均占地规模的总体趋势与前述城池的总体规模基本一致。所选择的山东防区千户所城的人均占地规模基本处于100～150平方米，平均约为115平方米；浙江防区千户所城的人均占地规模基本都超过200平方米，平均约为244平方米，远大于山东防区。需要指出的是，蒲壮所是由原蒲门所和壮士所合并而来，因此计算出的人均占地规模是相对偏小的；而桃渚所由于城池本身较小，人均占地规模自然也比较小。

2）小结

浙江地区濒临东南沿海，最近登陆处距明初的都城南京不足200公里，若不加强海防，倭寇必将对明政权造成巨大的威胁。而发生于明初辽东的望海埚大捷，不仅使倭寇遭受重挫，更产生了巨大的威慑力，使得包括山东在内的北方沿海地区的倭患大幅减弱。另外，南方新航道的开辟以及航海技术的提高，使得倭寇可以不局限于沿着传统的北方航道入侵山东等北方地区。南宋以来中国经济中心的南移，使得倭寇为了追逐更大的经济利益，将入侵的重心自然也转移向了浙江等南方地区。上述因素促成了江南地区成为明代整个海防体系的重点，建设较大规模的城池也就成了必然。

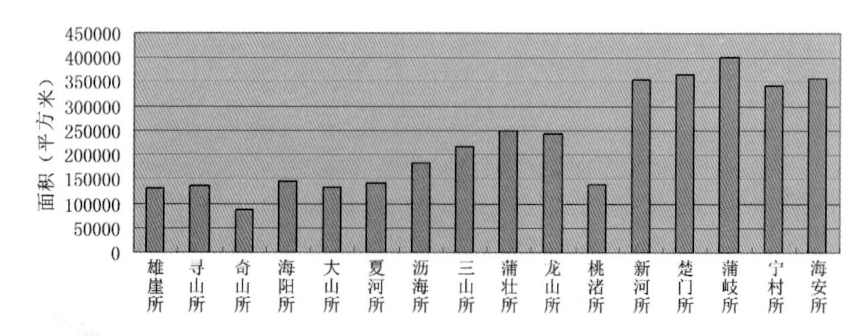

图2 城池总占地面积

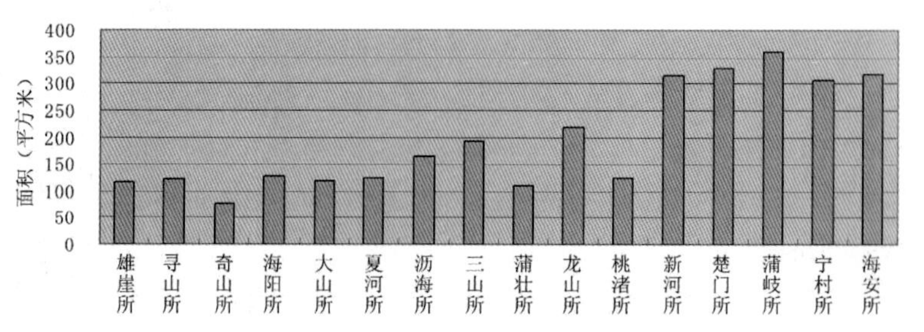

图3 城池人均占地面积

① 平阳县志，卷六，建置二，城池.

2．内部布局

1）案例分析

明代海防聚落具有多个层级，卫城、千户所城、百户所城以至民间修筑的大小不一的海防堡寨（统称民堡），规模各异。海防卫所多为新建，这一方面导致其内部结构不存在漫长的变迁过程；另一方面，明初海防形势的紧迫性，要求其必须快速建成。那么，各层次海防聚落在建设之时，内部的结构布局是否存在模数化的考虑呢？

本部分以现状保存较完整的解宋营城、大鹏所城、蒲壮所城和金乡卫城为例，层次上涵盖了明代海防百户所城、千户所城和卫城，地理上则覆盖了山东、浙江和广东防区的广大区域，抓住内部布局这一主要关注点，探讨明代海防聚落的内部布局是否存在模数化的思想，并试析其原因。

解宋营城位于今山东省蓬莱市解宋营村，始建于明洪武年间，是一座典型的明代海防百户所城。据清顺治《登州府志》载："洪武九年置百户所於……解宋营……建备倭城。此城为石城，周二百四十丈，高二丈五尺，阔一丈二尺。"现存解宋营遗址是山东省乃至全国范围内形制最规整、整体保存最好的明代海防百户所城之一。解宋营城东西、南北长度均为 200 米，总面积 4 公顷。所城所处地势相对平坦，整体布局十分规整，呈正方形。十字形主干道分别通向东、南、西、北四个城门，同时将所城分成均匀的四部分，每部分均为约 100 米 × 100 米的方形。历经数百年的沧桑，解宋营城多数建筑已经重建多次或者被毁，部分路网也发生了改变，但当年的整体规划布局仍然得到了较好的保存。以单一进深的院落为基本单位，则可测知每个区域内南北向纵深约为 6 进院落，东西向宽度为 7～9 户住宅面宽。由于每块区域面积均比较小，因此区域内每 2～3 进院落设一条支路通向南北向主干道，再辅以数条南北向垂直于支路的小巷，即可解决城内军民的交通问题。

图 4　解宋营城平面图
（资料来源：笔者结合烟台市文物局提供的资料自绘）

在城池防守时，各城门是薄弱环节，因此是防守的重中之重。城内十字形的主干道是防守力量转移的主要通道，各个城门之间 200 米的距离保证了城内协防力量在数分钟之内便可以到达。同时，四通八达的支路和小巷，能够保证城内军民到达城中心等公共空间的距离均不超过 300 米，符合现代国际上公认的关于步行范围舒适度的研究结论（Jasper Schipperijna，2010）。因此，这种平面布局结构清晰，路网合理，既能使驻军在战时便于协防，又方便了城内军民日常的生产生活，十分典型地体现了当时的筑城思想。解宋营城平面图如图 4，现状图如图 5。

广东防区的大鹏所城位于今深圳市龙岗区大鹏镇大鹏村，明洪武二十七年（1394 年）为广州左卫千户张斌所建（靳文谟，1688）。所城平面呈梯形，南北长度约为 350 米，南城宽约 280 米，北城宽约 330 米，面积约 10 公顷。所城东、西、南、北四面辟门，十字形主干道分别通向四座城门。由于地势所限，城内次要道路因地制宜，灵活布置。东南城区由于面积较小，简单的环状交通即可解决内部交通问题，西部城区由于面积较大而采用了较为规整的棋盘式布局，而东北城区面积适中，采用了上述两者相结合的方式。

图 5　解宋营城现状图

经测量，保存较为完好的西南部城区，横向道路间距范围介于 55～58 米之间。由于气候原因，大鹏所城单个院落进深较小，因此道路间距与解宋营城每块区域的南北向 100 米的距离差异较大，但纵向院落数量相等，均为 6 进。大鹏所城平面图如图 6，现状图如图 7。

图 6 大麟所城平面图
（资料来源：笔者结合深圳市文物局提供的资料自绘）

图 7 大鹏所城现状图

蒲壮所城位于今浙江省苍南县蒲城乡。如上文所述，蒲壮所城平面为不规则方形，北圆南方，南北长 291 米，东西长 485 米，城墙周长 2480 米，面积约 24.9 公顷。所城东、西、南三面辟门，北侧以天然山丘为屏障，未开门。由于地处山区，所城整体又被近似十字形的主干道分为不规则的四部分，主干道分别通向东门、西门和南门。

尽管所城总体平面和各部分均不是规整的方形，但相对而言，西部城区整体布局较为有规律，保存状况也较好。据测量，西部城区东西向次干道间距均为 3 个院落进深，平均间距约 40 米，形成了相当有规律的平面布局，这与山东防区的解宋营城以及广东防区的大鹏所城每 6 进院落设置一条东西向次干道的情况，正好存在倍数的关系。究其原因，大概是因为蒲壮所城地处坡度较大的山区，若次干道相隔过多院落，必然导致交通不便。关于院落进深的变化，上述三个所城则是由北方至南方依次减小，每 6 进院落分别约为 100 米、80 米和 60 米，这又与由北至南逐渐炎热的气候、从而形成愈发深邃的“天井”式院落用来加强通风有关。蒲壮所城平面图如图 8，现状图如图 9。

最后，以浙江防区的金乡卫城为例，探讨一下明代海防卫城的布局。

金乡卫位于今浙江省温州市苍南县金乡镇。洪武十七年（1384 年）明太祖朱元璋命信国公汤和在此置卫筑城，

图 8 蒲壮所城平面图
（资料来源：笔者结合温州市文物局提供的资料自绘）

图 9 蒲壮所城现状图

称金乡卫。与上述所城相比，金乡卫城规模十分宏大，面积 1.28 平方千米。金乡卫城至今保存完整的城防格局，完整的护城河、部分城墙、城门，建筑类型丰富多彩，古桥古巷交错分布，环境保存完整。卫城除东、南、西、北四门外，分别在东南、西南、东北、西北设四水门，构成休、生、伤、杜、景、死、惊、开八卦八门九宫格局，是易经文化应用于军事防卫的集中体现。虽然北部有不规则的山体作为屏障，但金乡卫整体仍然采用了十字形街道布局结构，十字形街道分别通向卫城四门将整座城池分成不规则的四部分。由于卫城规模极大，上述四部分均再以十字形街道将本部分划分为四部分，然后再细分，最终划分为一百余米见方的区域。这种布局在卫城的东南区域仍得到了较好的保存，如图 10 金乡卫城平面图所示。

图 10　金乡卫城平面图
（资料来源：笔者结合温州市文物局提供的资料自绘）

2）小结

上述案例结合课题组调研的沥海所、三江所、爵溪所、梅花所、桃渚所、永昌堡、崇武所、雄崖所等明代海防聚落，可以得出如下结论：百户所城是明代海防卫所聚落的最低级别，与卫城的最小十字形单元规模相似，千户所城比百户所城规模稍大。海防卫城、千户所城和百户所城街道大多为典型的十字形结构，便于城内军民生产生活。多数海防卫所均选择 3 进院落的倍数作为东西向次干道间距。

结论

明代各级海防聚落虽为海防而设，但均不可避免地继承了当地建筑的传统，参考了普通聚落布局的经验，结合作战需求而迅速建成。由于战略地位的差异，南方海防卫所聚落的规模明显大于北方，但在各自区域内，聚落总体规模是相似的。由于中国海岸线跨度极大，南北方的海防聚落在建筑形式、院落进深、街区尺度等方面的差异十分明显，但在海防卫所聚落迅速建设的过程中，城池整体和内部布局模数化的思想是显而易见存在的。明代海防卫所聚落比例关系如图 11。

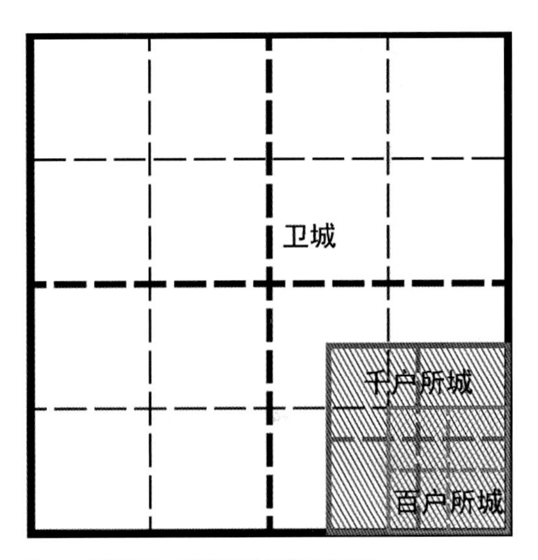

图 11　明代海防卫所聚落比例关系示意图

参考文献

[1] 程建军．筵席：中国古代早期建筑模数研究 [J]．华中建筑，1996（03）：83-85．
[2] 靳文谈．康熙新安县志・卷三・地理志・城池・大鹏所城条 [M]．广州：广东省图书馆，1962．
[3] Schipperijna J, Ekholmb O, Stigs Dottera U K. Factor influencing the use of green space; results from a danish national representative survey [J]. Landscape and Urban Planning, 2010, 95（03）: 130-137.
[4] 孙铸，黄济显．雄崖所古城 [M]．北京：中国文史出版社，2010．
[5] 谭立峰，张玉坤，辛同升．村堡规划的模数制研究 [J]．城市规划，2009（06）：50-54．
[6] 王其亨．华夏建筑的传世绝响——样式雷 [J]．中华遗产，2005（04）：80-94+8．
[7] 郑铭钧．临山卫志 [M]．北京：中国文化出版社，2010．
[8] 郑若曾．筹海图・山东兵防官考 [M]．解放军出版社，辽沈书社，1990．
[9] 上虞县志编幕委员会．上虞县志 [M]．杭州：浙江人民出版社，1990．
[10] 周礼・考工记・匠人建国．

由军事制度探究里坊制起源 ①

摘 要

里坊制度从来就不是一个孤立的存在，最初的里坊制度不仅是指供人居住的聚落，更重要的是为了满足编户建军的需要。文章通过对里坊编户与军事组织制度的比较分析，揭示里坊制度与军事组织在早期存在的一一对应关系。并通过进一步比对，分析社会生产力的发展，工商业人口的增多，致使血缘聚落逐渐向地缘聚落转化，人不再依附在土地上。由于战争规模的扩大和募兵制的实行，最终导致里坊制度与军事组织制度走向分离，逐步发展成为各自独立的体系。

关键词 里坊制度；军事组织制度；血缘社会；地缘社会

引言

里坊制度承自西周时期的闾里制，最初指乡村居民的聚居单位，后移入城市，成为城市和区域规划的基本单位与编户管理制度的复合体。里坊制度具有建筑学和社会学两个层面的内涵，这两个层面，前者可能在宋代前后的某些城市中部分地消失，后者则一直延续到明清乃至民国年间。本文将分别就里坊制度的社会学内涵和军事组织制度，建筑学形态和军堡空间进行比较分析，揭示里坊制度与军事制度的渊源关系。

一、历代里坊制度与军事组织制度关系

《管子 · 小匡》曰："五家为轨，五人为伍，轨长率之。十轨为里，故五十人为小戎，里有司率之。四里为连，故二百人为卒。连长率之。十连为乡，故二千人为旅，乡良人率之。五乡一师，故万人一军……"这种编户组织以五家为基本单位"轨"，相应的军制为"伍"，以五十户作基本组合单位"里"，其对应之军制则为"小戎"。而后依次递进，直至万户为一"军"。由此可见，最初里的编户组织是与军事组织制度相结合，以达到"卒伍政定于里，军旅政定于郊"的要求。

1．血缘社会编户制度与军制的统一

夏朝的居民，平时在家族奴隶主贵族指挥下从事生产劳动，战时随家族贵族首领出征。"用命赏于祖，弗用命戮于社"。《甘誓》中的这两句话，反映了夏朝战时族军是以血缘关系和土地为单位组织起来的[1]。

到了周代，按乡遂之制建军，甲士兵源来自"乡"，徒兵及军赋取之于"遂"。因此，乡遂两个地区居民编户建制势必与军制相吻合。《周礼 · 大司徒》："令五家为比，使之相保。五比为闾，使之相受。四闾为族，使之相葬……"闾即里，一"闾"五"比"，计二十五户，构成一个居民聚居组织单位。城中沿用农村邑的编户组织方式，既可满足建军要求，也能与"遂"的编户组织统一起来。因为"遂"的编户组织为"五家为邻，五邻为里"(《周礼 · 遂人》)，与"乡"的编户方式相同，仅名称有别而已[2]。按《周礼 · 夏官司马 · 叙官》，军制组织亦分为六级，即伍、两、卒、旅、师、军，各级人数与六乡编户建制之户数相当。五人为"伍"，是军队的组织细胞，而二十五人为"两"，系基本战斗单位。"两"即"辆"，为战车一辆，配甲士十五人，徒兵十人，共二十五人。周代是车战时代，故军队组织是据车战要求而建立的。这里，"两"是战斗单位，与之相对应的编户建制"闾"，恰好是聚居基本组合单位。一"闾"编户可建成一个车战的战斗单位[3]。由此可见，这种基层编户组织是建立在以车战为基础的军制之上的（表 1）。

据上述可见，周代的军队编制伍、两、卒、旅、师、军与居民编户组织比、闾、族、党、州、乡呈现一一对应的关系。一乡 12500 家，一军 12500 人，每户征兵 1 人，虽然户丁有多寡，但都依从此限额[4]。

---

① 李昕泽，张玉坤．由军事制底探究里坊制起源 [J]．天津大学学报（社会科学版），2014（11）．
国家自然科学基金资助项目（51108305）；国家自然科学基金资助项目（51178291）

周代基层行政组织与军队编制对照表　　表 1

军队编制		军	师	旅	卒	两	伍
主官	官名	军将	师帅	旅帅	卒长	两司马	伍长
	爵级	命卿	中大夫	下大夫	上士	中士	
各级人数 / 人		12500	2500	500	100	25	5
进制		5	5	5	5	4	5
基层行政组织		乡	州	党	族	闾	比
行政长官		乡大夫	州长	党正	族师	闾胥	比长
家数 / 家		12500	2500	500	100	25	5
进制		5	5	5	5	4	5
备考		表列编制、数字见于《周礼 · 地官和夏官》					

春秋军队军的下属编制，与《周礼》所载的军、师、旅、卒、两、伍六级编制系统有近似关系，但各国的实际编制并不一致。其中，有明确文献记载的是齐国，齐国军队编制为军、旅、卒、小戎、伍 5 级。《国语 · 齐语》载，周庄王十二年（公元前685年），齐桓公即位，任管仲为相，进行军政改革，“都其国而伍其鄙”，分国都及郊内为21个乡，其中工商之乡 6 个，士乡 15 个。在 15 个士乡中“作内政而寓军令”，建立三军，确定编制，并把军队编制皆与地方行政组织结合起来[5]。

从夏商周到春秋时期，军政不分，军制以车战为主，以“师”为作战单位。户籍编制和军事编制的合一，在战国时代也是普遍实行的制度。秦汉时期，普遍实行乡、里和亭并行的基层组织，各置官吏。“大率十里一亭，亭有长。十亭一乡，乡有三老、有秩、啬夫、游徼”。里置里正、伍长[6]。

汉军的组织编制是部曲制，在领兵将军之下设部、曲、屯、队、什、伍的组织系统。部是汉军中的最高一级编制，部的主管军官称校尉，同于太守，出征作战时受领兵将军指挥。曲隶属于部，长官叫军侯，地位相当于县令。屯置屯长，队设队率，什伍是军中最基层组织（表 2）。

隋文帝时期，对北朝以来的府兵制度进行重大改革，将府兵编入户贯。本来府兵制实行的是军民分籍，经过改革将均田制与府兵制结合了起来，实现了府兵制由兵农分离到兵农合一的转变。盛唐以后，征战日多，府兵制逐渐为募兵制所替代，编户制度与军事组织彻底走向分离。

这一时期，邻里关系逐步摆脱了宗族血缘的羁绊，向以地缘关系为基础过渡。那么，原来以宗族血缘关系为基础的里、邑、乡等的居民组织必然随之改变，最初的地缘与血缘合一的地方行政组织逐渐转变为主要以地缘关系为基础，宗族血缘关系从行政系统中分离出去。这一变化，导致与之相对应的军事组织制度也开始转变为以地域区划为基础进行管理。

汉朝基层行政组织与军队编制对照表　　表 2

军队编制	伍	小戎	卒	旅	军
各级人数 / 人	5	50	200	2000	10000
基层行政组织	轨	里	连	乡	五乡
行政长官	轨长	里有司	连长	乡良人	五乡帅
户数 / 户	5	50	200	2000	10000
备考	表列编制、数字见于《国语 · 齐语》				

2．血缘社会转变为地缘社会

唐代每里百户，宋代则由于人口剧增，每里不止百户。按照规定，人口增加，里数须随之增加，以保持每里百户的定制。可是地方政府都未遵照这个规定办理。人口增加了，里数依然不变。地方政府看到每里百户的限制已不可行，遂逐渐改用地域为划分的标准，不再计较户口的大小。也就是说，把里变成以区域来划分，而不是像唐代以户数来划分了。同样的，里上面的乡，也是改以区域来划分。所以在宋代，乡、里的乡村组织不是以人口的多少划分，而是以地区来划分的。

明太祖统一天下后，为了黄册之编造及赋役征收上的便利设立了里甲制。里甲制度下的里，依各地情况而不同。有的地方一里包括几个村落，有的地方一个村落分成几个里。清代的里甲制沿承明代的制度而来，其组织与明代一样，仍旧是以一百一十户为一里，选十户为里长户。虽然户或家仍是里甲及保甲制编成的基准，但是唐、宋以后，由于人口的激增，里甲及保甲制无法随之扩张，所以到了明代以后，尤其是在清代，这种里甲及保甲等组织都改以地区来划分[7]。

二、里坊与军堡空间形态比较

里作为聚落的称谓始自西周，最初只表示农村的聚落[8]。至于里坊的形制，目前缺乏现存的实例，也没有系统全面介绍里坊制度的文献资料，只能通过史籍文献和考古发掘记载来分析、推测里坊内部的道路结构和空间布局。

1. 里坊结构模式推想与军堡空间比较

贺业钜依据《周礼·考工记》的记载，推演出周代王城闾里的规划布局（图 1）。周代的“里”四周筑有围墙，四面临干道开设里门。里内辟巷道，通向各里门。据文献记载，秦汉时期的里，规模大小不一，但其建制并非任其自然，而是经过严格的规划。北魏平城改里称坊，并未做到整齐划一。隋唐时期的坊里，都经过严整规划，平面分为正方形和长方形两种。

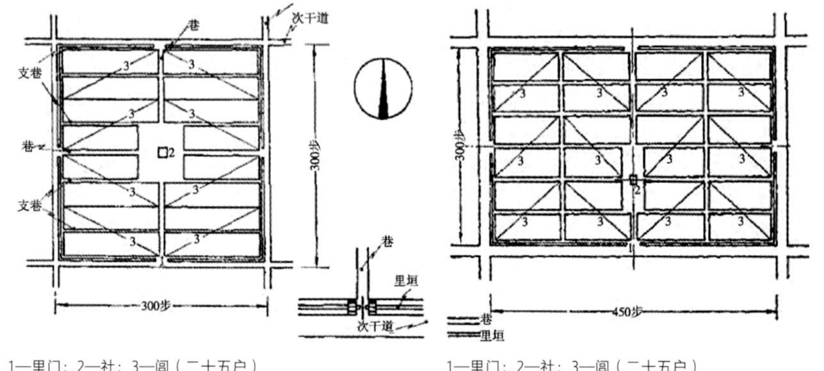

1—里门；2—社；3—闾（二十五户）
（a）正方形闾里

1—里门；2—社；3—闾（二十五户）
（b）长方形闾里

图 1　贺业钜推断周代闾里规划布局
（引自：贺业钜．中国古代城市规划史 [M]．北京：中国建筑工业出版社，1996.）

将 1946 年实测延绥镇分守东路左参将驻地——神木堡的空间构成与唐长安里坊模式推想图进行比较，可以看出两者具有极大的相似性：外形规整接近正方，四周筑有围墙，门作为进出的通道、十字形主街和小巷，巷口有通向内部的门，一般不向主街开门，内部建筑呈行列式布局，规整有序，城中建有庙宇（图 2、图 3）。

古代里坊城市中，宫城套皇城的做法与军堡内大营套小营的布局也有类似之处，这种做法的目的在于做到各营独立防守，联比成军，“古之为军也，大阵包小阵，大营包小营，一阵破则诸阵尚全，一营破则诸营尚全。”

2. 里坊遗存形态与军堡空间比较

到了北宋中叶，这种封闭的里坊形制越来越不适应经济发展的需要，里坊由封闭状态变成开敞的街巷。里坊形态的消失在全国并无统一的时间，唐代的扬州等城市已经出现开敞街巷，住宅临街而建。而直至明清，北京城均在巷口处设栅栏，出入皆由门，且实行宵禁制度。若不拘于坊墙坊门的具体形式，栅栏门同样是封闭边界的另一种表现。由此可见，里坊的形态并不是在宋代之后即已消失。在一些偏远的小城或乡村，类似的居住形态仍然保存了下来，我们可以将其作为里坊制度的遗存与军堡空间进行比较，为研究提供进一步的佐证（图 4）。

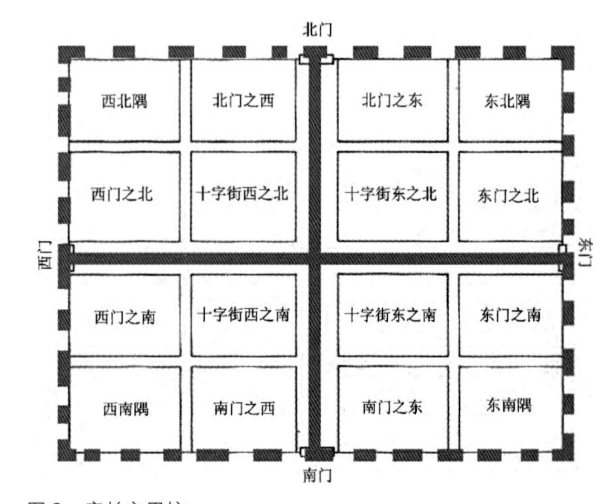

图 2　唐长安里坊

根据上文，将军堡与里坊制的关系总结如下：1）军堡与里均是集防御与居住于一体的聚落，军堡以防御为建制出发点，兼有居住功能，里以居住为建制出发点，兼有防御功能；2）军堡与里实际上是同一种聚落形态的不同表达方式，同一种聚落形态指同一种集防御与居住为一体的聚落形态，“里”侧重其组织管理而强调其内部结构，“军堡”侧重其防御功能而强调其外部形态。

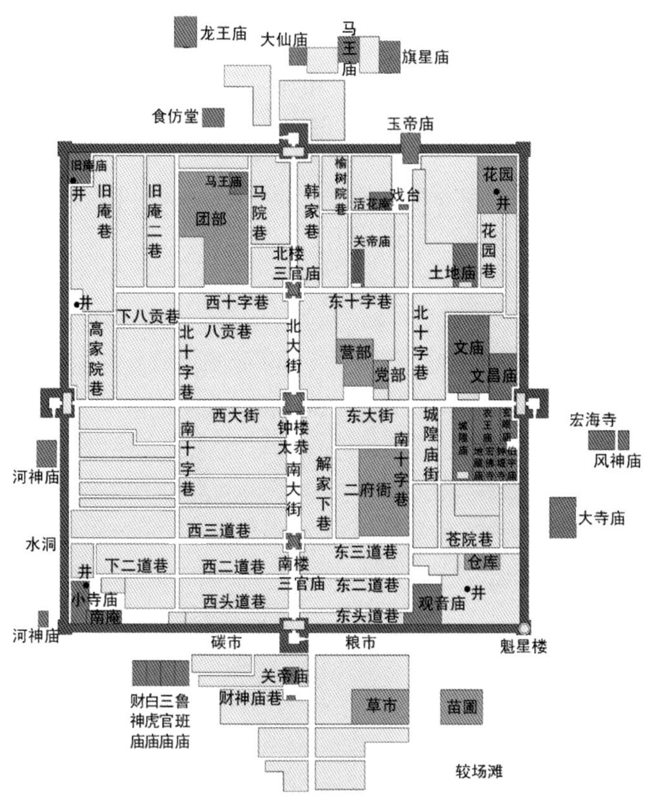

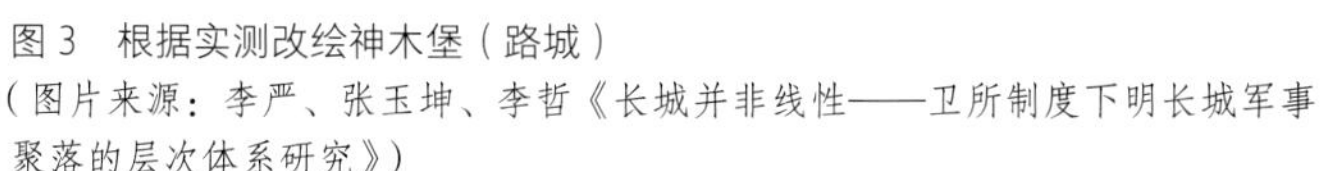
图 3　根据实测改绘神木堡（路城）

（图片来源：李严、张玉坤、李哲《长城并非线性——卫所制度下明长城军事聚落的层次体系研究》）

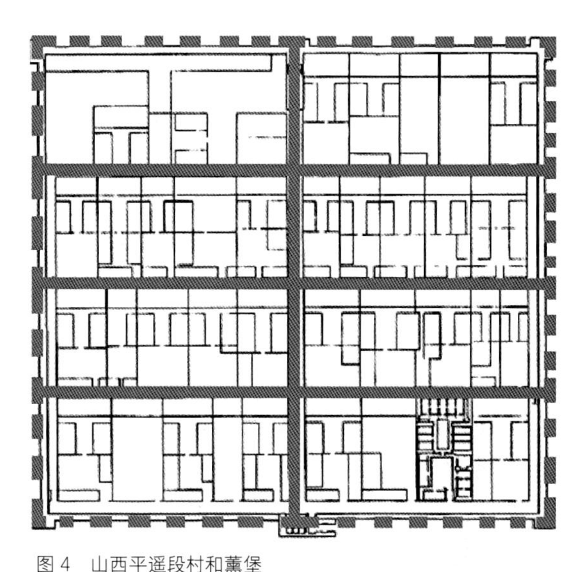
图 4　山西平遥段村和薰堡

（资料来源：张玉坤，宋昆．山西平遥的“堡”与里坊制度的探析 [J]．建筑学报，1996（04）．

结语

纵观古代里坊制度演变的全过程，可以划分为两个特征明显的发展阶段，第一阶段为周至隋唐，超经济的政治强制功能在中国社会关系中仍然占主导地位，人身依附关系还比较强，里坊编户制度与军事组织呈现一一对应的关系，里坊建筑空间与军堡也具有相同的空间形态，这既有利于平时对居民的严格管理，又能够为战时迅速集结提供人员保证。第二阶段是五代至明清，随着商品经济的发展，社会经济功能不断强化，纯粹的血缘聚落逐渐向地域聚落转化，工商业人口增多，人民不再被束缚在土地上，人身依附关系逐渐减弱，导致人口迁移、流动更加自由和频繁，致使里坊的编户组织和军事人员编制由以人口划分，改为由地区来划分。里坊建筑空间也随着唐代后期，社会经济生活的活跃而发生相应的改变，坊墙消失，里坊由封闭走向开敞。而军堡则由于军事设防的需要，仍旧保持封闭的空间形态，与散布在某些小城或乡村的堡寨一起成为古代里坊的现代遗存，留存至今。

参考文献

[1] 白钢．中国政治制度史 [M]．天津：天津人民出版社，2002．

[2] 贺业钜．考工记营国制度研究 [M]．北京：中国建筑工业出版社，1985．

[3] 贺业钜．中国古代城市规划史 [M]．北京：中国建筑工业出版社，1996．

[4] 陈高华，钱海皓．中国军事制度史：军事组织体制编制卷 [M]．河南：大象出版社，1997．

[5] 田昌五，臧知非．周秦社会结构研究 [M]．西安：西北大学出版社，1996．

[6] 张哲郎．中国文化新论·社会篇：吾土与吾民 [M]．北京：生活·读书·新知三联书店，1992．

[7] 朱璐撰．防守集成 [M]．北京：北京出版社，1998．

[8] 张玉坤．聚落、住宅：居住空间论 [D]．天津：天津大学，1996．

聚落空间

历史地段的活化与再生——岳阳楼旧城改造修建性详细规划设计 [①]

摘 要

本文对即将改造的岳阳市岳阳楼以南地段的性质和现状进行了分析，确定改造规划以一楼一湖为构思主线，并将该地段划分为五个功能区，分别论述了其布局特点。

关键词 历史地段；岳阳楼；旧城改造

引言

1993 年由岳阳市规划局主持的旧城改造规划设计竞赛，经国家有关专家的评审，本方案中选；之后又作修改，1994 年经岳阳市建委审批通过。

一、地段的性质和现状

岳阳濒临洞庭湖，举世闻名的岳阳楼位于城中。自古以来，岳阳得洞庭的渔业之利，舟楫之便，同时是一座文化名城。城与湖相依，与楼相系，洞庭湖是岳阳市的依托，岳阳楼则是城市的标志。

图 1 岳阳楼

岳阳楼旧城改造的地段位于市区西部与洞庭湖交界地带的洞庭北路段，全长 1500 米，占地约 35 公顷。岳阳楼地处这个狭长地段的北部（图 1），按威尼斯宪章的说法，这是一个“历史地段”。[②] 每年这里有近百万游客参观岳阳楼，或经沿岸的码头去洞庭湖或君山游览，是岳阳楼—洞庭湖风景名胜区主要的景区。地段南部的南岳坡是岳阳市主干道巴陵路的尽端，为交通要冲。地段内以洞庭湖水产交易为主的鱼巷子和洞庭北路商业街（图 2），年营业额在 3 亿元以上。沿湖分布着客货水运、游船和渔船等各种码头。地段日平均人流量在 6 万人次以上。因此，该地段是城市水陆转运和商品贸易的重要节点。作为旅游的重要景区和洞庭湖畔大型水产贸易市场，该地段成为岳阳市中富有魅力、充满活力的地段。

然而，地段的现状急需整顿。整个地段各种性质不同的建筑杂然并存，沿湖一侧被 60 余个企事业单位占据，致使街道与湖基本上处于隔绝状态，洞庭湖近在咫尺却难以接近。地段内环境容量低、质量差，缺乏应有的开放性和连续性，限制了地段正常功能的发挥。

鉴于上述，规划部门要求：岳阳楼旧城改造要重点考虑岳阳楼古迹、自然环境保护和洞庭湖景观，创造富有文化气氛的商业街区。同时指出，地段内的拆迁安置问题由市有关部门统筹解决，此次规划设计不予考虑。本方案的设计宗旨是对这一历史地段进行整体保护，综合开发，使之成为一个以岳阳楼古迹和洞庭湖环境保护为主导，集旅游、文

---

① 张玉坤，严建伟．历史地段的活化与再生——岳阳楼旧城改造修建性详细规划设计 [J]．建筑学报，1995（05）.

② 清华大学建筑系编《建筑史论文集》第十辑 [M]．清华大学出版社，1988（11）：192～193，陈志华译：《保护文物建筑及历史地段的国际宪章》（1964，威尼斯）.

化、商业及居住等多重功能于一体，与现代生活相协调的新区。

二、规划构思

尊重城市文脉，与环境对话是本方案构思的主导思想。处于城市与湖泊衔接带和岳阳楼所在地的规划设计则必然与自然环境洞庭湖、人文环境的主体岳阳楼发生密切的关联。

岳阳市是国内仅有的一座滨湖沿江城市。洞庭湖给岳阳市以个性，以特色，使其成为风景旅游胜地；同时，作为全国第二大湖和淡水养殖场，其丰富的渔业资源成为城市的重要经济支柱；又因其汇四水（湘、资、沅、澧），通长江，使城市获得便利的水运条件，城市的生存和发展仰赖洞庭湖，城与湖相依并存（图 3）。

图 2　鱼巷子

岳阳楼是城市重要的人文景观和地域文脉的集中体现。该楼始建于唐，原为旧城西门城楼；相传三国吴国名将鲁肃曾于此建阅兵楼。唐代李白、杜甫、白居易等皆曾诗赋岳阳楼。至宋庆历五年（1046 年）经巴陵郡守滕子京重修，范仲淹赋《岳阳楼记》，岳阳楼遂名声大振；“先天下之忧而忧，后天下之乐而乐”亦成醒世铭言。1982 年该楼按原样重修，三层黄色玻璃瓦盔顶，雄踞整个地段的制高点。

岳阳楼渊远流长，名扬四海，富甲一方。它所携带的历史文化信息，所构成的空间氛围，笼罩着整座城市，成为城市地域标志和市民的心理标志。

岳阳市受着洞庭湖自然资源的惠济，同时也受着岳阳楼人文资源的滋润。对岳阳楼旧城改造而言，二者都具有举足轻重的地位。故而一楼一湖成为规划构思的主线。本方案采取以岳阳楼为核心横向辐射，以洞庭湖为背景纵向渗透的交叉控制的总体构想，进行规划布局和景观设计（图 4）。

1．岳阳楼——历史地段的辐射源

以岳阳楼为核心控制洞庭北路两侧建筑形态（高度、体量、形式及色彩等）和性质（功能），使建筑形态和性质随核心辐射力而变化。从岳阳楼公园至南岳坡的巴陵西路，建筑高度由低渐高，体量由小渐大，采取湖南传统民居简化、抽象形式，色调以灰白为主；建筑群性质从旅游文化向商业和办公建筑过渡。这样一方面可以突出岳阳楼的主导地位，形成与岳阳楼所特有的文化内涵相协调的空间氛围；另一方面也便于与巴陵西路已经形成的环境和城市功能相衔接，并借以调和文物保护与开发经济效益的矛盾。

2．洞庭湖——岳阳城的依托

岳阳与洞庭湖相依相存，而该地段却恰恰是这种关系的集中反映或缩影。规划中力求使洞庭湖的自然景观、生态资源和水运条件以大背景的方式渗透到街区的不同部位。

为更充分展示洞庭景色，密切城市与水域的联系，在规划的 1500 米地段上设计留出五条视线通廊，沿湖开辟带状公园。通过视廊和公园，打破原来沿街沿湖的封闭状态，在城市结构上体现洞庭湖对城市功能的渗透；在视觉质量上，使各区与烟波浩渺的洞庭湖自然景区融为一体，显示出滨湖城市所特有的风采（图 5）。

三、规划布局与景观设计

“每一个历史的或传统的建筑群和它的环境应该作为一个有内聚力的整体而被当作整体来看待，它的平衡和特点取决于组成它的各要素的综合。这些要素包括人类活动、建筑物、空间结构和环境地带”。① 岳阳楼及其所处的地段同样是一个有内聚力的整体。本方案的总体构思也正体现了这种整体性的思想，由总体构思而展开，对规划地段的“人类活动”“建筑物”“空间结构”“环境地带”诸要素进行有机的综合。

① 清华大学建筑系编．建筑史论文集 · 第十辑 [M]．清华大学出版社，1988（11）：195，陈志华译：《关于保护历史的或传统的建筑群及它们在现代生活中的地位的建议》（1976，内罗毕）．

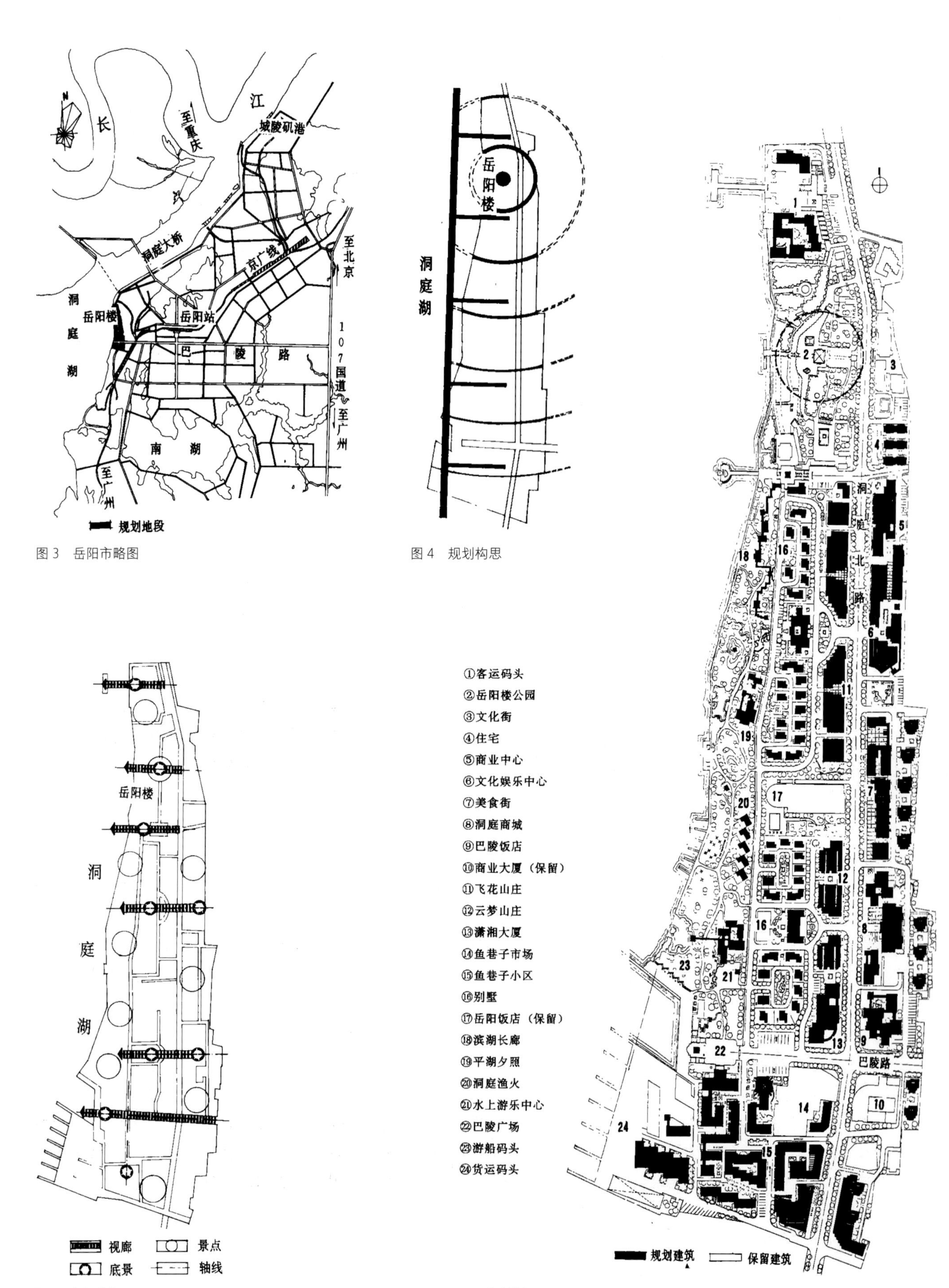

图3 岳阳市略图

图4 规划构思

图5 空间分析

图6 规划总平面

规划的地段内，人流和车流主要来自巴陵路这条城市主干道及洞庭路两端。一般游客或旅客的活动路线是从巴陵路→洞庭北路→岳阳楼公园→客运码头→君山或沿洞庭湖和长江的其他地方；市民的活动则多集中在巴陵路与洞庭北路相交处的南岳坡及洞庭北路两侧。人的活动的主要聚集点是岳阳楼公园附近和南岳坡一带，亦即在地段的两端人流最密集。而且，洞庭路是城市的沿湖路，还承担着部分过境交通的职能，地段交通压力较大。岳阳楼公园和南岳坡分别作为旅游景点和城市咽喉的功能而发挥作用。

考虑到上述特点，在规划布局中将地段分为以下几个功能区：旅游文化区、商业区、南岳坡及鱼巷子小区、滨湖带状公园以及沿湖码头等（图 6、图 7）。

1．旅游文化区

该区包括岳阳楼公园、新建的文化街以及与之相延续的商业及文化娱乐中心。岳阳楼公园除岳阳楼及两侧的仙梅亭和三醉亭之外，还有小乔墓、点将台等景点，占地约 3.5 公顷（按规划要求，公园内未予规划）。公园对面已建成的文化街以出售文化旅游用品和旅游服务为主。由此延伸扩展，规划设置了旅游商业及文化娱乐中心，与岳阳楼公园和文化街相呼应，共同构成一个完整的文化街区，扩大充实了主线的浏览内容（图 8、图 11）。在建筑形式上，采用湖南传统民居手法，建筑高度以 2～3 层为主。

2．商业区

该区地处岳阳楼辐射环中部。在洞庭路上，距岳阳楼由近及远，西侧依次为别墅式宾馆飞花山庄、岳阳宾馆（保留建筑）及阶梯式商住建筑云梦山庄等；东侧为美食街和洞庭商城（图 9、图 10）。美食街紧邻旅游文化街区，它将购物、旅游融为一体，为游人提供最方便的餐饮服务。美食街的造型设计，化整为零，追求近人的尺度，保持地方建筑风格，并在空间设计上采用内外空间相融合的手法，在室外设置了大面积花架作为露天餐厅，将营业空间扩展到室外，适应当地餐饮购物的行为特征。洞庭商城是洞庭北路商业设施的高潮，除有良好的购物环境外，城中的下沉式广场作为开放式的群众休息娱乐场所，以满足游人的多样化需求。

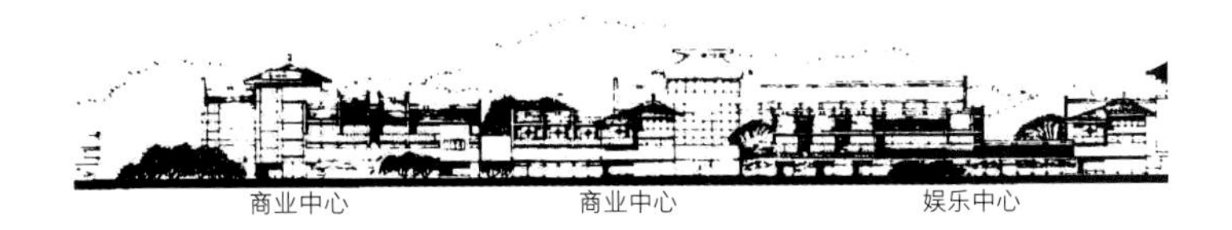

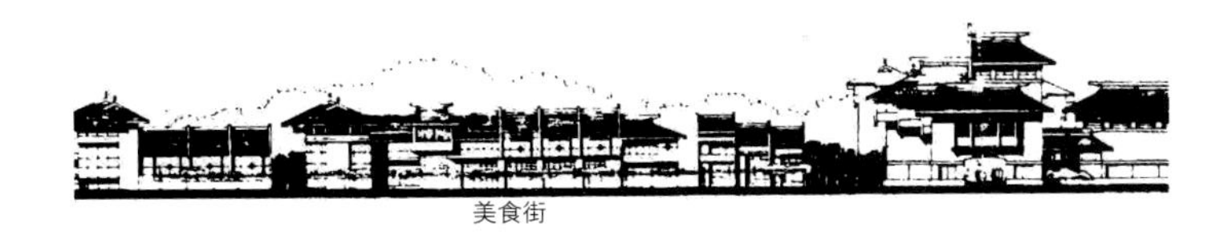

该区商业布局以洞庭北路东侧为主，西侧为辅。这样可以减少因穿越马路带来的交通压力，也给临湖一侧的宾馆和居住建筑创造出良好的环境。

3．南岳坡及鱼巷子小区

南岳坡即巴陵西路与洞庭北路交叉口一带，是距岳阳楼辐射源更远的区域。在这一区域，规划设置了写字楼、大型宾馆及鱼巷子小区等内容。这些地处岳阳楼辐射外围的建筑，考虑到与岳阳楼的关联趋于减弱和作为城市整体功能作用的加强，规划设计中除强调它们与其他建筑风格的延续外，还注重实现它们的经济和社会效益，因此适当提高了建筑的层数和密度，以增加其容积率。

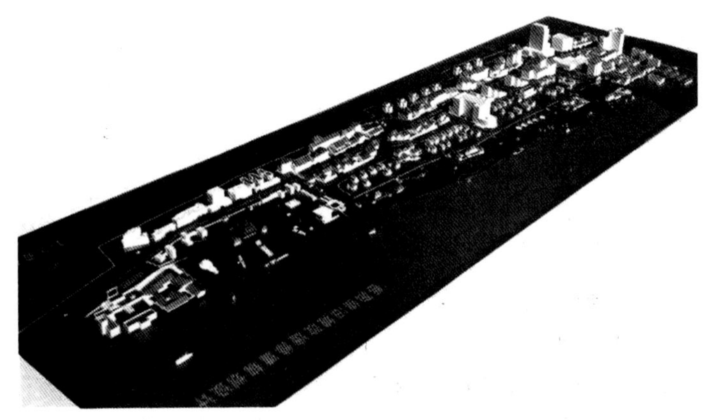

图 7　规划模型

地处地段最南端的鱼巷子是历史形成的传统的水产业交易中心，颇具地方特色。由于它本身的历史特点，在规划中保留并改造了这一特殊区域。新设置的步行街与原有的鱼巷子渔业市场相衔接，共同构成一个完整的步行购物、游览当地风土人情的街区环境。与此同时，也使这一历史街区得到了活化和再生。

图 8　洞庭北路东侧北部街景

图 9　洞庭北路东侧南部街景

图 10　洞庭北路西侧飞花山庄街景

图 11　岳阳楼公园街景

4．滨湖带状公园

为了增加地段的环境容量，为市民和游人提供充分领略洞庭湖风光的休闲场所，规划设计在沿湖布置了一个与湖直接对话的带状公园。公园的设计强调它的开放性和与大自然的融合性，并运用中国古典园林的自由式布局手法，使之成为城市新的景点和八百里洞庭自然景区的延伸和补充。

园内设有水上乐园、洞庭渔火、平湖夕照及滨湖长廊等内容和景点。洞庭渔火分为渔村、营地和渔船码头三部分，是为游人领略洞庭渔家生活的风土民情而设置的。

5．沿湖码头

码头是水域与城市联系的重要纽带，也是去往君山旅游的主要水路通口。因此，在规划地段内重点改造了原有的客运和货运两个码头，并增设了供游艇和渔船专用的码头。重点改造的两组码头，一个为畔湖湾客运码头，它与岳阳楼公园相邻，规划中除对道路布局予以调整，还辅设餐厅、商店等服务设施，形成一个完整的建筑组群；另一个为南岳坡货运码头，规划设计将其明确分为客运和货运两部分。南岳坡码头处在城市主轴线——巴陵路尽端，因而结合码头布置了广场、停车场及标志性建筑。货运码头与鱼巷子市场密切相联，是洞庭湖渔业重要的集散地，是湖泊与城市联系的重要枢纽。

居住建筑相对于上述各组成部分，需要优雅、安静的环境。规划布局将居住建筑（包括宾馆）布置在沿湖一侧和较为安静、隐蔽的部位。结合地形高差，在临街建筑和带状公园之间原安排四个别墅小区，规划调整后改为吊脚楼式住宅区。从沿湖公园、住宅到沿街建筑，建筑密度逐渐增加，以期创造舒朗开阔的视野和富于变化的沿湖景观。

整个地段的布局和景观设计始终贯穿着以文物古迹和自然环境保护为主导的思想，力图使这一特殊的城市历史地段得以活化和再生，反映出时代的新风貌。

四、存在问题

1．容积率

规划总用地 35 公顷，保留和新建筑面积约 297500 平方米；除去岳阳楼公园、沿湖带状公园 7.5 公顷和码头用地 4.7 公顷，平均容积率为 1.3，对这一特殊的地段是比较合理的。但房地产开发的经济效益比较微弱，所以，在方案修改过程中容积率已适当上调。

2．沿湖标高的确定

洞庭湖年水位差较大，吴淞系统常年最高水位 32 米，历史最高水位 34.8 米，城市防洪标高 36 米。规划主要建筑标高均在 36 米以上。但沿湖公园若仍以此为准，势必增加土方工程，况且其放坡在枯水季节裸露较高，会影响到沿湖景观。所以沿湖公园最低处标高在常年最高水位 32 米以上，公园内建筑在 35 米以上；沿湖拟建高架路，使道路及建筑在历史最高水位期不被湖水淹没。

（致谢：衷心感谢聂兰生教授对规划方案和论文的悉心指导。）

河南地区传统聚落与堡寨建筑 ①

摘 要

堡寨作为一种防御性聚落与河南地区传统聚落的发展、城镇的形成以及中原文化的影响有密切联系。本文从历史沿革、形成原因、地域特点、类型构成几方面对其进行理论分析和探讨。说明堡寨聚落作为古代城市的原型和要素，具有由聚落到城市及里坊制度形成的发展脉络，反映了社会历史的变迁。堡寨聚落的研究有助于乡村聚落史和中国建筑史研究的深入。

关键词 堡寨；聚落；中原文化；防御性；里坊制

引言

堡寨，又称堡砦、圩寨、围寨、寨堡、砦。按《辞源》② 解释："堡，指一种坚固的或设有防御工事的防守用构筑物。而寨通常指本村本寨，即四周设有栅栏或围墙的村子，或指山寨。" 聚落，按《汉书 · 沟洫志》解释："(黄河水) 时至而去，则填淤肥美，民耕田之。或久无害，稍筑室宅，遂成聚落。" 指村落里邑，人群聚居的地方，因为防御性的需要，一般多设寨沟或沟壕等，以防战火、盗贼和水患。所以堡寨即是一种集防御与居住为一体的聚落。

堡寨作为一种防御性聚落在河南有较长的历史，并与河南地区聚落的发展、城镇的形成有密切联系。本文在广泛调研、测绘的基础上，从历史沿革、形成原因、地域特点、类型构成几方面对这一课题进行理论分析和探讨。

一、历史沿革

河南堡寨的历史沿革与中原地区传统聚落形态的发展和中原文化的影响相联系。依据考古学的研究，纵观中原地区传统聚落的发展：中原文化从旧石器时代距今 2 万年前的小南海文化为起点，由中原裴李岗文化、仰韶文化、河南龙山文化，至夏、商先后进入文明社会。在河南渑池仰韶村、郑州大河村、浙川下王岗等遗址中，已发现饲养家畜和原始的手工业，说明当时农业发达，社会分工开始出现，人们过着相对稳定的定居生活，固定村落扩大并稠密起来，一夫一妻为基础的家庭出现，父系氏族形成，能够组织大量劳动力进行筑城活动。如郑州西山仰韶文化遗址，是中原最古老的城址，距今约 5300 年，也是中国最早使用夹板夯筑技术构筑城墙的古城。现存半圆形城墙长约 265 米，墙宽 3~5 米，城址平面近圆形 (图 1)。城墙的建筑方式是先在城垣外侧取土形成围绕城墙的城壕，宽 5~8 米，深约 4 米。城墙与城壕共同形成了严密的防御体系。城垣是突起性的防御障碍，在当时是最先进的防御建筑设施。

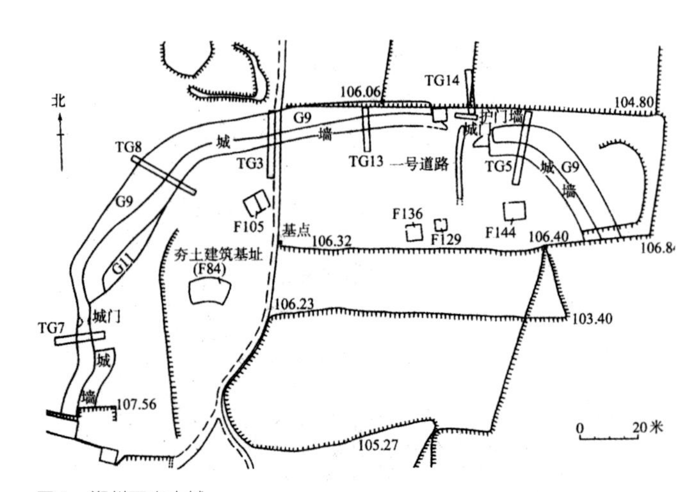

图 1 郑州西山古城
(图片来源：《古代文明》(第一卷)，第 4 页)

约在公元前 2600 年至 2100 年间，黄河中下游的

① 郑东军，张玉坤．河南地区传统聚落与堡寨建筑 [J]．建筑师，2005 (06)．
国家自然科学基金项目 (50278061)

② 陆而奎，方毅，傅远森．编辞源正续编 (合订本) [M]．郑州：中州古籍出版社，1993 (08)．

龙山文化和中原龙山文化的一系列城址，是适应部族之间掠夺和战争日益加剧而强化聚落安全防御，尤其是中心聚落的安全防御的产物。而同样出于安全防御目的，仰韶文化环壕的聚落设施是不可与之同日而语的。有些也正是从环壕聚落向真正的城邑转变的一种中间形态，只不过更加接近于真正的城邑罢了。其中河南地区保存较好的有淮阳平粮台、登封王城岗、安阳后岗、郾城郝家台、辉县孟庄等聚落遗址，这些城址面积均不大，如登封王城岗古城（图 2）约 1 万平方米，可能只是军事城堡性质。安阳后岗在遗址中发现一段长 70 米，宽 2～4 米的夯土围墙，位置在洹水之滨的高岗上，因为有了围墙，该遗址肯定不是一般村落，而是已经具有堡寨或城堡的性质。

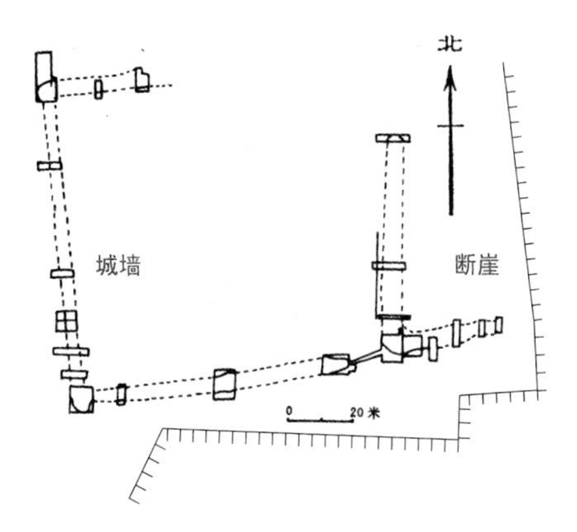

图 2 登封王城岗
（图片来源：《文物》1983，3，第 14 页）

除了这些聚落城址的考古发掘[①]，现存最早的河南堡寨建筑实物资料即汉代明器建筑，如 1981 年淮阳县于庄 1 号墓出土的彩绘陶庄园或陶楼。通过门槛、望楼和水榭，显示出当时豪强地主坞堡家兵的防御设施（图 3）。河南郏县出土的明代陶院明器中可看到四层高的碉楼矗立在地主庄园院落正中。

图 3 彩绘陶庄园
（图片来源：《河南出土汉代建筑明器》）

河南地区明清以来的聚落和堡寨建筑，可根据河南各地县志、史志等历史文献资料的记载有个大概了解。如从北部的新乡县，中部的郾城县、鲁山县，西南部的唐河县、新野县的县志中可知[②]：清代咸丰、同治年间清政府为对付太平军和捻军，在河南各乡村推行修筑圩寨，当时圩寨分布广泛，结构复杂，是河南堡寨建筑最大规模的修筑时期，也是现存堡寨实例最多的缘由。顾建娣先生在《咸同年间河南的圩寨》[③]一文中，对这一时期河南境内圩寨的修建情况做了归纳，主要有七种修建方式即：a. 依托自然村庄修建圩寨；b. 联村修筑圩寨；c. 聚族而居，修筑圩寨；d. 离开村落，凭险设寨；e. 修于集市巨镇的圩寨；f. 借助寺庙房产修建圩寨；g. 大寨内修有小寨。

---

① 按严文明先生的研究“以河南省裴李岗、仰韶和龙山三个时期的遗址为例，其数量各为 70 余、800 和 1000 处左右。如果考虑到三个阶段所占时间跨度的差别，则同一时段的遗址数目之比当为 1 : 8 : 20，可说是以几何级数增长的。在分布上，裴李岗文化主要在河南中部，仰韶文化则以中西部最密，到龙山时期就大规模向北部，东部和东南部平原地带扩展。裴李岗文化的遗址一般较小，仰韶时期的有所扩大，龙山时期则大的更大，小的更小，相差悬殊，仰韶时期常见环濠聚落，龙山时期则出现许多古城，这是聚落形态上的重大变化。”（严文明 . 聚落考古与史前社会研究 [J]. 文物，1997（06）：27–35.）

② 摘录河南地区五个县县志中所记载的堡寨修建情况 .

a 新乡县位于河南省北部，太行山南麓，卫河上游，为典型的平原地区。据《新乡县志》记载：1949 年前，部分较大村庄多建有土寨，状似土城墙，以防兵水患。寨门多为砖木结构，寨墙用泥土垛成，墙外挖深沟。土寨多创于清咸丰、同治年间（1851～1874 年）。据民国 12 年《新乡县志》记载，县有村寨 15 座。至建国前夕，发展为 26 座。中华人民共和国成立后，土寨多已不存，变为耕地或宅基。

1963 年，全县遭受特大水灾，倒塌房屋 9.73 万间。此后，大块、合河公社的多数村庄为防洪水恢复土寨。

b 据《郾城县志》记载：咸丰九年（1859 年）二月，捻军进入县境，南阳镇总兵邱联恩自西华经郾城至北舞渡时被击毙。至同治五年（1866 年）每年捻军进入县境二、三次。是年，各乡奉官厅指示，“坚壁清野”，修筑寨堡，境内湾王、召陵、半坡朱、宋集、大刘、邓襄、新店等村都新修了寨堡，豪绅、地主挟持部分群众固守。

c 据《唐河县志》记载：村寨围寨始建不详。清咸丰年间（1851～1861 年），南阳知府令各乡保筑圩（围）自卫，后多废。清末民初社会动乱，地方为防匪自保，普遍修寨。日本投降后，县政府责令各乡、镇再度整修。解放战争中拆除部分村镇围寨。中华人民共和国成立前夕，全县有村镇围寨 200 多座。中华人民共和国成立后围寨陆续拆除，仅沿河地带的少拜寺、源潭、桐河、上屯、下屯、苍台乡常寨等寨垣保存下来，且培厚加固，以作防洪抗灾之用。

寨垣的构筑材料因地而异。东南浅山区的围寨多用石头砌筑，其中湖阳镇东的大寺寨规模较大，墙高 3 米多，宽 7 米，蜿蜒盘旋 9 个山头，周长约 4 公里，居高临下，易守难攻。岗丘和平原地区的寨垣多用黏土夯筑，也有用三合土（黏土、石灰、砂）夯筑的（如昝岗乡申菜园寨）。规模较大，构筑较坚固的有古城的方家寨、傅湾寨，马振抚乡的牛寨，昝岗乡的岗柳寨，黑龙镇乡的张庄寨，张店乡的桃园寨及祁仪寨、湖阳寨、桐河寨等。一般建寨门、炮楼各 3～4 座．墙宽可并行 2～3 人，墙外挖壕，蓄木护寨。

d 新野县位于河南省西南部，南阳盆地中心。据《新野县志》记载：东汉建安六年（公元 201 年），刘备屯兵新野，始筑土城，后称“子城”。南朝齐建武四年（公元 497 年），新野太守刘思忌增筑外城。明天顺五年（1461 年），知县赵荧重修城池，周长 2 千米，正德六年（1515 年），县教谕杜鸾在城南门外增筑新城，周长 1 公里。明末，李自成义军两破县城，部分城垣被毁，清康熙、乾隆年间，曾屡修城池。同治二年（1863 年），城上构筑炮台 2 个，东关、南关各筑土寨。

清咸丰、同治年间，县境先后修筑寨堡 82 个：城关镇有福新寨（东关寨、同治二年）、义阳寨（南关寨，同治二年）。新甸铺镇有新镇寨（同治元年）、悦来寨（乱古陈），永请寨（张套楼，咸丰三年），黄集寨（同治五年），同心寨（南津湾，同治二年）……

e 鲁山县位于河南省中部偏西，沙河上游，因地理位置在军事上占有重要战略地位。据《鲁山县志》记载：清咸丰和同治年间，官府为抵御太平军与捻军进攻，下令各地修筑寨圩。当时，不少村镇富裕大户，为了维护自己的利益，出面向各家摊派粮款、劳力、砌墙筑寨，作为自卫工事。民国初年，百姓为避兵匪之患，保护其生命财产，又一次大兴土木，新筑或加固寨墙。寨墙一般高 2 丈至 3 丈，底宽 2 丈 5 尺，顶宽 8 尺。大寨设 4 个寨门，小寨设 2 个寨门。寨墙外，多数挖有寨壕，一般宽 3 丈，深 2 丈，并蓄水以加强防御能力。寨首由当地头面人物充任。当时鲁山县共有寨 60 余座。此后，新寨逐年增加，老寨不断加固、改造。至民国末年，全县有寨圩百座。其中较大的寨垣有县城寨、土门寨、四棵树寨、下汤寨、明山寨、松垛赛、孟良寨、赵村寨、杨树底寨、小集寨、十里寨、郑门寨、七里寨、娘娘庙寨、老庄寨等。中华人民共和国成立后，社会秩序安定，全县寨圩逐渐拆除。

③ 顾建娣 . 咸同年间河南的圩寨 [J]. 近代史研究，2004（01）：100～128.

如上所述，“城”这一概念本身，早期在建筑形态上表现为有墙垣围绕着的聚落。河南地区约在仰韶文化晚期，传统聚落的边界已从环壕向夯土墙发展，聚落形态呈现从圆到方的转变过程，从防御性角度看，方形更易保证施工质量和判定方位，便于指挥调动。发展到龙山文化时期，强调军事作用的城堡开始出现，如河南安阳后岗、登峰王城岗、淮阳平粮台等城堡遗址均属于这一时期。典型的中国古城则是在这些城堡雏形的基础上发展起来的。

二、形成原因

一般认为聚落的形成与史前氏族部落的活动相关。城市的出现与早期国家的出现联系在一起，《周礼 · 考工记》曰：“匠人营国”，即工匠营建城墙之意。而堡寨作为一种防御性聚落，就河南而言，其形成原因主要有四个方面：

1. 安全需求。安全方面使用功能的考虑带有普遍性意义，对早期建筑和聚落的形成是第一位的，也是人类生存本能的第一要素。因为旧石器时代，生产力水平低下，工具落后，意识水平的蒙昧状态使人类对“建筑”只能停留在对自然形态直接利用和简单改造中。这种改造和利用是出于一种“功能性”的要求，如安全、防止野兽侵袭和抵抗自然气候的变化等。建筑成为“人抵抗残酷无情的自然力的第一道屏障……建筑就是要在混乱中找出秩序，在荒漠中垒起堡垒。”[①] 正是由于人类“功能性”要求的相似性，世界不同地区人类文明的早期建筑呈现出形态上的相近。但这一时期不存在现代意义的聚居点。

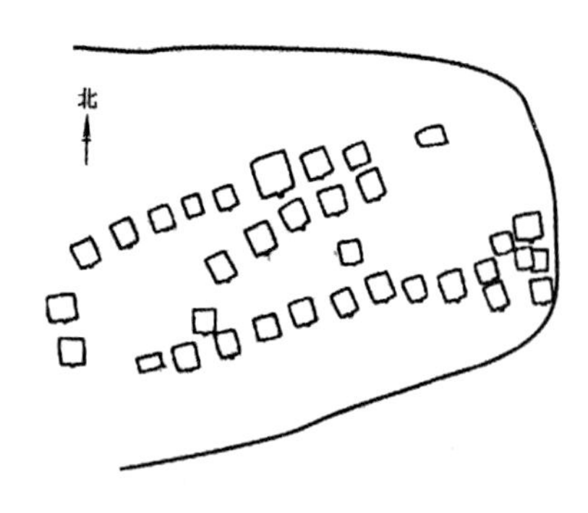

图 4 兴隆窪南台
（图片来源：《中国史前考古学导论》第 195 页）

在新石器时代，人类由游牧生活过渡到定居生活，出现了一种防御性聚落，即环壕聚落，可视为人类最早防御性聚落遗存。中国早期的环壕聚落从公元前 6000 年前至公元前 5000 年左右的兴隆窪文化聚落（图 4）为第一阶段。第二阶段为仰韶文化半坡类型和红山文化的环壕聚落为代表。第三阶段环壕聚落发生本质变化，如长江中游屈家文化晚期到石家河文化早期的一系列所谓“城址”[②]。钱耀鹏先生认为：“从防御功能看，环壕聚落与后来的城具有同样的意义和作用。只不过后者的防御性更趋严密，两者在形态上和功效上的最大区别仅在于防御设施的重心发生了变化。”[③] 可见环壕聚落对以后聚落的发展和城邑的出现产生了直接的影响。

2. 防洪治水。水是聚落选址的依据。《管子 · 乘马》曰：“凡立国都，非于大山之下，必于广川之上。高毋近旱，而水足用；下毋近水，而沟防之。”说明水对城而言，具有两面性：其一，聚落选址均靠近河流、水源，或打井取水，如《史记正义》中曰：“古未有市及井，若朝聚井汲水，便将货物于井边买卖，故言市井。”其二，为防备洪水灾患和防止野兽的侵袭，在远古社会人们“择丘陵而处之”（《淮南子 · 齐俗训》）。居住在较高地带，这在河南豫东平原地区尤为明显。因为这里地处黄河中下游地区，黄河处在地上悬河的状态，历史上黄河多次改道，筑墙垒寨成为这里的村落城镇之必需。现在豫东地区还广泛存在着村镇地势比自然地势低的现状，这些都是历代水灾湮没淤积所致，寨墙、城墙起到了阻挡洪水的功能。因此早期人们选择平原上的小丘陵作为最理想的居住地，以“丘”作都者也很多，如皇帝居轩辕之丘（河南新郑）、高阳都帝丘（河南濮阳）、尧居陶丘等，“丘”在此成为城的代名词。如龙山文化时期的“居丘”，即是一种经人加工，高出地面具有防洪功能的聚落形式。广泛分布在豫东商丘、淮阳等地区。而“丘”字，在《说文解字》中解释为：“土之高也，非人所为也。从北，从一。一，地也，人之居在丘南，故从北。中邦之居，在昆仑东南。一曰：四方高，中央下曰丘”。在《康熙字典》中解释为：“丘，古文北，阜也，高也。四方高中央下曰丘……”指的就是在居丘四周加人工防御设施的一种城堡的雏形。此外，《尔雅 · 释丘》曰：“丘，一成为敦丘，再成为陶丘，再成上锐为融丘，三成为昆仑丘……绝高为京。非人为之丘，水潦所还埒丘，上正章丘……陈有宛丘，晋有潜丘，淮南有州黎丘。天下有名丘五，三在河南，其二在河北。”这些对远古时代聚落形式的记载，说明汉代以前“丘”也指一种人工加筑的聚落形式，即《辞海》中解释“众人聚居之处”，即“居丘”之意。而河南豫东地区“商丘”这一地名来源，亦是因为商族发祥于古滴水地区，其原始聚居地叫“商”，后来迁徙别处，商族曾经住过的某些地方便称“商丘”。

---

① 朱狄 . 艺术的起源 [M]. 北京：中国社会科学出版社，1982.

② 严文明 . 中国环濠聚落的演变 [M]. 国学研究，第二卷：483～492.

③ 钱耀鹏 . 关于环壕聚落的几个问题 [J]. 文物，1997（08）：57～64.

图 5a　平粮台城址外景
（图片来源：《启封中原文明——20 世纪河南考古大发现》第 57 页）

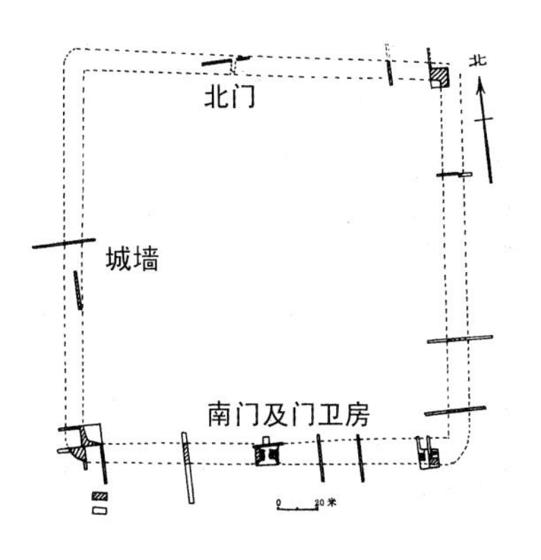

图 5b　平粮台城址平面
（图片来源：《文物》1983，3，第 14 页）

图 5c　排水陶管
（图片来源：《中州古今》1985，5 第 13 页）

从居丘发展而成的“台城”则是以社会发展和巨变为背景的，表明在禹治洪水后的“降丘宅土”开发平原“与水争地”的胜利。特别是龙山文化时期，如平粮台遗址（图 5a），经 1979 年发掘，夯土台基高出地面 3～5 米，古城墙近正方形（图 5b），长宽均为 185 米。有四座城门和十几座高台建筑，土坯在建筑上已普遍使用。南城门的路面下铺设有上下两层的排水陶管（图 5c）是我国现存最早的排水设施。对此俞伟超先生认为：“在中国古代，这种公共的排水设施，常见于以后的城市遗址而村落遗址中则从未发现过。从这些局部情况来判断，平粮台遗址似已发展为最初的古城市。”①

3. 社会礼制。人类的组织性和合群性乃是形成社会、创造文化的必然前提，也是建筑产生、聚落形成的内在动力。《荀子 · 王制》中曰：“力不若牛，走不若马，而牛、马为之用，何也？曰：人能群彼不能群也。”人类要能群居，就必须以一定的形式组织起来。要形成社会就需要强有力的内聚力与强制力，这就促进了权力的形成，权力存在于人与人的相互关系中，是人与人之间的一种特殊的影响力。向心布局成为史前聚落的典型形式，如郑州大河村遗址（图 6）、半坡姜寨遗址等。随着社会的发展，到龙山时期，中原地区进入父权制时代。中原地区从原始社会走向文明社会的过程中，家族一直是重要的组织因素，人的一切活动家族化了，家族内部组织得到加强，产生了凌驾于社会一般成员之上的贵族阶层。服从的冲动来源于恐惧，人们对权威的崇拜心理使早期部落首领及僧侣成为神的化身、权力和财富的拥有者，他们的后代得以世袭。宗法社会的统治者用至高无上的权力维护其统治和地位，社会的分化和等级差别也由家族内部开始，如许多聚落遗址附近的大片家族墓地的出现。这也影响到了建筑，权力在建筑、聚落的生成过程中作为中介因素起到了催化剂的作用。社会的高度秩序化，要求充分体现在作为社会活动基础的建筑中，神的住所——庙宇和权力的住所——宫殿，逐步成为聚落的中心。这一时期，随着冶铜业、凿井技术、夯土和土坯的出现，具备了修砌大型建筑的主要条件。河南龙山时期的城址有点类似于城邦之城的味道，如郑州新密古城寨遗址（图 7），呈长方形，采用版筑方法

图 6　大河村遗址现状
（图片来源：《河南文物精华》（古迹卷），第 152 页）

图 7　新密古城寨遗址全景
（图片来源：《启封中原文明——20 世纪河南考古大发现》第 61 页）

① 张志华. 平粮台古城遗址的发现及其价值和意义 [M]. 中原文物考古研究（1）. 郑州：大象出版社，2003（2）：102～105.

夯筑城墙，是中原地区面积最大的龙山文化晚期遗址。经发掘，城内有大型夯土台基宫殿建筑和结构复杂的廊庑组成的建筑群，当时手工业和农业生产都在城外，而且居民亦有“卫君”的性质。该地区靠近嵩山，是夏王朝主要活动地区之一，其中的大量城址各自为中心，而共同维护的可能是一个更大的中心，或许连同周围的一般聚落，组成一个类似“城邦联盟”的统一实体，这些城邦国家是华夏文明诞生的前夜。

礼制的核心是以血缘关系为基础的宗法制度，而“古人所谓礼，始诸饮食，本于婚（《礼记·礼运》,《礼记·昏义》），揭示了文化现象是从饮食男女中发生，这是中华民族顺乎自然的创造。它的主要形式是用礼器举行祭祀仪式，表现氏族成员对共同祖先的敬献和祈求，这对维系血缘为基础的氏族社会有很大的实用价值和宗教意义。”① 河南孟津小潘沟、汤阴白营等遗址中已发现宗教祭祀遗迹，显示出体力与脑力劳动的分离，而孟津小潘沟遗址出土的玉器和石磬残片，表明奴隶制时代的礼乐制度早在河南龙山文化时期已具雏形。依此，聚落作为建筑的集合，体现出整个社会关系、组织结构、宗法制度、行为准则等方面对建筑的影响，建筑成为人的身份、角色、社群或团体的延伸，表现出社会关系的物化。

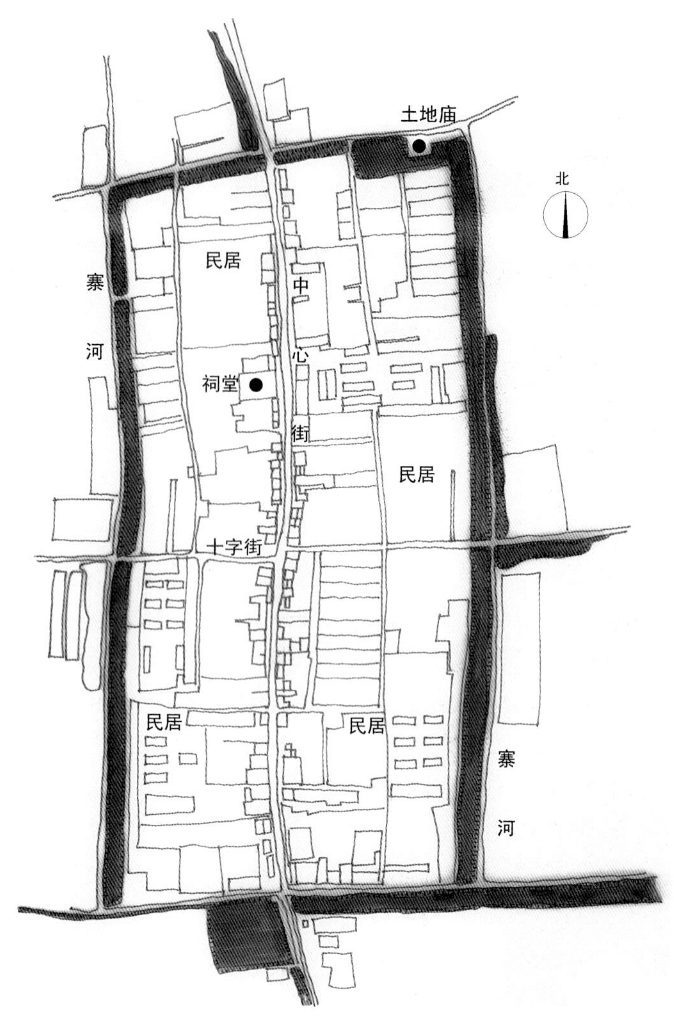

图 8　陶城镇总平面图
（图片来源：根据郏陵县建设局测绘图测绘）

图 9a　顾荆乐堂

4. 战乱动荡。河南地处中原，历史上兵匪战祸频繁，无论平原还是山地，许多村子都建设寨墙，俗称“打寨”，形成堡寨以防乱世。寨墙一般就地取材，以黄土夯成，三四丈高，设寨门，也有用砖石建的。尤其是明、清时期各地普遍修建堡寨，对河南村落布局和型制产生了影响。如现在许多村庄名称仍为某“寨”“堡”“台”“营”等，虽大多寨墙无存，但从其方整的格局和沟壕水系，仍可看出当年的防御性功能。如郏陵县陶城村呈长方形（图 8），面积约 1 平方千米，四周有完整的人工沟壕环绕，水面宽达 50 米左右，极具防洪和防御作用。虽寨墙几乎所剩无几，但可以看出当时的规模和气势。该村南北一条主街长 1.5 千米，东西两条次街。均与主街垂直相交，居住稍松散，砖木瓦房较多。

作为私人庄园的顾荆乐堂，位于商城县南 34 千米的长竹园乡，处于群山环抱之中，为 1937 年商城县县长顾敬之兴建（图 9a）。该庄园有很强的防御功能，住宅四角建有炮楼，四周山上有砖砌寨墙，高 4 米，厚 1 米，也建有炮楼。占地 3220 平方米，三进两重院，第一进正屋 10 间，两侧各有 2 层楼厢房 12 间（图 9b）。正房高 13.2 米，墙厚 0.76 米，跨度 7 米，正宅、厢房下面皆有明、暗地下室。正房楼板为条石板块，厢房为木楼板，屋脊皆为花砖压顶，两端为精

① 刘志琴. 礼的省思——中国文化传统模式探析，中国传统文化的再估计（文集）[M]. 上海：上海人民出版社，1987（05）.

雕大理石鳌鱼兽头。两重大院各为 24 米 × 7 米布置，条石铺地。第二重院内有直径 2 米的石凿金鱼池，四周有大理石花台；第二级正房后面墙上镶有：“礼、仪、廉、耻”四字；第三进上房楼梯为磨光条石三面环绕垒起盘旋而上，设砖柱前廊，面阔三间，两侧通过二层挑廊与厢房相连。该建筑工程量巨大，有大小房屋 88 间，建筑面积 2530 平方米，前后施工 8 年，征用匠人、杂工 1.6 万次，投工 56 万个，用砖 250 多万块，瓦 22 万片，条石、料石 16 万块。

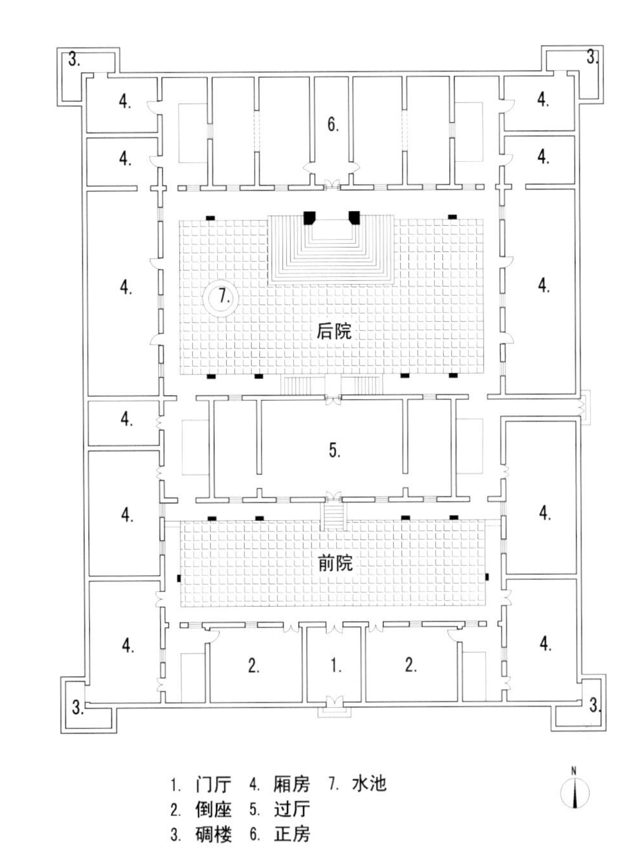

图 9b　顾荆乐堂总平面

三、地域特点

一方水土养一方人，“地域”概念本身就是一种文化和历史的复合体。河南堡寨建筑的地域特点与中原地区的文化特色息息相关。依据文化学的观点，“中原”亦指汉族及其前身——华夏族、古汉族的实际分布区。中原文化主要指以中原地域为依托，是生活在中原地区的人们与自然及人们之间对象性关系而形成的特定的物质文化、制度文化、思想观念、生活文化的总称。“中原”一词作为一个地域概念，有广义和狭义之分：广义的中原指黄河中游及下游地区、淮河上游地区；狭义的“中原”又称中州，指今天的河南省。

受中原文化影响，河南堡寨建筑有以下特点：

1. 风水观念：中原地区因“河图、洛书”发展为周易哲学的心理框架，建立了中国古代包括建筑学在内的一整套观念体系。这些思想反映在建筑上形成了古代的堪舆学和风水理论，对村落（城市）选址、宅基定位、建筑布局、坟茔选穴等产生了影响，河南民间认为一村的“风脉”优劣关系全村居民的凶吉祸福，如“向阳近水”“风水树”“风水井”等观念影响到堡寨聚落。新乡小店河村的遗址（图 10a）就体现出这种观念，该村始建于清乾隆十三年（1748 年），由阎氏第十世祖先阎榜所建，村的外部，由石砌寨墙将其包围成为一个完整的群体，每段寨墙中间设有寨门（图 10b），在村寨墙外的后山上设有瞭望台、掩体。从远处眺望其地形犹如一巨大神龟匍匐在沧河南岸，建筑主体坐落在龟背上，象征着万事永固，山下一土包又恍如龟头出壳，伸向沧河欲饮沧河之水。故此地又被人们取意为“神龟探水”。

林州市任村镇周围环山，是著名“红旗渠”的所在地，素有“鸡鸣闻三省”之说。最初平面从风水角度看像一匹马，村中圆形水塘位于马眼部位，独特有趣（图 11a），并由此发展成为一个集镇（图 11b）。现存西券（寨门）（图 11c）、南

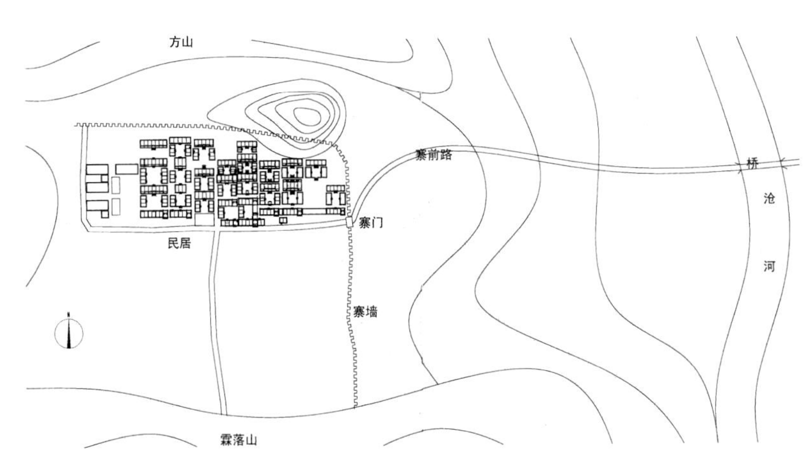

图 10a　小店河总平面

图 10b　小店河寨门

券（寨门）（图 11d），张鸿逵庄园、昊天观、水塘、寨墙等遗迹。

2. 多元融合：在汉族形成史上，曾经有过三次较大的民族融合。第一次是从春秋战国到秦统一为止，其结果是形成了华夏民族共同体，产生了以华夏族为主体的、统一的、多民族的中央集权制国家。第二次在魏晋南北朝时期。宋、辽、金、元时期是历史上第三次民族大融合时期，这一时期，契丹、女真、蒙古族相继进入中原，建立了以本族为主的多民族国家。这些少数民族进入中原以后，大多数采取了向中原先进文化学习，吸收汉人参政的方式来巩固自己的统治，这样做的结果就被汉族同化，如河南的蒙古族在 104 个县市中都有，约 4 万至 5 万人口。河南境内黄河以北地区及洛阳、开封、南阳等地广泛存在着明初山西移民村落，如焦作寨卜昌村、林州任村堡寨在建筑空间布局，装饰做法等方面与山西民居可谓一脉相承。

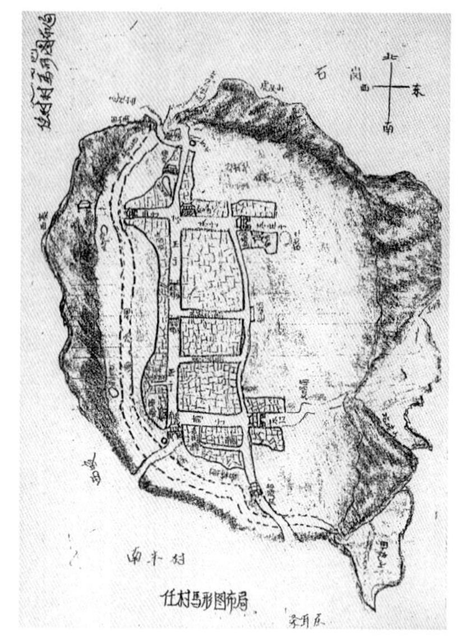

图 11a 马形图
（图片来源：《任村村志》）

图 11b 任村图
（图片来源：根据安阳市规划院测绘图绘制）

图 11c 西券

图 11d 南券

3. 儒道互补：与中原地区三次民族大融合过程的同时，以华夏族为主的统一的多民族国家的版图也不断扩大。边疆民族一些文化与制度渗透中原，从而使中国古代国家制度与政治经济文化呈现出以中原文明为主体的多元结合的特点。如以孔子为代表的儒家学说，以许慎为代表的文字训诂学，以李斯小篆为代表的汉字书法艺术，以程颢、程颐奠基的宋代理学，以及中国传统建筑与传统的形成大都发源于中原地区，经过文化的传播、辐射、融合、形成了以具有阳刚、深奥、朴素特征的中原文化为主体的华夏文化。这是研究中原建筑文化的大文化背景，是中原建筑文化生成和发展的文化原动力。

儒、道文化对中国的城市规划和格局产生了影响，在河南堡寨的形制上亦有所体现。河南平原地区堡寨多以方块状为主，呈南北布局，每边宽约一里左右，寨内有一条主路或十字形路，中心地带有小厢及广场作为临时集市之用。周围筑以高大土墙，四周有碉堡，墙外掘壕沟环绕，如鄢陵陶城镇、兰考堌阳镇；山地丘陵常依山就势建寨，如鲁山县下汤镇镇中心孤山上的堡寨（图 12）。

4. 防御严密。有道是：得中原者得天下。河南自古王朝更替、战乱频繁，促使堡寨建筑的防御体系更加完备。堡寨一般设寨河、寨墙双重防御体系，河宽墙高，并设高大寨门、吊桥、炮台等设施，寨内道路网设置结合防御需要，多断头路和转角路。如陶城村中心街为“S”形，可延缓骑兵前进速度。焦作卜昌村的防御更是铁壁一般，据记载，咸丰十一年（1861 年），捻军逼近清化镇，攻打河内县，寨卜昌村相安无事，寨墙充分发挥了抵御捻军入侵的作用。该寨墙高 9 米多，下部宽 7～8 米，顶宽 3 米，地基薄弱地段用石料加固，墙体采用白灰、黏土分层夯筑，每层约 0.7 米。四座寨门高于寨墙，寨门楼台中间设一个近四米宽通道与寨墙顶相通。在 2.5 千米长的寨墙顶部，根据不同方位和实际需要，建造了 12 座炮楼。各寨门口和炮楼均配套竹节式土重炮，炮重 800 斤，用以抵御流寇、强盗入侵。

图 12　鲁山县下汤镇堡寨

四、类型构成

依据总体形态、建筑形制、使用方式、自然环境、规模等因素，河南堡寨建筑主要可分为村堡、镇堡、庄园、军堡等类型。

1．村堡：即以自然村落为防御单位的堡寨聚落。河南地区曾是村堡的村落不胜枚举，现存较为完整的有：郏县临沣寨、焦作寨卜昌村、林州市东盘阳村、新乡小店河村等。

临沣寨作为一村堡，是现今保存最为完好的中原古寨（图 13a），它位于郏县东南 13 公里堂街镇南朱洼村，因沣溪、柏水（又名傲水）绕村而得名。1851 年 1 月，太平天国起义爆发，官府要求各地“抵抗乱军，村村筑寨”。由盐运司知事朱紫峰倡建，1862 年农历三月上旬竣工落成，寨名“临沣”（图 13b）。该寨呈椭圆形，纯一色红石砌筑，白灰勾缝，周长 1100 米，高约 7 米，墙宽 3～5 米不等，建有垛子八百，哨楼五座，寨上抬枪土炮，木梆更锣，寨外有 13 米宽的护寨河（图 13c）。

临沣寨设东、西、南三座寨门，分别称“溥滨”“临沣”“来曛”。寨内现有居民 152 户，550 口人，东西主街两条，南北主街两条，呈“井”字形交错，村民沿街而居，多为砖木脊坡式瓦房。寨内现有清一色红石筑的明代民居一座，有汝河南岸第一府——朱镇府古建筑群，有重修于咸丰二年（1852 年）的关帝庙建筑，及保存尚好的古四合院建筑五处。这里以当地红石材料筑寨砌房的建设独具特色。

寨卜昌古村在明、清时期为河内县清赏乡三图[①]，1927 年隶属博爱（县）至今。四周被寨墙环抱，有四个大寨门，寨墙与古村由西北向东南呈龟背形（图 14a）。墙外被宽 8 米多，深 3 米的寨河环绕（图 14b），寨墙和寨河由咸丰十一年（1861 年）后开始修建，同治七年春竣工，距今约一百四十年历史。相传，武王伐纣，“八百诸侯汇孟津”后，向东进军，路过此地，姜太公占卜前程，卜辞曰“昌”显示此地为风水宝地，日后必定繁荣昌盛，随曰“卜昌”，这一带的村名就由此而生。到了明洪武年（1368～1398 年），怀庆地区由于兵乱蝗疫，百姓非亡即逃，土地荒芜，人烟稀少。朱元璋从陕西洪洞一带迁民于怀庆，到卜昌附近定居的七姓八个族，就分别以族姓而组成村名。因药王卜昌、油王卜昌、乔卜昌地界相邻。在同治七年，又修筑了寨墙、寨门，三村同寨，就统称为“寨卜昌”。各寨门镶嵌着一

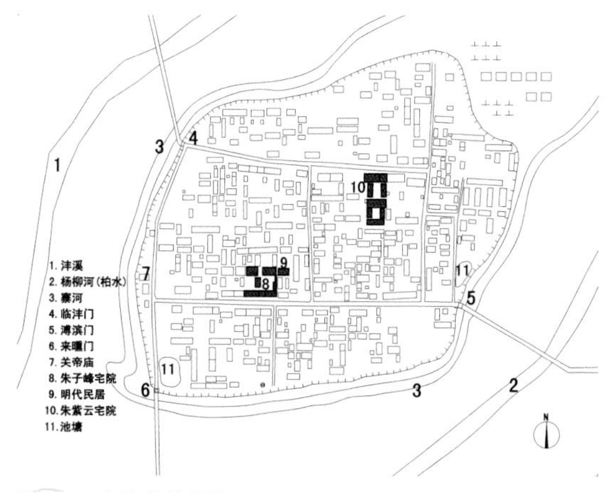

图 13a　临沣寨总平面
（图片来源：根据南阳市文物所测绘图绘制）

图 13b　临沣寨

图 13c　临沣寨护城河

① 图，即里。指明清时地方区划名。清顾炎武《日知录》卷二十二：“《萧山县志》曰：改乡为都，改里为图”。

块长 1.5 米，高 0.75 米的青石大匾额，题词分别是：东门“纳春融”、南门“揽荣光”、西门“挹秋浆”、北门“应叠翠”。四块匾额正合春夏秋冬四季和春华秋实之意，并包含了北靠太行，南临黄河，依山傍水的优越地理位置之意。

整个寨墙工程占地近百亩，三七灰土约 15 万方，用石灰 6 万余吨，青砖百万块，石料 1 万多块，耗资六万余千文，工程宏伟，质量上乘。虽久经沧桑，改朝换代，几经人为拆除，大部分寨墙仍巍然屹立。

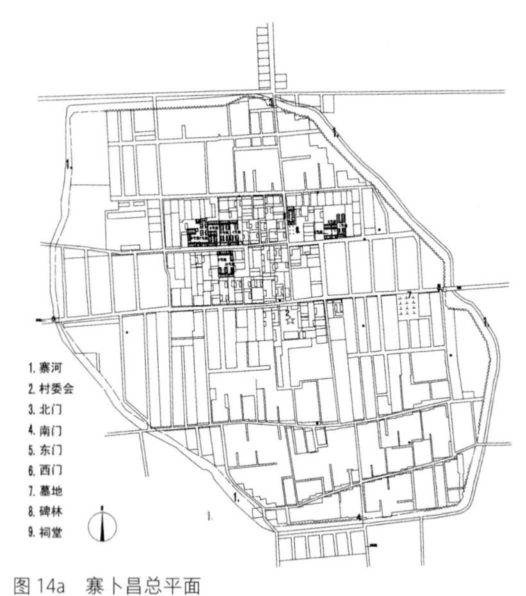

图 14a　寨卜昌总平面

（图片来源：根据焦作市规划院测绘图绘制）

图 14-b　寨卜昌村寨墙

2. 镇堡：即由堡寨聚落演变、发展而成的集镇。河南历史较长的集镇大多由重要地段和规模较大的堡寨逐渐扩展而成。如：禹州市神垕镇、兰考县堌阳镇、鄢陵县陶城镇和鲁山县下汤镇等。

以钧瓷闻名于世的神垕镇，其沿革与堡寨聚落的形成、合并、发展相关，是镇堡的典型代表。神垕老街的故址（图 15a）原是肖河两岸的五个古老村庄。唐宋以来随着陶瓷业的兴盛，将五个村庄逐渐连成一片，形成了初具规模的神垕镇。镇区由东、西、南、北四座古寨和红石桥、关爷庙两个行政街道组成。一座驺虞桥连接着东西两寨，一个上坡口连接着东北两寨，一座大炮楼将行政街（老街中心）和东大街连在一起。再由东而南，又有多座寨，寨墙高达 3 丈有余，厚 2 尺多，固如城墙，而且都有炮楼。这些寨墙和寨门，主要作用是军事防御和抵挡匪患、防范洪灾，其中的历史文化内容更加丰富。首先，每座寨子都有文雅的名字，如东寨为“望嵩”，西寨为“天保”等（图 15b）。而且都和城门一样，用青石丹书镶嵌在寨门之上。同时每个寨内都有不少传统建筑，如东寨内（行政街）有伯灵翁庙、关帝庙、花戏楼等，西寨内有文庙、二郎堂、老君庙、白衣堂、贞节牌记等，还有沿街店铺和富有时代及地方特色的民宅。每个寨内都有许多胡同，一般都是交通便道，也是住宅院户。这些胡同也都有自己的名字，如“霍家胡同”“鸡蛋胡同”“文家拐”等。在行政管理上，每寨原来都设有保甲组织和武装民团，以维持地方秩序和防范兵乱、匪患。在教育上，每个寨子都设有学校。

堌阳原称固阳集，又称古羊集。历史上，黄河三次改道，每次改道皆经堌阳旧麓。“堌”堤也，水北曰阳，因堌阳位于河北岸，地势凸出，故称堌阳。堌阳解放前是兰考县县城旧址，在清朝乾隆四十三年（1778 年），原考成县城被黄河水淹没，迁县城于堌阳集。乾隆四十九年，即公元 1784 年县城建成，距今已有 221 年的历史。堌阳是鲁西南交

图 15a　神垕老街寨门

图 15b　神垕天保寨

通要道上的一个较大集镇，具有一定的战略地位。从现状格局看，该镇由一城一寨组成（图 16），说明历史上豫东地区筑城垒寨的情况。

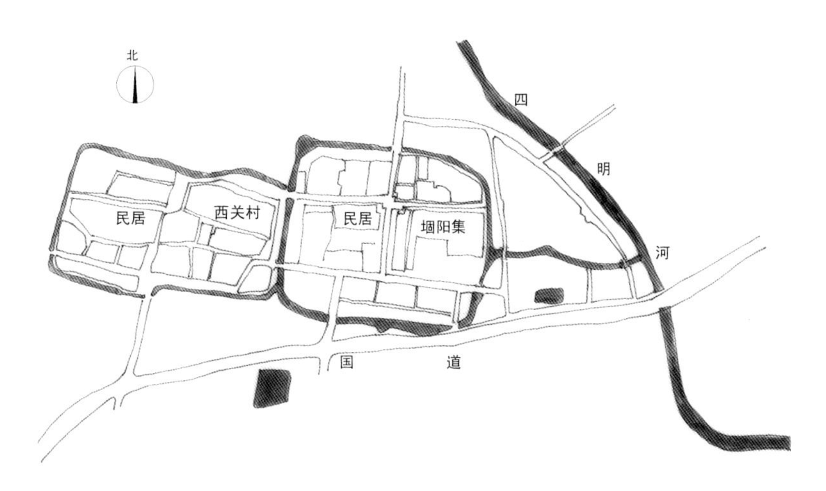

图 16 堌阳镇总平面图
（图片来源：根据开封市规划院测绘图绘制）

3．庄园：即由豪绅、富贾所建的堡寨式庄园。这些庄园分布在全省各地，大小不一，主要为清末民初所建。如：巩义市康百万庄园、项城市袁寨、刘镇华庄园（图 17）、张诰庄园（图 18），以及商水县顾荆乐堂、新安县铁门镇张宅等。

图 17a 刘镇华庄园 1

图 17b 刘镇华庄园 2

巩义市康百万庄园是一个具有“靠山筑窑洞，临街建楼房，濒河设码头，据险垒寨墙”特点的，功能较齐全、保存较完整的封建堡垒式庄园。清朝初年康家利用康店村位于洛河码头的地理优势，经营商业和高利贷等生意。在聚敛了大批钱财后，为了光宗耀祖，炫耀门庭，从清道光年间开始以大坟坡为中心，大兴土木修建庄园。庄园总建筑面积约为 64300 平方米，共有 33 个庭院，53 座楼房，97 间平舍，73 孔窑洞，共计 571 间。从整个庄园的建筑布局来看（图 19a），以寨上主宅区为核心，由山顶端向山脚下依次向南、东、北方向发展。形势险要，坐落壮观，傍山面水，风景最佳。寨南建金谷寨和南大院，另外还有菜园。东寨脚下建有各种作坊、栈房、行店、庙堂、饲养院、花园等。北寨脚下扩建住宅区，再北不远是康氏家庙等。西南角寨墙内，是庄园的看家院，居高临下，总揽庄园全景（图 19b），守卫着主宅区的安危。寨上主宅区：南北长 83 米，东西宽 73 米。筑于邙山半腰，为封闭型寨堡式建筑，寨墙以青石为基础，青砖垒砌。寨墙高 12～15 米，周长 1 公里多，墙上筑有城垛。正东是砖石砌成的拱圈顶寨门（图 19c），经由长 23.7 米，宽 3 米、高 4 米幽黑暗长的斜坡寨门洞进入寨上，出洞口的拱圈上是控制出入的岗楼（打更房）。折而往东是 20 米长、25 米宽的寨上广场。场南侧为碑刻林，场南、北两侧共有两个建筑物群体：北部有 5 个院落，皆坐北朝南；南部有两个院落，皆坐西朝东。广场北部东西一字排开的五座院落，以中院为中轴线左右展开，东侧系“老院”“边院”，西侧为“里院”“新院”。除新院外，里、中、边、老四院均辟筑高大雄伟的门楼。建筑形制均为封闭型两进式四合院，院落之间既自成体系，又互相联系。整个建筑具有华北地区和黄土高原建筑的特点，兼取我国古典园林、宫廷和民宅建筑之长，蔚为壮观。

图 18 张诰庄园

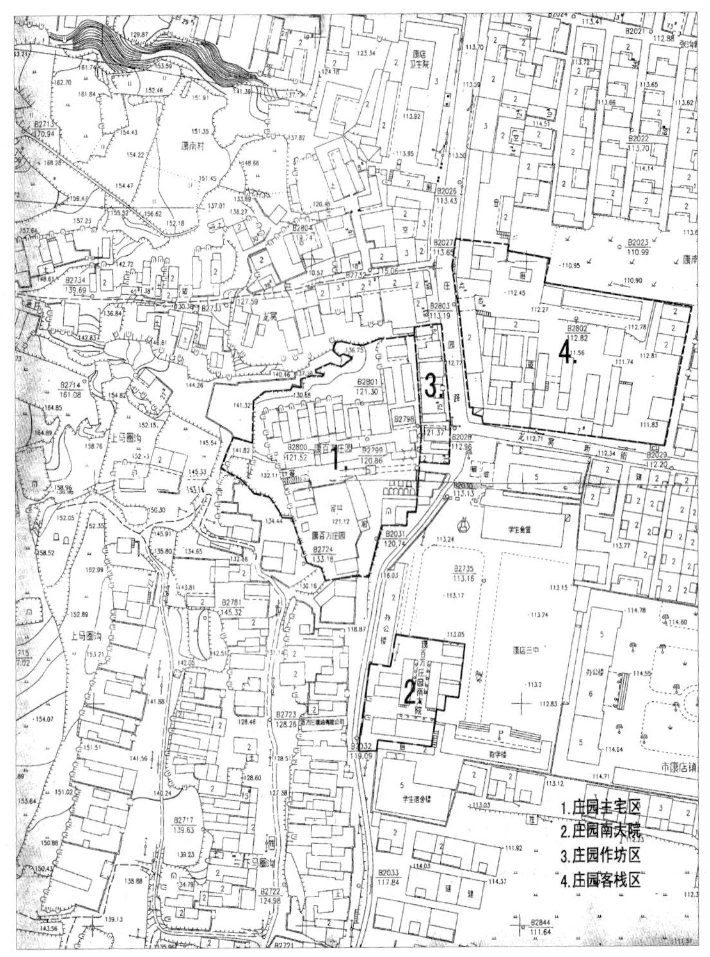

图 19a　康百万庄园总平面
（图片来源：由河南省文物建筑保护中心提供）

图 19b　康百万庄园全景

图 19c　康百万庄园寨门

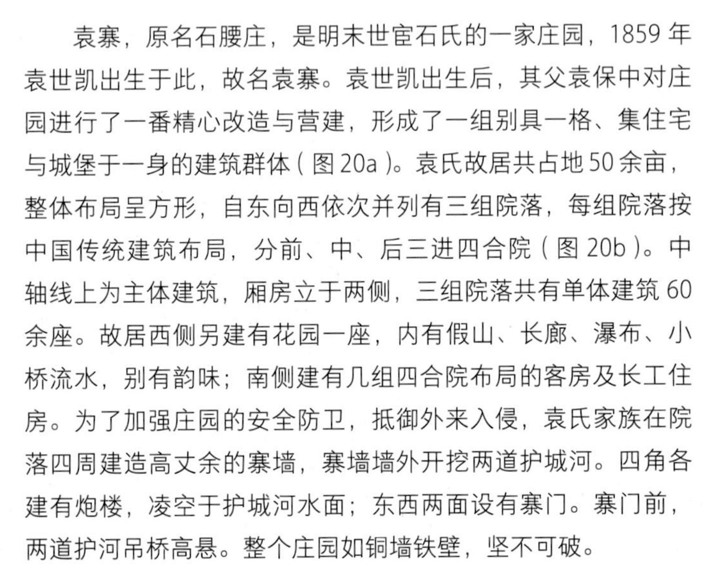

袁寨，原名石腰庄，是明末世宦石氏的一家庄园，1859 年袁世凯出生于此，故名袁寨。袁世凯出生后，其父袁保中对庄园进行了一番精心改造与营建，形成了一组别具一格、集住宅与城堡于一身的建筑群体（图 20a）。袁氏故居共占地 50 余亩，整体布局呈方形，自东向西依次并列有三组院落，每组院落按中国传统建筑布局，分前、中、后三进四合院（图 20b）。中轴线上为主体建筑，厢房立于两侧，三组院落共有单体建筑 60 余座。故居西侧另建有花园一座，内有假山、长廊、瀑布、小桥流水，别有韵味；南侧建有几组四合院布局的客房及长工住房。为了加强庄园的安全防卫，抵御外来入侵，袁氏家族在院落四周建造高丈余的寨墙，寨墙墙外开挖两道护城河。四角各建有炮楼，凌空于护城河水面；东西两面设有寨门。寨门前，两道护河吊桥高悬。整个庄园如铜墙铁壁，坚不可破。

4．军堡——是历代屯兵、据险守卫而建的军事性堡寨。主要有平顶山石头城、焦作宋寨军堡、桐柏县元代的田王寨（图 21）、开封八旗军营、灵宝函谷关等。

平顶山石头城全城建于山顶之上，因为山顶较为平缓、开阔，故沿平顶之周围建起高大的石头城墙。城墙沿平顶的弯曲延伸，极为自然，墙体用不规则的石块筑成。全城的轮廓大致

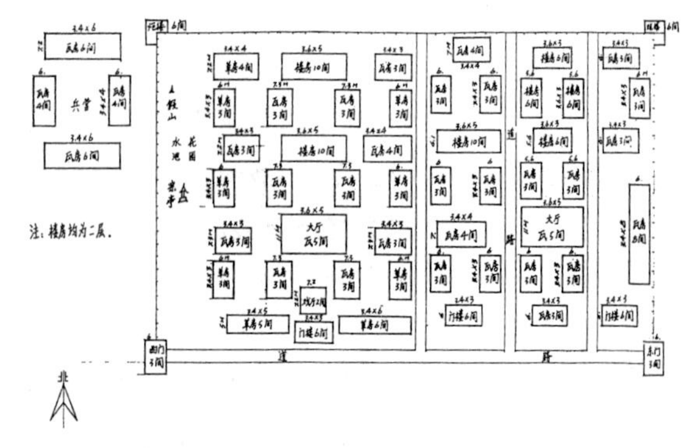

图 20a　袁寨平面
（图片来源：《河南近代建筑》第 178 页）

图 20b　袁寨模型
（图片来源：由项城博物馆提供）

图 21　田王寨
（图片来源：《淮源风光》）

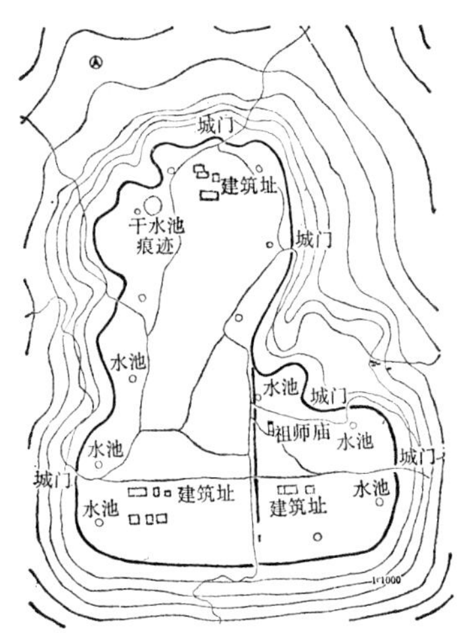

图 22a　平顶山石头城平面图
（图片来源：《科技史文集》第七辑）

图 22b　平顶山城址现状
（图片来源：《科技史文集》第七辑）

图 23a　焦作宋寨军堡

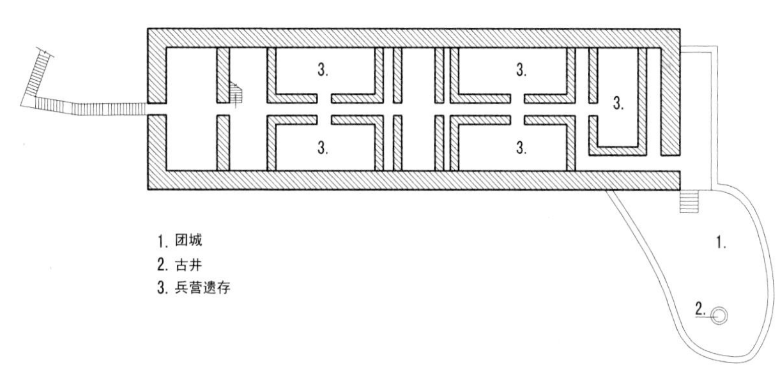

图 23b　焦作宋寨军堡平面

为丁字形（图 22a），东西长约 3000 米，南约 2500 米，只在南城中间有南北城墙一道，分为东西两部，沿墙一周为 6500 多米。全城雄踞在山顶，以山为寨，控南北山川，进可攻，退可守，真是一处军事要塞。叶县志对此石头城亦无记载。从现存城墙（图 22b）和城台制度来看，很像明代城墙的做法，城墙雉口带有枪眼，这一点与明清北方城墙雉口做法相同。[①]

焦作宋寨位于沁阳市山王庄北 10 公里，丹河西侧的一座孤山的峰顶上（图 23a）。始建于宋朝，相传为北宋大将杨继业的屯兵之所（历经明、清两代修复）。寨东西长 70 余米，南北宽 30 米，高 13 米（图 23b），石砌城墙，寨内一青砖甬道横贯东西，两厢有双层兵营 20 余间（图 23c），寨顶四周有巡道和垛孔，寨西南有一侧门通向团城。

图 23c　焦作宋寨军堡局部

结语

由于河南地区地处中原，历史上从夏朝到北宋较长时期内曾是汉文化的中心区，但由于历史上兵鳌加之水患等自然灾害损坏，现

① 张驭寰．豫西古代建筑遗迹 [M]// 科技史文集．第七辑．上海科学技术出版社，1981（06）：71～87.

有保存较好的堡寨已为数不多，急需调查、研究和保护。

从建筑史学意义上看，堡寨具有由聚落到城市及里坊制度形成的发展脉络。我国古代城市大多规划为方形，采用经纬道路布局，虽然可能起源于周王城的构想，但实际上北魏洛阳是一个质的飞跃。隋唐长安和洛阳规划直接继承了北魏洛阳的里坊制，只不过唐长安是矩形，面积约为1平方里，故称坊。而隋唐洛阳的绝大部分里坊，则为正方1里。里四周有墙，开四门，里内形成十字街并有小巷，这是一个符合统治需要的管理严谨的社会群体单位。由于里是正方的，因此就形成了经纬道路的城市格局。从中国城市发展看，中原地区在11世纪北宋以前长期处于中心地位，中国最早的城址在河南，郑州西山城址距今5300余年，淮阳平粮台城址距今4300余年，登封王城岗遗址距今4000余年，郑州商城、洛阳的西亳距今3000余年。北魏洛阳规划开创了里坊制，其面积265.5平方华里，是当时世界上最大的都市。11世纪的北宋东京开封面积达170平方华里，也是当时世界都市之最，后来瓦肆的出现逐步形成了商业街市，里坊制在此随经济发展被打破。与此同时，堡寨及城堡在演变为城市之后并未完全消失，而是以其原始形态在不同的历史时期不断地重复着。因此，堡寨聚落可为古代由聚落到城市转型的原型和要素，而现存的河南地区的堡寨则是这种原型所延续下来的乡村版本和活化石。

就河南而言，其堡寨聚落的地域特点和类型构成反映了中原地区社会内部组织结构、社会生活、经济状况和风俗习惯等诸多信息，可进一步揭示整体或局部地区的社会变化和治安状况。每当社会动荡，民不聊生，则大兴堡寨，以便守望相助或据险自卫，如清末民初战乱时期也是堡寨建筑兴盛之时；而和平年代则任其倒塌或被官府所取缔。通过实地调研和文献查阅，远不止河南地区，包括更广大的我国北方地区，由于种种原因堡寨聚落并未得到当地政府的有效保护和学术界应有的重视。这对中国乡村聚落史和中国建筑史的研究而言，无疑是一种损失，这正是本课题研究的现实意义所在。

参考文献

[1] 绍文杰总纂．河南省地方史志编纂委员会编纂．河南省志·文物志（第五十七卷）[M]．河南人民出版社，1993．

[2] 河南省文物考古研究所编著．启封中原文明——20世纪河南考古大发现[M]．河南人民出版社，2002．

[3] 河南博物院编著．河南出土汉代建筑明器[M]．郑州：大象出版社，2002．

[4] 王利器．史记注释（一）[M]．西安：三秦出版社，1988．

[5]（东汉）许慎原，汤可敬．说文解字今注[M]．长沙：岳麓书社，1997．

[6] 马世之．中国史前古城[M]．武汉：湖北教育出版社，2003．

[7] 王铎．北魏洛阳规划及其城史地位．汉魏洛阳故城研究[M]．科学出版社，2000：492～509．

晋中传统院落的空间限定与社会意识 ①

摘 要

院落住宅是我国传统的居住形式，晋中院落建筑由于商业文化和防御意识等多元影响，形制、组合布局和风格特征呈现出鲜明的地方特征，是传统院落空间的典型代表。作者结合实地考察的资料，分析了晋中院落的墙、门等空间限定要素的具体形式和作用，研究结果表明，传统院落不仅满足了居住的功能要求，而且是地域条件、社会意识和伦理意蕴的综合反映。

关键词 传统院落；空间限定；社会意识

一、传统院落结构探析

1. 私密与开敞

从中国住宅形象角度来讲，庭院是住宅中最为显著的居住元素，从形态和功能的角度看，庭院也是住宅最为重要的组成部分。庭院始终是自我封闭与围合的，将外部市井的喧嚣拒之门外。所有的房间都朝向庭院借此来获得空气和阳光，家人都能够拥有独立于他人的生活空间。尽管从庭院里面可以看到遥远的天空，但是住宅的围合与封闭使得庭院的内部空间与城市的外部空间相隔离。封闭与围合、自在与独立对应着一系列开闭、内外、公私相对比的空间，这是中国建筑文化中以最普遍的二分法来表达封闭与开放的性质的独特手法。[1]

私密性实属人类的共性之一，因为人们总会设法避免多余的交往，也就是控制交往与信息外流。实际上，晋中大院的“封”与“围”造成的内部层次差异，体现的正是社会阶层交往、活动的不同需求。对于晋中大院多层级的建筑形态，人们不难从社会结构上找到与其相对应的原因。同样，看似千差万别的城市架构，不过展示出控制多余交往的不同方式。[2] 中国庭院式住宅的理念与西方建筑的理念相去甚远。住宅表现出的特点是数个形式上的各自围合、体积上各自独立的庭院和房屋的复杂组合形体。封与围正是控制交往和信息外流的形式。

芦原义信曾对西欧与日本的住宅加以比较分析，指出两种文化影响下住宅对于“内”和“外”的认识有较大差异：“所谓穿着鞋生活的西欧气氛，就是由独立个体的对立而形成的外部秩序空间；所谓脱了鞋生活的日本的气氛，就是由一视同仁的个体集合而形成的内部秩序的空间。”[3] 而人们在对于晋中大院进行分析后发现，这里对于“内”“外”的认识既不同于西欧那种将城市和街道秩序引入内部，也有别于日本那种将外部秩序与内部秩序分开，而是在内部建立起多层次、不同私密性的空间。从整体上看，空间分层是通过院墙、门、内墙以及建筑本体共同实现的。[4]

窄院是晋中院落的鲜明特色，宅院的形态受到地域气候等因素的影响，而其规模、形式和规格，其实也是社会分层的重要标志。它的特点是正房多为五间，分为三间两耳，或一字五间排开；两厢房向内院靠拢，形成南北狭长、东西窄小的院落，以至厢房间数增多。厢房从三间到十间皆有，中间以垂花门或牌楼隔开，成为内外两院；厢房的分隔间数为内三外三，内五外五或内五外三等不同方式。[5]

2. 实证分析

雷履泰旧居位于平遥城内书院街 11 号，是一处有代表性的院落。其建筑单体、平面布置等都反映了晋中院落的特色。整座院子坐北向南，由两进主院、两个跨院组成。其主院为前后二进院，结构布局为轿杆式院落。建于高高的台基上，山墙顶部有砖雕鱼图案，中厅为双坡硬山瓦顶房。

里院正房面阔三间，带前廊，是下锢窑、上木构的建筑，房顶为双坡硬山瓦顶，雀替、挂落装修完整，前后两院厢房左右各三间，呈三三对应式。可由主入口跨院进入第一进院。同时，也可以由此跨院经东厢东侧由墙围合成的走

---

① 张楠，张玉坤，王绚．晋中传统院落的空间限定与社会意识 [J]．天津大学学报（社会科学版），2009（11）．
国家自然科学基金资助项目（50578105）；国家教育部博士点基金资助项目（20070066053）

廊直接进第二进院而又不对第一进院内的会客等活动构成影响。人们不难发现，这个并不算很复杂的院落住宅实际上是有着自身特色的：第一进院主要供主人会客等对外交往使用，私密性较低；相对来说，第二进院主要供主人生活使用，私密程度相对较高。而使用中，由于西跨院和东廊的出现，空间的组合显示出了很大程度上的灵活性，同时也从使用的角度适应了伦理的要求。雷履泰故居见图 1。

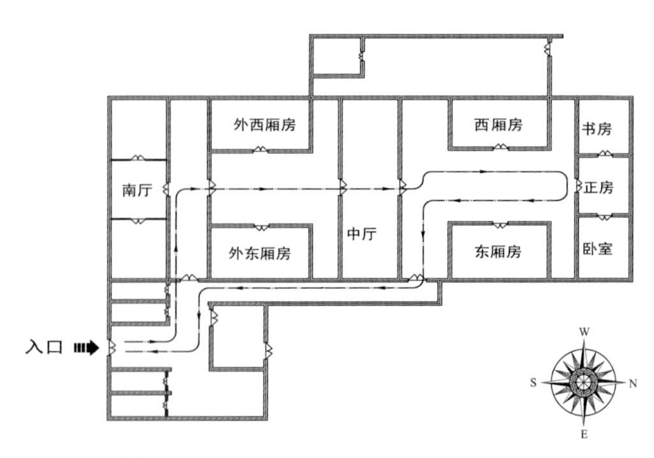

图 1 雷履泰故居平面

晋中大院的代表性建筑主要包括票号建筑和民居。对于日升昌、协同庆、蔚泰厚等票号加以比较，可发现他们共同的特点在于实用，格局多为前店后寝式——这是商人重利主义原则在建筑观念上的一个重要反映。临街作为店面穿过大门进入第一进院子，多用来做账房和柜房等营业和结算场所，下一进院落基本上是厅堂及接待临时客人的客房，再向里是掌柜和伙计的休息、活动区域。金库设置各有特色，日升昌设于西柜房，绝妙地运用了“最危险的地方就是最安全的地方”的策略，而协同庆则在相对独立和隐蔽的第五院设置了地下金银库。随着一步步进入院落内部，空间也由开放逐渐转向私密，分别对应着不同功能的需求。

图 2 中门（二门）

住宅与票号的院落都是由中国传统庭院发展而来，形式上很相似，所不同的是从院门向内院私密性逐渐增强的过程是对应着主人社会交往的需要——通常第一重院落的厅堂或倒座成为待客或子弟读书的场所，进入第二重院落多为子女分住东西厢房，长辈住正房。有些相对复杂的院落组织甚至包括更多的层次：如将第二层院落进一步用门或者墙分隔成内外两部分，分别为主人家庭的活动空间与仆人的活动区域。二门，即中门见图 2。

二、门、窗与墙的结构内涵

任何事物都按其本身的结构体系有序地组成，院落亦然。我们不妨把结构要素：中心、边界和结点作为描述居住空间任一层次的基本概念，中心和边界亦可视为特殊的必备要素。

连续性与封闭性是边界的两个重要性质，二者相互交叉，构成居住空间各层次边界上和某一边界内最重要的要素——结点。边界构成领域，结点形成层次，这是空间限定问题的实质所在。通过不同形式围合，以及围合的不同层次间的门、廊等结点的标示，多层次、立体化的建筑空间才真正形成。

1. 门

门是一种典型的结点，晋中院落建筑组合中门的形式主要有大门、二门（中门）和旁门（侧门）三类。

大门分隔院内与院外空间，通常占用倒座的中心间或占用倒座的侧面一间。此外，还有个别形式特殊的，如渠家大院的大门在倒座侧面，与一条狭长走廊相对。雷履泰宅则是大门对应一个跨院，既可以从此跨院进入第一进院，也可以由此经连廊直接进入第二进院，以廊组织交通。图 1 晋中建筑的院子通常较长，厢房住子女和佣人，由于内外有别，常常由二门（中门）将狭长的院子分为两部分，内外得以区分，同时也改善了院落的空间感受。这样的院门也有不同的形式：有门与实墙组合、门与空心墙组合以及多扇门组合等几种，图 2 大户人家通常住宅面积较大，形成多进南北轴线院落并置的布局，院落之间的联系主要依靠正房与厢房或厢房与倒座之间相连的墙体上开旁门（侧门），形成较弱的东西向次要轴线，由于主要轴线被强调，所以次要轴线上的门相对要简单得多。

2．墙

晋中民居的院落通常是由房间和房间之间的连接墙围合，通常呈现出狭长的形态。所以单纯的围墙并不多，墙也可以大致分隔墙、连接墙和影壁墙三类。

晋中民居的厢房基本上都采用内倾的单坡屋顶，这样，既使象征着“财”的雨水流向院内，又形成高耸和森严的外墙，从院外观察，庭院深深。此外，山西历史上是农耕民族与游牧民族反复争夺的地方，农耕民族的地方政权之间也常有纷争，晋中传统民居由此形成了明显的防御性特点。对外开窗很少，这是与安全防御的要求相适应的，所以常常以房屋外墙为院落外墙。既作为房间的外墙，也是整个院落的围墙。此外，屋之间尚有为数不多的连接墙（图 3）结合第一类墙，对院落形成了较完整的围合。另外，还有些具有特殊含义和功能的墙，如影壁墙。它不仅起到引导的作用，也是心理上封闭院落、区分内外的重要建筑形式。晋中建筑有一种比较有特色的影壁形式——“风水影壁”，一般是在正房的后墙中部上端，建一块小影壁，增加正房的视觉高度，同时也希望本宅能高于附近的其他宅院，镇住他宅，以接纳自然界中的吉祥之气。风水影壁的高度长于宽度，一般宽度都不超过两米（图 4）。

3．廊及其他

虽然晋中民居很少采用出幕连墙的一类办法组织空间，但“夹巷”是较为普遍的做法，不论是相对规模较小的商贾住宅还是规模较大如渠家大院的多重院落的组合。它不仅是紧急时刻的安全通道，也是使住宅内的私密空间和半私密空间从交通流线上加以区分的需要（图 5）。

院落式民居作为家庭社会伦理观念的物化产品，院落空间实质上就是伦理空间。其实，晋中院落的墙不仅仅在“围”上扮演重要角色，在“封”上也起重要作用。换句话说，它不仅作为界面，有时也可能作为节点存在。正如道路联系了两地，可以视为不同层次间的结点，廊也可以起到类似的作用。

图 3　房屋之间的连接墙

图 4　风水影壁
（资料来源：《民间住宅》）

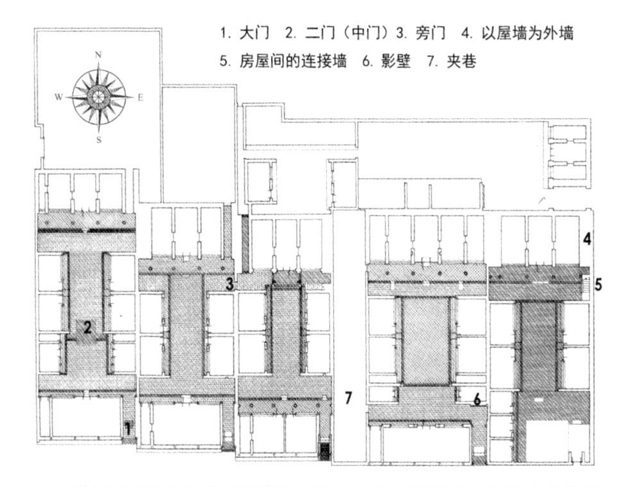

图 5　院落组合关系以平遥范家街 3~11 号宅总平面图（从右到左）为例
（资料来源：《平遥古城与民居》）

三、社会环境影响下的建筑形态

在中国传统建筑中，家庭的概念往往把住宅和庭院密切地联系在一起，如“家”和“家庭”这两个词都含有“家”的意思，但前者也指“住宅”，而后者多是书面用词，是“家”（住宅或住户）与庭（庭院）的组合。由于外部世界封闭，独家居住的庭院式住宅成为最符合中国家庭那种自我封闭式的微型社会的居住形式。“家”所包括的空间里，庭院式住宅是安全居住地和宁静的生产地。作为与家庭成一体的圣地和象征，庭院式住宅还成为这个国家封建等级组织结构和传统社会集体独有特点的隐喻。[6]

朱熹说："夫妻谓室，一家称门"。说的是门的另一种含义，但是我们从中不难看到：代表建筑结点的"门"字，同时也承载着深刻的伦理意蕴。民居中大门的重要性首先在于它是家宅中首要的出入口是人员流动频繁的地方。人们认为"门通出入，是为气口"(《阳宅大全》)。由此我们可以看到其重要性和受重视程度。这里所谓的"气"，是一个内涵甚丰的概念，它不单指自然界的空气、水汽，还有对宅内外交通便利、安全宁静、邻里和睦与否的环境情况的考虑，以及宅内私密性等心理感受和内容的概括。

墙是人们日常生活中最为常见的建筑形式，是随着家庭和私有制发展起来的。李渔《闲情偶寄》"界墙者，人我公私之畛域，家内之外廓是也"。家之墙当是围墙和院墙。在漫长的封建社会里，里坊门墙，家屋院墙，具有防火防盗，区分内外的作用，同时也是男女之大防。在男女授受不亲的礼教之下，墙具有维护封建礼教的防范作用。《礼记·内则》对于夫妻关系的论述："礼，始于谨夫妇，为宫室，辨内外。男子居外女子居内，深宫固门，阍寺守之，男不入，女不出。"内外这两个词用来明确男女两性在社会生活中的职能，理解住宅传统空间组织和住宅形态结构基础上深层的文化因素。晋中院落的墙较通常的传统院落，墙更为高大，外墙不开窗或仅在上层开小窗，封闭异常，带有鲜明的防御特色。这与北京等地四合院明显不同，却与因为家中男子外出经商，同样对防御有较高要求的徽州民居有相似之处。但墙上端的砖，往往砌出一些诸如"万""士""吉"之类带有意味的装饰形式，其作用已不仅限于防御和"辨内外"，更代表了院落主人的趣味和精神追求。而且，社会的分化和阶层区分，在居住院落规格和形态上一目了然。平遥等几个县的民居正房建筑形式特点独具：为三孔或五孔的独立锢窑。其原因在于窑洞有许多普通房屋不具备的优点：窑洞坚固耐久，使用上百年毫无问题；窑洞保温，冬暖夏凉；窑洞隔音，室内安静；窑洞防火，结构上使用的砖等均为非燃烧物。独立窑洞由于为平顶，因而建筑高度受到影响，没有东西厢房和倒座房四单坡屋顶的高度高，这种格局受制于院落的整体关系。平遥民居通常在院落的地坪高度上做一些处理，尽量使里院高于外面，正房处在最高的地坪标高上，以形成前低后高的形制。这主要是因为中国人的传统认为，建筑"前低后高，子孙英豪"。[7]

乔家大院是晋中传统院落中最著名的一处。它实际上是一座方形的城堡式建筑群，周围由高达十几米的砖墙围合而成，不与周围其他民居相连，自成一体。由六个大院、19 个小院、313 间房组成，整体虽为方形但内部各个院子都是典型的晋中窄院，各个院子都相通，又各不相同。每个院落都由主轴线上的正院与其一侧的偏院组成，主院高大，主要供主人居住；偏院相对矮小，主要是客房、仆房及灶房所在地。[8] 由于主辅明确，所以整体参差错落，既能满足主人对外接触交往的要求，又能满足一定隐匿性、私密性的要求。院落里的生命个体，遵循着那时的社会运行规则：主人、管账先生、仆人、家丁；长辈、晚辈、男宾、女客。在日常的起居、饮食中，俨然尊卑分明、贵贱分野，长幼有序，内外有别，男女归位。一个大院就是一个社会，就是一个社会构成的最基本的细胞形态。

参考文献

[1](意)路易吉·戈佐拉．凤凰之家：中国建筑文化的城市与住宅[M]．北京：中国建筑工业出版社，2003．
[2] 阿摩斯·拉普卜特．文化特性与建筑设计[M]．北京：中国建筑工业出版社，2004．
[3](日)芦原义信．街道的美学[M]．天津：百花文艺出版社，2006．
[4] 张玉坤．聚落住宅：居住空间论[D]．天津：天津大学建筑学院，1996．
[5] 孙大章．中国民居研究[M]．北京：中国建筑工业出版社，2004．
[6] 王先明，李玉祥．晋中大院[M]．北京：生活·读书·新知三联书店，2002．
[7] 王其钧，谈一评．民间住宅[M]．北京：中国水利水电出版社，2005．
[8] 王其钧，谢燕．民居建筑[M]．北京：中国旅游出版社，2006．

蔚县古村堡探析①

摘 要

本文通过对蔚县古村堡调研资料的归纳整理，分析了蔚县古村堡的成因，探讨其修建过程，并着重总结古村堡的分布规律及类型特点，为进一步的研究打下基础。

关键词 蔚县；村堡

引言

动乱时代，村落成为掳掠财富与人口的目标，常遭兵燹。所以，百姓往往联结各村落于一体，选形势险要、地理适中之地筑堡结寨，以求自保。如今，散落各地的村堡随历史长河的流逝已失去原有的防御作用，正处于极度衰落的状态，但它所携带的丰富的历史文化信息依旧具有重要的史学价值。目前，许多地区仍有村堡遗存，如山西、陕西、河南、甘肃等省，而河北蔚县仍有保存较好的村堡150余处，其数量之多，形态之纷繁多样，甚为罕见。

图 1a 宋家庄

一、蔚县古村堡总体分布

蔚县位于河北省西北部，东邻涿鹿，南接涞源，东南、西南分别与涞水、灵丘接壤，西邻广灵，北连阳原、宣化。地理形势四面环山，中贯壶河。

蔚县历史上有八百村堡之说，可谓村村有堡，以堡为村。目前现存的150多个村堡中，西古堡、宋家庄、北方城、白后堡、白中堡、白宁堡、白南场、小饮马泉等堡保留尤为完整（图1、图2）。其他村堡城墙大多残破不全，但内部道路结构基本保持原貌，民宅中也存有大量明清时期的建筑。其分布见图3。

蔚县南部山区地势险要、易守难攻，且因交通不便，村民较少，故仅有少量村堡。绝大多数的村堡集中在中部河川和北部丘陵地势平坦的地区。其中明清时期形成的八大集镇：暖泉堡、西合营、代王城、吉家庄、白乐、桃花堡、北水泉、白草窑等皆始于一堡，因人口增加而建多堡，随经贸发展而建集成镇。这些集镇在中部呈线性分布，并且从民宅角度分析，中西部的民宅明显好于东部，这反映出当时蔚县经济发展不平衡的情况，即中、北部好于南部，西部好于东部。另外，军堡

图 1b 暖泉镇

① 谭立峰，张玉坤．蔚县古村堡探析 [J]．装饰，2009（12）．
国家自然科学基金资助项目（50578105）

图 2a　北方城

图 2b　白后堡

图 2c　白南场

有两处，黑石岭堡地处南部山区飞狐古道上，明正德二年（1507 年）建，万历元年（1573 年）甃石；另一处是桃花堡，建在蔚县东端，毗邻涿鹿，明嘉靖四十四年（1565 年）由民堡改为军堡。蔚县所属驿站是沟通内外长城的一段，从北往南依次为白草窑、蔚州递、大宁村。现存较好的村堡主要集中在西部的暖泉镇、南留庄、宋家庄一带。

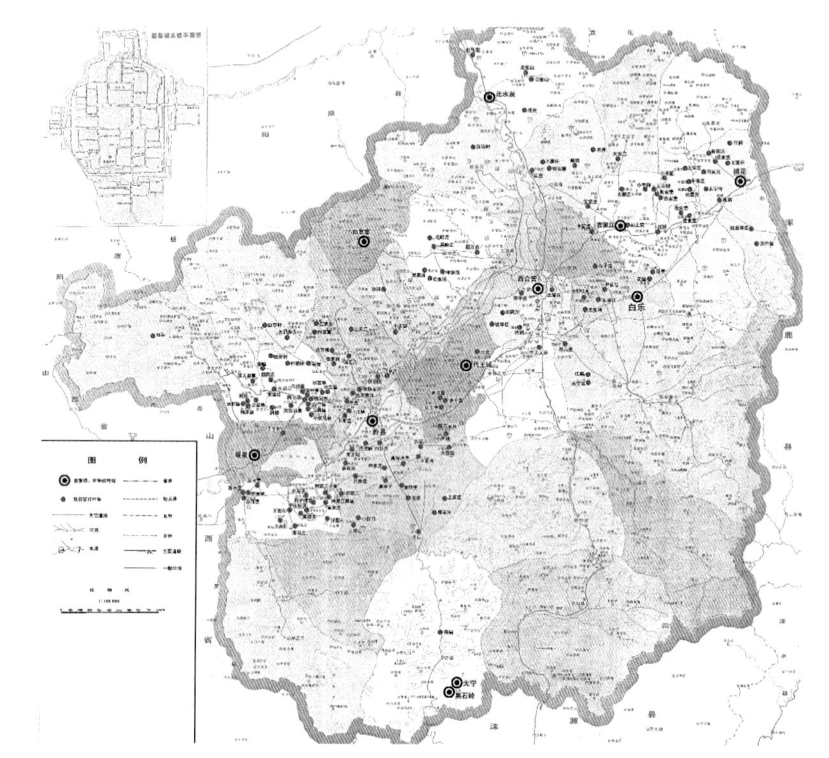

图 3　蔚县古村堡现状分布图
（改绘自蔚县县域图）

二、蔚县古堡的修建过程

蔚县古堡的修建过程大体可分三个阶段。

1．整体规划

蔚县村堡大多为方形或长方形，边长从 100 米到 200 米不等。堡内道路结构非常规则，由一道主街及与之垂直的数条小巷组成，当地人称之为一街几巷。此外，堡内民居的院落，或为三间正房、三间厢房和倒座三间；或为五间正房、三间厢房、倒座五间，面积大约为三分地或五分地。其他大的宅院基本以三分地、五分地为模数衍生而成，其中规划的成分显而易见。

2．专人管理，多渠道集资

蔚县村堡大多为杂姓聚落，村民通过推举方式产生村务首长，推举出的行政首脑作为国家行政管理的基层组织成员，蔚县地区大多称为“会首”①。会首管理村里日常事务。另外，在筹措筑堡所需的大量经费方面，乡绅的作用非常重要。其财力多者可独营一堡，财力寡者可与乡民合资，民众无资者也可按亩派工。这样就形成了三种筹资形式：一是乡绅捐资，二是民众合资，三是按亩派工。② 蔚县大多数村堡兴建的资金来源属于民众合资和按亩派工，即有钱者

① “会首”一词，并未在明清基层行政官职中找到，这说明“会首”并非国家确认的行政管理组织成员。明黄佐《泰泉乡礼 · 乡社》中记载：“约正人等预行编定，凡入约者，每岁一人轮当会首”，会首主管乡社日常事务；清秦蕙田《五礼通考》云：“里社，凡各处乡村人民每里一百户内立坛一所，祀五土五谷之神，专为祈祷雨时，若五谷丰登，每岁一户轮当会首。”可见，自明代起会首已经出现，为民间自发组织形成的，作用是组织运作乡中事务。

② 据杨国安先生考证，清代湖北乡村中堡寨的建设资金也是采用上述形式收取的。

按地多寡收费，少钱或无钱者则不需出资，只是将各种材料费用折算成工值然后按亩派工。[①]

3．分期建设、逐步完善

建堡所需费用非常多，因此只有采取分期建设、逐步完善的方法才能解决。从白后堡真武庙的修建中可以证明这点：真武庙从清代嘉庆年间开始兴建，道光年间修建完毕，这说明真武庙为分步建设；白后堡建于明代之前，真武庙建于清代，说明堡墙与庙宇也为不同步建设。村堡兴建是经过周密规划的，并设专人管理。兴建之资为多渠道集资，且以村民合资为主。建堡采用分期建设的方法，同时村堡还可接纳外村人出资进堡建房。

三、蔚县古村堡成因

蔚县古称“蔚州”，地处内外长城之间，地貌复杂、关隘险要，历代为兵家必争之地。尤其是明初，元残余势力不断破长城扰内地，蔚县连遭铁骑洗劫，一直处于动荡不安的状态。动乱的时间段主要集中在从洪武到嘉靖大约两百年的时间里，而这段时间正是蔚县村堡大量修建的时期。清代蔚县战乱较少，地理位置重要性下降。由康熙三十二年（1693 年）改蔚州卫设蔚县，到清末团练兴起，因已有大量村堡存在，故未如山西、湖北等地出现建堡高潮。以桃花镇和南留庄镇为例，根据《蔚县地名汇编》统计：桃花镇共 18 个村堡，其中明之前修建的村堡有 2 个，洪武到嘉靖年间修建的村堡有 12 个，明末有 1 个，清代修建的有 3 个；南留庄镇共 29 个村堡，其中明代之前的有 8 个，洪武到嘉靖年间修建的有 14 个，明末有 4 个，清代修建的有 3 个。

通过以上分析可以清楚地看到，抗击外患、抵御贼寇是蔚县古村堡兴建的主要动因，也是古村堡不断延续的重要外因。

四、蔚县古村堡布局特征

蔚县古村堡中，堡套堡、堡接堡、堡靠堡、堡连堡的村落比比皆是，形态各异。从建造年代上看，可以将其分为早期古村堡、中期古村堡和晚期古村堡。

明代之前的村堡平面大多呈不规则形，堡墙上没有马面，四角亦无敌楼，堡墙封顶狭窄，行人不便，也很少有堡门楼，这一时期的村堡可称为早期古村堡。涌泉庄镇的卜北堡是保存较好的早期古村堡之一。卜北堡位于涌泉庄南偏西，平面为不规则三角形（图 4），其北有小涧河，南为大同通往北京的古商道。堡墙及堡门楼为明代所建，仅有一东门，位于堡墙东南角。堡内北有真武庙、武道庙，西有玉皇庙、财神庙，南为灯山楼，主路呈“P”字形。堡门外正对乐楼，其北为井神庙，南是龙王庙。现卜北堡堡墙尚有残存，民居和庙宇还有几处保留较为完好。

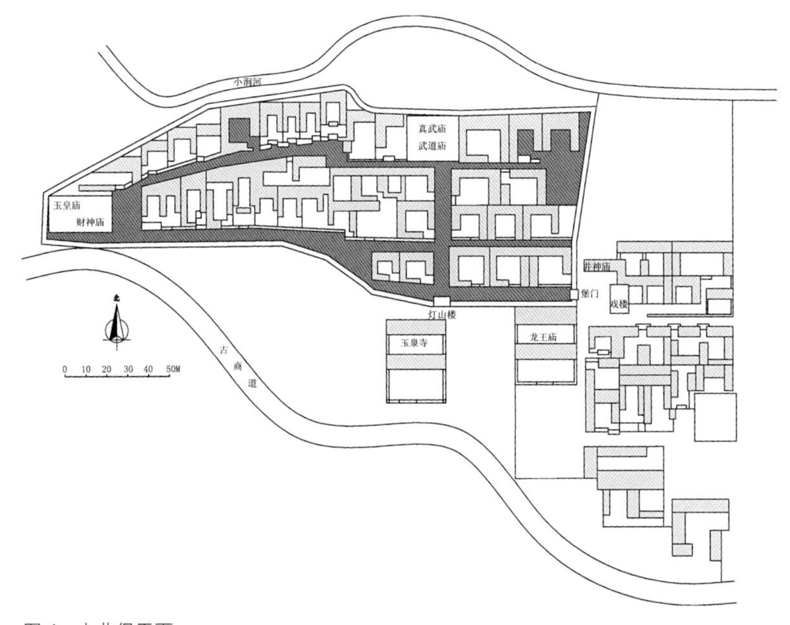

图 4　卜北堡平面
（改绘自卜北堡胡占所画平面）

明洪武到嘉靖年间村堡大量出现，这个时期建造的村堡可称为中期古村堡。晚

① 据蔚县白后堡真武庙碑记记载：“嘉庆十年置苏爱元土房一所，买价大钱四万二千文……嘉庆十四年创修香火房……光绪十六年十月吉立，会首经领。嘉庆十五年苏云程施后涧苇地一块。道光元年苏朝忠施北涧高家湾圪塔一块……道光三年置苏湛场院一所，买价大钱三万七千五百文，以收本村余钱二万二千六百五十四文，出锭堡门钱三千文，收树钱一十一万五千文，收布施钱三万三千一百五十文，收玄帝宫钱二万三千文，共收费一十七万零九百九十七文。又兴北庙钱一万七千文，以下余钱二千三百，去四十文挑壕所用。”从碑记中可以看出：第一，公建所需资费主要通过村民集资和征收杂费两种方式获取；第二，给出工者一定费用，说明建堡时按亩派工是有可能的。

图5 西古堡鸟瞰图

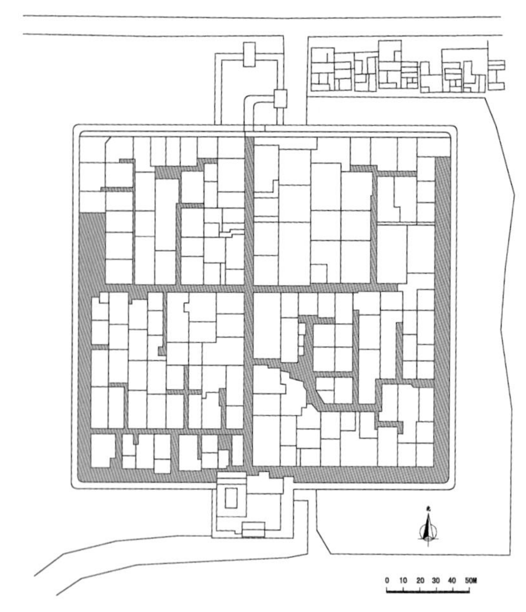

图6 西古堡平面
（引自：罗德胤《西古堡》）

期古村堡则为明末至清代形成的村堡，这一时期新建村堡较少，但村堡总体规模已经形成。中、晚期的村堡形制趋于规范，用料和建筑技术也有很大的提高。堡墙厚度加宽，马面、角楼、门楼齐全，防卫能力大大加强，而且村堡及其周围大都建有庙宇和乐楼。这一时期，堡与庙宇、乐楼的建造方位，以及堡内街巷布局、民宅基地的划分等均已定型[①]。西古堡（图5、图6）、宋家庄、白后堡、北方城等皆是此类村堡的典型。由于年代久远，大部分的村堡城墙、角楼已毁。

另外，村堡组合的布局形式可以分为以下几类："品"字形布局，"吕"字形布局，"日"字形布局，"回"字形布局。"品"字形、"吕"字形布局是指堡靠堡的情况；"日"字形布局是堡连堡的情况；"回"字形布局是堡中堡的情况。当然还有其他一些类型，如一村多堡、不规则布局等。很多村堡之间的布局开始于一个堡，随着人口增加而建成多堡，随着商贸发展而建集成镇。于是便出现了南堡再建北堡，东堡再建西堡，也有分建前、中、后三堡的。由此出现多堡城镇，形成了桃花堡、吉家庄等八大集镇。

从单体布局上讲，有不规则形和规则形两种。不规则形前已提及，不再赘述。规则形村堡，平面基本为方形或长方形。堡大者，边有二百余米；小者，边仅四五十米。堡大都正南设一堡门，正北为避凶镇邪的真武庙或玉皇阁；堡门口对面有影壁墙，旁有乐楼，而乐楼也必与庙宇相对。村堡不论规模大小，开设一南门者居多，设有东西两门或南北两门的亦有之。堡内道路规律明显，往往由一条主干道及与之相垂直的次干道组成。故按照路网的不同，蔚县村堡又可细分为"十"字形路网村堡、"王"字形路网村堡、"丰"字形路网村堡、梯形路网村堡。

五、意义

作为明长城军事聚落与防御体系基础性研究的子课题，对蔚县堡寨的分析有着重要的史学意义。首先，多堡城镇的村落布局方式极有可能是里坊制城市形成之前的过渡形态。[②] 其次，古村堡修建过程中的模数制规划方式，为研究古代城市规划的思想和方法提供了一种新的思路。住宅作为城市的基本空间单位，它的模数化布局形成了城市有序的空间形式，也组成了城市中丰富的街巷肌理。第三，村堡空地的对外出售说明：早在明代，中国房地产开发的雏形就已经出现。蔚县地区除保存有大量村堡聚落外，还有丰富的以庙宇、戏楼为依托的壁画艺术、庙会和戏曲文化。所有这些都是中华文化宝库的一部分，在这里笔者尽量做到深入地梳理与分析，为今后的研究工作打下基础。

① 张子儒．蔚县古城堡觅踪 [D]．蔚县泥河湾历史文化研究会第一次会议交流论文，2004（05）．
② 具体论述参见谭立峰，张玉坤．"里坊制"城市之过渡形态——多堡城镇 [J]．建筑师，2006，4．

（调研人员：张玉坤、谭立峰、李严、李哲、倪晶、黄水坤、张政、孙佳媚、胡英娜。在调研过程中，得到蔚县博物馆馆长李新威及其同仁的大力支持，在此表示衷心的感谢。）

参考文献

[1] 张玉坤，宋昆．山西平遥的“堡”与里坊制度的探析[J]．建筑学报，1996（04）．
[2] 余英．中国东南系建筑区系类型研究[M]．北京：中国建筑工业出版社，2001．
[3] 刘岱．吾土与吾民[M]．上海三联书店，1992．
[4] 杨国安．社会动荡与清代湖北乡村中的寨堡[J]．武汉大学学报（第五期），2001（09）．
[5] 周若祁等主编．韩城村寨与党家村民居[M]．西安：陕西科学技术出版社，1999．
[6] 冯尔康．中国古代的宗族与祠堂[M]．北京：商务印书馆，1996．
[7] 张子儒．蔚县古城堡觅踪[D]．蔚县泥河湾历史文化研究会第一次会议交流论文，2004（05）．
[8] 罗德胤．西古堡[J]．小城镇建设，2003（11）．

中国古代“冬夏两栖”的居住模式①

摘 要
本文阐述了中国古代社会“冬夏两栖”居住模式的起源以及历史演变过程，揭示出在里坊制度下“在田曰庐，在邑曰里”的“冬夏两栖”居住模式是为了协调居住与农耕季节性、耕作距离，以及社会管理的需要。“冬夏两栖”居住模式的探讨，对于探求中国古代社会的聚落形态结构和社会控制机制具有重要的启示作用。

关键词 居住模式；冬夏两栖；里坊制度；聚落形态

引言

《易·系辞》中的“上古穴居而野处”和《礼记·礼运》中的“昔者先王未有宫室，冬则居营窟，夏则居橧巢”在建筑历史研究中常被引用，以此来作为考证史前人类居住状况的历史文献。建筑史学家刘致平先生解释为：“‘巢居’与‘穴居’并非因地域而分开的，正如《易·系辞》中所说的：‘上古穴居而野处’。《礼记》上所载：‘昔者先王未有宫室，冬则居营窟，夏则居橧巢’，大体是寒冷干燥地带适于穴居，温热潮湿地带宜巢居，适中地带则随气候条件而采取穴居或巢居。”②

刘致平先生认为“巢居和穴居并不是因地域而分开”是真知灼见，但后面的话则有些暧昧不明，尤其是“地带”一词含义模糊，用来解释“冬居营窟，夏居橧巢”“冬夏两栖”居住模式的成因不够明确。《易·系辞》和《礼记·礼运》中都提到“穴居”和“营窟”，但从词义上看存在着明显的不同。其一，“上古”与“昔者先王”时限不同。“先王”之称始见于《诗·周南·关雎序》，若指周之始祖后稷（弃），亦不过“在陶唐、虞，夏之际”（《史记.周本记》），但“上古”之时限则极难确定；其二，“穴居”与“营窟”不同，前者可泛指天然和人工两种形式，后者则专指人造穴居；其三，也是最为明显的区别，《礼记》中的“营窟”和“橧巢”分别与冬、夏相对应，没有说明与地域或地带有关。传说尧时有位“高士”名许由，号“巢父”，尧曾欲授天下于他。许由不从，“遂遁耕于颍川之滨”，而其所以称“巢父”，乃因“夏常巢居”（《书·禹贡》）。“夏常巢居”说明冬季另有所居。产生的时限，天然与人工以及季节的有无，此三点说明“穴居”与“营窟”所指各异，“上古穴居而野处”可能在时间上更为久远，而“冬居营窟，夏居橧巢”则比较晚些。

那么，中国古代社会为什么会出现居住和生产空间的分离，进而又出现随季节变化的“冬夏两栖”居住模式呢？

一、“穴居而野处”——史前人类生活和生产空间的分离

通过对“上古穴居而野处”历史文献的分析，我们不能对史前时期居住空间的形态做出地域性的划分，但却可以推断出史前人类已经存在着生活和生产空间的分离。近年来，历史考古学上的发现为这一推断提供有力的佐证。在北京龙骨山“山顶洞人”遗址中，曾发现过海蚶壳和赤铁矿，海蚶壳要到海边才能得到，赤铁矿最近的产地在宣化，距离“山顶洞人”居住的洞穴也有数百里之遥。由此可见，当时人类的活动范围要远远超出人们现在的想象。在考古活动中，还会常常发现少则三、五件，多则几十件的石器地点，这些零星的石器也是原始人游动的证据，特别是“随着狩猎生产的不断进步，男人们从事狩猎的时间越来越长，范围越来越广……男子狩猎队距离住地长时间外出的情况出现了”③，而妇女和老弱则可能留守在住地从事采集工作。亦即虽然史前人类已有较长时间的外出的能力，但总还有洞

① 张玉坤，李贺楠．中国古代“冬夏两栖”的居住模式 [J]．建筑师，2010（02）．
② 刘致平．中国居住建筑简史——城市．住宅园林 [M]．北京：中国建筑工业出版社，1990（10）：1.
③ 蒋俊生．人类社会的形成和原始社会形态 [M]．北京：中国社会科学出版社，1988（09）：274.

穴作为根据地，而外出时则只能是“野处”了，这也许就是“上古穴居而野处”的由来。

有些学者认为“上古穴居而野处”并非普遍的现象，像北京周口店那样近水源又有打猎采集之便的天然洞穴，实在是极为特殊的例子，而大多数洞穴只是短期居住地而已，“当时大部分的猎人和采集者并不住在固定的住所，他们显然是逐水草兽群而居，到处流浪的。”[①]然而，居住在洞穴中并不意味着终年厮守在洞穴附近，而“逐水草而居”或“到处流浪”也不等于活动没有规律或根本没有住所。赫·乔·威尔斯把旧石器时代的安尼的德特人形容为“漂泊不定”，但他们亦不过是“春天北行，秋天南返”，而且有季节性的洞穴为住所[②]。穴居大多不是随遇而居的临时性遮蔽，而是从选址上经过原始人缜密考虑的固定住所。只有在此基础上才能够理解“穴居而野处”并非泛泛而论，而是针对固定住所与野外临时性遮蔽住所这两种居住形式分别而言。

二、“冬居营窟，夏居橧巢”——“冬夏两栖”居住模式的起源

以打制石器为主要生产工具的旧石器时代的原始人类，单纯依靠狩猎和采集作为生活资料的来源，过着“穴居野处”的生活。大约距今12000年左右，一种新的磨制石器诞生，随之而起的是一系列所谓的“新石器革命”——农耕定居、游牧、制陶、纺织、饲养家畜……从中国的情况来看，新石器时代的人类大多已经走出天然洞穴的岩厦，“定居于适宜于进行农耕生产的浅山区河岸台地或丘陵区距河流较近的地方，而且形成了众多大小不同的聚落。在聚落中已出现了半地穴式房屋建筑”[③]。

与旧石器时期相比，农耕定居是新石器时期一个划时代的进步。随着种植业、畜牧业的发展，人类无须受自然环境季节性变化的支配，为了采集、狩猎到赖以生存的食物，终年过着“逐水草而居”的流浪生活，而是可以通过种植作物、饲养家畜，过上较为稳定的农耕生活。在植物生长茂盛的夏秋季节，农民的生活以田间劳作生产为主；在万物凋零的春冬季节，农民的生活则以居家休憩生活为主，同时也兼营纺纱织布等手工劳动。由于粮食作物的生命周期存在着生长、成熟、衰败、死亡的自然规律，这就形成农业社会春播、夏种、秋收、冬藏，周而复始、循环往复的生产生活方式。原本已经存在的生产与生活空间的分离，进一步与季节变化相对应，“冬居营窟，夏居橧巢”的“冬夏两栖”居住模式由此产生了。

考古资料表明，除了杭州湾附近的河姆渡文化和南方其他地区如良渚文化遗址中是干栏的之外，北方地区很少见“橧巢”的建筑形式。在河南淅川下王岗长屋附近曾经发现过14棵柱洞围成的圆圈，与“橧巢”的建筑形式颇为相似，但是由于地面并无其他生活遗址，有人推测遗迹是底层架空的粮仓。然而，如果我们突破建筑形态的思维局限，而将“冬居营窟，夏居橧巢”视为生产与生活空间分离的居住模式，并与农耕季节性存在着对应关系，那么，“冬居营窟，夏居橧巢”的“冬夏两栖”居住模式在新石器时代就并非南方地区所独有。对此，我们不妨先从理论上进行分析，如果半坡遗址的46座房屋相当于46个家庭的话，那么居住区比之大60倍的山西陶寺遗址则当于2400个家庭的人口规模。如此众多的人口绝大多数要从事农业，而古时农业技术落后，所需的耕地面积也因为技术落后而愈大，若村落距耕地距离过远，人们是否可能每天往返于聚落与耕地之间呢？因此，农忙时节在田地里另有一处可以遮阳栖身的住所就不足为奇了。

《诗经·豳风·七月》中记述农民春播、夏种、秋收、冬藏的农业生产的劳动场景，“三之日于耜，四之日举趾。同我妇子，馌彼南亩，田畯至喜。……七月在野，八月在宇，九月在户，十月蟋蟀，入我床下。穹窒熏鼠，塞向墐户。嗟我妇子，曰为改岁，入此室处”。文中描述出农民正月开始修锄犁，二月下地去耕种。带着妻儿一同去田地，妻子把饭送到南边的地头，田官看到田间劳作的景象也感到欣喜。冬季回家时，家中已鼠患横行，全家要堵塞鼠洞熏老鼠，封好北窗糊门缝。慨叹我的妻儿好可怜，在岁末即将过新年时，才能回到家中安身。通过《诗经》的描述，在农忙的季节，人们为了节省住处与田地之间的往返时间而采取“夏居橧巢”，而在农闲的季节则回到相对舒适安全的“冬居营窟”，采取“冬夏两栖”居住模式来协调农业耕作季节性与居住地的矛盾。

---

① 陈志梧，民居空间理论模型之试建 [J]. 台北：台湾大学建筑及城乡研究学报，1983（02）：21~23.
② （英）赫·乔·威尔斯. 文明的脚步 [M]. 哈尔滨：黑龙江人民出版社，1987（02）：29.
③ 安金槐. 中国考古 [M]. 上海：上海古籍出版社，1992（12）.

三、“在野曰庐，在邑曰里”——里坊制度下的“冬夏两栖”居住模式

《史记 · 高祖本纪》中记载：“高祖为亭长时，常告之归田。吕后及两子居田中耨，有一老父请过饮，吕后因哺之”。刘邦当亭长时，还常常要到田里耕作，他的妻子（即吕后）和两子也都在田中居住。而从“老父请过饮”和“吕后因哺之”看，他们吃饭也是在田中的。可见，冬夏两栖的居住方式一直地延续下来，在西汉时期也是农民常见的居住模式。

《汉书 · 食货志》中，这种“冬夏两栖”的居住模式被描述为“在野曰庐，在邑曰里”，但所记的仍是先秦制度。何休注《公羊传 · 宣公十五年》里，也可见到与《汉书 · 食货志》大致相同的记载，不妨先引如下：“在田曰庐，在邑曰里，一里八十户，八家共一巷，中里为校室。选其耆老而有高德者，名曰父老，其有辩护伉健者为里正，皆受倍田，得乘马。父老比三老，孝弟属官，里正比庶人在官。吏民春夏出田，秋冬人保城郭。田作之时，春，父老及里正旦开门坐塾上，晏出后时者不得出，莫不持樵者不得入。五谷毕入，民皆居宅。里正趋缉绩，男女同巷相从，夜绩至于夜中，故女工一月得四十五日作，从十月尽正月止。”

何谓“在田曰庐，在邑曰里”呢？对于“里”，“里”是聚居之邑中的组成单位或本身就是一个独立的聚落；至于“庐”，唐人颜师古（公元 581～645 年）注“庐”为井田之中的屋庐。关于“庐”与“里”的解释，在古代文献中也多有记载。《孟子 · 惠梁王上》上说“五亩之宅，树之以桑，五十者可以衣帛矣”，郑注：“庐井、邑居各二亩半，以为宅，冬入城堡二亩半，故为五亩地。”《左传 · 襄公三十年》：“（子产）使都鄙有章，上下有服，田有封恤，庐井有伍”，杜预注“庐井有伍”曰：“庐，舍也。九夫为井，使五家相保。”可见，“庐”与“里”均可以视作古人居住的屋舍，子产治郑时也曾按照“五人为伍”的古代军制来对“庐”进行编户。

辨析了“庐”与“里”的含义，我们再来分析《公羊传 · 宣公十五年》中对于“庐”“里”居住形式的描述。“一里八十户，八家共一巷，中里为校室”，是对“里”中的居住规模、住宅的布局形式，以及里坊中心建筑功能的记述；“选其耆老而有高德者，名曰父老，其有辩护伉健者为里正，皆受倍田，得乘马。父老比三老，孝弟属官，里正比庶人在官”记载了里坊中的乡里、三老制度，基层官员的设置及其职能；“吏民春夏出田，秋冬人保城郭……故女工一月得四十五日作，从十月尽正月止”，则是对农民一年四季春耕秋种农业生活的描述，而这种农业生产的季节性与居住空间的“冬夏两栖”相互对应。至于“春，父老及里正旦开门坐塾上，晏出后时者不得出，莫不持樵者不得入”中所提及的早上出门耕作，傍晚回家的现象，可以理解为一些农民耕地距离居住地较近，因而能够一日之内往返于耕地与居住地之间，而对于其他耕地距离居住地较远的农民，采用“冬夏两栖”居住模式则是比较可行的方法。

至于“里”与“庐”建筑的具体形式，古代文献中对于“里”的形式有一些描述性的记载，如“一里八十户，八家共一巷，中里为校室”，但有的学者认为，文献中对“里”的描述是一种理想的模式，现实生活中“里”的形式可能要比文献记载中复杂得多。而对于“庐”的形式，目前尚未见考古发现，文献中亦未描写，不过“庐”作为农忙时节的临时住所，其形式似乎应是比较简单甚至简陋的。本文讨论“里”与“庐”的目的不在于弄清“里”“庐”的形态，而是进一步说明，“在田曰庐，在邑曰里”的“冬夏两栖”居住模式与“上古穴居而野处”，“冬居营窟，夏居橧巢”在发生机制上是一脉相承的。

四、“冬夏两栖”居住模式产生的原因

村民为何舍弃“里”中居住条件相对舒适安全的房屋不住，在农忙时节采取在田中“庐”里的居住方式呢？解答这个问题需从土地分配方式下，农村聚落的规模大小来加以分析。据《春秋 · 公羊解诂》何休注井田制的土地分配采取的是计口授田制。实行井田制时，一夫一妇按田百亩，以养妻子，五口为一家，“多于五口，名曰：余夫，余夫以率授田二十五亩。”井田制授田一家为一夫，百亩是指上田，中田则二百亩，下田则为三百亩。如果“里”是一个独立的聚落处在田野中，暂以一里 80 户的人口规模计算，最远的耕作距离为 1.23 公里①，步行 20 多分钟，自然不必住在田

---

① 据“中国度量衡变迁表”。张传玺主编的《中国古代史教学参考手册》，北京大学出版社，1985（07）：506。周时“六尺为步，步百为亩”即一亩 3600 平方尺。另周尺约合 0.23 米，一亩为 190.44 平方米：一户百亩，80 户 8000 亩，约 1523520 平方米。若耕地形状为正方形，则边长为 123 公里。以最不利的地形情况考虑，“里”位于耕地边缘，则居住地与耕种地的距离最远 123 公里。

中。但若“里”为邑或城郭中的居住单位，情形则大不相同。中国古代城市居住者的职业构成涵盖了士、农、工、商阶层，其中，“农”的人口占很大的比例[①]。加之土地肥饶不一，地势也非整齐划一，农业的耕作距离必然会超出步行允许的范围。也正因此，“近郭之地”“负郭之田”才倍受青睐，在远离城市的土地，为了省去步行往返的时间，而采用“在野曰庐，在邑曰里”的“冬夏两栖”居住模式也就不足为奇。

考证何休和班固文献，我们还可以复原这样一种情景：村民春天下田住在“庐”中耕作，早晚出入“里”皆有父老、里正的监视。何休生卒年代在班固之后，前者所注《公羊传》是否参考后者之《汉书》，或者二者是否都另有所本尚不得知。西汉统治者为何在居住空间的管理中，要采取这样一种严密控制人口的措施呢？秦简《为吏之首》所附的“魏户律”中则记载了“弃邑居野”的情况，是比较有说服力的真实史料：“（魏安鳌王）二十五年间再十二月丙午朔辛亥，告相邦：民或弃邑居野，入人孤寡，徼人妇女，非邦之故也。自今以来，叚（假）门逆吕（旅），赘婿后父，勿令为户，勿鼠（予）田宇”。“田宇”是所授的耕地和其中的庐舍，“弃邑居野”，即永居于田野的庐舍而不返回城邑的里中。由于个别人家散居田中难以管理，所以才生出“入人孤寡，徼人妇女”的事端，为了防止“弃邑居野”事情的发生，统治者规定对那些农闲之时，仍不返回邑中居住的“假门逆吕，赘婿后父”之辈，都不能予以编户，授予其田地和庐舍。

可见，政府之所以严密控制居民流向的措施，固然有其稳定社会秩序、匡正人伦道德的社会意义，但在封建社会前期，政府征收赋税，征调徭役大多依附于人口户籍的数量，这是历代王朝重视人口控制的根本原因。以人口户籍控制最为严密的西汉为例，“西汉的赋税主要包括人头税、口赋、算赋、更赋，还有献费，都是按人征收”[②]，基于人口户籍统计的各种形式的赋税是西汉赋税收入最主要的组成部分，所以西汉时期对于人口和户籍的控制和统计是极其严格和认真的。

结语

中国古代农民之所以采取“冬夏两栖”居住模式，其主要原因是为了协调耕种地与居住地距离太远的矛盾。即使是在现代社会，如果这一矛盾不能解决，“冬夏两栖”的居住模式仍然会存在。现存于云南拉祜族的“班考”（即“庐”）是现代社会中“冬夏两栖”居住模式的实例。拉祜族在原始的共产制分解之后，大面积的耕地仍由大家庭全体耕种，只有小块地由各个个体家庭单独耕种。由于刀耕火种，耕地分散，居住地与耕作地之间的路途较远。因而，在共同居住的大房外，田中另设有“班考”，作为生产田间休息、饮食和居住的临时房屋，小家庭约有半年以上的时间居住在“班考”里，农闲时才返回大房子[③]。

在封建社会前期采用“庐”“里”的编户制度，以及强令农民冬季回到“里”中居住，都是为了严格控制人口户籍统计，保证国家税赋、徭役的稳定。而在封建社会后期，随着征收赋税对象从人口转移到土地，人口控制的必要性削弱，里坊制度下产生的“在田曰庐，在邑曰里”的管理制度也逐渐瓦解。但“冬夏两栖”的居住模式却伴随着农业的季节性，在一些耕作技术较低的区域依然存在。可见，农业的季节性、耕作距离和管理需要，是促成了中国古代社会里坊制度下“在田曰庐，在邑曰里”的冬夏两栖居住模式的内在机制，而对于这种居住模式的探讨，对于探求中国古代社会的聚落形态结构和社会控制机制具有重要的启示作用。

参考文献

[1]（英）赫乔·威尔斯．文明的脚步[M]．刘大基译．哈尔滨：黑龙江人民出版社，1987.
[2] 俞伟超．中国古代公社组织考察[M]．北京：文物出版社，1988.
[3] 吴泽．东方社会经济形态史论[M]．上海：上海人民出版社，1993.
[4] 蒋俊生．人类社会的形成和原始社会形态[M]．北京：中国社会科学出版社，1988.
[5] 刘致平．中国居住建筑简史——城市·住宅·园林[M]．北京：中国建筑工业出版社，1990.
[6] 路遇，滕译之．中国人口通史[M]．济南：山东人民出版社，2000.

① 吴泽．东方社会经济形态史论[M]．上海：上海人民出版社，1993（10）：135.
② 路遇，滕泽之．中国人口通史[M]．济南：山东人民出版社，2000（01）：1207.
③ 王翠兰，陈谋德．云南民居（续篇）[M]．北京：中国建筑工业出版社，1989（12）：M2.

城市形态研究中的古代地图资料①

摘 要
包含着丰富历史信息的古地图具有直观、承载信息量大的特点，是古代城市形态研究中的重要资料，其作用非一般文字资料所能替代。但古地图由于难以保存而流传甚少，如何寻找和利用这些有限而珍贵的图像资源显得尤为重要。本文分析了古地图在城市形态研究中的重要意义，回顾其发展与保存情况，简述其保存的地点与机构及目前国内外中文古地图的编目、整理与研究进展，尝试为建筑学、城市规划学和历史城市地理学研究的资料查询与利用方面做一些基础性工作。

关键词 城市形态；古地图；研究方法

引言

无论是对于建筑学、城市规划学还是历史地理学，地图都是很有意义的资料。一张古地图，包含着极为丰富的形象化信息，往往能够发挥文字资料所不能替代的功能，大大方便对古代城市、村镇物质形态的把握。能够准确直观反映城市形态的图纸也是研究成果的重要部分。但是古地图流传不易，保存分散，当今的研究者很难有机会见到和利用，使本来有可能对城市形态研究有较大推动作用的古地图研究尚处起步状态。本文试图分析和探究利用古地图资料的途径，为城市形态研究方法的丰富做一些基础性工作。

一、地图在城市形态研究中的重要意义

城市古地图可以相对准确地反映出城市空间形态演变，对于研究城市历史平面布局变迁具有重要参考价值。另外，它们不仅反映了古代的城市形态，也反映出制图者的思想观念和关注对象。清代绘制的北京、苏州、南京等城市的一些地图，是非常精确和详细的，对于研究这些城市的历史变迁，价值更高②。

古代城图与现代城市地图不同，它的精度相对较差，但这并不完全由制图水平决定，有时候，制图者也刻意将城按照观念中的形象刻画而并非总是追求精确表达，如“国朝都城图”③：将其与现代地图对照，两图的差别并不仅仅在于准确程度或比例差异，极不规则的南京城平面竟然表示成为理想中的较方正样子。这显然并非偶然，而是古代文人按照心目中理想王城的样子对现实的南京城加以改绘。不难发现，中国古代传统地图，正是物理世界和人类心理世界的经验时空再现，是多种具体意义的综合，恰如中国山水空间整体再现法一致，以平面结合立面的平行画法居于主流，（计里画方等）辅以数学作为计算的工具而结合进实用理性从而散发着独特的魅力④。

当前古地图的研究大多基于历史学、历史地理学等领域，历史学与历史地理学者对古地图的研究，取得了一定成绩，例如：南宋“架阁库”（相当于国家档案馆）的位置由于历史文献记载不详，其位置一直存疑。正是通过对南宋《京城图》的研究，精确确定了其位置就在今杭州武林广场附近。

建筑历史学、城市规划史学研究中，城市形态是个重要的领域，但由于古地图难以获得，也未得到充分重视，对于历史上的城市形态的研究更多地依赖于文献记载和考古发掘，随着更多古地图的整理面世，此领域研究亟待开拓。

---

① 张楠，张玉坤．城市形态研究中的古代地图资料[J]．建筑师，2010（06）．
国家自然科学基金（50578105）；博士点基金（200800561088）

② 曹婉如．中国古代地图集（明代）[M]．北京：文物出版社，1995.

③ 来自《金陵古今图考》，正德十一年（1516年）成书，原刻本天启时已不多见。现有天启四年（1624年）刻本，北京图书馆收藏。全书有图16幅，每幅图后均附有图考。本图引自《中国古代地图集（明代）》。

④ 吴葱．在投影之外——文化视野下的建筑图学研究[M]．建筑文化论丛．王其亨主编．天津：天津大学出版社，2004：294.

二、中国古代地图的发展与保存情况

我国具有悠久的制作城市地图的传统（详见附录表格）。在西周初期的文献记载和铜器铭文里，已有为营建洛邑而绘制的选定城址图（《尚书 · 洛诰》）以及表示王畿以东诸侯疆界的《东国图》（宜侯夨簋铭）等，可见确有一段较长时间的制图发展历程。秦统一中国后，曾大量搜集诸侯国的地图，可惜这些古地图未能完整地保留下来。

汉代地图今天能见到的不多。1973 年，马王堆出土了汉文帝时的三张地图，分别表示地形，驻军、城邑的情况，据折算，实际采用的是十八万分之一的比例。

汉代纸张发明后，地图绘制水平随之得到长足发展，西汉著名地图学家裴秀首创“制图六体”：“一曰分率”，就是比例尺；“二曰望准”，即方位；“三曰道里”，即距离；“四曰高下，五曰方邪，六曰迂直”即地势高度、地貌形状与起伏的编制原则，就是指在绘制地物间的距离必须取水平直线距离。这表明我国早在公元 3 世纪的时候就提出了平面地图的科学理论。

隋唐时期地图在制作应用方面有了进一步发展，出现了地图与方志相结合的“图志”。据民国间地图史专家王庸考述，“中国古来地志，多由地图演变而来，其先以图为主，说明为辅；其后说明日增而图不加多，或图亡而仅存说明，遂多变为有说无图与以图为附庸之地志。”（《山海经图与职方图》，载《禹贡》一卷三期）。他认为志书都是由图志发展而来，这样的看法是否反映了志书发展的普遍现象或可商榷，但我国古代曾有丰富的各类图纸确为事实。有类似的例子：《元丰九域图志》成书于宋，因图已佚而只有文字存世，故又称《元丰九域志》。[①]

北宋时期，著名的自然科学家沈括（1031～1095 年）将裴秀的“制图六体”的理论发展为“制图七法”新添一项“磅验”，即现代地图测量中的“控制测量”，在保证地图精确度方面又提高了一步。[②]

明代城市图在地方志中常见，如闻人诠：《南畿志》中有“都城图”（南京），沈应文：《顺天府志》中有“北京皇城图”。明万历年间（1573～1619 年）刊的“北京宫殿之图”反映了明代北京宫殿布局的特色。[③]

清代城市地图的绘制更是硕果累累：乾隆十年（1745 年）苏州知府傅椿主持绘制“姑苏城图”比例尺约为 1：5000，此图绘制精细，标注鲜明，是民国以前所绘苏州城市图中最为详尽的一幅。即使与 1980 年代测绘的苏州市地图相比也不逊色。又如乾隆十五年（1750 年）实测的乾隆京城全图，纵约 14m，横约 13m，比例尺约为 1：650，精确度也相当高，与现在的实测北京城图相比也只是个别地方有误[④]。图至清末，很多城市都有实测地图，包括：重庆府治全图、四川省城街道图、陕西省城图、湖北汉口镇街道图、苏城全图、浙江省垣城厢总图、福建省会城市全图、广东省城图和云南省城地舆全图等。

通过《周礼》等著作的记述，可知我国古代制作地图数量甚多，但古人在当时的技术条件限制之下，除了刻石、入土之外，无法将地图长期保存下来，所以，我们当今所见地图中，年代较早的图相当稀少，除碑刻上保存的一些地图及汉墓出土了少量汉代地图外，自汉文帝至北宋后期之间极少地图传世。总体说来，我国年代较早的古代地图与浩如烟海的文字资料来说，显得太少了。

我国古代城图画法相对稳定，但也绝非一成不变。随着绘图技术的进步，城图的绘制水平在逐步提高，从周礼中对理想城市的简要示意，到大量方志中细致刻画，到计里画方的逐渐采用（期间曾有画方不计里等过渡画法的出现），到现代制图技术的轴测、投影符号等画法的使用，我国古代城图也是走在一条不断进步的道路上。例如“剑城图”[⑤]。

而计里画方的方法曾广泛应用在城市规划、大规模建筑组群的平面布局、竖向设计及局部构成比例推敲中。清代样式雷花样中的一些地盘图和立样更曾运用这种经纬坐标方格网系统的方法而达到极高造诣，与现代的数字高程模型

---

① 阙维民 . 论古地图文献在中国档案史研究中的重要作用——以南宋“架阁库”的历史地理考证为例 [J]. 浙江档案，2001（04）.

② 沈括花了 12 年心血绘制了一套当时最大的国家地图集——《天下州县图》。他还首创二十四至方位表示法，突破了前人“四至八到”的定位方法。同时，沈括在考察河北定州西部山区后，制成了立体模型图，类似现代作战时所用的沙盘。参见刘晓玲．漫话中国古地 [J]. 中国地名，2003（02）.

③ 曹婉如等编 . 中国古代地图集（明代）[M]. 文物出版社．1995：16.

④ 参见郑锡煌文章 . 北京的演进与北京城地图 .《中国古代地图集（清代）》：l65～170。图 2 引自《乾隆京城全图（1750 年）》局部（安定门附近），北京图书馆藏缩影本 .

⑤ 剑城即今江西省丰城市 . 此图为光绪六年（1880 年）傅伟人绘制。图中采用平面地图和立面景物相结合的绘法将剑城城内外的地理形势，街道布局和重要建筑物如县署 . 学宫、寺庙、宗祠、名胜、古迹等都形象地表现出来，是一幅形象美丽的城市鸟瞰图。引自曹婉如等编．中国古代地图集（清代）[M]．北京：文物出版社，1997.

的基本技术思路相当接近。

三、古代城市地图的获取

现在，中国流传下来的古代地图绘制年代不同，绘法各异，分布也相当分散。在城市形态研究中，如何有效利用我国古代地图资源是个有意义的问题，目前可以利用的资源主要包括善本、目录、方志与图集。

1．舆图善本及编目

北京图书馆藏有 6827 种中外文古旧地图，此外我国收藏古地图的还有藏有皇家舆图的故宫博物院与重要舆图的北京大学图书馆、藏图数万的中国地图出版社以及分散收藏有古近代地图（如河图、方志图）的各地、各系统博物馆、档案馆以及私人收藏家等，大部分尚未形成编目。目前，国内学界已认识到古地图对于城市形态研究的重要意义，不同单位分别组织人力整理、出版了图集或开展了古地图的编目与整理工作。主要成果包括：

1）1933 年，国立北平图书馆整理出版《中文舆图目录》，1937 年出版续编，共汇集了地图 4000 多种，开创了我国地图专题目录的先河。

2）1997 年北京图书馆善本特藏部舆图组编辑、北京图书馆出版社出版了《舆图要录——北京图书馆藏 6827 种中外文古旧地图的目录》，以旧式卡片目录著录的内容为基础，根据中华人民共和国国家标准《地图资料著录规则》著录格式和要求，重新参照原图，对图名、著者、版本源流、绘制及出版年代等一一进行核对、考证，补充了缺项，改正了以往著录的错误，并对其中较有参考价值的地图写出了提要。

3）此外，海外也收藏了一部分中国古代地图，英国博物馆、英国皇家图书馆、法国国家图书馆、美国国会图书馆等均有较丰富的收藏。海外古地图数量虽然比国内少而且相对年代较近，但是也有相当的规模——欧洲、美国等地都有大量收藏，但其整理编目工作受限于缺乏对中国历史地理熟悉的专家而进展较慢。李孝聪教授做了一些整理工作，主要成果包括：

① 1996 年由国际文化出版公司出版的《欧洲收藏部分中文古地图叙录》。在这本目录中，对欧洲收藏的部分中文地图进行了编目。第一次向中外读者披露了欧洲图书馆所收藏的很多中国古代舆图。[①]

② 2004 年，文物出版社出版了《美国国会图书馆藏中文古地图叙录》，此书由来自中国的省区图、中国总图集、城市图、海防图和详尽的河流图组成。较详实地介绍了美国国会图书馆收藏的中文古地图的情况。

2．方志资料

地方志是记述特定时空内一个或各个方面情况的资料性文献。是古代地理类著作中重要的分支，起源于 2000 年前的战国时期。至宋代，地方志的纂著日益兴盛。明清以后，地方志的编纂更有显著发展，几乎遍及各州县，现存旧地方志约 9000 种，保存了大量珍贵的历史信息。特别是清代，纂修的地方志约有五千五百多种，其中尤以康熙、乾隆和光绪三朝编纂最多。这些地方志中多附有地图，而且有的地方志附图不止一幅，因此总图幅之多，数以万计。[②]此类方志往往附有所描述地区的境域图及城池图，有些方志中所附地图数量还相当可观，如《雍正陕西通志》收录地图 130 余幅，《万历绍兴府志》收录地图 101 幅；有些县志，所收地图也有数 10 幅之多，如《光绪缙云县志》，有总图、县郭图及各种地理图达 46 幅。保守估计，现存地方志中所附地图的数量不会低于 18000 幅，也就是说不会低于现存地方志的数量的两倍。再加上其他典籍中所附的地图，以插图形式存在在古籍图书中的地图数量肯定会大大超过 2 万幅，绝对高于单幅古地图现存数量。[③]

我国的方志可以以《宋元方志丛刊》《中国地方志联合目录》《中国新编地方志目录》《四库全书总目》《天一阁藏明代方志目录》《明代孤本方志专辑》《清代孤本方志选》等书目为线索查找。这些方志保存在国家图书馆等图书馆以及《四库全书》等丛书中。

---

① “这是编写从中国流散出来的中文地图联合文献目录的第一步，毫无疑问，它将促进学术界对欧洲各国图书馆。档案馆迄今仍然作为秘藏的大量中文地图展开研究。”引自 Tony Campbell 为李孝聪《欧洲收藏部分中文古地图叙录》一书所写的序言，北京文化出版公司，1996：26～27.

② 曹婉如等编．中国古代地图集（清代）[M]．北京：文物出版社．

③ 王自强．中国古地图辑录：康雍乾盛世图 [M]．星球地图出版社，2003（02）：77.

3. 地图集

我国古代地图集出版的主要成果（城市相关部分）

1）中国古代地图集（1～3 册）

由曹婉如等人编撰，分别于 1990、1995、1997 年由文物出版社出版。第一卷选收战国至元代制的地图 60 种 205 幅，第二卷选收明代绘制的地图 68 种 248 幅，第三卷选收清代绘制的地图 84 种 212 幅。这套书将原来很难看全的很多分散的珍本孤本地图资料汇编在一起，并将地图研究的一些研究成果辑录。

2）中国古代地图珍品选集

愈沧主编，阎平副主编，于 1998 年出版，国家测绘科学研究所出版，再现了我国战国时期至清代有代表性的 142 幅各类古地图珍品，较系统展现了古地图珍品的原貌。

3）中国古代地图集 · 城市地图

郑锡煌主编，2004 年由西安地图出版社出版。古代城市是该图集研究和表示的对象，主体内容收编了我国上至收录最早的属新石器时代晚期的云南省沧源县境内岩画“聚落图”，下至清末 1911 年，时间跨度长达 4000 多年。图集较完整地客观显示出我国城市体系，以及古代城市建设和各级城市之历史风貌；展现了同一城市在不同年代的地图中所反映的时代背景、历史体制、社会意识和设计思想等。①

此外，东方出版社出版的《四库全书图鉴》将四库全书中部分以图为主的图书单独结集，紫禁城出版社出版的《清史图典》则整理了清代皇家收藏的资料，均对与城市形态相关的地图有不同程度的涉及，对城市形态研究亦有参考价值。②

结语

回顾中国古代城市地图，不难发现三个规律：一是它反映人类科学思维的普遍规律，即由假设推测，逐渐出现历史记载和实物考证，然后形成生产规范，上升到科学原理；二是其演进由原始意向开始，经过利用规矩、勾股弦原理测绘的平面地图，发展到以经纬与高程控制的三维地图；三是地图应用领域不断扩展，早期主要应用于宫廷、墓葬、地籍、城池等小区域的规划和管理；中期适应封疆、领土、天文、地理、山川、物产等较广的行政管辖范围；后期出现专用于边防、海防、河防、航海……的地图，作为战略决策者的工具。在这几个阶段中，城市地图一直占有重要地位。③

查找古地图并非易事，但亦非无章可循。了解了古地图的演变和流传、整理和出版的过程后，不难找到这些珍贵资料、挖掘其保存下来的丰富历史地理信息，方便研究工作。我们主要可以通过以下几个途径查找古代城市地图：一是通过前人对古代地图的编目了解古代地图在图书馆、博物馆、档案馆等地的收藏情况；二是结集出版的古代地图集中查找；三是利用方志资料搜集。

作为文化遗产的一部分，地图直观生动，更结合了古人的思维逻辑和世界观念，蕴含着丰富的历史信息，了解和利用古代城市地图，有利于将城市形态研究推向深入。

（本文从“空愁郡”网站获得部分资料，并参考了部分中国国家图书馆（www.nlc.gov.cn）检索结果。）

附录：城市形态相关的地图大事记

时间	关于城市形态的地图大事
约公元前 4000 年	六千多年前的原始社会，人们已能初步辨认方向
公元前 475～前 221 年	《管子 · 地图》是我国早期阐释地图的性质、地图与军事关系的重要篇章。可以看出，当时已掌握在平面地图上绘制山川陵陆、平原沼泽、林木草苇、城镇的自然地理、人文地理要素的技能
公元前 475～前 221 年	《周礼》一书中记载的地图，包括行政区域图、地形图、交通图、矿产分布图、农事地图、陵墓图七种以上
公元前 315 年	1978 年，河北平山县战国中山王墓出土的用金银片镶嵌而成的“兆域图”是我国现存最早的建筑平面地图

① 孙果青．摹绘城市变迁的足迹——中国古代地图集城市地图 [J]．地图，2005（4）：58.

② 引自《徽州府志》，《四库全书》史部．180～581.

③ 阎平，孙果青等编著．中华古地图集珍 [M]．1995 年 7 月第一版．西安：西安地图出版社，1995.

续表

时间	关于城市形态的地图大事
公元前 239 年	甘肃天水放马滩秦汉墓出土了八幅地图，其中五号汉墓出土的一幅地图，绘于纸上，一号秦墓出土的七幅地图，绘在木板上，这些地图成图时间很早，弥足珍贵
公元 25～220 年	东汉画像砖“市井图”（四川省新繁、广汉、彭州市等地出土），是我国保存时间较早的反映市井面貌的地图
公元 25～220 年	《三辅黄图》和《长安图》是早起见于著录的城市图记。前者保留着一部分文字注记和说明
公元 268～271 年	西晋杰出地图学家裴秀提出“制图六体”，第一次从理论上论述了比例尺、方位、距离间的关系，以及量算地物间水平直线距离的方法，为我国传统地图学的发展，作出了划时代的贡献。他在京相璠的协助下，绘制了我国最早以区域沿革为主的历史地图集——《禹贡地域图》、《地形方丈图》（已佚）
公元 394 年	东晋杨佺撰《洛阳图》一卷。（《新唐书 · 艺文志》称其为《洛阳图》、《通志 · 译文略》称作《洛阳京城图》，《历代名画记》称为《洛阳宫图状》）此书为附有解说的都市图经
公元 420～470 年	佚名的“天台山图”等为带村镇写实性质的山水画地图
公元 555～612 年	宇文恺撰《东都图记》十二卷。它是隋王朝迁都洛阳前，专为修建洛阳城而绘制的城市建设规划图
公元 589～618 年	《隋区宇图志》是一部包括州郡沿革、山川险易、风俗物产等内容的综合性图志。在我国地图史、地志史上占有重要地位
公元 713～741 年	唐开元间修的《沙洲图经》、《西川图经》，是迄今所见较早的方志
公元 811～814 年	唐代宰相兼地理学家李吉甫撰《元和郡县图志》四十卷。后来图佚，仅存记志，故又称《元和郡县志》
公元 10～12 世纪	北宋时期，“图经”逐渐向大量的文字记载方面发展，演变为地方志。地图成为方志中的附录。甚至有的方志中没有地图
1080 年	刘景阳依据《两京新纪》的内容绘成“兴庆宫图”。比例为六寸折地一里（相当于 1：3000），是现存较早的宫殿地图。图碑完整，现藏于陕西省博物馆
1081～1082 年	“禹迹图”是我国现存最早采用“计里画方”法绘制的地图。曾数次刻石，现在仅存于陕西省博物馆和镇江市博物馆收藏的两块图碑
1098～1100 年	《历代地理指掌图》绘制了自黄帝之北宋末年历代的建制沿革地图四十四幅。图后均有说明。它是我国现存最早一部历史地图集
1177 年	程大昌撰《禹贡山川地理图》，附地图三十幅。原绘本着色清绘。目前所见刻本是单色印刷。这是世界上最早有确知刊印年代的印制地图
1229 年	李朋等人绘制“平江图”，并立石。图中的内容比较详细准确，是我国现存最早最完好的城市平面地图。图碑今存苏州市碑刻博物馆
1265 年	南宋，潜说友撰《咸淳临安志》。书中有地图十三幅，分为城镇地图，府县的政区图和风景名胜图三种
1272 年	胡颖等绘制“静江府城图”，镌刻在桂林市鹁鸠山（今鹦鹉山）南麓石壁上。比例尺约为 1：1000。是带军事性质的城市地图
1344 年	张铉撰《至正金陵新志》，附地图二十一幅，为宋、元时人所绘。其中，“皇朝建康府境之图”保留着规整的“画方”网格，为宋元地方志中所罕见
1344 年	李好文撰《长安志图》三卷。史籍著录该书附地图二十二幅，实际只有十七幅。其中有水利图两幅，开创了地方志绘制水利图的先例，受到后世方志学家的盛赞和效法
1368～1377 年	《永乐大典》卷二三三七～二三四四辑录的梧州府城图共计二十一幅。均采自《苍梧志》、《古藤志》、《容州志》、《郁林志》、《昭潭志》。这些地图，图式各异互有短长，各具特点
1368～1398 年	《姑苏志》中的“苏州府城图”图形轮廓及主要建筑物的布局与“平江图”大体相似，增加了明代设置的税务、邮驿、医学等机构，是继“平江图”之后的又一重要的苏州地图
1374 年	贡颖之题识的《苏州府学之图》用写景法描绘府治的建筑分布，以及城内的水道、水池、桥梁、道路等的分布
1396 年	王俊华赛修《洪武京城图志》，附地图九幅，主要绘制城门、宫阙、坛庙、市观、桥梁、街道、山河等的分布
1516 年	陈沂撰《金陵古今图考》附地图十六幅，分属沿革、政区、山水三种类型，是今天研究南京发展历史的重要参考资料
约 1540 年	罗洪先将朱思本“舆地图”分幅缩绘为数本式的《广舆图》，计总图一，分省图十三，各类专题地图三十多幅。是我国最早的综合地图集。初刻于 1553～1557 年间。以后多次翻刻，流传甚广，对后世的地图制作有重大影响

续表

时间	关于城市形态的地图大事
1586 年	郭之藩等人编纂的《永安县志》，附计里画方的地图四幅，使用的图式符号计十一种。内容丰富，绘制精美，是方志地图中的上乘之作
1612 年	阳思谦纂修《泉州府志》，附地图八幅。其中“泉郡总图”容府境、府城二图于一图之中，且府城的内容详尽很有特色
1659～1692 年	顾祖禹撰《读史方舆纪要》一三〇卷。以明末清初政区分布，叙述府州真疆域、沿革、山川、关隘、古迹等
1662～1669 年	佚名绘制“盛京城阙图”，彩色绢底。满文标注地名，是迄今所见最早的沈阳城市地图
1670 年	钱世清等人编纂《山海关志》，附地图 6 幅，描绘长城最东端山海关一带城墙的方南位置、城楼城门的形状
1734 年	“雍正北京城图”作者不详。主要表现街巷分布、官署寺庙位置。图中西直门大街横桥以北的上游渠道，对研究北京城区水道变迁有一定价值
1745 年	傅椿支持绘制“姑苏城图”，是当时最为详细的苏州城市地图。比例尺为 1：4000
1750 年	官方绘制的“乾隆京城全图”，详细准确地绘出了北京城的轮廓，以及城内的街道胡同、寺观庙宇、河湖池桥等的分布位置。是我国古代城市地图的杰作
1760～1762 年	“皇舆全图”又称“乾隆内府舆图乾隆十三排地图”采用了新疆以西大片地区之测量成果，在“康熙皇舆全览图”的基础上，绘入哈密以西的大片土地，地理范围较康图大一倍多。康、乾地图的完成，标志着中国古代地图测绘进入了近代制图学时期
1776 年	“三横四直图”（即今苏州市地图），刘恒卿刻石。表现贯穿该城三横四直共七条河道的分布流向，以及桥梁、寺庙、街道、官署等建筑物的名称、位置
1856 年	袁青绶绘制“江宁省城图”，墨印纸本。表现江宁（今南京市）的城墙、城门、街道、寺庙、官署等的分布位置
1863 年	佚名绘制“榆林府城图”彩色绢底。表现榆林的城郭、街道、建筑物等的分布位置
1864 年	胡东海绘成“福建省会城市全图”。比例尺为 1：3000，是清晚期的福州城市地图
1864 年	“浙江省垣城厢总图”，墨色印本，绘图人不详。记载杭州城门、街道、寺庙、官署、民宅、桥梁的分布位置
1875～1908 年	“广东省城图”，是以（美）富文之妻所绘地图为地图摹绘而来。图中对城内军事设防及有关政治等内容，绘得较为详细
1877 年	湖北省官书局绘制“汉口镇街道图”，主要表现城内街道布局、重要建筑物位置、专业行会分布，涉外机构名称
1882 年	傅伟人绘制的“剑城图”。用平面勾画和里面写景相结合的画法，表现剑城的地理形势、街道布局、官署民舍。是美丽的城市鸟瞰图
1883 年	湖北善后总局刊行“湖北省城内外街道总图”，其中十八铺图和城外四隅之图已佚，今仅存总图。表现街道、寺庙、衙署、祠堂、仓库、码头等的分布位置
1886 年	江国璋绘制“重庆府治全图”，墨色印本。图中对长江、嘉陵江汇合处所形成的半岛及两江流向、旧城内的街道等，均有较详细的表示
1886～1890 年	张云轩绘制“重庆府治全图”，它是在江国璋的“重庆府治全图”的基础上修订补充而成
1889～1892 年	全国各省建立舆图局，专事商办绘制本省舆图工作。除广东、湖北等省外，其他各省舆图均比原定计划晚三至五年完成
1890～1900 年	刘子如绘制“增广重庆舆地全图”，墨色印刷，除表现重庆的街道、建筑物外，还绘有外国驻渝机构
1894 年	王志修采用实地测里资料，绘制“奉天地图”
1895 年	清政府练兵处下设测量科，是我国第一个负责地图测绘业务的行政管理机构
1895 年	曾松明等人向朝廷进献“新疆省城形势图”
19 世纪后期	李光庭撰《汉西城图考》，所附地图采用麦卡托投影绘制而成。这是方之中较早使用地图投影线绘制的地图
1903 年	吕兰绘制“四川省城街道图”，比例尺为“每方六十丈”。商肆官府多设在小城，州治设在大城，街道呈棋盘状，城内外道路呈放射状

续表

时间	关于城市形态的地图大事
1909 年	“云南省城地舆全图”，彩色纸本，作者不详。显示省城内的街道桥梁、官署民宅、山峰河流、城墙城门

本表格主要依据《中国古代地图集（战国—元）》整理，内容基本包括了城市形态研究相关的重要地图大事件，但也包括了个别内容超出城市形态之外，但对整个地图学影响较大的事件。

参考文献

[1] 曹婉如，郑锡煌，黄盛璋，钮仲勋，鞠德源．中国古代地图集（战国—元）[M]．北京：文物出版社，1990．
[2] 曹婉如，郑锡煌，黄盛璋，钮仲勋，胡邦波．中国古代地图集（明代）[M]．北京：文物出版社，1995．
[3] 李孝聪．欧洲收藏部分中文古地图叙录[M]．北京：北京国际文化出版公司，1996．
[4] 曹婉如，郑锡煌，黄盛璋，钮仲勋，汪前进．中国古代地图集（清代）[M]．北京：文物出版社，1997．
[5] 吴葱，在投影之外——文化视野下的建筑图学研究[M]．天津：天津大学出版社，2004．
[6] 李孝聪，美国国会图书馆藏中文古地图叙录[M]．北京：文物出版社，2004．
[7]（美）余定国著．中国地图学史[M]．姜道章译．北京：北京大学出版社，2006．

基于社区再造的仪式空间研究①

摘 要

从文化人类学的角度出发，对中国传统聚落中的仪式空间进行类型划分与探讨，指出从聚落到住宅的各个层次存在着空间的分离与转换的过程。通过对当代社区仪式空间缺失的反思，首次提出重建社区仪式空间的构想。

关键词 传统聚落；仪式空间；类型划分；社区再造

引言

仪式（Rites）作为具有象征性和表演性的民间传统行为方式，体现了人类群体思维和行动的本质。人类学者王铭铭先生指出："人类学者常把乡土社会的仪式看成是'隐秘的文本'，是活着的'社会文本'，它能提供我们了解、参与社会实践的'引论'。"[1] 仪式作为一个社会或族群最基本的生存模式，存在于人们的日常生活和社会政治生活之中，或神圣，或礼俗。它们物化在传统聚落当中，形成丰富多彩的仪式空间（Sphere of Rites）。

一、仪式与仪式空间

文化人类学研究把仪式作为具体社会行为来分析，考察其在整个社会结构中的位置、作用和地位。法国人类学家范·根内普（Arnold van Gennep）在《通过仪式》（Les Rites de Passage）一书中将所有仪式概括为"个体生命转折仪式"（Individual Life-crisis Ceremonials，包括出生、成年、结婚、死亡等）和"历年再现仪式"（Recurrent Cylindrical Ceremonials，如生日、新年年节），并将这些仪式统称为"过渡仪式"（the Rites of Transition）或"通过仪式"（the Rites of Passage）。通过对所有生命仪式程序与内涵的发掘，他总结认为，过渡仪式都包含 3 个主要阶段：分离（Separation），阈限（liminal）或转换（Transition），重整（Reintegration）[2]。特纳（Victor Turner）在社会冲突论的背景下研究仪式对社会结构的重塑意义，认为过渡仪式不仅可以在受文化规定的人生转折点上举行，也可以用于部落出征、年度性的节庆、政治职位的获得等社会性活动上。1970 年代，他在继承范·根内普关于过渡仪式 3 阶段划分的基础上，着重分析了 3 阶段中的中间阶段——转换阶段。他将人的社会关系状态分为两种类型：日常状态和仪式状态。日常状态中，人们的社会关系保持相对固定或稳定的结构模式，即关系中的每个人都处于一定的"位置结构"（Structure of Status）。仪式状态与日常状态相反，是一种处于稳定结构之间的"反结构"现象，它是仪式前后两个稳定状态的转换过程。特纳把仪式过程的这一阶段称作"阈限期"（Liminal Phase）。处于这个暂时阶段的人是一个属于"暧昧状态"的人，无视所有世俗生活的各种分类，无规范和义务，进入一种神圣的时空状态。由此特纳认为，围绕着仪式而展开的日常状态—仪式状态—日常状态这一过渡过程，是一个"结构—反结构—结构"的过程，它通过仪式过程中不平等的暂时消除，来重新构筑和强化社会地位的差异结构[3]、[4]。

基于时间的过程分析，人类学研究将仪式分为分离—转换—重整 3 个阶段，反映在个体的生命周期和社会行为过程中。同时，仪式也与空间组织密切相关。一方面，这些行为需要相应的空间组织加以依托，另一方面，空间组织反映着从事这种组织的个人和群体的活动、价值观及意图，同时，也反映人们的观念意象，代表了物质空间和社会空间的一致性。

① 林志森，张玉坤. 基于社区再造的仪式空间研究[J]. 建筑学报，2011（02）.

二、仪式在传统聚落中的空间表征

由于仪式包容的参与者群体有大小的差别，因此其“反结构”效力也只能在相应的群体中得到发挥。仪式行为所包容的社会空间大致可以分为 3 个层次：家庭、地缘性社区单元、聚落族群。从行为心理学的角度来看，个体和族群对空间都有领域性（Territoriality）的需求，这是“一种人我之间的规范机制”[5]，是个体或群体为满足某种需要，拥有或占有一个场所或一个区域，并对其加以人格化和防卫的行为模式。相应的，上述 3 个层次对应物质空间中的 3 个领域：住宅、社区单元、聚落。需要说明的是，对于空间中的领域现象，其未必完全通过空间实体界定，而是人在空间中的支配力与控制行为所显现出的一种现象，该现象往往通过一系列仪式行为得以显现。领域性明确界定了空间的层级关系与空间组织模式，而以人类实质的生存空间来看，它延伸了人类的生活意义与秩序。

聚落的每个层次都存在着内外空间的界定及内部的结构转换。从仪式行为发生的密度来看，传统聚落仪式空间大多分布在聚落各个层次的转换之处。这些位置不仅标示了聚落空间层次的节点，也象征着仪式行为的转换过程。

1. 仪式与聚落内外空间的分离

在聚落内外空间转换上，聚落的边界作为社区内外空间分离与转换的节点，承载着丰富的仪式行为，是仪式空间之所在。如农村聚落中村口处往往设有土地庙或水神庙；在金门则往往以风狮爷界定聚落的边界（图 1）；一些聚落则在村口建立牌坊作为进入村庄的标志（图 2）。这些庙宇或者其他仪式配置的设置，一方面起到精神防卫的作用，另一方面，聚落主体通过一系列仪式行为强化了聚落空间内外分离的象征意义。

在这些仪式空间中，聚落主体通过年度周期的社祭仪式强化社区领域的内外转换[6]。社祭仪式主要有两方面的社会学意义：其一，通过娱神来祈求“合境平安”；其二，通过“巡境”等仪式强化社区的边界。由于中国传统“人神共居”的自然观念的影响，社区的境域需要通过神的力量加以界定。人类学家王斯福和桑高仁的研究都认为，社区主神的庆典仪式通过对隐喻着社区外部陌生人的“鬼”的驱逐，达到对社区的净化，从而保证了社区的平安[7]、[8]。另一方面，“巡境”仪式的巡游路线描绘出区域内每一个家庭所在，对社区边界的象征性确认，创造出社区与其临近地方的分野。

图 1 金门风狮爷
（图片来源：www.hkw.dnip.net）

图 3 福州林浦村林瀚故居前的石敢当

通过仪式的象征和隐喻，聚落族群对聚落领域的感知并不局限于建筑及构造物等所限定的空间范围，而是包括了他们赖以生存的耕地、林地或渔场等资源领域的控制。如果缺乏对仪式象征意义的理解，作为“他者”就无法准确理解聚落的边界之所在，因为他们往往只能看到有形界面所界定的领域。聚落“边界内的资源和空间是边界具有领域性或领属感的根本所在，是各层次边界神圣不可侵犯的唯一原因。聚落之所以具有边界并非无故，其根本在于资源、生存空间或活动范围。但边界的特征并不仅是封闭性，还具有流通和开放性。”[9]45 这个资源领域不仅预示着聚落拓展的方向，也限制了聚落可能的发展规模。

2. 仪式与聚落内部结构转换

在聚落内部结构中，道路的交叉与转折处是仪式空间的重要节点，特别是在丁字路口或支路的对冲处，一般都设有神庙、石敢当或风狮爷（图 3），作为聚落内部结构转换的标志。

图 2 福州林浦村口“尚书里”石牌坊

如明清泉州古城划分为 36 铺 72 境，每个铺、境都有自己的地域主神庙。这些铺境庙的设置是社区仪式空间的集中体现，它们往往处于丁字路。一方面有利于庙前形成较为开阔的空间，另一方面也增强了空间的精神防卫性。泉州慈济铺通津境（俗称三堡）位于通津门（即南熏门，俗称水门）外，境辖三堡街全段、桥头仔、三堡后巷。境庙通津宫位于通津门城壕桥上，面临壕沟，庙前形成一个“T”字形空间（图 4）。紧接着通津境的是永潮境（俗称四堡），辖四堡街全段、后尾城边、钱宅、砌仔下。境庙永潮宫位于四堡街中段拐角处，铺庙位于四堡街之冲（图 5）。

铺境庆典和普度等各种仪式在社区范围内举行，铺境庙及其相关空间成为专门的仪式场所。这些空间的营造，正是城市整体空间与地缘性社区之间结构转换的仪式载体，主观上具有明确的目的，空间形式也根据仪式的需求而进行建设。

3．仪式与建筑单体空间重整

在建筑单体及其配置层面，建筑入口作为内部空间与外部环境的联系节点，是内外空间转换过程的仪式载体，因此，建筑入口常常成为仪式空间的重要节点，如住宅门前的照壁、门楹上的对联、门头的堂号、前厅的影壁等，都蕴涵着仪式的象征意义。张玉坤曾经从精神防卫的角度对山西平遥古城沙巷街 14 号侯宅进行分析，指出这些精神构件在居住空间的位置的重要性[9]142-144。这些精神构件的配置，也是仪式空间的重要节点。

三、仪式空间的类型划分

人类学家认为社会生活是由结构和反结构的二元对立构成的，社会结构的特征是异质、不平等、世俗、复杂、等级分明，反结构的特征则是同质、平等、信仰、简单、一视同仁[10]。从空间类型看，仪式空间可分为礼俗仪式空间和神圣仪式空间。

1．礼俗仪式空间

在日常生活中，家庭和家庭之间、社会阶层和社会阶层之间，甚至个人和个人之间，形成一种相对独立的局面，不同的家庭、社会阶层和个人各自以不同的方式来追求各自的利益。由于社会阶层的属性不同，个人和家庭的“成就感”也就受到不同程度的制约。日常交往反映的是这种常态下的社会结构，要保证交往行为的“合理性”[11]，就必须以社会规范来作为自己的规则，这就是礼仪，它要求相应的“礼俗仪式空间”为载体。

2．神圣仪式空间

相比之下，当岁时节庆来临，社会的现实状况就发生了一种逆转，即所谓的“反结构”。这时，日常生活“常态”中的家庭、社会阶层和个人差异被节庆的仪式凝聚力所吸引，造成了一种社会结构差异的“空白期”。神圣仪式是一种集体行为，它们把平时分立的家户和不同的社会群体联合起来，促进社会交往，强调的是一种社区的团结和认同，起到了整合的作用。我们将承载这些神圣仪式的空间称为“神圣仪式空间”。

神圣仪式空间的表象意义在于提供了举行各种仪式的场所，而其指涉意义从社会层面上看有以下几种：首先，这一类的仪式行为是民众对社区认同与共同信仰的自我表述，对社区具有结构意义上的整合作用。其次，仪式过程一方面强调个人和家庭服从于社区的集体操作，另一方面在象征上给予个人和家庭一定的社会位置和宗教式的保障，通过辩证的处理界定个人与社会的关系，赋予神圣仪式一定的社会生活的阐释。第三，从某种意义上讲，仪式信仰的演绎一定程度上解释了人们对于终极意义的困惑，提供对人生、宇宙、存在和道德等根本问题的解答。其四，神圣仪式空间通过提供地方文艺、戏曲表演的机会，促进区域文化的传承。

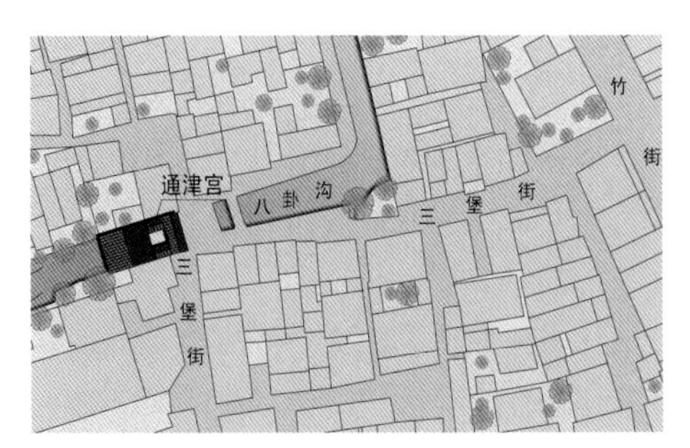

图 4　慈济铺通津宫前 T 字街空间

图 5　位于丁字街口的聚津铺永潮宫

图 6　位于繁华商铺顶层的寺庙

从广义上讲，交往还包括人与自然之间的交往。在乡土社会中，这种交往更多表现为向神明表达敬意并且力图与神明沟通的一种宗教仪式，即祭祀仪式。而这种祭祀仪式更多的是在节庆期间的一种“反结构”的仪式行为。另一方面，从空间行为来看，神圣仪式空间由于其位置的特殊性，往往成为社区人群集聚的场所，从而提供了日常交往的机会。这说明传统的社会生活也并非完全是社会学家所说的由“结构”和“反结构”的二元对立，而是通过“交往”的仪式获得了一种连续状态。在这里，礼俗仪式空间和神圣仪式空间得以整合，从而获得公共空间的多义性。

四、当代社区的困境与再造策略

社区作为社会整体的子系统，其发展状态对于社会的良性运行与协调发展具有重要的影响作用。社区自身及社区间的相互协调与发展，是维系社会动态平衡的关键要素。以技术理性主导现代社会的“祛魅”过程中，传统的社区纽带趋于瓦解，传统的居住模式发生转型，而适应新需要的居住空间、环境设施、社区管理服务体制以及居民的社区归属感尚未形成，社区传统在现代居住空间中走向迷失。在构建和谐社会的大背景下，社区传统的传承与再造问题亟待破解。

1．当代社区仪式空间的缺失

现代居住小区规划的简单化与单一性导致传统仪式空间的缺失，然而，人类对仪式的基本需求不会消失。这种矛盾的存在导致了市民在生活中遭遇种种不便和尴尬（图 6）。微者如门口的楹联，居住在单元楼的人们，当他们沐浴在春节来临的喜庆之中时，却不免为找不到贴春联的位置而感到遗憾；大者如祭礼、婚礼、丧礼等，都有一套传统的仪式以象征“个人生命转折仪式”。但是，由于社区中仪式空间的缺失，这些仪式的举行都面临种种困难，更阻碍了陌生人组成的社区难以在短时间内形成新的共同体。

2．重建仪式空间，推动社区再造

社区再造是一项综合工程，是一个社会政治结构和社会文化生活的建构过程，其作用不仅是物质性的，更是社会性的。它需要从社区形象、社区成员、社区流程及社区制度等方面进行总体营造[12]，其关键在于社区共同信仰及价值观的重新建立。典型社会冲突论者格拉克曼（Max Gluckman）认为仪式能将社会凝聚力、价值观、感情输给人们，也能对冲突社会的一致性加以重构[13]。社会性的建构，应该是一个自下而上的过程。因此，仪式空间的重建是社区再造的重要环节之一。

1）礼俗仪式空间重建

礼俗仪式渗透在日常交往行为之中。在传统社会，社区的人际关系是一种温情脉脉的邻里亲情，日常交往内化在每个社区居民的意识当中，但到了现代社会，人际关系被冷漠的生产关系所取代。“法兰克福学派”第二代的主要代表人物哈贝马斯（Juergen Habermas）由此提出“交往行为的合理性”（Communicative Rationality）的命题。他强调，“交往行为”必须以社会规范来作为自己的规则，这种规则是主体行之有效的并以一定的仪式巩固下来的行为规范[11]。

交往行为强调礼仪，这一点在古今中外的任何场合同样重要，这也是保证“交往行为合理性”的基本前提。这就要求有合适的礼俗仪式空间作为载体。扬·盖尔关于“交往与空间”研究指出交往行为与环境之间相互制约的辩证关系，同时发现了一些极有价值的细微的行为空间规律（如人与人之间的互相看、听的机会是公共空间具有吸引力的重要因素之一等）[14]，为礼俗仪式空间的重建提供了很多具体依据。我们应该充分认识礼俗仪式的性质与特点，在社区环境设计中给予针对性的自觉营造。

社区的本质在于“共同体”的形成与发展，这有赖于共同的生活交往的顺利开展，更有赖于共同的心理归属、相近的文化观念以及共同的价值信仰的建立。因此，社区再造更应当重视承载社区整合的神圣仪式空间的重建。

2）神圣仪式空间重建

神圣仪式在很大程度上表达的是社区成员的心理认同。它通过独特的外在表现形式，使其宣扬的文化理念深入人心，形成根深蒂固的共同信仰和习惯，从而促成了族群的认同感和凝聚力的产生，并在与异文化的接触过程中，产生“自觉为我”的民族认同感，有意识地使其成为区别于他者的文化标界，营造有别于他者的“文化场景”[15]。从功能上看，仪式空间作为建成环境与精神需求间的沟通媒介，具有将物化的环境空间同人类情感、共同信仰及价值判断联系起来的能力，因而对特定传统聚落中的典型仪式空间场所的原型提取及转换、利用，使其成为延续建筑环境地域性的有效手段，服务于当代社区再造的实践活动；从形态上看，仪式空间象征着空间层级的分离、转换与重整的过程，现代居住社区同样需要丰富的空间层级，在社区规划与营造过程中，通过对这些节点精心细致的处理，可以营造出良好的空间氛围，也使生活在其中的人们在日常进进出出的过程中满足了转换仪式的精神需求。应该强调的是，仪式空间重建并不是为“神”而设，它是为满足社区人们的仪式活动需求而设计的。不管是男女老少，还是鳏寡病残，他们才是仪式空间的主体，这些人都应该在仪式空间的设计和营造中得到关怀。

结语

仪式空间是延续传统生活脉络的重要场所，营造出生机勃勃的社区生活，为我们在当代城市社区中创造有活力和有效率的公共领域提供了极富借鉴意义的启示。随着社会服务体系的不断分化和人们生活方式的改变，多数曾经在社区中举行的仪式活动（如婚礼、出生及葬礼等）已经转移到专门场所（酒店、医院、殡仪馆等），但是，社区的仪式活动并没有消失，而是发生了转型与重组。因此，社区仪式空间的重建不可能是对传统社区仪式空间的简单模仿，而是需要经过对传统社区仪式空间的分析及提炼，从而创造出适应当代生活需要的仪式空间。在现代居住社区建设中加强仪式空间的营造，引导人们有意识地参与社区事务，恢复人与人之间及人与环境之间的平衡互惠的意识，重获基于文化或地域的认同感，树立社区“集体良知”，或许可以为最终实现社区再造找到一条行之有效的途径。

— 参考文献

[1] 王铭铭．象征的秩序[J]．读书，1998（2）：64．

[2] 彭兆荣．人类学仪式研究评述[J]．民族研究，2002（2）：88～96．

[3] 夏建中．文化人类学理论学派[M]．北京：中国人民大学出版社，1997: 314～319．

[4] 薛艺兵．对仪式现象的人类学解释[J]．广西民族研究，2003（2）：26～33．

[5] Irwin Altman. The Environment and Social Behavior: Privacy, Personal Space, Territory, Crowding[J]. Contemporary Sociology, 1978.

[6]（英）王斯福．帝国的隐喻：中国民间宗教[M]．赵旭东译．南京：江苏人民出版社，2008: 105-147．

[7] Sangren P. S. A History and Magical Power in a Chinese Community [J]. Stanford: Stanford University Press, 1987.

[8] Feuchtwang S. Boundary Maintenance: Territorial Altars and Areas in Rural China [J]. Cosmos: The University of Edinburg Press, 1992.（4）：93～109.

[9] 张玉坤．聚落·住宅：居住空间论[D]．天津：天津大学，1996．

[10] 王铭铭．走在乡土上：历史人类学札记[M]．北京：中国人民大学出版社，2003:198．

[11]（德）哈贝马斯．交往行动理论：论功能主义理性批判（第二卷）[M]．洪佩郁，蔺菁译．重庆：重庆出版社，1994:224．

[12] 谈志林，张黎黎．我国台湾地区社改运动与内地社区再造的制度分析[J]．浙江大学学报（人文社会科学版），2007（2）：16～24．

[13] Gluckman, M. Custom and Conflict in Africa [M] . Oxford: Blackwell Publishing, 1956.

[14]（丹麦）扬·盖尔．交往与空间（第Ⅳ版）[M]．何人可译．北京：中国建筑工业出版社，2002: 13～55．

[15] 崔榕．民间信仰的文化意义解读：人类学的视野[J]．湖北民族学院学报（哲学社会科学版），2006（5）：77～82．

基于民间信仰的传统聚落形态研究——以城郡型传统商业聚落为例 ①

摘 要
本文尝试从民间信仰的角度入手，以城郡型传统商业聚落泉州古城为考察对象，研究当地以铺境单元为表征的祭祀圈对传统聚落空间的影响。从“社会—空间”过程的角度认识传统聚落的空间形态，通过分析泉州铺境空间的形成过程及其社区特性，探讨历史变迁中传统城市聚落的社会空间与形态空间的互动与变迁。本研究可作为一种新的聚落研究方法的尝试。

关键词 民间信仰；聚落形态；传统商业聚落；社会—空间过程

引言

聚落既是一种空间系统，也是一种复杂的经济、文化现象和发展过程。因此，聚落形态的形成是在特定地理环境和社会经济背景中，人类活动与自然相互作用的综合结果。以往的传统聚落研究对象大多集中于传统聚落形态、聚落空间构成、建筑型制、传统建筑美学等领域，缺乏对作为行为主体的人的应有关注。正如一些学者所指出的：“它的缺憾正在于它的研究方法。在它的研究方法中，无法获得聚落主体（即人）的社会生活与空间的对应关系，它更多地强调了研究对象的‘器物层’的一面，而忽略了作为空间主体的人的个人生活。”[1] 因此，传统聚落空间的研究不应仅停留在物质空间形态的层面上，更应深入社会文化、经济与政治层面之中。观照作为空间主体的个人、群体及其“日常生活”的意义，从基于环境知觉的聚落形态空间和基于“日常生活”的社会空间入手，从社会—空间过程角度完整认识聚落空间结构。

人类学的研究指出，作为一种表达方式，民间的信仰和仪式往往相当稳定地保存着其演变过程中所积淀的社会文化内容，更深刻地反映了中国传统社会的内在秩序[2]。本课题尝试从民间信仰的角度入手，选取城郡型商业聚落的典型代表泉州为考察对象，关注当地因民间信仰的地域分化而形成的不同祭祀圈，通过商业聚落的社会—空间过程分析，从民间信仰和日常生活的角度分析传统聚落空间的社会属性，探讨传统商业聚落在市镇化过程中社会空间与形态空间的演化与互动，作为一种新的聚落形态研究方法的尝试。

一、城郡型传统商业城镇释义

聚落（Settlement）是一定人群的定居之所，《辞海》将“聚落”一词解释为“人聚居的地方”，聚落并不以尺度或规模为界限，它可以是一个城市，也可以是一个乡镇，或者简单的村落。就城镇聚落而言，中国古代的市镇发展在以手工业和农村商品经济为内容的商业化条件下，走出了一条独特的市镇化道路。隗瀛涛先生认为，作为商业城市，必须具备以下条件：1. 以商品经济的发展为前提，以商品交换为内容；2. 具备商品流通中介的职能；3. 商业应当是该城市主导功能之一，并具有相应的独立性；4. 商人应占城市人口的重要成分，并形成独立的阶层；5. 需要以商品经济发展和国内市场形成为前提，形成城市网络体系[3]。海外学者赵冈先生认为，中国城市很早就分为两大系统：一类是行政区划的各级治所，称为城郡（Cities），政治意义很强；另一类是治所以外的市镇（Market Towns）[4]。前者即城郡型商业聚落，后者为市镇型商业聚落。

---

① 林志森；张玉坤；陈力．基于民间信仰的传统聚落形态研究——以城郡型传统商业聚落为例 [J]．建筑师，2012（02）．
国家自然科学基金资助项目（51178291）；福建省自然科学基金资助项目（2010J05111）

二、市镇化过程中的基层控制与民间信仰的社群整合功能

中国是传统的城镇发展起步最早的国家之一。早在宋代以前，城市已在一些交通方便的中心地得以初步发展。但是这些中心地一般以行政功能为核心，受到政治的影响而呈现波动性发展。宋代以后，中国出现早期的工商业经济，城镇的发展得以加速，美国学者施坚雅（G.William Skinner）将其称为“中世纪城市革命”[5]。明后期到清前期，随着国内市场的拓展和长途贩运贸易的兴起，以及贸易商品从奢侈品贸易向民生用品的转化，促使中国商业城市化和贸易网络的形成[6]。在此过程中，面对市镇化过程中出现的诸多问题[7]，当时的管理者不得不采取一系列举措，以加强基层社会的管理，同时还伴随着民间信仰的勃兴与地域分化的过程。

1．市镇化过程中的基层控制

自西周以降，中国城邑内部逐渐形成的里坊制度，在各个帝国权力的更迭中不断地发展、变迁。作为住区的“坊”和作为街区的“市”严格分开，夜间实行宵禁。晚唐之后，随着手工业和商业的迅速发展，里坊制渐渐瓦解，城中原来的“仕者近宫，工商近市”格局也被打破，居住区出现了市坊杂处、官民混居的人居现象。为了适应商业贸易所要求的宽松的人员流动环境，此时基层社会的控制相对薄弱。

一般认为，基层社会控制制度的发展，始于熙宁二年（1069 年）以后王安石“保甲法”等一系列改革。保甲法规定 10 家为保、50 家为大保、500 家为都保。明初期，政府建立黄册制度，推行里甲制度，实施户籍管理。明代中期的农业和手工业得到空前的发展，市镇化进程加速，已经呈现出网络化的布局，客观上要求人口在更大的范围内快速流动。但是，以职业为籍的黄册制度不仅限制了劳动人民的人身自由，而且阻碍了社会分工的发展。为了适应市镇化发展的要求，以张居正为代表的明代政治家开始寻求改革，推行“一条鞭法”[8]，其结果是户籍制度与赋役赋制度分离，它顺应了社会分工进一步发展的要求，使人民获得了更多的人身自由，对于人口流动和商品生产起到积极的推动作用，乃至于对后期的资本主义萌芽也起到催化作用。里甲组织的功能也由赋役征发转变为基层社会的管理[9]。

随着黄册制度和里甲制度的建立，为了维护里甲内部的社会秩序的稳定，明政府还承袭旧制，制定了里社祭祀制度。中央政府一方面严格控制佛教、道教等正统宗教，另一方面则极力克服以往国家祀典悬浮于地方社会之上的弊病，开始推行一套极为严密的自上而下的国家祀典体制，王国、府州县各得所祭，《洪武礼制》规定，凡乡村各里都要立社坛一所，“祀五土五谷之神”；立厉坛一所，“祭无祀鬼神”[10]。“至于庶人，亦得祭里社、谷神及祖父母、父母，并祀社，载在祀典”[11]，同时对未列入祀典的神明一律视为“淫祠”严加禁绝。

明王朝推行里社祭祀制度推动了民间信仰的勃兴。在市镇化过程中，来自不同地方的超越血缘关系的“陌生人”组成了新的社会群体，从公众的心理需要看，他们作为社会个体向往融入社会，急切需要建立一个共同信仰，以获得认同。民间信仰的兴起是百姓为应对政府的基层控制而对官方祀典进行的重构，契合了市镇化过程中对认同感的渴望。

2．市镇化过程中民间信仰对社群的整合

民俗学指出：“民间信仰是指人们按照超自然存在的观念及惯制、仪式行事的群体文化形态。”[12]民间信仰的核心是“超自然观”，它大致相当于宗教的教义。在国内外关于信仰形态的研究中，对于正统宗教与中国民间信仰之间的关系的讨论由来已久，学界至今仍未能达成共识[13]。但是，“多数学者越来越反对把中国民间信仰、仪式和象征看成没有体系的‘迷信’或‘原始巫术’的残余，而主张把这些社会—文化现象界定为一种宗教体系”[4]。民间信仰体现了信仰、行为仪式和象征体系的统一。

在商业聚落中，传统的血缘纽带已不复存在，来自不同地方的工商业者汇集到中心地，形成新的具有地缘关系的社群集聚。费孝通先生指出：“地缘是从商业里发展出来的社会关系。血缘是身份社会的基础，而地缘却是契约社会的基础。”[15]由于民间信仰的地域分化，地域神祇通过一系列仪式行为实现对聚落领域的限定，在很大程度上表达了社群成员的心理认同，从而完成结构意义上的整合。它通过独特的外在表现形式，使其宣扬的文化理念深入人心，形成根深蒂固的共同信仰和习惯，从而促成了族群的认同感和凝聚力的产生，并在与异文化的接触过程中，产生“自觉为我”的民族认同感，有意识地使其成为区别于他者的文化标界，营造有别于他者的“文化场景”[16]。在功能上，民间信仰通过“会”或“社”等组织形式，主管地域范围内的日常生活与生产事宜，包括了庙宇的日常维护、庙产管理、组织管理、庙会、节庆活动乃至商业同业管理等，由单纯的民间信仰承载体演化为服务于整个社区的社会活动组织管理机构，实现了社区的精神整合。

存留于中国广大民众中的民间信仰和仪式行为是古老的信仰遗存，是中国数以亿计普通民众的信仰观念，心理、

情感与习俗乃至生活方式中不可割舍的重要组成部分。民间信仰在中国历经漫长岁月的沧桑，它深深地植根于中华文化的沃土之中，保持着固有的自发、自然和自在的本色，并且广泛、深刻地影响或支配着民众日常生活的方方面面，也对聚落的发展演变起着潜移默化的作用。

三、传统城郡型商业聚落的社会——空间演化与互动例析

泉州自建城之始，便是作为府治之附郭县而设[17]。泉州城市发展自宋代以来，就形成了一种以工商为主体、以农业为辅助，以海外贸易为核心的港口经济结构，是一个典型的城郡型商业聚落。法国思想家列斐伏尔（H. Lefebvre）依据社会与城市化的空间结构之间的联系以及社会化空间的理性内涵，敏锐地将空间组织视为一种社会过程的物质产物[18]。从民间信仰的视角研究传统商业城镇聚落的社会——空间演化与互动过程，可以从历史的视野里折射出地方性基层社会各族群在形成过程中的结构性变化，以及各种力量的消长与平衡，从而更好地理解传统聚落形态所蕴含的空间意义。

1．泉州市镇化过程中的基层控制

泉州自宋初，始分乡、里，元、明以来复有坊、隅、都、甲之制。或异名而同实，或统属而分并。14 世纪末，随着明朝的建立，“铺”作为行政空间单位开始实施。“铺”源自古代的邮驿制度，宋代以后，随着市镇化的兴起，城市“坊市”制度受到破坏，原先以坊市为单位的治安制度已失其作用，为了适应新的城市发展形势，自五代由禁军负责京城治安，演变至宋初在城内设置“巡铺”，也称为“军铺”，这是按一定距离设置的治安巡警所，由禁军马、步军军士充任铺兵，每铺有铺兵数人，负责夜间巡警与收领公事[19]。到了明代，铺兵还兼司市场管理的职能。洪武元年（1368 年），太祖令在京（南京）兵马司兼管市司，并规定在外府州各兵马司也“一体兼领市司”[20]。永乐二年（1404 年），北京也设城市兵马司，成祖迁都北京后，分置五城兵马司，分领京师坊铺，行市司实际管辖权。随着全国各地市镇的发展，明代城镇普遍置坊、铺，牌，所谓“明制，城之下，复分坊铺，坊有专名，铺以数十计”[21]。沈榜在《宛署杂记》中载：“城内各坊，随居民多少分为若干铺，每铺立铺头火夫三五人，而统之以总甲”[22]。

明清泉州的另一个基层控制单位为“境”。与“铺”不同的是，“境”并不是一种在国家政治资源分配下的基本行政单位，它是相对独立于国家政治体制运作外的、更地方性的民间自治单位[23]。人类学者研究认为，“境”与里社祭祀制度直接关联[24]。

明清泉州的海禁及对外防守，使政府对基层社会的控制大为加强。在这样的社会背景下，民间通过仪式挪用和故事讲述的方式，将民间信仰与地方基层控制体系结合起来，他们通过官办或官方认可的祠、庙、坛、社学等类兴建的民间神庙的模仿，对铺境制度加以改造，最终形成“一套完整的城市社会空间区位分类体系”[25]。

铺境体系由隅、图、铺和境四级地方区划组成。从《晋江县志》等史料可以看出，这些地方级序名称在元代时出现并取代了宋代推行保甲法后使用的“厢坊”和“街”等行政区划名称。县志资料表明，在明代，泉州城厢分为东、西、南三隅，由 36 铺 72 境组成（表 1）。清朝由于沿海迁界，增加城北隅，全城分为 38 铺 96 境（图 1）。

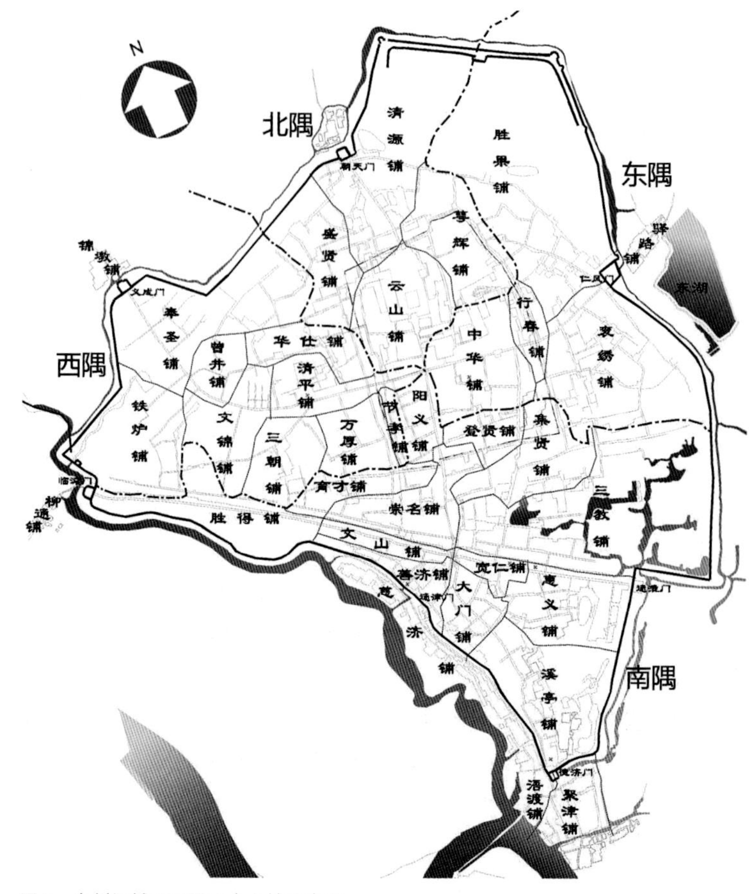

图 1　泉州旧城区四隅三十六铺分布图

（改绘自陈垂成，林胜利．泉州旧城铺境稽略．泉州市鲤城区地方志编纂委员会，1990.）

清代泉州城隅、图、铺、境数目 表 1

隅名	图数	铺数	境数
东隅	4	5	13
西隅	4	10	22
南隅	4	15	36
北隅	4	5	15
附郭增设隅		3	10

2. 泉州铺境祭祀圈“民间信仰体系”与铺境空间的互动

明清时期，福建民间信仰随着行政调控力度的强弱变化处于不断的伸缩之中，正统宗教的衰落之后，民间信仰依托地方社会力量反复软化行政控制，从而取得长足的进展。官方在接受宋明理学为正统模式之后，积极从民间的民俗文化中吸收具有范型意义的文化形式，以营造一个一体化的理想社会。朝廷及地方政府不断通过神化为政和为人的范型，并设置祠、庙、坛加以供奉，从而确立自身为民众认可的权威。地方志记载，明清两代，泉州城内设有祠、庙、坛，并有时间规律地在这些神圣场所中举办祭祀活动。道光版《晋江县志》卷十六《祠庙志》云：“祠庙之设，所以崇德报功。天神、地祇、人鬼，凡有功德于民者，祠焉。聚其精神，而使之凭依即以聚人之精神，而使之敬畏。”

铺境空间的形成过程深受民间信仰的影响，处处留下民间信仰的印记。铺境制度将泉州城区划分三十六铺，七十二境，从当时朝廷的角度来看，这是为了加强地方社会的控制。然而，从民间的角度出发，铺境制度同民间信仰的结合，使官方的空间观念为民间社会所扬弃，形成一个新的城市空间划分体系。在此过程中，特定的信仰在特定区域内获得居民的普遍认同，城市空间被重新整合，形成具有明确的区域范围、固定的社会群体以及强烈的心理认同的地域性社会—空间共同体，对泉州城市空间形态与城市意象产生深刻的影响。

铺与境是明清泉州城市聚落形态构成的基本单元，在当地民众的社会生活中扮演着重要角色[26]。铺境制度从空间上限定了铺与境的地理区域范围和所辖居民，尽管官方的铺境单元的划分，其出发点并非出于对邻里交往的考虑，单纯的官方铺境划分也不会形成真正的邻里关系网络。然而，铺境制度通过民间化和世俗化的改造，走向一个以民间信仰为基本架构的非官方模式的铺境空间。铺境的划分从官方制度上明确了地域范围和社会群体，所辖居民则通过共同的神明崇拜和祭祀仪式等行为极力强调地方自主性与一体性，明确自己所属区域的边界，从而形成空间领域感。在物质层面上，铺境单元具有明确的地域范围和特定的空间环境设施；在社会层面上，铺境单元具有一定数量的相对稳定的社会群体，并有较密切的社会交往；在精神层面上，铺境单元内居民具有共同的意识和利益，在认知意象或心理情感上具有一致性，即认同感和归属感。可以看出，铺境空间具有明确的区域范围、固定的社会群体以及强烈的心理认同，形成一个地域性社会—空间共同体。因此，泉州旧城“隅—图—铺—境”聚落空间层级，构成了明清时期泉州城市社区空间体系。

3. 庆典仪式的空间意义阐释

阿摩斯·拉普卜特在《建成环境的意义》一书中应用了人类学家马利·道格拉斯的一句话：“如果想了解神圣空间中的空间组织与摆设所具有的意义，那么对宗教仪式本身，参与其中的演员、观众以及仪式需求等的认识是不可或缺的。”[27] 因此，对于聚落空间的解读，不可避免地要去寻求聚落空间中仪式行为的文化意义，在这一方面，或许应该更多借鉴人文社会科学研究的成果。仪式通常被界定为象征性的，表演性的，由文化传统所规定的一整套行为方式。它可以是神圣的也可以是凡俗的活动。广义而言，它可以是特殊场合下庄严神圣的典礼，也可以是世俗功利的礼仪、做法[28]。用福柯的观念可以将仪式理解为被传统所规范的一套约定俗成的生存技术或由国家意识形态所运用的一套权利技术。

铺境宫庙的神诞庆典，主要有两方面的意义：其一，通过娱神来祈求“合境平安”；其二，通过“巡境”强化铺境区域的边界。当地民众每年都要在各自铺境举行“巡境”（亦称“镇境”）仪式，对各自铺境边界进行确认。这一天，仪仗队伍抬着铺或境的主神神像巡游，巡游路线为境和铺沿界。在巡游过程中，不同铺境之间的分界点都系上勘界标志物和辟邪物，体现了作为聚落空间边界与区域的确认。王斯福和桑高仁的研究都表明，社区主神的庆典仪式通过对隐喻着社区外部陌生人的“鬼”的驱逐，达到对社区的净化，从而保证了社区的平安[29]。“巡境”仪式的巡游路线描绘出区域内每一个家庭所在，对社区边界的象征性确认，创造出社区与其临近地方的分野。这一仪式极力强调的是地方自主性与一体性，创造了一种各铺境相对独立的地方性时空，从而创造出居民对于社区强烈的认同感。

在传统文化中，境与疆界、领域密切相关，从与“境”相关的词汇群如环境、境域、境界、边境等，都表明在一个以界限划分的场域观念的存在。在西方“空间”的概念传入中国之前，汉语语汇中与之对应的词汇，或许可以追溯到老子《道德经》中“无”的概念，它是一种相对于实体“有”的“虚空”状态。在一般语境中，“无”并不能表达一个为人的空间存在。台湾学者李丰楙先生指出：“如果要谈中国人的空间观念，一定要去面对“境”在实际的运用中是如何来发挥的。”[30] 在铺境庆典仪式中，铺境主神对于本境域的戍守，保佑其“合境平安”，守卫的不仅仅是有形境域，更包括了看不到的与鬼神有关的精神境域。“境”的划分，不仅代表了某一区域、界限内，又是整个境域、全体，可以说，“境”也是一个心灵安顿的场所。

结语：民间信仰作为聚落形态研究的新视角

民间信仰对于汉人社会的地方组织以及聚落空间的形成有密切的关系。铺境空间的形成过程，是民间日常生活对官方空间划分体系的超越和转移，是居民对日常生活空间营造的身体力行。这是一个历史文化不断积累的过程，各种文化因素相互影响，逐步达到平衡，最终形成富有生活气息而又满足人们日常使用和心理需求的新的聚落空间体系。共同的民间信仰和群体利益创造出居民对于社区强烈的认同感，巩固了社区群体的凝聚力。

民间信仰为我们理解特定的聚落提供了独特的钥匙，这种研究“在揭示中国社会的内在秩序和运行‘法则’方面，具有独特的价值和意义”。[31] 尽管基于民间信仰的传统聚落形态研究或许并不具有普适性，然而，聚落空间的研究，首要关注的是人与空间的关系。人们在“日常生活”中的社交行为所形成的集体意识的认同，产生了不同的社会组织和空间领域，如不同的政治圈、经济圈、亲属圈、祭祀圈等。这些社会结构与聚落结构之间总是存在或明或暗的互动关系。我们有必要通过对传统聚落空间与社会空间的全面考察与整体思考，去理解空间转化的动力，把聚落空间建立在“社会化空间—日常生活”的构架下加以剖析。通过考察传统社会与聚落空间的互动与变迁，有可能为聚落研究提供新的线索。

参考文献

[1] 李东，许铁城．空间、制度、文化与历史叙述：新人文视野下传统聚落与民居建筑研究[J]．建筑师，2005，6．

[2] 郑振满，陈春声．民间信仰与社会空间（导言）[M]．福州：福建人民出版社，2003：1-2．

[3] 隗瀛涛．中国近代不同类型城市综合研究[M]．成都：四川大学出版社，1998：1-12．

[4] 赵冈．论中国历史上的市镇[G]// 赵冈．中国城市发展史论集．北京：新星出版社，2006：155-185．

[5]（美）施坚雅．中华帝国的城市发展[G]// 施坚雅主编．中华帝国晚期的城市．叶光庭等译．北京：中华书局，2000：23-26．

[6] 隗瀛涛．中国近代不同类型城市综合研究[M]．成都：四川大学出版社，1998：4．

[7] 郑强胜．宋代基层社会问题探析[J]．中州学刊，2001（05）：134-137，152．

[8] 明史・卷七八・食货志．

[9] 王威海．中国户籍制度：历史与政治的分析[M]．上海：上海文艺出版社，2005：203．

[10] 洪武礼制・卷七．

[11] 明史・卷四十七礼一．文渊阁四库全书电子版（内联网版）．迪志文化出版有限公司，2005．

[12] 董晓萍．民间信仰与巫术论纲[J]．民俗研究，1995（2）．

[13] 范正义．民间信仰研究的理论反思[J]．东南学术，2007（02）：162-168．

[14] 费孝通．乡土中国[M]．三联书店，1985：76-77．

[16] 崔榕．民间信仰的文化意义解读：人类学的视野[J]．湖北民族学院学报（哲学社会科学版），2006（05）：77-82．

[17] 泉州“于唐开元六年（718年）由南安县东南地析置，时为府治（附郭县），即今之鲤城区”。见关瑞明，陈力．泉州历史及其地名释义[J]．华中建筑，2003（1）．

[18] 列斐伏尔．空间政治学的反思[G]// 包亚明主编．现代性与空间的生产．王志弘译．上海：上海教育出版社，2003：47-58．

[19] 周远廉，孙文良．中国通史（第七卷・上册）・中古时代・五代辽宋夏金时期[M]．上海：上海人民出版社，1996：397．

[20] 明太祖实录・卷三七．

[21] 余启昌．故都变迁记略（卷1）[M]．北京：北京燕山出版社，2000．

[22]（明）沈榜．宛署杂记．卷五[M]．北京：北京古籍出版社，1982．

[23] 陈力，关瑞明，林志森．铺境空间．中国传统城市居住社区的孑遗[J]．建筑师，2011(03).
[24] 顾颉刚．泉州的土地神(泉州风俗调查记之一)[J]．厦门大学国学研究院周刊，1927(01)：37.
[25] 王铭铭．走在乡土上——历史人类学札记[M]．北京：中国人民大学出版社，2003:88-96，132.
[26] 林志森，张玉坤，陈力．泉州传统城市社区形态分析及其启示[J]．天津大学学报(社会科学版)，2011(13)．4: 334-338.
[27](美)阿摩斯·拉普卜特．建成环境的意义——非言语表达方法[M]．北京：中国建筑工业出版社，2003.
[28] 郭于华主编．仪式与社会变迁[M]．北京：社会科学出版社，2000: 1.
[29] Sangren, P. S. History and Magical Power in a Chinese Community [J]. Stanford: Stanford University Press, 1987. Feuchtwang, S. Boundary Maintenance: Territorial Altars and Areas in Rural China [J]. Cosmos: The University of Edinburg Press, 1992.(4): 93-109.
[30] 李丰楙．道、法信仰习俗与台湾传统建筑[G]//郭肇立．聚落与社会．台北：田园城市文化事业有限公司，1998: 112.
[31] 郑振满，陈春声．民间信仰与社会空间(导言)[M]．福州：福建人民出版社，2003: 1.

“中国传统村落”评选及分布探析 ①

摘 要

将传统村落分布与地理环境、城镇化发展、传统文化脉络等因素叠加从宏观层面，多角度分析地理和社会因素与传统村落分布的系统关系，探索快速城镇化条件下，传统村落的生存规律，据此初步提出宏观保护框架。

关键词 中国传统村落；非物质文化遗产；传统聚落体系

一、“中国传统村落”评选

为更好地保护我国的文化遗产，贯彻党和政府的方针政策，住建部、文化部、财政部等 4 部门于 2012 年 4 月联合发起了“中国传统村落”（以下简称传统村落）调查 [1] 和评选工作，旨在摸清我国传统村落底数并对其加强保护。住建部组织建筑学、民俗学、艺术学、美学、经济学等领域的专家，依据《传统村落评价认定指标体系（试行）》[2]，从村落传统建筑、村落选址和格局及村落承载的非物质文化遗产三方面，以定性和定量相结合的方式，在前期调查和申报的涉及全国 31 个省、自治区和直辖市（不含香港、澳门特别行政区和台湾省）的 1.1 万多座村落中，评选出第一批 646 个、第二批 915 个传统村落，并分别于 2012 年 12 月和 2013 年 8 月公布了《中国传统村落名录》[3]、[4]。

传统村落的评审标准在内容和形式上，与“历史文化名城、名镇和名村”（简称名城系列）等相关评审类似，但针对传统村落具体情况调整有二：1）入选更多、范围更广，旨在更加全面、广泛地保护传统村落。历史文化名村以保护精品为主导，数量少、覆盖面小，无法有效保护处于传统聚落体系底层的大量农村聚落。传统村落入选的广泛性和大量性，在更多保护传统村落的同时，符合聚落体系中各等级聚落规模——位序呈幂律分布的规律 [5]，有助于增强传统聚落体系保护的完整性和系统性；2）将非物质文化遗产（简称非遗）作为重要入选标准，加大其评分权重。中国自古以农业文明为主导，农村——自然环境和聚落等物态因素与基于其上的生产和生活方式、传统历法、习俗等非物态因素的高度契合体——是目前我国农业文明最直接的活态存在。评选标准由传统偏重静态物质实体拓展为重视活态非遗，强调了文化与其载体的辩证关系。

二、传统村落基本情况

目前公布的第一、二批传统村落共 1561 个，主要分布于贵州、云南、山西、安徽、浙江和江西等省，辽宁省则无村落入选。村落分布整体呈现南方多、北方少，东南和西南多、东北和西北少的分布特征（图 1）。根据住建部“传统村落管理信息系统”的统计，其中元代以前形成的村落占 32.8%、明清两代分别占 37.3% 和 24%，民国及建国之后为 2.9%，无记载

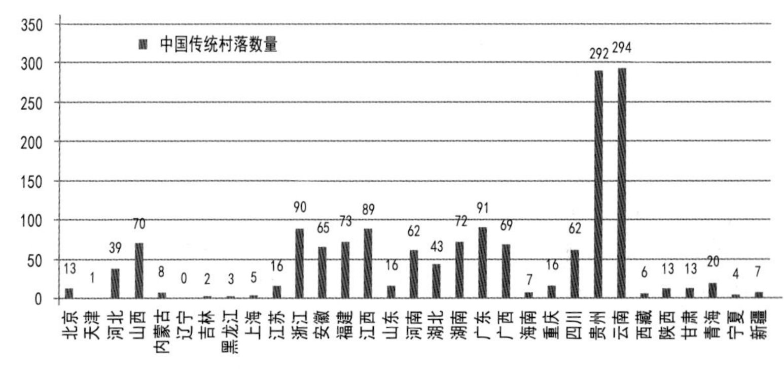

图 1 各省传统村落数量

① 曹迎春，张玉坤．“中国传统村落”评选及分布探析 [J]．建筑学报，2013（12）．
国家自然科学基金青年基金项目（51108305）；河北省科技厅项目（12275803）

3.2%。传统村落包括全部国家级历史文化名村，国家级和省级名村分别占传统村落的 10.8% 和 18.8%；具有国家级非遗的村落占 22.9%；只具有省级非遗的则占 23.9%；同为国家级历史文化名村和国家级非遗的则占 2.4%；“特色景观旅游名村”约占传统村落的 15.1%；而“少数民族示范村”则占 12.1%。有 45.8% 的村落已制定保护规划；53.1% 的村落已依托其物质和文化遗产发展旅游业；而 14.7% 的村落采用博物馆的方式保护①。

三、传统村落分布分析

1．地理环境因素

地理环境是农业文明聚落生存和布局的直接决定因素，主要包括地势地形、经纬度、海拔高度、水源、降水蒸发量和土地利用类型等。

传统村落主要分布于中国地势第二阶梯以及第三阶梯南部山脉和丘陵地区，少部分位于第一、二阶梯西南过渡地带，具体集中于黄土高原太行山脉地区、巫山—武陵山—雪峰山—南岭沿线丘陵地带、黄山—武夷山脉沿线及周边地区，以及云贵高原横断山脉 4 大区域 [6]。以上地区地形多样、海拔多变、环境丰富、气候类型复杂，适宜多种农业类型发展。大跨度纬度范围内均有村落分布，表明与纬度关系不显著；村落分布与山脉地形因素高度相关，平原腹地很少分布，仅珠江三角洲及四川盆地等处稍有涉及。在太行山脉，村落沿沟谷走向集簇出现，在横断山脉则沿河谷较均匀布局，武陵山贵州东部区域村落高度密集分布，而东南部丘陵地区则相对散漫分布。村落多位于山区半腹地和向平原的过渡地带，选址基本为趋利避害的高亢之地；大部分村落距大型河流较远，与中小型河流依附关系明显，大型河流水患对村落生存构成威胁；与土地利用类型叠加显示，大部分远离传统粮食主产区核心地带而位于其边缘。村落与林地及草地分布高度相关，基本位于林区及草地边缘。原因在于村落主要位于山区，适宜林木生长，同时林区（山区）与粮食种植（平原）交错地带，环境层次丰富、种植类型多样，抗风险能力较强，适宜村落可持续发展；与干旱区分布叠加显示，除山西省外，绝大多数位于湿润地区，而山西大部分村落位于谷地及过渡地带的河流附近。

2．城镇化发展因素

城镇化快速发展以及现代生活方式的改变，促使传统村落不断更新甚至消失，其相关因素剧烈冲击着传统村落的生存环境。主要包括城市群布局与发展、GDP、人口分布和交通线等。

传统村落与城市化快速发展区域显著负相关，绝大多数远离城市化快速发展的区域或位于其边缘，仅上海、广州、贵州、太原和山东等地城市圈包含少许村落，而这些村落中以旅游产业为主的比例（大于 80%）显著高于本省总比例；与 GDP 叠加显示，绝大部分位于中等及偏下水平地区，80.3% 的村落位于小于人均 4600 美元（2010 年人均 GDP 为 29992 元 [7]，约合 4430 美元），小于 2500 美元和小于 1500 美元地区则分别覆盖 33.2% 和 7.3% 的村落，而位于较高水平地区（6000 美元 / 人以上）的占全部村落 10.1%（与旅游业高度相关），村落较少位于 GDP 极低的地区。中等或稍低的生产和消费水平更有助于传统村落生存，而极低区域不利于传统村落的持续发展，常伴随严重人口流失；与人口叠加显示，大部分村落位于人口中等及稍偏少地区，其中位于低度集聚区（201～400 人 / 千米）[8]、一般过渡区（101～200 人 / 千米，中国平均人口密度在此段）及以下区间的村落占 86%，处于相对稀疏区（51～100 人 / 千米）及以下和中度集聚区（401～500 人 / 千米）及以上的分别为 20.5% 和 13.2%，而位于绝对稀疏区（26～50 人 / 千米）及以下和高度集聚区（501～1000 人 / 千米）及以上的分别为 7.3% 和 8.8%。中等密度人口更利于村落的平衡发展，较低地区人口流失严重，不利于村落持续发展，反之人口较多则更新快，促使传统村落剧烈变化。值得注意的是，位于高密度区的村落与旅游业相关性很高；与主要交通线 [9] 分布叠加，总体呈现交通线密度大的区域村落相对稀疏，大部分村落远离主要交通线，少部分村落分布贴近道路并与其走向相关。北方、小盆地等地区村落较南方地区更向道路积聚。主要铁路和公路与城市的快速发展相伴而生，进而影响其附近村落。

3．社会文化因素

社会文化因素与传统村落的产生、发展和变迁息息相关，是超越地理环境建立聚落间系统关系的纽带，主要包括少数民族、语系、线性文化遗产、非物质文化遗产以及传统聚落体系等因素。

---

① 数据源于住房和城乡建设部主办：中国传统村落管理信息系统，http://village.mohurd.gov.cn

与少数民族叠加显示，云南以及广西、贵州、湖南、湖北和四川5省交接地区的少数民族聚集区，对其内村落明显完整包络，且分布重心重叠较好，并突破现行省界，其他区域少数民族较少分布；与语系叠加，村落集聚区域与语系分布范围重叠良好，且大部分地区包络完整。语系内村落积聚性显著，各语系范围内村落与相接语系内村落的距离感较明显，其分布同样突破现行省界；村落与主要线性文化遗产[10]相关性显著，隶属多条大型线性文化遗产：北方部分村落属于明长城军事防御体系，东南沿海部分村落隶属明代海防体系（涉及东南沿海全线），东南部大量村落与客家迁徙路线[11]密切相关，云南部分村落则与茶马古道重叠显著，云、贵、川等地部分村落分布与红军长征线路相关，而京杭大运河沿线则很少涉及村落；传统村落与非遗关系参考传统村落基本信息；名城系列是中国传统聚落遗存的精品，代表我国传统聚落文化遗产整体保存现状。传统村落与名城系列叠加显示，两者负相关性显著，分布互补特征明显。除黄山地区、丽江局部和山西小部分地区外，传统村落与名城的高密度分布区分离明显，大部分传统村落亦避开名镇，而与名村融合。

综上所述，快速城镇化发展和山地地形是导致传统村落消亡和维护其生存的主要矛盾，两者交互作用形成目前传统村落的分布格局。快速城镇化发展是导致传统村落消亡的主导因素。现代生产和生活模式的蔓延以及相应的快速建设活动促使其迅速消亡，仅存于快速城镇化区域边缘和其较难涉足的山脉和丘陵。而山脉和丘陵则是阻碍城镇化发展、维持传统村落生存的主导因素。一方面，其地理特征促使日常生活模式，较平原地区更易与自然环境保持密切的联系，从而维持基于地理环境之上的传统生活方式。同时，由于山区的土地、资源、人口和交通等城市发展所需因素的驱动力不足，延缓甚至阻止了城市化进程，形成相对平衡的自组织生存环境；平衡的自然和社会因素是维护传统村落生存的重要条件，适中的环境、丰富的气候、多样的种植和产业类型、中等及偏低水平的人口和经济等平衡关系，更易于维持稳定的生产和生活格局，形成较强的抗风险和可持续发展能力。平衡系统单项或多项因素的迅速改变，将导致系统的动荡，动荡结果由其抗风险能力决定。若传统村落的系统联系越复杂、多样，其抗风险能力则越强；较物质因素而言，文化因素是在更高层面加强村落系统复杂性和稳定性，维系其生存的核心力量，民族聚集地、语系、线性遗产等文化因素从不同层面维系传统的生存惯性，孕育和传递聚落内部及之间的传统因子，进而凝聚物质和文化的平衡生态系统，延缓或阻止其瓦解；传统村落弥补了名城系列中村落部分偏少的缺憾，进一步完善传统聚落体系的系统性和整体性，对深入研究传统聚落的政治、经济和文化等系统演变规律极其重要。

四、宏观保护框架

1. 加强传统村落的系统性保护

传统村落是村落物质文化遗产、非物质文化遗产以及自然环境三者有机结合的文化生态系统。系统论指出系统相关因素（要素、系统和环境）的显著变化将导致原系统失衡、衰退、甚至消亡，传统村落的大量消亡便是这样，因此需全面加强传统村落的系统性保护。系统性保护主要涉及整合传统村落环境、人口、经济、文化等要素，明确其系统性结构关系和运行机制；整合传统村落物质与非物质文化遗产，复原系统活性；整合传统村落与名城系列，构建传统聚落体系；突破现行区划，基于民族、语系、文化脉络等的空间范围构筑文化圈或文化线路等。系统性保护有助于恢复系统活力，重建聚落体系，将孤立的村落纳入国家传统文化遗产网络[10]之中，对我国传统文化的保护和研究具有决定性意义。

2. 维护传统村落系统平衡

传统村落是复杂的自组织系统[5]，保护的关键是维护系统平衡。基于村落的系统性认知，借鉴现代社会学、非线性科学、统计学等学科的研究模型[12]，如社会网络模型、非线性动力学模型、logistic回归分析等，建构传统村落多因素系统模型，定量分析和研究传统村落环境、人口、经济、文化等因素的系统关系和作用机制；同时，基于宏观GIS和微观BIM相结合的信息管理平台，动态监测单项或多项因素变动对系统的影响，分析、评估和预测村落演化方向，预防性干预以及修复其自组织能力，维护村落稳定、适中的动态平衡，进而提高其抗风险和适应能力。

3. 面向对象的多样性保护策略

复杂因素形成传统村落不同现状，据此制定针对性保护策略，在更好保护村落的同时，缓解保护需求紧迫和保护资源有限之间的矛盾。具体如下：1）城市化区域内部的村落，多与旅游业相关，已达成新平衡。在密切监测商业化负面影响前提下，深入发掘、修复传统文化，加强非物质文化与物质再融合，以此恢复村落活力和维护其活态传承；2）城市圈与山区过渡地带的村落遭受最剧烈冲击，是保护的急点和重点，且北方较南方更紧迫；应采取强制性保护措施，抑制系统要素的激变，同时修复和养护关键的生存要素，监测并预防性干预以引导系统的良性变化；3）北方山区中部和腹地村落，因人口迁出和老化、产业衰退和变迁等因素威胁村落持续发展，重建村落基础支撑系统和产业更新，同时以传统文化凝聚村落实体要素，恢复其活力是保护的核心；4）南方及西南山区腹地纵深大，与环境共生关系较密切，村落生存状况较好，可密切监测和适度引导以维护其系统性平衡。

4. 重视传统村落传承和发展

传承和发展是传统村落作为活态遗产[13]的显著特点，而传统文化传承则是其核心。传统文化是古人适应地理环境和组织社会的系统生存策略，进而衍生出村落物质实体。深入研究村落传统文化内涵、系统演化及其与物质实体的衍生机制，还原村落文化以农业为主体的人——地关系本质，基于此构建村落文化层次等级体系。结合社会学研究方法，评估各层次与主体的亲疏关系和作用强度，确立村落文化的核心属性和弹性属性，并制定相应保护原则：发展是村落的必然趋势。在发展过程中，只要严格保持和维护传统村落核心属性，适度拓宽弹性属性接受范围，在保护和发展之间取得平衡，既使传统文化核心价值得以传承，又可满足村民对现代物质和文化的发展要求。

5. 多部门共同参与、协同创新

传统村落的系统性保护，要求政府、高校、研究机构、企业以及村落等多部门，在村落文化遗产记录、认知、保护、管理和传承工作各方面，打破行业壁垒，共同参与、协同创新。建立直接面向传统村落保护需求和可持续发展，以物质和文化遗产保护及传承工作流程为轴心的系统工作模型，贯通保护传承完整工作链路，衔接传统的片段化工作模式，同时建立基础数据、评估、管理、技术和人才培养共享平台，以提高工作系统性和科学性，进而更好保护和传承传统村落珍贵的文化遗产。

结语

随着我国经济的快速发展，城镇化建设的突飞猛进，以及生产和生活方式的改变，传统村落的外部生存环境和内部要素及作用机制均发生巨大变化。系统生存条件的剧烈变化致使传统村落只能局限在相对苛刻的条件内生存，并依然面对进一步恶化的生存现状而岌岌可危。传统村落保护和发展的关键是村落的系统性保护，通过深入研究村落的系统要素构成和作用机制，建立系统性保护框架，制定面向对象的多样性保护策略，创立多部门、多专业有机协同的系统保护模式，以维护村落系统的复杂性联系、自组织平衡以及弹性更新，实现传统村落的系统保护和健康发展。

— 参考文献

[1] 住房和城乡建设部等四部委. 住房城乡建设部、文化部、国家文物局、财政部关于开展传统村落调查的通知（建村〔2012〕58号）[EB/OL]. 2012-04-16. http://www. mohurd. gov. cn/zcfg/jsbwj_0/jsbwjczghyjs/201204/t20120423_209619. html.

[2] 住房和城乡建设部等四部委. 住房城乡建设部等部门关于印发《传统村落评价认定指标体系（试行）》的通知（建村〔2012〕12号）[EB/OL]. 2012-08-22. http://www. mohurd. gov. cn/zcfg/jsbwj_0/jsbwjczghyjs/201208/t20120831_211267. html.

[3] 中华人民共和国住房和城乡建设部，中华人民共和国文化部，中华人民共和国财政部. 关于公布第一批列入中国传统村落名录村落名单的通知[EB/OL]. 2012-12-17. http://www. mohurd. gov. cn/zcfg/jsbwj_0/jsbwjczghyjs/201212/t20121219_212340. html.

[4] 中华人民共和国住房和城乡建设部，中华人民共和国文化部，中华人民共和国财政部. 住房和城乡建设部文化部财政部关于公布第二批列入中国传统村落名录的村落名单的通知[EB/OL]2018-08-26. http://www. mohurd. gov. cn/zcfg/jsbwj_0/jsbwjczghyjs/201308/t20130830_214900. html.

[5] 陈彦光. 分形城市系统：标度·对称·空间复杂性[M]. 北京：科技出版社，2008.

[6] 杜秀荣，唐建军. 中国地图集[M]. 北京：中国地图出版社，2012.

[7] 中华人民共和国国家统计局. 中国全面建设小康社会进程统计监测报告（2011）[EB/OL]. 2011-12-19. http://www. stats. gov. cn/tjfx/fxbg/t2011219_402773172. html.

[8] 葛美玲，封志明. 中国人口分布的密度分级与重心曲线特征分析[J]. 地理学报，2009，64（2）：202-210.

[9] 天域北斗数码科技有限公司. 中国交通地图册[M]. 北京：中国地图出版社，2013.

[10] 俞孔坚，奚雪松，李迪华，李海龙，刘柯. 中国国家线性文化遗产网络构建[J]. 人文地理，2009（3）：11-16，116.

[11] 罗香林. 客家源流考[M]. 北京：中国华侨出版社，1989.

[12] 沈崇麟. 社会研究方法的新发展——应用社会学前沿问题综述[J]. 社会科学管理与评论，2008（1）：77-83.

[13] 冯骥才. 传统村落的困境与出路[N]. 人民日报，2012（12）.

泉州传统城市社区形态分析及其启示 ①

摘 要

以泉州旧城区铺境空间为研究对象，关注出现在铺境单元中的民间信仰及其相关的仪式空间，分析铺境空间的形成过程及其社区特性，解读人们在铺境空间中的生活场景和精神防卫需求。铺境社区的形成过程，是民间日常生活对官方空间划分体系的超越和转移，是居民对日常生活空间营造的身体力行。根据传统社区的空间形态，探讨历史变迁中城市社区的社会空间与形态空间的互动与变迁，试图从泉州的铺境空间考察与研究中，探求对当代城市和谐社区建设的有益启示。

关键词 民间信仰；铺境空间；传统社区；泉州

引言

城市社区是指在一定的城市地域范围内，由一定规模的人群按照某种社会关系组成的实体。社区具有空间和社会两方面的属性，除了人们生活的物质空间环境，还包括其社会属性。传统社区所展现的生活模式与人际关系，以及人们对生活场景的情感依托，饱含着传统文化的精髓，是人们生活经验长期积淀的宝贵遗产。分析传统社区的空间形态、功能需求和社会属性，把握传统居住社区的空间图式、环境意象和场所精神，对当代城市建设具有重要的借鉴作用和应用价值。

关于民间信仰与传统社会空间的关系，社会学界已有过较多的关注，这些研究大多以乡村聚落为研究对象，立足于传统社会演变的文化内涵[1]。本文尝试以泉州传统城市聚落为研究对象，从民间信仰的角度入手，关注因祭祀圈的分化而形成不同层次和规模的城市社区。从民间信仰和日常生活的角度，分析传统城市空间的社会属性，探讨历史变迁中城市社区的社会空间与形态空间的互动与变迁，可以更准确地衡量历史环境的价值，也有助于以社区为单元的地方性文化建设，从民间的层次提升地方文化的品质。

一、问题的提出

地域民俗文化直接影响了建筑与城市文化的形成，并成为环境意义指向的目标。建筑及城市空间以特有的敏感度和特殊的方式反映着文化的发展，形成独具特色的地域建筑文化。传统城市空间的研究不应仅停留在物质空间形态的层面上，更应深入传统的社会文化、经济与政治层面之中，观照作为空间主体的个人、群体及其“日常生活”的意义。因此，要真正理解一个地方的城市文化根基，就应该深入了解包括政治、经济和社会活动等特征在内的市民“日常生活”。

随着地方经济和社会的蓬勃发展，快速的城市建设造成城市设计观念单一化，部分历史街区受到严重破坏，脱离了人们的生活经验。在被拆除的传统街区中，不仅有值得保存和研究的价值、具有地方民俗文化特色的地域或建筑，而且还承载着发达的社会网络。历史文脉日渐模糊，城市环境失去其自身特质性，人们的精神需求就会失去物质依托，“失落感”日渐突出。探讨传统建筑文化的继承问题，构建适应当代城市生活的人文社区，对于历史文化名城来说显得特别重要，这也是我国目前构建社会主义和谐社会的重要内容。

二、泉州铺境空间与民间信仰的地方特质

泉州作为中国东南的海港城市，西北与广袤的中原腹地有群山阻隔，东南濒临磅礴的海域，城市自然地理、社

---

① 林志森，张玉坤，陈力．泉州传统城市社区形态分析及其启示 [J]．天津大学学报（社会科学版），2011（07）．
国家自然科学基金资助项目（50578105）；教育部高等博士生专项科研基金资助项目（20090032120054）；福建省自然科学基金资助项目（2010J05111）

会文化和政治经济等因素十分独特：一方面，与传统中原汉文化有着千丝万缕的联系；另一方面，具有对外交流的先驱性和前沿性，形成了独特的人文背景。泉州文化的发展史，是一个不断交流融合的过程，而传统理念仍一直贯穿其中，使泉州文化一直保持着自己的特色。

明清时期泉州府为加强基层社会的管理，推行一套完整的行政空间区划制度，即铺境制度，它同时也是当地的“城市社会空间区位分类体系”[2]。这种制度将泉州城内划分为若干“隅”，“隅”下设“铺”，“铺”下设“境”。据乾隆版《泉州府志》卷五记载，泉州“自宋初始分乡、里，元明以来复有坊、隅、都、甲之制。或异名而同实，或统属而分并”。可见，这种区划制度具有一定的历史传承性，它自元代以后就已基本确立，明、清时期得到很大发展。“铺”为古代为传递官方文书或专用物资等而设置的机构，又称“递铺”，一般由国家的兵部统一管理。北宋沈括在《梦溪笔谈》卷十一中写道：“递铺旧分三等，曰步递、马递、急脚递。”《永乐大典》中记载：“宋朝急递铺，凡十里设一铺……”14 世纪末以来，明清泉州的海禁及对外防守，使政府对基层社会的控制大为巩固，“铺”作为行政区划单元开始在泉州实施，该制度仿效元代铺驿制，但其功能已由军政等信息的传递与储存转变为铺兵组织与行政空间。道光版《晋江县志 · 卷二十一 · 铺递志》记载：“而官府经历，必立铺递，以计行程，而通声教。”可以看出，铺的作用，除了管理户籍，征调赋役，还要传递政令，敦促农商，并向地方官府提供各种信息，以资行政。

道光版《晋江县志 · 卷二十一 · 铺递志》对泉州城区的铺境制度区划作了比较详细的记载：“本县宋分五乡，统二十三里。元分在城为三隅，改乡及里为四十七都，共统一百三十五图，图各十甲。明因之。国朝增在城北隅，为四隅，都如故……城中及附城分四隅十六图。旧志栽三十六铺，今增二铺，合为三十八铺。”[3] 从县志资料可以看出，在明代，泉州城厢分为东、西、南三隅，由 36 铺 72 境组成，清代增加城北隅，全城分为 38 铺 96 境（表 1）。

清代泉州城隅、图、铺、境数目 表 1

隅名	图数	铺数	境数
东隅	4	5	13
西隅	4	10	22
南隅	4	15	36
北隅	4	5	15
附郭增设隅		3	10

泉州铺境制度的空间转化与当地民间信仰有着不可分割的联系。民间信仰是指人们按照超自然存在的观念及惯制、仪式行事的群体文化形态。中国民间信仰与仪式看似分散的表象背后隐藏着稳定的秩序与规则，多数民俗研究者越来越主张把民间信仰与仪式看成一个系统化的民间宗教体系[4]，它的核心是“超自然观”，大致相当于宗教的教义。对于中国传统社会来说，民间信仰和祭祀习俗乃是普通百姓日常生活的一部分。泉州也不例外，民间信仰文化往往居于当地民众精神文化生活的核心。这是一种积淀深厚、魅力独特的文化现象，它深刻地影响了当地民众的生活方式、风俗习惯、思维方式、心理情感等方面。民俗的区域性特征，与该区域的历史传统、地缘关系、生产和生活条件等制约有关，这种特征在饮食、服饰、居住、行为仪式等日常生活中都有所表现。

泉州民间信仰独特之处在于与地方行政空间的紧密关联及其对铺境空间的地方性转化。唐宋时期是中国历史上重要的社会转型时期[5]。宋代“保甲法”的推行，推动了基层社会控制制度的发展。尽管这种制度在宋末受到冲击，由于迎合了宋明理学的政治伦理观念，南宋以后大受朱熹等人的推崇。明清时期，官方在接受宋明理学为正统模式之后，为了营造一个一体化的理想社会，朝廷及地方政府通过树立为政和为人的范型来确立自身为民众认可的权威。官方积极从民间的民俗文化中吸收具有范型意义的文化形式，设置祠、庙、坛，其所供奉的神灵，有的是沟通天、地、人的媒介，如社稷神；有的是体现政府理想中正统的历史人物，如孔子、关帝等；有的则是被认为曾经为地方社会作出巨大贡献的超自然力量，如昭忠公、龙王等。地方志记载，明清两代，泉州城内设有祠、庙、坛，并有时间规律地在这些神圣场所中举办祭祀活动。道光版《晋江县志 · 卷十六 · 祠庙志》云：“祠庙之设，所以崇德报功。天神、地祇、人鬼，凡有功德于民者，祠焉、庙焉。聚其精神而使之凭依，即以聚人之精神而使之敬畏。”

在这个过程中，民间通过模仿祠、庙、坛、社学等官祀体制而形成的民间信仰“通过仪式挪用和故事讲述的方式，对自上而下强加的空间秩序加以改造。于是，铺境制度吸收民间的民俗文化后被改造为各种不同的习惯和观念，也转化成一种地方节庆的空间和时间组织”。在此改造和转化的过程中，官方的空间观念为民间社会所扬弃，并在当地民众的社会生活中扮演着重要角色。根据泉州地方史家陈垂成、林胜利先生的调查，在清代时，泉州旧城区所有的铺境单元都有自己的铺境宫庙。这些铺境宫庙是在铺境地缘组织单位的系统内部发育起来。据泉州地方史家傅金星先生的考证，这些宫庙到了清代初期已经极度发达而系统化[6]。在各个铺境单元中，每个境庙都有作为当地地缘性社区的主体象征的祀神，民间信仰与铺境制度的相互结合与渗透对传统社区空间产生深刻的影响。

本文在实地调研的基础上，结合民国十一年（1922年）福建泉州公务测量队缩微测制的“泉州市图”，将文字信息叠加到“泉州市图”上，将史料文献中的文字信息图形化，初步确定了四隅及铺的空间分布和形态特征（图1）。

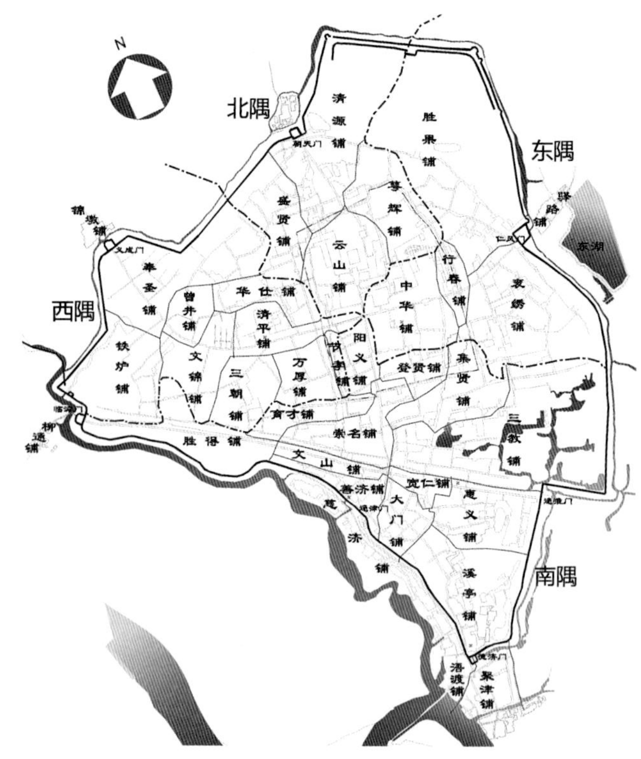

图1　泉州旧城区四隅及三十六铺分布
（改绘自陈垂成，林胜利．泉州旧城铺境稽略．泉州市鲤城区地方志编纂委员会，1990.）

三、泉州铺境单元的社区特性

“社区”一词最早源于拉丁语，意指“共同的东西”或“亲密伙伴关系”。德国社会学家滕尼斯早在1887年就将社区一词纳入社会学的研究范畴。此后，社区一词在许多领域得以广泛应用，其含义也发生了许多变化。中文的“社区”一词，是20世纪30年代中国社会学者由英语“Community”翻译而来。中国社会学界在定义“社区”这一概念时，一般指聚集在一定地域范围内的社会群体和社会组织，是根据一套规范和制度结合而成的社会实体，是一个地域社会共同体。它至少包括以下特征：有一定的地理区域，有一定数量的人口，居民之间有共同的意识和利益，并有较密切的社会交往。

在中国传统社区形成过程中，民间信仰发挥着巨大的整合功能，它借助共同信仰以巩固社区居民的凝聚力、整合社会的组织力，加强社区居民的社群关系，促进居民之间的社会交往。明清时期，泉州官方的铺境划分虽然从制度上和空间上限定了铺境的地理区域范围和所辖居民，但并没有形成真正的社区关系网络。在漫长的历史过程中，当地民众通过共同民间信仰和祭拜仪式，共同面对瘟疫、纷争以及各种日常事务，铺境单元内居民具有共同的意识和利益，在认知意象或心理情感上具有一致性，即认同感和归属感。通过这种民间化和世俗化的改造，铺境单元才走向一个以民间信仰为基本架构的非官方模式的社区空间，承载着人们的生活起居、生产贸易、休养生息、邻里交往、娱乐休闲等日常活动，到了节庆或者神诞之日，社区居民则在此举行隆重的庆典仪式（图2）。在传统社会，铺境庙宇作为社区的公共场所，也是订立乡约和处理地方民事争端的地方。可以说，铺境单元是明清泉州城市社区形态构成的基本单元。

官方从制度上明确了铺境单元的地域范围和社会群体，居民则通过“巡境”等民间仪式行为极力强调地方自主性与一体性，明确

a 孝友境孝友宫拜亭成为社区活动场所

b 通津境通津宫成为老年人娱乐场所

图2　铺境空间的活动集聚

自己所属区域的边界，从而形成铺境社区的空间领域感。围绕铺境宫庙形成的公共空间成为他们的空间意象中的领域中心所在，同时也促进了邻里间的交往。从公共庙宇——街巷——厝埕——宅院层层深入的空间层级，铺境社区实现了空间由公共性向私密性的分级渐变，这种从外到内由公共——半公共——半私密——私密的层层过渡，形成较强领域感和归属感的空间。同时，由于各铺境庙所祀主神对本区域民众具有精神震慑作用，加强了社区空间的防卫性，创造了亲和稳定的邻里关系。铺境居民在这里休憩娱乐、共叙家长里短，已成为一种独特的生活方式延续下来。

四、泉州传统城市社区的空间特征及其启示

自西周以后，城邑内部逐渐形成里坊制度，并在各个帝国权力的更迭中不断发展、变迁。到了唐、宋之际，这种制度由于无法适应经济发展的需要而被打破。明清时期，由坊、街、巷组合而成的城市地域空间仍保持着其古老的样态，虽然坊的行政区划作用已大不如从前，但其作为城市社区单位的名称没有变，大多城市有坊的划分。一般来说，城市的地域布局为：城中为坊，坊的外围为四隅，城门外的城郭为关厢。行政建制则有坊、牌、铺，或者坊、铺。其制以京城最为典型。如明代的北京有 5 城之划分，城下设坊。所谓“按明制，城之下复分坊、铺，坊有专名……铺则以数计之”[7]。

图 3　聚津铺青龙境

然而，泉州铺境空间则展现了不同于一般的以坊巷划分棋盘式斑块为单位的社区结构，而是以祭祀空间为精神核心，以共同的神明信仰为依托，以街巷为骨架的层级空间单元（图 3）。铺境社区的形成过程，是民间日常生活对官方空间划分体系的超越和转移，是居民对日常生活空间营造的身体力行。这是一个历史文化不断积累的过程，各种文化因素相互影响，逐步达到平衡，最终形成富有生活气息而又满足人们日常使用和心理需求的新的社区空间体系。共同的民间信仰和铺境利益创造出居民对于社区强烈的认同感，巩固了社区群体的凝聚力。

传统聚居空间是社区结构的历史和人文的凝结。要使空间的历史文脉和居住者的空间情感都得以延续，空间研究必须转向以人为本的社区法则。从都市人类学的角度看，人类的习俗行为对城市空间与建筑形式的发展演变，起着潜移默化的影响作用。在泉州传统社区中，民俗和礼仪的影响特别突出。它们是延续传统生活脉络的重要载体，营造出生机勃勃的社区生活，为我们在当代城市社区中创造有活力和有效率的公共领域提供了极富借鉴意义的启示。

1．重建社区仪式空间 [8]

社区仪式空间的营造是城市居住社区整体营造的核心内容。这是由于，社区的本质在于“共同体”的形成与发展，而这有赖于仪式等共同的生活交往、共同的心理归属、相近的文化观念以及共同的地域基础。居住社区公共空间的建构过程是一个社会政治结构和社会文化生活的建构过程，其作用不仅是物质性的，更是社会性的。这种社区仪式空间的重建，应该是一个自下而上的建构过程，因此，同时应该强调社区的公众参与。

2．健全社区参与机制

和谐社区建设的重要挑战在于居民对于社区的认同感、归属感、自豪感和责任感的建立。反观当今的城市规划理论，在工具理性过度膨胀的背景下，“城市规划的方法和技术被提升到科学的层面”[9]，这种理论将本应基于特定地点的社区文化来讨论的城市空间，孤立于社会脉络之外。在这种观念下，空间被认为是脱离主体性的中性存在，由此而创造的形态空间环境就难免忽略使用主体的生活形态和情感需求。社区参与在社区营造中更充分地反映社区主体的意愿，为努力实现社会民主与公正提供了行之有效的操作方法，它顺应了人类文明与社会发展的方向。这种自下而上的运作机制弥补了功能主义形体规划自上而下方法的严重不足，是城市和谐社区营造机制的重要保障。

3．保持社区空间的多义性

传统社区空间为人们日常生活提供了多样的活动场所，根据人们的行为倾向大致可归纳为防卫空间、交往空间

及礼仪空间等，分别从不同程度上满足了人们的生理需求、社会需求和精神需求。经验表明，创造有活力和有效率的社区环境的关键因素之一，就是要在区域内实现不同土地用途的集中化和各种活动的重叠和交织。铺境空间综合了生活、生产和交往等多种功能，这些功能往往相互交叉重叠在一起，具有良好的空间多义性，它们之间以一种相当稳固的方式相互补充，包含丰富的空间层次。

4. 延续社区空间的层级性

社区是我们的情感和行为归属的场所，传统与现代跨时空的耦合就在于城市更新回到人的尺度。人们的居住空间为满足综合性需求而富于层次：公共→半公共→私密。未来社区的硬件将摒弃集约化生产造成的城市空间机械分裂格局，进一步探寻城市公共空间→社区公共空间→街巷空间→宅院空间等新的符合新时代需求的层级空间。

通过挖掘和整理传统社区中沉淀的宝贵经验，把传统社区空间建立在“社会空间－日常生活”的构架下加以剖析，研究它在历史长河中为契合时代而进行的自发演进，总结出可持续发展的社区空间要素，可以作为当代城市和谐社区营造的有益借鉴。在这一方面我们的探索还远远不够，同时，跨学科的视野还没有得到很好的整合，但我们深信，学科的交融不仅可以拓展传统社区研究的视野，也提供了有效的途径和方法。对传统社区这种动态性和可适应的理解，不仅可以使我们拓展传统聚落的领域，也为社区传统如何应对现在和未来的挑战打下了思想基础。这种规划定位就导致空间社会学转向从居住者的角度研究空间的意义。因此，正如一些学者所呼吁的：“我们需要在未来的研究和教育中强调一种整体的方式，这种方式不仅结合了不同领域的视野和方法，而且还结合了对未来住房、城市设计或灾后反应的研究。这种结合实践的学习和参与的方法，将会构成一种新型的建筑教育和实践的起点。只有这样，才能把积累的乡土知识、技术和经验运用于不断变化的环境和文脉中，也只有这样，乡土建筑才不会消亡。”[10]

参考文献

[1] 王守恩．社会史视野中的民间信仰与传统乡村社会[J]．史学理论研究，2010（1）：85-92．
[2] 王铭铭．走在乡土上：历史人类学札记[M]．北京：中国人民大学出版社，2003．
[3] 晋江县地方志编纂委员会．晋江县志[M]．福州：福建人民出版社，1990: 484．
[4] 范正义．民间信仰研究的理论反思[J]．东南学术，2007（2）：162-168．
[5] 黄宽重．从中央与地方关系互动看宋代基层社会演变[J]．历史研究，2005（4）：100-117．
[6] 傅金星．泉山采璞[M]．香港：华星出版社，1992: 145．
[7] 余棨昌．故都变迁记略（卷1，城垣）[M]．北京：北京燕山出版社，2000: 6．
[8] 林志森，张玉坤．基于社区再造的仪式空间研究[J]．建筑学报，2011（2）：1-4．
[9]（法）列斐伏尔．空间政治学的反思[M]//包亚明主编．现代性与空间的生产．上海：上海教育出版社，2003: 6．
[10] 汪原．迈向新时期的乡土建筑[J]．建筑学报，2008（7）：20-22．

人口和耕地要素作用下中国传统聚落规模的层级分布特点①

摘 要

在以农业文明为背景的传统社会时期，中国传统聚落规模与传统农业的主要生产要素——人口和耕地直接相关。文章从自然机制角度和社会机制角度深入探讨了中国传统聚落规模与人口、耕地的作用关系，并以此为基础，得出了中国传统聚落规模的层级分布特点。

关键词 传统聚落；耕作半径；聚落规模；层级分布

一、人口和耕地要素对聚落规模的作用

中国传统聚落是依存于传统农业生产的基础上产生的。在众多影响聚落规模的要素中，作为传统农业的主要生产要素，即人口和耕地是决定中国传统聚落规模②的主要因素。

历史上聚落形态的形成与演进主要分为两种途径："自然式"有机演进和"计划式"理性演进。有学者形象称之为"自下而上"途径和"自上而下"途径[1]。人口和耕地要素正是沿着这两种途径实现了对中国传统聚落规模的作用。

下文分别从自然机制角度和社会机制角度，阐述人口和耕地要素对聚落规模的作用方式，进而得出聚落规模的层级分布特点。

二、自然机制下人口和耕地要素对聚落规模的作用方式

自然机制下人口和耕地对聚落规模的作用方式《礼记 · 王制》中表述的较为完整："凡居民，量地以制邑，度地以居民。地邑民居必参相得也。无旷土，无游民，食节事时，民咸安其居，乐事劝功，尊君亲上，然后兴学"[2]。文中从人口和耕地要素，分析了"制邑"的营造策略。"制邑"应充分考虑人口、耕地要素，使资源配置达到"无旷土，无游民"的标准，三者"相得"，则社会长治久安。

其中，"地、邑、民"三者的"相得"关系可用耕地规模、聚落规模和人口规模 3 个数理参量表达其内在的逻辑关系，耕地规模作为先发因素，决定了其承载的人口规模，而人口规模不同，应配套的聚落规模不同。按照这种逻辑关系，我们可以将 3 个数理参量分解为两两对应的作用关系，在分别深入剖析其作用方式的基础上，综合得出在自然机制下聚落规模的发展规律。

1. 耕地规模和人口规模

在传统社会时期，农耕聚落居住者的生活资料几乎全部来源于其周边耕地。单位面积土地可供养的人口数量，即土地的承载力决定了耕地规模与人口规模的作用机制。通过数学表达式，可以将其自然机制作用的逻辑关系表达如下。

$$S_{耕}=K_{地}Q_{人}$$

式中：$Q_{人}$为聚落人口规模；$S_{耕}$为聚落耕地规模；$K_{地}$为土地承载力。

事实上，在传统的农业社会中，聚落耕地规模的发展一直受到制约。由于步行交通一直以来都是传统社会中核心的农耕交通方式，在生理因素和自然因素的限制下，传统农耕聚落居民不会将耕地选择在离聚落很远的地方。当以聚落为圆点，人们可承受的最大步行耕作距离为半径所划定的区域，就是传统聚落的最大耕地面积。这也就从根本上制约了聚落耕地规模的无限扩张。

---

① 张玉坤，贺龙．人口和耕地要素作用下中国传统聚落规模的层级分布特点 [J]．天津大学学报（社会科学版），2015（05）．

② 本文中聚落规模的尺度特指聚落占地面积的大小。

在耕地规模发展受到制约的情况下，土地承载力的变化因素决定了耕地规模对人口规模作用的程度。在不同地域和不同的历史时期，由于土地类型的不同和古代农业生产技术的进步，土地承载力表现出不同的特征。如在地理分布上，由于自然地形的原因，一般平原地区比山区土地更容易汇集适合农作物生长的养料，土地肥沃程度较高，同时灌溉条件和农业生产技术信息交流的条件也优于山区，从而表现为平原地区的聚落人口规模往往大于山区聚落人口规模。在不同的历史时期，由于农业生产技术的进步对土地承载力的影响，也导致聚落人口规模在不同的历史时期表现出逐步增加的趋势。因此，在相同的历史时期，耕地类型相近的地域，K 地的大小浮动较微弱，人地比例差异不大，反之亦然。

2．人口规模和聚落规模

同样，人口规模和聚落规模的逻辑关系可表达为

$$S_{聚}=K_{人}Q_{人}$$

式中：$S_{聚}$为聚落规模；$Q_{人}$为聚落人口规模；$K_{人}$为人均居住用地面积。

$K_{人}$的大小，取决于聚落居住者生活的平均富足水平。不同的历史时期，由于社会的进步，人们的生活水平整体呈上升趋势，从而表现为聚落规模逐步增大的趋势。而在一定的历史时期内，$K_{人}$的大小在地理分布上的变化较为稳定。这种关系可用人口经济学中的“推拉理论”进行分析。理论认为，人口迁移和移民搬迁的原因是人们可以通过搬迁改善生活条件。在流入地中，那些使移民生活条件改善的因素就成为拉力。而流出地中，那些不利的社会经济条件就成为推力。人口迁移就是在这两种力量的共同作用下完成的[3]。基于上述的推拉理论，人口通过迁移使得整个地域中各聚落单元的平均富足水平趋向一致，从而使传统聚落中人口规模和聚落规模在地理分布的数理统计上有较强的正相关特征。

3．聚落规模与耕地规模

综合考虑$K_{地}$和$K_{人}$的因素，可以推出聚落规模与耕地规模的关系。即在一定的历史时期和相近的耕地类型区域内，聚落规模与耕地规模在地理分布统计学上应具有正相关的数据统计特征。在不同的历史时期和不同的地域中，由于农业生产技术水平和土地类型的差异，这种正相关的比例系数存在一定差异。

在具体的聚落规划营造过程中，农业技术的发展在微观的历史时期内基本上是静态的。因此，土地的肥沃程度成为考量聚落营造规模过程中一个主要的变化因素。

4．自然机制下聚落规模的发展极限

综上所述，我们可以认为，由于古代传统交通方式等可达性因素的限制，聚落耕地规模不可能无限扩大，从而使得聚落规模的发展存在最大极限。在自然机制的作用下，聚落规模的极限程度不同。农业生产技术较高、耕地肥沃程度较高的地区，传统农耕聚落规模的发展极限也较大。农业生产技术较低，土地肥沃程度较低的地区，规模发展极限较小。在实际的聚落规划行为中，人们通过“相土择址”的手段，优先选择土地肥沃程度较高的地域建立聚落。同时，为了扩大耕种半径，部分地域有采用冬夏两栖的居住方式，但这些行为对聚落规模本质上的扩大意义有限。聚落规模要想进一步发展，达到更大尺度的规模，必须通过社会机制的作用来实现。

三、社会机制下人口和耕地要素对聚落规模的作用方式

自然机制作用下形成的聚落形态可支撑的社会关系相对简单，聚落内部以家庭为单位组成一个相对独立的社会群体。同时，每一个分散的聚落均以自身为中心，以血缘关系、地缘关系为基础，与周边临近的聚落形成一个具有一定社会关系和经济关系的聚落共同体。这样一种聚落的共同体可以实现最基本的社会活动，承载一定程度上的社会伦理制度，形成一套相对独立的社会体系。施坚雅在分析这种社会关系时认为，通过基层市场的作用，还可以形成更大范围的社会关系。在具有周期性和流动性的集市作用下，农民的实际社会区域的边界不是由他所住村庄的狭窄的范围决定，而是由他的基层市场区域的边界决定的[4]。在传统的农耕社会中，周期性的市场补充了相对原始状态的步行交通，构成了相对较大的社会圈。但是，这样一种社会关系还远远不够，从社会生活和政治军事等方面考虑，需要有更大规模的聚落体系来承载更加完整的社会结构。因此，人们希望打破自然机制下聚落规模的发展极限，通过社会制度的作用，使人口、耕地与聚落规模的作用机制发生根本的改变，从而营造更大尺度的聚落。

社会机制对聚落规模的作用方式主要是通过政治和经济两条途径完成。通过政治途径，使以农业生产为主要生产

方式的社区型聚落转变为政治军事较强的中心聚落，包括行政区划中的各级都城、府、州、县城。通过经济途径，使农业聚落转变为以物质交换为主的地方性商业聚落和区域性商业城市。在不同历史时期，国家统治结构是很不相同的，这些土地管理和分配机制的思想，最早可以追溯到夏商时期的井田制。所谓井田制《孟子 · 滕文公上》记载：“方里而井，井九百亩。其中为公田，八家皆私百亩，同养公田。公事毕，然后敢治私事。”[5] 基于井田制这样一种土地制度和赋役制度，全国城乡统一部署“九夫为井，四井为邑①，四邑为丘，四丘为甸，四甸为县，四县为都”[6]。最终，全国形成了城乡一体、耕地与人口按比例均质分配的地理格局。自此开始，人口和耕地通过社会制度的作用产生了新的格局。新的聚落规模形态及地理分布格局体系支撑了更加完整的社会结构体系。

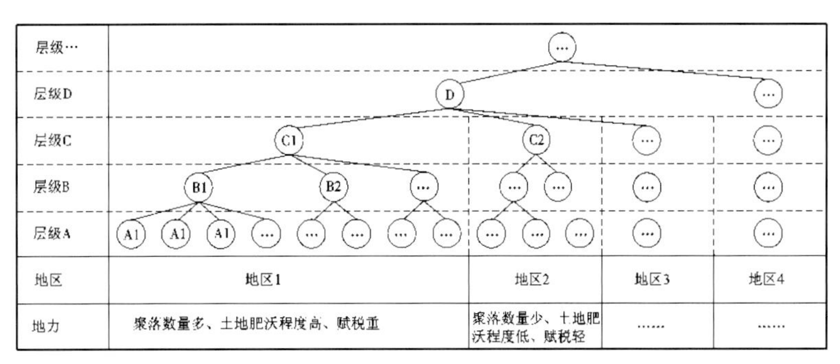

图 1　中国传统聚落的行政体系层级关系

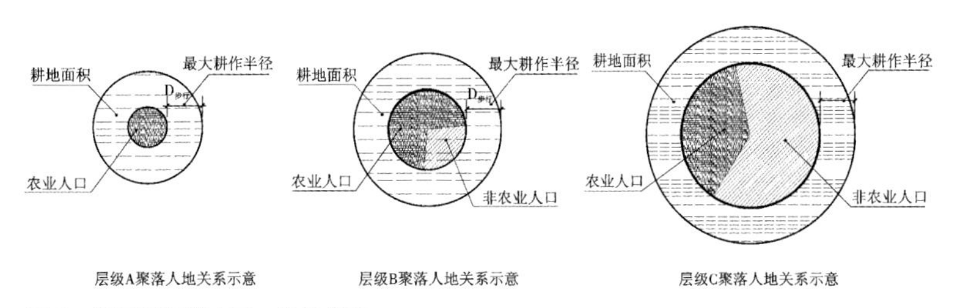

图 2　各层级聚落人口、耕地关系

纵观中国传统社会制度对人口和耕地的作用，其核心机制主要体现在土地制度和赋役制度方面。虽然各时期具体组织形态不同，但在宏观上，其根本的机制是一致的。中国传统社会中，城市与乡村的经济联系主要是单向性的，农村社会“男耕女织”的生活方式形成了自给自足的小农经济体制。城市从农村征收贡赋、调集劳役，却较少向农村提供产品。中国古代城市作为消费性城市的特点，使城市的手工业生产未能获得独立运行的经济机制，也不能成为支持城市发展的支柱产业[7]。因此，不同行政层次的聚落最终形成了一种自上而下多层级的寄生关系（图 1）。

在聚落的行政体系中，层级 A 的聚落是位于体系最底层的聚落，具有纯粹的生产性，其聚落规模主要受自然机制影响。随着行政层级地位的提高，聚落的社会职能开始增大，聚落中非农业人口比例也开始增大（图 2），从而导致聚落规模进一步扩大。

由图 1 和图 2 可以看出，层级 A 中聚落的农业人口，在其聚落周围的耕地上劳动，劳动成果一部分用以自身，另一部分上交到层级 B 作为赋税。层级 B 在收到层级 A 的赋税和自身层级农业人口的赋税后，一部分用以自身非农业人口，剩余部分继续向层级 C 上交，以此类推。这样的社会组织方式，形成了新型的人地关系，使聚落的规模不再完全依赖于聚落农业人口规模和聚落周边的农耕腹地规模。聚落中非农业人口规模脱离于聚落自身耕地规模，与农业人口共同影响聚落的规模。

四、聚落规模的地理层级分布特点

中国传统聚落规模在地理空间的分布统计上带有层级性的数理统计特征，使中国传统聚落在规模尺度上构成了多层级的结构体系。与聚落的行政层级不同，聚落规模的层级强调的是从物质形态角度出发，以聚落规模的尺度大小在地理空间上的分布统计为基础，所呈现出来的层次分级特征。

综合上文可以看出，中国传统聚落规模的层级分布特点就是人口、耕地要素在自然途径和社会途径双重作用下形成的。规模层级较低的聚落，受自然途径的作用关系较大，规模层级较高的聚落规模，受社会组织途径的作用关系较大。

① 此处的“邑”及后文的“丘”“甸”“县”“都”强调的是土地区域的概念，并非聚落单体的概念。

非农业人口具体的分布状态与社会组织方式直接相关，在土地制度和赋税制度的影响下，更多的非农业人口集中在行政级别较高的层级，形成更大规模的聚落单元。因此，宏观上讲，行政层级越高的聚落，其非农业人口得到的赋税越多，聚落人口规模越大，从而使聚落规模尺度越大。基于这一点，中国传统聚落规模层级取决于聚落的行政层级，传统聚落规模层级体系与聚落行政层级体系在宏观上是统一的。因此，通过考察现实中特定地域中传统聚落的规模层级，比较各层级间聚落规模的比例，可以在一定程度上反推出当时社会行政等级的关系，以及赋税的比例程度。

从微观上讲，由于自然机制的作用，聚落行政层级与聚落规模层级无法一一对应。在聚落行政层级中，聚落中非农业人口的具体数量取决于下一层级中聚落的数量、聚落耕地的肥沃程度及赋税比例等因素。同时，在聚落行政层级的末端，聚落的规模尺度主要受自然机制的作用。由于地理条件的区域差异，这一行政层级的聚落还可以细分出更多规模层级。因此，两种层级体系并不完全等同。

参考文献

[1] 刘晓星．中国传统聚落形态的有机演进途径及其启示[J]．城市规划学刊，2007（3）：55-59.

[2] 北京师联教育科学研究所．中国古典文化大成·诸子百家卷：礼记[M]．北京：学苑音像出版社，2005.

[3] 李强．影响中国城乡流动人口的推力与拉力因素分析[J]．中国社会科学，2003（1）：125-136.

[4] 施坚雅．中国农村的市场和社会结构[M]．北京：中国社会科学出版社，1998.

[5] 孟子．孟子：上卷[M]．长春：吉林文史出版社，2007.

[6] 北京师联教育科学研究所．中国古典文化大成·诸子百家卷：周礼[M]．北京：学苑音像出版社，2005.

[7] 李贺楠．中国古代农村聚落区域分布与形态变迁规律性研究[D]．天津：天津大学，2006.

技术方法

便捷现场踏勘与测绘方案①

摘 要

现场踏勘是建筑设计中的一个重要步骤，针对现场勘查和测绘往往动用人员、设备多，耗费较大的事实，提出了以常见的GPS智能手机等个人电子产品和绳子等物品作为工具，结合民用软件与网络服务，以较小耗费取得相对复杂的田野调查与测绘成果的便捷方法，并结合作者对陕西榆林市定边县明代砖井堡的考察实例对此方案加以说明，对其应用范围、误差控制做出分析。

关键词 田野调查；测绘；GPS；砖井堡

引言

现场踏勘需要到考察现场实地记录与工作，而这些记录成果可以带回，或再次转换成为研究展示的成果：这种透过田野调查的实地采访和记录，便是第一手宝贵资料的取得，至于最典型的资料汇集形态，不外乎有下列四项：1）采访记录；2）拍摄记录；3）翻制记录；4）测绘记录。其中，采访记录需要录音设备；拍摄记录与翻制记录通常需要照相设备；而测绘记录则视调研目标不同可能需要全球定位系统（Global Positioning System，以下简称GPS）、卷尺、激光测距仪、标杆、地质罗盘等测绘设备。在大规模文物普查工作中，文物工作者一般以工作队的形式开展文物普查活动，配备专用车辆，使用专业GPS、激光测距仪等装备开展文物普查活动。在建筑与规划工作中，常常需要进行现场踏勘，实地考察，有时需要进行一些精度要求并不太高的调研和测绘工作。

本文提出的现场踏勘与测绘的概念是针对较多人力和装备的专业科考队伍而言。作者认为，随着电子技术的进步以及越来越多的资源平台的开放，利用较少人力物力完成具有一定精确度的测绘与现场踏勘的目标将能够实现，可与三维扫描、航空拍摄以及卫星遥感构成不同技术要求、测绘精度与使用范围的完善体系。此类方法可作为高校、设计院的参考或备用方案，值得思考与实践。

一、应用方案

原则：基本依靠日常携带工具即可工作的现场踏勘工具应用方案，以应对偶然、随机以及一般情况下对精度没有过高要求的现场勘查，迅速获得一般需要专业设备和较多人力、时间才能获得的调研资料。

1. 基本装备

手机是现代社会几乎人人必备的工具，目前，虽然人们开始意识到GPS可以为生活带来很多便利，但是绝大多数

图1 砖井堡全景

① 张楠，张玉坤．便捷现场踏勘与测绘方案[J]．工业建筑，2010（S1）．
国家教育部高等学校博士学科点基金项目（200800561088）；建设部科学技术项目（2008-K9-20、2009-K6-14）

用户还仅仅停留在GPS的导航、指路功能，而其他多种应用的可能性却被忽略。随着电子技术的发展，手机功能日趋丰富，远远脱离了其发展初期的单纯通信设备的定位，而是逐步结合了照相机、录音笔、导航仪、掌上电脑的一些功能而成为人们生活中的必备工具。一个具有GPS功能的普通智能手机常同时具备如下功能：录音、拍照、拍摄视频、A-GPS定位与轨迹记录。这样，基本可以满足采访、拍摄记录的要求，辅以便携照相机就可以轻松获取前文所述的前三类资料。而测绘记录，则视调研要求需要配备不同的工具。在对精度要求不很高、仅需对聚落平面加以记录的情况下，一个GPS手机即可满足平面记录的要求。

图2 手机gps软件截图

2．辅助装备（可依需要选择配备）

1）测绳（或皮尺）测绳是对皮尺的简化，在对精度要求不高的测量中，一根在每米长度处打结的测绳可基本取代皮尺，由于其价格低廉，便于携带，故应用广泛。在高度的测量中，在一端系重物（如石块），就可以单人完成粗略的高度测量。

2）地质罗盘：目前价格一般在100～300元间，可以方便得到倾角等数据，提高高程测量的准确性。

3）激光测距仪：日益小型化，具备成为可能随身携带的测绘设备的可能，特点是便携、使用方便，测距准确，如配备将是对测绘的有利补充。

4）GPS相机：目前，越来越多的相机可配GPS模块实现将现场照片与拍摄地点的地理坐标精确结合的功能，这样可以获得带有地理坐标的高质量的相片。

3．软件

可google map、GPSED、GP-SCAM、google earth、picasa等软件及网络服务，协助完成定位、记录轨迹、拍照、轨迹上传整理、轨迹格式转换。

二、应用实例

本文作者参加了2009年8月天津大学建筑学院长城关堡调研活动，并在陕西省的调研活动中尝试采用手机GPS进行定位与辅助测绘，虽然设备简单，但成果令人满意。

天津大学建筑学院曾从2003年起多次开展北方堡寨调研工作，堡寨的平面尺寸、现状、所处地理环境都在调研工作范围内，一般需要两人拉皮尺，一人记录，加上拍照等工作，至少需要三人同时工作三小时左右才能完成一个中等规模长城堡寨的基础调研工作。本次调研记录活动以便捷准确为原则，采用搭载GPS模块的普通智能手机，配合软件对本次行程的田野调查部分做记录。相对精确地记录行程轨迹，配合以重要地点的标定，就可以得到调研堡寨的外形特征，平面尺寸，海拔标高、重要点地理坐标等资料。并且可以直接由手机通过卫星将行程轨迹上传到网络，后方的工作人员每天都可以得到现场调研的最新进展情况。测绘、拍照和文字记录基本可以由同一个工作人员在约2h内完成。

以对明代“九边”防御体系中延绥镇的砖井堡调研为例，调研中，作者携带GPS手机沿堡墙顶行进，随时拍照，并在各墩台、角楼、堡门、瓮城等位置做标定，辅以皮尺对墙体高度的少量拉尺测量（实际上可以结绳代替，如果对精度有要求的话需辅以测角罗盘），就迅速获得了该堡的外形尺寸和各重要参考点的地理坐标等数据，将获得的kml格式文件在软件中打开，可以在电子地图上精确定位该堡，获得朝向、外形、海拔等数据——不仅直观，而且准确，大大降低了田野调查的工作强度，提高了测量精度。实测得到砖井堡的边长为480m，这与《延绥镇志》中的记载基本相符。结合网上地图软件，还能获得大量周围地形地貌、水文地理、行政区划、道路桥梁资料，甚至可以通过网络链接到维基百科等网络资料，方便了对调研对象的深入理解。日后，还可以通过GPS相机功能，将实地拍摄照片精确定位在地图上，实现调研数据库的直观化。也可以建立毕加索相册等，利用免费的互联网工具，丰富成果的可视性，增加其综合利用价值。在工业与民用建筑的现场踏勘中，便捷且相对准确地获得场地的现场实测资料，就显得更有意义。

三、误差分析

步测、皮尺量需要实现两点间的直线连接，受到地形影响，有时不易实现或难以保证测量精度。相比之下，gps 定点的方法并不需要在测量中将两点直接连线，实施起来比较容易。美国在 2000 年 5 月取消了针对民用 gps 的 SA 干扰，其精度（10m 以内）虽然距离军用级别（米级以内）还有较大差距，但由于避免了误差累计，测距离也不受两点之间的地形影响，可满足聚落级别测绘的要求，在气候情况良好，地形不过于复杂的情况下，精度甚至可控制在 4m 以内。

目前，大多数的 gps 手机使用的芯片具有快速接收信号的能力和对信号进行高效处理的能力，如果我们处于复杂地形环境中，除了那些直接从卫星发射过来的信号，芯片还会接收到很多从其他坚硬的表面（比如悬崖）反射的信号，也就是通信中常说的多径衰落。事实上 gps 是通过计算卫星信号到达接收器所用的时间来确定用户所在的位置，所以那些反射信号就成为难以摆脱的干扰源，也就是我们用 gps 进行测量中提到的多路径效应。芯片能够通过众多的 what ifs 算法剔除掉无用的干扰，并且把那些较弱的有用信号筛选出来。同时，我们在测绘过程中标定关键点应有意避开复杂地形的干扰，测量线路选择时应尽量避开受多路径效应影响大的环境。

应该说明的是：目前手持型 gps 高程定位能力是比较差的，GPS 能够收到 4 颗及以上卫星的信号时，它能计算出本地的三维坐标：经度、纬度、高度；若只能收到 3 颗卫星的信号，它只能计算出二维坐标：经度和纬度，而且这时经度、纬度也不是一个很准确的值。在野外测绘时，不建议用 gps 来进行高程测量，聚落调研时，皮尺或测绳获得的数据更为准确。手持 gps 进行高程测量获得的结果只应在对标高要求较低的情况下采用，利 google earth 等地图软件进行标高修正也可以有效降低标高测量的误差。

四、内业

仅仅通过 gps 记录了田野调查中的轨迹仅是一次好的测绘工作的开始，如何记录与分析所获资料直接关系到最后的成果完整与丰富。因此还需要将 gps 记录下的轨迹加以整理，使其与电子地图、实景照片、文字说明、环境资料等相对应，以充分利用。现已有很多日常的免费软件和网络服务可以协助完成这些工作。在此列举比较有代表性的几个：

1. www.gpsed.com

一个国外 gps 应用服务网站，可以用其提供的软件记录 gps 轨迹，并随时上传到网络账户，并以 gpx、kml 等多种格式导出，也可以在网上观察此轨迹并将其与现场照片关联。

2. 谷歌地图（google map）与谷歌地球（google earth）

谷歌地图为网上地图软件，可以自己建立专题地图，将 gps 轨迹上载并与图片关联，并支持多人协作在同一张地图上工作。

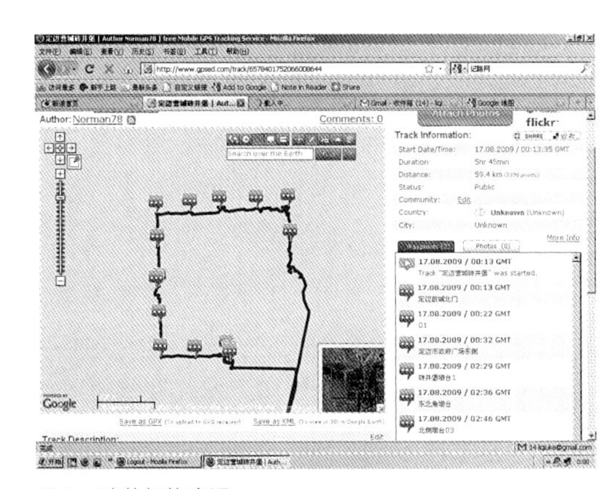

图 3　砖井堡轨迹图
（图片来源：gpesd 网站截图）

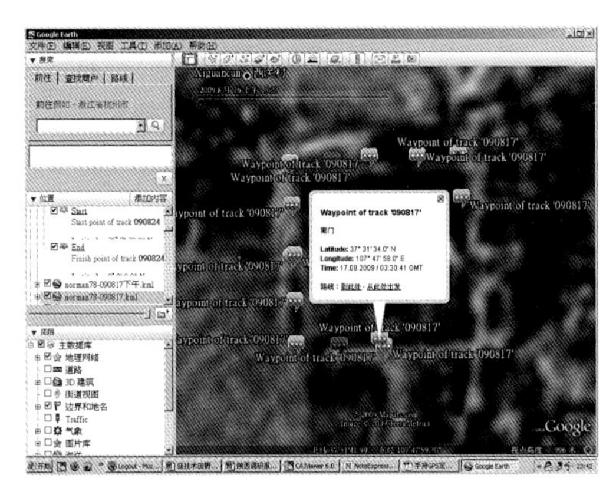

图 4　谷歌地图软件截图

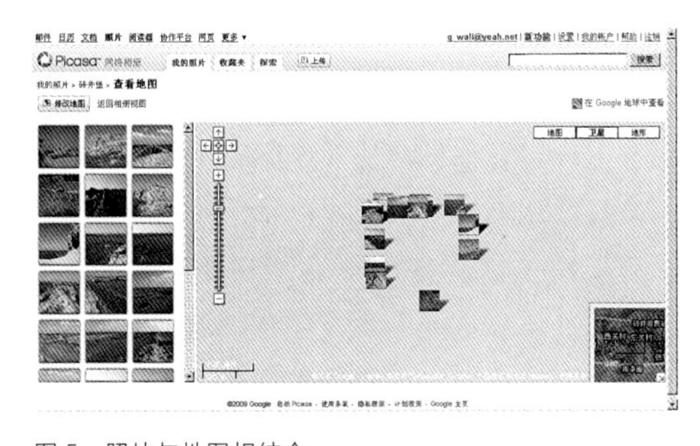

图 5　照片与地图相结合
（网页截图）

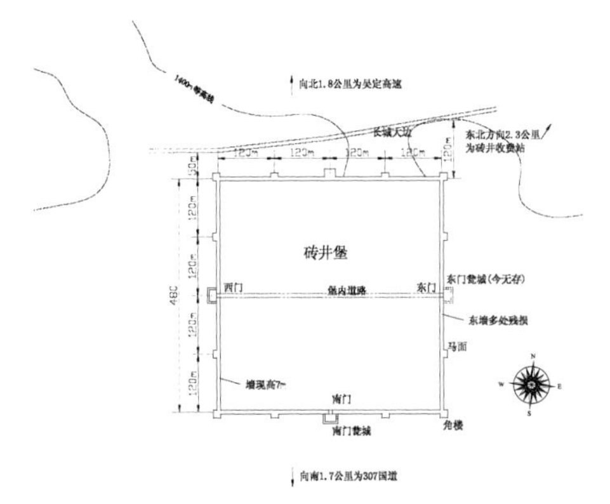

图 6　榆林砖井堡总平面图

谷歌地球（Google earth）是目前应用最为广泛的虚拟地图软件，它把卫星图像、地图、百科全书和飞行模拟器整合在一起，布置在一个地球的三维模型上。

3．记路网：www.gluoo.com

国内有代表性的 gps 应用网站，可以将 gps 轨迹与文字说明、图片、地图整合起来。

4．picasa、panorramio

有代表性的图片网站，可以以标签（tag）等方式灵活管理个人图片，并为图片拍摄地点设置准确的地理坐标，以（单张图片、幻灯展示等）多种方式在万维网（www）上分享图片，并可以与网络地图服务整合起来，实现图片、地理坐标、环境资料三位一体，有利于我们全面准确理解照片背后的地理位置相关信息。

结合上述软件与网络服务，还可以绘制出所调查的砖井堡总平面图如图 6。

其中的平面尺寸为依据 GPS 轨迹在软件上获得，现状情况得自现场调查；与周围构筑物、村庄、道路的相对位置及海拔情况都是结合谷歌地图等网络服务获得。这样的资料避免了一些现场记录中感官带来的误差（如堡墙与长城关系），也比仅凭现场记录获得的资料更全面。

结语

只要方法得当，利用简单的 gps 手机等非专业工具，以较少人力、设备、经费，快速完成对精度要求不是很高却相对复杂的工程县城勘查与田野调查测绘工作是可行的。可以实现对调研全过程相对精确地记录，并能在调研结束后迅速形成能准确反映其地理坐标的网络相册，并建立调研地图，在网上形成调研成果可协作数据库，实现直观可视化。并利用获得的轨迹文件检查、修正和丰富调研中所获得的现场资料，收到事半功倍的效果。不仅节省经费和人力，也使人们印象中通常显得专业、复杂和繁琐的现场踏勘与测绘工作变得轻松。

— 参考文献

[1] 台湾中山大学．田野调查手册[M]．2009．

[2] 孟祥锐，费龙，程彬．GPS 技术在手机中的应用浅析[J]．长春师范学院学报（自然科学版），2008（12）．

[3] 王仁谦．GPS 动态定位的理论研究[D]．长沙：中南大学，2004．

自然增长模式下的城市空间形态特征
——意大利科莫城市空间网络演变的“空间句法”解析①

摘　要

空间句法理论和方法，以意大利历史城镇科莫市过去300年中的城市发展进程作为样本，研究一个城镇在保存历史文脉的前提下，空间系统结构的增长模式。并在大致测算数据的基础上，指出城市演变过程中空间网络的动态特性以及回归值的存在。以此量化解释城市发展过程中的内部机制，同时为设计师理解城市的传统空间特质提供可操作的方法和工具。

关键词　城市空间网络；自然增长模式；传统空间形态；空间句法；科莫

引言

追溯城市的历史可以发现，城市的增长模式可以分为两类：第一类是自上而下、由宏观到微观的增长。这种增长大多经过人为的规划、设计，其结构模式由某个主导的力量一次性确立，并主要表现为某种规则的几何性图形。另一种城市增长则是自下而上、由微观至宏观发生的。通常认为，这类城市是在没有人为设计的情况下，通过人们日常生活的影响逐步、随机演化发展，因此又被称为城市的自然增长。自然增长所形成的城市空间形态多是不规则、非几何且有机的。斯皮罗 · 科斯托夫在《城市的形成》一书中指出：“城市永远不会处于静止状态，而是因为无数个有意无意的行为而永远处于动态变化的进程之中”[1]，因此这类城市的空间形态并不存在固定的结构形式。鉴于自然增长所带来的城市空间的复杂性与丰富性，本文将以意大利科莫市为例，运用“空间句法”分析工具，对以自然增长为主导演变模式的城市空间网络形态特征规律进行解析。

运用以往的城市空间分析方法对城市自然增长过程所表现出的非规则无序性进行分析，由于缺乏系统的手段而难以进行基于全局范围下的城市空间形态描述。20世纪70年代末，由英国伦敦大学比尔 · 希利尔教授等人所提出的“空间句法”为人们提供了理解和量化描述城市空间结构形态的工具和思路。在空间句法理论中，超过3个局部空间的整体复杂关联被称为组构。利用组构概念，可以将人们对于城市空间的局部感知经验与城市空间整体性的抽象结构有效地结合为一体，第一次实现了对复杂城市系统空间结构特性的量化评价。空间句法对城市的空间结构图示清晰地显示出城市在空间结构的拓扑属性。然而传统空间句法的空间图示是静态的纯空间结构的解析，是对于单一时间点所进行的空间形态变量计量。它虽然能够描述纯空间系统的结构特性，但对总是处于动态变化、自然增长过程中的城市空间结构及其自组织逻辑，却并不适用。本文尝试运用动态的思想分析城市在自然增长过程中的空间形态特性。研究选取意大利历史城镇科莫作为研究样本，旨在关注科莫城市空间网络在长期演变过程中，空间逻辑如何在城市空间自组织过程中得以实现，以及城市的无序增长模式如何与城市空间形态的连续性相统一。

图1　科莫鸟瞰

① 苑思楠，张玉坤. 自然增长模式下的城市空间形态特征——意大利科莫城市空间网络演变的“空间句法”解析 [J]. 新建筑，2010 (10)

一、城市自然增长的研究样本——科莫

科莫位于意大利米兰市以北 40 公里处，建于山谷地带，濒临意大利第三大湖科莫湖（图 1）。科莫城市的历史可追溯至古罗马帝国时期，罗马人在此设立兵营并建立殖民城市，留下了典型的正交网格形的城市平面。罗马帝国覆灭后，中世纪的科莫在原有罗马网格的基础上对街块进行重组，穿越地块的街道出现，形成曲折的径路，但是原有的城市边界及基本的城市格局一直未被改变（图 2）。科莫的再次发展始于 18 世纪初，城市开始突破原有城墙的束缚向周边的农村扩张，经过几个世纪的自然增长过程最终形成现今的城市规模（图 3）。2000 多年的城市历史，使科莫拥有了连续而统一的城市空间特质：建筑与街道、广场有着亲切的关系，广场和街道空间围合明确，公共场所尊重周边自然环境。科莫的一位市长曾这样评价其城市风格："科莫城市风格的形成历经了几个世纪极谨慎的建设，它完美地运转着，并包含了所有必需的都市生活内容。其城市建设理念遵循着这样的逻辑，即每一项建设的提案应该能展望到几个世纪之后城市的形态。"[2]

a 罗马时期科莫城中的网格

b 科莫城市街区

（图片来源：Samir Younes, Ettore Maria Mazzola, Como the Modernity of Tradition）

图 2　科莫城市基本格局

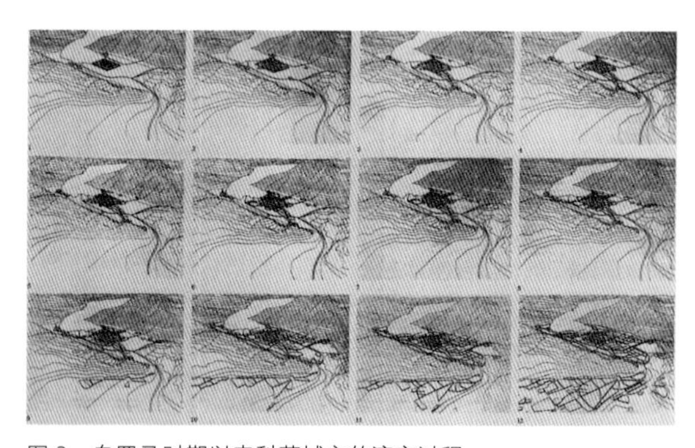

图 3　自罗马时期以来科莫城市的演变过程
（图片来源：Samir Younes, Ettore Maria Mazzola, Como the Modernity of Tradition）

本文选取自 18 世纪初期至今这 300 年内科莫城市的自然增长过程作为城市空间结构特性动态分析的样本。以 1720 年、1820 年、1850 年、1880 年、1900 年、1940 年、2000 年作为取样点，绘制这 7 个时间点上科莫城市的空间轴线图，以此量化处于不同时间点的科莫城市街道系统空间网络结构特性。同时借助空间分析软件对轴线地图进行测算，获取道路系统的形态分析变量，并通过一元回归分析、探究不同变量之间的平方根统计关系，以寻找城市道路系统在动态发展过程中网络属性的内在作用因素。

二、城市空间形态动态研究平台

1. 空间句法相关形态变量

关于空间句法中街道网络空间组构与人对空间感知之间关系的论述已被广泛记述于诸多文献中，在此仅对在本研究中所涉及的空间形态变量的空间含义进行解释。

1）全局整合度（Integration）

又称为整体集成度，所表达的是系统内一个空间与其他所有空间的关系。计量方法是用系统中每一单元空间到其余所有单元空间的最短空间路径（即深度）之平均值作比较运算所得到的比较值，来代表该单元空间的可达便捷程度。在空间句法中，轴线图示以及空间组构符号化过程与人们在头脑中内化、存储和获取空间的描述过程具有一致性，因此空间整合度描述本身即为人们对于整体空间感知的一种量化描述，同时也将预测人的行为的发生模式。

2）局部整合度（Integration-R）

局部整合度是一个空间与其半径 R（最短路径 R 步）之内的空间之间的关系。本研究将计量半径为 3 的局部整合度（Integration-3）。如果说全局整合度代表的是道路网络系统整体的空间组构属性，局部整合度则代表了区域内的空间组构属性。

3）空间融合度（Intelligence）

该变量是对空间句法中街道全局整合度同局部整合度的关联描述。利用回归分析探究两变量之间平方根的统计关

系（R-square），找出两者之间显著的相关变量。该相关变量值将反映出局部空间结构和整体空间结构的整合程度：值越大，说明局部空间和系统空间越融合；反之则系统内存在分离的区域。

2．基于 GIS 系统的研究平台

基于空间句法理论的相关研究，需借助一系列软件合作分析完成。

1）AutoCAD

用于完成基于像素地图的轴线地图绘制工作，并导入空间句法分析软件进行分析。

2）Arcview GIS 3.3 & Axwoman 3.0

Arcview GIS 是由美国环境系统研究所（ESRI）开发的地理信息系统软件平台。Axwoman 是由第三方开发的外挂模块，该模块基于空间句法原理开发，可以对输入的空间系统轴线图进行计算获得明确的空间形态变量值。之后借助于 Arcview GIS 平台以数据库形式对空间数据进行采集、储存、管理和处理分析。

3）Eviews

复杂数据分析、回归和预测软件，在本研究中被用于对空间形态变量数组的回归分析，获得相关变量的平方根统计关系，量化空间融合度。

3．分析流程

首先，在 PC 平台上搭建完整的软件平台，利用 AutoCAD 软件根据空间句法划分原则绘制城市的轴线地图。其次，将该轴线地图的矢量文件输出至集成有 Axwoman 模块的 Arcview 分析平台对其进行拓扑属性计算，并获得所需的空间形态变量及相关图示。最后，利用 Eviews 软件对局部整合度变量与全局整合度变量进行回归分析，获得二者之间的可决系数，以此衡置街道系统的空间相融度（图 4）。

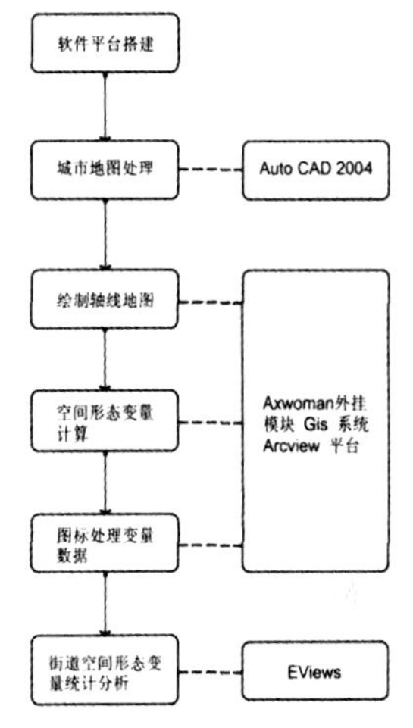

图 4　街道网络空间形态变量测量流程图

三、测算及结论分析

1．1720 年

意大利北部城市国家自治的分裂割据局面一直延续 7 世纪至 18 世纪初期，由于城市之间的竞争所带来的不稳定因素，导致了大多数城市对于完整军事防御系统的需求。该时期科莫依然保存了完整的城墙和护城水渠，城市道路系统与外部交通相隔绝而自成体系。从其城市平面图依然可以看到古罗马正交网格系统在城市中留下的印记，但部分靠近中心广场的街块已被曲折的路径分割成不规则形，同时该地图也显示了中世纪对于城市道路空间形态的改造（图 5）。城市外围为农田，东北部有少量独立的农村聚落。通过空间句法分析，所获结果如图所示：城市中的人流密集区域分布于主教堂周围通往主教堂广场的几条街道上（该教堂始建于 14 世纪，18 世纪基本建成）。街道系统全局整合度最高值 INT_MAX=1.90982，均值 INT_MEAN=1.220723。局部整合度最高值 INT3_MAX=3.694120，均值 INT3_MEAN=2.199170。

2．1820 年

经历了 1805～1815 年短暂的统一之后，随着拿破仑的战败，意大利再次回到法国大革命前多个城邦国家的格局[3]。但是统一所带来的城市发展趋势已有所显现：城市同郊外联系的道路开始出现；内部街区的尺度细化也带来了城市局部道路整合度的提升。主教堂中心区域街道依然保持着空间整合度的优势，但港口地区变得相对隔绝。该时期街道系统全局整合度最高值 INT_MAX=2.050580，均值 INT_MEAN=1.196154。局部整合度最高值 INT3_MAX=4.365350，均值 INT3_MEAN=2.144232（图 6）。

3．1850 年

在经历了几次大规模的民族革命浪潮之后，于 1850 年兴起自北部地区的“意大利统一运动”最终带来了 20 年后意大利全境的统一[3]。割据局面的结束使科莫摆脱防御系统的桎梏而得到再次发展。城墙局部被打开，堡垒被拆除，道路同周边的联系开始建立。城市核心区域的街道网络已基本达到稳定状态。街道的全局整合度全面提升，最高值 INT_MAX=2.220670，均值 INT_MEAN=1.348216。局部整合度最高值 INT3_MAX=4.531890，均值 INT3_MEAN=2.198493（图 7）。

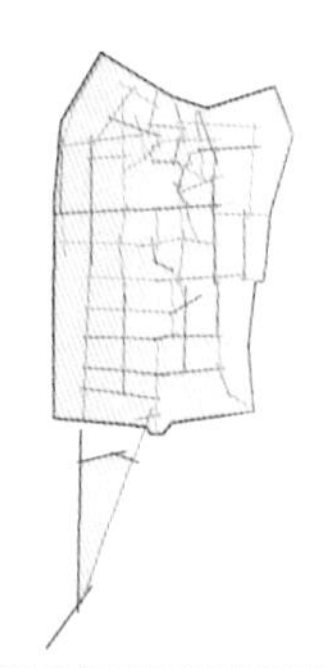

图 5　1720 年前后
（图片来源：Samir Younes, Ettore Maria Mazzola, Como the Modernity of Tradition）

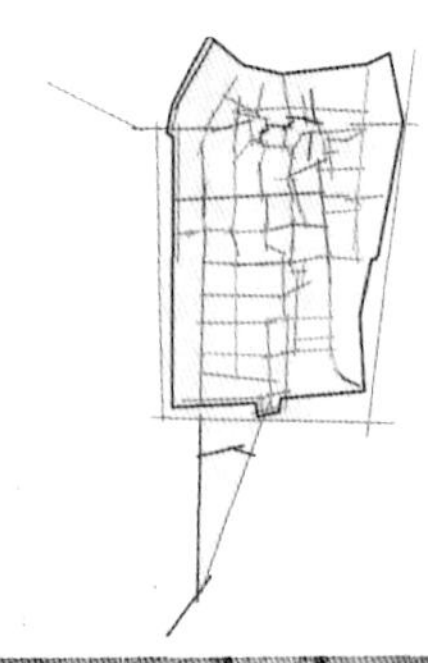

图 6　1818~1823 年
（图片来源：Samir Younes, Ettore Maria Mazzola, Como the Modernity of Tradition）

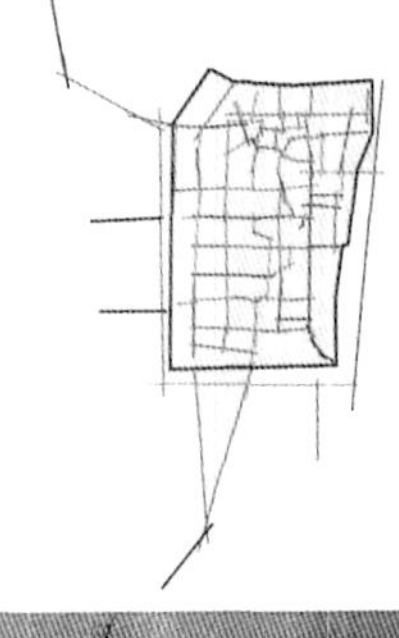

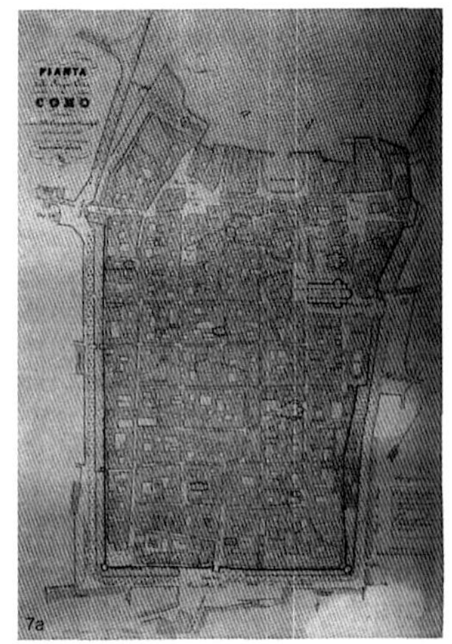

图 7　1850 年前后
（图片来源：Samir Younes, Ettore Maria Mazzola, Como the Modernity of Tradition）

4．1880 年

意大利的统一使城市发展的束缚不再存在，此时的科莫已不再需要城墙的庇护。城渠变为绿地，通向城外的便捷交通已经形成，村落与城市的联系已经建立，边界逐渐融合，城市周边及通往米兰的交通道路附近生长出街块的雏形。湖滨一带，为庆祝罗马成为国家首都 25 周年，原有的港口于 1876 年被填平，修建 Cavour 广场，同时湖滨道路得以相互连通。从整合度图示可以看出，相较于原城区内部完善的道路系统，周边地区还未形成成熟的街道体系，这种区域性的不均衡状态预示着城市的进一步发展。

街道全局整合度下降但局部整合度均值的上升印证了上述不均衡状态。全局整合度最高值 INT_MAX=2.007000，均值 INT_MEAN=1.238677。局部整合度最高值 INT3_MAX=4.479370，均值 INT3_MEAN=2.355727（图 8）。

5．1900 年

在城市不断发展、其边界随之拓展的同时，内部地块被进一步细分，周边地区基本的道路网络也处于形成过程之中，但地块内依然余留大量待建设空地。城市的拓展导致了空间整合度的进一步下降，全局整合度最高值 INT_MAX=1.621530，均值 INT_MEAN=0.994241。局部整合度最高值 INT3_MAX=4.354940，均值 INT3_MEAN=1.997258（图 9）。

6．1940 年

尽管该时期意大利处于墨索里尼的法西斯统治之下，科莫的城市发展仍为现代主义建筑的探索提供了契机，意大利的理性主义建筑也在此萌芽。然而科莫的城市建设依然保持着谨慎的习惯逐步进行着路网系统的完善。新城区的街区尺度同历史城区更加接近，网络体系也基本形成。空间整合度全面提升，为所采样本之峰值。全局整合度最高值 INT_MAX=2.462630，均值 INT_MEAN=1.452774。局部整合度最高值 INT3_MAX=4.858320，均值 INT3_MEAN=2.561814（图 10）。

7．2000 年

同 1937 年相比，此时的城市网络系统更为完善。交通的高发区域向历史中心边缘扩散，原历史中心区则主要承载步行交通。局部整合度达到峰值，但全局整合度略有下降。最高值 INT_MAX=2.070520，均值 INT_MEAN=1.225000。局部整合度最高值 INTT3_MAX=5.037880，均值 INT3_MEAN=2.400913（图 11）。

最终将各时间点的全局整合度序列与局部整合度序列输入 Eviews 软件进行一元回归分析，获得各个时期二者的相

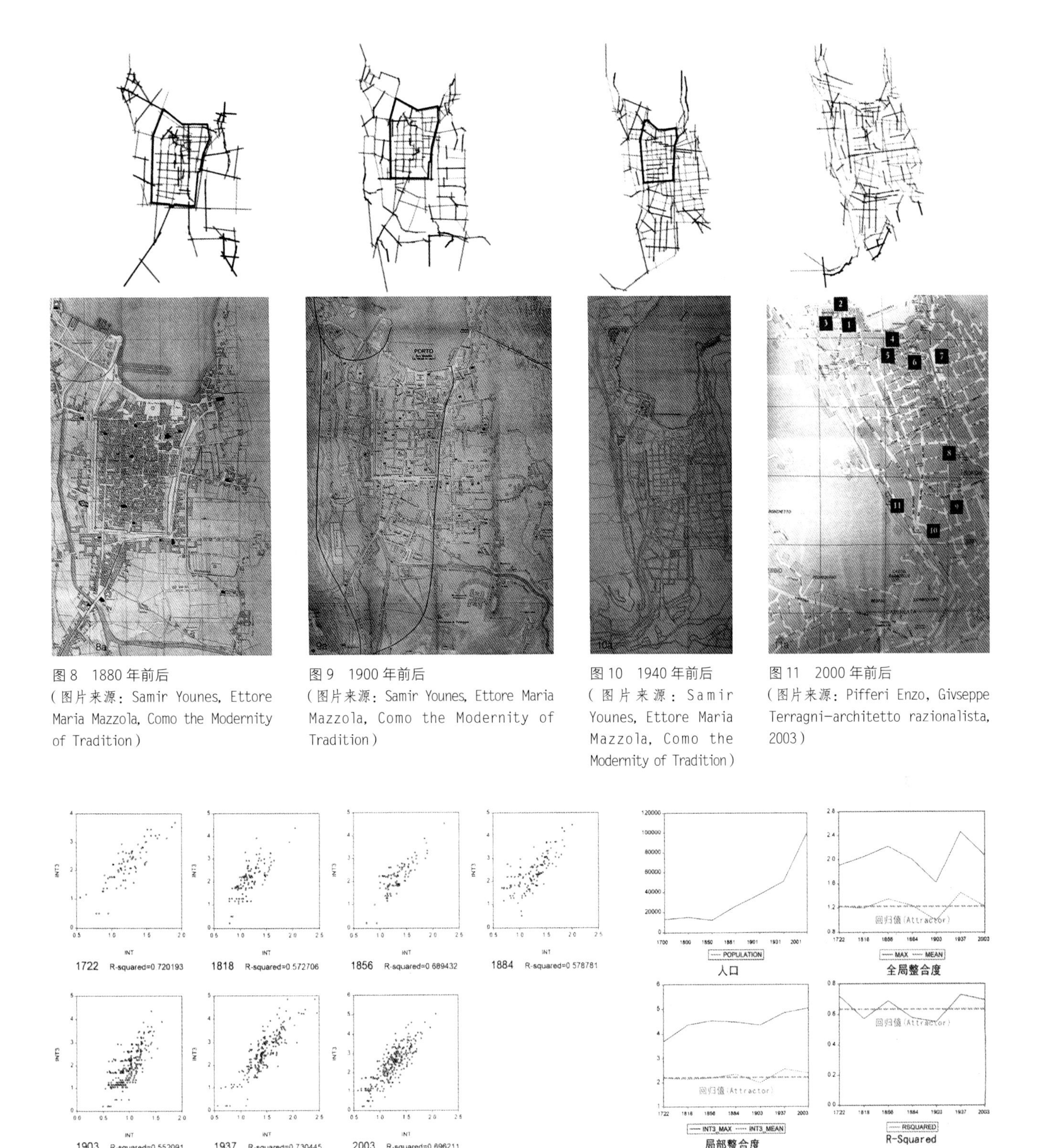

图 8　1880 年前后
（图片来源：Samir Younes, Ettore Maria Mazzola, Como the Modernity of Tradition）

图 9　1900 年前后
（图片来源：Samir Younes, Ettore Maria Mazzola, Como the Modernity of Tradition）

图 10　1940 年前后
（图片来源：Samir Younes, Ettore Maria Mazzola, Como the Modernity of Tradition）

图 11　2000 年前后
（图片来源：Pifferi Enzo, Givseppe Terragni-architetto razionalista, 2003）

图 12　各时间点的局部整合度与全局整合度的相关图示及相关系数的平方根统计值

图 13　各变量沿时间线波动图示

关图示以及相关系数的平方根统计值 Rsquared，即路网系统相融度的置化值（图 12）。

将以上计算数据以时间线为参考坐标轴绘制动态趋势图（整合度取最高值和均值设置序列），并对照科莫在同时期内的人口统计数据图示，尝试寻找城市空间形态变置动态变化的内在规律（图 13）。可以看到，无论是在全局整合度图示、局部整合度图示，还是二者的相关函数 R-squared 图示中，都显示出一条在一定值域范围内波动的相关折线。自 1722 年至 1837 年的一个多世纪中，城市的空间形态变量保持了一个比较平稳的形状，其城市形态相对稳定；在此后近 200 年的时间里，随着城市空间的扩展，变量的波动幅度增大，但始终周期性地向某一特定的值回归，这一现象显示了科莫城市空间形态在城市自然增长过程中所具有的动态特性。可以看到，科莫在城市增长过程中，空间形态变量都围绕着特定的回归值（Attractor）波动，这些回归值表现了城市空间形态在空间组构方面的固有属性。正是由于城市空间形态变量在城市增长过程中所表现出的这种非离散性，保证了科莫城市的形态在经历长时间的无序发展后，仍然能够保持连续的具有强烈可识别性的空间形态。这同时也从量化的角度印证了刘易斯 · 芒福德等城市发展史研究学者对于有机城市空间发展规律的描述："有机规划……是从需要出发，随机而遇，按需要进行建设，不断地修正，以适应需要，这样就日益变成连贯而有目的性，以致能产生一个最后的复杂的设计，这个设计和谐而统一，不下于事先制订的几何形图案。"[4]

对科莫城市空间进行动态分析所获得的空间各形态变量的回归值是对科莫城市的特性描述，其值的范围是由科莫城市发展的诸多影响因素所共同决定的，同时是科莫与其他城市空间形态特性相区别的量化标识。根据统计学原理，城市空间形态采样点的选取频率将影响最终所获得的这一回归值的准确性。随着采样频率的提高，该值将逐渐趋近于真实值。

在发现城市空间形态变量波动特性的基础上，进一步对城市街道系统自然增长的内部机制做出如下解释：街道系统的自然增长受两种内力，即扩张和细分的共同作用，其控制使街道系统网络特性在一个相对较长的时间周期内呈现出稳定的空间形态性状表现。扩张是道路以枝状结构向周边延伸，是道路网络边界拓展并逐渐模糊化的过程；细分则是道路系统网络化，边界日趋清晰化的过程。扩张将会带来路网全局整合度的降低以及局部街区同全局路网的相容度的降低（城市新增的边缘结构同既有的城市中心不相容）；而细分则会提高路网系统的空间整合度，但其对于路网融合度的影响则是复杂的——当城市的局部路网密度低于整体路网的平均密度时，细分将会提高路网系统空间组构的相容度值；而在局部路网密度等于或高于整体路网的平均密度时，细分作用将会降低路网空间组构的相容度值。扩张和细分对城市道路网络系统属性呈现出相反的影响，两种作用力在不同城市进程中表现出不同的相对强度，并使空间形态变量可以向稳定值回归。路网扩张，道路系统整合度和相容度持续下降，低于稳定值时，细分作用将超过扩张作用（具体体现为城市对于街块内部建设和划分的需求超过继续向外围征地的需求），并促使整合度和相容度回归稳定值；反之，当细分促使城市路网整合度提升并高于稳定值域时，城市的扩张需求增大，作用超过街块内部细分，街道空间形态变量将再一次向稳定值回归。在城市进程中的任何一个状态，扩张作用与细分作用都是同时存在的。二者之间相对优势的周期性变化使城市道路的空间形态得以保持动态的平衡，如无剧烈的外部因素介入（如社会变革、战争等），系统将一直保持平衡状态。

结语

历史上的城市，其发展进程大多长期而缓慢，历经几个世纪甚至十几个世纪的自然生长，最终达到和谐平衡的城市形态。然而进入工业时代，尤其现代信息技术成为主导以来，城市化进程被大大加快。曾经对于城市形态的形成具有重要作用的自然选择机能，在极短的时间之内以及呈几何级数的城市膨胀速度面前显得微不足道，城市发展的方向完全由人为控制。当设计师面对一个城市发展时，更容易看到的是功能、经济和交通等具体问题，并擅长于从美学构图的角度出发，设计出优美的几何图形，然而对于城市文脉、传统空间特质以及城市中人的行为模式之类的因素却往往难以掌控。

在对科莫城镇的研究中，对城市空间形态变量波动特性以及特定回归值的阐释可以为设计师提供一种量化理解城市传统空间结构特质的工具，是城市空间形态理论突破形态学范畴的量化发展。通过空间句法的理论和方法对传统城镇自然增长过程中的形态变量波动特性和回归值进行研究，可以为规划师在进行城市保护性更新以及城市再发展规划时提供一种具有较强可操作性的分析及评价手段，使人为操作能够更好地回应城市形态的复杂性。

参考文献

[1] 科斯托夫 S. 城市的形成——历史进程中的城市模式和城市意义 [M]. 北京：中国建筑工业出版社，2005.
[2] Younes S, Mazzola E M. Como the Modernity of Tradition. Roma: Gangemi Editore, 2003.
[3] Wikipedia. Italy, http://en. wikipedia. org/Italy, 2009（04）.
[4] 芒福德 L. 城市发展史——起源、演变和前景 [M]. 北京：中国建筑工业出版社，2004.

山西润城之废旧坩埚筑墙研究 ①

摘 要

山西润城镇明代时期冶铁业盛极一时，当地以坩埚为基本冶铁工具开展家庭作坊式生产。因高温冶炼而废弃的坩埚被巧妙地用于城墙砌筑与民居建造，形成具有独特地域性的传统建筑风貌。文章探究坩埚筑墙的时代背景，调研废旧坩埚及其特殊抹灰材料的特性。通过砥洎城城墙、刘善村民居等案例分析，阐述了坩埚墙体的构造特征、力学性能与美学价值。

关键词 润城冶铁；坩埚筑墙；废旧材料

引言

我国传统建筑材料多为砖瓦、沙石或木料，以废旧生产器具作为建材的却很少见。明朝中末期，山西阳城县润城镇的工匠变废为宝，将冶铁废料坩埚砌筑于城墙与民居墙体中，建造了砥洎城（图 1）城墙、刘善村民居墙体等，形成了具有独特地域性的传统建筑风貌。这种来自民间的废旧材料再利用体现了古代工匠高超的技艺，亦与当时的历史经济环境密不可分。

一、坩埚冶铁的历史

山西省阳城县位于太行山脉南端，有丰富的煤、铁、硫黄、铝土等矿产资源，是我国坩埚冶铁的发源地[1]。该地区从春秋时期开始即有关于冶铁的记录，《左传》记载：昭公二十九年（公元前 513 年）“赋晋国一鼓铁以筑刑鼎”[2]。明清时期发展到鼎盛，仅阳城一县在天顺、成华年间（1457～1487 年）的铁产量，就相当于明初山西全省年产量的七八倍[3]。坩埚冶铁也是润城镇久负盛名的传统手工业，润城镇因冶铁发达曾一度更名为“铁冶镇”。因坩埚体积小适合家庭作坊式生产，明清朝时润城镇“设炉熔造，冶人甚众，又铸为器者，外贩不断”，村庄内部呈现出“家家炉火，明亮十里”的一派繁盛场面。坩埚数量随着炼铁量的增加而不断增长，不少坩埚仅经历一次高温冶炼就无法再用，废旧坩埚很快堆积如山。于是当地居民变废为宝，将废旧坩埚作为砌筑建筑墙体、拱券的模块。

图 1 砥洎城远眺
（图片来源：http://hi.baidu.com/dflatanmmkbbgoq/item/b0e8e34b8f33e4f5dd0f6cf3）

润城镇不仅冶铁技术发达，而且因外出经商者颇多，富商巨贾迭出；自明朝中期至抗日战争爆发前，其商业规模为全县之首。明末时局不稳，落草为寇者众多；为抵御流寇，富庶的润城镇开始修筑规模庞大的城堡，并纷纷建起具有防御性的高大城墙。大量废旧坩埚用作城墙填充物，节约了黏土砖的用量。此外，镇内居民也使用坩埚修筑民居房屋，构造方式与城墙不尽相同。典型案例有砥洎城外城墙与刘善村民居外墙。

二、坩埚基本砌筑方式

坩埚是形状呈上大下小的圆台形耐火容器，用坩埚炼成的生铁，具有杂质少、纯度高等特点。坩埚在砌筑墙体时

---

① 吴星，贡小雷，张玉坤. 山西润城之废旧坩埚筑墙研究 [J]. 新建筑，2014（10）

国家自然科学基金资助项目（51308376）；教育部博士点新教师基金资助项目（20110032120053）；高等学校创新引智计划资助项目（B13011）.

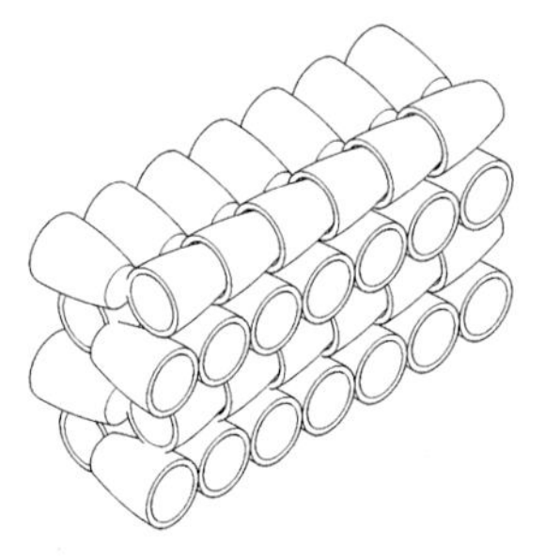
图 2 双层顺丁穿插

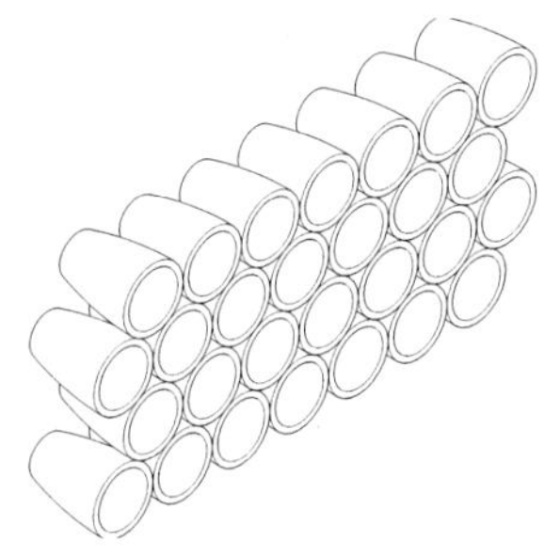
图 3 单层全丁

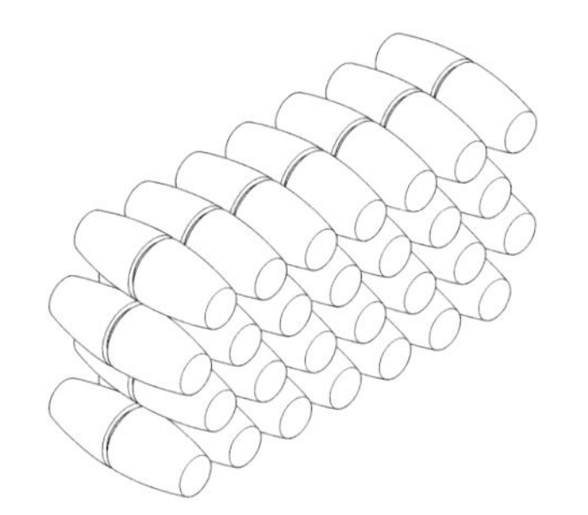
图 4 双层全丁

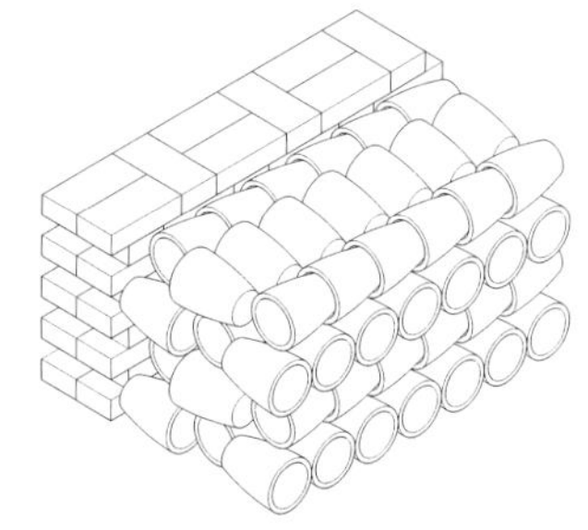
图 6 城墙砌筑基本方式

图 5 城墙外侧城门
（图片来源：http://tupian.baike.com/a0_07_99_01300000164151121438998731107_jpg.html）

图 7 蜂窝城墙

图 8 俯瞰城墙内侧
（图片来源：http://www.qzwb.com.cn/gb/content/2010-03/25/content_3297056_2.htm）

一般有两种基本摆砌方法，一种是横向摆放（将埚体侧面外露），另外一种纵向摆放（露出埚口或埚底的圆形），类似于砖砌块的“顺”和“丁”[4]。无论是顺砌还是丁砌都须保持一整排的连续性。因坩埚口内径比底面直径大，顺砌时需将上一个坩埚的埚尾套入下一个坩埚的埚口约 2 厘米，如此砌法，客观上加强了坩埚墙体的整体性。丁砌时将坩埚按照同一朝向并排放置，埚口均朝外或朝内，前者用于坩埚城墙，后者用于民居墙体。整面坩埚墙体砌筑时也有两种最基本的砌法，第一种最少为内外两层，每层都采取顺砌一排和丁砌一排间隔，两层之间顺和丁位置相互间隔错开，并留有 1～3 厘米空间挤浆（图 2）。这种错落砌筑的方式保证了坩埚墙体的最佳契合性，同时节约了浆体材料；也有在两层基础上再加厚至 3～5 层的做法。第二种砌法可单层使用，全部为丁砌，上下两排坩埚之间错半个直径（图 3），该砌法民居中使用较多，多为单层辅以青砖，也有少数为内外两层坩埚并置，不使用青砖（图 4）。

1．砥洎城坩埚城墙

砥洎城始建年代不详，该城坐落于半岛状土岗上，三面环水（沁河）、一面临山，易守难攻。城堡墙体高大，有一座旱门、一座水门及军事性地下通道。城堡的坩埚城墙建于明崇祯十一年（1638 年），保存较好。南侧城墙外侧用青砖修筑，保证其外观厚重、平整，靠河部分用石灰石和河卵石来修筑基座，远看与普通城墙无异（图 5）；而内侧墙体采用第一种基本砌筑方式，至少三层（图 6）。从表面可以看到裸露着排列整齐的圆形坩埚，俗称“蜂窝城墙”（图 7）[5]。砥洎城内大街城墙高约 12 米，临水城墙高约 20 米，墙宽为 1～2 米，在城墙顶部筑有烽火台，城门旁边有狭窄蹬道可以登顶（图 8）。如此大规模的墙体用坩埚砌筑，比用夯土包砖或青砖大大减少了用料，减轻了墙体重量。为了增强墙体稳定性，减少坩埚变形对墙体的影响，墙体砌筑时埚口朝外，并且在靠近地面的坩埚口内嵌入卵石或碎砖，来抵抗底部坩埚形变和增加底部重量并且每隔 3～5 米砌筑 50 厘米宽的墙砖柱来防止坩埚墙体倾斜。从现场来看，靠近地面的坩埚有少量变形，埚口呈椭圆，但墙体整体上保存完好，城墙顶端至今仍可上人行走。

2．刘善村坩埚民居墙

与砥洎城隔河相望的刘善村，保留有不少以坩埚为主要建材的明清民居。民居的坩埚墙体从外观上看比城墙内侧墙面更加光滑平整，这是由于砌筑时坩埚底朝外形成封闭墙面，而且梢灰及其找平的工艺都更加细腻。贾甲院为村内一栋典型的两层民居院落，外墙用坩埚砌成、内墙用砖。贾甲院从平面布局到门窗装饰（图 9）都与该地区典型的砖墙民居——沁水县西文兴村的香泛柳下类似（图 10）[6]，其内部结构也与普通砖墙民居无异（图 11），但普通建筑墙面为内外砖墙砌筑，中间填充碎砖，与之相比，坩埚墙面高度更高，院落也更为窄长。贾甲院外墙分三部分：底部用卵石坐砌 13 层，高约 2 米；中间用坩埚砌 30 层，高约 4.5 米；顶部用 3 层砖砌至屋顶（图 12）。砌筑方法有三种，第一种墙厚约 50 厘米，采用双层顺丁穿插的砌筑方法，用于东西侧外墙；第二种墙厚也为 50 厘米，分内外两层，内用砖砌筑，外部用坩埚（图 13）；第三种内侧用单砖，外侧坩埚砌筑、墙厚为 40 厘米（图 14）。后两种方法用于对室内墙面要求平整，对热工环境要求不高的南北侧墙面。外墙转角下部用石砌，上部用砖砌成与埚墙等宽或略宽的砖柱。为保证砖柱与埚墙的结合坚固，与坩埚连接处每升高 1.2～1.8 米，用三层砖块砌筑深入埚墙内，类似砖砌山墙的“三进三出”做法（图 15）。坩埚墙具有保温、隔音、防潮等特点，这与其砌筑方式有关：墙体一般采用外侧坩埚、内侧青砖的基本格局。坩埚底朝外，可以保持墙面平整光滑；坩埚内部保持空心（部分在坩埚之间的缝隙填充碎砖碎石），内侧青砖封闭了朝内的坩埚口，使坩埚内部形成与外部空气隔绝的空腔，达到了保温、隔音的效果。空腔也减少了墙体的负重，减轻了坩埚变形。墙体下部的卵石呈椭圆，与坩埚能够很好地协调，保证墙面外观统一。

3. 坩埚拱券

在调研中也发现坩埚用于修筑拱券的案例，该拱券高约 1.5 米，宽约 3 米（图 16）。从现场调研情况可知，用坩埚做券有两种形式：一种全部用坩埚做券，另一种是下部用一层砖发券，上部用坩埚修筑。坩埚砌筑拱券比砌块更有优势，可以首尾相接、嵌套，受力从埚口沿着埚身至埚底，比单纯靠压力形成的砖券体结构更具整体性。但其使用并不普及，因坩埚形成的拱券受坩埚尺寸影响不宜过小，不大适合用于民居门窗，因此所用不多；另一原因是当地坩埚发券的施工技术不甚成熟，以致坩埚拱券在强度、耐久性上尚有缺陷，限制了它的推广使用。

在民居建筑中坩埚以完整的形体作为墙体砌块，除以上提到的三种利用方式，还有发现将其用于修建围墙的案例。因形状和尺寸的限制，完整的坩埚用途并不广；又因坩埚硬度高，加工难度大、不易控制其加工形状，坩埚碎片的利用也受到了极大的限制，除了用于制作抹灰材料“梢”，并未见其用于屋顶墙顶的瓦片和压顶使用的案例。

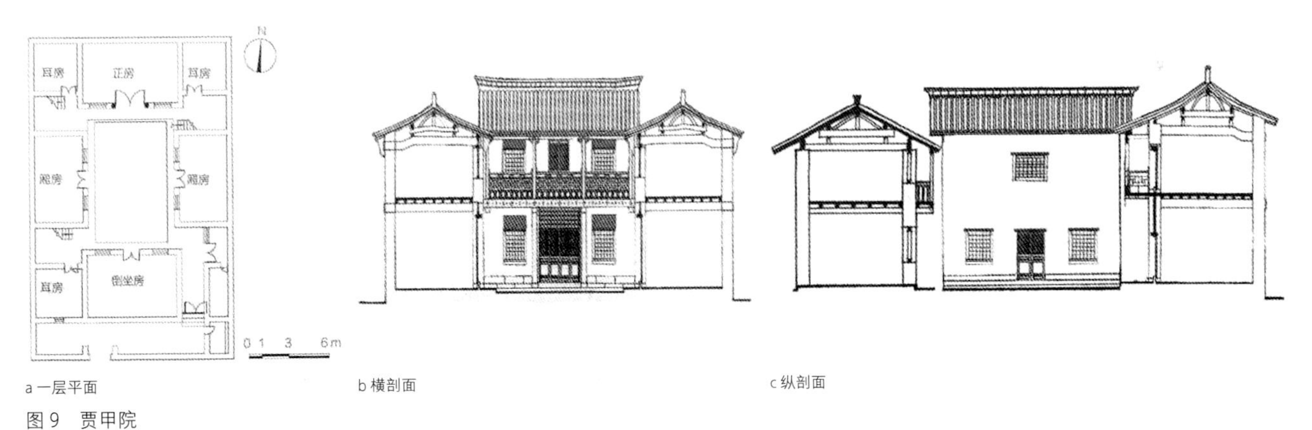

a 一层平面　b 横剖面　c 纵剖面

图 9　贾甲院

（图片来源：王金平、徐强、韩卫成，《山西民居》，2012）

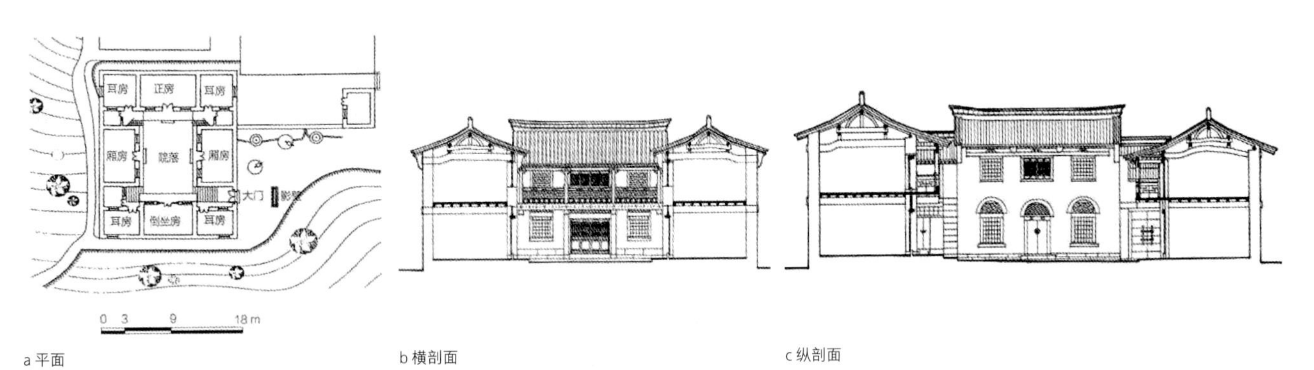

a 平面　b 横剖面　c 纵剖面

图 10　沁水县西文兴村的香泛柳下

（图片来源：王金平、徐强、韩卫成，《山西民居》，2012）

图 11　贾甲院内景

图 12　坩埚外墙

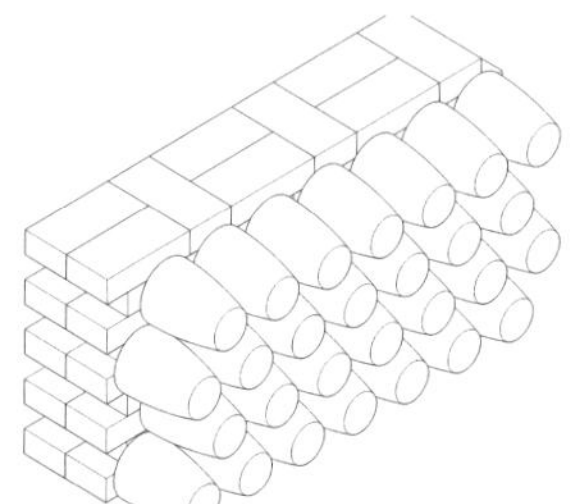

图 13　双层砖坩埚外墙

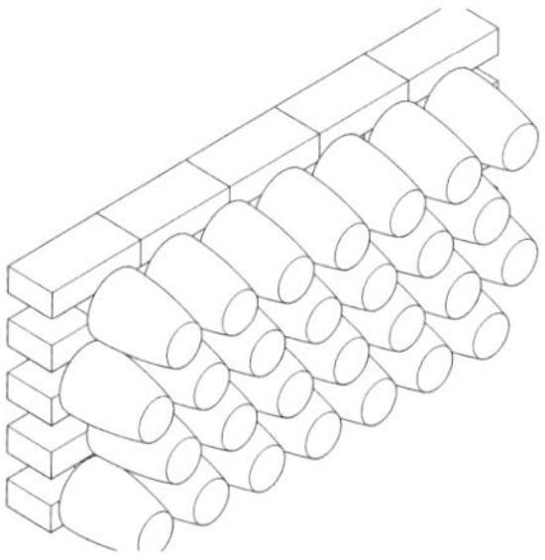

图 16　坩埚发券拱

图 14　单层砖坩埚外墙

图 15　外墙转角做法

图 17　砥洎城城墙坩埚横断面

三、坩埚材料特点

阳城县制造坩埚的原料为青矸（阳城有三种矸，黄矸、黑矸和青矸，青矸质量最好）。矸又称层状叶岩陶质黏土，其本质为耐火黏土，阳城地区矸产量颇高，是一种典型的本土材料。坩埚的做法是：将矸捣碎成粉末状，加水泡制成泥，通过模具使之成形，经低温烘烤后即可进入炉火中炼铁。炼铁时需在坩埚内装铁矿石、无烟煤和黑土，再经高温熔炼，整个周期约 15～18 小时[7]。根据对两处坩埚尺寸的实测，其坩埚埚口直径在 12～15 厘米之间；埚底直径为 10～12 厘米；埚高 19～21 厘米；坩埚壁厚为 0.8～1.2 厘米。坩埚尺寸除了以上数据之外可能还有少数略有不同，主要因其出产年代、炼铁方式不尽相同而有所差别。一般来说，尺寸较小的坩埚出产年代较早，其炼铁方式为小埚铸造；尺寸较大的坩埚出产年代较晚，其炼铁方式为大埚炼铁。经过炼铁炉中的高温熔炼，废弃坩埚比全新的坩埚硬度更大。高温熔炼亦致使坩埚内壁渗入铁等元素，因此废弃坩埚在抗剪性上也表现良好。砥洎城修筑用了大量坩埚，但在民间说法中此城五行并不属“土”，而号“金”城，可能与此有关。

我国也曾出现过用陶罐砌筑墙体的案例，废弃坩埚虽与陶罐形似，但在物理性能上却有着明显优势：首先，坩埚强度甚至比烧结砖更高，质地坚硬、承载力强，以梢灰砌筑而成的坚固墙体可达 20m 高；其次，坩埚防水、防潮、耐腐，比当地的黏土砖更耐风化，经过近 400 年风吹雨打，砥洎城城墙中填充的碎砖多已腐蚀风化，然而坩埚仍保存较好；再次，坩埚内部为空心，在砌筑时仍然保持了这一特点，因此坩埚砌筑墙体比一般墙体要轻得多，砥洎城城墙上的坩埚至今仍保持原有形状，仅有少许变形（图 17）；最后，墙体内部保持空腔减少了墙体重量，隔绝了内外温差交换与噪声干扰，成为当地民居青睐的建筑材料。最重要的是，废旧坩埚就地取材、价格低廉，据说当时的炉工每天下班都用扁担挑几块坩埚回家，积累一定数量就可动工建房。

因坩埚与一般砌体在物理性能上有所差别，故坩埚墙的抹灰材料与普通抹灰也有所不同。它不仅可用于坩埚与坩埚之间，也用于坩埚与其他材料（砖石）的复合墙体。此材料是伴随着坩埚墙体的出现而产生的，当地人称为梢灰，凝固后坚硬异常。梢灰由废弃炉渣灰与熟石灰调拌而成，废弃炉渣灰也是炼铁的废料，主要成分为煤渣和铁渣。梢灰的做法是：先将废弃炉渣中体积较大的铁块、炭块除去，剩下的渣灰用簸箕筛选，将质量较大的铁与质量较轻的渣灰分离，较轻的炉渣灰就是梢灰的原材料；经过分离后的炉渣灰与石灰混合并加水搅拌，密闭放置十多天等到水分快干时再重新加水搅拌、炮制，时间越长质量越好。如此历经 3～6 个月、至少进行三四次的搅拌炮制，梢灰才最终完成。砌筑时先将坩埚整层平铺好，用梢灰填实，形成无缝墙体，再逐层向上。这种梢灰用法不是灌浆而是挤浆，因其黏稠不易凝固，一般每砌三五层待填充材料风干后才能继续施工。砌筑过程虽缓慢，但修筑的墙体非常坚固，耐久性强。梢灰黏结性好，与坩埚能够很好结合，从现场残破的坩埚墙可以发现坩埚裸露面不多，梢灰仍紧紧黏结在剩下的坩埚上。究其原因，一方面因梢灰与坩埚成分接近，更易融合；另一方面因坩埚表面粗糙、质地坚硬，梢灰填充时经强力挤压后黏结性更好；最后，梢灰主要成分为炉渣和铁渣，不含土，与熟石灰搅拌炮制结合，凝固后硬度堪比混凝土。因其成分中的炉渣经高温熔炼，故凝固后的梢灰结构致密、不吸水、不易风化。

结语

坩埚不仅为当地居民提供了低廉的建房材料，而且承载了润城镇的历史文化。我们可以从现存坩埚墙中窥视当时炼铁业的繁盛，沁河流域的富庶，村落居民的生存环境和动荡的历史环境。对于建筑专业人员来说，通过研究百年前的坩埚墙体，可以了解当时坩埚砌块的生产原料和生产技术；根据砌筑方式可以了解当时的建造工艺及审美追求；从其保存状况也可以了解坩埚材料特性，评判技艺优劣。我们还可从坩埚砌筑技艺中得到借鉴和启发，砌体材料并非必须方正，空心砌体也非必须封闭，同时使我们切身体会到，一些工业废料可以作为砌体的黏结材料。研究坩埚的二次利用，有助于开拓我们的建筑思维，有利于在建筑材料与建造技艺上推陈出新。更重要的是，我国古代匠人这种变废为宝的思想，启发了我们对现在越来越多垃圾废料的利用，采取合适的方法将其放于适宜的位置就可物尽其用，真正实现变废为宝。

参考文献

[1] 张晓东．阳城犁镜——传统铁范铸造的活化石[D]．太原：山西大学，2009．
[2] 刘利．左传[M]．北京：中华书局，2007．
[3] 薛亚玲．中国历代冶铁生产的分布[J]．殷都学刊，2001（2）：42～45．
[4] 刘大可．中国古建筑瓦石营法[M]．北京：中国建筑工业出版社，1993．
[5] 范玮玮．坩埚城墙国内罕见——探访阳城县润城镇砥洎城．http://www．sxgov．cn/jincheng/jincheng_content/2012-12/21/content_2756721．htm，2012（12）．
[6] 王金平，徐强，韩卫成．山西民居[M]．北京：中国建筑工业出版社，2012．
[7] 吴斗庆．泽潞地区传统冶铁技术初探[D]．太原：山西大学，2007．

河北省城市体系规模结构及异速生长关系研究①

摘 要

运用城市位续—规模法则、人口－面积异速生长等分形相关理论，分析河北省城市体系的规模结构演化和异速生长规律，考察1998~2011年期间河北省快速城市化战略对城市体系演化的影响。研究表明：在宏观层面，快速城市化战略对城市体系规模结构的合理演化和异速生长关系的进化，发挥了积极、肯定的作用；在微观层面，未能有效解决区域平衡和人—地关系等问题。城镇化速度的确定应与区域所处的城镇化阶段相适应，高速城镇化在过去十几年促进了处于城镇化低端的河北省城市体系的整体优化，但随着城镇化水平的提升，其速度应逐渐放缓以满足体系内部结构均衡调整和人—地关系细节处理的新阶段要求。

关键词 城市体系；规模结构；异速生长；分形理论；河北省

一、研究背景

随着我国城市化进程的快速发展，城市体系演化重构生机盎然。城市体系演化涉及复杂性问题，一方面，受到自然环境、历史背景和政治经济等因素影响，表现为复杂的非线性变化；另一方面，亦遵循普遍的规律，呈现有迹可循的自组织演化[1]。城市复杂性研究涉及耗散结构论、分形理论、元胞自动机模型等理论[2]，其中分形理论应用于城市体系结构及演化领域的研究卓有成效。国外大量学者基于此对城市体系结构及演化进行了深入研究；国内则由周一星、陈彦光等在理论和实践领域进行了广泛探索，从等级体系、时序演化和空间结构等方面系统研究了我国城市体系的相关问题[5]~[7]。

河北省地处我国中东部，东临渤海、南抵漳河、西北以太行山、阴山和燕山为界。一方面，其城市体系和地理格局自成一体。河北史称燕赵，区域众多传统城市历史悠久，城市体系演化一脉相承。而其行政边界与地理特征耦合较好，形成相对完整区域；另一方面，河北省内环中国顶级位序城市北京、天津依次环状展开。北京是我国政治、文化中心，天津则为北方最大的新兴经济增长体，两者以巨大吸引力吞纳全国人口、资源和信息，直接影响近在咫尺的河北城市发展，使区域城市体系结构演化异常复杂。传统上，河北省始终以平缓、稳妥的发展姿态支持京、津的优先、快速发展，而自身城市化水平始终低于全国平均水平[8]。之后在我国推进城镇化快速发展背景下，以京津冀一体化等相关构想为契机迅速发展。近年来则积极加速中小城市发展，尤其是2008年开始的“三年大变样”将多年积累的发展预期迅速释放，城市人口激增、面积扩张，城市形态日新月异。然而，快速发展也伴随着对“激进式”发展模式的质疑：将对整个城市体系结构演化和人－地关系产生什么影响？过快发展是否适合区域复杂的情况？文中以河北省为范围，研究近年来城市体系规模分布及其演化特征，考量快速城市化政策对城市体系结构和人—地关系的影响，为区域城市体系的协调发展和结构优化提供基础依据。

二、研究方法和数据

1. 研究方法

分形理论是由美国数学家B.B. Mandelbrot（1975）提出的用以描述表象虽支离破碎，却在不同尺度下自相似的复杂形体，进而从形态、结构及时序等角度深入解析分形体的自组织演化规律。基于分形理论的城市体系结构及演化理论主要包括城市位续—规模法则和人口—面积异速增长定律等。

---

① 曹迎春，张玉坤．河北省城市体系规模结构及异速生长关系研究[J]．干旱区资源与环境，2015（01）
国家自然科学青年基金（51108305）；河北省科技厅项目（12275803）资助．

1）城市位续—规模法则

广义上，在一个国家或区域的城市体系，个体城市间的相互作用使整个体系内城市人口规模与其位序存在系统联系。若以人口为尺度 P（人口数量）度量，则城市积累数与人口尺度成降幂率分布 Pareto 分布：$N(P)=AP^{-a}$

式中：P 为人口规模尺度；$N(P)$ 为规模大于 P 的城市数量；A 为常数；a 为城市规模分布的分维数（a 等价于 D，D 是分维数的常规标示符）[9]。Pareto 分布在数学上等价于 Zipf 定律：$P(\rho)=P_1\rho^{-q}$

式中：ρ 为降序排列的城市位序；$P(\rho)$ 为第 ρ 位城市的人口规模；Pi 为常数，而 $q=1/a$（即 $q=1/D$），具有分维意义，称为 Zipf 维数。q 值反映城市规模分布的本质特征：当 $q>1$、$D<1$，城市规模分布分散，人口差异较大，首位城市垄断地位强；$q<1$、$D>1$，城市规模分布集中，人口分布较均衡，中间位序城市较多；而 $q=D=1$，首位城市与最小城市人口数之比等于城市总数，此时城市自然分布处于理论最优状态。

2）人口—面积异速生长定律

异速生长定律是由生物学领域引入地理界的经典理论，用以表述与整个机体的绝对尺寸变化相关的比例差异现象[10]，基于此理论拓展出城市体系异速生长、城市人口—面积异速生长等研究模型。城市人口—面积异速生长模型表示为：$x_i=\beta_j X_j^{a_{ij}}$

式中：a_{ij} 为异速生长的标度指数，具有分维意义。经等价变换可获得：$A=ap^{b}$[11]

式中：A 为城区面积，p 为该城区人口，b 为标度指数，有分维意义，反映城市人口—面积异速生长的演化关系。$b>1$，人口增速小于城市建成区增速，城市面积扩张，人口密度下降，称为正异速增长；$b=1$，人口与城市建成区面积保持等速生长；$b<1$，则人口增速快于城市建成区增长，称为负异速增长。而实践数据显示，世界上普遍城市或城市体系的维数均集中在 2/3 到 1 之间，均值约为 0.85。异速生长模型理论上虽呈幂指数，但复杂的地理实践并非始终遵循幂律，有时呈半退化的指数和对数关系，甚至完全退化为线性关系。越接近线性，则表明系统结构越退化或者越不进化[12]。

2. 研究数据

文中以河北省 33 个主要城市（县级市及以上行政级别城市）为研究目标，基于 1998～2011 年目标城市非农业人口和城市建成区面积数据构建研究模型。数据主要来源于相应年份的《中国城市建设统计年报》和《中国城市建设统计年鉴》，同时参考《中国城市统计年鉴》等相关数据资料。

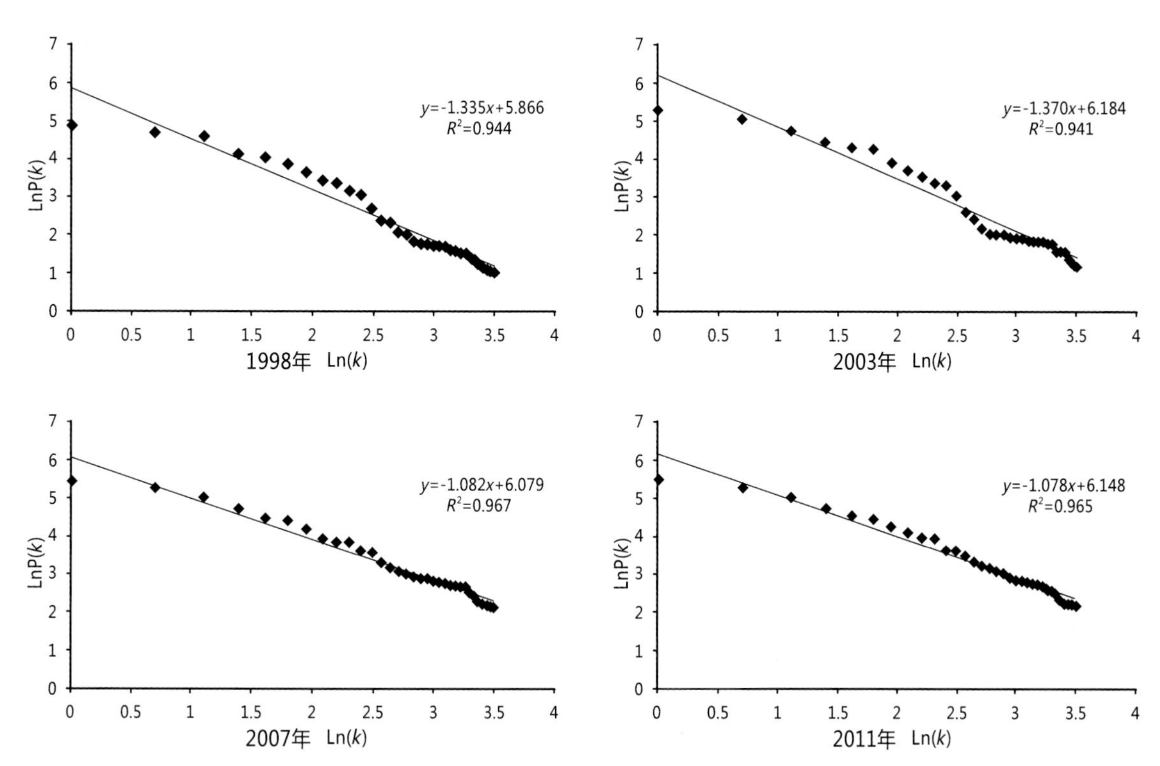

图 1 1998~2011 年河北省城市规模分布双对数坐标拟合图

三、河北省城市规模分布研究

1. 城市规模分布及其演化

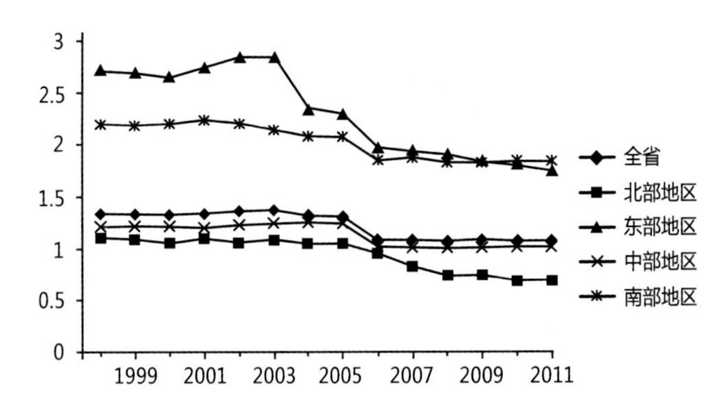

图 2 1998~2011 年河北各区域城市规模分布 Zipf 指数演变

依据位序 – 规模法则，将 1998 年至 2011 年河北省目标城市人口数据进行以位序和规模为横、纵轴的双对数坐标线性拟合（图 1），不同年份拟合优度良好，相关系数均大于 0.900。Zipf 指数 q 值均大于 1，分维数 D 小于 1。表明河北省城市规模结构遵循位序 – 规模分布规律。由 1998 年至 2011 年全省 Zipf 指数演变（图 2）可知，q 值整体呈下降走势，逐渐靠近理想值 1。细微变化明确呈现两个阶段，第一阶段稳定中略有波动，2005 年显著下降后进入相对稳定的第二阶段。q 值变化表明：2005 年之前，全省城市规模分布为垄断性较强的首位型分布，城市规模分布分散，城市结构相对稳定，这与其传统稳健的发展政策密切相关。石家庄因省会地位和居于河北南部远离京、津的地理优势，得以较快发展。而中间位序城市则由于京、津巨大的虹吸效应而发展缓慢，甚至出现有学者提出的“环首都贫困带”的尴尬状态[13]；2005 年后，中间位序城市快速发展，使城市规模分布迅速趋向合理，缘因以下几点：1）基于我国加快城镇化发展的大环境，以及全省推进中小城市快速发展战略，中位序城市获得快速发展，促进区域城市格局优化；2）“京津冀一体化”相关构想的提出，虽未全面实施，但基于地理、经济以及舆论的实质裨益，近京、津城市迅速发展。如东部地区一些城市借助区位优势，其发展驱动力早已超越现行政等级；3）近年来北京地区快速上涨的生活和生产成本，对周边的影响已由虹吸转向溢出效应，而聚集于与北京“融为一体”的周边城市成为上佳选择。以上各因素的综合迭代，促使城市规模结构迅速演化并趋近合理状态。

进一步考察省内不同区域 Zipf 指数变化（图 2），q 值整体走势由高位趋向低位，表明城市规模结构渐趋合理，各区域中、小型城市向大、中型城市的发展速度明显加快；同时，不同区域 q 值与整体走势保持一致，但各地区发展存在显著梯度差异。其中，东部和南部地区呈明显首位型分布，城市规模差异巨大。以东部中心城市唐山为例，借助区位和自身资源优势迅速崛起，人口规模直逼省会。较低的全省城市首位度二指数和四指数进一步显示这种不协调的发展状态（表 1）；中部地区城市规模分布较合理，缘其城市相对集中，远离京、津自成一体，且居于华北平原腹地，环境匀质，因此规模格局演化相对稳定、协调；北部地区则属于低位序型，且由较合理状态降至临界值下，并有持续下降趋势。表明首位城市愈发不显著，城市规模趋向不合理集中。原因在于北部均为高原山地，区域中心城市位于沟谷盆地，土地承载力、建设空间以及传统的经济不发达等因素直接制约其发展；同时，辖区内的近京中小城市借助融入大北京的实质变化，反而迅速兴起。

首位城市人口规模理论值与实际值演变关系　　表 1

年份	首位城市理论人口（万人）	首位城市实际人口（万人）	理论值与实际值比	q 值	首位度指数二指数	首位度指数四指数
1998	273.58	133.88	2.04	0.749	1.213	0.489
1999	277.38	134.65	2.06	0.751	1.203	0.485
2000	282.16	141.00	2.00	0.753	1.237	0.500
2001	302.92	157.00	1.93	0.751	1.228	0.518
2002	328.44	190.10	1.73	0.734	1.269	0.579
2003	354.90	198.70	1.79	0.730	1.262	0.560
2004	362.76	207.56	1.75	0.754	1.315	0.572
2005	357.07	214.40	1.67	0.759	1.344	0.600
2006	457.38	226.05	2.02	0.925	1.150	0.494
2007	458.76	230.21	1.99	0.923	1.190	0.502
2008	456.76	233.89	1.95	0.929	1.187	0.512

续表

年份	首位城市理论人口（万人）	首位城市实际人口（万人）	理论值与实际值比	q 值	首位度指数二指数	首位度指数四指数
2009	467.13	252.50	1.85	0.923	1.281	0.541
2010	461.98	245.27	1.88	0.927	1.245	0.531
2011	465.02	248.48	1.87	0.928	1.261	0.534

2. 城市体系结构容量演变

表 1 显示首位城市人口由 1998 年的 133.88 万快速增加至 2011 年的 248.48 万人。其规模不断增长，且实际值增速快于理论容量，两者比值呈缩小趋势，但存在波动。表明首位城市规模总体上不断增大，城市体系格局日趋复杂。首位城市实际容量虽不断向理论容量靠近，但区域复杂的城市规模格局以及中位序城市的快速发展，波动甚至减弱了这种趋势，使其容量依然存在空间，城市体系发展仍然蕴含潜力。需要指出的是，2005 年首位城市人口快速波动与 q 值显著变化基本同步，表明首位城市人口规模变化与中间位序城市快速发展存在相关性。

四、城市人口—面积异速生长研究

1. 异速生长模型及其演化态势

分形结构是自组织系统更合理、高效利用资源和空间的优化形态。地理学中，常根据城市体系与分形形态的接近程度判断其优化状态。图 3 显示，考察年份全省城市人口—面积异速生长关系总体呈现由退化向进化演变的趋势。不同模型拟合优度显示前期呈现退化，2001～2004 年反复震荡，2005 年后则趋向相对稳定的进化状态（图 4），表明全省城市体系结构的整体性不断提高，并逐渐转向较合理的格局。而发生时间与城市规模分布优化转折点的紧密耦合，表明两者存在相关性。进一步考察全省各城市异速生长关系则表现为半退化或进化状态（很少有完全退化为线性的城市），且较多城市不同模型拟合优度接近（表 2）。原因在于区域复杂的区位特征、资源配置、人口流动及政策导向等因素的影响，导致体系结构及演化过程并不稳定。基于整个城市体系结构优化和整体性加强的演进事实，推测全省大部分城市均在由半退化向进化，或由进化向进一步优化演变。

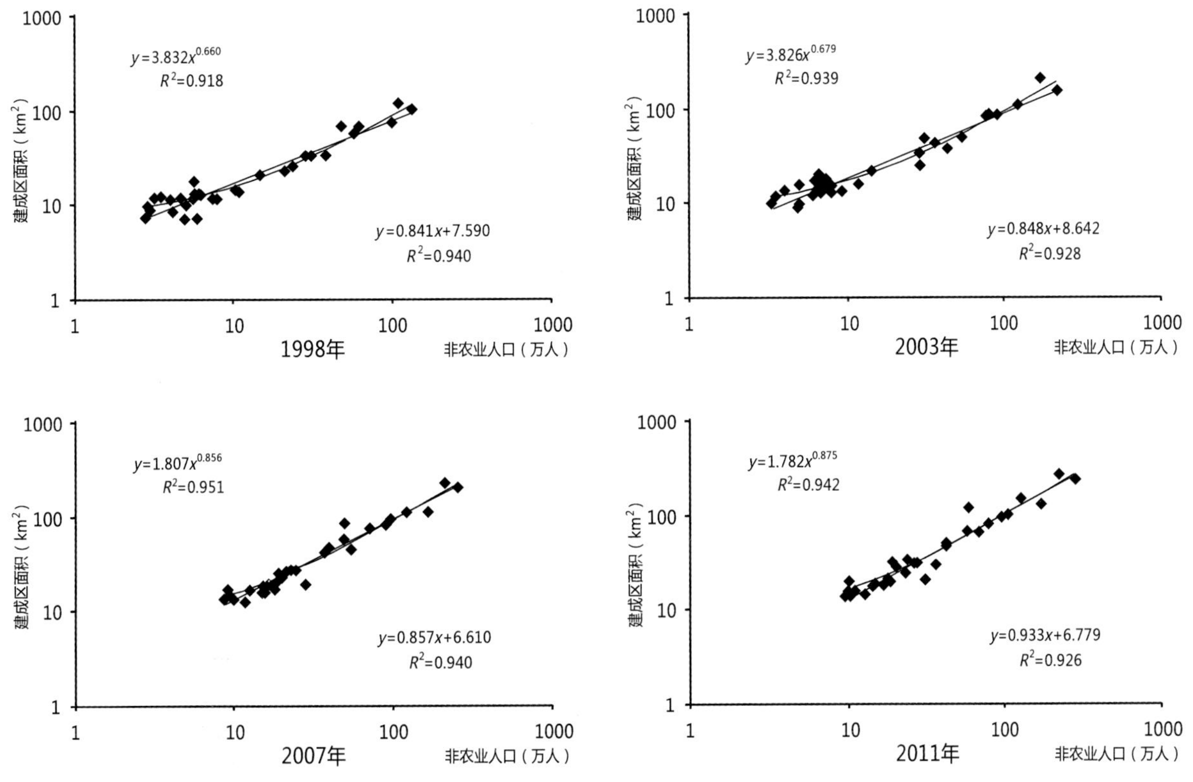

图 3　1998~2011 年河北省城市人口—面积异速生长拟合模型

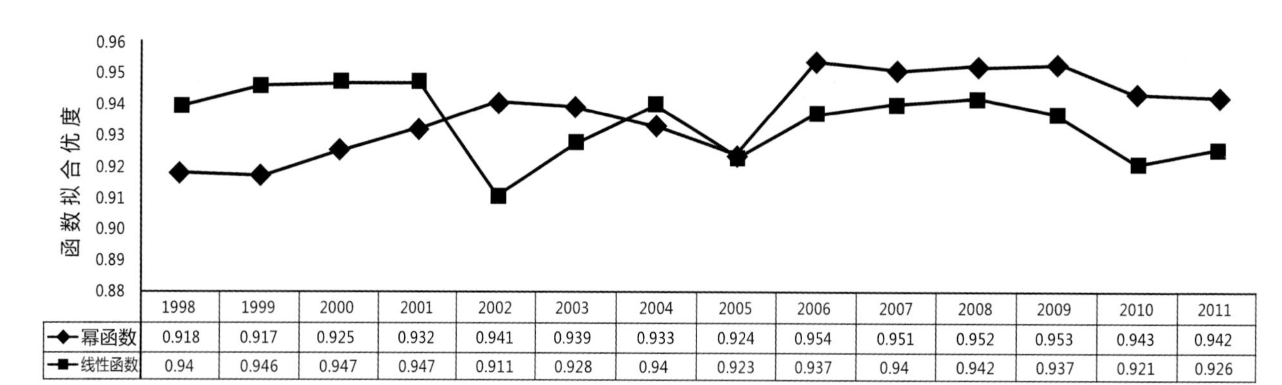

图 4 1998~2011 年河北省城市人口—面积异速生长模型拟合关系

1998~2011 年河北城市人口—面积异速生长模型拟合优度比较 表 2

城市	函数拟合优度			
	幂函数	对数函数	指数函数	线性函数
		半退化		退化
石家庄	0.913	0.883	0.943	0.922
唐山	0.937	0.933	0.926	0.931
秦皇岛	0.940	0.932	0.946	0.944
邯郸	0.648	0.667	0.641	0.641
刑台	0.926	0.897	0.931	0.914
保定	0.840	0.826	0.832	0.828
衡水	0.777	0.743	0.905	0.893
沧州	0.849	0.781	0.885	0.829
承德	0.956	0.956	0.948	0.961
廊坊	0.852	0.903	0.816	0.879
张家口	0.775	0.774	0.763	0.765

2．城市异速生长与城市化演进关系

表 3 显示河北城市人口—面积生长特征为负异速生长。两模型标度指数逐渐接近临界值 1，其中线性模型系数波动较大，幂函数模型则相对稳定，更能反映人口—面积生长关系特征，这进一步表明河北城市体系趋向进化的事实。数据显示考察年份全省城市人口增长速度始终快于土地扩张。人口的持续过快增长产生了一系列人—地关系不协调问题，致使人口密度过大、基础设施超载、环境品质恶化等现象常见于报端。相关研究表明城市建设用地增长速度需适当高于人口增长，才能满足城市基础建设和环境品质的需求 [14]。其原因在于：1）城市化快速发展大背景下，人口大量涌入城市而先于城市面积增长，这与我国普遍城市相应阶段城市化特征一致；2）河北省长期较低的城市化水平，导致城市用地增长和基础建设发展滞后，难于匹配大规模快速人口增长；3）北京的人口溢出同样影响了河北城市人口的增长格局。

1998~2011 年河北城市人口—面积异速生长关系 表 3

年	幂函数		线性函数	
	系数	关系	系数	关系
1998	0.660	负异速生长	0.841	负异速生长
1999	0.662		0.848	
2000	0.671		0.838	

续表

年	幂函数		线性函数	
	系数	关系	系数	关系
2001	0.681	负异速生长	0.815	负异速生长
2002	0.685		0.769	
2003	0.679		0.848	
2004	0.694		0.866	
2005	0.695		0.885	
2006	0.852		0.836	
2007	0.856	负异速生长	0.857	负异速生长
2008	0.870		0.887	
2009	0.865		0.885	
2010	0.872		0.922	
2011	0.875		0.933	

五、讨论

从宏观层面看，河北省于 2004 年正式明确实施城市化战略。随后又陆续提出加速推进中小城市发展，以及“三年大变样”等战略规划，迅速推动城市体系规模分布趋向合理状态，中小城市演化速度显著加快，并成为城市化发展的重要负载空间；在人口与土地城市化关系方面，近年来积极的土地外延扩张以及加速城市基础设施建设措施，同样取得了显著成效，全省城市人口—面积生长关系总体上趋向进化，城市体系整体性不断加强。而其演化时间与城市规模分布优化时间的同步性，也进一步证明河北省快速城市化战略在宏观层面的确实成效；从微观层面看，过于快速、粗犷的推进方式，未能处理好不同区域协调发展的问题，各地城市演化差异依然巨大，东部地区城市规模分布垄断型和超规格发展态势强劲，北部地区则愈发不合理集中；而人—地关系方面，城市人口增长速度始终高于土地增长，虽有被动的区位影响因素，但其核心原因则是全省普遍采取的“农民进城”“农民上楼”等过于“简单”“便捷”的人口城市化方式，缺乏基于经济学和社会学的科学、系统的城市化模式[15]，致使“激进”的发展政策依然不能解决人口城市化过快所带来的诸多问题；而就时间上看，在环首都经济圈（2010 年）进入实质操作，以及北京由“虹吸”转为“溢出”的前夕，河北恰如其分提出快速城市化战略近乎水到渠成，可谓一举双赢。通过快速提升城市规模和改善城市品质，迅速吸引人口聚集，一方面，分担北京功能，缓解压力，这与环首都经济圈的战略利益一致；另一方面，又极大促进河北城市体系的合理演化和整体升级，使其真正成为未来京津冀一体化战略全面展开时具有实力的合作者，而非传统的参与者。

结论

综上所述，河北省近年来成绩显著却又备受质疑的“高速”城市化发展战略，在宏观层面，对城市体系规模结构的合理演化和异速生长关系的进化发挥了积极、肯定的作用；但在微观层面，快速、粗犷的发展模式未能处理好区域平衡和人地关系问题。城镇化发展速度的确定应与区域所处的城镇化阶段相适应，高速城镇化战略在过去十几年促进了处于城镇化低端的河北省城市体系的整体优化，但随着城镇化水平的整体提升，其速度应逐渐放缓以满足体系内部结构均衡调整和人—地关系细节处理的新阶段要求。未来全省城市体系的规划和发展，需针对区域状况和现有问题进行积极的优化和调整。首先，全省城市体系发展战略应统筹考察整个京津冀地区城市体系的规划布局，既发展相对独立、完善的城市体系，又要借助一体化优势，与京津等地建立良性的人口和资源循环渠道，推进全省城市体系的整体结构升级和优化；其次，继续深化全省城市化发展的同时，适度放缓发展速度，统筹各地发展状况、均衡协调区域发展差异，实现全省城市体系的内部结构优化；最后，综合考量各区域地理环境和资源状况，因地制宜协调人口—土地城市化关系，进一步促进全省人—地关系的和谐发展。

参考文献

[1] 同丽嘎，李百岁，张靖. 内蒙古城镇体系空间结构分形特征分析 [J]. 干旱区资源与环境，2011，25（2）：14-19.

[2] Allen P M. Cities and Regions as Self-Organizing Systems. Models of Complexity [M]. Amsterdam: Gordon and Breach Science Pub, 1997.

[3] Batty M. Cities as fractal: Simulating growth and form. In: Crilly A J, Earnshaw R A, Jones H. Fractals and Chaos [M]. New York: Springer Verlag, 1991:43～69.

[4] Gabaix X, Ioannides Y M. The evolution of city size distributions. In: Henderson J V, Thisse J F. Handbook of Urban and Regional Economics [M]. Volume IV: Cities and Geography（Chapter53）. Amsterdam: North-Holland Publishing Company, 2004: 2341～2378.

[5] 周一星. 城市地理学 [M]. 北京：商务印书馆，2003.

[6] 刘继生，陈彦光. 城镇体系空间结构的分形维数及其测算方法 [J]. 地理研究，1999，18（2）：171-1781.

[7] 刘春艳，白永平. 兰州—西宁城市区域空间结构优化重构研究 [J]. 干旱区资源与环境，2008，22（4）：22-27.

[8] 张英辉. 基于分形理论的河北省城市体系规模结构研究 [J]. 商场现代化，2008（526）：313-315.

[9] 陈彦光. 分形城市系统：标度·对称·空间复杂性 [M]. 北京：科技出版社，2008.

[10] Gould S J. Allometry and size in ontogeny and phylogeny [J]. Biological Reviews, 1966, 41: 587 - 640.

[11] 陈彦光. 城市人口—城区面积异速生长模型的理论基础、推广形式及其实证分析 [J]. 华中师范大学学报（自然科学版），2002，36（3）：375-380.

[12] 刘继生，陈彦光. 山东省城市人口—城区面积的异速生长特征探讨 [J]. 地理科学，2005，25（2）：135-141.

[13] 陈国松. 发达地区掠夺式增长与地区差距——以环首都贫困带为例 [J]. 理论与改革，2012（5）：148-151.

[14] 孙在宏，袁源，王亚华，张小林. 基于分形理论的江苏省城市规模分布与异速生长特征 [J]. 地理研究，2011，30（12）：2163-2172.

[15] 张玉坤，孙艺冰. 国外的“都市农业”与中国城市生态节地策略 [J]. 建筑学报，2010（4）：95-98.

大匠无弃材，寻尺各有施——扬州传统建筑乱砖墙应用研究 ①

摘 要

乱砖墙是传统建筑中典型的砖砌墙体形式，也是传统营建技艺中材料再利用做法的杰出代表。相关建筑实例以扬州地区最为丰富，且建造施工最为考究，不仅表现了早期匠人的高超技术，同时承载着深厚的地方历史文化内涵。有鉴于此，本文拟从扬州地区具体的建筑实例出发，研究旧材“乱砖”在传统建筑中的构建方式与应用，期望对现代建筑设计中砖材运用有所启迪。

关键词 乱砖墙、旧材料、传统技艺、扬州、应用

引言

巧妇难成无米之炊，巧匠亦难筑无材之屋宇，材料对于建筑的重要不言而喻。然而建筑业快速发展与辉煌成就的背后，大量的建筑资源被消耗掉，与此同时，产生的建筑废旧材料不能得到妥善处理，环境资源背负沉重负担。

砖，作为建筑中最简单实用的材料之一，是中国传统建筑中的主要建造材料，随着近年来城镇化与旧城改造的进行，建筑拆除过程中产生大量的废旧砖料，大多被弃置如糟粕。然而，扬州地区的废旧砖材却供不应求，被高价回收并重新运用于建造之中，究其原因，得益于该地区的一种传统砖墙做法——乱砖墙。在墙体的垒砌中，实现了砖材的反复利用，以及地方文化与建造技艺的传承。

一、乱砖墙的由来：废池砖瓦

“腰缠十万贯，骑鹤下扬州”，长久以来，扬州人生活在开阔而肥美的长江下游平原之上，这里作为历史上盐业、漕运中心几度繁荣，盐商富甲一方，留下了许多青砖垒砌的高门阔府、华庭深巷，记载下扬州的繁荣与富庶；扬州古城亦临近古都建康，为南国门户、军事要地，经历过多次毁城战乱，几度凋敝，更得“芜城”之名。这座城在建后毁、毁再建的挣扎中，形成了属于它独有的建筑形式及建造技艺。

扬州的乱砖墙，全称乱砖丝缝清水墙（图 1），其形成之初便是源于战乱。人们把残破的房屋拆除，汇集废旧砖块作为砌筑建筑墙体的材料，收集而来的砖材很难控制其颜色规格，砖块残整相接，大小垒砌，却形成别具特色的墙体风格，在扬州民居中广泛应用，乱砖墙由此发展延续下来，也成了扬州城历史的见证。这种墙体做法在扬州及其周边地区的传统建筑中较为多见，外地很少。北京四合院中有类似做法墙体称作碎砖墙，却远不如扬州乱砖墙严整考究 [1]。

图 1 扬州乱砖墙街巷掠影

起于战乱，且廉价实用，乱砖墙最初大多是中小之家出于经济考虑而形成的建筑墙体做法，并不讲究美观与造型艺术。因为砖块

① 于塔娜，张玉坤，贡小雷．大匠无弃材，寻尺各有施——扬州传统建筑乱砖墙应用研究 [J]．建筑师，2016（04）．
国家自然科学基金项目（51308376）；教育部博士点基金项目（2011003210053）．

的颜色、质地并不完全一样，表现出“乱”的一面，但古代的能工巧匠却将这些乱砖砌筑的工整平滑，乱中有序，雄浑不羁中又带有丝丝细腻的感情[2]。如此经历了几代人的推敲与实践，做工愈加细致考究，且见于大户门第，逐成规模。近年来在扬州古城保护与修复中，也被大规模的应用。

图 2　乱砖墙中的城墙砖材

二、材料与性能：历久弥坚

扬州砖墙多为青砖垒砌，青灰做缝，远望庄重质朴、紫气氤氲而又生动典雅，且材料与性能上都是上乘良作。古青砖为烧结砖，黏土做主料，加水调和挤压成型，而后加入砖窑焙烤到一千摄氏度左右，然后用水冷却，让黏土中的铁不完全氧化，从而砖块表面呈青灰色。相较于红砖其硬度更大，抗氧化、抗水化、耐碱、耐冻等方面的性能更佳。中国古代的“秦砖汉瓦”能历经上千年仍保存完好，可见古青砖性能之优良，这也为材料的反复利用提供了基础。传统“乱砖”材料来源以扬州本地的旧屋墙砖为主，也可见少数尺寸巨大的城墙砖（图 2）以及尺寸较小的猴头砖（多用于铺地的小块青砖），还有刻着传统符号的铜钱砖、祥云砖等，寓意吉祥富贵，抑或辟火挡灾。材料年代无从考究，仅可从有无红砖对部分民居年代加以简单辨别，砖材规格差异很大，或细且扁长，或宽而厚短，大抵由于砖料生产的年代、产地、瓦窑不尽相同。以整砖为计，砖块长度 10.5～27cm 不等，高度 3～7cm 不等；半砖残砖尺寸无法计量。现在扬州市废旧砖材已经很少，多由杭集镇或镇江地区运送而来，旧砖价格也从原来约 0.5 元 / 块上涨到约 2.2 元 / 块。

墙体灰浆也经历了几次变迁。传统做法中多用青灰，即用石灰膏与草木灰拌和，也可见用大刀泥（即黄泥）、鸡蛋清、糯米汁等易取得的材料掺入，起黏结作用。现在草木灰量少而用化工材料代替，普遍采用水泥砂浆与黑因子（植物烧灰）拌和，现代灰浆材料黏度较传统材料提高很多，使得墙体的整体强度得到改善。然而，或许也正是由于传统灰浆的黏结度有限而使得砖、灰容易分离，保持了砖材的完整性，为砖材再利用提供了便利。

旧砖料再砌筑墙体的实践中，最让人担忧的莫过于其强度性能。然而乱砖墙的墙体厚实，结实牢固，不易倒塌，其厚度多在 360mm 以上，即使是砌筑到建筑最高处的马头墙也是厚度不减。若是见到 240mm 的马头墙做法，定是外地工匠不了解扬州的建造风格，失了老城的原味儿了。因墙体厚实，它的隔音、隔热、防寒、保暖等效果非常好，科学而实用。乱砖墙的缺点也很明显。一者因材料零散而受力复杂，不适宜砌筑过高的墙体；二者墙体厚度较厚，墙体自重较大且占用空间较多；三者乱砖墙在建造等级及美观程度上较整砖墙仍稍有逊色。因而，乱砖墙的应用更多见于民居或盐商宅园的围墙、火巷及次要空间外墙处。

三、做法与分类：有法无式

扬州砖墙大都保持清水原色，不做粉饰，是扬州地区的建筑特色，即墙面只勾缝不抹灰。即便是等级较高的墙体，也只是上一层清桐油以保护墙面，并不遮盖砖块本色。青砖青瓦青石板，扬州街巷不似苏杭的粉墙黛瓦鲜丽明快，却构成了质朴淡雅的老城景象。虽然长江以北地区，清水砖墙并不稀奇，但多是在砖材完好、墙面平整的情况下，若是用到乱砖填馅，必然要用整砖包裹外皮，或施墙面抹灰以遮挡。而扬州乱砖墙却不加粉妆，大方亮相。这不抹灰的原因一说是节约经济的做法，频繁战乱使得城市贫困加之扬州地区灰浆材料本就不多；另一说是清水砖墙更能体现墙体砌筑的功夫，表现扬州匠人的精致工艺，这从扬州人讲究的生活细节中不难理解。

根据扬州当地的说法，传统工匠们一天只砌筑三皮砖，遇到阴天下雨还要顺延五日。为的就是保证层层砖缝均匀一致，施工质量有所保证，如此一来，施工速度大大减慢，精益求精的扬州人却并不在意。不仅如此，置宅营园的主人对匠人们是十分尊重的，在开工之前，先要请师傅们品茶谈天，了解造屋营园的意象，商榷具体施工的方法，做到手中虽无图纸，心中已有图纸，方才动工。由于材料是汇集老旧房屋拆卸下的砖，因而更加考验匠人的才能技艺，需要因材制宜，且要注重“三分砌墙，七分填馅，长砖丁砌，灰缝饱满”。墙面砌筑规矩细致，墙中填馅，搭接“踩脚”严密，素泥抹平。讲究的乱砖墙砌筑，也用刨子将砖表面刨平，以刀砍棱角，砖的排列横平竖直，墙面亦平整美观，不亚于整砖墙[3]。为了应对乱砖材料自身的劣势，增加墙体强度，匠人们在墙体垒砌过程中用了一番心思。墙体中预埋顺墙木或铁笆锯（图3），用以加强木构柱与墙体之间的连接；整砖丁砌起到拉结内外墙体的作用；同皮砖厚度保持一致，美观且方便施工；尽量不做通缝；墙体从下至上略有收分等。乱砖墙体较厚也是对各项物理性能的考虑，欲减轻墙体自身重量，也常常配合空斗墙使用，从而构成“和合墙”的砌筑形式。

图3　乱砖墙结构构件“铁笆锯”

现代乱砖墙的砌筑以采用废旧整砖材为主，碎砖填馅，三顺一丁垒砌城墙，墙厚360mm以上，分为单面清水墙和双面清水墙两种做法。单面清水墙：外侧120mm用青灰砌筑，内侧240mm用砂浆砌筑，外侧丁砖与内侧240mm墙咬合，内墙面抹灰；双面清水墙：内、外侧120mm用青灰砌筑，两侧丁砖与中间120mm碎砖用砂浆砌筑咬合，内外墙面都不抹灰（图4、图5）。

乱砖墙根据其砌筑方式及施工操作的不同，可分为四种主要类型，即扁砌墙、玉带墙、相思墙、干码墙。其中相思墙和干码墙已很难找到实例，仅从相关文献中获知其砌筑做法，也未配有图片说明。现存实例最多的是扁砌墙形式。若仔细寻找，玉带墙可在少数人家中见到。

1．扁砌墙：即将规格不一的砖块依厚度分类，卧砖扁砌，垒叠成墙，顺丁之间并无明显规律（图6）。这是最为常见的一种乱砖墙，既用于普通百姓之家，也可见于大户宅府之中，可整墙砌筑，也可搭配空斗墙、玉带墙使用。由于乱砖种类形状差异较大，给砌筑施工带来不便，且考虑到墙体的强度要求，匠人们将相似厚度的砖块分类，同一水平高度的砖块厚度尽量保持一致。

2. 玉带墙：即横铺扁砌与竖列成排，横竖相间，交替叠砌，形状如编织带状，故美其名“玉带墙”[4]。（图7）一般横铺平砌两层后，连砌三层竖砖，平砌的两层称为“玉带围腰”，竖砌的三层称为“斗子”，取“斗（陡）升三级”或“连升三级”之意[5]。这种做法已十分罕有，扬州彩衣街附近与东圈门附近可见几处，都用在山墙高处，并未见整

图4　乱砖墙垒砌过程

图5　乱砖旧墙修复施工过程照片

图 6　扁砌墙

图 7　玉带墙

墙做法，且仅见于规模较小的民居之中，想必是等级较低的墙体形制。

3. 相思墙：是指半边扁砌与半边竖砌的墙体砌筑形式，由于竖砌扁砌并不穿插结合，宛若有情人不能相见，故名“相思墙”。墙体砌筑时，使扁砌高度与竖砌高度持平，且里、外皮砖上下交替砌筑，然后再在其上扁砌一层横砖。此种墙宽一般只有 180mm 左右，常用做室内隔墙。

4．干码墙：是指外皮砖不打灰膏，主要依靠内外皮砖之间的相互搭接（俗称“踩脚”）保持墙体牢固和咬合严密，砌数皮砖后用素泥找平，主要用作院墙或为以前穷苦人家所用，墙体等级较低 [6]。

四、案例中的应用：雅俗共赏

扬州乱砖墙的应用之广，无需费心求证，走在扬州老城区的街道上便随处可见。其应用范围并不限于寻常百姓之家，在许多盐商府邸甚至官宅名园中也能够找到。当然，形制较高的宅院中乱砖墙的施工工艺与美观程度也更胜一筹，说明它在实现了实用与经济价值的过程中，也逐渐成了扬州当地的历史文化符号。乱砖墙在传统建筑中主要应用于以下几处：

1．建筑群外围墙：扬州老城保留下的名家宅园多是晚清之作，豪门深院，高墙围垣，不设窗牖，与山墙相接，形成封闭的庭院空间。门楼不饰雕琢，墙面不加粉饰，看似质朴无华，实则藏富不露，因而乱砖围墙案例很多，如廖可亭盐商住宅、汪氏小苑、阮氏家庙与宅邸等。乱砖墙体浑厚且略有收分，稳固低调，适宜做围墙用。甚至阮氏家庙正门对面的御赐照壁也是由乱砖垒砌，中央刻有“御赐：出门见喜”的字样，但仅是孤例。

2．次要建筑外墙：虽然乱砖墙也常常出现在中高等级的建筑群之中，但确是传统建筑中等级较低的墙体形式。汪氏小苑中的乱砖墙的运用最能说明这一点，宅苑中的后庭院、厨房、浴室、佣人住处与边火巷等次要空间皆由乱砖砌筑，而前院主宅中却找不到一处乱砖踪迹。而在民宅外墙中，乱砖墙占有很大的比例。也正因如此，乱砖墙的形式和技艺才能被广泛普及并流传至今。

3．火巷（船巷）：又称辟火巷，即为防火而设。不同于南方一般弯曲且狭窄的巷弄，火巷宽而笔直，巷两边还带有排水的明沟，不设窗，与外围墙相似，使街对面的火势不至于蔓延过来。巷子尽端设水井一口，灭火用，井侧的墙面砖砌起拱，以防止取水使得墙面下沉，足见古代匠人思虑缜密。扬州的盐商大宅内的火巷更加考究，以个园为例，火巷两侧墙体皆是乱砖垒砌，巷北窄而巷南宽，形如船，故也多称“船巷”。当地人解释说这种做法是由于古代扬州盐业依靠漕运，盐商多与船打交道，有意修巷如船，取义“一帆风顺”。类似的做法在小盘谷中也有。此类建造形式也可见于汪氏小苑西侧船厅中开放式“船尾”一段的表现，主人因地制宜，将边火巷做船尾、西南小厅拟船头，巷厅结合，构建出完整而生动的船体形象，巷子的侧墙和地面皆是乱砖铺就（图 8）。

讲到铺地，乱砖铺地与乱砖墙有着异曲同工之妙，在扬州，墙砖可以用来铺地，而地面砖也有出现于墙中的案例，两者结合时，便分不出墙体与地面。扬州匠人将乱砖材运用得可谓淋漓尽致，游刃有余。扬州“八怪”之一的郑板桥以诗、书、画三绝著称，书法以六分半书见长，整幅作品的章法布局被称为“乱石铺街”[7]。传统匠人们并不拘泥于固有的形式，而是因材制宜、因地制宜，根据需要调整建造方式，将材料的功用发挥到最佳。

结语

大量现代建筑的华丽外观建立在材料与能源的大量消耗之上，相形之下，传统建筑中有许多值得借鉴的优秀而朴实的营造理念与方法。乱砖墙即是在特定历史背景下由实际需要发展而来的旧材再用的砖墙形式，而这种墙体形式逐步演变为文化艺术标志，寄托了人文情怀。它的美与价值不是浮夸的表现，而是源于生活的根本需求，也正是这朴实的艺术与技艺的传承，将扬州地方特色得以保留。韩愈有诗句“大匠无弃材，寻尺各有施”，每一寸材料都有其可用之处，需要现代建筑师吸收传统节材用材的理念，合理的设计与运用。与乱砖墙类似的传统建造工艺还有很多，如闽南地区的出砖入石、山东牟氏庄园的旧砖石墙等，都值得深入的研究探讨，相信对现代建筑中如何将废旧建材融入设计是有益的学习。

图 8　汪氏小苑“船巷”

参考文献

[1] 刘大可．中国古建筑瓦石营法[M]．北京：中国建筑工业出版社，1993．
[2] 周文逸．扬州东圈门汪氏小苑建筑空间研究[D]．南京：南京艺术学院，2012．
[3] 曹永森．扬州特色文化[M]．苏州：苏州大学出版社，2006．
[4] 徐建卓．扬州传统建筑中的清水砖墙研究[J]．江苏建筑，2012（03）：16~18．
[5] 王筱倩．扬州老城区建筑遗产形态特征的整体性研究[D]．无锡：江南大学，2012．
[6] 张理晖．广陵家筑——扬州传统建筑艺术[M]．北京：中国轻工业出版社，2013．
[7] 黄继林．古巷探幽——扬州名巷[M]．扬州：广陵书社，2005．

长城聚落

- 时空分布
- 分镇分期
- 空间分析

时空分布

明长城九边重镇防御体系分布图说[①]

摘 要

明长城是继秦始皇修筑的万里长城以来，历史上又一次伟大的长城防御工程。明朝将长城沿线划分为九个防区进行防御，即九边重镇。本文在大量史料及现场调研的基础上绘制了九边重镇防御体系图，根据此图逐步介绍长城九边重镇的设防，及九镇所辖的路城、卫城、所城、堡城的分布情况；最后概括了防御体系的遗存现状。

关键词 明长城；九边重镇；防御体系；遗存

引言

1368 年，明军逼近通州，元顺帝望风北遁，明太祖朱元璋即位。蒙元皇帝北逐后屡谋机复辟，而后蒙古分裂为鞑靼、瓦剌和兀良哈三部，诸部不断南下骚扰抢掠。因此，明王朝从洪武初年就开始经营防务，在随后的 200 多年中，从未停止过对长城的修筑，最终形成了贯穿东西、完整连续的长城防御体系。

明初把长城沿线划分为九个防守区，亦称九镇，便于管理长城的防务和指挥调遣长城沿线的兵力。明中叶以后，为了加强首都和帝陵（明十三陵）的防务，又增设了昌镇和真保镇，合称九边十一镇。九边重镇的防御体系，在军事管理层面上，指九边重镇的设置及各镇的层级组织机构；从物质层面上，指具整体性及层次化的军事防御工程体系。组织机构依附在工程体系这个载体之上，两者不可分割。而现存史料记载和当今的研究成果，多重于文字描述和长城的分段走向示意图，忽略了长城作为防御体系的层次性和整体性，不能直观完整地表达整个长城防御体系的全貌。鉴于此，2003 年至 2004 年课题组对延绥镇、大同镇、山西镇、宣府镇、蓟镇的长城防御体系进行了多项实地考察，共考察了 127 个军堡（包括镇城、路城、卫城、所城）、10 个关堡和 20 多处重要的关、口，及沿线的墩台、箭楼、水关和烽火台，在查阅大量资料和现场踏勘的基础上绘制了“明长城及重要城堡分布图”（图 1）。

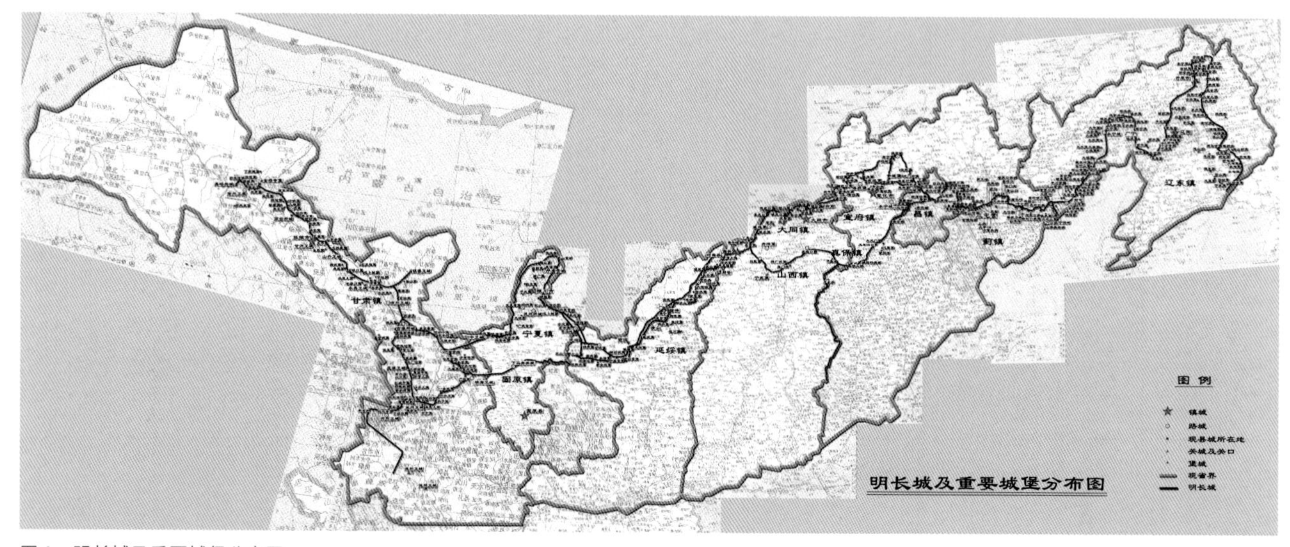

图 1 明长城及重要城堡分布图

① 张玉坤，李严．明长城九边重镇防御体系分布图说 [J]．华中建筑，2005（02）：116-119+153.

由于图幅和比例的限制，图中只标出了明长城的走向、九边重镇的分布及长城沿线重要军堡和关口的分布情况，大量的墩台、烽堠、驿站等防御工事的位置暂缺，有待日后增补。

一、九边重镇防御体系概说

明长城历经辽宁、河北（京津）、内蒙古、山西、陕西、宁夏、甘肃等省区，全长8800多公里。九镇的划分区域与现今的省界较为接近，但不完全重合，它是按照对长城的分段防御的要求划分的。各镇负责本地段长城墙体，及烽火墩台和各屯兵城的守卫和修缮工作，因此长城防御体系并非线性的墙体本身和其上的构筑物，还包括士兵驻扎的屯兵城，即军堡，屯兵城是防御的载体。屯兵城按级别分为镇城、路城、卫城、所城和堡城。堡城是最小的屯兵单位。屯兵城的级别是由其内屯驻的官兵的级别的大小决定的。图2所示为围绕中央镇城的大大小小的城堡。

明朝有一套严格的军事防御组织制度，即都司卫所制度。在各省设都指挥使司统领卫所，上隶于中央的五军都督府。军士皆别立户籍，叫作军户，军户代代世袭，永世不得脱籍。每军户出一丁为军，称正丁。正丁死，则由其子弟依次递补。明制规定：边地卫所军三分戍守，七分屯种；内地卫所军二分戍守，八分屯种。各卫所军士都由本镇的总兵领辖，军队数量由各镇所处地区的军事需要而定，从几万人到十几万人不等；"镇"下设"路"，由参将领辖，每路管辖两个"卫"（各地根据实际情况略有调整）；每"卫"管辖五个千户所，每千户所管辖十个百户，每百户所又管辖两个总旗，每总旗设五小旗。此外各镇设游击将军，职位稍低于参将，驻镇城或指定城堡（游击堡），受镇守、巡抚调遣。兵备道，与"路"平行，掌管屯田、水利、赋税、运输等事务。各镇的组织机构见表1。

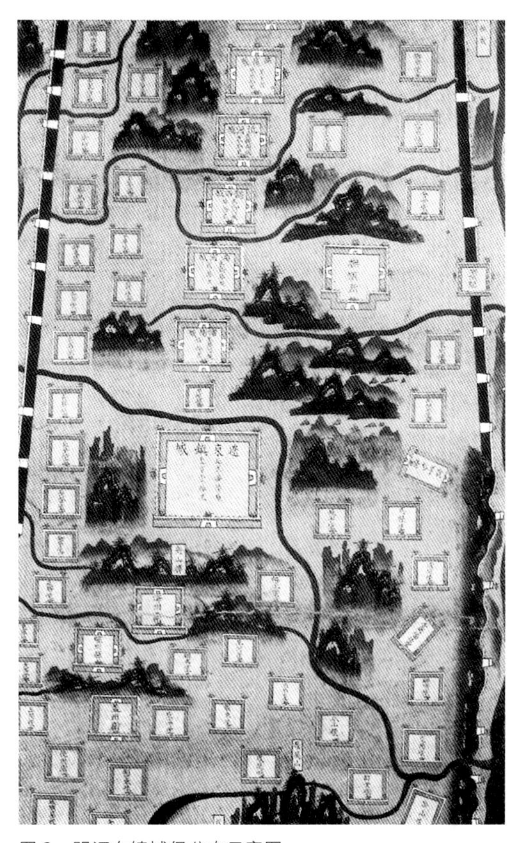

图2 明辽东镇城堡分布示意图
（图片来源：《中国国家地理》2003（08）：54）

防御单位组织机构表①　　表1

防御单位	官阶	驻地	辖区和职权	驻兵人数
镇	镇守总兵	镇城	总掌防区内的战守行动	据实际情况而定
	协守副总兵	镇城	协助主将策应本镇及邻镇的防御	城内驻兵3000人
	分守副总兵	重要城堡	某一紧要地段的防务	据实际情况而定
路	参将	路城	管辖本路诸城堡驻军和本路地段防御	2个卫，12000余人
卫	守备	卫城	管辖本卫诸城堡驻军和本卫地段防御	5600人（5千户所）
千户所	千总	所城	管辖本所诸城堡驻军和本所地段防御	1120人（10百户所）
百户所	百总（把总）	所城	管辖本所城堡驻军和本堡地段防御	112人（两总旗）
总旗	总旗官	该堡城	受百户所调遣	50余人
小旗		该堡城	受总旗调遣	10余人

① 董耀会．瓦合集——长城研究文论[M]．北京：科学出版社，2004：45；艾冲．明代陕西四镇长城[M]．西安：陕西师范大学出版社，1990：13.

二、九边重镇防御体系的分布

1．九边重镇的分布范围和考察表

通过文献查阅和现状考察，对各镇的辖区范围和管辖军堡情况列表如下，表 2 与分布图相对应。

九镇的辖区范围和管辖军堡数量统计表 表 2

镇名	总兵驻地	辖区	路城	前线军堡及重要关口数量	资料来源
辽东镇	辽宁省辽阳市（后驻北镇）	南起凤凰城，西至山海关，全长 1950 多里	五路：南路前屯城、西路义州城、北路开原城、中路与广宁分司城合在一起、东路与暖阳城堡合在一起，单独的路城三座	军堡 150 余个，关城 11 座	刘谦著《明辽东镇长城及防御考》p9、p48
蓟镇	河北省唐山市迁西县三屯营	东起山海关，西至居庸关的灰岭口，全长 1200 多里	三路：东路副总兵驻建昌营，中路副总兵驻三屯营，西路副总兵驻石匣营	军堡及关堡共 270 个左右，关口约 126 个，其中已踏勘关堡 10 个	华夏子著《明长城考实》p57、《四镇三关志》
宣府镇	河北省宣化区	东起居庸关的四海冶，西至西洋河，全长 1023 里	六路：东路、下北路、上北路、中路、上西路、下西路①	军堡 60 多个，关口约 12 个，已踏勘军堡 24 个	华夏子著《明长城考实》p61
大同镇	山西省大同市	东起镇口台，西至鸦角山，全长 647 里	八路：新坪路、东路、北东路、北西路、中路、威远路、西路、井坪路	军堡共约 60 个，关口约 44 个，已踏勘军堡及关口 39 个	华夏子著《明长城考实》p65，p69
山西镇（又称太原镇）	山西偏关县	西起山西保德黄河岸，经偏关、老营堡、宁武、雁门关、平型关、龙泉关、固关而达黄榆岭，全长 1600 里	六路：东路、西路、太原、中路、河曲县、北楼口		
延绥镇（又称榆林镇）	陕西省榆林市	东起清水营，西至花马池，全长 1760 里	三路：东、中、西路	军堡 36 个，关口约 24 个，已踏勘军堡及关口 33 个	艾冲著《明代陕西四镇长城》p45～p54
宁夏镇	宁夏自治区银川市	东起大盐池，西至兰靖，全长 2000 里	五路：东、西、南、北、中路	军堡 38 个，关口约 13 个	艾冲著《明代陕西四镇长城》p87～p93
固原镇	宁夏自治区固原市	东起陕西省靖边与榆林镇相接，西达皋兰与甘肃镇相接，全长 1000 里	五路：下马关路、靖虏路、兰州路、河州路、芦塘路	军堡 35 个，关口约 10 个	艾冲著《明代陕西四镇长城》p148～p154
甘肃镇	甘肃省张掖市	东起甘肃金城县（今兰州市），西至嘉峪关，全长 1600 余里	四路：庄浪路、凉州路、肃州路、大靖路	军堡 72 个，关口约 15 个	艾冲著《明代陕西四镇长城》p113～p123
总计	九镇	全长约 12700 多里	四十五路	军堡共约 720 余个，关口共约 150 个左右，已踏勘军堡及关口共 127 个	
备注	由于研究尚处于初期阶段，部分内容有待进一步考证，以上为目前研究成果。				

2．分布的密度

整个长城沿线从总体上看是“一里一小墩，五里一大墩，十里一寨”，但堡的间距与距京城的距离有关，离京城越近的军镇，堡的分布越密，关口也越多。如延绥镇平均 40 里一堡，大同镇和宣府镇平均 30 里一堡，辽东镇仅 20～30 里一堡。关和口的分布也以蓟镇、宣府镇和大同镇较多。现河北省与山西省境内不仅有内、外双重长城，且有

---

① （明）杨时宁（1537-1609）撰《宣大山西三镇图说》中记载：“总七路险隘，上西路、下西路、南路、上北路、下北路、中路、东路。”可见不同时期有不同的路的划分，表中仅选其一。

内外三关及大量集中的关堡，即关、堡合一的设置。长城沿线的关口总共有 1000 多个，现存 160 多个中有一半分布在此两省。其中多处关口是蒙古部落入侵的重要通道，如居庸关、山海关、古北口、偏头关等。因为河北省、山西省是守护京城的咽喉要塞，而辽东镇是女真族入侵的重要通道，三省均处于极其重要的军事地理位置。

3．军堡的分类

按距长城的远近将军堡分为三类，前线的堡子、后方屯军的堡子和游击堡。前线的堡子指距长城的距离较近，有的位于长城线上，最远不过几里地。这样的堡规模较小，周长一般在 1～3 里之间。多居山头上，位置险要，便于瞭望。屯军堡距离长城较远，距离从几里地到几十里地不等，规模较大，周长以 3～4 里的居多，多位于山谷里，或河流冲积平原上，地势平坦，土壤肥沃，军士战时守城、农忙耕种。游击堡指游击将军指挥的游历于各堡之间，起协调助援作用的兵士驻扎的堡子，一般规模较小，临时性较强，因此现状遗存也较差，后方屯军的堡保留状况最好。

河北省张家口市蔚县水东堡（村堡）

明大同镇水泉堡现状（军堡）

图 3　军堡与村堡的选址比较

4．军堡与村堡的关系

前朝的堡子除了军堡之外，大量遗存民间的是村堡。明朝时，边境地区除了少数民族入侵外，还有当地土匪抢劫，朝廷曾下令民间自发建堡自卫。后来频频发生在堡内举旗起义，反动势力自立为王的祸乱，于是禁止了村堡的兴建。由于清朝对北部少数民族实行安抚政策，军堡的军事意义丧失，用做防土匪之用的村堡，且在政局不稳的朝代，建村堡以自卫之风甚盛，这些堡子一直到新中国成立前期都存留甚好。村堡与明朝军堡在选址、形制等方面截然不同（图 3）。

5．军堡的选址与地形的关系

军堡的选址既有很大的灵活性，又有一定的规律性，按地形可以归为四类：（1）背山面水、前后皆险（2）居高山上、扼守山谷（3）谷中盆地、水路并重（4）沙漠荒原、城墙相互（图 4）。其中前线的堡子多据险设防，以（1）、（2）类居多，利于防守。后方屯军的堡子，多“于道中下寨”，即分布在交通要道上，一则守住关口，二则便于运输。以延绥镇为例，镇内共有重要军堡共 36 个，沿长城大边、二边而设，前线堡子受防守距离限制，按实际距离平均 40 里设一堡，而所在地形从东到西呈毛乌素风沙区到陕北黄土丘陵区的过渡，其间有无定河、芦河等几大水系经过，从而堡的选址出现了不同的地理特征。

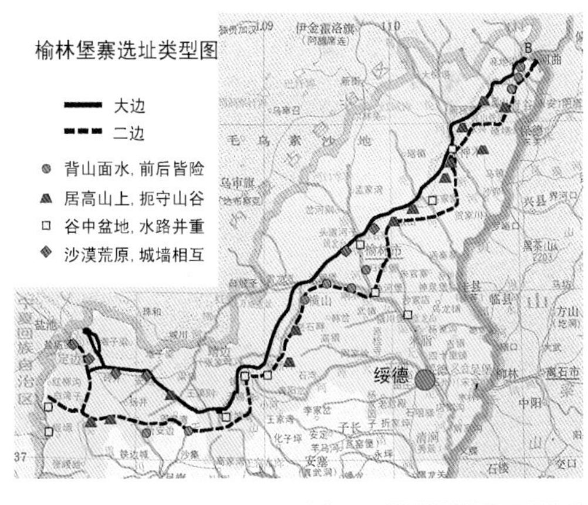

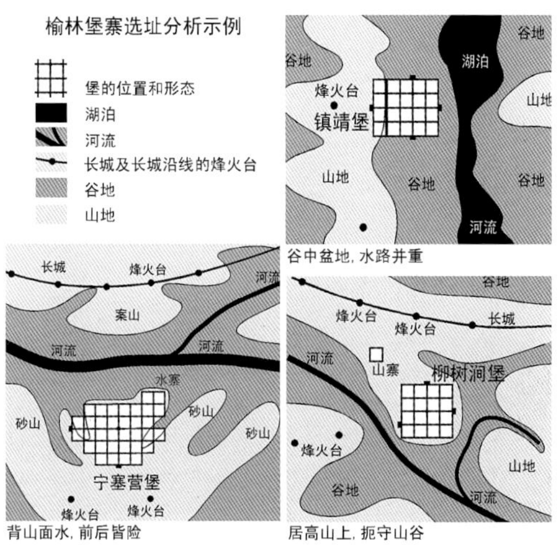

图 4　军堡的选址与地形的关系

三、长城军事防御体系的遗存现状

长城的军事防御体系，即它的管理组织结构、军事级别设置，随着封建制度的瓦解和古代战争意义的消失，荡然无存。但其构筑的军事防御工事，作为其防御体系的载体，却依然历历在目，引导我们随着历史的遗迹去追寻。

长城，自 1987 年 12 月被列入《世界遗产名录》以来，得到了社会各界的重视。已有许多地段的长城墙体、重要关口、烽火台、市口等受到不同方式的保护，并确立为国家和各级文物保护单位。某些地段已开发为旅游景点，如居庸关、镇北台等；某些地段正在或即将做保护规划和建设，如雁门关、榆林卫城等，这是值得肯定的。但这对于整个长城防御体系来说如沧海一粟，更何况保护与开发的方法和结果有待探讨。2004 年长城被列入世界濒危遗产名录，据中国长城学会调查，目前明长城主墙体基本完好的只有 2000 余公里，约占明长城全长的三分之一，还有约三分之一的长城墙体已较大程度地倒塌甚至完全塌毁，另外三分之一的长城已不复存在。因此，当我们把这条巨龙的全貌展现于眼前时，看到的更多的却是遍体鳞伤的裸露的躯干——残破贫瘠的土堆和碎砖乱瓦！

比较前人在 30 年前的实地照片和 2004 年的考察现状，许多实物遭到了严重的破坏，其原因有沙尘吞没、水流冲刷、风雨侵蚀等自然因素，也有人为因素，如在城墙上挖储物洞、取土垒院墙；不合理的盲目开发建设，铲平长城墙体，建铁路；不顾历史原貌用新材料修复长城墙体及其他防御工事，其不可恢复性造成了难以挽回的文化遗产缺失。具体分析，已考察地段的长城防御体系的遗存现状概述如下：

1．总体情况

明代京师附近的军镇，宣府镇、蓟镇的保存情况比距其较远的大同镇、固原镇、甘肃镇的略好，长城及少数关堡的堡墙有包砖的地段多一些，这与它们地处京师周围，自古是防御重点地段有关；另外地形越复杂的、不易于到达的防御工事保存情况越好，受人为破坏影响小。

2．长城墙体

明长城墙体的包砖大部已毁，仅剩夯土墩，残高约 4～7 米，集中毁坏时间为新中国成立前及“文化大革命”时期。九镇中现存较好的长城墙体是蓟镇长城，墙体内外包砖均达一米厚，上可走人，墙体上烽堠、敌台遥首相望。

3．敌楼

敌楼在宣府镇、蓟镇、大同镇保存下来的较多，其中又以蓟镇境内的更佳。体量完整，底部拱形洞口尚存，顶部垛口毁坏得严重些。如界冷口关的敌楼外包砖尚存，内部今仍可上人。另外大同镇的镇宁楼遗存尚好，外包砖除顶部损坏外主体完好，入口砖雕尚存，但内部坍塌，基座呈方形，边长约 16 米，高约 25 米（图 5）。

4．城堡

城堡大多数存有遗迹，大部分城池的具体位置、距长城的距离、城池的规模、边界，根据残存墙体的遗迹可以确定。堡门的数量、位置、规模皆存遗迹，瓮城、月城、翼城、坞也可见，但堡门的砖拱大部分被破坏，仅剩夯土层，门扇更无存留。城墙大部分为石块铺砌基础，墙体的包砖和城楼大部分已不存，只剩夯土层，残墙高者 5 米～6 米，低者为 1 米以下的土墩。图 6 中所示是镇城、路城、卫城中留存尚好的城池示例。

明蓟镇界冷口长城及敌楼

明大同镇左云卫镇宁楼

明大同镇大水口长城

图 5　长城墙体的现状照片（2004 年摄）

明山西镇镇城——偏关县城现状

明大同镇路城——新平堡俯视

明大同镇卫城——平鲁老城鸟瞰

图 6　山西地区镇城、路城、卫城城内现状（2004 年摄）

5. 建筑

堡内的道路结构、住宅和庙宇的现状多数损坏严重，部分军堡转变为村堡后得以保护完整。堡内道路结构的遗存情况以延绥镇为例。延绥镇驻有 36 个前线军堡，现堡内还保留着十字街，街中央有楼的有镇羌堡、神木老城、高家堡、建安堡、定边老城等；堡中央有楼，街道无存，但从道路上还能看出十字形结构的为宁塞营堡；中央有楼，现存一字结构的为镇羌堡、波罗堡、榆林卫城等；堡内中央有楼，但道路结构无存的为归德堡、怀远堡等。多数道路结构尚存的堡内住宅现状是排列较为整齐，但民居形式多为翻新的砖瓦房，山西、陕西偏远地区还有部分窑洞土房。堡内原有的庙宇所剩无几，现存庙宇多为清代或近代修复或在原地重建的。但堡内留存的戏台较多，大多数堡内或堡外正对堡门处均有戏台，多经破坏后村民集资重修，结构装饰都很简单，唯大同镇的马营河堡内的戏台，堪称精品。它始建于乾隆年间，为歇山卷棚勾连搭屋顶，柱间斗栱龙头含珠雕刻，台口宽 9.2 米，进深 9.2 米，台基高 1.05 米，现已得到地方政府部门的保护。

结语

堡城因为有人居住尚可存留，纯军事功能的烽火台、墩台、长城墙体等存留就更难了。“长城”这一世界历史文化遗产，不仅指线性的长城墙体，还应包括长城墙体在内的所有防御工事——关口、烽堠、驿站、城堡，乃至其依托的自然环境——作为一个整体进行历史研究和保护利用，根据现状设立完整长期的保护方案，为今后的历史、军事、建筑、艺术等各方面的研究提供真实宝贵的实物资料。

— 参考文献

[1] 艾冲．明代陕西四镇长城[M]．西安：陕西师范大学出版社，1990.
[2] 魏保信．明代长城考略[J]．文物春秋，1997（02）.
[3] 华夏子．明长城考实[M]．北京：档案出版社，1987.
[4] 刘谦．明辽东镇长城及防御考[M]．北京：文物出版社，1989.
[5] 罗哲文．长城[M/OL]．长城文化网．

明代长城沿线明蒙互市贸易市场空间布局探析 ①

摘 要

明蒙双方迫切的物质交换需求促使官方贸易通道畅开，互市贸易市场沿明长城而设，是开放性与封闭性的矛盾统一。根据过往研究发现，互市贸易市场的空间分布及选址特征，表征了矛盾双方在贸易过程中的作用和地位，且此方面研究尚需进一步深入。根据历史地理学理论，结合文献资料法、地图法、分类比较法等，按军镇联防及地理位置关系划分区域，探析互市贸易市场空间布局及选址的原则和影响因素，指出其布局不但受所处地理位置及环境影响，更与所在军镇的军事聚落分布、长城边墙走向、军事体系构成等有密切关系。

关键词 互市贸易；明蒙关系；空间布局

引言

费克光指出："经济上的需要将游牧的蒙古人和农业的汉人结合在一个帝国禁令不能完全割断的贸易体系中" ②。明代长城沿线的明蒙互市贸易市场正是建立在双方迫切的经济需求的基础上，承载了明蒙经济、文化等方面的流通活动。市场的空间布局，除了遵循贸易市场选址的基本原则外，自东向西，随着地理环境和军事防御地位的差异，东、中、西三大区域有着自身鲜明的特点。另外，作为明代长城军事防御体系的组成部分，市场的空间布局也受到长城边墙和军事聚落的分布和变迁影响，而长城防御体系的封闭防御性与开放互通性也在此得到了辩证的统一。

一、研究背景

1．研究现状

目前针对明蒙互市贸易的研究成果，主要集中在史学界，以曹永年 [1]、[2]、余同文 [3] 等学者为代表，涉及明蒙互市贸易市场类型、运作机制、历史位置、社会作用等多个方面，以文献研究为主，取得了丰硕的成果。在现有研究基础上，针对互市市场的地理空间分布和选址特征的研究仍需深入，尤其是关于市场分布与长城防御体系时空关系的梳理和总结。

2．研究范围

由于地理位置、军事防御地位、军镇内部结构及建制等差异，长城沿线的互市贸易市场可分为东、中、西三大区，东部以辽东镇为主，中部为宣府、大同、山西三镇，西部包括延绥、宁夏、甘肃三镇。

3．明蒙互市贸易的形成与发展

长城沿线明蒙互市贸易自明初已始，以辽东地区为主，但贸易点分散不固定，交易量小。正统（1436～1449 年）至嘉靖（1522～1566 年）年间，明蒙边境局势动荡，互市贸易几经波折，"土木堡之变""庚戌之变"等重要事件的发生成为互市贸易多次关闭的直接促因。隆庆议和后，明蒙之间的经济渠道畅开，明蒙互市贸易发展到繁盛期，交易地点相对稳定，并有了明确的市场管理制度及贸易规则 [4]、[5]。

---

① 范熙晅，张玉坤．明代长城沿线明蒙互市贸易市场空间布局探析 [J]．城市规划，2016（07）：99-104.

② 费克光．论嘉靖时期（1522～1567 年）的明蒙关系 [J]．民族译丛，1990（6）：38.

二、明蒙互市贸易市场空间布局

1. 辽东镇的明蒙互市贸易

辽东镇的明蒙互市贸易与其他各镇有显著差别。首先，在永乐三年（1405 年）开市后，互市贸易基本保持开放，故连续性较强；其次，互市周期比较特殊，从成化年间（1465～1487 年）的月市到后期多地“混列杂处，安肆贸易”[①]，互市十分频繁；再次，由于辽东地区木材资源紧缺，“河西之材木贵于玉[②]”，故而除了常见的马市外，辽东地区还有以木材为主要交换资料的木市。据史料记载，辽东镇明蒙间有 2 处马市和 6 处木市（表 1）。

明代辽东镇明蒙互市市场基本资料统计　　表 1

市场	交易地点	初设时间
新安关马市	开原庆云堡西 4 公里处	永乐三年（1405 年）
广宁马市	广宁团山堡	永乐三年（1405 年）
长安堡木市	辽阳长安堡	万历三十三年（1605 年）
镇夷堡木市	广宁镇夷堡	万历末年（1620 年）
大康堡木市	义州大康堡	万历二十三年（1595 年）
大福堡木市	锦州大福堡	万历末年（1620 年）
兴水岘堡木市	宁远兴水岘堡瓦窑冲	万历年间（1573～1620 年）
高台堡木市	宁远中后所西高台堡	万历末年（1620 年）

1）选址基本原则

明蒙互市贸易市场受到交通条件、物资属性、贸易对象、边境局势等多因素影响，在地理位置的选址上基本遵循以下三原则：

（1）交通便利，且靠近长城边墙

一则方便物资运输，且靠近蒙古部落；二则不能脱离明廷势力范围，防止蒙古势力大举进犯。

（2）接近水源，水草茂盛

对于马市来说，汲水便利、草料方便十分重要；而对于木市，“春以三四月，秋以七八月，水方盛，便放木”[③]，因此选址考虑近水处。

（3）地形复杂，便于设伏

山地可以在敌方进犯时做围堵之用，设瞭望台，可起到监管作用。明蒙互市贸易市场均遵守此基本原则，在辽东镇表现得十分明显（图 1）。

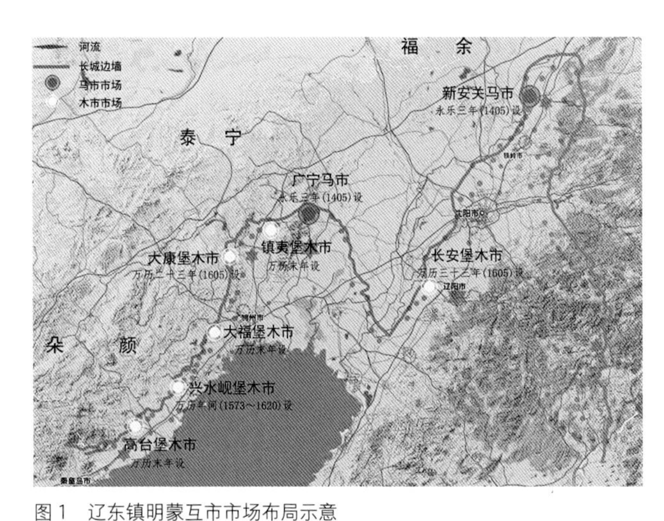

图 1　辽东镇明蒙互市市场布局示意
（资料来源：自绘，以 google map 地形图为底图）

2）边墙修筑与马市迁址

互市贸易市场布局除遵守基本的选址原则外，也受特殊因素影响而发生变化。以新安关马市为例，随辽东镇边墙的修筑而迁址，成化年间位于古城堡南，嘉靖三年（1524 年）改设于庆云堡，即新安关马市，万历再迁后，主要贸易对象变为女真，不论[6]。

成化时，为加强开原一线的防御能力，自定远堡清河关至镇北堡镇北关，于旧边墙外修筑了一道新的边墙。嘉靖元年（1522 年），又将清阳堡向西至庆云堡一

---

① 明神宗实录 · 卷四十六 [M]. 万历四年正月丁未条.
② 李化龙. 议义州木市疏 [M]. 明经世文编 , 卷四百二十二.
③ 同②。

段边墙外扩。新安关便是由内边来宾关向西迁移 5000 米而成。边墙的改变使旧有马市变得相对深入，交通和防御需求应是促使迁址的原因。迁址后的马市，位于新安关南 500 米。

综上，辽东镇互市贸易市场具有很强的连续性，运作周期短。作为明长城军事防御体系的重要组成部分，互市市场的选址和变迁受到防御体系内其他部分的影响和限制。在繁盛的互市贸易过程中，明廷对蒙古势力仍存戒心，从互市市场的选址中可见，除考虑互市地点便利以外，还将防御性纳入考虑范围内。

2．宣府、大同、山西三镇的明蒙互市贸易

洪熙、宣德年间（1425～1435 年），大宁至开平一线裁撤，宣府、大同成为明朝面向蒙古的门户，也是明蒙之间物资流通的主要通道。宣府、大同、山西三镇（以下简称宣大山西三镇）互市贸易始于正统三年（1438 年），经历三开三罢，于隆庆议和后，得以恢复。宣大山西马市分为大市和小市，大市每年开放一次，每次一个月，小市每月一次（表 2）。

宣大山西三镇明蒙互市市场基本资料统计 **表 2**

镇	市场	交易地点	初设时间	类型
宣府	张家口堡马市	万全右卫	隆庆五年（1571 年）	大市
大同	新平堡马市	阳和道新平路	隆庆五年（1571 年）	大市
	守口堡马市	阳和道东路	隆庆五年（1571 年）	大市
	得胜堡马市	大同巡道北东路	隆庆五年（1571 年）	大市
	助马堡市场	左卫道北西路	隆庆六年（1572 年）	小市
	宁虏堡市场	左卫道北西路	隆庆六年（1572 年）	小市
	杀胡口市场	左卫道中路	隆庆六年（1572 年）	小市
	云石堡市场	右卫道威远路	隆庆六年（1572 年）	小市
	迎恩堡市场	大同守道西路	隆庆六年（1572 年）	小市
	灭胡堡市场	大同守道井坪路	隆庆六年（1572 年）	小市
山西	水泉营马市	偏头关东北	隆庆五年（1571 年）	大市
	柏杨岭堡市场	柏杨岭堡	万历年间	小市
	河曲营城市场	岢岚道河保路	万历年间	小市

1）京师腋肘的特殊布局

宣大山西三镇位于京师腋肘之地，具有特殊的地理位置及军事地位，市场布局表现出特殊的规律。沿长城边墙由东北至西南，市场密度有所增加，且大市主要位于东北方向，小市主要分布在西南方向（图 2）。虽然互市市场设立之初本着“缘途贸易”的原则布局，但宣大山西是拱卫京师的重要防线，一旦被攻破，唇亡齿寒。因此这一线互市贸易市场在布局时或考虑到防卫问题，靠近京师的一侧市场密度较低，且官市、大市管理较为严格，监管也更为方便，故多布置于此；为了满足更大量的贸易需求，偏离京师的一侧则市场密度较高，且均为开市周期短，贸易自由开放的小市。这样的布局，主要是结合宣大山西三镇的军事地位，带有中三边的特殊性色彩。

图 2　宣大山西三镇明蒙互市市场布局示意
（资料来源：自绘，以 google map 地形图为底图）

2）布局满足军事体系防御性需求

互市贸易市场是明长城军事体系内的组成要素，需满足体系的防御性和整体性

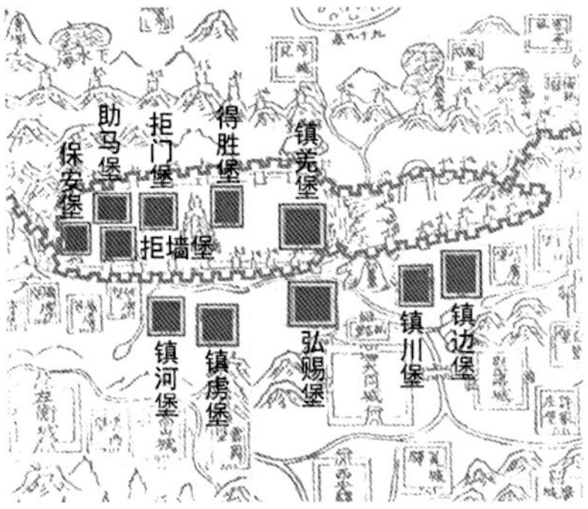

图 3　大同镇边墙走势
（资料来源：自绘，以《九边图说》为底图）

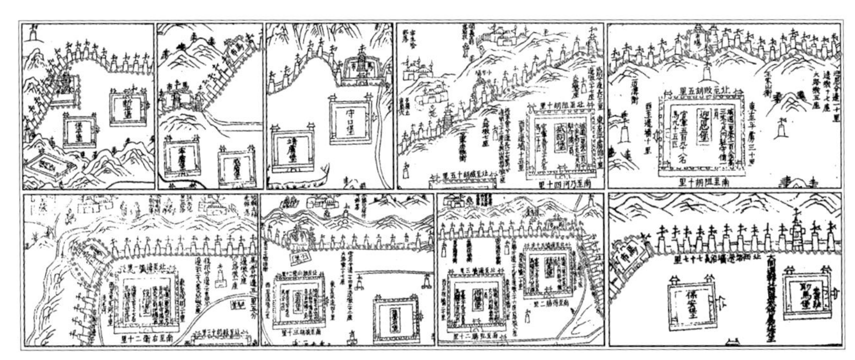
图 4　大同镇马市与长城边墙关系
（资料来源：自绘，以《三云筹俎考》为底图）

要求，因此，军事体系对市场的空间布局有重要影响。

（1）多重边墙择外边而设

大同镇长城边墙自镇羌堡处分成两道，至保安堡处汇合，即“大边”和“二边”，并有内五堡和外五堡分区域管理长城边墙及重要隘口等（图 3）。翁万达有言：“敌犯山西必自大同，入紫荆必自宣府，未有不经外边能入内边者”①。可见大同修筑双层防线是其战略地位的要求。助马堡市场及镇羌堡的得胜堡马市，设置在城堡密集的大边附近[7]，体现了明廷既要贸易又要戒备的心理，呼应了边墙的防御性。

（2）单边墙多设于边墙外

图 5　红山墩位置示意
（资料来源：自绘，以《边政考》为底图）

据《三云筹俎考》载，大同镇的几处市场与边墙的关系大致相同（图 4），除新平堡马市位于边墙以内，其他几处马市均位于边墙以外。新平堡马市为大同镇最先开放的市场，“今虽（于新平堡）设有市口，诸酋往来交易颇称恭顺，脱或渝盟，此为首祸之地，不可不严饬也”②。最早设置的新平堡马市，为明廷提供了经验，使其对互市贸易的监管和战事防御十分重视，此后设置的市场均置于边墙之外可能是严防蒙古势力入边之故。

以上可见，宣大山西三镇的互市贸易呈阶段性曲折发展，互市贸易市场沿长城边墙分布，大市集中在东北侧，间距较大，周期较长；小市集中在西南侧，间距较小，周期较短。市场选址除遵循基本原则外，还具有宣大山西三镇特殊的地域色彩，受到三镇防御战略地位和防御工事布局的影响，同时市场多分布于边墙外侧，以防御蒙古势力入侵。

3．延绥、宁夏、甘肃三镇的明蒙互市贸易

延绥、宁夏、甘肃三镇（以下简称延宁甘肃三镇）的西北明蒙互市贸易市场，开放时间较晚，且呈阶段性曲折发展，隆庆议和后，西北市场逐渐走向正规。隆庆五年（1571 年），“改延绥市厂于红山边墙暗门之外，修复宁夏清水营旧厂”③，后又于万历年间在宁夏镇设中卫马市及平虏马市，于甘肃镇设高沟寨市场、庄浪铧尖墩市场及洪水堡扁都口马市[8]。值得注意的是，很多文献中出现“红山墩市”“延绥市”“榆林市”“宁夏红山寺市”等，并认为是不同的马市，曹永年在其《〈明后期长城沿线的民族贸易市场〉考误》一文中根据详实的史料搜集和历史研究证明，这些均为一处，即延绥镇榆林城北之红山墩市，并指出“榆林城北有红山，附近建墩台，名红山墩，市场即设于这一地区”，而“延绥镇大市仅此一处”④（图 5）。

关于西北市场的相关史料相对较少，大部分均为文字叙述，鲜有图示，只能通过文字对市场位置进行整理和推测（表 3、图 6）。

① 张廷玉．明史 · 卷九十一 · 兵三．
② 王士琦．三云筹俎考 · 卷三 · 险隘考．
③ 明穆宗实录 · 卷六十．隆庆五年八月癸卯条．
④ 曹永年．《明后期长城沿线的民族贸易市场》考误 [J]．历史研究，1996（3）：163．

明代延宁甘肃三镇明蒙互市市场基本资料统计　　表 3

镇	市场	交易地点	初设时间	类型	备注
延绥	红山墩市	榆林城北红山边墙暗门之外	隆庆五年（1571 年）	大市	延绥市、榆林市、宁夏红山寺市等均为此处
宁夏	清水营马市	灵州所横山堡沿边墙附近	隆庆五年（1571 年）	大市	
	中卫马市	宁夏中卫	万历二年（1574 年）	大市	
	平虏马市	平虏城守御千户所	万历十年（1582 年）	大市	位于黄河畔沿边墙附近
甘肃	洪水堡扁都口马市	洪水堡洪水河畔扁都山口间	万历三年（1575 年）	大市	洪水河畔，交通要冲扁都口附近
	庄浪铧尖墩市场	庄浪卫岔口堡	万历三年（1575 年）	小市	与高沟寨市场轮流开市，三年一轮
	高沟寨市场	凉州卫东	万历六年（1578 年）	小市	与庄浪铧尖墩市场轮流开市，三年一轮

（1）军事力量薄弱致市场密度低

由图 6 可见，延宁甘肃三镇的市场分布密度明显低于其他地区。西北三镇地理跨度广，且远离京师，疏于防范，故军事力量薄弱。在这样的军事条件下，三镇边患不绝，战乱连年，缺乏稳定的贸易环境。因此，三镇互市市场设置时间较晚，密度也相对较低。

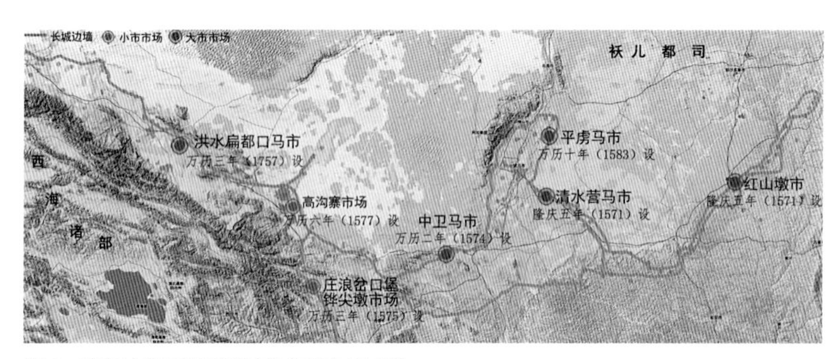

图 6　延宁甘肃三镇明蒙互市市场布局示意
（资料来源：自绘，以 google map 地形图为底图）

（2）资源贫瘠致交替互市模式

从市场管理方式及选址上看，甘肃镇的市场也较特殊。庄浪岔口堡铧尖墩和高沟寨两处市场，朝向西南方的西海诸部，是蒙古出入西海的必经之路，两地轮流交替开市。《秦边纪略》中提及岔口堡一带“土冷薄收，难于粒食，加以春夏大雹，折木偃禾，无岁不被”①。可见两地均物资匮乏，灾害严重，因此交替互市，以满足贸易需求。

（3）因袭原有市场

洪水堡扁都口马市，作为官市，之所以设置在交通要冲之地，因为马市位于素有“小甘州”之称的永固城，此地历来为汉、藏、蒙、回各族农牧产品交易中心，设置于此是“顾及了该地原有市场的存在”[9]。

由于西北地区军镇发展不及东北和中部，地理条件相对较差，延宁甘肃三镇的互市贸易市场的发展远不及其他军镇。尽管如此，也对明蒙之间，尤其是与西海蒙古之间的物资流通起到很大的作用，在一定程度上安抚了较偏远的蒙古势力迫切的物资交换需求，缓解了边防压力。延宁甘肃三镇的市场分布受到长城边墙、堡寨分布的局限，数量相对较少，间距较长，因此密度很低；另外由于资源人口的限制，存在两市场交替开放的互市模式，是较为独特的（图6）。

结语

明蒙间的互市贸易市场不但承担了经济交流的职责，也是边防守御的组成部分，因此在研究互市市场开放性的同时，也应注意到其特殊的防御部署。市场的选址与布局虽因各军镇自身条件限制而呈现出特殊性，但其空间布局大致遵循以下几点：

（1）自然因素是市场选址的首要前提。受到交易商品和参与者的制约，市场选址将自然因素优先考虑，接近水源、草木繁盛、交通便利处最宜，市场周边地势不宜过于开阔，同时资源的分布对市场选址也有影响。

（2）军事因素是影响市场布局的深层机制。互市贸易市场既要运输流通，又要有一定的阻隔，深究布局原理会发现，其与北边军事聚落、长城边墙间的关系受到军事地位、防守能力、兵力部署等军事因素的影响，同时也会随着北边军事防御体系的变动而产生变化。

---

① 梁份. 秦边纪略 · 卷一 · 庄浪卫.

（3）政治因素是市场变迁的潜在推手。明蒙间及各自内部政治局势的变动会牵动北边以至整个社会的变动，互市贸易市场的开闭与此直接相关，另外，统治阶级的政治立场和思想也间接影响到互市贸易市场的布局。

综上，明蒙互市贸易市场的出现，打通了明蒙经济往来的渠道。互市贸易市场的选址不仅受到地理位置及环境的影响，同时与长城边墙、军事聚落的属性和布局有密切关系，不同军镇下的市场设置有其独特性。在互市贸易过程中，存在着微妙的辩证关系，就长城防御体系而言，其封闭性与开放性矛盾且共存；就明蒙民族关系而言，两者既在军事上彼此对峙、相互防御，又在经济上相互依赖、谋求共赢。

参考文献

[1] 曹永年.《明后期长城沿线的民族贸易市场》考误[J]. 历史研究，1996（3）：161-171.
[2] 曹永年. 蒙古民族通史（第三卷）[M]. 呼和浩特：内蒙古大学出版社，2002.
[3] 余同元. 明后期长城沿线的民族贸易市场[J]. 历史研究，1995（5）：55-70.
[4] 阿萨拉图. 明代蒙古地区和中原间的贸易关系[J]. 中国民族，1964（Z1）：51-56.
[5] 王苗苗. 明蒙互市贸易述论[D]. 北京：中央民族大学，2011.
[6] 刘谦. 明辽东镇长城及防御考[M]. 北京：文物出版社，1989.
[7] 师悦菊. 明代大同镇长城的马市遗迹[J]. 文物世界，2003（1）：33-37.
[8] 姚继荣. 明代西北马市述略[J]. 青海民族学院学报：社会科学版，1995（2）：74-78.
[9] 李文君. 浅析西海蒙古与明朝的通贡互市[J]. 青海民族研究，2005，16（2）：138-142.

明榆林镇军事聚落的空间分布对现代城镇布局的影响①

摘 要

陕西北部地区明代属榆林镇军事辖区。辖区内明长城沿线密布着几十个大大小小的军事聚落，清朝中前期军制改革，军事聚落也相应地转化为行政辖区，并逐渐演化为现代城镇。军事聚落的空间分布、形态结构和规模等建筑要素较完整地遗留至今，其中蕴含的丰富历史信息是研究现在城镇布局的重要因素。

关键词 明长城军事聚落；空间分布；现代城镇

引言

明长城横贯我国北部，历经辽宁、河北（京津）、内蒙古、山西、陕西、宁夏、甘肃等省区，全长6700多公里。为有效防御北部少数民族部落入侵，便于管理长城的防务和指挥调遣长城沿线的兵力，明初把长城沿线划分为九个防守区，从东至西为辽东镇、蓟镇、宣府镇、大同镇、山西镇、榆林镇、宁夏镇、固原镇、甘肃镇，榆林镇是九边重镇之一。

榆林镇位于陕西省最北部的黄河西岸，北接内蒙古河套地区，西邻宁夏，是明朝抵御鞑靼、瓦剌部落从京师西部入侵中原的军事重地，此镇地处农牧交错区的经济圈边缘地带，地带性植被呈现出荒漠、荒漠草原向森林草原过渡的特征，农耕区与游牧区在地貌上表现为毛乌素风沙区向陕北黄土丘陵区的过渡，长城在此镇境内基本沿着农牧交界线呈东北向西南走向。

明长城在榆林镇境内有内外两条长城，又称长城“大边”和长城“二边”。大边在北，沿黄土高原和沙漠的边缘而建，二边深处高山峡谷之中，长城军事聚落（以下简称军堡）也就沿这两条防线而建。榆林镇共有39个军堡（包括榆林镇城），课题组在2004年考察了其中的33个，不仅大部分存有遗迹，而且有的城池保存的还非常完整，甚至部分城镇沿用着明代军堡的名字，这些军堡今日已分布在各个城镇里，有的发展为市、县，有的演变为镇、村。本文通过探讨四方面内容：军事聚落的空间分布与现代城镇布局的关联性、军事聚落与现代城镇城池规模和人口的比较、军事聚落演变为现代城镇的影响因素、军事聚落发展为现代城镇的两条演化路线，为现代城镇规划提供历史思考。

一、军事聚落的空间分布与现代城镇空间布局的关联性

1. 榆林镇军事聚落的空间分布

榆林镇总兵驻地榆林镇城，下分东、中、西三路统辖，东路，分守参将一员，驻神木堡；中路，分守一员，驻保宁堡；西路，分守参将一员，驻新安边堡。共一个镇城、三个路城、三十五个堡城。②综合实地勘察情况与文献记载作者绘制了军堡分布图（图1），图中标注的揄林镇“大边”“二边”、明代所有军堡的位置及路城所在地。从图中可以看出：长城“大边”和“二边”作为最外边屏障挡住了北部敌人入侵，镇城作为中央指挥部位于辖区东西向的中间部位，便于指挥战斗和调遣兵力。镇城向南与绥德、延安以及葭州（今陕西佳县）均有便捷的道路联系，是集军、运输及传递军情的枢纽。三路防区兵力相差不大，且三个路城基本均匀分布在长城防线上，艾冲著《明代陕西四镇长城》载：“东起清水营，西至花马池，全长一千七百六十里，”并记载共有军堡39个[1]。我们可以用该镇的长度除以该镇军堡数量，即“里/军堡”来粗略计算每个军堡的防御距离是1760里/38军堡=46.3里/军堡（此38个军堡不含榆林镇城），

---

① 李威，李哲，李严．明榆林镇军事聚落的空间分布对现代城镇布局的影响[J]．新建筑，2008（05）．国家自然科学基金资助批准项目号50578105，建设部2006年科学技术项目，项目编号06-k9-67。

② 艾冲．明代陕西四镇长城[M]．西安：陕西师范大学出版社，1990：46.

基本符合“一里一小墩，五里一大墩，十里一台，四十里一堡”的说法。

2．榆林地区现状城镇空间布局特征

榆林镇的统辖区域现由榆林地区的榆林市和定边、靖边、横山、神木、府谷5县所辖区域构成，县下设乡镇，乡镇下辖村。榆林市仍是榆林地区的区域政治、经济和文化中心，这5个县全部位于明长城线上，仍然呈东西向带状布局。榆林市境内39个军堡，清朝中前期，军制改革，撤“卫”设“县”，大多数的“堡”改为乡、镇、村，如1990年，镇靖堡是镇靖乡所在地、旧安边营堡为安边镇所在地、常乐堡即常乐堡村。统计39个军堡为行政中心驻地的共26个：其中为县政府驻地的2个，为乡镇政府驻地的15个，为村政府驻地的9个，加上榆林市，共占榆林镇军堡总数的69.2%（表1）。据2000年统计数据，该地区以军堡名称命名的乡镇共有15个[①]。

3．军事聚落控扼要线路与当今交通线路重合

榆林镇军堡的选址符合“道中下寨”的军事选址原则，占据重要水陆交通要道，便于讯息传达、调遣兵力和运输粮草。而水路与陆路的交汇口更是军事重地，榆林镇境内有三条主要水系：无定河、窟野河和芦河，榆林镇城和保宁路城位于长城线和无定河支流交口处，神木路城位于长城线和窟野河相交处。除镇城、路城占据水陆交汇口外，其他堡城也各自扼守在河道附近，如波罗堡在无定河南侧的黄云山上，易守难攻；响水堡北临无定河，西门和小西门紧扼河水（现已被冲垮），高家堡位于河谷地，西和北面临秃尾河；镇靖堡位于芦河东侧，属河系众多之地。靖边堡位于芦河西岸，堡被水环绕，四周环山，亦属易守难攻之地。

历史上道路的形成依赖于河流冲刷形成的沟谷，沿水道修筑道路避免途中翻越高山峭壁，因此军堡扼守水陆同时也控制了陆路交通命脉。发源于陕西西北部与内蒙古高原接壤地区的河流，跟随西北高、东南低的地势特点，向东南汇入黄河，在此地呈树状分布，明代与现代的陆路交通要道的分布与走向均与水系吻合亦呈树枝状分布。见图2，明代的重要运输线路和如今的铁路、高速公路以及国道都的吻合程度非常高，从榆林卫西去的道路，跨榆溪河，在长城内侧经保宁、波罗堡、溯芦河而上，过怀远、威武、清平、龙州转西行，历经镇靖、靖边、宁塞、柳树涧、旧安边、砖井、定边营、盐汤等，凡14营堡，直达宁夏花马池，共约660余里路程[②]，当时有着“运粮者循边墙而行，骡驮车挽，昼夜不绝”的盛景，而目前这条线路旁已建成一条沟通陕西省和宁夏、内蒙、山西的高速公路。[③]

图1　榆林镇长城军堡分布图

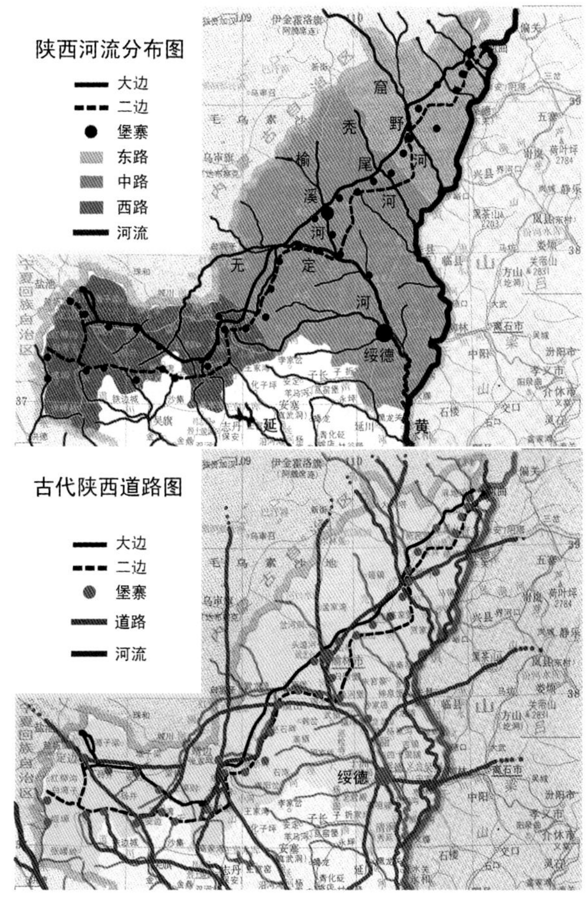

图2　明代陕西道路与水系分布对比

① 根据榆林市行政区划网（http://www.xzqh.org/quhua/61sx/08yulin.htm#dt）2000年榆林市行政区划中乡镇名称进行统计。以乡镇命名的乡镇有：神木镇、高家堡镇、黄甫镇、孤山镇、清水乡、木瓜乡、响水镇、波罗镇、龙洲乡、镇靖乡、定边镇、砖井镇、安边镇、新安边镇、盐场堡乡。

② 艾冲．明代陕西四镇长城[M]．西安：陕西师范大学出版社，1990：56-57.

③ 薛原．资源、经济角度下明代长城沿线军事聚落变迁研究——以晋陕地区为例[D]．天津：天津大学，2007，6：22.

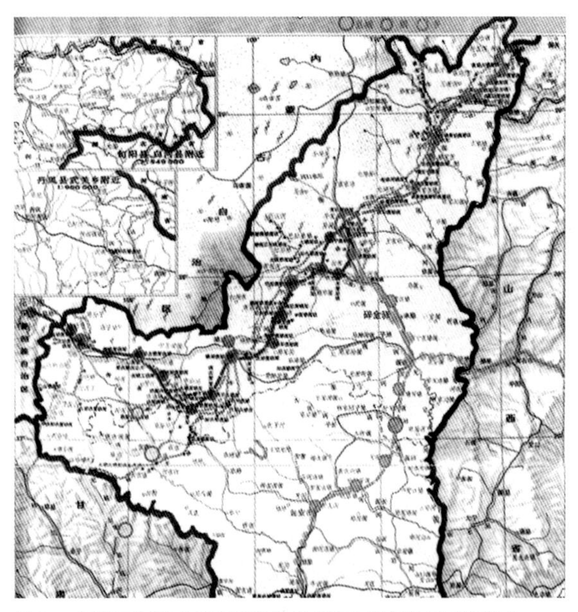

图 3a 明代延绥镇 5 条重要的运输线路和途径的重图要堡寨
（图片来源：艾冲．明代陕西四镇长城 [M]．西安：陕西师范大学出版社，1990：56-57.）

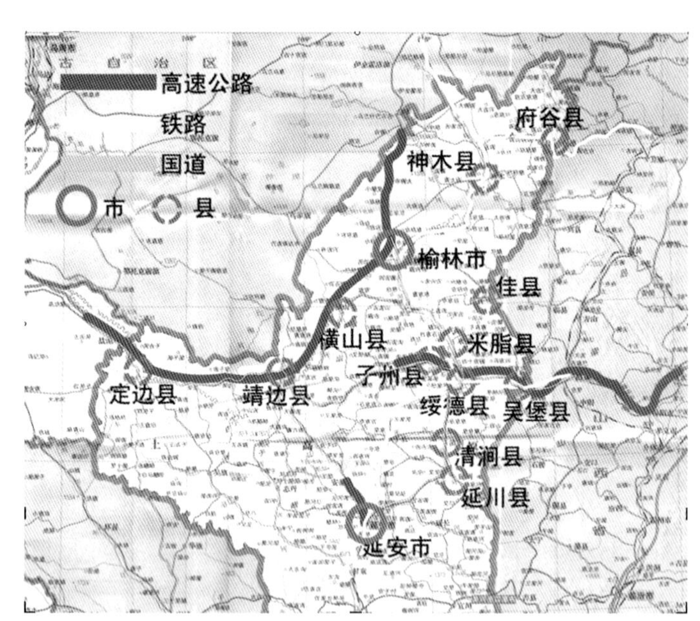

图 3b 陕西省榆林地区县级以上城市，国道、高速公路、铁路示意
（图片来源：艾冲．明代陕西四镇长城 [M]．西安：陕西师范大学出版社，1990：56-57.）

此外，从榆林镇城南下直达会城西安的运粮大道是沟通榆林镇与内地的最重要驿路，它从榆林镇城榆林驿出发，经归德、鱼河、镇川、碎金、银川五驿抵达绥德城的青阳驿，从青阳驿南下经清涧、延川、甘泉等县直抵西安，平均每七八十里就有一处驿站，是当时内地向榆林镇输粮的主要通道[①]，那时“商贾游行其间，贩烟贸布”，景象繁荣。而现在这条驿道的位置正与穿过榆林地区的国道重合，成为国民经济的命脉线。见图 3。

二、军事聚落与现代城镇城池规模和人口的比较

1．军堡规模和开门数量的定量分析

为便于对军堡规模和开门数量进行定量比较，根据《明代陕西四镇长城》一书对榆林镇屯兵城描述，绘制了“榆林镇军堡规模、开门数量、兴筑时间及驻兵数量统计表”，见表 1。

榆林镇军堡规模、开门数量、兴筑时间及驻兵数量统计 表 1

路（周长米）	城池	周长（明制）	周长（米）	开门数量	兴筑时间	驻兵员	估计人数	行政中心
东路 1312.9	神木堡	周围五里零七十步	3052.8	东西南北正门四	正统八年（1443 年）	2405	12025	县
	黄甫川堡	周三里二百七十四步	2210.5	东南北三门	天顺	1607	8035	乡
	清水营堡	周三里有八步	1776.2	东南二门	成化三年（1467 年）	1120	5600	乡
	木瓜园堡	周二里一百九十八步	1500.0	南西北三门	成化十六年（1480 年）	879	4395	乡
	孤山堡	周三里三十四步	1818.6	南北西三门	正统二年（1437 年）	2656	13280	乡
	镇羌堡	周二里	1175.4	东北南三门	洪武	706	3530	乡
	永兴堡	周二里二十五步	1216.2	东南门二	不详	1106	5530	乡

① 艾冲．明代陕西四镇长城 [M]．西安：陕西师范大学出版社，1990：57.

续表

路（周长米）	城池	周长（明制）	周长（米）	开门数量	兴筑时间	驻兵员	估计人数	行政中心
东路 1312.9	大柏油堡	周二百九十二步	476.7	西南北三门	成化初年	466	2330	乡
	柏林堡	周二百零二步	329.8	东西二门	成化九年（1473 年）	627	3135	村
中路 1588.6	保宁堡	二里一百四十步	1403.9	不详	不详	1280	6400	村
	高家堡	周围三里零三十八步	1825.1	东南西三门	正统四年（1439 年）	1584	7920	乡
	建安堡	周二里零一百七十二步	1456.2	东南北三门	成化十年（1474 年）	680	3400	不详
	双山堡	三里零九十步	1910.0	不详	成化十一年（1475 年）	660	3300	村
	常乐堡	三里零五十步	1844.7	东西二门	成化十年（1474 年）	648	3240	村
	归德堡	二里六十七步	1284.8	东门一	成化十一年（1475 年）	408	2040	村
	鱼河堡	周围三里三百步	2252.9	不详	成化十一年（1475 年）	500	2500	镇
	镇川堡	一里三	764.0	不详	不详	50	250	镇
	响水堡	周三里许	1763.1	东南西小西四门	正统二年（1437 年）	786	3930	乡
	波罗堡	周二里二百七十步	1616.2	四门	洪武年间	828	4140	无
	怀远堡	东墙 376 米，西墙 328 米，南墙 344 米，北墙 404 米	1452.0	东南北三门	不详	739	3695	无
	威武堡	周 1 公里许	1175.4	南北东三门	成化五年（1469 年）	640	3200	村
	清平堡	周三里八十步	1893.7	南北二门	成化二年（1466 年）	2224	11120	无
西路 2181.7	新安边堡	不详		不详	成化九年（1473 年）	591	2955	乡
	龙州堡	周围二里三百一十六步	1691.3	东西二门	成化五年（1469 年）	不详	不详	村
	镇靖堡	周围凡四里三分	2527.1	东南北三门	万历二十八年（1600 年）	2537	12685	乡
	靖边营堡	七百六十三丈二尺	2491.1	不详	永乐年间	2255	11275	无
	宁塞营堡	周围凡四里三分	2527.1	东西南北四门	成化十一年（1475 年）	2445	12225	无
	旧安边堡	周围凡四里三分	2527.1	南北二门	正统二年（1437 年）	2084	10420	镇
	砖井堡	周围凡三里二百五十步	2171.2	东西南三门	正统二年（1437 年）	850	4250	无
	定边营城	周围长约四里余	2350.8	中东西南四门	正统二年（1437 年）	2690	13450	县
	盐场堡	不详		不详	成化十一年（1475 年）	不详	不详	乡
	把都河堡	不详		不详	成化九年（1473 年）	不详	不详	不详
	永济堡	不详		不详	成化十一年（1475 年）	不详	不详	不详

续表

路（周长米）	城池	周长（明制）	周长（米）	开门数量	兴筑时间	驻兵员	估计人数	行政中心
西路 2181.7	柳树涧堡	周围凡三里七分	2174.5	东南北三门	天顺初年	1082	6492	无
	新兴堡	一里一百四十六步		现存东、南二门	成化十一年（1475年）	不详	不详	村
	石涝池堡	不详		不详	成化十一年（1475年）	不详	不详	无
	三山堡	周2里余	1175.4	南北二门	成化九年（1473年）	不详	不详	村
	饶阳水堡	不详		不详	成化十一年（1475年）	227	1135	无

对榆林镇军堡的规模统计（不含榆林城）有如下结论：除大柏油、柏林、镇川周长不足一公里，其余均在一公里以上，规模最大和最小相差很大。最小堡柏林堡周长329米，最大堡镇靖堡、宁塞营和旧安边堡周长2527米，相差2198米，极为悬殊。堡城的平均周长1694米，其中三路各路堡城的规模不一，东路1312米，即明制2.23里；中路1588米，即明制2.7里；西路2181米，即明制3.7里，可见西路堡城规模较大，西路地处毛乌素沙漠，地势相对平坦，东路多山川河流，难于建筑规模较大的城池。从对堡开门数量的统计看开几门无一定之规，一门、二门、三门和四门均有，但开三门的堡数量最多，开一门占0.5%，开二门占30%，开三门的占52%，开四门占13%。

2. 榆林镇不同级别军堡规模的近似性

长城九边重镇军堡按级别分有：镇城、路城、卫城、所城和堡城，从表2各军镇内部各级城池之间的规模比较上看，除榆林镇外其他镇各级城池规模呈明显的级差性。即堡城周长1000多米，所城周长2000多米，路城周长3000多米，卫城周长4000～5000米，镇城最大。榆林镇军堡的级别有三级：镇城、路城和所城，堡城和路城周长平均值相差很小，仅500米，而且榆林镇堡城的规模是九镇中最大的。

各镇不同等级城池规模对比表[①]　　表2

镇（驻兵人数）	各级城池周长平均值（米）				
	镇城	路城	卫城	所城	堡城
大同镇（13500）	7405.2	3275.5	5037.3	2653.7	1108.9
山西镇（1275）	3457.6	2857.2	4135.1	2448.76	1518.7
宣府镇（151452）	14104.8	3015.4	3984.4	2802.2	1493.1
榆林镇（9797）	8152.7	2228.4	无	无	1694.4
宁夏镇（21549）	10578.6	3526.2	3526.2	2233.3	1228.2
甘肃镇（10527）	7052.4	5085.5	5096.2	2644.7	925.8

其原因分析：榆林镇明朝地处偏远山区，本地人口很少，随军驻防的军户是人口的主要来源，榆林镇的军堡62.5%兴筑在成化年间，此时的长城防御处于消极防守阶段，榆林的大边、二边长城也兴筑在成化年间，可推测在短时间内兴筑大量的堡城，每堡城均匀分担一段长城防御区间，各堡的防御地位差别不大，路城内虽驻参将，但也驻扎在长城线附近，因此与堡城规模差不多。另外榆林镇没有大量卫和所，镇下分路设防，卫的功能被堡分担了，因此各堡城规模都比较大。

① 各镇城池级别划分及规模数据根据《宣大山西三镇图说》《明长城考实》《三云筹俎考·险隘考》《读史方舆纪要》《明代陕西四镇长城》等书整理统计。明代长度单位与米的单位换算依据：吴慧著《明清的度量衡》一书，中国计量出版社2006年出版，书中载：1步=163.25厘米，1量地尺=32.64厘米，1丈=3.264米，1里=180丈=360步=587.7米。

3. 现代城镇规模和人口与榆林镇之比较

从堡内驻守的人口数量上看，除镇川堡 50 员外，其余堡少者几百员，多者两千多员，榆林镇实际兵力隆庆三年（1569 年）达到 51611 万名，后又增至 80169 名①。根据《中国人口通史》中对军户人员组成的分析，明代规定军士服役必须结婚并在驻地安家，推算一户人口数估计在四至五人左右，最多的一个堡内有一万多人，榆林镇最多时共有人口 40 万人。现代该地区根据 2000 年全国人口普查结果，榆林市及北部 5 个县城的人口是 197 万人②，是明代隆庆时期的 5 倍。榆林市城区面积 30 余平方公里，城区总人口 42.8 万人③，相当于明榆林镇人口总数。每县各乡镇的人口平均数：定边县 9613 人，靖边县 10493 人，横山县 14032 人，府谷县 9780 人，神木县 16398 人。可见一乡镇之人口与明代一个军堡之人数相当。

神木县城城区面积 10 平方公里，人口约 10 万④，而神木老城面积约 0.58 平方公里⑤，人口约 1.2 万人，面积是明代的 17 倍，人口是明代的 8 倍；定边县城区面积 7 平方公里，县城人口 8 万余人⑥，定边营城面积约 0.34 平方公里⑦，人口约 1.3 万人，现代县城的面积是明时的 20 多倍，人口是明代的 6 倍。可见现代县城的规模与明代城池的规模相比较，扩大了十几、二十倍，城池规模的扩大比例多于人口的增加比例。

三、军事聚落演变为现代城镇的影响因素

军事聚落演变为现代城镇的影响因素很多，细看各个城镇的发展影响因素各有不同，此处主要探讨引起榆林镇整个区域，这个曾经因军事防御需要而短期内迅速营建的军防区，在军事意义消失之后，没有消亡，反而得以自然发展的影响因素。因素有三：大政治背景的引导、资源融合生存领域扩大和商贸物资的流通使聚落自身得以发展。

1. 长城由防到融的意义转变——大政治背景的引导

清朝在政治体制、各级行政机构的设置方面大体沿袭了明制，但在意识形态领域，包括政治指导思想、理论阐释、价值取向及传统观念等方面都发生了重大变化，对明代及以前传统治边政策的否定便是其中之一。清初统治者突破汉人所主儒家“华夷之辨”的思想界限，建立了“满洲、蒙古、汉人视同一体”、全面融合吸纳的民族格局。康熙时，这种“天下一家”的思想被进一步延续，清康熙三十年（1691 年）年宣布废除为历代沿用近两千年的万里长城。长城已经失去了原来的军事作用，两千多年修筑的历史由此停止。然而，长城沿线军事聚落的使命没有终结，作为一个综合防御体系的影响力亦没有消失，而是有了新的意义。康熙皇帝认为长城是“在德不在险”，一语体现的是统治者的一种积极的战略思想——决定政治兴衰和军事成败的根本性因素是政治，在这样的背景下，入清以后，随着部分长城沿线军队的撤离，特别是雍正年间的陕西沿边普遍的撤镇、撤卫置县，这些聚落走上了新的发展轨道。⑧废长城，撤边防，分隔华夷的这道藩篱撤销了，为隔绝已久的两侧聚落的交融发展提供了政治基础。

2. 聚落的资源边界的消失为聚落的发展提供了条件

一定规模的社会集团，在任何时代都需要一定量的物质资源来供养。由于生产方式和生产力的不同，社会集团占有物质资源的属性、数量和范围亦不同。农业社会，人们赖以生存的土地资源在各个历史时期一直占据着举足轻重的地位。为维持正常生存与发展，各社会集团依靠自身的有生力量不断争夺、扩张资源领地，战争连绵不断[2]。明长城即分布在农牧分界线上，成为明朝农耕民族与北方游牧民族之间的资源界线，使两民族人们的生存空间或活动范围受到限制。长城军事作用消失后，长城沿线军事聚落限定的区域边界被打破，长城以南的汉族聚落和蒙古族聚落都获得了更大领域活动的自由，赢得更多的生存资源，并让自身融入彼此的物质和文化环境，获得了更好的发展机会。

---

① 艾冲．明代陕西四镇长城 [M]．西安：陕西师范大学出版社，1990：55.

② 资料来自：榆林市行政区划网，http://www.xzqh.org/quhua/61sx/08yulin.htm#dt。

③ 资料来自：魅力陕北网，http://www.shanbei.cn/htm/sxgk/20051203170.shtml。

④ 资料来自：陕西省神木县新闻网。

⑤ 表二中数据神木堡周长 3052 米，按城池形状为正方形换算出面积约数。

⑥ 资料来自：榆林市城乡建设规划局网，http://www.ylcxjsghj.gov.cn/index.htm。

⑦ 表二中数据定边营城周长 2350 米，按城池形状为正方形换算出面积约数。

⑧ 薛原．资源、经济角度下明代长城沿线军事聚落变迁研究——以晋陕地区为例 [D]．天津：天津大学，2007.

3．商业的繁荣促进了聚落的发展

由于军镇布防需要所建立起来的军事物资运输网络，很大程度上成为随后城镇经济发展的有利条件，通往各营堡的交通线联系着镇城和开设市口的重要城堡，交通沿线建立了交易广泛而频繁的市场交易区，这一市场区沿着狭长的边墙地带南北扩张，形成具有相当密集程度的市场网络体系，隆庆议和后蒙汉贸易市场日辟，以明、蒙之间和平互市、平等互利的民族贸易市场的广泛设置为标志的交换型长城文化外带形成，至明末“六十年来，塞上物阜民安，商贾辐辏，无异于中原”。[①] 清代这一区域州县的总体经济结构就建立在此基础上，保证了清代当大量军事资本撤离后，仍有许多城镇能聚集商业资本，保持商业繁荣。如府谷的麻镇清代发展为蒙、汉交易的名镇，定期有蒙汉客商进行杂货、布匹、烟酒、糖茶与油盐、皮毛、牛羊、肉类等交易。全县大小边商百余家……[②] 陕西人口从明洪武二十六年（1393 年）至明弘治四年（1491 年）间增加了 159 万人。[③] 马克思所说过，“商业依赖于城市的发展，而城市的发展也要以商业为条件。”边商贸易的繁荣是军事聚落发展的重要条件。

四、军事聚落发展为现代城镇的两条演化路线

军事聚落获得了同样的发展机会并非途经了同样的发展过程，正如现代城镇中并非所有城池规模都相同一样。不同规模和级别的军堡发展为现代城镇，也有不同的规模和级别，如榆林镇城现为榆林市、神木路城现为神木县城；一部分堡城发展为镇，如波罗堡现为波罗镇、高家堡现为高家堡镇；其他的堡城发展为村，行政村或自然村，如常乐堡现为常乐堡村。那么军事聚落的演变是否有按级别发展的规律？下面从军事聚落的发展路线进行剖析。

首先将现代城镇行政级别分为三级：村级、乡镇级和市县级，并分别将其定位为级别不变的“堡城”、发展的第一阶段“地方城堡”和发展的第二阶段“中心城镇”。同时也将明代城池也分为三级：堡城、路城和镇城。堡城是最低一级的防御单位，路城是东路神木城、中路保宁堡和西路新安边堡，镇城是榆林镇城。将明代城池三级城池与现代城镇三级城镇的演化结果列表 3：

明军事聚落演化为现代城镇级别统计[④] 表 3

		现代城镇		
		堡——村级	地方城堡——乡镇级	中心城镇——市县级
明代城池	堡城	柏林堡等 18 个堡	黄甫川堡等 13 个堡	怀远堡、定边营城
	路城	中路路城保宁堡	西路路城新安边堡	神木城
	镇城	无	无	榆林镇城

由上表可见堡城可演化或村级堡、或乡镇级地方城堡、或市县级中心城镇；路城也可演化为上述三级，于是本文将军堡（含堡城和路城）的发展归纳为两条演化路线：一是从堡到城——原型边界的膨胀，二是从堡到堡——原型的重复过程（图 4）。[⑤]

从堡到城——原型边界的膨胀指军堡的发展表现为规模的扩大和级别的提高。明以后，商业的繁荣促进聚落发展，人口增多需要更多的居住用地和耕地，于是原有城池规模满足不了需要就要在堡城的外围兴建房屋开垦荒地，聚落边界扩大了，示意图中新增区域用空白方块表示，随着人口达到一定的指标，经济实力增强到一定的水平，城池的级别得以提高，由村级升高为乡镇，本文将此阶段的城池称为“地方城堡”，意思是某一地方的经济政治中心，如黄甫川堡等 13 个堡。有的地方城堡在一定的条件下能继续向前发展，成为市县，本文称之为“中心城镇”，如明怀远堡

① 陈仁锡《无梦园集》卷 2，转引自余同元著《明代长城文化带形成与演变》，烟台大学学报（哲学社会科学版），1990 年第 3 期，50 页。
② 府谷县志编纂委员会．府谷县志 [M]．西安：陕西人民出版社，1994：413.
③ 范勇．略论我国历代人口分布及其变迁 [J]．四川大学学报（哲学社会科学版），1987（02）：87.
④ 注：行政区划级别来源于表 1“行政中心”一栏。
⑤ 此处借鉴张玉坤教授《聚落 · 住宅——居住空间论》中曾将村堡的发展归纳为两种演化路线的研究成果。

现横山县城。①[3] 而有的堡城占据天然的地理区位优势或资源优势，由堡城直接发展为县城，如定边营城。② 但由于定边城三扩城郭均在老城原址上向四周扩展，老城的城墙等建筑遗址很快被破坏掉了，除城中的鼓楼经多次维修还在老位置，其余已完全是当代城镇的面貌了。

从堡到堡——原型的重复过程，指大多数堡城以缓慢的速度发展或被遗弃而停止发展，始终停留在村落的规模和级别上，即示意图中的纵向发展路线。此类城堡的价值在于保留着传统聚落的城池边界、内部道路结构、居住建筑和庙宇的遗址或原貌，传承着更多的历史故事和文化习俗……他们的存在是寻找现代城镇传统空间聚落形态及其分布的实证，也是构成现代城镇空间布局的构成因素。

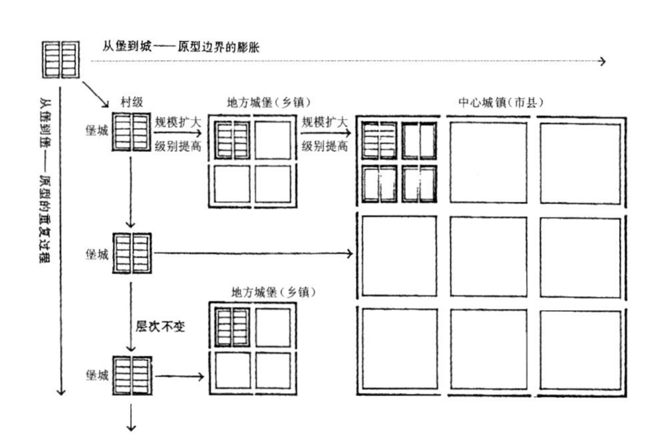

图 4　军堡的两条演化路线示意图
（参考《聚落·住宅——居住空间论》绘制）

现代城镇要继续向前发展，是否要延续军事聚落演变为现代城镇的这两条发展路线，还是另有他途？现今城镇布局是在明代军事建制及军事聚落布局的基础上逐步发展而来，今日的城镇空间分布将会成为明日的历史，在大力开发西部的脚步迈进城市、迈入建筑、迈向历史遗迹之前，深入挖掘明代军事聚落中蕴含着的大量历史文化信息，将其分布规律与现代城镇、村落布局作比较，对指导现代城镇规划具有重要意义。

注：感谢榆林市博物馆康兰英老师为本课题研究提供大量资料，并对作者的野外实地调研提供无私的帮助。

参考文献

[1] 艾冲．明代陕西四镇长城[M]．西安：陕西师范大学出版社，1990：45-46.

榆林镇各路军堡统计表　　附表

镇	分为几路	路下辖堡
榆林镇	东路	黄甫川堡、清水营堡、木瓜园堡、孤山堡、镇羌堡、永兴堡、神木堡（参将驻地）、大柏油堡、柏林堡
	中路	高家堡、建安堡、双山堡、常乐堡、榆林卫城（榆林镇治所在地）、归德堡、鱼河堡、镇川堡、保宁堡（参将驻地）、响水堡、波罗堡、怀远堡、威武堡、清平堡
	西路	龙州堡、镇靖堡、靖边营堡、宁塞营堡、旧安边营堡、砖井堡、定边营城、盐场堡、把都河堡、永济堡、柳树涧堡、新安边堡（参将驻地）、新兴堡、石涝池堡、三山堡、饶阳水堡

[2] 张玉坤．聚落·住宅——居住空间论[M]．天津：天津大学，1997：28.
[3] 定边县志编纂委员会．定边县志[M]．北京：方志出版社，2003：420.

① 根据横山县张德胜先生 2003 年手稿。怀远堡，清雍正九年（1731 年）以五堡设县（响水堡、波罗堡、怀远堡、威武堡、清平堡），因怀远居中，便利而设县址（县址在怀远堡城内的西北方），民国 3 年因与安徽怀远重名，将怀远县改为横山县，现在的横山县已发展为拥有 29 万人的县级城镇了，怀远堡（横山旧城）位于今横山县城南 1 公里处芦河东岸的柴山梁村白家梁山上，遗址尚存，内现住有 20 几户人家。

② 根据 2003 年北京方志出版社出版的《定边县志》420 页载，自汉代盛产食盐，明代边防开销多赖大小盐池之盐税，食盐皮毛和甘草，被誉为“定边三宝”，是新中国成立以来全县财政收入的主要来源，20 世纪 80 年代以来，巨大的石油和天然气资源促进了经济发展，定边成为拥有 29 万人口的县级城镇。

“封”——中国长城起源另说①

摘 要

中国长城的起源一直是学术界长期争论、悬而未决的焦点问题。本文通过对目前关于长城起源的四种主要观点：“楚方城”说、“列城”说、“城”说和“堤”说的分析讨论，认为这些说法虽各有见地，但亦有其片面性和局限性。纵观夏、商、周及春秋战国各历史时期，华夏大地经历了国之数量由多变寡、国之疆域由小变大的历史进程，至秦始皇灭六国才形成了大一统的中华帝国。在这一历史进程中，天子自封及其赐封各诸侯国的疆域皆用土封，即在边界“沟、封、树之”；秦长城可以认为是秦之北疆最大的“封”。据此，本文提出中国古代的“封”是长城最初形态的新观点。

关键词 长城起源；楚方城；列城；城；堤；封

引言

中国古代自春秋战国开始，历经秦、汉、两晋南北朝、隋、唐、宋、辽、金，前后两千余年，有二十多个诸侯国和王朝修筑过长城，至明朝达到顶峰。明长城东起辽宁虎头山，西至嘉峪关，穿越高山、沟谷、高原、丘壑，蜿蜒6700余公里，与沿线的烽火台、屯兵城、驿站等防御工事、防御性聚落共同构成坚固的长城防御体系。历代的君主为什么耗费巨大的人力、物力和财力，在如此绵长而广袤的时空跨度不断的修筑长城？对此，诸多学者对长城起源问题进行了有益的探讨，目前的主要说法有“楚方城”说、“列城”说和“城”说三种，另有学者认为长城起源于“堤”，得到学术界广泛认可的是“楚方城”起源说。

本文试图在既有长城起源研究成果的基础上，结合中国古代“分封制”中“封地建国”的政体制度和疆界限定形态，解析长城与“封”的内在关联，提出长城起源于“封”的另一说法。

一、长城起源诸说商榷

1．长城起源于“楚方城”

现代许多著述认为“楚方城”就是中国历史上最早的长城，“楚方城”的形态就是长城的最初形态。据《“方城”是中国历史上最早修筑的长城》[1]一文考证：“楚国方城以为城”中的“方城”即楚国长城，“方城”是中国历史上最早修筑的长城。专著《长城》中载：“……这些情况不仅说明了‘楚方城’在防御其他诸侯邻国侵扰上的功用，而且也说明了方城不是一般孤立城市的城垣，而是连绵不断的城防。构成了一个完整的防御工程。这便是长城的开始。”[2]《楚长城的建筑时间和形式考》[3]一文对楚长城的修建时间进行了考证，指出楚长城不是一道，而是三道，即东段、西段和南段。其主要观点也是认为“楚方城”是最早的长城。

认为长城起源于“楚方城”的学者，均引用了相关史料、典籍作依据。如：《汉书 · 地理志》载：“叶，楚叶公邑，有长城，号曰方城。”《史记》卷二十三《礼书》中也有这样的记载：“汝颖以为险，江汉以为池，阻之以邓林，缘之以方城。”②

2．长城起源于“列城”

此说中“列城”指一系列起军事防御作用的小城。长城的防御作用依赖于驻扎在附近的屯兵城内的军事力量，在连续的长城墙体产生之前，设置在边境的防御性城池就出现了。

---

① 张玉坤，李哲，李严．“封”——中国长城起源另说[J]．天津大学学报（社会科学版），2009（04）：318-222.

② 此句中，关于“方城”正义括地志云：“方城，房州竹山县东南四十一里。其山顶上平，四面险峻，山南有城，长十余里，名为方城，即此山也。”可见方城因山得名，“缘之以方城”中的方城可能只是于边界要塞处的城堡之一，与列城无甚大异。

“中国的世界遗产”网页上对长城与列城的关系作了这样的描述：“长城修筑的历史可上溯到公元前 9 世纪的西周时期，周王朝为了防御北方游牧民族俨狁的袭击。曾筑连续排列的城堡“列城”以作防御。到了公元前七、八世纪，春秋战国时期列国诸侯为了相互争霸，互相防守，根据各自的防守需要，在自己的边境上修筑起长城……”这句话表达了“列城”与长城的密切关系，长城起源于“列城”观点恐怕基于此类说法。

《中国军事史 · 兵垒》[4] 中明确表达了“长城是边境城堡连接起来而形成的”：“西周时期就有在边境要地修筑城堡戍守的记载，如《诗 · 小雅 · 出车》记‘王命南仲，往城于方’和‘天子命我，城彼朔方……’就是周宣王……命南仲筑建的城堡。这种沿国境构筑的军事据点，随着战争频繁而逐渐增多，它与国都之间建有烽燧以传递军情……在出现线式筑城阵地的同时，有的国家，如齐、楚等开始逐步用墙将这些边境城堡连接起来，形成了长城”。

“列城”一词来自历史典籍。《水经注 · 汝水》记澧水时载有：春秋之时，“楚盛周衰，控霸南土，欲争强中国，多筑列城于北方，以逼华夏，故号此城为万城，或作方城”。司马迁《史记 · 匈奴传》中曰：“汉使光禄徐自为出五原塞数百里，远者千余里，筑城障列亭至卢朐”。徐自为所筑塞外列城，《汉书 · 地理志》五原郡稒阳县下解释说；“北出石门障，得光禄城，又西北得支就城，又西北得头曼城，又西北得虖河城，又西北得宿虏城”。长城与“列城”的密切关系从长城在古代的称谓，如长城塞、长城亭障、长城障塞中也可见一斑。

3．长城起源于“城”

持长城起源于“城”说法者仅在《中国长城史》[5] 中提出：“……要保卫大片的国土，只靠分散的城邑显然是有困难的，于是，人们在城的基础上想出了新办法，即将封闭性的城墙打开，改作连续性、单向性的城墙……这种连续性的城墙都很长，可以长到数百里数千里以上，于是，人们给它起了一个新名字，叫作‘长城’。顾名思义，长城就是长长的城墙，这个名字既表明了它的特点和功用，又表明它来源于‘城’……是城的扩大和延长，由‘城’演变而来”。

4．长城起源于“堤”

在《拭去尘埃——找寻真实的长城》[6] 一书中，作者详细描述了长城起源于堤的推衍过程。早在 4000 多年前的舜禹时代，人们修筑了最早的长城——堤防和壕堑，用来决九川、陂九泽，疏导洪水，治理水患……到了春秋战国时期，因为诸侯纷争，一部分水患消退后的堤防和壕堑所形成的独特的地理地势，被人们在战争中得以利用。随着战争范围的扩大，各诸侯国在各自境内的堤防和壕堑的基础上修筑和补建了长城，主要用于军事目的……”

上述诸说为认识长城起源进行了有益的尝试，但亦有其各自的缺陷或不足。现从以下几点加以讨论：

其一，历代长城多修建于各国之间的边境线上，亦可认为，各国长城无论其规模、形态、做法如何，首先是一条在国与国之间筑墙的边境线。历代长城的走向多沿边境延伸，从春秋战国、秦汉、魏晋、隋唐、宋辽金，直至明清，概莫能外。所不同的，只是国家大小与规模，具体做法与形态上的差异而已。

其二，“楚方城”之“方城”，或曰“万城”，很难解释为“长城”。尽管诸多典籍均提到楚之方城，如《国语 · 齐语》、《荀子 · 议兵》、《史记》卷二十三《礼书》、《左传 · 僖公四年》及《汉书 · 地理志》等，但只有《汉书》认为“方城”即“长城”，其余典籍均未直言楚国的方城就是长城。《左传 · 僖公四年》虽提及“缘之以方城”，是以方城环绕边界之意，但并不能表明方城即长城。在汉语典籍中，尚从未见到将“方”与“长”这两个基本对立的概念混淆互借者，《汉书》的解释实属例外。

其三，“列城”时期尚未建长城，列城相连而成长城是后来的事，因而不能认为列城就是长城的原始形态。边境上的列城，颇似《左传 · 僖公四年》讲的“缘之以方城”，它可以是“塞”，是“关”，是“烽燧”，抑或军事堡寨之类，因其均为方形而统之曰“方城”，又因其数量众多而称之为“万城”。因而，“列城”“方城”“万城”均不是长城，沿线排列而称“列城”，形态为方而称“方城”，数量众多而称“万城”，仅此而已。

其四，无疑，版筑技术——尧舜时期的筑堤技术、长城墙体的修建技术与中国古城的筑城技术多有相同之处。这种技术早在 4500 年前的平粱台古城遗址中即已相当成熟，用其修堤坝、筑长城是再自然不过的事情。但如果认为长城起源于堤坝，则于理不通。堤坝沿河流修建，长城顺边界蜿蜒，尽管河流山脉有与国之边界重合之情形，但两者并非完全一回事。

至于那种将中国的古城打开延长而成长城的说法，只看到了筑城技术在修筑长城上的借鉴和线性形态的类似，缺乏“长城就是长长的城墙”的历史考证和实物依据。“城”与长城包含的范围不同，“城”的意义不包括城之外资源，而长城包含的是国家疆域的边界，并非与“城”意义同源。

观察历代帝国修筑在北方的长城大致分布在一定的带状区域，此区域与农耕民族和游牧民族的分界线有关，同时也与国家的疆域界限有关。长城除了防御之外有更为深远的意义，即限定边界。楚方城的修建是筑城技术成熟后，用来对国土资源边界进行限定、防御别国入侵的手段，而在筑城技术尚未成熟时期，各国的边界也需要界定，那么必然存在用其他实物作为边界限定的可能，因此，长城的最初形态应在楚方城之前。

二、国之疆域演变与长城

纵观夏、商、周及春秋战国各历史时期，华夏大地经历了国之数量由多变寡、国之疆域由小变大的历史进程，至秦始皇灭六国才形成了大一统的中华帝国。在这一历史进程中，天子自封及其赐封的各诸侯国的疆域皆用土“封”来限定封疆四至。封内的所有资源，包括土地和人民归该国所有。此“封”的做法是在边界挖沟成壕，在壕的边上堆土，土堆之上种树。

周之前，夏代开始建城立国，早期分封出现。夏初，一些弱小的部族或方国归顺于夏。方国、部落林立，史称“万国”[7]。据此推断，“万国”之称，国的数量至少应该有几千个，每个部落或方国占有土地大概在几十里见方，与现在的一个乡占地面积差不多。《夏本纪》讲夏王分封的部落方国，均为以姓、氏命名的小国，封地的同时包括土地上生活的人民，是血缘与地缘的结合体。

至商，《吕氏春秋 · 用民》载：“当禹之时，天下万国，至于汤而三千。”宋镇豪著《夏商社会生活史》载：“夏代直至商初诸侯方国规模均甚小，平均人口仅 1300 多人；后众国相兼及人口善殖，到商末周初平均人口数增加到了近 8000 人。商初成汤时有 3000 余国，则总人口数约为 400 万左右。”文中“国”指封国，汤、盘庚、武丁时期是封建制的萌芽期，已有众多以姓氏为单位的封国。司马迁在《史记 · 殷本纪》中说：“契为子姓，其后分封，以国为姓，有殷氏、来氏……”商代封国的数量可以千计，比夏代国之数量减少了，相应国之规模扩大了。

周文王时期在王畿内用分封制使周人扩展领有的土地。周武王时期，天子称诸侯为“友邦君”，君臣名分尚未明确，周武王讨伐商纣，八百诸侯率兵前来助战，在盟津举行誓师大会，800 诸侯即使不是准确数字，有夸大之意，至少也有几百个，《吕氏春秋 · 观世》称“周之所封四百余，服国八百余”。可以看出当时诸侯国众多，每个诸侯国都有自己的领地，诸侯国越多，每个诸侯国所分得的土地越少，诸侯国之间不断的争战、兼并，战胜国的疆域增大了，扩大了的疆域要重新土“封”。

春秋战国，国家数量减少到几十个甚至十几个。春秋时各国兼并战争剧烈，“周初盖八百国”，而春秋末仅存四十。战国时期，七雄争霸，夹在七雄之间还有十几个小国，纷纷向四边开疆拓土，置郡县，修长城。齐、楚、韩三国各有长城；魏有东西两长城；燕赵两国有其南北两长城；秦国所筑更多，先后共筑三条；就是七雄之外的中山国，也难得独为例外。如钱穆所说：“封建社会是各有封疆的，各自关闭在各自的格子里面……诸侯们各自涨破了他们的格子，如蜜蜂分房般各自分封……”[8] 值得注意的是长城的位置与各国边界线极其接近。

秦始皇统一中国成为中国古代第一个帝国。其间，国家的规模在不断变大，封地也在变大，边界变长，“封地”由小到大的过程同时也是各国“封”由短到长的过程，秦始皇长城便是最大的“封”。见秦长城分布图，秦万里长城位于疆域的北边界，将匈奴隔在长城以北。疆域内“废封建、立郡县”，以战国七雄已置之地为基础，以郡县制取代世袭贵族分封制，管辖各郡县的官员不再领有实土，各郡县边界也无需土封。《汉书地理志》称秦代“不立尺土之封”，指秦的各种封侯仅赐名号，并无封土了。

三、起源另说——“封”

自先秦至秦始皇统一中国，不论国之疆域大小皆有边界，从上述疆域与长城分布图中发现各国长城基本都沿着疆域边界修筑，限定边界的土“封”便成为长城原始形态的一种可能。

“封”字甲骨文作（《甲二九〇二》），像树木植根于土中，周代青铜铭文中的“封”，形似一株植物“”与两只合围拢土的手“”组成（《康侯丰鼎》），衍为（《召伯簋》），像人手给植株培土，聚土植树，引申为堆、冢之义。[9] 古人封土植树的目的是为了划分田界和疆域，所以封字还有疆界、界域之义（图 1）。《左传 · 僖公三十年》载郑人烛之武谓：“（晋）既东封郑，若不阙秦，将焉取之?”意思是晋侵吞郑之后，以郑东界为界，此后西扩，蚕食秦土。“封”意即疆界。《淮南子 · 主术》：“四海之云至，而修封疆。”《史记 · 商君列传》：“为田开阡陌封疆。”张守节正义：“封，聚土也；疆，界也；

谓界上封记也。”“封”字具有在疆界上设定标志的意义。

西周时期，帝王把土地或爵位赐给臣子就叫作封，而诸侯或大夫所分得的土地就称为封地、封邑。受封诸侯一般都有命书，“封”不仅是名号上的颁定，同时也是土地的划拨，命书写明所受封地的封疆四至，诸侯国还要在封疆之界修建标志，即以当时通行的设置沟树等方式构筑自己所受领土的合法界限。《周礼 · 地官司徒》中说：“归而辨其邦国、都鄙之数，制其畿疆而沟封之，设其社稷之壝，而树之田主，各以其野之所宜木，遂以名其社与曰医。”《大司徒》郑注曰：“沟，穿地为阻固也。封，起土界也。”“树，树木沟上，所以表助阻固也。”郑注所说沟、封、树三者除可作为封界的识别物外，还可作为固卫边界的障蔽设施，所起的作用如后世边界上的寨墙、铁丝网之类，此便是长城的最初形态。

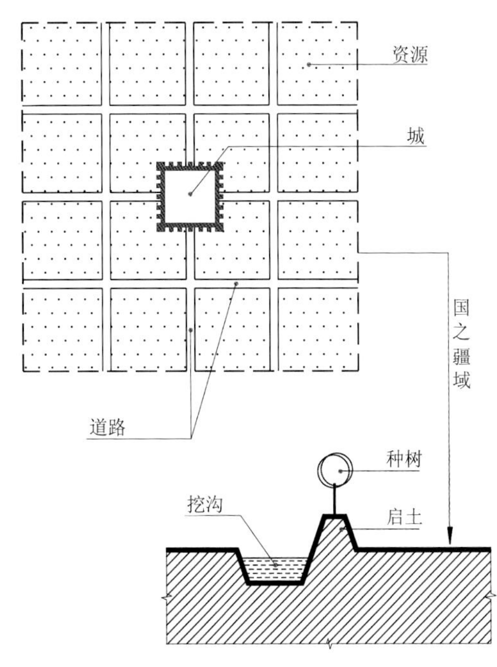

图 1 “封”示意图

周代分封，封指封土，建指建国。在《周礼》前几章中，都以“唯王建国，辨方正位，体国经野……”为篇首语，意思是说，统治国家、建立都城首先要辨别、调正方向和位置，根据都城的位置和方向测量和划分国土或疆域。并且还对诸侯都城规模的大小按爵位大小作了相应的规定①。“建国”之义，狭义讲是在所辖疆域的中心建立都城或王侯所在的中心城堡，所以“国”与“城”相通。有人因此认为中国古代的“国”即“城”，忘记了在城的周围尚有一大片归其所属的“封”内的土地和人民，而非一个孤立的城堡。国作为疆域的中心，代表、象征并实际统领着所封的疆域，虽称不上主权独立的“国家”，至少也是“城—邦”一体的概念。这也就可以理解中国古代战争中为什么要以攻城为目标，都城的失守或被摧毁象征政权灭亡的原因了。

因此，中国古代的“封”，是在所属的土地上建立疆界，与封侯、封爵相表里；“建”，是在疆界的中心建立都城或中心城堡，代表着所属的土地和人民，与“封”为一体。简言之，中国的封建，是一个“边界—中心”和“国—城”一体的概念。

可见，“城”的意义不包括城之外资源，而“封”才包含了资源边界。长城包含的是国家疆域的边界，并非与“城”意义同源，因此，长城并非起源于“城”，而应起源于“封”。明长城“大边”“二边”没有称之为“外城”和“内城”也反映了“城”不是“长城”的全部内涵。

作为封，“长城”首先是一道“边界”，历史上，随国家多寡和地界大小的不同，“长城”的多寡和长短也不同，但是长城的位置不一定与疆界完全重合，出于防御的需要往往借助险要地形修筑，平地筑墙是难以防御敌人入侵的，因此长城不仅体现在人工修筑的墙体，还包括借助自然地貌形成的自然屏障。如自战国沿用到明代的“堑、长堑、城堑、墙堑”等词皆暗示了长城是一道天然屏障的含义。明长城榆林镇大边则直接利用山体“依山凿削，令壁立如城”[10]。此时长城不仅是国之边境的实体标志物，还与自然地貌融为一体真正起到保卫疆域的防御作用。

综上所述，长城的产生并非来源于某种实物形态“城”“列城”或“堤”，只是有可能在修筑技术上借鉴了筑堤、筑城的技术而已，“楚方城”虽然是历史记载最早出现的线性长城墙体，但并非长城起源的最初形态。长城的起源有更为深远的形态，即国之边境启土、挖沟、种树之“封”。长城的修筑贯穿我国二十多个诸侯国家和封建王朝的兴衰，疆域变迁带来长城的反复修筑直至明末清初，破长城入关的清政府对北部少数民族地区采取“绥远”政策而不再修筑长城为止。作为封，“长城”首先是一道“边界”，同时也是一定社会集团的资源边界，然而此“边界”不一定与疆界完全重合，长城的修筑往往借助自然地形的防御作用选址和建造，与沟壑、高山、水体等自然天险一起将国之疆界围合限定出来，从而起到有效的防御作用。

---

① 《地官司徒》中载：“然则百物阜安，乃建王国焉，制其畿方千里而封树之。凡建邦国，以土圭土其地而制其域。诸公之地，封疆方五百里，其食者半；诸侯之地封疆方四百里，其食者三之一；诸伯之地，封疆方三百里，其食者参之一；诸子之地，封疆方二百里，其食者四之一；诸男之地，封疆方百里，其食者四之一。凡造都鄙，制其地域而封沟之；以其室数制之。”即天子为王，国土自封，公、侯及其下的伯、子、男的土地则为天子根据爵位的大小所赏赐。公、侯、伯、子、男五等级所分土地分别为五百里、四百里、三百里、二百里和一百里。

参考文献

[1] 贺金峰．“方城”是中国历史上最早修筑的长城[J]．开封大学学报，2002（3）：1．
[2] 罗哲文．长城[M]．北京：旅游出版社，1988：11．
[3] 肖华锟，艾廷和．楚长城的建筑时间和形式考[J]．江汉考古，2003（4）：69．
[4] 中国军事史编写组．中国军事史第六卷兵垒[M]．北京：解放军出版社，1991：70．
[5] 景爱．中国长城史[M]．上海：上海人民出版社，2006：54．
[6] 老雷．拭去尘埃——找寻真实的长城[M]．北京：东方出版社，2002：180．
[7] 岳红琴．《禹贡》武服制与夏代政治体制[J]．晋阳学刊，2006（5）：90-93．
[8] 钱穆．中国文化导论（修订本）[M]．商务印书馆，1994：61．
[9] 冯天瑜．“封建”考论[M]．武汉：武汉大学出版社，2006，13．
[10] 艾冲．明代陕西四镇长城[M]．西安：陕西师范大学出版社，1990：22．

明代北边战事与长城军事聚落修筑[①]

摘 要

在影响明代长城军事聚落修筑的众多因素中，军事战事是最直接的影响因素。运用史料研究与定量分析相结合的方法，针对明代北边军事战争与军事聚落修筑间相互关系，确定两者的相关程度及影响机制，可以更深层次的发掘长城军事聚落的分布规律和规划思想，为解释明代北边军事防御体系的历史发展提供科学依据。

关键词 明代北边；战事；军事聚落；相关性

引言

克劳塞维茨在《战争论》一书中指出：防御的概念是抵御进攻，防御的目的是据守，“防御的规则是以进攻的规则为依据的。”[1] 明代北边长城地带大量的军事聚落就是建立在农牧交界背景下，为抵抗蒙古和女真势力的入侵战争而修建的。这些堡寨、关隘等军事聚落和防御工事，连同明长城一起构成了明代北边全线布控、分区联防的多层次军事防御体系。在明蒙间两百多年战争频仍的对峙过程中，军事聚落的修筑活动也一直持续，可以说战争是引发军事聚落修筑的最直接原因，军事战事的变化直接或间接地影响了军事聚落的布局与修筑。

在《中国军事史》[2]、《中国历代战争史》[3]、《中国军事通史》[4]、《中国明代军事史》[5] 等多部关于中国古代军事、战争史的专著中均有关于明代边防布局的研究及重要战争的记载，也包括单次战争所引发的一些国防布局的变化情况。但目前关于战争与城池聚落的关系研究却相对较少，其中《战争与古代中国城市衰落的历史考察》一文，以时间为序对历代都城及重要城市受战争破坏而导致的衰落进行简要梳理研究[6]；《明代西北战争与国防布局的互动关系研究》中对明代西北四镇战争与国防布局做了详细的研究[7]，而着眼明代长城沿线九大军镇，对战争的发生与聚落修筑间量与质的相互关系进行的研究仍然不足，需要进一步深入探索。

一、明代北边战争的时空分布特征

明代北边绵延万里，战事繁多，难以精确统计。本文据明代官修《明实录》，对明代16位帝王统治时期的北边各军镇所辖战区发生的主要战事进行统计（表1、表2），可大体反映出各军镇之间主要的战守趋势和重要的历史节点[②][8]，据此进一步总结并归纳明代北边战争的时空分布特征。

明蒙战争频次统计表　表1

镇域	洪武	永乐	洪熙	宣德	正统	景泰	天顺	成化	弘治	正德	嘉靖	隆庆	万历	泰昌	天启	崇祯	合计
辽东镇	5	1	1	5	9	3	3	35	37	9	34	11	71	—	1	—	225
蓟镇	9	—	1	3	6	2	—	3	24	9	36	2	17	1	1	—	114
宣府镇	—	—	—	2	7	6	6	13	36	11	48	3	3	—	2	3	140
大同镇	15	—	—	5	5	7	7	23	27	15	55	10	1	—	—	2	172
山西镇	8	—	—	2	1	2	1	10	1	7	26	4	—	—	—	—	62

① 张玉坤，范熙晅，李严．明代北边战事与长城军事聚落修筑［J］．天津大学学报（社会科学版），2016（02）：135-139.

② 对《明实录》中战争的统计间接取自《<明实录>类纂：军事史料卷》。其中对于多日的连续进攻按一次战争计；对于多点的同时进攻按一次战争计。

续表

镇域	洪武	永乐	洪熙	宣德	正统	景泰	天顺	成化	弘治	正德	嘉靖	隆庆	万历	泰昌	天启	崇祯	合计
延绥镇	10	—	—	—	4	—	4	41	11	10	30	4	20	—	4	—	138
固原镇	4	—	—	—	—	—	2	14	7	7	8	3	6	—	—	—	51
宁夏镇	—	—	—	—	5	4	6	10	16	7	21	2	13	—	—	3	87
甘肃镇	4	—	—	4	8	—	13	7	30	21	23	1	27	1	6	—	145
合计	55	1	2	21	45	24	42	156	189	96	281	40	158	2	14	8	1134
年数	31	22	1	10	14	7	8	23	18	16	45	6	48	1	7	17	—
频率	1.87	0.05	2	2.1	3.21	3.43	5.25	6.78	10.5	6	6.24	6.67	3.29	2	2	0.47	—

明与女真战争次数统计表　　表 2

镇域	洪武	永乐	洪熙	宣德	正统	景泰	天顺	成化	弘治	正德	嘉靖	隆庆	万历	泰昌	天启	崇祯	合计
辽东镇	2	—	—	1	—	1	3	7	—	1	3	3	24	4	37	18	104
蓟镇	—	—	—	—	—	—	—	—	—	—	—	—	—	—	—	12	12
合计	2	—	—	1	—	1	3	7	—	1	3	3	24	4	37	30	116

1. 时间分布的阶段性

由表 1 可以看出，明蒙之间的战争频次，以弘治年间最为频繁，永乐战争总量最少。其中，洪武、永乐年间的战争以主动出击为主，近边战争数量较少；洪熙、宣德年间，战争逐渐平息，进入休养生息阶段；正统十四年（1449 年）“土木之变”后，蒙古主动出击，明廷消极抵抗，双边关系急剧恶化，战事频频，到弘治时期达到年均十余次的巅峰状态；“隆庆议和”（1571 年）后，局势逐渐得以缓解，但战争频次仍较宣德之前为多，至明末战事渐息。万历以后至明末，女真崛起，辽东、蓟镇地区成为战争多发区（表 2）。

2. 地理分布的差异性

由于地理位置、军事作用和防御能力等因素的影响，北边战争在地理分布上存在很大的差异性。由表 1 可知，辽东、大同两镇战事最多，宣府、延绥、甘肃次之，这与战争目的有直接关系。

在蒙古频繁的侵边战争中，大多以掠夺物资为目的，多选择邻近处，直接进攻、迅速出击并撤离。东部被兀良哈三卫和明中后期迅速崛起的女真部落长期盘踞，对辽东镇和蓟镇产生极大的威胁；中部以太行山为中心，鞑靼与明之间长期的拉锯战，给宣府、大同、山西三镇带来巨大的战争压力；西北地区，民族环境复杂，陕西四镇主要受到附近鞑靼、瓦剌及西海蒙古诸部的威胁。

另外，不同时期蒙古族的主攻区域也有所差异。洪武年间主攻大同镇，成化转为延绥，万历时辽东首当其冲。战守重点的时空变化是蒙古内部势力发展和演化的体现，也影响着北边防御工事的修筑。

二、北边战事与军镇聚落修筑的数据分布比对

频繁的战争必然诱发高频率的防御工事修筑，通过量化分析和数据比对，可更直观描述和证明战争与军事聚落修筑间的规律性变化。

1. 军事聚落修筑统计

根据课题组多年对文史资料的梳理总结，统计出明代北边九镇军事聚落初建和重修年代简表（表 3、表 4）。

明代九镇军事聚落初建次数统计表　　表 3

镇域	洪武	永乐	洪熙	宣德	正统	景泰	天顺	成化	弘治	正德	嘉靖	隆庆	万历	泰昌	天启	崇祯	合计
辽东镇	14	2	—	7	45	—	—	12	4	1	15	—	7	—	—	—	107
蓟镇	156	61	—	—	—	2	2	6	15	3	3	—	—	—	—	1	249
宣府镇	12	7	—	19	2	3	3	4	3	2	10	1	3	—	—	—	69

续表

镇域	洪武	永乐	洪熙	宣德	正统	景泰	天顺	成化	弘治	正德	嘉靖	隆庆	万历	泰昌	天启	崇祯	合计
大同镇	11	3	—	—	1	—	1	2	1	—	49	1	3	—	—	—	72
山西镇	8	—	—	8	3	4	—	4	4	14	11	2	4	—	—	1	63
延绥镇	2	1	—	—	10	—	3	22	1	—	3	—	—	—	—	—	42
固原镇	7	—	—	—	2	1	1	4	7	—	4	3	14	—	—	—	43
宁夏镇	5	2	—	—	6	—	—	—	4	4	5	—	—	—	—	—	26
甘肃镇	30	3	—	—	—	—	3	—	3	2	11	—	20	—	—	—	72

明代九镇军事聚落重修次数统计表 表 4

镇域	洪武	永乐	洪熙	宣德	正统	景泰	天顺	成化	弘治	正德	嘉靖	隆庆	万历	泰昌	天启	崇祯	合计
辽东镇	2	1	—	2	—	—	—	3	10	1	6	1	16	1	11	1	55
蓟镇	3	—	—	4	5	1	—	4	10	—	7	4	18	—	1	—	57
宣府镇	1	1	—	2	7	8	—	5	3	3	22	23	36	—	—	—	111
大同镇	—	1	—	—	1	—	—	1	—	—	4	19	52	—	—	—	78
山西镇	—	—	—	—	—	1	—	4	3	—	8	2	46	—	1	1	66
延绥镇	—	—	—	—	1	1	—	17	4	1	7	10	37	—	—	—	78
固原镇	—	—	—	1	1	—	—	6	4	1	5	1	8	—	—	—	27
宁夏镇	—	—	—	1	2	1	2	2	5	—	4	—	7	—	—	—	24
甘肃镇	1	—	—	—	—	—	1	2	1	2	5	—	10	—	—	—	22

可见，在一定程度上，不论是初建或重修，与北边战争的时空分布特征均有吻合：在时间分布上，正统、成化、弘治、嘉靖、隆庆、万历时期均大兴土木，其中，隆庆、万历时期多以重修为主，表明至嘉靖时期，北边防御体系的修筑基本完成，此后多以加固为主；另外，同一时期不同军镇的分布也表现出了一定的地理差异性，体现了防御重点和受敌面的变化。

2．北边战事与军事聚落修筑的统计数据比较

基于四组统计数据，将各镇军事聚落初建、重修及修筑总量与战争次数进行数据对比，有以下发现：

首先，各镇统计数据中，修建总次数与战争总次数的变化趋势大致相同，符合程度较高；

其次，各镇中四组数据变化趋势相符的程度不同，其中宁夏镇与延绥镇变化趋势相符程度较高，而山西镇、宣府镇和蓟镇则相对较低；

再次，各镇中，战争总次数与修建次数即使无法整体一致，在某段时间，尤其是明中期，符合程度也相对较高。

以上结论，均是由数据统计表观察所得，需要通过量化分析对结论进一步验证。

3．北边战事与军事聚落修筑的相关系数

数据表虽能反映出数据间的相互联系，却无法定量描述相关程度。因此，需计算相关系数。相关系数的取值范围为 $|r| \leq 1$，意义如表 5 所示：

相关系数 $|r|$ 取值意义 表 5

相关系数 $/r$	r=0.00	$0.00 < \|r\| \leq 0.30$	$0.30 < \|r\| \leq 0.50$	$0.50 < \|r\| \leq 0.80$	$0.80 < \|r\| \leq 1.00$
相关程度	无相关	微相关	实相关	显著相关	高度相关

在四组数据中修建总次数与战事总次数呈较大的符合程度，将此两组数据作为相关系数计算的两组变量，得出结果如表 6 所示：

九镇战争总次数与修建总次数的相关系数 表 6

军镇	辽东镇	蓟镇	宣府镇	大同镇	山西镇	延绥镇	固原镇	宁夏镇	甘肃镇
r 值	0.42	0.10	0.30	0.46	0.23	0.79	0.65	0.77	0.44

可见，延绥、宁夏、固原的两组变量呈显著相关；大同、甘肃、辽东为实相关；宣府、山西、蓟镇微相关。其中蓟镇相关系数最小。但在上文数据分析中指出，部分军镇明中期两组数据符合程度较高，需做进一步验证。

选取蓟镇宣德至万历年间的两组数据计算，得到相关系数为 0.64；山西镇宣德至隆庆年间的相关系数为 0.84；宣府镇宣德至嘉靖年间的相关系数为 0.50。再次说明，虽然战争与修建数量无法整体相关，但在某一特定阶段也会呈现较大的相关性。通过定量分析验证了军事战事与防御体系的修筑的确存在密切的关系。

三、北边战争与军镇聚落修筑的相关性特征

对战事与聚落修建的相关性进行量化分析验证并非严格的时空对应关系，尚需结合史实，具体问题具体分析。在北边复杂的环境下，战事对聚落建造的影响主要表现以下几个特征。

1．预见性

在数据分析中发现，军事战事和聚落修筑的变化并非一一对应的关系，存在一种情况，统治者通过对战争形势的预见性判断而未雨绸缪，大修防御工事，对可能遭受攻击的薄弱点主动加强防御部署。这是一种明显的预备行为，而其后发生的战争往往可以验证这种准备的正确性。

以明初宁夏、甘肃两镇的建设为例，两镇的设置和修筑，是基于艰苦卓绝的战争基础上，对西北地区军事环境和边防格局的预见性调整。建国初，宁夏、甘肃一带还未完全纳入国防范围内，西北地区被扩廓帖木儿盘踞，战火尚未熄灭。洪武三年（1370 年），汤和平定宁夏地区，改元宁夏府路为宁夏府，隶于陕西行省；洪武五年（1372 年），冯胜征西，进攻元甘肃行省，势如破竹，将甘肃境内残元势力逼退至嘉峪关外，奠定了明朝在西北的军事格局；洪武六年（1373 年），“明廷派遣重将镇守宁夏地区，标志着宁夏正式成为单列的驻防区”[9]；而后，自洪武七年（1374 年）于河州府城设西安行都卫，至洪武二十六年（1393 年），移陕西行都司于甘州卫城，甘肃镇防区从初步形成逐步成为完善的防御组织。

宁夏、甘肃两镇远离京师，建国之初百废待兴，举大力修筑两镇多因其严峻的军事形势引起了统治者的警觉，宁夏镇是蒙古进攻黄河以东平原地带的咽喉要地，“明初既逐扩廓，亦建为雄镇。议者谓宁夏实关中之项背，一日无备，则胸腹四肢，举不可保也。”[10] 而甘肃镇的防御地位也关系到关中一带的安危，“关乎全陕之动静，系夫云晋之安危。云晋之安危关乎天下之治乱。”[11] 大范围的聚落修筑，巩固战略要地的防守能力，是稳定国防格局的必然结果。由表 1 可知，终明一世，宁夏、甘肃两镇战争多发，验证了明初统治者决策的正确性。

其实，洪武年间在北边地区类似的预见性修建不乏其数。自洪武五年（1372 年）以后，明廷就在北边地区迁民设卫，大兴土木，很多重要城池均是洪武年间所修，如辽阳、山海关、宣府、大同、偏头关、绥德、宁夏、兰州卫城等，成为当时的防御核心。

2．应激性

应激性原意指在较短的时间内，生物对外界各种刺激发生的反应，是生物适应性的一种表现。在九大军镇中，战事发生时，军事聚落的修建会表现出应激性，即短时间内采取应对措施，加固防御工事。九镇中，军事战事与聚落修筑的相关系数越高，这种应激性就表现得越明显。

以相关系数最高的延绥镇为例。洪武年间，明北边军事防线沿阴山、黄河一线，西接宁夏镇，此时延绥并非防守要地，永乐、宣德年间，明朝将北边防线一再内移，使河套地区拱手于蒙古，正统至景泰年间，蒙古入套，延绥一带边境压力增大。由表 1 可见，在成化以前，延绥镇的战事很少，但自成化初年（1465 年）起，蒙古入侵加剧，面临严重的边防压力，明廷开始紧急修筑防御工事。成化九年（1473 年）在余子俊的主持下，开始修筑“夹墙”，即后人说的“二边”；同年，延绥镇城由原来的绥德城迁至夹墙以北的榆林城。为了拱卫新的军事中心，成化十年（1474 年），余子俊又在榆林城北修筑“大边”，大边走向与夹墙基本平行①[9]，余子俊后来追述这次修筑称：“两月之间，边备即成。至今十余年，虏贼不敢犯。”[12] 说明了这次修筑的紧迫性及修筑后的效果。除了大规模的修筑长城边墙，成化八年（1472 年）至成化十一年（1475 年）间，余子俊又主持初建和重修了二十余座城池边堡，大至榆林镇城，小至东、

① 关于榆林镇大边、二边的修筑问题，仍存有一定争议，本文尊重艾冲在《明代陕西四镇长城》一书中的观点。

中、西路各边防堡寨。

此后延绥镇的防御能力大幅提高。由图 1 可见，自成化八年（1472 年）开始修筑防御工事起，战争量明显减少，到成化十一年（1475 年），战事基本平息，证明了这场大规模修建活动带来的显著成效。

军事聚落在修筑中表现出的应激性，是防御体系对战争的最直接反应，由于应对迅速，为边防防御抢占了先机，但从长远看来，也体现出明廷在北部边防策略上的消极态度。

3. 延时性

在战争影响下的军事聚落修筑过程中，存在一种延时性行为，即战争结束后进行建造活动。延时性与预见性有着模糊的界线，都是受到主修者战争经验的影响，做出的一种准备行为，但两者最大的不同是延时性修筑进行过程中及完成后的较长时间内，军事环境都比较稳定，战争数量相对预见性明显偏少。

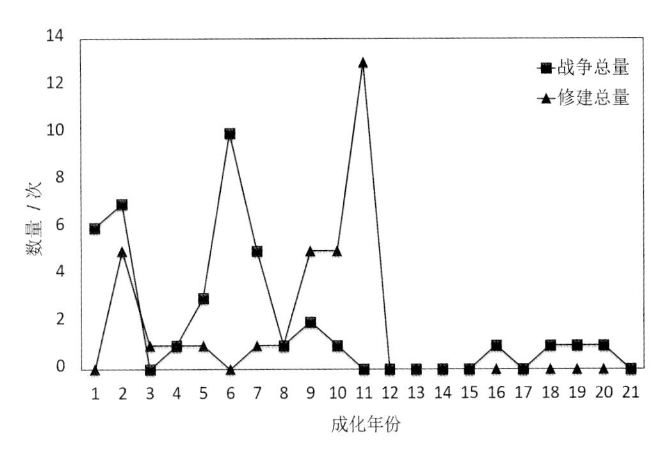

图 1 成化延绥镇战争与聚落修筑情况统计图

以隆庆、万历时期宣大山西地区为代表。自蒙古入套以后，宣大山西一带时常遭受蒙古扰边，战乱频发，嘉靖年间受俺答等人的侵扰，战乱达到高峰，可说是明代战争最激烈的阶段。而隆庆议和后，宣大山西一带迎来了双边的稳定，战争数量锐减。但由表 3、4 见，即使在战火平息的万历年间，宣大山西仍有大规模的修筑工事，而其中尤以重修为主。对此，张居正指出："大抵今日，虏势惟当外示羁縻，内修战守，使虏为我制，不可受制于虏。"[13] 可见明廷的戒备之心。万历年间，宣府镇共重修堡寨城池 36 次，山西 46 次，大同多达 52 次。另外长城边墙也是修筑的重点，万历元年（1573 年），诏修宣府北路边墙"一万八千七十六丈有奇"[14]，限三年内完成；二年（1574 年），"兵部覆大同督抚官王崇古等题：修理大同沿边墙垣，限以五年报完。"[14] 大规模的边防建设对蒙古部族形成了极大的威慑，俺答约束其部下"有掠夺边氓者，必罚治之，且稽首谢罪"[15]，可见其成效。

万历年间宣大山西三镇大规模的修筑工程，虽然是延时性的一种表现，但并非被动防守，恰恰相反，是一种积极防御的军事行为，"内修战备，外示羁縻"的战略方针，对稳定明后期中部地区的边防局势有重要的意义。

结语

明代北边长城沿线的军事战争与军事聚落的修筑间有着十分密切的关系。根据史料梳理，对军事战事和聚落修筑进行量化分析发现，在地理分布上，同一时期不同军镇间，战争的分布呈现很大的差异，导致整个防线的防御重点不断转移，进而影响到聚落的修筑；在时间分布上，通过相关系数运算证明同镇内军事战事与军事聚落的数量分布吻合度很高，相关性密切。同时结合史实，进一步分析军事战事对军事聚落的影响发现，由于主观因素的介入，两者间的作用存在预见性、应激性、延时性等不同情况，是针对不同的战争局势和战况所采取的不同军事策略和应对措施，其中预见性体现出更为积极的防御策略，而延时性则相对被动，但实际上三种情况并没有绝对的界线，往往在一种修造过程中既有对战争发生的预判也有上次战争对修筑产生的影响，可见军事战事对聚落修筑影响的十分复杂。可以说军事战事是长城军事聚落修筑最主要、最直接的原因，正是军事聚落针对战事而产生的防御性，使其在整个明长城军事防御体系中发挥着十分重要的作用。

参考文献

[1]（德）克劳塞维茨著，中国人民解放军军事科学院译. 战争论 [M]. 北京：解放军出版社，2011.
[2]《中国军事史》编写组. 中国军事史 [M]. 北京：解放军出版社，1986.
[3] 台湾三军大学. 中国历代战争史：第十四册 [M]. 北京：中信出版社，2013.
[4] 罗琨，张永山. 中国军事通史：第十五卷 [M]. 北京：军事科学出版社，2005.
[5] 毛佩琦. 中国明代军事史 [M]. 北京：人民出版社，1994.
[6] 蔡云辉. 战争与古代中国城市衰落的历史考察 [J]. 中华文化论坛，2005（3）：55-60.

[7] 孙卫春．明代西北战争与国防布局的互动关系研究[D]．西安：陕西师范大学，2008．
[8] 李国祥，杨昶．《明实录》类纂：军事史料卷[M]．武汉：武汉出版社，1997．
[9] 艾冲．明代陕西四镇长城[M]．西安：陕西师范大学出版社，1990．
[10]（清）顾祖禹．读史方舆纪要[M]．北京：中华书局，2005．
[11]（清）高弥高，李德魁等纂修．肃镇志[M]．顺治十四年抄本．
[12]（明）陈子龙．明经世文编[M]．北京：中华书局，1962．
[13]（明）张居正．张太岳集[M]．上海：上海古籍出版社，1984．
[14] 明神宗实录[EB/OL]．http://www.yebook.com/guji/s/03/53/23.htm,2015-03-17．
[15]（清）张廷玉．明史[M]．北京：中华书局，2008．

明长城防御体系与军事聚落研究 ①

摘　要
长城的历史文化价值不仅是绵延万里的墙体和雄壮的关隘，还包括与墙体和关隘互为依托、层次分明的诸多军事聚落所构成的庞大而严密的防御体系。文章以史料分析和实地踏勘为基础，探讨了明长城军事制度与军事聚落的对应关系、防御体系的总体空间分布与防御机制、长城墙体的防御性特征、军事聚落的层次体系和空间结构，以还原明长城防御体系的完整性和原真性，为长城文化遗产的整体性认知和全面保护提供参考。

关键词　明长城；军事聚落；防御体系；空间分布；层次体系

引言

春秋战国时期，群雄争霸，北方胡狄犯边，各国分别在自己的边境地带修筑长城，屯兵戍守。秦朝一统天下后，将其边境地带的燕、赵、秦（昭王）长城连成一体，形成北部边疆“万里长城”的宏观巨制。汉继秦制，所筑长城绵延更加深远，较秦有过之而无不及。此后历代效法前朝，亦多有修筑。及有明一代，东起辽宁虎山，西至甘肃嘉峪关，筑起全长 8800 余公里的“边墙”——明长城。明长城是历史上长度最长、军事防御体系最完善、也是保护问题最为突出而紧迫的世界文化遗产。据 2007 年“长城资源调查工程”结果显示，明长城全长 6259.6 公里（未计 2500 余公里壕堑和自然险长度）的人工墙体中，只有 8.2% 保存状况尚好，而 74.1% 保存较差或仅余基底部分。墙体尚且如此，军事聚落更令人担忧。

长城的保护得到社会各界的重视，但仍存在重视雄伟高大的墙体和重要关隘的局限。防御体系并非墙体、城堡、关隘、烽火台、敌楼等的集合体，沿用“文物”单体的划界方法，针对长城本体和附属设施划定各自的保护范围，难以从保护对象和保护范围上解释长城防御体系中各层次军事聚落之间的守望互助关系，以及长城墙体、军事聚落和驿传烽传线路之间的“血脉相连”的历史原貌。对于防御体系的认识早就得到一些学者的关注。彭曦教授提出：长城有三个子系统，城（墙）、烽（燧）、障（塞），这三者缺一不可称长城，障塞和烽燧的文化内涵比城墙更丰富。[1] 历史学家金应熙先生提出：“长城并不单只是一条防御线，而是形成一个防御网的体系。随着时间的推移，这种网的结构逐渐变得更为复杂、完整”[2]。

课题组通过对辽宁至甘肃长城沿线各省、市、自治区的军事聚落的实地考察，绘制明长城及沿线军事聚落分布图[3]，此后借助编写《中国长城志》卷 4《边镇堡寨关隘》整理了相关史料，利用空间人文方法，建立了明长城防御体系与军事聚落空间数据库，试图从整体性研究的角度，探析“防御网”的层次体系、时空分布和结构特征。

一、明代军事制度与军事聚落的层次体系

有明一代，边防军事制度历经“卫所镇守—都卫体制—都司卫所—大将镇守—塞王守边—九边总兵镇守制度—九边总兵镇守制度与都司卫所制度并置”的演变[4]，都司卫所和九边总兵镇守这两套制度因分别在戍守和作战两方面优势突出，而最终得以确立且并行使用。

1. 都司卫所制与九边总兵镇守制

朱元璋首创“都司卫所”军事制度，以都司为地方最高军事领导机构，率领所属卫所隶属于中央五军都督府，并听命于兵部。“度要害地，系一郡者设所，连郡者设卫。”[5] 在军事上重要地方设卫，次要位置设所。每卫管辖前、

---

① 李严，张玉坤，李哲．明长城防御体系与军事聚落研究 [J]．建筑学报，2018（05）：69-75.

后、中、左、右五个千户所，每千户所管辖十个百户，每百户所又管辖两个总旗，每总旗下设五小旗。[6]

卫所制保证了九边地区重兵力部署，而九边总兵镇守制则承担了边防前线的预警、戍守和作战任务。卫所在全国广设，总兵镇守则仅设于北部边防。

九边重镇从东到西分别为：辽东镇、蓟镇、宣府镇、大同镇、山西镇、榆林镇、宁夏镇、固原镇和甘肃镇（所辖区域与现省界接近但不完全重合）。诸镇的内部结构基本相同，略有差异。镇，由总兵统辖，驻镇城，统辖全镇兵马，总掌防区内的战守行动；路，镇下分路。每个军镇下分三路到八路不等，各路分设路城，内驻参将，负责本路地段的战守；堡，路下分堡，每路辖几个至十几个军堡，内驻守备，负责本地段的战守。各路之间有游击堡，内设游击将军，领3000游兵，往来策应，既分段防守又互相联结、各负其责。[7]

2. 军事聚落的层次体系：镇城—路城—卫城—所城—堡城

卫、所的重兵力驻扎在卫城和所城里（无独立城池则同驻镇城），守将为指挥使、千户和百户，卫城拱卫镇城，所城拱卫卫城，主要任务在于屯种和戍守。路城将领参将驻扎在路城里（无独立城池者，或在卫城里，或在镇城里），堡城守将守备，主要任务在于预警和作战。五类城池按照城池规模从大到小为：镇城—路城—卫城—所城—堡城①。各防御单位的级别、驻地、辖区与驻兵人数见表1。

各级防御单位及其指挥将领的官阶、驻地、辖区职权以及驻兵人数情况[8]~[11] 表1

防御单位	官阶	驻地	辖区和职权	驻兵人数
镇	镇守总兵	镇城	总掌防区内的战守行动	据实际情况而定
	协守副总兵	镇城	协助主将策应本镇及邻镇的防御	城内驻兵3000人
	分守副总兵	重要城堡	某一紧要地段的防务	据实际情况而定
路	参将	路城	管辖本路诸城堡驻军和本路地段防御	2个卫，12000余人
卫	指挥使	卫城	管辖本卫诸城堡驻军和本卫地段防御	5600人（5千户所）
千户所	千户	所城	管辖本所诸城堡驻军和本所地段防御	1120人（10百户所）
百户所	百总（把总）	所城	管辖本所城堡驻军和本堡地段防御	112人（两总旗）
堡	守备	堡城	统领本城堡及所属堡寨戍军；负责本地段长城、瞭望台、烽火台等工程设施的守卫	几百人
堡寨	把总或操守	堡寨	负责该堡寨附近若千里长城及墩台的瞭守	几十人

二、总体性空间布局和防御机制

《明史》载：“东起鸭绿，西抵嘉峪，绵亘万里，分地守御。初设辽东、宣府、大同、延绥四镇，继设宁夏、甘肃、蓟州三镇，而太原总兵治偏头，三边制府驻固原，亦称二镇，是为九边。”[12]明代九边重镇从朱元璋曾接受了朱升“高筑墙”的建议，洪武元年（1368年）就派大将军徐达修筑居庸关等处长城始，到1600年前后，在二百多年的长城防务进程中，九边设置几经调整，长城和军事聚落也随之不断增废、更替、修缮，最终形成了东西跨度8800多公里、十一军镇（包括昌镇和真保镇）、四十五路防守的明长城九边重镇防御体系（图1）。

1. 横向分段、纵向分层的大纵深布局

九边之中，宣大山蓟辽五镇，守卫京师北大门，重中之重；榆林、宁夏、固原、甘肃守卫西塞。其中，辽东镇是九镇之始、“宁国首疆”，且为边防与海防的交汇处，明末抵御后金关—宁—锦防线的咽喉。蓟镇借燕山守卫京师的北大门及皇陵，可谓“重中之重”。宣府和大同构成“外边”，山西和真保构成“内边”，借助燕山和太行山共同守卫京师西大门。延绥镇处于沙漠与高原交接地带无险可守，于是修近乎平行的两道长城“大边”和“二边”，以防御游牧部落自河套地区南下抢掠。宁夏固原两镇构成内外两道防线，防御敌军从东部河套地区入侵、保卫河西走廊的东部咽喉和宁夏平原

① 五类城池的称谓直接借鉴了《明辽东镇长城及防御考》。刘谦先生在《明辽东镇长城及防御考》中将辽东镇防御体系的设施分为6部分：a陆路屯兵系统；b海路屯兵系统；c烽传系统；d驿传系统；e军需屯田系统；f互市贸易系统，并将陆路屯兵系统分为五个级别：镇城—路城—卫城—所城—堡城。

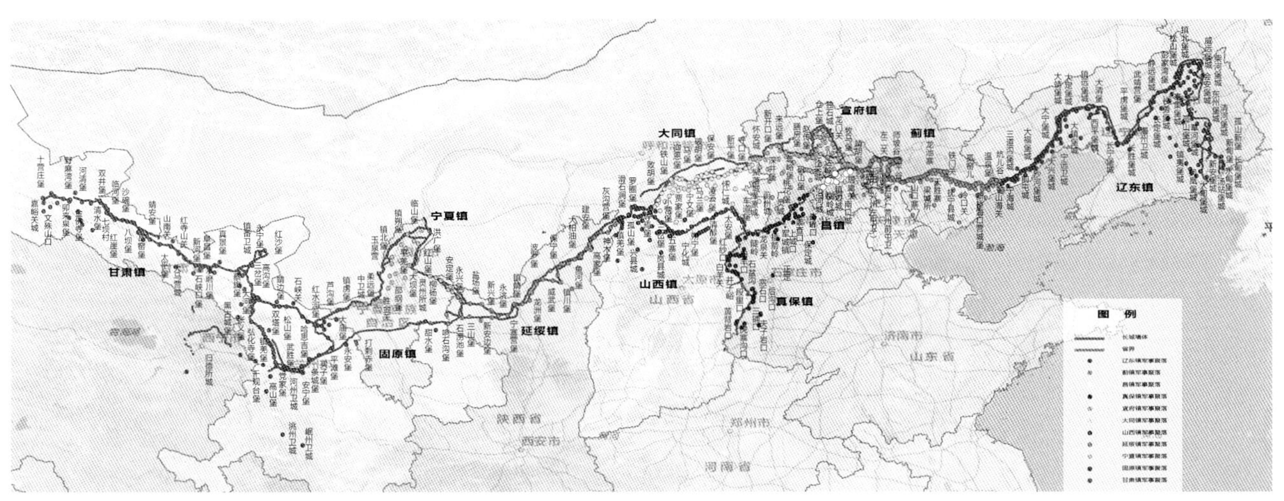

图 1　明九边重镇军事聚落分布
（图片来源：GIS 数据库出图，受显示精度限制，图上聚落名称并非全部，课题组绘制）

的万亩良田。甘肃镇为明代的西北边陲，长城在军事防御的同时，还有保障丝绸之路经济和文化交流的畅通、分化蒙古势力和与西域诸国结盟的重要任务。

各镇根据不同的地理条件、攻防形势进行了各具特色的军事部署。篇幅所限，本文以大同镇和山西镇为例解析空间布局和防御机制（图 2）。

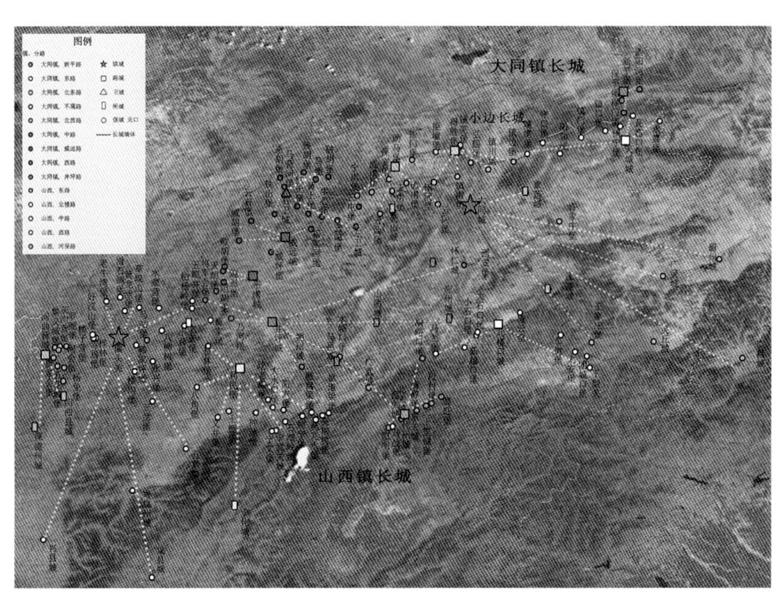

图 2　大同镇和山西镇镇城、路城、卫城、所城、堡城空间关系图
（图片来源：王小安据课题组完成的 GIS 数据库绘制）

1）总体布局

大同镇、山西镇位于山西省北部，四面环以高山险谷，中以朔州丘陵地、大同盆地为核心，土地肥沃适于耕作。被称为京师右腋。大同镇与山西镇又称“外长城”和“内长城”。大同镇，总兵驻地大同，分八路防守：新坪路、东路、北东路、北西路、中路、威远路、西路、井坪路。路下设卫所①，卫所下辖堡。各城堡间距均匀，当地有“一里一小墩、五里一大墩、十里一台，三十里一堡”的说法。如果说大同镇是直面敌军的第一道防线，那么山西镇就是利用太行山支脉和天险阻击敌军第二道防线。总兵驻偏关，分五路防守，为东路、中路、西路、北楼路和河保路。外长城与内长城可谓唇齿相依，“未有不经外边而能入内边者，是以议者有唇齿之喻。”[13] 除此之外，为加强大同镇城的防御，弘治年间于大同镇城北五、六十里处增筑了“小边”，东西两端与“大边”相接。[14] 可以说是层层设防，可见大同镇是重中之重。

2）纵向分层

大同镇城位于两镇腹地、核心位置，便于收发讯息指挥作战，以大同镇城为中心向外层依次是所城（屯田储量为主）、卫城（驻兵与屯田并重）、路城（指挥作战为主）、堡城（驻兵作战），符合腹地屯兵储粮、前线出兵作战的整体格局。

3）横向分段

长城线归边堡辖属，边堡归路辖属，因此路城与边堡构成了长城墙体内侧最前沿防线。路城较均匀地分布在长城沿线上，便于及时接到警报并迅速指挥各边堡作战。同时各堡守望互助，游击将军往来策应，分段守御与互助合作相结合。

① 大同左卫、大同右卫、大同前卫、大同后卫、朔州卫，后又调改添设山西大同等处卫所镇虏卫、安东中屯卫、阳和卫、玉林卫、高山卫、云川卫、天城卫、威远卫、平虏卫、山阴千户所、马邑千户所、井坪千户所等。

4）选址特点

因山设险、以河为塞。位于边防前线的军堡，多分布在河流发源地或其附近，山高路险，以险戍防；位于腹地的军堡则多位于水系支流附近，控制交通要道；卫城多选址在支流与干流的交汇处，河流交汇处的地貌往往是冲积平原、丘陵或盆地，地势平坦，适于营建规模较大城池屯驻大量兵力；城池周围山顶制高点上建大量烽火台作警哨与联络之用。如大同镇东路路城天城城位于南洋河边，右卫城和威远城都位于仓河边上，平鲁卫和井坪所城均位于陆路交通线上。

5）内三关与外三关控制山口

在交通冲要之处设关，大者曰城，小者曰口。靠近京城的居庸关、倒马关、紫荆关为内三关，自此往西的雁门关、宁武关、偏头关为外三关。这六个重要关口与大同镇城一起成为严防蒙古骑兵突破太行天险直逼京师的咽喉要塞。

2．预警、烽传和驿传系统

以上各镇城、路城、卫城、所城、堡城、关城并非孤立，各级城池的协同作战是保证对军情点及时应援、防御作用得以实施的关键，协同的前提是军情和政令的高效往来传递，而预警、烽传和驿传系统就是线状分布的长城墙体和点状分布的军事聚落之间的连接体和生命线。

侦查预警各镇略有不同，蓟镇最复杂，以蓟镇为例。侦查预警的层次分布从北而南分为：明哨——暗哨——架炮——墩堠。明哨位于敌人腹地，一般距长城线 300 公里以上，负责情报侦探。明哨将情报传递给外部潜伏的暗哨，暗哨在明哨南侧，距长城线 250 公里以上，通过长城墙体上的设置的隐蔽暗门进入长城内侧。暗哨同时通过架炮回传军情，架炮紧挨暗哨，架炮的总路（即位于架炮最北端，总管该路架炮）与暗哨第一拨为同一地点。架炮一般北距长城 50 公里左右，两炮间距约 5 公里，一般设置于山谷两侧的山峰上，以便监视山谷中敌军的人数和行军方向。墩堠为长城线外侧预警系统的最后一环，也是烽传系统的第一环。主要负责横向将敌情传递给长城沿线各敌台关寨。一里一墩，每墩五人。[15]

烽传系统的信号标识各镇也不尽相同，但总体而言根据烽燧传递信息的方式，可分为“色”与“声”两类。“色者，旗、火之类是也，声者，梆、炮之类是也。”[16] 烽火台沿边和向上级城池两个方向传播，逐台连接，遥望相视，“三墩互见、声音互闻”[17] 通过旗、火、烟和炮的“声色语言”将军情由沿边烽火台传递给所属边堡，再传递给上级路城、镇城，形成整个防御体系复杂通达的空中信息传递网络。例如蓟镇中某一地点发生军情，烽传将信息向两边同时传递，一个时辰即可传遍全镇。信息一方面通过烽堠传递，另一方面也通过士兵借助长城主墙体快速通行步行传递，以确保信息准确。临界官军要及时应援且不得使本营空虚，以致敌军乘虚而入。①

驿传系统与烽传系统只设置在边关不同，它是全国遍设的机构，由水马驿、递运所和急递铺三大机构组成。水马驿，大致每 60 里或 80 里设置一个，承担了宣传政令、飞报军情、接待使客等大量主要任务，工具以马、船为主，传递速度快，涉及范围大；递运所负责运送军需物资与上供物品②，以马、船、车等为主，速度相对较慢、范围因传送物资可大可小；而急递铺则负责日常重要公文传递，大致每 10 里设有 1 铺，以步行为主，速度较慢，多以局部范围分区运营[18]。驿、递、铺分立而又相联，串缀在长城千百座雄关险隘之间，构成了京师与边塞之间联系的血脉（图 3）。

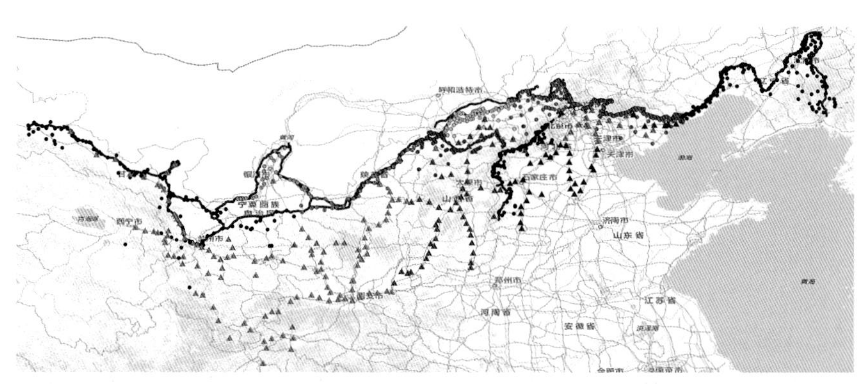

图 3　明长城军事聚落及驿站和驿路分布示意图（三角形表示驿站）
（图片来源：王小安、于君涵据课题组完成的 GIS 数据库及据杨正泰《明代驿站考》绘制）

---

① 《翁万达集》对此记载如下：“如果贼势重大，力不能支，一面飞报军门，斟酌调兵，一面径报东西临界将领，摘兵策应，仍将报到某营将领、时刻、缘由、察知查考，临界官军不许指以信地为名，观望逗留，亦不许尽致离次，致使本地空虚，虏得乘间。”［明］翁万达·《翁万达集》预拟分布人马以御虏患疏·上海：上海古籍出版社，1992 年 10 月，205 页；转引自：尚珩《火路墩考》，《万里长城》，2008 年 7 月，13 页。

② 《明太祖实录·卷二五》记载“专在递送使客，飞报军务，转运军需等物”。

综上，防御机制可概括为前哨向长城烽燧发送讯息，如敌军突破“外长城”关口，会受到驻守在“外长城”内侧堡城士兵的抵抗，临堡接到烽传报信及时出兵应援。如敌军突破阻挡，将面临第二道屏障“内长城”，会遇到本路参将指挥“内长城”附近的军堡的阻击，又有游击将军带领游击部队的往来策应，继续突破才可接近卫城和镇城。此时邻镇卫所将出兵支援。这样防御层次如下：前哨——“外长城”——长城线上墩台、关口——“外长城”和“内长城”之间的军堡——“内长城”——“内长城”内侧军堡——路城——镇城，构成了稳固的多防线、大纵深的防御体系。

三、长城墙体的防御性特征

长城墙体是纵深防线的最外侧屏障，汉代长城外侧有虎落、壕堑与天田用于侦查和设阻；古罗马哈德良长城在泥土和石砌的长城内外两侧各设有一道与长城平行的壕沟（Ditch），V字形，深宽以士兵站在长城上能看到沟底为宜，内侧有一道平行于长城的垒墙（Vallum），达到多层防御目的；明长城则多利用自然山体，将长城修筑在高山之上，甚至削山为墙。但在无险可守的平坦地形下，会用墙体、烽墩和边堡相结合的方式，增强防守。

1. 长城——烽火台——敌台——边堡系统

长城与烽火台或墩台的连接方式有三种，相穿、相切、相离[19]（图4）。在大同镇镇边堡附近有更复杂组合形式：敌台设置在长城线外20米远的平地，通过战墙与长城连接，敌台内有通顶台阶，长城线外50米左右对应建一个独立墩台，平面亦呈方形，较敌台小很多。这种边墙建设模式类似于延伸出来很多的马面，目的是侧面攻击，火力网交织，使敌人不易接近边墙本身（图5）。

2. 长城——边堡

位于长城边上的堡称之为边堡，长城线被道路打断、水系穿过或开设市口的地方，道路易通骑兵，为加强守御兵力，设城驻守，称之为因关设堡。有的关、堡同名，如大同得胜口和得胜堡。长城与城堡之间有少数通过战墙直接相连，如宁夏镇兴武营。大多数没有直接构筑物，从堡门进出，正对长城的一侧不开门，以减少突破口。有的紧邻边墙的边堡一般正对边墙上一墩台，关系紧密，如大同镇镇宁堡（图6）。

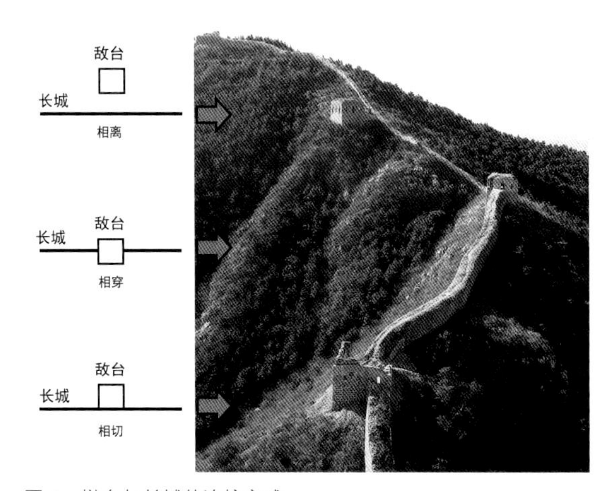

图4 墩台与长城的连接方式

（图片来源：左图：郭睿. 北京地区长城军事防御体系系统特征与保护研究[D]. 北京：北京建筑大学，2006:60；右图：张寒航摄）

图5 长城与墩台的连接关系—大同镇长城及墩台

图6a 长城及堡的连接关系—镇宁堡与长城墩台

四、军事聚落的层次体系和空间结构

长城墙体虽然因借地形又巧施工事，但仍“不能阻虏”，明实录记载：“兵部言：‘宣、大、山西、辽东四镇，修墙设险，仅能御零贼。若大虏溃墙深入，地广备多，非墙军可支。宜令边臣严为守御。计在沿边，则谨烽燧，以明耳目；在近边，则筑墩堡，以便收保。’诏：‘督抚官从实行之’”。[20]军堡内屯驻的兵力是抵御外敌入侵的主要力量，且在连续性长城墙体修筑之前，就先筑城驻兵起到步步为营，巩固疆域，攻守兼备的作用。

1. 各层次军事聚落的空间结构

镇、路、卫、所、堡各城池在规模、功能、选址和防御设

图6b 宁夏镇兴武营与长城

施上不尽一致，且与行政建置城池相比更强调军事特征（图7）。

镇城，军事指挥中枢与行政衙署驻地，具有军事、政治及经济职能，修建在地势平坦的交通要道上，平面呈方形或长方形，规模大，周长在12里（约7000米）以上（宣府镇城更是达到了周长24里的规模），城门数量最少为四门、多者八门。道路可分为干道、一般街道、巷三级，在干道、街道的交汇处形成店铺林立的商业区，街巷两侧还分布城内的主要庙宇寺院，如宣化镇城。

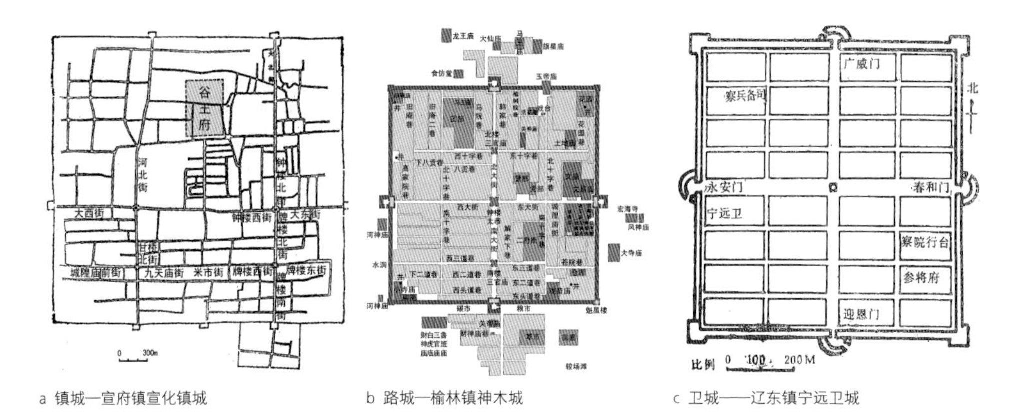

a 镇城—宣府镇宣化镇城　b 路城—榆林镇神木城　c 卫城——辽东镇宁远卫城

d 所城—辽东镇中前所城

e 堡城—宁夏镇红山堡

图7　各级城池空间结构示意

（图片来源：a：倪晶．明宣府镇长城军事堡寨聚落研究[D].天津：天津大学，2005：22；b：李严绘；c：刘谦．明辽东镇长城及防御考[M].北京：文物出版社，1989：56；d：李哲航测；e：李哲航摄）

路城，一路的指挥中心，路城位于平坦之地，规模小于镇城，城池平面大致呈方形，周长在2000米~4000米左右，即明制的三里以上。道路结构分两级，十字形主路和巷，城多开四门，也有的开两门，主街两侧店铺林立，商业繁荣，如榆林镇神木路城。

卫城，以驻屯兵粮为主，经济职能相对较弱，卫城规模较大，周长四里至七里，城根据地形而设，二门到四门不等。道路结构布局多为十字街，也有的呈一字形，道路分为街及巷二级，例如辽东镇宁远卫城。

所城，容积小于卫城，平面以方形为主，大多在2000米左右，即明制的三里。建筑形式与卫城相似，但大多只有三门、无北门，主要道路也呈十字形或一字形，然后再分设巷道。如辽东镇中前所城。

堡城，屯兵系统的最小单位，为纯粹的军事设施，居民基本以驻军为主，基本没有经济职能。堡城大则十字街，小则一字街，形状规则的堡城呈方形或长方形，不规则的形状各异。堡的周长一里到四里不等，即2000米以下，开一门、二门或三门不等，主要门设瓮城。如宁夏镇红山堡。

2．军事聚落的构成要素

自清撤卫设县后，军堡已转化为民堡，除城池规模、街巷、城墙、城门还保留着明代特征外，内部建筑已与普通民堡并无区别，因宁夏全镇属军管型政区，没有行政辖区[21]，军事城池特点更鲜明，结合地方志中的城池图和史料将宁夏镇路城、卫城和所城的构成要素提炼出来，进行数量统计，见表2。从表最后一列统计数字可以看出，城墙、城门、城楼、街道和池几乎每个城池都有；公署里的衙署各城都有；祠庙里的城隍庙8个、官厅6个、旗纛庙5个、马神庙5个，钟鼓楼4个，可以说城城有祠庙；寺观5个，占55.6%；仓8个在城池里也很多，占88.9%；草场8个，占88.9%；其他的与军事相关的建筑要素有马营、仓、驿、递运所、杂造局、神机库、兵车厂和校场。由上表宁夏军堡内构成要素出现的多少，可以推测军堡的构成要素有：道路（环城道）、城墙和池、城门和城楼、衙署和官邸、祠庙和寺观、仓储和草场、其他与军事相关的建筑设施。

宁夏镇军事聚落构成要素统计　　表 2

构成要素		中卫	后卫	东路兴武营守御千户所	西路广武营	鸣沙州城	韦州城	灵州守御千户所	北路平虏城	南路邵刚堡	统计
街（坊）		●	●坊	●坊	●	●坊	●	●	●	●	9
城墙		●	●	●	●	●	●	●	●	●	9
城门		●	●	●	●	●	●	●	●	●	9
城楼		●	●	●	●	●	●	●	●	●	9
池		●	●	●	●	●	●	●	●		8
公署	衙署	●	●	●	●	●	●	●	●	●	9
	卫治	●		●					●		3
	经历司	●		●							2
	所	●		●							2
	按察分司	●									1
	协同署			●	●						2
	府衙						●	●			2
官厅		●		●	●	●			●	●	6
学校		●				●		●			3
坛壝（厉坛）		●	●					●			3
祠庙	文庙	●						●			2
	城隍庙	●	●	●	●	●	●	●	●		8
	旗纛庙	●	●	●	●			●			5
	马神庙	●	●	●	●			●			5
	真武庙			●					●		2
	上帝庙				●						1
	名贤祠							●			1
	谯楼钟鼓楼	●		●				●	●		4
寺观		●			●	●	●	●			5
水渠		●					●	●			3
桥梁								●			1
官宅院						●		●			2
马营								●			1
仓		●		●	●	●	●	●	●	●	8
驿							●	●			2
递运所								●			1
草场		●		●	●	●		●	●	●	7
杂造局		●									1
神机库		●			●			●			3
兵车厂		●		●				●	●		4
校场				●				●			2
养济院		●									1

以神木路城为原型，归纳军事聚落空间结构的基本特征：城内主街呈十字形、丰字形或一字形等，道路通畅；四周城墙，墙内部有环涂，便于迅速调配兵力；每边墙上设墩台角处设角墩台；城开一到四门，门设瓮城，城门和瓮城

门上有城楼；城中央十字街交叉处设镇中央楼；庙祠和牌坊众多；内设井若干；将领的署地或行政部门衙署；校场、演武厅等（参见第 137 页图 1）。

五、长城——“秩序带”认识

长城不是孤立的一道或几道墙，长城是一个由点（关堡、烽燧、驿站）—线（长城本体、驿传和烽传线路）—带（军事防御、文化交流及物资交换所在的长城防区）—层次体系（防御体系的层级关系）构成的地理尺度的空间实体和文化遗存（图 8）。在长城防御体系这个物质载体之上有与长城相关的边疆贸易、军事制度、历史文化、政权更替等因素。在不同的历史背景下长城防御体系的构成、军事制度、防御措施和物资交换政策等均随之变化，如和平时期进行物资交换和文化交流，战争时期关闭门户兵戎相见，可以说在长城附近形成一个集军事防御和民族交融于一体的“秩序带”，一个反映我国历朝历代政治、经济、军事、文化、环境的多层次、立体化、系统性的综合体。①

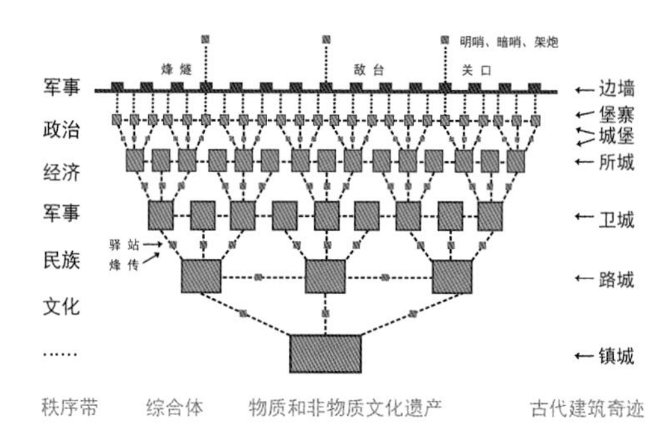

图 8　长城防御体系概念图解
（图片来源：课题组绘）

参考文献

[1] 彭曦．十年来考察与研究长城的主要发现与思考[A]．中国长城学会．长城国际学术研讨会论文集[C]．长春：吉林人民出版社，1995：277.

[2] 金应熙．古代史上长城的军事价值[A]．金应熙史学论文集古代史卷[C]．广州：广东人民出版社，2006：219.

[3] 张玉坤，李严．明长城九边重镇军事聚落分布图说[J]．华中建筑，2005 23（02）：116.

[4] 赵现海．明代九边军镇体制研究[D]．长春：东北师范大学．2005：28.

[5] 明史．卷 90．兵二・卫所、班军．

[6] 明史．卷 90．刘基传．转引自张显清，林金树．明代政治史．桂林：广西师范大学出版社，2003：528.

[7] 艾冲．明代陕西四镇长城[M]．西安：陕西师范大学出版社，1990：13.

[8] 李新峰．明前期兵制研究[D]．北京：北京大学，1999：104.

[9] 王毓铨．明代的军屯[M]．北京：中华书局，1965：197.

[10] 中国军事史编写组．中国军事史第三卷兵制[M]．北京：解放军出版社，1987：410.

[11] 中国军事史编写组．中国军事史第六卷兵垒[M]．北京：解放军出版社，1991：411.

[12] 明史志第六十七・兵三．

[13] 明世宗实录．卷 320：5947-5956 页，转引自何宝善．明实录长城史料[M]．北京：北京燕山出版社，2014：202.

[14] 尚珩．明大同镇长城防御体系研究[D]．太原：山西大学，2010：72.

[15] 郭栋．地理因素影响下明蓟镇长城防御体系研究[D]．天津：天津大学，2013：17，转引自（明）刘效祖．四镇三关志[M]，北京：中国科学院图书馆藏本，五十六丁第 175-177 页．

[16]（明）陈仁锡．皇明世法录・卷五十九・蓟镇边防[M]．北京：中华书局，1986：626.

[17] 尚珩．火路墩考[J]．万里长城，2008（01）：13.

[18] 孙锡芳．明代陕北地区驿站交通的发展及其对军事、经济的影响[J]．长安大学学报（社会科学版），2011 12（4）：27-32．转引自曹迎春．明长城宣大山西三镇军事防御聚落体系宏观系统关系研究[D]．天津：天津大学，2015：168.

[19] 郭睿．北京地区长城军事防御体系系统特征与保护研究[D]．北京：北京建筑工程学院，2006：60.

[20] 明世宗实录．卷 542，8763 页，转引自何宝善．明实录长城史料[M]．北京：北京燕山出版社，2014：246.

[21]（明）朱旃撰修．吴忠礼笺证．刘忠芳审校．宁夏志笺证・卷上・沿革，宁夏人民出版社，1996：2.

① 此观点自于：张玉坤，课题申报书《中国历代长城研究》，2010 年。

明长城军堡选址的影响因素及布局初探——以宁陕晋冀为例 ①

摘 要

明长城军堡是与长城唇齿相依共同承担防御任务的一系列屯兵城。作者通过对我国北方近百个军堡实地考察，结合相关史料，初步探讨军堡的选址问题，提出影响军堡选址的因素主要有长城的位置、受作战距离制约、传统风水理论和地形四点，其中地形对军堡选址的影响最直观体现古人“因地形用险制塞”的军事防御思想，根据军堡与自然地理的关系将军堡分为四类，并通过实例分别予以介绍。

关键词 明长城；军堡；选址；田野调查；地形

引言

明王朝建立之初为防北逃的元残余势力再度南下，在北部边疆地区修筑东起辽宁虎山，西至甘肃嘉峪关全长8800多公里的万里长城，并在长城内侧每隔三、四十里建一屯兵城，屯驻兵力、军器和粮草，与长城共同承担边疆防御任务。明朝修筑的屯兵城数以千计，遗存至今保存较完整的也有上百个，这些城池并非相同规模，而是按其内驻扎的军事长官官职的高低分为五级，从高到低是镇城、路城、卫城、所城、堡城，城池规模也相应逐渐缩小。本文将这些城池统称为军堡。

军堡与长城唇齿相依，既要沿长城的走向和位置设置，也要满足人基本生活需要，最重要的是要有自身防御功能，古人不仅拥有丰富的宫殿、陵寝择址经验，同时也将这些择址方法应用在军堡选址上。作者对河北、山西、陕西、宁夏等地区的近百个军堡进行实地考察，发现军堡的选址灵活多样，“因地形用险制塞”是对古人各种选址案例的高度概括，古人智慧地根据地形条件、军堡与长城的位置关系、风水观念等因素修筑军堡，在满足人基本生存条件的前提下，达到了防御的目的。

一、军堡选址的影响因素

地形是军堡选址的主要因素。《周易》载：“王公设险以守其国”，“因地形用险制塞”是长城及长城军事聚落选址与建设的基本原则，高山之上，易守难攻，但缺乏水源；河滩之地，地势平坦适于居住，但不利于防守，古人丰富的“因山设险、以河为塞”及“进可攻退可守”的军事防御思想在军堡选址中得到了充分印证。军堡选址的影响因素除了地形以外还有长城的位置、作战距离和传统风水理论三方面。

1. 长城的位置对军堡的选址有直接影响

军堡的选址要考虑到与长城的距离远近，距离过远不利于及时应战，有的军堡就设在长城边上，距长城几十米到几百米远，站在堡墙上长城清晰可见，长城的位置对军堡的选址有最直接影响。在长城边筑堡的原因略有不同：其一，长城线上开设市口，蒙汉民间通市，为加强防守设堡，如得胜口的镇羌堡和得胜堡、杀虎口的沙虎堡、新平口的新平堡；其二，此处地势平缓，长城墙体难以抵挡游牧骑兵，要筑堡加强兵力，如延绥镇砖井堡、新安边堡；其三，此处长城地处沙漠或高山，附近无耕地可供给养，在附近设堡，除加强兵力外，屯驻大量粮食，满足长时间兵力消耗需要，如常乐堡、毛卜喇堡、清水营城；其四，此处具有极为重要的防御地位，为保护总兵驻地或耕地等大面积资源而加强防守，如兴武营守御千户所城、红山堡，此两堡均处于河套地区南部，是鞑靼部落从河套地区突破长城防御侵入腹地的必经之路。

---

① 李哲，张玉坤，李严．明长城军堡选址的影响因素及布局初探——以宁陕晋冀为例［J］．人文地理，2011(02)：103-107．

清水营城，位于宁夏银川市东南方向 50 公里处，地势平坦，基本没有起伏山体，地表被沙丘覆盖，植被较少，沟壑纵横，易攻而难守，堡东北方向 500 米即是长城。此处设堡除加强长城兵力外屯驻大量粮草支持长期防守。堡周二里[1]，只开一东门尽量减少入城突破口（图 1）。

图 1　清水营城
（资料来源：Google-earth，2010 年）

砖井堡，位于今定边县城东偏南 48 里的砖井乡政府驻地北 3 里处[1]。堡位于毛乌素沙漠南缘的高地上，地势平坦，无高山深壑。其北至长城几百米。堡周三里二百五十步[2]（图 2）。此处长城无自然山体作为屏障，平坦的地形难以阻挡草原的骑兵，于此设堡，常年驻兵把守，加强长城防御力量。

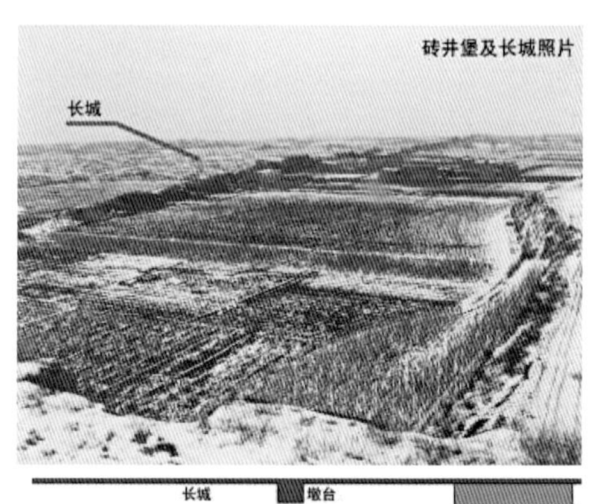

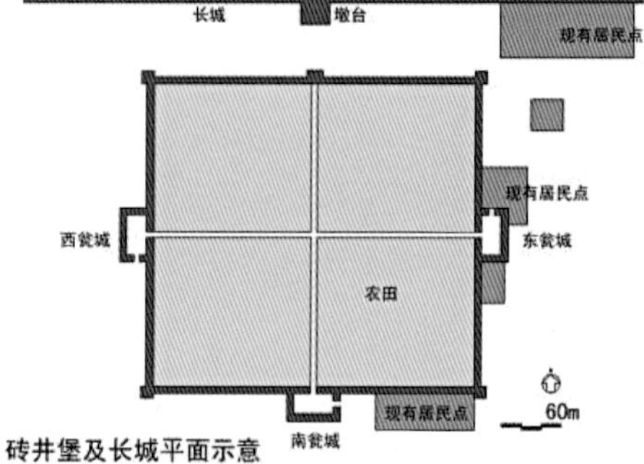

图 2　砖井堡与长城

2．军堡的选址受作战距离的制约

军堡的选址除了与长城的距离有一定限制外，还受作战距离的限制。各堡之间遇警要互助，如一个堡受到攻击，游击将军率领的游击部队和相邻堡要在一定时间内赶去援助。明代每隔 30 里或 40 里建一堡的原因也是出于作战距离不能太远的制约，但是边疆地区地形复杂，多为山地、沙漠、沟壑等地貌，生活环境极其恶劣，几十里之内选址建堡，很难避免高山缺水等险恶地形。如草垛山堡位于高山之巅，在城墙上观察“直望三十余里”，前可见长城防线，后可看到若干条烽火路线，视野很好。

3．传统风水理论对军堡选址的影响

军堡的选址除了要邻近长城便于及时应战和援助相邻堡之外，还要满足有充足水源和便于粮草运输的道路等适合人长期居住的条件。军堡的规模在周长 1 公里至几公里之间，最小的堡城内也要屯驻近百人，级别较高的卫城、路城往往屯驻上千人，且明制规定军户家属随军，因此军堡要具备一定人口长期居住的条件。理想的军堡的选址与中国传统风水理论中对于聚落吉地的选择标准是一致的，即背山面水、负阴抱阳、藏风纳气的自然环境便是聚落选址的最佳位置。许多军堡由于占据吉地在几百年以后依旧人烟不断。

榆林镇宁塞营堡的选址突出体现了风水观。堡位于今榆林市靖边县城西南 100 余里的石窑沟乡与吴起县交界处，北至长城 2 里，西依山，东临无定河，扼水口而易守难攻。堡内地势西高东低，南北两侧有低矮的环山地形，可谓“坐西朝东”，西侧背后有高山作为依托，山顶有烽火台，东侧面临无定河，河对岸正对层叠连绵山体作为案山和朝山，两侧有从西向东逐渐降低的山丘类似沙山，符合传统风水理论中的“风水宝地”地形（图 3）。堡周四里三分（约 2527 米）[3]，有东西南北四个城门，现北南西门的遗址还在，城墙残高 6～7 米，至今堡内仍有十来户人家居住。

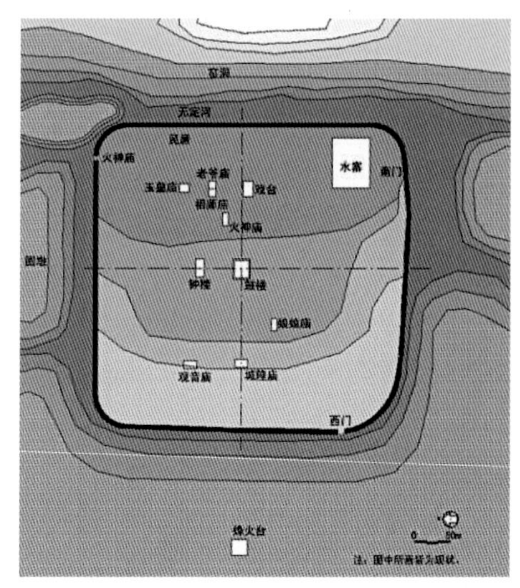

图 3　宁塞营堡

明长城军事聚落中位于边防前线的军堡，多分布在河流发源地或其附近，山高路险，以险戍防；位于腹地的军堡则多位于水系支流附近，控制交通要道；卫城多选址在支流与干流的交汇处，河流交汇处的地貌往往是冲积平原、丘陵或盆地，地势平坦，适于营建规模较大城池屯驻大量兵力，城池周围山顶制高点上建大量烽火台作警哨与联络之用，以下将结合具体实例分类介绍。

二、军堡选址与地形的关系分类例析

根据军堡的选址理论与实地调研中对军堡选址情况的分析，将军堡选址分为四类：居高山上、扼守山谷；谷中盆地、水路并重；背山面水、道中下寨；沙漠荒原、城墙相护。

1．居高山上、扼守山谷

地形特点上，此类地形山体连绵，距河道较远，山体之间距离较近，设塞的目的是据守山口，控制沟谷巷道。此时军堡一定要选址在山顶上，从山顶向下防守，易守难攻。

镇羌堡，榆林镇军堡，位于今府谷县城西偏北 80 里，今新民乡政府驻地，西北至大边 10 里。明初建于东村寨，成化二年（1466 年）迁址到高汉岭[1]。据《榆林府志》载："城在山原，周二里，系极冲地"。镇羌堡位于高山之上，举目四望，视域辽阔，便于侦查。堡内地势非常平坦，适于建城。堡开东、北、南三门，均筑有瓮城。东北二门已毁，南门砖券拱门洞保存尚好（图 4）。

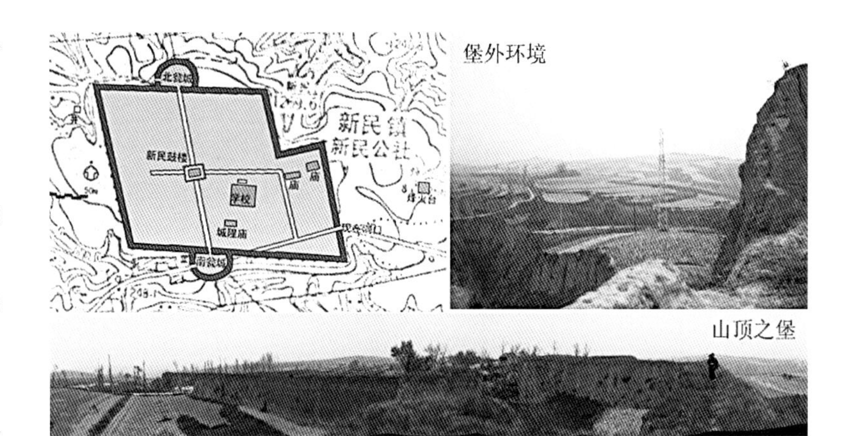

图 4　镇羌堡

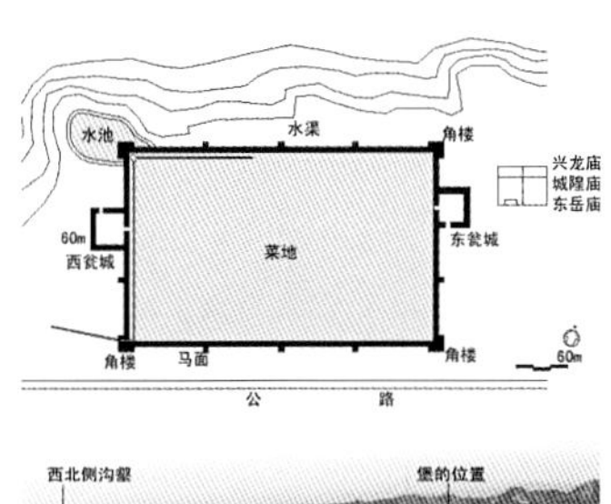

图 5　龙州堡

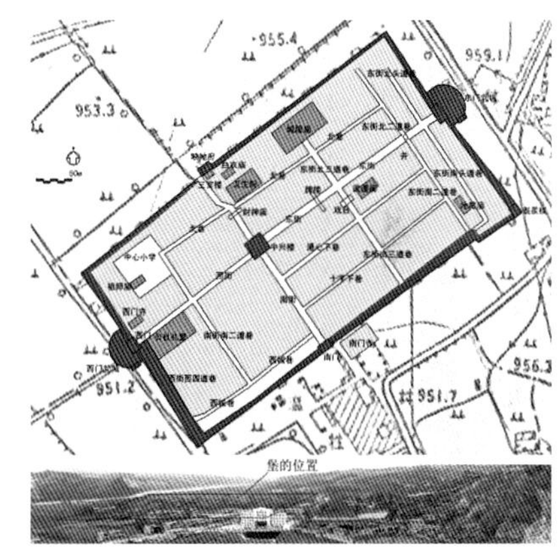

图 6　高家堡示意图及照片

龙州堡，榆林镇军堡，在今靖边县县城东南 18 公里的龙洲乡龙洲村，西北至大边 5 里。堡位于从东南山地向西北沙漠地区运输的交通要冲，南城墙下的道路是古代战争运输必经之路。堡北面河水环抱，南北两侧沟壑纵横，清流环绕，利于守御（图 5）。堡周二里三百一十六步（约 1387 米）[5]，有东西二门，现东西二门的瓮城尚存。

此类军堡选址特点为堡居山顶，在河流交汇、山水交错的地段，山顶之间以及山顶与河流之间距离短，山顶一般没有整块土地建堡，因此一般堡的规模较小。在山顶立堡，三面临谷，居高临下，易守难攻，可以全面控制周围区域。有的堡城规模较大，一般含有两到三个山头和较小的谷地，城墙多沿山脊内低外高而筑，大多数堡的范围都尽量包括山下谷地和山顶在其内，不用修筑很高的城墙便可起到较好的防御效果。另外在两山之间峡口处设关，这样既能占据全部交通道路和军事制高点，控制险要，也可提供多层次的防御，步步为营。

2．谷中盆地、水陆并重

地形特点：此地形处于两山夹凹的山口，有重要水系且河面较宽，或者河系众多在此交汇，形成一块冲积平原地貌，地势平坦，水系旁山脚下是陆路交通要道，处于此类地形军堡的防御任务是把控水陆交通要道。

高家堡，榆林镇军堡，位于今神木县高家堡乡所在地，北临大边。堡位于宽阔河谷地，四周高山环绕，山顶建庙，西和北面临秃尾河，占据此堡即控制了水陆交通命脉。堡内地势平坦，面积较大，开东南西三门，北面临水不开门（图 6）。此堡的西门直接与道路正对，且与水系相通，此门是攻城的主要部位。堡周三里零二十九步（约 1810.4 米）[3]。

此类军堡选址特点：从古至今，陆路远离高山之巅而下临水道，以争取最平坦、便利的交通条件是不变的准则，河流为人的生存提供水源，所以当堡寨必须控制交通道路而流域附近没有高地时，就要将城建在两山相夹的"水口"，"水口"路窄难行，众山围绕一块冲击平地，守住军堡和周围山上制高点就控制了交通的咽喉，一般这类堡寨周围山顶上都有大量的烽火台，制高点多建山寨、寺庙等建筑。

3．背山面水、道中下寨

地形特点：两山夹凹或单侧有较大山体，两山之间的距离较近，山势陡峭，山坳里或山体下有重要水路，陆路交通较窄，处于此类地形军堡必须控制山口，同时占据水道及其旁侧陆路交通。

界岭口，蓟镇军堡，地处河北抚宁县大新寨镇界岭口村，为喜峰口东明初 32 关之一，在喜峰口以东各关中规模最大，因关隘坐落于界岭山下而得名。界岭口有洋河流过，涧谷两侧山势陡峻，长城扶摇直上（图7）。敌台以下长城分为两支，至山下河边与南北向城墙连接，构成两个三角形的围城，称东、西月城，隔河而设。城墙高约10米，每个月城占地二余亩，月城虽遭不同程度的破坏，但轮廓犹存。两月城之间设水关。月城形状如两个红缨枪头，一端锁住关口；另一端挂在东西相对的两个山顶上。

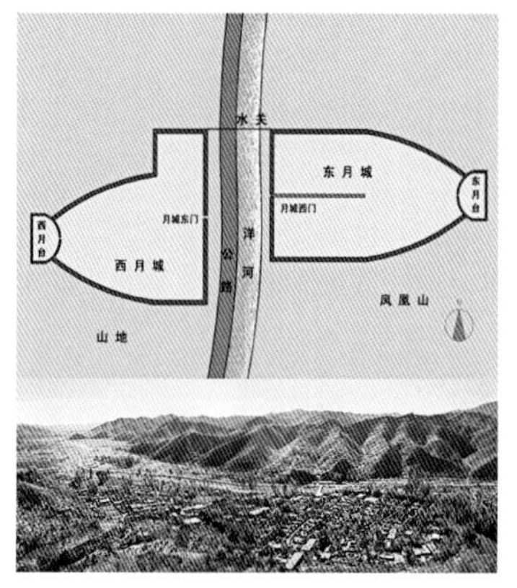

图7 界岭口示意图及照片
（资料来源：苗苗《明蓟镇长城沿线关城聚落研究》）

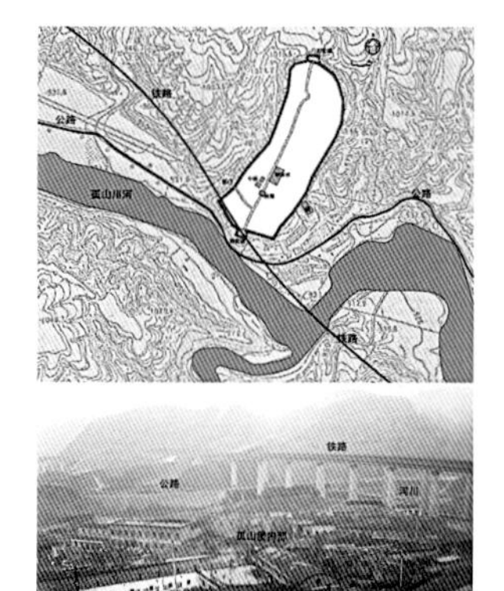

图8 孤山堡示意图及照片

孤山堡，榆林镇军堡，位于今榆林市府谷县城西偏北40里的孤山川河谷。堡位于孤山川北侧山坡之上，背山俯川，故得名“孤山”。因堡内无泉，孤山川是城内唯一水源，堡内地势随山势而倾斜，控制沟谷和孤山川河水路要道。城周三里三十四步（约1542米）[3]。城东、西、南、北各开有一门，南、北门外还圈有瓮城，除东门已毁外，其余三门砖券拱洞尚存。现有一铁路线穿堡南门而过（图8）。

此类军堡选址特点为占地面积大，堡内地势起伏，有高差，外轮廓不规则，内多包含山顶和沟谷。堡内面积大，驻军数量相对较多。同位于山地的城堡一样，这类城堡的选址一般也位于阳坡之麓，为求得临水，也要接近于水岸之滨。一方面可以用高山作为天然屏障，又可方便地利用水资源解决生活用水。堡旁常有一到两个寨拱卫母城，大小从边长40米到100米不等，寨的位置一般在母城外围的突出台地上。

图9 常乐堡示意图及照片

4．沙漠荒原、城墙相护

地形特点多处于沙漠与丘陵地带，没有高大山体的天然屏障，也没有水系经过，地势较为平坦，此处设堡的目的是加强此地段长城沿线的防守。

常乐堡，榆林镇堡城，位于今榆林县城东北40余里的牛家梁乡常乐堡村，北距大边不到1里。堡设于平川，四周视域甚广，一片沙丘，没有自然山体阻隔，骑兵来此必势不可挡，防守任务极为艰巨。城垣周三里零五十步（1561.3米）[5]。现堡垣砌墙全被拆除，残存土墙大部被沙埋压至顶，东堡垣尚存砖券城门洞，宽2.8米，高3.3米，城门通高9米，洞额镶石刻“威汇门”三字。西门被沙土掩埋置顶，但因较少受到人为破坏，包砖保存较好，门洞尚存（图9）。

此类军堡选址多处沙漠、戈壁这样的环境中，无险可守，堡与堡、堡与寨、台，堡与长城之间距离较近，守望互助关系极为密切。一般情况下，堡墙与长城间距几十米到几百米，从堡寨高大的城墙可以俯瞰长城。聚落周围也密布墩台，相互警戒。

结语

军堡是长城这份世界文化遗产中重要且不可分割的组成部分，军堡中不仅蕴含了丰富的边疆历史、军事文化供我们去挖掘，军堡整体及其内部建筑，以及军堡所依存的自然环境、地形地貌特征，更为我们解读前人修筑长城军事防御工程过程提供了重要实物信息，本文仅从选址角度进行初步探讨。

作者基于对陕西、山西、宁夏等地军堡选址的现场观察与资料分析[6]，提出影响军堡选址的因素：长城的位置、作战距离制约、传统风水理论和地形，其中长城的位置是最直接因素，作战距离制约是针对整个长城沿线每30里或40里设一军堡的空间分布密度而言；地形与军事设防关系最密切，军堡所处地形各不相同，很难逐一介绍，本文归为四类：居高山上、扼守山谷；谷中盆地、水路并重；背山面水、道中下寨；沙漠荒原、城墙相互，这四种类型也实难展现古人灵活选址修筑军堡的全貌，更大量的实地考察与更深入的史料分析有待进行，以帮助我们全面理解古人“因地形用险制塞”军事防御思想的丰富内涵。

参考文献

[1] 艾冲．明代陕西四镇长城[M]．西安：陕西师范大学出版社，1990：46，52，89.

[2] 定边县志编纂委员会．定边县志[M]．北京：方志出版社，2003：794.

[3]（清）谭吉璁撰．刘汉腾，纪玉莲校注．延绥镇志（校·注本）[M]．西安：三秦出版社，2006：27-30.

[4] 苗苗．明蓟镇长城沿线关城聚落研究[D]．天津：天津大学，2008：27.

[5] 榆林市志编纂委员会．榆林市志[M]．西安：三秦出版社，1996：584.

[6] 李严．明长城“九边”重镇军事防御性聚落研究[D]．天津：天津大学，2007：75-89.

长城并非线性——卫所制度下明长城军事聚落的层次体系研究 ①

摘 要

长城防御仅靠长城墙体及其上的墩台，并不能阻挡住北方游牧民族的铁骑，其强大的防御能力有赖于长城沿线驻扎的上千个屯兵城，即军事聚落，这些军事聚落分布在八千多公里的明长城沿线，间隔数十里，是长城防御体系的重要组成部分。卫所制度下军事聚落分为镇城、路城、卫城、所城和堡城五个层次，各层次军事聚落又具有相应的建筑特点。

关键词 卫所制度；明长城；军事聚落；层次体系

引言

明长城，众所周知，以其雄伟的庞大身躯蜿蜒在群山峻岭之间，成为一道明朝抵御北方少数民族入侵的坚固屏障。但长城防御仅靠长城墙体及其上的墩台，并不能阻挡北方游牧民族的铁骑，其强大的防御能力有赖于长城沿线驻扎的上千个屯兵城，即军事聚落。这些军事聚落在明朝卫所制军事管理制度下具有严密的层次性，与长城唇齿相依，联手作战，组成了长城防御纵深体系。至今，大部分军事聚落都存有遗迹，分布在高山、峡谷、沙漠、平川等地形环境中，平面布局因地制宜，虽然饱受自然与人为破坏已不完整，但依稀可见原有的城池规模与空间布局特征。

一、卫所制军事管理制度下长城军堡的层次性

上千个军事聚落分布在八千多公里的长城沿线，布局规整，层次分明。长城沿线按九边重镇分段防守（从东到西依次为：辽东镇、蓟镇、宣府镇、大同镇、山西镇、榆林镇、宁夏镇、固原镇和甘肃镇，所辖区域与现省界接近但不完全重合），九镇内部分级管理，军镇之下依次设：路—卫（守御千户所）—所—堡几个军事级别，驻军城堡相应地分为镇城—路城—卫城—所城—堡城，堡城是最小的屯兵单位。屯兵城的级别是由其内屯驻的官兵的级别大小决定的，级别越高，城堡的规模越大，驻兵人数越多，防御设施更加严密。当然，随着战事的变化城堡的级别和位置也会发生变化，如堡城内驻参将后升为路城，卫城、所城驻总兵后升为镇城。

二、例析明大同镇、山西镇各层次军事聚落空间分布关系

明大同镇与山西镇是九边重镇中军事聚落的层次性及空间分布关系最典型地段，以其为例进行介绍。两镇位于今山西北部大同市、朔州市所辖地区。明长城在大同镇和山西镇境内分“外边”和“内边”，或称“外长城”和“内长城”（图1）。“外边”长城军堡主要分布在长城内侧，而“内边”长城两侧皆有军堡，且军堡之间的距离很近，有“三十里一堡”的说法。从图1中很明显看出大同镇镇城位于内、外长城包围的腹地之中，且基本上在境内内外长城的中间位置。大多数路城、卫城、所城都位于外长城和内长城之间的区域。卫

图1 明大同镇长城军堡分布图[1]
（据行政区划图绘制）

① 李严，张玉坤，李哲．长城并非线性——卫所制度下明长城军事聚落的层次体系研究[J]．新建筑，2011(03)：118-121.

城环绕在镇城周围，呈拱卫之势。路城也跟随长城呈东西向较为均匀地分布，便于指挥作战，路城占据重要河道或陆路交通要道，如东路路城天城城位于南洋河边，右卫城和威远城都位于仓河边上，平鲁卫和井坪所城均位于陆路交通线上。

三、例析各层次军事聚落建筑特征

各层次军事聚落由于军事级别不同，驻兵人数的多少、城池的规模、城池空间结构、城池的功能等也不一样。受篇幅限制，此处只选取古城池图资料较多、现仍存有遗迹的各级别城池各一例，按级别从高到低的顺序进行介绍。

1．镇城

镇城是军镇的最高军事长官所在地，各层次军事聚落中级别最高、驻扎兵力最多的城池。镇城除军事防御职能外，同时也具有较强的政治、经济职能，一般规模较大，修建在地势平坦的交通要道上，平面呈方形或长方形，周长在 12 里以上，其中宣府镇镇城是防御北元势力的重镇，更是达到了周长 24 里的规模。镇城的城门数量最少为四门，即每边各开一门，多者如榆林镇镇城开七门，主要的门外有瓮城或关城。道路可分为干道、一般街道、巷三级，形成垂直相交的类似棋盘式的道路网。干道系统呈十字形，中央有楼，城中重要的衙署、军事指挥建筑分布在主干道两侧，明以后长城防御功能消失，村民为防土匪进住堡内，于是在干道、街道的交汇处形成店铺林立的商业区，街巷两侧还分布城内的主要庙宇寺院。

宣化城①即宣府镇镇城，位于张家口市宣化区，北依明长城，南跨桑干河，腹穿洋河，明代为京师的屏障，战略地位十分重要。《宣府镇志》记载："洪武二十七年（1394 年）上谷王命所司展筑，方二十四里有奇（约 14104.8 米②），南一关，方四里……开七门以通耕牧"[2]（图 2）。

宣化城的布局与北京城相似，以宫城（这里指谷王府）为核心，以各城门之间通路为干道，街道相交处设牌楼。南北大街较为繁华，建于明正统五年（1440 年）的镇朔楼（鼓楼）和建于成化十八年（1482 年）的清远楼（钟楼），与南北二门形成一条轴线。现宣府城城址基本保存，北城墙北门以西、西城墙西门以北 2000 米城墙保存完好，明永乐时留下的四门旧址仍存。

2．路城

路城是镇城之下分路设防的参将或分守所驻城池，路城设在本路统辖堡城的中间位置，便于指挥作战，城池规模比镇城小，比堡城大。路城是一路的指挥中心，受镇城总兵调遣，同时指挥下属各堡城军事防御和平时军务管理。路城位于平坦之地，规模小于镇城，城池平面大致呈方形，周长在 2000～4000 米左右，即明制的三里以上。道路结构分两级，十字形主路和巷。主道路呈十字形，分别对应各城门，巷的宽度比主路略窄，也成方格网状布局。城多开四门，也有的开两门，主要门设瓮城。从现状城内空间布局结构上看，十字街中央多设楼，或曰中央楼，或曰鼓楼，是城中最高的建筑，其余街巷庙宇众多。主街两侧店铺林立，商业繁荣。各路不一定有独立城池，有的路参将驻扎在规模较大的堡城里，此处以具有独立城池的神木城为例。

图 2　宣化城现状
（据 Google-earth 照片绘制）

榆林镇神木城是榆林镇东、中、西三路中的分守东路的左参将驻地，位于今神木县老城。城建于平地，北临明长城大边。城西临窟野河，即以为池，东南北皆无池。这是为数较少的建于平地的城之一。

清道光二十一年（1842 年）《神木县志》[3]上记载："明正统八

---

① 倪晶．明宣府镇长城军事堡寨聚落研究 [D]．天津：天津大学，2005：20-24.

② 明制长度单位与米换算方法参考吴慧著《明清的度量衡》，中国计量出版社 2006 年出版：1 步 =163.25 厘米；1 量地尺 =32.64 厘米；1 丈 =3.264 米；1 里 =180 丈 =360 步 =587.7 米。以下同。

年（1443 年）筑土城，高二丈五尺，周围五里零七十步（3053.5 米）。万历六年（1578 年），神木道罩应元以砖周，倍加完固……东西南北正门四，具有瓮城，各外门皆转向。城上门楼四，角楼四”（参见第 150 页图 3）。

民国年间城平面近方形，中央十字大街，相交处建钟楼，分成的四个地块中每个地块又有十字交叉巷，将整个城分成 16 个地块。城的四角各有一井。街道名称皆以巷的排列顺序命名，如西二道巷、下五道巷等。城内古建筑甚多，可惜大部已毁。至今，神木的老城街道还保持原来的尺度，但城墙几乎全部被破坏，只剩东南角有大约 200 多米的一段还尚存。

3．卫城

卫城是拱卫镇城的兵力驻扎的城池，一般规模比镇城小，比其他层次城池都大，每卫全额兵力 5600 人，城内驻扎参将，统领下辖各所。卫城是以军事职能为主的城池，经济职能相对较弱。规模较大，可以驻扎大量兵力，存储较多粮饷，城周长四里至七里，如万全卫城①周六里十三步，少数因险设防的卫城规模稍小。城开二门到四门不等。道路结构多为十字街，也有的呈一字形，如平鲁老城②。道路分为街及巷二级。街巷整齐平直，通往门的主街宽阔畅达，并且多依古制在城墙内侧设环城马道。各卫不一定有独立城池，有的卫驻扎在镇城里。

中卫城是明宁夏镇路城，位于今宁夏中卫市。建文元年（1399 年）置宁夏中卫，属陕西都司，遂为河西重地。卫城原周四里余，正德二年（1437 年）扩建为五里，天顺四年（1460 年）再度扩建，周七里，东、西门各一。嘉靖三年（1524 年）开南门一座。[4]

《标点注释中卫县志》[5] 中这样描述清经康熙四十八年（1709 年）、乾隆三年（1738 年）两次大地震后复建的中卫县城：“东西长，南北促，若舟形。周围五里七分（约 2949 米），高二丈四尺，女墙五尺九寸，浚濠环城六里三分，城门三，上建楼，外护月城，增角楼三、敌楼八、门台六、炮台十四。东西街立二市、乡民以晓集，交易粟帛。”可以想象当时的中卫城熙熙攘攘的繁荣场面。现中卫城内有仅存鼓楼一座（图 3）。

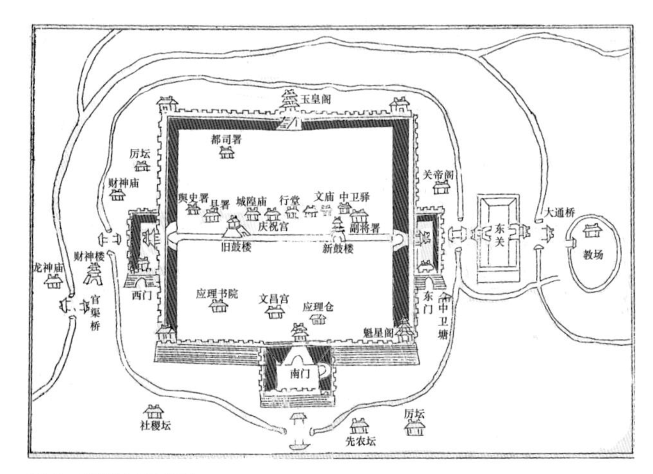

图 3 乾隆年中卫城
（图片来源：《标点注释中卫县志》[5]）

4．所城

所城是拱卫卫城的兵力驻扎城池，规模比卫城小，但比堡城大。千户所兵力全额 1120 人，百户所兵力全额 120 人，分别由千户和百户统辖。所城的规模小于卫城，平面以方形为主，大多在 2000 米左右，即明制的三里。建筑形式与卫城相似，但大多只有三门、无北门，北门的位置修建上帝庙。所城主要道路也呈十字形或一字形，然后再分设巷道。沿城墙的内侧还有“环涂”。公署、仓库、军机库等多设立在主干道的两侧。所城不一定有独立城池，有的所驻扎在卫城里。

龙门所城是明宣府镇辖所城，位于今赤城县的东庄。明宣德六年（1431 年）筑城，同年置龙门守御千户所，隆庆元年（1567 年）重修。《宣府镇志》记载：“龙门所城高二丈六尺，周四里九十步（2497.0 米），墙体内以黄土夯实，基宽二丈，顶宽一丈，排马可行，城楼七，角楼三，敌楼八，瓮城二。”[2]

龙门所城地势东北高西南低，城的道路系统基本保留明清时期的原貌，主街南北向一字街一条，东西向街道五条，并与环城马道相通，此外还有南北小巷串联各东西向街道，南来北往畅通无阻，有趣的是每条横街建庙凿井，井庙相对。城内庙宇众多，旧时鼓楼钟楼二者交相辉映，1946 年 9 月皆毁于战乱（图 4）。③

5．堡城

堡城是城池层次中最低一级，也是最基础的防御单位。堡城规模最小，一般驻扎几百人或一百多人，由守备带

---

① 倪晶．明宣府镇长城军事堡寨聚落研究 [D]．天津：天津大学，2005：27.

② 李严．明长城“九边”重镇军事防御性聚落研究 [D]．天津：天津大学，2007：123.

③ 以上内容自张等三教师所提供资料整理获得。

领。前线堡城[①]属纯粹的军事职能城池，基本没有经济职能。大则十字街，小则一字街，城池的选址地形复杂，有的位于高山之上，有的位于谷地，还有随山势呈斜坡状，堡城的选址以防御目的为主，形状规则的堡城呈方形或长方形，不规则的形状各异。堡的周长一里到四里不等，开一门、二门或三门不等，主要门也设瓮城。堡城都有独立城池。

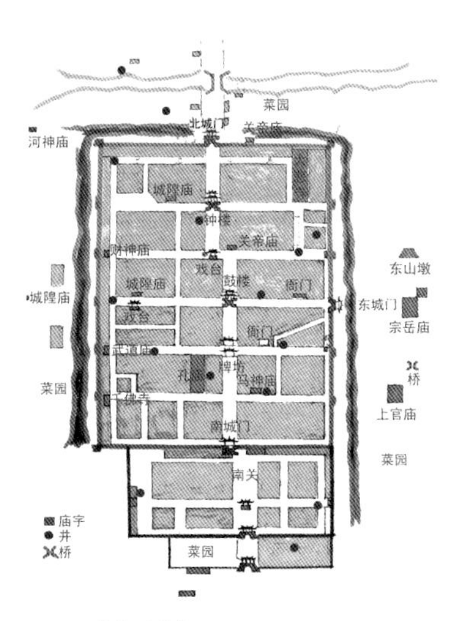

图 4 龙门所城
（图片来源：倪晶《明宣府镇长城军事堡寨聚落研究》[6]）

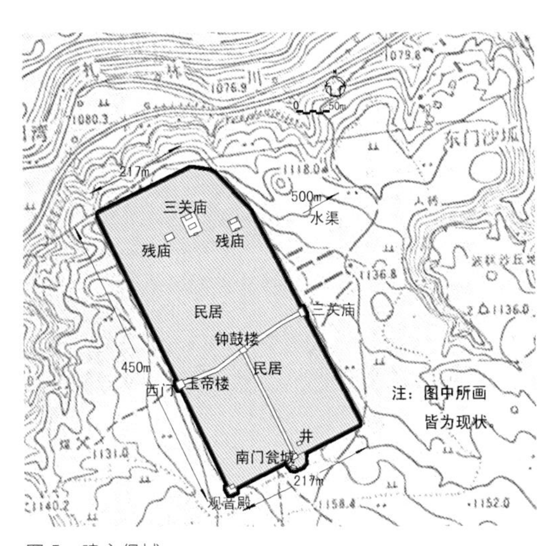

图 5 建安堡城
（图片来源：作者实地考察绘制）

建安堡是明榆林镇中路辖堡城，成化十年（1474 年）筑，城池周二里零一百七十二步（约 1455.8 米），楼铺一十五座[7]。城位于高地上，四周视域广阔，堡内地势平坦，属于军事要地。现残堡城垣完整，尚存东、西、南三座砖券城门，城内有娘娘庙，眼光庙、钟鼓楼等明清庙建遗址。居村民 30 户，部分土地开辟为耕田（图 5）。

堡城之下还有更小的军事聚落“寨”，清时期“寨”是民间自发修建的，附属于堡，一旦堡城被攻破，人们到“寨”中躲避，“寨”中平时备有临时生活物资和一些武器供短期生活之用以等待救援。

表 1 中将各层次军事聚落的城池特点进行分类归纳列表如下：

各级城池特点比较表 表 1

级别	城池规模	空间结构	道路系统	城门数量	主要功能
镇城	12 里以上（约 7000 米）	平面呈方形或长方形，网状路网	干道、一般街道、巷三级	最少为四门，多者开七门，有瓮城和关城	军事、政治、经济职能
路城	5 里左右（约 3000 米）	平面以方形为主，十字形路网	主路和巷两级	少者开两门，多者开四门，有瓮城	军事、经济职能
卫城	6、7 里（约 3500 米、4000 米）以上，八、九里（约 5000 米左右）以下	平面以方形为主，十字形或一字形路网	主路和巷二级	二门到四门不等，有瓮城和关城	军事、经济职能
所城	3、4 里以上，五里以下（约 2200～3000 米）	以方形为主，大则十字形，小则一字型路网	主路和巷两级	大多只有三门、无北门，有瓮城	军事职能
堡城	在 2～3 里之间（约 1000～1500 米）	呈方形、长方形，或不规则形，大则十字形，小则一字形路网	主路和巷两级	开一门、二门或三门不等，主要城门有瓮城	军事职能

各层次军事聚落的城池规模虽然没有严格的等级标准，但是作者将有资料记载的所有军事聚落的规模进行比较[②]，发现如下规律：1．镇城：宣府镇周长约 14100 米遥遥领先，可见其屯兵粮之多，对于保卫京师的重要地位。其次是宁夏镇和甘肃镇 1 万多米（甘肃镇新旧两城共周长 12 里），其他镇城依次为榆林镇城、大同镇城、甘肃镇城和山西镇城。山西镇城偏关较小是因为其初始建置为卫，后设为镇城。2．卫城：大同镇与甘肃镇卫城最大周长达到 5000 米，其他三镇 3000～4000 米，与各卫城屯住的兵力有关。3．所城：各镇所城规模差不多均 2000 多米，所城的驻兵人数

① 前线堡城是与后方屯田军堡相对而言，指位于长城线附近，以军事防御功能为主，堡内屯驻兵力和贮存武器，士兵机动性强。

② 李严．明长城“九边”重镇军事防御性聚落研究 [D]．天津：天津大学，2007.

按照卫所制的千户所1120人，百户所120人，此处统计的均为千户所和守御千户所，规模较大。4．堡城：堡城的周长从统计到的数据来看甘肃镇最小，不到1000米，榆林镇堡城最大将近1700米（表2）。

各镇不同等级城池规模对比表 表2

镇（驻兵人数/人）	各级城池周长平均值（米）				
	镇城	路城	卫城	所城	堡城
大同镇（13500）	7405.2	3275.5	5037.3	2653.7	1108.9
山西镇（1275）	3457.6	2857.2	4135.1	2448.76	1518.7
宣府镇（151452）	14104.8	3015.4	3984.4	2802.2	1493.1
榆林镇（9797）	8152.7	2228.4	无	无	1694.4
宁夏镇（21549）	10578.6	3526.2	3526.2	2233.3	1228.2
甘肃镇（10527）	7052.4	5085.5	5096.2	2644.7	925.8

结语

卫所制作为特定历史时期军事思想的产物已经消失几百年了，但明长城军事聚落却随同绵延万里的长城一起见证了边防地区的历代沧桑，为我们展示了一幅多层次、大规模的明代北边防御体系的宏伟画卷。军事聚落在卫所制及按路分段防守的军事管理体系下呈现出明晰的层次性：镇城、路城、卫城、所城、堡城，汇点成线，各军事聚落之间既独立防守又协同作战，共同承担保障了长城防御的历史重任，是长城防御体系不可或缺的重要组成部分。

参考文献

[1] 李严．明长城“九边”重镇军事防御性聚落研究[D]．天津：天津大学，2007：60.
[2]（明）孙世芳．宣府镇志卷十[M]．明嘉靖四十年（1561年）刊本，88、91页．
[3] 陕西省神木县县志党史红军史编纂委员会．神木县志（二）卷三[M]．道光二十一年（1842年）刊本，3.
[4] 艾冲．明代陕西四镇长城[M]．西安：陕西师范大学出版社，1990：93.
[5] 中卫县县志编纂委员会．标点注释中卫县志·建置考卷之二·城池[M]．银川：宁夏人民出版社，1990：42.
[6] 倪晶．明宣府镇长城军事堡寨聚落研究[D]．天津：天津大学，2005：37.
[7]（清）谭吉璁撰．刘汉腾、纪玉莲校注．延绥镇志（校·注本）．西安：三秦出版社，2006：26.

明长城防御体系文化遗产价值评估研究①

摘　要

明长城是我国现存体量最大的建筑遗产，也是重要的世界文化遗产，以防御体系的整体性视角探讨科学、合理和准确的价值认知与价值评估是目前研究与保护工作的重点，也是难点。本文以明代长城军事防御体系为研究对象，从定性的角度，对明长城进行整体性的价值认定；从定量的角度，构建价值评估指标体系，对于明长城的遗产价值与环境价值进行等级评定。同时，尝试以货币为衡量方式，以条件评估法为基础，简析明长城经济价值评估办法。希望通过对于明长城价值的综合性评定，对于明长城军事防御体系的整体性保护工作的开展提供依据与支撑。

关键词　明长城文化遗产；价值评估；内在价值；保存价值；经济价值

引言

明代长城是历代长城中体系最严密，留存最完整的长城军事防御系统。明朝自洪武初年（1368 年）开始，在之前历代长城的基础上构筑防御工事，不断修筑加建长城防御体系，直至明代末期，形成完整的军事防御体系。长城防御体系包括长城本体和沿线的军事聚落，军事聚落包括驻防合一的卫所、堡寨，驿传（烽传）运输系统中的驿站、烽燧、墩台，分布在我国北方辽宁至青海 11 个省市范围内，现存墙体全长 8851.8 公里，南北从内陆至边疆纵深几百公里，沿线单体建筑共计 17449 座，关、堡等军事防御聚落共计 1272 座，相关遗存 142 处。[1] 明代此区域分九边重镇，辽、蓟、宣、大、山西、榆林、宁夏、固原、甘肃，各镇下军事聚落分五级，镇城、路城、卫城、所城和堡城，各城池之间密布驿站和烽燧，组成军事防御、讯息传递、物资运输的有机整体。明长城军事防御体系包括物质与非物质文化遗产在内的完整的构成要素结构，如图 1 所示。

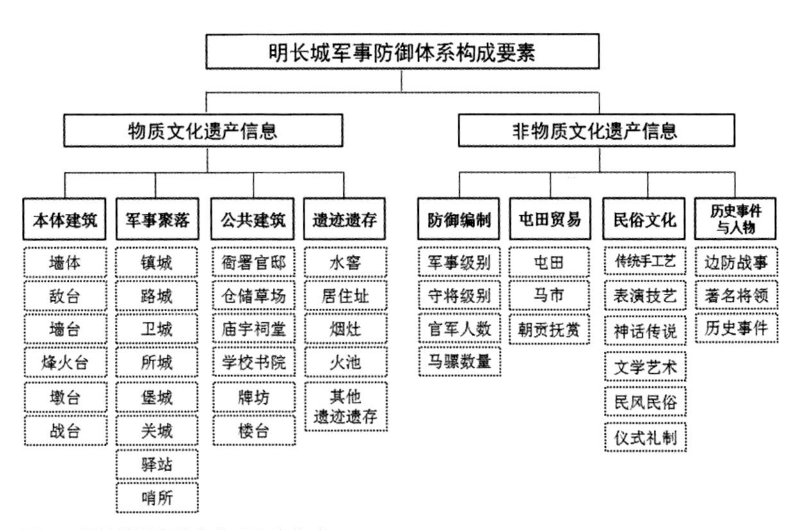

图 1　明长城军事防御体系元素构成

明长城防御体系作为中国重要的文化遗产列入《世界遗产名录》已有 30 余年的时间，随着自然损毁和人为破坏情况的日益严峻，社会各界对于长城的保护热情愈加高涨，但尚未形成保护理念与维修监测的共识性认识与措施。对长城军事防御的基础性研究，多以某一区域为主，研究对象多为长城本体或是军事聚落，对明长城整体性研究明显不足，而以整体性认知为前提的明长城军事防御体系保护策略更为缺失。

一、相关文化遗产价值评估方法的借鉴

价值评估的概念伴随着 19 世纪末到 20 世纪初的并购行为产生，随着全球的经济化发展，文化遗产的价值评估问

① 徐凌玉，张玉坤，李严．明长城防御体系文化遗产价值评估研究 [J]．北京联合大学学报（人文社会科学版），2018，16（04）：90-99.

题也得到越来越多的关注。2015 年修订的《实施世界文化遗产公约操作指南》中指出"突出的普遍价值指罕见的、超越了国家界限的、对全人类的现在和未来均具有普遍的重要意义的文化和 / 或自然价值。"[2] 1995 年，美国盖蒂保护研究所（GCI）启动了关于文化遗产价值与经济的相关研究，一些著名的经济学家、社会学家和人类学家等都加入了该研究行列，对文化遗产的价值进行研究；1998 年组织了以经济和遗产保护 *Economics and Heritage Conservation*① 为主题的研讨会，确定了文化遗产经济学的研究方向。

国内已出现部分论著涉及文化遗产的价值判断，多面向于环境价值、经济和土地利用价值、旅游开发价值等领域，同时也有学者逐步开始研究价值评估体系的构建，如刘卫红的《大遗址保护规划中价值定性评价体系的构建》（2011）[3]；2009 年，顾江所著《文化遗产经济学》[4] 以经济学的视角对于文化遗产进行价值判断；同济大学应臻的博士学位论文《城市历史文化遗产的经济学分析》（2008）[5] 也提出以经济学的思考方法和成熟理论在城市历史遗产保护中进行应用；复旦大学黄明玉的博士论文《文化遗产的价值评估及记录建档》（2009）[6] 在遗产保护规划框架下探索价值评估涉及的价值体系理论、评价制度与方法，以及相关的记录建档；西北大学苏琨的博士论文《文化遗产旅游资源价值评估研究》（2014）[7] 从旅游学的角度构建了文化遗产旅游资源价值体系；天津大学徐苏斌团队发表多篇论文对于工业遗产的经济价值以及价值评估方法等进行梳理（2017）[8]。

以上研究为从遗产价值、环境价值和经济价值等多学科视角解析长城遗产价值提供了借鉴。

二、明长城防御体系的价值评估框架

价值评估是文化遗产研究、保护、监测与维护等全过程的重要前提与实施依据。原有文化遗产价值评估多以定性评价为主，并不能为之后的保护与研究工作提供具体有效的衡量标准。同时，对明长城的价值判断，应建立在长城防御体系物质与非物质文化遗产共同价值的完整认知的基础上进行。本文通过对长城文化遗产定性与定量价值的共同探讨，制定明长城内在价值、保存价值以及经济价值的评估框架，尝试为明长城文化遗产价值评估工作提供实践方法。

明长城防御体系作为一个庞大而复杂的文化遗存，集大量的物质与非物质文化遗产于一体，根据其价值属性的复杂性，可将明长城文化遗产价值分为内在价值、保存价值以及经济价值三方面进行综合分析与评估（图 2）。

第一，内在价值是文物的本体价值，指文化遗产的突出普遍价值，是对于文化遗产进行保护的基本前提和出发点。明长城军事防御体系的内在价值包括其历史、艺术、科技以及社会价值等方面，可采用定性评价的方式对其进行价值评估，主要侧重于文化遗产的发展历程、真实性与完整性等。

第二，保存价值是对文化遗产的现状价值与保护潜力的价值分析，包含遗产现状价值与环境价值两部分内容，可采用定量价值评估方法对于明长城军事防御体系的遗产价值以及环境价值分别进行定量评估，侧重于遗产的遗迹遗存、保存与利用现状等内容。其中的遗产价值评估对象包括了明长城本体、防御聚落、驿传和烽传系统以及相关附属遗存几个方面；环境价值评估包含了长城军事防御体系周边的自然环境、社会环境、经济环境以及人文环境等方面。

第三，经济价值是指文化遗产的内在价值与周边环境相关联所产生的经济收益。[9] 明长城军事防御体系经济价值评估包含直接经济价值与间接经济价值两方面，以货币为衡量单位对其经济价值进行体现。

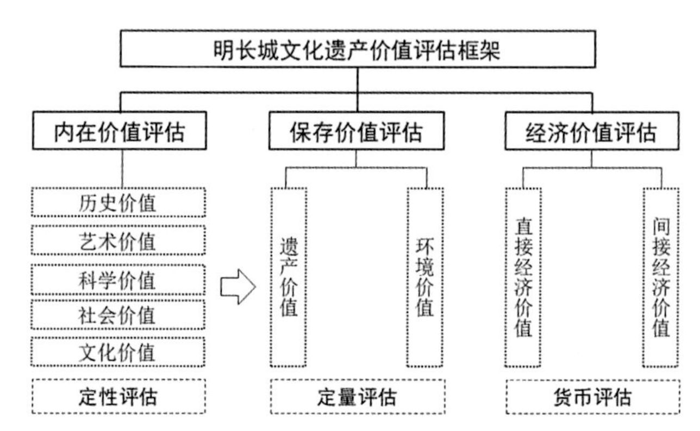

图 2　明长城军事防御体系价值评估框架图

三、明长城防御体系的内在价值评估

明长城防御体系内在价值的评估，是对其文物价值

① 1998 年 12 月，盖蒂保护研究所（Getty Conservation Institute）举办关于遗产保护与经济的相关会议，会议汇集了经济学、人类学、社会学以及遗产保护方面的专家，确定了文化遗产经济价值评估的未来研究方向，会议内容集结成册"*Economics and Heritage Conservation*"，http://hdl.handle.net/10020/gci_pubs/economics_and_heritage。

的具体解释，是长城保护与修复工作的前提与基础，也为其今后修复设计与展示利用的工作提供了研究和发展方向。1987 年，中国长城被成功列为世界文化遗产，联合国教科文组织世界文化遗产名录对长城的价值进行认定，认为中国长城满足突出普遍价值评判标准（OUV）的第 I 条（古代杰作：长城是建筑与景观融合的完美范例）、II 条（文化传播：长城修筑过程加速了人口的迁徙与文化的传播）、III 条（特殊见证：砖砌及夯土等修筑方式是中国古代文明的独特见证）、IV条（历史阶段：建筑组群随着历史上防御技术与政治背景变化不断演变）、VI条（文学艺术：长城在中国历史上具有重要象征意义，同时也是古代文学的重要题材），故全票通过其列入世界文化遗产名录。① 对于明长城防御体系的内在价值，也可以分为历史价值、艺术价值、科学价值、社会价值以及文化价值进行具体的分析与评估。

1. 历史价值

明长城作为完整的军事防御体系是中国明代军事的重要防御设施，是当时社会、军事、政治的历史见证。明长城军事防御体系，由大量边墙、军事聚落、烽传、驿传系统等共同组成，同时伴有军事政治、屯田贸易、民俗文化等多方面因素。明长城分布于农牧文化的交错地带，是农耕文化与草原文化交流与汇聚之所，是一个集军事防御和民族交融于一体的“秩序带”。战争时期，长城是不同政权之间强有力的防御工事，和平时期长城沿线的军事聚落则成了不同民族之间互通有无、贸易往来的纽带。明长城军事防御体系是北方各民族之间的战争与和平、兴盛与衰落的重要历史见证。[10]

2. 艺术价值

明长城军事防御体系成为毋庸置疑的杰作，不仅体现在宏大的军事战略思想，也同时体现在其建筑建造的完美性。明长城分布于辽阔雄伟的山川之间，其地理分布、空间布局、建筑形制与自然环境完美结合，因地制宜，相辅相成，是建筑与景观的融合的完美范例，充分体现了古代先贤的军事指挥、建造技艺以及审美情趣，不论对当时还是后世都是重要的人文景观，具有重要的艺术价值。

3. 科学价值

明长城军事防御体系作为中国历史上最为伟大的防御工事之一，反映了当时最先进的军事思想、防御技术以及科技水平。整个体系整体上管理制度分明，层次体系清晰，具有极高的军事科学研究价值。同时各段边墙、建筑单体与聚落的选址布局、建造技艺、施工工艺等都反映了当时最高的建筑思想与构筑水平，都具有重要的科学价值和研究意义。

4. 社会价值

历史上，长城军事防御体系作为重要的人类栖居地，是戍守沿边地区人们重要的生活载体，同时也是社会组织结构和社会关系的重要体现，这些军事聚落也在社会经济和文化的影响下持续发展至今，具有重要的社会影响力。当代社会中，明长城的科学保护与展示，可以大大增进公众对于长城历史的认知与理解，提高民众对于长城的保护热情，推动文化遗产保护工作的顺利实施。长城的合理保护与开发，也可带动周边区域经济文化的快速发展。同时，长城作为中华民族历史与文化的重要象征，应更好地展现于世界面前，传承民族精神，传播中华文化。

5. 文化价值

明长城军事防御体系因规模尺度巨大、防御需求特殊，分布范围极其广泛，分布位置也较为特殊，自东向西横跨中国北方大部分区域，且多分布于农牧民族交接处，因此带有多民族、多区域的文化多样性特征。基于明长城防御体系的建设、发展与变迁，明长城沿线也产生了大量的文化活动与文化空间。时至今日，伴随着长城遗迹遗存保留与发展，形成了珍贵的非物质文化遗产得以延续与传承。明长城文化遗产作为重要的文化载体，在保留其物质文化遗产的同时，也保留了独特的文化景观与大量的非物质文化遗产，具有珍贵的文化价值。

通过以上对于明长城文化遗产内在价值的定性分析，充分挖掘明长城的历史、艺术、科学、社会与文化价值，所得结论为之后的长城文化遗产研究点明了准确的研究与保护方向，力求充分挖掘明长城防御体系的完整价值。

四、明长城防御体系的保存价值评估

对于明长城防御体系的保存价值，即现状价值，包含遗产价值与环境价值两方面内容。明长城保存价值可以采用“层次权重决策分析（AHP）”[11] 的方法分别对于长城遗产价值和环境价值进行分层次分等级的定量评估分析，希冀得

---

① 突出普遍价值评判标准来自联合国教科文组织世界文化遗产名录，长城官方价值认定，http：//whc.unesco.org/en/list/438。

到相应的等级评定结果，直接为之后的保护利用设计工作提供客观的数据支撑和决策支持。

首先，根据明长城的遗产特征以及环境特征制定科学合理的评价指标与评价因子；其次，根据评价因子制定相应的评价标准与评价等级；最后，根据评估目的以及遗产属性赋予相应的动态的权重值，继而计算得到某一区域长城整体或者局部的保存价值评估等级结果。

1. 明长城防御体系遗产价值评估体系的建立

根据明长城军事防御体系的整体性与层次性构成特点，明长城遗产价值评估要素包含了长城的本体建筑、防御聚落、驿传与烽传体系以及其他相关遗存等 4 部分，具体构成如图 3 所示。各部分评估要素其评价因子主要包括久远度、空间布局、建筑材质、建筑形制、军事作用、非遗、保存现状等多方面内容，评价标准根据各部分遗产属性的不同，又存在一定差异性。具体评价标准如表 1 所示，选取明长城防御聚落部分，对 于军堡的遗产价值制定相应的评价标准示意，部分评价内容需要根据评估对象的具体情况而制定相应的评价标准。根据各评估指标性质的不同，各评价标准的分级评定，包含主观评定与 GIS 数据量化评定两种形式。本遗产价值评估标准框架可以与明长城 GIS 基础信息数据库结合使用，部分评估等级量化结果可由 GIS 数据库现有资料直接生成。同时，权重值部分数据可根据长城保护与研究的不同内容与侧重点，进行动态调整。在尊重明长城防御系统整体性与真实性的基础上，根据长城相关历史、政治以及保存现状之间的相互关系，进行该部分评估权重值的动态设定。采用主客与客观相结合的形式进行明长城遗产价值的量化评定，能够更为全面真实地进行明长城文化遗产的价值评估工作。

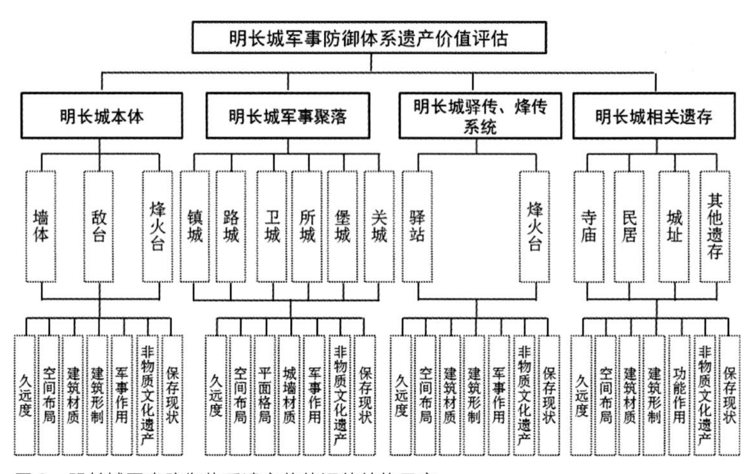

图 3　明长城军事防御体系遗产价值评估结构示意

明长城军事防御体系遗产价值评估评价标准表（部分评估指标示意）　　表 1

	体系构成	评估要素	评价因子	权重值	评估指标	评价标准
明长城军事防御体系遗产价值评估	防御聚落	镇城、路城、卫城、所城、堡城	久远度		建制时间	A：明代以前（1368 年以前）；B：洪武元年（1368 年）至正统十四年（1449 年）；C：正统十五年（1450 年）至正德十五年（1521 年）；D：嘉靖及以后（1522 年之后）
					重修时间	A：明代；B：清代；C：民国；D：新中国成立之后
					历史演变	A：地级市；B：县级市；C：乡镇；D：村 E：荒废
			空间布局		位置选址	A：与山势关系紧密；B：与河流关系紧密；C：与城市关系紧密
					与长城关系	A：与长城墙体距离较近；B：与长城墙体距离较远
			平面格局		街巷布局	A：鱼骨形街道；B：十字形街道；C：一字形街道
					功能分区	记录相关信息
					建筑类型	A：建筑类型齐全；B：建筑类型比较齐全：C：建筑类型比较单一
					城墙修筑形制	A：正方形；B：矩形；C：菱形；D：多边形；E：不规则形
					建造技术	记录相关信息
					城池防御性能	记录相关信息
			建筑材质		建筑材料类型	A：夯土；B：石材；C：砖
					建筑材质来源	记录相关信息
					建筑材料品质	A：非常坚固；B：比较坚固；C：比较脆弱；D：一般脆弱

续表

	体系构成	评估要素	评价因子	权重值	评估指标	评价标准
明长城军事防御体系遗产价值评估	防御聚落	镇城、路城、卫城、所城、堡城	军事作用		军事级别	A：镇城；B：路城；C：卫城；D：所城；E：堡城
					管辖范围	记录相关信息
					驻军数量	驻军规模
					功能复合性	A：防御；B：屯兵；C：互市
			非物质文化遗产		建造技艺	记录相关信息
					传统手工艺	记录相关信息
					表演技艺	记录相关信息
					神话传说	记录相关信息
					文学艺术	记录相关信息
					民俗民风	记录相关信息
					礼仪制度	记录相关信息
					与长城依存度	A：依存度高；B：依存度一般；C：依存度较低
			保存现状		破坏程度	A：保存完好；B：保存一般；C：破坏严重；D：基本无存
					遗迹数量	记录相关信息
					破坏因素	A：风雨侵蚀；B：植物破坏；C：地质灾害；D：人为拆毁；E：旅游破坏
					当前用途	A：地级市；B：县；C：镇；D：村；E：荒芜

2．明长城防御体系环境价值评估体系的建立

随着2005年国际古迹遗址理事会ICOMOS对于《西安宣言》① 的通过，对文化遗产的周边环境价值的认知提升到一个新的高度，强调了周边环境对于古迹遗址的独特性及其重要性，因此需要对遗产周边环境进行详细的记录、研究、保护规划以及监控管理。明长城军事防御体系环境价值要素具体构成如图4所示。环境价值评估因为涉及与遗产相关的周边环境的自然、社会、经济以及人文等多方面因素，需要借助各交叉学科的不同知识背景，进行评价指标与评价标准的制定工作。[12] 表2中选取自然环境部分的价值评估指标作为示意，展示对于明长城环境价值的评估内容的设定。自然环境中设计与遗产相关的大气环境、水文环境、地质地貌、物种条件等多方面因素，每个方面又尤其特有的评价指标，需要根据保护内容进行详细的信息收集与评估工作。此部分内容均可根据当地实际的环境状况进行客观评定，评定数据同样可结合明长城GIS基础信息数据库直接生成评价等级结果。

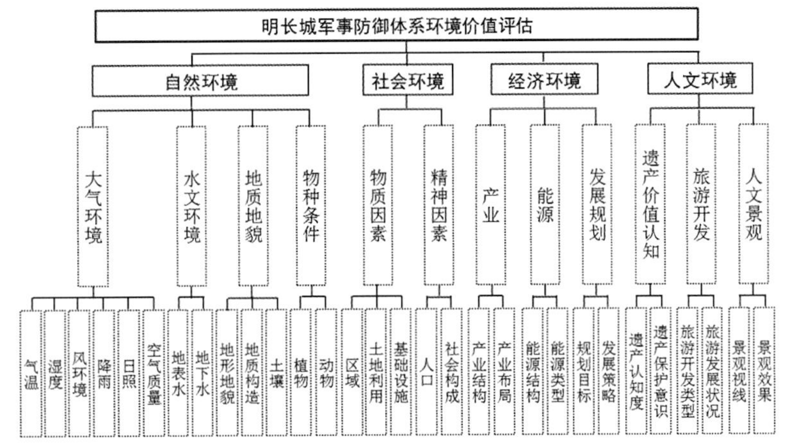

图4 明长城军事防御体系环境价值评估结构示意

① 2005年10月，国际古迹遗址理事会（ICOMOS）第十五届大会于西安召开，并发表《西安宣言》，旨在保护在不断变化的城镇和自然景观中的文化遗产古迹遗址及其周边环境。

明长城军事防御体系环境价值评估评价标准表（部分评估指标示意） 表 2

	体系构成	评估要素	评价因子	权重值	评估指标
明长城军事防御体系环境价值评估	自然环境	大气环境	气温		全年最高气温；全年最低气温；全年平均气温
			湿度		全年最高湿度；全年最低湿度；全年平均湿度
			风环境		全年主导风向；全年最大风速；全年平均风速
			降雨		全年最大降雨量；全年平均降雨量
			日照		全年最高日照量；全年平均日照量
			空气质量		大气污染类型；主要污染物；污染源；污染程度
		水文环境	地表水		水域功能；水体保护目标；水质；水资源量
			地下水		水流深度；水体保护目标；水质；水资源量
		地质地貌	地形地貌		地貌类型；地貌分布特点
			地质构造		地质构造类型；地质分区；矿产储备类型；地质承载强度
			土壤		土壤应用功能；土壤保护目标；土壤污染程度
		物种条件	植物		植被用途；植被种类；植物生长态势；对文物影响
			动物		常见动物种类；野生动物种类；动物对遗产影响

3．明长城防御体系保存价值评估过程与结论

依据保护对象的实际情况以及保护目的不同，调整完评价体系和评估标准之后，即可进行下一步的长城保存价值评估工作。作为一种定量的客观评价方式，本评估体表格需要在对于该研究区域明长城全面调研与记录的基础上进行填写、分析、计算与评估工作。可结合明长城军事防御体系基础信息数据库相关数据，进行价值评估表格的填写，调整各部分评估因子的权重比例，通过计算，可得到相应的各评估因子与指标的分数与等级结果。

文物保存价值的定量评估可以弥补遗产定性价值评估的不足，提升价值评估的实用性与可操作性。明长城防御体系保存价值的评估结果可直接用于指导建筑遗产的保护分级工作，为下一步的保护规划发展提供客观依据。充分挖掘文物价值与潜力，使文物价值评估工作更为全面与合理，在遵照文化遗产完整性与真实性的前提下，科学有效地采取保护措施。

五、明长城防御体系的经济价值评估

对于文化遗产的价值评估应该是全面而客观的，在《关于中国文物古迹保护准则若干重要问题的阐述》中明确提出，文物价值评估需要包括“历史、艺术和科学价值，以及通过合理的利用可能产生的社会效益和经济效益。”[13] 文化遗产作为一种可开发利用的资源，逐渐具有了满足社会新型消费需求、向社会提供新型消费服务的经济职能。[14] 而这些经济因素都没有在如今国内的文化遗产价值体系中得到合理的认定和评估。随着人们对精神与文化消费追求的不断增强，文化也自然而然地成为一种经营成本。因此，经济价值是明长城防御体系价值评估中不可忽视的重要因素。

文化遗产中的经济价值包括了使用价值和非使用价值（图 5）。[16] 长城防御体系作为旅游资源的直接运营收入和传统民居作为文物的买卖所得的可见价格，均属于使用价值，可以采用旅游成本法（TCM）、

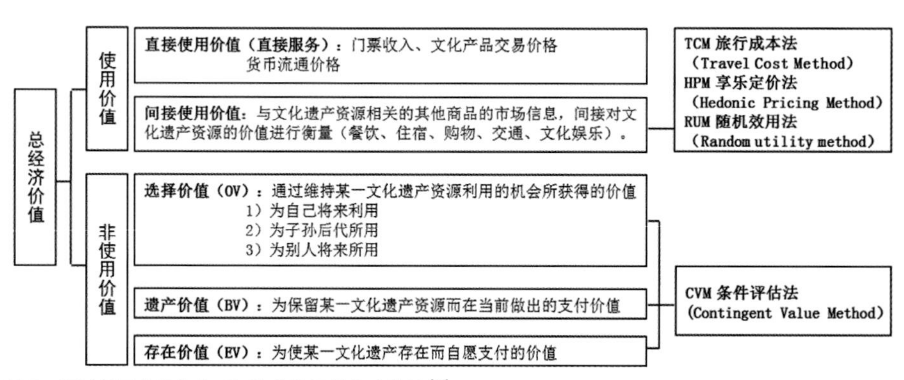

图 5 明长城军事防御体系经济价值评估方法总结 [15]

享乐定价法（HPM）、随机效用法（RUM）以及市场价格等进行真实的市场价值评估。[17]同时，长城作为重要的文化遗产还包括了选择价值、存在价值以及遗产价值等多方面间接经济价值，即非使用价值[18]，这部分经济价值可采用条件价值评估法（CVM）以及选择模型法（CM）等对其进行虚拟价值评估分析。[19]其中，条件价值评估法在目前文化遗产价值评估中较为常见，可以在假想市场情况下，直接调查或询问人们对长城文化遗产价值的支付意愿，或者对其损失的接受赔偿意愿，将大众对长城军事防御体系的保护和消费意愿量化，以推算其经济价值。[20]

个人基本信息（本问卷所涉及个人信息均用作学术研究，别无他用，见谅!）
（1）**性别：** 男□ 女□ （2）**年龄：** 18 岁以下□ 18-25 岁□ 26-40 岁□ 41-60 岁□ 60 岁以上□
（3）**婚姻状况：** 未婚□ 已婚□ （4）**子女状况：** 无□ 有□ **数量：** ______
（5）**年收入：** 0-5 万□ 5-10 万□ 10-15 万□ 15 万以上□
（6）**文化程度：** 初中及以下□ 高中□ 大专（高职）□ 本科□ 硕士□ 博士□
（7）**是否为北京本地市民：** 是□ 否□ 您来自______省______市

参观信息（游客从第 1 题开始答题，当地居民从第 5 题开始答题）
（1）您在北京地区一共游玩______天，您在居庸关长城停留了______小时。
（2）您到北京旅游的花费总额是______元/人/天。
（3）如果有机会，您是否愿意再到居庸关长城游玩？ 是□ 否□
（4）您觉得此次参观内容和您预想的是否一致？非常一致□ 比较一致□ 不太一致□
（5）您是否参观过周边地区其他景区，如十三陵水库、八达岭长城等？ 是□，景区名称______ 否□
（6）您过去 5 年参观过长城______次。
（7）您觉得对于居庸关长城的参观是否满意？ 非常满意□ 一般□ 不满意□
（8）您认为居庸关长城的建筑保护情况如何？ 基本保存完好□ 一般，有部分破损□ 很差，破损严重□

价值认知
（1）您在此之前是否对居庸关长城有一定的了解？ 没有了解□ 部分了解□ 相当了解□
（2）您认为将居庸关长城作为世界文化遗产保护是否需要？ 不需要□ 一般需要□ 非常需要□
（3）存在价值：不出于任何利己的考虑，您是否愿意捐助一定金额，保护居庸关长城存在。 是□ 否□
如果愿意，您接受的捐助金额是 5-10 元□ 10-50 元□ 50-100 元□ 100 元以上□。
（4）选择价值：您是否愿意捐助一定金额使居庸关长城得以长时间的保存，以便您将来参观。是□ 否□
如果愿意，您接受的捐助金额是 5-10 元□ 10-50 元□ 50-100 元□ 100 元以上□。
（5）遗产价值：您是否愿意捐助一定金额为了子孙后代也能看到居庸关长城的文化遗产。 是□ 否□
如果愿意，您接受的捐助金额是 5-10 元□ 10-50 元□ 50-100 元□ 100 元以上□。
（6）如果您不愿意做出一定捐助，原因是什么？
□保护长城是国家和政府的责任 □没有可靠的捐助途经 □个人捐助并不解决问题
□我目前没有能力支付这些费用 □我不能从中获得好处 □认为保护这些遗产不重要
□ 其他原因______

图 6 北京居庸关地区明长城军事防御体系经济价值调查问卷示意

对于明长城军事防御体系的经济价值评估，可采用条件价值评估法（CVM），通过问卷调查的形式对部分地区长城进行经济价值调查分析。图 6 为北京居庸关地区明长城经济价值调查问卷的部分示意。问卷分为三部分内容，第一部分受访者基本信息与第二部分受访者长城参观信息，作为该长城经济价值调查问卷的基础内容与后期分析的控制条件，第三部分为问卷主要内容，了解受访者对于长城价值的直观认知与以货币价值为衡量标准的支付意愿。该调查问卷于居庸关景区周边与网络上同时进行了试发放，调查问卷内容通过统计分析，最终可获得该区域民众最终支付意愿的统计结果。分析显示，受访者中愿意为居庸关地区长城文化遗产的存在价值、选择价值以及遗产价值进行支付的概率分别为 83.6%、83.6% 以及 85.2%，平均支付意愿金额（WTP）① 分别为 51.40 元、53.86 元与 56.17 元。该统计结果对本地区长城保护与发展的经济投入与运营具有一定的参考意义，通过受访人基本信息的比例控制计算可得到更为准确的支付意愿均值，通过居庸关地区周边人口与年均游览人数的总体计算，可得到支付意愿的总量金额，可用于指导居庸关地区下一步的长城保护与利用工作的资金投入与维护力度。同时，调查显示在不愿意进行长城保护支付的受访者中，约有 35.3% 的人认为保护长城应是国家和政府的责任，29.4% 的人认为个人捐助解决不了长城保护的根本问题，而 23.5% 的人认为没有有效可靠的捐助途经，这些问题也成为相关政府与管理部门在制定未来长城保护政策时的重要参考。

通过货币的方式进行经济价值评估，衡量文化遗产经济价值，可以直接为政府对于遗产保护工作的经济支持提供决策性依据，评估结果对于长城的修复拨款数额具有较高的参考性，也同时对于部分长城景区的门票价格制定提供较为准确的指导性数据。全面评估明长城军事防御体系的使用价值与非使用价值可以提高各地政府对于长城文化遗产管理的科学性与准确性，在保护好长城的同时希望能够促进当地经济与文化遗产保护相伴的稳步增长。

六、明长城军事防御体系价值评估方法的展望

长城作为庞大而复杂的重要文化遗产，其研究与保护工作涉及历史、军事、政治、考古、建筑、经济、社会、民族、艺术、地理、生物、旅游等多方面内容，只有引入不同领域的研究，协同作用于长城文化遗产的保护工作之中，

① 受访者对于该文化遗产资源的支付意愿 Willingness to Pay。

才能对长城进行客观而准确的价值评估与判断。明长城军事防御体系的价值评估工作仍在全面进行中，部分评估方法与评估指标仍处于调整过程中。希望通过以上价值评估体系，以定性与定量相结合的方式对于明长城进行更为科学合理的价值评估，从遗产本体出发，全面记录、分析与评价文化遗产价值，使得长城的价值评估工作更具科学性与指导性。同时，在完成部分地区长城的保护修复工作之后，本价值评估体系也可作为长城监测体系总体框架与实施基础，全面贯穿于明长城整体性保护工作之中。

参考文献

[1] 国家文物局．中国长城保护报告．2016.

[2] 联合国教育、科学及文化组织保护世界文化与自然遗产政府间委员会．实施“世界遗产公约”操作指南．2015.

[3] 刘卫红．大遗址保护规划中价值定性评价体系的构建[J]．西北大学学报（自然科学版），2011（05）.

[4] 顾江．文化遗产经济学[M]．南京：南京大学出版社，2009：23-34.

[5] 应臻．城市历史文化遗产的经济学分析[D]．上海：同济大学，2008.

[6] 黄明玉．文化遗产的价值评估及记录建档[D]．上海：复旦大学，2009.

[7] 苏琨．文化遗产旅游资源价值评估研究[D]．西安：西北大学，2014.

[8] 徐苏斌．关于工业遗产经济价值的思考[J]．城市建筑，2017（22）.

[9] 苏卉．我国文化遗产资源经济价值评估研究——以唐大明宫遗址为例[J]．价格理论与实践，2014（11）.

[10] 曹象明．山西省明长城沿线军事堡寨的演化及其保护与利用模式[D]．西安：西安建筑科技大学，2014.

[11] 查群．建筑遗产可利用性评估[J]．建筑学报，2000（11）.

[12] 北京市颐和园管理处．颐和园遗产监测报告2013-2014[M]．天津：天津大学出版社，2015.

[13] 国际古迹遗址理事会中国国家委员会．关于中国文物古迹保护准则若干重要问题的阐述[Z]．第8.2条，2000.

[14] 顾江．文化遗产经济学[M]．南京：南京大学出版社，2009：183-187.

[15] 周英．文化遗产旅游资源经济价值评价研究[D]．大连：大连理工大学，2014.

[16] DLT Marta. Assessing the Values of Cultural Heritage: Research Report. Getty Center, http://hdl.handle.net/10020/gci_pubs/values_cultural_heritage, 2002.

[17] Choi Andy S., et al. Economic valuation of cultural heritage sites: a choice modeling approach[J]. Tourism Management, vol. 31, n. 2, 2010, pp. 213-220.

[18] 周英．文化遗产旅游资源经济价值评价研究[D]．大连：大连理工大学，2014.

[19] Ruijgrok E.C.M. The three economic values of cultural heritage: a case study in the Netherlands[J]. Journal of Cultural Heritage, vol. 7, n. 3, 2006, pp. 206-213.

[20] 崔卫华．意愿调查法在我国遗产资源价值评价领域的应用与研究进展[J]．经济地理，2013（04）.

明长城防御工事保护与修复方法探讨——以河北徐流口长城为例 ①

摘 要

为了科学有效减缓明长城遗产的破坏速度，探讨其保护与修复技术，研究选取河北唐山徐流口地区长城为例，对其整体性保护理念以及具体修复方法进行实际探讨。对具体地段长城防御工事的历史与现状进行区域分析、建筑测绘以及详细的保护评估分析，基于分析结果进行最终的保护修复策略的制定与修复方法的探讨。希望以此为今后的长城保护修复工作提供一定的理论支持与借鉴。

关键词 明长城防御工事；徐流口长城；残损分析；保护评估；保护修复

一、研究背景——明长城防御体系整体性保护与修复现状

1．明长城防御体系保存与保护现状

明长城是在特定军事管理制度下，具有高度整体性、系统性及层次性的严密而庞大的军事防御体系。明长城作为中国长城的典型代表，其“九边重镇”分区联防，各守一方，由长城本体（墙体）、关隘、城堡、驿站、烽堠等军事聚落和防御工事共同构成整体性的防御体系。一直以来人们对长城的真实性和整体性认识存在严重局限，保护意识与保护办法的缺乏 造成了这一世界文化遗产的严重损毁和破坏。

根据长城资源调查结果，长期以来受地震、洪灾、风雨侵蚀等自然因素，修路、采矿、城市扩张、旅游开发等经济建设，或其他人为因素的影响，长城遗迹受到严重破坏。国家测绘局 2009 年发布的信息显示，明长城全长 6259.6 千米的人工墙体中，只有 8.2% 保存状况尚好，而 74.1% 保存较差或仅余基底部分 [1]。保存较好的长城遗址亦存在坍塌、倾覆之虞。除长城本体之外，属于长城防御体系重要组成部分的军事聚落及防御工事，由于长期缺乏研究、关注和相应的保护措施，受到的破坏尤为严重。京津冀地区 3/4 以上的军事聚落仅存不完整墙体，城池内部明清时期的建筑与街道已不复存在。

从保护实践方面来看，由于长城保护涉及面广、难度大，法规约束力不强、管理职能交叉、保护力量不足、无序无知开发，是当前保护工作面临的突出问题 [2]。保护机制不够科学、举措不够合理也成为长城军事防御体系的大规模破坏和衰败的重要原因。同时，因没有科学有效的长城修复技术与标准，不可避免的造成了部分地区长城的“修复性破坏”。因此，基于明长城整体性研究而制定相应的保护方法与措施，科学保护长城文化遗产已迫在眉睫。

2．明长城文化遗产相关修复思路与理念

2014 年国家文物局颁发的《长城保护维修工作指导意见》[3] 中指出，长城修复以本体抢险加固、消除长城本体安全隐患为首要任务，遵守不改变文物原状和最小干预的原则，保持长城的原形制、原结构，优先使用原材料、原工艺，并做到长城保护维修与环境治理相结合。长城修复工作应当建立在对于其真实性完整性正确认知的前提下，在不抹去其任何阶段历史痕迹同时，尽可能的展现出长城的整体最大价值。

研究同时借鉴意大利优秀遗产修复理念，结合中国遗产保护技术与方法相结合，共同探讨长城的保护与修复方法。意大利对于文物保护理念与修复技术的研究已经有数百年的历史，拥有完整的文物保护立法与制度，其对于不同类型文化遗产保护与修复也已形成较为完整科学的范式。在意大利的建筑修复过程中，对于历史建筑本身的研究，即建筑遗产及其周边环境的历史与现状的真实记录表达成为修复工作的重中之重。

本研究首先，通过大量文献与考古研究等了解遗产相关历史状态，了解其真实性与完整性，作为遗产价值评估的重要内容；第二步，通过极其精细化的建筑测绘，详细记述建筑遗产本身携带的所有信息，包括其不同历史时期的变

---

① 徐凌玉，李严，杨慧．明长城防御工事保护与修复方法探讨——以河北徐流口长城为例 [J]．建筑学报学术论文专刊，2019[S1].
国家自然科学基金项目（51478295）；文化部重点实验室资助项目（科技函〔2017〕37 号）；教育部人文社会科学研究青年基金项目（17YJCZH095）；英国剑桥李约瑟研究所第二届“发现中国——中国古代军事工程”奖学金资助。

动信息以及不同原因造成的残损信息等，将历史与现状信息进行严格的图面化表达；第三步，基于测绘以及信息采集结果，对于建筑遗产不同材料类型以及残损病害状况进行分类分析；最终，在对建筑遗产全面记录与分析的基础上，根据文物不同的病害类型进行相应的修复措施。

下文基于以上研究思路，选取了河北省唐山市蓟镇长城徐流口关附近地区长城进行保护设计，并选取其中一组敌台进行详细测绘与分析，以此详细探讨明长城部分地区的保护与修复方法。

二、徐流口地区长城遗址历史与区域分析

徐流口关及其附近长城防御工事具有明蓟镇长城典型的选址布局与建筑特征，基本形制保存也较为完整，同时位于山坳处，便于到达与测绘调研。其中选取徐流口 L12 号①敌台进行详细测绘与分析[4]（图 1），该敌台具有蓟镇长城空心敌台的典型特征，以此希望详细探讨明长城防御工事的保护与修复方法。

徐流口地区位于迁安市最东侧，东部与卢龙县相邻。长城由卢龙县的刘家口一直向西北方向进入迁安市徐流口，经过徐流口西北方向开始，长城分为内外两道。明长城徐流口关（又称徐刘口），始建于洪武年间，关城已毁，仅关口尚存，关城位于迁安市建昌营镇徐流口村内[5]，关口位于东北约 2 千米的长城上，此口并无正式口门，只是在边墙之中拱砌一涵洞，高 2 米，宽 1.8 米，进深 5.3 米[6]。关口两侧山坡较平缓，《永平府志》记载：“边墙在山坳，南北皆漫坡。”[7]（图 2）

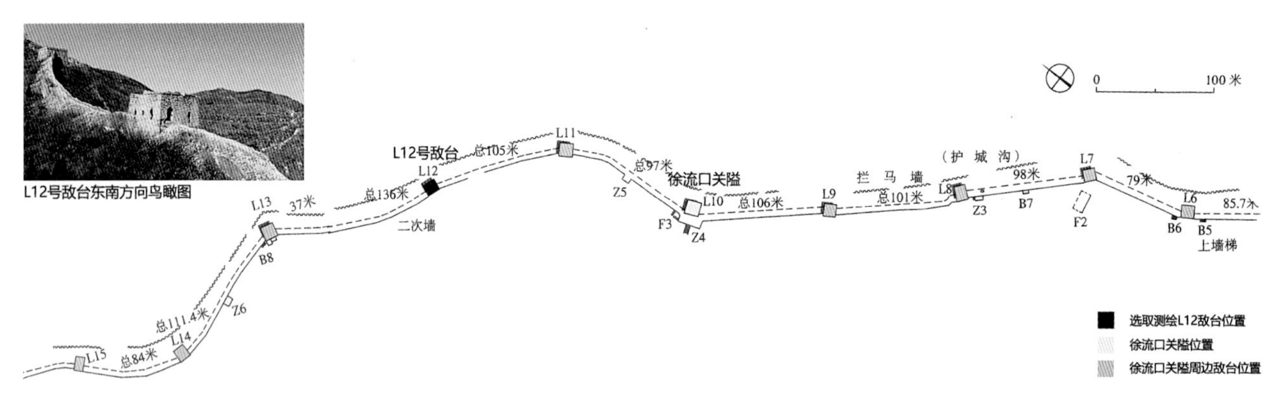

图 1 徐流口关周边长城总平面示意
（图片改绘自：河北省文物研究所编著．明蓟镇长城——1981～1987 年考古报告·第五卷［M］．北京：文物出版社，2012.）

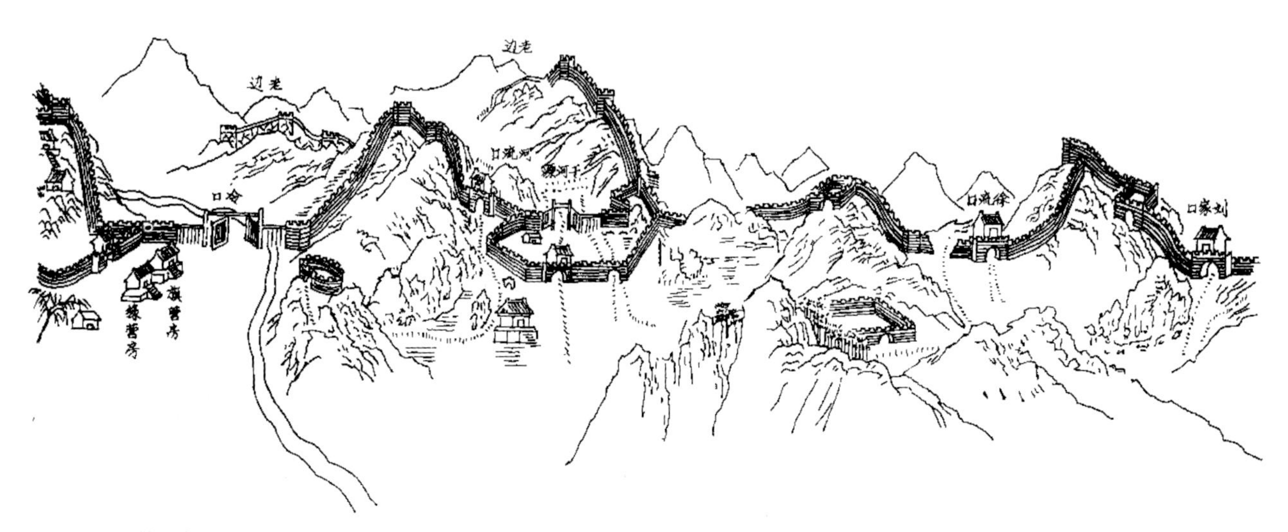

图 2 徐流口地区边口图
（图片来源：［清］游智开修，史梦兰纂．永平府志．光绪五年［M］．董耀会主编．秦皇岛历代志书校注永平府志［M］．北京：中国审计出版社，2001.）

① 敌台编号以《明蓟镇长城——1981～1987 考古报告》中的编码方式，L 表示建筑类型为敌台，其后为敌台编号。

1. 徐流口地区历史地理分布情况

徐流口关自明代起就是蓟镇长城的重要组成部分。根据《卢龙塞略》记载：万历十五年时期建制调整之后，“永平道东协四路，燕河路领提调二。”[8]34-35 蓟镇长城永平道东协自西向东包括山海路、石门路、台头路与燕河路共计 4 路。徐流口地区长城隶属于蓟镇长城东协燕河路进行管辖，燕河路地区协路关营示意如图 3 所示。燕河路长城下辖关堡共 10 处，营城 6 处，分布于秦皇岛卢龙县与唐山的迁西县境内[9]。燕河路 10 座关堡分管于冷口与桃林口 2 个提调。徐流口关位于卢龙县与迁安市的交界处，属燕河路下冷口提调管辖，位于冷口防区最东侧，紧邻桃林口防区（图 4），军事位置险要。

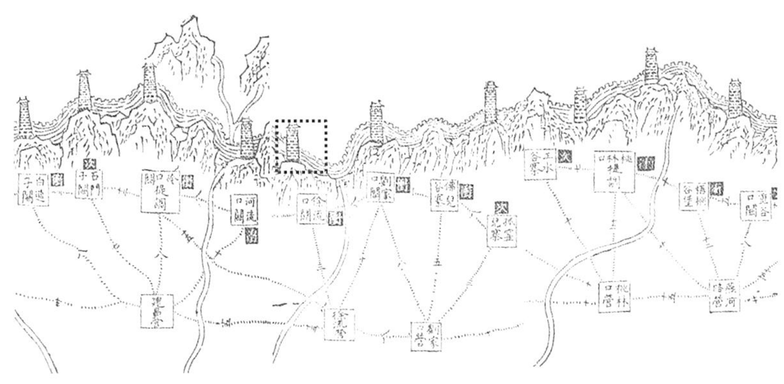

图 3 蓟镇燕河路协路关营图
（图片来源：[明]郭造卿. 卢龙塞略，明万历刻本[M]. 薄音湖，于默颖编辑点校. 明代蒙古汉籍史料汇编：卢龙塞略 九边考 三云筹俎考（第 6 辑）[M]. 内蒙古：内蒙古大学出版社，2009 年 9 月 1 日.）

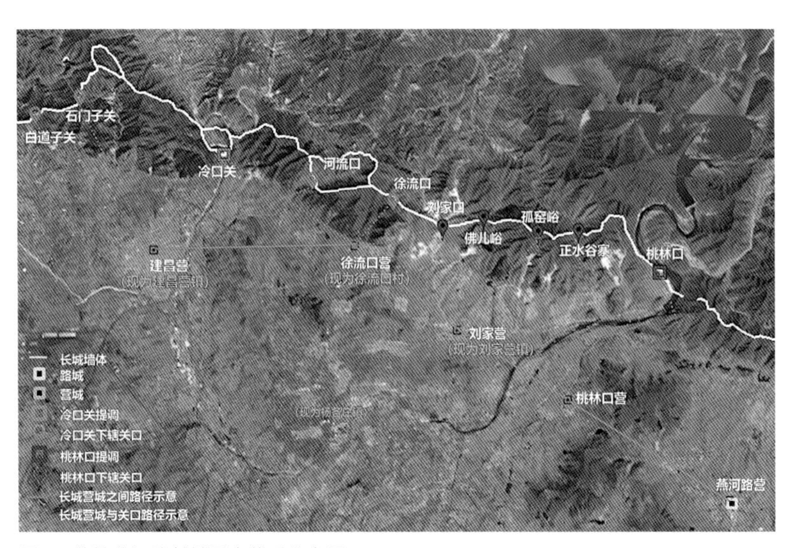

图 4 蓟镇燕河路长城层次体系分布图
（图片来源：底图来源于 Google earth）

2. 徐流口长城历史沿革与建造时序分析

随着蓟镇长城的不断发展和军事驻防的不断变革，徐流口地区长城防御体系主要分为以下 3 个主要修建阶段：①洪武年间，开设徐流口关口，并设徐流口营城；②成化年间，修筑徐流口关城；③自弘治年间起，修筑各关堡之间长城与敌台等，并经过长城墙体包砖、加建空心敌台等阶段。直至万历年间，在戚继光的军事部署下，徐流口基本形成长城军事防体系完整布局。具体的建造时序如表 1 所示。可见以徐流口地区长城为代表的蓟镇长城防御体系遵循先设口驻城，再修边的修筑原则进行军事战略布局。

徐流口地区长城军事防御体系建造时序表 表 1

阶段	历史时期	建设内容	文献与数据来源
1	洪武年间（1368～1398 年）	设关隘于徐流口	《四镇三关志》[10]10-66：“洪武年建，通大川，平漫，各墩空，俱冲。”
2	洪武年间（1368～1398 年） 宣德年间（1426～1435 年） 正统年间（1436～1449 年）	修筑徐流口营城，宣德筑土为城，正统初易土为砖	《永平府志》（万历）[11]33：“徐流营，宣德间镇守太监刘通筑土为城，正统初少监郁永易土为砖。”《四镇三关志》[12]10-70：“徐流营城堡一座（洪武年建）”；《卢龙塞略》[10]40：“徐流营，城石，周二百六十二丈二尺，门曰东，曰西，曰南，居二百五十家。”
3	成化三年起（1467 年）	修筑徐流口关城	《永平府志》（万历）[13]33：“徐流口洪武初为关隘，成化三年设城。”《卢龙塞略》[10]40：“徐流口，城石，高丈五尺，周二百五十丈一尺，门曰东，曰南，居九十五家。”
4	弘治二年起（1489 年）	修筑冷口地区墩台、城堑、廨舍等	《明孝宗实录》[12]：“弘治二年七月壬申，修蓟州、冷口、喜峰口、潘家口、青山口、义院口、一片石、箭竿岭、沙坡谷、猪圈头等处墩台、城堑、廨舍。”
5	嘉靖三十年起（1551 年）	修筑徐流口地区边墙、铲崖	《明史 · 兵志三》[13]：嘉靖三十年“自山海关至居庸关、沿河口，共二千三百七十里，中间应修墙，并铲崖。”“高一丈五尺，根脚一丈，收顶九尺。”

续表

阶段	历史时期	建设内容	文献与数据来源
6	隆庆二年起（1568 年）	修筑空心敌台（L12 敌台同时期建设）	《四镇三关志》[12]10-311："将寒垣稍为加厚，二面皆设垛口，计七八十垛之间，下穿小门曲突而上。而又于缓者则计百步，冲者五十步或三十步即筑一墩，如民同看家楼，高可一倍，高三丈，四方共广一十二丈，上可容五十人。"
7	万历六年（1578 年）	修补徐流口长城墙体并包砖	《四镇三关志》[12]10-311："始有拆旧墙修新墙之议，新墙高广加于旧墙，皆以三合土筑心，表里砖包，表里操口，纯用灰浆，足与边腹砖城比坚并久，内应增台者既增之，应产削偏坡者即铲削之。"
8	万历三十五年（1607 年）	徐流口地区长城防御体系基本完工	《修建冷扳台子边墙记事碑文》[14]："万历叁拾伍年秋防，客兵河南营军原蒙派修建军冷扳台子柒拾肆号台西窗起至鸡林山柒拾陆号台东窗止等边墙捌拾陆丈壹尺。"

3．徐流口长城现状地理环境分析

徐流口长城关口设于墙身中，关口位于山坳中地势较为平坦，长城墙体沿山脊修筑，向东 1500 米到达刘家口，向西 3000 米到达河流口，山脊最高点海拔 410 米，关口所在山坳位置海拔 240 米，落差较大（图 5），所有敌台均设于山脊高点处（图 6），L12 号敌台与关口处高差为 30 米。基于 ArcGIS 软件对于徐流口地区长城周边山体的坡度分析显示（图 7），徐流口关口位置坡度小于 5°，关口两翼长城两侧坡度较陡，坡度最急处可达约 43°，关口东北侧，即长城外侧地势相对平缓，关口内侧地形较为错落（图 8）。有道路沿山坳方向跨越关口东侧残损墙体顶部联通长城南北两侧，该现状道路与历史道路基本保持一致。

图 5　徐流口地区长城周边环境高程分析
（图片来源：ArcGIS 软件生成）

图 6　徐流口地区长城敌台分布航拍图
（图片来源：张寒 摄）

图 7　徐流口地区长城周边环境坡度分析
（图片来源：ArcGIS 软件生成）

三、徐流口地区长城防御工事残损分析与保护方法

1．以记录保存现状为目的的测绘方法

基于对徐流口地区长城的历史与现状的总体分析，进而可对区域内具体防御工事进行深入研究。选择徐流口关口西侧第二座敌台（L12 号敌台），也是第一座基本形制保存较为完好的敌台进行详细的测绘与残损分析。该空心敌楼位于徐流口关口西部约 200 米的山脊处，楼体为梯柱形，楼体顶部破坏严重，首层基本形制保存完好。东西两侧一门一箭窗，南北两侧三箭窗，内部为双筒拱的布局形式，内有梯道通向顶层，保存较为完好。由于徐流口地

区敌台均位于山脊处，敌台南北两侧均为陡坡地势，测绘工作采用人工测绘与无人机航拍相结合的方法进行。基于无人机航拍可得敌台各立面的正射影像，同时可生成三维点云扫描模型（图 9）。

测绘以记录现状保存状况为主要目的，在绘制敌台建筑及其两侧各 10 米长城墙体建筑尺寸形制的同时，详细描绘各种建筑材质现状，包括各种石材与砌体材质修砌做法以及破损状况，建筑材料跌落堆砌状况，植被于建筑上覆盖状况等，力求通过图像方式完全记录敌台及其周边环境现状。测绘工作共获得详细图纸 9 张，包括首层平面与顶层平面 2 张，立面 4 张以及剖面 3 张，部分图纸如图 10、图 11 所示。

同时根据该区域测绘结果以及周边地区各敌台与墙体建筑残损位置暴露在外的剖面结构，可以部分还原徐流口地区敌台及部分墙体的内部修砌构造，在帮助了解长城修筑方式的同时，为下一步的修复工作也提供有力的构造依据（图 12、图 13）。此区长城墙体采用底部形状规制条石或不规则毛石平铺，内部为碎石与夯土堆砌，外部由凿石收分砌筑，明代后期外部进行包砖贴砌，采用“丁”“顺”相间的形式，上下砖行错缝咬茬的砌法[15]。通过该测绘结果也能为史料记载提供佐证，徐流口地区长城先石砌，再包砖的墙体修筑顺序。敌台底部为规则条石平铺砌筑，上部为青砖砌筑，墙体内部及顶部多为碎砖砌筑，部分填充以碎石或沙土，顶部以青砖修筑女墙及垛口。

2. 基于测绘结果的材料与残损类型分析

通过调研与测绘显示，徐流口地区长城墙体与敌台材质主要分为以下几类：①青砖砌体，主要用于墙体外部包砖以及敌台墙身修建；②规则条石砌体，主要用于敌台和部分区域墙体底部基础的砌筑；③不规则毛石，用于部分区域墙体底部基础砌筑；④灰浆，主要用于砌体粘合；⑤碎石、砂土等，主要用于墙体内部以及敌台基础内部的填充。材

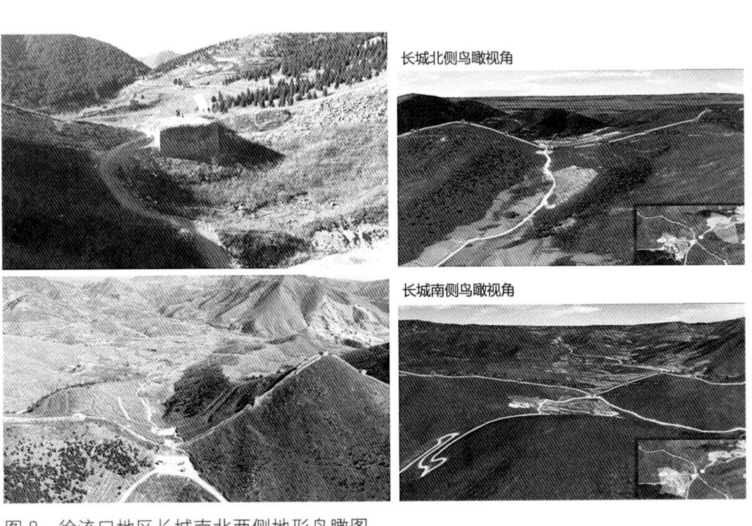

图 8　徐流口地区长城南北两侧地形鸟瞰图
（图片来源：李哲 摄，部分底图来源于 Google earth）

图 9　徐流口 L12 号敌台三维点云扫描示意图
（图片来源：李哲 摄）

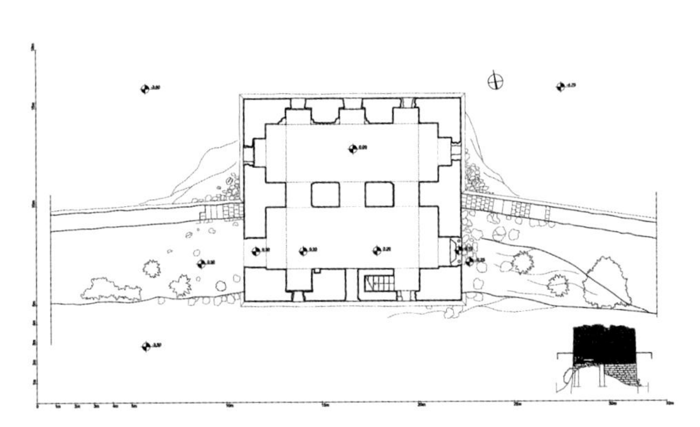

图 10　徐流口 L12 敌台首层平面图

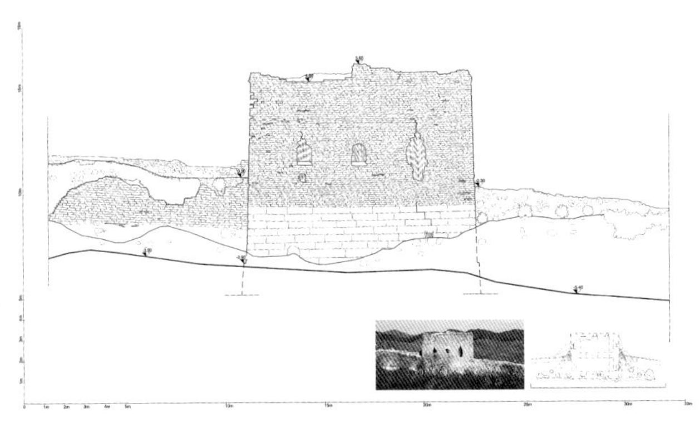

图 11　徐流口 L12 敌台南立面图

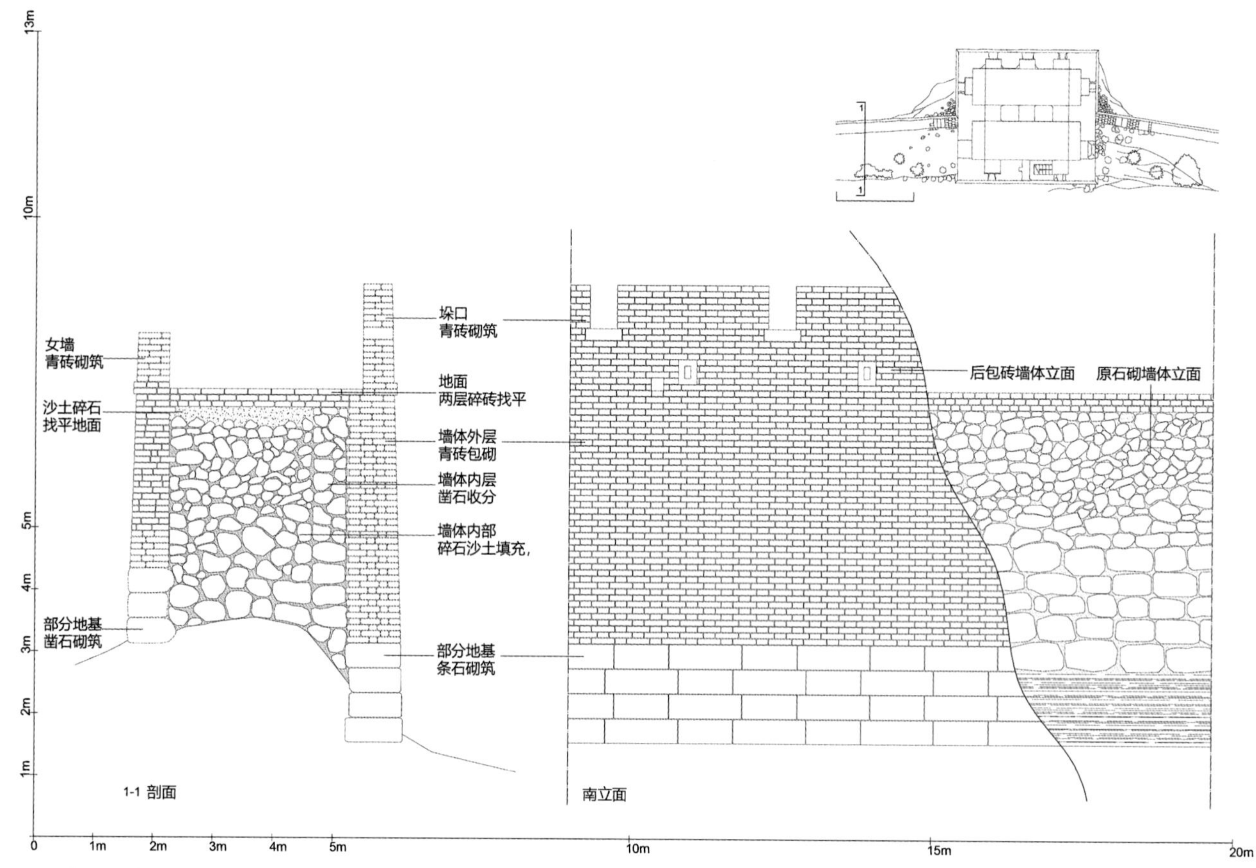

图 12　徐流口地区长城墙体构造示意图

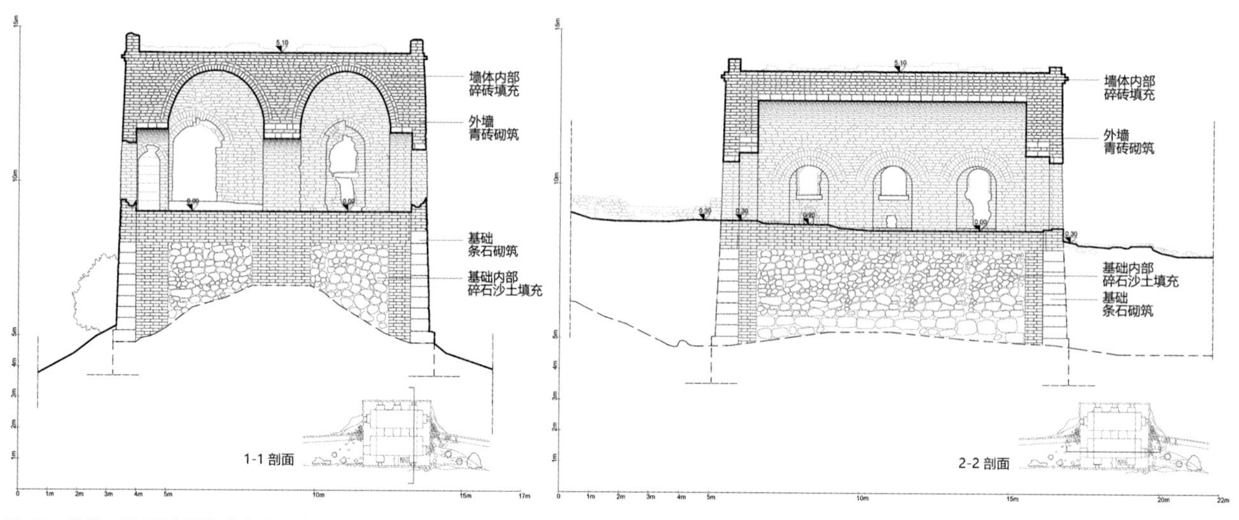

图 13　徐流口地区长城墙敌台造示意图

料类型及其具体尺寸等如图 14 所示。

徐流口地区长城墙体及敌台残损类型主要分为 6 种，包括材料的裂缝、酥解、材质缺损、材料丢失、植被破坏以及材料堆积等问题 [16]，不同材料的对应的残损类型照片如图 14 所示，同时将不同材质以不同颜色进行标记，不同残损状况以不同符号进行表达，通过详细记录与分析，可得到与文物实际状况完全对应的残损分析图（图 15）。通过对于敌台各部分不同类型的材质与残损状况分析，可以准确地评估建筑遗产的现状，确定危害等级，为下一步的修复工作提供准确的资料信息。

3．敌台结构裂缝专项分析

在长城建筑的各类型残损状况中，裂缝问题尤为重要，因为其关乎建筑整体结构的稳定性，在确定裂缝情况，进

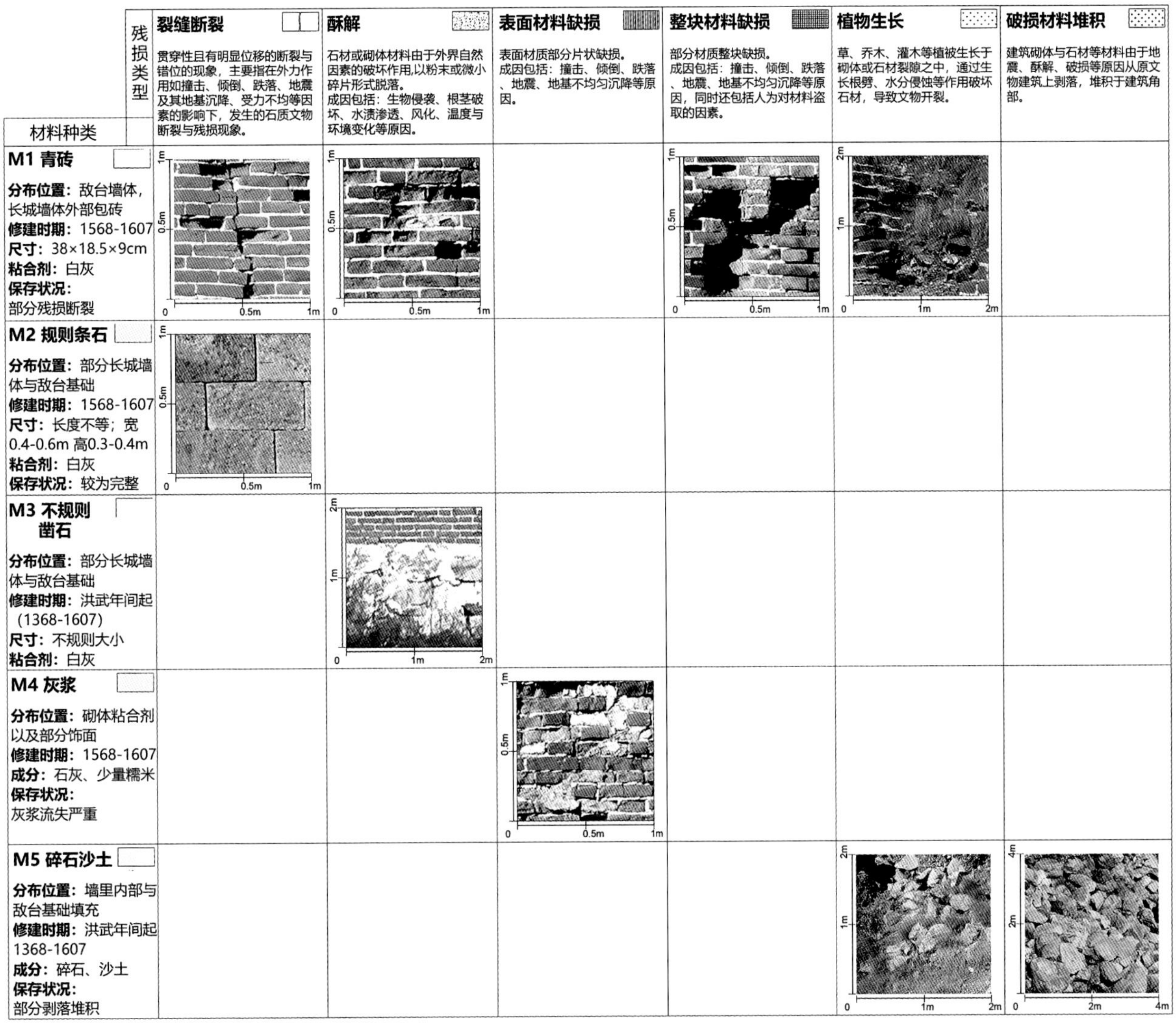

材料种类 \ 残损类型	裂缝断裂	酥解	表面材料缺损	整块材料缺损	植物生长	破损材料堆积
	贯穿性且有明显位移的断裂与错位的现象，主要指在外力作用如撞击、倾倒、跌落、地震及其地基沉降、受力不均等因素的影响下，发生的石质文物断裂与残损现象。	石材或砌体材料由于外界自然因素的破坏作用,以粉末或微小碎片形式脱落。 成因包括：生物侵袭、根茎破坏、水渍渗透、风化、温度与环境变化等原因。	表面材质部分片状缺损。 成因包括：撞击、倾倒、跌落、地震、地基不均匀沉降等原因。	部分材质整块缺损。 成因包括：撞击、倾倒、跌落、地震、地基不均匀沉降等原因，同时还包括人为对材料盗取的因素。	草、乔木、灌木等植被生长于砌体或石材裂隙之中，通过生长根劈、水分侵蚀等作用破坏石材，导致文物开裂。	建筑砌体与石材等材料由于地震、酥解、破损等原因从原文物建筑上剥落，堆积于建筑角部。
M1 青砖 **分布位置：**敌台墙体，长城墙体外部包砖 **修建时期：**1568-1607 **尺寸：**38×18.5×9cm **粘合剂：**白灰 **保存状况：** 部分残损断裂						
M2 规则条石 **分布位置：**部分长城墙体与敌台基础 **修建时期：**1568-1607 **尺寸：**长度不等；宽0.4-0.6m 高0.3-0.4m **粘合剂：**白灰 **保存状况：**较为完整						
M3 不规则凿石 **分布位置：**部分长城墙体与敌台基础 **修建时期：**洪武年间起（1368-1607） **尺寸：**不规则大小 **粘合剂：**白灰						
M4 灰浆 **分布位置：**砌体粘合剂以及部分饰面 **修建时期：**1568-1607 **成分：**石灰、少量糯米 **保存状况：** 灰浆流失严重						
M5 碎石沙土 **分布位置：**墙里内部与敌台基础填充 **修建时期：**洪武年间起1368-1607 **成分：**碎石、沙土 **保存状况：** 部分剥落堆积						

图 14　徐流口地区长城建筑材料与残损类型对照图[①]

行建筑结构加固修复的情况下，才能进行之后更为精细的修复工作。因此，需要对敌台的结构裂缝进行专项研究与分析。对应敌台平面、立面与剖面进行集中的裂缝情况分析（图 16），可以看出裂缝主要集中于敌台的东北角部与西北角部位置，部分裂缝贯穿内外与顶部，裂缝位置如不加以介入式加固，将出现整面墙体或整个建筑沉降与倾倒，该情况残损模型示意如图 17 所示。因此，基于结构裂缝的详细分析，可根据实际情况进行墙体结构的有序修复。

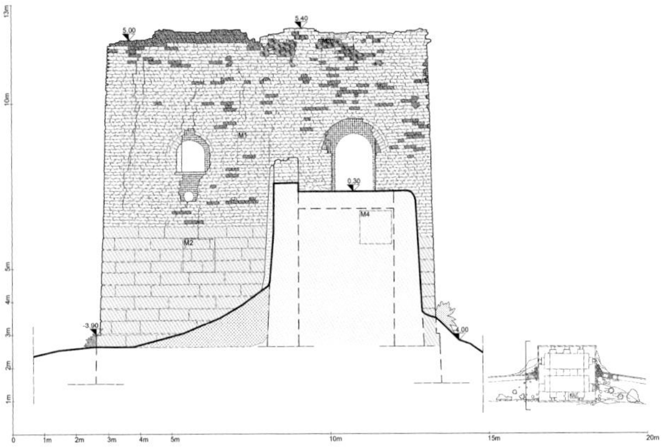

图 15　徐流口长城敌台东立面材料与残损分析图

4．徐流口地区长城修复步骤与策略

通过对于徐流口地区长城的全面调研，以及对于徐流口部分敌台的精细测绘，已对徐流口地区长城的残损情况有详尽了解，在实际操作过程中需遵循以下步骤进行进一步的保护与修复工作。

（1）长城遗址结构预支护。修复工程进行之前根据长城建筑的结构残损状况对于需对遗址进行外部支护操作，以

① 不同建筑材料的历史时期按照其所在建筑修筑时期标注，具体时间参见表 1。

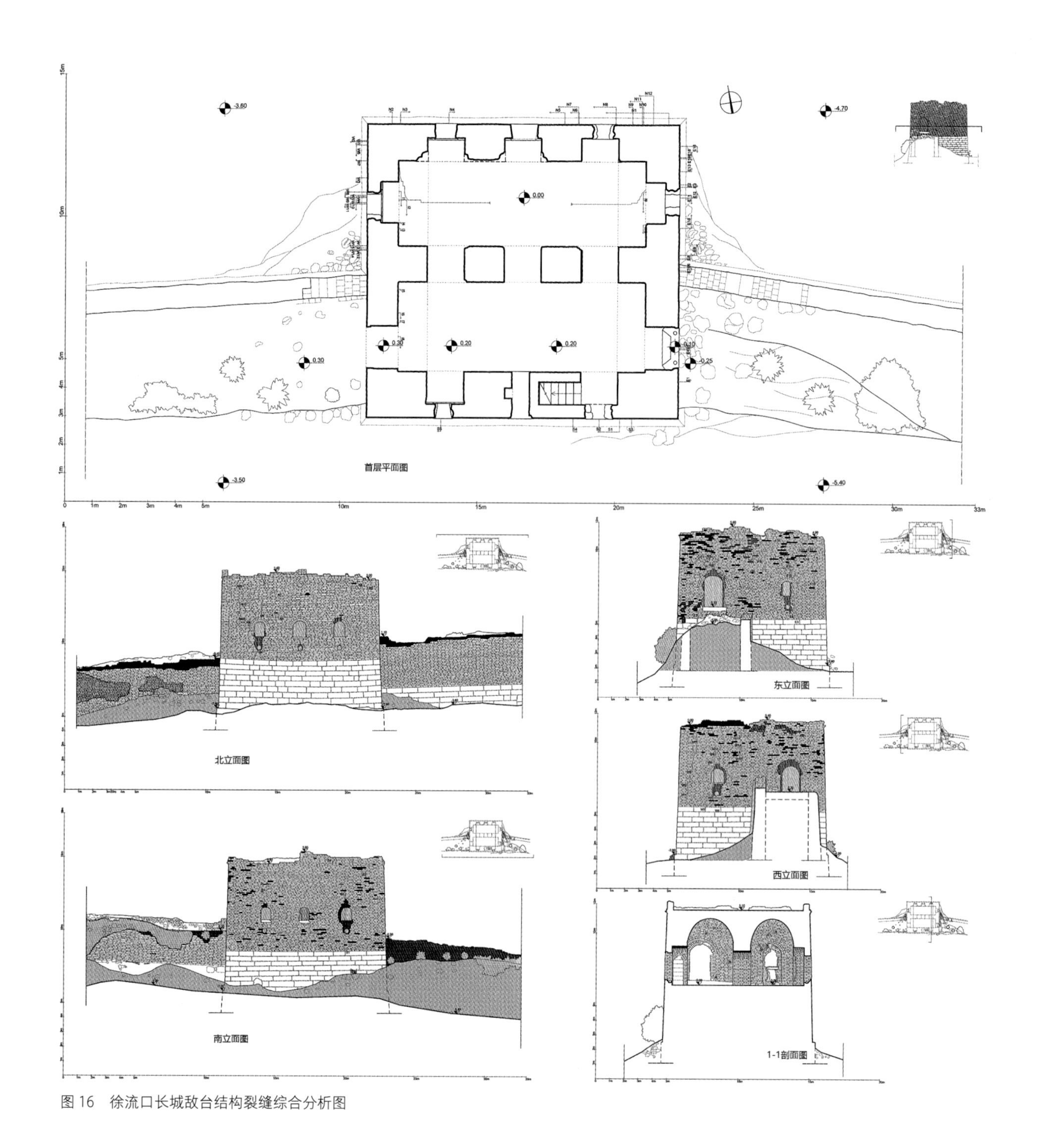

图 16　徐流口长城敌台结构裂缝综合分析图

坍塌区域
墙体潜在倾斜区域
墙体裂缝示意
墙体坍塌倾斜方向
视角1
视角2
视角1
砌体墙体裂缝残损模型示意
视角2

图 17　徐流口敌台结构裂缝残损模型示意图

防止建筑结构的不稳定，预防修复性破坏。

（2）坍塌堆积材料整理。首先需要对遗址建筑周围、内部及顶部的坍塌材料进行整理，并对不同材料进行分类堆积，详细登记记录，部分完整材料回收利用，以便于下一步的局部归位修补。

（3）结构修补。对于长城建筑上的结构裂缝进行加固与修补，部分结构脆弱区域根据专业评估，在不影响风貌的前提下，可增加锚固措施。局部补充丢失的建筑材料，替换酥解和残损的砌体材料。

（4）清理立面与建筑内部表面。建筑立面与内部植被清除，修剪外植物枝杈，但不可强性除根，需利用生物技术，使用对应的植被除草剂进行植被清理工作，以防止植物根茎移除过程中破坏建筑结构。采用物理机械方式或者化学方法清洗建筑表面，利用原有灰浆材料对缺损砖缝等进行勾缝填充处理。

（5）长城建筑及其周边环境局部重塑。综合评估该区域长城价值，设定展示利用形式，根据展示需求，在不破坏历史风貌的前提下，可局部重塑部分损坏的长城建筑，但修筑展示的内容必须是可逆的，尊重历史痕迹的。

四、长城遗址保护与修复建议

基于对明长城军事防御体系真实性与完整性的认知，以及明长城保护目前所面临的问题与困境，本文提出以下修复建议：

①明长城军事防御体系的修复应当遵从整体性与系统性的修复原则；

②以《长城保护条例》与各地方已经出台或即将出台的长城保护规划大纲作为修复准则；

③以尽可能充分的历史资料作为有力依据，一切历史依据来源于文献；

④以精确的实地调研与遗产现状测绘作为研究基础，一切修复方案始于测绘；

⑤以详细的遗产材料与残损分析为保护价值评估的基础，修复方法应与现状严格对应；

⑥基于评估结果制定以展现遗产价值为出发点的保护与展示策略，不应以复原或旅游开发为首要目的进行长城保护工作。

本研究还需随着保护工作的不断深入，不断推进，争取早日在明长城保护工作中落实以明长城整体性防御体系保护为基本理念，以精准的遗址测绘为基础，以详尽的残损分析作为修复设计重要内容的长城保护修复理念，希望能为今后的长城文化遗产的保护与修复工作提供有效的策略方法与技术支持。

（本研究受到罗马大学 Sapienza University of Rome 建筑学院 Daniela Esposito 教授、Spiridione Curuni 教授、Fabrizio de Casaris 教授，以及天津大学张玉坤教授联合指导）

参考文献

[1] 李韵．不能让人为因素造成长城毁灭性破坏[N]．光明日报，2009-04-20(005).

[2] 闫祥岭．万里长城“濒危”之殇——新华社记者古长城保护现状调查[A]．万里长城（2015年合订本）[C]．2015：4.

[3] 国家文物局．关于印发《长城“四有”工作指导意见》和《长城保护维修工作指导意见》的通知[Z]．http：//www.sach.gov.cn/art/2014/2/25/art_1325_97115．html. 2014年2月．

[4] 河北省文物研究所编著．明蓟镇长城——1981～1987年考古报告·第五卷[M]．北京：文物出版社，2012.

[5] 张玉坤主编．中国长城志：边镇堡寨关隘[M]．南京：江苏科学技术出版社，2016.

[6] 王云瑞．青龙境内长城考实[M]．青龙文史资料第四辑，1990.

[7]（清）游智开修．史梦兰纂．永平府志·光绪五年[M]//董耀会主编．秦皇岛历代志书校注永平府志．北京：中国审计出版社，2001.

[8]（明）郭造卿．卢龙塞略，明万历刻本[M]//薄音湖，于默颖编辑点校．明代蒙古汉籍史料汇编：卢龙塞略 九边考 三云筹俎考（第6辑）．内蒙古：内蒙古大学出版社，2009.

[9] 王琳峰．明长城蓟镇军事防御性聚落研究[D]．天津：天津大学，2012.

[10]（明）刘效祖．四镇三关志[M]．明万历四年刻本．北京：北京出版社，1998.

[11]（明）徐准修．涂国柱纂．永平府志·1599（万历二十七年）[M]//董耀会主编．秦皇岛历代志书校注永平府志．北京：中国审计出版社，2001.

[12] 台湾研究院历史语言研究所. 明实录·60·明孝宗实录·卷十五至三十六[M]. 1964.
[13](清)张廷玉等撰. 明史·兵三[M].中华书局，1974.
[14] 河北省文物局长城资源调查队编.河北省明代长城碑刻辑录[M]. 北京：科学出版社. 2009.
[15] 贾亭立.中国古代城墙包砖[J].南方建筑，2010(06)：74-78.
[16] WW/T 0002-2007. 石质文物病害分类与图示[S]. 2008.

分镇分期

雄关如铁——明长城居庸关关隘防御体系探析 [①]

摘 要

居庸关是我国古代的军事巨防，其鲜明的层次性防御体系和空间布局，堪为长城关隘的典范。本文在以往研究的基础上，将视角从居庸关城和关沟的5道防线扩大到居庸关防区，从区域整体探讨居庸关防区内三个层次的军事布防体系，指出了居庸关空间布局中的设防重点、纵横防线布局及外围区域防御的多级建构体系——“点—线—面”三位一体的军事防御性关隘空间特征。

关键词 居庸关；关隘；防御体系；空间布局

引言

居庸关，至今仍巍然屹立在北京西北部的千年古关，作为守卫京都的军事巨防，是我国军事历史与文化中的瑰宝。自战国伊始，“居庸”一词出现，距今已有2000多年的历史。在这悠悠岁月中，居庸关从最初的天然隘口，发展到明鼎盛时期的军事重镇。《察哈尔省延庆卫志略》提到：居庸，为神京北门锁钥，与紫荆、倒马二关，俱近在肘腋，易曰：“王公设险，以守其国，所由来也久矣。历朝以来，几费经营，前人之劳蹟，何可忘也”[②]。可见，居庸关自古以来就具有异常重要的战略地位，是兵家“设险守国”的必争之地。在那些战乱的年代，居庸关以其几近京师、地险势要的环境优势，因地制宜地层层设防，在京师西北构筑了一道道防守严密、雄关如铁的军事屏障。

一、明长城居庸关军事防御的层级性

居庸关南至京师40余公里，是蓟镇、宣府镇、大同镇三镇兵防调动的重要出入口，与紫荆关、倒马关共同构成守卫京师的“内三关”。居庸关重要的军事地位，使历代统治者无不对其进行重点布防。明成祖朱棣曾言：“居庸关路狭而险，北平之噤喉也。百人守之，万夫莫窥，必据此乃可无北顾忧。[③]”可见明朝统治者对居庸关的高度重视。

以往对居庸关的研究，多重点关注居庸关城和关沟的5道防线，对其管辖区域的防御体系尚缺乏足够的重视。明长城居庸关关隘的军防体系按其防御重要程度和戍守的边界，可分为三个层次：居庸关城——居庸关沟——居庸关防区。

1．第一层次为“居庸关城”

“洪武元年，既定燕京，遂城居庸关”，为大将军徐达、常遇春建，“关城跨水筑之，有南北二门，前明以参将一人，通判一人，掌印指挥一人守之”[④]。“五年建守御千户所，三十二年（1399年）所废改设隆庆卫指挥使司，永乐元年添设隆庆左右卫，凡三卫，俱直隶[⑤]”。“宣德元年（1426年），徙隆庆左卫于永宁县，而关独有隆庆卫，领千户所五，以为京师北面之固。”据《四镇三关志》记载的昌镇武阶职官，居庸一路设参将，“洪武三十二年设，初为镇守，弘治元年（1488年）改分守，正德四年（1509年）改镇守，越一载仍为分守，嘉靖四十四年（1565年）改参将一员，辖八达、石岭、灰岭三守备地方[⑥]”。居庸关城驻守参将，在长城军事防御体系中为路级组织[⑦]，明初时属蓟镇总兵管辖，

---

① 刘珊珊，张玉坤，陈晓宇．雄关如铁——明长城居庸关关隘防御体系探析[J]．建筑学报，2010(S2):14-18．

②（清）周硕勋．察哈尔省延庆卫志略．据清乾隆十年抄本，收录于《中国方志丛书·塞北地方·第三二号》．台北：成文出版社，1970：21．

③（清）顾祖禹．读史方舆纪要·卷十．

④（清）周硕勋．察哈尔省延庆卫志略．据清乾隆十年抄本，收录于《中国方志丛书·塞北地方·第三二号》．台北：成文出版社，1970：24．

⑤（明）张绍魁．察哈尔省重修居庸关志，据明万历十四年抄本，收录于《中国方志丛书·塞北地方·第三一号》．台北：成文出版社，1968：20．

⑥（明）刘效祖．四镇三关志·卷八·职官．万历四年刻本，九八．

⑦ 张曦沐．明长城居庸关研究[D]．天津：天津大学，2005．

嘉靖三十年（1551 年）从蓟镇分出，归为昌镇。

2．第二层次为“居庸关沟”

居庸关城位于西山与军都山分界的峡谷地段，即太行八陉之一的军都陉。这条狭长的峡谷，因居庸关而名之为“关沟”。《读史方舆纪要》中载，“关门南北相距四十里，两山夹峙，下有巨涧，悬崖峭壁，称为绝险[①]”，即《吕氏春秋》、《淮南子》中所谓的九塞其一也。居庸关沟乃自南口越居庸关、八达岭通往晋陕北部以及内蒙古高原的天然孔道，想到京都腹地，这里是距离最短、最便捷的通路。从抵御北方入侵之敌、防卫京都的角度看，敌人若要从正面攻击京都，关沟乃是必由之路。因此这里自古便是京西北咽喉要道，而居庸关控关沟之中枢。除居庸关城之外，沿关沟一线还布置南口城、上关城、八达岭城以及岔道城四座防御城池，纵深布局，层层严防。

3．第三层次为“居庸关防区”

由居庸关沟往外围延伸扩展，范围涵盖整个居庸关的戍守边界，即“东至西水峪口黄花镇界 90 里，西至坚子峪口紫荆关界 120 里，南至榆河驿宛平县界 60 里，北至土木驿新保安界 120 里[②]”，横跨昌平、隆庆、保安三州，方圆数百里的区域。居庸关防区以关城为中心，分北路、中路、南路、东路、西路又含白羊口、长峪城、横岭口、镇边城，共 8 条防线，联合布防，构成网状防御体系。各路所辖隘口多达 108 处，每路隘口都自成体系，单独设防。

“居庸关城——居庸关沟——居庸关防区”三个层次军事布防体系构筑了居庸关关隘“点—线—面”的军事防御性空间（图 1），以点控线，以线制面，以达到组织上层层节制，互相照应，彼此配合。“关城”地处关沟中心并屯以重兵，便于调兵遣将；“关沟”狭长的防守地形，配以纵深五道防线，愈发凸显攻城的难度；“居庸关防区”作为外围防守，配置在关沟周围，构成关沟的辅助防御。

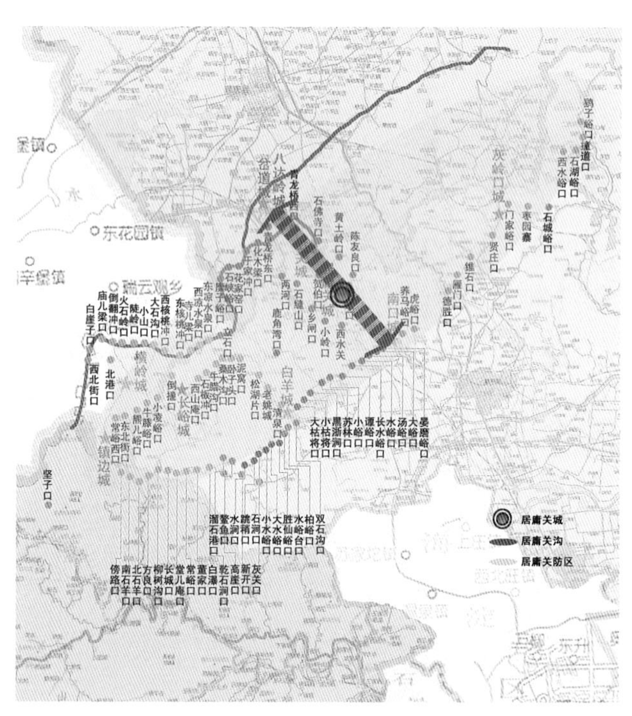

图 1　明长城居庸关关隘空间层次图

二、居庸关关隘各层次防御性空间布局

一般而言，关隘空间的层级性与其防御的层级性是有一定的相互对应的关系，居庸关关隘的防御性空间布局也不例外，即是由多层次、多级别的防御空间共同建构的。大到整个居庸关统辖范围内的整体布局，小到居庸关城的防御设施配置，再小到长城沿线上防守相连的关堡，两两相望的烽燧，无一例外地体现着长城建造者周密的设计匠心，“防御”之独特个性充溢在居庸关的各个角落。《孙子兵法》中“上兵伐谋”的最高境界，在居庸关的军事防御体系中被淋漓尽致地体现，达到不战而屈人之兵。

1．点——关城坚固，节点重点设防

1）关城选址优势

“绝谷累石，崇墉峻壁，山岫层深，侧道偏狭，林鄣邃险，路才容轨[③]”是郦道元对居庸关所处环境的形象描述，“绝”与“险”构筑了居庸关战场的特征，也成就了居庸关“易守难攻”的传奇。“天造居庸险，关开绝壁城。重门悬锁钥，夹水布屯营。[④]”城位于关沟中最开阔的地段，距南口 15 里，距北口 25 里，其西为金柜山，东为翠屏山，翠屏山东侧是罗汉山，北侧是大北梁山，居庸关城就建在这几座大山的环抱中。在距离居庸关南券城 1 公里处，东西两山

---

①（清）顾祖禹．读史方舆纪要 · 卷十．

②（明）王士翘．西关志 · 居庸卷之一 · 疆域．北京：北京古籍出版社，1990：12.

③（清）顾祖禹．读史方舆纪要 · 卷十．

④（明）王士翘．按视居庸 [M]// 西关志 · 居庸卷之八 · 艺文．北京：北京古籍出版社，1990：232.

距离不足百米，再向北，两山距离豁然开阔，而后又逐渐收缩，如此“收—放—收”的格局，使基地天然形成形似于船形的中间宽、两头窄的易守难攻之地。

2）居庸关城的建置

我国古代在重要的军事要冲，必要建城防守。城池的等级、规模、驻兵人数都与所处的地理位置和军事防御级别息息相关。居庸关城为居庸一路的镇守参将驻地，属路城级别，关城“**周围一十三里有半（约6750米），二十八步有奇，东筑于翠屏山，西筑于金柜山，南北二面筑于两山之下，各高四丈二尺（约14米），厚二丈五尺（约8.3米）**[①]”。南北两关城向东分别和南北跨河长城相接，这样居庸关城就成为一个封闭的圆圈，其防御范围呈放射状扩大，可360度全方位打击进攻者。

图2　居庸关全景图
（图片来源：《北京市昌平县地名志》）

3）增强关城防御性的其他“硬防卫”设施

（1）瓮城

鉴于居庸关城军事地位的重要性，在南北关门外各建有瓮城一座（图3），以加强对城的防御性。北城门瓮城为长方形，面积3000余平方米，南瓮城呈半圆形，面积2500余平方米。因敌人主要从北面进攻居庸关，故北瓮城相对于南瓮城，在规模、在形势上更胜一筹。北瓮城其前沿西侧靠山，东侧临水，此一山一水恰夹住通往北瓮城的通道，使敌军兵力无法展开。瓮城东西封闭，在南侧城墙正中、北侧西北角各建一孔门洞，瓮城城门开在西侧角上，门洞设“千斤闸”把守，其上建有闸楼三间。南瓮城南侧封闭，北侧有通向关内城门洞一孔，西侧有一孔门洞，古代有城门。

图3　居庸关南瓮城与北瓮城

图4　居庸关敌楼

（2）敌楼

不仅关城内部有精心设置的防御设计，关城的外部更是因形就势，步步设防，在东南西北沿山脊和河道修建长城，并在周围山峰的要冲及制高点上巧妙安排敌楼与护城墩，使之与关城城墙紧密相联，内外配合，加强关城的防御能力。在《察哈尔省重修居庸关志》中有载关城敌楼（图4）的布防设置：“**四面敌楼一十五座，共城楼五十七间，关城外南北山险处共筑护城墩六座，东南、西南各一座，东北二座，西北二座，烽堠墩一十八座。**[②]”敌楼、护城墩及烽堠墩的位置和设计

① （明）张绍魁. 察哈尔省重修居庸关志. 据明万历十四年抄本，收录于《中国方志丛书·塞北地方·第三一号》. 台北：成文出版社，1968：48.
② （明）张绍魁. 察哈尔省重修居庸关志·卷二·城池[M]. 据明万历十四年抄本，收录于《中国方志丛书·塞北地方·第三一号》. 台北：成文出版社，1968：49.

都是根据居庸关的地形巧妙设置的，能最快、最有效地发现敌兵。

4）增强关城防御性的精神“软防卫”[①]设施

居庸关城内历史曾建永明寺、玉皇庙、旗纛庙、火神庙、三官庙、东岳庙、泰山行宫庙、晏公庙、泰安寺和孔庙十座庙宇。关帝庙建在北门附近的西山坡上，关王庙建在南瓮城内，两座庙宇都是供奉着三国名将关羽。城隍庙建在关城内西南隅，庙内主神为城隍，是守护城池的神。真武庙建在北瓮城内，庙内供奉的真武大帝，传说徐达北征，屡受真武灵相助。马神庙位于居庸关南关外西山脚下，庙内供奉马神。吕祖庙位于居庸关翠屏山上，庙内是供奉深得百姓喜爱的吕洞宾。这些庙宇的建立往往是人们强烈的求安心理在精神层面的准确反映，人们在精神上将安全托庇于这些圣灵，这也是作为防御的一种手段。

2．线——锁钥重重[②]，纵横防线布局

居庸关关隘军事防御体系不仅着力于关城的防御能力，更是设置了一道道纵横交错的防线来加强纵深防御。除关沟一线外，居庸关防区范围内设置的 8 条防线，往东直达黄花镇界，西达紫荆关界，南北之间深达 180 里，使居庸关关隘防御体系从深度和广度上得以扩展，最终形成京师西北严密的军事屏障。

其中设防最甚的防线非“居庸关沟”莫属，明代时多次修复扩建居庸关沟一线。“关凡四重：南口者下关也，为之城，城南门至北门一里；出北门十五里曰中关，又为之城，城南门至北门一里；出北门又十五里曰上关，又为之城，城南门至北门一里；出北门又十五里曰八达岭，又为之城，城南门至北门一里。盖自南口之南门至于八达岭之北门，凡四十八里……降自八达岭，地遂平，又五里曰岔道。[③]”可见明王朝沿关沟一线由北向南依次修建了岔道城、八达岭、上关城、居庸关城、南口城纵深 5 道军事防线（图 5），“拱南控北固如磐[④]”，构成直接保卫京师的大纵深防线。

1）第一道防线——岔道城

在居庸关北约 33 里，扼关沟之北口，为居庸关的门户。元代时，岔道城是从大都到上都的必经之路，其东南 5 里为举世闻名的八达岭，北与通往四海的外长城相连，是居庸关外重要的军事城堡和驿站，可御敌于前沿，具有重要的战略位置。《读史方舆纪要·延庆州》记载岔道口：“自八达岭而北，地稍平，五里至岔道，有二路：一至怀来卫，自西北历经榆林、土木、鸡鸣三驿至官府，为西路。一至延庆州、永宁卫、四海冶为北路。八达岭为居庸关之襟喉，岔道又为八达岭之藩篱也。[⑤]”明《长安客话》也载：“逾岭数百步即岔道，堡实关北藩篱，守岔道所以守八达岭……”“襟喉、藩篱”形象地表明岔道城乃居庸关八达岭的军事前哨，其作用不可小觑。明嘉靖三十年（1551 年），以寇警议筑，遂甃以砖，周二里百十一丈，西南北三门。隆庆五年（1571 年），建岔道城。

图 5　居庸关沟五道防线
（图片来源：来自《武备志》）

2）第二道防线——八达岭城

在居庸关城北约 30 里，高踞关沟北端最高处，海拔约 600 米。《山水记》：“自八达岭下视居庸关，若建瓴，若窥井[⑥]”，这里居高临下，形势险要至极，甚至比居庸关城更险要。明巡按西关御史王士翘即提出居庸之险不在关城而在八达岭。他在《居庸关论》里说：“居庸两山壁立，岩险闻于今古，盖指关而言，愚谓居庸之险不在关城而在八达岭，是岭关山最高者，凭高以拒下，其险在我，失此不

① 精神“软防卫”的提出来源于：营造颇具安全感的聚落空间往往同时得力于精神“软”防卫因素。王绚，《传统堡寨聚落研究——兼以秦晋地区为例》，天津大学博士学位论文，2004 年。

② （明）雷宗．居庸八景·玉关天堑 [M].

③ 赵景云．清醒：思所以危则安——《说居庸关》赏析 [J]．新闻与写作，2006（07）：30.

④ （明）陈澍．居庸览胜 [M].

⑤ （清）顾祖禹．读史方舆纪要·卷十七·北直八·延庆州．

⑥ （清）顾祖禹．读史方舆纪要·卷十七·北直八·延庆州．

能守，是无关矣。逾岭数百步即岔道堡，实关北藩篱。守岔道所以守八达岭，守八达岭所以守关也。由八达岭南下关城，真所谓降若趋井者……故曰险不在关城也。[①]”在八达岭的悬崖峭壁上至今还留有古人刻下的“天险”二字。八达岭作为居庸关的外关，“失此不守则居庸不可保矣[②]”，其防守更加严密，以致城墙每隔半里到一里即建有一敌台，可谓寸土寸防，步步为营。

3）第三道防线——上关城

在居庸关城北8里，乃居庸故关，初为元代修建。“明太祖既定中原，付大将军徐达以修隘之任，即古居庸关旧址垒石为城[③]”。由于是依旧址而建，所以关城规模较小，有南北两门，后又分别在永乐二年和宣德年间重修两次。当时的上关关城，地狭人稠，遂于景泰间在古长坡店建居庸关城，而后“上关居民寥寥。康熙五十四年（1715年），山水陡发，西崖巨石冲塌而下，致将北门堵塞，行旅不通[④]”，上关城遂逐渐被废弃不用。

4）第四道防线——居庸关城

关城扼守住南北交通要道，并且要道两侧都是狭窄如线的峡谷，纵有千军万马也难以施展火力；关城东西则是两座大山，两山周边皆深沟，居庸关就利用这些沟路起防御作用。东山长城北端将翠屏山与东北高山的连接处凿断形成“山险墙”下的北沟，东侧长城的“九仙庙沟”，西侧“潭峪沟”，西北侧“小西沟”，东北侧“山险沟”，西南侧“马神庙沟”，连同南北河道和南北券城通道，共构筑8条沟路防御敌人。

5）第五道防线——南口城

“明永乐二年（1404年）建，崇祯十二年重修，东西城环跨两山，开设南北城门[⑤]。”它把守关沟的南端，是对外防御最里一道防线。《读史方舆纪要》云：“居庸一倾，则自关以南，皆战场矣。于少保尝言：居庸在京师，如洛阳之有成皋，西川之有剑阁。”[⑥]出南口便是一马平川的中原大地，再无险可守，况且再有不足百里即为京都腹地，这使南口在整个居庸关军事防御体系中的地位愈加重要。

3．面——分路设隘，外围辅助防守

居庸关城实际上是一个战略据点，既要控制本关口的出入情况，还要负责管辖范围内的长城防务。巡按直隶监察御史臣郑芸曰：“惟关隘之设，因天地自然之险而补塞其空隙，大则关城，小则堡口；守之以官军，联之以墩台，遇有警报，各守其险[⑦]”。关口要隘通常选择和构筑在高山峻岭之上，深沟峡谷之中，控制着内外交通，可谓一夫当关，万夫莫开。据《西关志》记载，在居庸关管辖区内共有隘口108处，其中“中路隘口12处，隶本关，委官一员管之；北路隘口6处，隶本关，委官一员管之；南路隘口12处，隶本关，委官一员管之；东路隘口14处，把总一员统之；西路白羊口隘口10处，守备一员统之，兼制长峪横岭镇边三城；长峪城隘口16处，把总一员统之；横岭隘口14处，把总一员统之；镇边城隘口23处，把总一员统之。[⑧]”此8条防线，以关城为中心，向东、南、西、北各个方向放射状布局，将关沟包围，构筑了严密的网络状防御体系（图6）。

居庸关东路因为外接黄花镇，内环陵寝重地，其防御甚重。从南口城往东的养马峪口，直至黄花镇界鹞子峪口，共设隘口14处，嘉靖二十二年（1543年），添设把总一员。

中路12处隘口，由南往北设在关沟周围，以拱卫关沟。

北路6处隘口，在八达岭以西，分别为化木梁口、于家冲口、花家窑口、石峡峪口、糜子峪口、河合口，皆是外口，设防紧要。

南路12处隘口，位处南口城与白羊口堡之间，是靠近京师的地方，属于里口，因此这些关口的设防就稍缓些，基本上仅是设置了正城一道，水门一空。

西路隘口众多，除本路10处隘口之外，加之长峪、横岭、镇边三路，共计63处隘口，占居庸关所辖一半以上，可见

---

①（清）李钟俾．延庆县志·卷之九·艺文．据乾隆七年本．1938：7.

②（明）张绍魁．察哈尔省重修居庸关志．据明万历十四年抄本，收录于《中国方志丛书·塞北地方·第三一号》．台北：成文出版社，1968：50.

③（清）周硕勋．察哈尔省延庆卫志略．据清乾隆十年抄本，收录于《中国方志丛书·塞北地方·第三二号》．台北：成文出版社，1970：23.

④ 同上，1970：25.

⑤ 同上，1970：24.

⑥（清）顾祖禹．读史方舆纪要·卷十一．

⑦（明）王士翘．西关志·居庸卷之七[M]．北京：北京古籍出版社，1990：193.

⑧（明）王士翘．西关志·居庸卷之一·关隘[M]．北京：北京古籍出版社，1990：16-21.

西路防御之重要。“关西白羊口，号称要害。城西门外去山不十丈，而山高于城数倍，冈坡平漫，可容万骑，虏若据山，则我师不敢登城……[①]”景泰元年（1450年）建白羊口堡一座。城池建置如《西关志》中描述：“原设旧城，景泰元年重建。堡城一座，上跨南北两山，下当两山之冲，城高二丈五尺，厚一丈二尺，周围七百六十一丈五尺。东西城门楼二座，东月城门一空，敌楼四座，水旱门五空，城铺一十五间，护城墩一十二座[②]。”至弘治十八年（1505年），西路设守备一员统之，驻白羊口堡，并统摄长峪、横岭、镇边三城。其实白羊口堡所守关隘俱在内里，其外口空旷，仍前失守。于是，同年在堡外逾四十五里横岭口地方筑堡城一座，以阻自怀来而入的敌军。正德十五年（1520年）又在横岭东二十五里筑长峪城，南二里筑镇边城，用以辅助横岭把截。《四镇三关志》中载，白羊口、横岭、长峪城、镇边城四处隶属于昌镇横岭路，嘉靖三十二年（1553年）设参将一员，驻镇边城；嘉靖四十五年（1566年），革守备移参将，驻横岭城。由此，居庸关白羊口堡外，横岭、长峪、镇边“三足鼎立”的防御格局即宣告完成，此三路关隘构成了最稳固的三角形防御体系，由怀来方向入侵的敌人一旦抵达横岭城，分别位于其西南方的镇边城和东南方的长峪城可立即组织兵力，同时从两个方向增援；同理，若有从紫荆关方向攻来的敌人，则会首先进攻最西端的镇边城，位于其东部的横岭城和长峪城同样可以同时增援。

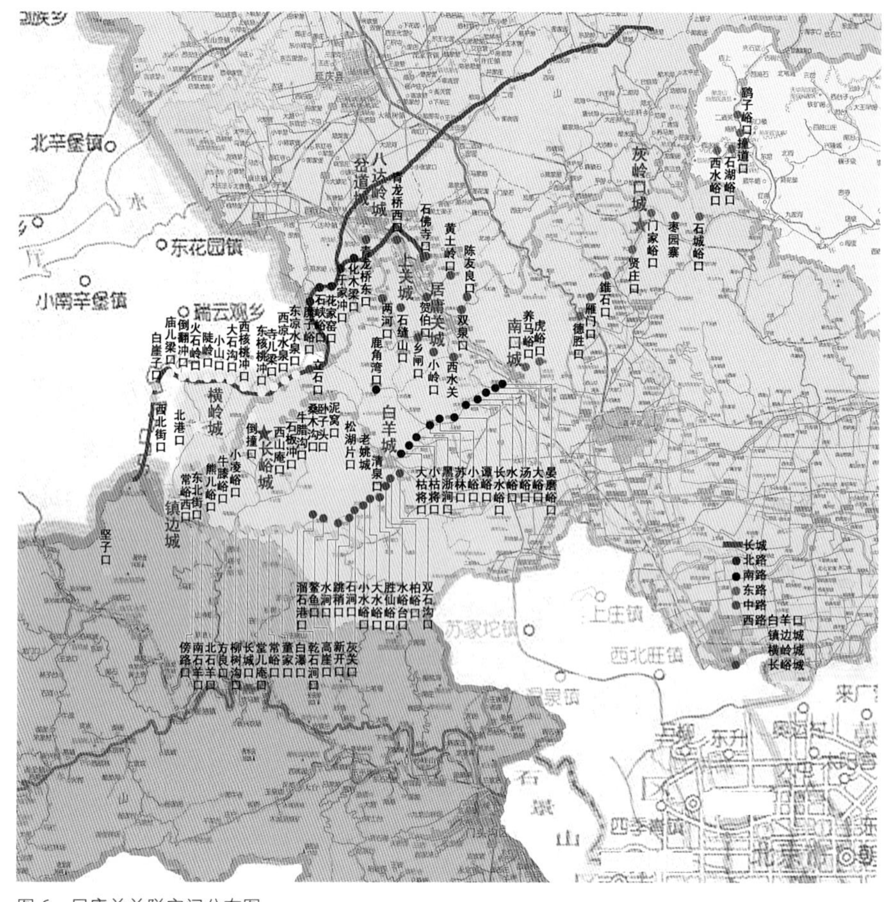

图6 居庸关关隘空间分布图

三、居庸关关隘空间的防御性特征

以往研究者关注居庸关，总是将焦点聚集在关城，至多是扩展到居庸关至八达岭的关沟一带，着墨于其防御的纵深5道防线，而并未对整个居庸关防区范围内的防御体系和关隘空间做深入研究。本文则是在以往研究基础之上，将关注的视角继续放大，将研究的重点放在居庸关防区范围内，探讨其防御性关隘空间布局，对其进行剖析并概括出居庸关防区内关隘空间的防御性特征。

1．纵深作战，横向联防

明长城的战略部署都是以长城为依托，沿长城一线，分段布置军镇，并沿纵深防线设置层层防御城，共同作战，居庸关也不例外。“居庸关”军事防御性关隘空间的分布体现了纵深沿关沟一线层层设防，同时8条外围防线横向联防的空间结构特征（图7）。岔道、八达岭、上关、居庸关及南口，由北向南依次建城，强烈的纵深感构筑了居庸关的主轴。建造者充分发挥“其隘如线，其侧如倾，升若扪参，降若趋井”之地形优势，诱敌深入，请君入瓮，最终给以最沉重打击。纵深作战是正面抵御敌军的入侵，其空间有明确的导向性和浓郁的场所感。分路设隘，横向联防的军事布局手段又

① （明）王士翘．西关志·居庸图论[M]．北京：北京古籍出版社，1990：6.
② （明）王士翘．西关志·居庸卷之一·城池[M]．北京：北京古籍出版社，1990：24.

使得居庸关的关隘空间以关沟为中心，向东西两个方向延展。如居庸关东路防线，在灰岭口地方筑灰岭口城一座，城内驻把总一员统之，管理由南口城迤东一路隘口，灰岭口城建于防线中部，全线隘口的军队皆受之调配。

2．点线结合，网状防御

各种级别的关隘城池都是居庸关军事防御体系中的节点，点与点相互联系，构成防御线，最终形成网络状防御体系，发挥整体作战的效力。各关隘无疑是作为点式防御的支撑，增强整条防线的稳定性。同时，每路防线都建有一城，由守备或把总驻扎，管理这一路的长城防务。如西路防线，设守备一员，驻白羊口城，口外空旷，又设置了三路防线，横岭、镇边和长峪，分别设把总一员守之，这样就形成了西路网络状空间布局。关隘空间是通过营建者对地形的巧妙利用，对某一区域内关键性隘口或通路加以控制，以形成疏而不漏的网状防御格局，产生了场地防卫的布局意象，表达出强烈的防御感。

3．多级节点，整体制防

节点的设置也是有层级性的（图 8），居庸关城是整个防御体系中最大的节点，也是终极核心。八达岭城、南口城、岔道城、白羊口城、镇边城、横岭城以及长峪城等则是二级节点，以拱卫关城为目的，分布设置在居庸关防区各个重要的战略点。关沟纵深防线中的五座关城，既是联防重镇，又能够独立作战。关城的选址和营造均表现出审慎的设防意匠，如八达岭和居庸关两节点，一个踞守着关沟制高点，一个则安处于关沟最宽敞地段，可大量驻兵防守。二级城池周围也会择要地分布军堡加以拱卫，即是第三级节点，应为各防御城下属的隘口，它们一般分布于最冲要、险峻的地段，肩负着最主要的防御任务以达到整体制防的目的。每级节点相互影响、相互制约，高级别的节点控制低级别节点，低级别节点反过来又会影响高级别节点。

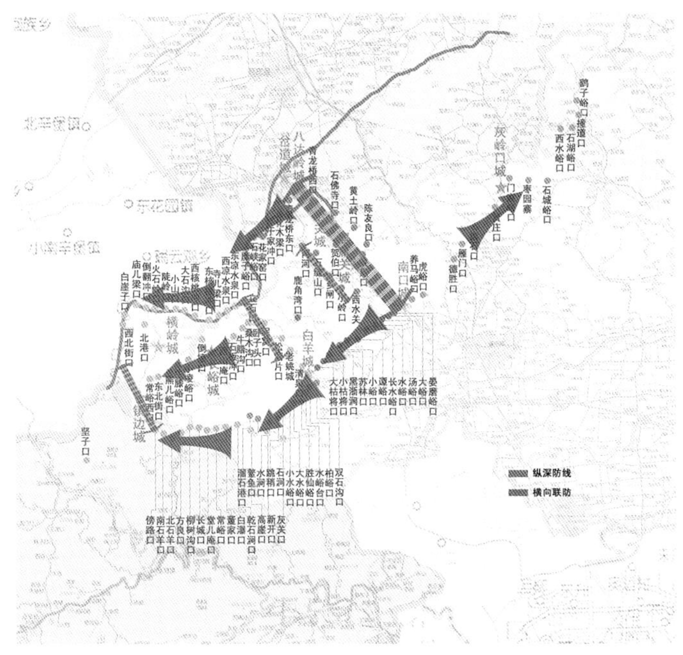

图 7 纵横结构示意图

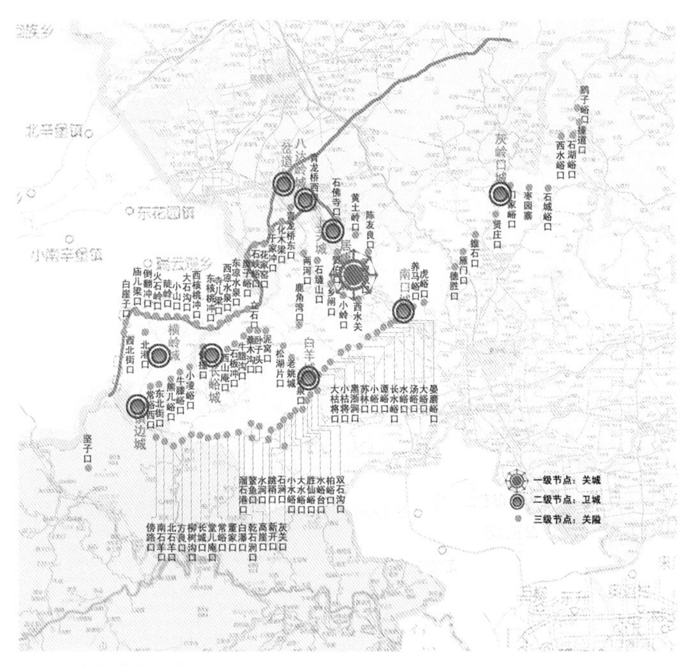

图 8 多级节点示意图

结语

于今而言，居庸关虽已失去其军事防御的价值，但它作为历经千年洗炼、承载历史变迁的“活化石”，仍充分展示了我国古代军事家在营建思想、空间布局等诸多方面的探索。透过对居庸关这座“雄关如铁”防御性关隘空间的深刻剖析，发现它无论从设防体系还是空间布局，都是我国古代军事体系关隘空间的典范。相信，作为珍贵的长城文化遗产，它记录下的不再是单纯的建筑空间形态，更作为一种精神财富被传承。将居庸关的研究领域扩大，无疑对从整体着眼、全局出发来梳理整个居庸关的防御思想、防守体系以及关隘空间的分布具有非常重要的意义。蕴藏在居庸关防御体系中更全面，更深层次的价值还有待于日后进一步的发现、研究和总结，目前学术界对居庸关防区还鲜有研究，期望以此文引起同仁的关注与共鸣。

参考文献

[1]（明）刘效祖．四镇三关志[M]．明万历四年刻本．
[2]（明）王士翘．西关志[M]．北京：北京古籍出版社，1990.
[3]（明）张绍魁．察哈尔省重修居庸关志[M]．据明万历十四年抄本，收录于《中国方志丛书·塞北地方·第三一号》．台北：成文出版社，1968.
[4]（明）茅元仪辑．武备志[M].
[5]（清）顾祖禹．读史方舆纪要[M].
[6]（清）周硕勋．察哈尔省延庆卫志略[M]．据清乾隆十年抄本，收录于《中国方志丛书·塞北地方·第三二号》．台北：成文出版社，1970.
[7]（清）李钟俾．延庆县志[M]．据乾隆七年本．1938.
[8] 李德仲．居庸关的记忆[M]．北京：北京美术摄影出版社，2005.
[9] 罗隽．攻击与防卫——关于建筑的防卫要求与防卫作用分析[J]．新建筑，1993（04）.
[10] 张曦沐．明长城居庸关研究[D]．天津：天津大学，2005.
[11] 王绚．传统堡寨聚落研究——兼以秦晋地区为例[D]．天津：天津大学，2004.
[12] 昌平县地名志编辑委员会．北京市昌平县地名志[M]．北京：北京出版社，1997.

明宣府镇城的建置及其演变[①]

摘 要

以明代宣府镇城为例，研究明长城“九边”防御体系中最高级别的防御设施镇城的建置、功能及演变。依据历史资料推测出宣府镇城的空间功能构成图，还原其历史空间。从其最初建置、战略选址、功能构成、形态演变和精神层面等角度进行解析，宣府镇城的建制及演变受到自然条件、边防形势、经济生活以及礼法与社会观念等因素的共同影响。从防御效果看，“固若金汤”依靠的不仅仅是防御体系的设置和防御设施的构筑，还需要考虑军事实力、防御战略、人心向背等诸多因素。

关键词 明朝；宣府镇城；建置；演变；影响因素

引言

明长城沿线的“九边”重镇，从军事层面上看，是“九边”重镇的设置及各镇的层级组织机构；从物质层面上看，是具有严密层级的依托长城及其沿线聚落的军事防御工程设施。长城沿线军事聚落在北边资源供给、兵力调配上的作用和重要性远大于长城墙体。从整体角度来看，没有长城沿线军事聚落的建设，长城只是一道墙，并不具备强大的防御能力，因此，研究长城必须对其沿线的军事聚落进行深入研究。

对于长城防御体系，历史学界主要关注于军事制度、军屯边垦、互市贸易、人口变迁、文化演变等方面；[②]地理学界的研究集中在以长城沿线生态环境为主的自然地理和以地理空间与历史事件关系为主的人文地理两个方面；[③]考古学界在以往的考古报告中，详细记载了对长城及沿线古城址所进行的勘测与挖掘结果，并对其演变和社会意义等相关问题进行了探讨。[④]随着对长城防御体系认知的深入，建筑史学界对长城军事聚落的研究也逐步展开。早在新中国成立初期，罗哲文的《长城》、《失去的建筑》[⑤]等成为对长城及其沿线古迹调查研究的开始；20世纪80年代，同济大学对雁北边防城堡进行了调查；20世纪90年代出版的《中国军事史》“兵垒”卷[⑥]介绍了北京城、西安城和重要关城，但没有长城防御体系中镇城、路城、卫城、所城或堡城等其他类屯兵城的全面介绍；21世纪初，陆续出现了一批针对明

---

① 王琳峰，张玉坤．明宣府镇城的建置及其演变 [J]．史学月刊，2010(11)：51-60.

② 以明长城为主的军事制度类论述，主要有谭其骧的《释明代都司卫所制度》(《禹贡》1935年7月第3卷第10期，收入氏著《长水集》，人民出版社1994年版)、南炳文的《明初军制初探》(《南开史学》1983年第1、2期)、马楚坚的《明清边政与治乱》(天津人民出版社1984年版)、〔日〕山崎清一的《明代兵制的研究》(《历史学研究》94号，1941年)、华夏子的《明长城考实》(档案出版社1988年版)、余同元的《明代九边论述》(《安徽师范大学学报》1989年第2期)、李荣庆的《明代武职袭替制度述论》(《郑州大学学报》1990年第1期)、李长弓的《明代驿传役研究》(博士学位论文)(厦门大学人文学院历史学系1991年)、罗东阳的《明代兵备初探》(《东北师大学报》1994年第1期)、靳润成的《明朝总督巡抚辖区研究》(天津古籍出版社1996年版)、肖立军的《明代中后期九边兵制研究》(吉林人民出版社2001年版)、董耀会的《瓦合集——长城研究文论》(科学出版社2004年版)、郭红和于翠艳的《明代都司卫所制度与军管型政区》(《军事历史研究》2004年第4期)、于墨颖的《明蒙关系研究——以明蒙双边政策及明朝对蒙古的防御为中心》(博士学位论文)(内蒙古大学民族学与社会学学院2004年)、赵现海的《明代九边军镇体制研究》(博士学位论文)(东北师范大学明清史研究所2005年)等。军屯边垦和互市贸易类文章，主要有朱庆永的《明代九边军饷》(《大公报》，1935年9月8日，“经济周刊”)、李龙潜的《明代军屯制度的组织形式》(《历史教学》1962年第12期)、王毓铨的《明代的军屯》(中华书局1965年版)、全汉昇的《明代北边米粮价格的变动》(香港《新亚学报》1970年第9卷第2期)、李三谋的《明代边防与边垦》(《中国边疆史地研究》1995年第4期)、张萍的《明代陕北蒙汉边界区军事城镇的商业化》(《民族研究》2003年第6期)等。人口变迁与文化演变类文章，主要有余同元的《明代长城文化带形成与演变》(《烟台大学学报》1990年第3期)、郭红的《明代卫所移民与地域文化的变迁》(《中国历史地理论丛》2003年第2期)等。

③ 自然地理类的论述，主要有顾琳的《明清时期榆林城遭受流沙侵袭的历史记录及其原因的初步分析》(《中国历史地理论丛》2003年第4期)等。人文地理方面的论述主要有史念海的《西北地区诸长城的分布及其历史军事地理》(《中国历史地理论丛》1994年第3辑)等。

④ 长城及设防聚落的研究成果，多集中于对远古时期的研究，如严文明的《中国环壕聚落的演变》《国学研究》第2卷，(北京大学出版社1994年版)、刘辉的《史前聚落与考古遗址》(《东南文化》2000年第5期)、钱耀鹏的《中国史前防御设施的社会意义考察》(《华夏考古》2003年第3期)等。

⑤ 罗哲文：《长城》，北京出版社1982年版；《失去的建筑》，中国建筑工业出版社2002年版。

⑥ 《中国军事史》编写组：《中国军事史》第6卷(兵垒)，解放军出版社1991年版。

长城军事防御性聚落体系的整体性研究。① 这些研究，使对长城的关注已经从对城墙墙体、敌台本身和重要关隘建筑等逐步扩大到基于“九边”防御体系的完整性和层级性而进行的对长城沿线军事防御性聚落的研究，但针对整个体系中最高级别的防御设施——镇城的研究还未深入。如《明长城“九边”重镇军事防御性聚落研究》和《明宣府镇长城军事堡寨聚落研究》两篇论文，分别针对长城“九边”全线和宣府镇区段的军事防御性堡寨聚落的空间分布及其变迁规律进行了整体性分析，重在描述不同级别、不同类型堡寨之间的关系，并没有针对某一类型的屯堡空间进行深入分析。军事重镇是古代一种特殊类型的城市，在建置、空间形态和内部结构等方面有着独特的军事、地理、经济、文化特征，反映了特殊的社会历史背景，值得进行深入解析。本文以明长城“九边”中的宣府镇镇城为例，从整体角度分析长城防御体系中最高级别军事聚落的建置及其演变情况。

一、明长城防御体系中的宣府镇

明初，蒙古分裂为鞑靼、瓦剌和兀良哈三部，诸部不断南下骚扰抢掠。为加强防御，明朝划定北方边防沿大兴安岭、燕山、太行山、吕梁山口，经陕北高原沿祁连山北麓向西延伸至嘉峪关一线陆续修建“边墙”即明长城，并沿此“边墙”划分了九个防区，从东到西设置有辽东镇、蓟镇、宣府镇、大同镇、山西镇（太原镇）、延绥镇（榆林镇）、宁夏镇、固原镇、甘肃镇等九个军镇，时称“九边”（图1）。各镇负责本地段长城、烽火墩台、各等级屯兵城的防御工作，既统一布防，又相对独立。宣府镇坐落在京师的右后方，位于蓟镇与大同镇之间，是京师的右膀。由于其重要的战略地位，宣府一直是明朝北边防御系统中的重中之重。

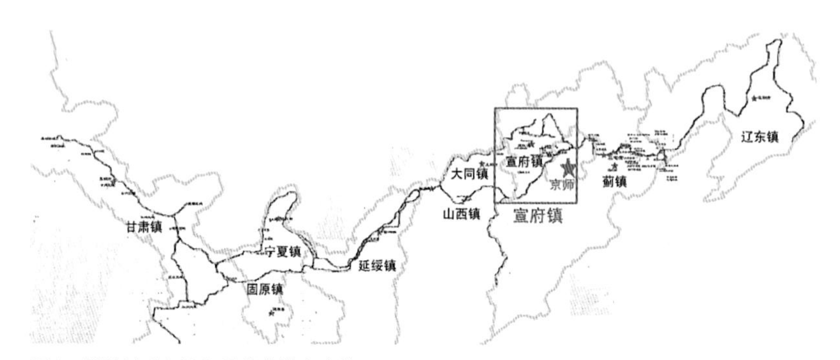

图1 明长城“九边”重镇中的宣府镇

宣府镇内部也是一个完整的层级防御体系。据《宣大山西三镇图说》② 记载，宣府镇镇城下辖7个路城和1个驿城，即东路永宁城、上西路万全右卫城、下西路柴沟堡、上北路独石城、下北路龙门所城、中路葛峪堡、南路顺圣川西城和鸡鸣驿。7个路城又下辖60个卫所堡城。战略空间上的层级控制与实体空间上的交叉渗透相结合。树状发散的宣府镇防御层级体系以不同级别的边镇城堡为载体，形成了该镇的军事聚落空间分布（图2）。

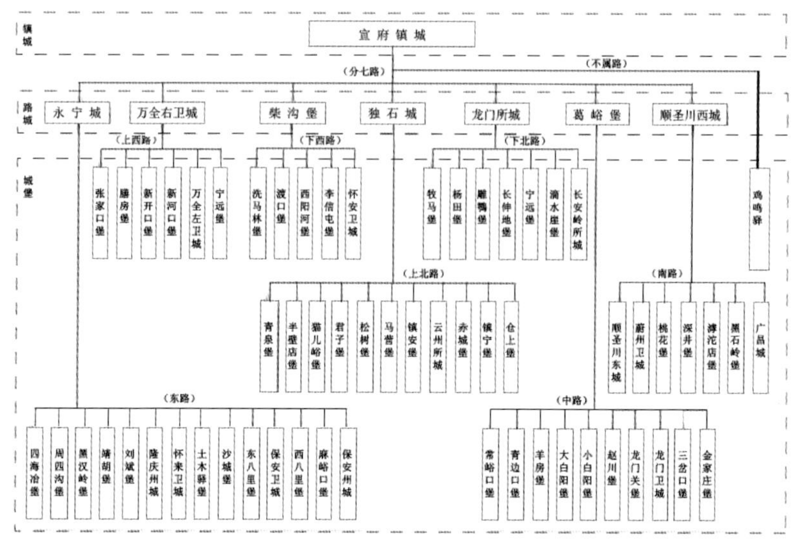

图2 宣府镇防御层级体系示意图

长城沿线屯堡的级别是由驻扎在其中

---

① 长城军事聚落研究的相关论文，主要有李严的《榆林地区明长城军事堡寨聚落研究》（硕士学位论文）（天津大学建筑学院2004年）、李哲的《山西省雁北地区明代军事防御性聚落探析》（硕士学位论文）（天津大学建筑学院2005年）、倪晶的《明宣府镇长城军事堡寨聚落研究》（硕士学位论文）（天津大学建筑学院2005年）、张曦沐的《明长城居庸关研究》（硕士学位论文）（天津大学建筑学院2005年）、李贞娥的《长城山西镇段沿线明代城堡建筑研究》（硕士学位论文）（清华大学建筑学院2005年）、李严的《明长城“九边”重镇军事防御性聚落研究》（博士学位论文）（天津大学建筑学院2007年）、薛原的《资源、经济角度下明代长城沿线军事聚落变迁研究》（硕士学位论文）（天津大学建筑学院2007年）、吴晶晶的《陕西高家堡古镇空间形态演进及其用地结构研究》（硕士学位论文）（西安建筑科技大学建筑学院2008年）以及陈喆、董明晋、戴俭的《北京地区长城沿线戍边城堡形态特征与保护策略探析》（《建筑学报》2008年第3期）等。

② 杨时宁．宣大山西三镇图说[M]．玄览堂丛书本．扬州：江苏广陵古籍刻印社，1986.

的军事长官的级别决定的，镇城是全镇最高军事长官镇守总兵的驻地。《大明会典》载：“凡天下要害地方，皆设官统兵镇戍。其总镇一方者曰镇守。”[①] 因此，镇城为一镇之中等级最高的城池，是一“边”之中心。镇城既是军事防御重镇，也是经济、文化功能的综合体，分析镇城空间，需要从其建置、功能构成和演变以及精神层面的防御意象等方面进行综合考察。

二、宣府镇城的建置

1. 建置沿革

宣府镇城的建置是随着宣府镇的设置而发展的，其建置、发展、衰落见证了明朝北边政策的变迁。以往学者将宣府镇长城防务的建成与发展划分为四个阶段。一是洪武至宣德年间（1368～1435 年），明政府势力强盛，以宣府镇城的大规模建设和张家口堡的兴起为代表，建成长城边墙与堡塞结合的防务体系；二是正统至正德年间（1436～1521 年），蒙古瓦剌部强盛，宣府镇屡遭侵扰，长城防务事实上在削弱。尤其是 1449 年土木堡之变，明英宗被俘，蒙古军队直逼北京城下，迫使明政府加强长城防务；三是嘉靖至隆庆年间（1522～1572 年），蒙汉冲突激化，宣府镇长城防务空前加强。1571 年，明政府决定封贡，封俺答汉为顺义王，其子弟封为都督等职，允许在宣府镇张家口堡等地互市。从此，化干戈为玉帛，边境和平；四是万历、天启、崇祯年间（1573～1644 年），此间长城无战事，张库大道成为民族间经济文化交流的纽带，宣府镇经济空前发展。后期满洲（女真族）兴起，关内农民起义风起云涌。1644 年，李自成起义军占领宣府，为明朝的宣府长城防务画上了句号。[②]

与宣府镇长城防御体系建设相一致，宣府镇城的建置经历了如下几个主要过程：

洪武三年（1370 年），明大将汤和至宣德，因宣德距离蒙古甚近，徙其民至居庸关，并更其名为宣府，且遣将兵守之；洪武二十七年（1394 年）二月，明太祖发北平军士筑宣府城；洪武二十八年三月，明太祖第十九子朱穗受封谷王，就藩宣府，展筑城垣。至此，在明初藩王守边的政策下，宣府成为边防重地。[③]

永乐五年（1407 年），明成祖下令正式营建北京宫殿；永乐七年，在宣府置镇守总兵官，佩镇朔将军印，驻宣府，专总兵事，仍领宣府三卫，隶属北平都指挥使司。时“九边重镇”以设置镇守总兵官、佩镇朔将军印为建镇的标志，可知总兵镇守制度下的宣府镇始于永乐七年。永乐十九年（1421 年），明成祖迁都北京，宣府镇与北京城“譬则身之肩背，室之门户也，肩背实则腹心安，门户严则堂奥固”[④]。洪熙元年（1425 年），明政府“命永宁伯谭广佩镇朔将军印，充总兵官来镇”，宣府总兵改为常设。谭广此次来镇主要是进行城防建设。正统五年（1440 年），都御史罗亨信出使塞北，目睹宣府城土不坚，奏请砖甓；正统十年（1446 年）砖甓工竣。正统十四年（1449 年）六月，瓦剌部答儿不花王犯宣府，总兵官朱谦大败瓦剌部，命自怀来筑烟墩，直至京师，遇事举火以报。景泰二年（1451 年）六月，明代宗命昌平侯杨洪镇守宣府，洪久居宣府，御军严肃，士兵精壮。成化十四年（1478 年），宣府城修建完成。[⑤] 显然，宣府镇的设置和镇城的修建与北京城的营建以及明成祖迁都北京之举息息相关。

宣府从“内地”跃成为“前线”是在“靖难之役”以后。先是明朝将长城外三卫之一的大宁卫（内蒙古宁城西）让给兀良哈部，将兴和（张北）守御所内迁至宣化城，弃地 200 余里；正统年间，开平卫内移到独石口，又失去了 300 里的疆土。[⑥] 明朝不仅失去了蒙古高原南部大片的疆土，更重要的是失去了北御“胡虏”的一道防线。这样，“去京师不足四百里”的宣府镇成为“锁钥所寄”的要害之地。因此，明廷对宣府镇的建设非常重视，不仅明成祖朱棣从永乐八年到二十二年（1410～1424 年）曾三次北伐亲征，驾巡镇城，而且该镇“分屯建将，倍于他镇”，“气势完固，号称易守”。[⑦] 大规模修筑宣府城和皇帝亲巡，反映出明朝边防形势的变化，宣府成为防御蒙古族南下的要害之地。

2. 选址战略

风水又称“堪舆”，是综合天文、地理、水文、气候、生态环境等因素进行城池、房屋等的择址择向。晋人郭璞

---

① 申时行，赵用贤．大明会典 · 卷一二六 · 镇戍一 [M]．明万历十五年修，全国图书馆文献缩微中心，2001.

② 杨润平．明宣府镇的长城防务 [J]. 张家口职业技术学院学报，2000（11）.

③ 宣化县地方志编撰委员会．宣化县志 [M]．石家庄：河北人民出版社，1993：11-13.

④ 于默颖，薄音湖．明代蒙古汉籍史料汇编（第 2 辑）[M]．呼和浩特：内蒙古大学出版社，2007：35.

⑤ 宣化县地方志编撰委员会．宣化县志 [M]．石家庄：河北人民出版社，1993：11-13.

⑥ 陈韶旭，薛志清．明朝中前期宣府镇在北部边疆的重要地位和作用 [J]．河北北方学院学报，2006（05）.

⑦ 程道生．九边图考 · 宣府 [M]. 民国 8 年石印本：33.

所传《古本葬经》对风水进行了定义："气乘风则散，界水则止。古人聚之使不散，行之使有止，故谓之风水。风水之法，得水为上，藏风次之。"[①] 可见"藏风""得水"是其关键，并逐渐形成了一种理想的风水模式："穴场座于山脉止落之处，背依绵延山峰，附临平原（明堂），穴周清流屈曲有情，两侧护山环抱，眼前朝山，案山拱揖相迎。"[②] 在宣府镇城的选址过程中，也体现了这种理想的选址模式。

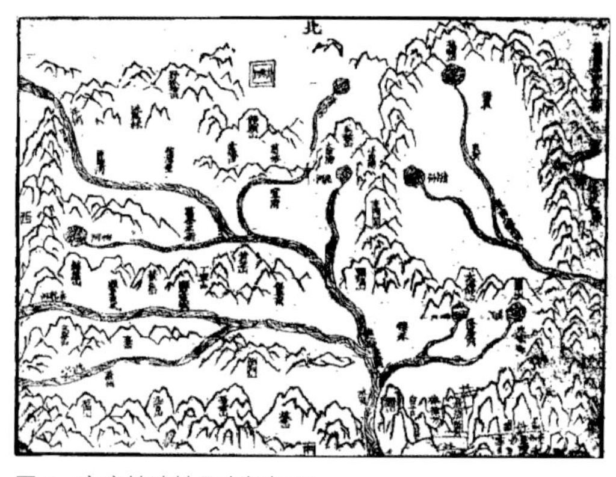

图 3 宣府镇选址风水解析图

据载，宣府镇的位置是："飞狐紫荆控其南；长城、独石枕其北；左挹居庸关之险，右结云中之固，群山叠嶂，盘踞错峙，足以拱卫京师而弹压胡虏，诚北边重镇也。"[③] 宣府镇城建在地势平坦的河谷带状平原上，城北面海拔千米的烟筒山群山环拱，形成主靠山，东西两侧山势险要，成左青龙右白虎之势，与南面案山山脉共同托出山间之"龙穴"，其城西南邻洋河，城西邻柳川河，城东有大泡沙河、小泡沙河，镇城四周河流环绕、紧靠水源，不仅易守难攻，更可谓"藏风""得水"之地。地势平坦易于屯种，邻近水源易于守城。唐李筌所著《神机制敌太白阴经》言："夫善用兵者，高陵勿向，背丘勿逆，负阴抱阳，养生处实，而军无百疾。"[④] 将宣府镇志中的叠嶂山水图（图 3）与风水中的最佳城址选择模式[⑤] 相比照并分析其选址中的风水因素（图 4），可以看出其风水之博大，已然涵纳了防御性方面的考虑。

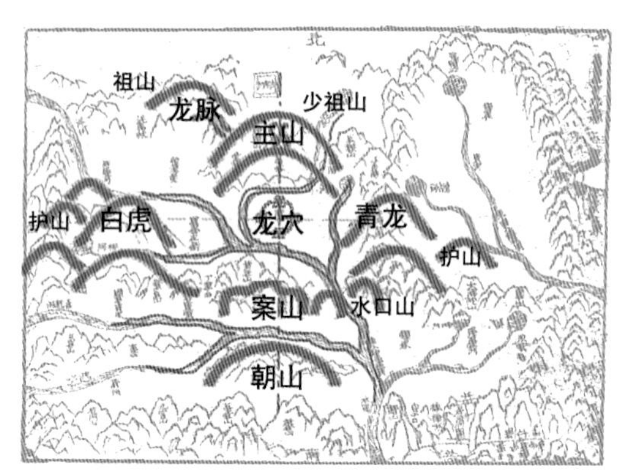

图 4 宣府镇选址风水解析图

宣府镇城距离京师只有四百里，"南屏京师，后控沙漠，左挹居庸之险，右拥云中（大同）之固"[⑥]，是护卫京师的门户。曾任明朝兵部尚书的于谦认为："永宁、怀来、宣府直抵大同，皆京师藩篱，当益兵积粮，选将固守，彼固则京师自安。"[⑦] 可见，宣府镇城的选址既体现了传统的风水观，又满足了京师西北部防御之需。

三、宣府镇城的功能变迁

1. 功能构成

迄今为止，宣府镇城的功能构成与空间关系尚未廓清。在明嘉靖年间孙世芳所修《宣府镇志》、万历年间杨时宁所修《宣大山西三镇图说》中皆有"宣镇城堡图"和相关的文字记载，但没有详细的城池平面图，使我们无法对其文字中所描述的"城堡""亭障""宫宇""祠祀"等具体落位。在清乾隆年间陈坦所修《宣化县志》[⑧] 中，虽然第一次出现了较为详细的"宣化府县城图"，但是由于清代之前的古代城池图还没有精确的比例和街道构架的概念，城池图中所标示的寺庙、宫宇等空间仅代表相对位置关系，同时由于绘图者的价值取向，往往仅把其认为重要的空间标示在图上，因此"宣化府县城图"并不能真实地反映宣府镇城的空间构成。

直至民国 11 年（1922 年），陈继曾等修纂《宣化县新志》[⑨] 时，其"宣化县城郭图"（图 5）中才出现了比例较为准确的城池平面图，图中第一次标示出宣府城的街道构架、街道名称和重要建筑。尽管如此，但仍不能从中直接得知

---

① 郭璞．古本葬经 · 内篇 · 卷一 [M]．上海：上海博古斋，1922.
② 王娟，王军．中国古代农耕社会村落选址及其风水景观模式 [J]．西安建筑科技大学学报，2005（03）.
③ 孙世芳．宣府镇志 [M]．明嘉靖本，新修方志丛刊，台北，学生书局，1969：75.
④ 李筌．神机制敌太白阴经 · 卷二，人谋下 · 地势篇第十九 [M]．丛书集成初编本．
⑤ 王其亨．风水理论研究 [M]．天津：天津大学出版社，2005：38.
⑥ 顾祖禹．读史方舆纪要 · 卷一八 · 北直九 [M]．北京：中华书局，2005.
⑦ 于谦．少保于公奏议 · 卷一 [M]． 丛书集成续编本．
⑧ 陈坦．宣化县志 [M]．清康熙五十年刻本，全国图书馆文献缩微中心，1990.
⑨ 陈继曾，陈时隽，郭维城．宣化县新志 [M]．台北，学生书局，1967.

明代作为军事重镇的宣府镇城的空间构成情况。

根据2009年现场考察和“宣化古城现存景点分布图”①（图6），我们发现，随着城市建设的进行，目前宣化的古迹遗存仅剩下十字街主体构架和部分支路、东南西部分城墙墙体、拱极楼和泰新门城楼、清远楼、镇朔楼、钟鼓楼、立化寺塔、居士林、文庙、武庙和清真寺等遗址。而这些现存遗址并非全为明代所建，如西城墙和泰新门城楼为2006年申报全国重点文物保护单位时新修。因此，廓清明代宣府镇城空间构成的前提是基于上述文字记载和图纸推测出宣府镇城空间功能构成图。

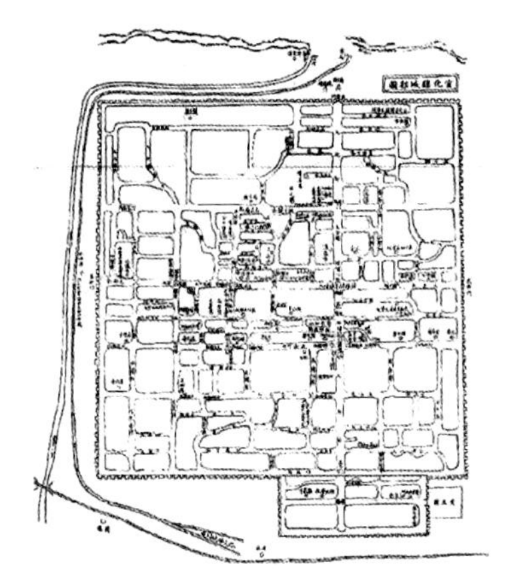

图5　宣化镇城郭图

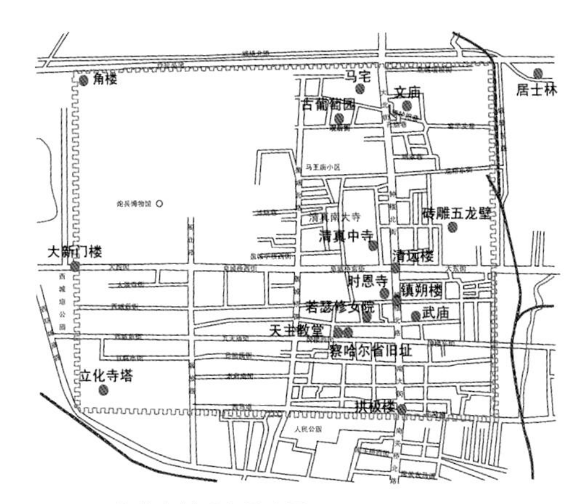

图6　宣化古城现存景点图

据初步考证，明代至民国年间，宣府城的城墙围合及主街构架无大的变化。由于未曾找到明代宣府镇有比例尺和街道构架的城池图，我们只能基于民国《宣化县新志》中的“宣化县城郭图”，结合明代《宣府镇志》和《宣大山西三镇图说》中的相关文字记载，参考清代《宣化县志》之“宣化府县城图”中的相对位置关系，对比现有遗存如街道、街道名称、重要建筑遗存等，绘制了“明代宣府城功能构成推测图”（图7），以揭示在相对准确比例与街道构架之下各功能空间的相对位置，再现明代宣府镇城的功能构成。

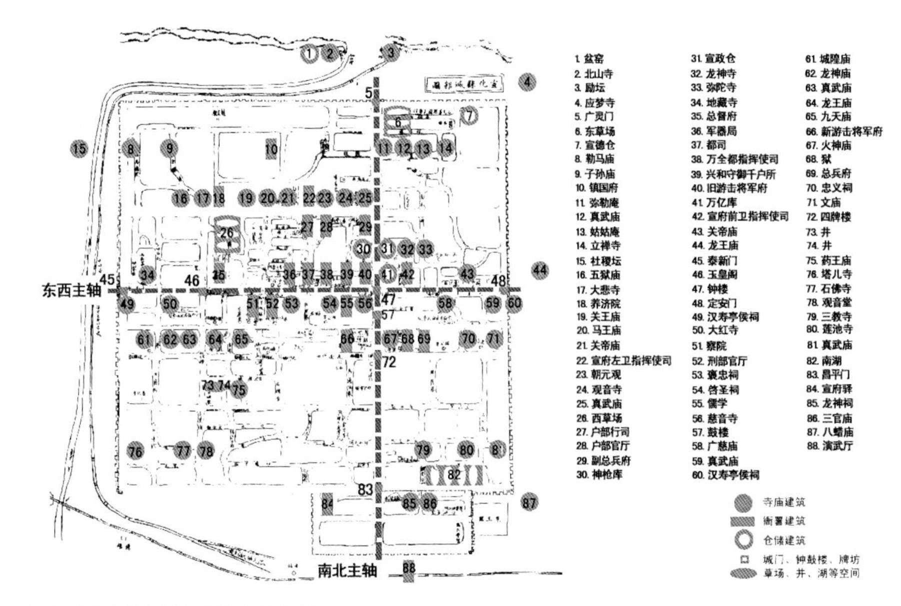

图7　明代宣府城功能构成推测图

从图7可以看出：城门、钟鼓楼、牌楼形成南北、东西两条主要轴线；衙署空间分为政务衙署（户部官厅等）和军事衙署（总兵府等），主要沿两条轴线布局；仓储空间分为生活仓储（宣政仓等）和战备仓储（神枪库等），分布在交通干道和城门入口附近；寺庙、祭祀建筑、草场（东、西草场）、水井、湖水等空间散点式地分布在城中、瓮城、关城及城外里许等处。

作为屯兵备战之首的宣府镇城，军户多居住在城的北部，同时城中还建有神枪库、军器局、宣府驿等一系列军事战备场所。“备边在足食，足食在屯田”，明廷对边疆屯兵、屯田非常重视。明代军事屯田的生产组织是以“屯”为基本单位的。“屯所”即“屯田百户所”是北边生产防御的组织单位，驻扎在各级城池中。其主要目的是屯兵防守，因便屯田。②当时宣府镇“阔七门以通耕牧”③。平日，军士进行屯田；若有敌人进犯，便携带粮食等物资通过七座城门收缩入城，固守以待援兵。屯田制度保证了边区的粮食供给和作战的独立性。

宣府镇不同级别的城堡（镇城、路城、卫城、所城、堡城），其城池规模与屯兵、屯田数量存在对应关系。对比表

---

① 2009年1月，作者于宣化古城调研时，拍摄“宣化古城旅游景区导览图”并据此绘制图6“宣化古城现存景点分布图”。

② 王毓铨．明代的军屯[M]．北京：中华书局，2009：186-187.

③ 孙世芳．宣府镇志．第75页．

1中的数据，宣府镇城周二十四里（合12000米），永宁路城周六里一十三步（合3021.67米），保安卫城周七里有奇（合3500米），龙门所城周四里有奇（合2000米），周四沟堡周二里九十四步（合1123.33米）。根据表1中的数据，宣府镇城周长是路城、卫城的3.5倍～4倍，是所城、一般堡城的8倍～10倍；宣府镇城屯官军20348名，所屯官军数量是路城、卫城的16倍～20倍，是所城、一般堡城的25倍～40倍；宣府镇城屯马骡驼13318匹头，其数量是路城、卫城的60倍～75倍，是所城、一般堡城的90～530倍。全镇超过四分之一的官军和三分之一的马匹都屯集在镇城当中。可见，一般情况下，级别越高的城池，规模越 大，屯兵、屯马骡驼的数量也就越多。宣府镇城为一镇“要会”，统领各路的屯兵、屯田、援救等事务，其城池规制和屯兵、屯马规模均为本镇之首。

宣府镇不同级别城池的等级、规模与屯兵马数量列举 **表1**

城池名称	城池等级	周长	城高	屯官军	屯马骡驼
宣府镇	镇城	二十四里（12000m）	三丈五尺（11.67m）	20348名	13318匹头
永宁	路城	六里一十三步（3021.67m）	三丈五尺（11.67m）	1097名	196匹头
保安	卫城	七里有奇（3500m）	三丈五尺（11.67m）	819名	201匹头
龙门	所城	四里有奇（2000m）	三丈五尺（11.67m）	1065名	145匹头
周四沟堡	堡城	二里九十四步（1123.33m）	三丈五尺（11.67m）	496名	25匹头

表中数据根据杨时宁所编《宣大山西三镇图说》整理。

据1993年所修《宣化县志》记载：永乐十六年（1418年）置宣府驿（在今宣化南关），有马夫、轿夫186人，马76匹，为邮政车马传递馆铺。[①] 随着人口和经济的发展，市的规模与内涵不断扩大。洪熙年间，建“铺宇百七十二间”。景泰年间，设立仁、义、礼、智、信五所规模宏大的官店；嘉靖四十年（1561年）宣化城内已有“米市、骡马店、猪羊店、盐麻行、鞭仗行、鲜菜行、鲜果行、皮袄行、煤炸行、柴草行、斗解行、水磨行”[②]等十多个行业。可见，城市经济功能日趋丰富和完善。作为全镇的指挥之所，镇守总兵、副总兵、卫所的都指挥、巡抚、镇守太监等中央派员均驻在宣府镇城，镇城相应出现了一系列不同等级的衙署建筑。《宣府镇志 · 宫宇考》中记载有23个官府驻地，如谷王府、镇国府、万全都指挥使司、总督府、巡抚都察院、巡按察院、旧游击将军署、新游击将军署、宣府前卫指挥使司、宣府左卫指挥使司、宣府右卫指挥使司、兴和守御千户所、副总兵府、分守藩司、分巡臬司、安乐堂、镇朔府、户部行司、刑部行司、户部官厅、真定行府等。其中既有军事防御机构，又有行政管理机构，既有隶属于中央的治所，又有地方性的治所，可见宣府镇城兼有复合功能，既是军事中心，又是行政治所。从其防御级别设置到城市功能构成，从屯兵备战到军政机构分布，无不显示了镇城在战略功能上作为“一方之轴”“门户之枢”的地位和作用。

2. 形态演变

街道构架是镇城防御空间的基础。比较两张不同时期的宣府镇街道构架图（图8），可以发现洪武与永乐时期有着很大的不同。

洪武年间的宣府依照王城规制而建，阔七门，三纵一横的“卅”

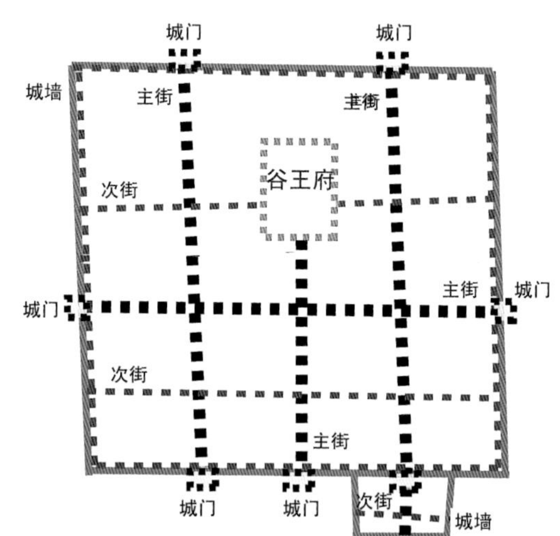

明洪武年间——“土城”街道构架

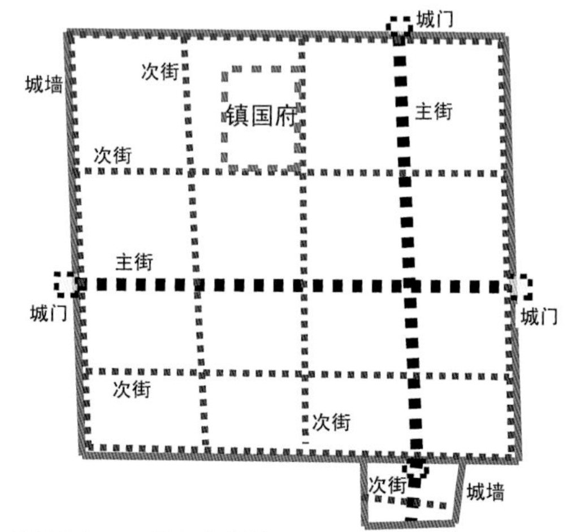

明永乐年间——“军镇”街道构架

图8 明代宣府城功能构成推测图

① 宣化县地方志编撰委员会. 宣化县志. 第12页.
② 狄志惠. 京西第一府——宣化[J]. 城乡建设，2007（04）.

字形主要干道格局，同时与次级街巷构成“卅”字形路网。整座城池被分为 15 个区，形成以谷王府为核心的对称布局。洪武年间的街道布局反映了明初太祖朱元璋对唐、宋等汉族王朝规制的延续，城市规划严格恪守“帝九王七”的等级制度。

永乐年间的宣府则表现出典型的军镇格局：东（定安）、西（泰新）、南（昌平）、北（高远）各留一门，城南昌平门外修关城，由此保留了一横一纵的“十”字形主要干道，同时与次级街巷构成“田字格”路网，整座城池被分为 16 个区，形成以镇国府[①]为核心的非对称布局。

城墙作为防御的边界是镇城空间形态的又一具体表现。在中国历史上，明朝以前的城墙大多是夯土或山石筑成。明朝中期后，烧造技术发展，大量使用烧制的青砖。洪熙元年（1425 年），宣府总兵谭广“修营垒，缮甲兵，严斥堠，复命工 甓围四门，创建城楼、角楼各四座，以谨候望”。并在“四门之外各环以瓮城，甓砌如正城之法，瓮城之外又筑墙作门，设钓桥，预警则起，以绝奸路。隍堑浅狭，尚有待于浚涤”。正统五年（1440 年），都御史罗亨信巡抚宣府时，疏请用砖石包城，四门外加瓮城。正统十一年（1446 年）工竣。包砖后，“其城厚四丈五尺，址甓石三层，余用砖砌，至垛口高二丈八尺，雉堞崇七尺，通高三丈有五尺，面阔则减基之一丈七尺”[②]。由于城市军事设防级别提高，城门数量由七门减为三门，城墙的连续性增加，防御性增强。城墙、城门、瓮城、角楼、吊桥、隍堑等共同构成非常完备的边界防御工事。

城墙的防御性随着城门数量的减少而得到加强，“十”字形街道构架打破了“卅”字形街道的对称布局，位于正中的谷王府被位于偏西北的镇国府取代，两种空间形态表现出城市功能及性质上的差异。宣府城空间形态的演变是城市从王城到军城功能演变的反映。宣府成为军事重镇以后，承担了组织管理、缮兵屯田等一系列防御任务，空间形态的变化实则是为应对战争的需要。

四、精神层面的宣府镇城

防御不仅是基于物质的，还包括精神层面，即人之精神的、象征性的行为，以祈求心理的慰藉。

祭奠祈福自古作为求胜保平的精神寄托，是一种精神防御的体现。古代地图描绘了基于当时价值判断的人们心中的军镇城市意象。据“明代宣府宫宇分布图”[③]（图 9）可以发现，明代保留至清代的寺庙、祭祀建筑（图中填实的部分代表寺庙、祭祀建筑）共 42 座[④]，图中共有建筑 92 座，祭祀建筑的比例约占 46%。这两个数据也许并不代表当时确切的建筑数量，但据此可以肯定祭祀建筑在宣府镇城空间中的重要性。宣府镇所建庙宇主要分为两类，一类是地方常见的保佑“五谷丰登”“人丁兴旺”的庙宇，如城隍庙、观音庙、龙王庙、社稷坛、八蜡庙等；另一类是弘扬忠义、勇武精神，因战而设的庙宇，如旗纛庙、马神庙、真武庙、褒忠祠等，[⑤]他们或者祭祀武神，或者纪念忠臣烈士。寺庙建筑在军事重镇空间所占比例之大影响了军镇的空间和景观形态，反映了生活在军镇的人们对于宗教、祭祀

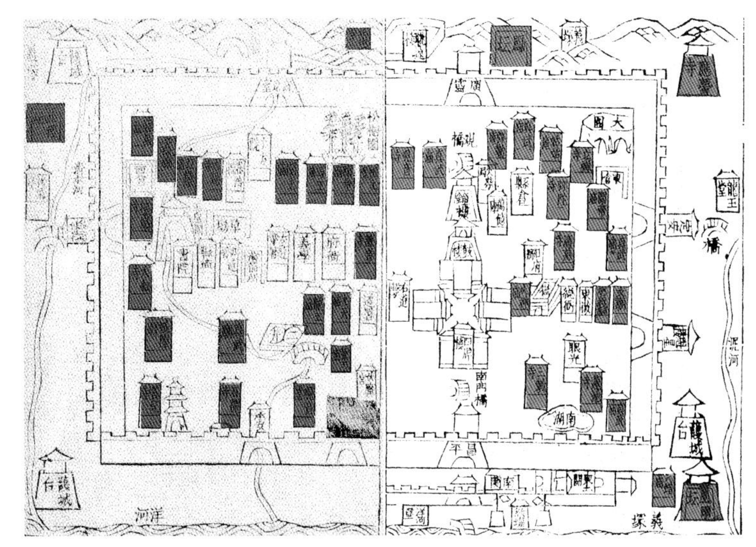

图 9　明代宣府宫宇分布图

① 镇国府位置的确定，参考了张连仲《宣化皇城溯源》(http：//php．ynety．cn/news/news_more asp? lm2 = 102,2008-10-11/2008-12-09) 一文。

② 孙世芳．宣府镇志．第 89 页．

③ 由于无从找到明代宣府城池图，此图以清代《宣化府志》中的“宣府城郭图”为底本，并结合文献资料记载绘制而成，以揭示寺庙存在的相对位置和数目。

④ 明代宣府镇志中记载的寺庙、祭祀建筑的数目多于图 9 中所标示的数目。

⑤ 孙世芳．宣府镇志．第 166、108 页．

的依赖。

同时，具有军事防御寓意的文字题名广泛应用于各个层面的军镇防御空间当中。如整体层面的宣府镇城的命名："宣府"，据《说文解字》云，"宣，天子宣室。从宀，亘声"，段注云，"盖为大室"；在防御边界层面的城门的命名：东曰"定安"，西曰"泰新"，南曰"昌平""宣德""承安"，北曰"广灵""高远"；节点层面的钟鼓楼的命名：有"镇朔""神京屏翰""镇靖边气""声通天籁"等；区域边界层面的牌坊的命名：祠庙坊曰"德配天地""道贯古今""昭德""褒忠"，大市坊曰"承恩""宣武""同泰""永安"，公署坊曰"演武""栢台""霜凛榆塞""藩宣"①。以上做法，是借助文字题名这特定信息的表达，营造了具有安全感的场所意境，产生一种心理暗示，使居住者得到支持和慰藉，使入侵者产生恐惧和怯懦。

可见，军镇空间另一个突出特征就是其精神防御意象的普遍存在。军镇空间中的寺庙、牌坊、文字题名等都寄托了人们的追求与文化取向，是当时文化观念因素的物化表现。

五、空间防御性的影响因素

1．影响因素

宣府镇防御性空间的形成受到了自然条件、军事防御需要、经济生活需要、礼法与社会观念等因素的共同影响。

1）军镇空间表现出军事职能影响下的防御层级

军镇的防御职能无疑奠定了镇城的基本空间形态，在不同的空间层面上都存在着防御的行为与构成。从镇城选址、城池规模、建置级别与规制、功能分区布局到空间节点，共同构成军事重镇的防御层级体系，其中涵纳五个层级：区域防御层级—城池防御层级—边界防御层级—街坊防御层级—家庭防御层级。

2）军镇空间成为经济生活影响下的市场聚落

军镇兼具防御与生活两大基本功能。据明史记载推断，当时宣府镇军费开支约占全国财政总支出的1/50。② 随着人口增加和边疆贸易的发展，军镇的经济性质突破以往。明永乐年间，宣府镇城的税收2400多两白银，涉及布缕、马骡、猪羊、米、菜果、皮袄、煤、柴等13个行业，③表明宣府镇城已初具消费型经济的框架。军镇空间中出现官店、市坊，军镇周边出现市堡、市口，都是经济生活职能需求的物化。经济发展推动军镇成为市场聚落，但市的形态仍遵循军事城池的建置，开市时间和地点甚至参与交易的人员、人数、货品均受到严格规定，带有明显的军事、边疆色彩。

3）军镇空间表达了礼法与文化影响下的意象

深受儒家思想影响的封建礼制和等级观念支配着中国古代聚落的规划与设计。军镇在这种历史背景与礼法文化的影响下，应作战用兵的需要而规划，其空间形态随着边疆军事形势而演变。这个过程是作为建设者的"有意识力"和居住其中者的"自发性力"共同作用的结果。《宣府镇志》云："予惟城池者，古今保民之藩屏也，粤自周公营洛邑，其制乃备，后世因之以基太平之治。"④ 人类自古有安全防御的意识与愿望，生活于边镇的居民更是如此。建设者希望把城池建成国家的安全藩屏、居民的保护之所、后代子孙的太平之基。他们必须创造一种空间作为"安全的领域"，找到一种载体成为"安全的精神寄托"。

2．防御效果

历史上，北方蒙古诸部曾多次侵扰明朝北边，有学者统计，自宣德至万历190余年间共进行了396次侵扰活动，其中发生在宣府镇的有59次。瓦剌诸部从正统十四年（1449年）起频繁侵扰宣府、大同二镇。鞑靼诸部的侵扰地区在成化十年至十八年（1474～1482年）移向宣府、大同一带，以小王子为酋领的鞑靼从成化十九年（1483年）开始对明朝发动了数十次侵扰活动，主要的侵扰地点在大同、宣府二镇，两镇至少各被侵扰12次以上⑤。正德九年（1514年）八月，连营数十里犯宣府、大同。⑥ 可见北边遭到侵扰最多的是宣府镇。宣府镇在诸次防御中达到了护卫京师的

---

① 孙世芳．宣府镇志．第166、108页．

② 陈韶旭，薛志清．明朝中前期宣府镇在北部边疆的重要地位和作用[J]．河北北方学院学报，2006（05）．

③ 陈韶旭，王凯东，冶治江．明朝政府对宣府地方经济的扶植政策及影响[J]．张家口师专学报，2003（05）．

④ 孙世芳．宣府镇志．第89页．

⑤ 刘景纯．宣德至万历年间蒙古诸部侵扰九边的时间分布与地域变迁[J]．中国边疆史地研究，2009（06）．

⑥《明武宗实录》卷一一四，正德九年七月乙丑，台北，中研院历史语言研究所1962年影校本。

防御效果。宣府镇城作为全镇的指挥中心，其本身的防御性功不可没。

正统十四年（1449 年）七月，瓦剌首领也先纠集蒙古各部举兵南下。在中官王振的劝说下，英宗不顾群臣反对，仓促集军，御驾亲征。大军于居庸关外的土木堡遭瓦剌部包围，明军大败，英宗被俘，史称“土木堡之变”。在“土木堡之变”中，宣府镇城辖下城堡独石、马营等要塞失守，宣府镇形势危急。宣府军民同仇敌忾，凭借镇城的坚固城防体系顽强抗战，宣府镇城在“土木堡之变”中经受住了战争的考验。① 明廷因此进一步认识到了宣府镇城在捍卫边疆和拱卫京师中的重要作用，更加重视宣府镇的军事设施和防御体系建设。

崇祯十七年（1644 年）三月，闯王李自成率领 50 万大军攻打宣府镇城。崇祯帝派得力干将朱之冯、监视内臣杜勋、总兵王承允等人率精兵八万余人镇守。李自成利用杜勋、王承允两内奸，以调虎离山之计，最终攻占了宣府。② 可见，宣府镇城的防御性实质上并没有设计中的那么固若金汤。这种防御性空间的设计更多地寄托了规划者和设计者的一种愿望。物质空间和精神意象都只是历史因素的一个方面，在一定时期满足特定的需求，产生特定的影响。但是从防御效果来看，固若金汤依靠的不仅仅是防御体系的设置和防御设施的构筑，还受到军事实力、防御战略、人心向背等诸多因素的影响。正如《神机制敌太白阴经》所言，“兵因地而强，地因兵而固”③。“兵强”和“地固”是相互影响、相互制约的关系，两者缺一都不可能达到“强固”的防御效果。

本文通过考察宣府镇现存遗迹、解析古代地图、分析历史记载，还原了明代宣府镇城的空间构成。从建置、功能构成、形态演变、精神意象等多个角度对镇城空间进行解析，并进一步分析镇城空间构成演变的影响因素和防御效果。宣府镇只是明长城“九边”重镇之一，军事镇城亦只是长城沿线诸多等级中的军事防御性聚落城池之一，对于长城防御体系和军事聚落的研究任重道远。没有对长城历史和相关文化背景进行深入的研究而实施的长城保护和规划是苍白无效的，甚至会走向反面。“充分认知”是“有利保护”的必要前提和基础，对长城体系中不同层级、不同类型的防御性聚落进行更加深入、更多视角的认知，将为保护长城的历史真实性与完整性提供决策层面的支持。

---

① 《明英宗实录》卷一八一，正统十四年八月庚戌，台北，中研院历史语言研究所 1962 年影校本。

② 古城春晓：《李自成智取宣府》，《张家口晚报》，2008 年 10 月 27 日，第 A16 版。

③ 李筌．神机制敌太白阴经·卷二·人谋下 · 地势篇第十九．

明辽东镇长城军事防御体系与聚落分布[①]

摘 要

对于辽东镇的研究，以往多关注于都司卫所建置、长城墙体以及个别重要军堡，缺乏对辽东长城军事防御体系以及军事聚落分布的整体认知与全面探析。本文以时间与空间两条主线，从整体角度分别对军事防御体系以及军事聚落的形成进行深入分析，以期明晰辽东镇的军事聚落布防的时空分布规律，并为今后的研究提供借鉴和参考。

关键词 辽东镇；长城；军事防御体系；聚落时空分布

引言

明代的辽东镇长城为九边首镇，是万里长城的最东段。然而对于辽东镇长城的研究却少之又少，刘谦先生是最早对辽东镇长城进行学术性研究的学者。他在亲自对辽东长城进行全程实地考察之后，整理成《明辽东镇长城及防御考》一书。此书从长城系统、陆路屯兵系统、海防屯兵系统、传烽系统、驿传交通系统、屯田及军需系统六个方面，第一次对辽东镇进行全面、系统的考察与梳理，是对整个明长城军事防御体系的有益补充。本文研究的对象即是上书中长城陆路屯兵系统内的各级军堡，探寻辽东镇长城军事聚落的历史发展轨迹，并试图发现其空间分布的特征与规律。

一、辽东镇长城军事防御体系

1. 辽东镇军事管理制度的变迁

有明一代，辽东的军政管理从都司到总兵再到巡抚，兵权逐渐过渡，却在某些阶段相互制约。洪武年间，都司一直作为辽东最高军政机构，其主要任务为军事镇戍、行政管理及民族和睦等。辽东地方各城堡屯寨的守御任务由设置在各地区的卫所负责。永乐至嘉靖年间（1403～1566 年），是辽东以总兵为首的军事镇戍系统的形成、成熟期。辽东总兵制度和新的军事指挥系统形成于永乐初年。洪武三十五年（1402 年）永乐帝“命左军都督府左都督刘贞镇守辽东，其都司属卫军马听其节制”，都司的军事职能和行政职能开始分开。嘉靖末年（1566 年），辽东镇戍体系成为完全独立于都司行政管理系统之外的军事指挥系统。宣德十年（1435 年）开始在辽东设置巡抚，巡抚的设置逐渐削弱了总兵的权力。至嘉靖末期，在辽东并存三种不同的管理系统，分别为以掌印都指挥为首的都司行政管理系统、以总兵为首的军事镇戍系统、以巡抚为首的行政监察系统，三者相对独立又相互制约，职能上相互区别又相互重叠。在整个管理体制中，从事卫所行政管理的官员地位最低，其次为以总兵为首的镇戍系统，巡抚则成为辽东地区的决策者。总的说来，即洪武年间，辽东都司行使着军事镇戍和行政管理双重职能；永乐年间，专门执行军事镇戍职能的总兵体制形成，都司只剩下行政管理一种职能并受制于总兵体制；洪熙宣德以后，行政监察体制形成，逐渐侵夺都司的行政管理权和总兵的军事指挥权，在监督和决策中都起着决定作用。[②]

2. 辽东镇军事聚落分布的层级性

明朝采用都司卫所军事制度对明长城军事聚落进行层级性管理，军事聚落也具有层级性。因辽东三面濒夷，一面阻海，固布防系统分陆路与海路两方面，辽东镇长城的防御体系主要在陆路防御系统，因此本文对海路防御系统的军事聚落并未涉及。都司卫所是明朝的军事机构，在管理上推行军政合一体制，都指挥使司是地方上的最高军政机关，

---

① 刘珊珊，张玉坤．明辽东镇长城军事防御体系与聚落分布 [J]．哈尔滨工业大学学报（社会科学版），2011 (01):36-44.
国家教育部高等学校博士学科点专项科研基金新教师基金“中国传统防御性聚落基础研究”（项目号：20070056053）

② 张士尊．明代辽东都司军政管理体制及其变迁 [J]. 东北师大学报（哲学社会科学版），2002：70.

军事要地设置卫和所，卫是次于都司的地方军事机构，所更次之，卫辖堡，堡辖堡寨，各级将领及士兵所驻城池分别分卫城、所城和堡城。同时，以总兵为首的军镇系统下，镇下分路设防，每路辖堡，士兵所驻城池分别为镇城、路城和堡城。由此，各种屯兵城池按防御的缓急轻重陆续建立，按级别不同，明辽东镇长城军事聚落亦由大到小依次分为镇城、路城、卫城、所城和堡城五个层次。兵力的配置适应着军事防御的现实性，各级屯兵城形成层层相制的防御系。

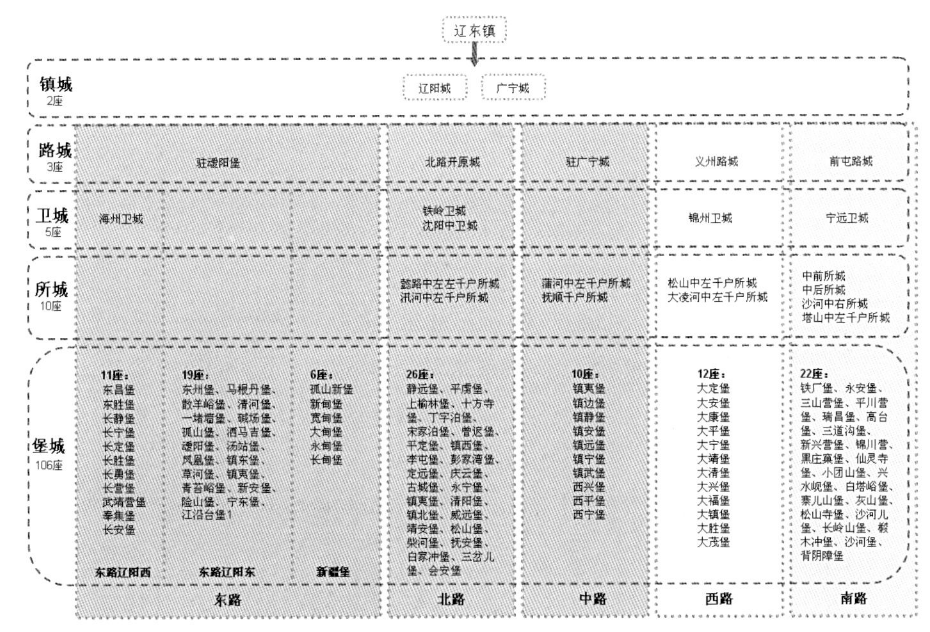

图 1　辽东镇长城军事防御体系屯兵城等级分布图

辽东镇长城军事防御体系中，设镇城 2 座，路城 3 座，卫城 5 座，所城 10 座，堡城 106 座（图 1）。辽东镇境域防御布局以辽河分界，河东重点镇戍辽阳，并以开原为肩背，河西重点镇戍广宁，并以宁远为后路。故镇城有两座，一辽阳，为辽东都指挥使司驻地，由副总兵及巡按等驻守；二广宁，为都指挥使分司驻地，由巡抚及总兵驻守。都指挥使司下辖东、西、南、北、中 5 路屯兵，其中东路又以辽阳为界，分为东路辽阳东和东路辽阳西以及新疆六堡。但单独设置城池的仅有 3 路，分别为北路开原路城，西路义州路城和南路前屯路城，由于东路和叆阳堡合一，中路与广宁分司城合一，并未再另设城池。路下共设 25 卫，分属于各路。每卫分设约 5 个所，计 127 所，所下再设堡城 106 座，这些军堡与边寨、墩台等构成不同等级、不同用途，却有机配合，具有一定纵深的连续、完整又严密的长城防御体系，共同防御辽东长城防线约 975 公里。①

二、辽东镇长城与军事聚落的演变发展

1．辽东镇建镇沿革及统辖范围

辽东镇设置于洪武四年（1371 年）七月，为明朝北边建置中第五个军镇，仅晚于京师，大同，太原，西安。《明实录》载，明太祖朱元璋“置定辽都卫指挥使司”，“总辖辽东诸卫军马”②。六年（1373 年）六月置辽阳府、县。七年，设总兵，驻扎广宁城，镇守辽东。八年（1375 年）全国都卫均改为都司，十月，定辽都卫指挥使司便改为辽东都指挥使司，简称辽东都司，也称辽东镇。二十年（1387 年），置辽海卫等二十五卫。永乐七年（1409 年），又置安乐、自在二州，隶山东布政使司。鉴于辽东地区特殊的战略地位，撤府州县，专以都司领卫所，实质是对辽东地区采取军事统治。周宏祖《辽东论》说：“辽东为燕京左臂，三面濒夷，一面阻海，山海关限隔内外，亦形胜之区也。历代郡县其地，明朝尽改置卫，独于辽阳、开原设安乐、自在二州，以处内附夷人。”③

辽东镇统辖范围为，东起鸭绿江、连朝鲜国界，西抵瑞昌堡山海关、连蓟镇边界，延袤一千五百七十五里；南起旅顺海口，北抵开原境外（旧归仁县）边界九百八十里④。在今辽宁省辽阳、锦州、铁岭、沈阳、抚顺、本溪、丹东、葫芦岛、盘锦、鞍山等地境内，相当于现在辽宁省西部和东部的大部分地区，其地理位置相当重要。

---

① 刘谦．明辽东镇长城及防御考 [M]. 北京：文物出版社，1989：7.

② 明太祖实录 · 卷六十七．

③ 杨旸．明代辽东都司 [M]. 郑州：中州古籍出版社，1988：9.

④ 刘效祖．四镇三关志 · 卷二 · 辽镇形胜 · 疆域．明万历四年刻本．

2．辽东镇以长城为主体的筑垒体系

辽东长城东起丹东虎山，西抵绥中锥子山，从东向西跨越今辽宁省 12 个市的 32 个县（市、区），总长度 1200 余公里[①]。整体辽东长城迂回曲折，呈一个“凹”字形走势，在这千里的长城线上，十里一堡，五里一台，雄关、隘口林立，烽火台、瞭望台星罗棋布，形成了一道坚固的防线。明代辽东长城始建于永乐年间（1403～1424 年）至万历三十七年（1609 年）竣工，按其地理位置和修筑年代，可分为三部分，即辽河流域边墙、辽西边墙和辽东东部边墙[②]（图 2）。

1）辽河流域边墙

从广宁镇静堡起到开原镇北关止，长达七百余里，它修筑时间最早，始建于明永乐。《读史方舆纪要·卷三七》引成化二十年（1484 年）边将邓钰言辽东置边之事曰：“永乐时，筑边墙于辽河，内自广宁东抵开元，七百余里，若就辽河迤西，径抵广宁，不过四百里。以七百里边堑堡寨，移守四百里，若遇入寇，应接甚易。”[③]

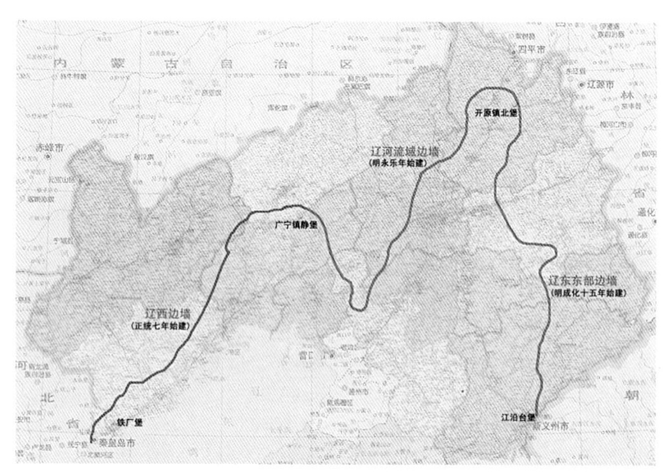

图 2　明代辽东镇长城

2）辽西边墙

从山海关外铁场堡吾名口起至广宁镇静堡止，长达八百七十里。从正统七年（1442 年）始修，为辽东巡抚王翱所筑。王翱亲自出边视察，整饬边务，“自山海关直抵开原，高墙垣、深沟堑、五里为堡、十里为屯，烽燧斥堠，珠联壁贯”。

3）辽东东部边墙

从开原镇北关起到丹东鸭绿江畔宽甸虎山南麓江沿台止长达三百八十余里，分两次修筑，走向亦有二条。第一次修筑镇北关至鸭绿江一段，是（1479 年）由辽阳副总兵韩斌主持修筑的，但沿线的边堡则早于此时。明成化三年（1467 年），明军击败女真人李满柱以后，就开始着手东部边防的建设。《全辽志》载：辽阳副总兵韩斌“建东州、马根单、清河、碱场、叆阳、凤凰、汤站、镇东、镇夷、草河十堡拒守，相属千里”。第二次为万历四年（1576 年），辽东总兵李成梁及辽东巡抚张学颜，把孤山堡以南段长城向东推进，即“新疆”一段长城。明万历三十七年（1609 年），在巡抚熊廷弼主持下，从山海关西锥子山起，东经开原东南至宽甸的鸭绿江上，重新整修了辽东长城 1050 余公里，这是明代对辽东防务的最后经营。

三、明辽东镇长城防御性军事聚落时空分布特征

在辽东镇长城军事聚落的历史发展过程中，堡与长城建设的先后顺序并非一成不变。在洪武年间，辽东镇就已经大规模的建置军堡，而长城的修筑最早是在永乐年间，即在长城防御体系建立以前，辽东镇就已经设立了部分军堡作为屯兵和作战的据点。而后随着时间的推移，长城的修筑与军堡的建置相辅相成，某些地段的长城是在连接军堡的基础上形成，而有些地段却是在长城防御体系的建设过程中，通过增筑军堡以满足军事防御需求。

1．辽东镇长城军事聚落建置的历史形成过程

辽东镇的形成是一个历史的过程，是一个军事布防的体系，它的发展受明朝政治变革以及与北方游牧民族军情战事的影响。建明之初为巩固边疆防御始兴建军事聚落；中期屡屡受到北方少数民族部落的入侵而再次兴建；后期则是迫于内忧外患双重压力而兴建。为便于直观显示辽东镇军堡在明朝统治的各个历史时期的建置情况，将各路增筑军堡的时间按先后顺序列表（表 1）。

---

① 据明长城资源调查最新数据 http://www.sach.gov.cn/tabid/863/InfoID/18392/Default.aspx

② 冯永谦，何溥滢．辽宁古长城 [M]．沈阳：辽宁人民出版社，1986.

③ 张维华．明辽东边墙建置沿革考 [M]// 晚学斋论文集．济南：齐鲁书社，1986.

辽东镇长城军事聚落建置时间统计表

表 1

		明代屯兵城	修筑时间
洪武		都指挥使司城	明洪武五年（1372 年）
洪武		广宁分司城	明洪武七年（1374 年）
洪武	东路	海州卫城	明洪武九年（1376 年）
洪武	中路	抚顺千户所城	明洪武十七年（1384 年）
洪武	东路	沈阳中卫城	明洪武十九年（1386 年）
洪武	西路	义州路城	明洪武二十二年（1389 年）
洪武	中路	广宁中屯卫城	明洪武二十四年（1391 年）
洪武	北路	开原路城	明洪武二十六年（1393 年）
洪武	北路	铁岭卫城	明洪武二十六年（1393 年）
洪武	南路	前屯城	明洪武二十六年（1393 年）
洪武	中路	镇夷堡城	明洪武年建
洪武	中路	镇边堡城	明洪武年建
洪武	中路	镇静堡城	明洪武年建
洪武	中路	镇安堡城	明洪武年建
洪武	中路	镇远堡城	明洪武年建
洪武	中路	镇宁堡城	明洪武年建
洪武	中路	镇武堡城	明洪武年建
洪武	中路	西兴堡城	明洪武年建
洪武	中路	西平堡城	明洪武年建
洪武	中路	西宁堡城	明洪武年建
洪武	西路	大定堡城	明洪武年建
洪武	西路	大安堡城	明洪武年建
洪武	西路	大康堡城	明洪武年建
洪武	西路	大平堡城	明洪武年建
洪武	西路	大宁堡城	明洪武年建
洪武	西路	大靖堡城	明洪武年建
洪武	西路	大清堡城	明洪武年建
洪武	北路	静远堡城	明洪武年建
洪武	北路	平虏堡城	明洪武年建
洪武	北路	上榆林堡城	明洪武年建
洪武	北路	十方寺堡城	明洪武年建
洪武	北路	定远堡城	明洪武年建
洪武	北路	庆云堡城	明洪武年建
洪武	北路	古城堡城	明洪武年建
洪武	北路	永宁堡城	明洪武年建
洪武	北路	镇夷堡城	明洪武年建
洪武	北路	清阳堡城	明洪武年建
洪武	北路	镇北堡城	明洪武年建
洪武	北路	松山堡城	明洪武年建
洪武	北路	靖安堡城	明洪武年建
洪武	北路	会安堡城	明洪武年建
洪武	东路辽阳西	东昌堡城	明洪武年建
洪武	东路辽阳西	东胜堡城	明洪武年建
洪武	东路辽阳西	长静堡城	明洪武年建
洪武	东路辽阳西	长宁堡城	明洪武年建
洪武	东路辽阳西	长定堡城	明洪武年建
洪武	东路辽阳西	长胜堡城	明洪武年建
洪武	东路辽阳西	长勇堡城	明洪武年建
洪武	东路辽阳西	长营堡城	明洪武年建
洪武	东路辽阳西	武靖营堡	明洪武年建
洪武	东路辽阳西	奉集堡城	明洪武年建

		明代屯兵城	修筑时间
宣德	北路	懿路中左千户所城	明永乐五年（1407 年）
宣德	西路	松山中左千户所城	明宣德三年（1428 年）
宣德	西路	大凌河中左千户所城	明宣德三年（1428 年）
宣德	南路	中前所城	明宣德三年（1428 年）
宣德	南路	中后所城	明宣德三年（1428 年）
宣德	南路	宁远卫城	明宣德五年（1430 年）
宣德	南路	沙河中右所城	明宣德五年（1430 年）
宣德	南路	塔山中左千户所	明宣德五年（1430 年）
正统	中路	蒲河中左千户所城	明正统二年（1437 年）
正统	北路	汎河中左千户所城	明正统四年（1439 年）
正统	北路	威远堡城	明正统七年（1442 年）
正统	西路	大兴堡城	明正统七年（1442 年）
正统	西路	大福堡城	明正统七年（1442 年）
正统	西路	大镇堡城	明正统七年（1442 年）
正统	西路	大胜堡城	明正统七年（1442 年）
正统	西路	大茂堡城	明正统七年（1442 年）
正统	南路广宁前卫	铁厂堡城	明正统七年（1442 年）
正统	南路广宁前卫	永安堡城	明正统七年（1442 年）
正统	南路广宁前卫	三山营堡城	明正统七年（1442 年）
正统	南路广宁前卫	平川营堡城	明正统七年（1442 年）
正统	南路广宁前卫	瑞昌堡城	明正统七年（1442 年）
正统	南路广宁前卫	高台堡城	明正统七年（1442 年）
正统	南路广宁前卫	三道沟堡城	明正统七年（1442 年）
正统	南路广宁前卫	新兴营堡城	明正统七年（1442 年）
正统	南路广宁前卫	锦川营堡	明正统七年（1442 年）
正统	南路广宁前卫	黑庄窠堡	明正统七年（1442 年）
正统	南路宁远卫	仙灵寺堡城	明正统七年（1442 年）
正统	南路宁远卫	小团山堡城	明正统七年（1442 年）
正统	南路宁远卫	兴水岘堡城	明正统七年（1442 年）
正统	南路宁远卫	白塔峪堡城	明正统七年（1442 年）
正统	南路宁远卫	寨儿山堡城	明正统七年（1442 年）
正统	南路宁远卫	灰山堡城	明正统七年（1442 年）
正统	南路宁远卫	松山寺堡城	明正统七年（1442 年）
正统		沙河儿堡城	明正统七年（1442 年）
正统		长岭山堡城	明正统七年（1442 年）
正统		椵木冲堡城	明正统七年（1442 年）

		明代屯兵城	修筑时间
成化	东路辽阳东	东州堡城	明成化五年（1469 年）
成化	东路辽阳东	马根丹堡城	明成化五年（1469 年）
成化	东路辽阳东	清河堡城	明成化五年（1469 年）
成化	东路辽阳东	碱场堡城	明成化五年（1469 年）
成化	东路辽阳东	孤山堡城	明成化五年（1469 年）
成化	东路辽阳东	洒马吉堡城	明成化五年（1469 年）
成化	东路辽阳东	叆阳堡城	明成化五年（1469 年）
成化	东路辽阳东	汤站堡城	明成化五年（1469 年）
成化	东路辽阳东	凤凰堡城	明成化五年（1469 年）
成化	东路辽阳东	镇东堡城	明成化五年（1469 年）
成化	东路辽阳东	草河堡城	明成化五年（1469 年）
成化	东路辽阳东	镇夷堡城	明成化十七年（1481 年）
成化	东路辽阳东	青苔峪堡城	明成化十七年（1481 年）
成化	东路辽阳东	新安堡城	明正德四年（1509 年）
嘉靖	南路	沙河堡城	明嘉靖十一年（1532 年）
嘉靖	南路	背阴障堡城	明嘉靖二十五年（1546 年）
嘉靖	北路	李屯堡城	明嘉靖二十五年（1546 年）
嘉靖	东路辽阳东	散羊峪堡城	明嘉靖二十五年（1546 年）
嘉靖	东路辽阳东	一堵墙堡城	明嘉靖二十五年（1546 年）
嘉靖	东路辽阳东	险山堡城	明嘉靖二十五年（1546 年）
嘉靖	东路辽阳东	宁东堡城	明嘉靖二十五年（1546 年）
嘉靖	东路辽阳东	江沿台堡城	明嘉靖二十五年（1546 年）
嘉靖	东路	长安堡城	明嘉靖四十年修（1561 年）
隆庆至万历	东路	孤山新堡城	明万历初元（1573 年）
隆庆至万历	东路	新甸堡城	明万历初元（1573 年）
隆庆至万历	东路	宽甸堡城	明万历初元（1573 年）
隆庆至万历	东路	大甸堡城	明万历初元（1573 年）
隆庆至万历	东路	永甸堡城	明万历初元（1573 年）
隆庆至万历	东路	长甸堡城	明万历初元（1573 年）
隆庆至万历	北路	丁字泊堡城	明隆庆五年至万历二年节次修（1571～1574 年）
隆庆至万历	北路	三岔儿堡城	明隆庆五年至万历二年节次修（1571～1574 年）
隆庆至万历	北路	宋家泊堡城	明隆庆五年至万历二年节次修（1571～1574 年）
隆庆至万历	北路	白家冲堡城	明隆庆五年至万历二年节次修（1571～1574 年）
隆庆至万历	北路	曾迟堡城	明隆庆五年至万历二年节次修（1571～1574 年）
隆庆至万历	北路	平定堡城	明隆庆五年至万历二年节次修（1571～1574 年）
隆庆至万历	北路	镇西堡城	明隆庆五年至万历二年节次修（1571～1574 年）
隆庆至万历	北路	彭家湾堡	明隆庆五年至万历二年节次修（1571～1574 年）
隆庆至万历	北路	抚安堡城	明隆庆五年至万历二年节次修（1571～1574 年）
隆庆至万历	北路	柴河堡城	明隆庆五年至万历二年节次修（1571～1574 年）

由表 1 可以直观地看出，纵观整个明朝统治时期，并非每个朝代都在修筑军堡，而是在某些历史时期分阶段地对辽东镇进行军事布防，兴筑军堡，因此，辽东镇军事聚落的历史形成过程具有阶段性特征。辽东镇兴建军堡最多的是洪武年间，其次是正统年间，另外，宣德、成化、嘉靖，隆庆至万历这几个时期，也是兴筑军堡较多的。按照兴筑军堡几次较为集中的历史时期划分，可分为三个阶段：第一阶段，洪武至洪熙年间（1368～1425 年），以洪武年为代表，辽东已开始大规模置卫所修营堡，共兴筑各级军堡 53 座；第二阶段，宣德至嘉靖年间（1426～1566 年），以宣德、正统、成化和嘉靖年间为代表，进行军堡的第二次大规模兴建，共兴筑各级军堡 57 座；第三阶段，隆庆至崇祯年间（1567～1644 年），以隆庆和万历年间为代表，进行军堡的第三次大规模兴建，这一时期修筑的多是军事级别最低的堡城，共兴筑 16 座（图 3、图 4）。

明代修建辽东镇长城之主要目的乃拒胡，防止元朝复辟。在洪武年间，即辽东镇第一次大规模兴建军堡时期。此段时间，明王朝除了在整个辽东镇范围内占棋盘式的兴筑都司卫所之外，把所有的精力都集中于修建在辽河流域附近，这些分属于西、中、北路及东路辽阳西，以此有效抵抗元朝残余势力从蒙古方向的反攻。宣德至嘉靖年间是辽东镇军事防御性体系进一步完善与发展的阶段，也是军事聚落形成的主要历史时期，不仅兴筑军堡的数量最多，而且防御的范围进一步扩大，触角从中心地段延伸到整个辽东镇，南、北、西、中、东五路，每路均有增筑城堡。至此，辽东镇的“M”形军事聚落格局基本定型。明隆庆以后，兴筑城堡的规模和等级都比之前有所降低，仅在东部和北部增置少数军堡。这是由于明晚期东北地区逐渐被女真的势力所控制，对明王朝在辽东的统治利益构成了更大的威胁，因此也就迫使明政府不断修补完善辽东镇长城以防御女真，并增修了东路以及北路的城堡，以抗击女真的入侵。

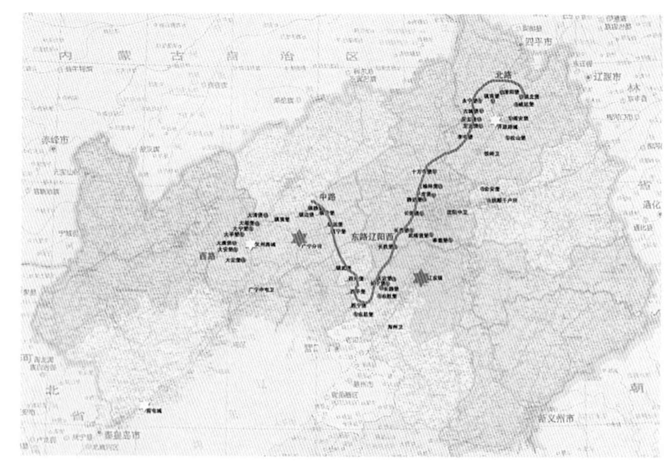

第一阶段的军堡分布

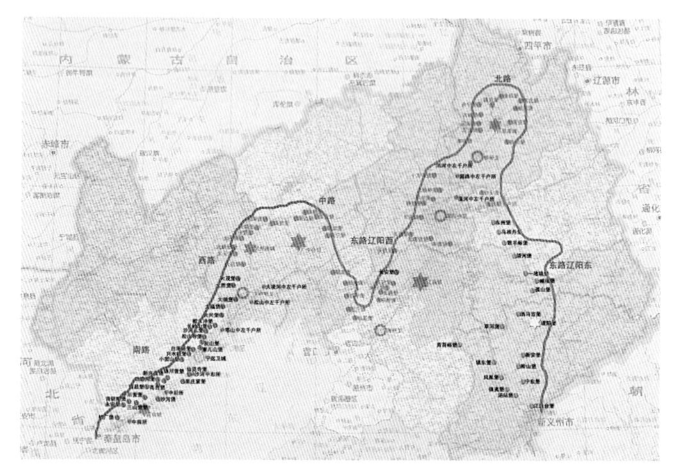

第二阶段的军堡分布

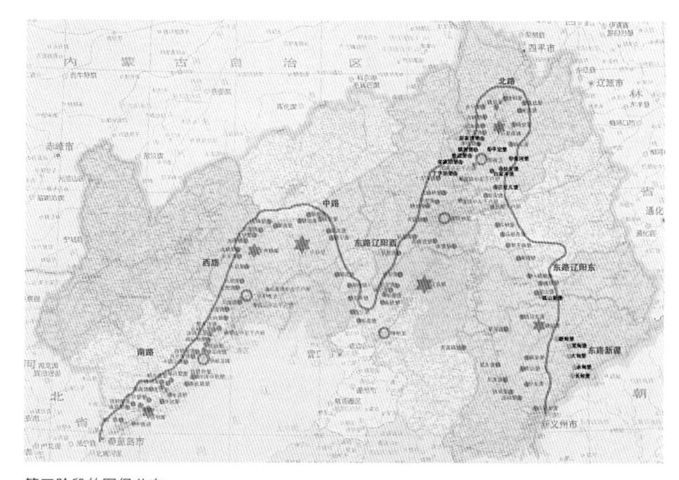

第三阶段的军堡分布

图 3　辽东镇军事聚落的历史形成过程图

2．辽东镇长城军事聚落建置的空间分布规律

辽东镇的军事防御体系是依托长城线为主线，在其内外星罗棋布设置军堡，军事防御的组织形式直接影响着军事聚落的空间分布。由于军事防御体系的层级性特征，决定了军事聚落的空间分布规律。

3．以点控线——聚落分布呈放射状空间结构

通常，最高军事长官所在的军政核心地区为镇城，其周边区域可设前、后、中、左、右五路，每路独立统辖，路级军事长官驻扎地称为路城，其外围又分设前、后、中、左、右五卫分别统辖；每卫又可设前、后、中、左、右五千户所；其下再设十百户所（图 5）。但这仅是一种建制，并非每个卫、所都对应一城，有些卫所建置之初没有独立的

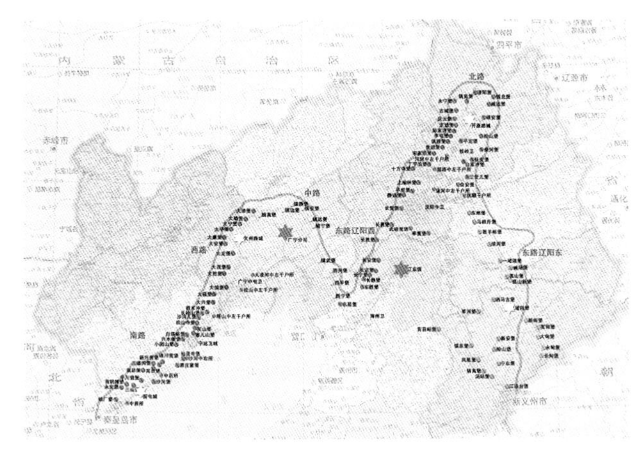

图 4　辽东镇长城军事防御性聚落分布图

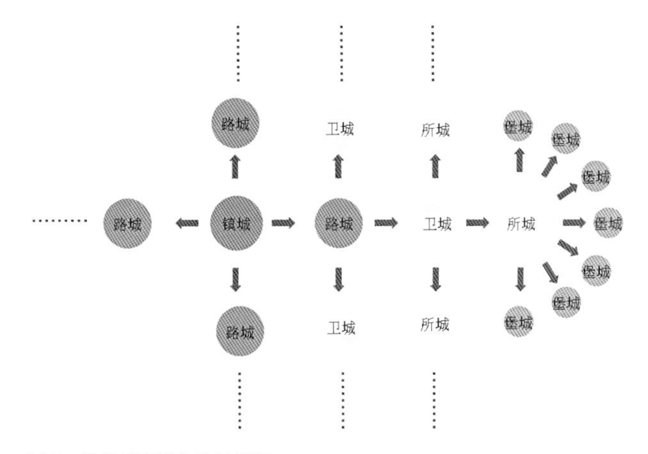

图 5　放射状空间结构示意图

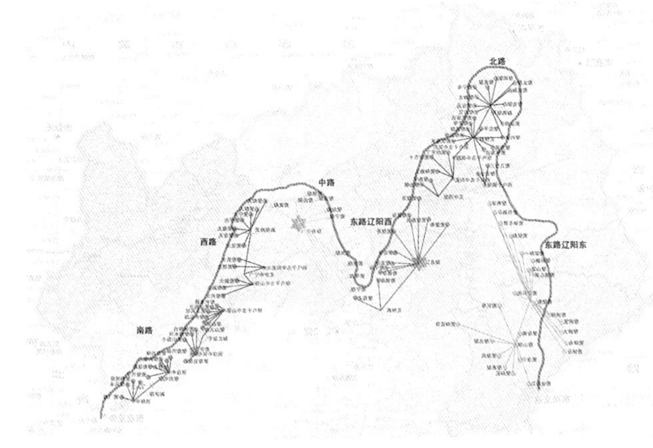

图 6　辽东镇军事聚落放射状结构空间示意图

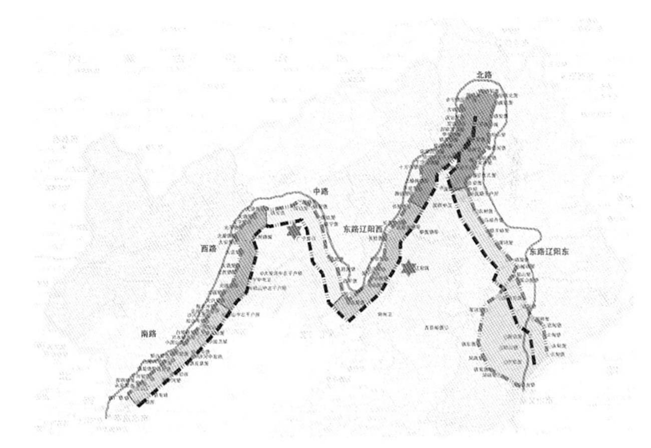

图 7　辽东镇军事聚落多防线、大纵深防御体系

城池，军营设置在镇城里[①]。辽东镇都指挥使司共领卫二十五，在洪武至永乐年间基本建卫完成，仅宁远卫建于宣德三年。二十五卫共统领一百二十七千户所，每卫多则设八千户所，少则仅设二千户所。由此，聚落分布呈现以高级别军堡为中心、低级别军堡围绕设置这一放射状空间结构（图 6）。以南路前屯城为例，设宁远卫与广宁前屯卫，都建有城池；卫下设十四所，建有城池中前所、中后所、沙河中右所以及塔山中左千户所，除此以外，还在长城沿线险要地段设置堡城二十二座。

1）以线制面——长城沿线多防线、大纵深

辽东镇长城分设南、西、中、东、北五路，东路由以辽阳为界，又分为东路辽阳西和东路辽阳东。各路沿着长城由西向东依次排开，分别是南路、西路、中路、东路辽阳西、北路以及东路辽阳东。各路统一布防又自成体系，构成多条防线共同防御的线性统一体（图 7）。

各路下设置级别不同、功能不同的军堡，长城与内外沿线的卫城、所城、堡城与关寨、墩台等构成具有大纵深的长城防御体系。堡城是最小的屯兵城，也是最接近长城边防的城堡。辽东镇的堡城都分布在长城内线，距长城最近的只有 1 公里，远的 7.5 公里。堡与堡间距也较近，一般相距 8～15 公里左右，在河西约为 7.5 公里，在河东为 10 余公里[②]。所城、卫城和路城是高级别的防御城池，共有 18 座，它们建置城池都在修筑长城之前，并且长城距各城有一定的距离。镇城是长城纵深方向最远的城池，是一个军镇体系中最高将领的驻地，一般位于军镇的中心位置。辽东镇比较特殊，它有两座镇城，分别位于“M”形长城左右两部分的中心，辽东镇都指挥使司城，容六卫兵力，控制东路辽阳西、北路、东路辽阳东和新疆六堡四路的兵力；广宁分司城，容四卫兵力，控制中路、西路和南路三路的兵力。

① 李严．明长城“九边”重镇军事防御性聚落研究 [D]．天津：天津大学，2007：72.

② 刘谦．明辽东镇长城及防御考 [M]．北京：文物出版社，1989：139.

2）点线结合——军事防御体系的构筑

辽东镇的军事防御体系是通过对全镇重要据点的控制，并按照一定的组织方法，分段进行多防线、大纵深的长城防御性军事管理，以形成以点控线——以线制面——点线结合的军事防御构筑体系。防御的层级性与聚落空间的层次具有某种基本对应的关系，即各级屯兵城都有各自的防御需求和功能。辽东镇防御性军事聚落的时空分布即是对这一防御体系在空间布局上的反映，在防卫意向上的表达。

结语

辽东为明朝防卫国家安全的第一要地，在历史发展进程中，作为明代军事防御体系物质载体的各层级军事聚落，其作用与价值不言而喻。在历史发展的过程中，尤其是清军入关对辽东镇各聚落城池的毁灭性破坏，这些承载重要历史信息的城池几已消逝殆尽，现如今更是处于濒临灭绝的状态。目前，国内对辽东镇长城防御体系的相关研究较少，因此对其军事防御性聚落进行系统的研究实为迫切与必要。

参考文献

[1]（明）兵部．九边图说．玄览堂丛书初辑．
[2]（明）魏焕．皇明九边考．嘉靖刻本．
[3]（明）刘效祖．四镇三关志．明万历四年刻本．
[4] 刘谦．明辽东镇长城及防御考[M]．北京：文物出版社，1989.
[5] 李严．明长城“九边”重镇军事防御性聚落研究[D]．天津：天津大学，2007.8
[6] 张士尊．明代辽东都司军政管理体制及其变迁[J]．东北师大学报（哲学社会科学版），2002.
[7] 张维华．明辽东边墙建置沿革考[M]// 晚学斋论文集．济南：齐鲁书社，1986.
[8] 杨旸．明代辽东都司[M]．郑州：中州古籍出版社，1988.
[9] 冯永谦，何浦滢．辽宁古长城[M]．沈阳：辽宁人民出版社，1986.
[10] 辽宁省档案馆，辽宁省社会科学院历史研究所．明代辽东档案汇编[M]．沈阳：辽沈书社，1985.
[11] 王国良．中国长城沿革考[M]．上海：商务印书馆，1931.
[12] 张维华．中国长城建置考[M]．北京：中华书局，1979.

明长城蓟镇戍边屯堡时空分布研究 ①

摘 要

通过对古代地图、文献的分析比较，对历史遗迹的调研，从聚落选址、建制沿革、军事防御等方面研究明朝嘉靖至万历年间（1551~1619年）长城蓟镇戍边屯堡分布，分析长城所属区域不同等级、不同类别屯堡的内在关系。

关键词 长城；蓟镇；军事体系；戍边屯堡；时空分布

引言

明代把长城沿线划分为若干个防区分段进行管理。明长城“九边”重镇从军事层面上看是指“九边”重镇的设置及各镇的层级组织机构，从物质层面上看是具有严密层级的依托长城及其沿线戍边屯堡聚落的军事防御工程设施。长城沿线戍边屯堡在北边资源供给、兵力调配上的作用和重要性远大于长城墙体。从整体角度来看，没有长城戍边屯堡的建设，长城只是一道“墙”，并不具备强大的防御能力。近年对于长城的研究在不同学科领域都取得了诸多成果。但长城的概念及其范围界定仍未获得统一，对于长城的研究多关注于城墙墙体、敌台本身和重要关隘建筑等，而忽略了九边防御体系的完整性和层级性。因此研究长城必须对其沿线的戍边屯堡进行深入研究。本文以嘉靖至万历年间的蓟镇为例，从整体角度分析长城蓟镇戍边屯堡的时空分布特征及规律。

一、明长城“九边”防御体系中的蓟镇

《明史 · 兵志》载：“元人北归，屡谋兴复。永乐迁都北平，三面近塞。正统以后，敌患日多。故终明之世，边防甚重。东起鸭绿，西抵嘉峪，绵亘万里，分地守御。”初设辽东、宣府、大同、延绥四镇，继设宁夏、甘肃、蓟州三镇，而太原总兵治偏头，三边制府驻固原，亦称三镇，是为九边至此，明代把长城沿线分为 9 段防区，各段负责本区域长城、屯兵城、烽火墩台等的防御工作。天然的地势屏障、蜿蜒的墙体、镇守的关隘、屯兵戍守的营、堡城池、传递军情的烽台驿站，这些要素共同组成了一套完整的长城军事防御体系。

“九边”的设置及各镇的管辖范围受北部边防态势的影响而变化。明初陆续设置 9 个边区，俗称“九边”（图 1）；明中叶为了加强北京和帝陵的防务增设了昌镇、真保 2 镇，称“九边十一镇”；明后期又分出山海镇、临洮镇，形成“九边十三镇”格局。从 9 镇到 11 镇、再从 11 镇到 13 镇，两次大的边防区划调整都涉及了蓟镇，可见蓟镇在北部边防的重要军事地位。蓟镇坐落在京师的左后方（东北），位于辽东镇与宣府镇之间，是京师的左膀。由于其重要的战略地位，蓟镇一直是明朝北边防御系统的重中之重。

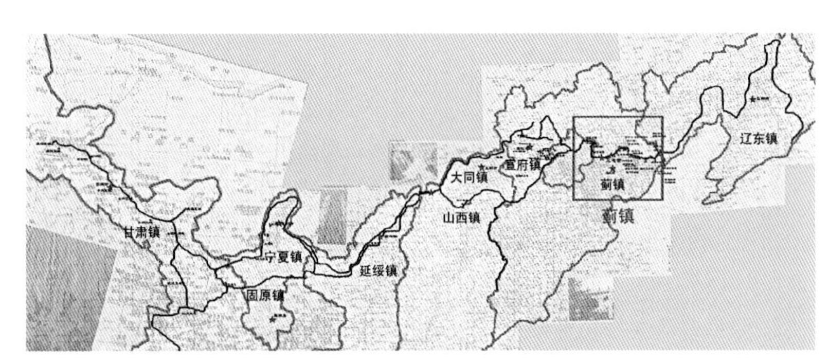

图 1 “九边”防御体系中的蓟镇
（图片来源：根据参考文献［3］改绘）

① 王琳峰，张玉坤. 明长城蓟镇戍边屯堡时空分布研究 [J]. 建筑学报，2011 (S1):1-5.
国家教育部高等学校博士学科点基金项目（200800561088）；国家高等学校博士学科专项科研基金“新教师基金”项目（20090032120054）

二、蓟镇防御范围演变与屯堡的建置

根据《四镇三关志》和《明史》记载蓟镇的防御范围主要经历了以下几次变动：

1）洪武元年（1368 年），徐达开始修建蓟镇长城沿线关隘。北平布政司统领永平府与蓟州 2 治，蓟州管辖 4 县：玉田、丰润、遵化、平谷；

2）永乐二年（1404 年），“设总兵驻寺子谷，镇守边关，遂为蓟镇云。”天顺四年（1460 年）“建三屯营城，移驻总兵官于内”，蓟镇东自山海关西至灰岭隘口（今居庸关），防线总长 2300 多里；

3）嘉靖三十年（1551 年），为保护皇陵和加强京城的防务增设了昌镇和真保镇，即“九边十一镇”，“东自山海关连辽东界，西抵石塘路并连口，接慕田峪昌镇界。延袤一千七百六十五里”；

4）万历四十六年（1619 年），设立山海镇，自此形成了“九边十三镇”的格局。

为了保护北边屯田的军户与民户，修筑了大量的屯堡。《皇明九边考》中提到：“有识者咸谓，不论在边在内，多筑城堡，许凡军民人户于近城堡地土，尽力开种，使之自赡，永不起科。有警则入城堡，无事则耕，且种且守，不惟粮食足，而边塞亦实，此为至计。”[2] 戍边屯堡同一般堡寨聚落一样受到人与自然、政治、经济等多重因素的影响。但戍边屯堡的发展又受到边防政策、民族关系等因素的深刻影响。根据上述分析可以把蓟镇戍边屯堡的建制划分为 4 个阶段：

1）明代初期，蓟镇沿边依山就势修筑镇守关隘和屯堡，其目的在于保存和发展明朝力量，开辟明代北边的疆土、借屯兵以开荒屯田；

2）燕王迁都北京设蓟镇总兵于三屯营之后，为了保卫京师，蓟镇戍边屯堡和蓟镇段长城进入成规模修筑阶段；

3）明嘉靖以后，长城沿线区域形成“九边十一镇”格局，蓟镇戍边屯堡的防务逐渐进入完善阶段，而此时筑城的目的已演变为消极防御边外蒙古元人的南下；

4）明代后期，“九边十三镇”形成，蓟镇戍边屯堡的防务逐渐削弱。

将蓟镇戍边屯堡的建制过程与前面蓟镇防御范围的变化比较发现，戍边屯堡的建制与明代北边形势、边防政策密切相关，戍边屯堡的时空建制是明朝北部边防与明廷对外政策与防御意识发展演变的历史印记。长城沿线戍边屯堡的产生、发展都是以军事为中心，时刻适应着边防战事的需要。

三、蓟镇层级防御体系与屯堡的戍守

明长城“九边”防御体系经历长期演变直至嘉靖年间最终确立了都司卫所与九边总兵镇守并存的军事管理体制。其中卫所制又叫军屯制，饷粮和军需基本上全由军屯收入所支给，卫、所等的设置根据守御地段的地理位置、地形险要程度和战略、战术价值而定。九边总兵镇守制度同样具有严密层级：“总镇一方者曰镇守，独守一路者曰分守，独守一城一堡者曰守备，有与主将同处一城者，曰协守。又有备倭、提督、提调、巡视等名。其官挂印专制者曰总兵、次曰副总兵、曰参将、曰游击将军”[2]。各级防御单位中驻扎指挥将领的官职、驻地，辖区职权以及驻兵人数情况见表 1。

“九边”防御单位属性统计 表 1

防御单位	守将官职	驻地	辖区和职权	驻兵人数
镇	镇守总兵（副协守副总兵）	镇城	总掌防区内的战守行动	据实际情况而定
	总兵	镇城	协助主将策应本镇及邻镇的防御	城内驻兵 3000 人
	分守副总兵	重要城堡	某一紧要地段的防务	据实际情况而定
路	参将	重要城堡	管辖本路诸城堡驻军和本路防御	2 个卫，12000 多人
卫	守备	卫城	管辖本卫城堡驻军和本路地段防御	5600 人
千户所	把总	所城	管辖本所城堡驻军和本路地段防御	1120 人
百户所	把总	堡城	管辖本城堡驻军和本路地段防御	112 人
总旗	总旗官	该城堡		50 多人
小旗		该城堡		十几人

据《明史 · 职官志》记载，蓟镇设有总兵 1 员驻镇城三屯营；协守副总兵 3 员（分驻建昌营、三屯营、石匣营）；蓟镇全线分为 12 路，分守参将分驻路城；其中山海路、石门路、台头路和燕河路归东路协守管辖，太平路、喜峰口路、松棚路和马兰路归中路协守管辖，墙子路、曹家路、古北口路和石塘路归西路协守管辖；各路下设游击将军、坐营官、提调或守备管辖本关或数关堡。由于蓟镇关隘密集，蓟镇的武官层级结构中增设“提调”一级（辽东镇也有）。《四镇三关》志载“提调各关营把总以都指挥体统行事”，“提调”低于“守备”高于“把总”。由此从东到西共设置了 25 个提调，分别驻在一片石、大毛山、义院口、界岭口、青山口、桃林口、冷口、擦崖子、榆木岭、董家口、大喜峰口、龙井儿、洪山口、罗文峪、大安口、宽佃峪、黄崖口、将军营、镇虏营、墙子岭、曹家寨、古北口、潮河川，白马关、石塘岭关堡中。蓟镇军事防御组织结构为“蓟辽总督—镇守总兵—协守—参将 / 游击将军—守备—提调—把总”。根据图 2 可见长城沿线的军事防御系统组织具有严密的层级性并呈放射状发散。

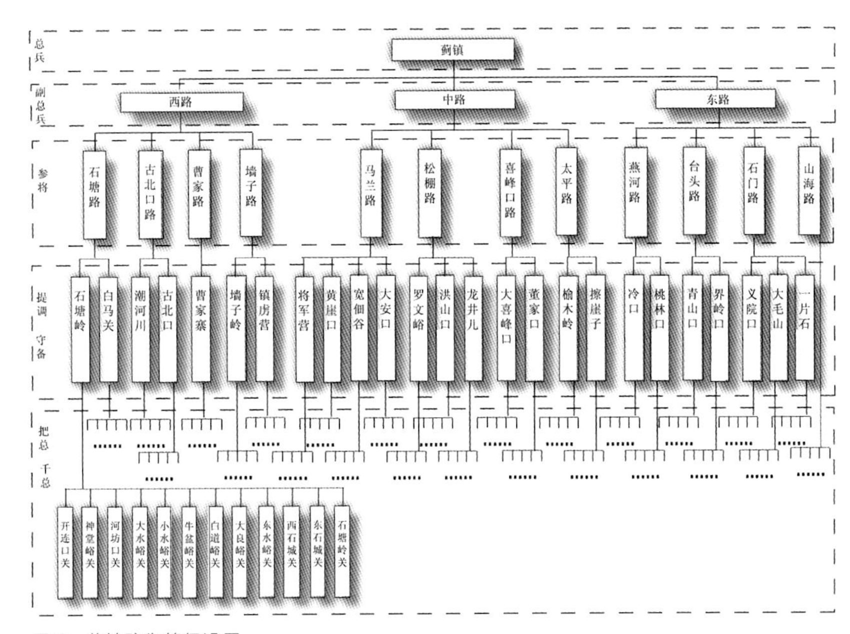

图 2 蓟镇防御等级设置
（图片来源：根据参考文献 [3] 改绘）

戍边屯堡中所驻军官的级别决定了屯堡的军事级别。九边总兵镇守与都司卫所并存的军事管理制度在实现北部边防统治的同时也影响了长城沿线戍边屯堡的结构秩序。

四、蓟镇戍边屯堡空间分布及其特征

1. 嘉靖至万历年间蓟镇屯堡的空间分布

根据蓟镇的建制沿革，明中后期即嘉靖三十年至万历四十六年间（1531～1619 年）为蓟镇设立昌镇和真保镇之后，山海镇独立称镇之前的阶段。本文以此阶段的蓟镇所辖区域为屯堡分布研究对象，东自山海关连辽东界，西抵石塘路元连口，接慕田峪，镇界延袤 1765 里[4]，主要在今河北、天津、北京境内。为了更深入地分析蓟镇戍边屯堡的空间分布规律，笔者根据文献资料记载与实地调研绘制了蓟镇戍边屯堡空间分布图（图 3），在现行区划图的基础上还原了历史空间布局。

蓟镇关口设置之密集堪为“九边”之首，蓟镇长城 1200 多里的沿线先后建有 270 座关隘，而与蓟镇长城长度相当的辽东镇仅建有关隘 13 座。这一带的防御工事较他镇也更为密集坚固，出现了各种类型的防御性屯堡。大小关隘沿山势紧密布局，因关设堡以屯兵屯田供给资源。如：青山口关附近有青山营城；董家口关、大毛山关附近有驻操营城；山海关附近则设有山海卫城。这些营城堡多设置在丘陵及平原等坡度较缓地区，临近水源以获得生活和生产的基础。

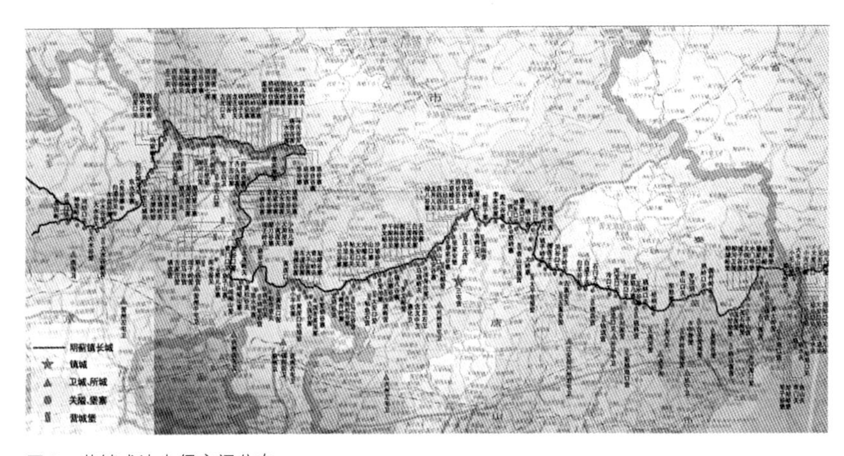

图 3 蓟镇戍边屯堡空间分布
（图片来源：根据参考文献 [1]、《九边图说》、《卢龙塞略》整理绘制）

从屯堡聚落的命名可以发现一些选址和战略的规律。顾祖禹称："边墙依山凑筑，大道为关，小道为口，屯军曰营，列守为'寨'。"根据表 2 统计数目计算蓟镇不同类型的戍边屯堡所占比例，其中关城、关口占 39.7%，堡寨占 42.1%，营城堡占 18.2%。堡寨与关隘数量相当，应了"因关而设堡"的规律，凡关必有堡寨相守。关口、堡寨、营城的设置比例反映出当时"戍边守关"与"屯给资源"并重的边防政策。通过上述分析和对历史空间的还原可以发现蓟镇戍边屯堡的空间整体格局和结构秩序存在着自身的特征。

蓟镇长城沿线戍边屯堡分布统计 表 2

路	今址	关口数量、名称	堡寨数量、名称	营城堡数量、名称
山海路	山海关区	8 座：山海关、南海口关、南水关、北水关、旱门关、角山关、滥水关、三道关		1 座：牛头海口营城堡
石门路	抚宁县	8 座：大青山口、吾名口、黄土岭关、西阳口、大安口、庙山口、一片石关、义院口关	20 座：炕儿谷、平顶谷堡、水门寺堡、城子谷堡、柳河卫堡、董家口堡、大毛山堡、小毛山堡、娃娃谷堡、小河口堡、甘泉堡、温泉堡、孤石谷堡、柳罐谷堡、苇子谷堡、细谷口堡、花厂谷堡、拿子谷堡、板厂谷堡、长谷口堡	5 座：黄土岭营城堡、长谷驻操营城堡、石门寨营城堡、平山营城堡、驸马寨营城堡
台头路	抚宁县	5 座：界岭口关、箭杆岭关、南谷口关、乾涧儿口关、青山口关	5 座：罗汉洞、中寨堡、星星古堡、梧桐谷、东胜寨	3 座：台头营城堡、赤洋海口营城堡、界岭口城堡
燕河路	卢龙县	7 座：刘家口关、桃林口关、白道子关、石门子关、冷口关、河流口关、徐流口关	3 座：佛儿谷寨、孤窑儿寨、正水谷寨	6 座：燕河营城堡、桃林营城堡、刘家营城堡、新桥海口营城堡、徐流营城堡、建昌营城堡
太平路	迁安、迁西县	6 座：城子谷关、擦崖子关、洪谷口关、五重安关、白羊谷关、榆木岭关	3 座：新开岭、澜柴沟、大岭寨	2 座：五重安营城堡、太平寨营城堡
喜峰路	迁安市	6 座：董家口关、逬乡口关、青山口关、小喜峰口关、大喜峰口关、铁门关	6 座：胜岭寨、横山寨、团亭寨、石梯子谷寨、椴木谷寨、李家谷寨	2 座：青山驻操营城堡、滦阳营城堡
松棚路	迁安、迁西县	13 座：龙井儿关、苏郎谷关、三台山关、西常谷关、东常谷关、潘家口新关、洪山口关、廖家谷关、沙坡谷关、山寨谷关、罗文谷关、于家谷关、马蹄谷关	11 座：禄八谷寨、张家安寨、三道岭寨、白谷寨、西安谷寨、山口寨、猫儿谷寨、科科谷寨、蔡家谷寨、舍身台寨、天胜寨	4 座：汉儿庄营城堡、松棚谷营城堡、三屯营城堡、罗文谷营城堡
马兰路	蓟县、北京市	10 座：鲇鱼石关、大安口关、冷嘴头关、宽佃谷关、龙洞谷关、黄崖口、古强口关、黄松谷关、将军关、彰作里关	14 座：平山顶寨、沙岭儿寨、龙池寨、石崖岭寨、饿老婆顶寨、峰台岭寨、独松谷寨、马兰谷寨、太平安寨、车道谷寨、蚕椽谷寨、耻口谷寨、峨眉山寨、黑水湾寨	7 座：大安口营城堡、鲇鱼石营城堡、马兰谷营城堡、典崖口营城堡、黄崖口驻操营城堡、将军石营城堡、峨眉山营城堡
墙子路	密云县	7 座：灰谷口、北水谷关、南水谷关、大黄崖关、小黄崖关、墙子岭关、黄门口关	4 座：熊儿谷寨、鱼子山寨、磨刀谷寨、南谷寨	3 座：熊儿谷营城堡、镇虏营城堡、墙子岭营城堡
曹家路	密云县	1 座：汉儿岭关	21 座：将军台、柏岭安寨、齐头崖寨、梧桐安寨、扒头崖寨、师姑谷寨、倒班岭寨、大角谷寨、水谷寨、黑谷寨、烽台谷寨、烧香谷寨、恶谷寨、南谷寨、遥桥谷寨、大虫谷寨、大水窪寨、苏家谷寨、姜毛谷寨、石塘谷寨、小台儿寨	2 座：曹家寨营城堡、吉家庄营城堡
古北口路	密云县	4 座：古北口关、龙王谷关、砖垛子关、潮河川关	13 座：师坡谷、沙岭儿寨、丫髻山寨、司马台寨、鸦鹘安寨、卢安寨、蚕房谷寨、陡道谷寨、吊马谷寨、潮河第七寨、潮河第六寨、潮河第五寨、潮河第一寨	5 座：司马台营城堡、古北口营城堡、潮河川旧营城堡、潮河川新营城堡、石匣营城堡
石塘路	密云、怀柔区	21 座：黄崖口关、营城岭关、冯家峪关、白崖峪关、白马关、响水谷关、左二关、西驼骨关、东驼骨关、陈家谷关、开连口关、神堂谷关、河坊口关、大水谷关、小水谷关、牛盆谷关、白道谷关、东水谷关、西石城关、东石城关、石塘岭关	2 座：划车岭寨、大良谷寨	4 座：白马关营城堡、石塘岭营城堡、大水谷旧营城堡、大水谷新营城堡
合计		96	102	44

注：根据参考文献[1]、《九边图说》和现行区划地图等整理。

2．反映自然环境与风水观的选址布局

“风水”语出晋人郭璞传古本《葬经》，谓：“气成风则散，界水则止，古人聚之使不散，行之使有止，故谓之风水。风水之法，得水为上，藏风次之……深浅得乘，风水自得。”古人修筑防御性屯堡聚落，必然重视选址，对所在区域的山形水系等自然条件进行分析。《明史 · 戚继光记》记载“蓟之地有三。平原广陌，内地百里以南之形也。半险半易，近边之形也。山谷仄隘，林薄蓊翳，边外之形也”。蓟镇东部燕山山脉呈东西走向亘于北部，该区域自然地貌复杂多样，既有巍巍的高山，起伏的高原、丘陵，也有广阔的平原地貌。长城位于山脊高处，以利攻防；关隘、关口紧邻长城依山就势而建，以备攻防；堡寨、屯兵营城往往选址在战略之“穴”位，屯兵备资、以控攻防。《武备志》载“堡置者非无置之难也，置得其所之难也。夫左背山陵，右前水泽，古之行军莫不则其地”。风水之博大，已然涵纳了防御性考虑。古人基于风水观将关、寨、堡、城的选址与自然环境、地形、地貌、战略战术价值等因素相结合，形成了蓟镇戍边屯堡的整体布局。

3．映射军事防御体系的结构秩序

基于图 3，依据文献记载当中不同级别戍边屯堡的辖属关系和类型归属可以得到蓟镇戍边屯堡分布结构（图 4～图 6），以便更加直观的揭示戍边屯堡空间分布规律及相互关系。

1）“众星拱卫”的放射结构

如前所述，蓟镇军事防御组织结构“蓟辽总督—镇守总兵—协守副总兵—参将 / 游击将军—守备—提调—把总”是一个层级严密并呈放射状发散的军事防御体系组织。由此，聚落空间呈现出以高一级别城池为中心的放射状空间特征。

在冷兵器时代，作战的距离及方式也决定了屯堡聚落的空间分布密度与方式。例如，关城、关口与长城城墙距离不超 100 米；堡、寨与长城城墙距离为 600～800 米之间；为满足相关城池的战备资源供应，往往 30 里或 40 里建 1 堡 [1]。基于层级防御体系的屯堡聚落以多路、多堡、多关联合的作战模式来增强防御能力，由此形成从“镇城—路城—卫所城—营城堡—堡城—关城”层层发散、众星拱卫的放射性防御屯堡体系（图 4）。

2）“横向分段、纵向分层”的线性结构

在长城全线层面看，其沿线从东到西被划分为“十一镇”：辽东、蓟镇、昌镇、真保镇、宣府镇、大同镇、山西镇、榆林镇、宁夏镇、固原镇、甘肃镇；在蓟镇区域层面看，从东到西分为“十二路”：山海路、石门路、台头路、燕河路、太平路、喜峰口路、松棚路、马兰路、墙子路、曹家路、古北口路和石塘路。每一镇、每一路的防御都统一布防又相对独立，形成了不同尺度下的横向分段体系。

图 4　蓟镇戍边屯堡空间分布结构 A—放射结构

将关隘、堡寨、营城堡 3 种聚落类型分别标识在蓟镇戍边屯堡空间分布图中，可以得到其在空间分布上的特征（图 5）。图中横向网格划分了关、寨、营城堡、卫所等不同类别的屯堡分布区域。可见，沿最外延防线长城墙体布局的关的位置最为险要，成为第一道防线；堡寨、营城堡作为后方的屯兵屯田之地，其位置沿着关口的纵深而设，为第一线的“关”

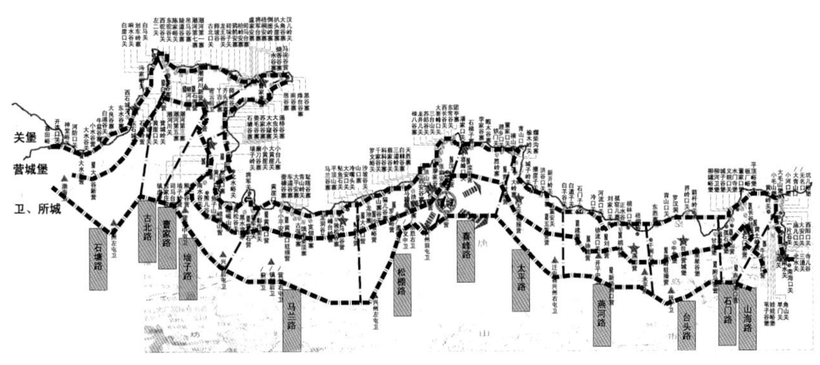

图 5　蓟镇戍边屯堡空间分布结构 B—线性结构

提供最快捷的兵力、资源供给，成为第二道防线；卫、所城的位置则位于便于交通和指挥之地，成为第三道防线。由长城墙体及其关隘、堡寨和营城堡、卫所城堡等多道防线形成了一个从北到南的纵向分层体系。

3）“秩序叠加”的网络结构

综合“众星拱卫”的屯堡戍守层级和“横向分段、纵向分层”的屯堡类型分布可以发现蓟镇戍边屯堡的空间实质是一个“秩序叠加”的网络结构（图 6）。由此达到点线结合，以点控线、以线制面的防守功效。蓟镇戍边屯堡建置受到北边形势和明朝防御政策影响，其空间分布反映了蓟镇防御体系的深层结构。其选址布局反映了“藏风得水”的环境观和风水观，其错综复杂的空间关系实质是秩序叠加的网络结构。这种“触一发而动全身”的网络特质保证了蓟镇长城防御体系有效的资源配置和完整的防御效果。

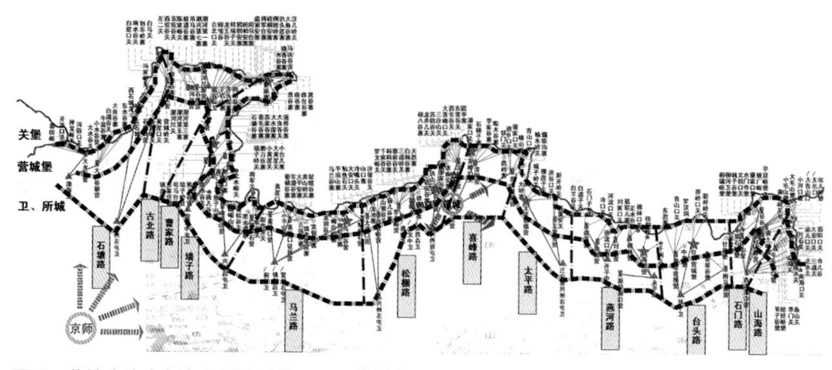

图 6　蓟镇戍边屯堡空间分布结构 C—网格结构

长城不只是一道墙，作为完整的军事防御体系长城及其沿线的戍边屯堡是一个不可分割的整体。长城沿线的戍边屯堡以屯兵屯田为中心，无论战时平时，都是长城沿线“北边”防御的基础和依托。因此，长城的保护与研究都应该把长城及其沿线的戍边屯堡视为一个有机整体，二者缺一不可。

参考文献

[1] 刘效祖．四镇三关志·蓟镇形胜·疆域[O]．明万历四年刻本：史 10-52.

[2] 魏焕．皇明九边考·卷一·镇戍通考[M]．台北：台湾商务，1966：28-29.

[3] 李严．明长城“九边”重镇军事防御性聚落研究[D]．天津：天津大学，2007.

[4] 张殿仁．唐山境内的明代长城[J]．文物春秋，1998（2）：8.

明辽东镇军事聚落空间分布研究 ①

摘 要
以明辽东镇为时空之区划，从整体视角考察了军事聚落空间分布，梳理了各聚落单元的辖属关系并统计数量，分析了其整体结构系统的内在联系。

关键词 辽东镇；军事聚落；空间分布

引言

时移景异，明辽东镇的城堡、关隘、长城墙体几乎面目尽改，物质遗产的损失给长城聚落分布研究带来了诸多困难。对待历史遗存，亟须抛却时空隔阂的羁绊，更为客观地从多视角审视事过境迁的明辽东镇长城，厘清这个巨大历史文化载体的聚落分布和空间规律，为军事防御性聚落的系统研究提供线索。

一、历史资料辨析

研究明辽东镇军事聚落及其空间格局分布，必须对不同历史时期的资料进行承继关系研究。《辽东志》和《全辽志》（以下简称两《志》）作为明中期地方志，记载 5 路分守参将及其辖属城堡的分路级别方法[1]。总体看来，由总兵参将等重要官员驻守的级别较高军堡和辽东镇靠近长城沿线的北部防区变动不大。而明后期的军事志书《四镇三关志》从战地防御的角度出发，以卫城为研究单位，侧重各城的戍守据点及其要冲位置的分类记述，未再强调全镇分路之说[2]。此外，《四镇三关志》中记录了大量海防路增设城堡、宽甸。

新疆亦有二堡录入书中，上述两《志》所记某些驿站亦作为城堡归入防御聚落，勾勒了腹里的防御线段。而明末清初的顾祖禹著《读史方舆纪要》[3] 和刘谦著《明辽东镇长城及防御考》[4] 一书中，均和两《志》的划分方法相似。《四镇三关志》成书晚于两《志》，对比两个时期城的数量，除去驿改置的堡城，《四镇三关志》和两《志》城的数量完全相同。仅有 1 个新增所城，即锦州的小凌河城，实际仍为原小凌河驿的升格。

概言之，一方面说明辽东镇军事聚落在明代不同历史时期的建置相对稳定，另一方面，勾勒了明初所设驿站在必要时转变为军堡甚至升格为所城的历史现象。因此，驿站是辽东镇长城聚落中不可或缺的必要部分，在军事防御体系中占有重要的一席之地，与关隘、墩台等共构军事防御体系。至于海防路增修边堡，由于存续与否无可考，此处不再涉及。

二、地理分布研究

1. 东路城堡关驿

辽东镇东路下辖：镇城 1 座，辽阳城；8 处卫中设有 2 座独立卫城，海州卫城、沈阳中卫城；所城 2 处，抚顺所城、蒲河所城；堡城 46 座，关隘 6 座，驿站 15 个（图 1）。在明代中后期逐步形成以辽阳镇城、海州卫城、叆阳堡 3 处为防御重心，围绕中心辐射分布着堡、关、驿、台等从属设施的东路聚落体系（表 1）。

2. 北路城堡关驿

辽东镇北路下辖：路城 1 座，开原城；3 处卫中设有 1 座独立卫城，铁岭卫城；独立所城 3 座，懿路所城、汛河

---

① 魏琰琰，张玉坤，尹雷．明辽东镇军事聚落空间分布研究 [J]．建筑学报，2015（S1）：129-133.
国家自然科学基金青年基金项目（51108305）；教育部人文社会科学研究规划青年基金（14YJCZH097）；山东建筑大学博士基金（0000601345）

所城、中固所城；堡城 23 座，关隘 8 座，驿站 4 个（图 2）。在明代中后期逐步形成自南向北，以懿路城、汛河城、铁岭城、中固城和开原城 5 处为防御重心，围绕中心辐射分布着堡、关、驿、台等从属设施的北路聚落体系（表 2）。

3．中路城堡关驿

辽东镇中路下辖：镇城 1 座，广宁城；卫城 3 处，无独立卫城；堡城 8 座，关隘 3 座，驿站 4 个（图 3）。其中洪武年间已建成 7 座，隆庆五年（1571 年）新建正安堡，并开始节次重修上述其他各堡，至万历二年（1574 年）修葺完毕。在明代中期初步形成以广宁城和镇武堡两处防御重心，后期镇武堡渐成一般军堡，归于广宁城下，其下堡城已成为东海州城下。最终形成避开河套地区，自西北向东南内缩并围绕广宁城和正安堡为中心主体辐射分布着堡、关、驿、台等从属设施的中路聚落体系（表 3）。

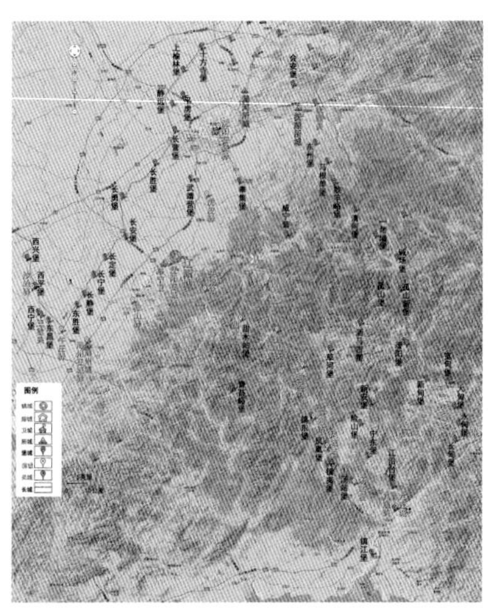

图 1　东路城堡关驿空间分布图
（图片来源：以 Google earth 地形图为底图，根据：辽宁省文物局．辽宁省明长城资源调查报告 [M]. 北京：文物出版社，2011. 作者实地调研绘制）

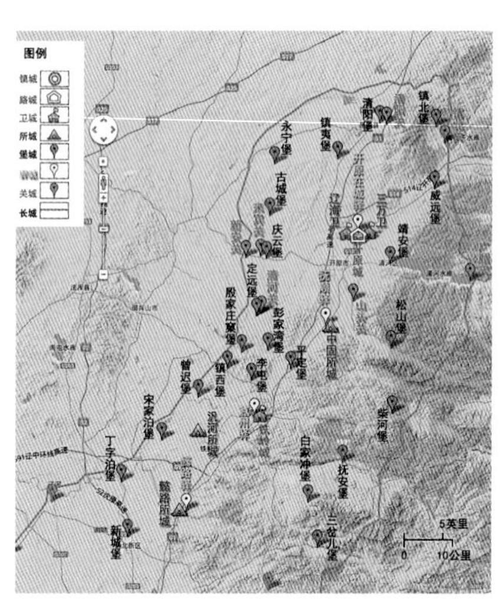

图 2　北路城堡关驿空间分布图
（图片来源：以 Google earth 地形图为底图，根据：辽宁省文物局．辽宁省明长城资源调查报告 [M]. 北京：文物出版社，2011. 作者实地调研绘制）

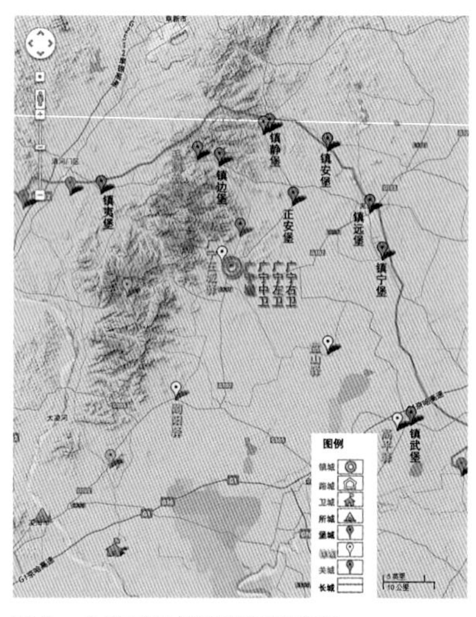

图 3　中路城堡关驿空间分布图
（图片来源：以 Google earth 地形图为底图，根据：辽宁省文物局．辽宁省明长城资源调查报告 [M]. 北京：文物出版社，2011. 作者实地调研绘制）

东路防御中心及其辖属城堡关驿统计表　　表 1

镇城	卫城	所城	边堡	腹里堡	边墩	腹里接火墩	驿	关
1 北部：以辽阳镇城为防御中心								
辽阳	6						4	
迤西			4		51			
			5		58	7		
				2				
迤北	沈阳		3		29	17		
		蒲河	2		17	7		6
迤东		抚顺	1		19	12		
			8		53	47		
2 西南：以海州卫城为防御中心								
	海州		5		57	15	3	
3 东南：以叆阳堡为防御中心								
			12	7			8	

注：标为“▒▒▒”的表格内为“城”防御中心。
　　标为“　　　”的表格内为“堡”防御中心。

北路防御中心及其辖属城堡关驿统计表　　表 2

路城	卫城	所城	边堡	腹里堡	边墩	腹里接火墩	驿	关
		懿路	2	1	21	5	1	
		汛河	2		16	3		
	铁岭		6		37	22	1	8
		中固	2		27	21	1	
开原	2		9		118	70	1	

注：标为“　　　”的表格内为“城”防御中心。

中路防御中心及其辖属城堡关驿统计表　　表 3

镇城	卫城	所城	边堡	腹里堡	边墩	腹里接火墩	驿	关
广宁	3						4	3
			8		89	36		

注：标为“　　　”的表格内为“城”防御中心。
标为“　　　”的表格内为“堡”防御中心。

4．南路城堡关驿

辽东镇南路下辖：路城 1 座，前屯城；2 处卫中设有独立卫城 1 座，所城 4 座，堡城 28 座（其中 6 座堡城为海防城堡），关隘 2 座，驿站 5 个（图 4）。前屯城原为卫城，设分路参将后，升格为路城。除沙河堡和背阴障堡 2 座堡城均为明嘉靖年间建成，其他均为正统年间所建。在明代中后期逐步形成自西南向东北，以宁远城和前屯城两处为防御重心，围绕中心主体辐射分布着堡、关、驿、台等从属设施的南路聚落体系（表 4）。

5．西路城堡关驿

辽东镇西路下辖：路城 1 座，义州城；3 处卫设有 2 座独立卫城，所城 2 座，堡城 13 座，驿站 5 个，无设关隘（图 5）。逐步形成自南向北，以锦州城和义州城两处为防御重心，围绕中心辐射分布的西路聚落体系（表 5）。

6．海防路防御中心及其辖属城堡关驿统计

海防路下辖：卫城 4 座，堡城 10 座，关隘 8 座，驿站 10 个（图 6）。在明代中后期逐步形成自南向北，以金州城、复州城、盖州城和东宁卫 4 处为防御重心，围绕中心主体辐射分布着堡、关、驿、台等从属设施的西路聚落体系（表 6）。

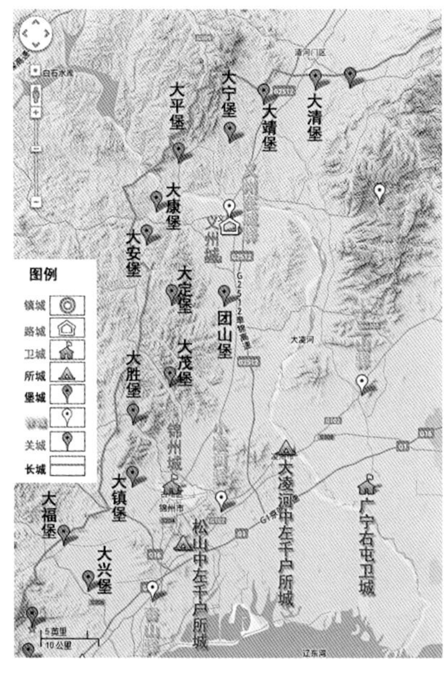

图 4　西路城堡关驿空间分布图
（图片来源：以 Google earth 地形图为底图，根据：辽宁省文物局．辽宁省明长城资源调查报告 [M]. 北京：文物出版社，2011. 作者实地调研绘制）

图 5　南路城堡关驿空间分布图
（图片来源：以 Google earth 地形图为底图，根据：辽宁省文物局．辽宁省明长城资源调查报告 [M]. 北京：文物出版社，2011. 作者实地调研绘制）

南路防御中心及其辖属城堡关驿统计表 表 4

路城	卫城	所城	边堡	腹里堡	边墩	腹里接火墩	驿	关
	宁远	2	11	6	155	26	3	2
前屯	1	2	10	1	116	27	2	

注：标为“▨”的表格内为“城”防御中心。

西路防御中心及其辖属城堡关驿统计表 表 5

路城	卫城	所城	边堡	腹里堡	边墩	腹里接火墩	驿	关
	锦州（3）	2	6		103	37	3	2
文州	1		7		117	35	2	

注：标为“▨”的表格内为“城”防御中心。

西路防御中心及其辖属城堡关驿统计表 表 6

卫城	边堡	边墩	腹里接火墩	驿	关
金州	6	95	5	3	8
复州	2	29		3	
盖州		8		4	
东宁	1				

注：标为“▨”的表格内为“城”防御中心。

综合地形、地势、方向以及关隘情况，辽东镇可概括为南路、西路、中路、北路、东路、海防 6 路屯兵中心，由5路分守参将和广宁副总兵分别统责①，构建了多层级的军事聚落防御系统。

三、空间分布规律

辽东镇军事聚落空间分布是层级性的军事防御体系发展的必然结果，因而具有以点控线、以线制面、点线结合的分布特点[5]。层层推进的布局之下，各级别边关城镇“皆分统卫所关堡，环列兵戎。纲维布置，可谓深且固矣”[6]，体现“控厄性”之功能[7]。

1．环列布局，发散对应

1）以镇为中心，向地方辐射多卫所的多点控制

镇城是军镇的核心，整个军事聚落体系的军政畿辅，在长城纵深方向距离最远。相较于其他诸镇，辽东镇“M”形长城地域由两座镇城分控。辽阳司城管控北路、东路及新疆六堡，容六卫兵力；广宁分司城管控南路、西路和中路三路，容四卫兵力。卫所城堡环绕拱卫，卫下统领千户所、百户所。形成所城指向卫城、卫城指向镇城的层级辐射机构，这种层级上围绕中心的

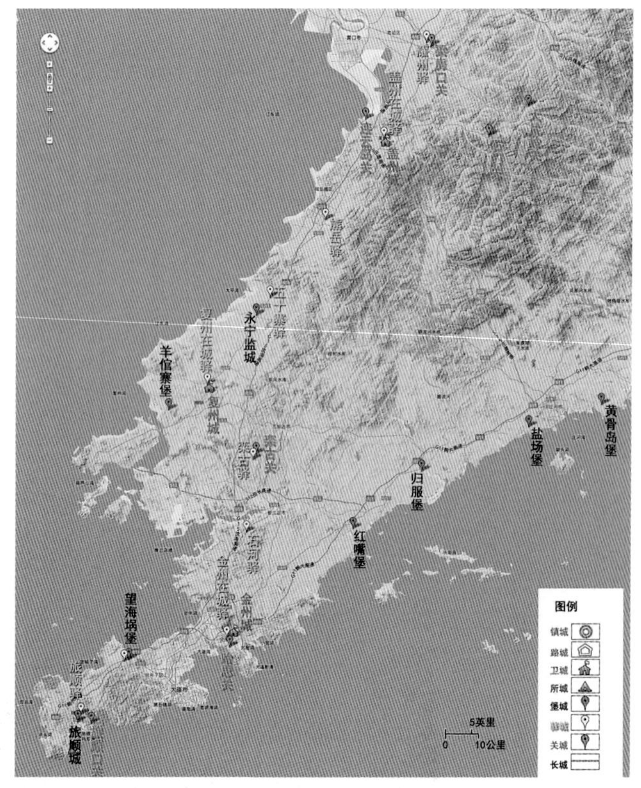

图 6 海防路城堡关驿空间分布图

（图片来源：以 Google earth 地形图为底图，根据：辽宁省文物局．辽宁省明长城资源调查报告[M]．北京：文物出版社，2011．作者实地调研绘制）

① 南路于前屯卫城内驻扎宁前参将；中路于广宁分司驻扎协守副总兵；东路则以叆阳堡驻扎险山参将；西路义州城驻扎锦义参将；北路开原城驻守开原参将；海州卫城驻守海盖参将。详见参考文献[2]。

放射状结构在聚落空间分布上呈现以较高级城池为核心、低级别军堡围绕设置的控制点中心辐射型的圈层格局（图 7a）。这种明前期预设的格局更多的是作为一种建制，并非每个卫城都对应一座城池，也并非卫城、所城均是照应长城边疆布置[①]。有的卫所在建置之初未独立建城，军营设置在更高级的屯兵城内[8]。

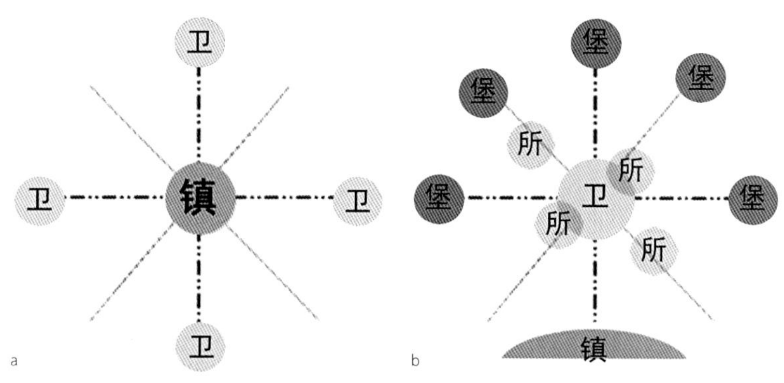

图 7 “镇”级中心（七“镇”“卫”“所”“堡”的辐射结构关系）

2）以城为中心，向边墙辐射多军堡的扇形分布

明代地方两《志》以镇城、卫城为要，边堡和腹里军堡皆属其下；作为军事参本的《四镇三关志》则侧重表述“中心城”和边堡的层级所属关系。“中心城”不必是镇城或卫城，堡城亦可管控周边军堡，形成以点控线的环列扇形分布（图 7b）。一般说来，级别较高的城和要冲之地的城，其下属军堡数量较多，腹里城下则相对较少，呈现严密合理的分布状态，随着明代形势的变化而调整。明代中期，卫城下属的堡一般多于所城下所辖属的堡，明后期，东段险山堡处城的数量剧增，军堡密度的增加反映了军事形势的变化，与战事发展息息相关（图 8）。

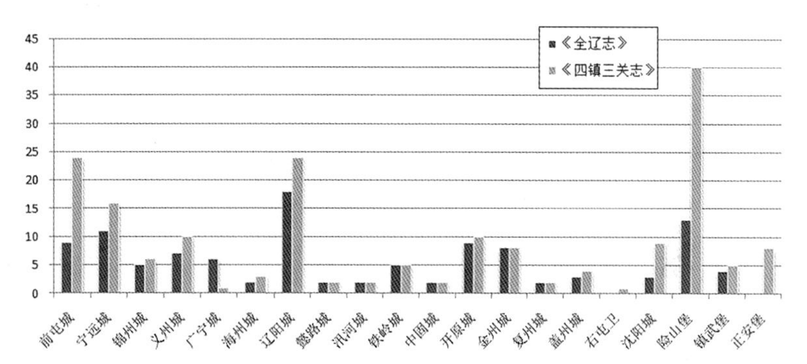

图 8 各城下属堡城数量柱状统计图

3）以堡为中心，向各点辐射各边台的发散格局

长城上所设沿边墩台，均归于各屯兵军堡辖属，相互照应。作为边堡属下墩台分沿边墩台和腹里接火烽台。路台作为各城附近驿路下创设的趋避之所，是驿递中保障行旅安全的边备类别，自山海关到开原，每 2.5 公里设路台一处，其上设施齐全，“每台上盖更楼一座，黄旗一面，器械俱全，台下有圈，设军夫五名，常川瞭望，以便趋避。”作为军事参本的《四镇三关志》则处于军事总体安排的考虑，将墩台和路台整合统一，并置于各城下。在辽东镇军事聚落发展的过程中，形成以堡作为基本的军事信息处理中心，辖属其他各边墩台，在布局上呈现堡城控制中心向诸台的发散性辐射结构。

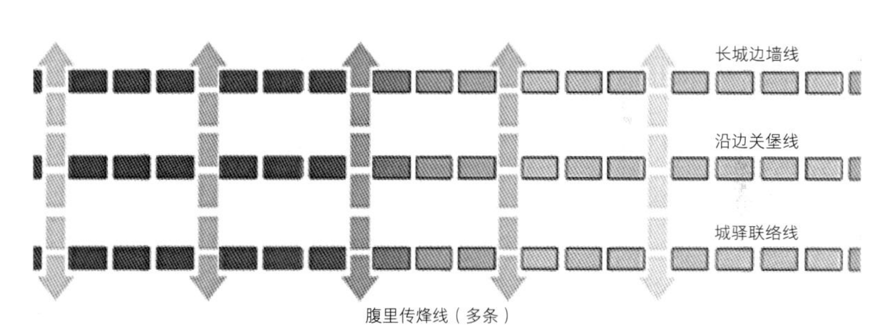

图 9 辽东军事聚落多防线纵深示意图

2．分统各路，三横多纵

辽东镇军事防御体系是包括 3 条沿边的横向防线和多条纵向传烽线的多防线纵深地带（图 9）。3 条横向防线从外向内依次为长城边墙线、沿边堡城线、城驿联络线，3 线的走向基本一致，界定了辽东镇军事聚落在防御战略中最为直接面对边外游牧民族冲突的防御纵深地带范围。在这 3 条几乎近似平行的军事防线之间，则通过纵向的腹里传烽线联络各军事防线上的城堡站点。多条贯穿城堡墩台节点的纵向传烽线布置保障了从堡城驿站到边堡，继而到边堡辖属的长城边墙段落的兵马移动和信息传达。长城边墙与内外沿线各卫所城、堡城、关隘和墩台等设施构成大纵深、网络化的综合防御体系。

1）长城边墙线

长城是第一层次的正式接敌中心，以先期报警为主，适当阻敌，否则旋即退守长城，依托边墙开展防御。通过于

---

① 前屯城下设广宁前屯卫与宁远卫，分别都建有独立城池；两卫下分别设所，建有城内所和独立设城的沙河中右所、塔山中左所。

战略要地加修双城甚至多道城墙，并于“大边墩台之间空缺之处，因其岸险、随其地势筑为城墙以相连缀”[9]，从而加强了对侧翼、纵深和外围间隙地带的防守，提高了长城防御体系的整体实力。除了长城边墙普遍使用的墙、沟等工程形式，还提出了赚坑等相关设施规制[2]，构建了多种聚落空间布局方式。

2）沿边关堡线

按防御的地理层次由外向内，军堡是辽东镇军事防御的第二层次。堡城距离最接近长城边墙线，和长城线的间距为1～7.5公里，关隘多处于这个区间，和堡城共构沿边关堡线，屯积主要兵力，在本防守区域内实施防御突击，接应边墙层次。长城线上一旦出现敌情，一方面以机动兵力接警出击，另一方面作为长城线和城驿线之间的联络，在纵深可达范围向边墙和上级屯兵城递送信息，便于及时处置军情。堡城之间的间距一般在8～15公里之间，率兵马可达施援的区域内[10]，其中河西段平均间距约数为7.5公里，河东段平均间距约10公里[3]。

3）城驿联络线

按防御地理层次由外向内，卫所和驿站是第三层次，在卫城之内和两卫城之间的后备区域设置联络节点，形成贯通的军情线。一般沿长城边墙方向的两处卫城之间，设所城或驿站1处～2处作为接应点。这些所城、驿站和其联系的卫城共同形成了城驿联络线。《四镇三关志》中已经将驿站称为“驿城”，可见聚落要素在边防军镇中作为军事防御的功能发展以及相应的地位提升。关堡线和城驿线之间的距离为15～50公里。卫城之间的间距比堡城之间的间距更远，一般为20～50公里。这些节点之间较远程距离的控制依然遵循可达域的布局规律。

4）腹里传烽线

从边外的前敌防御设施到长城边墙沿线，再到堡城防御，是一个呈纵深梯次配备的防御系统。军情系统则不限地域，贯穿于二者之间，通过发达的传烽线向各方的指挥中心报警。《辽东志》按照地理位置划分腹里接火墩和边墩；但《全辽志》则仅有路台和敌台的数量记载，功能性划分的趋向更为明显。

5）纲维布置，以路控区

辽东镇长城周边区域城堡墩台分设东、北、中、南、西5路陆路防区和辽东半岛一个海防防区，每路分别统辖一个段落的军事防区，相应的军事长官驻扎地脱颖而出，向上发展为路城。作为分统举要的军事聚落单位，路城驻守城池的外围又分设前、后、中、左、右5卫分别统辖，共同掌控防区要地。东路路下军堡众多，以辽阳镇城为中心分为东西两部分，分别接应北路的两端。东路被北路打断的现象说明，分路布防的方式并非是依据长城段落进行划分的，而是按照区域模式统一安排。只有多条防线纲维共构的区域防御统一体才能称之为路。各路自成体系，管控本区，构成网络化分路的军事体系格局。

结语

军事防御体系的层级性特征决定了军事聚落的空间分布，控厄性功能决定的效力观配置逻辑逐步发展了聚落单元。辽东镇各级军堡将全面防御与重点防御相结合，军事聚落的规模差异配置在空间上构建了“分统举要，纲维布置”的布局关系，发展出作为共时性有机整体的庞大多层次防御体系和聚落系统。

参考文献

[1]（明）李辅．全辽志・卷2・边防・墩台．明嘉靖四十四年钞本[G]// 金毓绂．辽海丛书．沈阳：辽沈书社，1985：526-545.

[2]（明）刘效祖．四镇三关志・卷2・形胜・乘障・辽镇形胜．明万历四年刻本[G]// 中国文献珍本丛书．北京：全国图书文献缩微复制中心，1991：160-167.

[3]（清）顾祖禹．读史方舆纪要・卷37・山东八[M]．北京：商务印书馆，1937：1567-1611.

[4] 刘谦．明辽东镇长城及防御考[M]．北京：文物出版社，1989：139.

[5] 刘珊珊，张玉坤．明辽东镇长城军事防御体系与聚落分布[J]．哈尔滨工业大学学报，2011，13（1）：36-44.

[6]（清）张廷玉．明史・卷四十・志第十六・地理一[M]．北京：中华书局，1974：882.

[7] 王贵祥．明代府（州）城分布及350里距离相关性探究[G]// 中国建筑史论汇刊・第二辑．北京：清华大学出版社，2009：212.

[8] 辽宁省档案馆，辽宁省社会科学院历史研究所．明代辽东档案汇编[G]．沈阳：辽沈书社，1985：180-181.

[9]（明）丘浚．大学衍义补・卷151[M]．郑州：中州古籍出版社，1995：1925.

[10] 刘建军．基于可达域分析的明长城防御体系研究[J]．建筑学报，2013（S2）：154.

明代长城军堡形制与演变研究——以张家口堡为例 ①

摘 要

明朝为防御北退的蒙古政权修筑了长城和大量的军事城堡，建立了九边防御体系。自明代后期，长城地带军事活动的减少以及边境商贸的增加，这些军事城堡经历了由军转民的功能变化，有的发展成现在的城镇。张家口历来为兵家必争的“重险”之地。市中心的张家口堡建于明代，是明宣府镇辖内的下级边堡，也是后来张库商道的起点所在，而张家口市是长城沿线唯一由下级边堡发展成的地级市。本文通过相关文献的研究和实地调研，对张家口堡形制规格进行了考证，并推演出城堡格局的发展演变过程。进而对长城沿线军堡演变做一个类型的研究。

关键词 长城；军堡；张家口堡；城市形态

引言

明代长城军事防御体系由城垣、关隘、城堡等共同组成。长城“东起鸭绿（江）西抵嘉峪（关），绵亘万里，分地守御。初设辽东、宣府、大同、延绥四镇……”宣府镇恰在北京西北门户，当时就是公认的九边“第一重镇”②。宣府镇张家口堡选址清水河畔，北倚明长城“外边”，正北是野狐岭天险，东南屏卫宣府镇城及居庸关，历来是兵家必争的“重险”③之地。

长城军堡百千数，其中一部分由军堡而成为市镇甚至商业都会，这是中国古代城市发展演变的一个重要类型。宣府镇的张家口堡就是这样演变和发展的。清代，它是北方最大的商埠之一，专营对蒙古各地及俄罗斯贸易。民国以来成为主要工商业城市，曾经作为察哈尔省省会所在。如今人口接近百万，可称是其中的典范和特例。本文以张家口为例，探讨明长城军堡演变发展的轨迹。

一、建置沿革

明永乐皇帝迁都北京，国内政治中心北移。由此建立起“天子守边”，加强对北方蒙古族势力防御的军事体系。修筑长城，设置军镇，驻军屯守。永乐七年（1409 年）正式设置宣府镇，镇城在今张家口市宣化区。宣德四年（1429 年），万全右卫指挥张文于宣府镇城西北修筑张家口堡。此后张家口堡建成之后，大约以 50 年为周期，进行拓展或修葺，主要工程集中在成化、嘉靖和万历三朝。万历二年（1574 年）给城墙包砖，可看做是城堡大规模建设完成的标志。

隆庆五年（1571 年）满汉和议后，张家口被定为大市所在。城堡建设的重点集中于城堡改造，修城堞楼阁、建普渡桥、设关帝庙等，透露出城堡功能转变，居民成分变化的信息。万历四十一年（1613 年）在张家口堡北的市口建成来（徕）远堡，形成双城结构，应是其功能转变的重要拐点。原军事政治功能保留在下堡张家口堡，增长中的经济贸易功能主要在上堡来远堡，比较恰当地处理了功能转变过程中的矛盾。下堡商业区武城街与上堡遥遥相望，形成当年绵延数里的商业纽带，把军堡与商城两种功能用市场联系到一起（图 1、表 1）。

---

① 杨申茂，张萍，张玉坤. 明代长城军堡形制与演变研究——以张家口堡为例 [J]. 建筑学报，2012（S1）：25-29.

② （明）刘玥《来远亭记》，见正德《宣府镇志》卷十 · 文。同样说法在方志中屡见。

③ 《清史稿 · 志二十九 · 地理一》：“直隶……其重险：井陉、山海、居庸、子井、倒马诸关，喜峰、古北、独石、张家诸口。”

明朝建立，（洪武元年）1368年
建宣府镇，（永乐七年）1409年
1429年（明宣德四年）建张家口堡
土木之变，（正统十四年）1449年
1480年（成化十六年）展筑张家口堡
修筑边墙，（成化二十一年）1485年
1529年（嘉靖八年）修葺张家口堡城，展筑关厢
1533年（嘉靖十二年）增筑张家口堡
《九边图》（嘉靖十三年）1534年
增筑边墙（嘉靖二十五年）1546年
庚戌之变（嘉靖二十九年）1550年
蒙汉和议（隆庆五年）1571年
1574年（万历二年）城墙始以砖包
1581年（万历九年）加修城堞阙楼 玉皇阁
1598年（明万历二十六年）堡东清水河修普渡桥
《宣大山西三镇图说》（万历三十一年）1603年
1608年（明万历三十六年）堡内建关帝庙
张家口堡北五里修徕远堡（万历四十一年）1613年
1618年（明万历四十六年）堡内建鼓楼（文昌阁）
明亡（崇祯十七年）1644年

图 1 张家口堡兴筑大事年表[①]

史料中张家口堡修建记载　　表 1

正德	《宣府镇志》	张家口堡，高二丈五尺，周围三里一十步，城铺十，东、南二门。宣德四年筑，成化十六年（1480 年）展筑
嘉靖	《宣府镇志》	张家口堡，宣德四年（1429 年）指挥张文筑，高二丈五尺，方四里有奇，城铺十，东、南二门。成化十六年（1480 年）展筑。关厢一，高二丈，方五里，嘉靖八年指挥张珍筑
万历	《续宣镇志》	万历二年（1574 年）砖包
万历	《宣大山西三镇图说》	本堡筑于宣德四年（1429 年），嘉靖间展修之，万历二年始包以砖，周四里，高三丈五尺
康熙	《读史方舆纪要》	宣德四年（1429 年）筑，嘉靖十二年（1533 年）、万历二年（1574 年）增筑。堡周四里
光绪	《畿辅通志》	嘉靖中改筑，只三里有奇。城外有地，天崇间为互市之所

二、城池选址与军事地位

1. 基于区域防御的战略部署

宣府镇一带所处的山间河谷盆地，是蒙古高原通华北平原的主要战略道路。作为京师北京的西北门户，宣府镇西路原有万全左、右卫的拱卫屏护。但随着边境后撤，开平（内蒙古蓝旗南）、兴和（河北省张北县）、和林（内蒙古兴和县）等地被放弃，战守形势发生改变。坝头成为最前线，鞑靼势力进至长城沿线，经常越过长城对边关一带进行侵扰。蒙古骑兵往往从镇口台、膳房堡一线突破，绕过万全左、右卫，直逼宣府镇腹地。当时，宣府镇提出普适性的战略方针。郑亨提出："数堡中间择一堡，为高城深池。""各堡并力坚守。"时任镇守总兵官谭广，提出"扼要害"量力战守与"精锐巡塞"相结合的积极防御战略。

明代边关隘口根据其在军事上的重要性分为极冲、次冲、又次冲三个级别，张家口乃是"极冲要"[②]。明朝确定以长城为界的防守政策后，宣府镇北边防线为凹字形，张家口位于凹口部分中最重要的通路上。张家口堡的修建提高了这一区域的防御密度和纵深性，完善了宣府镇西路防守。张家口堡的修建将防线由宁远站堡北推了 20 里，距边墙仅 5 里。同时各堡之间的距离适中，既能各守一段，同时也便于援驰，在军事防御上可互为犄角（图 2）。

明代在长城沿线的一些关口设有官市，用于和平时期在这里同北方游牧民族进行茶马交易，也是明代补充军马的重要渠道。张家口堡北五里的市圈便是重要的官市之一。特别是隆庆议和后，张家口被开辟为宣府镇的官马市，因靠近北京，张家口马市成为明朝九边中规模最大，最为稳定的，其经济政治地位逐步提升。而张家口堡距离市圈最近，故日常还需负责对市圈的贸易进行监控，保证茶马交易的正常进行，防止匪寇和间谍混入关内（图 3）。

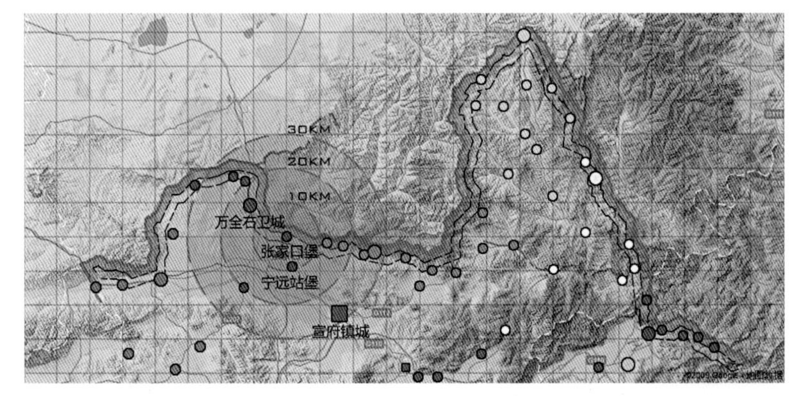

图 2 宣府镇北部防区城堡关系图（坐标网格单位 10 公里）

2. 防御为主的城池选址

作为一座边关戍堡，张家口堡的选址在满足传统城市选址方式之外，很多方面

① 该图根据正德《宣府镇志》、嘉靖《宣府镇志》、《续宣府镇志》、《万全县志》中张家口堡的相关条目整理绘制。

② 《边略》："西路之张家口，西阳河，北路之独石，青泉、马营，中路之葛峪，青边，东路之四海治，俱极冲要。"

都体现出军事防御的考虑。正德《宣府镇志》描述：“东高山、西高山、水泉山，俱在张家口堡北四里；平顶山，张家口堡东北六里[①]；大尖山、小尖山，俱在张家口堡西北十里；黑山，张家口西北二十里；红崖，张家口堡东北十里；清水河，张家口堡东三里，南流入洋河。”城堡建在清水河畔的一个平坦的高台上，周边的高山成为军事屏障，清水河则提供了日常的生活用水，且河畔土地开阔，灌溉方便，适合军事屯田自养。选择河边高地建筑城堡，居高临下，易守难攻，扼守要道河口，是明代军堡中“谷中盆地，水路并重”的典型模式（图 4）。

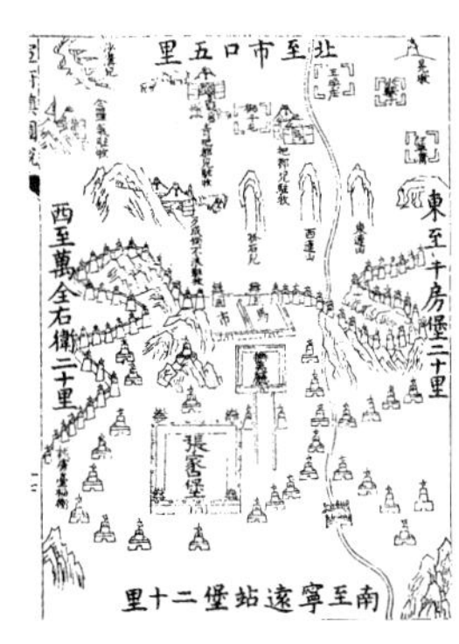

图3 《宣大山西三镇图说 · 卷一 · 张家口堡》

图 4 张家口堡地势卫星图（由 Google earth 生成）

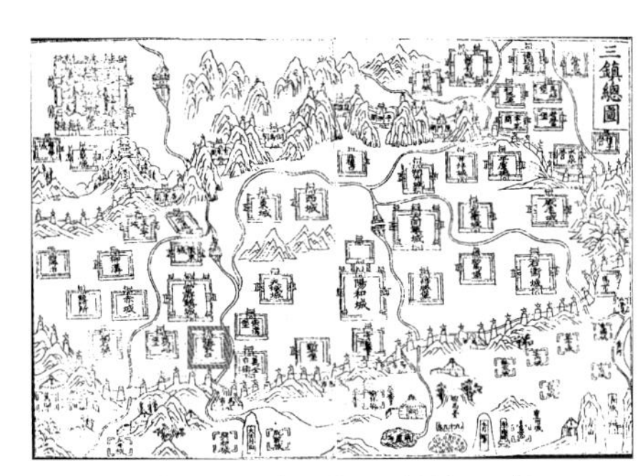

图 5 《宣大山西三镇图说 · 三镇总图》[⑤]

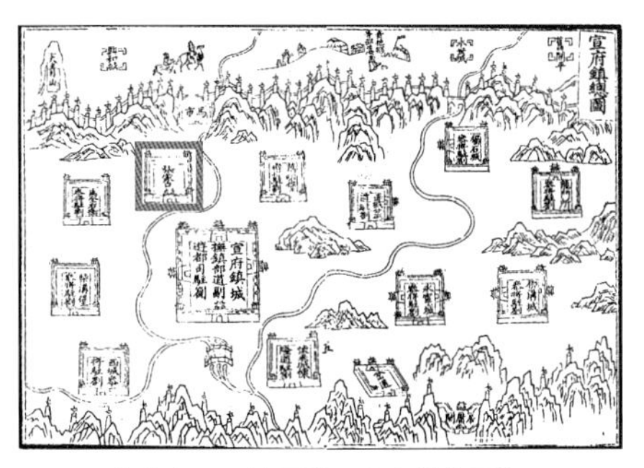

图 6 《宣大山西三镇图说 · 宣府镇总图》

3．军事地位

张家口堡为宣府镇上西路所辖，“初设操守，后改守备”[②]。守备任用须朝廷备案，最低也是武职四品。操守任用则简单些，更低等级的还有委守、防守等。其军事级别在镇城、路城、卫所城之下，属于下级城堡。但张家口堡战略地位比较重要，有“张家隘口关，堡北五里通境外”[③]，是“极冲要”[④]。西北连德胜口和野狐岭口，扼守宣府镇西部大门。此外，张家口堡的马市是明朝九边中规模最大且最为稳定的，所以，张家口堡虽为下级军堡，但其战略军事地位在整个宣府镇中是相当重要的。故张家口堡也成为《宣大山西三镇图说》中在《三镇总图》和《宣府镇总图》，被标示出的路城以下，不设分巡、分守、兵备道的唯一下级军堡（图 5、图 6）。

张家口堡的驻军最初仅五六百，逐步增加。正德年间加强军备，官军就已达千余人，嘉靖朝还有增加。张家口堡堡城周长近四里，这在同等级军堡中较少见。（表 2）张家口堡所管辖边墙“东自东高山台起，西至野狐岭止，地远五十四里五十三步”，沿城“三十一里有奇”[⑥]。沿边有“边墩五十八座，火路墩三十一座，内灭虏台等极冲”[⑦]。周边布设十几个村堡或营寨，是城堡防卫的补充，也是军户屯田居住的家园。

宣府镇辖驻军千人以上的城堡　　表 2

城堡	辖属	官员	驻扎卫所	周长	驻军	马匹	所辖边墙
永宁城	宣府怀隆道辖东路	参将驻地	永宁卫	6 里 13 步	1097	196	
柴沟堡	宣府守道辖下西路	参将驻地		7 里 13 步	1105	434	34 里有奇

① 正德《宣府镇志》卷之二城堡。本文单独使用“里”作为长度单位时，为明制，约合现公制 588.6 米。

② 杨时宁《宣大山西三镇图说 · 卷一 · 张家口堡》。“操守”为明代武官考核分级别一，共为四级：操守、才能、骑射、年岁四格。此处可能另有所指。“守备”在《明史 · 职官志五》中有释：“总镇一方者为镇守，独镇一路者为分守，各守一城一堡者为守备，与主将同守一城者为协守。”

③ 王崇献．宣府镇志．正德版，嘉靖修订．卷三．

④ 《边略》：“西路之张家口，西阳河，北路之独石，青泉、马营，中路之葛峪，青边，东路之四海治，俱极冲要。”

⑤ 此图为上南下北，图中左上角为京师所在。

⑥ 王崇献．宣府镇志．正德版，嘉靖修订．卷五．

⑦ 杨时宁．宣大山西三镇图说 · 卷一 · 张家口堡．

续表

城堡	辖属	官员	驻扎卫所	周长	驻军	马匹	所辖边墙
龙门所城	宣府巡道辖下北路	参将驻地	龙门守御千户所	4 里有奇	1065	145	大边 85 里，二边 53 里
万全右卫城	宣府守道辖上西路	参将驻地	万全右卫	6 里 30 步	1404	245	31 里
独石城	宣府巡道辖上北路	参将驻地	开平卫	6 里 20 步	2972	503	163 里
怀来城	宣府怀隆道辖东路	怀隆道驻	隆庆右卫怀来卫	8 里 337 步 2 尺	1323	227	
龙门城	宣府巡道分辖中路		龙门卫	4 里 56 步	1151	126	29 里 3 分
蔚州城	宣府守道分辖南路		蔚州卫	7 里 12 步	1176	131	
万全左卫城	宣府守道辖上西路		万全左卫	9 里 13 步	1195	499	
怀安城	宣府守道辖下西路		保安右卫	9 里 13 步	1430	626	
君子堡	宣府巡道辖上北路			6 里 53 步	1525	原缺	170 里
张家口堡	宣府守道辖上西路			4 里	1295	450	31 里
洗马林堡	宣府守道辖下西路			4 里 6 丈	1213	445	43 里有奇
西阳河堡	宣府守道辖下西路			4 里 80 步	1003	473	25 里

（注：依据《宣大山西三镇图说》整理）

三、城堡的形制与演变

1．城堡的形制

张家口堡为宣府镇西路万全右卫所辖，“初设操守，后改设守备”①，为宣府镇辖区内的第三级小城。嘉靖以后的各种资料记载张家口堡多是周四里有奇，这在下级军堡中是规模较大的。根据万历《宣大山西三镇图说》统计，宣府全镇各城堡的周长，以四里为界，四里以上的城堡有 15 座，只有 3 座下级军堡。其余下级军堡周长以二里左右的为最多，而宣府镇同级别城堡中最小的黑石岭堡不足一里（图 7）。今人对张家口堡城墙遗址考证并测量，东西长 590 米，南北长 327 米，周长 1850 米，城池是偏西 20° 的长方形。比较接近正德《宣府镇志》记载的周长“三里一十步”的记载②。后来所说周四里，大约是把拓展的关厢包括在内。

城墙最初是夯土而建，直至万历二年（1574 年）才全部包砌砖墙。城墙取土主要来自城西，现在的西夹道便是当时取土所挖的壕沟。而周边的赐儿山沟、西沙河、清水河也被利用为护城壕堑。正德和嘉靖《宣府镇志》均记载张家口堡城墙初建仅高“二丈五尺”，经万历二年（1574 年）“包砖”，万历九年（1581 年）加修“城堞”，自万历《宣大山西三镇图说》后均记载为“三丈五尺”。张家口堡西高东低，落差达八米，堡内地势又高于堡外，城墙对外则更为高大，城内登城作战则较为方便。

出于军事防御的考虑，城堡最初只在东南两面开有城门，东门为“永镇”，南门曰“承恩”，东南二门均有瓮城。军城出于增强城门防御功能考虑，一般瓮城城门与主城门不能相对，都将两个城门做成 90 度角，在其左右拐角而出入。张家口堡东门瓮城城门向南，南门瓮城城门向东，利于战斗中的配合。这种模式在明代九边的军堡中是十分典型的。北边的小北门则是建堡百年之后才开辟的，但根据当时形势，蒙古鞑靼部与明政府之间的战争经常发生。所以小北门的门洞狭窄，高度很低，

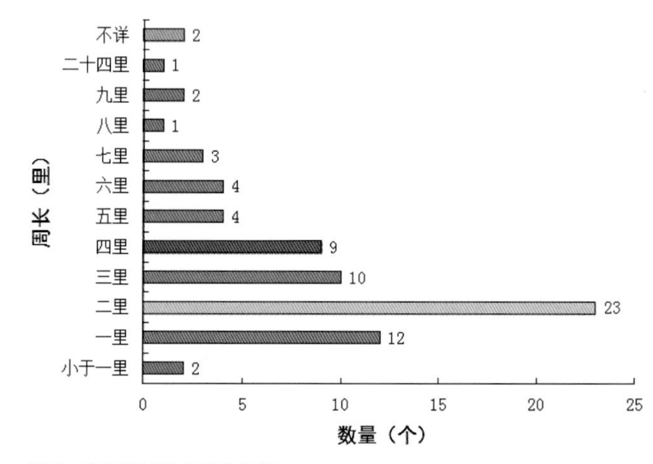

图 7　宣府镇城堡周长统计图

① 杨时宁《宣大山西三镇图说 · 卷一 · 张家口堡》。其中“操守”为明代武官考核分级别一，共为四级：操守、才能、骑射、年岁四格。此处可能另有所指。“守备”在《明史 · 职官志五》中有释：“总镇一方者为镇守，独镇一路者为分守，各守一城一堡者为守备，与主将同守一城者为协守。”

② 明量地尺约长 32.7 厘米，一里为 1800 尺，一步 6 尺。三里一十步约合 1785 米。

骑马不能通过，且出小北门为赫然陡坡也应是考虑到堡城的防务而专门设计的。“小北门”相对“南门”向西错开，城堡格局仍遵循着“城门不相对，道路不直通”的原则。目前张家口堡的东、南两个城门及其瓮城均被拆除，仅余小北门。

隆庆五年（1571 年）与蒙古俺答部的议和，结束了长达十八年的战乱。定张家口为马市，亦称官市。明政权在互市同时，仍不断完善边镇的防务，此后又增建了一些城堡，原有的土城堡也逐渐修葺包砖。而此时的张家口由于是大市所在，张家口堡的地位较之原来的一般边堡更为重要。万历二年（1574 年）重修张家口堡，土城包砖。万历九年（1581 年）加修城堞阙楼。城堞是对城墙的继续完善，阙楼应是指玉皇阁的修建。小北门旁的玉皇阁是整个堡城的制高点，实际是相当于北城墙高大的马面敌台，更多的是用于军事瞭望。

2．道路与衙署

张家口堡原址应当有居民点，高地上原有建于金代佛教大寺。西边水泉山（今称赐儿山）上有云泉寺。据《万全县志》记载在建堡之初就已基本形成现在的“干”字形道路格局在“马道底”接“东门大街”和“鼓楼东西大街”为两条横路和“鼓楼南北大街”为纵路交叉而成。另有“东城墙底街”和“西城墙底街”的顺城道路。而堡内的其他大街小巷则是在后边的发展中逐渐形成的。

张家口堡的城墙损毁大半，门楼和关厢已无迹可寻，但堡内的 20 多条街巷和近 500 个院落却基本保持着原有的格局。现存街巷的命名基本源自过去街道上的主要标志建筑，据此我们可以复原出当时城堡内的大致功能分布。

张家口堡内各种守城官衙营署基本都集中在马道底街道以北。官厅在堡内西北隅，宣德六年（1431 年）建；察院（巡按的助手）设在堡内北边，指挥胡玺成化十八年（1482 年）建；守备公廨在官厅西。囤积粮草的张家口仓设在堡东南隅。草场则在堡西北隅。城堡外西南方位现有两条道路名曰北教场坡和南教场坡，为原来教场的位置。

3．世俗建筑的修建

城堡世俗功能的扩充也反映在一些公共建筑的修建。明清以来城堡一般都有钟楼、鼓楼，规格因城堡等级和经济实力而已。最初的张家口堡只是戍边屯兵的小堡，城堡内基本都是军人和他们的家属，实际上就是一个大兵营。钟鼓楼并非必须。隆庆议和后，张家口堡涌来各地的商贾匠人，人口增加，军人不再是主体，晨钟暮鼓的世俗管治就成为地方行政管理的重要职能。鼓楼于万历四十六年（1618 年）修建在城堡的核心位置，其四门所通的原来的四条道路也因此得名为鼓楼大街。魁星阁原建于城墙东南角，建于清朝，实为角楼。鼓楼又叫“文昌阁”，与“魁星阁”都是取意文化昌盛，与科举考试有关，乃是希望为曾经的“武城”增加文气。

世俗生活的坛庙也在城堡内外逐渐出现，城隍庙、关王庙、孔庙、奶奶庙等现在还有迹可寻。堡城东关的“武城街”是当时最繁华的商业街，山东会馆、戏园子等都在其附近。伴随商业繁荣同时出现的还有娼馆，旧时设在武城街南边的“安仁里”“新生巷”（旧称大观院）。政府也在武城街南边设立了税司来向商贾征税，这里现在做还叫税司街。在关厢里因不同行业的匠人聚居还形成了一些以行业命名的街巷，如“风箱巷”“头道毛毛巷”“赵家布店巷”等。

4．关厢的形态考证

随着经济活动的发展，城堡人口的增加，城堡内部无法解决新增人口的居住问题，城堡向外扩展空间。嘉靖八年（1529 年）展筑关厢。对于关厢的具体位置并无明确记载，只知其“方五里，高二丈”。城堡北界西沙河，西侧为高地缓坡，不利于扩展，其难于防御。向东向南，城堡到清水河之间，平坦开阔宜百姓居住，是城堡扩展的理想选择。在城堡东边的武城街南口原有一“通桥门”，应为关厢的东门。嘉靖八年（1529 年）在城堡北城墙开“小北门”。小北门外的街道叫北关街，据《万全县志》载此街道于成化年间展筑北关厢时形成。推测，开小北门应是为方便北关厢同城堡内的交通关联。据考，原有的北关厢并没有城墙，嘉靖十二年（1533 年）“展筑”外城可能是因开设小北门后，北关厢发展迅速，所以展筑外城予以保护。而城堡西侧为高地缓坡，不利于扩展。时至清朝，才在城墙西边开了个豁口，直通马道底大街，西关街在此后方逐渐形成。

根据地形和古代城池建设的特点，推测张家口堡城厢应是在北、东、南三个方向扩展。且外城城墙走向并不规矩，应是倚河道和沟渠的走势建起了圈墙。在关厢内逐步形成了南北走向的武城街和西关街、东关街、小南关的十字街，以及北关街（图 8）。

5．双城结构的形成

张家口堡北五里有马市。《宣大山西三镇图说》记载是：“边外狮子屯一带，酋首青把都、合罗气等部落驻牧。本堡乃全镇互市之所。堡离边稍远，恐互市不便，乃砖垣于其口。每遇开市，朝往夕还。楼台高耸，关防严密，巍然一巨观焉。堡人习与虏市，远商辐辏其间。每市万虏蚁集，纷纭杂错，匿奸伏慝。窃为将来隐忧，故开市必道将往莅焉。”

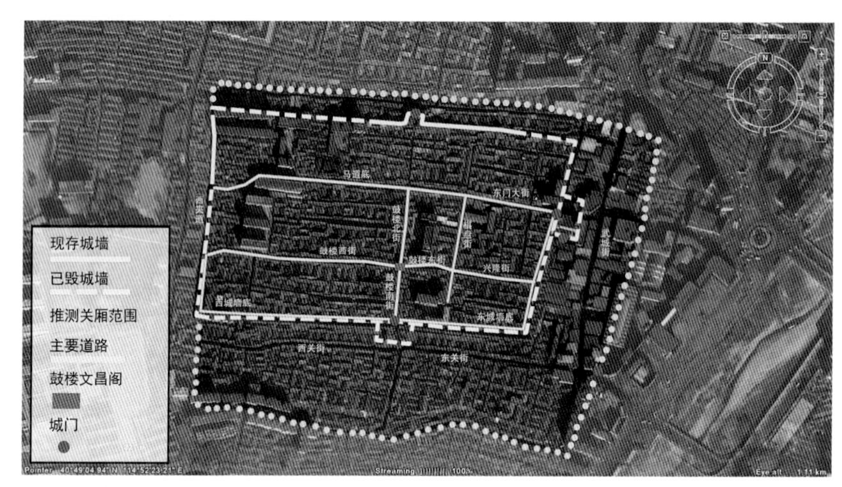

图 8 张家口堡平面复原图

万历十五年（1587 年）申时行所修《明会典》记载，隆庆五年（1571 年）后，除辽东等地原有马市市场外，长城沿线九边各镇又开市 11 处。其中，“在宣府者一，曰张家口”[①]；“市易对象皆为俺答等部，属大市”[②]。万历四十一年（1613 年），汪道亨任宣府巡抚，因原有“市圈”，“仅北面危垣半壁”，于是上书建议在旧城垣的基础上修筑堡城，以巩固边防。工程于次年（1614 年）十月竣工，汪道亨亲自命名“徕远堡”，并写下《张家口新筑徕远堡记》，记其事。

徕远堡主要功能是民族管理与互市贸易，军事防务附属与张家口堡。因而后来也习惯的称其为“上堡”，张家口堡为“下堡”，两座城堡发展成双城结构。堡内有总管署一座，营房三百间，观市厅二座、司税房二十四处、抚赏厅三座及讲市台和城隍庙等。祠庙二座，八角亭一座。总管署是来远堡交易的管理人员办公居住的地方，观市厅是供守御人员瞭望的地方。兵房驻军一为守备长城，二为监管市场。抚赏厅是政府对市场监管人员进行奖励，对蒙古部落头领进行赏赐的地方。司税房则专管税务。

四、城堡功能的转化与区域中心的转移

1. 军事防御为主的军城时期

宣府镇作为长城九边军事防御体系的一个边镇，明朝中前期一直以军管行政区的形式出现。防区的最高长官宣府镇总兵驻守在宣府镇城，这里也是整个区域的中心所在。宣府镇分八路防守，各路设参将分守路城，下管各堡。宣府镇防区内，另有一些大的卫所州城，如蔚州城、隆庆州城等。张家口堡原属宣府镇西路，后为上西路管辖。上西路参将驻守在万全右卫城，张家口堡在其东二十里。这一时期，张家口堡虽为战略要害所在，其仅是作为一个下级边堡，并未整个区域的中心所在，甚至也不是西路的中心所在。但张家口堡北的马市却为城堡功能的转变及局域城市结构的变化留下了伏笔。

2. 区域商业中心形成的商城时期

张家口堡商业功能的产生与发展，受内外两种条件制约。内是人口增值，需求增长，建立商业服务。明朝中期堡内人口总数不详。但是修建关厢，形成武城街，特别是后来建设钟鼓楼，可以看作内部商业条件形成。外是与堡外的商务联系。张家口扼守古代商路。隆庆和议（1571 年）后的开市可以说是张家口堡由军城向商城的转变的一个重要拐点。特别是开放小市，允许民间进行小宗农牧产品交易，更扩大影响规模。根据历史记载，宣府张家口马市规模是年“不得逾三万”，而大同、山西两镇不过一万匹。“张家口本荒徼，初立市场，每年缎布买自江南，皮张易自湖广。”[③]商业繁荣，“物阜民安，商贾辐辏，无异中原”。清初《马市图序》追忆前朝的张家口：来远堡内“规方壖地，百货纷集。车、庐、马、驼、羊、旃（毡）、毳（绒毛）、布、缯、瓦、罂之属，蹋鞠、跳丸、意钱、蒲博之技，必具。”长城外“穹庐千帐，隐隐展展。射生投距之伦，莫可名数。”[④]俨然是大规模的商埠。此时的张家口堡已然成为宣府镇商业意义

① 万历重修《明会典》卷 107《朝贡三 · 北狄》，中华书局 1988 年影印本 .
② 《明穆宗实录》卷 54.
③ （明）黄时昉．国史唯疑 · 卷 8[M]．石家庄：河北人民出版社，2006：219.
④ （清）乾隆．宣化府志 · 卷十 · 艺文．王鹭．马市图序 .

上的区域中心，对商业活动的监管和保护成为其最主要的职能。

3. 区域行政中心转移的治城时期

隆庆议和后的开市可以说是张家口堡由军城向商城的转变的一个重要拐点。清代的中俄贸易和张库商道的开通，使张家口逐步发展成为我国北方最重要的商业城市和金融中心之一，此时的张家口已经是与广州南北遥遥相对主要外贸口岸。清末民初，随着民族资产阶级的壮大，京张铁路的开通，张家口堡的经贸有了迅速发展，逐渐成为成为通往西北的货流枢纽。辛亥革命后，张家口更成为对外开放的商埠，中外商贾聚集此地。在当时是除天津口岸、上海洋场之外又一个外商聚集之地。伴随着经济地位的日益重要，张家口的行政地位也从明初的小军堡成为管辖一方的治所，这一时期也是现在的张家口市逐渐形成的阶段。张家口的正式行政建制始于清雍正二年，置张家口理事厅。乾隆二十六年（1761 年）设察哈尔都统，驻张家口；民国 2 年（1913 年）属直隶省察哈尔特别区口北道。民国 17 年（1928 年）设察哈尔省，张家口为省会。民国 28 年（1939 年）初设立张家口特别市。新中国成立后张家口市一直保留至今，作为河北省辖的一个地级市。而原来的区域中心宣府镇城已经降格成为张家口所管辖的一个区。

结语

张家口是长城沿线唯一一个由下级边堡发展而成的地级市，故其各方面的史料记载较为详细也保存较好。同时因为张家口的经济相对落后，也使张家口堡至今仍基本保留着明清时期的风貌形态，这在长城沿线的各个城堡中是较为少见的。且作为曾经汉蒙互市的大市，张库商道的起点，对外开放的商埠，这里是多元文化交融的地带。因此，对于张家口堡城市形态演变的研究，对于长城沿线这个文化过渡地带的军堡研究是具有实践意义的。

参考文献

[1] 赵尔巽．清史稿・志二十九・地理一．

[2]（明）魏焕．皇明九边考．嘉靖刻本．第四卷宣府考．

[3]（明）杨时宁．宣大山西三镇图说．明万历癸卯刊本．卷一．张家口堡．

[4]（清）左承业．万全县志．乾隆十年修，刻本．卷三．

[5] 王崇献．宣府镇志．正德版，嘉靖修订．卷三．

[6] 张家口桥西区地名委员会办公室．张家口市桥西区地名志[M]．石家庄：河北科学技术出版社，1990：200-218.

明长城军堡与明、清村堡的比较研究 ①

摘 要

明朝在修筑万里长城的同时也修筑了大量的屯兵“军堡”，按一定军事级别分布于长城沿线，守卫边疆。而边疆及内陆地区村民也兴建大量的“村堡”以自卫。自明代后，军堡内屯兵守疆的军事制度撤销，村民入住军堡内至今。本文以实地调研和资料分析为依托，从两者的兴筑背景与分布规律、堡与行政区划的关系、选址与地形等七方面进行比较，初步解析长城军堡与村堡在物质表现形式与深层内涵上的异同。

关键词 明长城军堡；村堡；比较

引言

堡，古作“保”，字典中主要有两种解释：一种解释为有围墙的村镇②；另一种解释为土石筑的小城，现泛指军事上的防御建筑③，综合起来“堡”即用土或石围起来的、用来居住或屯驻的、具有军事防御功能小城。如两汉与魏晋南北朝的坞堡、宋元时期的山水寨、明清及民国地方自卫堡寨、堡寨形式的地主庄园聚落，以及国家军事防御体系之堡寨等。至今不仅仍有大量以堡命名的村镇，且有大量“堡”的建筑实体存在。由于明朝是历代边疆防卫任务繁重、朝廷极为重视国家军事防御的朝代之一，且是历史上最后一个修筑长城的封建王朝，因此，明长城及其沿线的军事防御工事，现今遗存量较大，保存较完整。本文将长城沿线，由国家出资兴建、按照一定军事等级和军事制度设立的保疆卫国的屯兵城，称为“长城军堡”（以下简称“军堡”）；而将村民自发兴建的，用来抵御土匪、倭寇或各种地方劫掠的堡，称为“村堡”，现今遗存的村堡多数于明代、清代所建，因此文章将明长城军堡与明清村堡作为“堡”这种建筑形式研究的重点。

实地调研发现，军堡与村堡在我国北方地区均有大量遗存。以山西省为例，仅以“堡、寨、屯、营”等命名的村镇共达 713 个，占村镇总数的近 1/6④；山西北部，明代属大同镇、山西镇统辖（范围基本位于今大同市、朔州市和忻州市）的军堡及关口、经实地考察遗存较好者，就有 60 多个。明后期，都司卫所的军事制度被募兵制取代 [1]，清朝对北方少数民族部落采取“绥远”政策，长城沿线的屯兵城也失去了军事意义，村民便迁住于内，一直到抗日战争和解放战争时期，其城池依然完整。

由于史料重于记录战事而对军堡本身记载较少，军堡与村堡从现存的遗迹上很难辨认，许多建筑特征被破坏了，现在军堡又被村民所住，因此一些近代县志中军堡与村堡不相区别，或有不同程度的混淆，如右玉县《旧志辑录》中，将部分军堡归为乡（村）堡；另外，近年来受人为破坏和自然侵蚀，大量军堡和村堡的遗存已不完整，然而两者携带的大量历史、文化、艺术和建筑信息隐含在建筑遗迹中，成为一笔不可再生的文化遗产，研究保护工作急待进行。

一、明长城军堡与明清村堡的比较

军堡与村堡在物质形态上有类似的特征，如土、砖或石城墙；城墙上开门，门开一至四个不等；部分堡门有瓮城，城墙上设马面、垛口等防御性设施；堡内有主街道及巷道；堡内建筑除居住建筑外还有庙宇、牌坊、水井等建筑

① 李严，张玉坤．明长城军堡与明、清村堡的比较研究 [J]．新建筑，2006（01）：36-40.
国家自然科学基金资助项目——“明长城军事聚落与防御体系基础性研究”，项目批准号 50578105

② 《汉语大词典》记载——清顾炎武《与王山史书》言：“定于观北三泉之右，择平敞之地，二水合流之所，建立一堡，止用地四五亩，缭以周垣，引泉环之，并通流堂下。”

③ 见汉语大字典 464 页——晋书 · 苻登载记：“坚中垒将军徐嵩、屯骑校尉胡空各聚众五千，据险筑堡以自固。”

④ 王绚．传统堡寨聚落研究——兼以秦晋地区为例 [D]．天津：天津大学，2004.

设施……这些相似的建筑特征是军堡与村堡的共同特点，也是容易将两者混淆的原因，因此揭示军堡与村堡各自不同的特点是本文研究的重点。文章从以下七方面对军堡与村堡作以比较：堡兴筑的背景与分布规律、堡与行政区划的关系、堡的选址与地形、堡与堡之间的组群关系、堡平面布局的方向性、堡设防的层次性及堡内建筑类型。通过对堡的分布规律、外部环境、内部特征等方面的比较，不仅有利于从整体上认识“堡”这种防御性聚落的特征，而且有利于从更深层次剖析军堡与村堡的内涵，彰显我国历史上这一重要聚居形态的独特魅力。

1．堡兴筑的背景与分布规律

1）军堡的建筑背景

明代为抵御北方少数民族部落的侵扰，修筑了万里长城及其军事防御体系，按都司卫所的军事制度，沿长城设九个防区、十一军镇，军镇下辖大量卫、所[2]。整个防御系统在军事设施方面包括了镇城、卫城、所城、堡城、运输链（驿站、递运所、急递铺等）、消息链（夹道墩台、火路墩、敌台等）、边墙及其墩台等军事设施。以上设施的建立顺序一般为首先确定建制，在长城沿线划分诸都司、建立运输网络，即交通系统；第二步建设的主要内容是卫城的设置与修筑，设卫是九边重镇建设的初始阶段，九边防区架构形成的标志；接下来，随着镇、卫以及军户人口增多，设立所及建筑所城。现在大量遗存的边防军堡，指镇城、路城、卫城、所城、堡城（包括关城），堡城是最小的屯兵单位，除其中少量重要的路城、关城外，部分边境线上的守边军堡是伴随战争的需要相应修筑的。

2）村堡的建筑背景

与军堡不同，清以前村堡的建设是民间自发组织的，村民避乱的一种临事之举，没有经过全国或某一行政区划的统一规划；而清朝的一段时期内，官方把寨堡作为实行坚壁清野以对抗农民起义军的一种策略，并大力加以提倡。嘉庆年间，大学士德楞泰在《筑堡御贼疏》中即云：“为今之计，莫若劝民修筑土堡，或十余村联为一堡，或数十村联为一堡，贼近则更番守御，贼远则出入耕作，各保身家，自必奋勇。”那么，建堡的资金和土地从何而来呢？据杨国安著《社会动荡与湖北乡村中的寨堡》中介绍，堡的建设大致有乡绅捐资、民众合资、按亩派工三种方法。乡绅捐资即士绅豪族独资或合资建堡，按亩派工即少钱或无钱者不需出资，只是将各种材料费用折算成工值然后计亩派工①。

下面举例解释堡的具体修筑过程。山西灵石县静升镇崇文堡是民众合资修筑的，据碑文记载：为建堡，他们用178.25两白银购得73.5亩耕地，以其中40亩为建堡基址，共分宅院32份：11亩为出行道路两条，一条南出堡前东沟，转而通街；一条东行入肥家沟出锁瑞巷与东西向五里长街相连；剩余22.5亩筑墙取土后分给堡人王士麟等十二户耕种。筑堡建路的51亩土地的皇粮，“各照份股均分”，堡外分到土地者也以“各自收入，本身上纳”。筑堡历时四年，耗银三千有余（不包括各自建宅院所需费用）②。而山西省介休市北贾村的旧新堡修筑过程较为复杂，是由一富户独资兴建的。首先经过周密的选址，将堡的平面图设计出来，其中包括街道的划分、井的位置、庙宇的位置及各户院落的位置；然后兴建堡墙、堡门及堡墙上的垛口、射弹口等防卫设施，然后村民可从出资者手中购买土地，在划分好的地块上建自家房子，最后全堡的人合资兴修庙宇、戏台等公共建筑（图1）。

图1 北贾村现状照片

与村堡的修筑的民间行为不同，军堡的修筑是官方行为，且是在特定军事管理制度下建设的，其分布呈一定的规律性。明大同、山西镇境内长城有内长城和外长城，军堡从东到西沿长城均匀分布，大致30～40里建一堡，外长城内侧军堡数量多于外侧，内长城两侧数量差不多，共同拱卫镇城。其他军镇的堡的分布规律与此镇类似。榆林镇波罗堡北城门上题字“凤翥”，来源于“龙翔凤翥”的成语，把堡寨看作腾空飞舞的凤凰，隐喻长城是盘旋的巨龙，反映了长城与军堡的唇

① 现以襄阳为例，其方法是“先将土工估计若干，次将寨门、堡门所需砖料石灰等项估计若干，作为土工计算，（如土工一个值钱一百文，火砖二十五块亦值钱一百文），再计濠墙挖占地亩应补价值若干，亦作为土工计算，再计团内地亩若干，每亩应派工若干”。既然是按亩派工，土地就成为派工的标准，而土地有肥瘠之分，对此当时亦有详细的规定：“山原水田、老岸泥洲为上地；平冈平湖为中地；山岭洼底沙洲为下地。”其亩则按上中下等折算：“上地一亩计一亩，中地二亩作一亩，下地三亩作一亩。”倘若田地有租佃关系，则“一亩课地，地主、佃户各出一半，如主佃不同寨堡，即将所出之工各归寨堡，堡内居民受益较多者应加一倍派工”（武备志十二 · 兵事八 · 乡团）。

② 此碑文由静升镇张学良提供。

齿相依[3]。而图 2 中村堡分布没有这种明显的规律性。张家口蔚县原为蔚州（原属山西行都司，后改属万全都司），县境现存村堡 150 多个，我们对其中 120 个左右进行实地调研，绘制了分布图。从图中看出蔚县的交通干线呈东北——西南走向，且穿过县城，村堡也在蔚县县城周围分布较多，沿交通线两侧分布也较多，在东南部的山区分布较少，甚至有的乡镇没有现存村堡。

2．堡与行政区划的关系

1）军堡

明代采用都、司、卫、所军事管理制度。卫所制度是在总结历代边疆行政管理制度与兵制的基础上产生的，是军事制度与地方行政管理制度在地理上相结合的产物。根据卫所与地方行政区划的关系，按照是否领有实土将卫、所分为实土、准实土、非实土三种①。

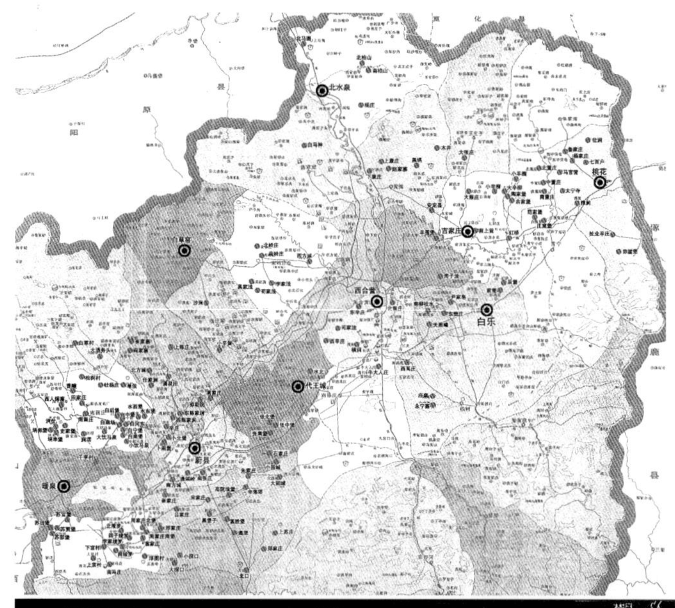

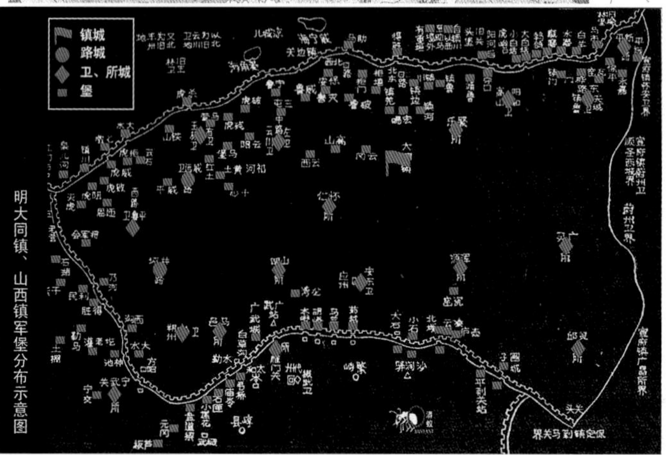

图 2　明蔚州村堡分布
（改绘自蔚县县域图）

非实土卫所从狭义上讲，即卫所治地有府州县，且后者的土地和人口占有绝对优势，辖有的土地多以军屯或卫所城池周围部分土地为主，这些卫所有的与府州县同治，有的另立城池，但其下有自己的人口，且数目亦不为少，仍不失为明朝版图内的一种国土管理方式。实土卫所即指设置于未有正式行政区划（明代表现为布司、府、州、县）的地域的卫所。这些卫所有一定的辖区，在此辖区内管军治民，除军事职能及上下隶属系统不同外，其他功能与府州县相似，是军事型的政区。非实土（无实土）卫所中还有一些卫所亦具有实土卫所的特征，且位于边疆地区，称之为“准实土卫所”，主要分布在沿海和内陆边区，如山西行都司永乐元年（1403 年）后的大同左卫、大同右卫、镇虏卫、平虏所、威远卫等都属此类，由于明初这些地方原有的人口大多内迁，以军士、余丁及庞大的家属群为主的军事人口在当地繁衍生息，以屯田或其他耕种方式附着在土地上，且每一卫所都有一定的防守地域，成为地方上实际的管辖机构。由于资料不足，如何判断某卫所为“准实土”是困难的，但是不能因此就否定这一类卫所的行政区划意义[4]。

2）村堡

作为民间自发组织的村落群组聚居形式，没有行政区划的性质，所选地块须向朝廷购买，村堡隶属于本村镇，受辖于本县一级的行政单位。这一点也是军堡与村堡的显著区别。

3．堡的选址与地形

军堡的选址受三方面影响，第一，“因地形用险制塞”是中国历代长城及长城军事堡寨选址与建设的基本原则，军堡的选址首先考虑军事需要而非环境是否有利于人的生存。第二，军事辖区内，为满足古代战争作战距离的限制，往往 30 里或 40 里建一堡。同时这个距离也是每个堡的辖区范围，边疆地形复杂，多为山地、沙漠、河流等地貌，因此经常有军堡建在山头上或河谷里。第三，长城军堡的选址与长城有必然的联系，堡寨是长城军事防御体系的重要组成部分，是长城内侧一道重要防线，一般长城堡寨距长城几里到几十里不等，也有在长城线上的军堡，称为前线堡子。

① 郭红，于翠艳．明代都司卫所制度与军管型政区 [J]．军事历史研究，2004（04）：78-88.

村堡的选址也主要受三方面影响，首先，满足居住于内的村民的基本生活需要，交通便利，地势平坦，水源充足。其次，能起到有效防御匪徒入侵的作用。许多村堡背山面水、围墙高厚、设置瓮城，山上建寨，战时躲避，村与寨的关系表现为村与寨分离、村与寨合一、数堡集结[①]等形式。最后，风水理论对村堡选址的影响。相宅卜地是村堡选址中必不可少的一环，富裕的村在堡内广建庙以弥补堡的基址在风水上的不足，或用来祈求神灵的佑护，寻求精神寄托。甚至堡内不同方向、位置建庙、挖井、筑屋也有不同的说法（图 3）。

4．堡与堡之间的组群关系

军堡是有严格的军事级别和组织关系的，相互之间形成带状的网系结构。每个军镇、卫、所、都有一定的辖区范围，管辖一定数量的军堡。镇城是本镇军事和行政指挥中枢，一般镇城的周围设有前、后、中、左、右五个卫，保护镇城的安全。同时每个军镇内驻扎游击部队，负责支援其他军堡作战。镇内哪个卫、所辖区受到攻击，其他军堡有责任进行支援。

村堡为数堡集结成组或自成体系。堡与堡之间的组群关系有两种情况，第一，数堡联建加强御敌能力。如蔚县多堡集结形式中的各种布局形态："品"字形有埚串堡、埚郭堡、岔涧堡；"吕"字形有卜南堡、卜北堡。再如平遥段村六堡呈"十"字形，及山西平遥干坑村五城寨等。第二，单独堡通过加强防卫层次和设置复杂的路网系统提高防卫能力。如蔚县"日"字形堡千字村；"回"字形堡横涧堡，及山西介休张壁古堡等（图 4）。

5．堡平面布局的方向性

军堡的平面布局的方向性指堡门开设的位置。堡门开设的位置主要受防御对象入侵的方向所决定，其次与长城的位置、道路交通方向及其他军事设施的位置有关。位于地势平坦之处的军堡，往往平面规整，四面受敌，大者开四门，每边开一门，小者开二到三门，并设瓮城；位于山谷或山坡上的堡，道路交通方向易于进攻，如设门则定设瓮城，堡门多开向周围的高地、山头、敌台等制高点；长城线上的堡，地形险壑，门开方向，既便于调动兵力、迅速应战，又要有利于抵御敌人的进攻。如榆林镇砖井堡，北侧距长城不到 100 米，北侧有长城天堑，其东、西、南侧城墙薄弱，为敌人易于攻破方向，所以均设瓮城（图 5）。如堡内地形复杂，则平面布局不规整，依地势而建，其方向性主要取决于外部交通的来向。

明大同镇水泉堡现状照片（军堡）

蔚县宋家庄现状照片（村堡）

图 3　军堡与村堡的地形比较

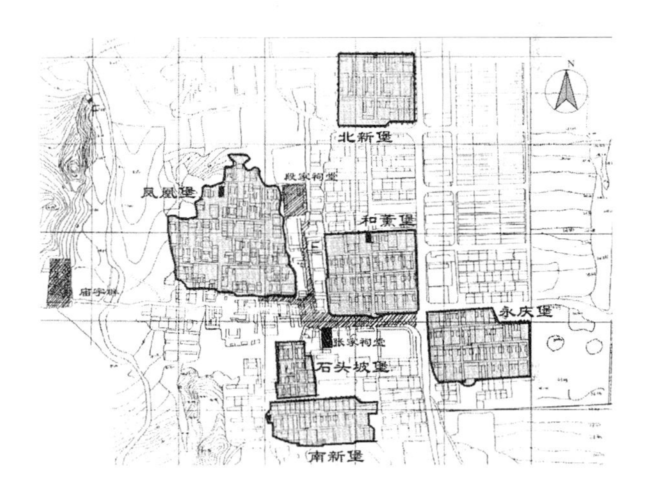

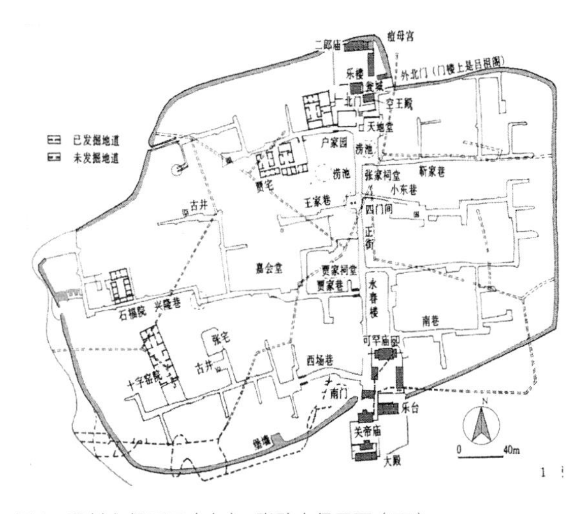

图 4　段村六堡平面（上），张壁古堡平面（下）
（图片来源：上图引自王绚《山西传统堡寨式防御性聚落解析》，下图引自杨晨曦《张壁古堡探析》）

① 王绚．传统堡寨聚落研究——兼以秦晋地区为例 [D]．天津：天津大学，2004.

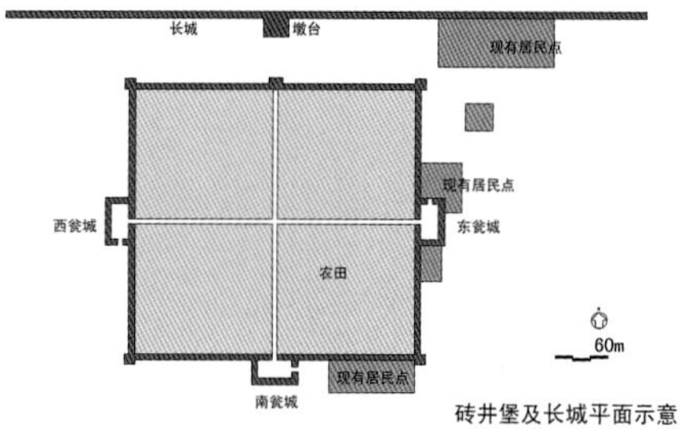

图 5　从砖井堡北城墙俯瞰长城

村堡大多选址利于交通，便于建设，靠近水源。若堡位于地势平坦之地，则平面布局表现为四面同向性，堡门开设的方向多与道路交通来向有关，另外会到受传统风水模式影响。如蔚县的村堡一般规模较小，开南门和东门为正门，西门为送丧专用，不开北门，正北方建一庙。若堡位于山脚下，则前方为正向，山体为背向，或以山体作为北堡墙，山上建庙。还有一些堡多开南门和北门，不开东、西门，且从南门有门房，北门没有，北门的门楼多为庙，可以推断南门是正门，如沁水郭北堡、段村永庆堡、和薰堡等。而规模大一些或防御性较强的村堡也有北瓮城，如蔚县西古堡、介休张壁古堡等。

6．堡设防的层次性

军堡的防御层次分为长城——军堡周围的烽燧——关城——瓮城——城门——城墙几部分，加之堡墙上的垛口、射击口、窝铺、堡墙内侧周圈马道、角楼等设施，共同构筑了固若金汤的军事防御城堡。当敌军突破长城关口入侵军堡，该军堡周围的烽燧立刻通报堡内指挥将领，并向周围军堡及游击部队寻求援助，堡内迅速调集兵力集中在关城城楼上，或瓮城内侧的藏兵洞里，如关城失守，则在城门的瓮城设重兵瓮中捉鳖，同时通过城墙内侧的环城马道，根据战事迅速合理分配兵力，四面阻击。在冷兵器时代，要突破关城、瓮城、厚几米至十几米的城墙攻入堡内，同时有效防御援兵的进攻是不容易的。

村堡设防的层次分为外围城墙——街巷通道——住户单元[5]。不论是山地或平地村堡，其高厚封闭的围合性堡墙都是起到御敌、防洪、抗风、阻野兽的第一道屏障；为防止外部入侵，街巷通过宽窄坡度的变化、丁字路口的处理，尽端小巷的安排，街门过街楼的设置，以及堡墙内侧的环行路的设置，构成第二道防御手段。其中防御门按两级设置，以数户构成一个防御单位，在路的入口设防卫门，再以数个防御单位为一组，在干线道路设防卫门。因此，道路由主街到支巷，再在支巷上继续分支，宽度趋向狭窄且逐级递减；第三级防御单位是一个家庭的集居空间，高大封闭的外围墙、藏兵洞、高起的望楼、暗道等防卫手段构成了最基本的防御层次。如张壁古堡的五级设防：堡门——巷门——次巷门——宅门——地道门。

7．堡内建筑类型

军堡内因营房建筑质量较差，现存建筑主要有粮仓、较马场、庙祠等。

1）仓储和草场

在军事重镇中必备的场地以粮仓和草场最为典型。所谓“仓场者，广储蓄、备旱涝，为军民寄鸣者也。”另外很多城堡中还有专门负责军器的宫宇——军器局和“专收火器”的神机库、火药局等。堡外设有供军士操练的校场、供军官坐镇指挥和休息的演武厅。

2）庙祠和牌坊

明朝以后，军堡城内被官署所占成为府城，或县衙所在地，从此堡内建庙之风日盛。遗存下来堡内的庙祠分为两类，一类是明代地方常见的庙祠，如文庙、城隍庙、奶奶庙、观音庙等。另一类是彰表军功的庙祠，如旗纛庙、显忠祠、褒忠祠、汉寿亭侯祠等，他们或者祭祀武神，或者纪念忠臣烈士。牌坊在封建时代具有重要的旌表道德意义。据《宣化府志》载，镇城、路城、卫城、所城中的主街街心都建有极具标志性的四个大市坊，分别在东、西、南、北大街上，还有属于城内众多衙署各自的官署坊和旌表武臣和武德的牌坊（图 6）。

村堡的建筑以居住建筑为主，历史上资金比较充裕或者处在贸易交换要道上的堡，往往是重要的贸易交流地，堡外有贸易市场，堡内有众多庙宇、戏台。

富裕的村有大大小小的庙宇三十几处，庙宇种类繁多却各有各的分布规律，堡正北方中轴线尽端建“正王庙”；

平鲁老城戏台

阻堡主街北侧巷口牌坊

鱼河堡的北门楼和旁边的庙宇

图 6　庙祠、戏台和牌坊

道路交叉点处建“马王庙”；南门楼朝北建“魁星楼”，朝南建“玉帝庙”；戏台对面建“老爷庙”，南门口对面朝向南门建“娘娘庙”；河边建“河神庙”等等。如古蔚州卜北堡，位于涌泉庄南偏西，平面为不规则三角形（图 7），其北有小涧河，南为大同通往北京的古商道。堡内北有祯武庙、武道庙，西有玉皇庙、财神庙，南为灯山楼，堡门外正对戏台，其北为井神庙，南是龙王庙。戏台是堡内重要的集会和娱乐的场所，遭受破坏以前几乎每个堡都有戏台，有的戏台与照壁相结合，建筑质量很高。如明大同镇的马营河堡内的戏台、平鲁老城戏台等。

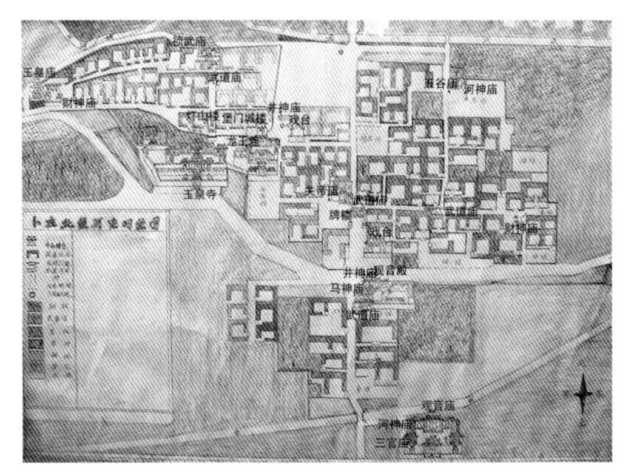

图 7　古蔚州卜北堡平面

结语

明长城军堡与明、清村堡均为古代防御性聚落遗存到现今的活化石，是中国古代军事、政治、艺术、建筑的重要历史文化遗产。军堡是用来屯兵屯粮的有着高度防御性的军事聚落，分布在明长城沿线上跨越我国北方六省，穿越沙漠高原、河谷沟壑，受严格的军事级别与组织关系的制约。村堡则主要分布在广大内陆地区，是村民自发修建的，以防御地方土匪倭寇劫掠为目的的防御性聚落，村堡多位于水源充足、交通较为便利的地势平坦之处，堡内广建庙宇求得精神防卫，且通过各村联建寨堡加强防御能力。本文通过对现存遗迹的考察与历史记载的分析，仅对两者的部分特征进行比较，对“堡”这种中国传统聚落形式进行初步探索，更深入的历史考证和现场踏勘工作有待进行。

参考文献

[1] 中国军事史编写组．中国军事史第三卷兵制 [M]．北京：解放军出版社，1987：412-413．

[2] 董耀会．瓦合集——长城研究文论 [M]．北京：科学出版社，2004，45-46．

[3] 张玉坤，李哲．龙翔凤翥——榆林地区明长城军事堡寨研究 [J]．华中建筑，2005（1）：150-153．

[4] 王绚．传统堡寨聚落防御性空间探析 [J]．建筑师，2003（4）：64-70．

[5] 郭红，于翠艳．明代都司卫所制度与军管型政区 [J]．军事历史研究，2004（4）78-87．

论金长城的整体空间布局与京都位置的关系[①]

摘 要

作为中国古代军事防御工程，长城的整体空间布局不仅受到边疆自然环境的直接影响，且与京都的地理位置有着紧密的关系。本文通过对金京都变迁与长城整体空间布局的各自发展阶段进行对比，展现了两者之间的联动关系，还原金长城规划之初衷。

关键词 金长城；防御工程；京都；空间布局

引言

长城作为冷兵器时代的大型防御工程，一直都被封建统治者所重视，成为保卫边疆的坚实屏障。长城的修建不仅对周边民族进行有效的威慑、明确国土疆域范围，而且随着军事和工程水平的提高，它在军事防御方面也发挥着越来越重要的作用。

长城[②]利用其边墙本体、敌台、烽火台在疆域内形成的外部线性防御，又通过军事堡寨、关隘、驿站等的设置来形成垂直于边墙、纵穿边疆而形成的内部纵深性防御。由此，内外结合，交织成网状的、具有层次性的边疆军事防御体系。长城保护了统治者的疆土不受到侵略，边疆居民可以安居乐业，但其最重要的目的却是维护皇权的统治，所以历朝历代的长城防御工程都全力保护着京都城池的安全。

因此，长城的空间布局变化与京都的防御是有着千丝万缕的联系的。今人对长城的研究多居于遗迹考古、历史文化、军事制度和建筑构造等方面，但对其空间布局和空间演变的研究却较为单薄。本文通过对比金长城空间布局和金京都变迁的各自发展阶段，来展现长城整体空间布局与京都变迁的联动关系，还原长城规划之初衷。

一、金京都的变迁

作为北方政权，金朝有着自身独特之处。女真并非匈奴、突厥一样纯粹的游牧民族，也与完全移入中原、完全农业社会化的北魏王朝不同，他比前朝辽代更为汉化。辽时设有五京，虽有大片汉族聚居的地区，但其统治中心仍在草原，皇帝四时捺钵，流动理政，双轨治国，国家体制的二元性十分明显。金虽然继承了辽的五京制，但统治重心进入了中原；制度也有二元性的特点，但两种制度是被配置在同一运转体系中协调运行。从本质来看，金已然成为传统的中原制度了。

金在建国后汲取辽代与宋代的成熟制度，才逐渐从奴隶制向封建制转化。金初的许多制度在北方多延袭辽旧制，在南方宋旧地多实施宋制。故金朝的政治制度转变过程是极其复杂的，直至金中后期才完成，终形成了自身的制度体系。这整个转变过程对金的边疆治理产生了极大影响，其军事制度一直南北殊同，不断调整。金长城的形成和发展经历了整个社会的转变过程，是在金北疆军事体制不断成熟过程中发展起来的。

金朝的行政区划是一个不断发展完善、逐渐汉化的过程。金建国后逐渐对政区进行规划，西北疆域的行政区划大体是在金熙宗时期定型，海陵、世宗时期置废更张，最后章宗时期调整定型。在此过程中金朝的京都也发生了更替和迁移，整个变迁过程可分为三个阶段。

第一阶段，金太祖收国元年（1115 年），阿骨打称帝，确立金朝的第一个都城，会宁府。在灭辽后承袭了辽的五京，

---

① 解丹．论金长城的整体空间布局与京都位置的关系 [J]．城市规划，2014（04）.
本文由国家自然基金项目（51208335、51178291、51108305）资助。

② 长城，作为军事防御工程，是在特定军事管理制度下具有高度层次性、整体性及系统性的严密防御体系，是一个由点（关堡、烽燧、驿站）——线（长城本体、讯息传递线路）——带（军事防御、文化交流及物资交换所在的长城防区）——层次体系（防御体系的层级关系）构成的地理尺度的空间实体和文化遗存，是一个集军事、政治、经济、文化和民族交融于一体的“秩序带”。

在名称上没有做改变，至天眷元年（1138年）金熙宗（1135—1149）把都城的会宁府升为上京，将辽的上京改为北京，辽的南京称为燕京，便有了七京的规制，即北京（治临潢府）、中京（治大定府）、西京（治大同府）、上京（治会宁府）、东京（治辽阳府）、燕京（治析津府）、汴京（治开封府）。

第二阶段，海陵王贞元元年（1153年），由于金政治中心上京会宁府远离中原地区，于是迁都燕京，改名为中都大兴府（今北京市西南）。废除上京，形成了中都大兴府、北京大定府、西京大同府、东京辽阳府及南京开封府的五京格局，但只维持了20年的时间便又被打破。

第三阶段，金世宗大定十二年（1173年），会宁府的上京名号又重新恢复，形成了金朝稳定的都城规制。以中都为国都，另建五个陪都，号五京，即上京（治会宁府）、北京（治大定府）、东京（治辽阳府）、南京（治开封府）、西京（治大同府）。从此，大体是此六京的规制①（图1）。

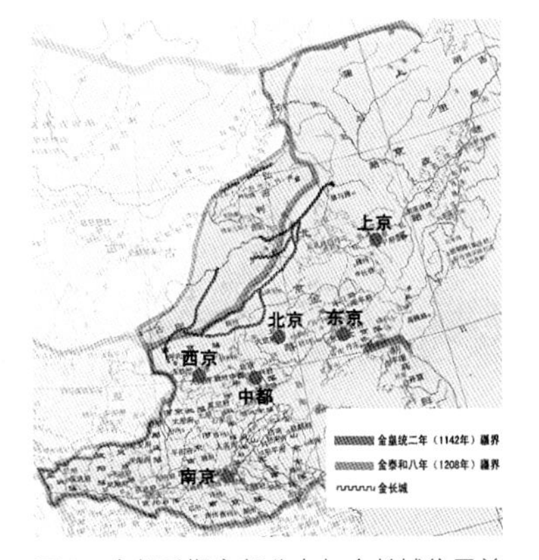

图1 金朝后期京都分布与金长城位置关系图
（图片来源：底图来自谭其骧《简明中国历史地图集》，北京：中国地图出版社，1991）

图2 金长城各段示意图
（图片来源：底图来自谭其骧《简明中国历史地图集》，北京：中国地图出版社，1991）

二、金长城整体空间布局的阶段性

金长城空间分布较广，修筑历史长，形成过程复杂，各部分修筑的准确时间无定论，这主要是由于长城主线和支线的数量多且相互交织而造成的。总的来说，其修建的时序大致依照了先北后南的顺序。文中将金长城按照地理位置分为岭北长城、岭南长城。岭南长城较为复杂，分为北线、中线和南线，南线另有二支线（图2）。

在金初期，金长城的整体空间布局都是围绕着上京会宁府来进行分布的，随着南方疆域的扩大，金将都城南迁，便于控制国家局势，这样北方军事防御重心也必须南移，导致金长城需要在规划中重新调整布局；中期，金上京恢复其政治地位，京都格局重新变化，导致金长城规划的空间布局发生变化；金中后期随着北方军事势力的增强，金北疆界逐步南移，导致原有界壕暴露在外，失去防御能力，金通过对金长城布局的新规划来修建了新的防御工程，并利用部分原有界壕，形成网状布局（图3）。

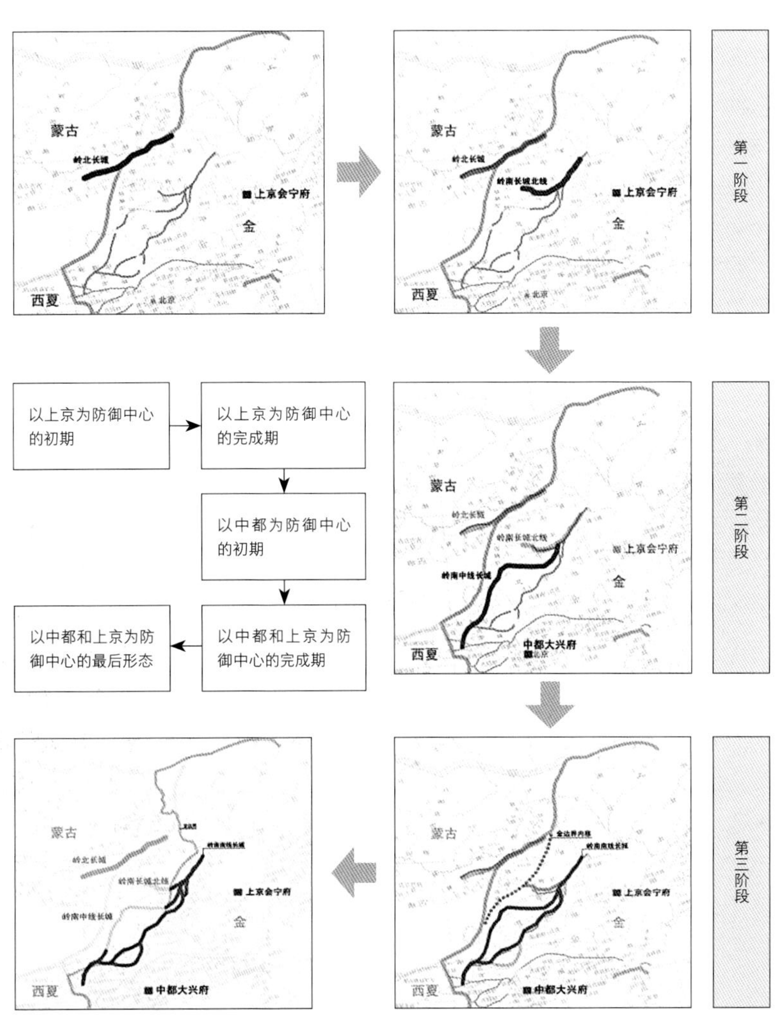

图3 金长城空间规划布局与金京都变迁联动关系的阶段性示意图

① 金宣宗贞佑二年（1214年）国都迁至南京，此时的长城已经不在疆域范围内了，不在本文讨论范围内。

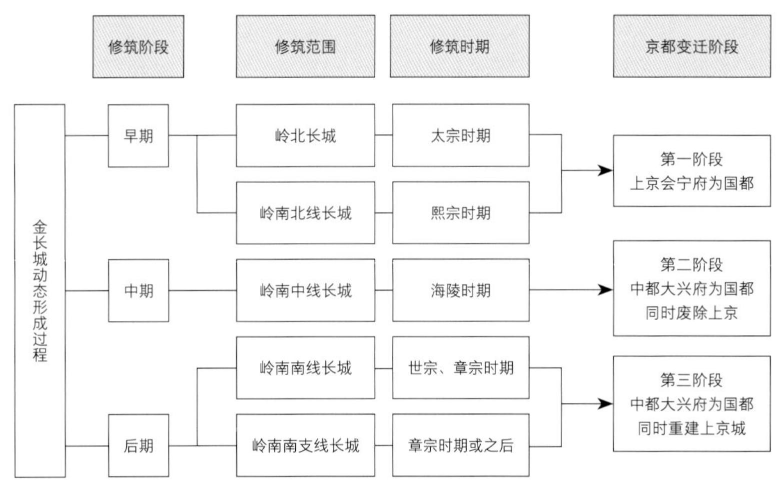

图 4　金长城修筑阶段与京都变迁阶段对照表

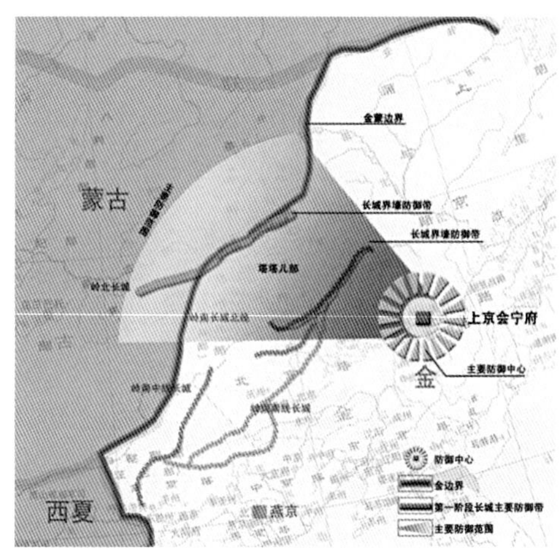

图 5　以上京会宁府为中心的防御格局
（图片来源：底图来自谭其骧《简明中国历史地图集》，北京：中国地图出版社，1991）

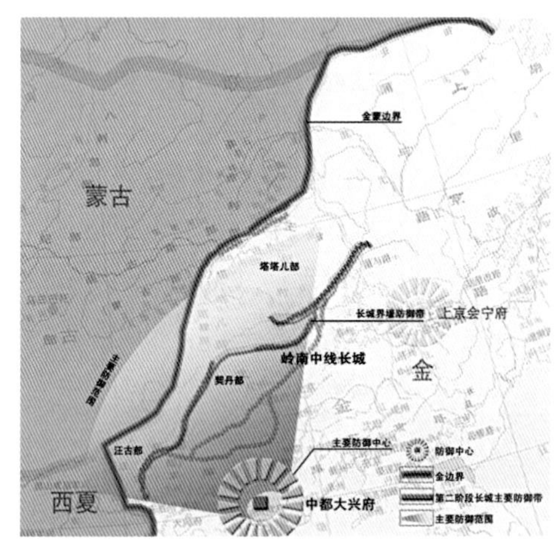

图 6　以中都大兴府为中心的防御格局
（图片来源：底图来自谭其骧《简明中国历史地图集》，北京：中国地图出版社，1991）

将金长城的空间布局变化与金京都变迁的时间进行对照，可以发现二者是有着联动性的，金长城修筑的早、中、后期与金京都变迁的三个阶段正是对应的。在图 4 中的分段详解过程示意中可以看出各个阶段的长城防御中心正是对应着不同阶段重要京都的位置。

1．定都会宁府——以上京会宁府为中心形成的防御格局

上京路一直作为金的龙兴之地，在海陵王南迁之前，上京路是金代的国都，作为全国的经济、文化、政治中心。通过金太祖、太宗、熙宗这三个时期后，上京会宁府已经是当之无愧的金都城，皇城、宫室通过几次扩建后已经初具规模，社会稳定，并在此集中了金朝大部分的女真贵族阶层。

此时的金长城整体空间布局是以金都城上京会宁府为中心的（图5）。

金国之初，在西北疆域修建了第一道人工防御工程，即金岭北长城。东起大兴安岭西侧，今内蒙古自治区呼伦贝尔市根河市（古称根河城）境之根河南岸，向西行，经满洲里过俄罗斯直至蒙古境内肯特山南麓。作为早期作品，金岭北界壕的工程规模较小，防御能力也很有限，界壕结构简单，为单壕单墙，且壕深浅壕墙矮，有马面；军堡分布无规律和层次，显然缺乏防御体系的整体性概念；在金熙宗时期，在塔塔儿与上京城之间修筑了第二道长城，金岭南长城北线，其工程质量没有比岭北长城好，建筑形式与岭北长城类似。它与金上京城更近，成为金西北疆第二道防御力量，为敌人进攻造成更大的困难。

这种双层防御工程的空间布局在金迁都南下时被打破。

2．迁都大兴府——以中都大兴府为中心形成的防御格局

燕京四通八达，物产丰富，与居于东北部的上京相比，不仅可以巩固金朝的统治，也有利于与中原地区的经济交流。金天德元年（1149 年），完颜亮即帝位。天德五年（1153 年），金正式迁都燕京，改名中都，改析津府为大兴府。金中都地区交通发达，北出居庸关可达蒙古高原，北经古北口或东出山海关可通向东北平原；向南可沿太行山东麓大道通往华北大平原。这种优越的地理位置使金中都成为三大地理区块之间往来的重要交通枢纽以及物资与文化的交流中心。

在海陵王迁至新国都后，原上京会宁府遭到废弃，其在防御上的重要性也随之降低，由此相应出现的是金长城的空间布局发生了南移。金在西北疆域上重新进行了防御空间布局，修建了金岭南长城中线，其防御中心南移且防御范围更广，金长城规划完成了防御中心由北至南的转移（图 6）。

岭南长城中线东北端自扎赉特旗额尔吐北面从主线上分出，沿大兴安岭东南麓西南行，经科尔沁右翼前旗，至科尔沁右翼中旗突过大兴安岭，向西跨入蒙古国境内，辗转进入我国境内，折向西南，经苏尼特左旗、右旗，至四子王旗鲁其根中断；自鲁其根以西，经达尔罕茂明安联合旗，至武川县上庙沟终点。中线长城的东西两端都在后期修筑南线时进行了修补。这段长城的遗址保存差，且中间部分不在我国境内，主要分布于盆地和山麓之间，主要结构为单壕单墙，界墙多是土石混筑，或是土堆筑，不见马面，界壕内侧的军堡数量少，分布规律性不强，出现层级性。可以看出，海陵王执政时间短，出现了长城的修建仓促，工程规模小，建筑结构简单、质量差等问题。

随着海陵王统治结束，金世宗即位，正式在大定十三年（1173 年）恢复上京名号。由此上京也在政治地位上发生显著的变化，从一般的府州城市上升为金朝陪都，且与其他陪都不同，是金政权特别重视的“国家兴王之地”。金京都的再一次变迁导致了金长城整体空间布局的再变化。

3．重建会宁府——以中都大兴府和上京会宁府同时为中心的防御格局

上京会宁府本是金祖先发祥兴旺之地。但在宫室宗庙被毁之后，会宁府的发展几乎处于停滞状态，直到世宗即位才结束了十几年的大萧条。世宗重建太祖庙，并恢复上京名号，重修了宫室，而更重要的是上京会宁府政治地位的变化，由一般的府州城市上升为金陪都。所以上京会宁府在金疆域内的军事地位也随之上升，从而形成了以中都大兴府和上京会宁府同时为主副中心的防御格局。

这个防御格局的形成主要完成于金世宗和章宗两代，对已有长城进行了新建、补建和重修，为金长城空间布局的完整作出了重要贡献。这个阶段修筑了新的长城，金岭南长城南线，并重修旧界壕与边堡，对岭北长城完全放弃使用。这样，通过北线、中线、南线以及南支线的联合，金在疆域内形成了一个网状的防御空间布局。新修建的南线长城，又因多次补修和修缮，其防御工程质量较高，界壕多为双墙双壕结构，壕堑深壕墙高大，马面规律布置，界壕内侧军堡的纵深性和层次性更为突出。

在章宗时期，金长城军事防御体系已经建立完成，利用界壕防御工程体系来达到范围大，跨度广的边疆带形防御，利用军事聚落防御工程体系来达到界壕防守、兵力管理部署的军堡来实现疆域内部的局部防御；线性防御与纵深防御的结合，最终构成了金长城军事防御体系的系统性和层次性的空间布局（图 7）。

在金后期，北方蒙军势力崛起，不断骚扰边境，金边境防御力明显不足，北疆域不断缩小。金长城逐渐失去了防御作用，消失于历史的舞台之上。而同时金政权岌岌可危，京都大多失守，后迁都南京。不久也被蒙军攻陷，金亡。

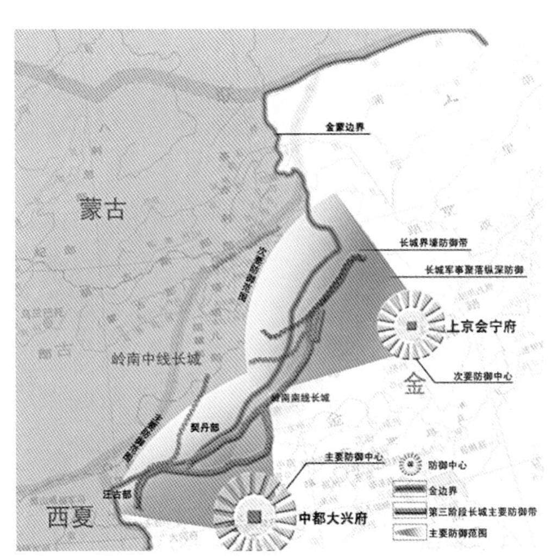

图 7　以中都大兴府府和上京会宁府同时为中心的防御格局（图片来源：底图来自谭其骧《简明中国历史地图集》，北京：中国地图出版社，1991）

结语

在《金史》中多处记载，修建金长城过程中每次穿壕筑垒之前都有专人进行实地勘察，这说明边疆的自然环境对金长城的走势是有一定影响的；同时，通过上文的分析与论证，金长城的空间布局与金代的京城变迁有着无法分割的联系；二者在阶段上是一致的，在时间上是连动的。京都变迁是前提，长城空间布局的变化是结果。

京都，作为封建王朝统治者的政治中心，在军事上也是重要的防御对象。作为皇权至上的封建王朝，长城的空间规划布局与当时京都的位置有着密不可分的关系。

— 参考文献

[1] 王超．图说金戈铁马的交汇——辽西夏金 [M]．长春：吉林出版集团有限责任公司，2006：26.

[2] 王明荪．东北内蒙古地区金代之政区及其城市发展 [J]．史学集刊，2005(03)：56-74.

[3] 程妮娜．试论金初路制 [J]．社会科学战线，1989(01)：179-188.

[4] 齐吉祥．北京地理与历史 [M]．北京：中国林业出版社，2008：53-56.

东周齐国军事防御体系研究 ①

摘 要

本文借鉴历史文献资料，结合现场调研及当代考古研究成果，厘清了东周（春秋战国）时期齐国的军事防御体系，即四个层面（外围线性防御、五都五属制度、城邑重点防御和多重整体防御）、点（城邑、关隘）线（齐长城）结合的整体军事防御体系。

关键词 防御体系；自然屏障；线性防御；点的防御

引言

公元前 11 世纪，周灭商实行封邦建国，姜太公尚因辅周灭商有功被封于齐地建立齐国。公元前 221 年，秦王嬴政率师扫八荒而统六合，灭亡了齐国，最后统一天下。在周代的诸侯国中，齐国首先受封，坚持到最后一个灭亡，是存续时间最长久的诸侯国。在春秋战国数百年的列国纷争、战乱频仍的时代，齐国边境之内始终未成为主要的争战场所。之所以如此，这与齐国注重建立稳固的军事防御体系有着直接的关系。

齐国地理环境特殊，东面、北面环海，西面为黄河和济水，均为天然屏障，南面为泰沂山脉，因此齐国的军事防御具有其特殊性。齐国除了利用山川河流的自然屏障进行防御外，在西南边境（泰山和黄河、济水交界的丘陵地带）和东南地区（莒县、黄岛一带）主要利用别都和军事重镇进行外围点的防御，在中部及南部的泰沂山区利用齐长城及其沿线军事聚落（堡寨和关隘）实行线性防御，同时加强都城本身的防御措施，从而构成了一套点线结合的整体军事防御体系。

一、利用自然屏障进行防御

所谓自然防御，是指利用自然形成的高山、大河、湖泊等进行军事防御。南宋郑樵《通志》云："建邦设都，皆凭险阻。山川者，天之险阻也；城池者，人之险阻也；城池必以山川以为固。大河自天地之西，而极天地之东。天地所以设险之大者莫如大河，其次莫如大江。故中原依大河以为固，吴越依大江以为固。"[1]《盐铁论 · 险固第五十》载："关梁者，邦国之固，而山川者，社稷之宝也。"[2] 这里道出了高山、河流等自然屏障在防御上的重要性。

据《战国策 · 齐策》记载："齐南有太山，东有琅琊，西有清河，北有渤海，此所谓四塞之国也。"当时姜齐和田齐的都城都在临淄，淄潍平原是齐国的腹地，从地理位置上看，战国时期的齐国，地处黄河下游，华北平原的东部。在境内西有黄河、济水两条大河。当时的黄河水量大，流速相对稳定，下游也不是今天的地上河，而是低于两岸的一条大河。因此，黄河、济水应该说是位于齐国西部境内的一道天然屏障。[3]

同时齐国北临黄河、渤海，南依泰沂山脉，东为半岛，环之以渤海、黄海，隔海与辽东半岛、朝鲜半岛、日本列岛相望；北始无棣，南至日照，是齐地先民东去朝鲜、日本，南下吴越的海上航线。

这种相对独立的地理特点和天然形成的自然屏障，决定了齐国为四塞之国，在军事上易守难攻。在春秋、战国数百年的列国纷争、战乱频仍的时代，齐国的边境之内，始终未成为主要的争战场所。即使在齐灵公二十七年（公元前 555 年）曾有晋兵围临淄"焚郭中而去"[4] 的事，战国（公元前 284 年）的齐湣王时期有燕将乐毅率兵攻破齐都临淄，下七十余城的事件[5]，但经历很短，很快恢复了齐人的统治。这种社会环境的相对稳定，虽然与齐国在整个春秋、战国时期的政治、经济、军事实力较强这一事实有关，但与它的地理位置上的僻处一隅、地形上的险要易守也有极大关

---

① 吕京庆，张玉坤，叶青．东周齐国军事防御体系研究 [J]．建筑学报，2013（S2）：178-181.

系。这种特点与韩、赵、魏诸国处在逐鹿中原的腹心地带，国家社会随战争形势而动荡的情势形成鲜明的对比。这不但大大有利于齐国经济的发展，也有利于文化的繁荣。

因此，齐国在地缘政治上是相对独立的，战略地理条件算得上得天独厚，海、河、山构成其天然的防御屏障。在冷兵器时代，部队机动能力极其有限，外敌很难越过这些天然屏障进入齐国腹地。山东自然地理分布见图1。

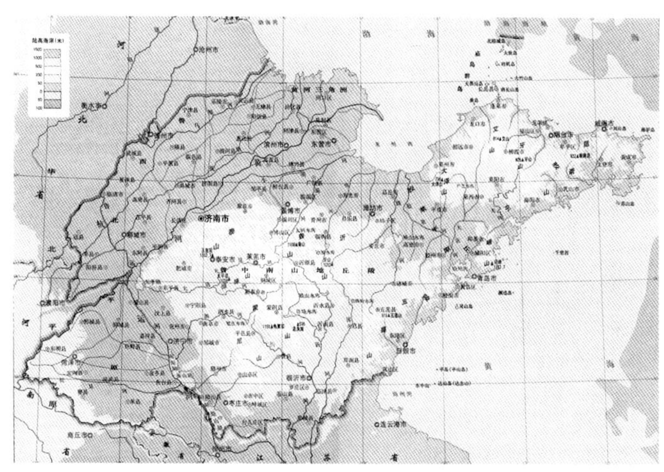

图1 山东省自然地理分布图
（资料来源：《中国文物地图集》）

二、线性防御——齐长城和关塞要津设防

齐国除了利用自身的自然地理优势进行被动防御外，还采取在边境要地设置齐长城及沿线堡寨、关隘等军事聚落，形成一条稳固的防御阵线。

1. 关塞设防的作用

关塞设防多源于两方面。首先，是军事防御作用。主要是为了加强关塞地区的防卫，保卫国家疆土的完整，防御外敌入侵，这是其设防的主要目的。其次，在关塞设关卡收税，可以增加国家的财政收入，亦是列国热衷在关塞要津加强防守的重要因素。

春秋时期，列国虽已在边界建立关、塞，但尚未有在要地设防的概念，要塞作为国防建设的重要内容，在这一时期尚未上升到战略高度。战国时期，由于战争频繁、战争规模的扩大、作战方式的变化以及常备军的出现，过去那种“津梁未发，城险未修，渠答未张”的情况已成为历史，以往视为阻绝交通、壅塞道路的障碍——“关梁”，如今成为“邦国之固，而山川社稷之宝也。”关、塞、梁、亭、障越来越引人注目，作为大可利用的天然屏障，要塞的地位随之提高，关梁成为兵家必争之地。

2. 齐国的关津设防

战国时期，齐国在边境及内地主要交通要道均设置了关塞，以加强国家的整体军事防御。据历史文献记载，著名的关隘有穆陵关、阳关、亢父等。

穆陵关在临朐县东南百里的沂山主岭上，山势高峻，路径险恶，为齐南天险。穆陵关立关极早，管仲伐楚时即有“赐我先君履，东至海，西至河，南至穆陵，北至无棣。”之语。穆陵关襟带徐淮、接跨海岱，战略地位极为重要，是齐国设防的重中之重，诚如顾炎武《山东考古录》所说：“大约齐之边境，青州以南，则守在大岘。”

阳关是当时齐都临淄通向西南边界道路上的重要关口，它在春秋时曾为鲁所控制。后属齐，但直至战国，它常受到鲁国的进攻。如《通鉴》周威王三年：“鲁伐齐，入阳关。”故阳关成了齐南方的重要关隘。《七国考》卷三引《博物志》云：“齐南有长城巨防、阳关之险，北有河、济，足以为固”。

济宁城南即古之所谓亢父之险，苏秦曾称亢父之险“车不得方轨，骑不得比行，百人守险，千人不敢过也。”古代南北水运交通动脉大运河即处在其监控之下。

3. 齐长城整体防御

齐有长城，文献言之甚晰，《战国策 · 秦一》张仪说秦王曰：“昔者齐南破荆，中破宋，西服秦，北破燕，中使韩魏之君，地广而兵强，战胜攻取，诏令天下，济清河浊足以为限，长城钜防足以为塞”。根据文献及地方志记载，齐长城大致走向为西端首起济南长清，沿泰沂山脉逶迤而东，经济南、泰安、淄博、潍坊等8地市17县市区，到黄岛区西于家河村北入海，全长620余公里。

齐长城是齐国的军事防御工程，其防御战略的最大特点就是将山地防御、济水防御、东海防御连为一体。

由于齐长城所行经的路线基本上是山东省的南北分水岭，分水岭两侧的河流又大多呈南北走向，谷地比较宽阔，自古就是南北交通的要道，因此，山地防御的重点便是长城岭上连接南北两侧谷地的各关隘和要塞。这些关隘要塞，自西向东依次是：平阴要塞、大石关、长城铺、天门关、北门关、锦阳关、黄石关、青石关、城子要塞、铜陵关、穆陵关、城顶关、长城岭村、西峰关、左关等（图 2）。这些已知名或未知名的关隘或要塞，是齐长城山地防御的据点，它们一般都控制着一条重要的交通线。在特别重要的交通线上，则设置两重关隘要塞，如穆陵关和大关。依托这些关隘要塞，左右又有城墙向两翼山岭延伸，这样便能扼守附近的制高点，形成点线结合、互为依托的防御阵地。

齐长城防线尤其各关隘要塞在这种积极防御战略实施过程中对边防线南移所起到的巨大作用，以锦阳关为例，大致可以概括为两点，其一，长城关隘要塞是齐军向南开拓进取的基地和跳板，是向远方前线输送军队和给养的兵站和仓库。就锦阳关而言，这种作用早在春秋时期就显现出来，齐国军队依托锦阳关，近取汶北嬴、博之地，远制泗上邹、鲁诸侯，齐景公的时候，更修筑了沟通锦阳关南北的“长途”，成为齐国控制汶泗流域的军事干道。其二，长城关隘要塞是从前线溃退下来的齐国军队的避难地。例如从艾陵败下阵来的齐军正因为有锦阳关等关隘作为避难地，所以能逃过一劫。当然，齐国的长城积极防御战略也充分保障了长城防线的安全。[6]

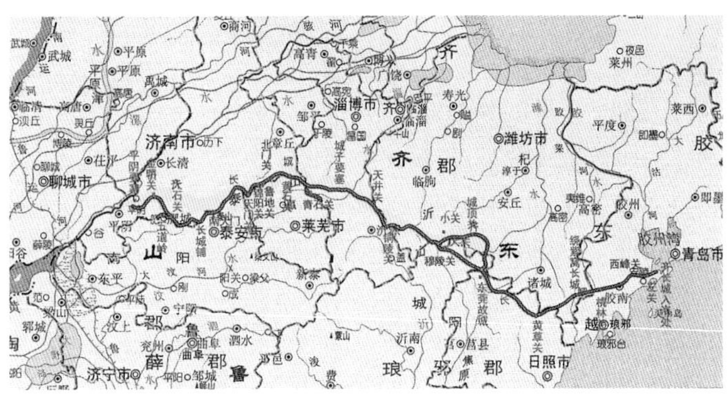

图 2　齐长城沿线关隘聚落分布图
（资料来源：根据《中国文物地图集》绘制）

图 3　临淄城地理位置示意图
（资料来源：根据《中国文物地图集》绘制）

三、点的防御——城池军事防御

对都城地区采取什么样的防御措施直接关系到国家的安危。研究发现，战国时期各诸侯国的都城在军事防御上都采取有相应的、行之有效的防御措施。齐国的主要措施包括四个方面，首先对都城的选址采取“择中而立”的布局原则；其次是扩大外围军事防御，主要采取“五都”和“五属”制度；再来，都城内部采取宫室居中、宫殿区与平民区分离的举措；最后，加强城池本身的整体防御功能。

1．都城居中的选址原则

设置都城，除了考虑所处位置交通是否方便、能否便于对全国进行有效统治等因素之外，还要考虑是否利于军事防御和能否保障都城的安全。为了确保王朝的安全，避免政治中心地区遭受敌邦异族的入侵而最终导致国家的灭亡，当时的最高统治者在选择政治中心的地理位置时，一般都把都城确定在国家统治区域的中心地带。

“都城居中”是中国古代都城较为普遍的选址原则。《太平御览》卷一五六对此阐述甚明：“王者受命创始建国，立都必居中土，所以控天下之和，据阴阳之正，均统四方，以制万国者也。”

临淄城即是选择地势较高、河床稳定之处傍河建城。齐临淄城的城址东临淄河，西依系水，南有牛、稷二山，北为广阔原野，地势南高北低，利于排水。[7] 从地理位置来看也是居于齐国疆域的中心位置（图 3）。

2．“五都”和“五属”制度的设置

春秋战国时，列国普遍在边境和重要交通要道设置军事重镇，以巩固国家边境的军事防线，提高国家的整体防御能力，拒敌于国门之外。战国时，齐在边境设置的军事重镇主要有平阴、历城（历下）、安陵等。

除了在边境设置军事重镇和军事据点外，往往还要在都城周边或疆域内重要位置设置别都。即五都制度，其主要目的是强化边境的军事防御需要。

1）五都制度

据文献资料记载，春秋战国时，齐在境内设置了五处别都。前期为平陆、高唐、阿、博、邶殿，后期为平陆、高唐、阿、即墨、莒（图 4）。

春秋时齐国出现县制，但比其他国家的县小得多。战国时普遍建立郡级政区，而唯齐国始终没有这种制度。其原因是它新开拓的疆土不多，不需要设郡来巩固、保卫。又因原来的五都制度等还适合当时形势，不需改变。[8] 所谓“五都”就是指在国都临淄四周建立的高唐、平陆、阿、博、邶殿五个别都（后来博和邶殿衰落，莒和即墨成为代替为五都之一）。五都既是城邑名，也是政区名。相当于郡级，均驻有数量可观的且训练有素的常备军。五都的长官就是带兵的主将，称大夫。一旦有军事行动，大夫即领兵出征，以抵御入侵外敌。五都制度的存在，基本代替了郡的作用，既可以对全国各地进行分区统治，又可以保卫边地安全，一举两得，终战国时期，基本适应齐国政治和军事的需要。[10]

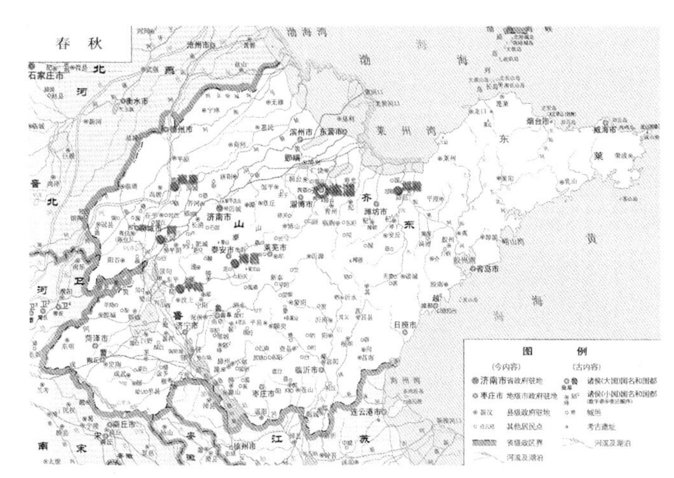

图 4　春秋早期齐国五都布局示意图
（资料来源：根据《中国历史地图集》春秋山东地图绘制）

2）五属制度

其实，战国时期唯独齐国没有建立郡县两级制度的原因除了五都制度解决了齐政治和军事的需要外，还因为齐国自桓公以来，已经有了一套比较完整的地方行政制度，即五属制度。据《国语 · 齐语》记载，管仲时把齐国分成国都及其他两部分，国都地区分成二十一乡，除六个工商乡外，其他十五乡又分成三个独立的行政系统，分别由齐氏、高氏、国氏进行管理，下设各级官吏。国都以外的广大地区，自下而上分成邑、卒、乡、县、属五级。《国语》记载更详细，曰：“三十家为邑，邑有司；十邑为卒，卒有卒帅；十卒为乡，乡有乡帅；三乡为县，县有县帅；十县为属，属有大夫。五属，故立五大夫，各使治一属焉；立五正，各使听一属焉。事故正之政听属，牧正听县，下正听乡。”[11] 即是每年的正月，五属大夫还得把自己治内的情况向国君报告，直接向国君负责，国君也以此来评定他们的功过。这在当时看来已经是很完备的政区制度了。

3．加强城池本身的防御

战国时期，随着战争规模的扩大和武器的进步，城市防御逐渐向日益坚实和严密的方向发展。一般说来，城市防御体系主要是由其主体设施城墙和城壕，再加上一系列诸如城楼、垛堞、亭、房、厕等附属配套设施组成。

城池是城市防御体系的主体，其设防是整个城市防御体系的重心所在。城池防御是一种主动的防御，其核心思想是拒敌于城外，所以其设防的重点便是城池的外围防御设施。城墙与城壕，作为城池外围防御设施的主体构成要素，在冷兵器时代具有极高的军事防御价值，其防守是否严密对战争取胜至关重要。因此为了防御敌人进攻，城池的修建都强调深沟高垒，重视护城河与城墙相结合的防御措施。城墙必须有相当的高度与厚度，才能经受得起敌人的仰攻、攀登与撞击。而城壕作为城市外围的防护设施，要做到“城厚以高，壕池深以广”，只有具备足够的宽度和深度，才能加大敌人接近城市的难度。

战国时期城墙多为夯筑而成，城墙既高且厚又坚固。齐国都城临淄城墙残垣尚存，夯筑痕迹依稀可辨。小城墙基宽一般在20～30米，最宽达55～67米。大城墙基宽都在20米以上，最宽处达43米。这样的高度、厚度和坚硬程度，可以比较有效地防止敌人的进攻。

齐都临淄的多重防御设施由大小城城墙、护城壕、自然河流及沼泽湖泊组成。临淄古城东墙沿淄水，西墙沿系水的河岸蜿蜒曲折，大、小城周围都筑有城墙，南、北墙外设有城壕。临淄城充分利用各种手段来强化城市防护设施，从城址选择，城、郭配置方式，天然及人工河道的利用到分区规划结构与地形的巧妙结合，乃至高台建筑的营建等，都视为城防手段，纳入城防体系，作出统筹安排。这一系列防御设施的组合使临淄城“防患于未然”，坚不可摧，不论自然灾害还是外敌侵袭，都能够安然无恙。

结语

从上可知，齐国的军事防御是基于点线结合的整体防御体系，即以都城、别都和军事重镇为点；以齐长城及其沿线军事聚落为线（图 5）。

具体分为四个层面，第一，是外围线性防御，包括对自然屏障的利用、在重要地段修建长城和周边军事重镇环带的设立等；第二，是采用“五都”和“五属”制度，注重都城外围和周边地区的军事防御；第三，是对都城实行重点防御，在地理位置上施行“都城择中”原则、充分利用城池本身的整体防御等举措；第四，是整体防御，建立稳固的多重防御设施。实践证明，齐国的军事防御体系是有效和可靠的。在春秋、战国数百年的列国纷争，战乱频仍的时代，齐国的境界之内，始终未成为主要的争战场所，齐国的中心区域和都城地区的安全是有保障的。

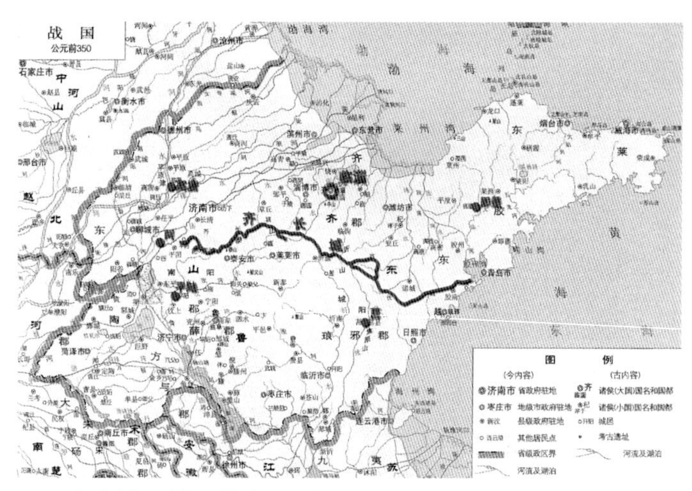

图5 春秋晚期和战国时期齐国军事防御体系示意图
（资料来源：根据《中国历史地图集》战国山东地图绘制）

参考文献

[1]（宋）郑樵著. 通志略[M]. 上海：上海古籍出版社. 1990：239.
[2] 盐铁论·险固·诸子集成·第七册·盐铁论. 北京：中华书局，1954：52.
[3] 孙秀英. 试论齐国建立发展的地理环境[J]. 戏剧丛刊，2002（01）.
[4] 史记·卷三十二·齐太公世家·卷六十九·苏秦列传.
[5] 中国军事史编写组. 中国军事史[M]. 北京：解放军出版社，1985.
[6] 张华松. 齐长城[M]. 济南：山东文艺出版社，2004：76-81.
[7] 吴庆洲. 中国古代城市防洪研究[M]. 北京：中国建筑工业出版社，1995：55.
[8] 钱林书. 春秋战国时齐国的疆域及政区[J]. 复旦学报（社会科学版），1993（06）：85-89.
[9] 梁磊. 先秦时期的齐地及其疆域沿革[J]. 首都师范大学学报（社会科学版），2010S1：18-22.
[10]（春秋）左丘明. 国语［Z］. 长春：时代文艺出版社，2008.
[11] 岑仲勉. 墨子城守各篇简注[M]. 古籍出版社，1958.

空间分析

空间人文视角下明长城文化遗产数据库建设及应用 ①

摘　要

随着长城文化遗产的急速破坏与消失，长城科学系统的研究与保护工作尤为关键。研究从空间人文的视角，以时空 GIS 为技术支持，建立明长城防御体系基础信息数据库，为明长城文化遗产的认知与研究提供全面准确的数据基础以及高效的技术支持。基于对明长城整体性研究与保护的需求，建立包括长城有形文化遗产与无形文化遗产在内的数据库构成框架。针对明长城防御体系特点，设计文化遗产专题数据库数据结构与图层分级。现阶段，数据库分析结果可用于长城保护范围划界，同时根据数据库在未来的长城文化遗产保护工作中的作用，实现面向不同使用人群的云 GIS 数据应用与发展。

关键词　明长城防御体系；数据库；空间人文；地理信息系统

一、明长城防御体系基础信息数据库建设背景

1. 明长城基础信息数据库建设意义

中国古代长城，是在特定军事管理制度下，具有高度整体性、系统性及层次性的严密而庞大的军事防御体系。明长城作为中国长城的典型代表，其"九边重镇"分区联防，各守一方，由长城本体（墙体）、城堡、驿站、烽堠、关隘等军事聚落和防御工事共同构成整体性的防御体系。明长城完整的防御系统包括了陆路（海路）屯兵系统、烽传信息系统、驿传交通系统和军需屯田系统等不同的子系统。在都司卫所制度下，作为军事聚落的屯兵城堡又分为镇城、路城、卫城、所城、堡寨等诸多层次体系。除了军事防御的需要，和平时期还在长城沿线开设诸多市口，以满足长城内外的贸易交换与文化交流需求。可以说，长城防御体系是一个集军事、政治、经济、文化和民族交融于一体"秩序带"。②

然而，国内外关于中国长城的研究和认识，长期停留在长城墙体、重要关隘等分类别的研究范畴，缺乏整体性、系统性和层次性的全面认知，直接影响到长城文化遗产的原真性和完整性保护。尤其是在我国城市化快速发展过程中，长城防御体系在前所未有的冲击和破坏中急剧消失。根据 2009 国家文物局长城资源调查和认定成果显示，仅有 8.2% 的明长城人工墙体保存较好，近四分之三的墙体保存状况较差，甚至遗迹不存 [1]。由于对长城整体性认知的不足，长城资源调查结果仅包含长城墙体及其两侧 1 公里的带状范围，军事聚落和其他军事设施体系并未得到应有的重视。经课题组长期对明长城防御体系和军事聚落的考察研究显示，京津冀地区 3/4 以上的军事聚落仅存部分墙体，城池内部明清时期的建筑与街道不存；西北地区，约有 2/3 的军事聚落仅存部分墙体基址，内部已无迹可寻；辽东地区 100 余座明长城军事聚落中，仅少数存有基址，大多数踪迹皆无……长城文化遗产的整体性保护已迫在眉睫，刻不容缓。因此，以原真性与完整性为原则的明长城调查与基础信息数据库建设，可以真实还原长城本体、军事聚落以及相关遗迹遗存的整体性空间布局，科学界定长城防御体系的保护范围。

同时，在实地调查和资料收集过程中，长城各类型遗址遗存历史信息与现状信息无法对应的问题普遍存在，对于长城防御体系的基础性资料需要进一步补充，关隘、堡寨、驿站、烽燧、古道路等相关遗存资料亟待整理完善。因此，从空间人文角度将长城空间信息、历史信息与现状信息进行整合，可极大提高数据的利用效率，为系统性的长城研究提供

---

① 张玉坤，徐凌玉，李严，何捷. 空间人文视角下明长城文化遗产数据库建设及应用 [J]. 中国文化遗产，2018（03）.

② 长城防御体系作为"秩序带"的概念是天津大学建筑学院张玉坤教授长城课题组的共同研究成果。参见 范熙晅：《明长城军事防御体系规划布局机制研究》，天津大学学位论文，2015 年。数据库建设工作由天津大学建筑学院六合工作室师生共同完成，其他参与人员包括王琳峰、曹迎春、李哲、范熙晅、周成传奇、柴亚龙、王小安、陈佳璇、周晓鹏、张义新、侯丹蕾、孙肃、田晓佩、马瑞等。

科学依据。

此外，明长城防御体系的历史演变是各种时空因素共同作用的结果，主要涉及从明代至今的历史沿革、军事制度演变、地形地貌变化、社会人文变迁、遗址使用状况等多方面因素。只有在完整时空语义下，才能真实刻画长城的系统演化过程，最大限度还原历史真实性。[2] 因此，基于时空语境，结合 GIS、遥感技术与计算机分析技术，获取全面、真实的遗产信息，建构多层次、多维度的时空信息数据库，由此才可以获得全面、准确的明长城防御体系基础信息系统。

2．空间人文与时空 GIS 的发展背景与应用

随着文化遗产保护工作的不断深入，地理信息技术（GIS）已在遗产保护领域应用广泛，大幅度提高了遗产保护的研究效率，尤其是对于大尺度文化遗产的研究和保护中，取得良好效果。而对于长城这类超大尺度的文化遗产的数据库建设与时空分析工作，仍在起步阶段，缺少系统的构建策略与方法。

目前，国内外对于地理信息系统在人文社科领域应用的愈发广泛，“空间人文社会科学”已成为社会学与文化学研究的支撑手段。空间人文（Spatial Humanities），以 GIS 技术为支撑，作为数字人文的重要组成部分，是对地理以及构筑的空间与文化、社会间交互影响的明确认识，强调空间与人的关系。David.J.Bodenhamer 教授指出“空间人文学出现的关键是信任历史文化的偶然性、不可预测性和讽刺性可以呈现在叙事文本中，并将时间和空间一体化。”[3]

时空地理信息系统（Space-Time Geographic Information System），则是空间人文研究技术的具体表现形式之一，面向地理时空数据的建模与分析需求，数据类型不仅包含了人、地、物等各种有形的物质文化实体，还伴随特定时刻人类社会的精神产物，即各种无形文化遗产，它们都是客观存在并彼此相关的。时空 GIS 技术可充分对时空数据的可视化表达，对于文化遗产数据的记录与展示具有重要作用。[4] 基于空间人文概念的文化遗产数据库的建设，是通过数字技术对人文领域的切入，对人类文化遗产的传承与创新提供全新的方法与策略。

目前，已经有部分研究机构应用时空 GIS 技术完成了与社会人文学科相关的数据库建设或进行了相关研究与分析。哈佛大学地理分析研究中心（CGA）、加州大学空间综合社会科学中心（CSISS）、台湾中研院地理咨询科学研究专题中心、香港中文大学太空与地球信息科学研究所等相关机构，均在推动空间分析和地理信息系统在人文学与社会科学研究中的应用中取得重要成果，建成“中国历史地理信息系统（CHGIS）”[5]、“中华文明之时空基础架构”[6]、“晚明松江地区历史地理信息系统数据库”[7] 等相关数据系统，皆是空间人文以及文化数据库建设方面的重要研究成果。

同时，在大型文化遗产保护领域，2006 年，清华大学建立了京杭大运河保护数据库，该数据库基于 GIS 技术，力图在调查、评估、规划、管理、监测和展示等遗产保护全过程中提供了有效的技术支持[8]；2013 年，复旦大学着手进行“丝绸之路地理信息系统”建设，已经完成了对于丝绸之路的精准复原，包含地理坐标、实际通路情况以及景观信息等[9]；此外，清华大学也开展了对于“景德镇文化遗产保护数据库”的建设与应用研究工作，尝试构建多源、多时态、多尺度数据的开放信息平台。[10]

在长城保护方面，2009 年国家基础地理信息中心与中国文化遗产研究院合作建立了长城资源调查采集系统，在此基础上建成长城资源保护管理信息系统[11]，于 2016 年正式投入使用，可向公众发布长城相关历史文化、遗迹遗存、保护管理等方面信息，此数据库侧重于资料存储与信息管理。而本课题所构建的数据库则是在完整性记录明长城防御体系基础信息的前提下，基于 GIS 地理信息技术强大的时空分析功能，对长城进行时空演变的可视化展示与空间分析，为复杂环境下大量性空间信息与历史信息的整合与时空关系研究提供技术支撑。

二、明长城防御体系数据库的总体构成

明长城防御体系基础信息数据库建设，首先要建立在对于明长城文化遗产的整体性价值认知的基础之上。联合国教科文组织将文化遗产分为有形文化遗产与无形文化遗产两大类。长城文化遗产中的有形遗产包含了明长城本体建筑、军事聚落、公共建筑、相关遗迹遗存以及其中所蕴含的所有工具器物，无形遗产包含了伴随明长城防御体系营运而生的防御编制、经济贸易、民俗文化以及历史事件等（图 1），有形遗产是记录文化传承基因和发展历程的共轭“物化载体”，是支撑文化传承的“文化实体”与“文化媒介”；而无形遗产是通过空间、媒介、技艺对文化理念的一种传递；“文化理念”即人的大脑对于文化环境的认知和产物，所有文化遗产的源头和归宿可以称为“文化理念”，从“有形到无形”是一个完整系统，无法界定与分割。从有形遗产到无形遗产，再到文化理念的传承与发展，才是对于文化遗产的完整性认知。

明长城防御体系基础信息数据库，是基于课题组近十余年对于中国古代长城防御性聚落的调研成果，基于 GIS 地理信息系统建立的。2011 年课题组初步建立“明长城军事聚落历史地理信息系统框架”[12]，在此基础上对明代长城及其军事防御聚落等相关要素的地理分布数据、要素测绘信息以及历史信息进行采集、储存、管理、运算、分析、显示和描述，从而形成时空动态的信息系统，目前数据库已经初具规模（图 2）。数据库包含长城各实体要素的时空分布、历史演变、自然与人文环境以及无形文化遗产等相关内容，其目的是用于数据库管理、时空分析、价值评估、保护监测和展示利用技术研究等方面。

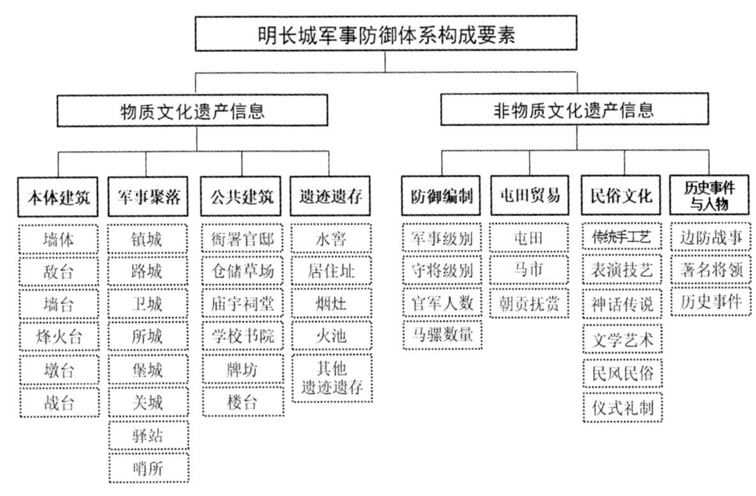

图 1　明长城防御体文化认知与分类示意图

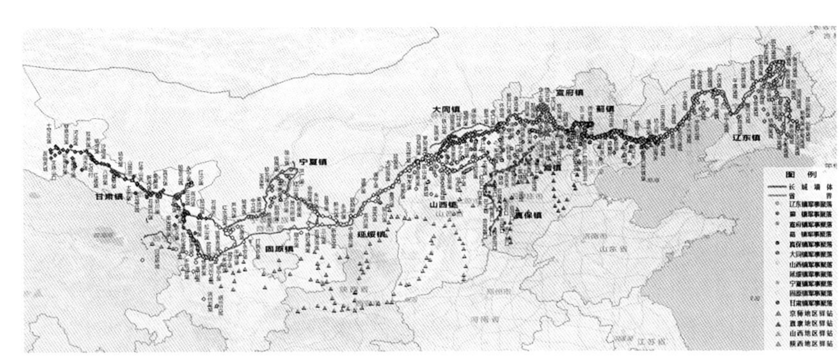

图 2　明长城防御体系基础信息数据库截图

1．明长城数据库主要内容

明长城防御体系在形成与时空演进过程中，主要受到与其相关的历史沿革、军事制度演变、地形地貌变化、社会人文变迁、使用状况改变等多方面因素的影响。因此明长城数据库主要内容可分为地理空间数据、文化遗产数据、生态环境数据、社会经济数据以及人文环境数据五大部分。根据数据需求，寻找数据来源，并将相关数据进行分类、整合，具体数据内容与要求如表 1 所示。

明长城基础信息数据库数据内容　　表 1

数据类型	数据名称	数据包含内容
地理空间数据	数字正射影像（DOM）数据	1：10000 精度要求
	数字高程模型（DEM）数据	1：10000 精度要求
	数字线划（DLG）矢量数据	行政区划、河流、道路、县级以上政府驻地等信息
遗产专题数据	历史信息	遗产历史上的时间信息、地理信息、建筑形制、军事信息、贸易信息、经济文化信息等。
	保存现状	保存状况、破坏原因、保护规划、保护措施、使用状况
	测绘资料	遗产测绘 CAD 图纸、三维点云资料
	航拍影像	不同历史时期遗产及其周边航拍影像照片
生态环境数据	大气环境	气温、湿度、风环境、降雨、日照、空气质量等
	水文环境	地下水、地表水范围与含量等
	地质环境	地形地貌、地质构造、土壤条件等
	物种条件	动物、植物种类及分布等
社会经济数据	区位环境	区域因素、土地利用、基础设施等
	社会构成	人口条件和社会结构等因素
	产业	产业结构与布局等
	能源	能源结构与类型等
	发展规划	发展规划与发展策略等

续表

数据类型	数据名称	数据包含内容
人文环境数据	遗产价值认知	文化遗产认知度、文虎遗产保护意识等
	旅游开发	旅游开发类型与旅游开发力度
	人文环境	景观视线与景观效果等

2．明长城数据库总体结构

空间三维数据库是一个系统化的整体，所包含内容具有共同的文化和时空表现特质，各部分内容组织为要素类或多层集合，形成子数据库，将子数据库按照空间拓扑和网络关系组织建立起整体数据库。基于数据库研究内容与框架搭建技术的基本需求，可将明长城基础信息数据库分为 5 个子数据库（图 3），根据数据类型的不同，分为现状地理数据、历史地理数据、明长城相关遗产专题数据以及周边现状环境数据进行分别存储，同时建立元数据数据库。

基础现状地理数据库用来存储最新的地理信息遥感影像和矢量数据，包括明长城全境范围内的数字正射影像（DOM）数据、数字高程模型（DEM）数据、数字线划（DLG）矢量数据等；基础历史地理数据库主要是明代至今所能搜集到的古代军事地图、城址平面图以及近代与长城相关的航拍影像等；文化相关遗产专题数据库，整理了大量长城文献和调研相关的所有数据、文字资料、矢量和栅格图像以及大量三维模型和影像等资料；遗产周边现代环境数据库，存储遗产周边环境文献与数据信息，为长城遗产的价值评估和保护利用提供数据支持。其中元数据数据库，作为附属数据库存在，主要是用来记录各种数据的内容、质量、状况和其他描述数据特征的信息，以方便数据库管理员进行数据管理与使用。[13]

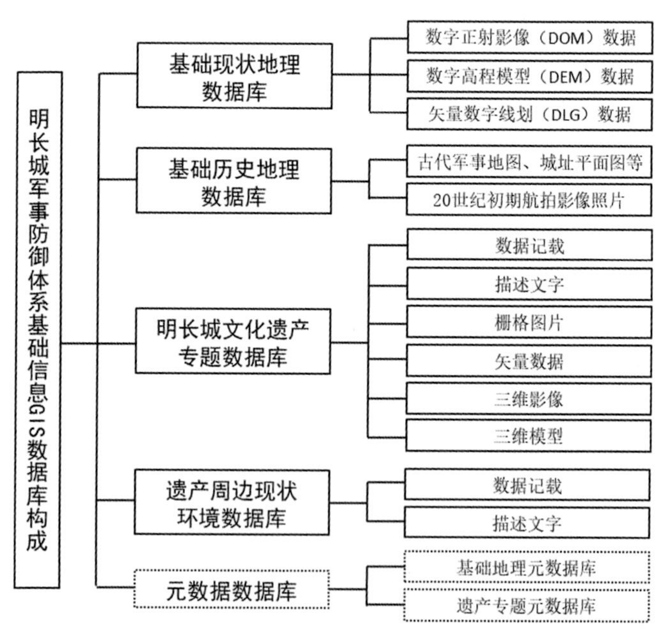

图 3　明长城基础信息 GIS 数据库构成图

3．明长城数据库数据来源

基于明长城防御体系数据库的内容和结构要求，整理数据需求并寻找资料来源。通过对于明长城的实体信息采集、相关资料收集与整理，所需信息以文字、数据、二维图片、三维影像、三维模型等形式记录于数据库中，进行存贮与表达。根据内容的需求，明长城基础信息数据库数据来源主要分为以下几个途经（图 4）：

①明长城资源调查报告：国家文物局基于长城资源调查调查结果陆续出版《长城资源调查报告》，成为本数据库的重要资料来源。

②长城相关其他现代出版物：2016 年出版的《长城志 · 边镇堡寨关隘卷》① 以长城沿线各省、市为单位，对其所辖范围内的重要边镇、关隘、堡寨进行分类叙述，成为数据库的重要资料来源；同时，各省、直辖市、自治区出版的《中国文物地图集》②、各地区的长城考古报告等，提供了长城相关的聚落与遗址重要考古信息；相关地区的地方志、军事志、地名志、统计年鉴以及政府官方档案资料等为长城时空变迁的追溯提供重要依据。

③军事地理相关古籍：与长城相关的军事地理古

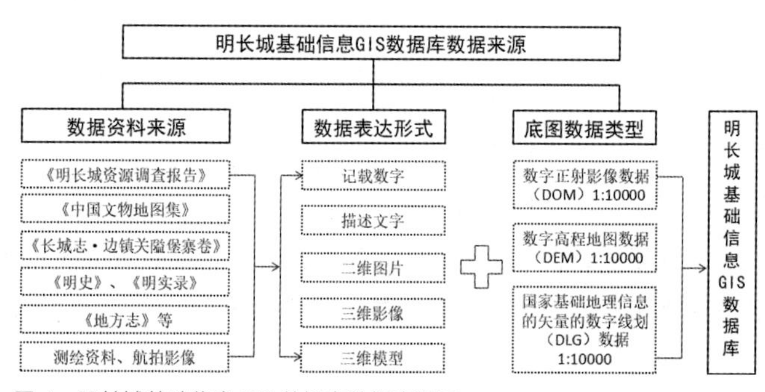

图 4　明长城基础信息 GIS 数据库数据来源图

① 张玉坤．中国长城志 · 边镇堡寨关隘 [M]．南京：江苏科学技术出版社，2016.
② 国家文物局．中国文物地图集 [M]．北京：测绘出版社，2011.

籍也为明长城的研究与数据库建设提供依据，所用古籍包括《读史方舆纪要》①、《四镇三关志》②、《皇明九边考》③等明清时期各地区地方志以及明史、明实录等。

④测绘数据与资料：自 2001 年以来，课题组对于长城沿线部分地区进行了大规模的田野调查和实地测绘，并采集了大量点云数据和航拍影像资料，为数据库提供了大量三维数据信息。

⑤卫星影像资料：数据库所需航空影像资料包括数字正射影像（DOM）数据和数字高程模型（DEM）数据，含有国家基础地理信息的矢量的数字线划（DLG）数据（包括行政区划、河流、道路、县级以上政府驻地等信息）等。此外，课题组与台湾中研院地理咨询科学研究专题中心合作，将补充大量历史航拍影像照片，作为数据库研究遗址变迁的重要依据。

三、明长城防御体系文化遗产专题数据库

明长城防御体系文化遗产专题子数据库，作为明长城基础信息数据库的核心数据库之一，其结构搭建与层级设计应符合长城文化遗产的历史发展、空间分布以及军事管理特点。

1. 明长城文化遗产专题数据结构

明长城防御体系包含了复杂的军事防御系统与庞大的防御工事体系。军事防御系统由屯兵系统、烽传系统、驿传系统、军需屯田系统、抚赏贸易系统组成，防御工事体系由城墙、墙台、敌台、墩台、关城和堡寨等组成，用以同时满足军事作战、兵力储备、信息传递、物资运输与供应等需求。[14] 都司卫所制度是明代长城军事聚落体系在防御外敌入侵时采用的基本管理和运转制度。九边总兵镇守制度是负责统帅作战的军事体系，军镇的兵力一般集中在长城沿线，以满足军事防御的实际需要，形成层层相制的严密的防御体系。

根据明长城防御体系防御工事的构成特点，明长城文化遗产专题数据库数据结构按照文化实体对象分为 4 个部分，分别为明长城本体墙体、本体附属建筑、军事防御聚落和相关建筑遗存数据（图 5）。根据每部分要素的自身属性可分为地理信息、历史信息、建筑形制、周边环境以及保存现状等多方面内容，各部分内容严格按照其时空发展顺序进行整合与录入。

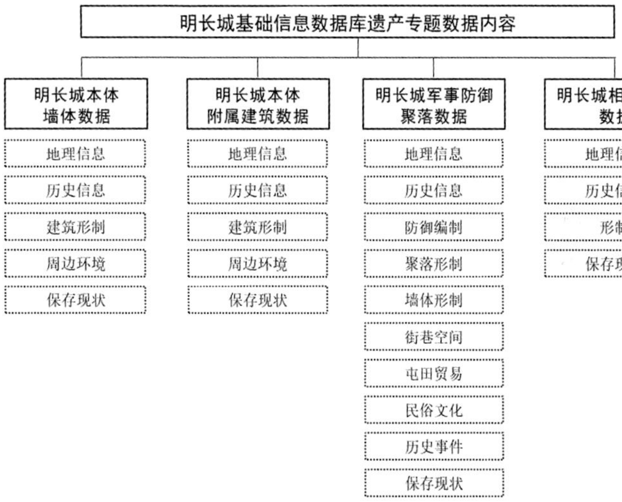

明长城基础信息数据库遗产专题数据内容

明长城本体墙体数据	明长城本体附属建筑数据	明长城军事防御聚落数据	明长城相关遗存数据
地理信息	地理信息	地理信息	地理信息
历史信息	历史信息	历史信息	历史信息
建筑形制	建筑形制	防御编制	形制
周边环境	周边环境	聚落形制	保存现状
保存现状	保存现状	墙体形制	
		街巷空间	
		屯田贸易	
		民俗文化	
		历史事件	
		保存现状	

图 5　明长城相关遗址专题数据库内容

2. 明长城文化遗产专题数据要素图层结构

明代为了巩固政权、防御入侵、防卫京师，大规模修筑明长城防御体系，同时不断推行军事制度改革，最终于嘉靖年间形成了总兵镇守制度与都司卫所制度并行的军事管理制度，建立了明长城九边十一镇，自东向西依次为辽东镇、蓟州镇、昌镇、真保镇、宣府镇、大同镇、山西镇、延绥镇、陕西镇、宁夏镇与固原镇。数据库根据明长城防御体系的工事体系构成、九边空间分布以及文化实体类型依次进行层级划分，从而对于长城文化遗产的有形与无形文化遗产进行分类汇总与资料录入，数据结构如图 6 所示。

①要素层级 1：将明长城防御体系按照防御工事体系分为 4 大类，分别对应长城墙体数据、长城墙体附属建筑数据、长城防御聚落数据以及相关遗迹遗存数据，所有类别覆盖明长城全线所有有形遗产类型。

②要素层级 2：将不同类型防御工事，分别按照明长城九边十一镇的区域划分进行定位和整理。

---

①（清）顾祖禹. 读史方舆纪要 [M]. 北京：中华书局，1955.

②（明）刘效祖. 四镇三关志（明万历四年刻本）[M]. 北京：北京出版社，1998.

③（明）魏焕. 皇明九边考（明嘉靖刻本）[M]. 呼和浩特：内蒙古大学出版社，2009.

③要素层级 3：将不同区域内的有形文化遗产按照其物质属性的不同进行空间分布的分类标注。可将不同的空间数据转化组织成一系列的专题图层、表格和模型等，使之进行编辑、分析再利用。

3．数据库建设与界面展示

目前，明长城防御体系数据库已经初见雏形。首先，根据数据需求，按照数据来源整理数据信息，并进行数据编辑及录入工作；其次，进行了长城军事防聚落的信息校准工作，现阶段已完成绝大部分遗产要素的地理信息核对工作；并将长城防御体系相关遗产要素的地理信息与其对应的有形与无形文化遗产的属性信息相链接（图 7）；进而在不断补充完善数据库属性信息的同时，已经可以在现阶段数据库的基础上实行进一步的可视化展示与时空分析工作。

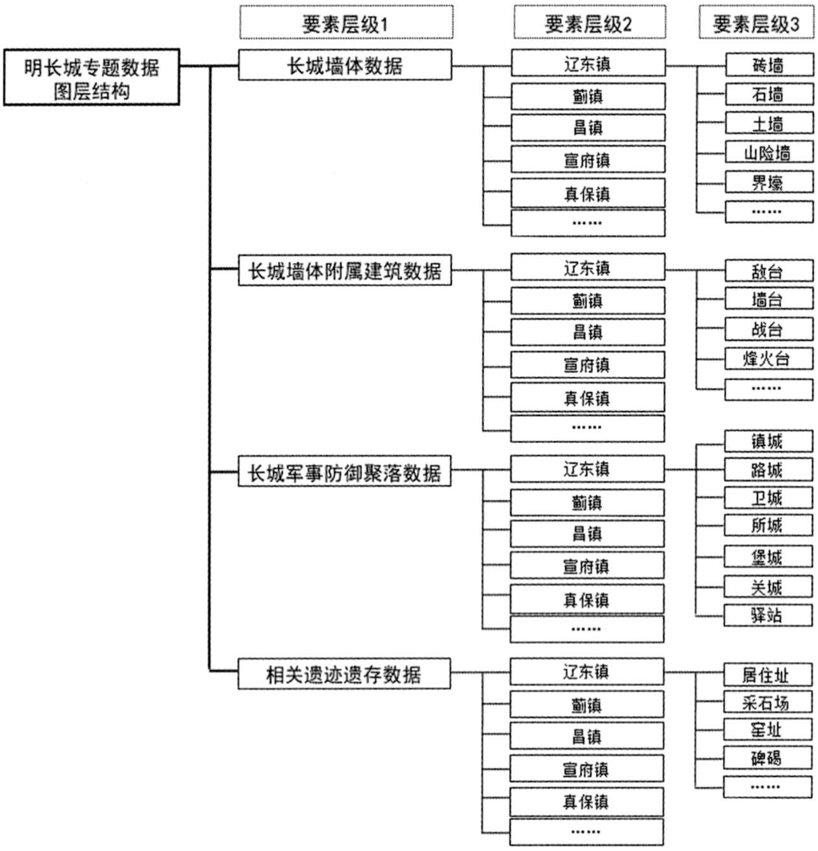

明长城专题数据图层结构

要素层级1 / 要素层级2 / 要素层级3

- 长城墙体数据
  - 辽东镇、蓟镇、昌镇、宣府镇、真保镇、……
  - 砖墙、石墙、土墙、山险墙、界壕、……
- 长城墙体附属建筑数据
  - 辽东镇、蓟镇、昌镇、宣府镇、真保镇、……
  - 敌台、墙台、战台、烽火台、……
- 长城军事防御聚落数据
  - 辽东镇、蓟镇、昌镇、宣府镇、真保镇、……
  - 镇城、路城、卫城、所城、堡城、关城、驿站
- 相关遗迹遗存数据
  - 辽东镇、蓟镇、昌镇、宣府镇、真保镇、……
  - 居住址、采石场、窑址、碑碣、……

图 6 明长城相关遗址专题数据库图层结构示意图

4．明长城防御体系遗产地理数据精度要求

目前数据库框架建设与数据录入已经基本完成，根据目前阶段数据精度和质量，将所有数据地理信息精度分为 6 个层级，并将数据精度等级记录于数据属性表中，便于之后研究人员的检查和数据修补工作。数据地理信息精度等级如表 2 所示。随着后期数据库建设的不断推进，以及数据采集与校准工作的不断完善，数据的地理信息与历史信息精度均会逐步提升。

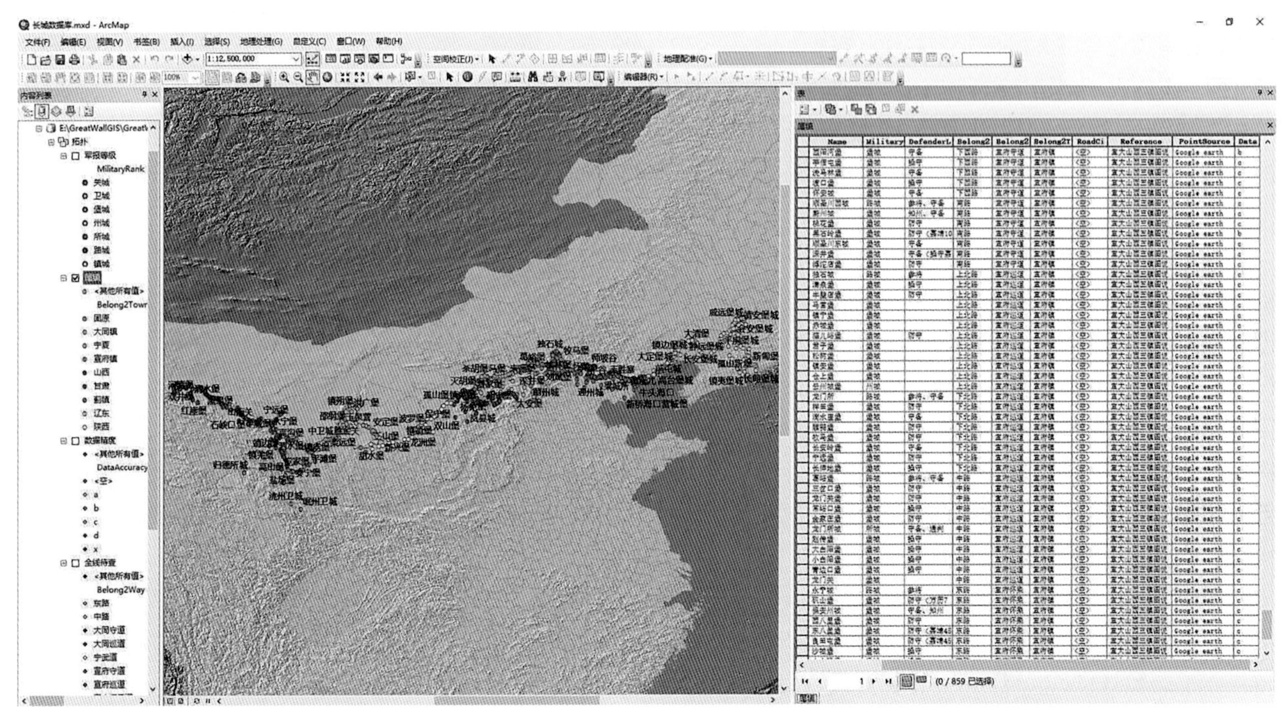

图 7 明长城地理信息数据库界面与属性表

数据库地理信息精度分级　　表 2

精度等级	精度分类	精度描述
A 级	精确经纬度位置	①国家长城资源考察测得长城地理坐标数据； ②课题组田野调查测得 GPS 数据； ③相关考古报告实地测得 GPS 数据
B 级	卫星影像可见位置	①在卫星影像图中，依据相关文献记载，可明显辨别并定位出来的遗址轮廓的遗迹地理坐标； ②在卫星影像图中，依据相关文献记载，可辨别部分遗址轮廓，通过其他相关资料综合判断，可确定的遗址地理坐标
C 级	文献记载地理位置	①在卫星影像图中，依据相关文献记载，可辨别部分遗址轮廓，但无法通过其他相关资料判断的遗址地理坐标； ②在卫星影像图中，依据相关文献记载，可确定遗址大概村域位置，但不能识别遗迹轮廓的遗址地理位置
D 级	相关数据库补充位置	其他历史地理信息数据库的补充遗址位置（例如 CHGIS 数据库），未经核实
E 级	根据文献推断位置	根据相关文献记载，结合相邻遗产位置，大致确定遗址地理位置
F 级	无法确认位置	

四、明长城防御体系基础信息数据库应用及发展

1. 基于明长城数据库的保护区划应用

基于现阶段明长城防御体系基础信息数据库的搭建成果以及部分区域数据库的录入内容，可用于实现长城防御体系保护规划范围的制定与界线绘制。各层次体系保护范围的界定是长城整体保护区划的重要组成部分和前提。不同地区明长城的保护区划，需要以明长城防御体系 GIS 数据库为基础，从明长城军事防御体系系统关系的角度出发进行范围界定。各层次体系保护范围的界定要考虑长城本体、各层次军事聚落、烽燧系统、驿站系统、各构成要素依托的自然地形地貌、相关文化遗存等所有文化遗产的相互关系，利用 GIS 技术综合分析各影响因素为各层次军事聚落进行划界研究。

根据国家最新长城总体保护政策的相关规定，原则上长城遗产保护范围包括长城防御体系所有关城寨堡、长城墙体及其相关遗产周边 50～65 米范围，以及建设控制地带 500 米区域和应用 GIS 技术数据模拟所能达到的可视域范围，长城本体与军事聚落之间的兵力行进或运输交通经过的道路，即可达域范围，长城周围环境所遗存的山体、水体等自然地貌范围等。因此基于数据库资料的精确定位与空间分析成为保护区划界定的必需手段。八达岭居庸关防区通在模拟复原原有关沟道路的基础上，划分出 500 米的建设控制地带，同时基于 GIS 空间分析进行可视域分析划定可视域保护范围，不同保护范围相互叠加构成了八达岭居庸关防区关沟道路保护范围区划（图 8）。居庸关地区保护区划根据其地形与可控制范围分析，确定以 300 米为边界的核心保护范围，同时依据 500 米建设控制范围以及 3000 米限制建设范围的要求，通过表面成本控制分析，确定一级缓冲区与二级缓冲区（图 9）。

2. 明长城防御体系数据库未来发展

明长城防御体系数据库的建设，需要满足社会各界人士对于长城文化遗产的认知、研究与保护需求，因此应建设云 GIS 数据平台以满足不用用户与功能使用需求[15]，如图 10 所示。数据库建设下一阶段，应实现面向不同用户需求的开放数据平台（ODP）、自发地理信息（VGI）的交互、数据的检索与分析、数据的时空可视化展示等相关模块内容建设。[16] 在时空语境下搭建的完整的长城基础信息数据库，可以为研究者提供长城时空演进的真实信息，为决策者提供保护规划的准确依据，为管理者提供时空数据资源共享的协同管理监测机制，同时应该满足公众对于长城文化遗产的认知与普及教育的需求。

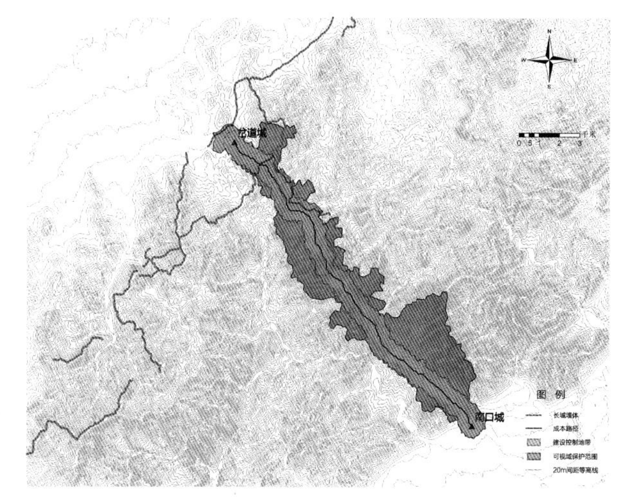

图 8　八达岭居庸关防区关沟道路保护范区划

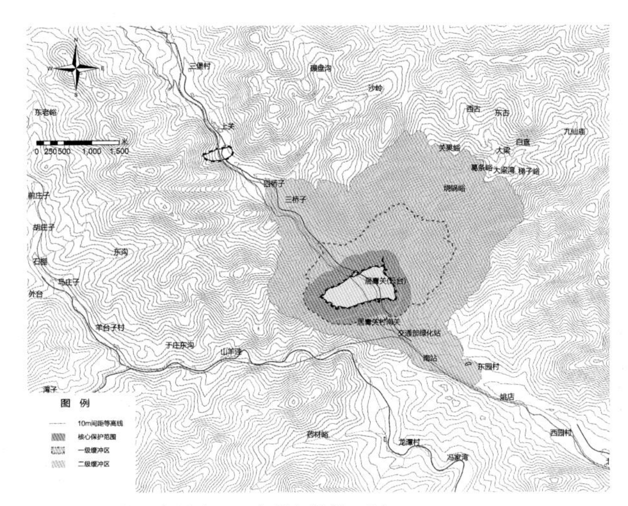

图 9　八达岭居庸关防区居庸关保护范区划
（图片来源：何捷提供）

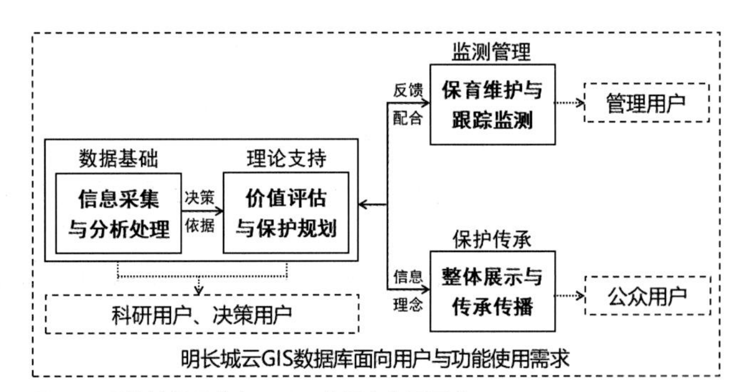

图 10　明长城地理信息云 GIS 数据库使用需求

参考文献

[1] 李韵．不能让人为因素造成长城毁灭性破坏 [N]．光明日报，2009-04-20（005）．

[2] 曹迎春．明长城宣大山西三镇军事防御聚落体系宏观系统关系研究 [D]．天津：天津大学，2015.

[3] David J.Bodenhamer．超越地理信息系统：地理空间技术及历史学研究的未来 [J]．城市学研究，2015（01）．

[4] 陈洁，萧世伦，陆锋．面向人类行为研究的时空 GIS[J]．地球信息科学学报，2016，18（12）．

[5] Peter K. Bol. The China Historical Geographic Information System（CHGIS）Choices Faced, Lessons Learned [A]//The Conference on Historical Maps and GIS Nagoya University, 2007（08）．

[6] 廖泫铭，范毅军．中华文明时空基础架构：历史学与信息化结合的设计理念及技术应用 [J]．科研信息化技术与应用，2012，3（04）：17-27.

[7] 晚明至清中叶大松江地区棉纺织业研究项目地理讯息系统数据库 [DB/OL]．http：//www.iseis.cuhk.edu.hk/songjiang/.

[8] 清华大学等．空间信息技术在大遗址保护中的应用研究（以京杭大运河为例）[N]．中国文物报，2010-05-28（004）．

[9] 复旦大学丝绸之路地理信息系统项目．丝绸之路地理信息系统 [DB/OL]．http：//silkroad.fudan.edu.cn.

[10] 陈欣．景德镇文化遗产保护数据库的建设与应用研究 [D]．清华大学，2014.

[11] 长城分布，中国长城遗产 [DB/OL]．http：//www.greatwallheritage.cn/CCMCMS/html/1/index.html.

[12] 杨申茂，张萍，张玉坤．明长城军事聚落历史地理信息系统体系结构研究 [J]．建筑学报，2012（S2）：53-57.

[13] 唐智华．京杭运河文化遗产保护数据库的设计与实现 [D]．长沙：中南大学，2009 年．

[14] 李严．明长城九边重镇防御体系与军事聚落 [M]．北京：中国建筑工业出版社，2018.

[15] 吴洪桥，张新．云 GIS 发展现状与趋势 [J]．国土资源信息化，2015（04）：3-11.

[16] HE Jie. GIS-based Cultural Route Heritage Authenticity Analysis and Conservation Support in Cost-surface and Visibility Study Approaches[D]. The Chinese University of Hong Kong, 2008.

基于 Voronoi 图的明代长城军事防御聚落空间分布 ①

摘 要

基于明代长城军事防御聚落生成Voronoi图，采用变异系数、最邻近点指数以及GIS的密度制图和地理统计分析等方法，从宏观和微观层面，分析军事防御聚落的空间分布特征，证实其存在明确和复杂的层次结构，并进一步分析地理环境和战略地位对空间布局的影响。

关键词 Voronoi图；聚落；空间分布；变异系数（CV）；最邻近点指数

引言

目前，聚落研究领域广泛采用地理学分析软件和多种数学方法[1]以实现目标的精确量化研究[2]。研究将聚落群视为空间点集目标，分析其空间分布特征、历史演进以及动态变迁等问题[3]，而点集空间分布的研究方法主要涉及变异系数、最近邻点指数、柯尔摩哥夫－史密尔诺夫公式和罗伦兹曲线等。基于这些有效工具，学者在聚落考古和现代城镇聚落等方面进行了精确的量化研究。聚落考古方面，对中原地区[4]、两河等流域[5]、山东[6]等人类文明主要聚落遗址的空间分布、文化特征和历史演化开展了深入研究；现代城镇聚落方面，就城镇体系和农村聚落的空间布局、土地利用、规模分布、时空演化等问题进行了广泛探索[7]、[8]。然而，研究工作普遍存在过于侧重一般性聚落及热点领域的问题，忽视了对某些特定功能类型聚落的深入关注，致使其研究长期停滞不前．本文基于 Voronoi 图，采用变异系数（CV）、最邻近点指数以及 GIS 的密度制图等分析工具[9]，研究明代长城军事防御聚落（简称军防聚落）的空间分布特征，分析地理环境和战略地位等因素对其空间分布的影响。

一、明代长城军事防御聚落概况

明代长城军事防御聚落是明长城防御体系的核心组成部分，分属 9 边 11 镇管理，东起辽东虎山，西达甘肃嘉峪关，横跨 9 省。军防聚落沿长城走向布局并向内纵深拓展，广泛分布于明朝北方边疆，涉及山川、沟谷、戈壁、沙漠和平原等地形地貌，地理形胜极其复杂。九边采取都司卫所制度与总兵镇守制度共存的层级式管理模式，由此衍生出相应的军防聚落层级体系（图 1），并形成完善的聚落空间布局规划。[10]~[12] 然而，在实际布局中，各镇聚落因地制宜，依照其所处地理环境和战略位置等因素，呈现复杂多变的布局状态。

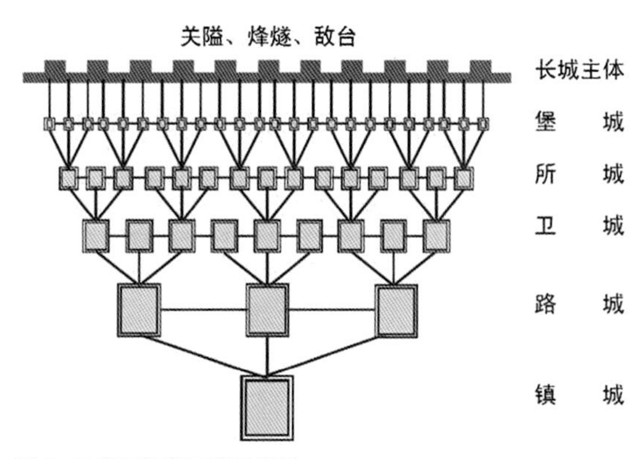

图 1 聚落层级体系理论模型

二、研究方法

Voronoi 图由俄国数学家 Georgy 提出，以点状目标为发生元，基于目标最近原则分割连续空间所形成的多边形集合。每一发生元对应唯一多边形，且多边形内任意点到本发生元的距离均小于到其他目标点距离（二维情况，发生元还可拓展为线集、面集或其他复杂形态集合）。[13] Voronoi 图可连续、精确呈

---

① 曹迎春，张玉坤．基于 Voronoi 图的明代长城军事防御聚落空间分布 [J]，河北大学学报（自然科学版），2014 (02):129-136.
国家自然科学青年基金资助项目（51108305）；河北省科技厅资助项目（12275803）；河北省社会科学基金资助项目 (B12SH037)；河北大学自然科学青年基金资助项目（2008Q26）

现空间点集要素的影响范围、相互关系及与临近区域的边界，因而在空间的划分、分析和优化等方面具有巨大潜力和优势 [14]，自 20 世纪 80 年代后被广泛应用于地理学、气象学和城市规划等领域。点集目标的空间分布特征包括 3 种类型：集群分布、随机分布和均匀分布，其 Voronoi 图形态如图 2 所示。

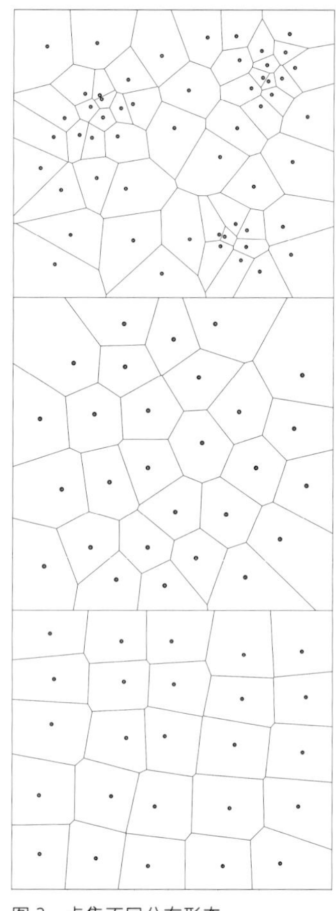
图 2　点集不同分布形态

1．变异系数

变异系数（Coefficient of Variation，CV）基于方差可精确反映 Voronoi 图多边形面积变化的特性，由多边形面积的标准差与平均值比值获得，可有效描述点集空间分布的变化程度．若点集集群分布，Voronoi 图相对变化巨大，方差显著，CV 值较高；若点集均匀分布，则多边形相对变化甚小，CV 值低（而周期性重复出现的集群分布也会形成高的 CV 值）。通常量度点集分布特征的建议标准为：随机分布，CV 值为 57%（包括 33%~64% 的值）；集群分布时，CV 值为 92%（包括大于 64% 的值）；均匀分布时，CV 值为 29%（包括小于 33% 的值）[15]。

2．最近邻点指数

最近邻点指数（The Nearest Neighbor Index）通过分析点集要素间距离与相应 Voronoi 图区域的相互关系考察点集分布特征．由如下公式计算获得，R 为最邻近点指数，$\overline{Do}$ 为各点与其最近点间距离的平均值，N 为空间点集要素数量，A 为点集生成 Voronoi 图面积。

$$R=\frac{\overline{Do}}{0.5\sqrt{A/N}}$$

不同情况下，点集 3 种空间分布的最近邻点指数划分标准有所不同，通常根据实际情况做出相应调整 [16]、[17]。常用参考指标为：R<0.5 为聚集分布；0.5< R <1.5 为随机分布；R >1.5 为均匀分布。

三、数据来源及计算

1．数据来源

本文数字高程模型 DEM（Digital Elevation Model）来源于全球科学院计算机网络信息中心国际科学数据镜像网站的 ASTER GDEM 数据产品。明长城及军防聚落数据来源于天津大学明长城军事防御体系研究课题组建立的“明长城军事防御体系地理信息系统（1.1）”。

2．计算条件及结果

基于军防聚落点集生成 Voronoi 图（图 3），Voronoi 图的边界状况对计算结果有较大影响，军防聚落点集生成的原始多边形需严格界定边界条件以满足实际情况和计算要求．长城是聚落分布的重要依托和边界，聚落在其内侧沿横向和纵深 2 个方向分布，因此将长城视为发生元的严格边界；而向内部纵深的多边形边界，则通过去除最外层多边形缓冲区以消除边界影响。基于修正后 Voronoi 图，统计最近点距离平均值、聚落密度（N/A）等数据，并计算变异系数和最邻近指数（表 1）。表 1 根据考察区域分别计算 2 组数据：各镇内全部聚落分布数

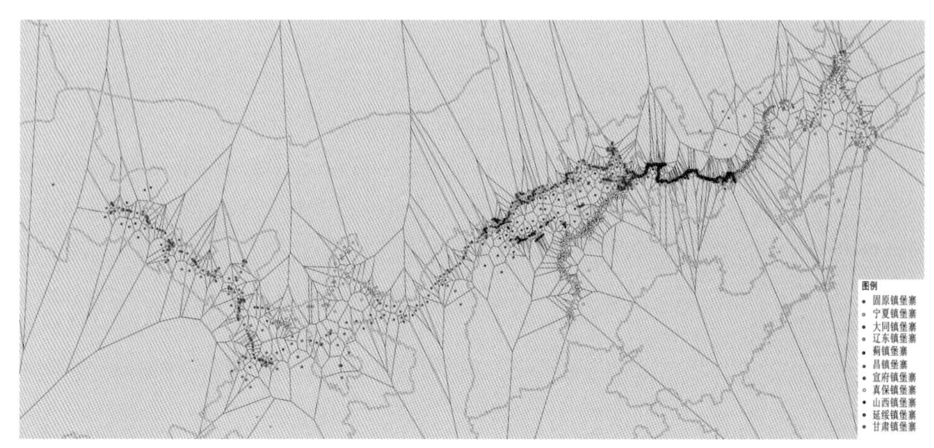

图 3　军防聚落 Voronoi 图

据（简称全镇数据），描述各镇聚落整体布局状况（包括横向和纵深）；各镇紧邻长城沿线聚落的分布数据（简称沿线数据），仅描述长城沿线紧邻聚落分布状况，不考察纵深方向（长城沿线紧邻聚落对应 Voronoi 图沿长城紧密排列，基于 Voronoi 图严格的边界关系，其方差可精确反映多边形的变化程度）。同时，变异系数和最近邻指数 2 组数据基于不同方法获得，通过相互参照共同分析聚落分布状况，以获得较客观结果。

变异系数和最邻近指数 表 1

范围	镇	有效聚落数量 / 个	CV 变异系数	最近邻指数	最近点距离平均值 /m	（*N/A*）/（个 · km^2）
全镇数据	辽东镇	128	1.27	1.121	8491.77	0.0044
	蓟镇	279	1.82	0.879	1839.33	0.0571
	宣府镇	81	1.14	1.188	8893.07	0.0045
	昌镇	56	0.989	0.795	2200.5	0.0327
	真保镇	144	1.996	0.748	4568.56	0.0067
	大同镇	70	1.153	1.275	10381.24	0.0038
	山西镇	74	1.522	0.984	6747.8	0.0053
	延绥镇	44	0.963	1.14	12961.79	0.0019
	固原镇	27	0.922	1.163	15155.22	0.0015
	宁夏镇	46	0.925	0.976	11402.64	0.0018
	甘肃镇	104	1.016	1.087	9613.99	0.0032
沿线数据	辽东镇	97	0.736	1.288	7851.58	—
	蓟镇	225	1.24	1.016	1688.438	—
	宣府镇	37	0.523	1.269	6670.67	—
	昌镇	29	1.25	1.348	2302.77	—
	真保镇	90	1.419	1.093	4236.241	—
	大同镇	37	0.767	1.415	6619.961	—
	山西镇	49	1.075	1.038	4961.386	—
	延绥镇	34	0.59	1.265	11736.44	—
	固原镇	23	0.819	1.275	14259.71	—
	宁夏镇	31	0.697	1.175	12727.26	—
	甘肃镇	72	0.782	1.316	9089.682	—

四、明代长城军事防御聚落空间布局分析

1. 军防聚落的层次布局

从整个九边军防聚落宏观布局看，由聚落分布密度（*N/A*）数据以及 GIS 密度制图显示（图 4），十一镇军事防御聚落依其所处战略位置不同，分布密度呈现以北京为核心由近及远的梯度递减，具体分为 3 个层次：首层是由蓟镇、昌镇和真保镇所构成的环形防线，紧邻政权核心，拱卫北京，战略位置极其重要，分布密度很高；其次为首层外围的纵深防御范围，包括辽东、宣府、大同及山西 4 镇，分布密度处于中等水平。4 镇位于首层外围，扼守重要战略区域，直接面对北方游牧民族军事力量。聚落纵深分布特征显著，与首层共同组成多层次的纵深防御体系。同时，有效包络农牧交界地带的广大种植区域；最后则是远离京城的边缘地带，涉及延绥、固原、宁夏和甘肃 4 镇。由于防御压力相对较小，堡寨分布明显稀疏，线性分布为主，纵深较小，但对整个防御体系的完整性、区域常规防御以及种植地的包络有重要意义。其中因甘肃镇扼守西北端战略要冲，聚落密度高于其他几镇。3 个层次中，尤以蓟镇聚落密度最高，达到 0.057 个 /km^2，而最近点距离平均值仅约 1839 米。源其隶属北京外围第 1 防御层次，且无外围 2 层防御保障；同时，紧邻游牧军事力量核心区，防御压力巨大，因此分布密集。史料记载，蓟镇历来为防守重点，为加强蓟镇

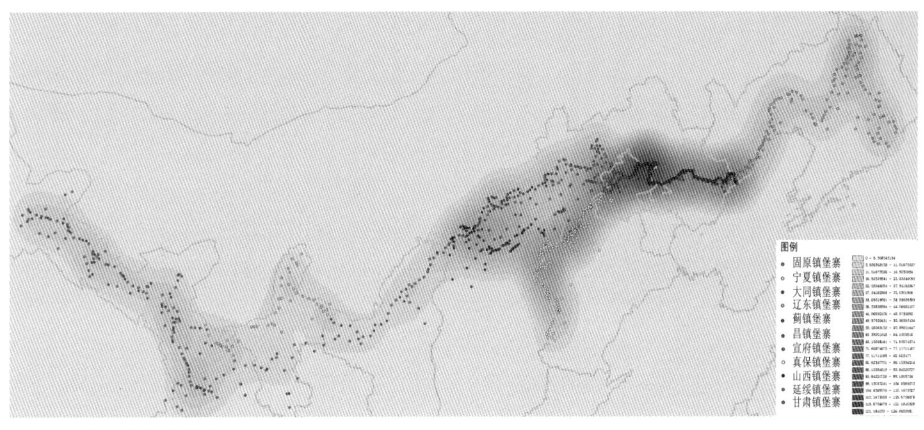

图 4 军防聚落密度制图

军事管理机构的系统联系，特比其余防区多增设提调一职。从各镇内部军防聚落分布状态看，比较全镇数据与沿线数据见图 5，全镇 CV 值明显高于沿线 CV 值，而全镇最近邻指数则低于沿线相应值，2 数据均表明各镇内部聚落整体呈集群分布，而长城沿线紧邻首层聚落分布则更趋均匀，基本呈随机分布，部分甚至已靠近均匀分布参考值（最近邻指数）。而采用 GIS 地统计分析的径向基函数插值（Radial Basis Function）法，以聚落对应 Voronoi 图面积值创建连续分布特征表面——以大同镇为例见图 6，聚落所辖面积趋向长城呈现明确、稳定的递减式层次分布，进一步证实聚落分布密度梯度趋向长城递增。综上所述，确定各镇内部军防聚落分布基本特征为：趋向长城线性目标层状集聚分布，且密度梯度向长城递增；长城沿线紧邻聚落呈随机分布或均匀分布。

2．军防聚落与地理特征的关系

深入考察各镇数据与相应地理特征关系，发现聚落分布与地形存在显著相关性。其相关性源于军防聚落成熟的空间布局规划——各等级聚落间距离存在规划定制。[11]、[12] 当聚落在平缓地区布局，因地形变化小，聚落易于保持原有规划布局，且聚落间空间距离（空间直线距离）与实际路程较接近；当聚落处于复杂地形时，其间实际道路因地形而辗转跌宕，聚落需比正常规划布局更聚集才能满足规划路程要求，此时聚落间距显著小于实际路程，相应 Voronoi 多边形减小，而 CV 值和最近邻指数值亦随之变化，军防聚落布局与地形关系可从以下两方面论述。

各镇军防聚落整体布局方面，据其所处地理特征分为 3 类。第一类，沿山地与平原过渡带走向布局，包括蓟镇、昌镇和真保镇。蓟镇和真保镇分别沿太行山脉和燕山山脉向平原的过渡带分布，长城依山而建，堡寨则沿长城平行和向内部平原纵深两个方向布局。昌镇位于两山脉交界地带，防区重峦叠嶂。山地形态加剧趋向其布局堡寨的密集程度，而平原地形则使趋向其布局的堡寨保持常规状态，因此 CA 值较大，密集度高。第二类，在山区与平地交错地带布局，且纵深巨大，包括辽东镇、宣府镇、大同镇和山西镇。军防聚落分布区域分别穿越山地、平缓地带、山地与盆地的复杂交错带。山地聚落加密，平原则舒缓，因此 CA 值和密集度居中。其中山西镇所处地理环境异常复杂多样，且沿山地与平原过渡带走向分布区段较多（与第一种情况类似），因此其值较大。第三类，在地形舒缓、单纯的区域布局，包括陕西镇、固原镇、宁夏镇和甘肃镇。4 镇分布区域涉及戈壁、沙漠及丘陵沟壑，地形相对平缓、单纯，因此 CA 值小，密集度低。

而长城沿线聚落布局方面，与地形要素——沟谷孔道分布密切相关。CA 显示仅宣府镇和延绥镇为随机分布，其他

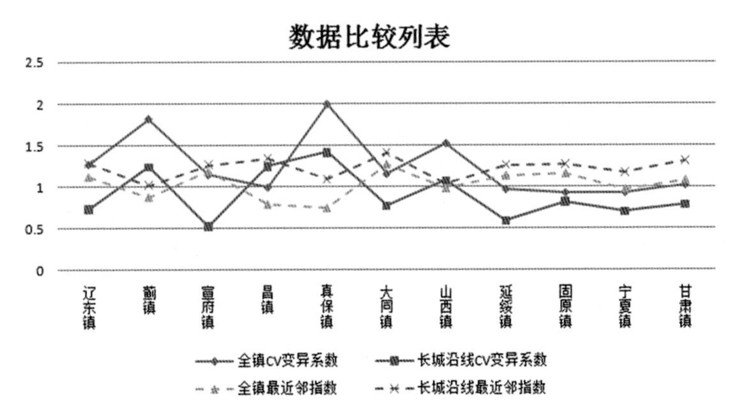

图 5 各镇数据比较

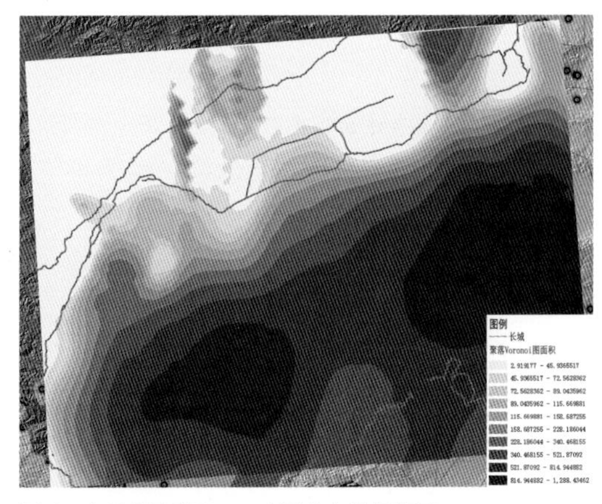

图 6 大同镇聚落 Voronoi 图分布特征表面

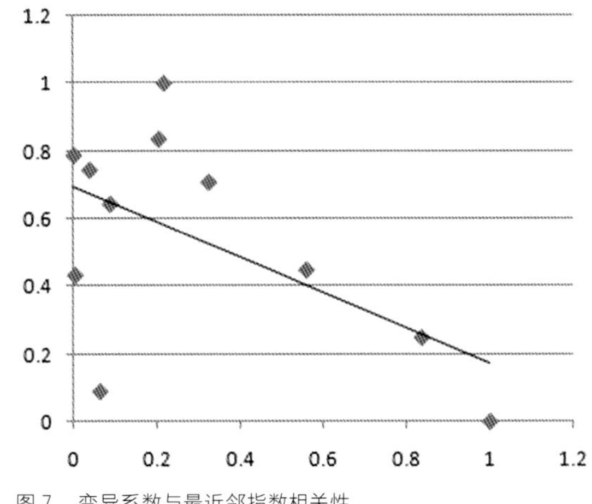

图 7　变异系数与最近邻指数相关性

镇为集聚分布；而最邻近指数则显示全部为随机分布，少数已靠近均匀分布的临界值．具体可分为 2 类。其一为随机分布，包括宣府镇和延绥镇，2 镇长城沿线聚落分布最为均匀，虽然宣府镇防御范围山体高大，而延绥镇地势平缓，但两者长城沿线防守的沟谷孔道相对均匀，因此聚落分布较匀质，CV 值甚低。另一类为集聚分布。集聚强度（CV 值）由高到低为：真保镇、昌镇、蓟镇、山西镇、大同镇、辽东镇、固原镇、宁夏镇以及甘肃镇。其中尤以真保镇和蓟镇最不均匀，真保镇扼守太行山高大山体，仅存少数通道（仅有太行八经），堡寨集中于几处重要隘口；而蓟镇之燕山山脉山体碎众，隘口众多且均匀，故分布较真保镇均匀；昌镇处于太行山和燕山交界地带，沿线聚落较不均匀；山西镇所涉地貌，孔道复杂多变，均匀性差；其余几镇防区沟谷孔道少且不显著，因此聚落布局采取相对均匀的常规模式（大致等距离分布）。通过标准极差变换考察变异系数（CV）和最近邻指数 2 组数据的相关性见图 7，显示 2 组数据负相关，相关系数 -0.56。地貌、孔道复杂多变，均匀性差；其余几镇防区沟谷孔道少且不显著，因此聚落布局采取相对均匀的常规模式（大致等距离分布）。通过标准极差变换考察变异系数（CV）和最近邻指数 2 组数据的相关性见图 7，显示 2 组数据负相关，相关系数 -0.56。

结论

综合上述，明长城军事防御聚落布局呈现明确、复杂的层次结构。其宏观布局以北京为中心，不同层次聚落密度梯度由近及远递减；而微观布局则呈以长城为线性目标的层状聚集形态，且聚落密度梯度趋向长城递增。2 种尺度下，聚落分布的密度梯度呈反方向变化，形成复杂的层次结构。同时，聚落分布与所处地理环境密切关联，山峦沟谷地形加密聚落原规划布局，平缓地形则有助于保持原规划状态；而沿线聚落布局则与地形要素——沟谷孔道高度相关。军防聚落以其复杂的层状结构，与长城本体共同组成层次丰富、连同协动的系统防御整体，在明朝 200 多年的进程中有效实现了保家卫国、拓疆实边的历史功能，并以其无与伦比的浩大规模、壮美身姿以及丰富文化价值，成为中华民族的象征和人类文明的伟大奇迹。

参考文献

[1] 徐建华．现代地理学中的数学方法 [M]．北京：高等教育出版社，2002.

[2] 陈军，赵仁亮，乔朝飞．基于 Voronoi 图的 GIS 空间分析研究 [J]．武汉大学学报：信息科学版，2003，28：32-37.

[3] 刘仙桃，郑新奇，李道兵．基于 Voronoi 图的农村居民点空间分布特征及其影响因素研究——以北京市昌平区为例 [J]．生态与农村环境学报，2009，25（2）：30-33.

[4] 杨瑞霞，鲁鹏，武慧华．河南裴李岗文化聚落空间集聚分析 [J]．地域研究与发展，2012，31（2）：150-155.

[5] 胡珂，莫多闻，毛龙江．无定河流域全新世中期人类聚落选址的空间分析及地貌环境意义 [J]．地理科学，2011，31（4）：415-420.

[6] 王成玲，李建云．鲁东南地区新石器遗址的时空分布特征 [J]．临沂大学学报，2011，33（6）：94-98.

[7] 常捷，李慧典．基于 RS 和 GIS 的中尺度流域土地利用空间结构变化——以伊洛河流域中部洛宁县为例 [J]．测绘学院学报，2001，21（1）：42-45.

[8] 陈彦光，刘继生．城市规模的分形和分维 [J]．人文地理，1996，14（2）：43-48.

[9] 张红，王新生，余瑞林．基于 Voronoi 图的测度点状目标空间分布特征的方法 [J]．华中师范大学学报：自然科学版，2005，39（3）：422-426.

[10] 张玉坤，李严．明长城九边重镇防御体系分布图说 [J]．华中建筑，2005，23（2）：116-119.

[11] 王琳峰，张玉坤．明长城蓟镇戍边屯堡时空分布研究 [J]．建筑学报，2010，11（S1）：1-5.

[12] 汪涛．明代大同镇长城与自然环境地理关系研究 [D]．南京：东南大学，2010.

[13] OKABE A, SATOH T, FURUTA T, et al. Generalized network Voronoi diagrams: concepts, computational methods and applications [J]. International Journal of Geographical Information Science, 2008, 22 (9): 965-994.
[14] 谢顺平，冯学智，鲁伟．基于道路网络分析的Voronoi面域图构建算法[J]．测绘学报，2010，39(2)：88-94.
[15] DUYCKAERTS C, GODEFROY G. Voronoi tessellation to study the numerical density and the spatial distribution of neurons[J]. Journal of Chemical Neu-roanatomy, 2000, 20: 83-92.
[16] 焦立新．评价指标标准化处理方法的探讨[J]．安徽农业技术师范学院学报，1999，13(3)：7-10.
[17] 梁会民，赵军．地理信息系统在居民点空间分布研究中的应用[J]．西北师范大学学报：自然科学版，2001，37(2)：76-80.

基于可达域分析的明长城防御体系研究 ①

摘 要

通过视域可达、兵马可达、武器可达三种不同表现形式对可达域的分析，分别对明长城防御体系构成要素之中的烽燧、军堡、敌台的空间分布规律进行研究，从而为长城研究提供新的角度。

关键词 可达域；长城防御体系；烽燧；军堡；敌台

引言

可视域分析作为聚落考古学（Settlement Archaeology）和景观考古学（Landscape Archaeology）中空间分析的一个重要方法，广泛用于单个遗址视觉信息传递的区域范围或一组遗址间能否相互通视的情况，以此建立遗址与环境、遗址之间的空间联系，从而对人居聚落之中的社会组织和文化模式进行多方面的阐释。一般认为，空间分析（Spatial Analysis）方法是英国在 20 世纪 70 年代开始倡导的。英国考古学先驱 Ian Hodder 和 Clive Orton 提出，在考古学研究中必须进行空间分析。1986 年著名考古学家张光直先生在其著作《考古学专题六讲，谈聚落形态考古》中便提出了空间分析的概念，将其正式引入我国考古界。实际上，考古学领域中空间分析的运用最早可追溯到 19 世纪美国民族学家 Lewis Henry Morgan 对古代印第安聚落空间布局及由此相关联的社会结构模式的研究。近年来，国内外很多考古学者将可视域等空间分析方法应用于聚落考古中，并用计算机辅助手段为空间分析提供了更科学的分析方法。如 Mark Oldenderfer 和 Herbert D.G.Maschner 合著的“Anthropology，Space and Geographic Information Systems”（1996）运用可视域分析，对苏格兰西南部 Killmartin 地区分布的史前时代不同时期各种祭祀性遗址的存在意义进行了讨论。[1]东南大学的汪涛在其硕士论文《明代大同镇长城与自然地理环境关系研究》（2010）中，利用 GIS 技术对长城及相关附属设施进行了视域分析和射程分析，总结了长城建造过程中控制其选址和布局的一般性原则。

基于空间分析方法的可视域分析和射程分析为长城防御体系研究提供了有效的工具。但明长城时空跨度极大、组成要素众多、防守机制严密，研究其空间布局，需在可视域分析和射程分析的基础上进一步拓展和深化。本课题组在研究过程中发现长城各构成要素的空间布局均将距离作为重要考量，因此引入可达域的概念，并利用各种不同表现形式、特征及作用的可达域，分别对明长城防御体系重要构成要素之中的烽燧、军堡、敌台的空间分布规律进行分析，试图为长城研究提供一种新的角度与方法。

一、明长城防御体系的概念及组成

明代长城的防御是将沿线划分成若干单元进行分段布防的。明长城防御体系从军事管理层面上看是指“九边”重镇的设置和各镇的层级管理机构，从物质层面上来看是指长城本体、军事聚落及其他防御工事。长城本体指长城墙体及墙体上的墩台、敌台；军事聚落指按一定军事级别分布的屯守结合的军堡。其他防御工事指长城墙体之外的烽燧及驿站等。军堡、烽燧、驿站等防御工事作为长城军事防御体系不可或缺的重要组成部分，在兵力调配、信息传递、后勤供给等方面发挥的作用远胜于长城墙体。[2]长城本体、军事聚落、烽传系统、驿传（交通）系统作为长城防御体系物质层面的子系统和构成要素，唇齿相依，共同发挥作用，形成一个密不可分的有机整体（图 1）。

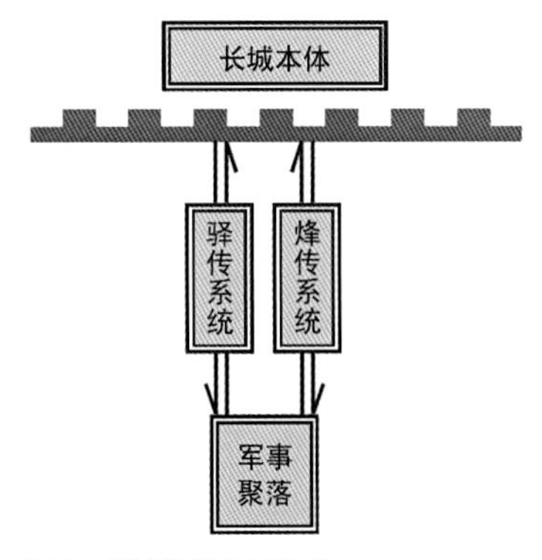

图 1 长城防御体系组成

---

① 刘建军，张玉坤，曹迎春. 基于可达域分析的明长城防御体系研究 [J]，建筑学报，2013（S1）：108-111.
国家自然科学基金（51178291）；国家自然科学基金（青年）（51108305）；国家自然科学基金（青年）“聚落空间信息采集与处理新方法研究”（51008204）；国家教育部高等学校博士学科点专项科研基金新教师基金（20090032120054）

二、可达域的定义、表现形式、特性、作用及空间尺度

1．可达域的定义

一般来讲，可达域是指事物个体在一定时间内从源点克服各种阻力到达目标点所穿越的区域，其比较指标有时间、距离、费用等。可达域反映的是事物发生相互作用的距离或范围，其中事物之间发生有效作用的最大距离叫阈限。

举例来说，若某一军堡受到大量敌人的攻击，而军堡自身兵力只能坚守一天。周边接到求援信号的诸多军堡派出兵马驰援，若在这一天之内能到达，则这个军堡就能守住，若不能到达，则此军堡就会失陷。以求援军堡为目标点，将能按时到达的若干军堡为源点，其所包络的区域即兵马的可达域，而提供兵马驰援的军堡到求援军堡之间的最远距离即兵马的阈限（图 2）。

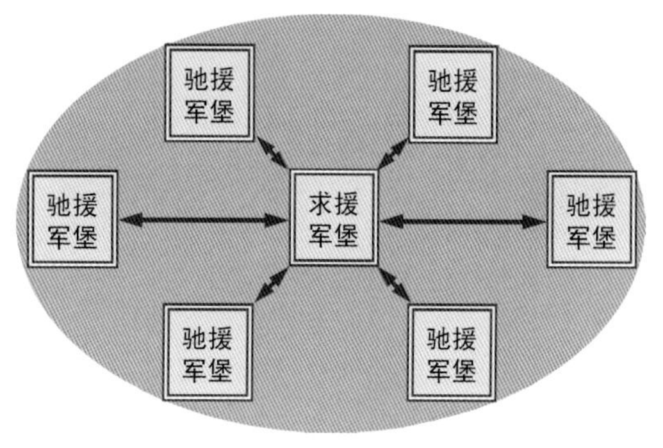

图 2　可达域图解

2．可达域的表现形式、特性及作用

可达域是一个宽泛、灵活的概念，同时不同事物的可达域会有不同的表现形式、特征及作用（表 1）。

不同事物可达域的表现形式、特性及作用　　表 1

表现形式		特性	作用
视域可达	烽火可达	数量和动作可通报敌人兵马数量、动态等警戒信息；日传千里，速度快，效率高，适于长距离传播，但需修建烽燧等地面设施，有时受夜晚和不良天气的影响	战况预警、信息传递
	烽烟可达		
	烽旗可达		
声讯可达	人声可达	可通报敌人的数量、动态等警戒信息，使用方便，一般不受夜晚和雨雾天气影响；除炮声传播距离较远以外，其余方式传播距离较近	战况预警、信息传递
	锣鼓可达		
	炮声可达		
兵马可达	乘马可达	速度较快，适于距离较远和较紧急的情况，其中驿站需修建地面设施	人员和物资输送、信息传递
	步行可达	速度较慢，作用距离较近	人员输送、信息传递
武器可达	弓弩可达	有一定杀伤力，作用距离较近	保护自己、杀伤敌人
	火器可达	杀伤力较强，作用距离较远	

注：作者自制。

3．可达域的空间尺度

由于可达域是反映的是一个空间的概念，因此不同事物的可达域适用于不同的空间尺度。同样具有战况预警和信息传递作用的视域可达和声讯可达比较而言，视域可达的空间尺度要大于声讯可达，这是因为视线的传播距离要大于声音的传播距离。武器可达中弓弩和火炮都是以在一定距离内以投掷方式杀伤敌人，但以火炮为代表的热兵器的杀伤力和空间作用范围要大于冷兵器中的弓弩。实际上，为了在长城防御中取得更好的作战效果，各种事物的可达域往往取长补短，交织运用，以覆盖更大的空间范围。

三、不同表现形式可达域的分析方法与实例分析

1．基于视域可达的烽传布局

烽燧亦称烽火台、狼烟台、烽堠、烟墩、亭、燧等，是古时用于点燃烟火传递消息的高台，是中国古老但高效的军事通信设施。烽火台是为防止敌人入侵而建的，遇有敌情发生，白天施烟，称之为“烽”，夜间点火，称之为“燧”，“烽燧”台台相连，传递讯息。

根据烽燧传递信息的方式，可分为“色”与“声”两类。“色者，旗、火之类是也，声者，梆、炮之类是也。”[3]

本质上说，烽传系统就是古人利用人的视觉和听觉特性，在一定空间范围内，以各种发色发声工具按照特定的规则，在烽燧之间传递敌情讯息。

据居延汉简《塞上蓬火品约》记载，边塞亭燧上的警戒信号大致有六种，即：蓬（草编织的篓笼形物）、表（草编或布帛做的旗帜）、鼓、烟、苣火（用苇秆扎成的火炬）、积薪（高架木柴草垛）。白天举蓬、表、烟，夜间举火，积薪和鼓昼夜兼用。

到了明代，由于火器用于兵防，烽燧报警信号的定制又在前代基础上增加了放炮。明成化二年（1466 年）有法规定：敌一人至百余人举放一烽一炮，五百人二烽二炮，千人以上三烽三炮，五千以上四烽四炮，万人以上五烽五炮。与传统的梆、鼓、锣等讯息传递工具相比，烽炮发出火光，烟雾和强烈的爆炸声使军情传递得更快、更远、更准确。文献记载，蓟镇“每岁马兰演烽，传至山海历八路，沿边迂迴二千里，遥不三时可至”。[4]

烽燧的选址主要基于视觉因素的影响。为了获得良好视域，尽可能扩大其覆盖范围，烽燧通常建在易于相互瞭望的高岗、丘阜之上及道路转折处，地势平坦、起伏很小的地段也有利于烽燧的选建。烽燧自古素有“十里一大墩，五里一小墩”之说。但事实上，烽燧并不拘泥于固定的里数，而是“一切墩台、斥堠、壕堑、墙垣尚宜因地、因时随事增筑。”[5] 也就是说，烽燧要因根据当地地形和敌情而建。山地地形复杂、平地但有起伏、位置重要（如谷口、水源地等）的地方应适当缩短烽燧的距离，确保讯息传递的安全畅通。

根据与长城的位置关系，烽燧系统的空间布局一般可分为三种情况。第一种是沿长城塞墙分布。这种烽燧紧靠塞墙，距离数米到数十米不等，烽燧大多位于塞墙内侧，少数位于外侧，还有的则直接利用塞墙上的敌台或墩台作为烽燧使用。另一种位于长城塞墙外侧向远处延伸。向外延伸的烽燧多布置在交通要道和水草丰美之地，是敌人活动频繁的地方，以监测其动向。第三种位于长城塞墙内侧向远处延伸。向内延伸的烽燧多沿道路布置，将警报传给内地的军堡、县府、京师，以便及时做出决策和组织反击。

得胜堡不仅是明代大同镇的边关要路，同时也是明蒙互市贸易的重要场所，军事设防十分严密。烽燧首先沿长城塞墙内侧设置，距离在一里至数里不等，且塞墙转折处必设，以确保相邻的两座烽燧之间视线畅通。其次在塞墙内外两侧设置。内侧烽燧以长城附近的得胜堡为起点，间距数里，向腹里其他军堡延伸；外侧烽燧则主要沿河流和道路方向设置，间距二、三里，并占据地势较高的地势，以获得良好的视域效果（图 3）。

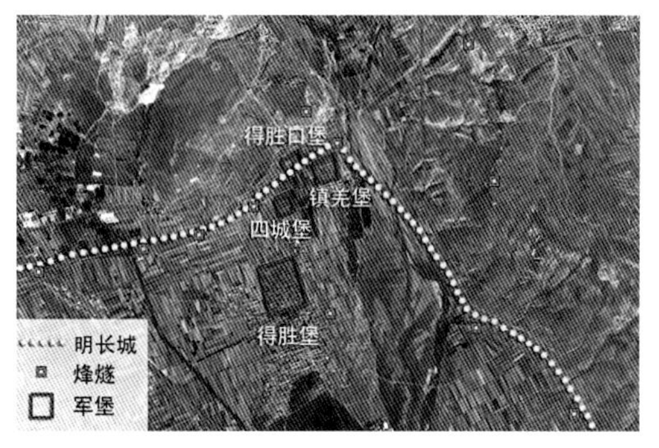

图 3 得胜堡烽火台分布图
（图片来源：作者根据 Google earth 绘制）

2. **基于兵马可达的军堡布局**

明代按照都司卫所制度，在将长城沿线划分为九个防区，设置十一军镇，实行分段防守。军镇城池按照一定等级和规模，自上至下依次为镇城、路城、卫城、所城、堡城（包括关城），各级城池统称为军堡。各级军堡及所辖兵马，构成了大小不一、层次分明的军事聚落，是长城防御体系的重要组成部分。

明朝军堡是为了防止蒙古入侵境内要地，有效阻击和杀伤敌人而修筑的。从战术上讲，军堡体现了攻与守两方面功能。若遇小股敌人袭扰，就出动本堡兵卒退敌；若遇大量敌军入侵，则据堡固守，同时通过烽传系统传递敌情，等待相邻军堡合力救援。

由于军堡是特定军事管理制度的产物，大都沿长城内侧均匀布置，平均距离在 30～40 里，这正是古代步兵半天的行军距离。若骑马驰援，则 1 个时辰便可到达。可见长城沿线军堡的距离是以兵马的可达域为前提的。

成化年间，榆林镇军堡数量不足且分布不均，相邻军堡“远至一百二十余里，近止五六十里”[6]，以致“遇贼入境，报传声息，仓卒相接。比及调兵策应，军民已被抢掳，达贼俱已出境”[6]。随着新的军堡的营建及再布局，缩短了相邻诸堡之间的距离。到嘉靖年间，榆林镇军堡的距离大多相距 40～50 里，各堡士卒和马匹的数量有了大幅度的增加，兵马应援也大为改观。

明嘉靖三十年至万历四十六年间（1531～1619 年）的蓟镇东起山海关，西接慕田峪，北依燕山山脉，拱卫京师和帝陵，战略地位较他边尤重，因而军堡格外密集。蓟镇划路设防，从东到西共分为 12 路。按照与长城距离的远近，军堡分为 3 道防线设防（图 4）。第一道防线是沿长城塞墙布局。这些军堡占据险要之地，以关、堡为主，数量最多，间距最近，多在 4 里之内。一旦有警，相邻军堡驰援极为便捷。第二道防线沿关口纵深布局。这些军堡以营城堡为主，

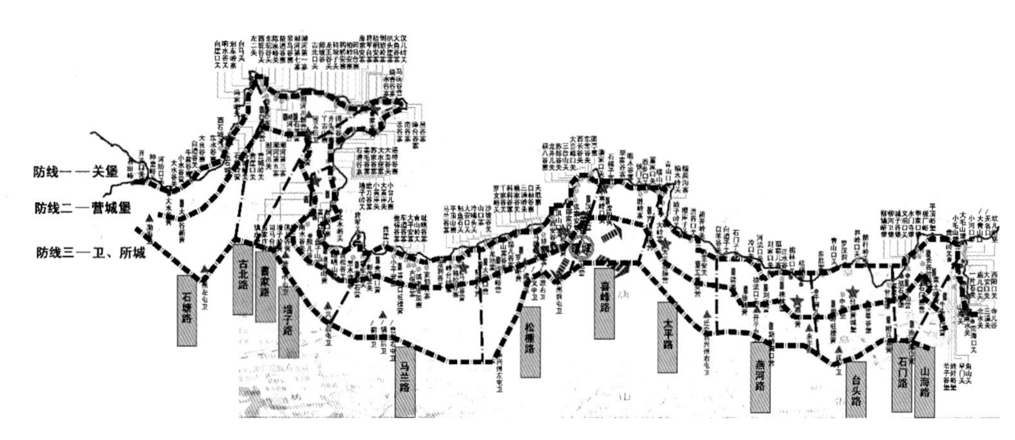

图 4 蓟镇军堡设防层次及分布结构图
（图片来源：源自参考文献[1]）

规模较大，驻兵较多，为后方屯兵屯田之地，为第一线的关、堡提供快捷的兵力和物资支援。这两道防线之间的军堡距离多在 8～10 里，一旦预警，兵马半个时辰便可到达。第三道防线则选在便于交通和指挥之地，以卫城、所城为主，[7] 数量较少，距离较远，但距第二线的军堡也多在 30～40 里，一旦有警，兵马在半天之内到达。

3．基于武器（火器）可达的敌台布局

明代火器的发展和运用在我国军事史上具有重要意义。不仅促进了军人编制装备和军事战术思想的变革，还在长城军事防御工程等方面产生重大影响。在以蒙古势力为主要作战对象的边防战争中，明朝步兵面对长于骑射、冲击力极强的蒙古骑兵，处于明显的劣势。为此，明军立足于守御，以长城为依托，兴筑屯堡，据险而守，以静制动，给火器的使用提供了非常便利的条件。[8]

在火器制造技术上，洪武、永乐年间已有火铳、火枪、火箭。嘉靖时期，明朝不仅从葡萄牙引入仿制了佛郎机炮，还大量制造了大将军炮、二将军炮、三将军炮、威远炮、灭戎炮等重型火炮，极大促进了火器的发展。万历以后，明朝又从欧洲引入威力巨大的“红夷大炮”，成为当时世界上最先进的火器。明末兵学巨著《武备志》对各种火器的射程有详细记载（表 2）。

火器类型及其射程　　表 2

火器类型	射程
威远炮	垫高一寸平放，大铅子远可五六里，小铅子远二三里。垫高三寸，大铅子远达十余里，小铅子四五里……垫高五六寸，用车载行，大铅子重六斤，远可二十里
佛郎机炮	平放一里有余
三眼铳	远一百二十步（约 211 米）
剑枪	平放二百余步（约 352 米）
铳棍	平放二百余步（约 352 米）
火枪	远可及三百余步（约 528 米）

注：作者根据《武备志》整理。

明嘉靖时期，蓟镇长城已完成修筑，但鲜有敌台。沿海抗倭已有实践、深谙火器之利的戚继光北上蓟州守边练兵，极为重视火器与长城工事的配合使用，谏言请修敌台：“蓟镇边垣，延袤二千里，一瑕则百坚皆瑕，比来岁修岁圮，徒费无益。请跨墙为台，睥睨四达。台高五丈，虚中为三层，台宿百人，铠仗糗粮具备。令戍卒画地受工，先建千二百座。”[9] 于是修筑了 1200 余座“两台相救、左右而立”、装备火器的空心敌台，使得蓟镇长城的防御能力大为增强。

戚继光充分考虑火炮、火枪等火器的射程，对蓟镇敌台的位置和距离进行了详细合理的设计。“凡冲要处十步或一百步一台，缓处或百四五十步，或二百余步不等者为一台。”[10] 敌台依据山势，参差错落而设，凡地形变化交界之处——山脊平面转折和高低转变的地方均设敌台（图 5），如此可避免射击死角，在更大空间范围内形成立体交叉的杀伤力。敌骑前来冲锋，高居敌台、塞墙之上的明军依仗手中各式火器，从敌骑弓箭射程之外就枪炮齐发，敌人尚未攻到墙下已死伤大半。因此戚继光写道："今之慑虏者火器耳。"[11] "虏马远来，五十步内外无不弓箭射我，我今有鸟铳、快枪、火箭、虎蹲炮、佛郎机，皆远过木箭。"[11] 敌台设置的距离与火器射程之间的关系在《武备志》也有印证："敌台曰一里一台，以为火器，所击不下三百步（约528米）。"另据文献记载，嘉靖、成化年间火器已广泛使用，其中蓟镇使用火器的兵士数量已达50%，可见火器在明代长城防御中扮演了非常重要的角色。

图5 蓟镇居庸关长城敌台
（图片来源：刘珊珊提供）

结语

长城穿越千古，纵横万里，城墙、军堡、烽传、驿传自成系统又相互交织，共同组成一个密不可分的军事防御体系。文章从概念、特性、作用出发，通过视域可达、兵马可达、武器可达三种不同表现形式可达域的分析，系统总结了明长城防御体系若干构成要素的空间布局规律，从而为长城研究提供了新的视角和行之有效的研究方法。

参考文献

[1] Vincent Gaffney, Zoran Stancic, Helen Watson. Moving from Catchments to Cognition: Tentative Steps Toward a Larger Archaeological Context for GIS [A]//Mark Oldenderfer, Herbert D.G.Maschner. Anthropology, Space, and Geographic Information Systems. Oxford: Oxford University Press, 1996: 132-154.

[2] 王琳峰. 明长城蓟镇戍边屯堡时空分布研究[J]. 建筑学报, 2011(S1): 1-5.

[3]（明）陈仁锡. 皇明世法录·卷五十九·蓟镇边防[M]. 北京: 中华书局, 1986: 626.

[4]（明）杨嗣昌 著, 梁颂成 辑校. 杨嗣昌集·卷八·略陈西阅大同情形第四事疏.

[5] 中国第一历史档案馆, 辽宁省档案馆编. 中国明朝档案总汇, 第2110号档案, 兵部为宣大总督卢象升巡阅晋边情形事行稿.

[6] 明宪宗实录·卷三十五·整饬边备兵部尚书王复奏.

[7] 王琳峰. 明长城蓟镇戍边屯堡时空分布研究[J]. 建筑学报, 2011 (S1): 1-5.

[8] 韦占彬. 明代北部边防中火器应用状况及其局限[J]. 石家庄师范专科学校学报, 2004(03): 54-59.

[9]（清）张廷玉. 明史·卷二百一十二·戚继光列传[M]. 北京: 中华书局, 1976: 5614.

[10] 戚继光. 练兵杂记·文渊阁四库全书·卷六[M]. 台北: 台湾商务印书馆影印, 1986: 2.

[11] 高扬文, 陶琦. 戚少保年谱耆编·卷九[M]. 北京: 中华书局版, 2003: 213.

基于GIS的明代长城边防图集地图道路复原——以大同镇为例①

摘 要

基于GIS的表面成本和最短路径分析，以明代长城边防图集为依据，计算并绘制明长城军事防御聚落——大同镇的道路图，复原其空间布局、交通网络和驿传通行等信息，并论证GIS用于复原古代道路的可行性。同时，基于道路图初步分析大同镇的防御机制。

关键词 GIS；明长城边防图集；道路复原；表面成本；大同镇

引言

明朝北方边疆战乱丛生，明人编纂大量关于长城军事防御体系（简称长城军防体系）的边防图集，以探讨应对之策[1]和方便战略布局之用。鉴于内容主要涉及地理位置和江川形胜，边防图集多采取图文并茂的体例。其时所绘图集主要有《九边图说》[2]《九边图论》[3]《宣大山西三镇图说》[4]（简称《三镇图说》）和《皇明九边考》[5]等。其中大量边防地图，对研究长城军防体系具有很高价值。但是这些地图并未遵循严格的制图原则，[6]其依然沿用中国古代地图的主流绘法——形象绘法，[7]地图呈现明显拓扑变形，由此带来今天传统聚落量化研究的诸多不便。本文依据古代边防地图，基于GIS的表面成本计算和最佳路径计算功能，计算并绘制明代长城军事防御聚落间的道路图，复原其时的空间布局、交通网络和驿传通行等信息，为长城军防体系的动态和量化研究建立相对精确的地图和数据基础。

长城军防体系的大同镇防区位于今山西省北端，北抵内蒙古界。明时位于长城“九边”中部，东接宣府镇，西邻陕西镇，南部接山西镇，能有效联系四至。史料记载，大同镇为战略要冲，战事频繁，堡寨密度高，防御纵深大；同时此镇地形多样，能反应各种地理条件下道路寻找方法的适应性和实际效果。故此，选择大同镇为研究对象，尝试建立一种复原长城军防体系聚落间道路交通的基本方法。

本文以《九边图说》和《三镇图说》中所绘大同镇地图为主要依据。两者均采用形象绘法，其中《九边图说》为明兵部所著，详尽绘制九边军事布防。其以图为主，文字甚略，总图之后绘分路堡寨图，各分路图并未遵循相同比例。图中绘有详细道路，但无四至道里；《三镇图说》则详细绘制宣府、大同、山西三镇形胜沿革、边情兵略。其先制总图，后依堡寨级别分篇逐堡绘制，未绘道路，但标有明确四至道里，同时辅助参考其他图绘集著。驿路以《明代驿站考》[8]为依据。

一、数据与方法

1. 数据来源

本文使用的数字高程模型DEM（Digital Elevation Model）来源于全球科学院计算机网络信息中心国际科学数据镜像网站的ASTER GDEM数据产品，水平精度30米，垂直精度20米。1∶400万河流（1~5级河流）、行政区划（省级至县级）、各级城市居住点等数据来源于中国国家基础地理信息中心。大同镇军事防御体系堡寨数据来源于天津大学明长城军事防御体系研究课题组建立的“明长城军事防御体系地理信息系统（1.0）”。

2. 计算原理和过程

通行成本最小是自古至今人类选择道路的核心标准，通行成本主要包括体力成本和时间成本。决定人类通行成本的自然地理因素涉及河流、山体坡度和起伏度、表面粗糙度等，其影响人类穿越所需的体力和时间，进而影响道路选

① 曹迎春，张玉坤，张昊雁．基于GIS的明代长城边防图集地图道路复原——以大同镇为例[J]．河北农业大学学报，2014（02）：138-144．
基金项目：国家自然科学青年基金（51108305）；河北省科技厅项目（12275803）；河北省社会科学基金项目（HB12SH037）；河北大学自然科学青年基金项目（2008Q26）．

择。本文基于 GIS 支持的表面成本建模、最小成本路径分析等功能，结合大同镇实际情况（由于研究范围宏观，且与日常频繁的通勤行进相比，军事防御聚落间调兵布防的道路选择以时间成本为首要因素，军队行进对表面粗糙度要求相对较低，因而忽略此因素对表面成本相对微观的影响），设定相关成本如下：长城为防御范围边界，设定为道路不可逾越的最高成本（cost-wall）；河流为道路选择的重要因素，设为较高成本（cost-river），并根据河流级别确定相应成本；而坡度成本（cost-slope）和起伏度成本（cost-QFD）则根据相应影响强度加权叠合。建立总成本（COST）公式：据此计算获得表面成本栅 COST=cost-river+cost-wall+（cost-slope × 0.6+cost-QFD × 0.4）格图，并建立道路寻找的技术路线（图 1）。

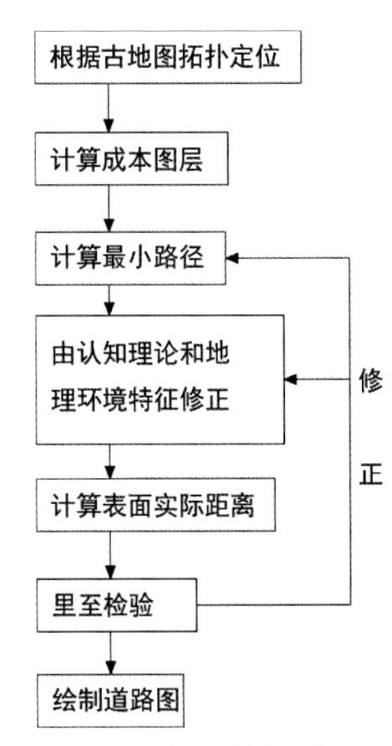

图 1　道路计算的技术路线

由于边防地图为认知地图[10]，精度较低；同时，本计算方法无法面对复杂的实际情况自动调整，因此需基于环境认知理论对计算结果判断和修正。主要涉及“同向并行”和“文化吸引力”[11] 2 种情况：同向并行由于逐堡计算与其相关堡间距离，同一行进方向较远与较近堡或附近堡会出现若干道路并行（不严格平行或有部分重叠）的情况。例如：最初计算所得马邑至井坪与朔州至井坪的部分道路为同相并行，而实际道路很少如此，考虑到朔州至井坪为本区域路城间主要道路，所以将初次计算所得马邑至井坪部分道路与朔州至井坪道路合并，经重新计算修正为 1 条道路（图 2-a）；而首次计算左卫城至宁虏堡道路并未经过但非常接近三屯堡，由于社会、政治、经济等文化设施所产生的吸引力对环境认知的显著影响[12]，聚落将吸引周边一定范围道路穿越，由此修正为道路穿越该堡（图 2-b）。经过多次修正和计算，获得道路长度数据（图 3）和道路复原图（图 4）如下：

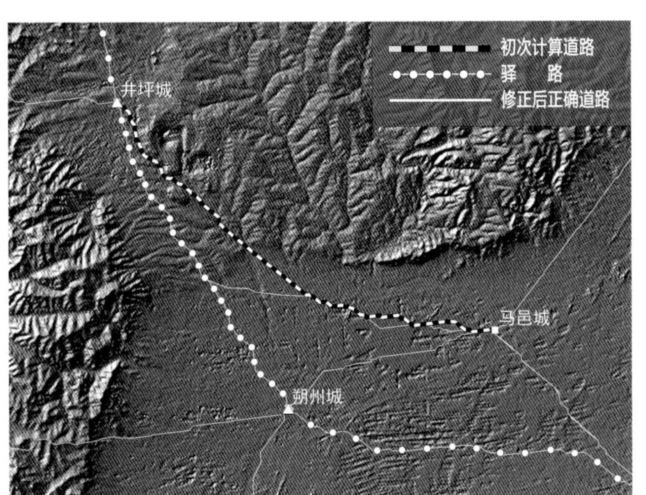

图 2-a　同向并行道路修正

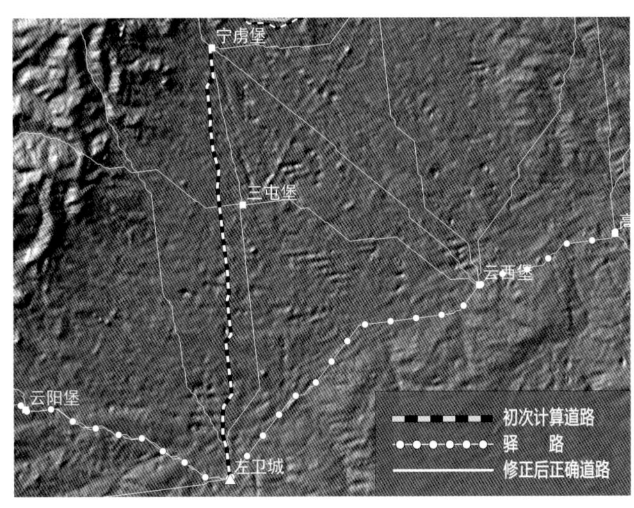

图 2-b　文化设施吸引力修正

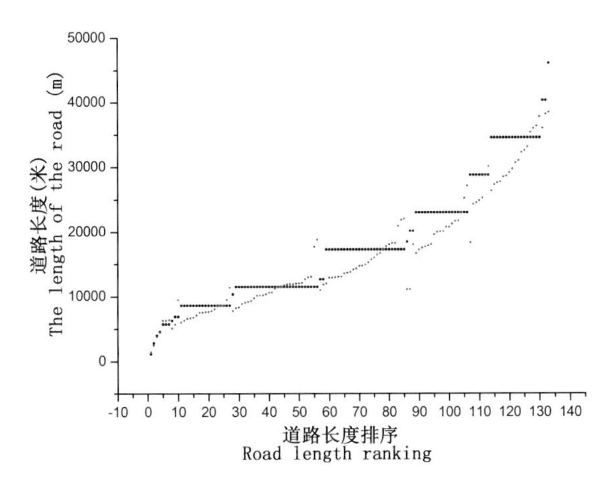

图 3　计算数据

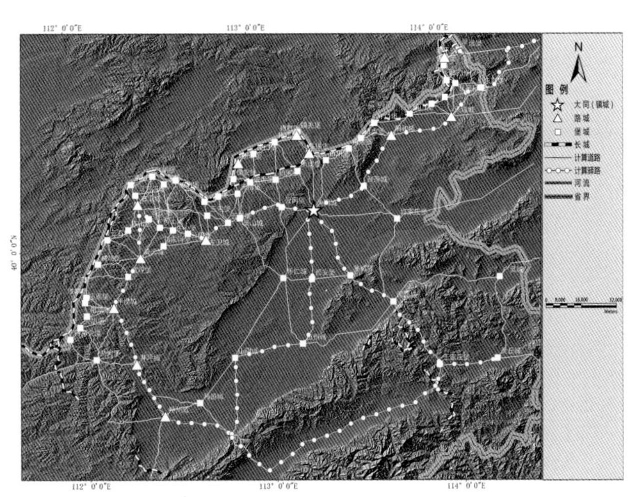

图 4　明代大同镇长城军事防御聚落道路复原图

二、数据分析

相关名词定义：

记载值：史料记载堡寨间路程值；

计算值：GIS 计算获得的基于地形的堡寨间地球表面距离；

真实值：明代堡寨间真实道路的实际路程值；

理论值：明代堡寨布局的理论规划值。

图 4 横坐标为整数单位，代表某两堡寨间道路序号，无意义，仅将数据依记载值长度升序排列。纵轴为道路计算值长度，同一横坐标对应红、黑两点，其纵坐标分别为某道路相应的计算值和记载值。

1. 数据基本情况

计算值呈现规律上升的近似线性变化，经检验为正态分布。记载值则为规律上升的分段定值。不同长度道路条数分布如图 5，主要集中于 20 和 30 明里（1 明里 ≈ 572.4m）[13]，并以 30 明里为中心基本呈正态分布。

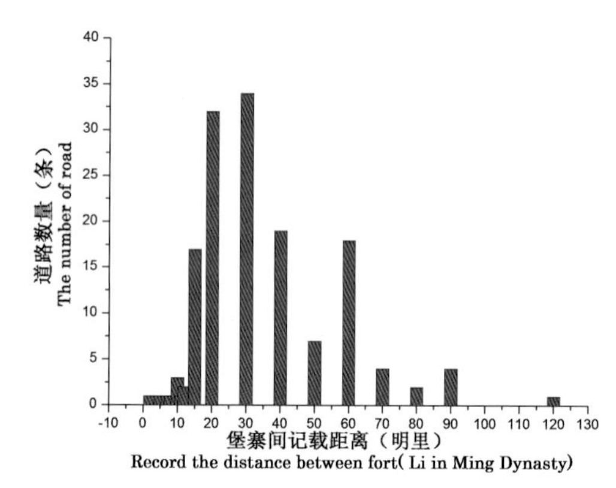

图 5　道路记载值长度数据分布

根据统计学和地理学原理，某区域自然聚落间道路长度值排序应呈连续的、近似的线状变化或分段线状变化规律。记载值严格的分段定值特征表明数据存在人为规划和修正因素。人为规划源于防御体系的人为距离设定，即防御体系不同级别的堡寨（参见第 372 页图 1）。根据职能和布防要求，各级堡寨间规划设计的距离 [14]；而数据修正则由古人基于心理地图的认知特点产生。古人认知和测量道路方向和长度的尺度并不如现代精细，而采用较大尺度，其测量值存在值域——某范围内的方位和距离都将归于某一大约值，本例便有显著表现。方向方面，图集地图采用极坐标的认知和表现方式，道路记载方位与实际地理方位存在偏差，大部分于 10°～30° 范围域内变化，个别甚至大于 45°；数据方面，虽然存在理论规划定值，但其实际值也必然围绕理论值偏移呈现随机的对称分布 [15]，不会呈现如此严格的分段定值，因此记载值同样存在值域。最后，亦不排除图集编绘者受规划值先入为主的影响而将记载值向理论规划值靠近。

2. 数据比较

由图 4 可知两数据呈现显著相关性，计算值分段特征对记载值分段趋势响应较显著，且两者偏差随道路长度增加而逐渐扩大。由于值域的存在，系统比较记载值和计算值 2 组数据的差异性，显然比计算具体 1 条道路两值的相对精确度更有意义。基于 SPSS18.0 统计软件检验 2 组数据的系统性差异，由于记载值和计算值是对同一受试对象采用不同处理方法获得的成对数据，且均成正态分布，符合配对 T 检验 [16] 的适用条件。通过反复测试，在 30 明里（≈ 17172m）尺度范围以内，获得如下结果（表 1）。

记载值和计算值成对样本检验　　**表 1**

项目 Item	均值 Mean	标准差 Standard deviation	均值标准误 Standard error of the mean	差分的 95% 置信区间 The difference of the 95% confidence interval		*t*	*df*	Sig.（双侧） Sig.（2-tailed）
				下限 Lower limit	上限 Upper limit			
记载值 - 计算值 Recorded values-Calculated values	464.92405	2102.07793	236.50224	-5.91575	935.76385	1.966	78	0.053

Sig.（2-tailed）值为 0.053，大于 0.05 的显著性水平标准，因此接受 2 组数据总体均值无显著性差异的原假设，且距离越短两者差异性越小；而 30 明里以上则差异逐渐增大。分析原因在于 GIS 在各种尺度条件下均采用整体计算比

较成本的方法获得最小值，人类感知距离虽然同样基于成本最小，但认知能力所限只能在有限范围内整体比较获得较小成本值，而在更大范围内则无法整体把握，且距离越大把握越差，只能分段把握，这与前述计算所得数据和数据比较结果均一致。

综上所述，基于 GIS 的表面成本计算和最佳路径寻找功能，复原古代长城军防地图道路的方法，在 30 明里以下具有较高的精确性和适用性，30 明里以上随距离的增加则误差加大。此方法具有条件的适用性，在实际使用中可以聚落为节点将较长距离分段，控制每段距离在精确范围内，之后累加最后距离，从而获得较精确的结果。

三、大同镇防御机制分析和推测

复原道路图将明代军防体系赋予直观的空间形态和明确的系统网络关系，基于地理空间维度可进一步推知相应的防御机制。

对个体堡寨来说，堡寨衍生道路数量随其级别（图 6）由低到高逐级增多，这与图集所绘堡城门的规制一致。低级堡只置一门，且位于背向长城一面，衍生 2～3 条道路通向上级和相邻堡；高级别堡则设 3～4 门，各门衍生出 5～7 条道路不等，由此，推知低级堡为终端堡，紧邻前线以防御作战为主，而 2 级和以上堡的城门和道路逐渐增加，四通八达，以沟通、驰援和后勤保障为主。

就堡间系统关系来说，若由隶属关系看，较高级别堡与其下辖各堡间道路呈明显放射状分布，而下级堡对上级堡显示相应的围合布局，进一步印证明长城军事防御体系放射状的层级管理关系[7]；由区域道路网络的发育程度看，最低级堡城和路城之间交通网络发育程度明显较高，道路密度大，沿长城呈带形分布，四通八达，可有效沟通驰援，推测路城及其下辖堡城为常规防御和调度的主要机构，而较高级别城堡（镇城和相应级别城堡）并不经常调动，更多用于超常规战争之需；从调兵成本看，堡城与其周边堡城和路城联系紧密，比较发现相邻堡城间距离小于其至上级路城的距离，而相隔堡城间距离多数情况则大于或等于其至相应上级路城距离，结合堡城人数有限（多数堡驻 100～500 人不等）和防守区段较长的因素，推知堡城日常防御职能基本以所辖区域为主，若需调兵则主要以上级路城为主，相邻堡城可能适度调兵，隔堡调兵可行性不高，一方面由于成本较高，另一方面以防止敌军采用“调虎离山”之计由空虚处攻入，而史资显示敌军多次采取以上策略攻击甚至攻破长城。而路城平级邻城或隔城调兵成本均低于从上级镇城调兵成本，结合网络发育程度分析，可进一步肯定路城是常规防守中极其重要的核心机构。

驿路由宣府镇万全都司向西入大同镇辖区，沿路城向西到达山西行都司大同府，之后分为 3 路：一路继续西行依次途经各路城终至朔州，再由广府城穿越长城接入山西镇代县；第 2 路则向南经由应州、山阴与第 1 路会于广府城；第 3 路则向东南至瓮城口驿，之后再分 2 路，一由紫荆关入真保镇，一至浑源城。大同镇驿路较之其他镇更复杂，推测可分为 3 个层次：一路沿长城行进联系各路城，并连接相邻军镇防区，是防御作战信息沟通的主要渠道。进一步佐证路城是信息传递和调防作战的最基础机构，这与堡城和路城间高度密集的路网互为印证，并共同支撑路城在常规防御中处于核心地位的结论；第 2 路联系远离长城防线的内部县城州府，作为战事布防和后勤保障配合行动的沟通渠道；第 3 路则联系内部防区山西镇和真保镇。由于大同镇战略前冲，一旦陷落，京城西部仅余真保镇一道屏障，于是三镇信息沟通至关重要。以上 3 路汇于大同镇，依里程看，大同镇城发出的防务信息 3 路相应距离段大致可同时且较快获得，有效确保大同镇整个系统的连同协动。

基于大同镇堡寨分布的历史和地理事实，由图籍记载和 GIS 计算不同渠道所得数据在具体范围内具有较好地契合关系，而契合的基础正在于古人选择道路与本文所用方法基于相同的标准——表面通行成本，表明 GIS 用于还原古代地图和聚落交通联系上的可行性和有效性。

— 参考文献

[1] 向燕南．明代边防史地撰述的勃兴[J]．北京师范大学学报：社会科学版：2000（1）：137-143．

[2] 明兵部．九边图说[M]．玄览堂丛书初集影印明隆庆三年刊本．台北：正中书局印行，1981．

[3]（明）许论．九边图论．嘉靖十七年谢少南刻本．藏国家图书馆．

[4]（明）杨时宁．宣大山西三镇图说（三卷）明万历癸卯刊本[M]．台北：台湾图书馆，1981．

[5]（明）魏焕．皇明九边考[M]．中华文史丛书影印明嘉靖刻本．台北：华文书局，1969．

[6] 卢良志. 裴秀与“制图六体”理论[J]. 国土资源，2008 (2): 54-57.
[7] 赵现海. 明代嘉隆年间长城图籍撰绘考[J]. 内蒙古师范大学学报：哲学社会科学版，2010，39 (4): 26-38.
[8] (明) 杨正泰. 明代驿站考[M]. 上海：上海古籍出版社，2006.
[9] Douglas D H.Least-cost Path in GIS Using an A accumulated Cost Surface and Slope Lines [J]. Cartographical, 1994, 31 (3): 37-51.
[10] 若林芳樹. 空间认知と GIS[J]. 地理学评论，2003，76 (10): 703-724.
[11] 何洁，邹经宇. 文化线路遗产原真性保护的 GIS 空间分析支持——以明长城为例 [A]// 空间综合人文学与社会科学研究——以明长城为例. 北京：科学出版社，2010: 273-286.
[12] HE Jie.GIS-based Cultural Route Heritage Authenticity Analysis and Conservation Support in Cost-surface and Visibility Study Approaches [D]. Hong Kong: The Chinese University of Hong Kong, 2008.
[13] 郑天挺，谭其骧. 中国历史大辞典[M]. 上海：上海辞书出版社，2000.
[14] 汪涛. 明代大同镇长城与自然环境地理关系研究[D]. 南京：东南大学，2010.
[15] 王琳峰. 明长城蓟镇军事防御性聚落研究[D]. 天津：天津大学，2012.
[16] 李洪成. SPSS18 数据分析基础与实践[M]. 北京：电子工业出版社，2010.
[17] 王琳峰，张玉坤. 明长城蓟镇戍边屯堡时空分布研究[J]. 建筑学报 2010，11 (增刊): 1-5.

基于 GIS 的清代内蒙古地区城镇时空演变特征研究 ①

摘　要

清代是城市迅猛发展和巨大变革的时期，奠定当今城市格局的基础。利用 GIS 软件和地统计方法对清代内蒙城镇发展做量化研究。结果表明，该地区城镇空间分布由长城关外察哈尔地区向东西两侧扩散，与内蒙五路驿传具有一定空间关联；城镇增长在时间上可识别四个阶段，增长初期（1723～1735 年）、加速期（1736～1820 年）、停滞期（1821～1874 年）和高速期（1874～1911 年），东部在内蒙古与河北、辽宁、吉林三省交界处呈带状和点状集群特征，西部于土默特形成高密度核心。

关键词　城镇发展；GIS；内蒙古；清代

引言

自战国起，城市文明的曙光已经照耀于内蒙古广袤的土地，相继出现了一系列著名的城市，如战国的云中、雁门、上谷、渔阳；汉魏的盛乐城；唐代的受降城；辽代的上京、中京；元代的上京、应昌路城；明代的归化城；清代的绥远城等。这些城市在各自的历史时期扮演着区域经济、政治、军事、文化中心的角色。早在 19 世纪末 20 世纪初俄国和日本便着手对东西蒙古城镇展开详细地调查。近年来，民族边疆地区逐渐引起学者的关注，涌现了一批相关研究著作。

在单个城镇研究方面，包慕萍 [1] 以 16～20 世纪的呼和浩特为研究对象，提出了“游牧城市”的概念；黄治国 [2] 侧重于对清代绥远驻防情况的梳理；杨天姣 [3] 将目光延伸至 20 世纪上半叶，分析该时期呼和浩特城市空间演变和影响因素；祁美琴等 [4] 重点分析清代内蒙古独具特色的“买卖城”形态、规模、性质等。今掘成二 [5] 以萨拉齐厅为对象总结清代地方县城的结构特点。

在区域城镇研究方面，张斌 [6] 探索性地分析呼和浩特地区明 – 清 – 民国三个时期城镇体系的演变和驱动力；翁道乐 [7] 将目光集中于清代漠南军事驻防体系构建、功能、后勤及影响；冯文勇、王乃昂 [8] 等用统计分析方法对鄂尔多斯地区历史城市发展的影响因素进行了分析；王玉海 [9] 总结出清代内蒙古东部农村在居住形式、规模、布局上的规律性；赛娜 [10] 重点考察清代内蒙古西部城镇经济、社会情况。乌云格日勒 [11]、何一民 [12] 教授等以大量详实文献资料为基础，对清代内蒙古地区城镇的形成、类型、形态、经济文化等方面进行了系统的梳理，使内蒙古近代城镇研究提升到整体性的高度。上述研究主要以文献分析的方法，还原清代内蒙古地区城镇在形态、经济、社会和文化等方面的历史面貌，但较疏于对空间格局和时空演变的讨论。

依托上述文史研究，本文以清代内蒙古地区“府、厅、州、县、厅属官治所城镇（巡检司、照磨、经历等）”为研究对象，从计量地理学的角度，引入空间概念，运用 GIS 的地图绘制、空间分析功能，用定量分析的方法描述清代内蒙古地区城镇发展特征，复原城镇聚落时空演变过程，为当今内蒙古地区城镇化建设提供参考性依据。

一、研究区域和分析方法

1. 研究区概述

1）研究区域划界

清代内蒙古地区并不存在一个固定、完整的行政建置。清政府采取“众建分势”的策略，将漠南蒙古分为蒙古六

---

① 张昊雁，张玉坤．基于 GIS 的清代内蒙古地区城镇时空演变特征研究 [J]．干旱区资源与环境，2015（03）：13-19.
国家自然科学基金（青年）项目（51108305）：“基于空间信息技术的明长城军堡空间关系研究”（2012—2014）.

盟、套西二旗、归化城土默特和察哈尔。在开垦的蒙地设置管理汉民的治所，并划归比邻省份，包括山西、直隶、奉天、吉林，导致清代内蒙古与周边省份实际控制范围存在重叠、消长的状态。根据《清史稿·地理志二十四》记载其界限：

“东界吉林、黑龙江，西界厄鲁特，南界盛京、直隶、山西、陕西、甘肃，五省并以长城为限。”[13]

综上所述，本文关注清代由于蒙地开发所设城镇，故研究区域包括清代蒙古六盟、套西二旗、归化城土默特、察哈尔地区，涉及今内蒙古自治区大部、河北与辽宁长城线外侧地区、吉林、黑龙江西部地区（图1）。

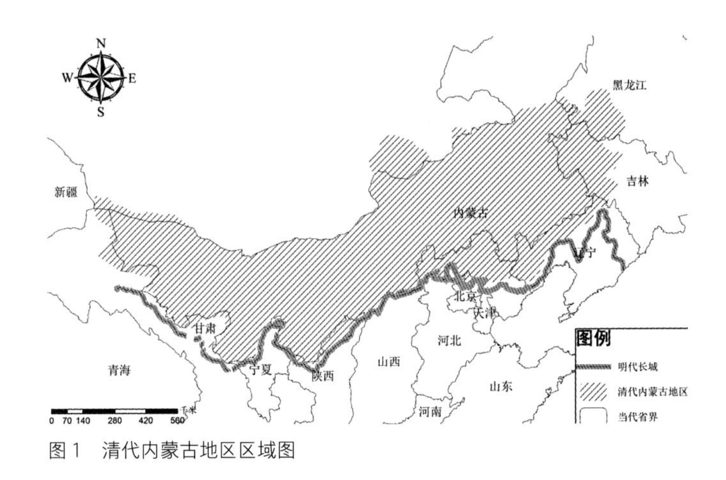

图1　清代内蒙古地区区域图

2）研究区概述

内蒙古地处明长城外侧、蒙古高原南端，海拔1000米以上的高原是地形主体。境内东部斜贯东北－西南走向的大兴安岭，中部横卧东西走向的阴山山脉，西部是南北延伸的贺兰山脉，延绵的山脉构成了南北自然环境差异的分界线。平原主要位于大兴安岭东麓、阴山南麓以及黄河岸边。

自清以降，内蒙古地区被置于统一的国家控制下，长城两侧游牧、农耕民族长期对立的状态得到缓解，为人口流动、城镇发展奠定了基础。清初内蒙古地区以游牧经济为主，施行盟旗制度。随着内地人口增加、自然灾害频发和满洲贵族大肆圈地，人地矛盾凸显，迫使山、陕、直、鲁的流民越过长城进入蒙地，逐渐改变内蒙古社会的生产、生活方式。为了协调由此频发的蒙汉纠纷和防范蒙古贵族借此做大，清政府将内地府县制度引入内蒙古地区，建立一系列直隶厅、州、府、县等，与原有的盟旗制度共同管理。

特殊的“旗”“厅”并存模式折射出农牧经济交融的现实和程度。城镇的出现和发展需要永续的人口聚集和产业支撑，是区域内政治、文化、经济的中心。本文研究对象指清代由于蒙地开发而建立的治所城镇，包括府、厅、州、县以及附属城镇（巡检司、照磨、经历），散布于山西、河北、辽宁省长城线外侧及吉林省西部，以期反映该区域的土地利用和覆盖变化情况。

2．数据来源

数据主要来源：牛平汉《清代政区沿革综表》、乌云格日勒《十八至二十世纪初内蒙古城镇研究》、《清史稿·地理志》、韩儒林《穹庐集——元史及西北民族史研究》、《中国文物地图集·内蒙古自治区分册》、谭其骧《中国历史地图集·第八册》、《口北三厅志》、《承德府志》、《热河志略》、《宣统昌图府志》、《吉林府县志辑》。[14]

数字高程模型DEM（Digital Elevation Model）来源于全球科学院计算机网络信息中心国际科学数据镜像网站的ASTER GDEM数据产品，水平精度30米，垂直精度20米；1∶400万河流（一至五级河流）、行政区划（省级至县级）、各级城市居住点等数据来源于中国国家基础地理信息中心；清代省、府疆域矢量数据来源于中国历史地理信息系统CHGIS①；长城堡寨数据来源于天津大学明长城军事防御体系研究课题组。

3．研究方法

将文献记载聚落信息进行整理、转译，构建清代内蒙古地区城镇聚落数据库。具体字段包括：城镇级别分为4级，即府城（1级）、厅城（2级）、县城（3级）、附属城镇（4级）；城镇名称来源于志书记载；建立时间为城镇最初级别设立年代；“所属府县”和“治所今址”表明城镇的行政归属以及地理位置。

运用kernel算法总体描述清代内蒙古地区城镇空间分布特征。根据表面成本为基础的最短路径原理[15]，复原清代内蒙古五路驿传路线。对驿路进行多层次缓冲区分析，对缓冲区内的城镇聚落分布进行定量统计和趋势面分析，描述驿路与清代内蒙古地区城镇聚落空间关系。逐年统计府、厅、州、县及附属城镇的累计个数，得到城镇个数累计曲线。根据时间特征，截取1735年、1755年、1795年、1874年、1892年、1911年六个时间断面的城镇分布图。通过城镇空间扩散和级别变迁对比，分析清代内蒙古城镇体系时空演变的一般特征。

① 中国历史地理信息系统（CHGIS），复旦大学历史地理研究中心，2003年6月.

二、清代内蒙古地区城镇聚落时空演变特征

1．城镇聚落总体空间分布特征

利用 ArcGIS9.3 Kernel 算法生成清代内蒙古地区城镇密度分布图（图 2），发现以下特征：（1）清代内蒙古地区城镇整体分布不均衡，由长城口外察哈尔地区向东西两侧扩张，散布于今内蒙古自治区与山西、河北、辽宁、吉林等省交界区域。张家口－独石口以东城镇呈带状沿明长城向东北平原延伸，以西城镇在呼和浩特地区形成密集区，并向周边呈阶梯状疏散。（2）归化城附近形成清代内蒙古地区聚落高密集核心，约 4.6 个 / 平方公里。土默特地区古称“丰州川”，土壤肥沃气候湿润，在俺答汗时期就出现过颇具规模的农业聚落——板升①。同时地处交通要冲，清代“走西口”路线极大地推动地区商业的繁荣，“为城镇的形成聚集和补充了必要的人口”[16]。（3）昭乌达、卓索图盟形成的城镇沿河北、辽宁明长城线外侧分布，形成“丰宁县－建昌县－彰武县”的城镇聚集带，密度约为 3.5 个 / 平方公里；东北平原地区城镇在洮南府附近形成密度超过 3.3 个 / 平方公里的核心区。昭乌达、卓索图、哲里木盟由于农业开发聚集而成的城镇呈现明显的带状和点状集群特征。主要因为较之土默特地区，东蒙拥有广阔的待开垦土地，同时蒙古各旗对开垦抱有积极的态度，清嘉庆五年（1800 年）理藩院准奏郭前旗札萨克招民开垦的请旨，正式拉开东蒙开垦的序幕。不应忽视的是，有感于日益加剧的边患，清政府从巩固国防的角度也认可移民政策，认为“农地增多，天赋随之加增，有民可役，更利权双收”[17]。因此，充足的待垦土地、蒙古王公和清政府积极的移民态度等因素综合促进了东蒙城镇的在数量和规模方面较快地发展。

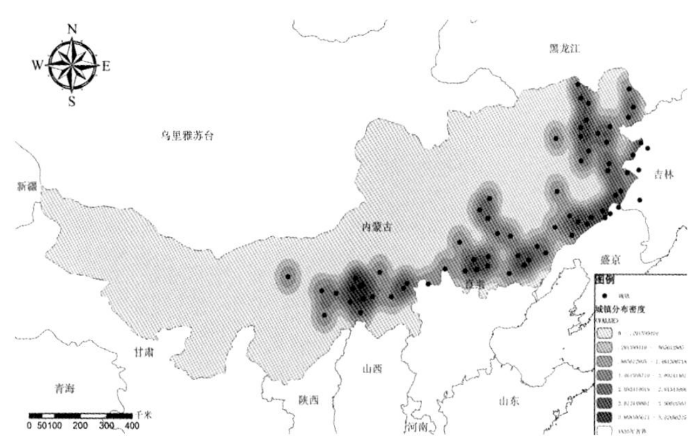

图 2　清代内蒙古地区城镇密度图

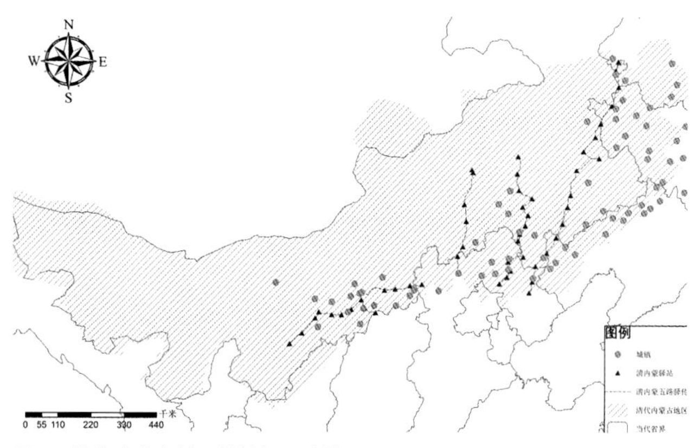

图 3　清代内蒙古地区城镇与驿路关系图

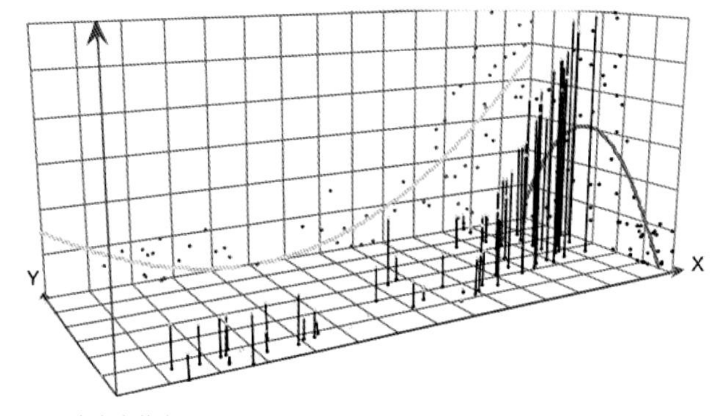

图 4　清代内蒙古城镇驿路偏离趋势图

2．城镇聚落与驿传的空间分布特征

道路决定物流、信息流、人流的流动，是影响聚落兴衰的重要因素。清代内蒙地区历经康熙、雍正、乾隆三朝的建设和发展，逐步形成连通京师与内外蒙古、新疆等边疆地区的交通网络，包括内蒙古五路驿站、阿尔泰军台、西北路军台和卡伦道路。[18] 运用 GIS 最短路径原理，建立成本公式：cost=cost_river+[cost_slope*0.6+cost_QFD*0.4][19]，生成连接内蒙古五路驿站最短路径，将其与数字高程图、城镇聚落图进行叠加（图 3）。

内蒙古五条驿路修建于 1692～1693 年，均早于内蒙古各厅城设立时间。因此，“内蒙古五路”对该地区人口迁移、城镇聚落形成起到了重要影响。如图 4 所示：土默特川平原城镇聚落与杀虎口驿路和张家口驿路的关系紧密，基本按驿路走向分布，城镇距驿路的距离在 20～30 千米范围内；中部山地城镇分布于古北口、独石口驿路两侧；东部地区城镇沿喜峰口驿路北出燕山山脉，循柳条边向东北方向延伸，后期城镇有明显回归趋势，再次集中于喜峰口驿路两侧。

以城镇偏离驿路距离为属性，生成趋势面分析图（图 5）：城镇的经度与城镇偏离驿路的距离呈 U 形，顶点位于张家

① 《明神宗实录》卷一四一，万历十一年九月甲申：“一议，招携言，板升夷人众至十万，宜令通事及亲识者，密谕德意，许其率所部来降。”

口－独石口长城一线，东西两侧城镇偏离度随着远离长城线而增加；在纬度方面，呈现倒 U 趋势，由于喜峰口驿路为南北走向，可以视为东北平原城镇与喜峰口驿路呈反 U 形空间分布。

3. 城镇聚落时空演变特征

根据文献记载城镇建立的时间特征，将时间分辨率定为 20～30a，将文字时间记录折算成时间单元来统计聚落建立个数（表 1、图 5）。根据城镇时间特点，截取 1735 年、1755 年、1795 年、1874 年、1892 年、1911 年六个时间断面，运用 ArchGIS9.3 生成以上六个时间断面的城镇分布图（图 6）。

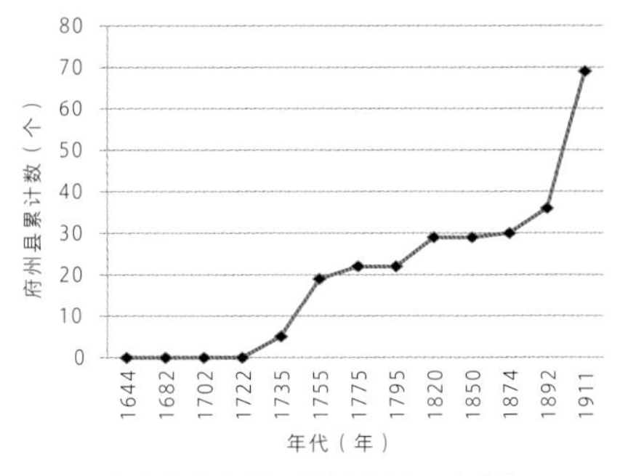

图 5 清代内蒙古地区城镇个数累计曲线图

城镇建立时间单元折算表 表 1

时间单元	起止时间	时间跨度（年）	修正后时间单元	修正后时间跨度（年）	累计个数
顺治	1644～1661 年	18	1644～1661 年	18	0
			1662～1682 年	21	0
康熙	1662～1722 年	61	1683～1702 年	20	0
			1703～1722 年	20	0
雍正	1723～1735 年	13	1723～1735 年	13	5
			1736～1755 年	20	19
乾隆	1736～1795 年	60	1756～1775 年	20	22
			1776～1795 年	20	22
嘉庆	1796～1820 年	25	1796～1820 年	25	29
道光	1821～1850 年	30	1821～1850 年	30	29
咸丰	1851～1861 年	11	1851～1874 年	24	30
同治	1862～1874 年	13			
光绪	1875～1908 年	34	1875～1892 年	18	36
宣统	1909～1911 年	3	1892～1911 年	19	69

由图表可知，清代内蒙古地区由于农业开发和移民政策的阶段性，管理汉民的府、州、厅、县、附属镇的建立可识别出四个时期。在空间上，清代蒙地城镇由口外察哈尔地区向东西两侧阶段性扩张，东侧城镇沿着长城线向北延伸至东北平原腹地，西侧城镇沿着张家口驿路、杀虎口驿路向西延伸，在归化城附近形成聚集区。

1）1723～1735 年（雍正时期）为城镇增长初期。康熙中期，张家口置县丞，雍正二年（1724 年）改为理事厅，管辖察哈尔东翼镶黄旗一旗、西翼正黄半旗。雍正五年（1727 年）于太仆寺牧场开垦区张皋镇置巡检司。雍正十年（1732 年）置多伦理事厅，雍正十二年（1734 年）置独石口理事厅，辖察哈尔东翼正蓝、镶白、正黄、镶黄四旗，及蒙古内札萨克、喀尔喀旗民。雍正八年（1729 年）在喀喇沁中期南部农耕区域置八沟厅（后改平泉州）。至雍正十三年（1735 年），内蒙古城镇主要集中于察哈尔地区，主要是该地区为内属蒙古，土地的所有权和支配权均掌握在清政府手中，相较于札萨克旗易推行官垦地、官私牧场等。所建城镇大多是理事厅，专职审理蒙古旗民与汉民的交涉、诉讼，成为清代内蒙古地区民治州县机构之始，标志着内蒙古地区“旗厅”并存的双重管理模式的初步形成。

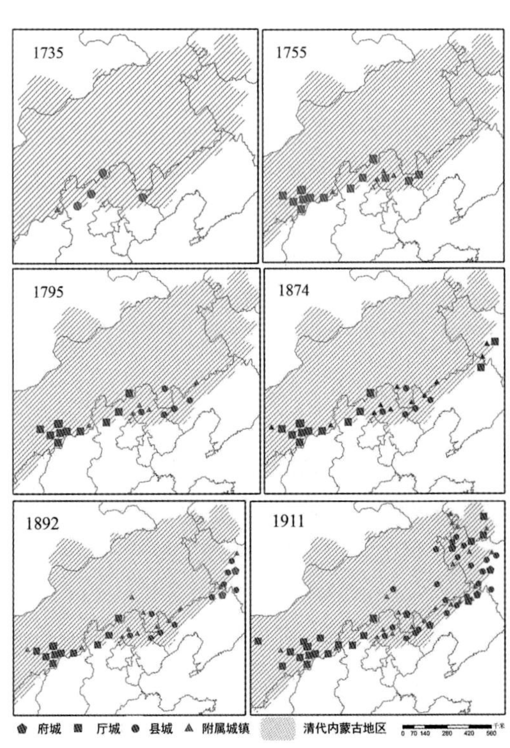

图 6 清代内蒙古地区城镇体系空间演变图

2）1736～1820 年（乾隆、嘉庆时期）为城镇增长加速期。乾隆前期（1736～1755 年）城镇增幅较大，增加 10 座厅城 4 座附属城镇，占总数的 20%。主要出现在西部土默特川地区，包括绥远城厅、归化城厅、清水河厅、宁远厅，萨拉齐协理事通判厅、托克托协理事通判厅、清水河协理事通判厅、和林格尔协理事通判厅。东蒙地区新增城镇集中于昭乌达盟、卓索图盟南端建昌县附近，包括四旗厅、塔子沟厅两座厅城，郭家屯、大阁、黄姑屯三座巡检司。乾隆中期（1756～1775 年）城镇增幅减缓，东蒙城镇继续向东蔓延，新增有三座塔厅、乌兰哈达厅以及鄂尔土板巡检司。其余均在原有城镇基础上继续发展，萨拉齐、托克托、清水河、和林格尔升为理事通判厅，至此归化六厅格局基本确立。乾隆后期（1776～1795 年）内蒙古地区无新增城镇，原有八沟厅、四旗厅、塔子沟厅、三座塔厅、乌兰哈达厅分别改为平泉州、丰宁县、建昌县、朝阳县和赤峰县。至此，内地府县制正式出现在内蒙古地区。嘉庆年间东北平原出现长春厅和昌图厅，赤峰地区增加大庙、大宁城、四家子等附属城镇。

3）1821～1874 年为城镇增长停滞期。道光、咸丰、同治三朝只在八家镇设昌图经历，此外无新增和级别变更的城镇。

4）1875～1911 年为城镇增长高速期。迫于内外的政治压力，清政府在内蒙古地区实行新政，以官办形式放垦蒙地，招募内地汉民发展农业。借此一方面增加国家财政收入，另一方面移民实边巩固国防。光绪朝前期（1875～1892 年），新增城镇集中吉林西部，包括奉化县、怀德县、康平县、八面城；升长春厅、昌图厅为长春府、昌图府，至此东盟地区府县制度完全建立。光绪朝后期（1892～1911 年），东西蒙地同时迎来城镇激增高峰。新增府城 1 座，厅县级城镇 23 座，附属城镇 9 座，总计 33 座，占总数 50.7%。此外，升朝阳县、赤峰县为朝阳府、赤峰直隶州。西部土默特地区新增 5 座厅城——武川、陶林、兴和、五原、东胜，标志着农业移民已深入鄂尔多斯和大青山北麓地区。东蒙地区城镇沿今辽宁省、吉林省、黑龙江三省西部边界向北向西蔓延，并以昌图府、洮南府、长春府为中心形成聚集区。

由内蒙古城镇发展特征可知，土默特地区城镇无论空间分布还是城市体系上均相当稳定。城镇质心维持在和林格尔 - 归化城一线，迁移幅度不大。自建立初就确立以归化城为核心，辅以周围厅城的局面——归绥道，形成较完备的城镇体系。随着开发的深入，张之洞曾提出“七厅改制”方案，试图“提高厅官地位来加强山西省对口外七厅的控制，将蒙古地区的七厅制度更加靠拢内地府县制度”[20]。此举遭到蒙古人和土默特官吏的强烈反对，归化城副都统奎英与绥远城将军丰绅联名上奏：

“将山前蒙地安民、日积月广，占地愈多，多似有鸠夺鹊巢之势……若将流民编籍，自必侵占牧地，实与蒙古生计大有关碍，请各厅体制复旧，勿编民籍，仍尊成案。”①

因此直至清末，虽官垦已深入乌兰察布、伊克昭等札萨克旗境内，新建武川、东胜诸厅，但土默特地区未完成“厅城—府县”的转变。直至民国元年（1912 年），西部口外十二厅才最终“改厅为县”。

反观东部蒙地，包括昭乌达盟、卓索图盟、哲里木盟，辽阔的可耕种土地、清政府对开放蒙垦、移民政策的阶段性，导致东蒙地区城镇体系地发展呈现较大变化。一方面体现在空间上，城镇大幅度北移，形成西起承德北部、东至黑龙江西南部肇东地区的城镇带。

另一方面体现在内地府县制度逐步在已开辟的农业区内推行。通常在新开垦蒙地中选择聚集度高的聚落作为厅城，随着开垦地深入、人口的增加，原有厅城改为县城，或再升为府城，并在辖地内派出照磨、分防经历等，随后这些附属城镇继续发展为新的县城。光绪朝后期，随着蒙垦地全面开放，绕开“厅转县”的模式直接设立县城。

结论

本文通过史料获取聚落信息，建立清代内蒙古地区城镇聚落数据库，在对空间进行处理和校对后，复原出研究区域城镇聚落演变进程。通过 GIS 空间分析，发现研究区城镇聚落格局存在典型特征：（1）空间分布上，呈现由察哈尔地区沿长城线向东西两侧扩张的趋势，东部沿长城线向东北平原扩张，最终在内蒙古与河北、辽宁、吉林三省交界处呈带状和点状集群特征，西部于土默特地区形成高密度核心。（2）时间分布上，清代内蒙古地区城镇聚落增长呈阶段特征，大致可以划分四个时期，分别为增长初期（1723～1735 年雍正时期）、增长加速期（1736～1820 年乾隆嘉庆时

① 《光绪朝朱批奏折》. 第一一四辑“民族卷”. 光绪十年二月初十日.

期)、增长停滞期(1821～1874年道光咸丰同治)、增长高速期(1875～1911年光绪宣统)。(3)城镇体系方面，东部蒙地城镇按“厅改县改府、附属城镇改县”的规律逐步推行内地府县制；与此相对，土默特地区一直维持以归化城统领诸厅的割据，且直至清末未完成厅城向府县的转变。

需要注意的是，内蒙古城镇发展部分受到长城的影响，体现在对移民路线的制约。康熙帝认为“长城在德不在险”，其军事防御功能大大下降。但是，长城作为农牧间的人工分界，在清代继续发挥隔离作用。清政府通过控制山海关、喜峰口等边门的方式控制汉民对蒙地的渗透。清初为了防止汉民进入，甚至于鄂尔多斯南部沿长城划分南北五十里宽的禁地——黑界地。此外，清代内蒙古的五路驿传(古北口驿、喜峰口驿、独石口驿、张家口驿、杀虎口驿)均从长城关口出发，这些建于康熙年间的通道，无疑在随后的移民拓荒潮中起引导作用，如“走西口”移民路线等。

利用ArcGIS强大的数据处理和空间分析功能，揭示出深埋史料中的规律，有利于弥补传统历史地理分析中的缺陷。但应当指出，本文由于资料所限，仅对具有职官治所的城镇空间格局进行初步解释分析，结合历史耕地、人口数据、城池大小、所属村落等对清代内蒙古地区聚落发展进行深入、全面的研究是有待进行的下一步工作。

参考文献

[1] 包慕萍，村松伸．1727-1826年呼和浩特(归化城)的城市空间构造——民族史观的近代建筑史研究之一[C]．中国近代建筑史国际研讨会，2000.
[2] 黄治国．清代绥远城驻防研究[D]．北京：中央民族大学，2009.
[3] 杨天姣．呼和浩特城市空间演变研究(1912-1958)[D]．西安：西安建筑科技大学，2011.
[4] 祁美琴，王丹林．清代蒙古地区的“买卖城”及其商业特点研究[J]．民族研究，2008(2)：63-74.
[5] 今掘成二．清代地方县城的结构——绥远省萨拉齐厅的情形[J]．东洋史研究，1970(4)：99-137.
[6] 张斌．明清到民国时期呼和浩特地区城镇体系演变研究[D]．呼和浩特：内蒙古师范大学，2011.
[7] 翁道乐．清在漠南蒙古地区的军事驻防体系[D]．呼和浩特：内蒙古大学，2006.
[8] 冯文勇，王文昂，何彤慧．鄂尔多斯高原及毗邻地区历史城市发展的影响因素[J]．经济地理，2010(3)：431-437.
[9] 王玉海．清代内蒙古东部农业村落的规模和布局[J]．内蒙古社会科学，2001(6)：41-44.
[10] 赛纳．清代内蒙古西部城镇发展——以归绥地区为主[D]．呼和浩特：内蒙古大学，2008.
[11] 乌云格日勒．十八至二十世纪初内蒙古城镇研究[M]．呼和浩特：内蒙古人民出版社，2005.
[12] 何一民．国家战略与民族政策：清代内蒙古地区城市之变迁(上)[J]．学术月刊，2010(3)：137-141.
[13] 赵尔巽．清史稿·志五十二[M]．北京：中华书局，1998.
[14] 牛平汉．清代政区沿革综表[M]．北京：中国地图出版社，1990.
[15] 汤国安，杨昕．ArcGIS地理信息系统空间分析实验教程[M]．北京：科学出版社，2006：290-294.
[16] 刘春玲．论走西口对清代内蒙古西部社会发展的贡献[J]．鄂尔多斯文化，2006(2)：24-32.
[17] 田志和．清代东北蒙地开发述要[J]．东北师大学报(哲学社会科学版)，1984(1)：87-94.
[18] 韩儒林．穹庐集——元史及西北民族史研究[M]．上海：上海人民出版社，1982.
[19] 曹迎春．基于GIS的明长城边防图集地图道路复原——以大同镇为例(录用待刊)[J]．中国历史地理论丛．
[20] 阿如汗．内蒙古中西部诸厅之研究——以口外十二厅为中心[D]．呼和浩特：内蒙古大学，2011(6).

基于分形理论的清代长城外侧城镇格局研究 ①

摘 要

分形是大自然优化的结构形式，分形城市群能最有效地占据空间。清代是长城外侧地区城镇迅猛发展时期，本文利用 GIS 空间分析功能和分形理论对清代长城外侧城镇体系的网格分维和聚集分维进行测定。结果表明：该区域 78 个治所城镇空间分布具有分形几何特征，且归绥和直隶地区分形发育度最好，围绕归化城和承德府为中心向周围密度衰减分布；伴随着点—轴系统的发展，城镇空间结构历经随机阶段、孕育阶段、发展阶段的三个演进过程。

关键词 城镇格局；分形；历史地理；清代

引言

“分形几何”（Fractal Geometry）是曼德尔布罗特（Mandelbrot）创立于 20 世纪 70 年代的全新学科，代表了在一定程度上由局部到整体的对事物的认识过程 [1]，分形几何关注形体的自相似性（无标度性），其表征参数为分维数 D。该理论目前业已被广泛运用于自然和社会科学各领域，帮助理解事物的非线性和复杂性。分形是大自然的优化结构，能有效地实现对空间的占据。因此对于承载于地理空间中的城镇群，其内部组织结构和演化过程必然遵守着同样的支配法则，在一定程度上呈现分形几何特征。

“格局 – 结构 – 过程 – 机理”是地理学揭示空间分异和区域联系贯彻始终的研究范式 [2]，能有效地整合“空间 – 时间”维度问题，完成从“what-how-why”的认识转变。通过厘清历史时期城镇体系发育脉络，有助于全面把握区域城镇发展的客观规律及人地内在联系，推动历史理论研究向运用实践研究的过渡。

然而，面向过去的空间信息主要来源于文献资料，主观且不充分，记载方法与现代空间分析语法存在较大差异，使得传统研究较难以与现代空间分析理论和技术相结合。针对于此，国内外学者 [3] 不断地在空间数据挖掘、可视化信息管理以及空间分析方法等领域取得成功突破：复旦大学历史研究中心和美国哈佛大学联合开发的 CHGIS 系统，提供上起秦朝（公元前 211 年）下至宣统三年（1911 年），中国政区位置、变更、范围等连续时间变化的可视平台。满志敏 [4] 提出“文献解读 – 数据提取 – 指标建立 – 制图分析”的分析模式，运用 ArcGIS 空间差值算法对光绪三年直隶、山西受旱程度进行实证研究。张玉坤、曹迎春 [5] 利用 GIS 最小成本计算原理对明代长城九边之一的大同镇进行道路网恢复，将原本孤立的军事聚落群串联成动态网络。满志敏、潘威 [6] 等将航空网络分析中的“度—簇”理论嫁接于历史地理中，较好地解释了 1908～1935 年陕西地区邮政网络的连通性。

综上所述，本文以清代长城外侧治所城镇为研究对象，尝试利用分形的形态分析方法，借助地理信息系统（Geographic Information Systems）的数据分析管理平台，研究区域城镇格局、聚类、演变等特征，为当今的区域规划提供历史依据和指导。

一、研究区域概况及数据来源

1. 研究区域与研究对象

本文研究的长城外侧地区限定于“漠南蒙古地区”。该地理概念见于明清史料，涉及今内蒙古自治区大部、河

---

① 张昊雁，张玉坤，解丹．基于分形理论的清代长城外侧城镇格局研究 [J]．干旱区资源与环境，2016（03）：61-67.
科技部科技支撑计划（2014BAK09B02）：“明长城整体性研究与保护规划示范——以京津冀地区为例”；国家自然科学基金（51478295）：“明长城军事防御体系整体性保护策略研究”；国家自然科学基金（51178291）：“金长城防御性聚落的空间结构分析研究”；国家社科基金重大项目（12&ZD231）：“我国线性文化遗产保护及时空可视分析技术研究”.

北与辽宁长城线外侧地区、吉林、黑龙江西部地区（图 1）。根据《清史稿 · 地理志二十四》记载其界限：

“东界吉林、黑龙江，西界厄鲁特，南界盛京、直隶、山西、陕西、甘肃，五省并以长城为限。”[7]

清帝国疆域实质上由满洲、内省、藩部三部构成。广义上，长城外侧地区囊括了藩部之漠南蒙古和满洲，且不存在一个固定、完整的行政建置。但若从与长城交界面长短的角度来看，长城以北地区更多的是属于漠南蒙古地区。众所周知，交界范围的多寡影响着相邻双方在信息、物资、人流等方面的互动量，公共界限越大，关联度也越高，反之亦然。故而出于与长城关联影响的考虑，选择占据绝对比例的漠南地区作为限定区域。

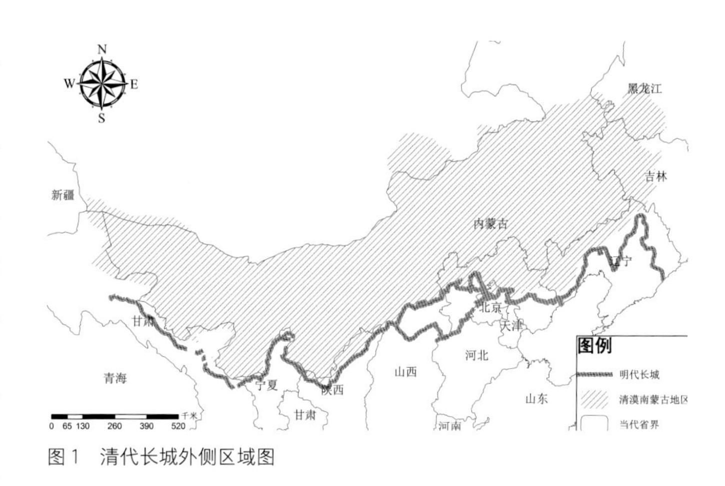

图 1 清代长城外侧区域图

清政府采取“众建分势”的盟旗政策，将漠南蒙古诸部分为蒙古六盟、套西二旗、归化城土默特和察哈尔，并设立绥远将军、察哈尔都统、热河都统三个八旗驻防主官执掌旗民实务。得益于清代长城两侧大一统的政治局面和较为宽和的民族政策，大量内地汉民越过长城线进入蒙地，为原本单一的游牧经济注入了农业色彩，并因此拉开了城镇发展的序幕。为治理蒙地汉民，清廷参照内地州县制度，择农耕聚落核心位置设立一系列府、厅、县等治所城镇。这些治所城镇以及具有外派属官驻守的市镇均成为各自辖境内经济、政治、文化中心，且具有上下统属的完整体系，即为本文研究对象。

由此可见，长城外侧地区的开发时间和城镇发育程度要远远落后于内地。但正因为此，我们可以更为清晰地追溯到区域城镇萌芽的原点，从头开始细致梳理城镇体系发展的脉络，从而理解特定时空范围内人地关系的内在规律。

2. 研究数据来源

研究数据包括城镇聚落数据和基础地理数据两部分。城镇聚落数据包括府、厅、州县等聚落建置年代、经纬度、治所今址、古今变更等属性信息，详见于牛平汉[8]《清代政区沿革综表》、傅林祥[9]等《中国行政区划通史 · 清代卷》、韩儒林[10]《穹庐集——元史及西北民族史研究》等著作，并转译入 ArcGIS9.3 中编制成清代漠南城镇数据库。长城关寨数据来源于天津大学明长城军事防御体系研究课题组。

基础地理数据包括数字高程模型、河流和行政区划等信息，供空间路径计算之用。数字高程模型 DEM（Digital Elevation Model）来源于全球科学院计算机网络信息中心国际科学数据镜像网站的 ASTER GDEM 数据产品，水平精度 30 米，垂直精度 20 米；1 : 400 万河流（一至五级河流）、行政区划（省级至县级）、各级城市居住点等数据来源于中国国家基础地理信息中心。

二、数据分析方法

由于城镇历史信息记载（如里制、面积、人口统计）的主观和残缺，对定量分析结果的准确性以及现代技术的引入造成较大障碍。针对于此，本文仅关注城镇的“空间位置”和“设置年代”两个较为客观和易于获取的参数，空间距离则统一使用 ArcGIS9.3 的最小成本和最近距离计算而得，确保数据的一致性和客观性。

分维数是描述分形不规则程度的参数，便于用简单数值理解事物的复杂性。点状地理信息（城镇）分维刻画的方法有随机聚集维数、网格维数、空间关联维数三种[11]。聚集维数表征城镇体系要素围绕某中心城市的向心度；网格维数反映区域城镇群整体空间分布的均衡性；关联维数通过城镇之间距离测算空间相关性[12]。就历史城镇而言，时间和空间都是客观属性，然而城镇之间的交通网络在缺乏史料佐证的情况下进行恢复存在较大误差。故而本案研究中使用前两种维数对清代长城外侧城镇空间格局进行描述。

1. 网格维数计算方法

网格法是分形研究中最常用的分维计算方法，其思路是使用不同尺度的网格去覆盖点目标。伴随网格尺寸 r 发生规则变化，覆盖点目标的网格数目 $N(r)$ 也发生相应变化。如果城市分布具有无标度性，则有：

$$N(r) \propto r^{-D} \tag{1}$$

两边同时取对数得：
$$\lg N(r)=-D_0\lg r+A \quad (2)$$
式中 D_0 为网格维数（容量维），A 为常数，r 为网格尺寸，$N(r)$ 为覆盖目标的边长为 r 网格总数。该公式体现了点的分布状况，但忽略各网格所覆盖点数的差异。若观察网格中第 i 行、第 j 列网格中点元素个数为 N_{ij}，全区域点数为 N，可得该网格中覆盖点数概率为：$P_{ij}=N_{ij}/N_0$

可得出信息量：
$$I(r)=-\sum_{i=1}^{r}\sum_{j=1}^{r}P_{ij}\ln(P_{ij}) \quad (3)$$
当城镇群在一定标度内具有分形特征时，则有：
$$I(r)=-D_1\ln(k)+I_0 \quad (4)$$
式中：$I(r)$ 为信息量，I_0 为常数，k 为区域各边分段数，D_1 为网格维数（信息维）。

网格维数 D 取值范围在 0～2：当 $D=0$ 时，说明城镇聚集于一点；当 $D\to1$，说明城镇呈线状分布；当 $D=2$ 时，说明城镇均匀分布（中心地理论）。通常状况下，容量维 D_0 与信息维 D_1 不相等，关系为：$D_1<D_0$。当城镇体系是简单分形结构时，满足 $D_1=D_0$。

2. **聚集维数计算方法**

假设区域城镇遵循某种自相似规则围绕某中心城镇呈凝聚分布，且分形体是各向均匀变化，则可借助几何测度关系确定半径为 r 的圆周内城镇数目 $N(r)$ 与相应半径的关系：
$$N(r)\propto r^{Df} \quad (5)$$
式中 Df 为分维。考虑到半径 r 对于计算值的影响，将其转换成平均半径，定义平均半径为：
$$Rs=\left[\frac{1}{S}\sum_{i=1}^{S}r(i)^2\right]^{1/2} \quad (6)$$
则有分维关系：
$$Rs\propto S^{1/D} \quad (7)$$
式中：Rs 为平均半径；r_i 为研究区域内第 i 个城镇点到某中心点的欧式距离；S 为宣统三年口外城镇聚落个数；D 为随机聚集分维，地理意义为城镇体系内各要素围绕某中心点分布的聚集形态：当 $D<2$ 时，说明城镇体系空间分布从中心向四周呈衰减趋势；当 $D=2$，说明城镇体系半径方向上呈均匀分布状；当 $D>2$ 时，城镇体系从中心向四周呈密度递增状，即在一定程度上呈离心扩散趋势，是一种非正规现象。为了更准确反映城镇之间时空临近度，本文将基于最小成本计算所得的路径距离取代公式（6）中的欧式距离。

三、清代长城外侧城镇空间结构实证研究

1. 网格维数的测算和评价

有清一代，清代漠南地区共有 78 个治所城镇，即 N=78。运用 ArcGis9.3“Data Management Tools”模块下的“Create Fishnet”生成范围为 108°E～128°E、39.5°N～48°N 的矩形区域覆盖目标点群。视矩形区的边长为 1 单位（长宽可取不同单位），分别将各边 K 等分，则矩形区域被划分为 K2 网格，且 $r=1/K$（图 2）。首先统计点群所占网格数 $N(r)$，再统计各网格所含点数进而统计出 $P_{ij}(r)$，在利用公式（3）计算信息量 $I(r)$。改变 ε 得到对应的 $N(r)$ 和 $I(r)$，最后作双对数坐标图 $\ln N(r)-\ln r$ 和 $I(r)-\ln r$，并对其进行线性拟合。在获取整体分维后，再进行“窗口”分析：共时性方面，分别计算宣统三年（1911）归绥、直隶、奉天地区的分维；历时性方面，分别计算 1774、1875、1895 三个时间断面的城镇分维（表 1）。

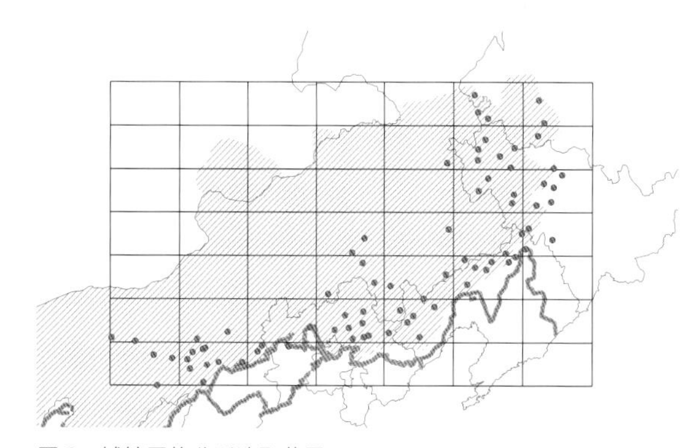

图 2　城镇网格分形选取范围

宣统三年漠南城镇网格化处理所得的城镇空间分布统计数据　　表 1

K	2	3	4	5	6	7	8	9	10	11	12	13	14	15	16
N	3	6	9	13	17	22	26	30	34	39	40	45	50	46	50
I	1.097	1.566	2.032	2.424	2.642	2.905	3.041	3.26	3.393	3.518	3.568	3.668	3.797	3.708	3.808

如图 3 所示，宣统三年区域城镇体系信息维数 D_1 为 1.415，拟合系数 R^2=0.997；容量维数 D_0 为 1.429，拟合系数 R^2=0.994。图中点序列线性回归拟合度良好，具有明显的无标度区域。$1<D_0 \approx D_1<2$，表明届时城镇体系具有简单的分形特征。清代长城外侧区域视为未开发的地理区域，各种信息、物资等从指定关口出发沿驿路推进，势必在区域中心（归化城）或交通节点（和林格尔）产生聚集效应。通常政府在新开垦蒙地中选择聚集度高的居民点设立厅城，随着开垦地深入、人口增加，原有厅城改为县城，或再升为府城，并在境内新增次级聚集中心派出照磨、分防经历等，这些附属市镇进而继续发展成为新的县城，且交通线相应延伸。如此反复，最终形成多链状城镇空间格局，呈分形几何特征。

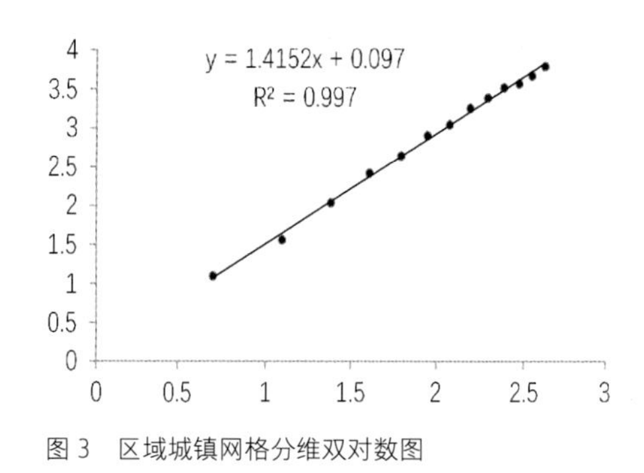

图 3 区域城镇网格分维双对数图

宣统三年各地区城镇体系网格分形的拟合方程、R^2 以及网格维数 D **表 2**

	全区域	归绥地区	直隶地区	奉天地区
回归方程	$I(r)$=1.415ln$r$+0.097	$I(r)$=1.351ln$r$+0.361	$I(r)$=1.32lnr+0.434	$I(r)$=1.051ln$r$+0.565
R^2	R^2=0.997	R^2=0.976	R^2=0.992	R^2=0.974
信息维 D_1	D_1=1.415	D_1=1.351	D_1=1.320	D_1=1.051
回归方程	ln$N$r=1.429ln$r$+0.217	ln$N$r=1.25ln$r$=0.589	ln$N$r=1.268ln$r$+0.625	ln$N$r=1.016ln$r$+0.763
R^2	R^2=0.994	R^2=0.980	R^2=0.978	R^2=0.985
容量维 D_0	D_1=1.429	D_1=1.251	D_1=1.268	D_1=1.016

各时期全域城镇体系网格分形的拟合方程、R^2 以及网格维数 D **表 3**

	1774 年	1875 年	1895 年	1911 年
回归方程	$I(r)$=1.099lnr+0.421	$I(r)$=1.127ln$r$+0.299	$I(r)$=1.110ln$r$+0.395	$I(r)$=1.415ln$r$+0.097
R^2	R^2=0.971	R^2=0.984	R^2=0.977	R^2=0.997
信息维 D_1	D_1=1.099	D_1=1.127	D_1=1.110	D_1=1.415
回归方程	ln$N$r=0.990ln$r$+0.752	ln$N$r=1.018ln$r$+0.689	ln$N$r=1.125ln$r$+0.545	ln$N$r=1.429ln$r$+0.217
R^2	R^2=0.949	R^2=0.977	R^2=0.980	R^2=0.994
容量维 D_0	D_0=0.990	D_0=1.018	D_0=1.125	D_0=1.429

在共时性方面，由图表可知（表 2、表 3）：对比境内发展较完善的三个地区发现，归绥和直隶地区分维值较高且临近整体水平，数值位于且位于 1～2 区间内，表明两地区格局由整数维向分数维过渡，城镇以发展主轴为基础向腹地延伸；奉天地区分维值最低，且趋近于 1，说明该地区城镇仍处于沿发展轴均匀扩散阶段；对比三者无标度区范围，直隶地区无标度区域最宽，且拟合度最良好（R^2=0.992），说明在清代长城外侧城镇扩散的过程中，直隶地区的分形结构发育最为良好，最为接近自然优化的状态。清代视长城为分治蒙汉的天然藩篱，将出入口限制在喜峰口、古北口、独石口、张家口、杀虎口等关隘，另一方面严格管理通关文书“票照”的发放。正因为此，靠近古北口、独石口、喜峰口的直隶地区和靠近张家口、杀虎口的归绥地区与内地的时空临近度最高，各种要素首先进入上述地区再向周围扩散，因而区域开发较早，城镇分布更接近自然分形特征。

在历时性方面，从 1723 年首设热河、归化二厅直至清末 1911 年，历经百余年发展，区域拥有府、厅、州县等各级城镇 78 座，初步形成“府 / 直隶厅 - 州 / 县 - 附属市镇”三级行政体系。由图表可知：对比四个时期，无论是信息分维 D_1 还是容量分维 D_0，分维值在 0～2 范围内不断增长，线性回归拟合度不断提高，折射出区域城镇空间结构发展呈现明显地由整数维向分数维进化过程，并大致可以划分三个阶段：（1）随机阶段。考虑到 1774 年 D_1=1.099/D_0=0.990，且治所城镇均择其境内核心位置的原则，我们有理由认为最初分维值为 $0 \leqslant D<1$。区域内聚落呈随机分布状，且等级差异并不明显，聚落之间联系度较少。（2）孕育阶段。1774 年分维 D=0.990，1875 年分维 D=1.018，网格分维 $D \approx 1$，说明拥

有良好资源优势和交通区位的聚落点开始发展成更大的城镇，并在分异点之间形成交通流线，区域局部开始出现有组织状态。在长城外侧地区，直隶的承德和土默特的归化城/绥远城在政治、经济条件下成为地区高等级中心，而其与对应长城关口的驿路交通线（建立于1692～1693年）肩负起资源往来且唯一的通道，例如杀虎口驿路（杀虎口—归化城）、张家口驿路（张家口—归化城）、古北口驿路（古北口—承德府）。在市场原则作用下，更多地分异城镇开始沿发展轴分布，此时区域城镇格局呈现整数维结构。该阶段历时近百年，在清代长城外侧开发过程中耗时最长。这是因为清政府在处理对蒙事务中始终持较为谨慎的态度，在清中前期采取严厉的封禁政策，虽然迫于经济、社会压力时有所松动，如内地旱灾年份采取“借地养民”政策，但总体上说较为严格的管控是主旨。正因为政府在封禁和默许中摇摆，造成光绪朝前区域城镇发展进程缓慢的局面。（3）发展阶段。1895年分维D=1.125，1911年分维D=1.429，该阶段网格分维值在1～2之间迅速升高，线性回归拟合度良好，表明城镇空间结构框架形成，且开始出现自相似的不规则性。光绪朝时期，清政府实现全面开禁的政策，并通过设立蒙垦大臣以官办形式积极推行蒙地开发和移民事务，地区社会经济面貌在短时间内剧烈演变，空间结构浮动较大。仅在1900年以后，新增治所城镇33座，其中府城1座、直隶厅城9座、县城13座、附属市镇10座，占总数的42.31%。东蒙地区城镇拓展线大幅北移至黑龙江流域，西部土默特地区城镇延伸至鄂尔多斯和大青山北麓地区。需要注意到，对比1875和1895两个阶段，无论是回归的良好度或分维值都迎来回落或停滞，说明在这期间城镇空间结构并未按预期分形几何特征继续深化，似乎与光绪时期全面开禁的时代背景相左。事实上，伴随该时期更多土地的释放，城镇垦殖线大幅度北移，由原本的奉天地区延伸吉林和黑龙江西部，区域城镇空间容量得到扩张。这使得原本在辖境内分支的延伸让渡于新领地的拓展，城镇格局重新回落于线性整数维。而这种线性趋势，一方面是资源沿驿路主轴继续扩展，另一方面是沿蒙地与满洲交界线向腹地蔓延。

2．聚集维数的测算和评价

通过ArcGIS表面成本和最短路径计算各城镇到归化城和承德府城的通勤距离r，再利用公式（6）将其转化成平均距离R_s（表4），将（R_s，S）绘成双对数分布图（图4），通过最小二乘法求出城镇的随机聚集维数值D。

以归化城和承德府为中心研究区域城镇分布的重心距和平均半径　　表4

城镇	以归化厅城为中心			城镇	以承德府城为中心		
	S	R_i（km）	R_s（km）		S	R_i（km）	R_s（km）
归化城	1	0	0	承德府	1	0	0
毕克齐镇	2	35.3	24.961	滦平	2	23.8	16.829
武川厅	3	42.2	31.764	皇姑屯镇	3	59	36.701
和林格尔厅	4	51.7	37.749	鞍匠屯营	4	65.5	45.655
善岱镇	5	72.6	46.841	平泉州	5	86.5	56.249
宁远厅	6	75.3	52.664	丰宁县	6	95.2	64.398
托克托厅	7	96.9	60.98	隆化县	7	96.6	69.913
萨拉齐镇	8	114.9	70.029	郭家屯	8	141.1	82.252
陶林厅	9	129.5	78.883	大阁兒	9	152.6	92.742
清水河厅	10	147.3	88.148	建昌县	10	162.3	101.859
包头镇	11	181.6	100.308	大宁城	11	177.6	110.903
兴和厅	12	215.1	109.876	赤峰州	12	190.9	119.630
丰镇厅	13	215.9	130.243	建平县	13	191.1	126.569
东胜厅	14	229	135.225	莽牛营	14	196.7	132.812
张皋镇	15	233.6	143.891	大庙	15	240.6	142.556
大佘太镇	16	272.8	155.119	四家子	16	255.2	147.521
五原厅	17	342.1	171.845	朝阳府	17	263.4	156.230
				鄂尔土板	18	385.1	163.435
				林西县	19	388.5	179.198
				阜新县	20	421.8	195.415
				绥东县	21	476.4	213.864
				开鲁县	22	483.7	230.168

图4可知，以归化城为测算中心的分维为 D=1/1.144=0.874，拟合系数 R^2=0.997；以承德府为测算中心的聚集分维为 D=1/0.855=1.17，拟合系数 R^2=0.997。图中大部分点线性回归度良好，具有明显的无标度区域，说明清代长城外侧地区城镇分别以归化城和承德府为中心的随机聚集分形几何结构特征是客观存在，区域城镇群聚集效应明显。归化城和承德府在地区吸引力较高，且遵循地理空间距离衰减规律，周边城镇密度分别以二者为中心向四周逐渐衰减，总体上城镇向归化城聚集的趋势胜于承德府。以归化城为核心的山西归绥道城镇群散布于大青山南麓的土默特平原地区，空间容量较小但通达性高；与此相对，以承德为中心的直隶热河道城镇位于燕山山脉，辖境范围虽胜于前者，但城镇多沿沟通畿辅与东北平原的河谷孔道分布，城镇实际承载空间却较小，且聚落之间通达性较差，造成承德府凝聚能力稍逊于归化城。

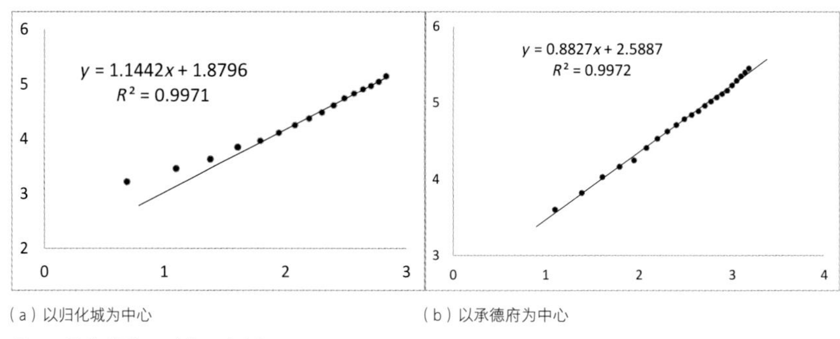

（a）以归化城为中心　（b）以承德府为中心

图4　聚集维数双对象回归图

有清一代，归化（绥远）城和承德府是口外政治地位最高的治所，凌驾于普通州府之上。归化城是口外十二厅的首治，康乾时期西北用兵时重要的军需战备中转地，设有最高级别的八旗军事驻防城——绥远城，驻札绥远将军（原山西右玉将军移驻）。绥远将军统辖八旗和长城沿线绿营，兼管地方行政事务，俨然为集军政一体的地方最高长官。承德自康熙定“木兰秋狝”制度，伴随着大量行宫地修建，逐渐发展为清政府的第二政治中心，极大地推动地区社会、政治、经济、文化的发展。与归绥地区相似，设热河都统执掌军政大权，与张家口都统、绥远将军共同构建清代长城沿线军事防御体系，外控蒙古内慑汉民。

四、讨论

土地利用/土地覆盖变化研究（LUCC计划）是国际全球化研究的前沿与重点，而过去300年因人类土地利用导致土地覆盖变化研究则是其五大中心问题之一。中国北方长城地带是农牧交错区域，由于历史原因其区域开发和城镇发展较晚，但正因为此其进化速度和增长幅度更为惊人。清代该区域城镇发展的本质是游牧经济逐步让渡于农耕经济的过程[3]，认识其特征和机制对当前土地利用方式或预测未来土地利用/土地覆盖发展具有指导意义。

当今的发展来源于历史，而历史不能游离地理空间之外，是人地关系的外在表现。借助ArcGIS的矢量化历史空间数据和地统计分析工具，更多地引入分形几何等现代理论，有助于深度挖掘和准确把握历史地理现象的规律和机制，推动历史地理研究逐步摆脱文字描述的定性研究，向定量化、应用化、动态化研究转变。

此外需要注意，清代农业开垦固然带来城镇繁荣，但片面的农业文明主体观却忽视社会生态的平衡，伤及蒙民利益而导致日后“蒙乱”的频起，给社会带来新的矛盾和冲突。这警示着我们，时下在民族杂居、生态脆弱地区推行城镇化建设切不可照搬内地的模式，需结合自身特殊性考虑，统筹农、牧、工业和环境协调发展，探索独具地区特色的城镇化之路。

结论

借助分形理论研究历史时期城镇发展是一种尝试，通过分析可以得出以下结论：

（1）清代长城外侧城镇整体空间格局在一定测算范围内存在分形几何特征，网格分维约为1.4，回归拟合度良好。下属区域中，归绥和直隶地区分形发育度最为良好，奉天地区较次。统治者有意强化归化城和承德府两个区域核心城市，将其聚集维数控制在0.9～1.1之间。

（2）清代长城外侧城镇演化进程可以分为三个阶段：随机阶段、孕育阶段、发展阶段，符合“点－轴”区域开发理论。受清政府对于区域开发态度的影响，孕育阶段历史最长，发展阶段集中于清末且演化剧烈。

参考文献

[1] 朱晓华．地理空间信息的分形与分维 [M]．北京：测绘出版社，2007：1-9.

[2] 马晓东，朱传耿，马荣华等．苏州地区城镇扩展的空间格局及其演化分析 [J]．地理学报，2008，63（4）：405-416.

[3] Brown C.T.，W.R.T.Witschey. The fractal geometry of ancient Maya settlement[J]. Journal of Archaeological Science，2003，（30）：1619-1632.

[4] 满志敏．光绪三年北方大旱的气候背景 [J]．复旦学报（社会科学版），2000，（6）：28-35.

[5] 曹迎春，张玉坤，张昊雁．基于 GIS 的明代长城边防图集地图道路复原——以大同镇为例 [J]．河北农业大学学报，2014，37（2）：138-144.

[6] 潘威，孙涛，满志敏．GIS 进入历史地理学研究 10 年回顾 [J]．中国历史地理论丛，2012，27（1）：11-17.

[7] 赵尔巽．清史稿 · 第 9 册 [M]．北京：中华书局，1976：2396.

[8] 牛平汉．清代政区沿革综表 [M]．北京：中国地图出版社，1990：1-119.

[9] 傅林祥，林涓等．中国行政区划通史 · 清代卷 [M]．上海：复旦大学出版社，2013：99-232.

[10] 韩儒林．穹庐集——元史及西北民族史研究 [M]．上海：上海人民出版社，1982：221-246.

[11] 刘继生，陈彦光．城镇体系空间结构的分形维数及其测算方法 [J]．地理研究，1999，18（2）：171-178.

[12] 陈彦光．分形城市系统：标度、对称、空间复杂性 [M]．北京：科学出版社，2008.

[13] 张昊雁，张玉坤．基于 GIS 的清代内蒙古地区城镇时空演变特征研究 [J]．干旱区资源与环境，2015，29（3）：13-19.

明长城军事防御聚落体系大同镇烽传系统空间布局研究 ①

摘 要

明蒙双方迫切的物质交换需求促使官方贸易通道畅开，互市贸易市场沿明长城而设，是开放性与封闭性的矛盾统一。根据过往研究发现：互市贸易市场的空间分布及选址特征，表征了矛盾双方在贸易过程中的作用和地位，且此方面研究尚需进一步深入。根据历史地理学理论，结合文献资料法、地图法、分类比较法等，按军镇联防及地理位置关系划分区域，探析互市贸易市场空间布局及选址的原则和影响因素，指出其布局不但受所处地理位置及环境影响，更与所在军镇的军事聚落分布、长城边墙走向、军事体系构成等有密切关系。

关键词 空间布局；烽传系统；明长城军事防御体系；大同镇

引言

明代长城军事防御聚落系统是由长城、军事防御聚落体系以及其他防御设施组成，广泛分布于明朝北方边疆的复杂防御系统，分属九边十一镇管理，东起辽东虎山，西达甘肃嘉峪关，横跨九省[1]。整个军事聚落系统依据长城走向布局并向腹内大纵深拓展，所涉地理环境极其复杂，包括山川、沟谷、戈壁、沙漠和平原等地形地貌。军事防御聚落体系通过信息、物资和人员的沟通、交流实现了系统协同防御，烽传系统便是其预警传信的核心信息系统之一。

烽传系统通过烽火台连接长城和军事聚落，建构出点、线结合的复杂信息网络，预警信息在各要素间快速传递和反馈，使长城军事防御聚落体系成为统筹联动和协同配合的整体[2]。本文根据山西大同镇烽传系统的历史遗迹、史料记载以及实地考察资料，建立大同镇西部烽传系统地理信息数据库（GIS），基于GIS空间分析相关工具，从宏观角度，探索长城军事防御聚落体系烽传系统的空间布局和形成机制。

一、烽传系统基本情况

烽传系统主要由烽火台逐台连接，遥望相视，连绵穿越崇山峻岭和沟谷盆地，由军事聚落向边疆延伸且紧密连接长城，形成整个聚落防御系统复杂的信息网络。当遇敌情时，烽火台逐台接力传递，情报便由长城向内部聚落逐层传递，根据警情级别传至不同等级聚落。烽传系统对军事聚落体系兵马的布防、调度、策应和支援等系统功能运作至关重要，“夫调度兵马，随警策应，全仗墩台烽火”[3]。烽传系统具有速度快、传递距离长、定向性好、准确性高等优势，能够高速传递简明的情报[4]。烽传系统的基本载体为烽火和狼烟，传递方式主要为白天燃烟，夜晚举火，明中后期逐渐加入鸣炮、举旗、悬灯等，以优化传信模式[5]；而烽火台之间的传递模式则主要有逐台传递和隔台传递两种方式，其中逐台传递相对简单。隔台传递则多出现在长城线上或烽火台距离较近的情况下[6]，以防止逐台传递因辗转次数过多而导致错误率上升的问题。

由于烽火台的艺术价值不及技城及军堡显著，且处于城市周边、农田和野外山地等处，长期得不到重视和保护。加之建筑活动、农业生产、自然风化等因素的破坏，其毁损非常严重，如今只能在农业和经济活动很难达到的区域才能看到个别烽火台，根本无法提供有效的宏观布局信息以还原其系统结构。通过仔细选择和实地勘察，最终以大同镇西北部地区，由威远、井坪、左卫、右卫等路包括范围的烽火台作为研究对象，该区域烽火台保存相对较好，基本能够呈现当时烽传系统的整体结构（图1）。

图1 烽火台遗址

① 曹迎春，张玉坤，李严．明长城军事防御聚落体系大同镇烽传系统空间布局研究[J]．新建筑，2017（02）．

国家社科重大项目（12ZD231）；国家自然科学基金资助项目（51478295）；河北省自然科学基金资助项目（E2015201081）．

二、烽传系统空间分布研究

1. 烽传系统的基本分布

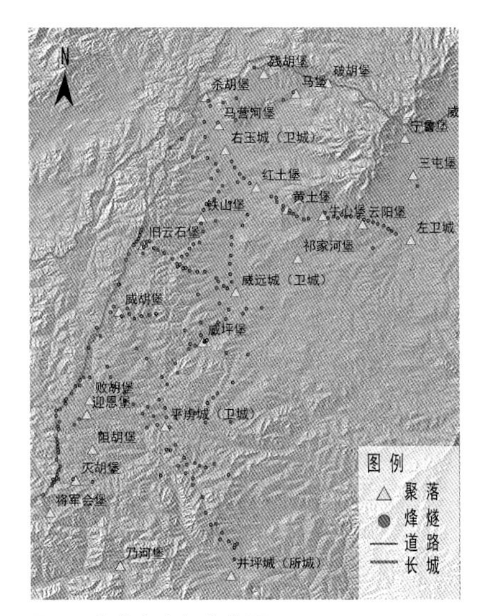

图 2　烽火台空间分布图

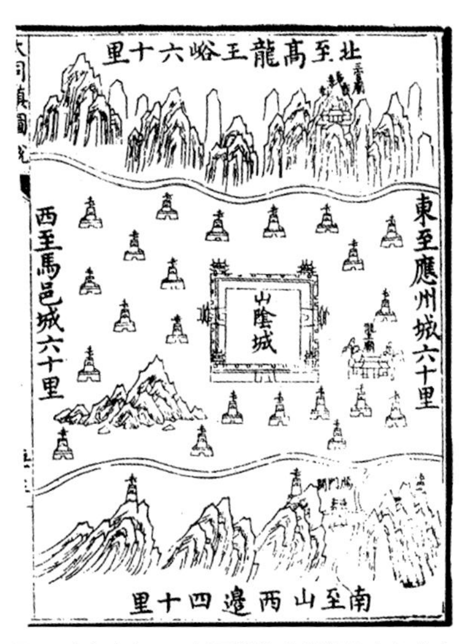

图 3 《宣大山西三镇图说》绘制的烽火台分布（图片来源：（明）杨时宁．宣大山西三镇图说（三卷）明万历癸卯刊本[M]．台北：台湾图书馆出版，1981.）

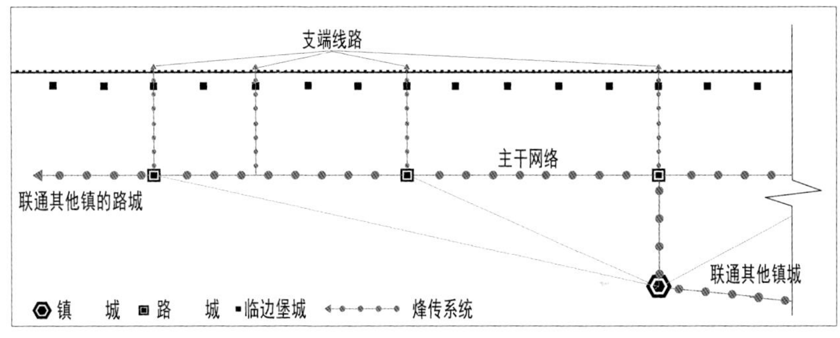

图 4　烽传系统理论示意图

烽传系统是连接军事防御聚落与长城的信息纽带，并基于聚落系统的等级结构形成不同的级别和功能。总体看，聚落与长城间烽火台呈现出明显的线性传信线路，不同走向线路交织连接，构成与道路系统类似的网状布局（图 2），其实质是军事聚落体系诸聚落向边境（长城）延伸的感知“神经”网。上述事实显示，烽火台的宏观网状分布与《宣大山西三镇图说》所绘的以聚落为中心大致均匀散布的状态并不相符（图 3）①。推测差异源于古代图绘采用传统的意向绘法[7]，其图示意义应力广泛分布于周边之意向。通过进一步分析发现，基于聚落等级的不同，烽传线路大致分为主干线路和支端线路两类（图 4）。主干线路连接高等级路城和内部交通联系为主的少部分低等级聚落，并于各城堡间首尾串联形成核心传信通道，位于沿边内部且走向大致与长城并行。例如，由最南部井坪城北上至平虏城，经威坪堡到威远堡后，北上红土堡，再折向东经黄土堡、牛心堡直至左卫城（图 2）；支端线路则由各高、中级聚落向低级别的临边堡城或所对应的长城防线延伸，并直达长城且大致与其垂直，如平虏城至迎恩堡和败胡堡一线等。支端线路与长城接触的终端部位还存在显著膨大和扩散现象，即端部若干终端烽火台依附于长城墙体内外并沿长城向两端散布，形成类似“喇叭状”的扩散形态。散开的终端烽火台便于广泛获取前沿较大锋面的攻击警报，随后将警报汇集至单一的支端线路传回内部主干信息网，以减少向内传递线路的数置和长度，极大提高传信效率；此外，在烽传系统网络基本框架中，部分地区还存在显著“短路”现象。例如，除威远堡—红土堡—黄土堡一线道路沿线烽火台外，西部还存在“右卫城—铁山堡”及其南延部分的大致平行信息通道，若云石堡欲发出预警信息至北部右卫城（路城），通过“短路”线路显然较先传至威远再转到右卫城快捷。“短路”可有效节省时间，加快局部反应速度。

军事防御聚落体系的另一重要沟通联系渠道是交通系统，基于前期明长城军事聚落间道路复原的研究成果[7]，通过叠加烽火台分布图与相应交通网络进一步探索交通系统与烽传系统的关系（图 5）。烽火台空间分布与交通网络相关性整体较高。烽火台主干线路与高级别路城间的主干道路吻合较好，而与路城通向低级别堡城的道路相关性则一般，这与较高级别聚落主要分布于腹内平坦开阔地带密切相关，传信线路伴随道路并行连接相关聚落。低级别的边堡则多处于山体纵横之地，烽传线路择高跳跃分布以便信号传输，而道路则主要沿沟谷行进，因此相关性一般；从驿路角度考察，烽火台系统与驿路（主要为高等级路城间道路）相关性较好，表明烽传系统与驿传系统实质内涵接近，只在信息的传递方向和内容方面有所不同。两者分属聚落防御体系信息系统的两个方面，烽传系统获得攻击信息由长城向内部各级核心聚落传递；而驿传系统则将核心聚落针对烽传预警信息的应对防御策略和军事调防信息，由内部核心聚落逐次向下反馈至各

① （明）杨时宁．宣大山西三镇图说（三卷）明万历癸卯刊本 [M]．台湾图书馆出版，中正书局印行，1981.

级聚落，从而形成相对完善的信息闭环。

2. 烽传系统的密度分布

基于 GIS 密度制图建立烽火台密度分布图（图 6），进一步量化考察烽火台的分布状况。总体来看，烽传线路密度分布不均匀，部分呈现断续的“佛珠状”高密度分布，而高密度分布区与军事防御聚落等级、烽传线路交接处、平缓地形及长城相关性较高。

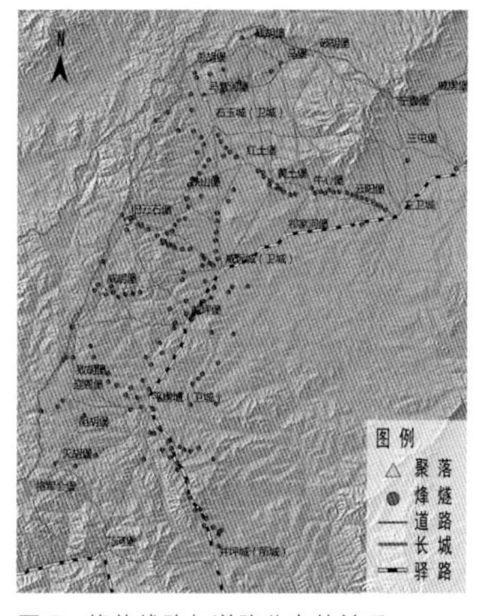

图 5 烽传线路与道路分布的关系

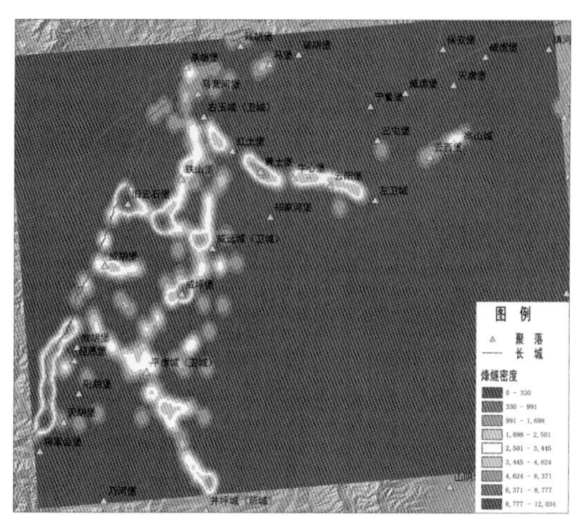

图 6 烽火台密度分布图

烽火台高密度区分布与聚落显著相关，而两者的具体关系则呈现两种似乎截然相反的状态：1）烽火台高密度区与聚落严格重合；2）聚落处于密度空白区但紧邻烽火台高密度区。高密度区与聚落严格重合的情况以威坪堡、黄土堡最为显著，进一步分析发现这些堡寨多是低级别军事聚落，其规模较小，未能演化为大型聚落，因而周边烽火台保存较好呈高密度分布；聚落处于空白区但紧邻烽火台高密度区的情况，以右玉、威远和平虏最为明显，这些聚落多为级别较高的大型路城，周边土地承载力甚高，传统的演化优势促使其形成今天较大的城市，规模拓展造成周边大置烽火台损毁，由此聚落周边出现密度空白区。

烽传线路交接处多出现高密度区分布，例如右卫城至铁山堡一线与威远堡到云石堡（旧）一线的交接处，以及威远堡西部附近主干线路与支端线路交界处，此外还有威坪堡周边和平虏城南部的高密度区均存在线路交叉迹象（图 6）。连续烽传线路交界处通常烽火台较多因而密度较高。而从功能角度考虑，交界处的高密度烽火台布置可以保证传信交叉和转接的正确性、稳定性以及多角度的可视性。

平缓地形处烽火台布置常出现较高的密度分布，以“右玉城—黄土堡—左卫城”一线最为显著。整体上看，此线路密度分布基本均匀，沿线烽火台排布多为线性，其较高密度来源于相邻烽火台之间较近的距离。此线路密度明显高于其他位于山地和谷道的相对匀质排布的传信线路，推测其原因有以下几点：通常情况下，平缓地形由于地形、植物、建筑等遮挡，视看范围有限，因而距离较近；有可能采用隔烽传信，相邻烽火台必然距离较近而密度较高；亦有可能此处为杀虎口要冲通往大同乃至京城的战略要道，烽火台沿路高密度随以防御入侵之敌。

3. 烽传系统的微观分布

1）烽火台的排布方式

烽火台以连续视看功能为基本空间布局原则，并基于地理环境、聚落分布和长城等因素影响呈现多样的微观布置，主要有以下 5 种：①线性排布方式，即烽火台逐台呈线状排列。这是烽传系统的基本排布方式，主要出现于地势平坦、连续的平地、山脊或山侧坡（图 7a），以“右卫城—黄土堡—左卫城”烽火台排布最为明显。②折尺排布方式，即烽火台排布连线呈折尺形状，亦是传信线路基本排布方式之一（图 7b）。主要出现在沿沟谷通道两侧山坡交替布置行进的传信线路以及传信线路与多条平行走向的中小尺度山体之脊谷肌理走向存在较大角度的情况，前者为“威坪堡－平虏城”一线的烽火台排布方式，后者则出现在平虏城向西走向的传信线路上。③三角对视排布方式，此种排列通常出现在两传信线路交叉处或传信线路在山谷三岔口（或多岔口）处

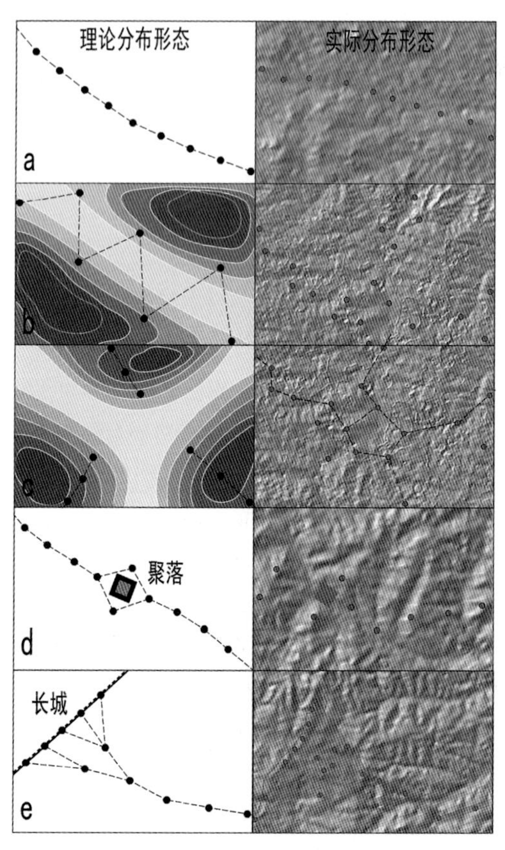

图 7 烽火台的排布方式

分叉走向的情况，烽火台排布成三角或四角的对立形态（图7c），使任意烽火台都可同时视看其他烽火台，以强化交接或多叉山谷部位的视看效果，上述情况 存在于平虏城附近。④菱形包围排布方式，即当传信线路到达军事聚落并穿过继续行进时，烽火台呈大致菱形排布包围聚落城堡的形式（图7d），以使传信绕过聚落而继续传播，如黄头堡、云石堡等聚落周边，同时兼顾聚落的防卫。⑤端部扩散排布，烽传线路终端线路与长城交接区域，呈现“喇叭状”扩散形态（图7e），如云石堡（旧）区域，由此获取前沿较大锋面的攻击警报。

2）烽火台的高程分布

宏观上看，烽火台分布与地形高程变化密切相关，并涉及以下几种情况：烽火台顺应山脊脉络、沟谷或连续一致地形分布，主要信息通道多以此种方式分布（图8a）。如“右玉城－黄土堡－左卫城”一线；烽火台大致垂直于山脊脉络肌理或保持一定角度分布，烽火台呈现出多条山脊上跳跃行进的特征，支线传信线路多以此形态分布（图8b）。如铁山堡南北一线；在无明显连续山脊，地形肌理碎众且山体尺度较小，高程呈现随机斑块状匀质分布的地方，烽火台则朝传递方向择高跳跃分布（图8c），如平虏城西北走向一线。

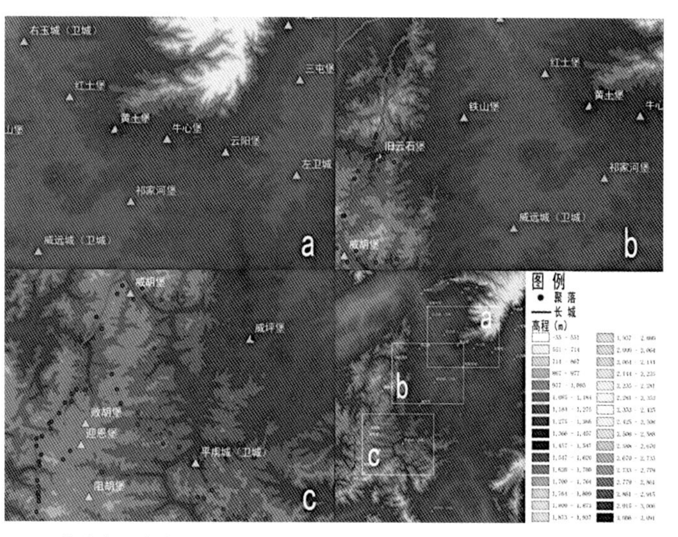

图8　烽火台分布高程分析

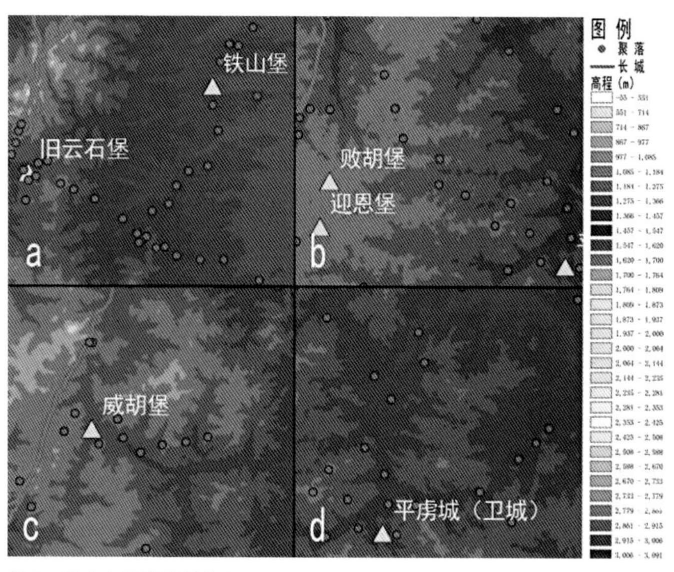

图9　烽火台微观高程分布

微观方面，烽火台分布特征有以下几种情况。

烽火台位于区域最高处。当烽火台传信线路沿连续山脊分布时，或大致垂直于山脊脉络肌理分布时，因需跨越纵隔山体，位于最高处以利于识别（图9a）。而当传输线路为连续三烽火台时，相隔的两烽火台有一个或两个同时位于所处区域较低位置时，则中间烽火台通常位于最高区域（图9b）。

烽火台位于高程较高区域边缘处，即由区域高程最高地带向下过渡至区域平缓地带之前的半坡处，且偏向较高一侧（图9c）。

从传输系统整体看，多个烽火台所构成的区域系统存在显著整体特征——某区域烽火台均匀分布于朝向区域核心一侧的山体坡面上，区域核心指盆地中的军堡、沟谷中的道路、沟谷通道的三岔口等（围9d），面向或伴随区域核心便于相对核心的可视性，或乘机射杀入侵敌军等。

烽火台位于高程较低区域，出现于烽火台处于连续沟谷中或伴随交通线路分布等。虽然所处高程甚低，但基于连续的多点可视域分析，烽火台始终处于可视范围中（图10）。

4．烽火台距离规划

采用多范围、多角度的统计方法，归纳相邻烽火台间距离（基于高程与水平距离计算的空间实际距离）的合理理论值，考察烽火台距离规划的规律。总体看，统计数据共286个，均值为1533米，最大值4309米，最小值126米（图11）。进一步以200米力步长建立连续区间，数据显示不同区间的烽火台距离呈现显著正态分布。其中大部分数据位于区间400～2000米范围内，约占统计总数的71%，将其称为核心区间，此区间之外两端出现明显跌落趋势（图12）。而在200～2800米的区间内则涵盖了91%的统计数据，称为一般区间。2800米之后出现显著沉降。一般区间再向两端扩展的数据仅占9%。据此推测，核心区间应是烽火台间距布置的常规取值范围；一般区间涉及的烽火台间距已进入相对较大距离的范围，可能因为地形地貌、战略战术等需要而布置的相对特殊的距离取值；而大于 3000~4000 米的则属于非常极端的情况（至少在明代烽火台间距设置已属极端，如蓟镇烽火台间体小于宣大山西三镇），抑或是两烽火台之间原有聚落现已毁损，形成空隙导致统计距离变大。进一步采用多范围、多角度的统计方法，将整体观感排列较均匀，没有显著缺损、加密等特殊情况的烽火台线路区段提取后单独统计（表 1），共 135 个数据，均值约 1359 米；考察威远堡相关小范围内完整单元的烽火台布局，共 13 个统计数据，均值 1302 米；此外，由于烽火台分布地带地形情况较复杂，根据地形情况分别统计明显处于相对平缓地带的右玉至左云区段，共 32 个数据，均值 1007 米；而处于山地或山地与平地交接地带的烽火台传输路线，烽火台间距均值约为 1300 米，这与测量结果基本一致；由于聚落周边存在烽火台加密的情况，单独统计聚落到周边紧邻烽火台的距离获得 49 个数据，均值为 766 米。

预警信息对长城军事防御聚落体系的系统协同和防御成败至关重要。在快速传信的需求下，烽火台距离规划布局必须在准确清晰识别信息和尽可能少布置两矛盾——距离近易识别、距离远整体传输块且错误少——间取得平衡。基于上述原则，结合前述统计分析，推定 2000 米以内应是烽火台间距广泛采取的范围，而 3000 米以上则逐渐进入不适合的区段。进一步推测，由于全部数据包括烽火台缺损后所形成的空隙，造成均值偏大，亦存在聚落周边加密而使均值偏小，总体看间距 1533 米数据较难呈现精确的细节，仅作为参考框架。常规情况下 1400（±100）米应是最广泛和最合适的烽火台间距规划距离。

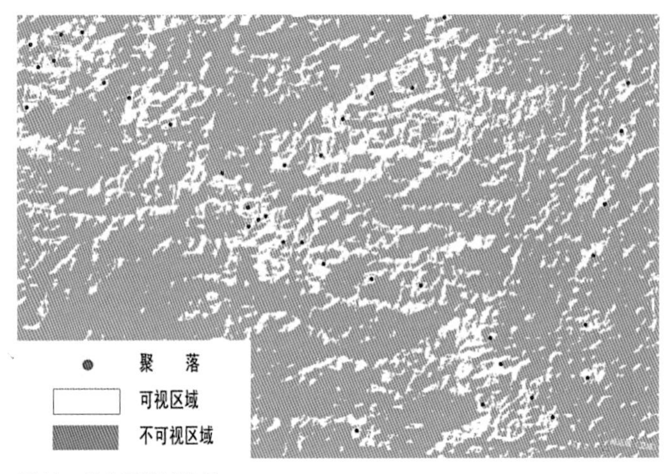

图 10　多点可视域分析

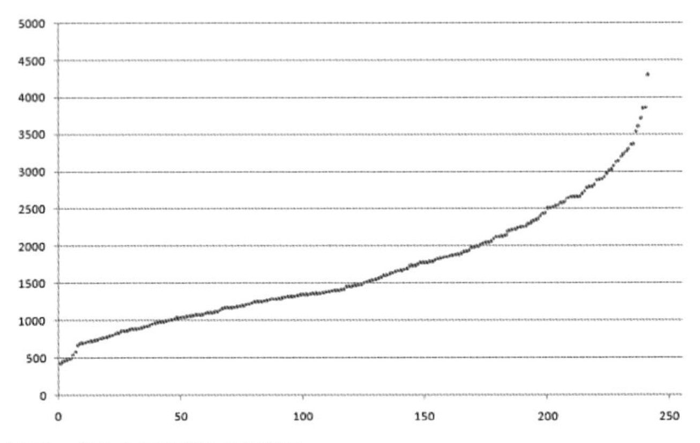

图 11　烽火台距离统计数据分布

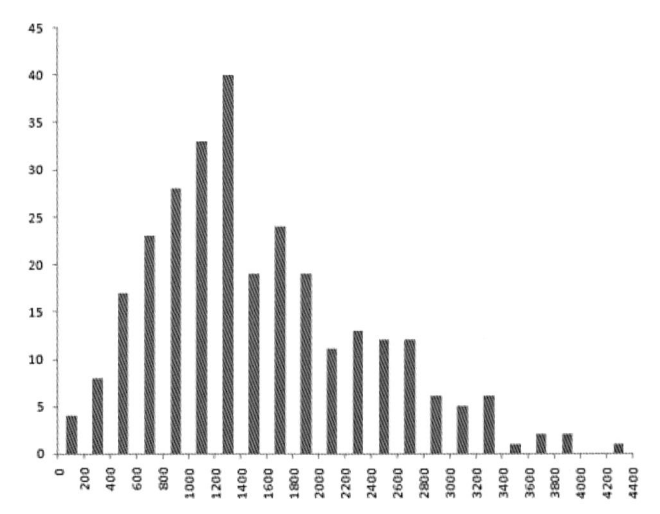

图 12　烽火台距离分区间统计数据

结论

烽传系统的物质要素烽火台通过相对微观的多种组织布局方式，以连续可视为依据，与地形地貌、防御设施、交通线路和驿传系统，因地制宜形成适应性的线性传信线路，以此连接长城、军事聚落体系以及其他军事防御设施，构成复杂、多层次的预警信息传递网络。在宏观层面，传信网络主干网交织链接镇城、路城和区域传统中心聚落等中高等级军事聚落，相对处于腹内且闭合；支端线路则由核心聚落单向连接长城。主干网链接的聚落除守城军队外，拥有大量游击、骑兵的快速运动和支援军事力量，是聚落体系中具有动态作战能力的关键机构；同时，亦是驿传线路的重要枢纽。上述中高等级的军事聚落集合的实质是基于信息系统（烽传和驿传）将极具战略和战术价值的关键聚落沟通连接为协同整体，从而于相对庞大、复杂、反应较慢的整个军事防御聚落体系网络上，在更高层面又建构了“核心军事防御聚落系统”——主动的、快速反应的动态作战系统。主干系统可直接依托烽传系统和驿传系统的信息，具有迅速主动出击、快速形成动态战斗力，以及组织局域乃至更大规模军事行动等能力，为应对复杂的突发状况赢得战事先机，并进一步带动整个聚落体系的军事防御活动。

参考文献

[1] 李严．明长城“九边”重镇军事防御性聚落研究[D]．天津：天津大学，2007.

[2] 李严，张玉坤，李哲．长城并非线性——卫所制度下明长城军事聚落的层次体系研究[J]．新建筑，2011（3）：118-121.

[3]（明）陈仁锡．皇明世法录（卷五十五）· 蓟镇边防 · 墩堠．中国史学丛书影印明崇祯刻本．

[4] 高巍．我国古代军事情报技术的发展与演变[J]．情报探索，2011（5）：61-63.

[5] 尚珩．火路墩考[J]．万里长城，2008（1）：2-30.

[6] 赵现海．明代嘉隆年间长城图籍撰绘考[J]．内蒙古师范大学学报（哲学社会科学版），2010（10）：26-38.

[7] 曹迎春，张玉坤，张昊雁．基于 GIS 的明代长城边防图集地图道路复原——以大同镇为例[J]．河北业大学学报，2014（2）：138-144.

[8] 张珊珊．明代蓟镇长城预警系统研究[D]．呼和浩特：内蒙古大学，2013.

长城保护研究中多源航测数据利用框架图 ①

摘 要

当前文化遗产领域已普遍开始使用无人机低空航测手段以部分替代人工踏勘测量作业。对于长城这样的大型线路遗产，低空航测的核心价值在于能够以短时间、高效率外业过程，获得长城及周边微地形高精度三维数据，利用细腻的三维数据能够对长城空间特征进行量化分析，得到所需的调查结论。通过无人机低空测绘技术的分类、功能局限，以及三维数据在长城保护研究中的多层面利用，以及通过点云进行病害查清、空间分析、规划设计的软件、方法及基本流程的介绍，提出长城资源调查是长城全线地理化的宏观 数据，主要目的是理清长城资源家底、建立整体数据库，低空航测获得的数据是三维化、实景化的微地形精细数据，主要目的是服务特定区段的长城周期性普查、修缮设计、选址分析等任务，两者的融合利用可达到最佳效费比。

关键词 长城调查；低空航测；三维数据；空间分析；GIS

引言

自 2006 年开始的长城资源调查工作，充分利用 1：10000 的卫星影像图及地形图，并结合十五个省（自治区、直辖市）的人工徒步调研开展长城勘察及测绘，摸清了长城家底，获得了宏观尺度的长城空间地理信息系统，及细致到每个敌楼、烽火台的地理坐标、保存状况等基本数据库，可谓成果丰硕。长城资源调查已经将高空遥感技术手段和人工踏勘紧密结合，在此背景下，将无人机低空测绘技术引人长城保护研究领域的价值点在哪？

其核心价值在于能够以短时间、高效率的外业过程，获得上述资源调查尚未得到的长城及周边微地形高精度三维数据，并且显著降低人员周期性踏勘劳动强度；尤其是利用细腻的三维数据能够对长城空间特征进行量化的分析，得到科研和保护所需的调查结论。

现阶段已经有相当数量的学者认识到无人机低空平台的价值，各地的长城保护研究也已经开始实施低空拍摄，在此现实背景下，急需梳理长城低空航测的工作框架和空间数据分析、深度利用的方法，使得无人机的利用不仅仅停留在获取照片或视频这种简单的航拍功能，也不仅是获得三维模型这种单一目的，而是成为认知长城、挖掘价值不可或缺的技术手段。

本文从无人机航测方式、数据精度、处理流程、利用方法几个方面，通过具体案例阐述无人机在长城研究保护中的应用框架（图 1），展现在长城研究保护背景下这一技术的全景图。

一、长城低空航测的数据获取手段、常见范围及精度、局限性

使用小型多旋翼或固定翼无人机进行长城低空航测主要可分两种方式，一是携带相机实施摄影测量，获取外露可见墙体及地表植被的三维数据；二是搭载激光扫描仪穿透植被，获取建筑及树冠下隐藏的地表数据。

1．低空摄影测量在范围与精度之间的权衡

总体来说，低空航测的数据精度高于高空遥感，同时覆盖范围和测绘效率超过地面设备，但对于固定不变的相机分辨率，范围与精度是相斥的，是处于“跷跷板两端”的指标，对于防区警戒视域分析这样相对覆盖范围大、精度要求相对低的研究，可利用飞行速度快的固定翼无人机完成。即使重量在 3 ～ 5 公斤的小机型也可在理论上 1 小时的续航时间内，沿长城上空几百米高度的设定曲线航线飞越几十平方公里范围，获得米级细腻度的三维数据，和 Google 下载的约 10 米精度 DEM 相比，已经提高一个数量级。对于墙体残损量计算这类任务，一般要使用到 5～8 公斤级别多

---

① 李哲，孙肃，李严．长城保护研究中多源航测数据利用框架图 [J]．中国文化遗产，2018（03）．
本文受国家自然科学基金（5108298）资助．

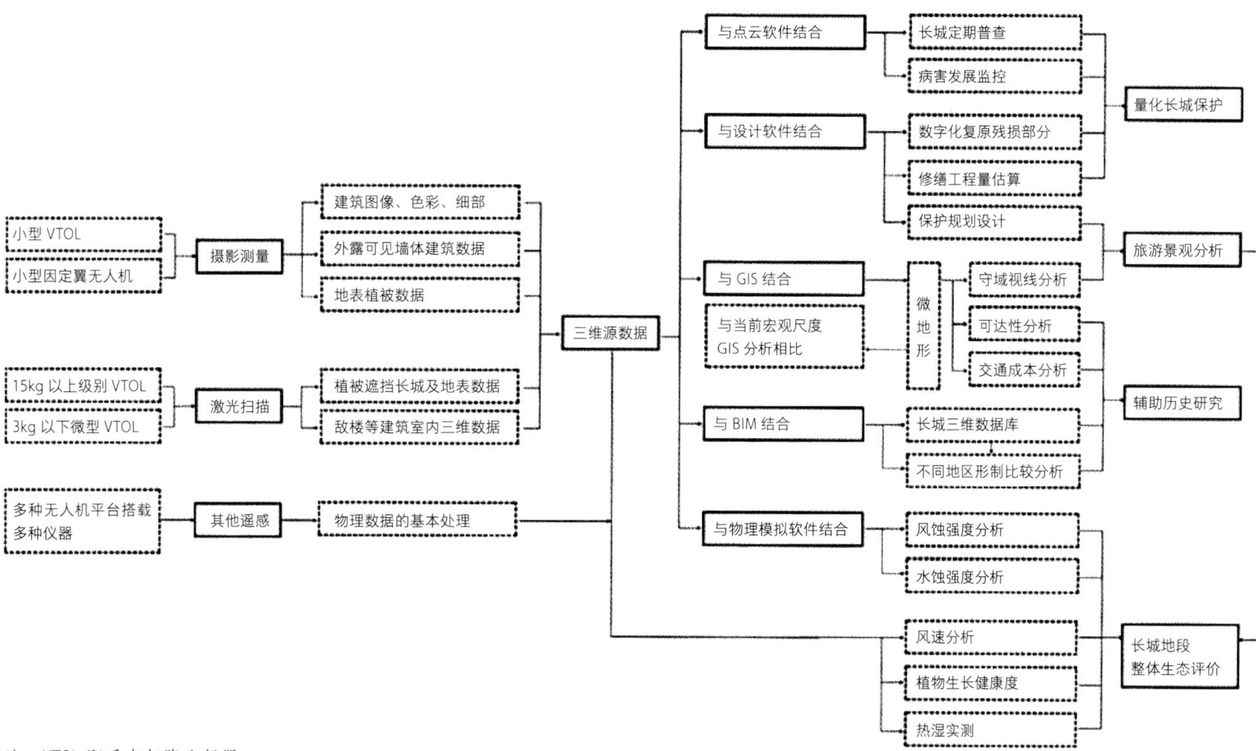

注：VTOL 即垂直起降飞行器

图 1　长城低空航测及数据处理利用工作框架图

旋翼机等小型垂直起降飞行器，携带专业微单相机在 10～30 米相对高度拍摄，以获得厘米级甚至逼近毫米级的细腻三维数据。10～500 米都是低空摄影测量的常见高度范围，数据精度则介于毫米至米级之间，差异非常大，因此在获取数据之前，根据研究需求定好数据范围、精度指标是最为重要的。

对于长城墙体植被遮挡严重的区域，低空摄影测量则无法达到上述数据精度。

2．箭扣长城案例——低空激光扫描在树木严重遮挡地段及敌楼室内测绘的价值

摄影测量的最主要缺点是无法穿透植被，获得的三维点云大多是树冠表面。在山体植被相对茂盛的华北地区普遍存在墙体受遮挡的问题，例如图 2 北京箭扣长城段的植被如此浓密，即使在冬季落叶期，也很难获得完整的墙体与地表。

作为国家文物局 2017 年长城修缮的示范工程与新方法的试验性、探索性案例，箭扣长城 150—154 号敌楼之间的长城墙体有多处塌损需要实施修缮设计，但植被浓密不仅无法摄影测量，连人工勘测绘图都极为困难，而且长城资源调查的数据属于宏观数据，有各敌楼的准确位置坐标，但对墙体的病害测量不会这么细致，不可能满足修缮工程的需要，那箭扣长城的这种难题如何解决？

与摄影测量不同，激光束更容易穿过树叶在坚实的地表反射，因此同一目标区域机载激光扫描生成的点云与摄影测量完全不同。图 3 中清东陵惠陵陵寝旁的树木枝叶茂盛，类似于箭扣长城的情况，若使用摄影测量只能得到树冠形态，但机载激光扫描获得的点云中树冠轮廓并不清晰，反而地表点阵非常密集，宝城边保护性的马槽沟、风水墙等结

图 2　北京箭扣长城段（局部）摄影测量获得的三维点云（树冠层下无数据）

图 3　清东陵惠陵被茂盛区机载激光点云

构清晰可见，这与摄影测量“只得到树冠得不到地表”的特点起到互补的作用。在植被茂盛的长城沿线地区要想获得完整、准确的墙体三维数据或周边地形数据，机载激光扫描必不可少。

机载激光扫描的缺点是目前数据精度只能达到3～4厘米左右，并且设备昂贵笨重，扫描单元目前自重约2.5～3.5公斤，装到燃油动力无人直升机上后整个飞行系统重量约为30～40公斤（图4），若使用电动多旋翼机则减轻到15～25公斤，但续航时间也从1小时缩短为10～20分钟，因此实地作业前需要人员、车辆应尽可能靠近长城山脚，并只能做几公里小范围内的扫描。

图4 全重35公斤装备激光扫描头的涡轮轴无人直升机

若要达到“无人化”长城测绘的目的，除了地形及墙体外露表面测绘，敌楼等建筑内部空间的三维数据自动获取亦不可或缺。图5中的箭扣长城150号敌楼内部空间外露，适用一般的低空航测方法，但对于顶部完整的空心敌楼以往低空平台就无计可施了，还需要地面人工补测，因这一项缺憾导致“无人化”测绘目标的失败。伴随无人机科技的迅猛发展，敌楼室内无人化测绘即将成为现实。微型多旋翼机装备迷你激光扫描头（图6）的初始目的是为了利用激光感知周围障碍物，在狭窄的空间中安全飞行，其激光射程、扫描速度、数据密度、测量精度均无法和前述专业扫描平台相比，因此利用迷你激光头对建筑室内空间进行扫描测绘只是其衍生功用，但敌楼室内空间尺度小、构造简单，基本扫描即可满足要求，而且敌楼有多个开放式的门窗洞口，非常适合此种微型平台在无人干预的野外条件下寻找合适的洞口出人、在内部实施扫描作业。

图5 修缮中的北京箭扣长城150号敌楼

图6 装载迷你激光头的微型多旋翼机
（图片来源：http://www.xsens.com/）

3. 大小平台协同、两种类型数据的融合互补

从前述分析可以看出，低空手段可以实施从长城两侧数公里地表高程数据获取，及至敌楼室内空间三维扫描的多种任务，可以满足几乎所有的长城表面勘察、测绘需求。若不采集土石样本、不进行墙体内部探查，就可以实现“无人化”作业。长城两侧一般都有道路可及，传统调查最耗费人力的是爬山路这“最后一公里”，无人机航程有限，但低空摄影测量及激光扫描多种平台的组合作业，恰好可以替代人员完成最费力的攀爬任务，并避免各种遮挡问题，同时获取地表和树冠层两层数据、长城室内外完整三维数据。既可以对墙体本身保存现状进行量化评估，还能够对长城微地形环境进行分析。

二、三维源数据在长城保护研究中的应用

三维点云是长城低空航测诸手段获得的共同核心源数据。点云的文件格式包括LAS\TXT\XYZ等，能够被绝大多数三维处理软件读取以直接进行空间特征分析；同时也可以转化为PLY\OBJ等格式的三维表面模型，与更多类型的软件相结合，用于长城保护规划、景观区设计、历史研究、整体生态分析等方面，若低空航测获得的微地形数据覆盖范围不能满足整体保护规划需要，还可以和长城资源调查成果等宏观数据融合，达到数据精度与范围覆盖兼顾的目的。

当前相关的长城研究项目有，如国家科技支撑项目“长城保存状态智能感知关键技术研究”及“明长城整体性研究与保护规划示范——以京津冀地区为例”；相关论文有，如王斌《基于LiDAR散乱点云的长城遗址三维模型构建》[1]、李小春《镇北台及沿线的明长城遗址监测》[2]、王秋云《基于机载激光扫描仪的长城遗址大范围制图》[3]、黄继宽《长城遗址地面站监测系统设计》[4]。上述论文大多是针对如何提高点云生成模型时的准确率做出算法修正及地面工作站的改良，以及三维数据结合GIS的分析应用，专于一域但缺少对低空航测获得三维数据的多种利用方法综述。下文将

分别总结点云与各软件结合，在长城病害监控、残损量计算、保护规划设计、微地形的空间分析及数据库的建设等方面的典型应用。

1．倒挂长城案例——基于点云分析对长城进行病害探查及监控

准确发现、识别、测量结构病害，是长城修缮工作的第一步。长城主要病害为表面严重风化、基础掏蚀凹进、多种类型裂隙、崩塌和坍塌及人为破坏等[5]，以往是由各地遗产保护人员利用攀爬的方式，来实施各段长城的周期性病害检查，但蜿蜒在分水岭之上的长城属于交通最不便利、攀爬风险最高、周期性检查劳动量最大的线路遗产。低空测绘获得的表面三维数据能够直接反映几乎所有的外观损伤并据此推测内部结构健康度，能够部分替代人工勘察，尤其是周期性普查工作。

图 7　直接通过点云测量坍塌尺寸

图 8　通过伪彩表达点云起伏情况

基于三维点云的病害检查和度量，既可以手工也可以半自动化完成，以秦皇岛地区三道关倒挂长城段为例，浏览厘米级细腻度的彩色点云可以直观发现塌损段并标记病害位置便于后续记录、管理，还可以直接度量豁口上下宽度、高度，从而计算出塌损的体积 / 土石方量（图 7），为保护修复提供依据。对于不易发现的细微病害，例如墙体的开裂、起鼓则主要靠软件处理来发现和度量，例如要逐一检查该段长城每个敌楼的情况，除了在照片中发现墙体裂缝之外（图 8 左图），Cloud Compare（以下简称 CC）这样的三维点云处理软件还可将墙体表面点云的起伏情况以伪彩表现出来，直观提示该墙面除了裂缝，还存在不均匀起鼓问题，并且起鼓位置与裂缝位置具有耦合性（图 8 右图）。

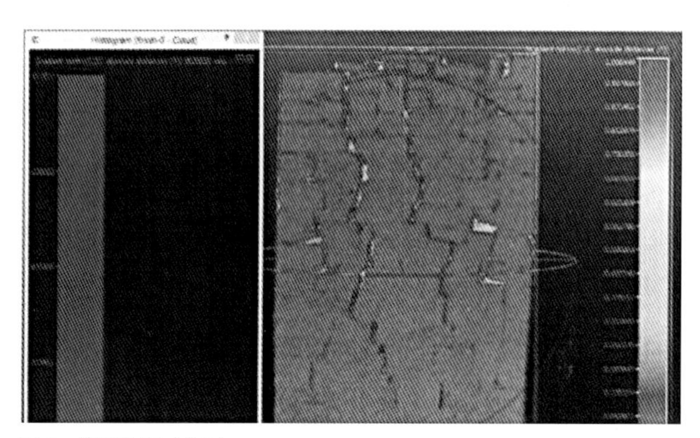

图 9　位移数据对比图
（图片来源：参考文献［6］）

通过前后多次获取的长城点云的对比，还可以得到病害的变量，监控病害发展。这要求前后多次作业使用同级别设备、在相同高度上拍摄、获得的数据一定要建立相同的坐标系，若此则理论上两次点云应该完全重合，如果不重合就疑似存在病害发展的问题。通过 CC 对长城点云位置差别的计算，可以用色阶变化来显示两次点云数据的位移，例如胡文嘉在《基于三维激光扫描技术的古建筑物变形监测研究与应用》[6] 中曾应用 CC 进行海龙屯遗址城墙变形分析，所得结果如图 9，由图中可以看出，以横向的变化显示裂缝、凹进、起鼓、坍塌、风化等变量，以竖向的变量显示沉降情况。绿色部分是点云位移数量最多的位置，软件界面中清楚的标记了位移的区间范围及点云个数。

上例通过两期点云的计算可以得到变化量，多期点云则还可以基于每次变量，通过函数模拟计算预测下期点云的变形值，对病害的恶化做出预测。

上述墙体病害查清是所有应用中对点云数据密度、测量精度要求最高的，图像分辨率足够高才能发现细小的裂缝；并且点云的精度越高，其曲率半径越小，即模型的边界越锐利，墙体边界的风化、变形情况越容易被发现。虽然图 9 中的点云数据来源于三维激光扫描仪，但是无人机低空摄影测量可达到与之相媲美的点云精度（无人机载激光扫描的精度目前只能达到 3 ~ 4 厘米，可用于度量主要病害）。

除了病害查清，三维数据还可以用于计算长城墙体 平均高度、厚度、总体积量等，对长城墙体的点云进行分离提取是这些计算的基础。由于点云上每个三维点包含空间坐标、法向量（物体表面垂线方向）、色彩 RGB 等属性，利用点云所携带的属性在 CC 中可以将长城高效的从周围环境中提取出来，其准确、智能化程度取决于区分两者的限定条件。例如：在华北绿植较好的区域可以通过 RGB 将土、石、砖质墙体与绿色的植物快速进行区分（图 10）；在西北荒

漠则可以利用法向量特征将竖立的墙体与平伏的地面区分开。多种点云分类手段可以组合使用以达到最优的过滤效果，尽可能去掉周边环境、完整保留长城墙体（图10左下图）。即便如此，也可能会在长城主体周围残留相当数量的地貌飞点，还需要执行“飞点自动检查并删除”的命令，得到清理后的单纯墙体数据，用此数据后续就可以方便地进行体积计算等后处理了，因此点云分类是一系列计算与统计中最关键的一步。

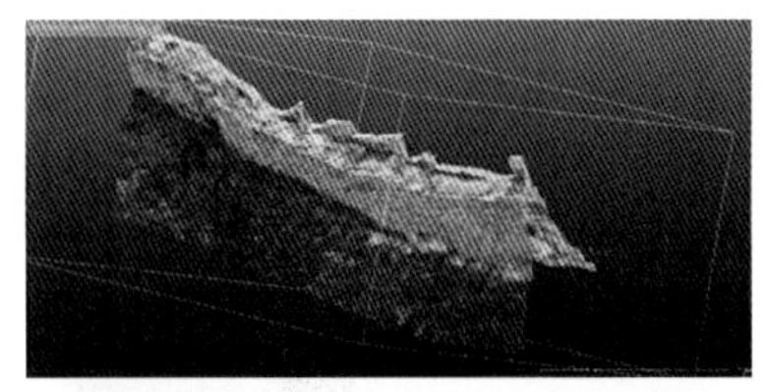
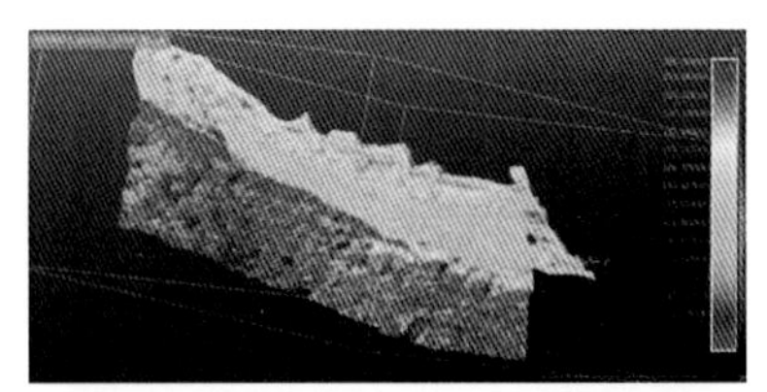
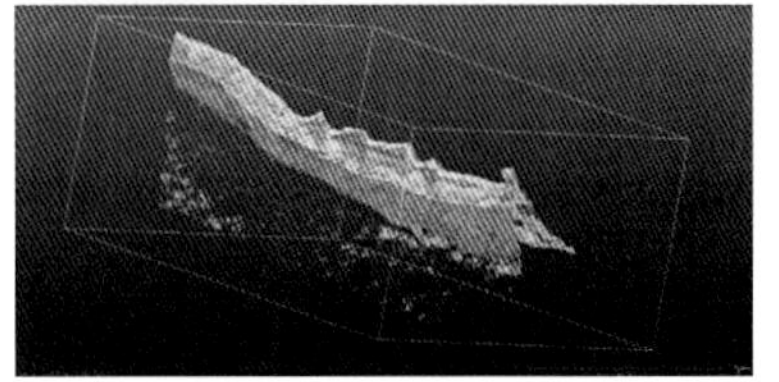
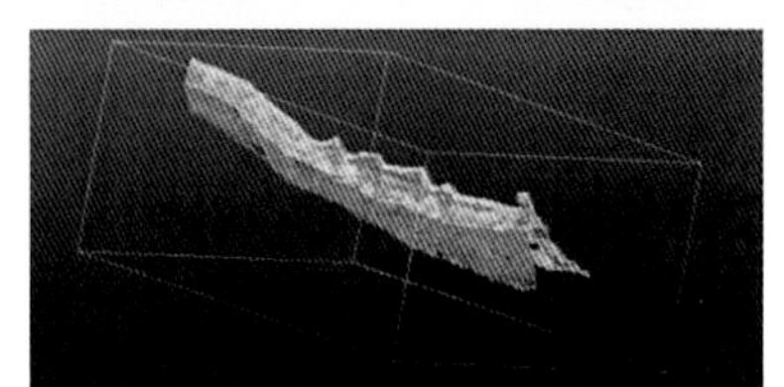

图10　通过色彩对长城墙体进行提取

2．与设计软件结合进行长城本体的数字化复原与场地的规划设计

根据三维源数据格式的通用性，可将点云或三维图形与设计软件相结合，例如Rhino/SketchUp等。通过设计软件不仅可以对长城的缺损部分进行数字化复原，以完整的模型为基础进行残损量的计算和空间分析，还可以将抽稀处理后的三维数据作为规划设计的场地基底，基于真实的地形地貌做设计。

1）对三维数据进行数字化复原：GeoMagic等逆向工程软件不仅接受点云数据，更专长于在现状基础上进行表面修复重建，将缺失的部分补齐，用于对比、展示或辅助修缮设计。某些参数化设计软件如Grasshopper中的点云操作插件Volvox可以接受点云数据并进行修改；它们与Rhino配合，还具有按照一定规则对模型进行批量剖切、批量安装构件、组合砌块等功能，适用于长城这样的大型线性遗产建筑测绘、复原和保护设计。当然前述的长城残损量、体积等计算结果也是长城本体数字化修缮必不可少的调研资料。

2）基于真实三维场景做修缮设计：长城资源调查的成果大多为长城走向的二维图形、黑白图纸，只能算详细性修缮工程的基础资料，修缮设计时仍然面临“无从落笔”的尴尬局面。低空航测填补了三维实景数据的缺环，不仅全面获取场地信息，在现实基地上推敲修缮方案、施工方法、作业量，还可以通过物理模拟软件模拟三维场地的物理环境，分析风化、侵蚀等破坏趋势，为长城保护提供量化支撑。

3．徐流口长城案例——GIS利用精细空间数据进行历史研究

使用DEM（数字高程模型）数据在GIS中对长城进行分析已十分成熟，但研究范围多针对几十至数百公里的战略级宏观尺度，缺少对长城墙体或关隘等局部微地形的空间分析，这也是受目前可下载数据的精度所限制。以往DEM数据多来源于全球科学院计算机网络信息中心国际科学数据镜像网站的ASTER GDEM数据产品，空间分辨率为30米；谷歌最高精度高程数据的标称采样间隔为7.3米，实际分辨率10米左右。在这种数据精度下，对长城墙体或关隘的选址、局部战场地势特点等分析难以实现。

CC可将点云数据直接转换为Geo Tiff格式的DEM数据并被GIS调用。前文已述，无人机低空航测获得的点云精度最高可达毫米级，通过点云转换所得的DEM数据最高亦可达毫米级，但相应的文件臃肿、运算困难，一般GIS空间分析使用米级至厘米级采样率的DEM，和免费下载的10米以上采样率卫星数据相比提高了1～3个数量级，实际空间计算效果的差别是非常明显的。举例来说，在对河北迁安徐流口关的卫兵戍守视域进行分析时，分别选取了谷歌地图软件下载的7.3米精度DEM，及低空航测点云转换得到的0.5米精度DEM数据，通过计算关口两侧13个敌楼的视域，得出以下对比结果：

对比两种精度的DEM数据所获得的视域图（图11），可以看出0.5米精度DEM可以清晰反映出各个 敌楼上戍守士兵对于整个山谷的视线盲区叠加情况（白色为视野交叉覆盖、黑色为盲区），植被、道路、岩石等地表凹凸细节更多，更容易辨识出地形起伏和地表特征，能够提示出哪一条沟谷中潜伏不易被发现，是偷袭的最佳路线，而这在7.3米精度DEM中无体现。除视域分析外，进行可达性分析、交通成本分析等常用到的高程、坡度、坡度的变化率、地表起伏度、表面粗糙度等计算其结果准确性都与DEM数据精度直接相关，而在线DEM数据无法支撑长城此类空间分析计算。对于宏观层面的应用，例如长城风景区植被分布的视域分析，使用1：10000地形图制作的DEM数据只能用于基本地形模拟，而植被从视觉上一般分为水平郁闭型、垂直郁闭型、稀疏型、空旷型和园林型[7]等多种类型，需要更精细的现场图像与三维数据，低空航测不仅图像可以分辨树木基本种类，三维数据还可测乔木高度，近距离情况下的视线计算也更为准确。园林景观领域一般来说 500 米内的是近景树，1000 米为中景树、2000 米属于远景树，这一讨论范围刚好属于无人机的常见航测范围。据此例说明利用无人机航测所得的高精度点云数据可满足长城在微地形尺度下多种空间分析的需求。

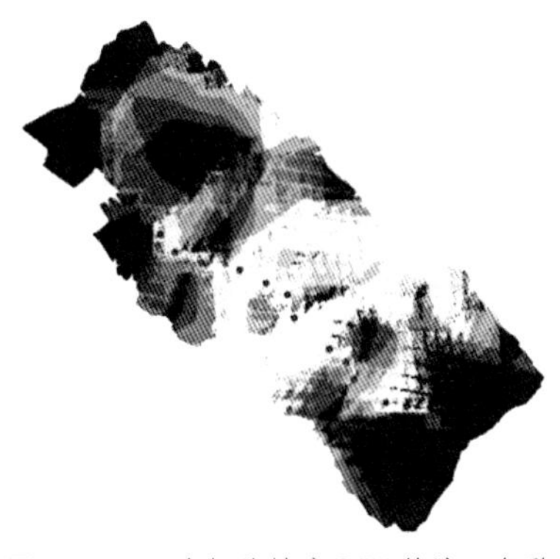

图 11-a 7.3 米标称精度 DEM 徐流口各敌楼视域图

图 11-b 低空航测 0.5 米精度 DEM 徐流口各敌楼视域图

图 11 中戍守士兵站立的高度是按照敌楼的现状残高计算的，但各个敌楼的残高并不一致，这会影响视线分析结果的准确性吗？分别再次模拟空心敌楼雉堞高度和铺房顶部高度的视域，在如此小的高差下（高差 2 米），得出的结果可见相当差别（图 12）。在低空航测获得精细现状数据的背景下，若不在三维模型上对残高不等这种现状问题进行修正复原，所得出的结果和历史原貌仍然存在不可忽略的偏差。这种残损问题对于以往长城宏观尺度上的 GIS 研究影响很小，但是对于某个关隘、防区内的精细化分析有显著影响，在生成 DEM 之前对三维数据先进行编辑修正才是正确的流程。

图 12-a 从空心敌楼顶部雉堞高度

图 12-b 从空心敌楼铺房顶部高度

前文所述的高精度测绘、长城数字化复原两项工作，也是获得理想长城模型进行准确空间分析的必要手段。获取保存良好敌楼的三维数据作为复原蓝本，在前述点云编辑软件、辅助设计软件中将残损敌楼模型修正到标准高度，再转换为 DEM，得到最符合历史本来面貌的结果。

4．与 BIM 结合进行数据库建设，辅助历史研究

与 GIS 相比，BIM 对于建筑单体的信息管理更加详细，点云模型经过处理后，可由 DURAARK（Durable Architectural Knowledge）半自动的识出别点云之间的拓扑关系，并将点云数据和 BIM 模型相关联，完成三维数据库的建设[8]，这一点可应用于长城单体建筑，例如敌楼、城门楼的存档记录，辅助不同地区间长城建筑形制的比较分析。

低空测绘获得的点云数据填补了长城微观资料的缺环，在此基础上的数据 BIM 化处理能够将长城数据库从总体线路、走向的宏观层级提升到建筑构件的细腻层级上。

5．结合其他遥感技术与物理模拟软件，进行整体生态分析

本文主要针对低空航测数据的长城研究利用，无人机除了航测，还可以搭载红外成像仪以及温度、湿度、风速等传感器，观察和记录长城周边的物理环境，为长城自然侵蚀的软件模拟提供实证数据；还可以搭载多光谱、高光谱传感器，发现潜在的遗迹、评估长城所在地段的整体生态环境等，外延较广且还不是当前最为急需的应用层面，因此不再赘述。

结语

本文主要梳理了无人机低空测绘技术的分类、功能局限，以及三维数据在长城研究保护中的多层面利用，介绍了通过点云进行病害查清、空间分析、规划设计的软件、方法及基本流程。通过本文分析可以得到以下结论：

1．长城室内空间也在低空航测的范围内，多种机型的配合是实现无人化普查的条件。长城建筑的室内空间简单、规律性较强，适合用智能避障无人机扫描。多种机型的配合提高了野外条件适应能力，可以避免人员攀爬“最后一公里山路”，获取完整的三维数据。

2．低空航测数据与长城资源调查成果互补。长城资源调查是明长城全线地理化的宏观数据，主要目的是理清长城资源家底、建立整体数据库；低空航测获得的数据是三维化、实景化的微地形精细数据，主要目的是服务特定区段的长城周期性普查、修缮设计、选址分析等任务，两者的融合利用能够达到最佳效费比，将来低空航测的成果也应该加入到长城资源数据库中。

3．在精确现状测绘基础上的准确数字化复原成为三维数据利用的关键一环。没有准确的三维复原，再精细的现状数据也难于得到原真的戍守视域 GIS 分析结果，而复原既可以是轮廓化的，也可以是 BIM 框架下细致入微的。总体来看，“从现状到原貌”贯穿了各项应用的核心。

三维数据的后处理和利用还有潜力可挖。本文只是全景的、粗浅地介绍了三维数据的多层面利用框架图，三维处理与空间分析类软件的更新很快，智能化、自动化程度会越来越高，有针对性的长城数据利用二次开发也必然会出现。相信未来长城调查、现状评估、保护修缮的难度会大幅度降低，低空信息采集新技术的利用有助于将万里长城全线都纳入周期性遗产监测的范围内，保护这一世界文化遗产和建筑奇迹。

参考文献

[1] 王斌．基于 LiDAR 散乱点云的长城遗址三维模型构建 [D]．哈尔滨：哈尔滨工业大学，2013.
[2] 李小春．镇北台及沿线的明长城遗址监测 [D]．哈尔滨：哈尔滨工业大学，2015.
[3] 王秋云．基于机载激光扫描仪的长城遗址大范围制图 [D]．哈尔滨：哈尔滨工业大学，2013.
[4] 黄继宽．长城遗址地面站监测系统设计 [D]．哈尔滨：哈尔滨工业大学，2015.
[5] 李最雄，赵海英等．甘肃境内长城保护研究 [J]．敦煌研究，2006（06）：219-228.
[6] 胡文嘉．基于三维激光扫描技术的古建筑物变形监测研究与应用 [P]．贵州：贵州师范大学，2015.
[7] 赵广亮．空间视域分析方法在八达岭长城风景林分类配置中的应用 [J]．中国生态农业学报，2013（09）：1157-1165.
[8] 周成传奇．建筑遗产点云计算与分析 [D]．天津：天津大学，2017.

混沌的边缘：明长城军事聚落体系自组织临界性研究 ①

摘 要

囿于线性墙体的概念，长城沿线聚落体系的系统性和复杂性较少得到关注，从而妨碍对长城的深入认识。本文基于自组织理论和自组织临界性判据，通过计算明长城军事聚落体系网格分维、功率谱指数、Hurst指数和Zipf维数，揭示明长城军事聚落体系在空间、等级和时间三个方面分布的幂律规律，并结合史实给予发生学解释。结果表明：明长城军事聚落体系是一种复杂的空间自组织系统，在空间格局、等级结构和时间涨落方面均呈现分形结构和无标度特征；作为农牧博弈的秩序体现，宏观中央计划性和微观适应活动的自组织性客观统一于明长城军事聚落体系的演进过程。

关键词 明长城；军事聚落体系；时空格局；自组织临界性；分形

长城地区，作为古代农牧文明交锋面，是中国过去300年来土地覆盖和土地利用变化最大的地区之一，表现在“边境化”和“去边境化”交替作用下农业生产边际和聚落景观的区域性推进，奠定了半干旱地区的城镇基础。关于长城的描述，最早见于明清典籍、方志和舆图，以文字介绍沿革、形胜、位置等，奠定今日研究之基础，但缺乏精确统计；真正科学意义的研究始于民国，着重沿革梳理、军制研究和城堡考证；20世纪80年代以后，随着从文献整理走向遗址调查，长城内涵逐渐扩大，开始认识到长城是一个网状防御体系，而非一条线性墙体 [1]。同时，国外学者也提出“长城过渡带”概念 [2]，并关注到沿线军事聚落的价值及其特殊的演化路径 [3]。21世纪以后，随着空间信息技术、数字建模、生化分析等技术的引入，明长城聚落研究已涉及聚落形态 [4]、[5]、时空分布 [6]~[8]、体系演化 [9]、[10]、遗产保护 [11]、[12]、系统关系 [13] 等诸多方面，但对聚落体系的复杂性和动力机制方面的关注较少，而当前以分形为代表的复杂性理论已广泛运用于解释城市现象的空间复杂性。因此，在历经资源普查和前期研究之后，深度揭示明长城聚落格局演化的内在生成逻辑和复杂动力将成为下一步的工作重点。

“自组织临界”（Self-organized criticality，简称SOC）概念，产生于沙堆模型，认为只要外界持续输入能量而不给予指令，系统内部要素之间的非线性作用可自发涌现出某种秩序和结构 [14]，而当系统参数逼近临界状态时则会呈现复杂图式 [15]——自组织临界。另一方面，复杂不等同于混沌，而是出现在有序与无序的过渡地带 [16]。可见自组织临界与复杂性相遇于“混沌的边缘”：复杂是自组织水平的度量，临界相变是复杂系统的必然状态 [17]。Bak(1996) 认为SOC具有4个标志，分形、Zipf定律、1/f噪声和大灾变事件 [18]；而人文地理系统通常只表现前三者 [19]，即在空间、等级和时间分布上呈现幂律规律和标度律，这也成为系统复杂性的重要判据。当前，地形、城市和城镇体系已被纳入空间复杂研究范畴，而明长城军事聚落体系作为一个边界清晰、结构简单、约束相近、联系紧密的整体，且距今较近、遗迹丰富、易于数据库建设，如何借用SOC判据揭示传统研究对象的复杂性本质，则是本文的主要目的。

一、研究对象和数据来源

1. 研究对象

本文研究对象为明长城军事聚落体系。中国历史上有二十多个朝代或政权修筑过长城 [20]，尤以明代发展最为完备。本文时间范围上溯洪武元年（1368），下至崇祯十七年（1644）。考虑到清军入关后长城系统实则终结，故而弘光、隆武、永历等南明政权不计入内；对象上，明朝采取“省—府—州县”和“都司—卫—所”两套并行体系管理国

---

① 张昊雁. 混沌的边缘：明长城军事聚落体系自组织临界性研究 [J]. 干旱区资源与环境，2019（07）.

国家自然科学基金项目（51708378，51608346）；江苏省自然科学基金项目（BK20170381）；苏州科技大学人才引进科研项目.

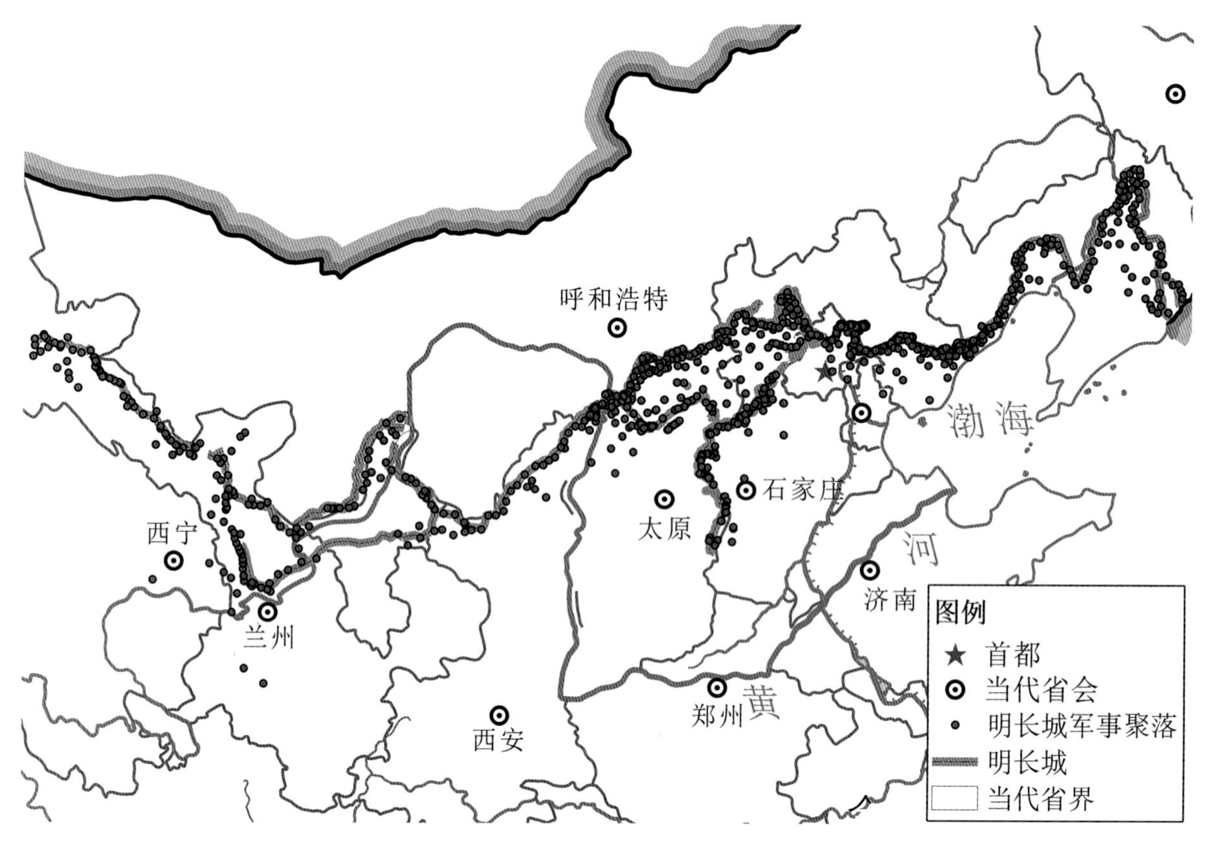

注：该图基于国家测绘地理信息局标准地图服务网站下载的审图号为GS（2016）1606号的标准地图制作，底图无修改。

图1　明长城军事聚落分布图

家，部分卫所拥有土地和户籍，兼具军事戍守和民政管理的职能，是一种特殊的军管型政区[①]。明朝沿长城划分11个防区——军镇，则主官隶属于上述军镇系统的军事聚落即为本文研究对象；内容上，军事聚落体系的整体性、系统性和结构性是本文焦点，而非具体城池（图1）。

2．数据来源

研究数据包括聚落属性信息和地理位置信息。前者为历史文本信息，包括聚落名称/等级、主官品秩、驻军规模、城周里长、建置时间等。出于记录共时性考虑，以《四镇三关志》、《边政考》、《宣大山西三镇图说》[②]为主，缺损数据辅以《九边图说》、《延绥镇志》、《明长城蓟镇军事防御性聚落研究》等史料和今人研究；地理位置信息为经纬坐标，是唯一延续、固定和可观察的历史属性，来源于天津大学明长城军事防御体系课题组，并校正于各省明长城资源调查报告。

二、数据分析方法

1．聚落体系空间结构分形模型

分形，是大自然占据空间的最优方式，表现为整体与局部的递归相似性。而分维则是刻画分形复杂程度的可公度量，

① 拥有土地和人口的卫所称为“实土卫所”，分布于边地和民族混居地区。内地卫所多与州县犬牙交错，没有土地，只是单纯的军事组织，称为“非实土卫所”。周振鹤在《体国经野之道：中国行政区划沿革》（上海书店出版社，2009）一书中提出“军管型政区”概念，认为采用军管或军事监护形式在边境和少数民族地区进行管理和开发是中国历代王朝常见的统治方式。

② 《四镇三关志》，刘效祖著，成书于万历二年至四年（1576），记载辽东镇、蓟镇、昌镇、真保镇四镇聚落的建置、形胜、军旅、粮饷、职官等；《宣大山西三镇图说》，时任宣大山西三镇总督杨时宁著，成书于万历三十一年（1603），图文并茂地记载了宣府、大同、山西镇三镇军堡的建置时间、城池位置、驻军兵马等；《边政考》，时任甘肃巡按御史张雨所著，成书于嘉靖二十六年（1547），记载有延绥、固原、宁夏、甘肃镇四镇卫所军马钱粮、位置距离等。

常用于刻画空间复杂性的参数有网格分维（又称盒计分维）、聚集分维和关联分维[21]。本文以网格分维为参数，使用网格覆盖目标，通过规律改变网格尺寸 r，观察其与覆盖点目标的网格数 $N(r)$ 之间的对应关系。若存在分性特征，则有：

$$N(r) \propto r^{-D} \quad (1)$$

两边取对数：

$$\ln N(r)=-D_0\ln r+A \quad (2)$$

式中 D_0 为网格分维（容量维），A 为常数。D_0 刻画了点分布的整体均衡状态，但忽略了不同网格覆盖点数的差异。若观察网格中第 i 行、第 j 列网格含有点数为 N_{ij}，总点数为 N，则知该网格中覆盖点数概率为：$P_{ij}=N_{ij}/N$

可推导出：

$$I(r)=-\sum_{r=1}^{r}\sum_{j=1}^{r}P_{ij}\ln P_{ij} \quad (3)$$

若存在分形特征时，则有：

$$I(k)=-D_1\ln k+I_0 \quad (4)$$

式中 $I(k)$ 为信息量，D_1 为网格维数（信息维），k 为矩形各边分段数，I_0 为常数。

由于不考虑高程，可认为聚落分布在二维平面中。因此，网格维数 D 取值范围在 0～2：当 $D=0$ 时，说明城镇聚集于一点；当 $D=1$ 时，说明城镇均匀地线性排列；当 $D=2$ 时，说明城镇均匀散布。通常状况下，容量维 D_0 与信息维 D_1 不相等；当 $D_1=D_0$，说明城镇分布是简单分形结构。

2．聚落体系规模结构分形模型

聚落规模分布规律和特征是聚落体系研究的重要内容。在一个聚落体系中，地方与地方在功能上的相互依存倾向于导致等级体系内部存在人口规模与位序之间的特定关系[19]230，即在一个自上而下排序的体系中，第 n 个城市的规模约为首位城市的 $1/n$。若用 Hausdorff 分维推导，即表述为在一个规模从大到小的城镇序列中，规模 P 与大于该规模的城镇数 $N(p)$ 存在关系为：

$$N(p) \propto P^{-D} \quad (5)$$

式中，$N(p)$ 为规模大于 P 的城镇数目或累计百分数；P 为门槛规模；D 为城镇规模分布的分形维数。已有研究证明，Zipf 定律在数学上与公式（5）等价[19]233，则可以表达为：

$$P(\rho)=P_1\rho^{-q} \quad (6)$$

式中，ρ 为规模降序排列中聚落位序；$P(\rho)$ 为降序排列中第 ρ 位聚落规模；P_1 为常数，理论上为首位城市规模；q 为 Zipf 维数，反映城镇规模分布的分形参数。Zipf 维数与 Hausdorff 分维互为倒数，即 $D=1/q$。对式（6）两边取对数，则有：

$$\ln P(\rho)=\ln P_1-q\ln\rho \quad (7)$$

当 $D<1$（$q>1$）时，表明区域聚落体系规模分布差异较大，规模结构松散，首位聚落的垄断性较强；当 $D=1$（$q=1$）时，表明区域聚落体系规模分布呈最优状态，首位聚落规模与末尾之比为城镇数目；当 $D>1$（$q<1$）时，表明聚落体系规模分布较均衡，中间位序聚落较多，首位城市垄断地位较弱。

3．聚落体系时间结构分形模型

$1/f$ 噪声（$1/f$ 波动），是 SOC 特征作用于时间过程中的表现，即系统演化在时间分布上遵循某种幂指数分布规律。具体定义为功率谱密度与频率之间的关系：

$$P(f) \propto f^{-\beta} \quad (8)$$

式中，f 为频率；$P(f)$ 为功率谱密度；β 为功率谱指数。当 $\beta=1$ 时，公式为 $P(f) \propto {}^1/f$，此时系统信号变化过程即为 $1/f$ 涨落。但更广义的看法是，β 取值 (0，2) 区间内均可视为 $1/f$ 噪声（Bak，1996）。功率谱指数与分维 D 的关系有：$D=\frac{2d+3-\beta}{2}$，由于时序维度为 $d=1$，即 $D=\frac{5-\beta}{2}$。研究时序分形通常有英国水利学家 Hurst（1965）提出的 R/S 分析方法，用 Hurst 指数衡量长程相关和预测趋势。当 $H=0.5$ 时，说明时序为标准布朗运动，属于随机游走过程；当 $0.5<H\leqslant 1$ 时，暗示时序具有长期记忆性，未来与过去正相关，走势持续；当 $0\leqslant H\leqslant 0.5$ 时，说明演化过程具有反持续性，未来与过去负相关。而功率谱指数与 Hurst 指数的关系为：$\beta=2H+1$。

聚落或聚落体系演化涉及的数据一般为时序数列，因此需要将观测值由时域转换至频域，进而发现频谱结构和变化规律。我们知道一个周期性信号可展开成无限多个离散的正 / 余弦波，即傅里叶级数：

$$f(x)=\alpha_0+\sum_{n=1}^{\infty}(\alpha_n\cos 2\pi fnt+b_n\cos 2\pi fnt) \quad (9)$$

其中：$\alpha_0=\frac{2}{T}\int_{-T/2}^{T/2}f(t)dt$；$\alpha_n=\frac{2}{T}\int_{\frac{-T}{2}}^{\frac{T}{2}}f(t)\cos(2\Pi fnt)dt$；$b_n=\frac{2}{T}\int_{\frac{-T}{2}}^{\frac{T}{2}}f(t)\sin(2\Pi fnt)dt$

而对于非周期连续信号，可将周期函数的周期趋于无穷而逼近，则有傅里叶积分：

$$f(x)=\int_0^{+\infty}[A(\omega)\cos\omega t+B(\omega)\sin\omega t]d\omega \quad (10)$$

已知有欧拉公式：

$$e^{i\omega}=\cos\omega+i\sin\omega$$

带入式 (10) 可推导傅里叶变换：

$$f(x)=\frac{1}{2\Pi}\int_{-\infty}^{+\infty}\left[\int_{-\infty}^{+\infty}f(t)e^{-iwt}dt\right]e^{iwt}d\omega \quad (11)$$

得到：

$$F(\omega)=\int_{-\infty}^{+\infty}f(t)e^{-i\omega t}dt$$

$$f(x)=\frac{1}{2\Pi}\int_{-\infty}^{+\infty}F(\omega)e^{i\omega t}d\omega$$

式中，ω 为角频率，ω=2Πf，i 为虚数。$F(\omega)$ 为 $f(t)$ 的傅里叶转化，时域→频域；$f(t)$ 为 $F(\omega)$ 的傅里叶反转换，频域→时域。

三、明长城军事聚落体系 SOC 特性的实证研究

1．网格维数的测算和分析

运用 ArcGIS10.3 的“Create Fishnet”模块，生成全覆盖目标图层范围的矩形框，并将各边 K 等分（2、3、4……），则矩形被划分为 K^2 个网格（图 2），且 $r=1/k$。首先，统计不同边长等分下聚落占据的网格数 $N(k)$，绘制 $\ln N(k)-\ln k$ 双对数曲线（图 3）；再逐一计算各网格内的聚落数与总数的比值 $Pij(k)$，利用公式（3）计算信息量 $I(k)$，绘制 $I(k)-\ln k$ 双对数曲线。

如图表所示，明长城军事聚落体系全域容量维数为 1.4143，测定系数 R^2=0.9977；信息维数为 1.3487，测定系数 R^2=0.9947。点序列线性回归拟合良好，具有明显的无标度区域。由此可得，明长城军事聚落体系在空间分布上具有分形特征。从史料和已有研究中，我们可以窥见明长城军事聚落空间分布的基本模式——面向长城、分层放射状形式[①]（图 4）：垂直长城由北向南，聚落等级不断提高，数量急剧减少；数量最多、等级最低的“堡城”紧靠长城南侧排列。若干“路城”位居其后，与所辖堡城形成次级防御体系——“路”。“镇城”作为省级防区的指挥枢纽最远离长城，统帅若干“路”。这种分层放射结构不仅隐含着复杂问题的基本解决策略——分而治之，也指示出等级分布的某种非线性规律。

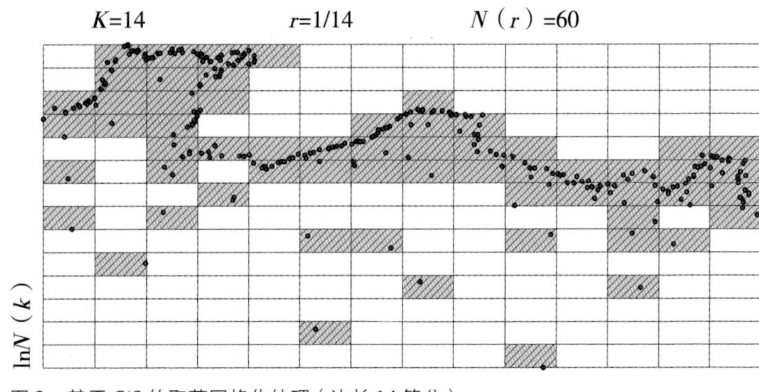

图 2　基于 GIS 的聚落网格化处理（边长 14 等分）

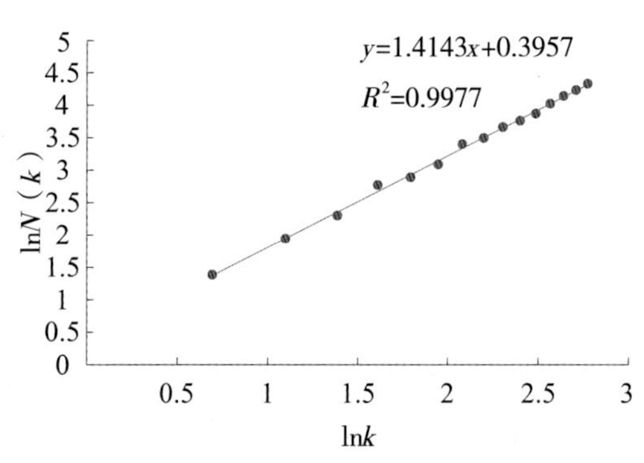

图 3　全域网格维数双对数图

① 据史料记载，明朝在长城地区实行“总兵镇守制”，即镇守总兵—协守副总兵—参将 / 游击将军—提调—把总。总兵负责一镇防守，副总兵协助之；参将负责独立一路防守，如马兰路参将；守备 / 提调负责具体城堡或关寨防守。而曹迎春在《明长城宣大山西三镇军事聚落体系宏观系统关系研究》中运用 GIS 绘制出三镇密度分布图，证明了远离长城聚落密度骤减趋势。

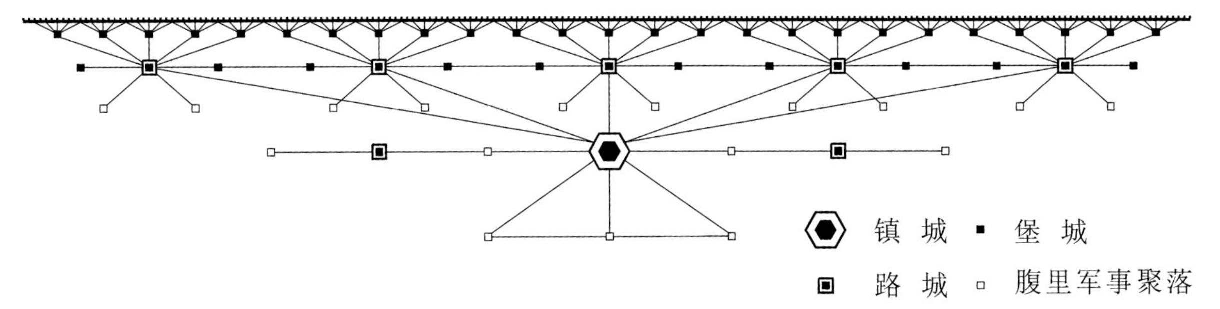

图 4 明长城军事聚落分布模式图

明长城军事聚落体系网格分形的拟合方程、R^2 和分维数 D 表 1

	全域	辽东镇	蓟镇	昌镇
回归方程	$\ln Nr=1.414\ln r+0.3957$	$\ln Nr=1.418\ln r+0.4688$	$\ln Nr=1.302\ln r+0.6913$	$\ln Nr=1.263\ln r+0.7125$
R^2	$R^2=0.9977$	$R^2=0.9922$	$R^2=0.985$	$R^2=0.9862$
容量维 D_0	$D_0=1.4143$	$D_0=1.4184$	$D_0=1.3022$	$D_0=1.263$
回归方程	$I(r)=1.3487\ln r-0.0499$	$I(r)=1.3661\ln r+0.3852$	$I(r)=1.3826\ln r+0.022$	$I(r)=1.309\ln r+0.2557$
R^2	$R^2=0.9947$	$R^2=0.9948$	$R^2=0.9966$	$R^2=0.9953$
信息维 D_1	$D_1=1.3487$	$D_1=1.3661$	$D_1=1.3826$	$D_1=1.309$
	宣府镇	真保镇	大同镇	山西镇
回归方程	$\ln Nr=1.209\ln r+0.7973$	$\ln Nr=1.085\ln r+0.8486$	$\ln Nr=1.189\ln r+0.878$	$\ln Nr=1.209\ln r+0.6844$
R^2	$R^2=0.9739$	$R^2=0.9778$	$R^2=0.9712$	$R^2=0.948$
容量维 D_0	$D_0=1.209$	$D_0=1.085$	$D_0=1.189$	$D_0=1.209$
回归方程	$I(r)=1.2677\ln r+0.5099$	$I(r)=1.1902\ln r+0.4266$	$I(r)=1.2702\ln r+0.5267$	$I(r)=1.3042\ln r+0.2348$
R^2	$R^2=0.986$	$R^2=0.9815$	$R^2=0.9926$	$R^2=0.973$
信息维 D_1	$D_1=1.2677$	$D_1=1.1902$	$D_1=1.2702$	$D_1=1.3042$
	延绥镇	固原镇	宁夏镇	甘肃镇
回归方程	$\ln Nr=1.125\ln r+0.4443$	$\ln Nr=0.943\ln r+0.6841$	$\ln Nr=0.801\ln r+1.1198$	$\ln Nr=1.274\ln r+0.3208$
R^2	$R^2=0.9777$	$R^2=0.9486$	$R^2=0.9183$	$R^2=0.986$
容量维 D_0	$D_0=1.125$	$D_0=0.943$	$D_0=0.801$	$D_0=1.274$
回归方程	$I(r)=1.1372\ln r+0.3134$	$I(r)=0.9873\ln r+0.3825$	$I(r)=0.832\ln r+0.9527$	$I(r)=1.2525\ln r+0.1726$
R^2	$R^2=0.9858$	$R^2=0.9742$	$R^2=0.9429$	$R^2=0.996$
信息维 D_1	$D_1=1.1372$	$D_1=0.9873$	$D_1=0.832$	$D_1=1.2525$

具体到局部，各镇聚落格局的分形发育度并不一致，自东向西大致形成 3 个梯度（表 1）。辽东镇分维值最高（D_0=1.4184、D_1=1.3661），接近整体水平。其次为蓟镇，分维值为 1.3022/1.3826。说明二镇聚落已向腹地进行密致化发展；地处今北京、河北、山西、陕西地区的昌镇、宣府、真保镇、大同镇、山西镇、延绥镇聚落格局的分维分布于（1.0，1.3）区间，表明上述地区已开始不同程度上由整数维向分数维过渡，腹地聚落开始增多；固原镇和宁夏镇分维值最低，分别为 0.9427/0.9873 和 0.8011/0.8319，且趋近于 1，说明该地区聚落仍多数沿长城线性排布，腹地聚落较少。

2．位序－规模分维的测算和分析

对于历史时期聚落，通常以人口、城周、墙垣、设施作为城池规模的代理指标 [22]。而具体到本文，驻军兵力不仅误差相对较小，且更接近以防御力量为配置核心的军事系统等级结构的本质。由于史料记载原因，数据存在一定的残缺：其中，辽东、昌镇和真保镇未发现记载；大同镇数据最完整，其余 7 镇存在局部残缺。又因为残缺值多为低等级聚落，故而不会影响宏观统计规律的可靠性。

本文将蓟镇、宣府、山西、大同、延绥、宁夏、固原、甘肃 8 镇聚落的驻军规模按降序排列，分别对位序—驻军进行对数计算，将 $\ln\rho$ -$\ln P(\rho)$ 绘制成散点图，并进行线性回归。由于不存在完全直线分布的规模结构，因此位序—规模分布涉及阈值或无标度区范围等概念，即通常只有一段具有意义。针对于此，本文主要观察测定系数最高值的区段。

明长城军事聚落体系位序 - 规模对数方程、R^2、Zipf 维数及分维数 D 表 2

	蓟镇	宣府镇	大同镇	山西镇
方程	$\ln P=-0.58\ln\rho+7.31$	$\ln P=-1.11\ln\rho+9.96$	$\ln P=-0.97\ln\rho+9.57$	$\ln P=-1.28\ln\rho+10.16$
R^2	$R^2=0.9788$	$R^2=0.9701$	$R^2=0.9752$	$R^2=0.975$
Zipf 维	0.58	1.11	0.97	1.28
分维 D	$D=1.72$	$D=0.90$	$D=1.03$	$D=0.78$
	延绥镇	**宁夏镇**	**固原镇**	**甘肃镇**
方程	$\ln P=-0.89\ln\rho+9.11$	$\ln P=-1.63\ln\rho+10.4$	$\ln P=-1.13\ln\rho+9.83$	$\ln P=-1.34\ln\rho+9.66$
R^2	$R^2=0.9346$	$R^2=0.9871$	$R^2=0.9771$	$R^2=0.9729$
Zipf 维	0.89	1.63	1.13	1.34
分维 D	$D=1.12$	$D=0.61$	$D=0.88$	$D=0.75$

如表 2 所示，以驻军兵力为测度，8 镇聚落体系的位序 - 规模分布服从幂律分布规律，证实了前文有关分层放射结构蕴含等级分形特征的猜想。各镇 Zipf 维数差异较大：宣府、山西、宁夏、固原、甘肃镇 Zipf 维数高于 1，镇内规模分布差异较大，镇城的垄断性较强，尤以宁夏镇为甚；大同、延绥、蓟镇 Zipf 维数低于 1，镇内规模分布差异较小，中间位序聚落较多。进一步考察，大同镇聚落体系规模结构最接近自然状态（1.03），宣府镇其次（0.9），分维趋近于 1。这可能与大同镇战略地位相关，频繁的战事推动系统结构不断优化。而蓟镇聚落体系的分维数最高（1.72），镇城首位度最弱，中间位序聚落最多。蓟镇位于燕山南麓，依托山谷孔道结寨设防是聚落布局的基本逻辑。明代除扼守边墙的关寨外，多于关内另设营城。二者关系如史料所述："关营各有城总，要处立一指挥提调，关据极边，扼守长城之冲；营居关内，多为应援之用。"[23] 以天津市蓟州区黄崖关为例，除了沿长城线分布的一关六寨之外，还设有黄崖口营城（今天津市蓟州区下营镇中营村）和黄崖口驻操营城（今天津市蓟州区下营镇下营村）两座中等规模聚落。此外，蓟镇地处京畿地区，与州县体系存在交叉，部分具有防御功能的州县或民政军政属性模糊的聚落也被《四镇三关志》录入，这些都无形中扩大了"镇城—路城—堡城"体系中的中段位区间宽度。而宁夏镇城（今宁夏银川）同驻有宁夏卫、宁夏左屯卫、右屯卫、中屯卫、前卫，致使其规模（32980）远超次级聚落中卫城（7596），甚至其他镇城（大同镇城 /24186、宣府镇城 /20348），从而奠定其极强的首位度。

3．1/f 噪声分维的测算和分析

考虑到部分聚落建置的记载时间未能精确到年代，而粗略地冠以"洪武初""嘉靖中"等，本文以年号为单位统计全域和分镇聚落数（表 3），以聚落累计数为测度，运用快速傅里叶转换（Fast Fourier Transform）建立谱密度与频率之间的关系（表 4），从而判断二者是否具有幂指数特征。由于快速傅里叶转换需要对称处理，这就要求观测值长度为 2 的整数倍，即 2、4、8、16、32、64……否则，需对采集数列进行裁剪或补充。明朝自洪武至崇祯，共计 17 个年号。很显然，裁剪 1 个观测值比尾部补充 15 个"0"值，对结果影响更小。综合考虑在任时长和修建情况，洪熙（1425 年）和泰昌（1620 年）两个年号均为 1 年，且无修建记录，但洪熙朝前后的永乐和宣德皆有筑城活动，其存在对波形图扰动较大，即在观测点 4 出现 1 轮陡峭的波谷，而事实上永乐至宣德年间的修筑活动是连续的；反观泰昌朝，随后历时 7 年的天启年间无筑城记载、更其后历时17年的崇祯朝仅出现2次修筑记录，故而泰昌朝的存在不会改变整体减弱趋势。

此外，聚落修建年代也存在记录缺损现象。但与驻军规模不同的是，缺损对时序波动的影响远大于位序图。因此，对频谱方程的理解需要以数据完整率为认知前提。

明长城军事聚落修建年代统计表（未累加） 表 3

序号	年号	辽东	蓟镇	昌镇	真保	宣府	大同	山西	延绥	固原	宁夏	甘肃	总和
0	洪武	50	155	1	1	11	11	10	0	7	5	29	281
1	建文	0	0	0	0	0	0	0	0	0	0	0	0
2	永乐	3	58	46	3	7	3	0	0	0	2	2	125
3	洪熙	0	0	0	0	0	0	0	0	0	0	0	0
4	宣德	7	0	0	1	19	0	9	0	0	0	0	36
5	正统	1	0	0	29	3	1	3	7	2	6	0	52
6	景泰	0	2	3	61	3	0	4	1	1	0	1	75
7	天顺	0	2	0	0	3	2	0	2	1	0	1	13
8	成化	0	6	0	5	4	2	3	19	4	0	0	43
9	弘治	0	15	3	48	4	1	4	2	7	4	2	91
10	正德	0	4	2	32	2	0	12	0	0	4	2	58
11	嘉靖	9	3	28	120	13	47	22	4	4	5	13	266
12	隆庆	6	0	1	1	1	1	2	0	3	0	0	15
13	万历	42	0	0	0	4	4	6	0	14	0	19	90
14	泰昌	0	0	0	0	0	0	0	0	0	0	0	0
15	天启	0	0	0	0	0	0	0	0	0	0	0	0
16	崇祯	0	0	0	0	0	0	2	0	0	0	0	2
总计		118	245	84	301	74	72	77	35	43	26	69	1144
应有		233	252	85	302	81	72	91	39	65	73	72	1365
记载率		0.51	0.97	0.99	0.99	0.91	1	0.85	0.90	0.66	0.36	0.96	0.84

数据来源：杨时宁．宣大山西三镇图说［O］．明万历刻本；张雨．边政考［O］．明嘉靖刻本；刘效祖，四镇三关志［O］．明万历四年刻本．

明长城军事聚落体系频谱关系拟合方程、功率谱指数、分维数 *D*、Hurst 指数 表 4

	全域	辽东镇	蓟镇	昌镇
回归方程	$P(f)=2392f^{-1.87}$	$P(f)=16.07f^{-1.86}$	$P(f)=43.43f^{-1.61}$	$P(f)=39.11f^{-1.59}$
R^2	$R^2=0.955$	$R^2=0.737$	$R^2=0.829$	$R^2=0.873$
功率谱指数 β	1.87	1.86	1.61	1.59
分维 D	$D=1.565$	$D=1.57$	$D=1.695$	$D=1.705$
Hurst 指数	$H=0.435$	$H=0.43$	$H=0.305$	$H=0.295$
	真保镇	宣府镇	大同镇	山西镇
回归方程	$P(f)=259.7f^{-1.95}$	$P(f)=9.914f^{-1.98}$	$P(f)=13.49f^{-1.87}$	$P(f)=10.71f^{-2.02}$
R^2	$R^2=0.905$	$R^2=0.904$	$R^2=0.661$	$R^2=0.904$
功率谱指数 β	1.95	1.98	1.87	2.02
分维 D	$D=1.525$	$D=1.51$	$D=1.565$	$D=1.49$
Hurst 指数	$H=0.475$	$H=0.49$	$H=0.435$	$H=0.51$
	延绥镇	固原镇	宁夏镇	甘肃镇
回归方程	$P(f)=2.559f^{-2.12}$	$P(f)=3.403f^{-1.96}$	$P(f)=1.378f^{-1.91}$	$P(f)=5.613f^{-1.86}$
R^2	$R^2=0.853$	$R^2=0.778$	$R^2=0.923$	$R^2=0.817$
功率谱指数 β	2.12	1.96	1.91	1.86
分维 D	$D=1.44$	$D=1.52$	$D=1.545$	$D=1.57$
Hurst 指数	$H=0.56$	$H=0.48$	$H=0.455$	$H=0.43$

如图表所示，整体上看，数据完整率为 84%，频谱关系为 $P(f)=2392f^{-1.87}$，测定系数 R^2=0.955，幂指数回归拟合良好。功率谱指数 β=1.875 ∈ (0，2)，可视为具有波动特征。Hurst 指数 H=0.435 < 0.5，暗示整个系统发展过程具有反持久性，即将返回历史起点，即震荡时刻。结合史实，在明亡清兴的半个多世纪里，明政府已无力新筑或重修军事聚落。而继任的清朝，面对中外一统的局面，更缺乏发展长城系统的理由和动力。至此，堪称长城体系巅峰的明长城迎来了终结时刻。

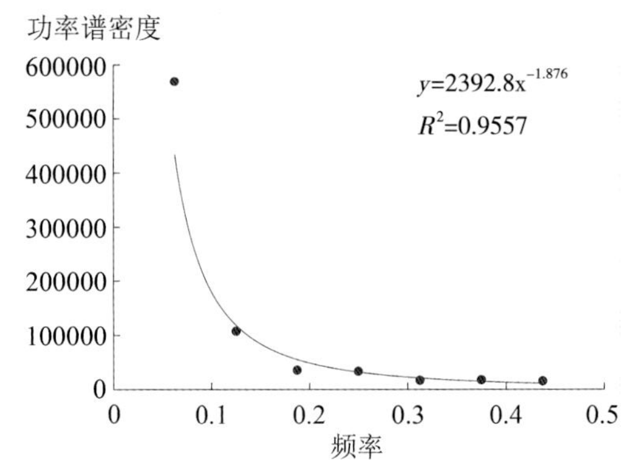

图 5 全域聚落增长功率谱—频率双对数图

具体就分镇而言，局部与整体在时序演化上保持较高的一致性：辽东、蓟镇、昌镇、真保、宣府、大同、固原、宁夏、甘肃九镇功率谱指数均小于 2，且幂指数回归拟合较好，均具有波动特征。Hurst 指数小于 0.5，表明各子系统也相继进入反持久性趋势；山西和延绥镇频谱关系虽服从幂律规律，但 β > 2，未达到波动的最优状态。两镇 Hurst 指数略大于 0.5，表现出较弱的长程相关性，系统发展趋势并不显著。需要说明的是，宁夏、固原、辽东三镇数据完整率低于 80%，其结果说服力较弱。而大同镇 R^2=0.661，频谱相关性较弱。由上文可知，在空间和等级结构中，大同镇都表现出良好的分形特征。且大同镇战事频发、毗邻京畿，聚落建设和兵员配置等方面也较为重视。因此，计算结果与经验判断存在较大出入。由于大同镇史料详实，我们以兵力代替聚落数作为测度、以具体年份作为时序单位，重新计算得 β=1.728、R^2=0.9514，趋势结果不变，但相关性得到大幅提高。这说明人口规模演化更接近聚落体系时序发展的本质，误差更小。

四、讨论

明长城军事聚落体系在空间和等级上的分形特征，统一于“面向长城、分层放射状”的聚落分布模式。而时序上的波动则联系于战争频率和规模。我们知道，畜牧经济具有脆弱性和单一性特点，因而以劫掠为目的的入侵事件，很大程度上来自于草原气候环境的驱动。这一过程可简单表示为：

气候灾变→战争爆发→体系演化

如此，时序过程则深层关联于草原气候环境，而自然现象的频率和强度必然存在分形特征，例如地震。这也间接描述了长城军事聚落体系另一个 SOC 标志（大灾变事件）的特性，无论是表象（战争）还是本质（气候）都存在分形特征。

至此，我们从数理上论证了，明长城军事聚落体系是一种复杂的自组织空间系统，并处于混沌和有序交织的临界状态。混沌，意味着北方游牧民族突破防线，造成不同程度生产资料的损失，甚至达成相应的政治目的（覆灭明政权）；有序，则表现为冲突可控、损失可控、交流可控①。这种临界性促使系统远离热力学平衡，推动自身结构有序度、自适应能力和自发展能力不断提高，表现为局部的聚落增筑 / 重筑和战事记载贯穿整个明王朝始终。从更宏观的视野出发，明长城军事聚落体系是特定历史环境下农牧过渡地区社会组织状态的时空投影，旨在于推动地区无序→有序。长城军事聚落带，虽然是农耕社会给出的单方面回应，但实质上是农牧博弈的均衡结果，暗含了对手行为、规则、效用、预期等信息。

一般的经济型城镇，在贸易的推动下可自发形成结构联系，例如明清江南市镇。反观明长城军事聚落体系，在人口聚集、防御职能、规模等级、从属联系等方面，均带有浓重的政令规定性。如何理解这种自上而下的中央计划与自下而上的自组织演化之间的关系？实际上，无论古今城市或城镇体系都是他组织和自组织的统一，二者分别服务于宏观和微观层面。宏观上，虽然政府强制性向长城地区输入军户和粮饷物资，并大致规定了主官品秩、职能等，但无法干预微观层面的具体行为，比如聚落选址、防区范围、规模等级以及战时应援行动等。可能初始阶段的人为影响较多，但随着一次次的流血反馈，试错机制将剔除不合理成分而迫使系统逼近客观合理状态。例如，明代军制规定了卫城一

① 冲突可控，通过修建长城防御体系提高入侵成本，降低小规模冲突概率；损失可控，通过网状布防的围堵拦截，阻止劫掠深入内地；交流可控，明朝沿长城关口开设互市贸易，规定贸易规模和频率，意图以武力为后盾、将农牧经济整合成一个可控性的民族贸易体系。

所城—千户—百户的额定兵力，聚落驻军规模理应为阶梯状分布，而实际上却更接近平滑曲线。另一方面，北方民族的劫掠行为，包括目的、规模、烈度、方向等，对于明朝而言更是不可控和不可预期。因此，明长城军事聚落作为自组织系统，差异只在于自组织强度和动力机制。

本文运用后现代数学和 GIS 空间分析工具，揭示传统史学研究中聚落分布的复杂性本质，将有助于史学研究向更为定量化、理论化、模拟化的方向发展。然而，探讨分维数的地理意义并非是我们的主要兴趣。论证了明长城军事聚落体系的自组织临界性，已为分析系统动力机制提供了理论基础和研究方法。那么，理解宏观现象与微观行为的内在一致性，建立理论模型和计算模型，乃至借助计算机模拟将是我们后续工作重点。

结论

（1）明长城军事聚落体系的演化是一种自组织临界过程，在空间、等级、时间方面体现着伸缩不变的共性。

（2）空间上表现为分形，全域网格分维为 1.3～1.4，各镇分维为 0.8～1.3。战略地位高、战事频繁的蓟、辽、宣、大等地分维数较高，凸显扩大防御纵深的趋势；西部固原、宁夏等地区，聚落大致沿长城排列。

（3）等级上服从位序—规模法则，其中大同镇等级分布最为良好，其余分镇的差异主要体现在镇城的垄断强度或中位序聚落的多寡。

（4）时序上具有 1/f 噪声特征，无论是全域还是局部，功率谱密度与频率均存在幂律分布规律。历经 276 年的发展，整体系统和多数子系统已演进至 1/f 波动状态。

参考文献

[1] 金应熙．金应熙史学论文集（古代史卷）[M]．广州：广东人民出版社，2006.

[2] Lattimore O. Inner Asian Frontiers of China [M]. Beacon Press, 1962.

[3] Gaubatz P R. Beyond the Great Wall: Urban Form and Transformation on the Chinese Frontiers [M]. Stanford University Press, 1996.

[4] 李严．明长城“九边”重镇军事防御性聚落研究 [D]. 天津：天津大学建筑学院，2007.

[5] 李严，张玉坤，李哲．明长城防御体系与军事聚落研究 [J]．建筑学报，2018 (5): 69-75.

[6] 曹迎春，张玉坤．基于 Voronoi 图的明代长城军事防御聚落空间分布 [J]．河北大学学报（自然科学版），2014，34(2): 129-136.

[7] 舒时光，邓辉，吴承忠．明后期延绥镇长城沿线屯垦的时空分布特征 [J]．地理研究，2016，35(4):790-802.

[8] 李哲，张玉坤，李严．明长城军堡选址的影响因素及布局初探——以宁陕晋冀为例 [J]. 人文地理，2011，26(2):103-107.

[9] 马明，孙富．晋蒙交界明长城沿线堡寨式聚落空间形态演变研究 [J]. 现代城市研究，2017 (3):124-130.

[10] 解丹，张碧影，毛伟娟．明长城真保镇军事聚落体系形成与发展过程探究 [J]. 城市建筑，2017 (17):44-47.

[11] 陈喆，董明晋，戴俭．北京地区长城沿线戍边城堡形态特征与保护策略探析 [J]. 建筑学报，2008，(3):84-87.

[12] 曹象明，周庆华．明长城沿线无人居堡寨的保护价值与保护模式探析 [J]. 现代城市研究，2016，31(5):112-116.

[13] 曹迎春．明长城宣大山西三镇军事防御聚落体系宏观系统关系研究 [D]. 天津：天津大学建筑学院，2015.

[14] 陈彦光．自组织与自组织城市 [J]. 城市规划，2003，27(10):17-22.

[15] 陈彦光．城市化：相变与自组织临界性 [J]. 地理研究，2004，23(3):301-311.

[16] Waldrop M．复杂：诞生于秩序和混沌边缘的科学 [M]. 陈玲，译．北京：生活 · 读书 · 新知三联书店，1997.

[17] 刘继生，陈彦光．城市，分形与空间复杂性探索 [J]. 复杂系统与复杂性科学，2004，1(3): 62-69.

[18] Bak P. 大自然如何工作：有关自组织临界性的科学 [M]. 李炜，蔡勖，译．武汉：华中师范大学出版社，2001.

[19] 陈彦光．分形城市系统：标度 · 对称 · 空间复杂性 [M]. 北京：科学出版社，2008.

[20] 罗哲文．长城 [M]. 北京：北京出版社，1982.

[21] 刘继生，陈彦光．城镇体系空间结构的分形维数及其测算方法 [J]. 地理研究，1999，18(2):171-178.

[22] 杨宇振．清代四川城池的规模，空间分布与区域交通 [J]. 新建筑，2007，(5):45-47.

[23] 陈全之．蓬窗日录 [Z]. 明嘉靖四十四年刻本．